HANDBUCH DER PRAKTISCHEN UND EXPERIMENTELLEN SCHULBIOLOGIE

HANDBUCH
DER PRAKTISCHEN
UND EXPERIMENTELLEN
SCHULBIOLOGIE

STUDIENAUSGABE IN 8 BÄNDEN

Herausgegeben von Oberstudiendirektor a. D.
Dr. *Hans-Helmut Falkenhan*, Würzburg

Unter Mitarbeit von

Oberstudiendirektor Prof. Dr. *Ernst W. Bauer*, Nellingen-Weiler Park; Universitätsprofessor Dr. *Franz Bukatsch*, München-Pasing; Studiendirektor Dr. *Helmut Carl*, Bad Godesberg; Studiendirektor Dr. *Karl Daumer*, München; *Hilde Falkenhan*, Würzburg; Studiendirektorin *Elisabeth Freifrau v. Falkenhausen*, Hannover; Dr. *Hans Feustel*, Hessisches Landesmuseum, Darmstadt; Studiendirektor Dr. *Kurt Freytag*, Treysa; Oberstudiendirektor a. D. *Helmuth Hackbarth*, Hamburg; Universitäts-Prof. Dr. *Udo Halbach*, Frankfurt; Studiendirektor *Detlef Hasselberg*, Frankfurt; Studiendirektor Dr. *Horst Kaudewitz*, München; Dr. *Rosl Kirchshofer*, Schulreferentin, Zoo Frankfurt; Studiendirektor *Hans-W. Kühn*, Mülheim-Ruhr; Studiendirektor Dr. *Franz Mattauch*, Solingen; Dr. *Joachim Müller*, Göttingen-Geismar; Professor Dr. *Dietland Müller-Schwarze*, z. Z. New York; Gymnasialprofessor *Hans-G. Oberseider*, München; Studiendirektor Dr. *Wolfgang Odzuck*, Glonn; Studiendirektor Dr. *Gerhard Peschutter*, Starnberg; Studiendirektor Dr. *Werner Ruppolt*, Hamburg; Professor Dr. *Winfried Sibbing*, Bonn; Studiendirektor Dr. *Ludwig Spanner*, München-Gröbenzell; Studiendirektor *Hubert Schmidt*, München; Universitätsprofessor Dr. *Werner Schmidt*, Hamburg; Oberstudienrätin Dr. *Maria Schuster*, Würzburg; Oberstudienrat Dr. *Erich Stengel*, Rodheim v. d. Höhe; Oberstudiendirektor Dr. *Hans-Heinrich Vogt*, Alzenau; Dr. med. *Walter Zilly*, Würzburg

AULIS VERLAG DEUBNER & CO KG · KÖLN · 1981

HANDBUCH DER PRAKTISCHEN UND EXPERIMENTELLEN SCHULBIOLOGIE

Band 3

Der Lehrstoff I:
Tierkunde – Pflanzenkunde

AULIS VERLAG DEUBNER & CO KG · KÖLN · 1981

Der Text der achtbändigen Studienausgabe ist identisch
mit dem der in den Jahren 1970–1979 erschienenen Bände 1–5
des „HANDBUCHS DER PRAKTISCHEN UND
EXPERIMENTELLEN SCHULBIOLOGIE"

Best.-Nr. 9434
© AULIS VERLAG DEUBNER & CO KG KÖLN
Gesamtherstellung: Clausen & Bosse, Leck
ISBN 3-7614-0547-2
ISBN für das Gesamtwerk: 3-7614-0544-8

INHALTSVERZEICHNIS

Seite

Einleitung 2

Einzelzeller *(Protozoa)* 3

A. Allgemeiner Teil 3
   I. Demonstrationsmaterial 3
   II. Einige allgemeine Gesichtspunkte 4
   III. Materialbeschaffung allgemein 5
      1. Lebendes Material zum Kaufen 5
      2. Lebendes Material aus dem Substrat 6
      3. Dauerkulturen 7
      4. Beobachtungen im Mikroaquarium über längere Zeit 7
      5. Schnellpräparation von Einzellern 9
      Literatur 9

B. Spezieller Teil 9
   I. Geißeltiere *(Flagellata)* Beispiel Euglena 9
      1. Materialbeschaffung 10
      2. Beobachtungsaufgaben 10
      3. Fixierung 10
      4. Färbung 11
      5. Positive Phototaxis 11
      6. Euglena, Pflanze oder Tier? 11
      Literatur 11

   II. Wechseltierchen *(Amoeba)* 12
      1. Materialbeschaffung 12
      2. Materialanreicherung 12
      3. Untersuchung 12
      Literatur 13

   III. Gregarinen *(Gregarinida)* 13
      1. Materialbeschaffung und Verarbeitung 13
      2. Fixierung und Färbung 13
      Literatur 14

   IV. Wimpertierchen *(Ciliata)*, Beisp. Pantoffeltierchen *(Paramaecium)* . . . 14
      1. Demonstrationsmaterial 14
      2. Materialbeschaffung 14
      3. Verfahren zum Ruhigstellen lebender Tiere 14
      4. Körperform und Organelle 15
      5. Die Vakuolenfrequenz 15
      6. Die Ernährung des Paramaeciums 16
      7. Beobachtung von Verdauungsvorgängen 16
      8. Beobachtung von Trichocysten 17
      9. Reizphysiologische Versuche 17
      10. Die Bewegungen des Paramaeciums 21
      11. Polare Einschmelzung 21
      Literatur 21

V

	Seite
Schwämme *(Porifera)*	22
I. Demonstrationsmaterial	22
II. Materialbeschaffung	22
1. Süßwasserschwämme	22
2. Marine Schwämme	23
III. Haltung von Schwämmen	23
IV. Untersuchung von Schwämmen	23
Literatur	24
Hohltiere *(Coelenterata)*	25
A. *Allgemeiner Teil*	25
I. Demonstrationsmaterial	25
1. Totes Sammlungsmaterial	25
2. Lebendes Material	27
3. Konserviertes Material	28
II. Filme und Dias	28
B. *Spezieller Teil*	29
I. Der Süßwasserpolyp	29
1. Gattungen und Vorkommen	29
2. Materialbeschaffung	29
3. Kultur von Polypen	29
4. Symbionten, Parasiten, Feinde der Polypen	30
5. Hydren mit Geschlechtsorganen	30
6. Knospung	30
7. Untersuchung lebender Tiere	30
8. Sichtbarmachen der Nesselfäden	31
9. Nahrungserwerb	31
10. Reizversuche	31
11. Positive Phototaxis	32
12. Regeneration	32
13. Dauerpräparat	33
Literatur	33
II. Marine Hydrozoen	33
1. Materialbeschaffung	33
2. Fixieren	34
3. Mikropräparate	34
4. Untersuchungen	34
III. Quallen	34
1. Materialbeschaffung	34
2. Bewegungsabläufe	35
3. Wassergehalt	35
4. Schlagfrequenz	35
5. Die größte Qualle	35
6. Konservierung	35
Literatur	35

		Seite

   IV. Blumen- und Korallentiere *(Anthozoa)* 35
      1. Materialbeschaffung 35
      2. Untersuchung 36
      3. Konservierung 36
      4. Gewinnung von Steinkorallen-Skeletten 36
      5. Korallenriffe (Zahlen) 36

Plattwürmer *(Plathelminthes)* 38

A. Strudelwürmer (Turbellaria) 38
   I. Allgemeines 38
      1. Materialbeschaffung 38
      2. Transport 39
      3. Haltung 39
      4. Herstellung von Dauerpräparaten 39
   II. Spezielle Demonstrationen 39
      1. Demonstration von Turbellarien 39
      2. Beobachtungen zur Gestalt 40
      3. Demonstration des Darmes 40
      4. Die Fortbewegung 40
      5. Chemischer Sinn 41
      6. Lichtsinn 41
      7. Strömungssinn 41
      8. Regenerationsvermögen 43
      9. Umdrehreaktion 43
     Literatur 43

B. Saugwürmer (Trematoda), Beisp. Leberegel 43
   I. Materialbeschaffung 43
   II. Präparation (AG) 44
   III. Bedeutung der Trematoden 44
     Literatur 45

C. Bandwürmer 45
     Literatur 46

Schlauchwürmer *(Nemathelminthes)* 47

A. Rädertiere (Rotatoria) 47
   I. Materialbeschaffung 47
   II. Beobachtung 47
     Literatur 48

B. Fadenwürmer (Nematodes) 48
   I. Materialbeschaffung 48
   II. Lebendbeobachtung 49
   III. Zahlen und Bedeutung 49
     Literatur 51

Seite

Weichtiere *(Mollusca)* 52

A. *Schnecken (Gastropoda)* 52

   I. Allgemeiner Teil 52
      1. Demonstrationsmaterial und Filme 52
      2. Lebendes Material 52

  II. Weinbergschnecke *(Helix pomatia)* 53
      1. Materialbeschaffung 53
      2. Haltung 53
      3. Sammeln von leeren Schneckenhäusern 54
      4. Untersuchung von Schneckenhäusern als Schülerübung 55
      5. Weitere Untersuchungsmöglichkeiten in Lehrerversuchen 55
      6. Kriechbewegungen der Weinbergschnecke 56
      7. Herauskriechen und Zurückziehen am Haus 57
      8. Atmung 57
      9. Freßbewegungen und Fraßspuren 57
     10. Beschattungsreflex 58
     11. Chemischer Sinn 58
     12. Tastsinn 59
     13. Temperatursinn 59
     14. Negative Phototaxis 59
     15. Kompensatorische Augenbewegungen 60
     16. Arbeitsprogramm für eine Schülerübung 60
     17. Töten der Schnecken 60
     18. Präparation der Radula 61

 III. Tellerschnecken *(Planorbidae)* 61
      1. Materialbeschaffung 61
      2. Haltung 61
      3. Zucht 61
      4. Beobachtung der Entwicklung 62
      5. Lungenatmung bei Planorbis und Limnaea 63
      6. Fraßspuren, Fraßbewegungen 63
      7. Flimmerbewegungen 63
      8. Teichmannsche Probe 63
      9. Rote Formen der Posthornschnecke (Vererbung) 63
        Literatur 64

B. *Muscheln* (Bivalvia) 64

   I. Demonstrationsmaterial 64

  II. Spezieller Teil 65
      1. Materialbeschaffung 65
      2. Haltung von Muscheln 66
      3. Präparation und Untersuchung von Muschelschalen 66
      4. Muschelschalen als Stilelement und Symbol 67
      5. Beobachtungen an lebenden Muscheln 67
      6. Betäubung und Töten von Muscheln 68
      7. Präparation von Muscheln 68

	Seite
8. Muschelmodell	69
9. Perlen	69
Literatur	69

C. Tintenfische *(Cephalopada)* . . . 70

    I. Demonstrationsmaterial . . . 70
   II. Filme . . . 70
      Literatur . . . 70

D. Weichtiere in Zahlen . . . 71

Ringelwürmer *(Annelida)* . . . 72

A. Vielborstige *(Polychaeta)* . . . 72

    I. Materialbeschaffung von Meereswürmern . . . 72
   II. Fortbewegung bei *Arenicola marina* . . . 73

B. Wenigborster *(Oligochaeta)* . . . 74

    I. Schlammröhrenwurm *(Tubifex spec.)* . . . 74
      1. Materialbeschaffung . . . 74
      2. Verfütterung . . . 74
      3. Tubifex als Überträger von Parasiten . . . 74
      4. Beobachtungsaufgaben . . . 74
      5. Körperbau . . . 75
      6. Beobachtung der Blutbewegung . . . 75
   II. Regenwurm *(Lumbricus terrestris)* . . . 75
      1. Materialbeschaffung . . . 75
      2. Haltung und Zucht . . . 76
      3. Untersuchungen am lebenden Regenwurm . . . 76
      4. Zur Morphologie des Regenwurms . . . 77
      5. Zur Fortbewegung . . . 77
      6. Haftvermögen . . . 79
      7. Versuche zum Wasserhaushalt des Regenwurms . . . 79
      8. Atmung . . . 81
      9. Chemorezeption . . . 82
     10. Ernährung . . . 83
     11. Leistungen der Regenwürmer im Boden . . . 83
     12. Reaktionen auf Licht . . . 84
     13. Abtöten eines Regenwurms . . . 85
     14. Hämoglobinnachweis . . . 85
     15. Untersuchung der Spermiogenese . . . 85
     16. Regeneration . . . 85
     17. Anpassungserscheinungen an das Leben im Boden . . . 86
     18. Zahlen . . . 86
      Literatur . . . 87

C. Blutegel *(Hirudinea)* . . . 87

    I. Allgemeine Bemerkungen . . . 87

		Seite
II. Spezielle Untersuchungen		87
1. Fortbewegungsarten des Blutegels		87
2. Verhalten gegenüber Licht		88
3. Geschmackssinn		88
4. Temperatursinn		88
5. Ansetzen eines Blutegels		89
Literatur		89

Bärtierchen *(Tardigrada)* 89

Gliedertiere *(Arthropoda)* 90

Insekten *(Hexapoda)* 90

A. Die Insektensammlung 90

    I. Zum Aufbau der Sammlung 90

    II. Die Gliederung der Sammlung 90

        1. Systematischer Teil 91
        2. Biologien 92
        3. Entwicklungsreihen 92
        4. Schädliche und nützliche Insekten 93
        5. Insekten mit ihren Fraßspuren 93
        6. Nester und Gelege 93

    III. Weiteres Demonstrationsmaterial 94

    IV. Chemikalien 94

B. Sammeln und Präparieren von Insekten 95

    I. Sammelgeräte 95

        1. Pinzetten 95
        2. Fangnetze 95
        3. Exkursionsbeil 95
        4. Exhaustor 95
        5. Raupensammelschachtel 95
        6. Sammelgläschen 96
        7. Tötungsgläser und Abtöten von Insekten 96

    II. Präparation von Insekten 97

        1. Transport toter Insekten 97
        2. Aufbewahrung toter Insekten 97
        3. Wie präpariert man Insekten? 97
        4. Schutzmaßnahmen für die Sammlung 103
        5. Sammlungsschädlinge 104

    III. Fangmethoden für Käfer, Schmetterlinge und andere Insekten 104

        1. Mit Köderdosen 104
        2. Auch Schmetterlinge 105
        3. Durch Schaffung günstiger Lebensräume 105
        4. Lichtfangmethode 106
        5. Aufsuchen der Tiere 106

	Seite
C. Der Insektenkörper	107
I. Vergleich zwischen Wirbeltier und Insekt	107
II. Was befähigt die Insekten, die ganze Welt zu besiedeln?	110
III. Insekten als aktive Zwischenwirte und Krankheitsüberträger	111
D. Allgemeine Literatur über Insekten	111
E. Käfer (Coleoptera)	112
I. Demonstrationsmaterial, Filme und Dias	113
II. Der Maikäfer (Melolontha spec.)	113
III. Mehlwurm und Mehlkäfer (Tenebrio molitor)	116
IV. Schwimmende Käfer	118
V. Aaskäfer (Silphidae)	124
VI. Leuchtkäfer (Lampyridae)	124
VII. Bockkäfer (Cerambycidae)	125
VIII. Rüsselkäfer (Curculionidae)	125
IX. Borkenkäfer (Ipsidae)	126
X. Mistkäfer (Geotrupes spec.)	126
Literatur über Käfer	127
F. Hautflügler (Hymenoptera)	128
I. Die Honigbiene (Apis mellifica)	128
Demonstrationsmaterial (Trockenmaterial, Mikropräparate, Filme und Dias)	128
1. Anatomisch, morphologische Untersuchungen	129
2. Die Bienenwabe und ihr Baumaterial	130
3. Bienenhonig	131
4. Bienengift	132
5. Beobachtungskasten	132
6. Beobachtungsaufgaben an der besetzten Wabe	134
7. Exemplarische Behandlung der Biene	135
8. Information im Bienenstaat	135
9. Zur Geschichte der Imkerei	136
10. Einige Zahlen	137
11. Entwicklungsverlauf und Tracht	137
Literatur	138
II. Hummeln (Bombus spec.)	138
1. Hummelblüten	138
2. Hummeln als Einbrecher in Blüten	138
3. Verpflanzen eines Hummelnestes in das Labor	138
4. Präparieren von Hummelnestern	139
5. Präparieren von Hummeln	139
Literatur	139
III. Faltenwespen (Vespidae)	139
Demonstrationsmaterial	139
1. Wespenstachel und Wespengift	140

		Seite

2. Fangen von Wespen ... 140
3. Zucht von Wespen ... 140
4. Orientierung und Heimkehrvermögen ... 141
5. Untersuchung von Wespennestern und Vergleich mit Bienennestern ... 141
6. Baumaterial von Wespennestern ... 142
Literatur ... 143

V. Ameisen *(Formicidae)* ... 143
Demonstrationsmaterial ... 143
1. Mikropräparate ... 143
2. Gipsnester ... 144
3. Andere künstliche Nestformen ... 144
4. Beobachtungsaufgaben am Beobachtungsnest ... 146
5. Beobachtungsaufgaben im natürlichen Lebensraum ... 146
6. Das Ameisengift ... 148
7. Ameisenduftstoffe ... 148
8. Der Ameisenlöwe ... 148
Literatur ... 149

G. Zweiflügler *(Diptera)* ... 149
I. Die Stubenfliege *(Musca domestica)* ... 149
1. Beschaffung ... 149
2. Allgemeine Beobachtungen an Fliegen ... 150
3. Reaktionen fixierter Fliegen ... 150
4. Versuche mit Fliegenmaden ... 151
5. Fliegenpuppen ... 153
6. Herstellen von Mikropräparaten ... 153
7. Positive Phototaxis ... 153
8. Fliegenspuren auf Agar Agar ... 153
Literatur ... 153

II. Die Tau- oder Fruchtfliege *(Drosophila spec.)* ... 153
1. Materialbeschaffung ... 153
2. Zucht ... 154
3. Unterscheiden von Männchen und Weibchen ... 154
4. Studium der Wildform ... 155
5. Demonstration von Drosophila ... 155
6. Studium von Mutanten ... 155
7. Chemotaktisches Anlocken ... 155
8. Phototaxis ... 156
9. Demonstration zur Entwicklung und Anatomie ... 156
10. Riesenchromosomen ... 156
11. Drosophila als Fischfutter ... 157
Literatur ... 157

III. Stechmücken *(Culcidiae)* ... 157
1. Materialbeschaffung ... 157
2. Stechmücken als Seuchen- und Krankheitsüberträger ... 157

		Seite

    3. Schattenreflexe von Culexlarven 157
    4. Osmoregulation bei Culexlarven 158
    5. Atemstellung, Bewegungen, Überkompensation bei Culexlarven 158
    6. Nahrungskette 158
  IV. Büschelmücke (*Corethra plumicornis*) 159
    1. Materialbeschaffung und Haltung 159
    2. Lebendbeobachtung der Larve (*Corethra = Chaoborus*) 160
    3. Entwicklung 160
  V. Schnaken (*Tipulidae*) 100
    1. Materialbeschaffung und Haltung 160
    2. Die Halteren 160
  VI. Zuckmücken (Chironomidae) 161
    1. Materialbeschaffung 162
    2. Lebendbeobachtung der Larven 162
    3. Teichmannsche Blutprobe (Hämoglobinnachweis) 162
    4. Elektrophorese des Blutes 163
    5. Riesenchromosomen 163
H. Schmetterlinge (Lepidoptera) 163
  I. Allgemeines über Schmetterlinge 163
    1. Demonstrationsmaterial 163
    2. Filme und Dias 163
    3. Wanderflüge von Schmetterlingen 164
    4. Zucht und Sammeln von Schmetterlingen 164
    5. Die Farben der Schmetterlinge 165
    6. Mimikry 165
    7. Beobachtungen an Schmetterlingsraupen 166
  II. Der Kohlweißling (*Pieris* spec.) 166
    1. Anfertigen von Mikropräparaten 167
    2. Zuchtversuche 167
    3. Spezielle Versuche 168
  III. Der Seidenspinner (*Bombyx mori*) 169
    1. Der Seidenfaden 169
    2. Geruchsempfindlichkeit 169
    3. Zucht 170
  IV. *Literatur* über Schmetterlinge 170
I. Köcherfliegen (Trichoptera) 170
    1. Materialbeschaffung 171
    2. Haltung von Larven 171
    3. Demonstration 171
    4. Beobachtungsaufgaben an Larven und Köchern 171
    5. Verhalten der Larven 171
    6. Anatomie der Larven 172
    7. Planktonbesatz an Larven 172
    8. Atemtätigkeit 172
    Literatur 172

		Seite
K. Libellen (Odonata)		172
I. Demonstrationsmaterial		172
II. Versuche mit Libellen		173
1.	Materialbeschaffung	173
2.	Haltung von Libellenlarven	173
3.	Demonstration der Larven	174
4.	Lichtrückenreaktion der Aeschnalarve	174
5.	Fortbewegung der Aeschnalarve	175
6.	Darmatmung	175
7.	Atmungsfrequenz	176
8.	Untersuchung einer Exuvie	176
9.	Sehvermögen	176
10.	Ernährung der Larven	177
11.	Entwicklung der Libellen	178
12.	Flügel der Libellen	179
13.	Schwarmbildung und Wanderung	179
14.	Biotopanpassungen	179
15.	Regelungsvorgänge einfach dargestellt	180
	Literatur	181

L. Eintagsfliegen (Ephemeroptera) ... 181
1. Materialbeschaffung ... 181
2. Mikroskopische Untersuchung der Larven ... 181
3. Untersuchung der Atmungsorgane ... 181
4. Lichtrückenreaktion ... 182
5. Imagines ... 182
   Literatur ... 182

M. Schrecken (Saltatoria) ... 182
   I. Demonstrationsmaterial ... 182
   II. Laubheuschrecken und Feldheuschrecken ... 182
   1. Materialbeschaffung ... 182
   2. Zuchtbehälter ... 183
   3. Fütterung ... 183
   4. Feldheuschreckenlarven (Beobachtungsaufgaben) ... 183
   5. Laubheuschreckenlarven ... 183
   6. Beobachtungsaufgaben an Imagines ... 184
   7. Präparation ... 184
   8. Herstellen von Mikropräparaten ... 184
   Literatur ... 184
   III. Wanderheuschrecken ... 185
   IV. Stabheuschrecken (*Carausius morosus*) ... 185
   1. Beschaffung ... 186
   2. Zucht ... 186
   3. Beobachtungen am lebenden Tier ... 187
   4. Herstellung von Tracheendauerpräparaten ... 188

	Seite
V. Grillen *(Gryllidae)*	188
1. Materialbeschaffung	189
2. Halten und Füttern von Heimchen	189
3. Züchten von Feldgrillen	189
4. Beobachtungsaufgaben	189
5. Lauterzeugung und Gehör	190
6. Kämpfe der Grillen	190
7. Maulwurfsgrille	190
Literatur	191
N. *Ohrwürmer* (Ordng. *Dermaptera*, Fam. *Forficulidae*)	191
I. Materialbeschaffung	191
II. Skototaxis	191
III. Thigmotaxis	191
IV. Abhängigkeit einer Reaktion von der Reizintensität	192
Literatur	192
O. *Wasserwanzen (Hydrocorinae)*	192
I. Allgemeines	192
II. Spezielle Beobachtungen	192
1. Materialbeschaffung	192
2. Haltung	193
3. Fütterung	193
4. Stabwanze	193
5. Wasserskorpion	193
6. Rückenschwimmer	193
7. Ruderwanze	194
8. Wasserläufer	194
Literatur	194
P. *Landwanzen (Heteroptera)*	194
Q. *Pflanzensauger (Homoptera)*	195
R. *Gallenerzeugende Insekten*	195
I. Copium cornutum	195
II. Die Adelgidae oder Tannenläuse	195
III. Die Gallwespe *(Cynpidae)*	195
IV. Gallmücke *(Cecidomyiidae)*	195
Literatur	196
Spinnentiere *(Arachnoidea)*	196
A. I. *Demonstrationsmaterial*	196
II. Filme und Dias	197
B. *Versuche*	197
I. Materialbeschaffung	197
II. Mikropräparate	198

	Seite
III. Die Spinnennetze	199
IV. Modell einer Spinndüse und Spinnflüssigkeit	199
V. Wo hält man Spinnen?	200
VI. Wie werden Spinnen gefüttert?	202
VII. Spinnengelege	202
VIII. Beobachtungen am Netz	203
IX. Abwickeln des Spinnfadens	203
X. Kreuzspinnenkokon	203
XI. Verhalten der Kreuzspinne	204
XII. Der chemische Sinn von Spinnen	204
Literatur	204

Niedere Krebse (*Entomostraca*) 205

A. *Vorbemerkung* 205

B. *Spezieller Teil* 205
    I. Materialbeschaffung 205
    II. Transport 205
    III. Haltung 206
    IV. Lebendbeobachtung 206
    V. Fixieren und Konservieren 207
    VI. Anfertigen von Dauerpräparaten 207
    VII. Mikroskopische Beobachtungen am lebenden Tier 207
    VIII. Generationswechsel bei *Daphnia pulex* 207
    IX. Nahrungsaufnahme bei *Daphnia* 208
    X. pH-Werte der Darmabschnitte bei *Daphnia* 208
    XI. Herzschlag bei *Daphnia* 208
    XII. Phototaxis bei *Daphnia* 208
    XIII. Daphnia im polarisierten Licht 209

Höhere Krebse (*Malacostraca*) 210

A. *Landasseln* (*Oniscoidae*) 210
    (Hier: Mauerassel *[Oniscus asellus]* und Kellerassel *[Porcellio scaber]*)
    I. Materialbeschaffung 210
    II. Haltung 210
    III. Nachweis des Geruchssinnes 211
    IV. Nachweis der Skototaxis 211
    V. Lichtkompaßorientierung 211

B. *Zehnfußkrebse* (*Decapoda*) 212
    I. Demonstrationsmaterial 212
    II. Filme und Dias 212

	Seite
III. Versuche mit verschiedenen Krebsen	212
1. Präparation von Krebsen	212
2. Haltung	213
3. Wanderungen der Chinesischen Wollhandkrabbe	213
4. Versuche mit Strandkrabben *(Carnicus maenas)*	214
5. Versuche mit Garnelen *(Crangon crangon)*	214
IV. Der Flußkrebs	215
1. Materialbeschaffung	216
2. Haltung	216
3. Fütterung	217
4. Beobachtungen zum Körperbau	217
5. Bewegungsstudien	217
6. Verhalten bei künstlicher Lageveränderung	218
7. Darstellung des Atemwasserstroms	219
Literatur	219

Tausendfüßler oder Doppelfüßler *(Diplopoda)* und Hundertfüßler *(Chilopoda)* ... 221

A. *Demonstrationsmaterial* ... 221

B. *Beobachtungen und Versuche* ... 221

   I. Materialbeschaffung ... 221

  II. Haltung ... 221

 III. Demonstration ... 222

 IV. Bein- und Körperbewegungen ... 222

  V. Der Spiralreflex und andere Schutzeinrichtungen ... 222

 VI. Mikropräparate ... 223

     Literatur ... 223

Gliedertiere in Zahlen ... 223

Stachelhäuter *(Echinodermata)* ... 224

A. *Demonstrationsmaterial* ... 224

B. *Materialbeschaffung* ... 225

C. *Spezieller Teil* ... 227

   I. Seeigel *(Echinoidea)* ... 227

     1. Seeigelfunde ... 227

     2. Befruchtung von Seeigeleiern ... 227

     3. Entwicklungsstadien ... 228

     4. Vom Pluteus zum Seeigel ... 228

     5. Beobachtungen am lebenden Seeigel ... 229

     6. Abtöten von Seeigeln ... 231

     7. Präparation und Mikropräparate ... 231

     8. Untersuchung von leeren Panzern und Panzerstücken ... 231

     9. Versteinerungen ... 231

		Seite

    II. Seesterne *(Asteroidea)* 232
        1. Materialbeschaffung 232
        2. Haltung 232
        3. Abtöten und Konservieren 232
        4. Beobachtungen am lebenden Tier 232
        Literatur 234

Wirbeltiere *(Chordata)* 235

Fische *(Pisces)* 235

A. *Allgemeiner Teil* 235
    I. Demonstrationsmaterial 235
    II. Filme und Dias 235

B. *Spezieller Teil* 236
    I. Anregungen zu Beobachtungen an lebenden Fischen 236
        1. Körperbau und Fortbewegung 236
        2. Bau und Funktion der Kiemen 238
        3. Lebenduntersuchung der Blutkapillaren 241
        4. Strömungssinn 242
        5. Schwimmblasenfunktionen 243
        6. Reaktionen gegenüber Licht 245
        7. Anpassungen an den Untergrund 246
        8. Schreckreaktion von Schwarmfischen 247
        9. Dressurversuche an Fischen 247
       10. Zusammenfassung der Sinnesorgane bei Fischen 248
       11. Artgewicht eines Fisches ermitteln 248
       12. Präparation von Fischen 248
       13. Aus Fischen gewonnene Unterrichtsmittel 251
    II. Fakten und Zahlen 252
        1. Einteilung der Fischregionen in fließenden Gewässern 252
        2. Olfaktorische Leistungen 253
        3. Fischwanderungen 253
        4. Darstellung von Nahrungsketten im Wasser 253
        5. Darstellung der energetischen und stofflichen Verhältnisse 255
        6. Zum Fischgehalt des Wassers 257
        7. Die Verunreinigung von Gewässern (Fischsterben) 258
        8. Fische in Zahlen 259
        9. Limnologische Institute 259
        Literatur 260

Lurche = Amphibien *(Amphibia)* 262

A. *Demonstrationsmaterial* 262

B. *Zusammenstellung der für den Übergang vom Wasser- zum Landleben wichtigen Fakten (6. und 7. Klasse)* 262

C. *Froschlurche (Anures)* 264
    I. Frosch *(Rana* spec.) 264
        1. Körperbau 264

		Seite
2.	Blutkreislauf	264
3.	Beeinflussung des Blutkreislaufs	265
4.	Atmung	265
5.	Nahrungsaufnahme	266
6.	Wasseraufnahme und -abgabe	266
7.	Die Haut	266
8.	Verfärbung der Haut	267
9.	Drüsen der Haut und Hautgifte	267
10.	Umdrehreflex	268
11.	Fallreflex	268
12.	Kompensatorischer Lagereflex	268
13.	Optomotorische Reaktion	268
14.	Bewegungssehen	269
15.	Aufsuchen von Feuchtigkeit	269

II. Kröte *(Bufo spec.)*, z. B. Erdkröte *(Bufo bufo)* 269

III. Entwicklung bei Froschlurchen 270
    1. Paarungsverhalten und Paarungszeiten 270
    2. Laichabgabe 270
    3. Fixieren von Eiern 271
    4. Pflege 271
    5. Verlauf der Entwicklung bei Froschlurchen 271
    6. Aufstellen von Wachstumskurven 272
    7. Beeinflussung der Metamorphose durch Hormone 273
    8. Narkotisieren von Froschlarven 273
    9. Positive Phototaxis der Kaulquappen 273
   10. Schreckstoffe bei Kaulquappen der Erdkröte 274
   11. Vergleich zwischen Kaulquappe und Frosch 274

D. *Schwanzlurche (Caudata = Urodeles)* 275

  I. Demonstrationsmaterial 275

II. Beobachtungen und Versuche an lebenden Tieren 275
    1. Vorstellen von lebenden Tieren 275
    2. Statischer Kopfreflex 275
    3. Nichtoptischer (Dreh)Nystagmus 276
    4. Strömungssinn 277
    5. Geruchssinn 277
    6. Bewegungssehen 277
    7. Beobachtungen an Schwanzlurchen in Gefangenschaft 278
    8. Beobachtungen zum Fortpflanzungsverhalten und zur Entwicklung 279
    9. Untersuchungen an Molchlarven 280
   10. Beobachtungen an Landsalamandern 280
   11. Die Haut der Amphibien 281
   12. Molchbiotope (Biotopuntersuchungen) 281

E. *Zahlen* 282

	Seite

F. Laichorte, Laichzeiten und Hauptbiotope unserer häufigsten einheimischen Lurche (Tabelle) 283
Literatur über Amphibien 284

Kriechtiere *(Reptilia)* 285

A. *Allgemeiner Teil* 285
    I. Demonstrationsmaterial 285
    II. Filme und Dias 285
    III. Vergleich zwischen Amphibien und Reptilien 286

B. *Experimenteller Teil* 287
    I. Beobachtungsaufgaben und Versuche 287
        1. Beobachtungen zu den Sinnesorganen und Reflexen 287
        2. Exuvien zur Diaprojektion 289
        3. Abtöten von Kriechtieren 289
        4. Präparation und Behandlung der Haut 289
        5. Haltung 290
        6. Beobachtungsaufgaben 290
    II. Kreuzotter und Kreuzotterbisse 291
    III. Reptilien und Zahlen 292
    Literatur über Reptilien 293

Vögel *(Aves)* 294

A. *Allgemeiner Teil* 294
    I. Vogelsammlung nach verschiedenen Gesichtspunkten 294
        1. Systematische Grundausstattung 294
        2. Geschlechtsdimorphismus 294
        3. Eine Ordnung exemplarisch ausbauen 294
        4. Exoten 295
        5. Schnabelformen 295
        6. Fußformen 295
        7. Flügelformen und -farben 295
        8. Schwanzformen 295
        9. Flugbilder 295
        10. Skelette und Skeletteile 296
        11. Entwicklungsreihe des Haushuhns 296
        12. Eiersammlung 296
        13. Nestersammlung 296
        14. Gewöllesammlung 296
        15. Modelle 296
        16. Versteinerungen 296
        17. Futterhäuschen für den Winter 296
        18. Nistgeräte und Nisthilfen 297
        19. Bildmaterial 297
        20. Vogelstimmen auf Schallplatten und Tonbändern 297
    II. Filme und Dias 297

B. Experimenteller Teil 298

I. Versuche und Demonstrationen 298
1. Die Vogelfedern 298
2. Flügelbau 300
3. Zur Demonstration der Flugtechnik 301
4. Der Federschwanz des Vogels ein vielseitiges Organ 301
5. Gewöllanalysen 302

II. Anleitungen für Feldbeobachtungen 303
1. Vogelstimmen 303
2. Ansprechen der Vögel 304
3. Federfunde im Gelände 304
4. Gewöllfunde im Gelände 305

III. Der Vogel und sein Nest 305
1. Bau von Nisthilfen und Nistkästen 305
2. Beobachtungsanregungen zum Nestbau 310
3. Sammeln und untersuchen von Nestern 311
4. Präparation von Vogelnestern 311
Literatur 311

IV. Der Vogel und sein Ei 312
1. Bestimmen von Vogeleiern 312
2. Präparation von frischen Eiern 312
3. Eisammlung 312
4. Eigrößen 312
5. Eiformen 313
6. Eifarben 313
7. Wir untersuchen ein Hühnerei 313
8. Versuche mit Hühnereiweiß 315
9. Gewichtsanteile und Zusammensetzung des Eies 316
10. Osmoseversuch 317
11. Bebrüten von Hühnereiern 318
12. Beobachtungsanregungen zum Thema Eiablage und Bebrütung 319
13. Brutdauer verschiedener, häufiger Vogelarten 319
14. Nestlingsdauer bei verschiedenen Nesthockern 320
Literatur 320

V. Beobachtungsanregungen zur Jungenaufzucht und Fütterung 320

VI. Was macht man mit verletzten oder aus dem Nest gefallenen Vögeln? 321
1. Wie tötet man einen Vogel? 322
2. Wie und was füttert man den jungen Vögeln? 322
3. Was füttert man gefangenen Vögeln? 322
4. Wie transportiert man Vögel? 323
5. Vorübergehende Unterbringung von Vögeln 323

VII. Fütterung der Vögel im Winter 323
1. Warum Fütterung im Winter? 323
2. Wann soll gefüttert werden? 324

	Seite
3. Was soll gefüttert werden?	325
4. Wie soll gefüttert werden?	325
VIII. Der Vogelzug	326
1. Daten	326
2. Beobachtungsanregungen zum Vogelzug	330
3. Auswertung von Ringfunden	331
IX. Zug- und Brutkalender	331
X. Vogelberingung	335
XI. Vögel und Zahlen	336
Literatur über Vögel	337
Säugetiere (*Mammalia*)	339
A. *Demonstrationsmaterial*	339
I. Material für Arbeitssammlungen	339
1. Knochensammlung	339
2. Untersuchung von Knochen	340
3. Bestimmungs- und Beschreibungsübungen an Knochen	341
4. Gebiß- und Zahnsammlung	341
5. Hörner	342
6. Geweihe	342
7. Fell und Haare	343
8. Krallen und Hufe	344
9. Augen	344
10. Vergleich der Gliedmaßen	347
11. Bemerkungen zur Tollwut	347
II. Material zur Demonstration vor der Klasse	348
III. Filme und Dias mit allgemeinen Themen	348
B. *Spezieller (systematischer Teil)*	348
I. Eileger (*Monotremata*)	348
II. Beuteltiere (*Marsupialia*)	348
III. Insektenfresser (*Insectivora*)	349
1. Demonstrationsmaterial	349
2. Beobachtungen am lebenden Igel	349
3. Die Spitzmäuse (*Soricidae*)	349
IV. Flattertiere (*Chiroptera*)	350
1. Demonstrationsmaterial	350
2. Daten zur Schallorientierung	350
3. Beschaffung von Fledermäusen	352
4. Versuche mit Fledermäusen	352
5. Winterschlaf der Fledermäuse	352
V. Herrentiere (*Primates*)	353
1. Demonstrationsmaterial	353
2. Anregungen	353
Literatur	354

		Seite
VI.	Hasenartige Tiere *(Lagomorpha)*	354
	Kampf den Kaninchen	355
VII.	Nagetiere *(Rodentia)*	356
	1. Demonstrationsmaterial	356
	2. Winterschlaf beim Murmeltier	357
	3. Verhalten beim Eichhörnchen	357
	4. Der Goldhamster als Beobachtungsobjekt	358
	5. Die Ratten von Jamaika. Beispiel für Störungen im biologischen Gleichgewicht	361
	Literatur	362
VIII.	Wale *(Cetacea)*	362
	1. Demonstrationsmaterial	362
	2. Orientierung der Wale	362
	3. Walfang	363
	4. Ernährung und Größe der Wale	363
	Literatur	364
IX.	Fleischfresser = Raubtiere *(Carnivora)*	364
	1. Hunde *(Canidae)*	364
	2. Bären *(Ursidae)*	366
	3. Marder *(Mustelidae)*	366
	4. Katzen *(Felidae)*	366
X.	Robben *(Pinnipedia)*	369
	1. Demonstrationsmaterial	369
	2. Anregungen zu Beobachtungen im Tierpark	370
	3. Versuche	370
	4. Hinweise	370
	Literatur	370
XI.	Rüsseltiere *(Proboscidea)*	370
	1. Demonstrationsmaterial	370
	2. Zahlen und Hinweise	371
	Literatur	371
XII.	Unpaarzeher *(Perissodactyla)*	371
	1. Demonstrationsmaterial	371
	2. Anregungen für Unterrichtsthemen	371
	3. Erklärung der Fachausdrücke beim Pferd	372
	4. Das Aussehen des Pferdes	372
	Literatur	373
XIII.	Paarhufer *(Artiodactyla)*	373
	Unterordnung: Nichtwiederkäuer; Schweineverwandte *(Suiformes)*	373
	Unterordnung: Wiederkäuer *(Ruminatia)*	373
	Familie: Hirsche *(Cervidae)*	373
	1. Demonstrationsmaterial	373
	2. Waidmännische Bezeichnungen	374
	3. Das Rehgehörn	376

	Seite

    4. Schema der Geweihformen (zum Bestimmen der Geweihe in
       der Schulsammlung) 377
    Literatur zu Wild und Jagd 378
    Familie: Rinder *(Bovidae)* 378
    1. Demonstrationsmaterial 378
    2. Anregungen für Unterrichtsthemen 379
    3. Versuche zur Milch 379
    4. Filme und Dias zu den Verwandten des Rindes 380

C. *Säugetiere in Zahlen* 381
    Literatur über Säugetiere 382

Anhang 383
    Wie alt werden Tiere? 383

Allgemeine Literatur 384

Anhang über:
Filme und Dias 547
Lehrmittel- und Lichtbildverlage 547
Für Materialbeschaffung kommen ferner in Frage 547
Benützte Abkürzungen 547

I. Bakterien — Algen — Mikroskopische Pilze — Anhang: Flechten

Seite

A. Bakterien 387

  Einleitung 387

    I. *Der Arbeitsplatz und das Arbeitsgerät* 388

    II. *Die Beschaffung von Bakterien* 392

    III. *Bakterien im Frischpräparat* 393

    IV. *Bakterien im fixierten und gefärbten Präparat* 394
        a) Das Fixieren von Bakterienpräparaten 394
        b) Das Färben von Bakterienpräparaten 395

    V. *Das Tuschepräparat nach Burri* 398

    VI. *Die Form der Bakterien* 399

    VII. *Nährmedien für Bakterien* 400

    VIII. *Das Sterilisieren von Nährmedien* 401

    IX. *Das Sterilisieren von Arbeitsgeräten* 403

    X. *Verdünnungsmedien* 403

    XI. *Das Gießen von Platten und das Ansetzen von Schrägröhrchen* 404

    XII. *Das Überimpfen von Bakterien* 404

    XIII. *Das Anlegen von Reinkulturen* 405

    XIV. *Das Verhalten der Bakterien zum Sauerstoff* 406

    XV. *Die Züchtung anaerober Bakterien* 407
        a) Das Wright-Burri-Verfahren 407
        b) Das Fortner-Verfahren 407

    XVI. *Physiologische Leistungen der Bakterien* 408
        a) Der Abbau von Zucker 408
        b) Die Buttersäuregärung 410
        c) Der Abbau von Stärke 411
        d) Der Abbau von Zellulose 411
        e) Der Abbau von Kohlenwasserstoffen 413
        f) Die Essigsäuregärung 413
        g) Der Abbau von Eiweiß 414
        h) Die Zersetzung von Harnstoff 417
        i) Die Bindung von Luftstickstoff 417
        k) Die Bildung von Nitrit und Nitrat (Nitrifikation) 418
        l) Der Abbau von Nitrat (Nitratammonifikation und Denitrifikation . 420
        m) Die Oxydation von Schwefelwasserstoff 420
        n) Die Reduktion von Sulfaten (Desulfurikation) 421
        o) Die Spaltung von Wasserstoffperoxid 421
        p) Leuchtbakterien 421
        q) Die Bildung von Antibiotica 423

    XVII. *Das Verhalten der Bakterien zur Temperatur* 425

    XVIII. *Die Wirkung der Wasserstoffionenkonzentration auf Bakterien* 425

		Seite

XIX. *Die Wirkung von Schwermetallen auf Bakterien* 426
XX. *Die Bestimmung der Keimzahl* 426
    a) Das Koch'sche Plattenverfahren 426
    b) Die Membranfiltermethode 427
XXI. *Das Bestimmen von Bakterien* 430

B. Algen 432
  I. *Das Sammeln und der Transport von Algen* 432
  II. *Die Konservierung von Algen* 434
  III. *Frischpräparate von Algen* 435
  IV. *Dauerpräparate von Algen* 435
    a) Das Fixieren 435
    b) Das Färben 437
    c) Das Einschließen 439
  V. *Die Kultur von Algen* 440

C. Mikroskopische Pilze 443
Einleitung 443
  I. *Die Beschaffung mikroskopischer Pilze* 443
  II. *Frischpräparate mikroskopischer Pilze* 444
  III. *Nährmedien für mikroskopische Pilze* 445
  IV. *Versuche zum Stoffwechsel mikroskopischer Pilze* 446
    a) Der Nachweis von Glykogen 446
    b) Der Nachweis von Volutin 447
    c) Die alkoholische Gärung 447
    d) Der Nachweis einiger von Aspergillus niger gebildeter Enzyme . . 451
    e) Der Nachweis der Cytochrome 453
    f) Die Bedeutung verschiedener Nährstoffe für mikroskopische Pilze . 454
    g) Die Bedeutung der Spurenelemente für mikroskopische Pilze . . . 456
    h) Die mikrobiologische Bestimmung des Vitamin-B_1-Gehaltes 457
    i) Die Bildung einer künstlichen Symbiose zwischen Mucor
       Ramannianus und Rhodotorula rubra 458
    k) Die Bildung von Gluconsäure durch Aspergillus niger 459
  V. *Versuche zur Fortpflanzung mikroskopischer Pilze* 459
    a) Die Beobachtung der Sprossung bei Hefen 459
    b) Die Beobachtung der Bildung von Zoosporen 460
    c) Die Beobachtung der Sporenbildung bei Hefen 460
    Literatur 461

Anhang: Flechten 462

II. Gift- und Speisepilze

	Seite
Anschauungsmittel	465
1. Lehrtafeln	465
2. Dia-Reihen	465
3. Pilz-Modelle	465
4. Skizzenblätter	466
Allgemeines	466
Rechtslage	467
Winke für die Pilzjagd	467
Der Nährwert der Pilze	468
Pilzgifte und Pilzvergiftungen	469
1. Pilzgifte, die Leber und Nieren schädigen	469
2. Pilzgifte, die auf das Nervensystem einwirken	470
3. Pilzgifte, die Verdauungsstörungen hervorrufen	471
4. Pilze, die nur zusammen mit Alkohol giftig wirken	472
5. Pilzvergiftungen	473
Gefährliche Volksregeln und ihre Widerlegung	474
Das Bestimmen der Pilze	475
Merksätze zur Vermeidung von Pilzvergiftungen	483
Merksätze für das Sammeln von Speisepilzen	484
Herstellung von Sporenpräparaten	484
Chemische Farbreaktionen zum Bestimmen von Pilzen	487
Pilzgerüche als Bestimmungshilfe	488
Pilzzucht	489
Versuche mit Pilzen	490
1. Nachweis, daß ein Silberlöffel oder eine mitgekochte Zwiebel Giftpilze **nicht** erkennen lassen	490
2. Versuche zum Stoffwechsel	490
Pilzkonservierung	493
Pilzausstellungen	494
Literatur	496

… **III. Archegoneaten und Spermatophyten**

	Seite
A. ARCHEGONEATEN	499
Moose (Bryophyta)	499
Moose als Landschaftsgestalter	499
Moose als Bewahrer des Mikrolebens und Bodenweiser	500
Moose als Pioniere des Lebens	501
Moose als Torf- und Humuslieferanten	501
Moose als lebende Fossilien	502
Lebermoose	503
Farne (Pteridophyta)	505
Bau der Wedel und Sproße	505
Dreiseitige Scheitelzelle	505
Sporophylle und Sporen	505
Aufspringen der Sporenkapsel	506
Amphibische Pflanzen mit Metamorphose (Generationswechsel)	506
Vorkeime	506
Schachtelhalme (Equisetinae)	507
Bau der vegetativen Sprosse	507
Kieselsäure-Nachweis	509
Sporophyten	509
Hygroskopische Bewegungen der Sporenbänder *(Elateren)*	509
Bärlappe (Lykopodien)	510
Trockenresistenz	511
Vegetative Vermehrung	511
Sporophylle	511
Theaterblitz	511
Unbenetzbarkeitsprobe	511
Vorkeime	512
B. SPERMATOPHYTEN	513
Nacktsamige (Gymnospermae)	514
Bestimmungsschlüssel heimischer Gymnospermen	514
Eibengewächse	514
Kieferngewächse	515
Zypressengewächse	515
Thujenartige	515
Zypressenartige	515
Wacholderartige	515
Wurzelverpilzung	515
Bau des Sproßes und Stammes	515
Rindenbeobachtungen	516
Gegenüberstellung von Zellstoff und Holzstoff	516
Blätter	517
Blüten	517
Pollenanalyse	518

	Seite
Früchte und Samen	518
Literaturhinweise zu Moosen, Gefäßkryptogamen und	
Gymnospermen	519

Bedecktsamige (Angiospermae) ... 520
   Ein Muster der bedecktsamigen Blütenpflanze ... 520
      Ableitung des Blütendiagramms ... 521
   Zum Art- und Gattungsbegriff ... 521
      Unterarten bzw. Spielarten oder Rassen ... 522

Übersicht über das Pflanzenreich ... 522

Der Familienbegriff im Pflanzenreich ... 523
   Kurzer Familienschlüssel bedecktsamiger Pflanzen ... 524
      Blüten ohne auffällige Blütenhüllblätter *(Apetalae)* ... 524
      Blüten vorwiegend mit auffälliger Blütenhülle ... 526
      Blüten unscheinbar, den Kätzchenblütlern ähnlich ... 528
      Blüten fast ausschließlich mit doppelter Blütenhülle ... 529
      a) Freikronblättrige ... 529
      b) Verwachsenkronblättrige ... 533
   Bedecktsamige als Beobachtungsmuster ... 541
   Literatur (allgemeine und Angiospermen) ... 545

Vorwort des Herausgebers

Nach den Handbüchern für Schulphysik und Schulchemie bringt der AULIS VERLAG das vorliegende HANDBUCH DER PRAKTISCHEN UND EXPERIMENTELLEN SCHULBIOLOGIE heraus. Zur Mitarbeit an diesem mehrbändigen Werk haben sich erfreulicherweise mehr als 25 Biologen von Schule und Hochschule bereiterklärt, die im Handbuch jeweils ihr Spezialgebiet bearbeiten und sich durch ihre bisherigen schulbiologischen Veröffentlichungen einen Namen gemacht haben. Real- und Volksschullehrer werden es besonders begrüßen, daß unter ihnen auch Professoren der Pädagogischen Hochschulen zu finden sind.
Keine Wissenschaft hat in den letzten Jahrzehnten eine so stürmische Entwicklung durchgemacht, wie die Biologie. Beschränkte sie sich um die Jahrhundertwende noch fast ausschließlich auf Morphologie und Systematik, so haben inzwischen andere Disziplinen, wie Genetik, Physiologie, Ökologie, Phylogenie, Ethologie, Molekularbiologie, Kybernetik und Biostatik eine ständig wachsende Bedeutung erlangt. Wenn es vor 30 Jahren noch möglich war, das Fach Biologie allein zu studieren, so ist es heute für den Biologen unbedingt notwendig, neben gründlichen chemischen Kenntnissen auch ein Basiswissen in Physik und Mathematik zu besitzen.
Diese sich ständig ausweitende Stoffülle erschwert den modernen Biologieunterricht außerordentlich. An der Hochschule und im Seminar hat der junge Biologielehrer zwar die Methodik und Didaktik seines Faches gründlich kennengelernt, aber der praktische Unterrichtsbetrieb mit seiner starken Belastung macht es ihm nicht leicht, das Erlernte auch anzuwenden. Will er nicht nur mit Kreide und Tafel seinen Unterricht gestalten, muß er sehr viel Zeit für die Vorbereitung aufwenden, denn die Beschaffung der lebenden oder präparierten Naturobjekte, die Bereitstellung der verschiedenen Anschauungsmittel und die Vorbereitung eindrucksvoller Unterrichtsversuche erfordern viel Arbeit. Von erfahrenen Pädagogen sind zwar irgendwo in der umfangreichen Literatur die Wege beschrieben worden, wie man diese Schwierigkeiten am besten überwinden kann, aber gerade das Zusammensuchen der verstreuten Literaturstellen erfordert wiederum Zeit und Mühe und der Anfänger weiß oft nicht, wo er suchen soll. Manche Buch- und Zeitschriftenveröffentlichungen sind außerdem für ihn oft kaum beschaffbar. Hier will das Handbuch helfen! Es soll dem in der Schulpraxis stehenden Biologen auf alle im Unterricht und bei der Vorbereitung auftauchenden Fragen eine möglichst klare und umfassende Antwort geben. Er soll hier nicht nur Ratschläge zur Beschaffung der Naturobjekte und Anschauungsmittel erhalten, sondern auch Vorschläge und genaue Anweisungen für Lehrer- und Schülerversuche fin-

den, die sich besonders bewährt haben und ohne großen Aufwand durchführbar sind. Darüber hinaus bietet ihm das Handbuch statistisches Material, Tabellen, vergleichende Zahlenangaben und oft auch die Zusammenstellung wichtiger Tatsachen, die besonders unterrichtsbrauchbar sind. Auch die neuesten medizinischen Erkenntnisse, die für den Biologen interessant sind, wie etwa über Krebsvorsorge, Ovulationshemmer und die Belastungen bei der Raumfahrt, kann er im Handbuch finden.

Wenn auch bereits in der Aufführung der Tatsachen, die für einen modernen Biologieunterricht wichtig sind, eine gewisse methodische Anweisung steckt, so wird doch im Handbuch auf spezielle methodische und didaktische Hinweise verzichtet, denn zur Ergänzung der bereits vorhandenen Literatur ist im Aulis Verlag ein modernes methodisch-didaktisches Werk von Prof. Dr. Hans *Grupe* herausgekommen. Außerdem soll der Fachlehrer hier die Freiheit haben, nach eigenem pädagogischen Ermessen zu unterrichten. Gerade aus diesem Grund wird das Handbuch von den Fachbiologen a l l e r Schultypen erfolgreich verwendet werden können.

Dagegen werden im Handbuch auch solche Probleme behandelt, die als V o r - a u s s e t z u n g e n für einen modernen und erfolgreichen Biologieunterricht wichtig sind, wie etwa die Einrichtung von Unterrichts- und Übungsräumen und des Schulgartens. Auch die Beschreibung und Einsatzmöglichkeit der verschiedenen optischen und akustischen Hilfsmittel fehlt nicht. Trotz seines Umfanges kann das Handbuch, von dem ich hoffe, daß es eine in der Schulliteratur vorhandene Lücke ausfüllt, natürlich nicht vollständig sein. Deshalb steht am Ende jeden Kapitels ein ausführliches Literaturverzeichnis.

Neben dem Inhaltsverzeichnis wird ein Stichwortverzeichnis dem Leser das Suchen erleichtern. Es ist so angelegt, daß alle Seiten aufgeführt sind, auf denen das Stichwort zu finden ist. Wenn aber das Stichwort an einer Stelle im Handbuch besonders gründlich behandelt wird, so ist die entsprechende Seite durch Fettdruck hervorgehoben.

Der vorliegende Band enthält die „Tier- und Pflanzenkunde", das Kernstück des Lehrstoffs in der Unter- und Mittelstufe. Zur raschen Orientierung ist er zwar nach den Grundprinzipien der Systematik aufgebaut, beschäftigt sich aber vor allem mit den Tieren und Pflanzen, die zum Verständnis der mannigfaltigen Formen des Lebens als exemplarische Beispiele für den Unterricht besonders wichtig sind. Dabei wird angestrebt, dem Lehrer möglichst viele praktische Hinweise auf im Lehrmittelhandel vorhandene Anschauungsmittel, auf bewährte Schulversuche und zur Materialbeschaffung zu geben.

Die Fülle der Tier- und Pflanzenformen macht gerade in diesem Band Vollständigkeit unmöglich. Weniger schulwichtige Formen, wie etwa die Flechten, wurden deshalb nur gestreift. Ebenso wird man hier viele physiologische und ethologische Versuche vermissen, denn für sie sind ja in dem folgenden Band „Allgemeine Biologie" eigene Kapitel vorgesehen.

W ü r z b u r g , im Herbst 1971

Dr. *Hans-Helmut Falkenhan*

ERSTER TEIL

TIERKUNDE

Von Gymnasialprofessor Hubert Schmidt

München

EINFÜHRUNG

In dieser Darstellung wird grundsätzlich auf Beschreibungen und Abbildungen der Tiere verzichtet, da diese ja in den Lehrbüchern zu finden sind. Ebenso sind alle systematischen Darlegungen auf ein Mindestmaß beschränkt und nur soweit eingeflochten, als sie sowohl zum Gebrauch im Unterricht wie zur Gliederung dieses Bandes unumgänglich notwendig sind. Deshalb richtet sich auch die Auswahl, sowie die Aneinanderreihung der einzelnen Gruppen weniger nach systematischen Gesichtspunkten, als vielmehr nach ihrer schulischen Relevanz. Tieren, welche leicht zu beschaffen und zu halten sind, wurde der Vorzug gegeben.

In den Literaturangaben wird auf Originalarbeiten weitgehend verzichtet, weil sie für die Lehrer im Lande oft schwer oder garnicht zugänglich sind. Bevorzugt wurden meist kleinere Bücher, welche in ihrer Preislage für Lehrer- oder Schülerbüchereien erschwinglich sind und einen Einstieg zur tieferen Erfassung eines Themas ermöglichen. In ihnen sind dann meistens die Originalarbeiten zu finden. Die zitierten Aufsätze sind Zeitschriften entnommen, welche in den meisten Schulen aufliegen dürften. Darüberhinaus wurde auf zusammenfassende Werke hingewiesen.

Über Filme, Dias, Lehrmittel- und Lichtbildverlage sowie benutzte Abkürzungen informiert der *Anhang zum Teil Tierkunde* auf Seite 547.

Zu den Tierversuchen ist grundsätzlich folgendes zu sagen. Die Verhaltensweisen laufen zwar instinktmäßig ab, sind jedoch selten so starr, daß sie nicht durch veränderte Umwelteinflüsse noch modifiziert werden könnten. Infolgedessen fallen solche Versuche nicht immer gleich aus, weil sich in der Schule oft manche Umwelteinflüsse nicht ausschalten lassen. Außerdem ist es durchaus möglich, daß das fragliche Tier z. Zt. des Versuches gerade in einem körperlichen Zustand ist (z. B. vor einer Häutung), wo es keine, oder andere Reaktionen als erwartet, zeigt.

Diese Aspekte müssen immer berücksichtigt werden. Daher prüfe man grundsätzlich vor der Demonstration, ob das Tier auch „mitmacht", sage nichts voraus und verspreche den Schülern nie zu viel, da ein Lebewesen im Verhalten immer noch mehr Freiheiten und Möglichkeiten hat, als eine chemische Reaktion.

Lebendbeobachtungen müssen frei sein von jeglicher Tierquälerei! Tötungen sollten wirklich nur dort vorgenommen werden, wo sie unumgänglich notwendig sind, und dann nicht vor den Augen der Schüler. Die Ehrfurcht vor dem Lebewesen sollte als Grundeinstellung bei allen Versuchen vorausgesetzt sein.

Auf Betäubungsmöglichkeiten wird in den einzelnen Kapiteln eingegangen.

Von Tierpräparationen wurde aus pädagogischen Gründen fast ganz abgesehen.

Dieser Band soll einen Beitrag dazu leisten, die Schulbiologie in stärkerem Maße experimentell auszurichten.

Meinem Kollegen Dr. *Karl Daumer* möchte ich für manche Hinweise die er mir bei Findung und Durchführung von Versuchen gab, an dieser Stelle danken.

München, im September 1971 *Hubert Schmidt*

EINZELLER (PROTOZOA)

Die folgende Darstellung beschränkt sich auf solche Gruppen von Einzellern, welche für die Schule experimentell ergiebig sind. Die Versuche erstrecken sich von einfachen Beobachtungen bis zu anspruchsvolleren Experimenten, die jedoch alle im Schulbereich durchführbar sind. Wem diese Angaben nicht ausreichen, möge die weiterführende Literatur benützen. Dort sind viele Anregungen für Arbeitsgemeinschaften und intensivere Untersuchungen zu finden.
Besonders erwähnt werden:
Geißeltierchen *(Flagellata)*; als Vertreter: *Euglena*.
Wurzelfüßler *(Rhizopoda)*; als Vertreter: *Amöba*.
Gregarinen *(Gregarinida)*
Wimpertierchen *(Ciliata)*; als Vertreter: *Paramaecium*.

A. Allgemeiner Teil

I. Demonstrationsmaterial

Wandtafeln

Biologische Skizzenblätter nach *E. Henes* (Wannweil).
Haeckelsches Tafelwerk: Kunstformen der Natur. Leipzig, Wien 1899.
Mikropräparate der wichtigsten Formen (Einzelpräparate wie ganze Serien werden z. B. bei Mauer, Schuchardt u. a. angeboten).
Lebendes Material (s. Materialbeschaffung).
Totes Rohmaterial (s. Materialbeschaffung).
Zur Demonstration werden Schülermikroskope und Mikroprojektion benötigt. Besonders hingewiesen sei auf die Möglichkeiten des Phasenkontrastmikroskopes zur Mikroprojektion, das in immer stärkerem Maße in Schulen Verwendung findet.

Filme und Dias

F 183	Reizphysiologische Untersuchungen am Pantoffeltierchen
F 547	Das Pantoffeltierchen
R 340	Einzeller
R 428	Innenparasiten des Menschen
C 650	Bewegungsweisen bei Protozoen
C 836	Mittelmeerplankton — Protozoen
C 883	Morphologie und Fortpflanzung der *Phytomonadinen*
E 1171	*Amoeba proteus* (Nahrungsaufnahme und Fortpflanzung)
C 801	Morphologie der Foraminiferen

C 829 Morphologie der Radiolarien
C 881 Morphologie der Ciliaten I. *Holotricha*
C 882 Morphologie der Ciliaten II. *Spirotricha* u. a.
C 878 Fortpflanzung der Ciliaten
(Die C- und E-Filme stellen nur eine Auswahl aus dem Göttinger Material dar).
Diareihen von Lehrmittelfirmen: Geißeltierchen, Wurzelfüßler, Sporentierchen, Wimpertierchen.

II. Einige allgemeine Gesichtspunkte beim Vergleich zwischen E i n z e l l e r und größerem V i e l z e l l e r

Sehen wir von den kleinsten Vielzellern, z. B. Rädertierchen oder Milben ab, so liegt ein wesentlicher Unterschied zwischen Einzeller und Vielzeller in der Größe. Bei Vergrößerung einer Zelle wächst der Zelleninhalt in der 3. Potenz, die Kernoberfläche nur in der 2. Potenz. Ab einer bestimmten Größe (obere Grenze ca. 1 mm) wird die notwendige Wechselwirkung von Kern und Plasma nicht mehr ausreichen, es sei denn der Kern habe eine andere, als kugelige Oberfläche, was bei sehr großen Einzellern tatsächlich der Fall ist (Perlschnurform oder Verzweigungen des Kernes). Daher bewegt sich auch die Zellgröße von Vielzellern in begrenzten Maßen. (Nummuliten waren zwar einzellig, hatten aber bei Durchmessern von 24 mm wahrscheinlich mehrere Kerne).
Die Teilung der Einzeller hängt wahrscheinlich damit zusammen, daß sie beim Wachstum eine bestimmte Größe nicht überschreiten dürfen. Hartmann gelang es durch tägliches Beschneiden von Stentor dessen Teilung 130 Tage lang zu verschieben.
Mit steigernder Größe haben die Lebewesen die Möglichkeit sich in zunehmendem Maße von ihrem Milieu in dem sie leben in Bezug auf die Fortbewegung unabhängig zu machen. So sind kleinste Lebewesen noch der Molekularbewegung unterworfen, etwas größere noch den geringsten Strömungen von Wasser und Wind. Noch größere Lebewesen können jedoch auch diese überwinden. Bei den letzteren handelt es sich ausschließlich um Vielzeller.

E i n z e l l e r
Relativ große *Oberfläche*
Äußere Oberfläche geeignet für:
Nahrungsaufnahme Exkretion Gasaustausch.

Fortbewegung amöboid, oder mit Geißeln oder Flimmerhärchen.
Reizleitung erfolgt im Plasma.

V i e l z e l l e r
Relativ kleine *Oberfläche*. Innere Oberflächenvergrößerung entlastet die äußere Oberfläche. Im Darmraum kann andersartige Nahrung als nur die im Wasser gelöste verdaut werden.
Innere Atmungsräume zum Gasaustausch machen die Körperoberfläche frei vom Wasser.
Fortbewegung durch komplizierte Muskelsysteme.
Durch spezielle Nerven-, Hormonsysteme wird das Zusammenspiel aller Organe gewährleistet. Zirkulationssysteme werden nötig. Bei kleinen Vielz. genügen noch Darmverzweigungen zur Versorgung des Körpers (Strudelwür-

Die *Arbeitsteilung* erfolgt zwischen den Organellen einer Zelle.	mer) oder Röhrenverzweigungen zur Versorgung mit Luft (Insekten). Tiere ohne geschlossenes Blutgefäßsystem sind jedoch in ihrer Größenentwicklung begrenzt. *Arbeitsteilung* zwischen vielzelligen Organen u. Organteilen; dadurch höhere Leistungen. Mit zunehmender Differenzierung des Körpers nimmt die Regenerationsfähigkeit ab.
Einz. sind an das Wasser gebunden; Gefahr der Austrocknung. Die *Schwerkraft* spielt keine entscheidende Rolle.	Je größer ein Vielzeller ist, desto stärker steht er unter Einwirkung der *Schwerkraft*. Größte Tiere können daher wiederum nur im Wasser leben.
Kurze *Lebensdauer*	Längere *Lebensdauer*
Sehr viele *Feinde*	Je größer, desto weniger *Feinde*.
Große *Individuenzahl* daher großer *Genpool*, mehr Mutanten und größere Sicherung des Fortbestandes der Art.	Kleinere *Populationen*. Dafür größere Variabilität der individuellen Anpassung.
Rasche Generationenfolge.	Langsame Fortpflanzung.

Allgemein kann gesagt werden, daß kleinere Vielzeller eine längere phylogenetische Existenz haben als größere:
Den Süßwasserkrebs *Triops carciformis* gibt es seit 170 Mio Jahren; Kakerlaken, Wolfsspinnen seit 250 — 300 Mio Jahren, den *Nautilus* seit 370 Mio J., ein anderes Weichtier (Nucula) seit 350 Mio. J., Austern unverändert seit 150 Mio. J., ebenso Lungenfisch und Brückenechsen.
Im Gegensatz dazu lebten Dinosaurier nur 10 Mio J. lang, ebenso die fossilen Elefanten und Nashörner.

III. Materialbeschaffung

1. Lebendes Material zum Kaufen

a. *Biologische Anstalt Helgoland* liefert *Noctiluca miliaris*.

b. *Zoologische Station Büsum*, 2242 Nordseebad Büsum, Sebastian Müllegger liefert lebendes Meeresplankton in Portionen zu 0,5 und 3 Ltr.

c. *Firma Brustmann* (in Aquarienhandlungen zu erfragen) liefert ein Präparat: *Protozooen* — Granulat. Dies ist ein auf Nährböden gezüchtetes Konzentrat eingetrockneter Infusorien verschiedener Größe. In Verbindung mit Wasser leben diese Kulturen in kürzester Zeit wieder auf. Normalerweise dient das Granulat zur Ernährung von Fischbrut im Aquarium. (Gebrauchsanweisung liegt der Packung bei).

d. *Die Landesanstalt für Naturwissenschaftlichen Unterricht in Stuttgart*, Pragstr. 17 (Tel. 54 43 22) liefert lebendes Material an die Schulen Baden Württembergs: Amöben, Euglena, Paramaecium, Stentor, Euplotes.

2. Lebendes Material aus dem Substrat

a. *Einzeller aus Moosen* erhält man durch Auspressen derselben. Bei größeren Moosmengen läßt man diese sich erst mit Wasser vollsaugen um sie dann wie einen Schwamm über einem Planktonnetz auszupressen. (Anreicherungsmethoden sind bei den einzelnen Vertretern beschrieben).

b. Man hängt einen *Objektträger* längere Zeit in ein Aquarium und beobachtet angesiedelte Protozoen. Dies kann bei starker Binokularvergrößerung bereits geschehen, wenn der Objekttr. in einer Petrischale mit Wasser dünn überschichtet wird. In diesem Zustand lassen sich insbes. Amöben ungestört untersuchen.

Der Pflanzenbestand von Aquarien liefert mitunter eine reichhaltige Protozoenfauna.

c. Viele Protozoen sammeln sich an, wenn faulende *Schilfstengel, Erlenwurzeln* oder *Erlenblätter* einige Zeit im Wasser sich selbst überlassen werden.

d. Läßt man Wasser von einem Brunnentrog oder Aquarium mit etwas Komposterde + 1 Kartoffel einige Zeit stehen, so stellen sich Unmengen verschiedenster Protozoen, insbes. auch Amöben ein; ferner sehr viele Bakterien.

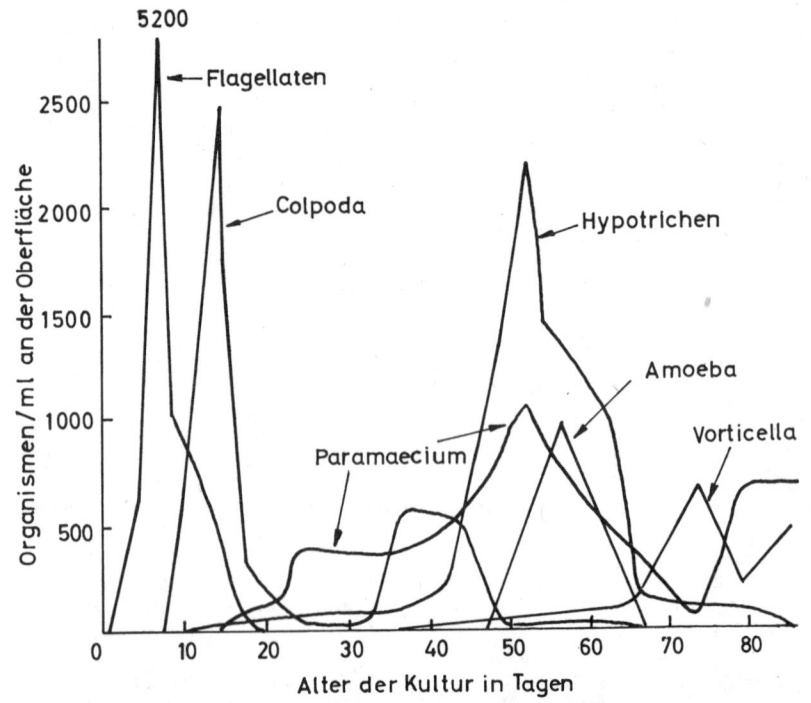

Abb. 1: Sukzession der Protozoen in einem Heuaufguß (n. WOODRUFF 1912).

e. *Heuaufguß*

Heu 1/2 Stunde lang abkochen und dann stehen lassen, bis sich eine Kahmhaut von Bakterien bildet. In diese Brühe wird dann etwas Wasser getropft, das man einem Tümpel zwischen Wasserpflanzen, einem Brunnentrog, oder dem Aquarium entnommen hat. Die *Abb. 1* soll einen annähernden Eindruck von der Sukzession in einem Heuaufguß vermitteln.

Dabei ist zu unterscheiden, ob die zu untersuchende Probe des Wassers von der Oberfläche stammt, wo die Besiedlung am stärksten ist (Flagellaten, Infusorien) oder vom Boden, wo sich mehr kriechende Formen (Amöben) ansiedeln. Das freie Wasser ist am wenigsten besiedelt.

Zeitlich gesehen folgt auf ein anfängliches Flagellatenmaximum, *Colpoda* und *Paramaecium*, gefolgt von *Stylonychia* und *Vorticella*. Als vielzelliger Organismus tritt dann häufig *Cyclops* in wenigen Individuen auf. In diesem „Erschöpfungsstadium" kann die Kultur lange Zeit (über ein Jahr) verbleiben, ohne daß Veränderungen zu beobachten sind. Werden dagegen zur Zeit der Massenentwicklung der Protozoen (etwa im *Stylonychia* oder *Vorticella*-Stadium) *Chlorellen* eingeschleppt, so erfolgt die Sukzession in durchaus anderer Richtung, und die Kultur bevölkert sich je nach Einschleppungsmöglichkeit mit einer normalen Süßwasserfauna, die allerdings auf dem beschränkten Raum nur schlecht gedeiht.

f. *Planktonfischen*

Dazu benützt man eines der bekannten Planktonnetze wie sie z. B. unter den Kosmos Geräten angeboten werden. Für zoologisches Plankton verwendet man Gaze Nr. 12 (mittlere Maschenweite 105 μ).

Gaze 16, 18, 20 wird für botanisches Plankton, 20 und 25 für die feinsten Formen benützt.

Zur Ausrüstung ist ferner eine längere Perlonschnur und evtl. ein Ausziehstock zum Führen des Netzes nötig, dazu eine Reihe, gut verschließbarer Gläser.

Als Jagdgebiet kann letztlich jedes Gewässer interessant sein. Protokoll über Fundort, Beschaffenheit desselben, Temperatur, Tages- und Jahreszeit nicht vergessen.

Eventuell wird durch Zugabe von ein paar Tropfen Formol an Ort und Stelle konserviert, oder aber das Plankton lebend mitgenommen. Da aber die meisten Tiere empfindlich gegenüber Temperaturänderungen sind, können die Gläser mit den Wasserproben zum Transport noch in eine Thermosflasche gelegt werden. Ein Glas mit Plankton soll nie ganz voll sein (Luftraum) und vor starkem Schütteln bewahrt werden.

Zuhause müssen wir dem Plankton möglichst natürliche Lebensbedingungen geben. Das Wasser wird von Zeit zu Zeit nachgefüllt, am besten mit solchem vom Fundort.

3. *Dauerkulturen*

Kulturmethoden werden beschrieben von *A. Danzer* MNU 13. 1960/61, H. 3.

4. *Beobachtungen im Mikroaquarium über längere Zeit hinweg*

Sollen Einzeller oder planktontische Vielzeller über längere Zeit hinweg beobachtet werden, z. B. um ihre Lebens- und Fortpflanzungsgewohnheiten zu demonstrieren, oder zu untersuchen, dann benützt man Mikroaquarien. Diese müssen so klein sein, daß sie jederzeit mit dem Mikroskop untersucht werden können. Für genügend Sauerstoffzufuhr muß gesorgt und die Wasserverdunstung vermieden werden. Sie sollen bei diffusem Licht kühl, in feuchter Kammer aufbewahrt werden. Viele der fraglichen Tiere bevorzugen Temperaturen von 10 — 15 °C. Um das Überhandnehmen von Bakterien zu vermeiden kann leicht angesäuert werden; entweder durch Zugabe von 0,05 °/oo Zitronensäure (pH = 5) oder Torfwasser. Manche Einzeller vertragen noch 0,1 °/oo Zitronensäure.

a. *Der hängende Tropfen. Abb. 2*

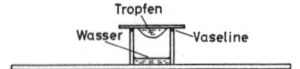

Abb. 2: Mikroaquarium im hängenden Tropfen.

Dazu wird der spezielle Objektträger mit aufgekitteter feuchter Kammer benützt. Der obere Rand der Kammer wird dünn mit Vaseline bestrichen und ihr Boden mit Wasser bedeckt. Dann legt man ein Deckglas auf, an dessen Unterseite der Tropfen mit den Lebewesen hängt. Das Ganze wird in eine feuchte Kammer, das ist eine verschließbare Glasschale, deren Boden mit feuchtem Filterpapier bedeckt ist, gelegt.

b. *Der hängende Tropfen* auf eingeschliffenem Objektträger hat den Nachteil, daß er sehr klein ausfällt. Auch hierbei ist mit Vaseline abzudichten. *Abb. 3.*

Abb. 3: Hängender Tropfen im eingeschliffenen Objektträger.

c. *Das Objektträgeraquarium. Abb. 4*

Dazu wird auf dem Objekttr. ein feuchter Faden zu einem Ring gerollt, dessen Enden etwas übereinanderstehen. Dieser Ring wird innnen mit dem Planktonwasser beschickt. In diesem Aquarium suchen die Tiere bald ihre Plätze und bleiben dort häufig zur Beobachtung lange Zeit stehen.

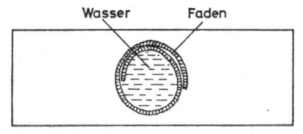

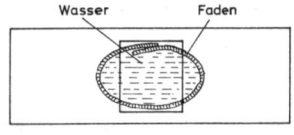

Abb. 4: Objektträgeraquarium.

Während bei a. und b. die Kleinheit des Tropfens nachteilig ist, wirkt sich hier die Verdunstung besonders aus. Ohne feuchte Kammer und regelmäßiges Nachgeben von Wasser geht es hier nicht. Abb. 5

Dieses Objektträgeraquarium kann natürlich mit einem Deckglas bedeckt werden. Dann ist zwar die Verdunstung eingeschränkt, dafür kann aber nicht mehr so viel Sauerstoff in das Wasser diffundieren. *Abb. 5.*

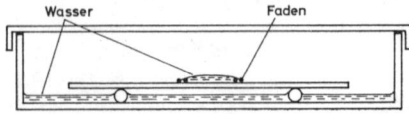

Abb. 5: Objektträgeraquarium in feuchter Kammer.

Läßt man den Faden oval verlaufen und die beiden Enden über das Deckglas herausstehen, kann ohne Störung des Inneren, Wasser hinzugefügt und können Farblösungen durchgesaugt werden. Weitere Methoden dieser Art sind bei *W. v. Bremen:* Skizzen a. d. Mikroaquarium, nachzulesen. (S. Literatur)

5. *Schnellpräparation von Einzellern*
(Nach *Schumm F.:* Miko 53, 1964, S. 353)

Ein kleiner Tropfen Wasser mit den Einzellern (Flagellaten, Ciliaten) wird auf die Mitte eines gut gereinigten, fettfreien Objektträgers gebracht. Auf ihn läßt man aus etwa 5 cm Höhe 1 — 2 Tropfen *Carnoy'scher* Lösung fallen.

(Carnoy: 100prozentiger Alkohol 6 ml, Chloroform 3 ml, Eisessig 1 ml). Der Wassertropfen breitet sich durch den Alkoholgehalt der Lösung aus. Die Infusorien werden dadurch auf den Objektträger gepreßt und bleiben bei weiterer Behandlung auf ihm kleben. Sobald die Ausbreitung des Wassertropfens aufhört, kippt man den Objektträger um seine Längsachse und saugt das überschüssige Wasser mit Filterpapier ab. Danach überschichtet man den Objektträger wieder mit *Carnoy* und fixiert zu Ende.

Dann schüttet man die Fixierflüssigkeit ab und ersetzt sie durch 70prozentigen Alkohol. Gefärbt wird am besten mit Boraxkarmin, Alaunkarmin oder Kernechtrot nach *Becher.* Man erhält prächtige Kernfärbungen.

Der Einschluß erfolgt über Alkoholstufen und Xylol in Caedax. Zu beachten: Die Präparate dürfen nicht zu lange im Wasser liegen, da sich sonst die Protozoen wieder ablösen.

Literatur

Baumeister, W.: Planktonkunde für Jedermann. 3. Aufl. Stuttgart 1967.
Bremen, W. v.: Skizzen aus dem Mikroaquarium Miko 48. 1959, 49—57.
Danzer, E.: Einfache Kulturmethode für Protozoen. MNU 13. 1960/61, 122.
Doflein-Reichenow: Lehrbuch der Protozoenkunde. 6. Aufl. Jena 1953.
Göke, G.: Meeresprotozoen (Foraminiferen, Radiolarien, Tintinninen). Einführung in die Kleinlebewelt. Stuttgart 1963.
Jakl, H. L.: Das Mikroaquarium. Aquarien im Dienste der Materialbeschaffung.
    1. Allgemeines. Miko 54. 1965, 185—187.
    2. Das Paludarium. Miko 54. 1965, 208—211.
    3. Das Süßwasserbecken. Miko 54. 1965, 276—280.
    4. Das Seebecken. Miko 54. 1965, 315—319.
Mayer, M.: Die Fixierung kontraktiler Protozoen. Miko 50. 1961, 91—94.
Mayer, M.: Kultur und Präparation der Protozoen. Einführung in die Kleinlebewelt. Stuttgart 1962.
Schumm, F.: Schnellpräparation von Einzellern. Miko 53. 1964, 353.
Steinecke, F.: Das Plankton des Süßwassers. Heidelberg 1958.
Kaestner, A.: Lehrbuch der speziellen Zoologie. Bd. I Wirbellose. 1. Teil 1969 [3]

B. Spezieller Teil

I. Geißeltierchen (Geißelalgen) *(Flagellata)*

Zur Einführung in die Protozoenkunde, zur Darstellung der Übergänge von Pflanzen zu Tieren, sowie von Einzellern zu Mehrzellern, werden gerne die Flagellaten, insbes. die Gattung Euglena („Augentierchen") benutzt. Die grünen Chromatophoren, sowie das rote Stigma sind auch mit ungeübtem Auge unter dem Mikroskop zu erkennen.

Euglena

1. Materialbeschaffung

Euglena viridis verrät sich in Jauchepfützen und -gräben durch einen dunkelgrünen Belag auf der Oberfläche der Pfütze. Bei vorsichtigem Abschöpfen erfassen wir massenhaft diese Einzeller. Sie zeigen immer eutrophe Gewässer an, so daß der Gewässerschutz Fachmann sie als „Polysaprobier" bezeichnet, d. h. Anzeiger starker Wasserverschmutzung durch organische Stofffe.
Ihre Zucht erfolgt daher in Tümpelwasser, dem Rinderdung zugesetzt wurde. Die Kulturgläser, z. B. Petrischalen, sollen am hellen Fenster (jedoch ohne direktem Sonnenlicht) oder unter Dauerbeleuchtung stehen. (Bei mäßiger Lichthelligkeit zeigen Euglenen positive Phototaxis, bei zu starker Beleuchtung dagegen fliehen sie das Licht.)
Zur Beobachtung kann die Flagellatenaufschwemmung zentrifugiert und dadurch angereichert werden.

2. Beobachtungsaufgaben

Besondere Aufmerksamkeit schenken wir:
dem spindelförmigen, nur schwach verformbaren Körper (metabolische Pellicula),
dem roten Stigma („Augenfleck") am Vorderende,
der pulsierenden Vakuole, deren Mundtrichter allerdings schwer zu sehen ist,
den band- oder sternförmigen Chromatophoren,
den Paramylumkörnern (stärkeähnliche Assimilationsprodukte).
Der Zellkern ist meist erst nach Färbung sichtbar.
Die Geißel wird nur in momentanen Ruhelagen, oder wenn sie sehr langsam schlägt, erkennbar. (Zum Bau der Geißel u. ihrer Funktionsweisen s. *Kaestner*, I. 1. S. 28 ff.)

3. Fixierung (n. Baumeister)

Zieht man nicht die, unter A. III. 5. beschriebene Schnellmethode vor, dann bieten sich folgende an.

a. *Formaldehyd* (2 — 4 %ig), 5 — 30 Std, lang, jedoch nicht länger, da sonst Farbstoffe ausbleichen.

b. *Kupferlaktophenol:* 0,2 g Kupferchlorid in 50 ml Aqu. dest. und gesondert 0,2 g Kupferazetat in 45 ml Aqu. dest. Nach völliger Lösung werden beide Flüssigkeiten gemischt und 5 ml Lactophenol dazugegeben. Nach 1 — 2 Tagen filtrieren. Lösung muß hellblau sein. Sie ist nur 3 — 4 Wochen verwendungsfähig.
Zur Fixierung wird das Zentrifugenkonzentrat mit Fixierlösung übergossen. 3—4 Wochen stehen lassen.

c) *Sublimatalkohol* (Empfohlen von *Mayer*): 7 g Sublimat in 100 ml Aqu. dest. heiß lösen und nach Erkalten 50 ml 96 %igen Äthanol zusetzen. Besonders für Ausstrichpräparate geeignet. Dabei dürfen keine Metallgegenstände mit dem Fixiergemisch in Berührung kommen. Fixierdauer 10 Min. — 1 Std. Dann auswaschen mit 50-, 60-, und 70 %igem Alkohol je 5 Min. Dem 70 %igen Alkohol wurde vorher Jod zugesetzt, daß er kognakfarben wird. Dann in reinen 70 %igen Alkohol. Anschl. Färbung.

4. Färbung

Zur Färbung wird *Ehrlichs* Hämatoxylin und Eisenhämatoxylin nach *Heidenhain* empfohlen. (Einzelheiten s. *Mayer, Baumeister*).

5. Positive Phototaxis

Eine Euglenasuspension wird in einen kleinen Glaszylinder gebracht (ca 10 x 3 cm), dieser verstöpselt und durch schwarzes Papier, in das ein kleines Fenster (ca 1qcm) geschnitten wurde, abgedunkelt. Durch das Fenster wird mit einer Lampe eine Unterrichtsstunde lang beleuchtet. Gegen Ende der Stunde erkennt man nach Entfernung der schwarzen Hülle bereits mit freiem Auge eine Ansammlung von Euglenen an der ehemaligen Fensterstelle.

6. Euglena, Pflanze oder Tier?

Euglena eignet sich als Beispiel zur Darstellung der *Grenzen systematischer Einteilungen*. Die Systematik entspringt dem Wesenszug des Menschen zu sichten, zu gliedern, einzuteilen, zu benennen. Sie ist Voraussetzung einer jeden Wissenschaft. Ihre Kriterien sind häufig mehr oder weniger willkürlich festgelegte Merkmale, nach denen die Dinge geordnet werden. Extremformen sind meist leicht zu unterscheiden und von einander zu trennen. Schwierig wird die Situation z. B. dann, wenn sich die Kriterien von zwei systematischen Einheiten in ein und demselben Lebewesen finden; etwa pflanzliche u n d tierische Eigenschaften bei *Euglena*.

Hier in jedem Fall von „Übergängen" zu sprechen dürfte genau so problematisch sein, wie die Einzeller „Urtierchen" zu nennen. Alle heute lebenden Formen sind letztlich die Produkte einer langen Evolution, was ja schon in der hohen Organisation der Einzeller zum Ausdruck kommt.

Es wäre demnach müßig, einen Streit darüber zu entfachen (was man übrigens in einer Klasse ohne weiteres einmal versuchen könnte), ob *Euglenen* Tiere oder Pflanzen sind. Sie sind eben eine spezielle Gruppe von Lebewesen, zu deren Eigenart es gehört, sowohl tierische wie pflanzlich genannte Eigenschaften in sich zu vereinen.

Eigenschaften, welche wir „pflanzlich" nennen können: An Plastiden gebundene Farbstoffe (Chlorophyll, Xanthophyll u. andere) zur Kohlensäureassimilation (Photosynthese). Dabei Aufbau von Stärke und Paramylum aus Zuckern. Dies entspricht einer holophytischen, autotrophen, pflanzlichen Ernährungsweise. (Anmerkung: Als Schutz gegen UV Einstrahlung speichern Hochgebirgsformen Hämatochrom (rot), welches bisweilen das Chlorophyll verdeckt (Alpenblutseen: *Euglena sanguinea*; roter Gletscherschnee. *Gyrodinium nivale* u. *Chlamydomonas nivalis*).

Eigenschaften, welche wir „tierisch" nennen können: Bei Ausschaltung der Photosynthese durch Züchtung im Dunkeln können sich chlorophyllführende, normalerweise autotrophe Flagellaten nun heterotroph durch Aufnahme von gelösten organischen Stoffen durch die Körperoberfläche ernähren. Die Fortbewegung mittels einer Geißel sowie die Phototaxis mit Hilfe des Pigmentfleckens.

Literatur

Drews, R.: Der Erreger des Meeresleuchtens. Das Geißeltierchen Noctiluca. Miko 49. 1960, 353—355.

Schneider, H.: Die Geißelalgenkolonie Eudorina. (Modell einer Übergangsform vom einzelligen zum vielzelligen Lebewesen) Miko 57. 1968, 158 ff.
Wolf, L.: Blutseen und Grüntümpel. Vegetationsfärbung durch Augentierchen. (12 Euglenaformen werden beschrieben und abgebildet). Miko 52. 1963, 345—348.
Ferner die jeweiligen Kapitel über Flagellaten in der allgemeinen Literatur über Einzeller.

II. Wechseltierchen *(Amoeba)*

1. Materialbeschaffung

a. Aus Moosen

Bei trockenen Standorten den Moosrasen abheben, in Frischhaltebeutel verpakken und zu Hause das Material mit Wasser durchtränken und über einem Fangglas oder größerem Wasserbecken auspressen.

Moose von feuchten Standorten (*Sphagnum* etc.) werden am Fundort ausgepreßt und das Wasser aufgefangen.

b. Aus Kleinstgewässern

Interessant können wassergefüllte Kleinstgewässer sein, wie Baumhöhlen, Rosetten von Bromeliazeen, Wasserbehälter in Warmhäusern botanischer Gärten usw.

c. Aus kleinen Tümpeln oder Pfützen

Ein Probeglas wird mit dem Daumen verschlossen kurz über die Schlammschicht des Gewässerbodens gehalten. Bei Öffnen des Glases durch Wegnahme des Daumens, strömt dann Wasser und oberflächlicher Schlamm ein. Diesen Vorgang wiederholt man u. U. mehrere Male und sammelt unter Dakantieren und Absetzenlassen in einem Sammelglas mehrere Proben des Bodensatzes zusammen. Für ein exaktes Protokoll kann pH-Wert und Temperatur gemessen werden.

Bei größeren Gewässern werden Beläge von Wasserpflanzen (Schilf, Seerosen) oder von Pfählen und Steinen abgeschabt und in der oben geschilderten Weise in ein Glas gesaugt. Oder man nimmt ganze Schilfstücke im Wasser mit.

d. In freiem Seewasser

Hier leben nur wenige planktontische Amoeben, so daß ein Sammeln für schulische Zwecke kaum in Frage kommt.

2. Materialanreicherung

Die Proben werden durch ein Drahtgewebe von 0,5—0,6 mm Maschenweite gesiebt. Die aufgefangene Flüssigkeit enthält u. a. auch die Rhizopoden, während grobe Bestandteile vom Netz zurückgehalten werden. Diese Flüssigkeit kommt in Petrischalen, denen 2—3 Weizenkörner zugesetzt werden können. Torfmoospolster lassen sich in abgedeckten Gläsern, vor Sonne geschützt, von Zeit zu Zeit mit Regenwasser befeuchtet, fast beliebig lange aufbewahren, so daß ihre Amoebenfauna immer zur Verfügung steht. Größere Schlammproben läßt man 1—2 Tage in einem Zylinder sedimentieren. Nach vorsichtigem Dekantieren und nochmaligem Sedimentieren kann die Oberfläche des Schlammes mit der Pipette abgesaugt und in einer Petrischale, oder auf einem Objekttr. untersucht werden.

3. Untersuchung

Die Untersuchung erfolgt unter möglichst dünnem Deckglas (0,15 mm) um nahe an die Objekte heran zu kommen. Bei mittlerer Vergrößerung werden die einzelnen Organelle angesprochen und gezeichnet. Endo- und Ektoplasma, kontraktile Vakuole, Nahrungsvakuole, evtl. Zellkern werden gesucht. Umrißformen verschiedener Stadien werden gezeichnet. Ein Bewegungsablauf eines Pseudopodiums wird zeichnerisch verfolgt. Zeitangaben! Zur Demonstration vor der gesamten Klasse eignet sich neben der normalen Mikroprojektion insbesondere das Phasenkontrastmikroskop. (Näheres über Systematik, Arbeitsmethoden, Ökologie usw. bei *Großpietsch*).

Literatur

Großpietsch, Th.: Wechseltierchen (Rhizopoden). Einführung in die Kleinlebewelt. Stuttgart 1965.
ders.: Schalenamoeben aus dem Boden. Miko 54. 1965, 14.
Peters, R.: Das Sonnentierchen Actinosphaerium .(Kultur, Lebensäußerungen, Fortpflanzung, Enzystierung). Miko 53, 1964, 97—101.
dies.: Arcella; Das Uhrglastierchen. (Materialbeschaffung, Haltung, Bau, Fortpflanzung, Untersuchungsmethoden). Miko 53. 1964, 129 ff.
Schlick, W.: Amoeben auf besiedelten Objektträgern in Mikroaquarien. Miko 50, 1961, 227 ff.

III. Gregarinen *(Gregarinida)*

1. *Materialbeschaffung und Verarbeitung*

Gregarinen gewinnt man aus Kulturfolgern unter den Insekten, z. B. Silberfischchen, Ohrwürmern, Schaben, versch. Käfern. Besonders geeignet sind Zuchten des Mehlkäfers (Tenebrio molitor). Die Larven des Mehlkäfers, die sog. Mehlwürmer beherbergen fast immer 3 Arten von Gregarinen *(Gregarina polymorpha, Gr. cuneata, Gr. steini).*

Man erhält sie, indem man einem Mehlwurm Kopf und Hinterende abschneidet und den Darminhalt auf einem Objektträger ausstreicht. Der Darminhalt wird nach Auflage eines Deckglases mikroskopiert.

Die Cysten der Mehlwurmgregarinen können aus dem Kot der Wirtstiere isoliert werden. Dazu werden die Wirtstiere in Petrischalen mit sauberem untergelegtem Filtrierpapier gebracht. Aus den sicher bereits bis zum nächsten Tag abgesetzten Kotballen isoliert man unter dem Binokular die Cysten und überträgt sie in die feuchte Kammer, wo die weitere Entwicklung und das Entleeren der Sporen erfolgt. Oft vernichten jedoch schnellwüchsige Schimmelpilze das Cystenmaterial. Die weitere Entwicklung läßt sich am hängenden Tropfen oder in der feuchten Kammer gut verfolgen. Sie endet mit der Ausstülpung der Sporodukte, durch welche die Sporen ins Freie gelangen.

Bei der Präparation fertiger Insekten (Imagines) trennt man bei kleineren Wirtstieren ohne Vorbehandlung den Cephalothorax ab. Zur Tötung größerer Wirtstiere verwendet man Essigäther. Der vorsichtig herausgelöste Darmtrakt wird auf einen Objektlr. übertragen, auf dem sich zur Verdünnung des Darmsaftes ein Tropfen physiologischer Kochsalzlösung (0,75 %) befindet. Der Darm wird nicht der Länge nach aufgeschlitzt, sondern in kleine Stücke zerteilt. Auf diese Weise verhindert man einen zu raschen Wechsel des osmotischen Wertes. Für eine längere Lebendbeobachtung, etwa in einer Klasse, empfiehlt sich die Anwendung von *Ringer-* bzw. *Loccke*-Lösung.

2. *Fixierung und Färbung*

Fixiergemische: *Fleming, Bouin, Carnoy* oder starke Jodjodkalilösung.
Färbemittel: Haemalaun nach *Mayer*, Haematoxylin nach *Delafield*, oder Giemsa

Romanowski. Auch Boraxkarmin und Eisenhaematoxylin nach *Heidenhain* sind geeignet. (Zit. n. *Geus A.*)

Literatur

Geus, A.: Gregarinen
I. System, Biologie u. Untersuchungstechnik. Miko 53. 1964, 5 ff.
II. Gregarinen in Weberknechten. Miko 54. 1965, 3 ff.
III. Grregarinen der einheimischen Bachflohkrebse. Miko 54. 1965, 233—235.
Peters, R.: Geschlechtsformen von Gregarinen — eine Seltenheit? Miko 54. 1965, 161—166.

IV. Wimpertierchen *(Ciliata)*

Als Beispiel: Pantoffeltierchen *(Paramaecium spec.)*

1. Demonstrationsmaterial

F 183 Reizphysiologische Versuche am Pantoffeltierchen
F 547 Das Pantoffeltierchen
Diaserien von Mikropräparaten: Pantoffeltierchen in Teilung
Pantoffeltierchen in Konjugation.
Mikropräparate: Pantoffeltierchen nach verschiedenen Färbungsmethoden.

2. Materialbeschaffung

a. *Salatblätter* werden in Gaze eingehüllt und das Ganze in ein Glas mit abgestandenem Brunnenwasser, oder gewöhnlichem Leitungswasser gehängt. (Sauberste Methode).

b. *Heuaufguß* s. A. III. 2. e

c. *Viele Aufgüsse von Schlamm* aus Teichen, von Kompost, Dünger, Strohhäcksel usw. enthalten Pantoffeltierchen.

d. In 0,02 %iger *Fleischextraktlösung* lassen sich Pantoffeltierchen züchten.

3. Verfahren zum Ruhigstellen lebender Tiere unter dem Mikroskop

a. Sehr wenig *Watte* oder Fließpapierfasern oder auch Algenfäden kommen auf den Objekttr. Dann wird der Tropfen mit P. daraufgetropft. Es entstehen dadurch kleine Gefängnisse, aus denen nach Auflage eines Deckglases die Tierchen nicht mehr entweichen können. Meist legen sie sich bald thigmotaktisch an die Fäden an.

b. Zusatz von 3 %iger *Gelatinelösung*.

c. Zusatz von 1 %iger *Agar-Lösung*.

Man bereite 1 %ige Lösung von Agar in Wasser und halte sie bei 40° C flüssig. Nun gibt man einen kleinen Tropfen der Paramaecium-Suspension auf den Objekttr. und einen ebenso großen Tropfen der Agar-Lösung auf Deckglas, drehe dieses rasch um, zentriere Tropfen über Tropfen und lasse das Deckglas auf den Objekttr. fallen. Die Temperatur dieses Gemisches sinkt augenblicklich auf 30° C; es geliert zu einem inhomogenen Medium, in dem in einem Gelatinenetz winzige Aquarien eingeschlossen sind. In diesen haben die Protozoen nur geringe Bewegungsmöglichkeiten. Dabei darf nicht auf das Deckglas gedrückt und dieses auch nicht seitlich verschoben werden.

d. *Betäubung* der Tiere kann mit 1 °/₀₀ Nickelsulfat-Lösung, die noch auf 1 : 20 verdünnt ist, durchgeführt werden. Bei längerer Beobachtung sterben allerdings die Tiere.

e. Versieht man das Deckglas an seinen Ecken mit *Wachsfüßchen* und drückt es vorsichtig unter mikroskopischer Kontrolle auf die Paramaecien-Suspension, dann kann der Raum zwischen Deckglas und Objekttr. so eingeengt werden, daß die Beweglichkeit der Tiere herabgemindert ist. Das überschüssige Wasser wird mit Filtrierpapier abgesaugt. Wenn dann bei längerer Untersuchung das Wasser verdunstet, bleibt der Zwischenraum von Deckgl. u. Objekttr. immer gleich und es kann jederzeit Wasser nachgefüllt, bzw. können Farblösungen hindurchgesaugt werden. Benützt man keine der oben genannten Möglichkeiten, dann tritt durch Verdunstung auch einmal der Zeitpunkt ein, wo das Deckgl. einen optimalen Abstand hat. Aber dann kommt es sehr rasch zum Zerquetschen der Tiere, sobald weiteres Wasser verdunstet.

4. *Körperform und Organelle*

Die folgenden Versuche und Beobachtungen eignen sich sowohl für die Mikroprojektion vor der Klasse, wie auch insbesondere für Arbeitsgemeinschaften. Im letzteren Fall hat es sich als günstig erwiesen, bei einer schon etwas geschulten Gruppe nicht unbedingt eine Vorbesprechung durchzuführen, sondern in Form von Fragestellungen die Schüler zur eigenen Beobachtung anzuregen. Die Fragestellungen selbst können entweder mündlich, mit Tafelnotizen, oder mit Hilfe eines hektographierten Arbeitsprogrammes (s. Regenwurm) erfolgen. In einer Nachbesprechung werden dann die Beobachtungen alle gesammelt und geklärt.

a. Beobachtung und Zeichnung der Körperform bei mittlerer und starker Vergrößerung. Wo ist vorne und wo ist hinten?

b. Beobachte die Cilien! Sind alle gleich?

c. Wo wird die Nahrung eingestrudelt? Wo liegt die Mundbucht?

d. Beobachte Nahrungs- und kontraktile Vakuolen.

5. *Die Vakuolenfrequenz*

a. *Die Frequenz* der kontraktilen Vakuole in der Minute wird geprüft und protokolliert.

b *Mittelwerte* während mehrerer Minuten werden an einem Tier bestimmt. Ist ein Ansteigen oder Absinken der Frequenz bemerkbar?
Die Frequenzzahlen aller protokollierten Tiere werden an der Tafel gesammelt. Welche Streuungen treten auf?

c. Wodurch können *Änderungen in der Frequenz* entstehen?
Wie verhält es sich bei absterbenden Tieren? (Frequenz steigt).

d. Ein *Kochsalzkristall* wird an den Rand des Deckglases gelegt, so daß sich das Salz langsam lösen und in das Wasser eindiffundieren kann.
Wie verändert sich die Vakuolenfrequenz?
Exakter ausgeführt kann nach dem Messen der durchschnittlichen Frequenz eine aufsteigende Reihe von Lösungen zunehmender bekannter Salzkonzentration benützt werden.

Protokollieren und zeichnen einer Kurve über die Abnahme der Frequenz.

e. Verändert sich die Frequenz bei zunehmender *Temperatur*?

Zu diesem Zweck wird Wasser verschiedener Temperatur vorbereitet (z. B. von 5°, 10°, 15°, 20°, 25°C); es genügen meist drei versch. Temperaturen. Nach Verteilung an die Schüler werden rasch P. darin eingebettet und w. o. die Mittelwerte der Vakuolenfrequenz bestimmt.

Einfacher ist es, wenn auch weniger exakt, wenn eine Hälfte des Kurses ihre Objektтr. mit den P. geringfügig erwärmt und dann beide Hälften miteinander verglichen werden.

Entsprechend der van *t'Hoff'schen* Regel, (welche besagt, daß sich die Reaktionsgeschwindigkeit eines chemischen Systems mit der steigenden Temperatur derart ändert, daß ein Temperaturzuwachs von ca 100° ungefähr eine Verdoppelung der Reaktionsgeschwindigkeit bewirkt), nimmt die Zahl der Pulsationen zu. Damit kann darauf hingewiesen werden, daß hier tatsächlich physikalischchemische Systeme vorliegen.

Die Begründung für die Existenz der kontraktilen Vakuolen führt zur Erscheinung der Osmose.

6. Die Ernährung des Pantoffeltierchens

Vorausgeht eine Beobachtung des Mundfeldes und der Nahrungsvakuolen.

Die, durch Cilien hervorgerufene Strudelbewegung kann gut beobachtet werden, wenn man ganz wenig (etwa eine Nadelspitze voll) chinesischer Tusche, Bärlapp-Sporen, Karminpulver, Bäckerhefe oder am einfachsten, Bleistiftpulver (nicht Tintenblei) hinzugibt.

Diese Substanzen müssen alle vorher mit etwas Wasser zu einer feinen Suspension angerührt werden.

Nach Zugabe der Suspension erkennt man, welche Strudel das Tier erzeugt und wie schnell sich die Nahrungsvakuole füllt.

Bei stärkerer Vergrößerung ist zu sehen, wie die Partikelchen vom unausgesetzten Wimperschlag in den Mundtrichter eingestrudelt werden, wie sich ein Nahrungsbläschen mit ihnen füllt, sich schließlich ablöst und durch den Körper wandert. Bei genauer Beobachtung sieht man auch, wie die Nahrungsvakuole wieder entleert wird. (Ihre Wanderung durch den Körper in regelmäßigen Bahnen nennt man Zyklose).

7. Beobachtungen von Verdauungsvorgängen

Da das Einstrudeln unter gewisser Auswahl erfolgt, füttert man zur Beobachtung der Verdauungsvorgänge am besten mit gefärbter Hefe.

Dazu werden 15 g Bäckerhefe in 30 ml Wasser mit 30 mg Neutralrot etwas verrieben.

Diese Suspension läßt man ca 15 Sek. kochen.

Von der erkalteten Suspension wird etwa soviel, wie an einer Präpariernadel hängen bleibt, auf den Objektтr. in die Paramaecienflüssigkeit gemischt.

Neutralrot ist im sauren Bereich, bis etwa pH = 6,8 rot, in neutralem und basischem goldgelb. Die Hefesuspension wird fast immer schwach sauer und somit rot angefärbt sein, während Paramaecien-Kulturen, vor allem ältere, meist leicht basisch reagieren. Die roten Hefezellen werden also nach Zugabe zum Kulturtropfen eine blaßgelbe Färbung annehmen.

Da diese Färbung der Hefezellen nach Abschnürung der Vakuole für kurze Zeit bleibt, entspricht der pH-Wert der Nahrungsvak. zuerst dem des Außenmediums (pH $>$ 7). Aber dann tritt Rotfärbung auf, d. h. pH $<$ 7 (genauer 4 bis 1,4). Diese niedrigen pH-Werte zeigen starke Säuren an, welche vermutlich die Aufgabe haben, Bakterien zu töten. Gleichzeitig nimmt das Volumen der Vakuole ab. Später werden die Hefezellen wieder gelblich, d. h. der pH-Wert verändert sich und wird größer als 7. Die unverdaulichen Reste der Nahrung werden schließlich am Zellafter (Cytopyge) nach außen entleert.

Statt Neutralrot kann auch Kongorot verwendet werden (pH = 3 blau; pH = 5 rot).

Protokoll mit Zeitangaben, Zahl der Vakuolen, Verfärbungen! (Nach 2 Min. können bereits 5—7 Nahrungsvakuolen gefüllt sein).

8. Beobachtung der Trichocysten

Ein Tropfen mit frischen Paramaecien wird neben einen Tintentropfen gegeben. Durch Auflegen des Deckglases, oder schon vorher werden beide Tropfen miteinander berührt und dann sofort beobachtet.

Überall, wo die Tinte in das Wasser eintritt, findet Ausschleudern der Trichocysten statt. Da sie sich im Gegensatz zu den Tieren blau färben, sind sie bald zu sehen, wie sie dicht die Param. umgeben. Auch das Ausschleudern selbst kann bei guter Beobachtung gesehen werden.

Ähnliches Ausschleudern erreicht man, wenn zuerst ein Tropfen Pikrinsäurelösung und anschließend ein Tropfen 0.01 %iger Anilinblaulösung durchgesaugt werden. Die ausgeschleuderten Trichocysten sind gefärbt.

Die Trichocysten werden gezeichnet und dabei auf die Größenverhältnisse zu den Tieren geachtet.

(Wahrscheinlich kommt ihnen Schutzfunktion gegenüber räuberischen Ciliaten zu. Sie gehen aus länglichen, stiftförmigen Gebilden hervor, die im Alveolarraum des Ektoplasmas liegen.)

9. Reizphysiologische Versuche

Bestimmte Reize rufen bestimmt gerichtete Bewegungen hervor. Diese Bewegungen auf Reize hin, nennt man Taxien, z. B. Chemotaxis, Thermotaxis, Galvanotaxis usw. Die Taxien können positiv oder negativ sein, d. h. der Organismus bewegt sich zur Reizquelle hin, oder von ihr fort. Durch die Reizempfindung und -beantwortung wird es dem Organismus ermöglicht, auf Reize, welche positiv sind, sich zur Reizquelle hin zu bewegen und negative Reize entweder zu umgehen oder vor ihnen zu fliehen.

Auf diese Weise findet unser Tier, das ihm zuträglichste Milieu.

a. Chemotaxis gegenüber Essigsäure

Auf einem, mit Alkohol fettfrei gemachten Objekttr. wird ein Ausstrich der Paramaecienkultur mit möglichst vielen Tieren hergestellt.

In die Mitte dieses Ausstriches gibt man einen kleinen Tropfen 1/50 $^0/_{00}$ Essigsäure.

Bei schwacher Vergrößerung wird ohne Deckglas rasch beobachtet, bevor noch die Essigsäure weiter diffundiert ist.

Hat man die optimale Konzentration getroffen, dann sammeln sich die Paramaecien in kurzer Zeit im Essigtropfen an und kreisen hier im Optimum, welches in diesem Fall das Zentrum des Tropfens ist. Auf dunkler Unterlage ist die Anhäufung u. U. mit freiem Auge oder zumindest unter dem Binokular bereits zu sehen. War die Konzentration höher, und diffundiert die Essigsäure etwas nach außen, dann suchen die Tiere wiederum die optimale Konzentration, welche nun zwischen Essigsäurezentrum und Wasser liegen muß. Sie schwimmen dann in einer ringförmigen Zone der optimalen Konzentration und stoßen jeweils gegenüber der höheren, wie der niedrigeren Konz. zurück.

Die Tiere reagieren also gegenüber einer bestimmten Konzentration positiv chemotaktisch. Bewegen sich Tiere gegen ein Konzentrationsgefälle, spricht man von positiver Phasotaxis.

b. Chemotaxis gegenüber Schwefelsäure

Auf die Objekttr.-Mitte kommt ein Tr. einer Par.-Kultur mit möglichst vielen Tieren. Knapp daneben setzt man einen Tr. 0,001 %ige Schwefelsäure und auf die andere Seite einen 3. Tropfen 0,01 %ige Schwefelsäure. Dann werden mit der Präpariernadel schmale Flüssigkeitsbrücken zwischen den 3 Tropfen hergestellt. Die P. wandern nun über die eine Brücke zu der 0,001 %igen Schwefelsäure, während in den anderen Säuretropfen kein Tier hinein schwimmt.

Schwefelsäure wirkt also in schwächerer Konz. positiv chemotaktisch und in stärkerer Konz. negativ chemotaktisch.

c. Chemotaxis gegenüber Sauerstoff

An Luftblasen, am Deckglasrand, an assimilierenden Algen sammeln sich Paramaecien an. Ihre Atmung erfolgt über ihre gesamte Oberfläche.
(Atmungsgröße von Paramaecien: 500 ml Sauerstoff / kg/ h. Nach *Krogh* 1941).

d. Chemotaxis gegenüber Salzen

Weitere chemotaktische Versuche lassen sich mit Salzen durchführen. Dabei kann man bei Verwendung farbiger Salzlösungen die Diffusionsgrenze der farbigen Anionen oder Kationen feststellen. Geeignet sind: $KMnO_4$, $CuSO_4$, K_2CrO_4 u. a.

e. Galvonotaxis, Verhalten im elektrischen Feld

Dieser Versuch ist einer der eindrucksvollsten. Hat man einmal die einfache Versuchsanordnung zusammengebastelt, kann er jederzeit in der Mikroprojektion vorgeführt, ja mit unbewaffnetem Auge beobachtet werden. Man sollte ihn sich wirklich nicht entgehen lassen, auch wenn es einen Film darüber gibt.

Auf einem Objekttr. werden 2 elektrische Drähte mit Siegellack befestigt und mit je einem Blättchen Filterpapier im Abstand von 1 cm beklebt. *Abb. 6.*

Zwischen die Papierblättchen tropft man die Paramaeciensuspension und bedeckt mit einem Deckglas. Beim Anlegen einer Spannung von 4—10 Volt (Voltmeter zur Demonstration dazwischenschalten!), wandern die Tiere im elektrischen Feld sofort zur Kathode. Wird umgepolt, machen sie sofort kehrt in die andere Richtung.

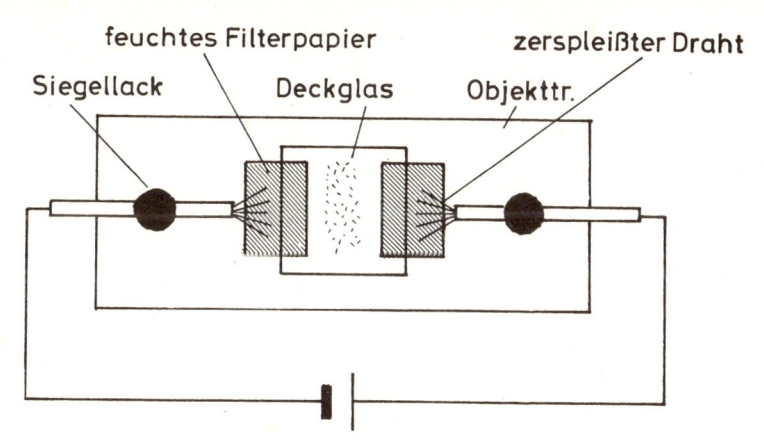

Abb. 6: Galvanotaxis beim Paramaecium. Erkl. im Text.

Dieser Versuch deutet daraufhin, daß die durch Neurofibrillen koordinierten Cilienschläge durch ein elektrisches Feld beeinflußt werden.

Opalina ranarum und die Flagellaten *Polytoma, Cryptomonas,* u. a. schwimmen dagegen zur Anode. *Trachelomonas* und *Peridinium* wandern zur Kathode. *Euglena viridis* dagegen zeigt keine galvanotaktische Reaktion *(Mayer M.)*

f. *Thigmotaxis*

Sie wurde bereits erwähnt als die Erscheinung des Anschmiegens an die Wattefäden. Die Tiere suchen dabei möglichst vielseitige Berührung an Gegenständen. In unserem Fall spricht man von positiver Thigmotaxis.

g. *Thermotaxis, Verhalten gegenüber Temperaturunterschieden*

Aus Kupferblech schneidet man sich einen Streifen, der über den Objekttr. und den Mikroskoptisch hinausragt. Auf das eine Ende des Bleches gibt man einen Eiswürfel oder einen Tropfen eines Kältegemisches, während das andere Ende vorsichtig mit einer Sparflamme beheizt wird.

Auf dieses Kupferblech wird ein Objekttr. mit Paramaecien und Deckglas gelegt. Die Tiere suchen nun die Zone der optimalen Temperatur auf und sammeln sich hier an. Durch Seitenvertausch, oder Entfernung von warm und kalt kann der Versuch variiert werden.

Eleganter gelingt der Versuch mit einem Heizdraht. Dazu wird auf die Mitte eines Objekttr. mit Uhu ein ca. 4 cm langer Platindraht aufgekittet, so daß seine Enden frei herausragen und mit Klemmen abgegriffen werden können. Abb. 7
Damit nun das Deckglas nicht kippen kann, werden parallel zum Draht zwei gleichdicke Glasfäden aufgeklebt.

Heizt man nun den Draht bei geringer Spannung (1—2 Volt, Trockenbatterie genügt), dann entsteht ein Temperaturgefälle zwischen dem Draht und den Glasfäden. (Mikroprojektion).

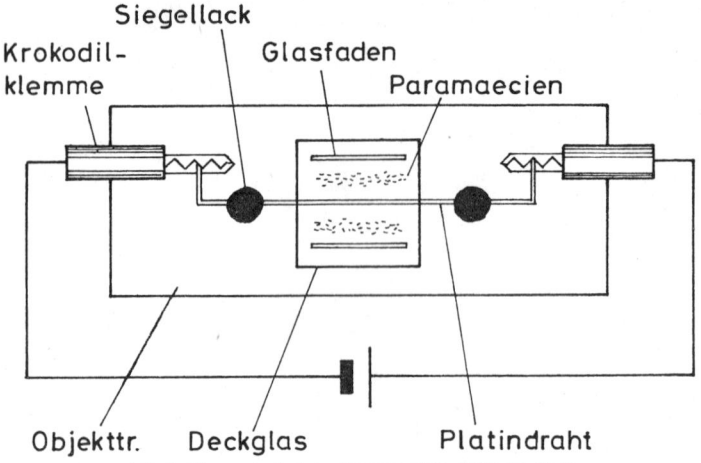

Abb. 7: Thermotaxis beim Paramaecium. Erkl. im Text.

Bevor nun geheizt wird, schwimmen die Tiere unregelmäßig im gesamten Feld umher.

Sobald jedoch geheizt wird, weichen die Tiere durch Fluchtreaktionen aus der vom Draht erwärmten, allmählich breiter werdenden Zone zurück. Schaltet man die Heizung ab, dann nähern sie sich mit Abkühlung auch wieder dem Draht.

Gerät ein P. in ein Temperaturgefälle hinein, dann schwimmt es in einem optimalen Temperaturbereich reaktionslos umher. Gelangt es jedoch aus dem Optimum kommend in eine höhere oder niedrigere Temperaturstufe, so treten sofort Unterschiedsreaktionen auf (phobotaktische Reaktionen), die wieder in das Optimum zurückführen. Stößt aber ein P. von außen an die Grenzen des „Optimums", so schwimmt es, ohne irgendwelche Reaktionen auszuführen geradlinig in diesen Bezirk hinein. Auf diese Weise sammeln sich schließlich alle, in dem Temperaturgefälle umherschwimmenden Tiere im optimalen Bereich an. *(Schlieper)*. Dabei ist das Temperaturoptimum keine konstante Größe, sondern vom jeweiligen physiologischen Zustand der Tiere abhängig. Es kann von 24° — 32° C schwanken.

Die einfachste Versuchsanordnung zur Darstellung der Thermotaxis ist ein Objekttr. mit Paramaecien, der auf ein schmales Becherglas gelegt wird, in dem Wasser bis auf 45°C erwärmt wurde. Die Kultur ist mit einem großen Deckglas (24 x 60) bedeckt und wird nach Erwärmung auf ein schwarzes Papier gelegt. Tropft man nun in die Mitte des Deckglases einen Tropfen Eiswasser oder legt ein Eisstückchen darauf, so sieht man schon mit der Lupe, wie sich die Tiere in einer optimalen Zone ansammeln.

h. *Geotaxis, Verhalten gegenüber der Erdanziehung*

Hierbei muß die Wirkung der Erdanziehung sowie der CO_2-Gehalt der Lösung beachtet werden.

In gut durchlüftetem Wasser zeigen die P. zwar keine negative Geotaxis, trotzdem steigen aber in einem 2 — 3 cm weiten und 30 — 50 cm langem Glasrohr die Tiere langsam nach oben. Dies kommt daher, daß sie beim umgerichteten Schwimmen nach unten mehr Widerstand antreffen, als nach oben, weshalb durch die häufigeren Fluchtreaktionen nach oben, die Gesamtmenge allmählich hochsteigt.
Füllt man nun ein Reagenzglas teils mit Heuaufguß, teils mit Leitungswasser, schüttelt gut durch und verschließt ohne Luftblase, dann steigen infolge der höheren CO_2-Konzentration die P. negativ geotaktisch gerichtet nach oben.
Davon kann man zur Anreicherung der Kulturen Gebrauch machen!

10. Die Bewegungen der Paramaecien

An freischwimmenden P., welche lediglich durch Gelatine etwas gehemmt sind, studiert man die Bewegungen und läßt durch die Schüler folgende Fragen beantworten:
Verläuft die Bewegung geradlinig oder schlängelnd?
Warum rotiert der Körper um die Längsachse? (Die Rotation entsteht einmal durch die Stellung und das Schlagen der Wimpern, sowie durch die schraubenförmige Struktur des Körpers. Infolge dieser Rotation kann wie bei einem Geschoß die Richtung besser beibehalten und ein Überschlagen vermieden werden.) Wie werden Hindernisse umgangen? (Versuch und Irrtum). Welche Cilienkoordinationen sind bei Richtungsänderungen erforderlich?

11. Polare Einschmelzung

Ein Objektträger wird mit einer Paramaecien-Kultur beschickt und diese mit einem Deckglas bedeckt.
Dann bringt man mit einer feinen Pipette einen Tropfen 0,1 %ige Natronlauge an den Deckglasrand und saugt ihn mit einem Filterpapier durch die Kultur.
Sobald die Tiere von der Lauge berührt werden, führen sie Drehbewegungen aus und es kommt meist zu explosionsartigen „Einschmelzungen" des Hinterendes der Tiere. Auf diese Weise treten polare Differenzierungen in Erscheinung.
(Ähnliche einseitige „Einschmelzungen" des Protoplasmas vieler Protozoen erfolgen bei Durchtritt eines konstanten Stromes.)

Literatur

Braunstedt, F.: Dressurversuche mit *Paramaecium caudatum* und *Stylonychia mytilus*. Zs. vergl. Physiol. Bd. 22. 1935, 490—516.
Kalmus, H.: Paramecium. Jena 1931.
Matthes, D. und *Wenzel, F.:* Wimpertiere (Ciliaten). Einführung in die Kleinlebewelt, Stuttgart 1966.
Mayer, M.: Reizphysiologische Versuche am Pantoffeltierchen. Miko 53. 1964, 243 ff.
Pfeifer, H. H.: Einfache Versuche mit Wimperinfusorien. (Abstreifen der Mundspirale, bei Zugabe von Salzen und Zuckern.) Miko 55. 1966, 176—178.
Schmid, A.: Die Chemotaxis des Pantoffeltierchens. P.d.N. 1967, 203 ff.
Schmid, A.: Versuchstier *Paramaecium*. (Schulversuche zur Chemotaxis gegenüber H_2CO_3 und Essigsäure). Miko 57. 1968, 220 ff.
Schwegler, H. W.: Das Pantoffeltierchen. Miko 50, 1961, 275 ff.

SCHWÄMME (PORIFERA)
I. Demonstrationsmaterial

Flüssigkeitspräparate (z. B. Süßwasserschwamm: *Ephydatia fluviatilis*, oder Badeschwamm *Spongia officinalis*).
Bioplastiken (Einschlußpräparate) w. o.
Modell vom Kalkschwamm *(Sycontyp)*
Natürliche Schwammskelette (z. B. Badeschwamm, getrockneter Süßwasserschwamm, Gießkannenschwamm)
Wandtafel: Süßwasserschwamm
Konserviertes Untersuchungsmaterial
Biol. Anst. Helgoland bietet an: *Leucosolenia botryoides*, *Sycon coronatum*, *Halichondria panicea*
Lebendes Untersuchungsmaterial
Biol. Anst. Helgoland bietet an: dieselben w. o. portionsweise.
Mikropräparate:

Die Serie „Hohltiere" von *Schuchardt* enthält *Spongilla* quer, *Spongilla* Gemmulae, *Euspongia*-Schnitt.
Bei *Mauer* werden z. B. angeboten: Mariner Kalkschwamm *(Sycon*, quer, Längsschnitt durch ganzes Tier mit Osculum median; dass. tangentialer Längsschnitt; dass. dicker Querschnitt mit Kalknadeln), *Spongilla* (Kieselnadeln isoliert), einfacher Meeresschwamm *(Leucosolenia total)*, Badeschwamm *(Euspongia*, mazeriertes Skelett) u. a.

Diareihe:

Serie von Mikrodias (z. B. *Schuchardt*) über Schwämme, gegliedert in Kalk-, Kiesel- und Sponginfaserschwämme.

II. Materialbeschaffung

1. Der Süßwasserschwamm *(Euspongilla lacustris)*

Zu finden auf Holzstücken, Ästchen, Schilfstengeln u. ä. in Teichen und evtl. Tümpeln, welche nicht austrocknen. Ihre ausgedehnten Kolonien wechseln in der Gestalt je nach Unterlage, nach fließendem (meist klumpige Formen) oder ruhendem Wasser (aufgelockerte, verästelte, oder verzweigte Formen). Die klumpige Form bietet dem flüssigen Wasser geringeren Widerstand und geringere Oberfläche. In ruhigerem Wasser dagegen ist eine größere Oberfläche für die Atmung und Ernährung nötig. In Aquarien haben sie als Filtrierer keinen ungünstigen Einfluß. Fangorte merkt man sich gut!

2. Marine Schwämme

Sie sind überwiegend Felsbewohner, von der Flutlinie bis zu den tiefen Hartböden reichend, einige auf Schlammböden, massenhaft in Höhlen. Manche wachsen auf den Strünken großer Algen, auf Ascidien, Mollusken, Dekapoden.
Man sammelt sie in erreichbaren Tiefen von Hand aus, mit Maske und Schnorchel; trennt mit Messer oder Meißel ab.
In größeren Tiefen muß gedredscht werden.
In der Adria wird heute noch von kleinen Tauchbooten aus (Sibenik) die Küste zwischen Kotor und Kopar abgetaucht und der feste Dalmatinerschwamm *(Spongia officinalis),* teils auch Pferdeschwamm herausgeholt. An Bord werden die Schwämme getreten, getrocknet und an Land mit H_2O_2 nach einer Beizung gebleicht.
Biol. Anst. Helgoland (s. o.) liefert Material.

III. Die Haltung von Schwämmen

Sie gelingt nach vorsichtigem Transport, bei dem nichts gequetscht wurde, in kühlen Becken, bei zureichendem Kleinstplankton.

IV. Untersuchung von Schwämmen

1. *Mazerieren*

Manche Arten lassen sich lebendig, nach Wuchsform, Konsistenz, Farbe, Oberfläche bestimmen. Zumeist ist jedoch die Untersuchung der isolierten Skeletteile (Nadeln, Fasern) unerläßlich. Diese gewinnt man durch mazerieren kleiner Stückchen:
Kalkschwämme in kalter, Hornschwämme in kochender Javellscher Lösung oder Kalilauge; Kieselschwämme in kochender Salpetersäure; darauf gut waschen, in absolutem Alkohol am Objekttr. trocknen und mit Balsam unter Deckglas verschließen.

2. *Aufbau*

Zu beachten ist die Verteilung der großen Ausfuhröffnungen (Oscula), der langen Papillen und Zipfel (Conuli), evtl. die zarte Außenschicht (Ectosoma) oder kräftige Rinde (Cortex). Ihnen wird die Verteilung der winzigen Geißelzellen, die den zentralen Schwamm-Hohlraum einfach auskleiden (*Ascon* Typ) oder zu Geißelkammern geschlossen sind (*Leucon Typ*), untersucht.

3. *Die Zusammensetzung des Skeletts aus Kalk (Salzsäureprobe)*

oder elastischem Spongin, ferner Anordnung, oder besondere Form derselben, kann untersucht werden. Die Größe der Nadeln kann unterschieden werden (Makro- und Mikroskleren).
Weitere Untersuchungen und Bestimmungen s. *Riedl.*

4. *Konservieren*

Große, feste Stücke können an der Luft getrocknet werden. Sonst wird in 4 % Formol oder reichlichem, 80 %igem Alkohol (mehrfach wechseln!) konserviert.
Für histologische Zwecke werden kleine Stückchen in Bouin oder Helly (100 Tl. Stammlösung nach Zenker + 5 Tl. Formol) fixiert.

Nach Härtung in Alkohol können 0,2 — 0,5 mm dünne Schnitte mit dem Rasiermesser hergestellt und in Cedernöl untersucht werden.

5. Zahlen

Die Lebensdauer von Schwämmen kann einige Monate bis 50 Jahre (Hornschwämme) betragen.

Die Planktonnahrung besteht aus Partikeln unter 0,01 mm Größe, teils auch aus den sich in manchen Arten vermehrenden symbiontischen Algen.

Ein Schwamm von 1 Ltr. Inhalt filtriert 100—2000 Ltr. Wasser pro Tag.

Große Schwämme bieten vielen Tieren Wohnraum.

Literatur

Kaestner, A.: Lehrbuch der speziellen Zoologie. Bd. I. Wirbellose 1. Teil. (Hier weiterführende Literatur!)
Riedl, R.: Fauna und Flora der Adria. Hamburg Berlin 1963.
Schneider, H.: Wir mikroskopieren einen Süßwasserschwamm. Miko 1969, 129 ff.

HOHLTIERE (COELENTERATA)

A. Allgemeiner Teil

Für die Schule von Bedeutung sind:

Die Klasse *Hydrozoa* (Polypen ohne innere Septen. Medusen mit Velum) z. B. Süßwasserpolyp, Süßwassermeduse, Staatsquallen u. a.

die Klasse *Scyphozoa* (Polypen mit 4 Septen im Gastralraum. Medusen ohne Velum) z. B. *Aurelia Rhizostoma* u. a.

die Klasse *Anthozoa* (Polypen mit 6, 8, und mehr Septen, stockbildend und solitär z. B. Blumenpolypen, Korallen).

I. Demonstrationsmaterial

1. Totes Sammlungsmaterial

Bioplastiken (Einschlußpräparate)

Angeboten werden:
- Seenelke (*Metridium spec.*),
- Seemos (*Sertularia spec.*),
- Seerose *(Actinia equina)*,
- Steinkoralle,
- Hornkoralle *(Eunicella verrucoa)*,
- Edelkoralle,
- Köpfchenpolyp *(Tubularia larynx)*,
- Lederkoralle,

Flüssigkeitspräparate

Angeboten werden:
- Seenelke (*Methridium dianthus*)
- Seerose *(Actinia equina*, 1 Tier geschlossen, 1 Tier mit gestreckten Tentakeln)
- Lungenqualle (*Rhizostoma pulmo*, od. andere)
- Seefeder *(Permatula phosphorea)*
- Ohrenqualle (*Aurelia aurita*, auf Nachfrage)

Lehrtafel n. *Dr. Lips:* Baupläne des Tierreichs; Hohltiere.

Pfurtscheller Tafel: Vielarmige Korallentiere.

Korallenkalkskelette

Angeboten werden:
Bäumchenkoralle *Madrepora spec.* u. a.
Orgelkoralle (Tubipora spec.)
Pilzkoralle (*Fungia* spec.)
Kalkskelett (*Trachyphylla* spec.)

Modelle:

Süßwasserpolyp (*Hydra* spec.) vollplastisches Modell mit abnehmbaren Tentakeln; zwei davon im Längsschnitt (200 fach Vergr.).
Entwicklung der Ohrenqualle (*Aurelia)* mit Planula,
Scyphopolyp: Stadien der Strobilation, mit abnehmbarer Ephyra, freischwebende Ephyra und entwickelte Qualle. Darst. auf Grundbrett ca 40 x 50 cm (*Schlüter*).

Mikropräparate

(z. B. n. *Mauer):*
Süßwasserpolyp (*Hydra):*
Totalpräparat (Kernfärbung)
mit Knospen (total)
Querschnitte durch verschiedene Regionen
Längsschnitt durch Körper und Tentakeln
Querschnitt mit Hoden
Querschnitt mit Ovarien
isolierte Zellen
Obelia:
Polypenstock total
Meduse total
Plumularia setacea: Polypenstock total
Tubularia larynx: Polypenstock total
Seemoos (*Sertularia cupressina*): total
Aurelia: Ephyra total
Seerose (*Actinia equina):* Junges Tier quer od. längs
Coryne sarsi: Polypen mit daran knospenden Medusen
(Z. B. n. *Schuchardt):*
Sammlung Hohltiere, 10 Präparate.

Farbdias nach Mikropräparaten (z. B. *Schuchardt*)
Biologische Skizzenblätter (z. B. n. *E. Henes,* Wannweil/Reutlingen: Serie S: Hohltiere und Schwämme. Der Süßwasserpolyp, die Ohrenqualle, Edel- und Steinkoralle. Korallenriff, Süßwasser- und Badeschwamm. DIN A4 mit Erläuterungsheft f. d. Lehrer).
Versteinerungen: Quallen aus dem Jura
Korallen z. B.
Thecosmilia (Trias bis Jura)
Zaphrentis (Silur bis Perm) u. a.
Bilder von Korallenatollen (Luftaufnahmen)
Unterwasseraufnahmen von Korallenriffen
Landkarte der Südsee mit dem australischen Korallenriff.

II. Filme und Dias

F 298 Nahrungsaufnahme beim Süßwasserpolyp
F 377 Tiergärten der Nordsee (u. a. Quallen, Korallentiere)
F 655 Tierleben im Korallenriff
FT 891 Am Korallenriff
R 94 Hohltiere
R 690 Tierleben in einem Korallenriff
B 714 Süßwassermeduse — Polypenkolonie u. Bildung von Wanderfrusteln
C 863 Mittelmeerplankton — Larven von Coelenteraten (1960)
C 641 Bewegung der Quallen (*Scyphozoa*)
C 642 Hydroidpolypen der Nordsee (1951)
C 643 Aktinien der Nordsee (1953)
DR Korallenriffe; Vom Saumriff zum Atoll (V-DIA).

2. Lebendes Material (s. auch Materialbeschaffung im spez. Teil)

Die *Zoologische Station Büsum* bietet an:

Aktinien:

>   Erdbeerrose (*Actinia equina*)
>   Dickhäutige Seerose (*Urticina crassicornis*)
>   Höhlenrose (*Sargata troglodytes*)
>   Seenelke (*Mitridium senile*)
>   Seenelke (doppelköpfige, selten)
>   Getüpfelte Erdbeerrose (*Actinia fragacea*)
>   Polypenstöcke:
>   Hydroidpolypen (*Obelia geniculata*)
>   Köpfchenpolypen (*Tubularia larynx*)
>   Meerhand *(Alcyonia digitum)*
>   Seemoos (*Sertularia argentea*)
>   Korallenmoos *(Sertularia abietina)*

Die *Biol Anst. Helgoland* bietet an:

>   Hydroidenstöckchen (Art je nach Jahreszeit) entweder stückweise oder in Portionen (Pt) für 25 Präparate ausreichend, in Kunststoffbeuteln.
>   *Hydractinia echinata* auf Schneckenschalen (Sommer) Pt.
>   *Anthozoa:*
>   *Urticina felina* (Stück)
>   *Metridium senile* (St.)
>   *Actinia equina* (St.)
>   Sagartiogeton undatus (St.)
>   *Sagartia troglotydes* (St.)
>   *Alcyonium digitatum* (Pt.)
>   *Ctenophora: Pleurobrachia pileus* (Frühj., Sommeranfang) (Pt.)

3. Konserviertes Material

Biologische Anst. *Helgoland* bietet an:

Hydrozoa:

    Athecata, Anthomedusae:

Tubularia larynx	Pt.
Actinula-Larven von *Tubularia*	St.
Coryne tubulosa	Pt.
Coryne tubulosa, eben abgelöste Medusen	Pt.
Coryne tubulosa, ältere Medusen	St.
Leuckartiara octona	St.
Bougainvillia britannica	St.
Rathkea octopunctata	Pt.
Margelopsis haeckeli	Pt.
Hydractinia echinata	Pt.
Cordylophora lacustris	Pt.
Eudendrium rameum	Pt.

    Thecata, Leptomedusae:

Sertularia cupressina, Zweigstücke	Pt.
Laomedea geniculata	Pt.
Laomedea gelatinosa	Pt.
Laomedea lovéni (Gonothyraea)	Pt.
Campanularia johnstoni (Clytia)	Pt.
Plumularia setaca	Pt.
Phialidium hemisphaericum	St.
Eucheilota maculata	St.
Eutonina indicans	St.
Obelia spec., eben abgelöste Medusen	Pt.
Obelia spec., ältere Medusen	St.
Aglantha digitale (Trachymeduse)	St.

Scyphozoa:

Aurelia aurita, adult	St.
Cyanea lamarcki, juv.	St.
Chrysaora hysoscella, juv.	St.
Randorgane von *Rhizostoma octopus*	St.
Scyphistoma von *Aurelia aurita*	St.
Scyphistoma in *Strobilation*	St.
Ephyra von *Aurelia aurita*	St.
Craterolophus tethys (Stauromeduse)	St.

Anthozoa:

Metridium senile für Präparation	St.
Actinia equina für Präparation	St.
Actinia equina, juv. *Susa* oder *Zenker* fix. z. Schneiden	St.
Cerianthus-Larven (Arachnactis bournei)	St.
Alcyonium digitatum	Pt.

B. Spezieller Teil

I. Der Süßwasserpolyp

1. Gattungen und deren Vorkommen

Die grüne Form, welche in Symbiose mit der einzelligen Grünalge *Chlorella* lebt, bildet heute die einzige Art „*viridissima*", der Gattung *Chlorohydra*. Sie liebt klares Wasser und ist besonders in Quellteichen verbreitet. An ihrem Körper lassen sich Rumpf und Fuß als äußere Abschnitte nicht unterscheiden.
Die andersfarbigen Formen gehören zur Gattung *Pelmatohydra*, bei welcher der Rumpf stark gegen den verschmälerten Stiel abgesetzt ist, und die Gattung *Hydra*, deren Rumpf sich allmählich in den wenig dünneren Stiel verschmälert (n. *Schwegler*). Eine weitere Unterscheidung dürfte sich für die Schulpraxis erübrigen.
Hydra und *Pelmatohydra* gedeihen auch noch in schwach verschmutzten, stehenden oder schwach fließenden Gewässern. Starke Verschmutzung verträgt keine der Arten.

2. Materialbeschaffung

Hydren sind nicht selten, doch werden sie wegen ihrer geringen Größe leicht übersehen.
Fang: Man sammelt Wasserpflanzen und bringt sie in möglichst großer Zahl in Gefäße, die mit Teichwasser gefüllt sind. Man geht um so sicherer, je mehr Pflanzen von verschiedenen Wasserstellen gesammelt werden. Die Gefäße werden an einem ruhigen Ort abgestellt. Nach einem Tag haben sich vorhandene Polypen an der Lichtseite des Gefäßes angesammelt. (Nur eine seltene Art ist lichtscheu).
Oder: man holt sich einzelne, nicht zu intensiv gefärbte Blätter aus dem Wasser und sieht nach, ob man nicht braune, stecknadelkopfgroße Schleimklümpchen darauf entdeckt. Diese werden mit Hilfe eines Pinsels oder Grashalmes in ein wassergefültes Röhrchen gestreift. Beim Absinken kann man kontrollieren, ob es sich um einen Polypen handelt. Das Glas darf nicht überfüllt werden und der Fang sollte möglichst bald in einem Zuchtgefäß zur Ruhe kommen.
Man kann Polypen jahrelang und fast das ganze Jahr über frisch von einer einmal entdeckten Fundstelle beziehen.
Die Landesanstalt für Naturwissenschaftlichen Unterricht in Stuttgart, Pragstr. 17 (Tel. 54 43 22) liefert an die Schulen Baden-Württembergs lebende Hydren.

3. Kultur von Polypen

Außer *Chlorohydra*, welche stets frisches Wasser benötigt, lassen sich alle anderen Polypen ohne größere Pflege halten. Das Aquarium kann klein sein, soll gut belichtet sein, aber nicht warm werden. Es braucht gute Durchlüftung durch Wasserpflanzen und soll abgedeckt sein.
Statt Leitungswasser nimmt man besser ein, durch Taschentuch filtriertes Seewasser.
Gefüttert wird mit 1—3 Daphnien pro Polyp und Tag. *Cyclops* eignet sich insofern weniger, weil sie entkommen und die Polypen bis zur Erschöpfung ihre Nesselkapseln verschließen. Überschüssiges Daphnienwasser wird nach ca 30 Minuten wieder abgegossen.

Daphnien ihrerseits werden entweder mit dem Planktonnetz gefangen oder von Tierhandlungen als Fischfutter bezogen. Man nehme nicht die größten Formen!

4. Symbionten, Parasiten und Feinde der Polypen

Die einzellige Grünalge *Chlorella* lebt im Entoderm von *Chlorohydra*. Sie ist auch frei anzutreffen.
Auf den Polypen bewegen sich häufig Wimpertierchen: *Trichodina pediculus* (ein peritricher Ciliat) und *Kerona pediculus* (ein hypotricher Ciliat).
Als Feinde der Polypen kommen Schlammschnecken (*Limnaea*), Mückenlarven (z. B. *Corethra*) und Strudelwürmer (z. B. *Microstomum*, in dessen Körper dann die intakten Nesselkapseln gespeichert werden), in Frage.

5. Hydren mit Geschlechtsorganen

Diese erhält man in dichten Massenkulturen die sich nicht mehr vermehren, oder indem man zunächst tüchtig füttert und dann 10 Tage hungern läßt.
Bei den zwittrigen *Chlorohydren* liegen die Ovarien unter den Hoden am selben Tier als Ausbuchtungen des Ektoderms. Andere Arten sind getrenntgeschlechtig.
Aus den Hoden lassen sich bewegliche Spermien gewinnen, welche sich gut zur Demonstration eignen. Dazu muß der Hoden vorsichtig zerzupft und die Spermien freigelegt werden.

6. Knospung

Füttert man Hydren gut, so kann man bald alle Stadien von Knospung beobachten. Durch solche ungeschlechtliche Vermehrung kann sich die Zahl der Polypen innerhalb von 2 Wochen verzehnfachen *(Schwegler)*. Dabei ist auf den erhöhten Sauerstoffbedarf Rücksicht zu nehmen. Die Knospung bis zur totalen Ablösung kann bei guter Fütterung 2—5 Tage dauern.
Hydra wird in Kultur ca 1 Jahr, Pelmatohydra 1/4 Jahr alt.

7. Untersuchung lebender Tiere

Die Demonstration kann erfolgen in Einzelmikroskopen, in der Mikroprojektion, im Mikroprojektionsaufsatz von Zeiß, bei größeren Tieren evtl. auch in einer Projektionsküvette am Diaprojektor.
Die drei letzten Möglichkeiten bieten den Vorteil der Überwachung dessen, was die Schüler sehen, sowie der gemeinsamen Besprechung.
Als Objektträger werden solche mit Hohlschliff verwendet. Falls solche nicht vorhanden, müßte das Deckglas mit Wachsfüßchen versehen werden. Ist das Objekt einmal unter dem Deckglas, dann ist jede weitere Erschütterung zu vermeiden, wenn der Polyp in ausgestreckter Form beobachtet werden soll.
Im Überblick wird die Körpergliederung in Mundkegel, Rumpf, Stiel, Fußscheibe, werden können.
Tentakelkrone mit Fangarmen und dann bei stärkerer Vergrößerung: Entoderm, Ektoderm und Gastralraum erarbeitet.
Bei starker Vergrößerung werden die Tentakeln einzeln mit ihren Nesselbatterien untersucht. Penetranten sind umgeben von einem Kranz kleiner Klebe- (Glutinanten) und Wickelkapseln (Volventen).

Bei Erschütterungen, oder Berührung mit einer Borste, zieht sich das Tier ruckartig zusammen und streckt sich anderseits bei Ruhe wieder total aus.
Die verschiedenen Stadien der Entfaltung und Kontraktion werden gezeichnet.

8. Sichtbarmachen der Nesselfäden

Saugt man verd. Essigsäure durch das Präparat, dann stirbt der Polyp unter Herausschleudern der Nesselfäden. (Das geht nicht bei manchen Stämmen von *Chlorohydra*).

Kückenthal empfiehlt Zugabe von 0,2 %iger Essigsäure, welche mit Methylgrün angefärbt ist.

Durch vorsichtiges Beklopfen und allmähliches Andrücken des Deckgläschens kann man noch Ektoderm und Entoderm von einander trennen und evtl. sogar einzelne Zellen isolieren.

9. Nahrungserwerb

Die Polypen sind *Angler* und *Schlinger*.

Vor der Demonstration lassen wir die Tiere eine Woche lang hungern! Dann bringen wir ein Tier auf den Objektträger in die Mikroprojektion oder in den jeweiligen Demonstrationsapparat und warten, bis es sich voll entfaltet hat. (Angelsuchbewegungen der Tentakeln). Unter Vermeidung von Erschütterungen wird dann eine Daphnie zugegeben, bei größerem Raum mehrere. Die dann folgenden Szenen gehören wohl zu den spannendsten, welche im Biologieunterricht gezeigt werden können.

Eine Daphnie zieht ruhig am Polyp vorbei, eine andere wird teilweise von Nesselfäden getroffen, reißt sich aber wieder los und wieder eine andere wird vielleicht voll getroffen von den Batterien eines Armes. Sie bleibt wie gelähmt am Tentakel haften. Während kurzzeitiger Befreiungsversuche greifen nun andere Tentakeln um das Tier und ziehen es immer näher zur Mundöffnung. Diese erweitert sich, und ohne die Beute noch irgendwie zurecht zu rücken, wird sie trotz aller Gegenwehr in die Darmleibeshöhle einbezogen. Dort liegt sie dann oft quer, den Polypenkörper stark deformierend, bis sie nach Stunden der Verdauung wieder ausgestoßen wird. Mitunter kann der Zeitpunkt festgestellt werden, wann bei der Daphnie nach der Berührung mit den Nesselfäden infolge der Injektion des Nesselgiftes, das Herz zu schlagen aufhört.

10. Reizversuche

Das Netznervensystem der Polypen ist zu keinen besonderen Leistungen fähig. Die meisten Reize werden durch ein und dieselbe unorientierte Bewegung der Kontraktion beantwortet.

Hydra reagiert auf Erschütterung, Erwärmung, sehr verd. Essigsäure, sowie auf Berührung mit einer Borste immer durch dieselbe Kontraktion. (Zu letztem Versuch wird ein Haar mit Plastilin an ein Holzstäbchen befestigt und damit der Polyp berührt.) Es ist egal, ob wir das Tier am Mundfeld oder am Fuß berühren. Die einzige Differenzierung der Reizbeantwortung besteht darin, daß sich bei

schwachem Reiz nur ein Teil (z. B. ein Arm) zusammenzieht. Dies wird auf einen Schwund des Reizes auf der Nervenbahn (= Dekrement) zurückgeführt.
Normalerweise streckt sich der Polyp nach dem Reiz wieder langsam aus. Wird aber immer wieder mit derselben Stärke, an derselben Stelle gereizt, noch bevor das Tier ausgestreckt ist, dann tritt Überreizung ein: die Kontraktionszeit wird immer kürzer, die Kontraktion immer unvollständiger, bis zuletzt der Polyp ausgestreckt bleibt. Evtl. liegt hier ein Fall von Reizgewöhnung vor. Nach einiger Zeit versucht der Polyp jedoch abzuwandern.

11. Positive Phototaxis

Wie bereits erwähnt, findet man die Hydren meist an der lichtzugewandten Seite des Aquariums sitzen. Im dunklen Raum können sie bei einseitiger künstlicher Beleuchtung zum Wandern veranlaßt werden.
Da den Schülern in der Regel nur das Endergebnis vorgeführt werden kann, sei dabei erwähnt, daß die Hydren ihre Tentakeln zur Lichtquelle ausstrecken und einen Halt suchen. Haben sie diesen gefunden, dann ziehen sie ihren Körper nach.

12. Regeneration (Abb. 8)

Wenn überhaupt Regeneration an einem Tier in der Schule gezeigt werden kann und soll, dann am besten beim Süßwasserpolypen. Die Operation kann ohne Beisein der Schüler vom Lehrer vorgenommen werden. Die Anfangsstadien und Endprodukte werden gezeichnet (Mikrojektion), Verlauf und Dauer der Regeneration protokollarisch festgehalten.
Voraussetzung für rasche Regeneration ist ein guter Ernährungszustand, geringes Alter, 20°C, und O_2-reiches Wasser.

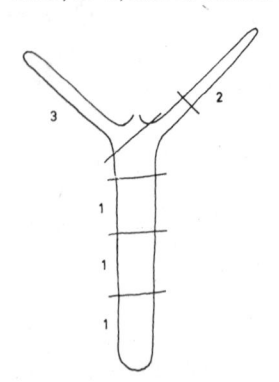

Abb. 8: Schnittführung bei Regenerationsversuchen am Süßwasserpolypen. Erkl. im Text.

Folgende Schnittführungen sind brauchbar:
1. Mehrfacher Querschnitt durch den Körper
2. Abtrennen eines einzelnen Tentakelarmes
3. Abtrennen eines Tentakelarmes mit Teilen des Mundfeldes.

Regeneriert wird praktisch alles. Lediglich ein einzelner Tentakelarm ohne Teile des Rumpfes (2.) regeneriert nicht mehr zu einem ganzen Polypen. Dies deutet

darauf hin, daß die für die Regeneration wichtigen Ersatzzellen in der Rumpfgegend gelagert sind.
(Sollten sich Bedenken einstellen, diese interessanten Versuche mit Schülern durchzuführen, dann sei auf die Tatsache hingewiesen, daß bei der Knospung des Polypen natürlicherweise Durchtrennungen von Ekto- und Entoderm stattfinden.)

13. Dauerpräparat

a. *Fixieren*
Mit Sublimatlösung:
Die Hauptschwierigkeit liegt darin, die Hydra im gestreckten Zustand zu fixieren.
Dazu gibt man Hydren mit sehr wenig warmem Wasser in ein Schälchen, wartet bis sie ausgestreckt sind und übergießt sie rasch mit Sublimatlösung ($HgCl_2$).
Mit *BOUIN*:
Das Fixiergemisch nach *BOUIN* wird heiß angewandt und jeweils frisch angesetzt, da es nicht haltbar ist (15 ml ges. wässriges Pikrinsäurelösung, 5 ml Formalin, 1 ml Eisessig).
Meist ziehen sich die Tiere doch noch etwas zusammen. Nach Spülung in Wasser kann in Glyzeringelatine oder Gelatinol eingeschlossen werden. (Zwischenstufe Glyzerin-Wasser-Gemisch).
Nach *CHAO FA WU*:
Pflanzenteile mit Hydren werden in Wasser gebracht, dann 0,1 % Chloreton (Dimethyl-trichlormethyl-methanol $(CH_3)_2CCl_3COH$) beigegeben. Schon nach 5 Minuten sollen die Tiere sehr reaktionsträge sein und wenig später dann voll narkotisiert.
Daraufhin gibt man die 4—5fache Menge Fixiergemisch nach *LAWDOWSKY* zu (10 Tl. Formalin, 50 Tl. 95 %igen Alkohol, 2 Tl. Eisessig, 40 Tl. Wasser). Fixierdauer 1 Stunde. Weiterbehandlung w. o.

b. *Färbung*
Färbung erfolgt mit Haematoxylin, Boraxkarmin oder bei Schnitten mit Säurefuchsin.
(Sowohl die Farbstoffe, wie die Fixierreagentien können bei *KOSMOS* bezogen werden.)

Literatur

Mayer, M.: Verdauung beim Süßwasserpolypen Hydra. Miko 52. 1963, 241 ff. (Der Verdauungsvorgang wird a. Hd. mikroskopischer Bilder verfolgt; Anleitung zur Durchführung des Versuches).
Mayer, M.: Polyp und Meduse. Coryne sarsi und Sarsia tubulosa. Miko 53. 1964, 210—215. (Beschaffung, Färbung, Präparation, Mikropräparate).
Menner, H.: Unsere Süßwasserpolypen. NBB. vergr.
Riese, K. und *Siedel, F.*: Immer wieder interessant: Die Hydra. Miko 56. 1967, 116 ff. (Zucht und Untersuchungen)
Schneider, H.: Polyp und Meduse im Schulaquarium. Miko 56. 1967.
Schwegler, H. W.: Süßwasserpolypen im Unterricht. Miko 49. 1960, 19—24. (Dieser hervorragende Aufsatz bildet die Grundlage für das Kapitel über den Süßwasserpolypen).

II. Marine Hydrozoen

1. Materialbeschaffung

Konserviertes und lebendes Material von der Biol. Anst. Helgoland (s. o.)
Besuche der Nordseeküste, sowie des Mittelmeeres bieten immer Gelegenheit zur Materialsammlung.

Hydroidpolypen siedeln auf allen festen Unterlagen, bes. auf Hartböden, aber auch auf Treibgut, Tangen, Tieren und Tierschalen.
Bewegliche Substrate (Sand, Schlamm, Ton) werden vielfach gemieden. Stattliche Bestände finden sich in Höhlen, an Nordwänden von Steilküsten des Mittelmeeres, sowie am Unterwuchs großer Tange und Seegräser.
Die Masse der Kleinformen gewahrt man meist erst in der Glaswanne, in der man abgeschlagene Felsstücke, Tierkolonien, Vegetationsproben, oder gedredschtes Material sortiert und untersucht.
Der Transport erfolgt im Seewasser.
Lebendbestimmung ist zu bevorzugen. Gruppenmerkmale lassen sich mit Lupe oder Binokular, Einzelheiten erst unter dem Mikroskop erkennen. (Verwechslungsmöglichkeit mit Bryozoen!)

2. Fixieren

In 4 % Formol-Seewasser; histologisch in *BOUIN* oder *HEIDENHAIN* (Sublimat : Kochsalz : Aqua dest.: Formol wie 4,5 g : 0,5 g : 80 ml : 20 ml).

3. Mikropräparate

Mit Formol fixieren, dann mit Süßwasser waschen, einlegen in Glyzerin-Süßwasser 1 : 1; eindicken lassen, mit Deckglas versehen, später mit Gummilack umranden.
Oder einbetten in Gelatinol. Evtl. auch färben mit Haematoxylin oder Boraxkarmin.

4. Untersuchungen

Die Untersuchung von Polypenkolonien ist reizvoll und ästhetisch. Die Arbeitsteilung einzelner Polypenstöcke bietet interessante biologische Aspekte, so daß es durchaus empfehlenswert ist, auch im Binnenland einmal eine AG damit zu beschäftigen.
Zur Vorbereitung sind die Bestimmungsbücher von *Riedl* (Adria), *De Haas* (Nordsee) zu empfehlen. Zur Untersuchung selbst *Kückenthal:* Zool. Praktikum. Weitere Lit. und Beschreibung bei *Kaestner:* Lehrb. d. Spez. Zool.

III. Quallen

Auf systematische Unterscheidungen z. B. in Hydroidmedusen, Staatsquallen, Schirmquallen u. dgl. wird hier nicht eingegangen.

1. Materialbeschaffung

Lebendes Material kommt für das Binnenland nicht in Frage. Hinzuweisen wäre auf die Meduse *Sarsia tubulosa*, die mit ihrem Polypen *Coryne sarsi* zusammen als Formolmaterial von der Biol. Anst. Helgoland verschickt wird. Diese Tiere eignen sich zur Präparation.
Am Meer können Quallen mit großem Käscher oder kleinere Formen mit dem Planktonnetz gefischt werden.
Weitere Materialbeschaffung s. o.

2. Bewegungsabläufe

Am schönsten ist es, die Bewegungen der Quallen, z. B. Schirmquallen an lebenden Exemplaren im Seewasseraquarium zu beobachten. Sonst wäre auf den Film F 377 Tiergärten der Nordsee zu verweisen.

3. Wassergehalt

Die Trockensubstanz der Quallen macht i. d. R. nur 5 % aus. Sie kann bestimmt werden, wenn man eine frische Qualle unter 5 cm $\varnothing$ frei von Sand und Schlick auf Fließpapier legt und wiegt. Dann läßt man das Tier austrocknen. Es bleibt nur ein hauchdünner, evtl. gefärbter Überzug, gleich einem Abziehbildchen übrig. Erneute Gewichtsbestimmung ergibt das Trockengewicht. Für die Schüler sind derart eingetrocknete Quallen ein überraschender Anblick. Bei einem Aufenthalt an der See, sollte man sich eine solche einfache Präparation nicht entgehen lassen. Am besten gibt man dazu die Qualle in ein Gefäß mit Wasser und hebt sie von unten her mit dem Papier heraus. (Ähnlich werden auch dünne Algen aufgezogen).

4. Schlagfrequenz

Bei ganz frisch gefangenen Tieren kann die Schlagfrequenz verschieden großer Tiere pro Minute bestimmt werden. Kleinere Tiere schlagen öfters als große.

5. Die größte Qualle

Die größte, jemals gefundene Qualle hatte einen Glockendurchmesser von 240 cm und Fangarme von 60 Meter Länge (*Cyanaea capillata*). Für das Alter der Quallen werden nur wenige Monate angegeben.

6. Konservierung

Zur Betäubung wird $MgCl_2$ oder Durchleiten von CO_2 empfohlen. Konservierung erfolgt in 4 % Formol. Auch Fixierung in *BOUIN* wird angeraten.

Literatur
De Haas, W. und *Knorr*, F.: Was lebt im Meer? Mittelmeer, Atlantik, Nordsee, Ostsee. Kosmos Naturf. Stuttgart 1965.
Ludwig, F.: Schwebende Schönheit. Die Staatsquallen und ihr Schwebeorgan. Miko 55. 1966, 324—330.
Mayer, M.: Polyp und Meduse. *Coryne sarsi* und *Sarsia tubulosa*. Miko 53. 1964, 210—215.
Rüppell, G.-M.: Medusen. Schönheitsköniginnen des Planktons. Miko 58. 1969, 129 ff.

IV. Blumen- und Korallentiere (*Anthozoa*)

1. Materialbeschaffung

Sie sind überwiegend Besiedler von Felsböden des Küstenabhanges; bereits in den Fluttümpeln und im Gezeitengebiet beginnend.
Wenige sitzen auf Pflanzen oder Tieren (vorwiegend auf Schalen, teils auf Schwämmen und Ascidien). Ebenso sind Steine, Hafenbauten und sekundäre Hartböden besiedelt.
Gesammelt werden sie von Hand, evtl. mit Schnorchel. Beim Dredschen werden die Tiere oft beschädigt.
Die Biol. Anst. Helgoland liefert konserviertes und lebendes Material. (s. o.)

Der Transport erfolgt bei vielen Aktinien am besten im feuchten Zustand, bei *Anemonia* (nesselt!) und *Aiptasia* leicht mit Wasser bedeckt und bei allen übrigen Korallentieren ganz im Wasser.
Druckstellen sind zu vermeiden, Durchlüftung ist bei höherer Wassertemperatur zu empfehlen. Die einzelnen Arten sollen sich beim Transport nicht berühren. Verletzte Stücke werden separiert. Fütterung vor und nach dem Transport einstellen. Viele Aktinien sind leicht zu halten. (Näheres in Lit. über Seewasseraquarium; z. B. *Müllegger:* Das Seewasseraquarium). Anthozoen können alt werden. Für *Parazoanthus* ist ein Alter von 10, für *Cerianthus* von 60 Jahren verbürgt.

2. Untersuchung

Für die Schule relevant ist die Demonstration des Typus. Untersucht werden Verteilung und Bewegung der Fangarme, Lage der Mundöffnung und die Reaktionen auf verschiedene Reize (s. Süßwasserpolyp).
Von Bedeutung sind ferner die verschiedenen Skelette (Chitös, hornig, kalkig).

3. Konservierung

Für Schauzwecke können ausgestreckte Tiere durch vorsichtige Zugabe von $MgSO_4$, Methol oder Urethan, betäubt werden. Die Fixierung erfolgt dann durch rasches Übergießen mit kochend konzentriertem Sublimat. Ausgestreckte Steinkorallen sind ohne Betäubung zu überbrühen. Konservierung in 75 %igem Alkohol.
Formen mit reichem Hautskelett können getrocknet werden.

4. Gewinnung von Steinkorallen-Skeletten

Töten in Alkohol und abspülen in Wasser. Dann entfernen der Weichteile mit Eau de Javelle (Die Lösung ist käuflich. Wenn nicht, dann: in 10 ml Wasser 2 g frischen Chlorkalk vollständig lösen und anschließend 50 ml 10 %iger K_2CO_3-Lösung unter ständigem Rühren zusetzen.)

5. Korallenriffe (Zahlen)

Kaum eine Tierart hat einen so gewaltigen Anteil am Bau der Erdoberfläche geleistet wie die Korallen.
Während die Einzelkorallen und stockbildenden Korallen von der Gezeitenzone, bis in 6 000 m Tiefe verbreitet sind, findet man riffbildende Korallen nur in warmen Gewässern bei einem Optimum von 25—29° C. Da diese im Entoderm meist Zooxanthellen als Symbionten enthalten (Aufnahme von CO_2, dadurch beschleunigte Abscheidung von Kalk; ferner Abgabe von O_2), sind sie auf Licht angewiesen. Unter 46 m erlischt das Wachstum der Riffe fast vollständig, und von 90 m ab sind ihre Steinkorallen abgestorben.
Auf Untiefen, meist nahe der Küste siedeln sich durch Larven, welche durch die Strömung herangetragen wurden, die Korallen an und wachsen der Strömung und dem Wellenschlag entgegen. Die Schnelligkeit des Wachstums hängt vom Alter, der Temperatur, der Ernährung und der Art ab.
Z. B. maß man an einem Kanal zwischen Riffen der Andamanen die Rifftiefe 1887 auf 12 m, 1924 nur noch 0,3 m (d. entspr. 30 cm Wachstum pro Jahr).

Meist beträgt das Wachstum nur 0,5—2,8 cm pro Jahr, so daß ein 50 m hohes Riff zumindest 1800 Jahre alt sein wird. Diese gewaltige Kalkmasse wird von einer lebenden Masse abgeschieden, die kaum 1 cm dick ist. Der Raum zwischen den Zweigen wird von verschiedenem Material aufgefüllt, so daß kompakte Massen entstehen.

Das Große Barriere Riff Australiens ist 2 000 km lang. Bohrungen auf Südsee-Koralleninseln führten durch 600 m Korallenkalk, ehe sie auf Basalt stießen. Solche Riffe dürften seit der mittleren Kreidezeit, also wohl über 500 Mio Jahre bestehen. Angelegt wurden sie, als der Basaltberg nahe dem Meeresspiegel lag. Während der Senkung des Meeresbodens hat das Riff durch ständiges Aufwärtswachstum immer Fühlung mit der Oberfläche behalten (s. *Kaestner*).

PLATTWÜRMER (PLATHELMINTHES)
A. Strudelwürmer (Turbellaria)
I. Allgemeines

Für schulische Zwecke kommen nur größere Formen (1—2 cm) in Frage,
Dendrocoelum lacteum (stehende Gewässer)
Planaria gonocephala (fließende Gew.)
Planaria torva (Weiher)
Planaria alpina (rasch fließende Gewässer)
Planaria polychroa (Flußufer)
Planaria lugubris (Gräben, kleine Bäche).
Die Artbestimmung kann dadurch erschwert sein, daß in neuerer Zeit eine ganze Reihe von Arten aus fremden Faunengebieten in Bäche und stehende Gewässer gelangten. Für die Schule genügt es wohl in den meisten Fällen, den Typus an ein oder zwei beliebigen Vertretern vorzustellen.

Demonstrationsmaterial
Lebende Tiere
Mikro-Totalpräparate

Filme:
C 947 Organisation und Fortpflanzung v. *Macrostomum salinum*.
E 1138 *Archaphanostoma agile (Turbellaria)* Embryonalentwicklung. 1965.

1. Materialbeschaffung

a. Da sich die Tiere meist am Grund von Gewässern, unter Steinen und an Wasserpflanzen aufhalten, wo sie auf andere Wassertiere Jagd machen oder Aas fressen, genügt es meist, die Unterseite von Steinen zu betrachten und die Tiere mit einem Pinsel in ein Fangglas abzulesen.

b. Zum Massenfang können die Tiere in Planariengewässern mit einem ca 5 cm großen Stück rohem Rindfleisch oder Schweinefleisch an einer Schnur geködert werden. Nach 30—60 Minuten kann es von 10—20 Planarien bedeckt sein.
Damit kann der Bedarf für eine AG trockenen Fußes erworben werden.

c. In der Nordsee und im Atlantik leben polyclade Formen unter Steinen der unteren Gezeitengrenze, im Mittelmeer unter Steinen ab ca 1 m Tiefe. Diese werden durch Tauchen gefangen, da die zarten Tiere beim Dredschen fliehen oder zerrissen werden.

Die Landesanstalt für Naturwissenschaftlichen Unterricht in Stuttgart,

Pragstr. 17 (Tel. 54 43 22) liefert an die Schulen Baden Württembergs: Planaria, Anguillula, Pferdeegel.

2. Transport

Die Planarien werden mit Pinsel, Grashalm oder weiter Pipette in ein Fangglas befördert, welches mit Wasser vom Fundort (ohne Köder!) gefüllt ist. Da manche Arten sowohl gegen Erwärmung, wie gegen Schütteln empfindlich sind, wird auch vorgeschlagen, sie in Thermosflaschen zusammen mit etwas Wasserpflanzen zu transportieren. Auf alle Fälle sollten sie auf dem kürzesten Weg befördert werden.

3. Haltung

Unterbringung erfolgt in weiten Gefäßen mit O_2-reichem Wasser, das sauber und kühl ist. Eingelegte Steine dienen den Tieren als Zuflucht und unterbinden so ihr Umherwandern. Entweder durchlüftet man künstlich, oder überbindet die Gefäßöffnung mit einer Gaze und läßt Brunnenwasser (soweit nicht gechlort) langsam zulaufen.

Gefüttert wird mit Wasserflöhen, Enchytraeen, Zierfischfutter auf Caseinbasis oder eiweißgebundenes Nährpulver.

Marine Turbellarien werden in flachen Schalen im Halbdunkel gehalten; Muschelschalen werden zur Deckung eingelegt. Als Futter dienen ebenfalls Enchytraeen.

Bei jeder Zugabe von Futter muß beachtet werden, daß nicht durch abgestorbenes Material das Wasser vergiftet wird.

4. Herstellung von Dauerpräparaten

Fixation in 70 %igem Alkohol + 5 %iger Salpetersäure. Dieses Gemisch soll dorsiventrale Abplattung und gute Streckung bewirken. Nachfixierung in Formol.

Voll ausgestreckte Tiere sollen auch nach vorheriger Narkose mit Kokain (5 %) oder Chloreton (1 %) zu erhalten sein. Wegen des Kontrastes nimmt man für ungefärbte Totalpräparate entweder Hungerplanarien, oder Dendrocoelum mit gefülltem Darm.

Vor einer Färbung können Planarien mit H_2O_2 gebleicht werden. Getärbt wird mit Boraxkarmin und Differenzierung erfolgt mit Säure und Alkohol.

Einschluß erfolgt nach Entwässerung in Caedax zw. Glasfäden.

II. Spezielle Demonstrationen

1. Demonstration von Turbellarien

Zur Demonstration eignen sich die Projektionsküvette am Diaprojektor Abb. 9, der Mikroprojektionsaufsatz von Zeiß, bei kleinen Formen evtl. Mikroprojektion bei schwächster Vergrößerung. Der Schreibprojektor vergrößert etwas zu schwach. Einzelheiten können auf jeden Fall erst unter der Lupe, dem Binokular, oder der Lupenvergrößerung des Mikroskopes erkannt werden.

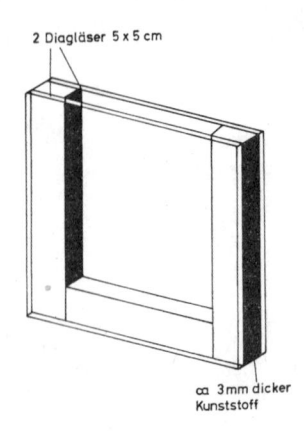

Abb. 9: Vielseitig verwendbare Projektionsküvette zum Selbstanfertigen. Zwischen die Diagläser werden drei Kunststoffstreifen von 2—3 mm Dicke (z. B. altes Lineal oder alter Winkel zersägt) mit wasserunlöslichem Klebstoff geklebt.

2. Beobachtungen zur Gestalt

Vorder- und Hinterende werden festgestellt, die Umrisse werden gezeichnet.
Auffällig sind die Augenbecher und die als „Ohren" bezeichneten zwei Lappen am Vorderende.
Infolge starker Pigmentierung ist nicht viel von den inneren Organen erkennbar. Eventuell sieht man auf der Unterseite den Schlund und die drei Darmschenkel, dies bes. beim vollgefressenem *Dendrocoelum*.

3. Demonstration des Darmes

Um die Darmäste zu demonstrieren, füttert man Dendrocoelum mit einer Aufschwemmung von Tusche und koaguliertem Hühnereiweiß und -eigelb, dem etwas Enchytraeensaft beigemengt ist. Das koagulierte Eiweiß wird in 0,5—1 mm große Teilchen zerlegt. Beobachtet und evtl. fixiert (s. o.) wird, wenn die Nahrung im Darm gleichmäßig verteilt ist.

4. Die Fortbewegung

a. *Bei den kleinen Formen* ist die Bewegung des Wimperkleides für die Fortbewegung ausreichend. Diese Flimmerbewegungen sind im Mikroskop am Körperrand oder bei entsprechender Beleuchtung auf dem Rücken zu erkennen. Richtung wie auch Stärke des Cilienschlages können durch das Tier geändert werden.
b. *Bei größeren Formen* reichen die Cilienbewegungen nicht aus, da ja die Oberfläche der Tiere mit dem Quadrat, das Volumen aber und damit auch das Gesamtgewicht mit der dritten Potenz der linearen Ausdehnung wächst.
Das charakteristische, anscheinend mühelose Dahingleiten wird bei den größeren Turbellarien durch kleinste Muskelkontraktionen bewirkt, die als Wellen in so kurzen Abständen und so rasch von vorne nach hinten über die Bauchfläche laufen, daß wir sie mit unserem Auge nicht erkennen können. Eine Rückwärtsbewegung ist dabei nicht möglich. Bei Störung wird daher umgewendet.

c. Hinzu kommen nun noch Bewegungen ganzer Körperbereiche, so etwa eine Verkürzung, wenn das Tier mit einem Pinsel am Kopf berührt wird, oder eine Verlängerung, wenn es sich wieder in Bewegung setzt.

Drehen wir eine Planarie vorsichtig mit einem Pinsel auf den Rücken, so erkennen wir, daß sie die verschiedensten Formen durch Abbiegen und Strecken annehmen kann.

d. Bei *Dendrocoelum* und einigen anderen kann auch eine spannerartige Bewegungsform auftreten, und zwar wenn man ein Hinterende reizt. Dabei wird das Vorderende gestreckt, saugnapfartig angeheftet und der Hinterleib rhythmisch nachgezogen. Eine Reizung des Vorderendes bewirkt auch hier kein Rückwärtskriechen, sondern ein Ausweichen nach links oder rechts.

5. *Chemischer Sinn*

Den chemischen Sinn von Planarien demonstriert man durch die diffundierenden Geruchsstoffe und Geschmackstoffe einer aufgeschnittenen Kaulquappe oder eines Regenwurmstückes od. dgl. Auf jeden Fall wird mit hungrigen Tieren gearbeitet.

Für diese Versuche kann der Schreibprojektor verwendet werden. Geben wir die Tiere auf eine Seite einer großen Petrischale und legen vorsichtig ohne Wasserbewegung den Köder auf die andere Seite, so kriechen die Tiere nach Hin- und Herbewegen des Kopfes bald auf den Köder zu und sammeln sich bei ihm an. Unter einem Binokular sieht man evtl., wie sie über oder unter den Köder kriechen, aus der Bauchmitte einen Schlauch (Pharynx) ausstülpen, in welchen kleinere Nahrungsteilchen ganz hineingepreßt werden, während größere Teile zuerst aufgelöst und dann aufgesogen werden. (Mund = After).

6. *Lichtsinn (negative Phototaxis)*

Zu den zwei Augen kommen bei verschiedenen Tricladen noch zahlreichere weitere Augen am Vorderende und der Seitenwand des Körpers (z. B. bei Polycelis). Dies sind Pigmentbecherocellen, mit denen hell und dunkel unterschieden werden können. Die Tiere wandern meist in den Schatten unter die Steine, oder wenn ihnen in einer flachen Petrischale eine helle und eine dunkle Unterlage geboten wird, in die dunkle.

Dies kann sowohl auf einem Schreibprojektor wie auch in einer Projektionsküvette demonstriert werden, die jeweils zur Hälfte abgedunkelt sind.

Werden Turbellarien in einem dunklen Raum mit einer punktförmigen Lichtquelle gereizt, so weichen sie aus. Starke Lichteinwirkung, insbes. UV-Strahlung führt in kurzer Zeit zum Tod.

Auch Teilstücke von Tieren können u. U. negativ phototaktisch sein.

Der Aufenthaltsort der Planarien in einem Aquarium kann geradezu als Test für den dunkelsten Teil des Beckens gelten.

7. *Strömungssinn (positive Rheotaxis) (Abb. 10)*

Dazu nehmen wir Planarien aus einem fließenden Gewässer. Der Versuch erfolgt in einer Wanne oder Schale mit nur wenig Wasser. Am Wasserhahn wird ein längerer Schlauch befestigt, dessen Ende eine nicht zu spitz auslaufende Pipette trägt. Ihr Wasserstrahl wird auf die Planarie gerichtet.

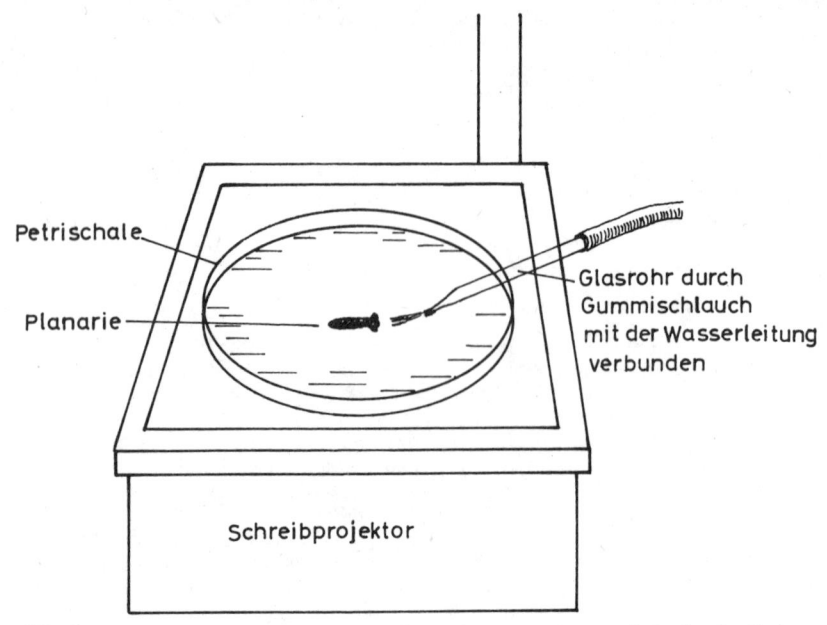

Abb. 10: Untersuchung des Strömungssinnes *(Rheotaxis)* bei Planarien aus fließenden Gewässern. Die Petrischale ist zur Hälfte mit Wasser gefüllt und steht auf einem Schreibprojektor. Durch die Düse wird ein Wasserstrom den verschiedenen Seiten der Planarie genähert.

a. Trifft der Strahl den *Kopf* des Tieres seitlich, so wendet sich das Tier dem Wasserstrahl zu und wir können es damit hin- und herführen.

b. Wird der Wasserstrahl genau auf das *Hinterende* gerichtet, so dreht sich das Tier in einer Haarnadelkurve ihm entgegen.

c. Richten wir dagegen den Strahl senkrecht auf die *Körperflanke,* dann reagieren die Planarien nicht.

d. Da wir nicht damit rechnen können, gleich beim ersten Male die richtige Strömungsstärke zu treffen, kann es natürlich vorkommen, daß ein Tier einmal vor dem Wasserstrahl flieht, ein anderes Mal überhaupt nicht reagiert. (Also probieren!)

e. Am einfachsten ist es, Planarien auf ein kleines Brettchen zu setzen, dieses zu kippen und aus einem Schlauch Wasser darüber laufen zu lassen. Die Tiere wandern dem Wasser entgegen, ja wenn man nicht aufpaßt, sogar in den Schlauch hinein. Um evtl. mögliche Geotaxis auszuscheiden, wird die Gegenprobe mit einem gekippten Brett unter Wasser ohne Gegenstrom gemacht. Dabei ist keine eindeutige Wanderrichtung erkennbar. (Planarien zeigen keine Geotaxis).

8. Regenerationsvermögen

So interssant die Regeneration bei Planarien ist, so setzt ihre Demonstration voraus, daß man ein Tier mit einer Rasierklinge durchschneidet.
Für den Unterricht dürften derartige Operationen kaum in Frage kommen.
In diesem Zusammenhang sei noch auf das lange Hungervermögen hingewiesen, welches dadurch ermöglicht wird, daß Körperorgane eingeschmolzen werden. Nach kräftiger Fütterung können sie wieder ersetzt werden.

9. Umdrehreaktion (s. o.)

Turbellarien sind an der Körperunterseite positiv, auf der Oberseite negativ thigmotaktisch. Legt man ein Tier, wie oben beschrieben, rückseitig auf einen Objekttr., so dreht es sich durch seitliche korkenzieherartige Bewegungen des Körpers in die Normallage zurück. Diese Umdrehung erfolgt durch Parenchymmuskel-Bewegungen und wird auch von Teilstücken ausgeführt.

Literatur

Henke, G.: Die Strudelwürmer des Süßwassers. NBB 1962.
Schwegler, H. W.: Strudelwürmer. Miko 49. 1960, 144—148.

B. Saugwürmer (Trematoda)

Als Beispiel dient hier der Leberegel.
In Deutschland sind zwei Arten, des wegen seiner hohen Pathogenität berüchtigten Parasiten vertreten.

Der *Große Leberegel (Fasciola hepatica L.)*
Der *Kleine Leberegel oder Lanzettegel (Dicrocoelium dendriticum)*
Sie gehören zu den bestuntersuchten vielzelligen Parasiten, die für den Menschen eine Rolle spielen können. Die Entwicklung des Großen Leberegels verläuft in einer Wasserschnecke, die des kleinen in einer Landschnecke als Zwischenwirt; beide enden schließlich in der Leber von Schafen und anderen Wiederkäuern, wo sie die Leberfäule (Distomatose) verursachen.

Demonstrationsmaterial

Mikropräparate
Lebendes Material

Dias von Mikropräp. (z. B. Schuchardt bietet in einer Reihe an: Cercarien, Sporocysten, Redien, Eier, Totalpraparate).
FT 845 Entwicklungszyklus des Lanzettegels.

I. Materialbeschaffung

Im Schlachthof fallen immer wieder distomatöse Lebern von Schafen und Rindern an. Eine einzige kann hundert und mehr Individuen beider Arten enthalten. Evtl. muß man die Tiere an Ort und Stelle selbst herauspräparieren, da meistens nicht gestattet ist, eine kranke Leber vom Schlachthof zu entfernen.
Zerschneidet man eine Leber in dickere Scheiben und Würfel, mit möglichst glatter Schnittfläche, so erkennt man zystenartige Bohrgänge und Höhlen, die stets mit einem schmierigen, krümeligen Inhalt gefüllt sind. Die Leber erscheint

wegen akuter Entzündung stark vergrößert. Die im Schnitt getroffenen Gallengänge sind vergrößert, ihre Wände verdickt und ihre Innenflächen stellenweise mit Kalk inkrustiert.
In den erweiterten, noch nicht verkalkten Gängen sitzen, umgeben von schleimigem Detritus — kegelförmig oder spiralig zusammengerollt — die Schmarotzer. An ihrer schmutzig-weißgrauen Körperfarbe und an ihrer blattartigen flachen Gestalt, sind sie sofort zu erkennen.
Durch leichten Druck auf das Gewebe lassen sich die Tiere einzeln oder klumpenweise ins Freie befördern. Sie werden sofort in bereitgestellte, frische Wirtsgalle überführt. Man kann auch körperwarme 2 %ige Kochsalzlösung verwenden.

Lebendbeobachtung (AG)

Dazu eignen sich nur kleinere Tiere. Sie werden durch ein Deckglas mit Wachsfüßchen so an den Objekttr. gedrückt, daß sie sich gerade nicht mehr bewegen können. Als Flüssigkeit, die ständig nachzufüllen ist, benützen wir physiologische Kochsalzlösung mit etwas Gallenzusatz (s. o.).
Unter dem Mikroskop sind neben manchen Einzelheiten insbes. die Saugnäpfe und die Kutikula mit Hautstacheln zu erkennen.

II. Präparation (AG)

1. **Säubern** vom anhaftenden Schleimüberzug durch Schütteln in 2 %iger Kochsalzlösung.

2. **Fixation** in 10 %igem Formol (oder *BOUIN*, oder Sublimat). Dazu wird das Tier zwischen zwei Objekttr. ausgebreitet und durch zwei Gummibänder beide Gläser so aneinandergepreßt, daß das Tier ohne Zerstörung gerade gut ausgebreitet wird.

3. **Gefärbt** wird 1—2 Tage lang mit Hämatoxylin nach Böhmer od. Delafield, in stark verdünnten Lösungen.

4. **Entwässern** über die Alkoholstufe.

5. **Aufhellen** in Salicylsäuremethylester (oder auch Benzylbenzoat, Benzylalkohol, Methylbenzoat).

6. **Einschluß** in Malinol, oder andere, schnell härtende Harze. Die mit Hämatoxylingemischen gefärbten Objekte können auch direkt aus dem Wasser in Gelatinol eingeschlossen werden.

7. **Injektion** zur Kontrastfärbung.
Empfohlen wird, mit sehr dünner, spitzer Kanüle eine verdünnte schwarze Tusche in den Körper einfließen zu lassen. Das Treffen des Darmsystems ist reiner Zufall (1 : 10), so daß der Versuch bei mehreren Tieren wiederholt werden muß. Hat man getroffen, dann hebt sich der Darm gut ab und man kann Dauerpräparate anfertigen.
Weitere Untersuchungen s. Literatur!

III. Bedeutung der Trematoden

Etwa 200—300 Mio Menschen sollen so an Bilharziose leiden, daß ihre Arbeitskraft und ihr Wohlbefinden wesentlich herabgesetzt sind. Wasserschnecken sind auch hier jedesmal Zwischenwirt. Erreger sind: *Schistosoma haematobium, Schistosoma mansoni, Schistosoma japonicum.* Ihre Cercarien dringen vom Wasser in die Haut ein und gelangen über die Kapillaren und den Blutstrom zu den Organen.

Diese schon den Pharaonen bekannte Krankheit, welche mit jedem Stausee und jeder künstlichen Bewässerung in den Tropen als negative Begleiterscheinung verbreitet wird, kann heute auf zweifache Weise bekämpft werden:

1. durch Vernichtung der Wasserschnecken durch Bayluscid der *BAYER-Werke.*
2. medikamentös durch Vernichtung der Erreger im Körper mit Ambilhar der *CIBA-Werke.*

Literatur

Brumpt, E. und *Neveu-Lemaire, M.:* Praktischer Leitfaden der Parasitologie des Menschen. Berlin 1951.
Deckart, M.: Heilung für Millionen? Saugwürmer und Bilharziose. Miko 55. 1966, 230—237.
Engbert, H. R.: Leberegel. Bau und Präparation. Miko 52. 1963, 229—239.
Ferner *Kaestner* und *Kückenthal.*

C. Bandwürmer (Cestoda)

Demonstrationsmaterial

Flüssigkeits- und Einschluspräparate verschiedener Bandwürmer z. B.:
Schweinebandwurm *(Taeniarhynchus = Taenia solium = Hakenbandwurm)*
Rinderbandwurm (Taenia saginata = Hakenloser Bandw.)
Fischbandwurm *(Diphyllobothrium)*
Hundebandwurm *(Echinococcus)*

Schemata des Wirtswechsels auf Folie, für den Schreibprojektor. Ebensolche Schemata hektographiert für die Schülerhefte.

Mikropräparate von Bandwurmköpfen und von einzelnen Gliedern (reif und unreif).

Mikrodias (z. B. *Schuchardt*) v. Kopf, Glieder, Eier, Finnenstadium.

Materialbeschaffung

Taenia saginata und seltener *Taenia solium* aus Krankenhäusern. Die Finnen aus Schlachthäusern

Dibothriocephalus latus als geschlechtsreife Würmer in Kliniken von Hafenstädten.

Verschiedene geschlechtsreife Bandwürmer im Zwölffingerdarm wilder Ratten, von Haus- und Waldmäusen, von Mardern, Füchsen, ferner in Enten und fast allem anderen Wassergeflügel. Finnen in Nagetieren, sowie in der Leibeshöhle von Eidechsen.

Präparation und Fixierung s. *Lindauer, R.:* Bandwürmer im Totalpräparat I. Miko 54. 1965, 331 — 338.

Anatomie und Färbung s. *Lindauer, R.:* Bandwürmer im Totalpräparat II. Miko 54. 1965, 359 — 368.

Da für die Schule derartige Präparationen wohl nur höchst selten in Frage kommen, dürften sich weitere Ausführungen unter Hinweis auf die Literatur erübrigen.

Literatur

Brumpt und *Neveu-Lemaire:* Praktischer Leitfaden der Parasitologie des Menschen. Berlin 1951.
Egli, H.: Der Rindenbandwurm. Miko 58. 1969, 200 ff.
Frank, W.: Zur Biologie einiger Bandwürmer. Miko 54. 1965, 129—136.
Lindauer, R.: s. o.
Matthes, D.: Der Hundebandwurm, ein gefährlicher Feind des Menschen. Miko 52. 1963, 167—171.
Tischler, W.: Grundriß der Humanparasitologie. Fischer, Jena 1969.

SCHLAUCHWÜRMER (NEMATHELMINTHES)

A. Rädertiere (Rotatoria)

I. Materialbeschaffung

Mit Planktonnetz (Müllergaze Nr. 12) werden die planktontischen Formen, vorwiegend aus eutrophen Gewässern gefischt. Sonst findet man sie zwischen Wasserpflanzen, in lockerem Bodenschlamm, in Moosen von Bäumen und feuchten Felsen, in Dachrinnen usw.

In kleinem Gefäß einer Wasserprobe sammeln sie sich meist an der Lichtseite (kein direktes Sonnenlicht!) unter der Oberfläche an.

Da die Proben alle trotz guter Durchlüftung nur kurze Zeit haltbar sind, bearbeite man sie sofort. Für eine AG werden jeweils frische Fänge eingebracht.

II. Beobachtung

1. **Beobachtung** erfolgt unter dem Deckglas, evtl. mit Hohlschliff-Objekttr. Durch Verdunstung des Wassers oder durch Entzug mit Filterpapier, können die Tiere vorsichtig eingeklemmt werden. Pressen durch weitere Verdunstung ist zu vermeiden. Ständige Kontrolle unter dem Mikroskop ist also notwendig. Das Studium der lebenden Tiere ist meist dem der toten vorzuziehen.

2. **Zur Verlangsamung** ihrer Bewegungen wird Zugabe von Quittenschleim empfohlen (4 g Quittensamen, d. s. Samen von Cydonia vulgaris in 100 ml Wasser kalt anquellen lassen).

3. **Zur Betäubung:** Chloreton-Lösung in Aqu. dest. (1 : 100 bis 1 : 1000), oder Strychninnitrat (Lsg. unter 1 : 10 000) oder Lsg. v. 2 % Benzamin (od. Euacin, od. Betacin).

4. **Tuschezusatz** macht die fast unsichtbaren Gehäuse oder Schleimhüllen sichtbar.

5. **Lebendfärbungen** werden mit sehr verd. Farblösungen (1 : 1000 bis 1 : 100 000 und schwächer) durchgeführt und müssen oft mehrere Stunden einwirken, bis die Anreicherung der Farbe im Organismus sichtbar wird.

Zur Färbung eignet sich:
Eosin, Neutralrot, Methylenblau, Scharlachrot R (f. Fette), Janusgrün, Bismarckbraun, Anilingelb, Alizarin, Sudan III (in Alkohol f. Fette; färbt orangegelb).

6. **Als feuchte Kammer** eignet sich Deckglas und Objekttr., wenn sie in eine feuchte Wanne oder Petrischale gebracht werden. Gegen direktes Sonnenlicht schützen!

7. Ausstülpen von Organen

Fuß, Räderorgan und Rüssel können demonstriert werden, indem man unter dem Deckglas durch Zugabe von 1 Tr. Milchsäurelösung (1 : 7 Wasser) die Tiere tötet. Bei schwächerer Konzentration werden die Organe etwas später ausgestülpt (nach 10—15 Minuten).

(Glockentierchen reagieren in gleicher Weise auf Milchsäure).

Für weitere Untersuchungen an diesen beliebten Tierchen, sei auf die Literatur verwiesen.

Literatur

Deckart, M.: Fast wie Volvox. Das koloniebildende Rädertier Conochilus. Miko 55. 1966, 321 bis 323.
Donner, J.: Rädertiere (Rotatorien). Einführung in die Kleinlebewelt. Stuttgart 1956.
Donner, J.: Die Rotatorien im Mikroskopischen Praktikum. Miko 45. 1956, 153—160.
Löfflath, K.: Räuber unter Rädertieren. Miko 50. 1961, 225—227.
Rühmann, D.: Rädertiere in Hamburger Gewässern. Miko 53. 1964, 366—368.
ders.: Das Rädertier Synchaeta. Süß- und Brackwasserarten. Miko 54. 1965, 369—372.
ders.: Das Rädertier Mytilina. Miko 54. 1965, 173—175.
Voigt, M.: Rotatoria; Die Rädertiere Mitteleuropas. I. Textbd. II. Tafelband. Berlin 1956 und 1957.
Weber, W.: Rädertiergallen an der Schlauchalge Vaucheria. Miko 49. 1960, 97—102.
Wright, H. G. S.: Über den Beutefang bei Rädertieren der Gattung Collotheca. Miko 49. 1960, 228—232.
ders.: Die Entwicklung des Haftstiels bei einem seßhaften Rädertier. Miko 54. 1965, 200—202.
Wulfert, K.: Rädertiere als Kiemenhöhlenbewohner des Flußkrebses und seiner Verwandten. Miko 48. 1959, 15—17.
ders.: Schutz und Trutz bei Rädertieren. Miko 53. 1964. 225—229.

B. Fadenwürmer (Nematodes)

Demonstrationsmaterial:

Schemata von Infektionsmöglichkeiten hektographiert, oder als Klarsichtfolie für den Schreibprojektor.

Flüssigkeitspräparate von trichinösem Fleisch.

Dass. vom Spulwurm (*Ascaris*).

Mikropräparate bzw. Mikrodias der Muskeltrichine (*Trichinella*) vom Kinderwurm (*Oxyuris*).

Spulwurm (*Ascaris*) Eierentwicklung, Befruchtung. Furchungsteilungen (z. B. Schuchardt).

Lebendes Material von Essigälchen (Turbatrix aceti O. F. Müller) und von Anguillula silusia DE MAN, u. a.

I. Materialbeschaffung

1. Essigälchen

Sie leben in Essig oder Kleister und schlürfen dort Bakterien auf. In großer Zahl kommen sie daher in alten Bierfilzen vor, woraus man sie durch Zerzupfen des Filzes unter Wasser befreien kann. Sie eignen sich wohl am besten und schnellsten zur Demonstration.

2. Anguillula silusia DE MAN

bei Aquarianern unter „Mikro" bekannt als Fischfutter. Zucht erfolgt in großen Petrischalen, 2 cm hoch mit Malzkaffee und gärendem, eiweißreichem Material

beschickt: Sauermilch mit Trockenhefe oder Haferflocken verrührt. Die Zucht soll feucht sein und gärig riechen. Abdecken! An den Rändern der Schale läuft immer ein Saum von Würmern entlang. Dort werden sie entnommen.
Zur Impfung der Zucht beschafft man sich die ersten Tiere von Aquarianern oder aus einer zoologischen Handlung.

3. Verschiedene kleine Nematoden

sind in Erdaufschwemmungen häufig anzutreffen. Man findet sie einzeln leicht unter dem Mikroskop. Will man jedoch eine größere Anzahl fangen, etwa zu Übungszwecken, dann benützt man folgende F a n g v o r r i c h t u n g.
In einen beliebigen größeren Trichter (ca 10 cm ⌀) wird ein Filtertuch gelegt. An die Trichterröhre schließt man einen Schlauch an, der durch eine Schlauchklemme verschlossen ist. Auf das Filtertuch kommt nun frische Gartenerde, die mit Wasser übergossen wird. Die Nematoden schlängeln sich abwärts zur Röhre. Läßt man nach einigen Stunden durch Öffnen der Schlauchklemme das Wasser ab, so fängt man mit ihm eine ganze Kollektion an Nematoden auf.

4. Spulwurm (Ascaris megalocephala, Parascaris equorum)

Er ist entweder über Veterinärmediziner oder über Beamte des Schlachthofes aus Schlachthöfen oder Pferdeschlächtereien zu erhalten. (Näheres s. *Steiner*: Das zoologische Laboratorium.) Für die Schule dürfte Ascaris lebend kaum in Frage kommen.

5. Verschiedene Nematoden

stellen sich auf toten Regenwürmern ein, wenn man diese mehrere Tage auf Erde in ein abgeschlossenes Gefäß legt (weißliche Schicht).
Wieder andere finden sich in frischen und geräucherten Bücklingen zwischen den stark vergrößerten Eierstöcken.

6. Gordius aquaticus (Wasserkalb)

Er gehört zwar zu den Saitenwürmern (*Nematomorpha*), sei aber wegen seiner relativen Häufigkeit erwähnt. Schüler entdecken diesen fadenförmigen, bis zu 80 cm lang werdenden Wurm oft beim „Tümpeln" und fragen danach im Unterricht. Näheres über ihn findet man bei *Kaestner* S. 300.
Die längsten Arten können bis 1,5 m lang werden, bei einem ⌀ von 1 — 3 mm.

II. Lebendbeobachtung von Nematoden

Jederzeit zu demonstrieren ist die typische Schlängelbewegung, welche zeigt, daß nur Längmuskeln vorhanden sind. Die Bewegungen erfolgen durch abwechselnde Kontraktion der dorsalen und ventralen Muskulatur, wobei die dicke elastische Kutikula als Antagonist wirkt.

III. Zahlen und Bedeutung

Bekannt sind etwa 10 000 Arten von Nematoden, jedoch rechnet man mit 100 000 Arten die existieren.

Die größte Art ist 8,4 m lang, bei 2,5 cm ⌀ *(Placentonema gigantissima)* und schmarotzt im Mutterkuchen des Pottwals. Unter den Schnurwürmern *(Nemertini)* gibt es den 30 m lang werdenden *Lineus longissimus,* das längste wirbellose Tier. Es lebt im Meer.

Viele hunderte von Millionen Menschen der feuchtwarmen Gebiete sind vom Spulwurm befallen.

Der Medinawurm *(Dracunculus medinensis* Guinea worm) wird über 1 m lang, lebt unter der Haut und wird, sobald er sich zeigt, mit einem zerspleißten Holz herausgedreht. Der Madenwurm *(Enterobius vermicularis)* wird etwa 1 cm lang. Das Weibchen legt nachts 10000 Eier am After der Menschen ab. Der im After der Weibchen aus dem After Juckreiz verursacht. Unsere Abb. 11 zeigt die drei Man schätzt, daß 2/3 der Menschheit durch Schäden, welche von Fadenwürmern hervorgerufen sind, beeinträchtigt werden. Als ausgesprochene Kosmopoliten kommen die Fadenwürmer sowohl im Eiswasser, wie in heißen Quellen, im Hochgebirge wie in 6 300 m Meerestiefe vor.

Auf einem einzigen Apfel wurden einmal 90 000 Nematoden geschätzt.

In den obersten 5 cm Boden eines Eichenwaldes werden 10 Mio pro qm geschätzt.

Durch ihre schmarotzende Anwesenheit an den Wurzeln von Kulturpflanzen (Weizen, Rüben, Kartoffeln, Hafer, Nelken) schätzt man, daß 1/10 jeder Ernte durch sie vernichtet wird. In den USA wird der jährlich durch sie verursachte Ernteverlust auf 500—1250 Mio Dollar geschätzt. Für Westdeutschland dürften sich die Schäden bei Kartoffeln auf jährlich 10 Mio DM belaufen. „Bodenmüdigkeiten" sind häufig auf die ungeheure Vermehrung der Nematoden zurückzuführen, wenn mehrere Jahre hintereinander ein und dieselbe Frucht angebaut

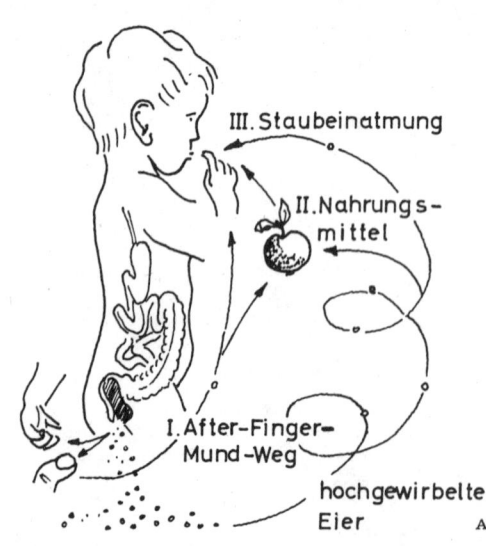

Abb. 11: Schematische Darstellung der verschiedenen Infektionswege des Madenwurms *(Enterobius vermicularis).* (Nach VOGEL aus SCHÜFFNER und BOOL, verändert.)

wurde. Daher ist Fruchtfolge ein Hauptbekämpfungsmittel gegen die Verseuchung des Bodens durch Nematoden.

Ein Spulwurm kann bis 200 000 Eier pro Tag legen und das ein Dreivierteljahr hindurch.

Ein Trichinenweibchen entläßt bereits nach 1 Woche des Einbohrens 1000 Junge in den Blutstrom des Körpers.

Zu den häufigsten Würmern bei Kleinkindern gehört der Madenwurm (*Enterobius vermicularius*, (auch Oxyuris, Spring-, Kinder- oder Afterwurm genannt). Das Weibchen wird 9—12 mm lang bei einem ⌀ von 1/2 mm. Sind die Weibchen legereif, dann kriechen sie zur Eiablage aus dem Rectum heraus durch die Afteröffnung und legen insbes. nach Beginn der Bettruhe ihre Eier in kurzer Zeit in den Analfalten ab. Da sich die Embryonen bei 30 — 36° C innerhalb von 6 Std. entwickeln, sind die Eier am morgen bereits wieder infektiös geworden. Daher ist Autoinfektion bei Kindern so außerordentlich häufig, zumal das Ausschlüpfen der Weibchen aus dem After Juckreiz verursacht. Unsere Abb. 11 zeigt die drei Hauptinfektionswege des Madenwurms.

Literatur

Brand, A.: Das „Mikroälchen". Miko 49. 1960, 310—311.
Kämpfe, L.: Rüben- und Kartoffelälchen. NBB 1952.
Knaurs Tierreich in Farben: Niedere Tiere S. 135 ff.
Kückenthal: Leitfaden f. d. Zool. Praktikum. Nematoden.

WEICHTIERE (MOLLUSCA)

A. Schnecken (Gastropoda)

I. Allgemeiner Teil

1. Demonstrationsmaterial

Leere Molluskenschalen in größerer Zahl zu Schülerübungen und Lehrerexperimenten.
Lebende Tiere im Sommer
Eingedeckelte Tiere im Winter
Situspräparat einer Schnecke
Pfurtscheller Wandtafel „Die Weinbergschnecke"

Mikropräparate:
Helix: Zunge, Liebespfeil, Auge, Auge längs.
Radula, Mitteldarmdrüse, Fuß quer.
Dass. in Mikrodias. (z. B. Schuchardt)

Filme und Dias:
F 303 Die Weinbergschnecke
R 552 Schnecken
B 498 Die lokomotorischen Wellen des Schneckenfußes (1939).
C 314 Tätigkeitsweise des Schneckenherzens (Planorbis u. Helix) (1939).

2. Lebendes Material

Land-Lungenschnecken (Stylommatophora)
    Wegschnecken *(Helix pomatia)*
    Wegschnecken *(Arionidae)*
    Schnirkelschnecken *(Helicaceae)*

Wasser-Lungenschnecken (Basommatophora)
    Posthornschnecken *(Planorbidae)*
    Schlammschnecken *(Lymnaeidae)*

Kiemenschnecken
    Sumpfeckelschnecken *(Viviparidae)*

Die Biol. Anst. Helgoland bietet Meeresschnecken an:

kons. *Buccinum undatum*, aus der Schale herausgenommen	St.
Litorina litorea	St.
Litorina obtusata	St.
Litorina saxatilis	St.

	Nucella lapillus	St.
	Gibbula cineraria	St.
	Lacuna divaricata	St.
	Lunatia nitida	St.
	Hydrobia ulvae	Pt.
	Crepidula fornicata, aus der Schale herausgenommen	St.
leb.	*Buccinum undatum*	St.
	Litorina litorea	Pt.
	Litorina obtusata	Pt.
	Litorina saxatilis	Pt.
	Crepidula fornicata	St.
	Nucella lapillus	St.
	Gibbula cineraria	St.
	Opisthobranchia:	
kons.	*Archidoris tuberculata*	St.
	Lamellidoris bilamellata	St.
	Aeolidia papillosa	St
	Coryphella, Polycera, Fecelina u. a. nach Anfrage	
leb.	*Archidoris tuberculata*	St.
	Aeolidia papillosa	St.

II. Die Weinbergschnecke *(Helix pomatia)*

1. Materialbeschaffung

Sie bevorzugt feuchte und warme Biotope, Gärten, Sandgruben, Schilfhaufen an Weihern, warmfeuchte Waldränder mit Laubansammlungen u. dgl.
Bezug u. U. auch durch Delikatessenfirmen.
Auf Wandertagen werden leere Schneckenhäuser gesammelt.

2. Haltung

Zucht und Hälterung größeren Stils kommen für die Schule nicht in Frage. Dazu bräuchte man Freilandanlagen.
Für die Haltung von Weinbergschnecken, wie überhaupt von Landschnecken, ist Sauberkeit erstes Gebot.
Wenn mehrere Tiere in einem Behälter beisammen sind, ist der Boden desselben sehr rasch mit Futterresten, Fäkalien und Schleim bedeckt; eine Masse, welche bald in Zersetzung übergeht, die normale Mikroflora des Bodens zerstört, die chemischen Verhältnisse ändert und einen sauren Brei schafft. Auf diesem fühlen sich die Schnecken sehr unbehaglich und ziehen sich an die Glaswände unter den Deckel zurück. Ist die Zersetzung des Bodens schon weiter fortgeschritten, kehren die Tiere nur noch ungern zum Fressen auf den Boden zurück und hungern dann sogar bei Nahrungsüberschuß. Sie kümmern und fallen rasch Seuchen zum Opfer.
Futterreste und Exkremente sind spätestens nach zwei — drei Tagen zu beseitigen. Die Erde darf niemals naß sein.
Als Behälter eignen sich Einmachgläser und Terrarien, für kleinere Schnecken aber auch schon Petrischalen. Um die Behälter nicht zu übervölkern, seien nach Frömming einige Anhaltspunkte gegeben:

Rauminhalt	Anzahl der Tiere	Größenordnung
2 000 ml	1	*Helix pomatia, Arion*
1 000 ml	2—3	*Arianta, Cepaea, Arion*
1 000 ml	5—6	*Monacha, Helicella*
500 ml	5—6	*Succinea, Arion hortensis*
500 ml	8—10	*Fruticicola, Ena*
250 ml	5—6	*Clausilia, Arion intermedius*

Beschickung des Terrariums erfolgt mit guter Lauberde, einem Stück Moosrasen (welches die Feuchtigkeit regulieren soll) und einem Stück Kreide, das evtl. entstehende Säuren abpuffert. Auf einen halben Liter Erde kann noch ein Regenwurm gegeben werden, welcher die Bodenschicht durchlüftet.
Der Standort ist stets vor direktem Sonnenlicht zu schützen, auch bei Beobachtung der Tiere. Dem Terrarium sollten niemals unangenehme Düfte entströmen.
Die Beobachtungen selbst benötigen bei den Schnecken viel Geduld. Soll die Eiablage studiert werden, müssen die Tiere in Vollglasgefäßen gehalten werden und die Erdschicht darf nicht höher als 5—6 cm sein. Soll die Embryonalentwicklung und der Schlüpfprozeß verfolgt werden, muß man den Eihaufen herausnehmen und in einem sterilisierten Glasschälchen unter täglicher Kontrolle halten. Man kann dazu die Eier auf keimfreie nasse Watte legen. (Zwar ist der natürliche Biotop auch nicht keimfrei, aber dort herrscht meist ein Gleichgewicht dergestalt, daß das plötzliche Überhandnehmen von Pilzen weitgehend unmöglich ist.)
Helix pomatia wird mit Grünzeug gefüttert (Wirsingkohl, Kohlrabiblätter, Spinatblätter, Endiviensalat u. dgl.). Manchmal fallen sie auch über Papier her.
Näheres über Haltung von Schnecken bei *Janus, H.:* Unsere Schnecken und Muscheln.
Verwendet man Schnecken im Versuch etwa bei Schülerübungen, dann reagieren sie mitunter auf die geringe Luftfeuchtigkeit des Klassenzimmers, indem sie sich zurückziehen, inaktiv werden und schließlich eine Schutzhülle absondern.
Durch kurzes Einlegen in lauwarmes Wasser können sie meist rasch wieder aktiviert werden.

3. Sammeln von leeren Schneckenhäusern

Bei Schullandheimaufenthalten oder auf Wandertagen bietet sich immer wieder einmal die Gelegenheit, sowohl leere, wie auch volle Schneckenhäuser sammeln zu lassen. Besonders leicht findet man sie im Frühjahr, wenn um die Osterzeit das dürre Laub und Gras abgebrannt wurde.
Sind die Häuser von oben her gesehen im Uhrzeigersinn gewachsen?
Da die meisten eine Linksspirale zeigen, setzen wir einen kleinen Preis aus für Funde mit Rechtsspirale.
Finden sich fremde Tiere in den leeren Häusern? (Häufig Spinnen, aber auch Einsiedlerbienen u. a. Insekten).
Obwohl wir für unsere Versuche möglichst frische, unverwitterte Häuser brauchen, stellen wir auch einmal die Unterschiede zu alten, verwitterten Häusern fest.
Gesäubert werden leere Schneckenhäuser durch Aufweichen der Schmutzteile in Wasser. Hartschalige wirbeln wir in geschlossenem Gefäß im Wasser herum,

bei zartschaligen lassen wir unter Umdrehungen einen Wasserstrahl einlaufen, damit sie gefüllt werden. 2—4 Tage bleiben sie im Wasser. Dann wird mit scharfem Wasserstrahl abgesprüht oder hartnäckige Schmutzteile mit einer Zahnbürste entfernt und schließlich die Schale geschützt zum Trocknen aufgelegt.

4. *Untersuchung von Schneckenhäusern als Schülerübung*

Der Drehsinn des Hauses wird untersucht. Er kann entweder von oben her, oder von der Öffnung her bestimmt werden.
Die Anzahl der Windungen wird festgestellt. Bei ausgewachsenen $4^{1/2}$—5.)
Ist die Mundöffnung des Hauses nach außen umgebogen, dann war das Tier ausgewachsen; ist sie noch kantig, dann war das Tier noch nicht ausgewachsen.
Die Oberfläche wird beschrieben nach Farben und Strukturen. Sind Zuwachsringe erkennbar? (Eine Altersbestimmung ist problematisch!)
(Bei der gebänderten Hainschnecke enden die Bänder regelmäßig an der jeweiligen Jahresgrenze, so daß hier eine sichere Altersbestimmung möglich ist.)
Innere und äußere Oberfläche werden miteinander verglichen.
Evtl. können ehemals beschädigte Stellen ausgemacht werden, die geflickt wurden. Sie sind farblos und ohne Konchiolinschicht, nur mit zarter organischer Haut versehen. Die Ausbesserung selbst geschieht durch Amöbozyten, welche Protein und Calcium an verletzte Stellen befördern und dort eine zarte organische Haut sezernieren, in welche Calcium in Form von Kalzitkristallen abgelagert wird.
Feilt man mit einer Dreikantfeile eine Öffnung in das Haus einer lebendigen Schnecke und erweitert das Loch, ohne die Schnecke selbst zu verletzen, mit einer starken Pinzette, dann kann bereits nach einer Woche der Beginn einer Neubildung der Schale an dieser Stelle beobachtet werden.

5. *Weitere Untersuchungsmöglichkeiten in Lehrversuchen*

a. *Festigkeitsprüfung*

Durch Auflegen von Gewichten bis zum Zerbrechen der Schale, wird die Festigkeit geprüft. Die sehr hohe Festigkeit resultiert aus der Gewölbestruktur und dem Baumaterial.
Wo findet man in der Natur überall Gewölbe- und Spiralbauweise? (Hier kann eine Exkursion auf statische Verhältnisse durchgeführt werden. (s. *Freytag, K.*)

b. *Das Baumaterial*

Ein frisches Gehäuse wird in der Bunsenflamme erhitzt. Anhand der auftretenden Sprünge im Material kann eine Lamellenstruktur rekonstruiert werden. Man riecht verbranntes Eiweiß. Zurück bleibt weiße Substanz und wo die Flamme nicht so heiß war, bleiben verkohlte Teile.
Auf die weiße Substanz wird Salzsäure getropft. Sie löst sich unter Gasentwicklung auf (Kalk).
Ein Schneckenhaus wird nach vorheriger Reinigung in Äther (löst Fett) in verd. Salzsäure gelegt und das sich entwickelnde Gas in Kalklauge aufgegangen. ($CaCO_3$ + 2 HCl → $CaCl_2$ + H_2O + CO_2). In der Kalklauge wird durch CO_2 eine Trübung hervorgerufen: CO_2 + $Ca(OH)_2$ → $CaCO_3$ + 2 H_2O.
Zum Vergleich wird dasselbe mit einem Kalkstein gemacht.

Am Vortag wurde bereits ein Haus in verdünnte Salzsäure gelegt und das Ergebnis jetzt gezeigt: Der Kalk ist aufgelöst, eine dünne, organische Membran bleibt übrig. Ein Teil des Häutchens wird in Kalilauge gelegt (es löst sich auf), ein anderer Teil verbrannt (stinkt nach verbranntem Eiweiß). Die Farbstoffe haben sich zum größten Teil aufgelöst (gelblich bis bräunlich). Im Häutchen ist aber noch eine Streifung zu erkennen. Es kann unter dem Mikroskop betrachtet oder zwischen Diagläser eingebettet werden.

Ebenso wurden schon früher zwei Gehäuse je zur Hälfte in verd. Salzsäure gelegt: eines im waagrechten, eines im senkrechten Schnitt! In die heilgebliebene andere „Hälfte" kann man nun nach Entfernung des Häutchens hineinschauen. Zu erkennen sind: Spindel, glatte Wandflächen, Rille f.d. Spindelmuskel.

c. *Der Rückziehmuskel* (Spindelmuskel) selbst kann bei einer mit heißem Wasser getöteten und mit einem Draht herausgezogenen Schnecke gezeigt werden. (Diese Prozedur nehme man nicht vor der Klasse vor.)

d. *Gedeckelte Schneckenhäuser im Frühjahr*

Welche Umstände locken die Schnecken aus ihrem Winterschlaf? *C. Schmitt* empfiehlt folgendes: Man lege jeweils eine gedeckelte Schnecke in

1. leere Schachtel im warmen Zimmer
2. Schachtel mit angefeuchtetem Moos im kalten Zimmer
3. Schachtel mit angefeuchtetem Moos im warmen Zimmer

Im letzteren Fall, also bei Feuchtigkeit + Wärme wirft die Schnecke den Deckel ab.

Bei einer gedeckelten Schnecke kann mit einer Messerspitze der Deckel abgehoben werden. Wir überprüfen, ob dahinter noch ein Zwischenraum ist und ob evtl. noch ein zweiter Verschluß existiert.

6. Kriechbewegung der Weinbergschnecke

Eine Schnecke, welche sich in ihr Haus zurückgezogen hat, oder inaktiv ist, kann durch Einlegen in lauwarmes Wasser, oder durch sanftes Bestreichen der Fußsohle mit einem Fingerballen, oder manchmal auch durch Anhauchen zum Kriechen veranlaßt werden. Unbewegliche Nacktschnecken werden zum Kriechen gebracht, wenn ihre Glasunterlage durch Reiben mit der Hand erwärmt wird.

a. Eine Schnecke wird entweder auf eine Glasscheibe, oder (für Schülerübungen) in ein größeres Becherglas gesetzt. Beim senkrechten nach oben Kriechen erkennt man gut die Kontraktionswellen, welche auf der Fußunterseite von hinten nach vorne huschen (bei *Helix* auf der ganzen Fußbreite, bei *Limax* nur in der Mitte). Wir versuchen die gleichzeitigen Wellen zu zählen, oder zu stoppen, wieviel Wellen in 30 Sekunden vorne ankommen.

b. Die Glasscheibe wird nun so *gedreht*, daß die Schnecke mit dem Haus nach unten hängt. Warum fällt sie nicht herunter?

Die oft sehr starke *Adhäsion* der Schnecke kann demonstriert werden, wenn mitunter mit der Schnecke zusammen die ganze Unterlage hochgehoben werden kann. Unterlage wiegen!)

c. Die *Kriechgeschwindigkeit* einer Schnecke kann auf horizontaler Glasscheibe gemessen werden, wenn wir ein lebhaftes Tier vor uns haben, das man einige Zeit ungestört kriechen ließ. Anschließend kann die Frage untersucht werden, ob sich die Kriechgeschwindigkeit bei geneigter oder senkrechter Scheibe verändert.

d. *Kriechspur*

Wie verhält sich die Schnecke, wenn wir sie auf ein filziges Blatt der Königskerze oder auf Sandpapier setzen? In beiden Fällen hinterläßt sie einen Schleimüberzug, der an der Luft zu einer Haut trocknet.

Wir lassen die Schnecke auf einer Messerklinge entlangkriechen und zwingen sie durch Kippen des Messers, über die Schneide zu klettern. Warum verwundet sie sich nicht? (Abb. 12)

Abb. 12: Weinbergschnecke kriecht über die Schneide eines Messers. Das Messer wird so gekippt, daß die Schnecke über die Schneide kriechen muß. Infolge der Schleimabscheidung verletzt sie sich nicht.

Wo müssen die Drüsen zur Schleimabsonderung am Fuß praktischerweise sitzen? (Der Schleim glättet Unebenheiten des Bodens, setzt die Reibung herab und vergrößert die Anheftungsfähigkeit.)

e. Frisch eingefangene Schnecken haben oft das Bestreben, ihren Behälter wieder zu verlassen, wobei sie oft unglaubliche Kräfte entwickeln. *Frömmig* beschreibt ein Tier, welches bei 35 g Eigengewicht den belasteten Glasdeckel von 492 g abwarf und entkam. Später, nach Eingewöhnung genügt meist leichtere Bedeckung.

7. Herauskriechen und Zurückziehen am Haus

a. *Das Herauskriechen* ist mehr ein Herausquellen, ein durch Muskulatur unterstützter Schwellungsvorgang, bei dem aus dem Körper Blut in große Bluträume des Fußes und von dort in die feinsten Maschen des schwammigen Fußgewebes gedrückt wird. Die Masse des Blutes läßt den Fuß anschwellen. Danach wird das gesamte, vorher zusammengezogene Muskelsystem völlig gestreckt.

b. *Beim Zurückziehen* in das Haus geschieht dasselbe in umgekehrter Reihenfolge: Zurückziehen des Blutes, Zusammenziehen der Muskelstränge der Sohlenränder. Der Mantelrand bzw. die Mantelleiste verschließen die Gehäuseöffnung.

In der Winterruhe befinden sich die Muskeln in zusammengezogenem Ruhezustand unter geringem Energieverbrauch.

8. Atmung

Das Atemloch wird gesucht und die Öffnungs- und Schließzeiten bestimmt. In Ruhe bleibt es 3—4 Minuten geschlossen. Bei starker Bewegung verlängert sich die Öffnungs- und verkürzt sich die Schließphase. In feuchter Kammer bleibt das Loch ständig geöffnet. Der Schließmechanismus ist ein Schutz gegen Austrocknung.

9. Freßbewegungen und Fraßspuren

a. *Sichtbarmachen der Fraßspuren*

Dazu wird in der Literatur folgendes empfohlen: 6 g gemahlene Gelatine wird in 100 ml Wasser kalt eingeweicht und solange erhitzt, bis sich die Gelatine vollständig gelöst hat. Der Lösung kann etwas Zucker zugegeben werden. Die noch warme Gelatinelösung wird mit einer Pipette auf Diaplatten 5 x 5 cm gegossen (1 Tr. durchschnittlich auf der Platte für 1 qcm) und mit der Nadel gleichmäßig verteilt. Die trockenen Platten können übereinandergelegt und bis zum Gebrauch aufbewahrt werden.

Zur Erzeugung von Fraßspuren eignen sich besonders mittelgroße Schnecken *(Cepaea hortensis, Arianta arbustorum* u. a.), welche auf die Schichtseite der Platte gesetzt werden. Cepaea beginnt häufig sofort die Gelatine abzuschaben. Da die Gelatine durchsichtig ist, kann der Freßvorgang den Schülern am lebenden Objekt im Unterricht gezeigt werden.

b. Ist die Schicht einer Platte einige Zeit befressen worden, so entfernt man das Tier durch seitlichen Zug am Gehäuse, färbt die Platte ca 2 Minuten in blauer Tinte und läßt dann die Schicht trocknen.

Diese Bilder können im Diaprojektor projiziert werden. Man erkennt, die in schleifenförmigen Bändern angeordneten Kratzer. Bei einer Projektion durch den Mikroprojektor kann man die durch Radulazähnchen erzeugten Rillen sehen. (n. *Günzl*).

c. *Schutzmittel gegen Schneckenfraß*

Hier sei noch angemerkt, daß die überall erwähnten, „allbekannten Schutzmittel" der Pflanzen gegen Schneckenfraß, wie z. B. Haare, Milchsaft, Oxalatkristalle usw. den umfangreichen Fütterungsversuchen von *Frömming* zufolge, mehr dem teleologischen Denken der Biologen, als einer tatsächlichen Wirkung entsprechen.

10. Beschattungsreflex

Eine Weinbergschnecke wird längere Zeit ungestört im Licht belassen und dann plötzlich von oben beschattet. Das so betroffene Tier zieht sich etwas zusammen; beide Fühlerpaare pflegen momentan eingestülpt und der Kopf etwas rückwärts gezogen zu werden. Selten zieht sich das Tier in das Haus zurück.

Diese Reaktion geht nicht von den Fühleraugen aus, sondern von der Haut, da sie auch bei abgeschnittetenen Augen funktioniert. Charakteristisch ist an der ganzen Reaktion, daß das Tier nur auf Beschattung, nicht aber auf Belichtung anspricht. Bei einer Schülerübung darf man sich von dieser Reaktion nicht zu viel erwarten. Einige Schüler sind jedoch meistens dabei, welche das Zurückziehen eines Fühlerpaares beobachten. Ob dies aber immer auf die Beschattung zurückzuführen ist, bleibt hier fraglich.

11. Chemischer Sinn (Abb. 13)

a. Einer aktiven, gut ausgestreckten Helix wird ein Glasstab oder ein Strohhalm genähert, welcher in eine duftende Substanz getaucht worden war, (Senf, Camillosan, Benzin, Aceton, Essig). Bei Annäherung an die Fühler werden diese u. U. bereits im Abstand von einigen Zentimetern, aber zumindest bei 4 — 5 mm eingezogen.

Nähert man den Stab einer Stelle des Fußrückens auf wenige Millimeter, so erfolgt eine lokale Kontraktion der gereizten Körperstelle. Am unempfindlichsten scheint die Schwanzspitze und die Partie um den Eingeweidesack zu sein. Die Fußsohle ist völlig unempfindlich.

Abb. 13: Reaktionen der Weinbergschnecke auf verschiedene Reize; demonstriert auf dem Schreibprojektor. Auf chemische Reize oder höhere Temperaturen reagiert sie durch lokale Kontraktionen, z. B. des Fußes.

b. Man kann auch auf einer Glasscheibe, oder dem Schreibprojektor um die Schnecke herum einen Kreis von Duftstoff ziehen und die Reaktionen des Tieres beobachten.

c. Bei der Verwendung von Eisessig werden die Fühler mitunter bereits in einer Entfernung von 5 cm und mehr zurückgezogen. Fällt ein Tropfen auf die Schnecke, dann scheidet sie aus dem Atemloch einen Schaum aus und läßt sich evtl. von der Glaswand herunterfallen. Daran erkennen wir sofort, wenn ein Schüler nicht sauber gearbeitet hat.

Dieselbe Reaktion tritt auf, wenn Schnecken von Ameisen behelligt werden (Ameisensäure).

Nach diesen Versuchen wird man die Tiere kurz in lauwarmem Wasser abwaschen.

12. Tastsinn

Verschiedene Körperteile der Schnecke (Rücken, Sohle, Fühler, Mantelrand) werden durch Anblasen mit einem Strohhalm oder durch Betasten verschieden stark gereizt und die Reaktionen beobachtet und wie immer protokolliert.

13. Temperatursinn (Lehrerversuch)

In ähnlicher Weise, wie beim chemischen Sinn, werden verschiedene Körperteile einer Helix durch Annäherung eines heißen Drahtes gereizt. Auch hierbei erfolgt bei Annäherung an die Fühler deren Zurückziehen und am Fuß lokale Kontraktion der gereizten Stellen. (Demonstration am Schreibprojektor) *(Abb. 13)*

14. Negative Geotaxis (Lehrerversuch)

Wirft man eine inaktive, zurückgezogene Weinbergschnecke in einen Zylinder mit Wasser, so sinkt sie zu Boden (spez. Gewicht?). Sie kann notfalls bis 24 Std. in Wasser leben. Bald beginnt sie dann mit eingezogenen Fühlern nach oben zu kriechen. Beim Umdrehen des verschlossenen Zylinders dreht sie sich ebenfalls um.

Läßt man Schnecken in einem Wasserbecken schwimmen, dann strecken sie sich lang aus und versuchen mit den Fühlern über die Wasseroberfläche zu gelangen. Aktive Schnecken gehen im Wasser nicht unter, da ihre Atemhöhle mit Luft gefüllt ist.

15. Kompensatorische Augenbewegungen

Man läßt eine Helix in Ruhe kriechen und beobachtet genau v. d. Seite, welchen Winkel die Augenfühler zur Unterlage einnehmen. Kippt man nun die Unterlage vorne hoch, dann neigen sich die Fühler kompensatorisch nach unten. Mitunter werden sie aber auch eingezogen. Ganz so einfach, wie es sich liest, ist diese Reaktion nicht immer zu beobachten.

16. Arbeitsprogramm für eine Schülerübung mit Helix pomatia

Eine ganze Reihe der oben erwähnten Versuche läßt sich in Form einer Schülerübung ausführen. Diese hat, wie alle solche Übungen den Vorteil, daß die Schüler unmittelbar an das Tier herankommen, einen persönlichen Kontakt mit dem Tier bekommen, daß sie exakt zu beobachten lernen, und gezwungen sind, sich sprachlich definitiv auszudrücken (Wortschatz). Dabei ist streng zu beachten, daß die Schüler nicht Beobachtung und Deutung miteinander verwechseln. Dies ist, meiner Beobachtung nach, einer der häufigsten Fehler bei Übungen solcher Art.

Je zwei Schüler erhalten in einem größeren Becherglas eine Weinbergschnecke und ein hektographiertes Arbeitsprogramm ausgehändigt. Bereitgestellt werden ferner für jede Gruppe: 2 Glasstäbe oder Strohhalme und eine Flasche mit einem stark duftenden Stoff. Ferner richtet man sich lauwarmes Wasser her, um die Schnecken evtl. zu aktivieren, oder verunreinigte Tiere zu waschen.

17. Töten der Schnecken

Zum Abtöten kann Chloroform, aber auch kochendes Wasser genommen werden. Um ausgestreckte, tote Tiere zu bekommen wird empfohlen, Wasser auszukochen bis es keinen Sauerstoff mehr gelöst hat, die Tiere hineinzulegen und das Gefäß so zu verschließen, daß kein Luftraum bleibt. Nach einiger Zeit sollen die Tiere tot ausgestreckt sein, während sie sich sonst meist zusammenziehen.

Eine andere Methode ist die Betäubung mit Urethan und anschließende Tötung.

Beim Kochen der Schnecken lösen sich auch die Spindelmuskeln, so daß sie sich leicht mit einem Haken der Schale entnehmen lassen. Sollte dies nicht gehen, müßte die Schnecke mehrere Tage in Wasser mazerieren (Faulen). Zu lange darf jedoch dieser Prozeß nicht durchgeführt werden, da sonst die Schalenoberhaut angegriffen wird. Eventuelle Deckel werden in das Haus hineingelegt, damit sie nicht verloren gehen.

Sollen Nacktschnecken konserviert werden, tötet man sie in abgekochtem Wasser, dem 0,1 %ige Chloralhydratlösung zugefügt ist und das unter Luftabschluß steht. (Glasplatte beschweren!) Dabei werden die Tiere zuerst betäubt, dann getötet. (Zeit: maximal 1 Tag).

Das tote Tier wird mit weicher Bürste unter fließendem Wasser von Schleim gesäubert und in 50 %igen Alkohol gelegt. Nach 3 Tagen in 70 %igen und nach weiteren 3 Tagen in 90 %igen überführt. Dort verbleibt es.

18. Präparation der Radula

Erste Versuche sollten möglichst an mittelgroßen Tieren durchgeführt werden. Die Radula kleiner Tiere ist schwer zu präparieren, die großer Tiere schwer zu reinigen. Es können die Radulae frisch getöteter Tiere, sowie die von eingetrockneten oder von Alkoholmaterial verwendet werden.

Bei solchen mittelgroßen Tieren erhält man die Radula durch Herauspräparieren der Schlundmasse nach dorsomedialem Schnitt. Von kleinen Arten wird der Kopf abgeschnitten, oder unter dem Binokular präpariert.

Eingetrocknete Tiere werden vorher in 5 — 10 %ige Essigsäure gelegt und entkalkt.

Die *Mazeration* der Radula (Befreiung von anhaftenden Geweben) kann durch Kochen in Kali- oder Natronlauge (5 %ig) im Rggl. erfolgen.

Als günstig wird die Mazeration in kaltem Wasser empfohlen. Bei frischen Objekten wird dabei eine 1 %ige, bei alten eine 5 %ige KOH bzw. NaOH verwendet in der das Objekt 12—24 Std. oder auch länger verbleibt.

Mit großer Vorsicht muß dann die Radula in einen Tr. Wasser auf den Objekttr. überagen werden. Unter dem Binokular wird dann die Radula gestreckt, so daß die zahntragende Seite nach oben gerichtet ist. Anhaftende Gewebeteile werden entfernt. Unter dem evtl. beschwerten Deckglas läßt man die Radula eintrocknen. Sie soll dann gestreckt auf dem Objekttr. haften. Die Färbung kann entweder bei der Mazeration erfolgen durch Zugabe von Kongorot oder Chlorazol-Azurin G 200 zu den Alkalien; oder auf dem Objekttr. mit Karbolfuchsin in warmer 10 %iger Lösung über kleiner Flamme 10 Sek. lang.

Einbettung entweder in Glyzeringelatine, oder nach Entwässerung in Caedax, oder nach Austrocknung in Caedax. (*Jaeckel*).

III. Tellerschnecken (*Planorbidae*)

1. Materialbeschaffung

Planorbis corneus am Grunde pflanzenreicher Weiher, andere, bes. kleinere Formen in Characeenwiesen, wo sie hauptsächlich Detritus abweiden. Als Futtertier wird von Aquarianern auch häufig eine rote Spielart gezüchtet.

2. Haltung

In Aquarien mit dichter *Ceratopteris*-Bepflanzung, bei guter Beleuchtung; nicht zu dicht mit Tieren besetzt (z. B. 20—30 in einem Aquarium 30 x 15 x 20 cm. Temp.: 25 — 30° C.7

3. Zucht

Wenn die Eiablage beginnt, wird jeden Morgen festgestellt, an welcher Stelle der Glaswand Eipakete abgelegt wurden. Dort wird außen ein selbstklebendes Papieretikett mit Ablagedatum angebracht. Nach 6—7 Tagen sind bevorzugte Orte erkennbar. In einer Nacht können von einer Schnecke 2 — 3 Laichklümpchen gelegt werden. Die Eipakete selbst bilden eine runde oder längliche Scheibe. Zuweilen ist in der Mitte eine kleine Aussparung zu erkennen. Das Tier stößt eine Eikette aus, deren Enden zusammengelegt werden, so daß eine Scheibenform zustandekommt. Bei der hohen angegebenen Temperatur schlüpfen die ersten

Jungtiere schon nach 6 Tagen aus der Gallerthülle. Die Entwicklung ist sehr temperaturabhängig.

4. Beobachtung der Entwicklung (AG)

a. *Die Lebendbeobachtung* kann nach 6—7 Tagen begonnen werden, wenn alle Entwicklungsstadien gleichzeitig vorhanden sind. Mit einer Rasierklinge wird dann das Gelege von der Glaswand gelöst, während gleichzeitig ein Objekttr. in spitzem Winkel unter das Gelege an die Wand gehalten wird, so daß mit ihm der zu Boden sinkende Laich aufgefangen wird. (Hohlschliff!) Die verschiedenen Altersstufen werden an verschiedene Schüler zum Zeichnen unter dem Mikroskop verteilt und regelmäßig ausgewechselt, so daß jeder Schüler jede Altersstufe erhält. Vor dieser Arbeit muß allerdings kurz auf die Entwicklung eingegangen worden sein.

b. *Dazu einige Hinweise (n. Ruppolt)*
Die Begattungszeit soll bei *Planorbis corneus* 3—5 Stunden betragen. Die Durchschnittszahl der Eier pro Laichscheibe 24. Die Temperatur muß über 12°C liegen. Ab Mitte September beobachtete *Ruppolt* keine Eiablage mehr. Die Gallerte erhärtet nach 45 Minuten und wird dann durchsichtig. Ei, Eiweiß und Schale sind zu unterscheiden. Die flüssige Beschaffenheit des Eiweißes zeigt sich bei der rotierenden Bewegung des Keimes. Die polyedrischen Figuren der Hüllen entstehen durch dichte Packung.

c. *Verlauf der Entwicklung*
erhärtet nach 45 Minuten und wird dann durchsichtig. Ei, Eiweiß und Schale sind Furchung und Bildung der Keimblätter. Es entstehen aus dem *Ektoderm:* Nervensystem, Sinnesorgane, Schalendrüse und Schale. *Entoderm:* Darm (außer dem vorderen Abschnitt). *Mesoderm:* Muskulatur, Bindegewebe, Urniere.
Der Fuß hat „Mischcharakter" hinsichtlich seiner Entstehung.
Im zweiten Entwicklungsabschnitt beginnt der Keimling sich mit Hilfe von Flimmerhärchen zu drehen; anfänglich langsam, später schneller. Jetzt werden die wichtigsten Organe angelegt: Schalendrüse, Schale, Fuß, Urniere, Nervensystem, Eingeweidesack. Dadurch geht die anfängliche bilaterale Symmetrie verloren.
Im letzten Entwicklungsabschnitt bildet sich die typische Gastropodenform heraus. Die ersten Organe differenzieren sich. Antennen und Augenpigmente sind zu erkennen. Das Herz schlägt zuerst langsam mit Pausen, später regelmäßiger (bis 90 Schläge/Minute). Die rotierenden Bewegungen lassen nach, die Muskelbewegungen nehmen zu. Die Embryonen recken sich kurz aus ihrem durchsichtigen Gehäuse hervor und ziehen sich wieder zurück. Schließlich durchbricht der Embryo die Gallerte, verläßt sie und übernimmt den Nahrungserwerb.

5. Lungenatmung bei Planorbis und Limnaea

a. *Vorbemerkung*
Leben diese Schnecken in seichtem Wasser, so kommen sie zum Luftschöpfen an die Oberfläche, öffnen das unter Wasser geschlossene Atemloch und lassen frische Luft in die Mantelhöhle diffunddieren. An der Decke der Mantelhöhle liegt ein feinverzweigtes Gefäßnetz, die Lunge.
Unter absperrender Eisdecke, oder in tiefen Zonen jedoch wird die Luftatmung

durch die Hautatmung ersetzt. In sauerstoffreichem Wasser muß *Planorbis corneus* ebenfalls nicht an die Oberfläche. Die kleinen Planorbisarten benützen im Winter die Atemhöhle durch Wasserfüllung wie eine Kieme. Bei Bewohnern tieferer Schichten ist die Atemhöhle ständig mit Wasser gefüllt. Haben sie jedoch Gelegenheit, Luft an der Oberfläche aufzunehmen, so pressen sie das Wasser durch Zusammenziehen der Mantelmuskeln aus der Lunge und gehen zur Luftatmung über.

b. Vor dem Unterricht wird darauf geachtet, daß die Schnecken ihre Atemhöhlen mit Luft gefüllt haben. In diesem Zustand werden sie in ein 4 Ltr.-Aquarium überführt, wo sie sich meist bald an der Wand festsetzen.

c. Löst man nun ein Tier von der Wand, so sinkt es trotzdem im Wasser nicht unter, sondern schwimmt frei an der Wasseroberfläche. Beim Durchleuchten der Tiere sieht man bei Planorbis die Luftkammer.

d. Eine Schnecke wird nun aufgenommen und unter Wasser mehrfach am Fuß entlanggestreichelt. Sie gibt Gasblasen ab, welche aufsteigen (Atemluft). Die Luft kann auch mit einer Pipette entnommen werden. Läßt man das Tier nun aus, sinkt es sofort zu Boden. Durch die Luftentnahme wurde das spez. Gewicht vergrößert. (Andere Beispiele einer Verringerung des spez. Gewichts lebender Substanz: durch Gase (Fische, Wasserkäfer, Wasserwanzen) durch Fett (Wale, Robben).

e. Besonders eindrucksvoll ist es, wenn noch während der Unterrichtsstunde die derart abgesunkenen Tiere wieder zur Wasseroberfläche streben.

f. Füllen der Atemhöhle
Die Schlammschnecke legt sich an der Wasseroberfläche zur Seite, öffnet die Atemhöhle und läßt Luft einströmen. Wird sie jetzt wiederum von der Glaswand abgelöst, so erkennen wir, daß sie ihre Schwimmfähigkeit wieder zurückerhalten hat.

6. *Fraßspuren und Freßbewegungen*

Im Aquarium gehaltene Planorbisarten eignen sich besonders gut zur Beobachtung der Fraßbewegungen, da sie die Algenfluren an den Glaswänden abweiden. Mit Lupen bewaffnet lassen wir Schüler beobachten und beschreiben. Dabei sieht man gleichzeitig die Kriechbewegungen.
Da diese Tiere mitunter in großer Menge auftreten, können sie in Gläsern auf eine ganze Klasse verteilt werden.

7. *Flimmerbewegungen*

Die Körperoberfläche von Planorbiden ist mit Flimmerepithelien bedeckt (bes. Fühler, Mantelrand, dorsale Partien des Fußes). Zur Demonstration ist nicht zu umgehen, Stücke davon nach Betäubung mit Urethan herauszuschneiden und unter dem Deckglas zu beobachten und zu zeigen.

8. *Teichmannsche Probe (Häminkristalle)*

s. Chironomus.

9. *Rote Formen der Posthornschnecke (Vererbung)*

Es gibt eine rote Varietät einer kleinen brasilianischen Schnecke (*Helisoma nigricans*), und rote Mutanten der großen Posthornschnecke (*Planorbis corneus*). In Aquarien sind sie recht dekorativ.

Letzere ging aus der schwarzen Form hervor und wurde erstmals 1903 in der Panke bei Niederschönhausen gefunden. Fast alle heute in Aquarien lebenden Tiere sollen von dieser einen abstammen. Die rote Farbe tritt durch Pigmentverlust auf. Modifikationen sind möglich. So erhält man bei 23 — 25°C leuchtend rote, bei 15° C braune Tiere. Bei alten Tieren gelingt die Umfärbung nicht mehr. Kreuzungsexperimente sind möglich, wenn man die Tiere rechtzeitig zur Zucht isoliert. Rot wird rezessiv, schwarz dominant vererbt.

Literatur

De Haas, W. und *Knorr, F.:* Was lebt im Meer? Kosmos Naturführer. Stuttgart 1965.
Dehnert, K.: Biologisches Thema für Vertretungsstunden in der Oberstufe. (Ausmessen v. Schneckenhäusern in Schülerübung) P.d.N. 1964/7.
Ehrmann, P.: Mollusken (Weichtiere) in: Die Tierwelt Mitteleuropas. Bd. 2. Lfg. 1. Leipzig 1933. (Zum Bestimmen).
ders.: in Brohmer: Fauna von Deutschland. Heidelberg 1949.
Engelhardt: Was lebt in Tümpel, Bach und Weiher? Stuttgart 4. Aufl.
Freytag, E.: Die Schraube, ein Strukturprinzip des Lebens. Miko 53. 1964, 204—209.
Frömmig, E.: Biologie der Mitteleuropäischen Landgastropoden. Berlin 1954.
ders.: Biologie der Mitteleuropäischen Süßwasserschnecken. Berlin 1956.
ders.: Das Verhalten unserer Schnecken zu den Pflanzen ihrer Umgebung. Berlin 1962.
Günzl, H.: Bilder von Schneckenfraßspuren. P.d.N. 1964/12.
Jaeckel, S. H.: Praktikum der Weichtierkunde. Berlin 1953.
ders.: Die Schlammschnecken unserer Gewässer. NBB 1953.
Janus, H.: Unsere Schnecken und Muscheln. Kosmos Naturf. 2. Aufl. Stuttgart 1962.
ders.: Muscheln, Schnecken, Tintenfische. Weichtiere des Mittelmeeres. Stuttgart 1964.
Nietzke, G.: Die Weinbergschnecke. Stuttgart.
Poetsch, O.: Entwicklung von Niere, Pericard und Herz bei Planorbis corneus. Zool. Jahrb. Anatomie 20. H. 3. 1904.
Rabl, C.: Über die Entwicklung der Tellerschnecke. Morph. Jahrbuch 5. Bd. Leipzig 1879.
Riedl, R.: Fauna und Flora der Adria. Hamburg Berlin 1963.
Ruppolt, W.: Tellerschnecken-Embryonen. P.d.N. 1964/1
ders.: Ein Unterrichtsversuch zur Rahmenvereinbarung. MNU 1963/64. H. 1.
Schilder, M.: Die Kaurischnecke. NBB 1952.
Schuster, M.: Unterrichtsversuche zum Nachweis der Lungenatmung bei Süßwasserschnecken. Praschu 1955/5.
Thiele: Handbuch der systematischen Weichtierkunde. Bd. I und II. Jena 1931 und 1935.

B. Muscheln (Bivalvia)

I. Demonstrationsmaterial

Muschelschalen verschiedener Arten, insbes. der einheimischen Süßwassermuscheln:
Malermuschel *(Unio pictorum)*
Teichmuschel *(Anodonta cygnaea)*
Wandermuschel *(Dreissenia polymorpha)*
sowie der häufigsten Meeresmuscheln:
Miesmuschel *(Mytilus edulis)*
Auster *(Ostrea edulis)*
Kammmuschel *(Pecten)*
Herzmuschel *(Cardium edule)*
Sandklaffmuschel *(Mya arenaria)* u. a.
Sammlungskästen mit Süßwasser-, bzw. Meeresconchylien werden im Handel angeboten.
Situspräparat einer Muschel
Flüssigkeitspräparate, sowie Einschlußpräparate von geöffneten Miesmuscheln, Austern, Teichmuscheln und Bohrmuscheln sind im Handel erhältlich.

Versteinerungen von Muscheln aus verschiedenen Erdperioden. Dia- oder Bildersammlung zum Thema: Die Muschel als Stilelement in der Kunst, oder als Symbol.

Lebendes Material
Mikropräparate von Glochidien, Veligerlarven der Auster, Querschnitt durch Teichmuschel, Mantelrand der Kammuschel mit Augen. Muschelmodell selbstgefertigt aus Pappe.

Filme:
F 395 Bitterling und Muschel
F/FT 321 Im Watt zwischen Ebbe und Flut

II. Spezieller Teil

1. Materialbeschaffung

a. *Lebende Süßwassermuscheln* werden in Seen und Flüssen gesammelt; *Anodonta* an schlammigen Uferstellen von Seen, auch zwischen Steinen und der Uferbewehrung, *Unio* in Flüssen, da sie sauerstoffbedürftiger als *Andonta* ist, *Dreissenia polymorpha* in schiffbaren Flüssen und Seen, *Sphaerium* im Fluß- und Seenschlamm, vor allem auch zwischen den Steinen der Uferbefestigung, *Pisidium* im Schlamm kleiner Tümpel und Gräben (wo auch *Tubifex* vorkommt). Weiteres über Sammelmethoden bei Janus, H.: Unsere Schnecken und Muscheln.
b. *Lebende Meeresmuscheln.*
Mytilus edulis an Pfählen und Hafenmauern, auf Schnecken und auf anderen Muschelschalen; ferner in Fischgeschäften zu kaufen. Die Zoologische Station Büsum bietet an:
Auster, Bohrmuschel, Herzmuschel, Miesmuschel, Strandauster (*Mya arenaria*), Isländische Muschel (*Cyprina islandica*), Tellermuschel (*Tellina baltica*).
Die Biol. Anst. Helgoland bietet an:

      Lamellibranchia:

kons.	*Nucula nitida*	St.
	Nucula nucleus	St.
	Mytilus edulis	St.
	Pecten opercularis	St.
	Mantelrand von *Pecten*	*St.*
	Mya arenaria	St.
	Venus ovata	St.
	Barnea candida	St.
	Zirfaea crispata	St.
	Hiatella arctica	St.
	Cardium edule	St.
	Spisula solida	St.
	Spisula subtruncata	St.
	Phaxas pellucidus	St.
	Abra alba	St.
leb.	*Nucula nitida*	Pt.
	Mytilus edulis	Pt.

Macoma baltica	St.
Cardium edule	St.
Mya arenaria	St.
Cyprina islandica	St.

2. Haltung von Muscheln

In schwach besetzten, pflanzenreichen, oder gut durchlüfteten Aquarien oder sonnigen Freilandbecken. Temp.: 12 — 20°C. Will man das Wandern im Bodengrund und das damit verbundene Aufwühlen der Pflanzen verhindern, gräbt man ein sandgefülltes, steilwandiges Gefäß (ca. 6 cm hoch, 15 cm ⌀) in den Bodengrund ein und setzt die Muschel in das Gefäß. Je Muschel wird ein eigenes Gefäß benützt, das allerdings keine größeren Steine enthalten darf, weil sonst das Tier entkommt. Zur Sauerstoffversorgung nimmt man am besten Schwimmpflanzen. Große Muscheln brauchen viel Nahrung und viel Sauerstoff.
Futter: Algen- und Bakterientrübe, auch aufgewirbelter, SH_2- freier Dedritus. Eine eigentliche Fütterung entfällt weitgehend. Muscheln sind besonders gegenüber Schwermetallspuren empfindlich.
Marine lebende Muscheln werden trocken verschickt. Auch sie brauchen gute Durchlüftung. Empfohlen werden kleine Exemplare, da das Nahrungsangebot für große Muscheln im Aquarium zu gering ist.
Tote Muscheln entferne man sofort.
Der Sand muß tief genug sein zum Eingraben für die Muscheln.

3. Präparation und Untersuchung von Muschelschalen

a. Präparation

Hat man lebende Muscheln gesammelt und will die Schalen alleine präparieren, dann tötet man die Tiere durch Übergießen mit kochendem Wasser und entfernt die Weichteile. Da die gereinigten Muschelschalen auseinanderklaffen, umwickeln wir sie mit Bindfaden, der nach dem Trocknen abgenommen werden kann. Sollen später zur Demonstration die Schalen wieder zum Klaffen gebracht werden, braucht man nur das Schloßband in Wasser einzuweichen.
Zur Bestimmung der häufigsten Muschelschalen benütze man die angegebene Literatur.

b. Chemische Untersuchung der Muschelschalen

Die chemische Untersuchung kann wie bei Schneckenschalen erfolgen. Dabei wird man feststellen, daß durch verd. Salzsäure die Innenseite stärker angegriffen wird, als die Außenseite. Eine organische Haut schützt nämlich die Außenseite, dadurch wird im Wasser der Kalk nicht so leicht aufgelöst.
Gießt man 1—2mal verd. Salzsäure auf die Schaleninnenseite, kann man nach der Reaktion ein Häutchen abziehen. Der spröde Kalk und eine elastische, zugfähige organische Substanz bilden zusammen beim Aufbau der Schale einen idealen Baustoff (s. Wirbeltierknochen).

c. Herstellung von Dünnschliffen

Nach *Braune*, in P. d. N.. 1960/10 S. 194, werden mit UHU mehrere Schalen zu einer schliffbaren Fläche zusammengeklebt und in Gips eingebettet. In diesem Verbund, können sie als Block geschliffen werden.

4. Muschelschalen als Stilelement und Symbol

Eine Sammlung von Abbildungen kann folgende Themen umfassen: Die Pilgermuschel ist nicht nur Firmenzeichen der SHELL AG (Shell = Muschel), sondern auch Attribut bei Darstellungen des St. Jakob (San Jago di Compostella), des Schutzpatrons der Pilger und Reisenden.
Als Schmuckform und Bauelement spielte sie in der Renaissance eine große Rolle.
In der Volkskunde ist die Muschel oft Liebessymbol, im Christentum auch Mariensymbol (Perle Jesu).
Aphrodite (Venus) entsteigt einer Muschel (Boticelli: Geburt der Venus) u. dgl.

5. Beobachtungen an lebenden Muscheln

Am besten eignen sich *Anodonta, Unio* oder Miesmuschel. Diejenige Längsseite, an der die beiden Schalenhälften durch das Schloß miteinander verbunden sind, ist die Rückseite (Dorsalseite), die entgegengesetzte die Bauchseite (Ventralseite). Das kurze abgerundete Ende ist das Vorderende (Oralende), das längere, mehr zugespitzte das Hinterende (Kaudalende).

a. *Ein- und Ausstrudeln*

Wir stecken eine Muschel mit dem Vorderende in den Sand. Nach einiger Zeit der Beruhigung öffnet sie am Hinterende leicht ihre Schalen und wir erkennen dort und demonstrieren oben (näher zum Schloß hin) die Kloakenöffnung (Egestionsöffnung) und darunter die Atemöffnung (Ingestionsöffnung), deren fransige Bänder als Reusen dienen. Durch letztere wird der nahrungshaltige Atemwasserstrom eingestrudelt (Strudler!), über die Kiemen geleitet und nach Absonderung der Nahrungspartikelchen durch die Egestionsöffnung wieder ausgestoßen.
Mit Pipette wird etwas Tusche, Karminpulver oder anderer Farbstoff zur Ingestionsöffnung gebracht und gewartet bis er wieder durch die Kloakenöffnung ausgestoßen wird.
Läßt man den Wasserspiegel vorsichtig so weit absinken, daß die Atemöffnung gerade über das Wasser kommt, dann kann das Ausspritzen des Wassers gezeigt werden (wie oft, wie weit?) Wie oben erwähnt, muß der Sand im Aquarium tief genug zum Eingraben für die Muschel sein.

b. *Fortbewegung*

Das Fortbewegungsorgan, der Fuß der Muschel kann am besten gezeigt werden, wenn eine Muschel auf die Seite gelegt wird und sie dann mit herausgestrecktem Fuß versucht sich aufzurichten. Da hierbei Erschütterungen vermieden werden müssen, ist es am besten, schon vor dem Unterrichtsbeginn das Aquarium mit der Muschel im Klassenzimmer aufzustellen.
Wenn auch die Fortbewegung selbst im Unterricht selten zu beobachten sein wird, so kann doch die, im Aquariensand hinterlassene Spur gezeigt werden. So legte bei mir einmal eine Anodonta während einer Unterrichtsstunde die Diagonalstrecke durch das Aquarium zurück (ca. 70 cm).

c. *Die Kraft der Schließmuskeln*

In den geöffneten Schalenspalt wird eine dünne Rute eingeführt. Durch den Reiz verschließt die Muschel ihre Schalen. Die Kraft der Schließmuskeln bewirkt ein Festhalten der Rute, so daß die Muschel daran herausgezogen werden kann.

Welche Kraft die Schließmuskeln aufbringen, demonstrieren wir außerdem durch den Versuch, die Schalen mit der Hand auseinanderzuziehen.

6. Betäubung und Tötung von Muscheln

Zur Betäubung kann die Muschel vor der Präparation etwa 24 Std. in eine 1 %ige Chloralhydratlösung oder in 10 %igen Alkohol gelegt werden. Die Abtötung kann anschließend in 80 %igem Alkohol oder durch Einlegen in Wasser von 60°C erfolgen.

Die Sektion von Tieren, welche in siedendem Wasser direkt getötet wurden, ist wegen der dabei entstehenden starken Kontraktion der Organe weniger günstig.

7. Präparation

Eine Präparation einer Muschel wird in der Schule wohl hauptsächlich dazu dienen, die Wirkung der *Schließmuskeln* zu zeigen, das *Flimmerepithel* zu demonstrieren und evtl. *Glochidien* zu erhalten.

a. In jedem Fall müssen die beiden *Schließmuskeln* durchschnitten werden. Dies geschieht durch Einführen eines starken Messers am Vorder- wie am Hinterende vom Rücken her, zwischen beide Schalen. Um andere Organe nicht zu zerstören, dürfen die Schnitte nicht zu tief geführt werden. Anschließend werden die Schalen auseinandergebogen. Die Untersuchung selbst erfolgt unter Wasser. Das in seinen Schalen liegende Tier ist mit einem Buch vergleichbar, dessen Rücken dem Schloß, dessen Einband den beiden Schalenhälften, dessen erstes und letztes Blatt den beiden, der Schale anliegenden Mantelfalten entsprechen. Zwei darauffolgende Blätter jederseits sind die Kiemen, während zuinnerst Fuß und Rumpf liegen.

b. *Flimmerbewegung*

Von einer betäubten Muschel wird ein Stück Kieme herausgeschnitten (Flimmerepithel). Dies kommt auf einen Objekttr. in physiol. Kochsalzlösung oder auch normalen Wassertropfen, wird mit Deckglas bedeckt und unter dem Mikroskop demonstriert.

Da die Sektion einer betäubten Muschel im Unterricht unterbleiben soll, wird die Präparation des Flimmerepithels bereits vor dem Unterricht durchgeführt.

Die Bedeutung der Flimmerbewegung für die Einführung der Nahrung wird demonstriert, indem man nach Durchschneiden der Schließmuskeln eine Schalenhälfte mit Mantel abpräpariert, so daß die Kiemen freiliegen. Unter Wasser (Binokular) wird Karmin-, oder Tuschesuspension auf das äußere Kiemenblatt und zwar möglichst nahe der dorsalen Kiemenbasis aufgetragen. Ein Flimmerstrom führt die Teilchen an den Kiemenfilamenten entlang zum ventralen Kiemenrand. Von hier werden sie in einer Flimmerrinne nach vorne transportiert wo sie schließlich von den Flimmern der Mundsegel übernommen und zum Munde geführt werden.

c. *Glochidien*

Bei weiblichen Muscheln finden sich zu Zeiten im Binnenraum der äußeren Kiemen die als Glochidien bezeichneten Embryonen in so großer Zahl vor, daß sie sich auch schon äußerlich durch Anschwellen der Kiemen bemerkbar machen. Durch Aufschneiden der Kiemen setzen wir sie frei und pipettieren sie heraus.

Nach Entwässerung werden sie in Caedax, oder ohne Entwässerung direkt in Gelatinol eingebettet.

8. Muschelmodell

Aus Pappe und verschiedenfarbigen Papierblättern wird ein Modell hergestellt, das wie ein Heft aufgebaut ist und aufgeklappt werden kann (s. 7 a.)

9. Perlen

Entstehung von Perlen

Die Seeperlmuschel erzeugt die besten Perlen. Sie hat eine dicke, schuppige flache Schale, die etwa waagrecht dem Grunde aufliegt und mit Byssus, der durch eine Einbuchtung der oberen Schale austritt, am Untergrund befestigt ist. Max. ⌀ bis 30 cm, Gewicht bis 9 — 10 kg, wenn nicht kleinere Arten vorliegen. Die Perlen bilden sich, wenn Mantelepithel in das Innere des Mantelbindegewebes gelangt. Es rundet sich dort zu einer Kugel ab und erzeugt nach innen Schichten von Perlmutterglanz. Eingebohrte Fremdkörper, vielleicht Schmarotzer, können die Ursache der Verschiebung von Epithelzellen ins Bindegewebe des Mantels sein.

Eingeborene Taucher, die höchstens mit Nasenklemmen und Ohrenverschlüssen ausgerüstet sind, gehen bei einer Tauchzeit von einer Minute bis 45 Meter tief.

Im Raubbau werden in Ceylon je Saison ca. 40 Mio Muscheln gefischt (*Kaestner*). Andere Gegenden mit Perlengewinnung sind im Stillen Ozean, Persischen Golf, Rotem Meer, Celebessee, Japan, Madagaskar.

Dem Japaner Mikimoto gelang es als erstem, Muscheln so zu behandeln, daß sie auf ihre natürliche Weise runde Perlen bildeten. 1921 erschienen die ersten derartig entstandenen *Zuchtperlen* auf der Juwelenbörse von Paris.

In Deutschland sind Perlenmuscheln so gut wie ausgestorben. Nur noch selten finden sich welche in den klaren Bächen des Bayerischen Waldes (Regen, Ilz, Erlau). Die letzten Bayerischen Könige stellten das Perlenfischen durch Unbefugte unter Strafe. Auch heute ist noch eine Lizenz erforderlich. Die finanzielle Ausbeute ist gering. 4000—6000 Muscheln müssen im bewegten Wasser gesucht, gefunden und geöffnet werden, um eine Perle zu finden. Die älteste einschlägige Urkunde stammt aus dem Jahre 1437. Der Muschelbestand wurde durch Raub, Blöckertrift, Abwässer und Stauwerke dezimiert. 1687 wurde eine Perle aus der Ilz erwähnt, welche auf 2 000 Taler geschätzt wurde. (Zit. n. *Ganshühler*, in Blätter f. Naturschutz. Juni 1968).

Literatur

De Haas, W. und *Knorr, F.*: Was lebt im Meer? Stuttgart 1965.
Graf, I.: Der Strandwanderer.
Jaeckel, S. H.: Unsere Süßwassermuscheln. NBB 1952.
ders.: Praktikum der Weichtierkunde. Berlin 1953.
Janus, H.: Unsere Schnecken und Muscheln. Stuttgart 1958.
ders.: Muscheln, Schnecken, Tintenfische. Weichtiere des Mittelmeeres. Neptun Bücherei, Stuttgart 1964.
Knaurs Tierreich in Farben: Niedere Tiere. S. 267—279. München 1960.
Kosch, A., Frieling, H., Janus, H.: Was finde ich am Strand? Stuttgart 1966.

C. Tintenfische (Cephalopoda)

I. Demonstrationsmaterial

Flüssigkeits- und Einschlußpräparate. Angeboten werden:
Kalmar (*Loligo spec.*)
Tintenfisch (*Sepia officinalis*)
Gemeiner Krake (*Octopus vulgaris*)
Schulpe von Tintenfischen, an Meeresküsten gesammelt.
Schale des Nautilus (evtl. im Schnitt).
Versteinerungen von Belemniten und Ammoniten aus verschiedenen Erdperioden.
Wandtafeln über den Tintenfisch
Wandtafel des Silurmeeres mit Kopffüßlern a. d. Reihe der paläontologischen Wandtafeln
Ein Gummisaugnapf, als Modell der Saugnapfwirkung.
Bilder vom Kampf eines Riesenkraken mit einem Pottwal.
Mikropräparate: Linsenauge vom Tintenfisch, Chromatophoren, Spermatophoren, junger T. total.
Die Biol. Anst. Helgoland bietet an konserviertem Material an:

Cephalopoda:

Loligo forbesi, je nach Größe	St.
Alloteuthis subulata	St.
Köpfe von *Alloteuthis subulata*, Bouin fix	St.
Entwicklung:	
Eitrauben von *Alloteuthis subulata*, versch. Stadien	Pt.
Alloteuthis subulata, frisch geschlüpft	Pt.

II. Filme

F 409 Tierleben im Mittelmeer: Tintenfische.
FT 409 Chamaeleon des Meeres (Tintenfische).
C 669 *Octopus* — Fortbewegung, Farbwechsel, Bauen und Paarung.
C 670 *Sepia* — *Fortbewegung und Farbwechsel.*
W 491 *Sepia* — *Colorful Cuttle.* (Farbf.)
E 480 *Octopus aegina* — Brutverteidigung und Brutpflege.

Für Lebendbeobachtung muß auf die öffentlichen Seewasseraquarien hingewiesen werden.

Literatur

Abel, O.: Palaebiologie der Cephalopoden. Jena 1916.
Beurlen, K.: Welche Versteinerung ist das? Stuttgart 1960.
Chun, K.: Die Cephalopoden. Fischer Jena 1910.
Hoffmann, H.: Mollusca; in Handb. d. Biol. Lfg. 36.
Jaeckel, S. H.: Bau und Lebensweise der Tiefseemollusken. NBB 1955.
Ders.: Kopffüßler (Tintenfische). NBB 1957.
Kälin, I.: Ein Wunderwerk der Statik. Der Schulp des Tintenfisches. (Präparationstechnik, Dünnschliffbilder). Miko 56. 1967. 230 ff.
Kaestner, A.: Lehrb. d. Spez. Zool. Bd. I. 1. Teil. 2. Aufl. S. 424 ff.
Knaurs Tierleben in Farben: Niedere Tiere S. 279—286. München 1960.
Laue, Fr. W.: Kingdom of the Octopus. Jarrolds, London 1957.
Thiele: Handbuch der systematischen Weichtierkunde. Bd. I u. II. Jena 1931 u. 1935.

D. Weichtiere in Zahlen

Der Atlantische Riesentintenfisch *(Architheutis princeps)* ist das schwerste Weichtier, das jemals gefunden wurde. Am 2. 11. 1878 strandete bei Timble Tickle ein Tier, welches 16,75 m lang war. Der Augendurchmesser betrug 23 cm und der längste Fangarm war 10,7 m lang. Das Gesamtgewicht wurde auf 900 kg geschätzt. Wahrscheinlich gibt es noch größere Exemplare.

Ein Pazifischer Riesentintenfisch (*Architheutis longimanus)* erreichte die Länge von 17,45 m (Körper allein 2,38 m).

Die Riesenmuschel *(Tridacna gigas)* erreicht nicht nur ein hohes Alter von 100 Jahren, sondern auch die größten Muschelausmaße von 109 cm und 262,9 kg (1917 gefunden).

Von der Weißgezähnten Kaurimuschel (*Cypraea leucodon)* kennt man auf der ganzen Welt nur 2 Exemplare.

Die größte bekannte Schnecke ist die Afrikanische Riesenlandschnecke, die bis zu 27 cm lang wird und ein Gewicht von 225 g erreichen kann.

Das Schneckentempo schwankt bei der Gemeinen Gartenschnecke (*Helix aspera*) zw. 58 cm/h und 50 cm/h.

RINGELWÜRMER (ANNELIDA)

A. Vielborstige (Polychaeta)

I. Materialbeschaffung von Meereswürmern

1. Die Zool. Station Büsum bietet an:
   Köderwurm *(Arenicola marina)*
   Ringelwurm *(Nereis diversicolor)*
   Sandkorallenwurm *(Sabellaria spinulosa)*
   Seeraupe *(Aphrodite aculeata)*

2. Die Biol. Anst. Helgoland bietet an:

   Polychaeta errantia:

kons.	*Nereis diversicolor*	St.
	Nereis virens	St.
	Nereis spec., Bruchstücke zum Schneiden	Pt.
	Nereis pelagica	St.
	Nephthys hombergi	St.
	Tomopteris helgolandica, große Tiere	St.
	Tomopteris helgolandica, kleine Tiere	St.
	Tomopteris septentrionalis, große Tiere	St.
	Tomopteris septentrionalis, kleine Tiere	St.
	Autolytus prolifer	St.
	Autolytus (Sacconereis)	St.
	Lepidonotus squamatus	St.
	Aphrodite aculeata	St.
leb.	*Nereis pelagica*	St.
	Nereis virens	
	Nephthys hombergi	
	Lepidonotus sqamatus	St.
	Aphrodite aculeata	St.

   Polychaeta sedentaria:

kons.	*Arenicola marina*	St.
	Pectinaria koreni	St.
	Pectinaria auricoma	St.
	Amphitrite johnstoni	St.
	Lanice conchilega	St.

	Fabricia sabella, unausgesucht	Pt.
	Fabricia sabella, ausgesucht	Pt.
	Pomatoceros triqueter	St.
	Echiurus echiurus	St.
	Ophelia limacina	St.
	Nicola zostericola	St.
	Owenia fusiformis	St.
	Spirorbis carinatus	Pt.
	Entwicklung:	
	Larven von *Polydora*	St.
	Larven von *Magelona* aus dem Plankton	St.
	Larven von *Lanice chonchilega* (Terebella)	Pt.
leb.	*Arenicola marina*	St.
	Pomatoceros triqueter	Pt.

3. Haltung von *Arenicola*

erfolgt kühl, in feuchtem Kies, nicht in reinem Seewasser.

II. Fortbewegung bei *Arenicola marina*

a. Durch *Peristaltik* schiebt sich Arenicola vorwärts. Wulstartige Verdickungen laufen über den Körper. Die Verdickung kommt durch lokale Erschlaffung des Hautmuskelschlauches zustande. Der Turgor der Cölomflüssigkeit bewirkt mit eine Ausbuchtung der Leibeswand. In der Röhre stemmt sich der Wurm so gegen die Röhrenwand, während vor der Verdickung, eine Verdünnungswelle den Körper streckt.

b. Bei Reizung des Vorderendes tritt *Rückwärtsbewegung* ein, bei sonstigen Reizungen Vorwärtsbewegung.

Als *Versuchsanordnung* dient hierzu (n. *Buddenbrock*) eine große Glasschale mit Seewasser, in der sich eine Glasröhre mit einer inneren Weite, die den ⌀ des Wurmes etwas übertreffen soll, liegt. Das Tier läßt man in die Glasröhre kriechen. Bei Vorwärtsbewegungen beginnt die Verdickungswelle direkt hinter dem Kopf, bei Rückwärtsbewegung an der Grenze zwischen Schwanz und Rumpf. Die Bewegung wird unterstützt durch die hebelnde Wirkung der nach vorne und seitlich ausgreifenden und dann nach hinten sich umlegenden Parapodien. Die Erregungsleitung erfolgt ausschließlich zentral.

c. *Eingraben*

Das Tier kommt in eine tiefere Schale, deren Sand mit Boden bedeckt ist. Es zeigt sich eine, am Rumpfende beginnende Kontraktion der Längsmuskeln, da die Ringmuskeln nur wenig nachgeben, wodurch die Leibeshöhlenflüssigkeit unter erhöhten Druck kommt. Diese Kontraktion schreitet bis zum 4.—5. Segment vor. Es folgt eine Verdünnungswelle mit nach hinten umgelegten Borsten, so daß eine Verlängerung des Körpers auftritt. Dann wird der Vorderkörper senkrecht auf den Boden aufgesetzt und der Rüssel vorgestülpt. Der Impuls für die Einbohrung kommt von vorne (n. *Buddenbrock*).

B. Wenigborster (Oligochaeta)

I. Schlammröhrenwurm *(Tubifex spec.)*

Da Tubifex häufig zur Fischfütterung während des ganzen Jahres vorrätig ist, eignet sich dieser Wurm besonders, um die Bauprinzipien eines Oligochaeten (Wenigborster) zu demonstrieren. Aufgrund seiner Durchsichtigkeit ist er ein dankbares Objekt zur Lebenduntersuchung.

1. Materialbeschaffung

a. *Tubifex* ist in jeder zoologischen Handlung erhältlich.

b. Im *Freiland* findet man *Tubifex* im Schlamm langsam fließender, oder stagnierender Gräben, auch in Tümpeln und in sandigen Buchten von Seen.

Fang durch ca. 10 cm tiefes Herausstechen des Schlammes, der entweder gleich durch ein Netz aus Perlongaze gesiebt wird, oder in einen Eimer kommt, der von unten erwärmt wird, so daß die Tiere nach oben in das überstehende Wasser entweichen.

Legt man grobes Nesseltuch oder Perlongaze auf den Gewässergrund, so kriechen Würmer durch Poren des Stoffes, der dann an Land gezogen, zu einem Beutel geformt und feucht gehalten wird. Die Würmer sammeln sich zu Knäueln an.

c. *Hälterung* zu Fütterungszwecken in Schalen ohne Bodengrund bei langsam durchfließendem Wasser.

d. *Zucht* in feinem Sand in großen Petrischalen, beschickt mit 3 cm Sand und darüber 1 cm Wasser. Fütterung mit frischer Bäckerhefe.

2. Verfütterung

entweder in käuflichen Siebringen, oder zerhackt. Beseitigung aus dem Aquariumboden durch Einsetzen von Stichlingen für 3 Wochen. Durch die Schlängelbewegungen im freien Wasser, kommen die Tubifexwürmer dem Bewegungssehen der Fische entgegen.

3. Tubifex als Überträger von Parasiten

Um Einschleppen von Parasiten in das Aqrarium zu vermeiden, sollte *Tubifex* nur aus fischreichen Kleingewässern zum Verfüttern entnommen werden. Sie können Larven von Cestoden (*Carophyllaeus laticeps*) enthalten.

4. Beobachtungsaufgaben (AG)

Wird ein einzelnes Tier in reines Wasser gelegt, dann rollt es sich zusammen.
Sind mehrere Tiere beisammen, dann verschlingen sie sich ineinander.
Die *Schwimmfähigkeit* prüfen wir, indem wir ein Tier in einen wassengefüllten Zylinder geben. Wir beobachten seine Bewegungen bis es zu Boden sinkt.
Welche Bewegungen erfolgen am Grunde?
Tubificiden werden in eine, 3 cm hoch mit feinem Schlamm gefüllte Petrischale gegeben (Wasserhöhe 1 cm). Wenn man Glück hat, kann man *Fortbewegungen* auf dem Schlamm und *Eingraben* beobachten.
Nach Tagen der Ruhe haben die Tiere im Schlamm senkrechte Röhren hergestellt, welche mit Schleim verfestigt sind. In ihnen stecken sie mit dem Vorder-

ende, durch Borstenbüschel verhakt. Mit ihrer Mundöffnung am Kopfende nehmen sie als einzige Nahrung Dedritus und organisches Zerreibsel auf. Ihr herausragendes Hinterende strudelt durch Hin- und Herschlagen ständig frisches Wasser zur Atmung herbei. Je älter und sauerstoffärmer das Wasser ist, desto weiter ragt das Hinterende heraus. Auf Erschütterungen reagieren sie durch Verschwinden in die Röhre.

5. *Körperbau (AG)*

Unter dem Binokular wird die Farbe (rot, Haemoglobin), die Form (Gliederung in Ringe; *Annelida*) und die Verteilung der Borsten (*Oligochaeta*) bei heller und dunkler Unterlage untersucht.

6. *Beobachtung der Blutbewegung (AG)*

Unter dem Deckglas wird das Pulsieren des Rückengefäßes beobachtet. Buddenbrock empfiehlt zur besseren Wahrnehmung der Peristaltik die Tiere vorher in Eiswasser zu legen, oder einfach an den Deckglasrand ein Stückchen Eis zu legen. Dadurch werden die Körperbewegungen langsamer.

Zur *Betäubung* empfiehlt er folgendes Gemisch: 25 g Trichlorbutylalkohol in 40 ml Alkohol abs. lösen und 1 ml dieser Lösung auf 1 Ltr. Wasser zusetzen. Die Bewegungslosigkeit soll nach 5 Minuten einsetzen, ohne jedoch die Peristaltik der Blutgefäße zu beeinflussen.

Wir versuchen folgende *Gefäße* zu unterscheiden: Dorsalgefäß, Dorsoventralgefäße, Ventralgefäß sowie vorderes Gefäßnetz. Im dorsalen Gefäß läuft das Blut infolge peristaltischer Kontraktionswellen von hinten nach vorne. In den vorderen Segmenten fließt es dann durch die Dorsoventralgefäße in das Bauchgefäß.
Die Frequenz der *Peristaltik* kann bestimmt werden. In den hintersten, jüngsten Segmenten ist sie am lebhaftesten.

Schließlich kann noch die *Teichmannsche* Probe zum Haemoglobinnachweis durchgeführt werden.

II. Regenwurm *(Lumbricus terrestris* u. a.)

Demonstrationsmaterial:
Lebende Würmer
Einschlußpräparat
R 024 Anatomie des Regenwurmes
Mikropräparate: Der Regenwurm (z. B. *Schuchardt*).

1. *Materialbeschaffung*

Regenwürmer findet man in Gartenerde unter Laub und Steinen. Auf der Erde verraten sie sich durch ihre Kothäufchen. Die größten Regenwürmer erhält man, wenn man nachts mit Taschenlampe (am besten gelbes oder oranges Licht), im Frühjahr die kopulierenden Würmer aufliest. Hierzu muß die Oberfläche feucht sein. In trockenen Zeiten gießt man abends die abzulesende Gartenstelle gründlich. Günstige Stellen sind auch schüttere Grasflächen unter schattigen Bäumen. Kopulierende Tiere findet man evtl. an einem Maimorgen nach einer Gewitternacht.

In der Komposterde lebt die rote Eisenia foetida, welche wegen ihrer reichen Harnabscheidung von manchen Tieren gemieden wird.

2. Haltung und Zucht

Kurzfristige Haltung erfolgt in kalkhaltiger Gartenerde, welche mit verrottendem Laub oder mit Torf durchsetzt ist, oder auch einfach in Zellstoffwatte (dunkel!). Nur leicht anfeuchten, aber vor Austrocknen schützen.

Dauerhaltung wird in möglichst großen Behältern durchgeführt, die ca 50 cm hoch mit Gartenerde gefüllt sind und zur Vermeidung von stehendem Wasser unten eine Sand und Kieseinlage, oder einen Siebboden haben. Man befeuchtet so, daß die höchste Feuchtigkeit in der Mitte der Oberfläche ist und daß die Unteren und restliche Teile der Erde annähernd trocken sind. Dadurch verhindert man, daß Würmer nach unten auswandern und bietet ihnen zudem die Möglichkeit, eine optimale Feuchtezone zu wählen.

Die Fütterung erfolgt mit aufgestreutem, kleingehacktem Gras und etwas breiigem Kuhdung; bei etwas intensiverer Haltung Durchmischung der Erde mit gehäckseltem Heu und etwas Haferflocken, oder Maismehl, oder passiertem Kartoffelbrei.

Bezüglich der Intensität der Fütterung bzw. der Konzentration faulender Substanzen im Wohnmedium ordnen sich die wichtigsten Wurmarten wie folgt: (n. Steiner)

Eisenia foetida > *Allolobophora calignosa* > *Allolobophora terrestris* > *Allolobophora chlorotica* > *Lumbricus rubellus* > *Lumbricus terrestris* (= *L. herculeus*).

Der Behälter wird abgedeckelt und der Deckel v. Zt. zu Zt. am oberen und unteren Rand mit DDT beschmiert um Insekten, welche die Würmer gefährden könnten, zu vernichten. *Fürsch* empfiehlt Temperaturen von 20—25° C.

3. Untersuchungen am lebenden Regenwurm

Die Frage, ob es sinnvoll ist, in der Schule von den Würmern zu sprechen, wird mit der Feststellung gekontert, daß ohne unsere Regenwürmer eine Landwirtschaft im heutigen Stile kaum möglich wäre.

Ein eventuelles anfängliches Ekelgefühl vor dem Regenwurm ist am besten durch sachliche Untersuchung am lebenden Objekt durch die Schüler selbst zu überspielen.

Zur Übung werden die Würmer aus der Erde genommen und kurz mit Wasser abgewaschen. Da sie dabei auch Teile ihres Hautschleims verlieren, trocknen die Tiere auf dem Filterpapier der Schüler schnell ein. Solche Würmer müssen dann wieder angefeuchtet werden. Zu stark eingetrocknete Tiere erholen sich rasch wieder, wenn man sie in Wasser oder feuchte Erde zurückversetzt. Mehrere Arten können Verluste von 70 % ihres Wassergehaltes durch Resorption (Hautoberfläche, Mund) wieder wett machen. Bei starkem Wassermangel fallen die Regenwürmer in einen inaktiven Zustand und sparen so Wasser. Hydro- und Thigmotaxis, sowie negative Phototaxis geleiten die Tiere automatisch in günstige Lebensräume.

Wenn man derart eingetrocknete Tiere wiegt, dann in Wasser legt und nach einiger Zeit wieder wiegt, kann die erstaunlich starke Wasseraufnahme erfaßt werden.

Bei längerem Verweilen auf Filterpapier scheiden die roten Mistwürmer (Eisenia) dorsal in der vorderen Hälfte eine gelbe Cölomflüssigkeit aus, welche gelb auf dem Papier eintrocknet. (Die Schüler fragen bestimmt danach!)

4. Zur Morphologie des Regenwurms

Unterscheidung des abgerundeten Vorderendes vom zugespitzten Hinterende. Das Vorderende kann sich aufrichten und tastend hin- und herpendeln.

Die Haut ist irisierend gefärbt, oben dunkler, unten heller. Die vordere Körperhälfte ist zylindrisch, die hintere flacht sich zunehmend ab.

Der Körper ist in ganzer Länge in Ringe geteilt, die genau einer inneren Segmentierung entsprechen. Die Zahl der Segmente nimmt im Alter zu (Wachstumszone nahe dem Hinterende.)

Auf dem Rücken schimmert evtl. das Hauptlängsgefäß des Körpers durch. Im Gegenlicht ist der Darm erkennbar.

Der Mund wird von dem Kopflappen überdeckt. Bei geschlechtsreifen Tieren findet sich v. Februar bis August das Clitellum, eine heller gefärbte Verdickung in der vorderen Körperhälfte. (Segmente 32 — 37). Es entsteht durch Hautdrüsen. (Bedeutung bei der Begattung.)

Streicht man vorsichtig mit der Hand über die Rückseite des Wurmes, so fühlt sie sich glatt an, während man auf der Bauchseite Borsten spürt (8 pro Segment; paarig angeordnet).

Unter dem Binokular sind die Geschlechtsöffnungen links und rechts seitlich zu erkennen: 14. Segment weibliche, 15. Segment männliche Öffnung (Zwitter!)

Die Haut ist mit Schleim überzogen der aus Hautdrüsen stammt.

5. Zur Fortbewegung

a. Vorwärts- und Rückwärtskriechen

Wird ein normal kriechendes Tier nur leicht am Kopfende berührt, so hält es an, macht mit dem Kopf pendelnde Suchbewegungen und kriecht dann, ein wenig nach der Seite abweichend weiter. Verstärken wir aber den Reiz, so plattet sich plötzlich die Schwanzgegend des Tieres ab und dann kriecht es rückwärts mit umgekehrten Kontraktionswellen und umgestellten Borsten. Im Boden bewirken die nach vorne gerichteten Borsten und die Streckung des Körpers, daß das Tier in einer senkrechten Röhre rasch zurückgleitet.

b. Wirkung der Chitinborsten (Abb. 14)

Ein Regenwurm wird mit dem Vorderende nach unten aufgehängt (dazu entweder mit der Hand in einem feuchten Lappen am Hinterende festgehalten, oder durch eine Fadenschlinge — Gefahr der Autotomie = Selbstverstümmelung — an einem Stativ angebunden). Legt man nun ein angefeuchtetes Stückchen Filterpapier (ca 2 qcm) auf die Bauchseite am Vorderende, so wandert es hoch zum Hin-

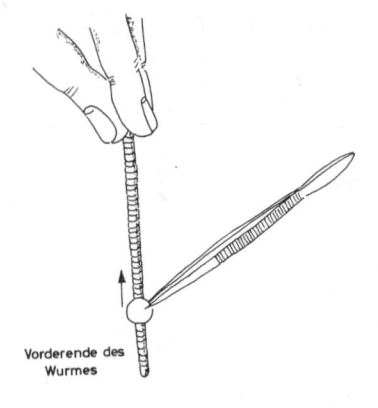

Abb. 14: Demonstration der Chitinborstenbewegungen beim Regenwurm. 3 Finger halten den Wurm mit dem Vorderende nach unten. Mit einer Pinzette wird das Papierstückchen auf die Unterseite des Vorderendes gebracht. Infolge der Chitinborstenbewegung und der Kontraktion des Hautmuskelschlauches wird das Papier in Pfeilrichtung nach oben befördert.

Vorderende des Wurmes

terende. Durch jede Kontraktionswelle wird es ein Stückchen hochgeschoben und von den nach hinten (= oben) gestellten Borsten am Abwärtsgleiten gehindert.

c. *Abhängigkeit des Muskeltonus vom Nervensystem*

Leichtes Pinseln einer engbegrenzten Stelle des Hautmuskelschlauches bewirkt eine, mit der Reizdauer zunehmende Erschlaffung der Ring- und Längsmuskulatur, wodurch eine knotenförmige Verdickung des Wurmes an der gereizten Stelle eintritt.

Überstreichen wir den Wurm mit einem Pinsel von vorne nach hinten, dann setzt die Peristaltik ein, streicht man von hinten nach vorne, wird dieselbe gelöscht.

d. *Verkriechen in die Erde*

Am Ende unserer Untersuchungen legen wir den Wurm auf feuchte Erde (evtl. etwas von oben beleuchten) und beobachten, wie er sich verkriecht. Welche Zeit braucht er dazu?

Zum Verkriechen streckt er den Vorderkörper spitz aus, dringt damit in die Erde ein und preßt den entstandenen Spalt durch Verdickung des Vorderendes auseinander. Bei dieser Verdickung ist auch die Cölomflüssigkeit beteiligt, welche einen Druck von 11,7 Torr erwirken kann.

e. *Wie hält sich der Regenwurm auf der Unterlage fest?*

Zum Ertasten der Borsten zieht man den Regenwurm von hinten nach vorne durch die Finger und umgekehrt. Da die Borsten normalerweise nach hinten gerichtet sind, spürt man sie umgekehrt nicht.

Läßt man das Tier über rauhes Papier kriechen, so hört man ein kratzendes Geräusch der Borsten Wenn man das Papier auf die Oberkante eines Glasgefäßes legt, wird das Geräusch etwas verstärkt.

Die Borstenhaare werden mit Lupe oder Binokular gesucht.

f. *Die Peristaltik*

Entweder auf dem Schreibprojektor, oder auf weißer Unterlage im flachen Deckel einer Petrischale unter dem Episkop, wird die Peristaltik des Körpers demonstriert. Noch einfacher hält man den Wurm an einem Ende mit der Hand hoch und beobachtet Streckung und Kontraktion.

Das unter Verdünnung erfolgende Strecken und die unter Verdickung erfolgende Kontraktion wird aus dem System des Hautmuskelschlauches mit seinen Ring- und Längsmuskeln erklärt. Zur besseren Demonstration können zwei Papiermarken auf die Rückseite des Tieres im Abstand von 1—2 cm gelegt und beobachtet werden, wie sie sich voneinander entfernen und wieder nähern.
Läßt man den Wurm mit dem Vorderende zwischen Daumen, Zeige- und Mittelfinger hineinkriechen, so ist deutlich seine auseinanderdrängende Kraft spürbar (s. o.).

6. *Haftvermögen des Regenwurmes (AG)*

Welche Mechanismen ermöglichen es dem Regenwurm, in seinem, mit Schleim ausgekleideten unterirdischen Gang senkrecht zur Bodenoberfläche emporzukriechen?
Danzer gibt folgende Untersuchungsmöglichkeit an:
a. Ein Stück Holz oder Pappe dient als Kriechfläche für die zu untersuchenden Tiere. Durch Änderungen des Anstellwinkels kann festgestellt werden, ab welcher Neigung der Wurm nicht mehr aufwärtskriechen kann, weil sein Gewicht größer als sein Haftvermögen ist.
b. Dazu können miteinander verglichen werden:
ein normales Tier aus dem Boden (mit Schleimschicht = Schleimtier)
ein unter Wasserstrahl seines Schleimes entledigtes Tier (Wassertier)
ein zwischen Filterpapier kurz getrocknetes Wassertier (Trockentier).
Danzer fand folgende Werte:

Wurm	Gewicht	Länge	∅ in mm	Schleimt.	Wassert.	Trockentier
1	3,7 g	15	6,0	60°	50°	25°
2	0,65 g	6	2,5	90°	90°	55°

Seine Deutung:
1. Kleine Tiere haften besser als große.
2. Die Haftfähigkeit ist bedingt durch Borsten und Schleim.
Beide sind in ihrer Wirksamkeit annähernd gleichwertig. Die Summe ihrer Wirkungen macht die Gesamthaftfähigkeit aus. Erst die Haftfähigkeit ermöglicht eine Wirkung der Peristaltik.

7. *Versuche zum Wasserhaushalt des Regenwurmes (Abb. 15)*

Diese Versuche können als Lehrerversuche oder in AG durchgeführt werden!
Osmoregulation
Da die Salzkonzentration in der Körperflüssigkeit eines R. meist höher ist als im Bodenwasser oder Teichwasser, muß durch die Haut als semipermeabler Wand ständig osmotisch Wasser in den Körper eindringen. Daß der Wurm dabei nicht platzt, ist den Exkretionsorganen zu verdanken, welche das überschüssige Wasser wieder ausscheiden. Dadurch wird im Wurm eine gleichbleibende Konzentration der Körperflüssigkeiten erzielt. Da aber die Exkretion durch Nephridien, Mund und After etwas langsamer arbeitet als die osmotische Wirksamkeit der Haut, können wir letzteres im Versuch demonstrieren.

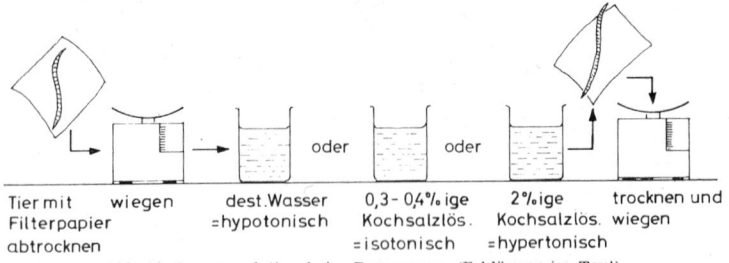

Tier mit wiegen	dest. Wasser	0,3 - 0,4 %ige	2 %ige	trocknen und
Filterpapier	= hypotonisch	Kochsalzlös.	Kochsalzlös.	wiegen
abtrocknen		= isotonisch	= hypertonisch	

Abb. 15: Osmoregulation beim Regenwurm (Erklärung im Text).

Drei Regenwürmer werden jeweils mit Wasser kurz abgespült, zwischen Filterpapier abgetrocknet und dann genau gewogen. Anschließend verteilt man sie auf vorbereitete Glasschalen mit:

1. Destilliertes Wasser (= hypotonisch, d. h. die Salzkonzentration des Wurmes ist höher als die der Umgebung)
2. Isotonische Lösung (0,3 — 0,4 %ige Kochsalzlösung)
3. Hypertonische Lösung (2 %ige Kochsalzlösung = höhere Konz.)

Nach 1 Stunde werden die Tiere herausgenommen, wieder abgetrocknet und gewogen.

Ergebnis: Im 1. Fall wurde das Tier schwerer, im 2. blieb das Gewicht annähernd gleich, im 3. ist es geringer geworden.

(Da die R. die Möglichkeit haben, ihre Cölomflüssigkeit dem Osmotischen Druck ihrer Umgebung etwas anzupassen, kommt es darauf an, aus welchem Boden wir den Wurm genommen haben. Man trifft daher mit 0,4 % NaCl nicht immer genau den isotonen Zustand).

Deutung: Im destillierten Wasser drang mehr Wasser osmotisch in den Wurm, als die Exkretionsorgane ausscheiden konnten.

In der isotonischen Lösung stehen eingedrungenes und ausgeschiedenes Wasser im Gleichgewicht.

In der hypertonischen Lösung drang zusätzlich durch die Haut Wasser heraus, in die höhere Konz. der Umgebung, wodurch der Wurm Wasser verlor und leichter wurde.

Hier muß betont werden, daß diese Deutung einer vereinfachenden Modellvorstellung entspricht. In Wirklichkeit sind die Dinge komplizierter und noch nicht restlos geklärt.

Die Tiere 1, 2 und 3 unterscheiden sich auch äußerlich deutlich voneinader. Während die beiden ersten nach 1 Stunde recht lebendig wirken, und alle üblichen Reaktionen zeigen, (Tier 1 ist durch die Wasseraufnahme etwas aufgequollen), zeigt das 3. Tier keinerlei Reaktionen mehr und es wirkt wie „ausgetrocknet", farblich verändert und eingeschrumpft. Das Paradoxon, daß das Tier, trotzdem es in Wasser lag, ausgetrocknet ist, stellt einen spannenden „Aufhänger" für die Erklärung der Osmose dar.

Zusätzlich erkennt man, daß das Wasser des 3. Tieres eine Trübung aufweist. Ein Blick in die Wägeschale zeigt uns, daß das Tier sehr viel Schleim abgesondert hat.

Spritzt man Wasser in die trübe Salzlösung, dann bildet sich etwas Schaum, was evtl. auf Eiweißstoffe hinweist (Mucoproteine des Schleimes).

Regenwürmer können lange Zeit (im Versuch 31 — 50 Wochen) in Erde, welche voll Wasser gelaufen ist, oder in Wasser selbst leben. In der Natur verläßt allerdings Lumbricus terrestris überschwemmte Erde und sucht wenn möglich trockenere Stellen auf. Die Vermeidungsreaktion gegenüber Wasser wurde als der entscheidende Faktor für das Verlassen der Erdgänge nach einem schweren Regen schon von Darwin angedeutet. Wenn auch das Wasser nach neueren Versuchen die Sinnesorgane der Haut nicht stimuliert, so schließt dies nicht aus, daß in den Körper eingedrungenes Wasser auf die Nerven wirkt. Darüberhinaus spielt wahrscheinlich die in der Röhre durch Atmung des Regenwurms und der übrigen Bodentiere entstehende Kohlensäure sowie die Verringerung der Sauerstoffkonzentration eine noch wichtigere Rolle. Ganz geklärt scheint allerdings die Frage, warum die R. nach starkem Regen die Erde verlassen, immer noch nicht zu sein. Kurzzeitigen Sauerstoffmangel können die R. durch einen anaeroben Zustand überdauern, wenn dessen negative Sauerstoffbilanz später wieder aufgehoben wird.

8. Atmung

Die Atmung erfolgt beim R. durch die Haut, ohne zusätzliche Atmungsorgane. Dabei ist die feuchte Schleimschicht insofern von Bedeutung, als sich der Sauerstoff in ihr zuerst lösen muß, bevor er durch die Haut in die Blutkapillaren eindringt (s. auch Kiemen und Lungenbläschen). Ein *Austrocknen* bewirkt demnach auch, daß die Feuchtigkeit der Haut nicht mehr aufrecht erhalten werden kann, somit die Sauerstoffaufnahme eingestellt wird und das Tier erstickt oder zumindest in eine Art Trockenstarre verfällt.

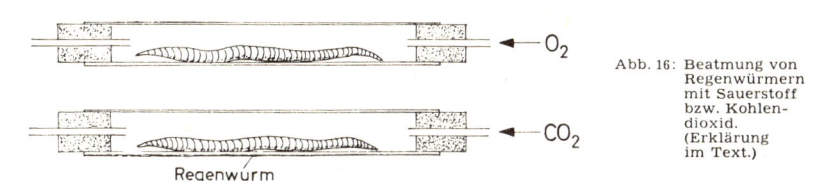

Abb. 16: Beatmung von Regenwürmern mit Sauerstoff bzw. Kohlendioxid. (Erklärung im Text.)

a. In 2 Glasröhren (ca 2 cm ⌀) (Abb. 16) wird je ein frischer R. eingeführt. Die eine wird an die Sauerstoff- die andere an die CO_2-Flasche angeschlossen und dann vorsichtig die Gashähne geöffnet.

Evtl. reagiert der Wurm in der CO_2-Röhre kurz durch ein Ausweichen, indem er sich umdreht und vom Gasstrom zurückweicht. In sehr kurzer Zeit ist jedoch das Gaskonzentrationsgefälle in der Röhre verschwunden. In der reinen CO_2-Atmosphäre zeigt dann das Tier bald keine Reaktion mehr, während der Wurm in der O_2-Atmosphäre unverändert frisch bleibt. (Diese Behandlung eignet sich zur Betäubung des Regenwurmes.)

b. Anschließend wird das betäubte Tier mit Sauerstoff behandelt und dann in eine Schale mit etwas Wasser gelegt. Schon nach wenigen Minuten kriecht es wieder umher.

c. Zur *Deutung* dieser Versuche kann auf die *Gasdiffusion* eingegangen werden. Das Wandern der Gase von höherer zu niedrigerer Konzentration wird als die physikalische Grundlage des Atemprozesses dargestellt.

In reiner CO_2-Atmosphäre war die Konzentration des Kohlendioxids außen höher als innen. Infolgedessen konnte kein CO_2 mehr den Körper verlassen, ja es muß angenommen werden, daß CO_2 zusätzlich in den Körper eingedrungen ist.

Die Betäubung deutet auf Zusammenhänge zwischen CO_2-Überschuß, O_2-Mangel und dem Ausfall des Nervensystems hin.

9. Chemorezeption

Die Chemorezeption hat beim Regenwurm die Aufgabe 1. der Nahrungsunterscheidung 2. der Bodenunterscheidung (Azidität) 3. im Dienste der Fortpflanzung durch Erkennen der Sekrete anderer Würmer. Boden mit neutralem pH wird bevorzugt gegenüber saurem Boden.

a. Einem normal kriechenden Regenw. wird ein Tropfen jeweils verdünnter Salzsäure, Salpetersäure, Schwefelsäure, in den Weg gelegt. In der genannten Reihenfolge nimmt die Abwehrreaktion des Wurmes ab. Zurückziehen wird er sich in allen Fällen.

b. Am einfachsten demonstriert man diese Reaktion, indem man einen Wurm auf die Glasplatte des Schreibprojektors legt und mit dem Pinsel einen Ring mit der Säure um ihn zieht. Berührt er mit dem Vorderende die Säure, dann zieht er sich blitzschnell (!) zurück; eine Reaktionsgeschwindigkeit, die man ihm nicht ohne weiteres zutrauen würde.

Wir stellen fest: 1. Er hat reagiert, 2. die Reaktion war überraschend schnell. Letzteres ist nur dadurch möglich, daß der Wurm über Riesennervenfasern im Bauchmark verfügt, welche eine Erregungsleitung von 10 — 45 m/sec bei 24°C ermöglichen (s. Mikropräparatquerschnitt vom Bauchmark R 824).

Weil bei Schülern sofort die Frage nach Vergleichsgeschwindigkeiten gestellt wird, seien hier einige Beispiele nach *Schlieper* angegeben:

Die Leitungsgeschwindigkeit der Erregung in den Nerven verschiedener Tiere

Tierart	m/sec
Seerose *(Calliactis)* Netz	0,04 — 0,15
Durchgehende Bahnen	1,2
Meduse (Pelagia)	0,24
Regenwurm Bauchmark	0,60
Muschel (*Anodonta*)	0,01 — 0,05
Hummer (*Homarus*)	6 — 12
Frosch (*Rana*)	20 — 30
Mensch	60 — 80

c. Das Verhalten von Regenwürmern gegenüber verschiedenen Blättern, ferner gegenüber Chinin, Säuren, Süßstoffen kann geprüft werden (s. *Mangold* 1951 u. 1952).

10. Ernährung

In Versuchen wurde nachgewiesen, daß einige Arten von Regenwürmern lange Zeit (72 — 137 Tage) ohne Nahrung sein können. Die lange Überlebensdauer unter Wasser (s. o.) beruht nicht nur auf der Fähigkeit, den Wasserhaushalt unter Kontrolle zu halten, sondern vor allem auf der Fähigkeit, lange zu hungern. Im natürlichen Biotop kommt *L. terrestris* regelmäßig bei Nacht an die Erdoberfläche und sucht, mit dem Hinterende in der Röhre verankert, die Umgebung nach Blättern und Pflanzenresten ab, um sie in den Gang zu ziehen, dort verrotten zu lassen und dann das Blattparenchym zwischen den Ripen aufzuschlürfen. Darüberhinaus nimmt er auch ständig Erde zu sich.

a. *Sichtbarmachen des Darmes* durch Papier als Kontrastmittel. Feuchtes weißes Filter- oder Zeitungspapier wird zwischen Schmirgelpapier zerrieben und die Zerreibsel als homogener, nicht zu nasser Filz in einem leeren Glas einem Wurm zum Fressen gegeben. Zuerst gibt er noch erdigen Kot ab, den man herausnimmt und den Schülern zeigen kann. Nach einigen Tagen der Papieraufnahme sieht man schon bei Lupenvergrößerung das Rückengefäß durchschimmern, in dem das Blut nach vorne strömt.

b. *Umschichtung der Erde*

In einem Einmachglas (1 Ltr.) wird eine Schicht weißer Seesand mit dunklem Humusboden überschichtet und dann mit 5 Regenwürmern beschickt. (Feucht halten). Binnen 3 Monaten vermengen die 5 Würmer die 2 Bodenarten miteinander.

c. *Ausgeschiedene Erde*

Gezeigt werden Proben normaler Erde und solcher von Regenwurmhäufchen, die im Freien eingesammelt worden waren. Unterschiede in der krümeligen Struktur sind schon mit freiem Auge erkennbar. Der ausgeschiedene Kot ist fester und hat eine größere Wasserkapazität. Sein Bakteriengehalt ist um 33 % höher als der des normalen Bodens. Ebenso ist der Anteil der abgebauten organischen Stoffe vergrößert.

11. Leistungen der Regenwürmer im Boden

Regenwürmer, die viel Pflanzensubstanz aufnehmen, düngen geradezu den Boden durch ihren Kot. Bei Arten, welche ihn an der oberflächlichen Mündung ihres Ganges abgeben (*L. terrestris, Allolobophora terrestris*) kann man durch Absammeln auf 1 qm die Mengen getrocknet wiegen.

Auf guten Wiesen werden so jährlich 4,4—8 kg/qm erbracht. Das entspricht 44—80 to/ha.

Auf einem qm mittelguter Wiese stellte man ca 300 Regenwürmer fest, was einer Regenwurmmasse von 800 kg/ha entspricht. In Topfkulturen hat man den fördernden Einfluß von Regenwürmern auf den Pflanzenwuchs bestimmt. Er ist um so bedeutender, je höhere Ansprüche eine Pflanze an die Bodenlockerung stellt (n. *Kaestner*):

Pflanze	Ernteertrag ohne	mit Regenw.	Mehrertrag mit Regenw.
Weizen			
Halmgewicht	7,1 g	10,5 g	48 %
Körner	60 Stck.	110 Stck.	83 %
Limabohne			
Hülsen	5,8 g	16,9 g	183 %
Bohnen	3,9 g	11,5 g	195 %

Man errechnete schon 350—1190 kg Regenwürmer pro ha Wiese. Wenn man nun bedenkt, daß pro ha Wiese nur 500 kg Großvieh ernährt werden können, dann wird die ungeheure Bedeutung der Regenwürmer verständlicher.

Kollmansperger rechnete aus, daß sie pro ha 5,6—44,4 to Kotkrümel in Deutschland auf die Erdoberfläche ausscheiden. Das entspräche bei gleichmäßiger Verteilung 1 — 5 mm Bodenauftrag pro Jahr.

In Böden mit relativ guten Bedingungen bewirken die Würmer:
1. Verarbeitung organischen Materials
2. Vermischung derselben mit dem Boden
3. Bildung von Ton-Humuskomplexen und Krümelstruktur
4. Förderung der Mikroorganismen
5. Bodenlockerung und Durchlüftung.

12. Reaktionen auf Licht

Auf schwaches Licht reagiert *L. terrestris* photopositiv, auf starkes dagegen negativ. Zu Versuchen sollten R. zuerst mehrere Stunden im Dunkeln gehalten werden. (Hält man *Lumbricus terrestris* längere Zeit bei schwacher Beleuchtung, dann reagiert er auf starkes Licht photopositiv, was im Gegensatz zu Reaktion bei völliger Dunkeladaptation steht.)

Gegenüber Rotlicht sind R. unempfindlich, können also bei roter Dunkelkammerbeleuchtung beobachtet werden. Besonders empfindlich sind sie aber gegenüber blauem Licht (Wellenlänge v. 483 mμ). Insgesamt ist es schwer, festzustellen, ob R. verschiedene Wellenlängen unterscheiden können. UV-Licht wirkt auf sie tödlich. (So wurde schon vermutet, daß viele R., welche nach dem Regen auf die Erdoberfläche kommen,, durch das UV-Licht der Sonne getötet werden.)

Das Vorderende ist der lichtempfindlichste Teil des Körpers; das Hinterende ist empfindlicher als die Mitte. Innerhalb eines Segmentes ist die Dorsalseite die empfindlichere. Das Cerebralganglion scheint das letztlich entscheidende Kontroll- und Koordinationszentrum für die Lichtempfindlichkeit zu sein.

a. Einen R. läßt man in eine Glasröhre kriechen, die etwa 1,5mal so lang wie er selber ist, gibt evtl. etwas Wasser hinein gegen Austrocknen und verstöpselt beide Öffnungen. Mit schwarzem Papier wird sie total abgedunkelt und dann 1—2 Stunden in Ruhe belassen.

b. Bei *Rotlicht* (Dunkelkammerleuchte) wird die Papierröhre zurückgeschoben und dabei beobachtet, ob der Wurm reagiert und wie er liegt.

c. Dasselbe wird bei *Tageslicht* durchgeführt. Die Hülse wird vom Vorderende und etwas später vom Hinterende zurückgeschoben. In beiden Fällen flieht der

Wurm; zur Mitte der Röhre. Die Reaktion des Vorderendes ist rascher als die des Hinterendes.

Benützen wir eine Papierhülle, welche in der Mitte teilbar ist und belichten damit nach längerem Aufenthalt ein Tier in der Mitte seines Körpers, dann erfolgt entweder keine, oder nur eine sehr schwache Reaktion. (s. o.)

d. Anhand eines Mikropräparates wird der Lichtsinn der Haut erläutert.

Reflexbogen: Sinneszelle — sensible Nervenzelle — Cerebralganglion — motorische Nervenzelle — Hautmuskelschlauch.

e. Legt man Würmer in eine Glasschale mit Erde, so verkriechen sie sich nach kurzer Zeit. Später haben sie sich dann meist am dunklen Gefäßboden angesammelt. Stellt man nun das Gefäß, oben abgedunkelt auf den Schreibprojektor, (d. h. von unten beleuchtet) dann kann man mitunter erleben, wie die Tiere in 5 — 10 Minuten oben aus der Erde herauskommen. (Ein bißchen Glück braucht man allerdings dazu, wie bei den meisten Versuchen mit Tieren.)

13. Abtöten von Regenwürmern

Man legt einen R. in eine verschließbare Glasschale und fügt ein Filterpapier hinzu, welches mit Chloroform getränkt ist. Die Präparation des Regenwurms sollte in der Schule unterbleiben. Wer trotzdem z. B. die innere Segmentierung präparieren möchte, sei auf die einschlägige Literatur verwiesen. Anhand von Mikropräparaten und Mikrodias können die inneren Organe erörtert werden.

14. Hämoglobinnachweis

Ein mit Chloroform getöteter R. wird vor der Stunde aufgeschnitten und ihm ein Tropfen Blut entnommen und damit die *Teichmannsche* Probe gemacht. (S. *Chironomus* 4)

15. Untersuchung der Spermiogenese

Präparation und Anfertigung von Mikropräparaten s. *Peters* 1963.

16. Regeneration

Lumbricus terrestris vermag das Protostomium sowie die ersten 4 Segmente völlig zu regenerieren, wenn sie alleine abgetrennt worden sind. Werden ihm jedoch 5 — 6 vordere Segmente abgeschnitten, so ersetzt sein hinterer Restkörper diesen Verlust niemals vollständig, sondern nur durch 3—4 Metamere. Sind mehr als 16 Metamere entfernt worden, so unterbleibt jegliche Regeneration des Vorderendes. Ein Hinterende kann dagegen immer gebildet werden. *Eisenia foetida* kann nur die vorderen 8 Somite vollständig ersetzen. Bei Verlust von 9 — 23 Ringen dagegen werden höchsten 6 ersetzt. Werden mehr als 24 Metamere vorne abgeschnitten, so bildet das Hinterende an der Schnittfläche statt eines Kopfes ein heteromorphes „Schwanzstück" aus. Verlorengegangene Geschlechtssegmente werden nicht ersetzt. Vordere Reststücke können regelmäßig ein Hinterende bilden. Für den Vorgang der Regeneration selbst sind neben Neoblasten, die Epidermis, der Darm und bei einigen auch das ZNS von Bedeutung.

17. Anpassungserscheinungen

a. Zur Atmung dient die dünne Cuticula auf der *Haut*. Abstehende Kiemenanhänge und Borstenanhänge zur Atmung fehlen. Sie wären im Boden hinderlich.

b. *Die Cölomflüssigkeit,* welche aus dorsalen Rückenporen austreten kann und Drüsenzellen der Epidermis halten die Haut feucht. Dies genügt jedoch nicht immer, um in trockener Umgebung das Austrocknen zu verhindern. Dabei würde der R. ersticken (s. o.). Daher sind R. an das Leben im feuchten Boden gebunden. In sehr trockenen Sandböden fehlen sie, während sie andererseits in den feuchten Tropen auch auf Bäumen vorkommen.
Der *Schleim* erhöht die Gleitfähigkeit im Boden.

c. Mit fortschreitender Anpassung an das Landleben kann man eine vermehrte *Rückresorption v. Flüssigkeit* in den Nephridialkanälen beobachten.

d. Wesentlich ist weiterhin die Fähigkeit, die Eier in schützenden *Kokons* (Clitellum) vor Trockenheit zu schützen; ferner eine große Nachkommenzahl. In diesen Kokons können Eier und Larven, Wärme, Kälte und Trockenheit längere Zeit überdauern. In den meisten Böden tritt jährlich eine Generation auf, während in Mist jedoch bis zu 4 Generationen entstehen können. Bei Eisenia foetida sind die Jungen 12 Wochen nach der Kokonablage geschlechtsreif. Es können bis 140 Kokons im Jahre mit durchschnittlich 2 — 3 Larven Inhalt erzeugt werden. (Das entspr. 350 Inidviduen in der ersten Generation).
Allolobophora und *Lumbricus* haben jährl. 20 — 90 Kokons mit etwa 1 Jungtier, das jedoch 1 Jahr zur vollen Entwicklung braucht.

e. *Ruhezeiten (Diapausen)* erlauben es den Würmern trockene Sommer- und kalte Winterzeiten zu überstehen. Dabei knäueln sie sich in mit Kot austapezierten Erdhöhlen zusammen.

f. Das *Hautmuskelsystem* und die beschriebenen Fortbewegungsarten erlauben ihnen das spezielle Wühlen im Boden. Dabei stellen sie Gangsysteme her, welche mit Kot und Schleim austapeziert bis in 8 m Tiefe gehen können.
Flachgrabende Arten stellen horizontal verlaufende Gänge in 15 cm Tiefe her, während der oberflächlich lebende Lumbricus terrestris keine festen Gänge baut.

g. Auch in der *Nahrung* sind die R. an den Boden angepaßt, soweit sie aus abgestorbenen organischen Stoffen besteht. Nur selten fressen sie oberirdische grüne Pflanzenteile.

18. Zahlen

Lumbricus terrestris kann eine Länge von 9 — 30 cm, bei 110 — 180 Ringen erreichen.
In Gefangenschaft werden sie leicht 6 Jahre alt.
Die längste bekannte Regenwurmart wird 335 cm lang u. 2 cm dick (*Megascolides australis*).
Verbreitung und durchschnittl. Häufigkeit der Lumbriciden: (n. *Dunger*)

Standort	Artenzahl	Individuenzahl/m²	Gewicht in g/m²
Wald	30	78	40 g
Grünland	26	97	48
Acker	4	41	20
Kompost	3	3 000	1 000
Stapelmist	1	110 000/m³	25 000/m³

Literatur

Buddenbrock, W. v. und *Studnitz, G. v.:* Vergleichend physiologisches Praktikum mit bes. Berücksichtigung der Niederen Tiere. Berlin 1936.
Danzer, A.: Einfache Versuche mit Regenwürmern. MNU 1956/57; S. 325.
Dunger, W.: Tiere im Boden. NBB 1964.
Kaestner, A.: Lehrb. d. Sp.Zool. Bd. I. 1. T. 1969[3].
Laverack, M. S.: The Physiologie of Earthworms. Oxford 1963.
Mangold, O.: Experimente zur Analyse des chemischen Sinnes des Regenwurms. I. Methode und Verhalten zu Blättern v. Pflanzen. Zool. Jahrb. Abt. Allg. Zool. Phys. Tiere. 62. 1951, 441—512.
ders.: II. Versuche mit Chinin, Säuren und Süßstoffen. w. o. 63. 1953, 501—557.
Peters, R.: Die Samenbildung beim Regenwurm. Miko 52. 1963, 340—344.
dies.: Knopf-, Glas- und Perlenticrchen. Parasiten im Darm von Regenwürmern. Miko 53. 1964, 257—260.
Schaller, F.: Die Unterwelt des Tierreichs. Berlin 1962.

C. Blutegel (Hirudinea)

I. Allgemeine Bemerkungen

Für die Schule kommen der Blutegel (*Hirudo medicinalis*) und der seltener gewordene Pferdeegel (*Haemopis sanguisuga*) in Frage. Beide Egel kommen in der seichten Uferzone von Gewässern vor, wo sie selten unter 80 cm Tiefe gehen. Der medizinische Blutegel ist in Apotheken erhältlich.

Die Jungen des medizinischen Blutegels ernähren sich von wirbellosen Tieren, später von Fischen und Lurchen; die Erwachsenen saugen an Säugetieren, den Menschen eingeschlossen. Dabei genügt einmaliges Saugen für lange Zeit. Jahrelanges Fasten ist möglich. Die Fütterung kann mit einem blutgetränkten Schwamm erfolgen. Der Sauerstoffverbrauch steigt nach der Nahrungsaufnahme auf das Doppelte gegenüber dem des hungernden Tieres.

Die Haltung in der Schule bereitet keinerlei Schwierigkeit, soweit man die einfache Vorsichtsmaßregel beachtet und das Kleinaquarium fest abdeckt. Ansonsten findet man das Tier nach Wochen als eingetrocknetes Klümpchen in einer Ecke des Zimmers.

Der Pferdeegel saugt nicht, sondern verschlingt kleine Wassertiere (Würmer, Insektenlarven). Er kann mit Regenwürmern gefüttert werden.

II. Spezielle Untersuchungen

1. Fortbewegungsarten des medizinischen Blutegels

a. *Schwimmen*
Wirft man einen Blutegel in ein großes Wasserbecken, so flacht er sich dorsoventral ab und macht durch abwechselnde Kontraktion und Lockerung der dorsalen und der ventralen Längsmuskeln wellenförmige Schwimmbewegungen.

b. Die Schwimmbewegung erlischt, sobald der vordere oder hintere Saugnapf einen Halt hat (*Kontaktreiz*).

c. Bietet man dem hinteren Saugnapf ein Deckgläschen und wirft das Tier damit in das Wasser, so macht es keinerlei Schwimmbewegungen, sondern sinkt sofort zu Boden. Die Längsmuskeln kontrahieren sich jetzt nicht.

d. Die spannerartigen *Gehbewegungen* treten dann auf, wenn man einen festsitzenden Blutegel durch Berührung aufstört. Dabei streckt er sich nach vorne dünner werdend (Kontraktion der Ringmuskeln und Lockerung der Längsmuskeln)

und sucht mit dem vorderen Saugnapf einen Halt. Bei Anheftung des vorderen erfolgt sofort loslassen des hinteren Saugnapfes, Kontraktion der Längsmuskeln und Lockerung der Ringmuskeln unter Verdickung des Körpers. Heftet sich der hintere Saugnapf an, so löst sich der vordere wieder und das Tier streckt sich erneut. Es erfolgt also keine segmentale Peristaltik wie beim Regenwurm.
Die Gehbewegung beruht auf einem Antagonismus von Längs- und Ringmuskeln. Die Schwimmbewegung beruht auf einem Antagonismus von dorsalen und ventralen Längsmuskeln.
Während die Gehbewegung vom Unterschlundganglion gesteuert wird, und bei dessen Abtrennen erlischt, ist das Schwimmen auch nach Entfernen des Ober- und Unterschlundganglions noch möglich. Derartige Durchtrennversuche kommen für die Schule nicht in Frage.
Solche Bewegungsstudien macht man am besten in einem großen Aquarium oder auf einem Schreibprojektor, wo die Bewegungen für alle Schüler gut sichtbar projiziert werden.

2. *Verhalten gegenüber Licht*

Durch einseitige Beleuchtung kann ein Blutegel in einem großen Glaszylinder veranlaßt werden, nach oben oder unten dem Lichte auszuweichen. Dem Licht kommen bei verschiedenen Egeln verschiedene taktische Funktionen zu. Im allgemeinen kann gesagt werden, daß eine Übereinstimmung zwischen dem phototaktischen Verhalten der Egel und dem Lebensbereich (hell, dunkel) der Wirtstiere besteht. Versuche in dieser Hinsicht sind zeitraubend und müssen gut vorbereitet sein.

3. *Geschmackssinn des Blutegels (AG)*

Zur Prüfung des Geschmackssinnes wird folgender Versuch angegeben. 4 Rggl. werden gefüllt: 1. mit defibriniertem Blut. 2. mit 0,1—7 %iger NaCl-Lösung, 3. mit 1—5 %iger Rohrzuckerlösung, 4. mit 0,03—0,1 %iger Chininsulfatlösung. Alle vier werden auf ca. 40° C erwärmt und mit einer tierischen Membran verschlossen. Hat der Blutegel lange genug gehungert, dann saugt er sich an jeder der Lösungen an. Er kann evtl. mit der alten Membran auf das neue Glas übertragen werden.
Nun kann geprüft werden, bis zu welch hohem Prozentgehalt Lösungen noch angenommen werden. Höhere, als die oben angegebenen Konzentrationen sollen von ihm gemieden werden.
Solche Versuche sind langwierig, erfordern viel Geduld und sind für eine Unterrichtsstunde ungeeignet.

4. *Temperatursinn (AG)*

In ein großes Becherglas werden bei Zimmertemperatur 1 bis mehrere Blutegel gegeben und dabei die Temperatur des Wassers gemessen. Ein Rggl., das mit heißem Wasser gefüllt ist, (Temperatur?) wird mit einem Stativ eingetaucht. Stört man die Blutegel auf, so sammeln sie sich am wärmeren Rggl. an. Da Temperaturunterschiede von 0,5—1° C ausreichen als Reiz, genügt u. U. schon ein einseitiges Erwärmen des Becherglases, um den Effekt zu erzielen. Bei zu hohen

Temperaturen lösen sich die Blutegel wieder ab. (Diese Temperaturempfindlichkeit macht es ihnen möglich, einen warmblütigen Wirt im Wasser zu finden.)
Auch diese Versuche gelingen nicht ohne langwierige sorgfältige Vorbereitungen.

5. Ansetzen eines Blutegels

Diese Demonstration ist einfach und man sollte sie sich keinesfalls entgehen lassen. Es muß sich allerdings der Lehrer den Blutegel selber an den Unterarm setzen.

Dazu gibt man den Blutegel in ein kleines, mit Wasser gefülltes Becherglas und stülpt dieses mit der Öffnung auf den Unterarm. Das Wasser bedeckt die Haut und der Egel wird sich innerhalb von 2—3 Minuten anheften. Der Beginn des Einschneidens ist leicht an dem Kratzen auf der Haut spürbar. Durch Heben des Becherglases läßt man das Wasser abfließen. Jetzt ist der Wurm noch leicht durch seitlichen Druck mit dem Daumennagel zu entfernen; nach längerer Zeit wird dies schwieriger. Entweder wartet man dann bis das Tier vollgesaugt ist und von selbst losläßt, oder man betupft ihn mit Essig, dann löst er sich ebenfalls. Wegreißen sollte man ihn nicht.

Unter dem Binokular zeigen wir die sternförmige Wunde, die durch die Kiefer geritzt wurde.

Die Tatsache, daß die Blutung noch 10 — 15 Minuten anhält, demonstriert die Wirkung des Hirudins, welches aus den Speicheldrüsen des Wurmes stammt und die Gerinnung hemmt.

Ferner zeigt der Umstand, daß der Egel unsere Haut gefunden hat, daß er sie durch Sinnesorgane von der Glaswand unterscheiden kann (Temperatursinn).

6. Saugkraft und Saugvolumen

Siehe: *Freytag, K.: Die Bestimmung der Saugkraft und des Saugvolumens medizinischer Blutegel. MNU 1957/58. S. 305.*

Literatur

Herter, K.: Der Medizinische Blutegel und seine Verwandten. NBB 1967.

BÄRTIERCHEN (TARDIGRADA)

Wenn diese Tiere auch keine Bedeutung für den Unterricht haben, seien sie doch kurz erwähnt.

Materialbeschaffung

Durch Ausquetschen von feuchtem Moos der Dachrinnen (kupferfrei), und Felsen (Moostardigraden) auf den Objekttr., sowie aus Algenaufwuchs untergetauchter Wasserpflanzen langsam fließender Flüsse und in Weihern.
Haltung in Petrischalen, mit Algen zusammen bei niedrigem Wasserstand und hellem Standort. Auch in Heuaufgüssen können sie vorkommen.

Literatur

Kaestner, A.: Lehrb. d. Spez. Zool. Bd. I. 1. T. 1969[3].
Mihelcic, F.: Bärtierchen. I. Körperform und Körperbau der Tardigraden. Miko 53. 1964, 267—272.
ders.: Bärtierchen II. Die Lebensweise der Tardigraden. Miko 53. 1964, 375—378.

GLIEDERTIERE (ARTHROPODA)

Insekten (Hexapoda)

A. Die Insektensammlung

I. Zum Aufbau der Sammlung

In vielen Schulen haben sich seit Generationen durch Schenkungen oder durch die Sammelleidenschaft einzelner Lehrer museale Bestände an Insektensammlungen angehäuft. So wertvoll sie, allein schon durch den darin investierten achtungsgebietenden Arbeitsaufwand sein mögen, so unbrauchbar sind sie meist für den Unterricht. Für die Schule kommt es nicht auf die Vollständigkeit einer Hymenopterensammlung an, sondern auf deren didaktischen Wert. Da systematische Fragestellungen sowohl in der Zoologie, wie in der Botanik nicht mehr die beherrschende Rolle wie vor 50 Jahren spielen, sind auch die heute ausgebildeten Schulbiologen häufig gar nicht mehr an systematischen Untersuchungen interessiert.

Es stellt sich dann die Frage, wie kann eine solche alte, ererbte Sammlung nutzbar gemacht werden?

Drei Gesichtspunkte sollten zunächst im Vordergrund stehen:

1. Rücksichtsloses Ausmisten von beschädigtem Material. Eventuell kann dieses zur Herstellung von Mikropräparaten oder für spätere Präparations- oder Erkennungsübungen in eigenen Kästen aufbewahrt werden.

2. Planung, nach welchen Gesichtspunkten eine Schulsammlung aufgebaut sein soll.

3. Saubere, ästhetische und schädlingsgeschützte Darbietung der neuen Sammlung.

Für den völligen Neuaufbau von Insektensammlungen bieten die Lehrmittelfirmen fertige Sammlungen, Insektenbiologien, Mikropräparate, Bioplastiken in großem Umfang an. Zu beachten sind dabei die Größen der angebotenen Insektenkästen, damit man mit den Schubladen seines Insektenschrankes keine unliebsamen Überraschungen erlebt. Die Anordnung der Objekte kann auf verschiedene Art erfolgen:

1. Zusammenfassung einer Familie oder Ordnung in einem großen Ausstellungskasten, den man entweder im Schaukasten des Klassenzimmers ausstellen, oder wenn er mit einer Öse versehen ist, an der Wand aufhängen kann. Gerade letzteres erfordert saubere Darbietung und exakte Beschriftung.

2. Wenige Tiere, oder einzelne Objekte werden in kleinen Handkästchen zum Herumreichen dargeboten.

3. Die wichtigsten Vertreter können als Einschlußpräparate (Bioplastiken) zum Herumreichen und genauen Betrachten angeschafft werden. Die Lehrmittelfirmen bieten zahlreiche Bioplastiken an. Man kaufe sie jedoch nicht unbesehen, da sie von sehr unterschiedlicher Qualität sein können. (Dies gilt für alle Angebote).
4. Häufige Insektenformen können in größerer Zahl gesammelt und einzeln auf breite Korken montiert werden. So kann jeder Schüler das Objekt einmal selber in die Hand nehmen und untersuchen. Zu diesem Zweck wird jedes Massenauftreten von Insekten ein Anlaß zum Sammeln sein. Hierzu eignen sich besonders: Maikäfer, Bienen, Kartoffelkäfer, Mehlkäfer, Fliegen, verschiedene Schädlinge, die in Massen auftreten.

II. Die Gliederung der Sammlung

Sie kann nach folgenden Gesichtspunkten durchgeführt werden:
1. *Systematischer Teil*
2. *Biologien*
3. *Entwicklungsreihen*
4. *Schädlinge*
5. *Insekten mit ihren Fraßspuren*
6. *Nester und Gehege*

1. Systematischer Teil (Minimalausstattung)

Eintagsfliegen *(Ephemeroptera)* mit Larven *(Mikropräparate)*
Libellen *(Odonata)* mit Larven

Schrecken (*Saltatoria*):   Grüne Laubheuschrecke
                                   Feldgrille und Heimchen
                                   Maulwurfsgrille
                                   Feldheuschrecken (z. B. Rote Schnarrheuschrecke)

Ohrwürmer *(Dermaptera)* und Schaben *(Blattaria)*
Läuse *(Phthiraptera)* als Mikropräparate
Wanzen *(Heteroptera)* z. B.:   Rückenschwimmer
                                   Wasserläufer
                                   Wasserskorpion
                                   Stabwanze
                                   Bettwanze
                                   Feuerwanze
                                   Ritterwanze u. a.

Pflanzensauger *(Homoptera)*:   Singzikade
Hautflügler *(Hymenoptera)*:   Holzwespe
                                   Schlupfwespe, Gallwespe
                                   Ameisen
                                   Deutsche Wespe, Hornisse
                                   Sandwespe
                                   Bienenwolf
                                   Honigbiene (Arbeiterin, Drohne, Königin)
                                   weitere Bienen zum Vergleich
                                   Hummeln

Käfer (*Coleoptera*): verschiedene Laufkäfer
verschiedene Käfer des Wassers (Gelbrand, Kolbenwasserkäfer)

Raubkäfer	Blattkäfer
Aaskäfer	Bockkäfer
Marienkäfer	Rüsselkäfer
Schnellkäfer	Borkenkäfer
Prachtkäfer	Hirschkäfer
Ölkäfer	Mistkäfer
Mehlkäfer	Maikäfer ♂ und ♀
Kartoffelkäfer	Rosenkäfer u. a.

Köcherfliegen (*Trichoptera*): Imagines mit Larvengehäusen
Schmetterlinge (*Lepidoptera*): die wichtigsten Vertreter der einheimischen Tagfalter, Nachtfalter, Schwärmer, Spinner, Eulen, Spanner, Motten, Glasflügler, Wickler.
Zweiflügler (*Diptera*): die wichtigsten Vertreter
Flöhe (*Aphaniptera*): in Mikropräparaten

2. An Biologien mit Darstellung der Umwelt werden angeboten:

Die Honigbiene und ihr Leben im Bienenstock
Der Ameisenbau und seine Bewohner
Libellen im und am Teich
Insekten im und am Wasser
Insekten der Wiese

Kleiner Frostspanner	Wolfsmilchschwärmer
Großer Kohlweißling	Buchdrucker
Seidenspinner	Hornisse
Kleidermotte	Rote Waldameise
Ameisenlöwe	Küchenschabe
Maikäfer	Maulwurfsgrille
Apfelblütenstecher	Totengräber
Schmeißfliege	Schlupfwespen
Stubenfliege	

Laufkäfer auf Insektenjagd
Hirschkäfer an ausfließendem Baumsaft
Schlupfwespen und Sandwespen bei der Eiablage und auf Insektenfang
Grüne Heuschrecke bei der Eiablage
Weiter werden angeboten:
Umgebungstracht, 6 Beispiele
Mimikry, Nachahmung von Gegenständen, Umgebungstracht.
Blattfalter, Callima, 1 sitzender, 1 fliegender Falter,
Sexualdimorphismus, 8 typ. Beisp.
Saison- und Sexualdimorphismus, Landkärtchen: Sommer- und Winterform.

3. Entwicklungsreihen

Hierzu wird angeboten die Waldameise, der Maikäfer und die Stubenfliege.
Die unvollkommene und die vollkommene Verwandlung der Insekten. Demon-

striert anhand der Küchenschabe (unvollkommen) und des Seidenspinners (vollkommen).

4. Schädliche und nützliche Insekten

Hierzu werden angeboten:
Imagines
Forstwirtschaftlich schädliche Insekten, 20 Arten.
Forstwirtschaftlich schädliche und nützliche Insekten, 40 Arten.
Landwirtschaftlich schädliche Insekten, 20 Arten.
Landwirtschaftlich schädliche und nützliche Insekten, 40 Arten.
Land- und forstwirtschaftlich nützliche Insekten, 20 Arten.
Dem Obst-, Garten- und Weinbau schädliche und nützliche Insekten 20 Arten.
dto. 40 Arten
Vorratsschädlinge, einschließlich der Schädlinge an Stoffen und Pelzwerk.
Parasiten von Mensch und Wirbeltieren.
Mit Entwicklungsstadien und Fraßstückchen werden angeboten:
Forstwirtschaftlich schädliche und nützliche Insekten, 15 Arten. Landwirtschaftlich schädliche und nützliche Insekten, 15 Arten. Land- und forstwirtschaftlich schädliche Insekten, 15 Arten. Dem Obst-, Garten- und Weinbau schädl. Insekten, 15 Arten.
Vorratsschädlinge, 15 Arten.

5. Insekten mit ihren Fraßspuren

Holz mit Gängen der Holzwespenlarve oder der Bockkäferlarven.
Weidenholz mit Fraßgängen der Weidenbohrerlarve.
Rindenstücke mit Fraßgängen des Buchdruckers.
Haselnüsse mit Löchern vom Haselnußbohrer.
Blätter mit verschiedenen Minierraupengängen.
Von Wespen ausgehöhltes Obst (manchmal bleibt nur die Schale übrig, welche getrocknet in ein Glas zur Demonstration untergebracht wird.)
Fraßstellen des Messingkäfers oder der Kleidermotten an Textilien.
Pferdemagenwand mit Biesfliegenlarven (Gastrophilus).
Fraßgänge der Totenuhr (Anobium striatus).

6. Nester und Gelege

Jeweils Insekten mit ihren Gelegen, Larven- oder Puppengehäusen oder Nestern.
Bienenwaben mit Weiselzellen
Hummelnester und Behausungen von Einzelbienen
Verschiedene Wespennester; dass. im Längsschnitt.
Teile von Termitenbauten
Verschiedene Gallen
Pillen vom Pillendreher
Blatteile des Rebenstechers
Gelege der Gottesanbeterin
Kokon des Seidenspinners
Köcher von Köcherfliegenlarven
Schilder von Blattläusen z. B. auf Orangenschalen u. v. a.

Damit keine Schädlinge in die Sammlung eingeschleppt werden, müssen evtl. noch versteckte Larven oder Puppen aus den Fraßgängen entfernt und die Nester und Fraßspuren selbst desinfiziert werden. In jedem Fall wird es gut sein, in die Aufbewahrungsgefäße für Insekten immer etwas p-Dichlorbenzol zu geben.
Die größeren Gefahren für solche Sammlungen sind meist zu häufiges Umstecken der Insekten mangels genügender u. geeigneter Kästen, sowie Mangel an liebevoller Behandlung. Sowie Hast bei der Vorbereitung und im Unterricht und dabei häufiges Anstoßen der Kästen. Manche Kollegen haben halt leider zwei linke Hände!

III. Weiteres Demonstrationsmaterial

1. Zergliederte Insekten

Zur Demonstration der einzelnen Körperteile gibt es in Bioplastiken zergliederte Insekten; manche werden auch in Kästen unter Glas angeboten. Man kann sie sich auch selbst herstellen.
Angeboten werden: Ligusterschwärmer, Hirschkäfer, Hornisse, Heupferd, Maulwurfsgrille; also alles größere Tiere.

2. Insektenkasten mit Typen von Insektenfüßen

3. Versteinerungen von Insekten
(z. B. Libellen a. d. weißen Jura).

Heute werden bereits verschiedentlich billigere Nachdrucke oder Abgüsse von guten Versteinerungen angeboten.

4. Modelle von Insekten

Diese sind heute im Gegensatz zu früher meist aus unzerbrechlichem Material. Angeboten werden: Reliefmodell der Arbeitsbiene, Anatomie der Seidenraupe, die Ägyptische Wanderheuschrecke.
Modell eines Komplex- oder Facettenauges im Längs- und Querschnitt.

5. Wandtafeln

Pfurtscheller: Die Honigbiene
I (Anatomie der Arbeiterin)
II (Arbeiterbiene mit Larve u. Puppe)
Die Stubenfliege.
Ferner sei hingewiesen auf die Lehrtafeln von Jung-Koch-Quentell sowie die Baupläne des Tierreichs nach Dr. Lips.

6. Filme und Dias

Die einschlägigen Filme und Diareihen sind jeweils bei den einzelnen Insektengruppen direkt eingefügt. (s. dort).

IV. Chemikalien

p—Dichlorbenzol (zur Desinfektion der Insektenkästen)
Essigsäureäthylester (zum Abtöten der Insekten)

Kaliumcyanid (zum Töten von Schmetterlingen. Gift!)
Diäthyläther (notfalls auch zum Töten)
Ammoniumhydroxid (zum Injizieren in betäubte Schmetterlinge)
Naphtalin, Kampfer, Kreosot (Desinfektionsmittel).

B. Sammeln und Präparieren von Insekten

Es kann wohl angenommen werden, daß die meisten Biologielehrer über genügend eigene Erfahrung auf diesem Gebiet verfügen, so daß hierzu ein paar Hinweise genügen werden. Im übrigen sei auf die umfangreiche einschlägige Literatur hingewiesen.

I. Sammlungsgeräte

1. Pinzetten

Günstig sind härtere Pinzetten für große, und weiche aus Uhrfederstahl für kleinere Insekten.

2. Fangnetze

Die Feinmaschigkeit, Größe und Härte des Netzes richtet sich nach den Insekten, welche gefangen werden sollen.
Netze mit Bügeldurchmesser von 30 — 40 cm Durchmesser oder sogar 50 cm, wie sie für Schmetterlinge und Libellen verwendet werden, sollten zum leichteren Transport einen zusammenklappbaren Bügel haben.
Das sog. Dipterennetz (Ø 32 cm) mit einem Beutel aus feinster Gaze wird zum Fang besonders empfindlicher Insekten, wie Fliegen und Bienen verwendet.
Die Beutelformen können je nach Gebrauch verschieden sein (konisch, spitz zulaufend, rund). Auf alle Fälle soll die Beutellänge doppelt so groß sein, wie der Bügeldurchmesser. Für Tiere, welche an geraden Wänden, an Wasserpflanzen, am Ufer oder auf dem Boden sitzen, eignen sich bes. Kescher mit rechteckigem oder fünfeckigem Bügel, weil dadurch ebene Flächen abgestreift werden können.

3. Ein kurzes Exkursionsbeil

ein starkes altes Messer, eine kleine Harke oder ähnliche Instrumente können willkommene Hilfe beim Abdecken von Rinden, Zerkratzen von Baummulm morscher Baumstümpfe oder Aufscharren von Erde sein.

4. Exhaustor

Kleinere Insekten aus Pilzen, Rindenstücken, Erdreich, Mulm, Moosen, lassen sich durch Ausklopfen der Gegenstände über einem weißen Tuch finden. Dann können sie mit dem Exhaustor aufgesaugt werden. Er eignet sich auch zum Auflesen kleiner Tiere aus dem Netz oder zum Einsammeln aus Ritzen oder Spalten.

5. Raupensammelschachtel

Will man Raupen zur evtl. Zucht mit nach Hause nehmen, eignet sich am besten eine flache Schachtel, in welche auch gleich die Futterpflanze mit eingelegt wird. Dabei wäre zu beachten, daß möglichst nur Raupen derselben Art in einem Behälter transportiert werden.

6. Sammelgläschen

Um jederzeit einzelne Tiere sammeln und mitnehmen zu können, eignen sich gereinigte größere Tablettenröhrchen. Wenn man die Fluchtreaktion des zu fangenden Tieres erkundet hat, braucht es meist nur ein wenig Geschicklichkeit, die Öffnung des Röhrchens so zu halten, daß das Insekt hineinflieht. So lassen sich z. B. Laubheuschrecken häufig einfach vom Ast zu Boden fallen und es genügt dann, das Glas unter das Tier zu halten. Feldheuschrecken wiederum scheinen die Flucht nach vorne zu bevorzugen und springen entsprechend in das vorne hingehaltene Glas hinein. In der Dunkelheit der geschlossenen Hand oder der Tasche, kommt das Insekt meist bald zur Ruhe. Der Sauerstoffgehalt des Glases reicht meist zum Heimtransport. Ein kleiner Streifen Filterpapier saugt evtl. ausgeschiedene Flüssigkeiten auf.

7. Tötungsgläser und Abtöten von Insekten

a. *Das Zyankaliglas* wird mit Vorliebe für Schmetterlinge verwendet. Einige nußgroße Zyankalistücke werden mit einem Gipsbrei am Boden des fest verschließbaren Glases eingegipst. Dies ist dann etwa 1 Jahr gebrauchsfähig. Läßt man die Objekte zu lange drinnen, werden sie etwas starr und verändern leicht die Farben.

Da Zyankali bekanntlich ein äußerst gefährliches Gist ist, verwendet man am besten unzerbrechliche Kunststoffflaschen und gebe sie nie in die Hand von Jugendlichen.

Bei manchen Insekten ist die Vergiftung durch Zyankali reversibel (z. B. bei Ichneumoniden), so daß scheinbar tote Tiere nach vielen Stunden im Kasten auf der Insektennadel wieder erwachen.

b. *Ätherflaschen*

Eine beliebte Methode, bes. für Käfer, ist das Abtöten in Essigäther (= Äthylacetat), weil hierbei eine Starre vermieden wird, die Objekte weich bleiben und daher leichter einer Präparation zugänglich sind. Sie ist auch ungefährlicher. Als Gefäße verwende man eine weithalsige Pulverflasche, passe als Einlage auf dem Boden fest einige Lagen von Zellstoff ein, fülle etwa die Hälfte des freien Flaschenraumes mit Filterpapierstreifen und setze einen gut schließenden Stöpsel auf. Will man ein rasches Verdunsten des Äthers vermeiden, wie es durch häufiges Öffnen des Stöpsels auftritt, dann nehme man einen durchbohrten Stöpsel mit kurzem, eingepaßtem, ebenfalls gut verschließbarem Glasröhrchen. Durch diese Schleuse kann dann die Flasche beschickt werden.

Vor Gebrauch wird jeweils etwas Essigäther oder besser ein Gemisch von Schwefeläther und Essigäther 1 : 1 auf die Zellstofflage getropft, ohne gleich ein Bad zu verursachen.

Für Falter hat sich eine Mischung von 2/3 Essigäther und 1/3 Chloroform bewährt. Auch Leichtbenzin ist notfalls geeignet, verursacht aber eine Starre.

In all diesen Fällen soll das Glas selbst innen nicht feucht werden, da sonst die Tiere an der Wand kleben.

Schwefelkohlenstoff dient weniger zum Töten der Insekten, als allgemein zum Entwesen.

Bei all diesen Substanzen ist auf ihre Feuergefährlichkeit zu achten.

c. *Zylinderflaschen*

In einen Glaszylinder passender Größe (ca 3 — 4 cm ⌀) der an beiden Enden gut verschließbar ist, wird etwa in der Mitte eine dünne Korkscheibe eingepaßt, so daß zwei Kammern entstehen. In eine derselben wird Verbandsmull mit der Tötungsflüssigkeit eingebracht, in die andere die Insekten. Eine Überbesetzung muß wie in jedem Glas, so auch hier vermieden werden. Daher ist es gut, wenn immer mehrere Flaschen zur Verfügung stehen.

d. *Größere Insekten*, vor allem exotische Schmetterlinge und Käfer können mit einer, mit verd. Ammoniak gefüllten Tötungsspritze durch Injektion knapp hinter dem Thorax getötet werden. Das Anlegen der Beine ist ein sicheres Zeichen der tödlichen Wirkung.

e. *Kleine Insekten* werden in Alkohol oder Formalin eingelegt, getötet und aufbewahrt bis zur Präparation.

II. Präparation von Insekten

1. *Transport toter Insekten*

Auf keinen Fall belasse man die abgetöteten Insekten beliebig lange im Tötungsglas, da die empfindlicheren Teile leicht unbrauchbar werden und durch Kondensationsfeuchtigkeit die Flügel leicht verkleben. Nach 24-stündigem Aufenthalt im Giftglas sind sie bestimmt tot und haben sogar die Todesstarre überwunden. Sie sind dann schlaff und weich, wodurch die Präparation erleichtert wird.

Handliche Insektenschachteln mit Zellstofflagen können nun die toten Tiere aufnehmen.

Dreieckige Tütchen aus Pergamin eignen sich besonders für die Unterbringung einzelner Tagfalter, Libellen, Netzflügler, Fliegen und Schnaken.

Für Raupen können über einem Bleistift Papierröhrchen gedreht werden.

Diese Papierwaren haben noch den Vorteil, daß sie sich gut beschriften lassen (Fundort, Zeit, Umstände).

2. *Aufbewahren toter Insekten*

Als Aufbewahrungsflüssigkeiten eignen sich 65 %iger Alkohol und Formalin bes. für größere, nackte weichhäutige Larven und Raupen, aber auch für Eigelege. Zu beachten ist, daß durch die eingelegten Tiere der Alkohol langsam verdünnt wird. Bei zu starker Verdünnung kann es zur Mazeration der Insekten kommen.

3. *Wie präpariert man Insekten?*

a. *Aufweichen*

Länger gelagerte, trockene Insekten können nicht sofort präpariert werden, ohne daß man sie vorher aufweicht. Hierzu bieten sich u. a. folgende Möglichkeiten an: Glatte unbehaarte Tiere wie Ameisen, Schaben, Käfer werden in Wasser geworfen, dem 5 — 10 %ige Essigsäure beigemengt wurde. Alle anderen Insekten, wie Fliegen, Schmetterlinge, Hautflügler, legt man in „Weichbüchsen" aus verzinktem Blech oder eine Glasdose mit Deckel, auf deren Boden sich Insektentorfplatten befinden, die mit Wasser u. verd. Essigsäure angefeuchtet wurden. Ein Zusatz von Karbolsäure, Chinosol od. p-Dichlorbenzol verhindert Schimmel- und Fäulnisbildung. Nach einigen Tagen sind die Tiere in einem Zustand, der das Präparieren und Spannen gestattet. Kondenswasser ist in der Weichbüchse zu vermeiden. Nicht an die Sonne stellen!

b. *Nadeln*

Die Insektennadeln, entweder aus Stahl, schwarz rostschützend lackiert, brüniert, oder aus nichtrostendem weißen Chrom-Nickel-Stahl mit Messing oder Kunststoffköpfchen und 38 mm Länge, werden im Verkauf mit den Nummern: 000, 00, 0, 1, 2, 3, 4, 5, 6, 7 bezeichnet, wobei die Nr. 000 die dünnste, Nr. 7 die kräftigste ist. In den meisten Fällen kommt man mit den Stärken 0 — 3 aus. Minutiennadeln sind feinste Nadeln von 0,15 mm Stärke und 11 mm Länge (nur Nirostastahl verwenden!). Sie sind für alle Objekte zu empfehlen, welche kleiner als die Stubenfliege sind. Für saubere Präparation ist korrektes „Nadeln" erforderlich. An welcher Stelle jeweils bei den verschiedenen Insekten die Nadel einzuführen ist, findet man in den Spezialbüchern über diese Insektengruppen erwähnt.

Beim Nadeln hält man vorsichtig das Tier zwischen Daumen und Zeigefinger der linken Hand und sticht die Nadel senkrecht v. oben durch den Rücken, so daß sie unten zw. 2. u. 3. Beinpaar herauskommt. Dann wird das Tier so hoch auf die Nadel geschoben, daß sie etwa noch zu 1 Drittel aus dem Rücken herausragt.

c. *Der Präparierklotz*

Er kann aus Kork, Torf oder Kunststoff bestehen und soll eine stabile Arbeitsunterlage darstellen. Auf ihn wird das genadelte Tier so gespießt, daß seine Unterseite den Klotz berührt.

d. *Präpariernadeln*

Um nun auf dem Präparierklotz Beine und Fühler ausrichten zu können, werden gerade oder gebogene Präpariernadeln verwendet. Eingesteckte Nadeln verhindern erneutes Zurückschlagen der Glieder. Soll in der Sammlung Platz gespart werden, legt man lange Fühler nach hinten parallel an den Körper und die Beine mehr oder weniger angewinkelt unter den Körper.

Bei Tieren, welche für Schauzwecke präpariert werden, ist es angebracht, Fühler und Beine möglichst weit und gleichmäßig auszubreiten.

e. *Spannbretter und Spannstreifen*

Sollen die Flügel eines Insekts ausgespannt werden (Libellen, Schmetterlinge, Schmetterlingshafte, Netzflügler, sowie halbseitig Heuschrecken und einige Zikaden), so verwendet man Spannbretter und Spannstreifen.

Spannbretter verstellbar (50 cm lang, 160 mm breit) oder unverstellbar, gibt es zu kaufen. Sie bestehen aus Pappel- oder Lindenholzbrettchen, die nach innen abgeschrägt sind und für den Insektenkörper eine Rinne frei lassen. Aus Wellpappe von Schachteln kann man sie durch Einfalten v. d. Seite her selbst anfertigen. Beim Spannen, etwa von Großschmetterlingen, wird das genadelte Tier senkrecht in die Rinne eingepaßt. Nun zieht man den Vorderflügel am Vorderrand so weit nach vorne, bis der Hinterrand des Flügels etwa senkrecht zum Körper steht. Beim Hinterflügel muß entsprechend dessen Vorderrand senkrecht zum Körper stehen. Durch einen Pergaminstreifen (angeboten werden Spannstreifen durchsichtig 6, 10 u. 15 mm breit), der parallel zum Schmetterlingskörper über die Flügel gespannt und befestigt wird, werden die Flügel in der gewünschten Lage glatt

und festgehalten. Die Fühler können durch Unterlegen eines Wattebausches vor dem Herabsinken bewahrt werden. Auf diese Weise kann das Spannbrett der Länge nach besetzt und an geeigneter Stelle 1 — 3 Wochen sicher verwahrt werden. Dann werden die gespannten Tiere abgenommen.
All diese Arbeiten erfordern viel Geduld, Ruhe, Erfahrung und Kenntnisse. Mehr darüber zu berichten, würde den Rahmen dieses Buches sprengen. So muß bezüglich der Präparation von Libellen, von Schmetterlingen oder Heuschrecken auf die spezielle Literatur hingewiesen werden. Den meisten Bestimmungsbüchern für die einzelnen Grupen sind methodische Teile angegliedert.

f. *Aufklebeplättchen*

Stärker chitinisierte Insekten (Käfer, Ohrwürmer, Wanzen, Fliegen, Hautflügler, Heuschrecken, Zikaden) unter 1 cm Länge werden i. d. R. auf käufliche Kartonplättchen aufgeklebt. Die Plättchengröße wird dabei so gewählt, daß Beine und Fühler nicht über den Kartonrand hinausragen. Wie die verschiedenen Insekten geklebt werden, daß sie noch bestimmbar sind, entnehme man wiederum der Spezialliteratur. Plättchen gibt es in den Größen 1 — 7, mit und ohne Querlinien. Bei Nr. 2 läuft das Ende in einer Spitze aus, auf die Insekten geklebt werden, deren Unterseite für die Bestimmung sichtbar sein muß.

g. *Insektenleim*

Der verwendete Klebstoff soll keine Fäden ziehen und wasserlöslich sein, damit zur Bestimmung das Tier evtl. wieder abgenommen werden kann.
Geeignet sind wasserlöslicher Fischleim (Syndetikon), oder langsam trocknender Zelluloseleim (Celloidin in Amylacetat) von dem wir mit der Spitze einer Insektennadel ein Tröpfchen auf das Plättchen tupfen und das Insekt darauflegen. Sobald es einigermaßen festklebt, kann man Beine und Fühler ausrichten. Es darf kein überschüssiger Klebstoff an der Seite hervorstehen oder gar das Insekt überschwemmen.
Oder man überzieht das Plättchen mit einer dünnen Schicht von Glutofix-Leim, setzt das Tier darauf und präpariert es in die richtige Lage. In diesem Fall können Beine und Fühler nach trocknen des Leimes noch nachgestellt werden.
Diese Plättchen werden dann mit dem Insekt auf eine Insektennadel aufgespießt, beschriftet (auch dazu gibt es Spezialplättchen) und der Sammlung einverleibt.
Die Präparation mit Minutiennadeln entnehme man der Spezialliteratur.

h. *Insektenkästen*

Wenn man die Arbeit bedenkt, welche eine Insektenpräparation macht, dann lohnt es sich, nicht an der falschen Stelle zu sparen, sondern für die Schule auf alle Fälle genügend viele und gute Insektenkästen anzuschaffen. Sollen sie Anschauungszwecken dienen, darf ja auch die ästhetische Seite nicht vernachlässigt werden. Ein solcher Kasten soll aus Holz, mit Glasscheibe und durch Fug und Nut so dicht verschließbar sein, daß weder Staub noch Feuchtigkeit, noch Schadinsekten eindringen können. Bei modernen Insektenkästen ist der Boden mit einer Mollplatte ausgelegt, die ein Drehen oder Wackeln der Nadeln verhindert. Außerdem werden solche mit Torfplatten und weißem Papier auch ihren Zweck erfüllen.
Ein Verstauben der Objekte ist auf alle Fälle zu vermeiden da durch feinste Staubteilchen die Oberflächen der Tiere so besetzt werden, daß die Strukturfar-

ben unwiederbringlich verblassen. Ein Entstauben ist immer mit Beschädigungen verbunden. Dasselbe gilt übrigens auch für Vögel mit Strukturfarben, wie Kolobris, Eisvögel, Turakos, Papageie).
Feuchtigkeit kann zur Schimmelbildung führen.

i. *Insektenschränke*

Zur Unterbringung der Insektenkästen bieten sich Insektenschränke an. Hier sind zwei Prinzipien möglich: entweder hat der Schrank viele flache Schubladen, welche verschiedengroße Insektenkästen aufnehmen können, oder die Insektenkästen selbst sind bereits so gearbeitet, daß sie als Schubladen in den Schrank eingeführt werden können. Sind letztere hinten oben noch mit einer Öse versehen, dann können sie kurzzeitig zu Ausstellungszwecken aufgehängt werden. Vor längerem Aufhängen wird gewarnt, da die Farben am Licht zu schnell verblassen. Für überschüssiges oder unbestimmtes Insektenmaterial gibt es billige Duplettenschachteln aus Pappe zukaufen.

k. *Aufbewahrungsflüssigkeiten*

Folgende Insektengruppen sind ausschließlich in Flüssigkeit zu konservieren und aufzubewahren: Apterygoten, Copeognathen, Mallophagen, Thysanopteren, Anoluren, Aphanipteren, ferner Blatt- und Schildläuse von den Rhynchoten. Ein Trockenprozeß würde bei ihnen systematische wichtige Merkmale unkenntlich machen. Auch andere Insekten, oder deren Teile, ferner Insekteneier, Larven und Puppen (letztere beiden kurz im Rggl. in Wasser aufkochen), wird man in Flüssigkeit aufbewahren.

Für größere Objekte und Schülerübungsmaterial genügt 3 %ige Formollösung, während kleine und kleinste Formen, die evtl. einmal zum Mikrokopieren eingebettet werden sollen, von vorneherein in 80 %igen Alkohol gelegt werden. Reagenzgläser und Tablettenröhrchen werden mit den Objekten beschickt, mit Skriptol etikettiert und entweder fest verkorkt, oder mit Wattestopfen versehen in ein mit Alkohol gefülltes Sammlungsglas gestellt, welches gut verschließbar ist.

In jedem Fall ist Beschickung mit zu vielem oder heterogenem Insektenmaterial zu vermeiden.

Fixierungsgemische für histologische Untersuchungen sind in *Romeis:* Mikroskopische Technik. 16. Aufl. 1968 angegeben. Sollte Formolmaterial für Schülerübungen verwendet werden, wäre darauf zu achten, daß Formol sehr schädlich für die Augen ist.

l. *Einschlußmittel*

Für mikroskopische Untersuchungen und Dauerpräparate eignen sich die bekannten Einschlußmittel Caedax und Kanadabalsam. Bei beiden Stoffen muß vorher gründlich entwässert werden, weil sonst Trübungen auftreten.

Zur vorherigen Aufhellung der Präparate benützt man Nelkenöl oder Methylbenzoat. Mit diesen, oder auch mit Xylol (Lösungsmittel für Caedax u. Kanadabalsam) oder Terpentinöl sollten die Präparate vollständig durchtränkt sein, bevor man sie einbettet. Gelatinol ist ein Einschlußmittel, welches keine vorherige Entwässerung voraussetzt. Es eignet sich für kleine Insekten: Urinsekten, Blattläuse, Milben u. a. Sein Nachteil ist für viele Objekte sein ungünstiger Brechungsindex und daß die Farben nicht halten. Hat man das Objekt in Formaldehyd getötet, kann es sofort auf den Objekttr. übertragen werden. Nach Absaugen der überflüssigen Lösung wird ein Tropfen Gelatinol zugegeben und zugedeckelt. Lagen die Objekte vorher in Alkohol, dann muß dieser zuerst mit Wasser herausgewaschen werden. Während kleinste Insekten gleich nach dem Töten in Formol zur Einbettung kommen, muß man bei größeren etwas warten, bis das Tier ganz vom Formol durchtränkt ist. So kann man gerade bei Insekten in kürzester Zeit im Schnellverfahren mit Gelatinol eine große Sammlung von Dauerpräparaten anlegen!

Auch Glyzerin und Glyzeringelatine eignen sich zur Einbettung und Untersuchung von Insekten.

m. *Einbettung in Kunstharz*

Die Verfahren, Insekten, oder andere Tiere als Totalpräparate in Kunstharz einzubetten sind alle ziemlich umständlich und erfordern spezielles Einarbeiten in dieses Gebiet, wenn brauchbare Ergebnisse erzielt werden sollen. Sind schon die Einschlußpräparate der Lehrmittelfirmen von sehr unterschiedlicher Qualität (man sollte hier nie nach Katalog kaufen, sondern immer nach eigenem Augenschein aussuchen und lieber verzichten, als ein blasiges oder schlecht eingebettetes Präparat zu kaufen), so ist der Ausschuß, wenn man es selber macht, noch viel größer. Wer sich hobbymäßig damit beschäftigen will, was übrigens sehr reizvoll ist, für den sei eine Lieferfirma angegeben (*A. Geier*, 8201 Thansau).

n. *Etiketten und Beschriftung*

An Etiketten stehen gummierte oder selbstklebende in verschiedensten Größen und Formen zur Verfügung. Es ist eine Sache der Ästhetik, sich für möglichst gleichartige Etikettierung zu entschließen. Für größere Kästen, Schränke usw. sind die verschiedenen Prägeapparate mit den selbstklebenden Prägestreifen (z. B. Dymo-System) sehr zu empfehlen.

Für die Beschriftung können 3 Sachbereiche unterschieden werden:
1. Fundort, Fundzeit, bes. Umstände, Finder.
2. Determination (= Bestimmung) des Tieres.
3. Arten der Präparation, des Einschlußmittels, der Färbung; Datum, Namen.

Bei Insekten werden oft Fundorte und Determination auf zwei getrennten Etiketten vermerkt. Das kommt daher, weil die Bestimmung meist erst viel später erfolgt, der Fundort aber auf alle Fälle sofort festgehalten werden muß.

o. *Pflanzen in Insektenkästen*

Manchmal empfiehlt es sich zur Darstellung der Biologie eines Insekts, dessen Futterpflanze, Fraßspuren, Biotoppflanzen u. dgl. darzustellen. Preßt man nun z. B. einen Zweig mit Blättern wie üblich, dann wird er ganz flach und entspricht nicht der räumlichen Gestaltung. Soll der Zweig etwas buschig wirken, dann trocknet man ihn durch Einlegen in eine Schachtel, welche mit völlig trockenem Quarzsand 2 cm hoch gefüllt ist. Um nun die Pflanze plastisch zu präparieren, lassen wir aus dem Loch einer Tüte einen feinen Sandstrahl auf das Objekt fallen und legen dies dabei so, wie wir es im trockenen Zustand von ihm wünschen. Je nach Standort dauert die Trocknung der Pflanze 2 — mehrere Wochen. Die verblaßten Farben können durch Aufspritzen von Farblösungen ersetzt werden.

p. *Überblick über die wichtigsten Flüssigkeiten zum Abtöten der Insekten:*

Material	Vorteile	Nachteile
Wasser 80 — 90° C 30 Min. dann in Alkohol		
70 % Alkohol heiß		Härtung d. Objekte
70 % Alkohol kalt		Faulen d. Objekte
1 — 2 % Formol siedend für 1 — 2 Min.		
Zyankali f. zartbeflügelte		macht spröde, Gift!
Essigäther (Äthylacetat)	Obj. bleiben lange weich u. präparierfähig	nicht für feuchtigkeitsempf. Insekten Lange Einwirkg. erforderlich.
Schwefeläther (Äthyläther)		Explosionsgefahr
Chloroform	fast in allen Fällen geeignet	
Benzin		macht Obj. steif.
SO_2 durch Abbrennen eines Schwefelfadens	f. zartbeschuppte Käfer	

Histologische Fixierung:
Carnoysches Gemisch 15 Minuten (6 T. Alk. abs. + 3 T. Chloroform + 1 T. Eisessig), frisch zubereitet und bei 60° C angewandt.
van Leeuwensches Gemisch: 6 T. 1 %ige Pikrisäurelösung in Alk. abs.
+ 1 T. Chloroform + 1 T. 40 %iges Formol und unmittelbar vor Gebrauch 0,5 T. Eisessig.
Konservierungsflüssigkeiten f. Insekten:
Äthylalkohol 70—80 %ig. Bei Verdunsten nachfüllen, ebenso bei Verwässerung durch eingebrachtes Material, da sonst ein Mazerationsgemisch (30 %ig) entsteht.
Formol (verändert sich allmählich)
Isopropylalkohol. Ähnlich wie Äthylalk. angewendet, nur billiger!
Entfettung: (Bei fett- und wachshaltigen Insekten z. B. Blattläusen),
Äther oder Tetrachloräthan oder
Tetrachlorkohlenstoff + Alk. abs. (1 : 1). Die Tiere schwimmen zuerst, sinken nach 1—2 Tage auf den Grund. Durch Erhitzen kann diese Entfettung beschleunigt werden.
Mazeration: (Wenn nur chitinhaltige Teile erhalten bleiben sollen.) In Kalilauge kochen oder langsamer und schonender in Kälte stehen lassen (20—30 %ige KOH).
KOH + 5 % Glyzerinzusatz bei bes. widerstandsfähigem Material.
Aufhellung:
Eau de *Javelle* (KOCl-Lösung) anschl. gründl. wässern!

KOH oder NaOH + H_2O_2. Insekten werden durchsichtig.
Phenol: bes. für kleine Insekten
Nelkenöl: evtl. mit etwas Pikrinsäurezusatz. (Von hier direkt über Xylol in Caedax)

Entwässerung:
Alkohol abs., mehrfach erneuert.
Überführungsmedium:
Methylbenzoat, Benzylbenzoat.

4. Schutzmaßnahmen für die Sammlungn

Wie die Bälge von Säugetieren und Vögeln, müssen auch die Insektensammlungen ständig überwacht werden.

a. *Desinfektion*
Es gibt eine Reihe von Sammlungsschädlingen, welche großen Schaden anrichten können (s. unten). Aus diesem Grund sollte frisches Material, welches in die Sammlung eingebracht wird, zuerst in Quarantäne gehalten werden.
Als Desinfektionsmittel eignet sich p-Dichlorbenzol (spr. Paradichlorbenzol). Diese Substanz bildet weiße, bei Zimmertemperatur stark riechende und flüchtige Massen, welche in Wasser unlöslich, in Äther und Benzol jedoch leicht löslich sind. Vermischt mit wirkungssteigernden Zusätzen kommt es auch als „Globol" in den Handel. Die Flüchtigkeit hat den Nachteil, daß unser Vorrat in schlecht verschlossenem Behälter rapide schwindet. Ihr Vorteil ist aber, daß die Substanz in festem Zustand in die Insektenkästen eingebracht werden kann, wo sie dann sublimiert und in Gasform desinfizierend wirkt.
Neben diesem gebräuchlichsten Mittel werden auch Naphthalin, Kampfer und Kreosot in gleicher Weise verwendet.
Thymol gebraucht man gegen Schimmelbildung.
Ist einmal ein Insektenkasten von Schädlingen befallen, dann werden 1—2 Messerspitzen von „LINDANE" (Gamma-Hexachlorcyclohexan; ein Pulver) in den infizierten Kasten gegeben und dieser mehrere Wochen verschlossen gehalten. Notfalls müssen die Fugen schlecht schließender Kästen verklebt werden.
LINDANE wirkt in Gasform als Kontaktgift.
Um eine Verunreinigung der Kästen zu vermeiden (manche Gifte dürfen nicht mit den Kunststoffbelägen in Berührung kommen), müssen die Giftsubstanzen in kleine Desinfektionsröhrchen oder -schälchen gefüllt werden. Diese erlauben auch die Verwendung von Flüssigkeiten in Watte. Solche Gläschen sind im Fachhandel käuflich.
Es sei noch darauf hingewiesen, daß aus gesundheitlichen Gründen die Aufbewahrung von Desinfektionsmitteln oder damit beschickten Kästen, in bewohnten Räumen, natürlich erst recht in Klassenräumen zu vermeiden ist.
Der Sammlungsraum darf nicht zugleich Arbeitsraum des Biologielehrers sein!

b. *Schutz gegen Feuchtigkeit*
Besteht bei feuchtem Standort die Gefahr der Schimmelbildung, können vorbeugend Schälchen mit Chlorcalcium (= Calciumchlorid wasserfrei) in die Kästen gestellt werden. Diese Substanz ist stark hygroskopisch und muß von Zeit zu Zeit erneuert werden. Bereits vorhandene Schimmelbildung kann n. Stehli nur durch

trockene Hitze und nach dem Trocknen durch Abpinseln oder Abwaschen mit Benzin etwas behoben werden.

c. *Entfettung*

Manche Insektenarten neigen dazu, nach einiger Zeit fettig zu werden. Das Fett dringt in die Außenfläche, verklebt die Behaarung und macht Zeichnungs- und Farbunterschiede undeutlich. Solche Insekten steckt man auf die Unterseite eines Korkens und füllt ein passendes Gefäß soweit mit Leichtbenzin, daß das Insekt bei Verschluß mit dem Korken eintaucht, und beläßt es einige Tage darin.

5. Sammlungsschädlinge

Zu den häufigsten Sammlungsschädlingen zählen die Staubläuse (*Troctes*), die Larven des Kabinett- oder Museumskäfers (*Anthrenus*) des Speckkäfers (*Derestes*), ferner Diebskäfer (*Ptinus*), aber auch die Kleidermotte (*Tineola*) und Milben.

a. *Staubläuse (Troctes)* sind kleine blasse Tierchen, die in trocken gehaltenen Insektenkästen kaum zu einer nennenswerten Vermehrung neigen. Man bemerkt ihre Anwesenheit leicht, da sie schnell umherlaufen. Meist fressen sie die weichen Innenpartien aus den Hinterleibern genitalpräparierter Insekten und stören mehr durch Verschmutzung, als daß sie wirklichen Schaden anrichten.

b. Gattung *Anthrenus* (meist *A. verbasci*). Diese Tiere wirken sich wesentlich verheerender aus. Soll ein z. T. zerstörter Körper noch für die Sammlung erhalten bleiben, muß man ihn für lange Zeit in Spiritus legen, ehe man ihn in den Kasten zurückgibt. Findet man den Schädling nicht — er verpuppt sich gern im Innern der befallenen Tiere, was am Einbohrloch der Larve zu erkennen ist — oder muß man befürchten, daß es schon zu einer Eiablage oder einer neuen Generation gekommen ist, muß man den Kasten vergiften. Da die Eier von Anthrenus während der kalten Jahreszeit sehr widerstandsfähig sind, sollte die Vergiftung in den Sommermonaten durchgeführt werden.

c. Der Befall durch *Milben* ist meist weniger auffällig und dadurch viel heimtückischer und gefährlicher; besonders in Kästen mit kleinen Tieren kann der Schaden erhebliche Ausmaße annehmen, ehe man ihn überhaupt entdeckt. Auf den Etiketten der befallenen Tiere oder am Boden darunter verraten sich Milben durch einen sehr feinen schwärzlichen Staub. Stellt man dies fest, muß man sofort den ganzen Kasteninhalt vergiften.

III. Fangmethoden für Käfer, Schmetterlinge u. a. Insekten (insbes. für Wandertage, Landschulheimaufenthalt u. dgl.)

1. Mit Köderdosen

a. *Eine Köderdose* wird mit Aas beschickt: Mäuse, Maulwürfe, aber auch Seefisch. Alles frisch! Älteres oder fauliges Material lockt zwar auch viele Käfer an, von den Totengräbern aber nur einige gemeine Sorten, die auch an andere Faulstoffe gehen.

In den Deckel wurden so große Löcher gebohrt, daß die Totengräber hindurch in die Falle gelangen können. Diese Dose wird eingegraben und mit Laub oder Farnkraut etwas getarnt. Schon nach 4 Tagen dürfte der Hauptanflug der Totengräber beendet sein. Sie sammeln sich in größerer Zahl, als man es bei einem Aas im Freien erreicht. Ständige Kontrolle ist erforderlich! Tiere, welche man nicht für die Sammlung braucht, läßt man wieder laufen. Schließlich muß die Köderdose auch wieder entfernt werden.

Anderes Aas: Schimmelnde Knochen, altes Fleisch, Räucherfisch, gärendes Obst, Käse, locken oft eine sehr bunte Ausbeute an: Carabiden, Silphiden, Staphyliniden, Nitiduliden.

b. *Offene Dosen*

verwendet man, wenn man in kürzeren Abständen kontrollieren kann. Wichtig ist nur, daß sie bis zum Rand eingegraben werden und mit einem Regenschutz versehen sind. Dazu legt man einfach ein Stück Pappdeckel auf ein paar Steinen über die Dose, so daß ein Raum von 3 — 5 cm frei bleibt, oder man benützt dazu Rindenstücke. Füchse, Hunde und „interessierte Menschen" können allerdings den Fang stören.

c. *Carabus* oder *Raubkäfer (Staphylinus, Ocypus* usw.) fängt man gut in Marmeladengläsern oder Konservendosen, die völlig im Boden versenkt werden, also ohne einen Rand zu lassen. Sie brauchen nicht einmal beködert werden. Für den großen Laufkäfer empfiehlt sich als Lockmittel entweder ein flüssiger, alkoholhaltiger Köder (dunkles Bier mit etwas Honig o. ä.). oder altes Fleisch, oder Schnecken mit ein paar zerquetschten Käfern.

d. *Barberfallen*

verwendet man, wenn wochenlang nicht kontrolliert werden kann (Hochgebirge, Höhlen, hohle Bäume, Winter).

Hierbei gibt man in die Dose eine Abtötungs- und Konservierungsflüssigkeit (z. B. das teure Äthylenglykol, oder billigere 4 %ige Formalinlösung mit wenig Pril oder Rei als Entspannungsmittel). Da sich Tiere aus Formalin schlecht präparieren lassen, eignet sich letztere Methode mehr zur quantitativen Untersuchung.

2. *Auch Schmetterlinge*

gehen auf Köder u. zwar eher bei Nacht als bei Tag. Eulen, aber auch Spanner lassen sich leicht mit süßen gärenden Substanzen anlocken (z. B. 2/3 Malzbier + 1/3 Sirup + ganz wenige Tropfen Apfeläther über der Flamme gut vermengen; oder aber man läßt mit Wasser verdünnten Honig gären und gibt ganz wenige Tropfen Apfeläther dazu). Diese Köderflüssigkeit wird vor Einbruch der Dunkelheit an geeigneten Stellen (Gärten, Alleen, Waldrändern) mit einem Pinsel etwa in Brusthöhe aufgetragen. Der Erfolg ist größer, wenn die gleiche Stelle mehrmals an aufeinanderfolgenden Tagen bestrichen wird. (An der windabgewandten Seite). Da viele Tiere sehr scheu sind, ist zum Fang größte Vorsicht nötig. Man kann auch Obst, oder überreife Bananen (darauf kommt Ordensband) oder einen mit Köder getränkten Schwamm aufhängen. Am geeignetsten sind schwüle, feuchte Nächte, bei bedecktem Himmel; für Schmetterlinge bes. im August bis November.

3. *Durch Schaffung günstiger Lebensräume*

lassen sich manche Tiere anlocken. So findet man an Ästen geschlagener Kiefern und Fichten oder am dürren Reisig von Laubhölzern je nach Dürrezustand und Holzart Bockkäfer, Anthribiden, Scolytiden, Anobiiden und viele kleine Formen.

Durch Anlegen von Haufen aus dürren, verpilzten Aststücken entstehen Stellen, an denen sich Rüßler *(Acalles, Trachodes, Dryophthorus)* aber auch seltenere Colydiiden einfinden.

„Baumnester" stellt man so her, daß man in das Innere eines Bündels dünner Zweige oder Holzwolle etwas Tauben- oder Hühnermist bringt und dazu ein paar alte, ungekochte Knochen, und dann das ganze Bündel an einen Ast festschnürt. (Hier kommen Gnathoncus und seltene Staphyliniden-Arten).

4. Lichtfangmethode

Man verwendet Mischlichtbirnen v. 200 — 250 Watt, aber auch 100 Watt, oder Karbidlampen, mit noch größerem Erfolg Quarzlampen (Augenschutz!). Die Birne wird mit einem durchsichtigen Schirm bedeckt, damit sie nicht bei plötzlich einsetzendem Regen platzt. Etwa 40 cm von der Birne entfernt wird ein weißes Tuch senkrecht aufgehängt (ca 150 cm breit, 170 cm hoch), so daß ein Streifen von ca. 40 — 50 cm Breite beiderseits noch auf dem Boden aufliegt. Die Lampe wird höchstens in Augenhöhe aufgehängt, damit man die kleineren Tiere auf dem Boden noch sehen und auflesen kann. Auf dem Bodenstreifen und am unteren Teil des Tuches sammeln sich die meisten Tiere an. Beste Zeit: Juli — Sept. bei hoher Abendtemperatur, Windstille und ohne Mond. Falter fliegen grundsätzlich gegen den Wind an. Nach 1 Uhr läßt der Anflug i. d. R. nach, beginnt aber nach etwa 1 1/2 Stunden wieder. Einige Arten fliegen erst gegen Morgen. Von Zeit zu Zeit wird man auch die Umgebung absuchen nach Insekten, welche sich niedergesetzt haben.

Warme Bekleidung und Sitzgelegenheit mitbringen!

5. Aufsuchen der Tiere in ihrem natürlichen Lebensraum

Umdrehen von Steinen, Brettern, von Laub; Absuchen frisch geschlagener Stämme und Holzklafter, Entrinden von Baumstrünken, Abklopfen von Gebüsch und Blütenpflanzen, Untersuchen von Kuh- und Pferdedung auf Weiden, Untersuchen von Aas aller Art (Tollwutgefahr!), Absuchen von Gewässern mit dem Kescher, Einholen von Luftplankton mit dem Autokescher (ein Rahmen wird mit Gardinenstoff bespannt und vor einer Fahrt am Auto befestigt), Abkeschern von Waldschneisen, feuchten Wiesen an stillen warmen Abenden vor Sonnenuntergang usw.

Insekten, welche ganz oder nur überwinternd, oder in einem Entwicklungszustand in der Erde leben, erhält man durch Aussieben von Erdreich, z. B. Maulwurfsnester oder Bodennester staatenbildender Insekten.

Sprühzonen der Brandung oder von Wasserfällen beherbergen oft viele Tiere einer einzigen Art.

Alte verwitterte Bäume (nicht zerstören!) können sowohl in ihren Höhlen, unter ihrer Rinde oder im Mulm an ihrem Fuß allerlei beherbergen. Auch Wespennester! Auch Baumpilze beherbergen typische Faunen.

Im strengen Winter findet man Insekten im Halm von Rohrkolben (Typha). Man schneidet ihn unten ab und nimmt die untere Stengelpartie (ca 30 cm) mit nach Hause. Zwischen den Blattscheiden liegen die Überwinterer.

Auf feuchten Sandstellen finden sich oft viele Schmetterlinge ein.

Spezifische Insekten leben in Kellern, alten ungepflegten Gebäuden, Taubenschlägen, Vogelnestern, Nistkästen, an Kirchturmfenstern und Verandafenstern, welche schon lange nicht mehr geöffnet, oder gar gereinigt wurden.

Bei trübem Wetter, wenn keine Falter fliegen, kann man blühende Disteln, Umbelliferen, Skabiosen absuchen (Tagfalter, Widderchen, Zygaenen). Schüttelt man blühende Weiden bei Nacht über einem Tuch, kann man viele Falter auflesen.

Auf winterlichem Schnee, sowie auf sommerlichen Gletschern können sich verschiedenste Insekten ansammeln; zumal wenn etwa ein Schmetterlingsschwarm vom Neuschnee überrascht wurde, zu Boden ging und dann wieder herausaperte. (Hieraus können sich evtl. Hinweise auf Insektenwanderungen ergeben).

C. Der Insektenkörper

I. Vergleich zwischen

Wirbeltier	Insekt
\multicolumn{2}{c}{Skelette}	
Knochenskelett	Chitinskelett
Innenskelett	Außenskelett
Die Muskulatur liegt außen, ungeschützt gegen Verletzungen und Druck.	Die Muskulatur liegt innen, gegen Verletzungen durch die Härte und Elastizität des Chitins geschützt.
	Röhren- und Kugelform der Chitinteile schützen gegen Außendruck.
	Chitin sehr widerstandsfähig gegen Fäulnis und Chemikalien.
Begrenzte Formgebung des Knochens, schwere Substanz.	Fast unbegrenzte Formen möglich (Dornen, Borsten, Leisten, Membranen, Mundwerkzeuge usw.)
Zum Fliegen oder Schwimmen wird die Knochensubstanz reduziert oder das spez. Gew. durch Luft-Wasser-, oder Fetteinschluß vermindert.	Keine Gewichtsbehinderung bei Insektengröße. Aus Chitinteilen werden sogar die Flugorgane gebildet.
Der Knochen lebt, ist wachstumsfähig und wird ständig auf und abgebaut.	Der Chitinpanzer ist tot, daher sind Häutungen nötig. Die Ausbildung von komplizierten Flügeln erfordert eine Metamorphose mit der Imago als Endzustand der Entwicklung.
Durch das Innenskelett sind große Tierformen möglich.	Die mechanische Wirksamkeit des Außenskeletts nimmt mit zunehmender Größe ab. (Größeres Tier braucht größere Muskulatur, diese wiederum

dickeres u. schwereres Außensk. u. dieses wiederum mehr Muskulatur). Daher sind nur kleine Tierformen möglich.

Nervensysteme

Rückenmark	Bauchmark
Bei gleichmäßiger Entwicklung und fortschreitendem Wachstum bleiben die Nervenzellen weitgehend von Veränderungen verschont.	Bei der Metamorphose ist die Wandlung auch der Nervenzellen so groß, daß kein Gedächtnis a. d. Larvenzeit erhalten bleibt.
Ein großer Körper erlaubt den Einbau vieler Neuronen im ZNS.	Im kleinen Insektenkörper kann, da die Neuronen überall gleich groß sind, nur eine sehr beschränkte Anzahl von Neuronen eingebaut werden.
Mit mehr Neuronen sind höhere Gedächtnisleistungen möglich; damit ist Erfahrungssammeln und Lernfähigkeit gegeben. Flexibles Verhaltensrepertoire.	Kein Platz für ein großes Gedächtnis bedingt geringes Erfahrungssammeln u. geringes Lernvermögen. Starres, programmiertes Verhalten ohne Abweichmöglichkeiten.
(Vergl. z. B. Waschfrau Die Erschließung der Ernährungsnischen geschieht vielfach durch Verhaltensvarianten.	mit Waschmaschine) Die Erschließung der Nischen geschieht durch morphologische Varianten.
Geringe Artenzahl (62 000).	Große Artenzahl (750 000).

Sinnesorgane

Die Haut ist ein vielseitiges Sinnes- u. Regulationsorgan. Sie stellt direkte Verbindung mit der Umwelt her.	Das Außenskelett schließt vor der Umwelt ab. Deshalb sind spezielle Organe zur Reizaufnahme nötig. Fühler können z. B. über Berührung, Schall, Geschmack, Geruch, Temperatur, Feuchtigkeit, u. U. auch räumlich informieren. Sinneshaare sind meist über den ganzen Körper verteilt.
Konzentration von Sinnesorganen am Kopf.	Die kleinen Ausmaße des Kopfes gestatten keine derartige Konzentration von Sinnesorganen. Anderen Körperteilen kommen daher wesentliche Funktionen zu: Geschmackssinn a. d. Füßen (Fliegen) Gehörsinn am Körper oder a. d. Beinen (Schrecken).

| Akkomodationsfähige Linsenaugen | Facettenaugen, nicht akkomodationsfähig. (28 000 Facetten beim Libellenauge 4 000 Facetten beim Fliegenauge) Zusätzliche Ozellen. |

Atmung und Blutkreislauf

Äußerer Gasaustausch durch zarte, stark durchblutete Gewebe mit großer Oberfläche (Lunge, Haut, Kieme, Mundhöhle, Darm).	Äußerer Gasaustasch durch das Röhrensystem der Tracheen.
Gastransport im Körper durch das Blut mit leistungsstarkem Kapillarnetz.	Gastransport meist nur durch Diffusion in den Tracheen.
Innere Atmung nur über kurze Diffusionsstrecken.	Der Transport wird durch die Diffusionsgeschwindigkeit der Gase (Temperatur!) begrenzt.
Dieses Atmungssystem ist zwar auch bei Großtieren erfolgreich, ist jedoch von der Tätigkeit des Herzens u. evtl. der Lungen abhängig.	Dieses Atmungssystem begrenzt die Körpergröße, ist aber dafür vom Herzen nicht so stark abhängig.
Bereits kurze Abschnürzungen der Blutgefäße bringen die Gewebe zum Ersticken.	Abgetrennte Körperteile können mit der restlichen Tracheenluft noch längere Zeit leben.
Geschlossenes Blutgefäßsystem führt in alle Organe.	Offenes Blutgefäßsystem. Die kurzen Körperstrecken erlauben Verteilung durch Diffusion.

Wachstumsverlauf

Perioden gleichmäßigen Längenwachstums. Häutungen nur bei Amphibien und Reptilien.	Infolge des Außenskeletts kann das Wachstum nur unmittelbar nach einer Häutung erfolgen.

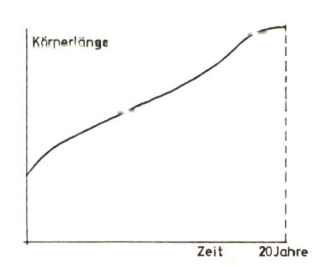

Abb. 17: Wachstumskurve des Menschen, von der Geburt bis zum 20. Lebensjahr.

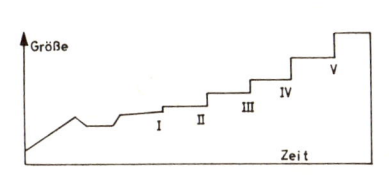

Abb. 18: Wachstumskurve bei Insekten, (spez. Wanzen mit Paurometabolie). I—V = Häutungen (n. Weber).

II. Was befähigt die Insekten, die ganze Erde zu besiedeln,

1. Die Kleinheit des Insektenkörpers erlaubte es, kleinste Räume zu erschließen (ein Tautropfen genügt um den Durst zu stillen, ein Steinchen bietet Schutz, der Raum zwischen Blattober- und -unterseite stellt für Blattminierer den gesamten Lebensraum dar).

Die kleinsten Insekten sind Eierwespen, die so winzig sind, daß sie sich in den kleinen Eiern anderer Insekten entwickeln können.

Durch Einschachtelungen z. B. von Parasiten in Parasiten wurden Nischen besiedelt, in denen die Insekten nahezu ohne Konkurrenz waren.

Die Hälfte der Insekten sind hochspezialisierte Parasiten oder Räuber von anderen Insekten.

Die Kleinheit des Körpers bewirkt ferner eine relativ große Oberfläche. Der Chitinpanzer, mit Wachs überzogen, gewährleistet weitgehend Verdunstungsschutz.

Medien wie Wasser und Luft wirken auf kleine Tiere (Wasserläufer, Federmotten) anders als auf große.

Bei Bewegung großer Körper kann die Zähigkeit der Luft oder des Wassers (Wasser hat bei 0^0, 10^0, 20^0 C eine 107-, 77- und 58fache Viskosität von Luft), verglichen mit anderen Kräften vernachlässigt werden. Kleinere Tiere müssen also wenn sie schwimmen oder fliegen einen relativ größeren Widerstand überwinden als große. Dagegen spielt für sie die Erdanziehung keine so entscheidende Rolle mehr. Wind- und Wasserströmungen reißen sie mit.

2. Infolge der Metamorphose kann ein und dasselbe Lebewesen verschiedene Nahrungsnischen erschließen (z.B. Made lebt von Holz, Käfer von Fleisch).

3. Die Entwicklung hochspezialisierter Mundwerkzeuge sowie die Anpassung an die verschiedensten Nahrungsstoffe boten weitere Möglichkeiten der Ausbreitung.

4. Schließlich wäre zu erwähnen, daß die Insekten, obwohl sie erdgeschichtlich später auftraten als die Wirbeltiere, bereits 50 Millionen Jahre früher als diese, fliegende Formen entwickelt haben.

Das Fliegen brachte den kleinen Tieren eine Reihe von großen Vorteilen:

Verteilung über die Erde

Ausweichsmöglichkeiten bei Nahrungsmangel

Leichte Nahrungssuche

Flucht vor Feinden

Aktive Partnersuche.

D. Insekten als aktive Zwischenwirte oder Krankheitsüberträger (nach Brumpt)

Zwischenwirte und Überträger	Übertragene Parasiten	Krankheiten des Menschen	Art der Übertragung
Anopheles	Plasmodium	Malaria	Stich
Anopheles Taeniorhynchus	Wuchereria malayi	Malaiische Filariasis	„
Anopheles quadrimaculatus Aedes (Stegomyia) aegypti Culex pipiens pallens Culex taeniorhynchus	Unbekannter Erreger	Japanische Sommer-encephalitis	„
Culex taeniorhynchus Culex pipiens	Unbekannter Erreger	Russische Sommer-encephalitis	„
Culex, Aedes	Wuchereria bancrofti	Bancroft-Filariasis	„
	Filtrierbares Virus	Denguëfieber	„
Aedes (Stegomyia)	Filtrierbares Virus	Gelbfieber	„
Phlebotomus papatasi usw.	Filtrierbares Virus	Pappatacifieber	„
	Leishmania tropica	Orientbeule	„
Phl. argentipes usw.	Leishmania donovani	Kala-Azar	„
Phl. intermedius	Leishmania brasiliensis	Amerikanische Hautleishmaniase	„
Phl. perniciosus	Leishmania infantum	Kinder-Kala-Azar	„
Phl. noguchii usw.	Bartonella bacilliformis	Verruga peruana	„
Simulium avidum usw.	Onchocerca caecutiens	Amerikanische Onchocerkose	„
S. damnosum	Onchocerca volvulus	Afrik. Onchocerkose	„
Chrysops silaceus Chr. dimidiatus	Loa loa	Kamerunschwellungen	„
Chr. discalis	Pasteurella tularensis	Tularämie	„
Glossina palpalis	Trypanosoma gambiense	Schlafkrankheit	„
G. morsitans	Trypanosoma rhodesiense	Schlafkrankheit	„
Xenopsylla cheopis usw.	Pasteurella pestis	Pest	„
	Rickettsia mooseri	Rattenfleckfieber	„
Triatoma megista Rhodnius prolixus	Trypanosoma cruzi	Chagaskrankheit	Kot
Pediculus capitis P. corporis	Rickettsia prowazeki	Flecktyphus	Stich u. Kot
	Rickettsia quintana	Fünftagefieber	
	Spirochaeta recurrentis	Rückfallfieber	Zerquetschung

Allgemeine Literatur über Insekten

Amann, G.: Kerfe des Waldes. Neudamm, 1964. 3. Aufl.
Bastin, H.: Das Leben im Insektenstaat. Wiesbaden 1957.
BAYER: Pflanzenschutz Compendium. Herausg. v. d. Farbenfabriken BAYER A.G. Leverkusen (Pflanzenschutzabteilung).
Brandt: Insekten Deutschlands; I. u. II. Heidelberg 1953 u. 1954.
Bruns, H.: Warn- und Tarntrachten im Tierreich. Kosmos Bd. 1952.
Carson, R.: Der stumme Frühling. dtv Bd. 476; 1968.
Der Biologieunterricht: 1967/2. Beiträge zum Unterricht über die Gliederfüßer. (Insbes. Windelband, A.: Fangen u. Herrichten v. Insekten f. d. biol. Schulsammlung).
Döderlein, L. und *Jacobs, W.:* Bestimmungsbuch für deutsche Land- und Süßwassertiere. Insekten I. Teil. München 1952.
Eichler, W.: Behandlungstechnik parasitärer Insekten. Leipzig 1952.
ders.: Handbuch der Insektizidkunde. Berlin 1965.

Engel, H.: Sammlung naturkundlicher Tafeln (Im Text gen. Kronen-Tafeln). Mitteleuropäische Insekten. Kronenverlag Hamburg. 26. Aufl.
Engelhardt, W.: Was lebt in Tümpel, Bach und Weiher? Stuttgart 1955.
Fabre, J. H.: Das offenbare Geheimnis. Aus dem Lebenswerk des Insektenforschers. Zürich 1961.
Farb, P.: Die Insekten. Life — Wunder der Natur. 1966.
Frisch, K. v.: Tanzsprache und Orientierung der Bienen. Berlin 1965.
Gersch, M.: Vergleichende Endokrinologie der wirbellosen Tiere. Leipzig 1964.
Grzimeks Tierleben: Insekten. Bd. II. München.
Hüsing, O.: Die Metamorphose der Insekten. NBB 1963.
Illies, J.: Wir beobachten und züchten Insekten. Stuttgart 1956.
Kalmus: Einfache Experimente mit Insekten. Basel 1959.
Karg, W.: Die Untersuchung mikroskopisch kleiner Gliederfüßer des Bodens. Miko 49. 1960, 247—251.
Kernen, A.: Insektenbörse (Anzeigenteil der Entomologischen Zeitschrift mit Verkauf- und Kaufangeboten für Insekten und deren Entwicklungsstadien). 7 Stuttgart 1 Schloßstr. 80.
Klots, A. B. und *Klots, E.:* Insekten (Knaurs Tierreich in Farben) München — Zürich 1959.
Krumbiegel, I.: Wie füttere ich gefangene Tiere? Frankfurt a. M. 1965. (Umfangreiches Kap. über Insekten).
Milne, L. u. M.: Das Gleichgewicht in der Natur. Hamburg 1965.
Müller-Kögler, E.: Pilzkrankheiten bei Insekten. Hamburg 1965.
Nachtigal, W.: Gläserne Schwingen. Gräfelfing 1968.
Nielsen, E. T.: Insekten auf Reisen. Berlin 1967.
Pflugfelder, O.: Die Entwicklungsphysiologie der Insekten. Leipzig 1958.
Reitter, E.: Praktische Entomologie. Krefeld 1963.
Ruttner, F.: Vitalfärbung mit Methylenblau bei Insekten. Miko 53. 1964, H. 3.
Schoenichen, W.: Praktikum der Insektenkunde. Jena 1930. (Anatomisch-mikroskopische Untersuchungen).
Stehli, G.: Sammeln und Präparieren von Tieren. Stuttgart 1964. (Ausführliche Angaben für Insekten).
Steiner, G.: Das Zoologische Praktikum. Stuttgart 1963.
(Hier Angaben über Züchtung, Fütterung, Hälterung, Präparation der wichtigsten Insekten.)
Tuxen, S. L.: Insektenstimmen. Verständl. Wiss. Berlin 1967.
Weber, H.: Grundriß der Insektenkunde. Jena.
Wickler, W.: Mimikry. Nachahmung und Täuschung in der Natur. München 1968.
Williams, C. B.: Wanderflüge der Insekten. Berlin 1961.
Zumpt, F.: Die Insekten als Krankheitserreger und Krankheitsüberträger. Kosmos Bd. 211. Stuttgart 1956.
Zeitschrift für angewandte Entomologie. Berlin.
Entomologische Zeitschrift. Stuttgart.
Entomologische Abhandlungen. Staatliches Museum f. Tierkunde.Dresden.
Entomologisches Arbeiten aus dem Museum G. Frey. München.
Entomologische Blätter für Biologie und Systematik der Käfer. Krefeld.
Entomologische Mitteilungen a. d. Zoologischen Staatsinstitut und Zool. Museum. Hamburg.

E. Käfer (Coleoptera)

Aus der großen Fülle von Käfern werden hier beispielhaft Maikäfer, Mehlkäfer und verschiedene Schwimmkäfer behandelt.

Der Maikäfer eignet sich wegen seiner Bekanntheit zur Einführung in die Welt der Insekten. Davon machen ja auch die meisten Lehrbücher Gebrauch. Der Mehlkäfer ist als Futtertier für Terrarieneinwohner beliebt und leicht zu züchten, so daß an ihm die Entwicklungsstadien demonstriert werden können. Die verschiedenen, im Wasser vorkommenden Käfer und ihre Larven lassen sich besonders gut halten und demonstrieren. Sie zeigen uns spezielle Anpassungsformen an den Lebensraum Wasser.

Von den übrigen, für den Unterricht relevanten Käfern werden nur solche erwähnt, welche experimentell oder zur Demonstration von besonderem Interesse sind.

I. Demonstrationsmaterial

Lebende Tiere in verschiedenen Entwicklungsstadien
Tote genadelte Tiere
Kronen Tafeln
Biologien
Modell v. Kopf u. Mundteilen eines Laufkäfers (Somso).

Mikropräparate:
1. Vergleich der Beinformen:
Laufbein (Laufkäfer)
Grabbein (Maikäfer od. Mistkäfer)
Schwimmbein (Gelbrandkäfer)
2. Vergleich der Fühler (Antennen):
Blätterförmige Antennen (Maikäfer)
Fadenförmige (Laufkäfer)
Keulenförmige (Marienkäfer)
3. Die beißenden Mundwerkzeuge mit den Tastern.

Filme und Dias:

Hier, soweit nicht bei den einzelnen Kapiteln erwähnt.

F 134	Der Hirschkäfer
F 328	Kartoffelkäfer: Biologie
F 329	Kartoffelkäfer: Ausbreitung und Bekämpfung
F/FT 1196	Schädlinge des Bauholzes (u. a. Hausbockkäfer)
R 96	Der Totengräber — Brutpflege
R 519	Der Kartoffelkäfer
R 184/R 1418	Der Große Braune Rüsselkäfer
R 183	Der Rebstichler
R 186	Der Buchdrucker
R 525	Einheimische Käfer (Kurzfassung)

Diareihen versch. Firmen:
Käfer (Harrasser u. Überla)
Käfer I Blatthorn- u. Bockkäfer
Käfer II Laufkäfer u. Wasserkäfer
Käfer III Aaskäfer, Leuchtkäfer, Schnellkäfer
Käfer IV Rüsselkäfer, Blattkäfer, Samenkäfer
Käfer V Borkenkäfer, Speckkäfer, Schwarzkäfer, Blasenkäfer, Marienkäfer.
(I-V; V-DIA, zusammengestellt nach d. Unterr.Werk v. Schmeil)
Einheimische Käfer (Schuchardt)
Exotische Käfer (Schuchardt)
Marienkäfer, Entwicklung (Schuchardt)
Kartoffelkäfer, Entwicklung (Schuchardt)

II. Der Maikäfer *(Melolontha spec.)*

1. Demonstrationsmaterial

Lebende Engerlinge, Puppen und Käfer
(Man wird sie sammeln, wann immer man sie findet, um sie dann in 4 %igem Formol oder Spiritus für spätere Präparationsübungen aufzubewahren. Im Mai

fängt man fliegende Tiere, im Sommer, Herbst oder Frühjahr beim Umstechen im Garten oder auf frischgepflügten Feldern sucht man Engerlinge und Puppen.)
Kronen Tafel 93
Modell eines Maikäfers mit Innenansicht
Einschlußpräparat eines zergliederten Maikäfers (auf Schreibprojektor zu verwenden)
Biologie der Maikäferentwicklung im Insektenkasten
Wandtafel „Der Maikäfer"
Filme und Dias:
F   569 Der Maikäfer
FT 569 Die Entwicklung des Maikäfers
R   715 Der Maikäfer (20)

2. Mikropräparate und ihre Herstellung

a. Ein *Fuß* des M. wird abgeschnitten, 1—2 Std. in 94 %igen Alkohol gelegt und mehrere Tage in Nelkenöl od. Methylbenzoat aufgehellt, so daß die Muskulatur durchscheint und damit das Außenskelett mit seinen Gelenken demonstriert werden kann. Vom Nelkenöl kann direkt in Kanadabalsam oder Caedax übertragen werden.

b. Eine *Atemöffnung* (Stigma) wird aus der Seitenwand des Käfers, in einem der weißen dreieckigen Felder, herausgeschnitten, zur Zerstörung der Weichteile in KOH gekocht (Vorsicht Augen!), 1 Std. in fließendem Wasser gespült und anschl. in 94 %igen Alkohol und je nach Aufhellungsbedarf in Nelkenöl oder Methylbenzoat gelegt und schließlich eingebettet.

c. Die *Tracheen* lassen sich herauspräparieren, wenn man durch seitliche Schnitte die Rückendecke ablöst, so daß der Darmkanal frei wird. An diesem erkennen wir ein Gespinst feiner Röhren, die mit Luft gefüllt sind und daher im Wasser silbrig weiß schimmern. Eine Trachee wird abgelöst und in 96 %igem Alkohol betrachtet. Am deutlichsten ist sie zu sehen, solange sie noch mit Luft gefüllt ist. Dringt langsam Alkohol oder Wasser in sie ein, dann verliert sich der Kontrast.

d. Von den *Fühlern* werden wie in a) Totalpräparate gemacht, und zwar ein großer Fühler eines männlichen und ein kleinerer Fühler eines weiblichen Tieres.

e. Ein einzelnes *Fühlerblatt* wird extra eingebettet, um einige der auf 39 000 geschätzten Geruchskegel zeigen zu können.

f. Ein *Auge* wird herausgeschnitten, in KOH gekocht u. w. o. b) weiter behandelt.

g. Lohnend ist auch ein Dauerpräparat der *Mundwerkzeuge*, welche mehrere Tage aufgehellt werden müssen. Beim Einbetten in Caedax muß man sie allerdings vorher ordnen. Dazu legt man die Teile in eine dünne Schicht Caedax, ordnet sie mit einer Nadel und läßt das Ganze etwas erstarren. Anschließend wird mit weiterem Caedax und einem Deckglas verschlossen. Damit das Deckglas nicht kippt, werden zwei Glasfäden oder Deckglassplitter od. dgl. unterlegt.

Die selbst hergestellten oder auch gekauften Mikropräparate werden entweder in der Mikroprojektion oder am Einzelmikroskop untersucht und gezeichnet.

h. In einer *Schülerübung* können tote Maikäfer zergliedert werden. Den Kopf beläßt man ganz, bestimmt, ob Männchen oder Weibchen vorliegt, trennt vom

Thorax Flügel, Beine und Hinterleib und klebt die Teile entsprechend angeordnet auf einen weißen Karton.
Beschriftung!

3. *Lebendbeobachtungen am Maikäfer*

Stehen einmal genügend lebende Tiere zur Verfügung, lohnt sich eine Lebendbeobachtung als Schülerübung. Damit dabei die Maikäfer nicht fortfliegen können, werden sie zur Nah- und Lupenuntersuchung in breite, verkorkte Glasröhrchen gebracht. Den Schülern ist zu erklären, daß der Sauerstoffvorrat im Glas für die Zeit der Untersuchung ausreicht.

a. Beschreibe Körperbau, Farbe, Behaarung!
Beobachte die Fühler. (Männchen oder Weibchen?)

b. Ein Tier läßt sich auf den Rücken fallen. Häufig verfallen Maikäfer dabei in einen kurzen Starrezustand (Katalepsie). Durch Anhauchen können wir meist den Starrezustand wieder beenden.

c. Wir lassen einen M. auf einem Ästchen oder einem Finger klettern. In welche Richtung klettert er? Wie verhält er sich an der Zweigspitze? Warum läßt er sich verhältnismäßig schwer von Wolle oder Stoff entfernen?

d. Wir beobachten die einzelnen Phasen des Abfluges.

Meist „pumpt" der M. zuerst. Dabei wird durch Verengung des Hinterleibes ein Teil der Tracheenluft ausgepreßt (aktive Exspiration). Bei der darauffolgenden Erweiterung des Hinterleibes dehnen sich die elastischen Tracheen wieder aus und saugen Frischluft ein (passive Inspiration). Die maximal durch einen Atemzug erneuerte Luftmenge kann 1/3 des gesamten Fassungsvermögens der Tracheen betragen. Für den weiteren Gasaustausch im Körper genügt beim Volumen der Insekten die Diffusion.

Nach den Atembewegungen werden die Fühlerblätter gespreizt, die Deckflügel ausgewinkelt, die Hautflügel entfaltet und dann gestartet.

Schlägt man (im Lehrerversuch!) einen fliegenden M. zu Boden, dann schauen häufig die Hautflügel noch kurze Zeit unter den Deckflügeln hervor, da sie größer als diese sind und der Länge nach gefaltet werden müssen, wenn sie ganz unter den Deckflügeln verschwinden sollen. An einem toten Tier wird der Faltmechanismus der Hautflügel untersucht. Die Faltung wird durch Querknickung am Radius und durch Längsfaltung des Analfeldes erreicht.

e. Die Spreizung der Fühlerblätter

geschieht bei den Blatthornkäfern durch inneren Flüssigkeitsdruck. Übt man mit zwei Fingern einen kräftigen Druck auf den Brustkörper eines lebenden Tieres aus, so erfolgt meist eine ruckartige Spreizung der Fühlerblätter. Offenbar wird durch den Druck die Leibeshöhlenflüssigkeit (oder Blut) in die Fühler gepreßt. Die nachträgliche Zusammenfaltung der Fühlerkeule wird durch die Elastizität der Gelenkhäute bewirkt.

Literatur

Scheerpelz, O.: Der Maikäfer. NBB 1955.
Schneider: Untersuchungen über die optische Orientierung der Maikäfer. Mitt. Schweiz. Ent. Ges. 25. 1952, 269—340.

III. Mehlkäfer und „Mehlwurm" *(Tenebrio molitor)*

Lebendes Material und Kronen Tafel 65
Der Mehlkäfer kann leicht gezüchtet werden und liefert dann ständig frisches und nahrhaftes Futter für insektenfressende Stubenvögel sowie Reptilien und Amphibien. Außerdem lassen sich mit ihm jederzeit die wichtigsten Verwandlungsstadien vorzeigen, und man hat immer genügend lebendes Material für Experimente und Schülerübungen zur Verfügung. Dem Terrarier ist die Mehlwurmzucht eine Selbstverständlichkeit. Sie sollte aber auch in keinem Schullabor fehlen.

1. Entwicklung

Den vom Käferweibchen in Mehl, Kleie oder Brot abgelegten Eiern entschlüpfen nach 4-12 Tagen die Larven, welche nach mehreren Häutungen innerhalb 9-12 Monaten erwachsen sind. Die weißliche Puppe ruht 14 Tage bis 1 Monat worauf der noch unausgefärbte Käfer erscheint. Die ganze Entwicklung ist sehr von der Temperatur abhängig und dauert ca. 1 Jahr.

2. Beschaffung

Larven oder Käfer sind in Tierhandlungen oder bei einem Terrarienfreund jederzeit zu haben. Mühlen und Bäckereien sind heute so hygienisch, daß eine Nachfrage nach Mehlwürmern einer Abqualifizierung des Betriebes gleich käme. Ähnliches gilt nebenbei bemerkt auch für Küchenschaben.

3. Zucht

Haltung und Zucht sind denkbar einfach. Am besten nehme man ein Vollglasaquarium (von denen man ja bekanntlich nie genug vorrätig haben kann), oder auch ein großes Marmeladenglas, beschickt es 2-3 cm hoch mit Kleie oder Vollkornmehl und setzt die Mehlwürmer oder Käfer ein.
Zu beachten ist eine optimale Temperatur von 18-25° C. Stellt man die Kultur einseitig an die Heizung, so suchen die Tiere von selbst im Temperaturgefälle den geeigneten Ort.
Wenn auch die Mehlwürmer Spezialisten auf trockene Nahrung sind, brauchen sie doch ein Mindestmaß an Feuchtigkeit. Dies kann jederzeit erzielt werden durch Auflegen von ein paar Obstschalen oder feuchtem Filterpapier. Es zuviel an Feuchtigkeit ist auf alle Fälle zu vermeiden, da sonst Schimmelbildung und Vermilbung einsetzt. Diese kann auch bei zu fest verschlossenen Gläsern auftreten, wenn sich die Innenwand mit Wasserdampf beschlägt. Hier muß jeder Züchter eigene Erfahrung sammeln, da die klimatischen Verhältnisse von Raum zu Raum verschieden sind. Zu häufiges Herumrühren in der Kleie kann die Entwicklung stören. Legt man noch einen zusammengewickelten Lappen auf die Kleie, dann sammeln sich die geschlüpften Käfer an und können abgelesen werden. Sollen die Larven vor der Verfütterung noch extra gemästet werden, setzt man sie in kleinen Mengen auf einige Tage in Haferflocken, die mit etwas Tran, Sahne und Vigantol oder Weizenkeimöl leicht angefeuchtet und durchmischt wurden (Krumbiegel).
Eventuell kann die Kleie vor Gebrauch durch Erhitzen von Milben befreit werden. Wenn die Kleie grau vom Kot ist, muß sie erneuert werden.

Bei großem Bedarf benutze man mehrere Parallelkulturen mit Phasenverschiebung der Generationen. Mehrere kleine Kulturen sind in jedem Fall günstiger als zu große.
Kulturen, die man zur Gewinnung von Gregarinen hält (s.dort), setzt man möglichst wenig um, so daß sich die Tiere genügend infizieren können.

4. Züchterische Beobachtungen

Zunächst einmal kann die Generationen-Abfolge vom Ei über Larve, Puppe, Käfer zu erneuter Eiablage (ca. 1 Jahr) beobachtet werden. Beschickt man mehrere Zuchtgefäße quantitativ mit Tieren und hält sie unter verschiedenen Bedingungen (versch. Temperaturen, Feuchtigkeit, Futter), so lassen sich nach Abschluß der Entwicklung anhand eines Protokolls die Ergebnisse vergleichen und evtl. folgende Fragen beantworten:
Unter welchen Umweltbedingungen leben die Käfer am besten?
(warm u. feucht, warm u. trocken, kühl usw.)
Welche Verlustraten traten bei den einzelnen Entwicklungsstadien auf? Welches Entwicklungsstadium ist am empfindlichsten?
Wie lange lebt bei bestimmter Temperatur das Tier als Larve, als Puppe, als Imago?
Können Ursachen für Ausfälle oder Beschädigungen angegeben werden?

5. In einer Schülerübung

In einer Schülerübung können die einzelnen Entwicklungsstadien gezeichnet und beschrieben werden. (Siehe dazu Tafel 65 der Kronen Tafeln.)

6. Untersuchung der Exuvien

die sich in der Kleie ansammeln.

7. Präparation der Tiere

und Herstellung von Mikropräparaten (siehe Maikäfer).

8. Gewinnung von Gregarinen (siehe dort)

9. Sichtbarmachen von Tracheen

Dazu wird einer Mehlkäferlarve Vorder- und Hinterende abgekappt und der Darm herausgezogen. Auf demselben findet man leicht Tracheen bis in feinste Röhrchen verästelt. (Gut zur Mikroprojektion geeignet, solange sie noch Luft enthalten!)
Wenn mit der Zeit die Luft durch das Einschlußmittel verdrängt wird, sind die Tracheen nur noch schwer zu erkennen.
Für ein kurzzeitiges Präparat dieser Art genügt der Einschluß in Glyzerin.

10. Totstellreflex

Läßt man einen Mehlkäfer auf den Tisch fallen, dann stellt er sich eine geringe Zeit lang tot, ehe er wieder zu krabbeln beginnt.

11. Hydrotaktisches Verhalten

Bietet man einem Mehlkäfer in einem ca. 30 cm breiten Glas eine trockene und eine feuchte Seite (Filterpapier einseitig anfeuchten), dann kommt er nach einiger Zeit in der trockenen zur Ruhe.

12. Nachweis der Stärkeverdauung (AG) (n. *Schlieper*)

a) Einige Mehlwürmer werden in Chloroformdämpfen getötet. Anschließend schneiden wir ihnen Kopf und Hinterende ab und ziehen mit einer spitzen Pinzette den Darm heraus.

b) Mehrere dieser Därme werden mit etwas Chloroformwasser (5 ml Chloroform in 500 ml Aqu. dest. eine zeitlang schütteln) in einer kleinen Reibschale zerrieben. Hierdurch wird die im Darm enthaltene Amylase extrahiert.

c) Nun wird dem dünnflüssigen Brei 1 ml einer 0,5 %igen Stärkelösung zugegeben.

d) Um die Jodreaktion, welche uns die fortschreitende Verdauung der Stärke zeigt, durchführen zu können, haben wir vorher eine Jodlösung hergestellt (10 ml Aqu. dest. + 2 Tr. kz. H_2SO_4 + 2 Tr. Jodtinktur). Diese Jodlösung wird in größeren Tropfen auf eine weiße Porzellanplatte verteilt. (Solche Platten mit Vertiefungen werden bes. für Blutgruppenbestimmungen verwendet und sind käuflich).

e) Jetzt soll gezeigt werden, daß die Amylase des Darmes die Stärke abbaut.

Dazu wird in bestimmten Zeitabständen jeweils ein Tropfen des Darmextraktes mit einem Tropfen der Jodlösung vermischt.

Das zeitliche Auftreten der einzelnen Farbreaktionen in Minuten seit Versuchsbeginn wird protokolliert.

Abbaustufe	Jodreaktion
Stärke	blau
Amylodextrin	blau
Erythrodextrin	rot
Achroodextrin	keine Farbänderung (Jodfarbe)
Maltose	keine Farbänderung (Jodfarbe)

Das Endprodukt, die Maltose kann evtl. durch Reduktionsprobe mit *Fehling*scher Lösung nachgewiesen werden.

IV. Schwimmende Käfer

In den Seen und Tümpeln Mitteleuropas kommen mehrere Käfer vor. Die bekanntesten von ihnen gehören jeweil einer eigenen Familie an. Es sind dies:
Der Gelbrand — Schwimmkäfer *(Dytiscus marginalis L.)* Fam. *Dytiscidae*.
Der Taumelkäfer *(Gyrinus substriatus Steph.)* Fam. *Gyrinidae*.
Der Kolbenwasserkäfer *(Hydrous = Hydrophilus piceus L.)* Fam. *Hydrophilidae*.
Diese Käfer und m. E. ihre Larven sind dankbare Beobachtungs- und Versuchsobjekte.
Ihre Anpassungen an das Wasserleben zeigen interessante Konvergenzerscheinungen, insbes. im Vergleich mit den Wasserwanzen. Die Fragestellung wird daher lauten: Welche Beziehungen bestehen zwischen dem Medium Wasser und der Fortbewegung, Ernährung, Atmung, Fortpflanzung dieser Tiere?

Demonstrationsmaterial:
Lebende Tiere
(Der Kolbenwasserkäfer steht unter Naturschutz!)
F 453 Kleintierleben im Tümpel
FT 831 Der Karpfen (extraintestinale Verdauung der Gelbrandkäferlarve in Großaufnahme).
Kronen Tafeln 47, 48, 53.
Tote, genadelte Tiere.

G e l b r a n d k ä f e r *(Dytiscus spec.)*

Demonstrationen erfolgen am besten mit dem Schreibprojektor (dazu Spezialaufsatz von *Leybold* für chemische Reaktionen), oder in kleinen Gruppen. Am interessantesten ist die Demonstration der Körperform, Fortbewegung und Atmung. Die damit verbundene Darlegung von technischen Gesichtspunkten spricht die Schüler im 8. Schuljahr sehr an.)

1. Vorkommen

In Teichen und Tümpeln kann der Käfer beim Luftholen gefangen werden. Im Winter benützt er unter dem Eise eingeschlossene Luftblasen zur Atmung. Bei zu großer Kälte, verfällt er in Kältestarre am Grunde des Gewässers.

2. Haltung und Fütterung

Der Käfer stellt keine größeren Ansprüche und kann 1—2 Jahre lang in Kleinaquarien mit etwas Wasserpflanzen gehalten werden. Eine Glasscheibe, welche nicht direkt aufsitzt, sondern durch Korkzwischenlage Luft durchläßt, verhindert das Entweichen. Das Tier lebt räuberisch und nimmt daher vom Fleischstückchen, Regenwurm über Mückenlarven und kleinen Wasserasseln bis zu Kaulquappen alles an, was er bewältigen kann. Fische sind für den Käfer meist zu flink, so daß er fast nur kranke Tiere fassen kann. Bei niedriger Temperatur kann er 4—8 Wochen hungern.

3. Die Körperform

Die Körperform wird beschrieben und gezeichnet.
Der Körper ist kaum gegliedert, „wie aus einem Guß", und stromlinienförmig.
Verriegelungen der Körperteile verhindern nachteilige Verdrehungen der Körperachse.
Die Außenränder der Flügeldecken übergreifenden den Rand des Hinterleibes und versteifen ihn dadurch noch.
Unbehaarte Außenflächen bieten keinen Reibungswiderstand.
Die kielartige Unterseite verhindert ein Kentern und stabilisiert die Schwimmrichtung.
Der Schwerpunkt ist nach vorne unten verlagert, wodurch Kentern ebenfalls vermieden wird. (Zu sehen beim passiven Hochschwimmen). Eine oberflächliche Öl- oder Firnisschicht verhindert die Ansiedlung von Mikroorganismen und damit verbundene Erhöhung der Reibung im Wasser.
Die Oberfläche der Flügeldecken ist beim Männchen glatt, bei vielen Weibchen längsgerillt. (Bedeutung unbekannt).
Das Gewölbe der Flügeldecken widersteht dem Wasserdruck.

4. Die „Luftkammer"

Zwischen dem Rücken und den Flügeln liegt eine Luftkammer.

a. Beobachten des *Luftholens* an der Wasseroberfläche.

Stoppen, wie lange der Käfer unter Wasser bleibt. (8—15 Minuten.) Beim Luftholen das Tier anstoßen. Es flieht abwärts, meist unter Ablassen einer Luftblase. Warum?
Durch leichtes dorsoventrales Drücken entfernen wir unter Wasser etwas Luft. Das Tier wird dadurch schwerer und muß nun aktiv, ohne Auftrieb hochrudern.
Die gefüllte Luftkammer bewirkt also mit dem luftgefüllten Tracheensystem zusammen eine Verringerung des spez. Gewichtes < 1 das bedeutet Auftrieb (Überkompensation).
Verschieben des Luftvorrates unter gleichzeitiger Füllung oder Leerung der Rektalampulle bewirken Schwerpunktsverlagerungen. Abgabe der Luft verändert das spez. Gewicht und erlaubt ein Absinken (spez. Gew. < 1), oder passives Schweben (spez. Gew. $= 1$).

b. Respiratorische Bedeutung der *Luftkammer*

In die Luftkammer als Reserveluft-Behälter münden vom Rücken her 8 Stigmen zur Atmung unter Wasser. (Vergleiche Taucher mit Gasflasche!)
Der Gasaustausch mit der Luft erfolgt an der Wasseroberfläche nach Durchstoßen des Oberflächenhäutchens mit dem Hinterleibsende und Abstützen an der Oberfläche mit den Schwimmbeinen. Aus dieser Haltung können die Schwimmbeine sofort zur Fluchtreaktion ausschlagen.

5. *Fortbewegung des Gelbrandkäfers*

a. *Fortbewegung* im Wasser durch Gewichtsänderungen (Auftrieb, Schweben, Sinken) s. o.

b. *Fortbewegung* durch Rudern

Die Hinterbeine sind zu idealen Ruderbeinen ausgerüstet:
Ansatzstellen weit nach hinten verlagert.
Nur in der Horizontalebene, aber um 180° bewegbar.
Lange Borsten verdreifachen beim Ruderschlag die Fläche. Tibia und Tarsen in der Längsachse um 90° drehbar, so daß sie beim Ruderschlag mit der Breitseite und beim Rückschlag (Hub) mit der Schmalseite durch das Wasser gleiten (vergl. Ruderschlag der venezianischen Gondoliere).

c) Die *Mittelbeine* dienen meist als Anker für die überkompensierten Käfer, oder beim horizontalen Schwimmen zum Rudern.
Der Haftapparat an den Fußgliedern der Mittelbeine beim Männchen erlaubt ein Hochkriechen am Aquariumglas (daher zudecken!)
Mikropräparat des Mittelbeins mit seinen ca. 1000 Saugnäpfchen.
Demonstration des Haftvermögens durch leichtes Andrücken der Haftscheiben an die feuchte Glasscheibe. Der Käfer bleibt hängen.

d. Die Fortbewegung *an Land* wird beobachtet. Statt von Schreiten, kann mehr von Kriechen und Schieben gesprochen werden.

e. Fortbewegung *durch Fliegen*

Gestartet wird von einem erhöhten Platz außerhalb des Wassers, nach langem

„Pumpen" und Vibrieren. Durch Sturzflug überwindet er bei Wasserlandung die Oberflächenspannung des Wassers.
Eventuell muß er durch Wasseraufnahme sein Gewicht erhöhen.
Manchmal findet man Gelbrandkäfer auf reflektierenden Blechdächern oder Glasdächern, die er irrtümlicherweise für Wasserflächen gehalten hat.

6. Die „Schreckdrüsen"

Nimmt man einen Gelbrandkäfer aus dem Wasser, so kann es einem passieren, daß er den stinkenden Inhalt der Rektalampulle in dickem Strahl aus dem After spritzt.

7. Gehör

Bläst man in 1—2 m Entfernung vom Käfer (der im Wasser schwimmt) eine Pfeife, so kann Fluchtreaktion erfolgen. Diese Reaktion steht in keiner Beziehung zur Richtung, aus der der Ton kommt. Nur die Stärke der Reaktion soll mit der Tonhöhe des Pfiffes variieren. Gehörorgane sind noch nicht lokalisiert.

Die Gelbrandkäfer-Larve

Wie die Larven der Libellen, sind auch die der Dytisciden nur noch im Wasser lebensfähig. Nach 3 Häutungen erreicht die des Gelbrands ca. 6 cm Länge und verpuppt sich dann.

1. Vorkommen

In Tümpeln, Teichen, Lehmgruben u. dgl. zwischen Wasserpflanzen.

2. Haltung und Fütterung

In Kleinaquarien (1 Ltr.) mit Wasserpflanzen, aber ohne Molche oder Fische, da sie diese überfällt. Keine Fluchtgefahr. Die Temperatur soll nicht über 25°C steigen.
Junge Larven erhalten Wasserflöhe und Culexlarven, älteren bieten wir Kaulquappen und Insektenlarven. Wegen Kannibalismus ist Einzelhaltung nötig!

3. Demonstration

Die Demonstrationen können auf dem Schreibprojektor (mit Zusatzgerät) oder noch besser in einer Küvette am Diaprojektor erfolgen. Überhitzung vermeiden!
Am ergiebigsten ist die Demonstration der Atmung, des Beutefangs, der extraintestinalen Verdauung und der Lichtrückenreaktion.

4. Beschreibung der Körperform (Gegensätze zum Käfer?)

5. Atmung

Die Körperstigmen sind in den ersten beiden Entwicklungsstadien geschlossen. Der Hinterkörper endet röhrenförmig mit einem Stigmenpaar durch welches der Gasaustausch an der Wasseroberfläche erfolgt.
Die weitlumigen zwei Haupttracheenstämme des Hinterleibes geben ihm Auftrieb, so daß die Larve immer kopfabwärts im Wasser hängt. (Man wird ein Mikropräparat vom Hinterleibsende zeigen).

6. Fortbewegung

Im Gegensatz zum Käfer kann die Larve nur im Wasser paddeln. Bei starker Störung schwimmt sie durch peitschende Bewegungen ihres Hinterleibes.
In Ruhe ist sie mit ihren Füßen an Wasserpflanzen verankert und kriecht auf ihnen umher.
Mit Hilfe der luftgefüllten Tracheenhauptäste ist sie zu hydrostatischen Bewegungen fähig (Sinken, Schweben, Auftrieb).

7. Ernährung

Die Beute wird aus der *Lauerstellung*, meistens zugleich Atemstellung, gefangen. Bei hungrigen Larven und Temperaturen v. 22—25°C ist der Beutefang in enger Küvette mit Kaulquappen oder Insektenlarven leicht zu demonstrieren. Die Zangen dienen dabei zuerst als Greiforgane, mit denen sich die Larve an größeren Tieren anklammern und durch das Wasser ziehen lassen kann. Da die Larve aber letztlich wieder in Atemstellung gehen muß, kann dies einen solchen Kampf entscheiden.
Durch *Attrappenversuche* (hungrige Tiere, 22—25° C) kann wie bei den Libellenlarven gezeigt werden, daß sie nach allem schnappen was beweglich in ihre Nähe gebracht wird. (Durchführung siehe Kap. Libellenlarven). Ein Formensehen scheint kaum entwickelt zu sein. Wahrscheinlich reagiert das Tier mehr auf Erschütterungen (Tastsinn).
Das Verzehren der Beute geschieht in Atemstellung.
Bei der extraintestinalen *Verdauung* erhält die Beute durch die Mandibularkanäle mehrere Injektionen, wodurch eine zu starke Verdünnung des Sekrets vermieden wird. Dieses Sekret hat rasch lähmende, bei kleineren Tieren tödliche Wirkung und löst gleichzeitig die eiweißhaltigen festen Gewebsteile des Beutetieres auf, während Chitin immer ungelöst bleibt. Dann arbeiten die Mandibeln als Saugheber und nehmen die ausschließlich flüssigen Nahrungsstoffe durch die Saugrinnen und die winzigen beiderseitigen Mundöffnungen auf. Die Schluckbewegungen in der Kopfkapsel sind erkennbar.
Beine und Mandibeln durchkneten die Beute, bis alle Weichteile aufgelöst sind. Nach Abstoßen der unverdaulichen Reste werden die Mandibeln gereinigt.
Bieten wir einer alte hungrigen Larve viele Kaulquappen am Tag, so werden auch viele (nach *Naumann* bis zu 50) erledigt und bald wieder abgestoßen.
Verweigert eine Larve jede Nahrungsaufnahme, so kann sie vor einer Häutung stehen. Dann anschließend die Exuvie untersuchen und von Teilen Mikropräparate machen.)
Mikropräparate vom Kopf der Larve werden untersucht.
Beim Saugkanal der Mandibeln handelt es sich mehr um eine Rinne der Innenseite, wie etwa bei den proteroglyphen Giftschlangenzähnen. Haare dichten sie nach außen ab.

8. Lichtrückenreaktion

Wie die Libellenlarven zeigt auch die Gelbrandkäferlarve eine Lichtrückenreaktion. Wir demonstrieren sie durch einseitige Beleuchtung v. unten z. B. auf dem Schreibprojektor.

Taumelkäfer (*Gyrinus spec.*)

Davon gibt es ca. 700 Arten, die über die ganze Welt verbreitet sind.

1. Vorkommen und Haltung

Die kleinen, meist nur wenige mm großen Käfer kurven rastlos in Kreisen und Spiralen auf der Oberfläche von allerlei Gewässern umher. Sie können bei Störung rasch untertauchen. Man muß also flink mit dem Wassernetz zufassen, wenn man sie fangen will. Gefüttert werden sie mit Stechmückenlarven und -puppen.
Auf der Wasseroberfläche unseres Aquariums darf sich keine Kahmhaut bilden, weil sie darinnen steckenbleiben. Da die Tierchen gerne ausbrechen, muß abgedeckelt werden.

2. Demonstration

Für die Demonstration sind geeignet die Bewegungen (Schreibprojektor), Mikropräparate des Kopfes (Augen!) sowie der Füße (Schwimmfüße).

3. Bewegungen

Auffallend ist das ständige richtungslose Herumfahren auf der Wasseroberfläche. Diese Bewegungen werden so gedeutet, daß die Tiere auf ihrer Unterseite keinen solchen Kiel wie die Gelbrandkäfer haben und dadurch die Richtung nicht gehalten werden kann. Die Folge davon dürfte aber sein, daß die Tiere ohne sonstige Regulation rasch eine große Oberfläche des Wassers absuchen können.
Die Beine zeigen ähnliche Formen wie beim Gelbrand und eignen sich für die Mikroprojektion!

4. Die Augen

Von bes. Interesse sind die zwei, durch die Seitenkanten des Körpers zweigeteilten Augen, von denen eine Hälfte auf der Oberseite und die selbständige andere auf der Körperunterseite liegt, wobei die Sehzellen des Unterwasserauges leistungsfähiger sein sollen als die des Überwasserauges.

5. Überkompensierung

Die Überkompensierung (durch Luft unter den Flügeldecken) ist hier bes. stark. Sie erhält die Tierchen auf der Oberfläche schwimmend, so daß sie nur mit Mühe unter Wasser gehen können. Beim Fluchttauchen müssen sie sich unter Wasser festklammern, damit sie nicht sofort wieder hochgetrieben werden.

Kolbenwasserkäfer (*Hydrous* = *Hydrophilus piceus* L.)

Sollte man das Glück haben, ein solches Tier lebend in der Schule zeigen zu können, wird man vor allem das Luftholen mit den Fühlern zur Brust hin demonstrieren.
Ein Vergleich mit dem Gelbrand drängt sich auf.
Als Pflanzenfresser wird er mit Salat, Obststücken, kleinen Kadavern u. dgl. gefüttert.

Literatur

Nachtigall, W.: Wie schwimmen Wasserkäfer? Umschau 1964. S. 467.
Naumann, H.: Der Gelbrandkäfer. NBB 1955.
ders.: Lautäußerungen bei Wasserinsekten. Miko 50. 1961, S. 112.

V. Aaskäfer *(Silphidae)*

Kronen Tafel 51
Totes Material
R 96 Der Totengräber — Brutpflege

1. Fangmethode

Wie in Kap. III. 1. über Fangmethoden beschrieben wurde, wird eine Köderdose in die Erde vergraben und mit einer Vogel- oder Mausleiche belegt. In günstiger Umgebung stellen sich bald Aaskäfer ein. Aaskäfer sollte man nicht mit der Hand anfassen, da sie in der Regel von Milben strotzen, die ähnlich wie Krätzemilben juckende Hautausschläge hervorrufen können.

2. Beobachten der Brutpflege

Ein Aquarium (ca. 15 x 20 x 20 cm) wird ca. 5 cm hoch mit Gartenerde gefüllt, auf die man eine tote Maus legt. Dann fügt man ein Pärchen von *Necrophorus germanicus* oder anderen Aaskäfern hinzu. Die Tiere beginnen bald mit ihrer bekannten Arbeit zur Brutpflege.

3. Beobachtungen an den Aaskäfern

Besonders bemerkenswert sind die großen Augen der *Necrophorus*-Arten, welche angeblich bis zu 30 000 Facetten pro Auge enthalten sollen. Die Tiere besitzen einen Moschus- oder Bisamgeruch und können zirpende Töne hervorrufen.

VI. Leuchtkäfer *(Lampyridae)*

Kronen Tafel 54

1. Materialbeschaffung

In feuchtwarmen Sommernächten leuchten im Gebüsch die smaragdgrünen Lichter der Glühwürmchen. Am stärksten ist das Licht der flügellosen Weibchen von *Lampyris*. Aber auch die geflügelten Männchen sowie die Larven und die Eier zeigen ein schwaches Leuchten. Im Schullandheimaufenthalt bietet sich mitunter Gelegenheit, die Tiere im Freien zu beobachten. Dann wird man es sich keinesfalls entgehen lassen, einige der Tiere einzufangen und bei Licht zu betrachten. Die Larven der Leuchtkäfer findet man mitunter in leeren Schneckenhäusern, da sie von kleinen Schnecken leben, welche sie extraintestinal verdauen.
Das Leuchten tritt bei 3 Käferfamilien auf: *Lampyridae, Elateridae, Telephoridae*. Im Gegensatz zum Lampyris sind bei *Pyrophorus* sowohl Männchen wie Weibchen geflügelt, während bei *Phosphaenus hemikterus* beide ungeflügelt sind. sind.

2. Kaltes Leuchten

In chemischen Reaktionen kann gezeigt werden, wie kalte, weiße Luminiszens möglich ist.
a. Etwas Weißhydrazid (= O-Aminophthalsäure-hydrazid-hydrochlorid) wird in wenig Wasser gegeben, dann etwas alkalisch gemacht und H_2O_2 hinzugefügt. Im verdunkelten Raum leuchtet das Reaktionsgemisch auf. Spuren von Haemin als Katalysator verstärken die Reaktion.

b. Oder folgende Lösungen werden gemischt:
3,5 g Pyrogallol in 32 ml Wasser
+ 35 ml einer 50 %igen Lösung von K_2CO_3
+ 35 ml Formaldehyd (35—40 %ig)
Dieses Gemisch wird mit ca. 50 ml Perhydrol versetzt. In der Dunkelheit sieht man dann nach etwas Schütteln, Schaumbildung und ein orangefarbenes Leuchten.
Diese Fälle von *Chemoluminiszens* sind sozusagen eine Umkehrung der photochemischen Prozesse; bei letzteren haben absorbierte Lichtstrahlen eine chemische Reaktion zur Folge; bei der Chemoluminiszenz ist es umgekehrt.

3. Zucht

Finden wir einmal ein Pärchen bei der Begattung, so tragen wir es in ein Glas, das mit feuchter Erde und Moos belegt ist. Vielleicht können wir die Eiablage beobachten. Die Larven müssen mit Schnecken gefüttert werden, von denen sie beachtlich viele fressen. Die Larven fressen bis November und verkriechen sich im Freiland dann mit Einbruch des Winters.

VII. Bockkäfer *(Cerambycidae)*

Kronen Tafeln 73—81
Tote genadelte Tiere
F/FT 1196 Schädlinge des Bauholzes
Es gibt mehr als 14 000 Arten davon in aller Welt. Für uns bes. interessant sind die langen Fühlhörner der Käfer, sowie die Gänge und Kammern der Larven und Puppen in den verschiedensten Hölzern. Der Schaden, welcher durch die Larven dem Holz zugefügt wird, ist weniger ein biologischer, als vielmehr ein wirtschaftlicher, da das Holz unbrauchbar wird (im Gegensatz zum Borkenkäfer).
Um solche Larvengänge für die Sammlung brauchbar zu machen, schneiden wir ein Stück befallenen Holzes handlich zurecht und entwesen es in einem abschließbaren Gefäß mehrere Tage lang mit Tetrachlorkohlenstoff. Die vorher herausgenommene Larve oder Puppe kann im Reagenzgl. in Alkohol oder Formol aufbewahrt werden.
Wenn das „Sägemehl" in den Gängen fast schwarz gefärbt ist, kommt dies von einem Pilz.
Zum Ausgleich für die einseitige Holznahrung haben die Larven vieler Arten Symbionten als Vitamin- und Wuchsstoffträger. Sie gelangen bei der Eiablage durch Darmflüssigkeit des Weibchens auf die Eier und werden beim Schlüpfen der Larven mit den Eischalen zusammen aufgefressen.
In den Tropen gibt es Riesenböcke (z. B. *Titanus giganteus*). Auf Insektenbörsen kann ein Exemplar für die Schulsammlung erworben werden.

VIII. Rüsselkäfer *(Curculionidae)*

Kronen Tafeln 83—86
R 184/R 1418 Der Große Braune Rüsselkäfer
R 183 Der Rebstichler
Der rüsselförmig verlängerte Kopf dient vor allem dazu, für die Eier passende Höhlen zu schaffen, da die Larven in Pflanzenteilen heranwachsen.

1. Mikropräparate

a. Totalpräparat eins möglichst kleinen Rüßlers.
b. Präparat vom Kopf mit den geknickten Fühlern.
c. Die Mundwerkzeuge: Interessant ist der Unterkiefer, welcher als eigentliches Bohrorgan dient. Um ihn darzustellen, muß aber vorher gut in KOH mazeriert worden sein.

2. Lichtkompaßorientierung

Auf eine Glasplatte, welche vorher mit einer Kerzenflamme leicht berußt wurde, setzen wir im dunklen Zimmer einen Rüsselkäfer und lassen ihn einige Minuten herumlaufen. Betrachten wir dann die Platte gegen das Licht, so erkennen wir die unregelmäßigen, wirren, niemals in eine Richtung verlaufenden Spuren des Tieres *(Braun)*.
Bei Licht dagegen läuft der Käfer ohne Zögern geradeaus. (Dieser Versuch ist auch mit Blattkäfern, Ohrwürmern, Kellerasseln, Tausendfüßlern u. a. möglich.)
Das Insekt nimmt die parallelen Sonnenstrahlen nur mit einigen wenigen Facetten auf und hält dadurch die Richtung fest. So entsteht ein geradliniger Lauf, bei dem das Licht als Kompaß benutzt wird.
Viele Insekten fliegen in Spiralen auf eine künstliche Lichtquelle zu. Dies geschieht, weil der leitende Lichtstrahl in einem Ommatidium festgehalten wird. Dadurch behalten die Tiere auch den Winkel bei, den ihre Körperachse mit den Lichtstrahlen bildet. So kommt es bei Vorwärtsbewegung zum Spirallaufen oder -fliegen.

IX. Borkenkäfer *(Ipidae)*

Kronen Tafeln 87—88
R 186 Der Buchdrucker
Fraßgänge verschiedener Arten werden gesammelt und vor dem Einbringen in die Sammlung mit CCl₄ entwest.
Fluglöcher an Bäumen und Rindenstücken beachten!

X. Mistkäfer *(Geotrupes)*

Kronen Tafel 91
Nachbildungen alter ägyptischer Darstellungen vom Pillendreher.

1. Materialbeschaffung (Einflugfallen)

Geotrupes stercorarius fängt man in einer Einflugfalle oder abends unter frischen Kuhfladen auf Feldwegen.
In die Einflugfalle kann der Käfer zwar mit zusammengeklappten Flügeln hineinkriechen, aber wegen der glatten Wände nicht mehr herauskrabbeln und wegen des Reusenverschlusses auch nicht mehr herausfliegen. Zu ihrer Herstellung schneidet man eine Konservendose (∅ ca. 20 cm, Höhe 30 cm) in halber Höhe durch. Der untere Teil nimmt den Köder auf. Der obere Teil der Büchse wird unten mit Drahtgaze verschlossen. Oben erhält er aus dünnem Blumendraht ein Gitter von 25 mm Maschenweite. Die anfliegenden Käfer klappen, über der Büchse angekommen ihre Flügel zusammen und fallen in den oberen Teil, wo es

ihnen wie oben beschrieben ergeht. Diese Dose wird für *G. stercorarius* auf freiem Felde, für *G. silvaticus* an Waldrändern bis zum oberen Rande eingegraben, so daß Käfer auch zu Fuß hineingelangen können.

2. Haltung

In Einmachgläser wird ca. 15 cm hoch Erde gelegt und dann Mist darauf gebreitet. Für ein Pärchen genügt dies zur Zucht. Die fast 4 mm langen, 3 mm dicken Eier werden in eine Brutkammer im vergrabenen Mist gelegt. Die Larven brauchen mehrere Monate bis zur Verpuppung und sind gegen Austrocknung empfindlich.

3. Mikropräparate

a. Interessante Themen für Mikropräparate sind die *Fühler* (Blatthornkäfer) und die zum Graben spezialisierten Beine. In beiden Fällen muß gut aufgehellt werden.

b. Das *Schrillorgan*
Um dieses als Präparat darzustellen, lösen wir (nach *Schoenichen*) eines der Hinterbeine mitsamt der Hüfte vom Körper ab, mazerieren die Gliedmaßen in KOH und entfernen noch Fuß und Unterschenkel. Hierauf isolieren wir das Hüftgelenk so, daß wir es in Form eines kurzen Hohlzylinders auf dem Objekttr. haben. Dieser Hohlzylinder wird dann auf einer Seite aufgeschnitten und die, seinen Mantel bildende Chitinhaut flach ausgebreitet und schließlich eingebettet. Bei Durchmusterung des Präparates entdecken wir an einer Stelle, die der Hinterseite der Hüfte angehörte, eine größere Anzahl (gegen 40) einander paralleler, leicht geschwungener Bogenlinien (Stridulationsorgan). Vergrößern wir stärker, so zeigt es sich, daß auf jeder Bogenlinie eine Anzahl feiner Chitinzäpfchen angewachsen sind. Dieses Schrillorgan wird durch den Hinterrand des 3. Hinterleibsegmentes betätigt, an dem sich das, aus zwei Kanten bestehende Plektrum befindet.

c. *Milben*
Wie die Aaskäfer, so tragen auch die Mistkäfer, bes. auf der Unterseite oft viele Milben mit sich (teils Larvenstadien, teils Weibchen versch. Arten). Wir stellen sie im Binokular dar, hüten uns aber davor, daß sie in unsere Haut eindringen können.

d. Der „Heilige Skarabäus" *(Scarabaeus sacer)*.
Der Skarabaeus gehört zu den Pillendrehern der Mittelmeerländer. Der Käfer steigt verwandelt, nachdem er wie eine Mumie im Grabe in der Erde ruhte, an das Licht. Daher galt er als Symbol der Unsterblichkeit und der Seelenwanderung; im christlichen Bereich als Symbol der Auferstehung. Die Mistkugel, welche er formt und rollt, wurde als Symbol der Erde oder der Sonne benützt.

Literatur

Bechyne: Welcher Käfer ist das? Stuttgart 1954.
Dommröse, W.: Der Kartoffelkäfer. NBB (vergr.)
Henschel, H.: Der Nashornkäfer. NBB 1962.
Lengerken, H. v.: Der Pillendreher. NBB (vergr.)
ders.: Der Mondhornkäfer und seine Verwandten. NBB 1952.
Scherney, F.: Unsere Laufkäfer. NBB 1959.
Ulmer: Coleoptera; in: Brohmer, Fauna von Deutschland. Heidelberg 10. Aufl.
Winkler, R.: Die Buntkäfer. NBB 1961.

F. Hautflügler (Hymenoptera)

Nach den Käfern ist die Ordnung der Hautflügler die umfangreichste der Insektenwelt.
Exemplarisch werden hier lediglich die Bienen, die Wespen und die Ameisen behandelt. Vorausgeschickt seien einige Angaben über die anderen Gruppen der Hautflügler, soweit schulrelevantes Demonstrationsmaterial zu erhalten ist. Die Literaturangaben dienen nur zur allerersten Einführung.

Demonstrationsmaterial
Trockenpräparate von Solitären Bienen, Pflanzenwespen, Echten Schlupfwespen, Gallwespen mit zugehörigen Gallen und dgl.
Kronen Tafeln 26—42
R 481 Die Eichengallwespe
R 586 Brutfürsorge der Glockenwespe
R 587 Brutfürsorge der Mörtelbiene
W 3 Die Mauerbiene (*Osmia bicolor*)
W 444 Mörtelbiene — Nestbau und Brutfürsorge
W 745 La Guêpe maçonne — Fortpflanzungsbiologie einer Lehmwespe (deutsch)

Literatur
Bastin, H.: Das Leben im Insektenstaat. Wiesbaden 1957.
Döderlein, L. u. Jacobs, W.: Hymenoptera; in Bestimmungsbuch f. dt. Land- und Süßwassertiere. München 1952.
Enderlein: Hymenoptera; in Brohmer, Fauna von Deutschland.
Friese, H.: Die Bienen, Wespen, Grab- und Goldwespen; in Schröder, Chr.: Die Insekten Mitteleuropas. Bd. 1. 1926.
Olberg, G.: Die Sandwespen. NBB 1952.
ders.: Das Verhalten der solitären Wespen Mitteleuropas. Berlin 1959. (Viele interessante Fotos u. Angaben für Beobachtungen).
Sedlag, U.: Hautflügler II. Blatt-, Halm- u. Holzwespen. NBB 1954.
ders.: Hautflügler III. Schlupf- u. Gallwespen. NBB.
Weber, R.: Arbeitsstmmlung für den Biologieunterricht — Anleitung zur Materialbeschaffung, Präparation u. unterrichtlichen Auswertung. Teil III. Gliederfüßler DBU 1967, H. 2.

I. Die Honigbiene (*Apis mellifica*)

Demonstrationsmaterial
Trockenmaterial (Königin, Arbeiterin, Drohne)
Modell einer Honigbiene (*Somso*)
Vorratsmaterial für Schülerübungen
Bienenwaben mit Weiselzellen und Honig
Arbeitgeräte des Imkers
Schaukasten „Die Honigbiene und ihr Leben im Bienenstock" enthält Wabe mit Königin, Arbeiterinnen, Drohnen, Wabensorten, Entwicklungsstadien u. a. (50 x 60 cm).
Bienenkasten mit Waben zu Beobachtungsaufgaben
Farbausrüstung zur Kennzeichnung der Bienen im Beobachtungskasten
Wandtafel v. *Pfurtscheller:* Die Honigbiene I (Anatomie der Arbeitsbiene und die Honigbiene II (Arbeiterbiene mit Larve und Puppe);
Mikropräparate zum Selbstanfertigen:
Flügel (insbes. Verbindung von Vorder- und Hinterflügel)
Augen (2 Facetten-, 3 Punktaugen)
Fühler mit Sinneshaaren

Mundwerkzeuge
Stechapparat
3 Füße einer Seite
Sammelfuß von innen und von außen
Ventralseiten der Hinterleibssegmente (Wachsausscheidung).
Filme und Dias:
F 301 Die Honigbiene I: Blütenbesuch, Imkerei
F 302 Die Honigbiene II: Entwicklung einer Biene, Gründung eines Staates.
F 325 Tänze der Bienen
R 176 Die Honigbiene I: Der Bienenstaat
R 177 Die Honigbiene II: Die Entwicklung der Biene
DR Biene und Bienenzucht *(Harrasser und Überla)*
DR Bienen *(Schuchardt)*
C 606 Pollen und Nektarsammeln der Honigbiene (*v. Frisch* 1950)
C 607 Entwicklung der Honigbiene und des Bienenvolkes (w. o.)
E 332 *Apis mellifica* — Fächeln (4,5 Min. 1960)
W 510 The wing mechanism of the bee. (engl. Farbtonf.)

1. Anatomisch-morphologische Untersuchungen
(Konserviertes Material für Schülerübungen)

a. *Materialbeschaffung*
Bei einem Imker fallen z. B. im Frühjahr, wenn die Winterbienen dezimiert werden, viele *tote Bienen* an, welche gesammelt und konserviert aufbewahrt werden. Die toten Tiere werden in 70 %igen Alkohol gelegt, der mehrfach erneuert werden muß. Es können auch einzelne Körperteile: Beine, Flügel, Kopf usw. zur späteren Einbettung aufbewahrt werden. Vor Gebrauch werden sie in absoluten Alkohol überführt, dann noch 2—3 Tage in Methylbenzoat zur Aufhellung gebracht und können schließlich direkt von den Schülern in einer Übung in Caedax eingebettet werden.
b. Trocken konserviertes Material wird auf einzelne *Korken* genadelt und an die Schüler verteilt. Mit Lupen bewaffnet können die wesentlichen Organe angesprochen werden.
Die Präparation erfolgt wie bei den Hummeln (siehe dort).
c. Existieren genügend *Taschenmikroskope* für eine ganze Klasse, dann können in einer *Schülerübung* bei ca. 30facher Vergrößerung bereits folgende Objekte von den Schülern präpariert und auch gesehen werden:
Vorderbein mit Putzscharte, Tarsen mit Krallen, Hinterbein mit Körbchen, Schieber und Bürste;
Vorderrand des Hinterflügels mit den Häkchen
Fühler, Facettenauge mit Facetten.
Ausführung: Jeder Schüler erhält 1 Lupe oder 1 Handmikroskop, 1 passenden Objektrr. mit Hohlschliff und einen ohne Schliff, 1 Pinzette, 1 Nadel, weißes Papier als Unterlage.
Als Arbeitsprogramm zur Einführung in den Körperbau der Biene dienen Fragen etwa folgender Art (hektographiert):
Betrachte die Körperteile der Biene. Wie heißen sie?

Wieviele Flügel hat sie? Beschreibe deren Größe, Bau und Zusammenhalt (siehe Vorderkante des Hinterflügels!)
Sind die Beine alle gleich? Welche besonderen Merkmale entdeckst Du?
Wieviele Fühler? (Bei Trockenmaterial sind sie häufig abgebrochen)
Zeichne einen Fühler und zähle seine Glieder.
Kannst Du die Mundwerkzeuge erkennen? (Bei Trockenmaterial oft unansehlich und beschädigt!)

d. *Mikroprojektion von Mikropräparaten*
Will man keine derartige Schülerübung durchführen, oder fehlt das Material dazu, dann können die erwähnten Körperteile in der Mikroprojektion der ganzen Klasse gezeigt werden. Da die einzelnen Teile sehr groß sind und scharfe Kontraste bilden, können die Schüler bei schwachem Licht, oder bei auf den Tischen verteilten Mikroskopier- oder Leselampen, die projizierten Teile abzeichnen. Dabei muß auf die wesentlichen Dinge vorher hingewiesen und außerdem ein Mindestmaß für die Größe der Zeichnung vorgeschrieben werden, da man sonst einige Überraschungen erlebt. Vielen Kindern kommt es ja sehr schwer an, exakt abzuzeichnen.

2. Die Bienenwabe und ihr Baumaterial

a. Zur häufigen *Demonstration* verglasen wir eine *Wabe* mitsamt dem Rähmchen auf beiden Seiten. Da aber die Wabe häufig dicker ist, als der Rahmen, müssen wir Pappstreifen auf den Rahmen kleben, darauf die Glasscheibe geben und mit Kaliko-Leinen befestigen. Vor dem Verschluß wird man die Wabe mit PARAL besprühen. Evtl. kann man auch eine Wabe mit Selbstklebefolie abdecken.

b. Für die folgenden *Untersuchungen* kaufen wir für wenig Geld bei einem Imker verschiedene fertige Wabenstücke.
(Eine vorgepreßte Mittelwand der Wabe wird vom Imker den Bienen zur Verfügung gestellt.)
Ein leeres Wabenstück wird gewogen und die Zellen an ihm gezählt. Wieviel wiegt das Baumaterial pro Zelle?
Etwa 400 Arbeiterinnenzellen nehmen 1 qdm ein, bei einem Zellendurchmesser von 5,37 mm (Drohne 6,91 mm ⌀). Das Gewicht wird mit dem einer Wespenwabe verglichen.
Die Zellenwand einer frischen Bienenwabe ist nur 1/20 mm dick.

c. Ein dunkles Wabenstück wird *in die Flamme* gehalten. Die Wabensubstanz verbrennt; ein schwarzer kohliger Rückstand bleibt. Reines Wachs verbrennt bekanntlich ohne Rückstand. Bei dem dunklen Rückstand handelt es sich um hauchdünne Puppenhüllen, die durch jede schlüpfende Biene als Tapete zurückgelassen werden. Auch bleibt hygienisch abgeschlossener Larvenkot zurück. So werden bei vielfachem Gebrauch die Zellen dunkler und auch kleiner.

d. Ein kleines dunkles Wabenstück wird unter Erwärmen *in Tetrachlorkohlenstoff gelöst.* Dabei bleibt das Häutchen und der Kot ebenfalls als Rückstand übrig. Es werden also in das Wachs bei Gebrauch noch andere Stoffe mit einbezogen.

e. *Rohwachs* ist gelb, braun oder rötlich. Es kann durch H_2O_2, durch Kaliumchlorat und Schwefelsäure, oder durch Kaliumbichromat und Schwefelsäure gebleicht werden.
Chemisch besteht es in der Hauptsache aus dem Palmitinsäureester des Myricil-

alkohols ($C_{15}H_{31}COO\text{-}C_{30}H_{61}$), ferner aus 10—14 % Cerotinsäure ($C_{25}H_{51}COOH$), Melissinsäure ($C_{29}H_{59}COOH$), höheren Alkoholen und Kohlenwasserstoffen.
Es ist u. a. in Äther, erwärmtem Benzin, Chloroform, Tetrachlorkohlenstoff und Terpentinöl löslich. Gegenüber chemischer Verwitterung ist es sehr stabil.

f. *Die Bauweise der Wabe wird studiert.*

Ist genügend Material vorhanden, dann werden kleinere Stücke an die Schüler verteilt und von den Schülern nach einem Arbeitsprogramm untersucht. Wenn nicht, dann steht die Demonstration durch Tafelzeichnung zur Verfügung.
Die natürliche Lage der Bienenwabe ist die Vertikale.
Doppelte Zellschicht mit gemeinsamer Mittelwand.
Versetzte Anordnung der, mit der Rückwand aneinanderstoßenden Zellen; leichte Aufrichtung der Zellachse; unterschiedliche Größe der Brutzellen für Arbeiterinnen, Drohnen, Königinnen (s. o.). Bei gefüllten und gedeckelten Waben stellen wir fest, welche Zellen mit Brut, mit Honig, mit Pollen gefüllt sind.

g. *Der Bau der einzelnen Zelle* wird genauer untersucht.

Der sechseckige Querschnitt hat größte Raum- und Materialersparnis bei hinreichender Festigkeit zur Folge.
(Zum Vergleich zeigen wir den Querschnitt durch Hollundermark oder stellen Seifenschaum her um zu demonstrieren, daß die in der Mitte liegenden Schaumzellen ebenfalls 5—6eckig sind. Im Hollundermark sehen wir auch runde Zellen. Dadurch entstehen im Gesamtverband zwickelförmige Hohlräume. Solche Hohlräume haben 3 Wände — (Materialverbrauch) — und könnten bei der Bienenwabe nicht genutzt werden.)
Der zylindrische Körper der Larven paßt sich in die sechseckige Form ohne Raumvergeudung ein. Bei einem viereckigen Zellenquerschnitt wären die Eckenräume nicht ausgefüllt.
Damit ist eine, in vieler Beziehungen ideale Architektur der Zellen und Waben gegeben.

h. Die Nester und Waben von *Biene* und *Wespe* werden miteinander verglichen. (Gemeinsames und Unterschiede).

i. Sind wir in der glücklichen Lage, eine frische, mit Honig gefüllte Wabe vorweisen zu können, schneiden wir mit dem Skalpell kleine Wabenstücke heraus und verteilen sie zum Essen an die Schüler. Das Wachs kann verschluckt, oder ausgespuckt werden.

3. *Der Bienenhonig*

a. Die Bienen sammeln Blütennektar und andere zuckerhaltige Pflanzenausscheidungen z. B. von Blättern (Lindenblatthonig).
Der Honigtau der Blätter geht auf tierische Blatt- und Rindensauger zurück, deren Verdauungsprodukt er ist.
Diese süßen Säfte bestehen aus einer mehr oder weniger konzentrierten wässrigen Lösung von Rohrzucker, der in wechselndem Umfang in Traubenzucker und Fruchtzucker gespalten ist.
Im Honigmagen der Biene wird der Rohrzucker (ein Disaccharid) durch Fermente in Monosaccharide (Traubenzucker und Fruchtzucker) gespalten (Inversion), so daß der in die Waben gelangende Honig aus folgenden Substanzen besteht:

20—21 % Wasser,
ca. 10 % unveränderter Rohrzucker
22—44 % Traubenzucker
32—49 % Fruchtzucker.

Der Gehalt an *höheren Zuckern* ist sehr variabel. Neben Trisacchariden (Melezitose, Fructomaltose) kommen Oligosaccharide vor, die früher fälschlich als Honigdextrine bezeichnet wurden.

0,1—0,2 % *organische Säuren* (nachgewiesen wurden bisher: Wein-, Äpfel-, Milch-, Bernstein-, Zitronen-, Essig-, Oxal-, Gerbsäure).

Vitamine: A, B_1, C, K, alle in geringer Menge.

Mineralstoffe in 100 g Honig: 10 mg K, 5 mg Na, 5 mg Ca, 6 mg Mg, 0,2 mg Fe, 0,07 mg Cu, 0,2 mg Mn, 16 mg Phosphorsäure, 5 mg SO_4, 19 mg Cl^-.

Außerdem verschiedene *Aromastoffe*.

Der *Bodensatz* des kristallisierten Honigs besteht vorwiegend aus Traubenzucker, während sich darüber der schwerer kristallisierende Fruchtzucker ansammelt. (Als erstes kristallisiert die Melizitose aus; um ihre Kristalle gruppiert sich dann der Traubenzucker).

Farbe und *Geschmack* schwanken nach Herkunft des Honigs (Wald-, Heide-, Wiesenhonig usw.)

Bis 1747 (Einführung der Zuckerrübe) war Honig in Mitteleuropa das einzige Süßungsmittel.

b. Blütenhonig enthält meist *Pollen* der Herkunftsblüten und kann danach bestimmt werden. Fälschungen durch Verschnitt mit billigerem (z. B. amerikanischem Honig) werden so erkannt.

Zur Demonstration der Pollen gibt man einen kleinen Tropfen des Honigs auf den Objekttr., mit einem Tropfen Wasser, bedeckt mit Deckglas und untersucht unter dem Mikroskop bei starker Vergrößerung.

Man kann auch Honig in Wasser auflösen, zentrifugieren und aus dem Bodensatz die Pollenkörper abpipettieren. Die sonst angegebene Methode, den gelösten Honig zu filtrieren und den Rückstand zu untersuchen setzt voraus, daß ein erkennbarer Rückstand bleibt. Dies ist nicht in jedem Falle gegeben.

c. Wurde dem Honig *künstlicher Invertzucker* zugesetzt, so kann dieser durch die *Fiehesche Reaktion* (s. *Römpp:* Chemie Lexikon) nachgewiesen werden.

d. Traubenzucker wird mit *Fehling*scher Lösung nachgewiesen.

e. *Kunsthonig* wird technisch aus wässriger Rohrzuckerlösung hergestellt, die man mittels stark verdünnter Säuren in Invertzucker spaltet. Zusatz von Essenzen oder Bienenhonig verbessern den Geschmack.

4. Das Bienengift

Die Giftwirkung beruht nicht auf Ameisensäure, wie früher angenommen wurde, sondern auf Eiweißkörpern. Es gibt eine Gewöhnung, sowie eine Überempfindlichkeit auf Bienengift. (s. weiteres unter Wespengift).

5. Der Beobachtungskasten

Bevor man selbständig mit Bienen umgeht, lerne man unbedingt bei einem erfahrenen Imker die nötigen Handgriffe (s. Literatur). Zwergvölker sowie auf einer einzigen Wabe gehaltene Beobachtungsvölker leiden meist durch Störung des Wärmehaushaltes. Daher müssen die Temperaturverhältnisse (35° C) im Stock besonders exakt reguliert werden. (Wärmeverdämmung durch Watte, Zellwatte, Styropor u. ä.).

Beobachtungszwergvölker gehen oft ein, weil die Altersklassen nicht gleichmäßig vertreten sind. Als weiterer Gesichtspunkt ist die Beobachtungszeit zu beachten. Im Frühjahr schrumpfen oft die Völker durch Abgang der Winterbienen sehr zusammen und da die Tracht bei unserem Klima oft spät kommt, setzt auch der Brutansatz oft spät ein. In dieser Zeit, wo mancher Imker Völker zusammenlegen muß, opfert er nicht gerne einen Ableger für unsere Zwecke. Am günstigsten wären zur Beobachtung die Monate Juni—August, wenn sich die Völker soweit erholt haben, daß ein Aderlaß von einigen Tausend Arbeiterinnen möglich ist. Aber welcher Lehrer hat in dieser Zeit der Schuljahresschlußarbeiten, der Prüfungen und Wandertage noch die Möglichkeit für ein derartiges Unternehmen? So bleibt nur noch der September, zumal wenn er durch einen Altweibersommer verschönt wird.

Wer sich näher mit Beobachtungskästen befassen möchte, sei auf die Literatur *(Sielmann, Steiner, Unverfähr)* und die Erfahrung von Imkervereinen hingewiesen. Hier genauer auf diese Arbeiten einzugehen, würde den Rahmen des Buches sprengen.

Trotzdem sei wenigstens eine einfache Form eines Bienenstockes für ein Zwergvolk erwähnt, wie er in Amerika entwickelt wurde, als in der Presse der „Blütenstaub zum Frühstücksbrot für Jedermann" propagiert wurde. *Abb. 19*

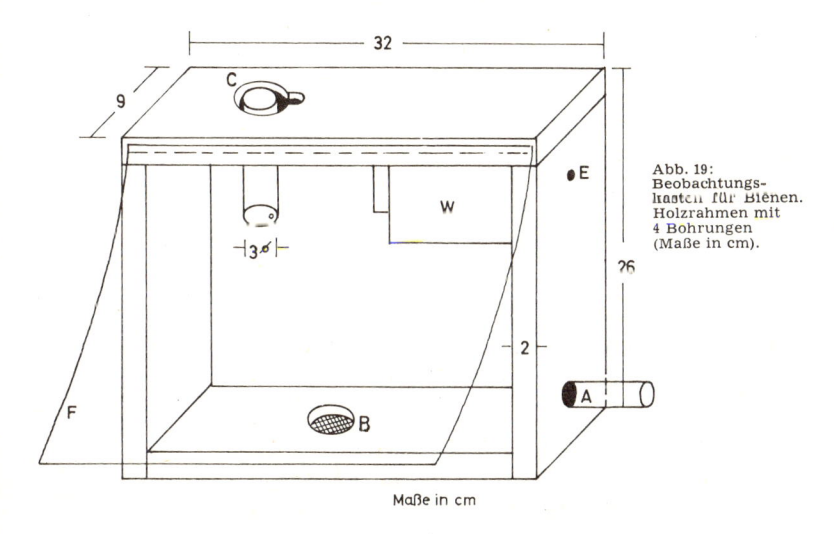

Abb. 19:
Beobachtungskasten für Bienen.
Holzrahmen mit 4 Bohrungen
(Maße in cm).

Maße in cm

A In diese Bohrung wird ein durchsichtiger Plastikschlauch von ca. 1,7 cm innerer Weite eingepaßt. Dieser Schlauch führt durch eine Bohrung des Fensterstockkes vom Zimmer, in dem der Beobachtungskasten steht, ins Freie (Flugloch).

B In dieser Bohrung ($\varnothing$ 5 cm) wird ein enges Drahtnetz zur Lüftung angebracht.

C Diese Bohrung hat bis zur Hälfte der Holzwand ca. 5 cm $\varnothing$ und dann nur noch 3 cm $\varnothing$. In sie wird ein Plastikröhrchen eingekittet, in dessen Boden eine winzige Öffnung mit der Nadel eingestochen wurde. Wird es mit Wasser gefüllt, tritt dort langsam ein Tropfen für die Bienen zum Trinken aus.

E Diese Bohrung nimmt einen Draht auf, mit welchem ein Weiselkäfig geöffnet werden kann. Der Käfig wird mit der Königin an der Decke befestigt.
W sind 1—2 Mittelwände von Waben. Dazwischen der Käfig der Königin an der Decke befestigt.

F Die Abdeckung erfolgt auf beiden Seiten mit kräftigen Kunststoffolien. Auf einer Seite wird sie am Rahmen befestigt, an der anderen Seite erfolgt die Befestigung nur am oberen Rahmen, so daß durch Aufbiegen der Folie von unten her, Zugang in den Kasten geschaffen wird.
Sind Bienen im Kasten, dann wird auch diese Folie unten mit Zwecken befestigt, so daß die Tiere hier nicht entweichen können. Eine weitere Bohrung in der Decke kann evtl. einen Thermometer aufnehmen.

6. Beobachtungsaufgaben an der besetzten Wabe

In welchem Zeitraum wird eine Wabe erstellt?
Wie wird gebaut?
Welche Tiere liefern das Wachs?
Läßt sich die Wachsmenge pro Kopf ausrechnen, welche produziert wurde?
Warum wird ein Wabenrahmen vom Menschen geliefert?
Welche Bereiche der fertigen Wabe werden bestiftet?
Welche werden mit Honig, oder vorwiegend mit Blütenstaub belegt?
Woran erkennt man die Königin sofort? Wie wird sie gefüttert?
Wie legt sie die Eier ab (Bestiften der Zellen)?
Woran unterscheidet man Arbeiterinnen und Drohnen? Ihr Verhalten?
Können Sammlerinnen mit Pollenkörbchen beobachtet werden? Wie verhalten sie sich?

Man sollte sich keiner Illusion hingeben, als könnte in der geringen zur Verfügung stehenden Zeit viel mehr, als etwa die angeführten Fragen beantwortet werden. Wichtig wäre, wenn die Kinder überhaupt einmal das geschäftige Leben auf einer Wabe sehen können und damit einen ersten Eindruck von der Arbeitsteilung und dem Ineinandergreifen der Vorgänge in einem Bienenstaat erhalten.
Dressurversuche sind zeitraubend und in der Schule kaum bis zu eindeutigen Ergebnissen durchführbar.

Markiert werden Bienen mit Mineralfarben, welche in alkoholischer Schellacklösung aufgeschwemmt sind.

7. Exemplarische Behandlung der Biene

Die Honigbiene eignet sich wie kaum ein anderes Insekt zur exemplarischen Bearbeitung zentraler biologischer Themen. Als Anregung sei eine Auswahl davon stichwortartig angegeben:
Bauplan eines Insekts (Herstellung von Mikropräparaten, mikroskopische Untersuchungen, Zeichnen);
Entwicklung einer Biene; die Tätigkeit einer Arbeiterin;
Entwicklung der Königin (Modifikation);
Zweigeschlechtliche Vermehrung und Parthenogenese;
Genotypische und phaenotypische Geschlechtsbestimmung;
Organisation des Bienenstaates (Arbeitsteilung);
Regulation von Temperatur, Luftfeuchtigkeit, Nahrung, Honigproduktion;
Zeitsinn, Farb- und Gestaltsehen;
„Bienensprache";
System von Fragestellung und Dressurversuchen in der Biologie;
Verhältnis Biene/Blüte (wirtschaftliche Bedeutung);
Überwinterung; Tiergifte; Parasitismus (Bienenwolf);
Feinde (Wespen, Vögel; das Problem des Bienenfressers!)
Es ist nicht möglich, im Rahmen dieses Buches auf diese Themen näher einzugehen. (s. Literatur).

8. Information im Bienenstaat

a. Warum ist Übertragung von Information („Bienensprache") im Bienenstaat notwendig?
Das arbeitsteilige Gemeinwesen des Bienenstaates erfordert ein ordnungsschaffendes Informationssystem.
Durch Informationsübertragung wird Energie und Zeit gespart. (Warum?)
Information führt zur Blütenstetigkeit.

b. Der Film F 352 über die Tänze der Bienen stellt Möglichkeiten der Informationsübertragung dar.

c. Welche Informationen werden übertragen?
1. Der Stockgeruch
2. Der Blüten- und Pollenduft
3. Nahe Futterquellen durch Rundtanz
4. Die Rentabilität der Futterquelle durch die Zahl und Lebhaftigkeit der Tänze.
5. Zur Nahorientierung für Neulinge wird an Blüten das Duftorgan ausgestülpt.
6. Entfernung des Futterplatzes (ab 100 m) durch Schwänzeltanz. (Umdrehungen pro Minute). Mit zunehmender Entfernung wird das Tanztempo langsamer.
7. Richtung des Futterplatzes durch Schwänzeltanz. Für die Richtung „nach oben" oder „nach unten" ist kein sprachlicher Ausdruck vorhanden.
Bei notwendigen Umwegen bezieht sich die Richtungsweisung auf die Luftlinie durch das Hindernis hindurch und die Entfernungsangabe nach der tatsächlichen Umwegsentfernung.
8. Die „Nachläuferinnen" können die „Tänzerinnen" durch einen Piepton zum Stillhalten und zur Abgabe von Honig veranlassen.
Zwischen Nektar- und Pollensammlerinnen besteht bezüglich der Tanzform kein Unterschied.

9. Wasserquellen werden wie Nektarquellen angezeigt. Das Wassertragen ist nicht auf ein bestimmtes Alter der Trachtbienen beschränkt.
10. Vorhandensein von Kittharz an Baumknospen, zum Abdichten des Stockes, wird genau so gemeldet.
11. Auf der Schwarmtraube melden Spurbienen die Lage einer günstigen Niststätte.
12. Schwirrläufe der Spurbienen geben Signal zum Aufbruch des Schwarmes zur neuen Niststätte.
13. An der neuen Niststätte werden durch „Sterzeln" die Nachzügler angelockt.
14. Im Stock selbst gibt der Schwirrlauf das Zeichen zum Schwärmen.
15. Beim Hochzeitsflug lockt die Königin durch Duft aus der Mandibeldrüse die Drohnen an.
16. Bedrohte und angegriffene Bienen geben Gefahrenalarm. Sie strecken den Stachelapparat aus und verbreiten durch Flügelschwirren den Geruch eines Alarmstoffes, der nicht mit dem Bienengift identisch ist. Der Alarm veranlaßt die Kameraden zum Angriff.
17. Durch Luft übertragene Schallwellen können die Bienen nicht hören. Königinnen antworten auf Tüt- und Quaktöne die von Rivalinnen erzeugt werden. Diese Töne werden durch die Flugmuskulatur erzeugt und durch Anpressen des Thorax an die Unterlage auf diese übertragen. Die Tonwahrnehmung geschieht durch die Beine, welche die Erschütterungen der Unterlage aufnehmen.
18. Die Anwesenheit der Königin wird durch eine Königin-Substanz aus der Mandibeldrüse der Königin gemeldet. Der Stoff wird von Arbeiterinnen aufgeleckt und im Stock von Biene zu Biene verbreitet. Fehlt er, dann werden Ersatzköniginnen herangezogen und mit dem Bau von Weiselzellen begonnen. Bei Arbeiterinnen entwickeln sich überdies Eierstöcke (Drohnenbürtigkeit!).
19. Ein Duftstoff der Königin lockt den Hofstaat heran.

9. Zur Geschichte der Imkerei

Der Bienenhonig wurde bereits vor 10 bis 15 000 Jahren durch Ausbeuten von Höhlennestern gewonnen (Felsenmalerei in den Cuevas de la Arana bei Bicorp in der Provinz Valencia in Spanien zeigt eine solche Situation).

Die Ägypter betrieben Imkerei, wie ein Relief vom Grab des Pebes in Theben (600 v. Chr.) zeigt, wo ein Imker seine Bienenvölker in Tonröhren hält.

Auch im vorrömischen, keltischen und vorkeltischen Bereich muß Imkerei bekannt gewesen sein, da zum damaligen Bronzeguß viel Wachs zum Herstellen der Model notwendig war. Geformte Wachskerne wurden mit Ton eingehüllt. Beim Brennen floß das Wachs heraus und in die Höhlung der Model wurde dann die Bronze gegossen.

Im Mittelalter gab es die Zeitlerei (oder Waldbienenzucht) und Hausbienenzucht. In den undurchforsteten Wäldern waren noch genügend hohle Bäume, wo Bienenvölker Unterschlupf finden konnten. Der Holländer *Swammerdam* entdeckte die Eierstöcke der Königin (1637—1680).

Der Schweizer *Francois Huber* erfand die bewegliche Wabe, welche dann von *August v. Berlepsch* (1815—1877) in die Imkerei eingeführt wurde. 1848 entdeckte der schlesische Pfarrer *Dzierzon* (1811—1906), daß sich die Drohnen aus unbefruchteten Eiern entwickeln. Durch *Karl v. Frisch* (geb. 1886 in Wien) wurde die Bienenkunde naturwissenschaftliches Forschungsgebiet großen Umfangs.

10. Einige Zahlen

Die Bestäubung der Obstblüten wird in Deutschland schätzungsweise zu 80 % von Bienen durchgeführt.
Ein Bienenvolk kann 40 000—80 000 Mitglieder umfassen. Davon sind im Sommer 500—2000 Drohnen.
Im Sommer legt eine Königin täglich bis 2000 Eier (alle 3—4 Minuten eines).
Die Entwicklungstemperatur muß konstant 35° C betragen.
Die Larve wiegt 6 Tage, nachdem sie die Eihülle verlassen hat, bereits das 1400fache ihres Anfangsgewichtes.
Die Honigblase einer Arbeiterin faßt ca. 58 cbmm. Wenn man annimmt, daß der mittlere Zuckergehalt von Kleeblüten 30 % beträgt, dann sind zur Bereitung von 1 kg Kleehonig 40 000 Sammelflüge und der Besuch von 6 Mio Kleeblüten nötig.
Legen die Bienen pro Sammelflug 1 km zurück (das ist normalerweise nicht viel), so ergibt sich die Flugstrecke für 1 kg Kleehonig von 40 000 km (= Erdumfang).

11. Entwicklungsverlauf und Tracht (Abb. 20)

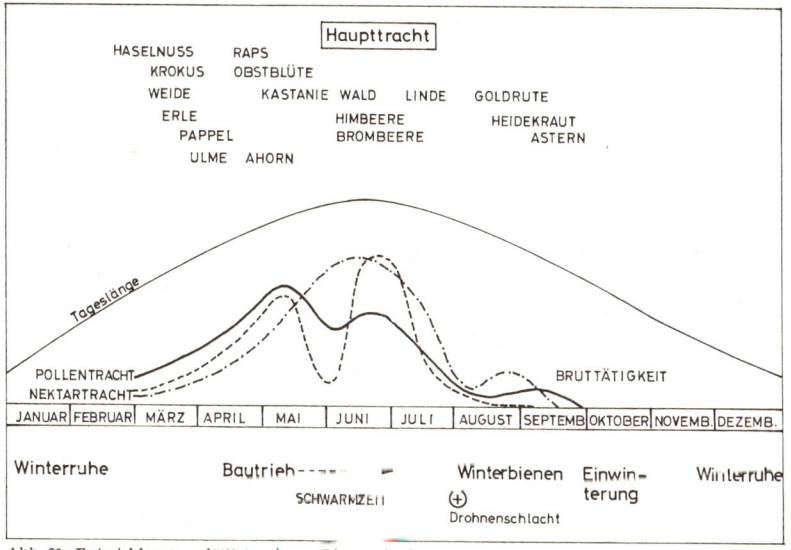

Abb. 20: Entwicklungsverlauf in einem Bienenstaat.
Dargestellt sind die Trachtverhältnisse in einem Frühtrachtgebiet.
Ende Juli erlischt bei vielen Völkern die Bruttätigkeit weitgehend. Die Drohnen sterben und fallen nicht mehr als unnötige Zehrer zur Last. Im August entwickeln sich dann die langlebigen Winterbienen. Mit ihnen beginnt eigentlich das neue Bienenjahr. Die Honigvorräte müssen jetzt so groß sein, daß sie für den Winter ausreichen. Während der Winterruhe sind die Bienen zu einer Kugel zusammengedrängt, mit der Königin in der Mitte. Anfang März erfolgen Reinigungsflüge und die Königin beginnt die ersten Eier zu legen. Von 10—20 Eier täglich steigert sie die Produktion bis zu täglich 3 000 Eier im Juni. Das Volk wächst auf 40 000 bis 60 000 Bienen heran. Junge Königinnen werden nachgezogen, dann verläßt die alte Königin im Vorschwarm den Stock und sucht eine neue Behausung auf. Oft verläßt auch noch eine zweite Königin den Stock. Erst eine später geschlüpfte Königin wird dann vom Volk zurückgehalten. Sie fliegt bald darauf zur Begattung aus und beginnt schon nach wenigen Tagen mit der Eiablage.
(Schema nach JORDAN, R.: Kleine Bienenkunde. München 1966; etwas verändert.)
—.—.— = Bruttätigkeit.

137

Literatur

Berner-Müller: Die Bienenweide. Stuttgart 1967.
Büdel, A. u. *Herold, E.:* Biene und Bienenzucht. München 1960. (Zusammenfassende Darstellung mit umfangreicher Lit.)
Frisch, K. v.: Aus dem Leben der Bienen. Verst. Wiss. 7. Aufl. Berlin 1963.
ders.: Tanzsprache und Orientierung der Bienen. Berlin 1965. (Zusammenfassung der gesamten Arbeiten auf diesem Gebiet, mit umfangr. Literaturverz.
Hüsung, O.: Honig, Wachs, Bienengift. NBB 1969.
Jander, R.: Die Phylogenie der Orientierungsmechanismen der Arthropoden. Verh. Deut. Zool. Ges., Jena 1965.
Jordan, R.: Kleine Bienenkunde. Wien München 1964.
Kainz, F.: Die „Sprache" der Tiere. Stuttgart 1961.
Schimitschek, E.: Insekten als Nahrung, Kult u. Kultur. Handb. d. Zool. Bd. 4. 2. Hälfte; Berlin 1968.
Sielmann, L.: Verhaltenskundliche Beobachtungen an Bienen. (Erfahrungen im Biologieunterricht der Klasse 8 eines Gymnasiums) DBU 3. 1967, H. 2.
Unverfähr, H. J.: Der Bienenschaukasten. Prax. d. Biol. 1957, H. 1. S. 4.
Zander-Weiß: Handbuch der Bienenkunde. Stuttgart 1964.
  Bd. I./II. Krankheiten und Schädlinge der Bienen.
  Bd. III. Der Bau der Biene.
  Bd. IV. Das Leben der Bienen.
  Bd. V. Die Zucht der Bienen.
  Bd. VI. Der Honig.

II. Hummeln *(Bombus spec.)*

Demonstrationsmaterial
Trockenpräparate
Kronen Tafel 42
Mikropräparate (s. Honigbiene)
Hummelnest
Hummelblüten (Salbeiarten, Taubnessel, Eisenhut u. a.)
R 565 Wespen und Hummeln
R 978 Bestäubung der Salbeiblüte

1. Hummelblüten

An Salbeiblüten kann der Bestäubungsmechanismus gezeigt werden. Mit einem dünnen Grashalm können wir den Hebelmechanismus der Staubblätter jederzeit selbst auslösen.

2. Hummeln als Einbrecher in Blüten

Blüten des Lerchensporns oder Leinkrautes werden gezeigt. Hier können die Hummeln nicht auf normalem Weg von oben zum Nektar gelangen. Sie bohren den Blütenfortsatz (Sporn) mit dem Saugrüssel an und gelangen so zum Nektar; (z. B. Erdhummel). Andere Hummeln beißen Löcher.

3. Verpflanzung eines Hummelnestes in das Labor

Blume beschreibt, wie man hierbei zu Werke geht, und welche Beobachtungsaufgaben mit einem Hummelnest in der Schule durchgeführt werden können.
Als zwar schwierig, aber besonders lohnend bezeichnet er das Ausnehmen eines Hummelweibchens mit dem Nestanfang im Mai. „Das Nest, bestehend aus Futtertopf und Brutklumpen, ist noch klein und beim Ausgraben beschädigt man es leicht. Hat man es aber, so kann man die Entwicklung des Volkes von Anfang an mit verfolgen!" Für die Beobachtung selbst ist ein Zuchtkasten erforderlich, wie Blume ihn beschreibt.

Die Gründung eines einjährigen Hummelstaates erfolgt durch eine besamte Königin, in Höhlungen unter Steinen, in Mäusebauten, unter Moos. Der Reihe nach spielt sich folgendes ab:
1. Bau eines Futtertönnchens, das mit Honig gefüllt wird (Reserve bei ungünstiger Witterung).
2. Bau eines erbsengroßen Einäpfchens in das die ersten, ca. 7 Eier gelegt werden und das dann verschlossen wird. Das Baumaterial, Pollenhonigteig der mit Wachs überzogen ist, dient den Maden als Nahrung. Das Einäpfchen dehnt sich mit dem Wachstum der Larven aus und wird größer.
3. Die fertigen Maden spinnen sich ein, wobei eine Made ihr Gespinst immer an das ihre Nachbarin anschließt. Auf diese Weise entstehen die „Scheinwaben" der Hummeln. Entwicklungsdauer 27—42 Tage.

4. Präparieren eines Hummelnestes

Nach *Blume* werden die Zellen des Hummelnestes mit einer wässrigen Lösung von Gummi arabicum oder mit Spiritus und Ätherlack getränkt. Größere Hummelnester sollte man vor dem Aufstellen mit 1°/ooiger Sublimatlösung bepinseln. Eier, Larven und Puppen nimmt man aus den Nestern und legt sie 5—6 Sek. (Eier) oder 1—2 Min. (Puppen, Larven) in Wasser von 90° C. Aus heißem Wasser kommen alle Objekte in 80 %igen Alkohol. Larven und Puppen sollen dann weiß bleiben und nicht schrumpfen.

5. Präparieren von Hummeln

Nach *Friese* können Hummeln in Alkohol gesammelt und aufbewahrt werden. Nach 4—6 Wochen nimmt man sie heraus und trocknet sie leicht auf Fließpapier. Nach 2—3 Minuten badet man sie in 98—100 %igem Alkohol und schüttelt sie vorsichtig. Je nach Größe nimmt man sie innerhalb von 5—10 Min. heraus und läßt sie auf Fließpapier gut abtrocknen. 10—20 Minuten später kommen sie in ein Bad aus reinem Äther. Sie bleiben 1—2 Min. darin und werden anschließend wieder auf Fließpapier getrocknet. Bei schnellem Verdunsten richten sich die Haare auf. Durch leichtes Anblasen kann man nachhelfen. Den Rest bestreicht man mit einem weichen Pinsel. Kleine Hummeln und Bienen nadelt man dann sofort, größere nach 1—2 Std. Die Nadel wird schwach rechs der Mitte durch das Bruststück und kurz vor dem Schildchen eingeführt und leicht schräg nach vorn durchgestoßen. Die Flügel werden nicht gespannt, sondern mit einer weichen Pinzette in die natürliche Lage gebracht (zit. nach *Blume*).

Literatur
Blume, D.: Unterrichtliche Arbeiten an Hummeln. DBU 1967, H. 2.
Huus, A.: Arttypische Flugbahnen v. Hummelmännchen. Z. vergl. Physiol. 31. 1949, 281—307.
ders.: Vergleichende Verhaltensstudien zum Paarungsschwarm solitärer Apiden. Z. Tierpsychol. 17. 1960, 402—416.
Kugler, H.: Hummeln als Blütenbesucher. Ergebnis Biol. 19. 1943, 143—323.

III. Faltenwespen (*Vespidae*)
Demonstrationsmaterial
Trockenpräparate der Deutschen Wespe (*Vespa germanica*) der Hornisse (*Vespa crabro*) und anderer.
Kronen Tafel 35

Wespennester und Nestteile
Mikropräparate (s. Honigbiene)
Mimikryformen wespenähnlicher Tiere (Hornissenschwärmer, Fliegen)
Von Wespen ausgehöhltes Obst
R 565 Wespen und Hummeln
R 586 Brutfürsorge der Glockenwespe

1. Wespenstachel und Wespengift

a. *Mikropräparat* eines Stachelapparates mit den zwei Giftdrüsen: einer alkalischen und einer sauren. Der Stechapparat als „Wunderwerk tierischer Feinmechanik".

b. *Beim Stich* ergießt sich der Inhalt beider Drüsen in den basal erweiterten Teil der Stechrinne, wird dort vermischt, worauf er erst giftig wird, fließt dann durch den Stechborstenkanal in die Wunde. Beim Stich dringen sowohl die Stachelrinne wie die beiden Stechborsten, letztere aber tiefer, in den Körper.

d. *Die Gifte* sind denen der Bienen ähnlich, aber doch spezifisch verschieden. Im Wespengift wurde bislang nachgewiesen: Histamin, 5-Hydroxytryptamin, freie Aminosäuren, proteinartige Stoffe, Enzyme (Hyaluronidase, Cholinesterase, Phospholipase B), beim Hornissengift außerdem Acetylcholin. Von diesen Stoffen bewirkt allein das Histamin noch in einer Verdünnung von 1:100 000 in kleinen Ritzwunden der Haut Rötung, Juckreiz und Quaddelbildung.

Die Wirkung von Wespen- und Hornissenstichen kann je nach Lage des Einstiches und Allergie der betroffenen Person, recht verschieden sein. Tödliche Ausgänge sind äußerst selten. Gefährlich werden Stiche in die Zunge, den Rachen oder Gaumen (Erstickungsgefahr) oder in ein Blutgefäß (Haargefäß), was dann zur raschen Verteilung des Giftes führt. Als Schädigung können die Kapillaren blutdurchlässig werden, wodurch innere Blutungen auftreten und das Ionengleichgewicht im Blut gestört werden kann. (Bei schweren Fällen werden Stoffe injiziert, welche Calzium-Ionen liefern.)

2. Fangen von Wespen

a. Man kann sich den starken Geruchssinn der Tiere zu Nutze machen, um sie mit Bier oder Himbeersaft in eine Weinflasche zu locken, die man offen an einen Baum aufhängt oder an einem wespenreichen Ort aufstellt.

b. Im Winter findet man überwinternde Weibchen in Holzhaufen, morschen Baumstrünken, unter zerklüfteten Rinden, unter Moos und Steinen. Die lebenden erstarrten Weibchen unterscheiden sich von toten dadurch, daß sie die Flügel ventralwärts angelegt haben.

c. Die einfachste Methode ist es natürlich, am Fenster ein Fangglas aufzustellen, welches wie oben beschickt wird.

3. Zucht von Wespen

Leichter als Hummeln, lassen sich überwinterte Wespen in einem großen Fliegenzuchtkasten zur Nestgründung bringen. Als Nistmaterial bietet man Filterpapier oder weiches Fließpapier, das man an der Kasteninnenwand anheftet. Ersetzt man von Zeit zu Zeit das Papier durch andersfarbiges, dann kann man die

einzelnen Bauphasen am Nest chronologisch festlegen (n. Steiner). Für die Nestanlage befestigt man in einer Ecke des Kastens einen kleinen Nistkasten aus Pappe. Ein kleines Beobachtungsfenster ermöglicht uns, in diesen sonst dunklen Nistkasten Einblick zu nehmen.
Gefüttert wird mit Fliegen, magerem Fleisch, Würfelzucker und Wasser oder etwas Obst. Als Tränke dient eine Trinkflasche, die in eine Glasröhre, welche am Ende, durch das ein Docht gezogen wurde, etwas zugespitzt ist, sodaß langsam Wasser austreten kann.

4. *Orientierungs- und Heimkehrvermögen*

Durch vorübergehendes Öffnen des Fliegenkastens läßt man die Wespen frei fliegen und beobachtet ihr Heimfindevermögen.

5. *Untersuchung von Wespennestern und Vergleich mit Bienennestern*

Während eine Zucht von Wespen wohl nur selten in einer Schule durchführbar ist, müßte die Untersuchung von Nestern als fester Bestandteil zum Unterricht über die Wespen gehören.

a. Wespennester werden häufig von Schülern mitgebracht. Je nach Art findet man sie sonst in Höhlungen des Bodens, in Bäumen, auf Dachböden und meistens verraten sie sich durch starken Flugverkehr. Die Feldwespen *(Polistes)* bauen hüllenfreie Nester im Freien an starken Grashalmen oder sonstigen Haltemöglichkeiten.
Guterhaltene kleinere Nester kleben wir am Deckel eines leeren Honigglases fest und schließen durch Aufsetzen des Glases ab.

b. Im Unterricht wird ein Wespennest zuerst gewogen und festgestellt, daß es im Gegensatz zu den Wachswaben der Bienen sehr leicht ist. Höhe und Durchmesser werden gemessen.

c. *Wie ist das Nest gebaut?*
Mit einer Rasierklinge stellen wir einen Längsschnitt her. Untersucht wird die Lage der Waben (vergl. Bienennest), Form der Zellen und ihre Lage im Raum. Welche Rolle spielt die Hülle? Aus wieviel Schichten besteht sie? (Temperaturisolierung wie Doppelfenster). Wieviel Fluglöcher läßt die Hülle frei?
Wie sind Nest und Waben aufgehängt?
Wieviele Waben enthält das Nest? Schätze die Zahl der Zellen. Sind Zellen zugedeckt? Was enthalten sie? Gibt es wie bei der Biene Vorratszellen?
Wo wurde der Bau begonnen? Wie kann wohl eine Erweiterung stattfinden?

d. *Die geometrische Form* der sechseckigen prismatischen Zellen ist eine Folge des Wabenbaues. Keine Wespe würde eine einzelne isolierte solche prismatische Zelle bauen. So ist auch die allererste Zelle im Querschnitt immer rund, wie auch die Randzellen außen abgerundet und einzelne, aus ihrer Nachbarschaft herausragende Zellen in diesem überhöhten Teil auch rund sind.
Nur dort, wo die Wespe mit ihren dauernd in Bewegung befindlichen Antennen mit anderen Zellen Kontakt verspürt, wird sie über diese Tastreize zum Bau sechseckiger Zellen bestimmt. (Stellungsreflexe; nach *Schremmer*).
Die Zellen verjüngen sich nach innen zu. Dadurch kann eine schüsselförmige Wölbung der Wabe entstehen. Bei einere Nestvergrößerung werden von den zahl-

reichen Hüllen immer die innersten zuerst abgebaut und zugleich äußere neu aufgebaut.

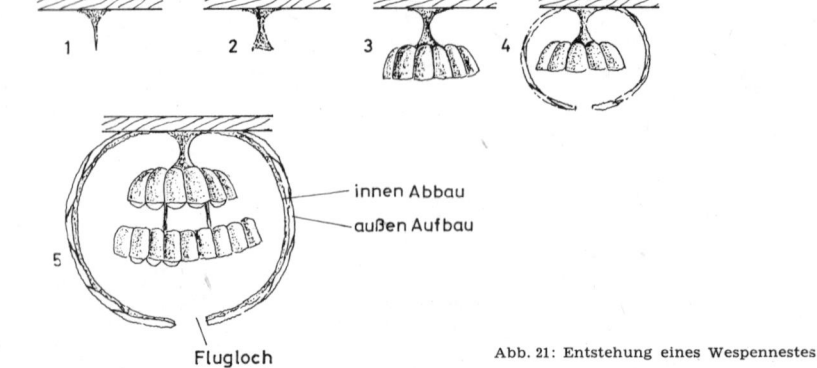

Abb. 21: Entstehung eines Wespennestes

e. Oft wird von den Schülern gefragt, warum denn die Larven nicht aus den nach unten geöffneten Zellen herausfallen.
Die jungen Larven werden wie auch die Eier durch ein an der Luft erhärtendes Sekret festgehalten. Die älteren dickeren Larven werden nur noch durch den Druck, den ihr Körper auf die Zellwände ausübt, festgehalten.

f. Die kugelförmigen *Verschlußkappen* der Puppenzellen sind weiß. Sie sind Gespinste und gehören zu den Puppenkokons. Schneidet man sie auf, so findet man dahinter nicht geschlüpfte Larven bzw. Puppen, die bei der Ausräucherung des Nestes getötet wurden.
Im Binokular ist der Unterschied zwischen dem Gespinst der Kuppel und dem Faserstoff des Wespenpapiers erkennbar.

6. Das Baumaterial der Wespennester

a. *Nestmaterial* wird an die Schüler verteilt.
Verschiedene Farben des Wespenpapiers werden festgestellt. Es kann sehr elastisch, aber auch brüchig sein.

b. Die *unterschiedlichen Farben* gehen auf verschiedenes Ausgangsmaterial zurück. Die meisten Wespen holen ihr Baumaterial von entrindetem, oberflächlich verwittertem Holz alter Zaunlatten, Bretter, Telephonmasten u. dgl. So entsteht heller und dunkler grau gefärbtes Material aus elastischem Papier.
Die Hornisse und die gemeine Wespe verwenden dagegen vermorschtes, modrig gewordenes Holz, das sich nicht mehr in längliche Fasern spalten läßt, sondern in winzige Stückchen zerkaut wird. So entstehen Nester aus holzfarbigem, hellgelblichem oder bräunlichem und sehr brüchigem Papier.
Feldwespen holen sich ihr Baumaterial von trockenen Pflanzenstengeln.

c. *Chemisch* besteht das vergraute Holz fast nur noch aus Zellulose, da das Lignin herausgewittert ist.

Soweit noch Lignin enthalten ist, muß die Reaktion mit Phloroglucin (1 %ige alkoholische Lösung) + konz. Salzsäure positiv ausfallen. Holz färbt sich dadurch sofort tief kirschrot.

Tränken wir das Wespenpapier mit verd. Jodjodkaliumlösung (Jodlösung in wässriger KJ-Lösung), so färbt sich die Zellulose gelbbraun, bei Chlorzinkjodlösung schwach violett (undeutlich).

Wir vergleichen diese Reaktionen an Holz und verschiedenen Papiersorten (Zeitungspapier, Schulaufgabenpapier, graues und gelbes Wespenpapier).

d. Wespenpapier mit unterschiedlichen Farben wird *zw. Diaglüser eingerahmt.* In der Projektion treten zwar keine Farbunterschiede auf, aber die faserige Struktur sowie die portionsweise Aneinanderreihung aus verschiedenem Ausgangsmaterial in verschiedener Dicke ist erkennbar. Um auch Farbunterschiede sichtbar zu machen, muß das Wespenpapier zwischen den Diagläsern über Xylol in Caedax eingebettet werden.

Literatur

Sedlag, U.: Hautflügler I. Grabwespen, Wespen, Bienen. NBB vergr.
Schremmer, F.: Wespen und Hornissen. NBB 1962 (Hier auch weitere Lit.)

IV. Ameisen *(Formicidae)*

Demonstrationsmaterial
Trockenpräparate
Kronen Tafeln 33—34
Der Ameisenbau und seine Bewohner (Entomologie in einem Schaukasten zeigt den senkrechten Schnitt durch einen Bau). Bei verschiedenen Lehrmittelfirmen.
Teil eines Fichtenstammes, welcher der Roßameise (*Camponotus herculeanus*) als Nest gedient hat. (Vor dem Einbringen in die Sammlung entwesen).
Ameisengäste: Collembolen, Ameisengrille *(Myrmecophila acervorum)*, Kurzflügler *(Staphylinidae)* z. B. *Lomechusa strumosa* (Kronen T. 50), Stutzkäfer *(Histeridae* K. T. 51), die Larve von *Potosia floricola* (Rosenkäfer, *K. T.* 96), *Maculinea arion*, ein Bläuling, dessen Larve von Ameisen eingeschleppt wird (K. T. 162), Afterskorpione (K. T. 179), Milben (K. T. 188), Schnurfüßler *(Julidae,* K. T. 191).
Zuchtnest mit lebenden Ameisen
Ameisenlöwe *(Myrmeleon)*
Fangvorrichtung für Bodentiere
Mikropräparate.

Filme und Dias:

F	422	Rote Waldameise: Bilder aus ihrem Leben.
F	423	Rote Waldameise: Gründung eines Staates.
FT	1463	Blattläuse
R	566	Ameisen
R	1476	Blattläuse
W	186	Ameisenfresser (*Myrmeleon* der Ameisenlöwe)
DR		Ameisen (*Harrasser und Überla, Schuchardt* u. a.)

1. Mikropräparate

Von kleinen Formen (Kleine rote Waldameise, Wiesenameise) können Totalpräparate angefertigt werden.

Von den größeren Arten werden einzelne Organe präpariert (Kopf total, Füße, Mundwerkzeuge, Fühler, aber auch Nacktpuppen).
Interessant wären auch Köpfe der Mitglieder verschiedener Kasten.

2. Gipsnester

Die Anlage von Ameisennestern in der Schule ist etwas problematisch. Die Rote Waldameise steht streng unter Naturschutz, sodaß man darauf verzichten wird, ein derartiges Volk aus seinem natürlichen Lebensraum zu nehmen. Sollte trotzdem Interesse an einem künstlichen Beobachtungsnest bestehen, sei auf die Beschreibung zur Herstellung von Gipsnestern in *Steiner, G.: Das Zool. Laboratorium* verwiesen. (S. 341—343)

3. Andere künstliche Nester

a. In eine größere flache *Glasschale* wird etwas Wasser gegeben und dann eine kleinere Glasschale hineingestellt, welche die erstere überragt (Abb. 22). Die kleinere Schale wird mit einem Ameisenvolk besiedelt (einschl. Erdreich) und dann mit einem Pappkarton bedeckt, der in der Mitte ein Loch hat, durch welches die Tiere wandern können. Auf der weißen Pappe können die Tiere markiert, gefüttert und ihre Wege genau beobachtet und fotografiert werden. Ein solches einfaches Nest eignet sich auch zur Demonstration in der Schule.

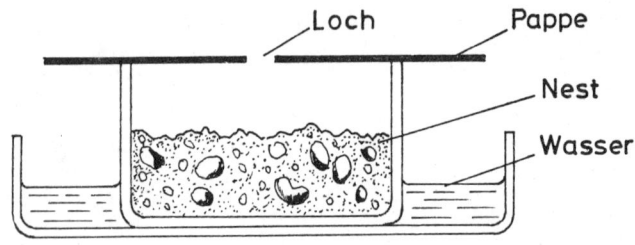

Abb. 22: Einfaches Beobachtungsnest für Ameisen. (Nach GOETSCH). Erklärung im Text.

b. Als Zuchtnest eignet sich ein *Glaszylinder*, der abwechselnd mit Erde, Steinchen und durchbohrten Korkplatten gefüllt wird (Abb. 23). Den Abschluß bildet ein durchbohrter Korken, in dessen Bohrung Watte zum Gasaustausch gestopft wird. Für regelmäßige Feuchtigkeitszufuhr muß gesorgt werden.
c. Eine weitere Möglichkeit zur Beobachtung des Nestbaues und der Arbeiten im Nest, bietet ein künstliches *Rahmennest* (Abb. 24). Dazu stellt man einen Holzrahmen von ca. 35 x 35 x 1,5 cm her und bedeckt ihn auf beiden Seiten mit Glasscheiben. Dabei wird eine Scheibe fest aufgeklebt und die zweite mit Klammern befestigt, sodaß sie zur Beschickung des Innenraumes abgenommen werden kann. Durch eine Rahmenseite (die obere) wird eine Bohrung angebracht und ein Glasrohr eingeführt, das unten mit einem ameisendichten Netz oder Wattepfropfen versehen ist. Durch dieses Glasrohr kann die Erde feucht gehalten werden. Um die Feuchtigkeit gleichmäßiger zu verteilen, kann von hier aus noch ein Gipsstreifen quer durch das Nest geführt werden.

Abb. 23: Längsschnitt durch ein einfaches Zuchtnest für Ameisen. (Nach GOETSCH). Erklärung im Text.

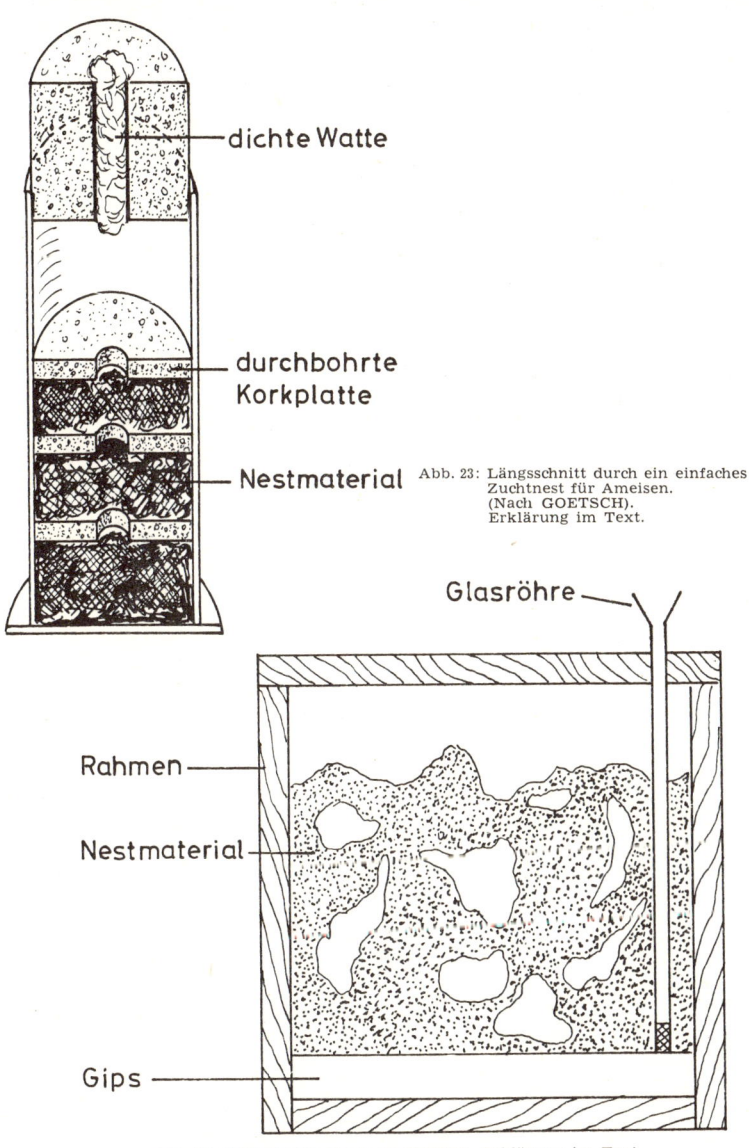

Abb. 24: Rahmennest (Nach GOETSCH). Erklärung im Text.

d. Bei allen diesen Nestern muß für eine gewisse *Feuchtigkeit* gesorgt werden. Da Ameisen für Rotlicht unempfindlich sind, können sie bei einer Fotolaborleuchte beobachtet werden.

e. Die *Nesttemperaturen* liegen bei der Roten Waldameise zwischen 20—22° C in den kühleren Partien, 25° C für die Eientwicklung, 27—28° C für die Junglarven und 29—31° C für die Altlarven. Die Puppen werden jeweils in die wärmsten und trockensten Bezirke gebracht (29—31,5° C).

In der Natur wird die *Temperaturregulierung* einmal durch die Verlängerung der Nestkuppe (je höher desto kühler) zum andern durch Öffnen und Schließen der Eingänge (Durchlüftungsregulierung) und durch Eintragen von Körperwärme durch sich sonnende Tiere reguliert. Im Kunstnest fehlen diese Regulationsmöglichkeiten, deshalb muß von außen her auf die Temperatur Einfluß genommen werden.

4. Beobachtungsaufgaben am Beobachtungsnest (3. a.)

Beobachtet werden Rote Waldameisen
Zeichne den Weg nach, der von einer Ameise gegangen wird:
1. bei reinem Karton
2. bei verschiedenem Futter, das ausgelegt wurde.

Wie verhält sich eine A. wenn sie den Kartonrand erreicht?
Wie verhält sie sich gegenüber dem Wasser?
Wie verhalten sich zwei A. bei einer Begegnung?
Auf welchen Wegen wird länger aufliegendes Futter angegangen?
Verkürzen sich mit der Zeit anfängliche Umwege?
Wenn Duftspuren eine Rolle spielen; wie können wir das nachweisen?
Der Karton kann vor neuen Versuchen mit duftfreiem Papier neu überdeckt werden.
Wie wird die Beute transportiert? u. v. a. Fragestellungen.

5. Beobachtungsaufgaben im natürlichen Lebensraum

Im Schullandheimaufenthalt und auf Wanderungen lassen sich in Form einer AG viele Freilandbeobachtungen an Ameisen durchführen. Dabei muß aber immer wieder der große Nutzen betont werden, den insbes. die Rote Waldameise uns bringt; und auf ihren Schutz hingewiesen werden.

Unser Klima zwingt die Ameisen zur Seßhaftigkeit, damit sie ihren Wärmehaushalt regulieren können.
Wir *vermessen die Kuppe* eines Ameisenhaufens (Höhe, Durchmesser).
Aus welchem Baumaterial besteht er?
Können wir Unterschiede im *Neigungswinkel* zwischen Nord- und Südseite erkennen?
Erkennt man *Öffnungen?* Wieviele? Wo sind sie angeordnet Welches Leben spielt sich an einer Öffnung in ca. 30 Minuten ab? (Ein Schüler beobachtet und diktiert, ein zweiter protokolliert mit Zeitangaben).
Welche *Straßen* führen vom Haufen weg?
Wie weit und wohin?
Gelingt es, eine Skizze des Straßennetzes anzufertigen?
Wir messen eine Straße aus?

Woran erkennen wir eine Straße? Ist dort der Boden verändert? Halten die Ameisen die Straße genau ein?

Verkehrsdichte auf einer Straße messen, getrennt nach zwei Richtungen.

Die Beobachtung von Einzeltieren ist meist nur über kurze Zeit möglich; andernfalls müßte markiert werden.

In Ergänzung zu den Beobachtungen werden die *klimatischen Faktoren* am Beobachtungstag kontrolliert (Luftfeuchtigkeit, Temperatur, Sonnenscheindauer am Nest, Windverhältnisse).

Zur Überprüfung der *Nesttemperatur* nimmt man ein langes Thermometer mit, das an verschiedenen Stellen und Seiten in das Nest verschieden tief eingesteckt wird. Vielleicht läßt sich ein *Temperaturprofil* durch das Nest von Nord nach Süd erstellen.

(Im Innern des Nestes sind es verwesende Pflanzenstoffe, welche die Innentemperatur erhöhen. Reguliert wird, w.o. erwähnt.)

Zur Unterstützung bei den Beobachtungen seien noch einige Fakten über Bau und Straßen erwähnt.

Ein *Waldameisenhaufen* ist nichts statisches, sondern etwas dynamisches. Obwohl sich die äußere Form oft wenig verändert, ist im Sommer das Baumaterial einer ständigen Umschichtung unterworfen, bei der immer wieder die äußeren Schichten nach innen und die inneren nach außen gelangen. Durch Farbmarkierung einzelner Schichten konnte dies bewiesen werden. Wahrscheinlich wird durch diese Vorgänge ein Überhandnehmen von Pilzen im Bau verhindert.

Nicht alle Nestbauer haben feste Straßen. Nach *Gößwald* sind es vor allem die stark räuberisch lebenden Formica-Arten, welche sich nicht an feste Straßen halten, sondern nach Verlassen des Nestes individuell auseinanderlaufen.

Die Rindenlausherden hoch oben in den Bäumen sind für die Waldameisen eine bedeutende Nahrungsquelle. Wenn eine solche Ameise ihr Nest verläßt, führt sie ihr Weg meist direkt zu den Rindenläusen. Auf dem Rückweg bringt sie dann Nadeln, Blatteile, Zweiglein u. dgl. mit.

Für *die Konstanz der Straßen* sind wichtig: Stärke des Raubinstinktes und artspezifische Bevölkerungsdichte der Nester.

Veränderliche Faktoren sind: Alter der Kolonie, ökologische Beschaffenheit des Standorts. Die Lage der Nachbarnester bestimmt die Richtung der Straßen mit.

Für manche Arten kommt im Sommer der rege Verkehr von Nest zu Nest hinzu. In allem sind gerade Formica-Arten sehr anpassungsfähig.

Die Kleine Rote Waldameise hat einen besonders stark ausgeprägten Raubinstinkt. Bei ihnen sind trotz großen Individuenreichtums keine Straßen vorhanden, außer den Verbindungswegen zwischen den Nestern. Es dürfte sich dabei jeweils um Ablegernester eines einzelnen Volkes handeln. Die Verbindungswege werden zum Transport von Arbeiterinnen, Königinnen (ein Nest besitzt bis zu 5000 Königinnen), Puppen, Larven und Eiern benutzt. Solche Verbindungswege von Nest zu Nest können 200 m lang und 10, 20, ja 80 cm breit sein. Der Weg kann u. U. so stark von Puppenträgern begangen sein, daß er ganz weiß aussieht.

Literatur

Gößwald, K.: Das Straßensystem der Waldameisen. Z. Morph. Ökol. Tiere 40, 1943.

6. Das Ameisengift

Von den etwa 6000 Ameisenarten stechen die Schuppen- und die Drüsenameisen überhaupt nicht (32 % aller Arten). Bei ihnen ist das Stechorgan weitgehend verschwunden. Dafür können unsere Roten Waldameisen (Formica rufa) mit Hilfe eines Giftblasenpolsters ihr Gift auf 20—30 cm Entfernung verspritzen. Bei der geringen Größe der Tiere, eine beachtliche Leistung!

Alle Stechameisen haben einen vollausgebildeten Stechapparat, bei anderen Familien ist er mehr oder weniger zurückgebildet.

Die Zusammensetzung des Ameisengiftes ist noch nicht eindeutig geklärt. Ameisensäure nimmt zwar in der Körpersubstanz der Tiere 0,5—20 % des Gewichtes ein, im Gift der Stich-, Knoten- und Wanderameisen konnte sie jedoch nicht nachgewiesen werden. Das Ätzgift der Schuppenameisen stellt allerdings eine 50 bis 60 %ige Ameisensäure dar. Wie beim Bienen- und Wespengift dürften auch hier verschiedenste toxisch wirkende Stoffe vorhanden sein.

7. Ameisenduftstoffe

Breiten wir ein Taschentuch auf einem Ameisenhaufen aus, so nimmt es nach kurzer Zeit einen charakteristischen Geruch an. Es handelt sich um Pheromone, soziale Wirkstoffe, die eine Korrelation zwischen den Individuen einer Art vermitteln. Sie können z. B. als Erkennungs-, Wegmarkierungs-, Schreck-, und Kampfmittel dienen. Denken wir nur an die exakt eingehaltenen Ameisenstraßen, an die Fühlerarbeit bei Begegnungen zweier Tiere oder die Duftausscheidung von Ameisengästen!

8. Der Ameisenlöwe

Wenn auch die Larve der Ameisenjungfer, der Ameisenlöwe zu den Netzflüglern gehört, sei er trotzdem kurz im Zusammenhang mit den Ameisen erwähnt.

a. Materialbeschaffung

In und am Rande von Kiefernwäldern auf sandigen Böden findet man leicht seine Trichter. Manchmal umgeben mehrere Trichter den Eingang zu einem Ameisennest.

Ein Tier wird vorsichtig aus dem Zentrum des Trichters ausgegraben und mit feinem Sand mitgenommen.

b. Eine Schüssel wird mit feinem trockenen Sand gefüllt und die Larve eingesetzt. Das Herstellen des Trichters wird beobachtet.

Die Fütterung erfolgt mit Ameisen, Fliegen, Asseln.

Es kann beobachtet werden, wie der Ameisenlöwe Sandladungen auf fliegende Tiere wirft.

c. Ein Mikropräparat vom Kopf mit Zangen wird gezeigt (extraintestinale Verdauung). Dies erklärt, warum die Beute nicht zerlegt werden muß. Die Reste der Beute werden aus dem Trichter geworfen.

d. Nach der Verpuppung kann der kirschgroße Sandkokon ausgegraben und das Ausschlüpfen der Ameisenjungfer beobachtet werden.

e. Die Ameisenjungfer wird unter dem Binokular betrachtet. Ihr Kopf erinnert an eine Teufelsfratze. Mit winzigen Honigtröpfchen kann sie gefüttert werden.

Literatur

Goetsch, W.: Die Staaten der Ameisen. Verst. Wiss. Berlin 1953.
Gößwald, K.: Unsere Ameisen I u. II. Kosmos Bd. 1954 u. 1955.
ders.: Über biologische Grundlagen der Zucht und Anweiselung junger Königinnen der Kleinen Roten Waldameise, nebst praktischer Erfahrungen. Waldhygiene Bd. 2; 1957/58. S. 33 ff.
ders.: Der Ameisenstaat. MNU 12. 1959, 208—212.
Jander, R.: Die optische Richtungsorientierung der roten Waldameise. Z. vergl. Physiol. 40. 1957. S. 162—238.
Otto, D.: Die Roten Waldameisen. NBB 1962 (Umfangreiche Lit.)

G. Zweiflügler (Diptera)

Aus der großen Zahl der Zweiflügler werden herausgegriffen:
Die Stubenfliege, die Tau- oder Fruchtfliege, die Stechmücken, die Büschelmücke, die Schnaken, die Zuckmücken.
Dies geschieht unabhängig von systematischen Rücksichten; lediglich unter der Überlegung: welche Tiere sind geeignet zu Experimenten und zur Hälterung in der Schule? Aus diesem Grund ist meist auch mehr von den Larven als den Imagines die Rede.
DR Zweiflügler *(Harrasser und Überla)*
DR Die Stechmücke (V-Dia)
DR Zweiflügler *(Schuchardt)*
Kronen Tafeln 163—177.

Literatur

Bässler, U.: Der innere Bau der Insekten. Miko 54. 1965, 55 ff.
Danzer, A.: Der experimentelle Nachweis der Halterenfunktion im Schulversuch. MNU 1956/57, 224 ff.
Enderlein: Diptera; in Brohmer, Fauna von Deutschland.
Engelhardt, W.: Was lebt in Tümpel, Bach und Weiher. Stuttgart 1955.
Peus, F.: Stechmücken. NBB 1950.
Ruppolt, W.: Über einige Versuche zur Veranschaulichung der Wirkung des Verpuppungshormons. MNU 1956/57 377 ff. (Schnürungsversuche an Schilffliegenlarven).

I. Die Stubenfliege *(Musca domestica)*

Demonstrationsmaterial
Übungsmaterial von toten Tieren auf breite Korken montiert, zusammen mit Lupen an Schüler verteilt.
Pfurtscheller Tafel: Die Stubenfliege
Kronen Tafel 174
F 343 Stubenfliege
R 115 Die Stubenfliege
R 558 Fliegen und Mücken

1. Beschaffung von Stubenfliegen

a. Das *Anködern* der Imagines geschieht durch Stoffe, welche NH_3 und CO_2 abgeben: alter Käse, faulende Hefe, altes Bier, $(NH_4)_2CO_3$. Legt man eine tote Fliege auf den Köder, dann stellen sie sich leichter ein.

Lebend fangen kann man sie am besten mit einem darüber gehaltenen Fangglas, in welches sie bei Beunruhigung hochfliegen.

b. *Zucht:* Günstigste Temperatur: 20—25° C für Imagines und 30—35° C für Lar-

ven. Futter: Würfelzucker, gekochtes Blut, getrocknetes Hackfleisch, etwas Wasser.
Gehäuse: Jedes größere Marmeladenglas oder jeder Holzkasten mit Fliegendraht oder Tüll verschlossen.
Eiablage: Sie erfolgt auf Kot von Mensch, Schwein, Rind, Pferd, auf faulenden Salatstrünken oder spezieller Larvenfuttermischung:
1. 1 Tl. Quark + ca. 2 Tl. Kleie zu festknetbarer Masse geformt und in eine Petrischale gestrichen.
2. Rindermist mit etwas Trockenhefe und Rohrzucker vermischt und mit Sägemehl eingedickt.
Zu beachten ist, daß durch die Arbeit der Larven und Fäulnisbakterien die Futtersubstanzen z. T. verflüssigt werden, so daß die Larven ersticken können. Daher sind entsprechende Beimengungen von Trockenstoffen nötig, um die feste Konsistenz zu erhalten. Andererseits soll das Larvenfutter auch gut feucht sein.
Entwicklung: Eiablage (600—2000, 0,5 mm lang).
Nach 24 Std. schlüpfen die Maden.
Nach 6 Tagen erreichen sie das 800fache des Schlupfgew. und verpuppen sich (Tönnchenpuppe).
Nach 3 — 26 Tagen Puppenruhe schlüpfen die Fliegen.
Diese Zeiten sind temperaturabhängig; so kann bei kühler Witterung die Larvenzeit 3 Wochen dauern.
Sind die Larven einmal verpuppt, werden die Puppen ausgelesen und umgesetzt, so daß man bei weiteren Beobachtungen möglichst frei von Geruchsbelästigungen ist. Die Puppen hält man bei 20 — 25° C. Wird raschere Entwicklung gewünscht, kann mit einer Lampe auf 25 — 30° C geheizt werden (höhere Mortalität!).
Die Flugkäfige werden von unten her mit Imagines beschickt, da die Fluchtreaktion aufsteigend gegen das Licht hin erfolgt.
Die Vollinsekten leben 2 — 4 Wochen. Innerhalb eines Jahres können je nach Klima bis zu 9 Bruten aufeinander folgen.

2. Allgemeine Beobachtungen an Fliegen

Fliegen werden einzeln in größere Reagenzgl. verteilt und zur Beobachtung an Schüler ausgegeben.

a. Beschreibe den Körperbau der Fliege!

b. Wie putzt die Fliege ihre Flügel, ihren Kopf, ihre Beine, ihren Körper?

c. Bewegt man die Hand gegen die Fliege im Glas, so reagiert sie nicht. Im Freien fliegt sie jedoch bei der geringsten Handbewegung fort. Sie reagiert auf die Luftströmung der Hand. Welche Sinnesorgane dürften dafür in Frage kommen?

d. Eine Fliege wird mehrere Minuten bei ca. 10 — 15° C in den Kühlschrank, eine andere ebenso lange bei ca. 30° C in den Wärmeschrank gestellt. Letztere ist wesentlich lebhafter. Warum?

3. Reaktionen fixierter Fliegen (AG)

Fliegen (besser als die Stubenfliege eignet sich Calliphora) zuerst einige Zeit hungern lassen, dann vorsichtig mit Äther leicht betäuben (verschiedene Konzentrationen ausprobieren, um Tötung zu vermeiden). Eine solche betäubte Fliege wird durch wenig Klebstoff mit den Brustringen dorsal an einen dünnen Holzspan oder die Präpariernadel befestigt und solange festgehalten, bis der Klebstoff erhärtet ist. Befestigt man nun den Span an einem Stativ, dann lassen sich folgende Versuche durchführen:

a. Die Flügel dürfen beim Ankleben nicht beeinträchtigt worden sein. Sobald die Füße der Fliege frei sind, führt sie Flugbewegungen bis zur Erschöpfung aus. (Eine Fliege macht bis zu 330 Flügelschläge/sec. und erreicht eine Geschwindigkeit von 1,7 m/sec.).

b. Bietet sich jedoch den Füßen ein Halt, reicht man z. B. ein Papierkügelchen, so hören die Flugbewegungen auf. Es bestehen nervöse Zusammenhänge zwischen Tarsenberührung und Flugbewegung.

c. Werden den Füßen Tropfen mit Zuckerlösung gereicht, dann löst dies Rüsselbewegungen aus (Geschmacksinn der Füße). Der Schwellenwert liegt so, daß bei 1 % Rohrzuckerlösung normalerweise eine gute Reaktion kommt. Bei hungrigen Tieren erniedrigt sich der Schwellenwert, so daß bereits 1/1000 % eine Reaktion des Rüssels auslösen.

d. Bei Chininbeimischung erscheint keine Reaktion.

e. Nach den Versuchen werden (am besten in Abwesenheit der Schüler, weil sie oft sehr rasch eine persönliche Beziehung zu „ihrem" Tier bekommen) die Tiere mit Äther getötet.

Von Flügeln, Beinen, Kopf, können Dauerpräparate gemacht werden, für mikroskopische Übungen. Gut aufhellen und mazerieren!

4. Versuche mit Fliegenmaden

a. Fliegenmaden in Reagenzgl. geben und zur Beobachtung an Schüler austeilen. (Lupen). Wo ist vorne und hinten?
Körper beschreiben. Gegensatz zur Maikäferlarve erklären.
Bewegungsweisen studieren. Sind Augen erkennbar?

b. Im Reagenzglas, das durch einen Glasstöpsel verschlossen ist, wird eine Made vom Glasboden her einseitig beleuchtet. Sie kriecht vom Lichte fort. Dreht man das Glas um 180°, so kehrt auch die Larve um. Sie ist negativ phototaktisch, obwohl keine Augen erkennbar sind.

Die Imagines sind in Ruhe dem Licht gegenüber neutral, sobald sie jedoch gestört werden, reagieren sie positiv phototaktisch. Bei Glossina, Stomoxys und Eristalis wird die Reaktion der Imagines auf Licht durch die Temperatur beeinflußt. Bei Zimmertemperatur reagieren diese photopositiv, bei 30—40° C negativ.

c. Fliegenmaden werden getötet und längere Zeit in kalte Kalilauge gelegt, bis sie vollkommen durchsichtig werden, sodaß ihre Eingeweide gut zu erkennen sind.

d. Nach etwa 4 Häutungen beginnen die Larven verpuppungsreif zu werden. Sie verlassen dann das Nährsubstrat und kriechen an den Gefäßwänden hoch. Beginnen sie sich bräunlich zu färben, so ist dies der Anfang der Verpuppung.

Dabei sind die braunen Tönnchenpuppen der Fliegen keine echten Puppen. Das Tönnchen ist die verhärtete, braun pigmentierte Chitinhaut des vorletzten Larvenstadiums; man nennt dies ein Puparium. In diesem Puparium verpuppt sich unter dem Einfluß eines Häutungshormons das letzte Larvenstadium. Puparium und Puppe darin bilden die Tönnchenpuppe, die „Puppa coarctata".

e. Die Wirkung des *Häutungshormons* kann durch Schnürversuche gezeigt werden.

Zeigen einige der weißlichen Fliegenlarven eine bräunliche Verfärbung, dann wissen wir, daß die Zeit der Verpuppung da ist. Wir nehmen feines festes Nähgarn und schnüren mit je einem Faden eine Anzahl noch ganz weißer Larven etwa in der Körpermitte.

Schon nach einem Tag kann man feststellen:
1. Einige der geschnürten Larven sind total braun geworden
2. bei einigen ist nur der Vorderkörper braun gefärbt, dagegen der Hinterleib weiß geblieben
3. bei einigen weiteren ist sowohl der Vorder- wie der Hinterleib weiß geblieben. Diese werden spätestens nach einigen Tagen sich noch vorne verpuppen.

Erklärung: In einer Hormondrüse *(Weissmann*scher Ring) im Kopf der Larve wird das Häutungshormon Ekdyson, das die Verpuppung bewirkt, in den Blutkreislauf ausgeschieden.

Zu 1. Der Weitertransport in den Hinterleib hatte schon vor der Schnürung stattgefunden.

Zu 2. Der Weitertransport wurde durch die Schnürung unterbrochen.

Zu 3. Die Ausscheidung des Hormons hatte noch nicht begonnen.

Geschnürte und teilverpuppte Exemplare wird man in Formol aufbewahren, um sie gelegentlich wieder zeigen zu können. Man kommt ja nicht jedes Jahr zu solchen Versuchen.

Die bei der Puparimbildung (nachgewiesen bei *Calliphora* Larven) eintretende Verdunklung und Erhärtung der Cuticula, die als „Sklerotisierung" bezeichnet wird, beruht auf der Einlagerung von Stoffwechselprodukten der Aminosäure Tyrosin in die Cuticula. Die Wirkung des Ekdysons erstreckt sich auch auf die Tätigkeit der Phenoloxydase, die eines der wichtigsten Enzyme des Tyrosinstoffwechsels darstellt.

Das Hormon steuert die Umwandlung einer inaktiven Enzymvorstufe in die aktive Phenoloxydase. Mit Hilfe dieses Fermentes werden Phenolverbindungen zu bestimmten Chinonen umgebaut. Sie polymerisieren zu den braunschwarzen Farbstoffen (Melaninen), die zugleich die Proteinkette der Cuticula vernetzen. Melanisierung und Sklerotisierung der Cuticula beruhen demnach auf Vorgängen des Tyrosinstoffwechsels, die durch das Häutungshormon gefördert werden.

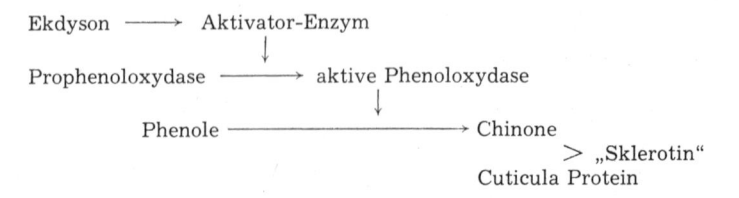

```
Ekdyson ──────→ Aktivator-Enzym
                      │
                      ↓
Prophenoloxydase ──────→ aktive Phenoloxydase
                                │
                                ↓
       Phenole ──────────────────→ Chinone
                                     > „Sklerotin"
                                   Cuticula Protein
```

(n. *Karlson und Schweizer* 1961, aus *Gersch, M.*: Vergleichende Endokrinologie der wirbellosen Tiere. Leipzig 1964).

5. Fliegenpuppen

Fliegenpuppen werden unter dem Binokular untersucht und der Herzschlag beobachtet. Innerhalb des offenen Blutgefäßsystems wird das Blut zuerst eine Zeit lang kopfwärts gepumpt, dann erfolgt Umkehr und Schlagrichtung schwanzwärts.

6. Herstellung von Mikropräparaten

Zur Herstellung von Mikropräparaten eigenen sich bei Fliegen insbesondere die Endglieder der Füße, die Flügel, die schuppenartigen Schwingkölbchen, der Rüssel, die Cornea des Auges. Starkes Mazerieren und Aufhellen ist in jedem Fall nötig.

7. Positive Phototaxis

Aus einem Zucht- oder Vorratsgefäß lassen sich Fliegen leicht dadurch fangen, wenn man das Gefäß mit einem Handtuch verdunkelt und über seine Öffnung ein Fangglas hält. In letzteres wandern die Fliegen bei Störung postiv phototaktisch ein. Aus diesem wiederum können sie durch einen Trichter einzeln herausgefangen werden, auf dieselbe Art.

8. Fliegenspuren auf Agar

Läßt man eine einzelne Fliege eine Zeit lang auf einem sterilen Agar Agar Nährboden umherlaufen und bebrütet diesen anschließend, so stellen sich i. d. R. in den Trittspuren der Fliege Bakterienkulturen ein. Dies zeigt die Bedeutung der Fliege als Keimträger. Man muß allerdings etwas Glück dabei haben, da die Fliegen sich ja ständig putzen und anscheinend nicht immer so übersät von Keimen sind, wie dies im Film F 343 „Die Stubenfliege" gezeigt wird.

Literatur

Sauer, F.: Eine Fliege bricht aus ihrer Puppenhülle aus. Miko 56. 1967. 298 ff.
Schuhmann, H.: Die Eier der Fliegen. Miko 50. 1961, 297 ff.

II. Die Tau- oder Fruchtfliege *(Drosophila spec.)*

Kronen Tafel 173

1. Materialbeschaffung

Am einfachsten ist die Beschaffung über ein zoologisches Institut oder über *Phywe*. Will man Wildformen selbst fangen, dann muß man sie chemotaktisch anlocken.

Die Tau- oder Fruchtfliegen der Familie *Drosophilidae* kommen gewöhnlich in großer Zahl auf gärenden Substanzen verschiedenster Art vor. Ihre Larven ernähren sich auf dem Substrat wachsender Hefen und Pilze. Die Imagines reagieren positiv chemotaktisch auf die von gärenden Früchten ausgehenden Geruchsstoffe.

Als *Duftköder* kommen in Frage: gärende Birnen, ein Wattebausch mit Bier + Honig (3:1), oder eine wässrige Aufschwemmung von Bäckerhefe. Männchen sollen besonders auf Methyleugenol ansprechen. Als Fangglas stellen wir ein beliebiges Glas auf, welches mit dem Duftköder, einem feuchten Filtrierpapierstreifen und etwas Futter beschickt ist. Oben wird es mit einem nach innen laufenden Trichter bedeckt. Es genügt ein Papiertrichter mit 7 mm unterer Weite. Die beste Fangzeit ist im Spätsommer, in frühen Morgen- und späten Nachmittagsstunden. Ort: halbe Körperhöhe an einem Gebüsch.

2. Zucht

Als Zuchtgefäße verwendet man *Erlenmeyer*kolben oder beliebige andere Flaschen (z. B. *Joghurtflaschen*) oder kleine Präparategläser. Sie werden mit Watte oder passend zugeschnittenem Schaumgummistöpsel verschlossen. Für Nährböden gibt es viele Rezepte, von denen folgende erwähnt seien:

a. *Gärendes Obst,* oder eingeweichtes Dörrobst, oder Bananenmus, oder eingeweichter Maisgrieß oder Haferflockenbrei. Bei Massenzucht erfolgt Zugabe von Zucker oder Syrup sowie lebender Bierhefe.

b. *Für Standardzuchten* (etwa für Vererbungsexperimente) z. B.:
1000 ml Wasser + 15—20 g Agar Agar + 250—300 g Maisgrieß + 2 Eßlöffel Zukker + 2 Eßlöffel Syrup + 0,1 g „NIPAGIN" (schimmelunterdrückendes Mittel, aus Apotheken zu beziehen);
oder: 66 g Maisgrieß + 33 g Zucker + 13 g Agar + 5 g Trockenhefe + 1/2 Ltr. Wasser, alles 15 Min. kochen und dann NIPAGIN zusetzen (1 Msp.).
Auch im ersten Falle wird ohne NIPAGIN im Dampftopf gekocht, vor Erkalten NIPAGIN zugesetzt und die Masse noch warm in ca. 2 cm dicker Schicht in die Zuchtgläser gegeben. Erkalten läßt man bei offenem Glas, da sich sonst Kondenswasser bildet. Zum erkalteten Substrat wird etwas frische wässrige Hefeaufschwemmung gegeben und zerknülltes Filterpapier hineingelegt. Besetzung erfolgt mit 3—4 Pärchen der Zuchttiere, Verschluß mit Wattepfropfen und Bebrütung bei konstant 25° C.

Achtung! Die Zuchttiere müssen frei von Milben sein (was bei frisch eingefangenen Wildformen nicht immer der Fall ist). Die Kulturen dürfen nicht überbesetzt sein und dürfen nicht überaltern. Werden die alten Tiere nach der Eiablage entfernt, dann erhält man jungfräuliche Weibchen. Die Männchen kopulieren nämlich erst 8 Std. nach dem Schlüpfen.

Entwicklungsdauer:
Bei 25° C dauert die Embryonal-Entwicklung ca. 20 Stunden. Dann folgen:
1. Larvenstadium 22 Std.
2. Larvenstadium 21 Std.
3. Larvenstadium 43 Std.
   Puppenruhe 92 Std.

Bei Zimmertemperatur dauert die Entwicklung entsprechend länger. Ein Pärchen erzeugt in 14 Tagen 150—200 Nachkommen. Um Schädigungen durch Überbevölkerung zu vermeiden, muß die Zahl für ein Gefäß auf 50—80 Tiere beschränkt werden.

3. Unterscheiden von Männchen und Weibchen

Sollen die Tiere untersucht werden, dann schlägt man kurz auf die Zuchtflasche sodaß die Fliegen herunterfallen, nimmt den Stöpsel ab und hält ein 2. Glas über die Öffnung. Während die Hand das Zuchtglas abdunkelt, gehen die Tiere positiv phototaktisch zum Licht in das 2. Glas. Hier betäuben wir sie durch Einhalten

eines Watte-Äther-Bausches (nicht Chloroform!). Wieviel und wie lange narkotisiert werden muß, ergibt sich erst aus der Erfahrung. Zuviel tötet die Tiere, bei zu wenig fliegen sie während der Untersuchung wieder fort.
Die betäubten Tiere werden auf ein weißes Blatt Papier geschüttet und mit einem Pinsel unter der Lupe sortiert.
Die Männchen sind kleiner mit abgerundetem schwarzem Hinterleib (letzte Tergite). Bei stärkerer Vergrößerung (Binokular) erkennt man den Geschlechtskamm am 1. Tarsenglied des Vorderbeins.
Die Weibchen sind größer, ohne den schwarzen Hinterleib.
In der Narkose halten die Fliegen ihre Flügel abgespreizt. Tiere deren Flügel nach hinten geschlagen sind, erwachen nicht mehr.

4. Studium der Wildform von D. melanogaster

Kopf mit Facettenaugen, 3 Ozellen, Fühler mit Fühlerborste (Arista), Thorax mit Borsten und Haaren, Scutellum mit Borsten, Flügelgeäder (2 Queradern), Halteren, Körper- und Augenfarbe.

5. Demonstration von Drosophila

In schmaler Küvette können mehrere Tiere lebend im Diaprojektor gezeigt werden. Man erkennt gut die Laufbewegungen, Putzbewegungen, Stummelflügel-Mutanten usw. Die Küvette kann man leicht selbst anfertigen aus 2 Diagläsern, zwischen welche an 3 Seiten Kunststoffstreifen von ca. 3—4 mm Dicke eingeklebt sind, sodaß ein entsprechender Hohlraum entsteht.

6. Studium der Mutanten

Darauf kann hier nicht eingegangen werden. Es sei verwiesen auf den entsprechenden Beitrag von *Daumer* im Kapitel Vererbungslehre dieses Handbuchs. Ferner auf *Bresch, G.*: Klassische und molekulare Genetik. Berlin 1965. S. 49—51.

7. Chemotaktisches Anlocken

a. Da die Tiere sehr klein sind, müssen wir die Versuche projizieren. Hat man schon einmal für die Genetik Tiere bereitgestellt, wird man es sich nicht entgehen lassen, sie bei Behandlung der Insekten ebenfalls vorzustellen.
Mehrere Tiere kommen in eine Petrischale die mit einem Tropfen Dufköder besetzt ist. Dort sammeln sie die Tiere nach einiger Zeit an und können auf dem Schreibpojektor gezeigt werden.
b. In manchen Büchern wird empfohlen, mehrere gezählte Tiere in das Zimmer zu entlassen und zu überprüfen, wieviele Tiere in welcher Zeit und aus welcher Entfernung vom Dufköder finden. Ein typischer Versuch, der sich schön liest, aber für Unterrichtszwecke völlig ungeeignet ist.
c. Interessanter, aber auch komplizierter ist es, den Tieren eine „Entscheidungsmöglichkeit" zu bieten. Man setzt ein T-Röhrchen auf ein abgedunkeltes Zuchtglas und beschickt einen Ast des Rohres mit dem Duftköder. Dann wird gezählt, wieviele Tiere zum Köder und wieviele in das leere Rohr wandern. Da der Duft einige Zeit zum Diffundieren in der Röhre braucht, bis er zur „Entscheidungsstelle" gelangt ist, müssen wir etwas warten. Durch Licht kann jedoch das

Ergebnis verfälscht werden. Nach etwa 30—45 Min. kann es sein, daß sich die Tiere im „Duftschenkel" angesammelt haben. Dieses Ergebnis wird der Klasse gezeigt.

Da aber nun die Duftstoffe weiterdiffundieren, wird dieses Ergebnis gestört. Für quantitative Untersuchungen eignet sich besser noch ein T-Rohr wo die „Entscheidungen" an der Verzweigung gezählt werden können. Duftstärke und Rohrlänge sind vorher auszuprobieren. (Langwieriger Versuch, der jedoch die Problematik solcher Versuche deutlich macht.)

8. *Phototaxis*

a. Die positive Phototaxis läßt sich vielfach demonstrieren. Deckt man bei der oben erwähnten Projektion jeweils die Hälfte der Küvette gegen das Licht ab, dann fliehen die Tiere in die beleuchtete Hälfte. (Tiere zählen, Zeit stoppen bis alle da sind).

b. Ein Glasrohr, 2 cm $\varnothing$, 50 cm lang, wird mit einer Schar Taufliegen besetzt und beiderseits mit Watte verschlossen. Über das Rohr wird eine etwas kürzere schwarze Papierhülle geschoben. Durch Verschieben der Hülse läßt sich dann das eine oder andere Ende belichten. Die Tiere wandern jeweils zum Licht. Die Schwerkraft wirkt insofern, als die Tiere bei Panik (z. B. Erschütterung des Gefäßes) zunächst negativ geotropisch reagieren. (Bei Panik werden zuerst die hierarchisch niedrigeren Grundinstinkte aktiviert).

c. Verschließt man die obige Röhre an beiden Enden mit durchsichtigem Cellophanpapier (+ Gummi), dann kann ohne Papierhülse im dunklen Raum von den Enden her mit Mikroskopierleuchten abwechselnd beleuchtet werden. Die Schar bewegt sich jedesmal zur Lichtquelle.

Vielfach genügt schon das Zuchtglas, um den Effekt zu zeigen.

9. *Demonstration zur Entwicklung der Anatomie*

a. Larven und Puppen (Tönnchenpuppen der cycloraphen Fliegen) werden in der Mikroprojektion mit Lupenvergrößerung gezeigt. Bei reifen Puppen sind die Flügel der Imago, Augen und Beine durch die Puppenhaut hindurch erkennbar. Die junge Fliege sprengt mit einer vorstülpbaren Kopfblase den Pupariumdeckel ab.

b. In Tablettenröhrchen, welche mit Nahrung beschickt sind, können Pärchen an Schüler zur Beobachtung und Protokollierung der Entwicklung abgegeben werden. (Im Winter die Tiere in Körpernähe mit nach Hause tragen).

c. An lebenden Larven können im Mikroskop die Tracheen gezeigt werden.

Um die Inneren Tracheenäste zu zeigen, werden die Larven fixiert und in Methylbenzoat aufgehellt.

10. *Riesenchromosomen*

Diese Präparation ist schwieriger als bei Chironomuslarven. Einer 10 Tage alten Larve wird auf einem Objekttr. mit spitzer Pinzette der Kopf abgerissen. Die Speicheldrüsen kommen als 2 helle Bläschen (daher schwarzes Papier als Unterlage) an dem Kopf heraus. Der anhaftende dunkle Fettkörper wird wegpräpariert (alles unter dem Binokular).

Weiterbehandlung mit Orceinessigsäure (s. Chironomus).

11. *Fischfutter*

Überzählige Fruchtfliegen können wir an unsere Aquarienfische verfüttern, soweit nicht schon zur Fischfütterung eine eigene Drosophilazucht existiert.

Literatur

Darlington, C. D. u. *Lacour, L. F.*: Methoden der Chromosomenuntersuchung. Stuttgart 1963.
Hinke, W.: Unterrichtsversuche mit der Taufliege. P. d. N. 1965 S. 225.
Mainx, F.: Das kleine Drosophila Praktikum. Wien 1949.

III. Stechmücken *(Culicidae)*

Demonstrationsmaterial
Kronen Tafel 165
Lebendes Material von Culexlarven
Mikropräparate

1. *Materialbeschaffung*

a. Stechmücken-Imagines werden mit feinem Netz gefangen und durch Ansaugen in das Sammelgefäß überführt. Im Winter kann man mitunter an Kellerdecken von nicht zu trockenen Kellern viele überwinternde Weibchen beobachten und einsammeln. Diese sog. „Haus-Mücken" (*Culex pipens*) dürfen wir aber nicht verwechseln mit den Wald-Mücken (z. B. *Aedes maculatus* u. a.), welche ihre Eier an trockenen Stellen ablegen, wo aber später, z. B. im Frühjahr mit großer Sicherheit ein Wassertümpel entstehen wird. Diese Mücken sind es, welche uns im Wald attakieren können. Ebenfalls nicht verwechseln dürfen wir sie mit den Mücken, welche in Flußniederungen im Überschwemmungsbereich der Auwälder in ungeheurer Massenentfaltung auftreten. *Aedes sticticus* ist diese spezifische Au-Mücke, während *Aedes vexans* mit anderen die unbeschatteten freien Wiesen bevorzugt und als Wiesen-Mücken auch außerhalb von Flußniederungen vorkommen. Wieder andere Mücken bevölkern die Marschwiesen, Hochmoore oder Baumhöhlengewässer.

b. Stechmückenlarven werden mit einem Seier oder mit Planktonnetz von den obersten Wasserschichten von Tümpeln, Regentonnen und tausenderlei künstlichen Wasseransammlungen abgesammelt. Sie lassen sich ohne Schwierigkeiten in Wasserschalen mit möglichst großer Oberfläche halten. Zur Fütterung der Larven dient ein Heuaufguß und Pepton. Dazu gibt man in das Wasser einige Gramm fein geschnittenes Heu und verhindert lediglich, daß sich mit der Zeit eine Kahmhaut bildet. Täglich werden die etwa abgestorbenen Larven und Puppen aus dem Wasser entfernt. Bei einer Wassertemperatur von 20—22°C entwickeln sie sich in wenigen Wochen und will man die Imagines, so wird das Gefäß unter Gaze gestellt. Hat man mit Glas zugedeckelt, dann sammeln sich die Imagines auf dessen Unterseite an. Die mit Fühlerbüscheln sind nicht saugende Männchen, die mit einfachen Fühlern sind saugende Weibchen.

2. *Stechmücken als Seuchen- und Krankheitsüberträger*

3. *Schattenreflexe bei Culexlarven*

a. Über einem Wasserbecken mit Culexlarven wird eine Lampe angebracht. Fährt man nun nach einiger Adaptationszeit für die Larven, mit der Hand schattenbildend über das Wasser, so setzt eine Fluchtreaktion der Larven ein. Da dies auch bei Erschütterung der Fall ist, müssen derartige mechanische Störungen des Wassers vermieden werden.

Es wird gezählt, wieviele Larven bei Beschattung fliehen.

b. Die Schattenbildung wird wiederholt und dabei geprüft, bis zu welchem Intervall noch eine Reaktion auftritt.

c. Nach wieviel Beschattungen tritt eine Ermüdung oder Gewöhnung ein? Nach welcher Zeit erscheinen wieder Fluchtreaktionen?

4. Osmoregulation bei Culexlarven

a. Mikroskopie des Hinterendes von Culexlarven. Dort erkennt man 2 Äste, von denen einer das Atemrohr mit dem Haupttracheenstamm darstellt (dieses wird bekanntlich zur Atmung an der Wasseroberfläche gebraucht), während der andere Ast der Enddarm mit den Analpapillen ist. Diese Analpapillen wurden früher als Kiemen bezeichnet. Sie dienen jedoch der Osmoregulation (Ionenaufnahme).

b. Larven in aqu.dest. aufziehen: große Analpapillen.

c. Larven in physiologischer Salzlösung aufziehen: kleine Analpapillen.

d. Larven aus aqu.dest. werden für 5 Min. in 0,2 %ige Silbernitratlösung gebracht und dann 20 Min. in Leitungswasser. Die Ag+ werden vom Körper in die Analpapillen aufgenommen und dort deponiert. Am Licht werden die Ag-Ionen zu Silber reduziert, was sich in einer Braunfärbung zeigt. (Aktive Ionenaufnahme).

5. Atemstellung, Bewegungen, Überkompensation

Diese Erscheinungen können bei Culexlarven und Puppen in der Küvette am Diaprojektor gezeigt und erklärt werden.

6. Nahrungskette

Wie bei jedem beliebigen Tier, läßt sich auch bei der Stechmücke eine Nahrungskette veranschaulichen. W. *Kühnelt* beschreibt sie folgendermaßen:

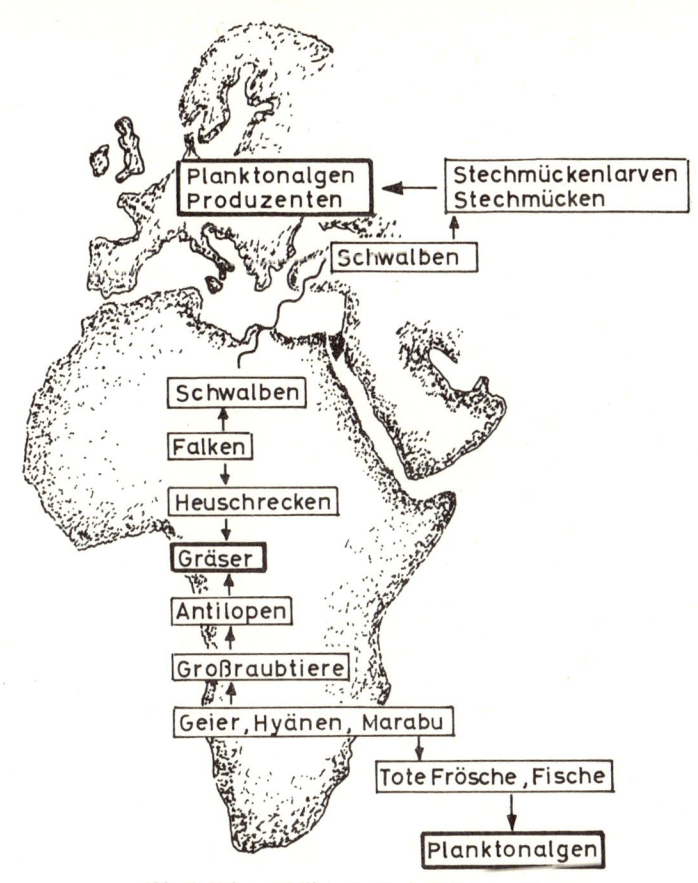

Abb. 25: Nahrungskette, von Stechmücken ausgehend.

IV. Büschelmücke *(Corethra plumicornis)*

Die Büschelmücke wird hier deshalb erwähnt, weil bei ihrer Larve in hervorragender Weise verschiedene Organe und Lebensvorgänge studiert werden können (AG!). Außerdem sind sie gutes Fischfutter.

1. *Materialbeschaffung und Haltung*

Die Larven leben in eutrophen Seen und Tümpeln, hauptsächlich von Juni bis August. Sie werden in Einmachgläsern oder Aquarien ohne Wasserpflanzen gehalten. Als Futter dienen kleine *Daphnien, Cyclops, Keratella*. Zucht ist möglich, da die Imagines nichts fressen, und in ca. 2 cbm großen Flugkäfigen kopulieren (*Steiner*).

2. Lebendbeobachtung der Larve (Corethra = Chaoborus)

a. Die schwarzen Melanophoren der Haut.
b. Die Sensillen (= Sinneszellen mit cuticulären und epidermalen Hilfsvorrichtungen; s. *Weber* S. 89).
c. Das Nervensystem (Supravitalfärbung des NS mit Methylenblau).
d. Die quergestreifte Muskulatur.
e. Demonstration des Herzschlags und der Ostienklappen. (Mikroprojektion).
f. Studium der Antiperistaltik und Peristaltik des Darmes.

Dazu Larven 8 Tage lang hungern lassen und dann die Hungertiere in 1 %ige Trypanblau-Lösung 12—24 Std. einlegen: die Darmflüssigkeit wird blau.
Hungertiere mit *Cyclops* oder *Daphnien* füttern. Unter dem Mikroskop erkennt man die Antiperistaltik, welche den Verdauungssaft in den Vorderdarm pumpt.
Hungertiere mit Gewebebrei *v. Tubifex* und Hefe füttern. Peristaltik skizzieren.
Hungertiere mit Neutralrot füttern und den pH-Wert der Darmabschnitte bestimmen. Neutralrotlösung v. 0,02 % = 20 mg auf 100 ml Wasser). Neutralrot reagiert: pH = 6 rot, pH = 7 rosa, pH = 8 orange, pH = 9 gelb. (Es färben sich auch Pericardialzellen an.)

3. Entwicklung

Die Einzelstadien der Entwicklung können beobachtet und untersucht werden: Larven- und Puppenhäutung; Bildung von Haaren, Beinen, Flügeln, Fühlern usw.

V. Schnaken (Tipulidae)

Kronen Tafel 163
Lebendes Material

1. Materialbeschaffung und Haltung

Die Imagines findet man an warmen Abenden, wenn sie im Paarungsflug über dem Boden auf feuchtem Gelände hoch und niederschweben, oder zum offenen Fenster herein an die Lampe fliegen. Da sie nichts fressen, kann man sie leicht in einem Einmachglas halten, dessen Boden mit angefeuchtetem Filterpapier bedeckt ist und das mit Gaze verschlossen ist. Hat man ein Pärchen gefangen (Weibchen mit Legeapparat), so kopulieren sie im Glas. Die Eier fallen später auf den Boden. Die Larven leben im Boden. Am besten haltet man sie jedoch unter häufigem Umsetzen (Parasiten nehmen sonst überhand!) in feuchten Petrischalen (Filtrierpapier) und füttert sie mit Kopfsalatstücken, Kohlblättern usw.

2. Die Halteren (AG)

Tipula ist deshalb für die Schule zur Demonstration geeignet, weil sie besonders große (2,5 mm) Halteren besitzt.
Diese Halteren erzeugen einen bestimmten Muskeltonus, ohne den normale Flugbewegungen nicht möglich sind. Sie sind sowohl Stimulatoren wie Stabilisatoren.

a. Mikropräparat einer Haltere, ohne Mazeration eingebettet. Am Fuße der Haltere erkennt man zahlreiche Muskeln.

b. An einem fixierten Tier (s. Stubenfliege) wird die Halterenbewegung studiert. Sie setzt zusammen mit der Flügelbewegung ein.

c. An einem Tier können die Halteren durch kurzes Herausreißen mit der Pinzette entfernt werden. (Hinweis auf Schmerzlosigkeit. Bei Klassendemonstration wird man ein vorher präpariertes Tier verwenden). Ohne Haltere ist die *Tipula* flugunfähig, sie kommt vom Boden nicht mehr hoch. I. d. R. überschlägt sie sich kopfüber. In die Höhe geworfen, fliegt sie in steilem Gleitflug nach unten. Bei Entfernung nur einer Haltere bleibt das Tier noch beschränkt flugfähig. Es treten keine Gleichgewichtsstörungen auf.

d. Wer Bedenken gegen das Herausreißen der Halteren hat, kann sie ankleben, oder die Halterenköpfe mit der Schere abschneiden. In jedem Fall treten dieselben Störungen auf.

e. Der halterenlosen *Tipula* klebt man einen ca. 6 cm langen Faden (2 mg) an den Hinterleib und wirft sie in die Luft. Nun bewegt sie sich in gestrecktem Flug oder im großen Bogen, den Faden nachziehend stabil fort. Der Flug ist träge und mühevoll.

f. Durch sukzessives Abschneiden des Fadenendes wird die kritsche Länge bestimmt, bei der die Fliege gerade noch fliegt. Mit kürzer werdendem Faden wird der Flug immer unsicherer. Die kritische Länge liegt bei 2,5 cm.

g. *Ergebnisse:*

Der 2 mg schwere Faden am Hinterende der Fliege erzeugt durch schwingende Bewegungen Kräfte, die das Tier im Gleichgewicht halten. Der Faden wirkt gleichzeitig wie ein beweglicher verlängerter Hinterleib stabilisierend (Libelle, Hubschrauber).

Wenn der Faden die Halteren darin ersetzen kann, müssen sie ebenfalls stabilisierend wirken. Es müssen wohl winzige Kräfte sein, welche die Gleichgewichtshaltung bewirken.

Während jedoch beim Faden das Gleichgewicht offensichtlich durch Schwerpunktsverlagerung bewirkt wird, dürften die Halteren für einen nervösen Mechanismus maßgebend sein.

Beim Abweichen des *Tipula* aus der Flugbahn, schwingen die Halteren anders als beim normalen Flug. Diese Abweichung rezipiert die Fliege und dreht darauf ihren Körper entsprechend, bis die Halteren wieder „Normalstellung" melden.

VI. Zuckmücken (*Chironomidae = Tentipedidae*)

Da es allein in Mitteleuropa mehr als 1000 Arten von Zuckmücken gibt und eine exakte Bestimmung Spezialisten vorbehalten ist, wollen wir allgemein von Chironomus spec. sprechen.

Für die Schule interessant sind die Chironomuslarven, welche wegen ihrer Speicheldrüsen-Riesenchromosomen zu den klassischen Demonstrationsobjekten gehören. Hat man daher diese Tiere im Haus, wird man sie auch für andere Klassen auswerten.

1. Materialbeschaffung

Chironomuslarven gibt es als Fischfutter in Tierhandlungen zu kaufen. In der Natur kommen sie in allen limnischen Biotopen vor. Für uns kommen besonders in Frage die roten Larven aus dem Schlamm eutropher Kleingewässer. Mit einer Kehrrichtschaufel schöpft man diese obersten 4 cm des besiedelten Schlammes in einen Eimer und läßt dort die Tiere ca. 2 Std. „aufrahmen". Sodann nimmt man hiervon wieder die obersten 4 cm ab, schwemmt dies durch ein 0,3 mm Sieb oder Gazetuch und schwemmt den Schlamm unter fließendem Wasser oder durch Hin- und Herschwenken im Wasser weg.

Die gesiebten oder gekauften Larven transportiert und hältert man bei flachem Wasserstand unter ständiger leichter Wasserzufuhr. Um zu vermeiden, daß sie aus dem Hälterungsgefäß mit dem Wasserstrom herausschwimmen, überspannt man dasselbe mit Verbandsgaze durch Gummiringe. Abgestorbene Larven müssen jedoch entfernt werden, da sonst die untersten Schichten des Wassers wegen der Fäulnisprozesse bald unter Sauerstoffmangel leiden. Will man die Verpuppung oder gar die Imagines erreichen, was kein Problem ist, dann muß nur rechtzeitig die Gaze entfernt werden, weil diese sonst ertrinken. Neuerdings gibt es spezielle Einsätze mit Sieb, zum Halten der Tiere zu kaufen. Sollen die Larven als Fischfutter verwendet werden, beachte man, daß sie u. U. mit Fischparasiten behaftet sein können.

Sie eignen sich auch für Fütterungsversuche an Libellenlarven!

2. Lebendbeobachtung der Larven

Demonstriert werden sie in einer schmalen Küvette am Diaprojektor. Dabei können ihre Bewegungen sehr gut beobachtet und beschrieben werden.

Bei der Lebendbeobachtung unter dem Binokular wird auf die Unterscheidung von Kopf und Hinterende geachtet, ferner die Gliederung des Körpers, der Darm und der rote Blutfarbstoff vermerkt.

Für evtl. Dauerpräparate ist eine Mazeration in KOH überflüssig. Nach der Fixierung kann sofort Einbettung in Gelatinol erfolgen.

3. Teichmannsche Blutprobe (Hämoglobinnachweis)

Dabei handelt es sich um die Darstellung von Chlorhäminkristallen, durch welche der Nachweis von Hämoglobin erbracht wird.

Mehrere Chironomuslarven werden in kleinem Mörser (vor dem Unterricht) verrieben. Ein Tropfen des roten Blutes wird auf einem Objekttr. ausgestrichen und getrocknet. Diesen Blutausstrich vermischt man sorgfältig mit einem kleinen Tropfen 0,9 %iger NaCl-Lösung. Dann erwärmt man bis die Flüssigkeit verdunstet ist und ein rotbrauner Rückstand zurückbleibt.

Nach Auflegen eines Deckglases läßt man Eisessig zufließen, bis der Spalt zwischen Objekttr. und Deckglas gefüllt ist. Nun erwärmt man das Präparat bis zum völligen Verdunsten des Essigs.

Zuletzt kann das trockene Präp. mit Xylol ausgewaschen und in Caedax eingebettet werden.

Die Häminkristalle (= salzsaures Hämatin) treten als braune, rhombische Täfelchen hervor.

4. Elektrophorese des Blutes

4. Interessant ist die **Elektrophorese** von Chironomusblut im Vergleich zum Menschenblut. (s. *Daumer* im Bd. IV Genetik)

5. Riesenchromosomen

Auf einem Objekttr. wird eine Chironomuslarve mit einer Spur Äther betäubt. Mit zwei scherend gehaltenen Präpariernadeln wird dann der Kopf abgetrennt. Bei sanftem Druck auf die vorderen Körperringe treten zwei glasartig durchscheinende Speicheldrüsen aus (Verwendung schwarzen Papiers als Unterlage). Diese Drüsen werden in HCl überführt (30 sec), dann in Orcein-Essigsäure (mindestens 20 Min.) und evtl. kurz zur Entfärbungsdifferenzierung in Essigsäure (unter dem Mikroskop überwachen!). Die Überführungen geschehen am besten durch Auftropfen und Absaugen der Lösungen. Schließlich wird in Glyceringelatine oder Gelatinol eingebettet und durch kurzen Druck auf das Deckglas das Präparat ausgebreitet (gequetscht).
Orcein-Essigsäure: 2. Orcein in 100 ml 50 %iger Essigsäure lösen, mit Rückflußkühler 15 Min. leicht kochen, abkühlen lassen; filtrieren.

H. Schmetterlinge (Lepidoptera)

In Anlehnung an die Lehrbücher wird der Kohlweißling *(Pieris spec.)* exemplarisch behandelt; genau so gut könnte aber auch der Kleine Fuchs *(Vanessa urticae)* oder ein anderer Tagfalter an seiner Stelle stehen. Zucht und Versuche unterscheiden sich nicht sehr wesentlich. Zur Weiterarbeit auf diesem Gebiet sind nur die neuesten und gebräuchlichsten Bücher angeführt und diese sicher nicht vollständig. In ihren Literaturangaben sind umfangreichere und ältere Werke enthalten.
Aus dem sehr weiten Wissenstoff über die Schmetterlinge werden einige wenige schulrelevante Themen angesprochen.

I. Allgemeines über Schmetterlinge

1. Demonstrationsmaterial

Sammlungsmaterial in einzelnen kleinen Handkästen und größeren Sammlungskästen (s. Kap. Insektensammlung).
Kronen Tafeln 106—162.
Lebendes Material (Zuchtkäfig mit Kohlweißling, oder Kleinem Fuchs, oder Seidenspinner o.ä.)
Mikropräparate (s. Kohlweißling)
Dias von Flügeln (Pigment- und Strukturfarben)
Futterpflanzen für Raupen und Schmetterlinge.

2. Filme und Dias

(Soweit nicht in den speziellen Kapiteln erwähnt).

F/FT 697 Der Schwalbenschwanz — Entwicklung eines Schmetterlings.
R 475 Tagfalter im Frühjahr
R 476 Tagfalter im Sommer

R	554	Die Entwicklung des Tagpfauenauges
R	502	Nachtfalter I: Schwärmer, Eulen, Spanner
R	503	Nachtfalter II: Spinner und Bären
F	468	Kleintierleben in der Sommerwiese
FT	468	Wiesensommer
R	501	Die Ligusterschwärmer-Entwicklung
R	718	Biologie der Nonne
DR		Tropische Schmetterlinge (V-Dia)
DR		Schmetterlinge (Schuchardt)

3. Wanderflüge von Schmetterlingen

Von deutschen Forschungszentralen werden Schmetterlinge mit Etiketten versehen; z. B.: „Send to D. F. Z. Munich 60" und laufende Nr.
Anschriften:
Deutsche Forschungszentrale für Schmetterlingswanderungen:
1. *Herr K. Harz*, 8732 Münnerstadt
2. *Herr Dr. H. Wittstadt*, 852 Erlangen, Schulstr. 24
3. *Herr Dr. Roer*, Forschungsinstitut und Museum Alexander König, 53 Bonn, Koblenzer Straße.
Um Daten über Flugrichtung und Dauer zu gewinnen, bedient man sich der von Urquhart entwickelten Methode. Dabei werden kleine, selbst klebende Zettelchen auf entschuppte Flügeldecken geklebt.
Wenn ein solcher Falter gefunden wird, soll entweder er selbst oder das Etikett unter Angabe der Nr. und der Fundumstände — Fundort —, Zeit, bemerkenswerte Angaben über das Tier (tot, lebendig, einzeln, im Schwarm usw. s. unten) an eine der genannten Stellen geschickt werden.
Die Beantwortung folgender und ähnlicher Fragen ist für die Forschungszentrale interessant:
Name, Anschrift, Beruf des Beobachters?
Beobachtungsort und Kreis?
Datum, evtl. Anfangs- und Enddatum, Tageszeit.
Wetterverhältnisse; landschaftliche Verhältnisse?
Name der beobachteten Art (evtl. Belegstück)
Richtung des Fluges?
Eventuelle Richtungsänderungen?
Durchschnittliche Zahl der beobachteten Tiere innerhalb 10 Min.?
Entfernung der einzelnen Tiere voneinander?
Schätzung der Gesamtzahl des Zuges (einige Dutzend, Hunderte, Tausende)?
Flughöhe über dem Boden?
Flugrichtung und Flugverhalten von Einzeltieren? (Ruhepausen, Eiablagen?)
Konnten Begleiter des Zuges festgestellt werden? (Andere Falter, Libellen, Vögel).
Zahlenmäßiges Verhältnis der Geschlechter zueinander?

4. Zucht und Sammeln von Schmetterlingen

Über Fang und Präparation von Schmetterlingen wurde bereits im Kapitel über die Insektensammlung einiges ausgeführt. Die angegebene Literatur führt hier weiter.

Für die Haltung der Raupen gilt allgemein, daß man sie mit einem Zweig der Futterpflanze in den Zuchtkäfig gibt. Bei kleinen Arten genügt es u. U. über den Schnittzweig, der in Wasser steht, entweder einen Gazeschleier oder eine PVC-Tüte mit Löchern (durch Gaze verklebt) zu stülpen und unten zuzubinden. So kann auch im Freien, direkt an der Futterpflanze gezüchtet werden.
Imagines, welche keine Nahrung zu sich nehmen (Bombyx mori) benötigen auch keinen größeren Flugraum.

5. Die Farben von Schmetterlingen

Die *Färbung* verdankt der Insektenkörper in erster Linie der Haut. Bleibt diese durchsichtig genug, so können durchschimmernde gefärbte innere Organe, Blut, Fettkörper, Darminhalt usw. zum Farbbild beitragen bzw. die Hautfärbung modifizieren.

Das *Farbmuster,* die Zeichnung *(Weber:* Grundriß der Insektenkunde 4. Aufl. S. 219) entsteht durch Zusammentreten zweier hauptsächlicher Farbphänomene:
Die Pigmentfarben beruhen auf dem Vorhandensein von Farbstoffen (Pigmenten), welche Lichtstrahlen bestimmter Wellenlängen absorbieren und welche nicht absorbiertes Licht grundsätzlich gleich erscheinen lassen, ob es durchfällt oder reflektiert wird.
Die Strukturfarben beruhen auf Farben erzeugenden Hautstrukturen und können in wechselnden physikalischen Bedingungen (z. B. Einfallswinkel des Lichtes, durchfallendes Licht u. ä.) verschieden ausfallen. Hauptsächlich beruhen sie auf Interferenzerscheinungen, welche an cuticulären durchsichtigen Blättchen entstehen, wie z. B. die Regenbogenfarben vieler Insektenflügel, die Schillerfarben der Lepidopteren, die Metallfarben vieler Käfer (aber auch Strukturfarben bei Vogelfedern!)
Beide Farbsysteme können auch gemischt vorkommen.
(Lit.: *Heydemann, B.:* Strukturfarben bei Insekten und Vögeln. Ko 1962, H. 4, S. 165).

a. Den Nachweis für das Vorhandensein des einen oder anderen Färbungstyps kann man leicht dadurch erbringen, daß z. B. ein Schmetterlingsflügel im Auflicht und im Durchlicht betrachtet wird.
Behält er die Farben bei, so liegen Pigmentfarben vor. Bei dichten Pigmenten erscheint nur ein Schatten.
Am besten legt man einen Flügel mit Struktur- und einen solchen mit Pigmentfarben zwischen zwei Diagläser und projiziert sie nebeneinander.
b. Will man den Nachweis erbringen, ohne die Lage des Tieres im Kasten zu verändern, genügt es, einen Tropfen Äther auf den Flügel zu pipettieren. Da Äther in alle feinen Hohlräume eindringt, verschwinden die Strukturfarben z. B. beim Schillerfalter. Sobald der Äther verdunstet, erscheinen sie wieder.

6. Mimikry

Voraussetzung für Mimikry sind nach *Wickler* zwei verschiedene Signalsender, die dasselbe Signal senden und mindestens einen Signalempfänger gemeinsam haben, der auf beide reagiert.
Man nennt den einen Signalsender „Vorbild", den anderen „Nachahmer" und

das Ganze ein Mimikrysystem. Dabei kann es für den Empfänger vorteilhaft sein, wenn er seine Reaktion auf einen der beiden Sender richtet, oder aber es ist nachteilig für ihn, ebenso auf den anderen Sender zu reagieren.
Wären die beiden Signale für den Empfänger unterscheidbar, so würden individuelle Erfahrung und Selektion auch zu verschiedenen Reaktionen führen.
Als „Nachahmer" wird nun derjenige Signalsender bezeichnet, auf dessen Signal der Empfänger eine Reaktion bringt, die für diesen nicht vorteilhaft ist. Für den Nachahmer jedoch muß diese Reaktion des Empfängers vorteilhaft sein, sonst bliebe ja innerhalb der Selektion das Nachahmungssignal nicht erhalten.
Dabei braucht das „Vorbild" von der Reaktion des Empfängers keinen Vorteil zu haben.
Verschiedene Beispiele sind auf Anfrage bei Lehrmittelfirmen zu bekommen. Am verblüffendsten ist für Schüler immer das Beispiel der Blattschmetterlinge (*Kallima*-Arten) mit offenen und zusammengefalteten Flügeln.

Filme zum Thema Mimikry:

FT 641 Schlüsselreize beim Maulbrüter (Eiattrappen an den Afterflossen von Cichliden Männchen als Beispiel. Dazu *Wickler* 1968, S. 221; Innerartliche Mimikry).
E 894 Tarn- und Schutztrachten: *Maja verrucosa* — Tarnen.
C 264 Schutzfärbung und Schutztracht bei Insekten.
E 973 Abwehrverhalten von Raupen: *Dicranura vinula;*
E 754 Verhalten des Putzerlippfisches und der Nachahmer: *Labridae.*

7. Beobachtungen an Schmetterlingen

a. Anhand von Mikropräparaten werden die Fortbewegungsorgane gezeigt.

b. An gerade vorhandenen lebenden Tieren wird die Fortbewegung demonstriert. Läßt man die Raupe an einem dicken Draht entlangkriechen, der anstelle einer Küvette in den Projektionsapparat gehalten und durchgezogen wird, so läßt sich die Fortbewegung mit etwas Geschicklichkeit vergrößert zeigen. Im übrigen kann auf die Filme verwiesen werden.

c. Schreckreaktionen können besonders gut bei der Gabelschwanzraupe beobachtet werden.

d. Bei manchen Raupen kann der Herzschlag nach vorne und seine Umkehr im Rückengefäß, unter dem Binokular gezeigt werden.

II. Der Kohlweißling *(Pieris spec.)*

In Deutschland handelt es sich um 3 Arten:
Der Große Kohlweißling *(Pieris brassicae L.)*
Der Kleine K. oder Rübenweißling *(Pieris rapae L.)*
Der Rapsweißling *(Pieris napi L.)*
Von diesen ist in Deutschland der Große K. der häufigste und gefährlichste.
Demonstrationsmaterial:
Männchen und Weibchen der Kohlweißlinge
Raupe und Puppe dess.
Raupen in Alkohol-Glycerin gesammelt (bei Massenauftreten) zur Untersuchung in Schülerübungen.

Eier, bei Massenauftreten gesammelt, in Alkohol für Schülerübungen.
Bilder, evtl. gepreßte Herbarpflanzen vom Befall durch Kohlweißling (Fraß- und Schadensbilder).
Bilder der Kohlraupenschlupfwespe und a. d. Sammlung eine Kohlweißlingsraupe mit Puppen der Schlupfwespe.
F 223 Entwicklung des Kohlweißlings.

1. Anfertigung von Mikropräparaten

a. Dauerpräparat der *Flügelschuppen*
Flügelschuppen mit Pinsel abstreifen und auf trockenen Objekttr. legen. Tr. Xylol darauf und mit Caedax einbetten.

b. Dauerpräparat von *Flügelteilen*
Mit der Schere ein Flügelstück ausschneiden, auf Objekttr. legen, mit Xylol betropfen und in Caedax einbetten.

c. Dauerpräparat eines *Fühlers*.

d. Dauerpräparate eines *Fußes* mit dem *Putzdorn*. Vorher in Nelkenöl oder Methylbenzoat aufhellen.

e. Dauerpräparat der *Mundwerkzeuge*
Entweder man zupft mit der Pinzette den Saugrüssel vom Kopf und bettet ihn ein, oder man schneidet vom Kopf die Augen weg, so daß ein Längsschnitt durch den Kopf entsteht, an dem unten der Rüssel zu sehen ist. Anschl. aufhellen und einbetten zwischen Glasfäden.

f. Teile der *Larve oder Exuvie* eignen sich ebenfalls zum Einbetten:
Brustfüße, Afterfüße, Nachschieber, Punktaugen des Kopfes, Stigmen. Hier muß meist vorher in KOH mazeriert werden.

2. Zuchtversuche

a. *Eier des Kohlweißlings*
Gelege finden sich im Gemüsegarten, meist auf der Unterseite von Kohlblättern. Wir bringen sie mit dem Blatt in ein Gefäß, halten sie warm und mäßig feucht.
(*Protokoll:* Datum, Zahlen der Eier, der geschlüpften Raupen, Zeit usw.)
Hat man selbst nicht die Gelegenheit nach Eiern zu suchen, dann können sie und solche von anderen Schmetterlingen bestellt werden bei der Insektenbörse, Kernen Verlag, Stuttgart W, Schloßstr. 80.

b. Hat man mehrere Gelege, so kann man sie unter verschiedenen Bedingungen halten und die *Schlupfquoten* miteinander vergleichen.
(*Protokoll:* Datum, Zahlen, Temperaturen, Licht/Dunkel, Luftfeuchtigkeit, Futterpflanzen).

c. Natürlich wird man nicht versäumen, einzelne Eier und Gelege im Binokular zu zeigen; dies evtl. auch in jenen Klassen, welche im vergangenen Jahr nicht in den Genuß kamen.

d. *Beobachtung der Raupenhäutungen*
Wieviele Häutungen finden statt? (Vier! die 5. findet erst bei der Verpuppung statt).
Die Häute werden gesammelt und im Binokular untersucht. Evtl. Dauerpräparate!

e. Beobachten, wie die *Raupen fressen* (Kohlblätter). Welche Blatteile bleiben stehen, welche werden bevorzugt gefressen?

f. *Die Verpuppung beobachten*
Die Verpuppung kündet sich durch einen Wandertrieb der Raupen an. Man übersiedelt sie jetzt am besten in einen größeren Insektenkäfig, wo Äste bereitgestellt werden, an denen sich die Gürtelpuppen aufhängen können.
Wie spinnt sich die Larve fest? Wie häutet sie sich das letzte Mal?

g. *Untersuchung der Gürtelpuppen* (Arbeitsprogramm für den Schüler)
Welche Körperteile und Gliedmaßen sind bereits äußerlich erkennbar? Erkläre den Namen Mumienpuppe!
Beobachte die charakteristischen Höcker.
Beschreibe die Farbe der Puppe.

h. *Zusammenfassung der Protokolle* und Auswertung derselben
Wieviele der eingebrachten Eier kamen bis zur Puppe?
Wie groß war die Mortalität in Prozenten ausgedrückt?
Lassen sich Ursachen für die Ausfälle erkennen?
Können in der freien Natur noch andere Ursachen hinzutreten?

i. *Beobachten des Schlüpfens der Imagines*
Da die Frühlingsgeneration des Kohlweißlings meist erst im Juli und August schlüpft, d. h. in den Sommerferien, ist diese Generation für die Schule ein weniger geeignetes Beobachtungsmaterial. Günstiger ist die Herbst-Winter-Generation mit den überwinternden Puppen, aus denen dann im Frühjahr (Mai) die Schmetterlinge schlüpfen. Bei besonders günstiger Witterung kann es aber auch zu 3 Generationen kommen, die sich dann derart überschneiden, daß gleichzeitig sämtliche Entwicklungsstadien zu sehen sind.

Folgende *Fragestellungen* lassen sich angehen:
Welches Geschlechtsverhältnis stellen wir fest?
Sind Beziehungen zwischen Schlüpfen und Witterungslage erkennbar? (Dazu protokollieren: Temperatur, Luftfeuchtigkeit, Beleuchtung).
In welchen Tageszeiten schlüpfen die Tiere? (Am Süd-, Nord-, West-, Ost-Fenster?)
Die einzelnen Phasen des Schlüpfvorganges können protokolliert werden, ihre Dauer wird gestoppt und evtl. fotografiert.
Die Ergebnisse aller Beobachtungen der Schülerarbeitsgemeinschaft (evtl. häusliche Arbeiten) werden gesammelt und in Tabellen eingetragen und ausgewertet.
Um solche Arbeiten auszuführen bieten sich verschiedene Möglichkeiten an: Entweder man führt sie selbst unter Zuhilfenahme von Schülern durch, oder bietet kleinen Gruppen das Material, damit sie die Beobachtungen in der Schule (vor dem Unterricht, in den Pausen evtl. am Nachmittag) oder zuhause durchführen können.
In letzteren Fällen müssen wir ihnen dann ein Arbeitsprogramm mit Anweisungen geben, etwa dergestalt, wie es in den Ziff. a—g dargestellt wurde.

3. Speziellere Versuche

a. *Lichtkompaßorientierung*
Im Dunkeln kriecht die Kohlraupe auf eine Lichtquelle zu (Punktaugen) und

dreht sich um 180°, wenn man das Licht hinter sie stellt. Wie immer, versuche man auch hier vor der Demonstration, ob das Tier auch „mitmacht".

b. *Beeinflussung der Puppenfärbung*
Bringt man verpuppungsreife Raupen in verschiedene Petrischalen, welche mit weißem, schwarzem, gelbem und grünem Papier ausgelegt sind, so nimmt die Puppe in gewissem Maße die Papierfarbe an. Die Anpassung der Larven an verschiedene Farben des Untergrundes kann vor der Verpuppung durch Schnürung hinter dem Prothorax unterbunden werden. Nach Untersuchungen an Pieris rapae crucivora üben die Corpora allata einen hormonalen Einfluß auf die Farbbildung aus. (Gersch: Vergl. Endokrinologie der wirbellosen Tiere).

c. *Die Kohlraupenschlupfwespe*
Hat man eine, von der Schlupfwespe befallene Kohlraupe gefunden, wird sie in ein verschlossenes Glas gelegt und die Entwicklung des Schmarotzers verfolgt.
Sind die Schlupfwespen geschlüpft und man hat zufällig lebende Kohlraupen, dann werden diese zu den Schlupfwespen gesetzt und das Verhalten beobachtet, ferner die Entwicklung der Schlupfwespe protokolliert.

d. *Fütterung des Kohlweißlings*
kann mit Zuckerwasser vorgeführt werden.

Literatur
Nolte, H. W.: Der Kohlweißling. NBB 1949.

III. Der Seidenspinner *(Bombyx mori)*

FT 662 Der Seidenspinner
R 740 Die Seidenspinner-Entwicklung
Materialbeschaffung auf Insektenbörsen.

1. Der Seidenfaden

Die zwei Seidendrüsen bestehen aus einem je ca. 35 cm langen, im Körper der Raupe vielfach gewundenen Schlauch an den Körperseiten. Ihr Gewicht macht 15—18 % der Körpermasse aus. Bei der verpuppungsreifen Raupe sieht man das Sekret durchschimmern. Die zwei Seidenfäden vereinigen sich zu einem Spinnfaden, dessen Dicke zwischen 15 und 20 μ schwankt. Er besteht aus Fibrin (Eiweißstoff), der eigentlichen Seidenfaser und einer Hülle aus Serezin, dem Seidenleim. Die Fadenlänge kann 1000 m betragen, ja es sollen maximal 3000 m vorkommen und das von einem Tier von ca. 8 cm Länge. Das abhaspelbare Fadenstück ist allerdings wesentlich kürzer und ist bei der europäischen Rasse 700—900 m lang (bei Wildformen nur 150—200 m). Nicht abgehaspelt werden die äußersten und innersten Teile des Kokons.

2. Geruchsempfindlichkeit

Bekannt wurde durch *A. Butenandt* der Duftstoff *Bombykol*, welcher von den Duftdrüsen am Hinterleib des Weibchens ausgeschieden wird. Er bewirkt sichtbare Schwirreaktionen des Männchens. Versuche von *Schneider* (Naturwissenschaften 1968/8) zeigten, daß 10 000 Duftmoleküle je Kubikzentimeter Luft die mit einer Geschwindigkeit von 27 cm/sec. an den Antennen vorbeistreicht, nach 2 sec. langem Reiz noch eine Schwirreaktion hervorrufen. Das heißt: 14 000 Moleküle pro Antenne genügen, um vom Schmetterling wahrgenommen zu werden. Da jede Antenne etwa 10 000 Riechhaare mit je 1—2 bombykol-empfindlichen Sinneszellen hat, trifft dabei statistisch nicht einmal auf jede Sinneszelle ein Bombykolmolekül.

3. Zucht

Für unsere Zwecke genügt die Zucht in einer Schuhschachtel. Als Futter für die Puppen brauchen wir allerdings Maulbeerblätter vom nächsten botanischen Garten. Zuchtzeit Mai—September. Eier zur Zucht sind zu beziehen beim Institut für Kleintierforschung 31 Celle; (einschl. Zuchtanweisung).

4. **In Diagläser eingerahmt** und projiziert können werden: *Fraßspuren* jüngerer und älterr Raupen an Blättern, oder das äußere lose *Gespinst* von einem Kokon und einzelne Teile des abgewickelten *Doppelfadens* mit den charakteristischen *Schleifen*. Zum Größenvergleich wird ein menschliches Haar beigegeben.

Literatur

Mell, R.: Der Seidenspinner. NBB 1955.
Weber, R.: Beobachtungen an einer Seidenspinnerzucht. Prax. d. Biol. 1957, S. 9. (Erfahrungen in der Schule).
ders.: MNU 1963—64; H. 1.
Zeuner, F.: Geschichte der Haustiere. München 1967; S. 402—408.

Literatur über Schmetterlinge

Amann, G.: Kerfe des Waldes. Neudamm 1964. 3. Aufl.
Dylla, K.: Schmetterlinge im praktischen Biologieunterricht. Praxis Schriftenreihe Bd. 15; Köln 1967. (Hier findet man alles Wissenswerte für die Schule).
Forster u. Wohlfahrt: Die Schmetterlinge Mitteleuropas. Stuttgart 1951.
Harz, K. u. Wittstadt, H.: Wanderfalter. NBB 1957.
Hubl. H.: Schmetterlingszüchten, eine Spielerei Prax. d. Nat. 1964, H. 7.
Kernen, A.: Verlag; 7 Stuttgart W; Schloßstr. 80. (Insektenbörse und spezielle Literatur).
Klein, B. M.: Duftschuppen der Schmetterlinge, Präparationsanweisungen) Miko 55. 1966, 82—86.
Nielsen, E. I.: Insekten auf Reisen. Verst. Wiss. Berlin 1967.
Schneider, H.: Schmetterlingseier. Embryologische Beobachtungen an lebenden Eiern. Miko 52. 1963, 7 ff.
Warnecke, G.: Welcher Schmetterling ist das? Stuttgart 1958.
Wickler, W.: Mimikry. Nachahmung und Täuschung in der Natur. München 1968.
Williams, C. B.: Die Wanderflüge der Insekten. Hamburg Berlin 1961.
Windelbach, A.: Fangen und Herrichten von Insekten f. d. biologische Schulsammlung. DBU 1967, H. 2.

I. Köcherfliegen (Trichopteren)

Wie die Eintagsfliegen, so sind es gerade auch die Köcherfliegenlarven, welche auf Wandertagen oder in Schullandheimaufenthalten beobachtet und gesammelt werden können und auch sonst häufig von Schülern in den Unterricht mitgebracht werden. Die merkwürdige Lebensweise der Trichopterenlarven löst immer wieder Bewunderung aus. Auf ihre Demonstration sollte nicht verzichtet werden.

Demonstrationsmaterial:

Kronen Tafeln 104—105
Lebendes Material
Mikropräparate (Kopf, Kiemenbüschel, Hinterleibsende mit Haken).

1. Materialbeschaffung

Als charakteristische Tiere für sämtliche Süßwässer begegnen wir ihnen, sobald wir nur einige Zeit den Boden eines flachen Wassers genau absuchen. Es gibt allerdings auch freilebende Larven ohne Köcher und solche, welche Netze bauen (*Hydropsyche*). Letztere stellen erst zur Verpuppung ein festes Gehäuse her.
Für den Unterricht am ergiebigsten dürften die Köcherbauer sein. Beste Jahreszeit zum Sammeln: Frühjahr (März, April). Im Mai—Juni verpuppen sich die Larven und verharren ca. 2 Wochen im Puppenzustand.

2. Haltung

In Kleinaquarien, gefüttert mit *Tubifex, Chrionomus, Elodea,* Fadenalgen. Sie sind anspruchslos. Nur die Larven aus kühlen Bächen müssen auch in sauerstoffreichem Wasser gehalten werden. Die Larven gehen auch an andere freßbare Substanzen: Äpfel, Gemüsestrünke, tote Tiere.

3. Demonstration

Lebende Tiere in schmaler Küvette am Projektor; sonst Mikroprojektion.
In größerer Menge gesammelt, können sie in kleinen Gläsern ausgegeben und in Schülergruppen beobachtet werden.

4. Beobachtungsaufgaben

Welche Körperteile sehen aus dem Köcher heraus?
Wie bewegt sich die Larve fort?
Wie verhält sie sich bei Störung? (Berührung durch Strohhalm).
Warum verliert sie wohl den Köcher nicht?
Aus welchen Materialien sind die Köcher gebaut?
Wird verschiedenes oder gleichartiges Material verwendet?
Welche Form hat der Köcher? Zeichne ihn! Längs- und Querschnitt. (Bei manchen wird der Köcher seitlich mit größeren Steinchen beschwert (Silo) und wieder andere bringen an ihren Steinköchern zur Stabilisierung längere Ästchen an (Haleus).
Sind die Bauteile regelmäßig oder unregelmäßig angeordnet?
Sind sie bearbeitet (z. B. zugeschnitten)?
Wodurch halten die Teile zusammen?
(Arten aus Fließwässern bauen i. d. R. mit schwererem Material, als die aus stehenden Gewässern.)

5. Verhalten der Larven

a. Eine Larve wird mit dem Kopf einer Stecknadel vorsichtig von hinten her aus ihrem Köcher herausgeschoben und dieser in seine Bestandteile zerlegt. Dieses zerlegte Material wird der nackten Larve in einer Küvette oder flachen Schale wieder angeboten. Wenn wir Glück haben, können wir sofort beobachten, wie sie an den Neubau des Köchers geht. Die Glasschale wird beschriftet (Datum, Uhrzeit) und anderentags kontrolliert, ob ein neues Gehäuse gebaut wurde.
Man kann auch den vollständigen unzerstörten Köcher wieder bieten und abwarten ob sie wieder einschlüpft.

b. Eine andere Larve wird ebenfalls aus ihrem Gehäuse geschoben und ihr anschließend neues Baumaterial (Sand, Steinchen, Moos, Rindenstückchen) angeboten. Evtl. wird auch aus den ihr bislang unbekannten Stoffen eine Röhre angefertigt.

c. Wir versuchen Larven zu füttern (lebende und tote Tiere, Teilchen von Obst und Gemüse, *Elodea* usw.)

d. Beobachtet werden die Schlängelbewegungen, welche die Larve im Gehäuse durchführt, um dadurch Wasser an den Kiemen vorbei zu pumpen.

6. Anatomie der Larven

a. Unter dem Binokular werden *Büschel-* und *Fadenkiemen* der „nackten" Larven untersucht.

b. Hinterleibsende in KOH mazeriert und die *Haken* zum Festhalten im Köcher als Mikropräparat eingebettet.

c. Der *Kopf* mit den *Mundwerkzeugen* wird abgeschnitten, mazeriert und die Mundwerkzeuge präpariert. Sie weisen auf räuberische Lebensweise hin.

7. Planktonbesatz

Unter starker Vergrößerung untersuchen wir ein Bein oder einen anderen Körperteil nach Besatz durch Glockentierchen, Algen usw.

8. Atemtätigkeit

Bei kleinen Exemplaren zeigt man in der Mikroprojektion die *Tracheenkiemen*. Nach einiger Zeit der Projektion scheinen es viel mehr Verzweigungen zu sein. Bei Sauerstoffmangel, der hier auftritt, wird die Körperflüssigkeit der Tracheen immer mehr durch Luft ersetzt. Dadurch werden sie für uns sichtbar.

Literatur

Illies, J.: Die Lebensgemeinschaft des Bergbaches. NBB 1961.
Ulmer: Trichoptera; in Brohmer, Fauna von Deutschland.

K. Libellen (Odonata)

I. Demonstrationsmaterial

Präparate einiger der häufigsten Arten:
Wasserjungfer (*Calopteryx splendens*)
Schlanklibelle (*Agrion puella* L.)
Große Taufelsnadel (*Aeschna grandis*)
Plattbauch-Libelle *(Libellula depressa)*

Lebendes Material: Imagines eigenen sich nicht für Lebendhaltung. Dagegen sind Libellenlarven in jeder Weise dankbare Demonstrationsobjekte.
Von 3600 Libellenarten bewohnen nur 80 Mitteleuropa.

Filme und Dias:

F 458   Im Reiche der Libelle
F 637   Schlüpfen einer Libelle
R 648   Einheimische Libellen

R 649 Paarung und Entwicklung der Libellen
FT 831 Der Karpfen (gute Aufnahmen der Fangmaskenbewegung von Libellenlarven)

Mikropräparate: Fangmaske einer Libellenlarve.
Versteinerung einer Libelle a. d. Jura (echte Libellen gab es schon im Oberkarbon vor etwa 250 Mio. Jahren. Unter ihnen waren die größten jemals existierenden Insekten, von 70 cm Körperlänge und 1 m Flügelspannweite. Heute haben die größten einen 15 cm langen Körper).

II. Versuche mit Libellen

1. Materialbeschaffung

a. Eigelege
Die Eier werden nach Art verschieden auf der Ober- oder Unterseite von Wasserpflanzen abgelegt oder auch in die Blätter mit Hilfe eines Legestachels eingeschoben.

b. Libellenlarven
Vorkommen je nach Art in fließenden oder stehenden Gewässern (s. *Engelhardt*). Am besten legt man sich am Ufer auf den Bauch und beobachtet längere Zeit eine bestimmte Fläche des Untergrundes sowie die Pflanzen im Wasser. Hat man erst einmal in Ruhe die einzelnen Objekte angesprochen, dann entdeckt man meistens auch langsam an ihren Bewegungen die verschiedenen Tiere, u. a. die Libellenlarven. Ein Holzkasten mit Glasboden kann zur Beobachtung gute Dienste leisten.
Der Transport der Larven sollte in einem Glas mit den Zweigen einer Wasserpflanze und wenig Wasser erfolgen.

c. Libellen
Sie werden mit großem Kescher gefangen. Sie besitzen meist ausgeprägte Reviere und fliegen diese ziemlich regelmäßig ab. Man kann fast darauf warten bis eine Libelle auf der beobachteten Bahn wieder vorbeikommt und sich an einem bestimmten Punkt niedersetzt.
Da ihre exakte Präparation nicht sehr einfach ist, lasse man das Töten dieser herrlichen Tiere lieber bleiben und befreie sie nach kurzer Lebendbeobachtung wieder.
Zum evtl. Transport lebender Tiere verwendet man Tüten, in denen sie sich bei Kühle und Dunkelheit 1—2 Tage halten können. In Gläsern leiden meist die Flügel lebender Tiere. (Präparation s. *Stehli*, bzw. *Reitter*).

d. Exuvien
Kommt man früh morgens an einen See, so erkennt man (im Frühjahr) oft unschwer an den Schilfstengeln die Exuvien frischgeschlüpfter Imagines. Sie können interessante Sammlungsobjekte sein. Dazu werden sie in Wasser aufgeweicht, die Beine gerichtet und das Ganze genadelt. Ein Klebstofftropfen an der Durchstichstelle verhindert Verdrehungen der Haut.

2. Haltung von Libellenlarven

Die Haltung von Libellenlarven ist unproblematisch. Da ihre unvollkommene Entwicklung langsam verläuft — sie häuten sich mindestens 10 mal — und da sie auch längere Zeit hungern können, bereiten sie kaum Arbeit. Ein Einmachglas

mit Wasser gefüllt und mit wenigen Wasserpflanzen besetzt, genügt. Sinkt der Wasserspiegel zu sehr ab, wird nachgefüllt. Eine Staubschicht auf der Oberfläche wird durch kurzes Auflegen eines Fließpapiers entfernt.
Wenn jedoch nach mehreren Häutungen die Flügelansätze etwas größer geworden sind, muß den Tieren ein fester Stengel geboten werden, an dem die Nymphe hochklettern kann. Wird dies versäumt, so erstickt sie, weil eine Umstellung von der Darmatmung zur Brustrachenatmung des Lufttieres erfolgt. Es kann aber auch geschehen, daß ein Tier am Stengel hochklettert und dieser sich umbiegt oder daß es an der Aquariumwand hochgeht und sobald der Schlupfvorgang beginnt, wieder in das Wasser zurückfällt und erstickt. Die Nymphen klettern immer dem Lichte entgegen.
Junge Larven werden mit Daphnien, feinsten Fleischfasern, Essigälchen gefüttert. Ältere Larven, insbesondere die großen Libellen fangen Kaulquappen, Tubiflex, Chironomus, Mückenlarven und fressen auch vorgehaltene Fleischstückchen oder Regenwurmteilchen. Für alle Versuche mit Libellenlarven ist notwendig, daß eine gewisse Auswahl an Larven zur Verfügung steht, weil nicht eine wie die andere reagiert. Will man zur Demonstration sicher gehen, muß vorher probiert werden, welche Larven wunschgemäß reagieren.

3. Demonstration der Larven von Aeschna und Libellula

a. Bei kleineren Larven eignet sich die Projektionsküvette.
b. Größere Larven werden mit dem Schreibprojektor vorgeführt oder mit der Horizontalprojektion.
In beiden Fällen wird das Tier lediglich in eine Glasschale gegeben und auf den Apparat gestellt. Die angeführten Versuche lassen sich alle mit diesen Demonstrationsmöglichkeiten ausgezeichnet vorführen.

4. Lichtrückenreaktion der Aeschna-Larve (Abb. 26)

Bei Benützung des Schreibprojektors kommt das Licht von unten. Da die Larve wahrscheinlich kein Gleichgewichtsorgan hat, welches auf die Gravitation anspricht, und normalerweise in ihrem Biotop das Licht von oben kommt, genügt es vermutlich zur Raumorientierung, wenn sie sich nach dem einfallenden Licht richtet. In unserem Falle dreht sie sofort dem Licht den Rücken zu. Um dies zu zeigen genügt natürlich jede Lampe, wenn der Raum etwas abgedunkelt ist.

Abb. 26: Lichtrückenreaktion der Aeschnalarve. Die freischwimmende Larve dreht sich auf dem Schreibprojektor mit dem Rücken dem Lichte zu.

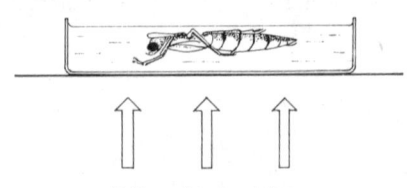

Licht vom Schreibprojektor

Dieser Versuch gelingt jedoch nur so lange ihr kein Halt an den Füßen geboten wird und sie frei herumschwimmen muß. Wenn sie einmal auf dem Rücken schwimmt, bietet ihr der Gefäßboden keinen Halt mehr, sodaß die Rückstoßbewegungen schön zu sehen sind.

5. Fortbewegung der Aeschna-Larve (Abb. 27)

a. *Das Klettern* kann gezeigt werden, wenn man der Larve Wasserpflanzen anbietet. Die Beine sind verhältnismäßig kräftig.

b. *Das Schwimmen* erfolgt nach dem Rückstoßprinzip durch Ausstoßen des Atemwassers aus dem Darm. Dabei werden die Beine angelegt, (Verringerung des Wasserwiderstandes). Setzt man mit einer Pipette in der Nähe des Hinterleibs etwas Tusche, oder einen Tropfen Tinte aus dem Füllhalter zu, so wird die Ausstoßströmung auch in der Projektion deutlich sichtbar.

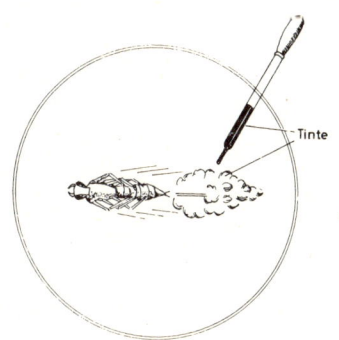

Abb. 27: Fortbewegung der Aeschnalarve durch Rückstoß. Demonstriert auf dem Schreibprojektor. Da das Licht von unten kommt, schwimmt die Larve dabei auf dem Rücken.

Durch Unterlegen einer Klarsichtfolie mit Zentimeter-Einteilung kann die durch einen Rückstoß bewältigte Strecke gemessen werden.

c. *Calopteryx*-Larven schwimmen selten und kriechen mehr umher. Ihre drei Schwanzanhänge sind Ruder- und Steuerorgane.

d. *Wasserströmungen* werden von den Libellenlarven anscheinend mit den kleinen Fühlern wahrgenommen.
Richtet man einen schwachen Wasserstrom gegen den Kopf einer Larve so zieht sie die Beine an.

e. *Umdrehreflex*
Eine Libellenlarve wird im freien Wasser, wo sie keinen Halt findet und von oben belichtet wird, auf den Rücken gelegt und beobachtet, wie sie sich umdreht.

6. Darmatmung

Die *Aeschna*-Larven atmen mit Hilfe rektaler Kiemen, indem sie durch rhythmisches Einziehen und Vorwölben der Bauchwand Wasser aus dem Enddarm ausstoßen und einziehen.

a. Diese Darmatmungsbewegung wird wie oben durch Tinte oder Tusche sichtbar gemacht.

b. Füllt man eine Petrischale 5 mm hoch mit Wasser und kippt sie mit einer Aeschna-Larve so, daß deren Hinterende aus dem Wasser heraussteht, dann kann die Larve das Wasser mehrere Dezimeter weit spritzen. Manchmal spritzen die Tiere auch, wenn man sie in die Hand nimmt.

e. An einer frisch getöteten Larve wird unter Wasser durch seitliche Schnittführung die Oberseite des Körpers abgehoben, der *„Kiemendarm"* freipräpariert und im Binokular gezeigt. Im Innern des Darmes liegen auf 24 000 geschätzte kiemenartige dünne Hautblättchen, in welchen sich die Endverzweigungen der Tracheen befinden. Einige der Hautblättchen können bei starker Vergrößerung mit dem Mikroskop betrachtet und die feinen Tracheen gezeigt werden.

7. *Atmungsfrequenz (AG)*

a. *In normalem*, gut durchlüftetem Wasser wird die Atemfrequenz in der Minute gezählt (ca. 20 pro Min.). Es können allerdings auch sichtbare Atembewegungen weitgehend fehlen oder Ventilations- mit Ruheperioden abwechseln.

b. *Im abgekochten*, sauerstoffarmen Wasser steigt die Frequenz auf ca. 28 pro Min. Die Atempausen werden kürzer und die Ventilationsperioden länger.

In sehr sauerstoffarmem Wasser wird ständig ventiliert. Sauerstoffarmes Wasser kann auch durch Anschluß einer Flasche an die Saugpumpe erhalten werden.

Bei gleichbleibendem CO_2-Gehalt und Verminderung der O_2-Spannung erfolgt keine Steigerung der Frequenz. Die Regelung dazu erfolgt nämlich über den CO_2-Gehalt.

c. In Wasser, welches CO_2-reich ist (vorher wurde aus der Flasche CO_2 eingeleitet), vermehren sich die Atemstöße (ca. 33 pro Min.).

d. Wird ein gewisser *CO_2-Gehalt* überschritten, tritt Einstellung der Atmung, Narkotisierung und Schädigung des Tieres ein.

e. Nicht gezeigt werden kann vor Schülern, daß bei Abschnürung des Kopfes, das Hinterende alleine weiteratmet: Das Atemzentrum muß also im Thorax liegen.

8. *Untersuchung einer Exuvie*

Beißt eine Larve trotz längeren Hungerns nicht mehr zu, dann steht sie meist kurz *vor der Häutung* (Augen weißlich trübe).

Die Exuvie ist ein sehr geeignetes Untersuchungsobjekt. Am auffallendsten sind die langen Tracheen, welche immer wieder Erstaunen erregen, weil sogar sie gehäutet werden. Auch die Fangmaske und Cornea der Augen kann gezeigt werden.

9. *Sehvermögen*

Diese dankbaren Versuche können schön mit einem Schreibprojektor vor der Klasse demonstriert werden.

Aeschna-Larven sind wie die Imagines ausgesprochene Augentiere. Ihr Sehvermögen kann leicht geprüft werden. Verwendet werden Tiere, welche einige Tage gehungert haben. Probeversuche sind immer notwendig.

a. Die Larve wird in ein rundes Glasgefäß gesetzt, welches außen durch einen Papierstreifen mit vertikalen Linien abgedeckt ist. (Streifen mit Filzstift auftragen). Beginnt man nun den Papierstreifen zu drehen, so bewegt sich das Tier mit.

b. Am Ende eines Drahtes oder eines dünn ausgezogenen Glasröhrchens befestigt man ein Kügelchen aus Wachs, Siegellack oder Plastilin (optimaler Durchmesser bei Libelloiden-Larven 0,75—1 mm).

Bewegt man das Kügelchen neben der Larve hin und her, so reagiert sie mit scharfer Wendung des Kopfes, eilt hinzu und schnappt bei bestimmter Entfernung mit der Fangmaske. *(Abb. 28)*

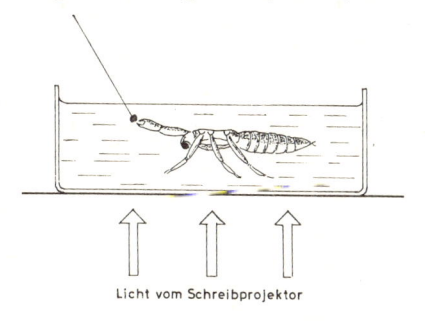

Abb. 28: Schnappreflex einer Libellenlarve. Demonstriert auf dem Schreibprojektor. Bietet man der Larve Wasserpflanzen zum Festhalten, dann spielt der Lichtrückenreflex keine Rolle mehr.

Licht vom Schreibprojektor

Wir das Kügelchen in Ruhe gehalten, so erfolgt keine Reaktion. *(Bewegungssehen* bei anderen Tieren, z. B. Reh, Hase, Schlangen.) Wiederholt man den Attrappenversuch mehrmals, dann läßt das Zuschnappen nach (Lernvermögen?). Nach kuzer Zeit jedoch scheint die Larve die Erfolglosigkeit vergessen zu haben und schnappt wieder.

c. Wird eine große Kugel von ca. 10 mm ⌀ gereicht, dann eilt mitunter die Larve aus einiger Entfernung hinzu *(Nahrungston* der Attrappe). In nächster Nähe jedoch wendet sie sich weg und ergreift durch Rückstoß die Flucht *(Feindton* der Attrappe). Dies besagt jedoch nicht, daß die Libellenlarven kein Entfernungssehen haben.

d. Durch Verkleinern der großen Attrappe wird untersucht, ab welcher Größe sie den Feindton verliert und der Nahrungston erscheint.

e. Die Zahl der Ommatidien ist bei den Imagines (10 000—30 000) etwa sechsmal höher als bei den Larven. Die Augen der Imagines haben daher gegenüber den Larven eine bessere Raumauflösung. Larvenaugen können noch 60 Einzelreize/Sek. trennen. Imagines dagegen 170—300 Einzelreize/Sek. (Der Mensch 24/Sek.) Die Libellen erscheinen dadurch als ausgesprochene „Zeitdehnertiere". Darüberhinaus besitzen die Tiere einen sehr großen räumlichen Blickwinkel, der durch starke Kopfdrehung noch erweitert werden kann.

10. Ernährung der Larve

a. Die Bewegung der Fangmaske und das Aufnehmen der Beute kann bei hungrigen Tieren leicht gezeigt werden. Zu beachten ist lediglich, daß die Köder hin- und herbewegt werden, Libellenlarven können bis 1 Monat lang hungern.

Folgende Bewegungsphasen sind deutlich erkennbar:

1. Lauerstellung
2. Bewegungssehen ermöglicht Erkennen der Beute
3. Orientierung auf die Beute zu, durch Kopf- oder Körperbewegung
4. Vorschleudern der Fangmaske und Ergreifen der Beute
5. Heranziehen und Aufnehmen der Beute.

Die Dichte des Mediums Wasser erlaubt keine rasche größere Bewegung des ganzen Körpers. Daher kann die Lauerstellung und die sehr schnelle Bewegung der Fangmaske wohl als eine Anpassung an den Biotop betrachtet werden.

b. Die Filmaufnahmen von FT 831 (Der Karpfen) ergänzen die Eigenbeobachtungen.

c. An einer Mikroprojektion der Fangmaske kann der Mechanismus erörtert werden. Bei nichtmazeriertem Präparat, das entsprechend aufgehellt wurde, ist der Muskelantagonismus der Zangen gut sichtbar. Zeichnung vom Objekt anfertigen lassen.

d. An einer toten Larve wird die Fangmaske mit der Pinzette ausgestreckt und entweder am Schreibprojektor oder im Binokular gezeigt.

e. Taucht man eine zu verfütternde Chironomuslarve zuerst in Chinin, so wird sie zunächst auch gefangen, i. d. R. aber wieder ausgespuckt (Geschmackssinn in der Mundgegend). Ein chemisches Beuteschema existiert nicht.

11. Entwicklung der Libellen

Bei den Libellen fehlt ein echtes Puppenstadium, sie machen also eine unvollkommene Verwandlung durch. Die Flügel entwickeln sich schrittweise bei vielen (meist über 10) Häutungen. Die Entstehung der Flugmuskulatur bedingt eine tiefgreifende Umgestaltung des Thorax der Junglarve.

Durch die Zurückbildung der Fangmaske kann die Umwandlung zur Imago demonstriert werden. Diese Metamorphose ist bei den Schmetterlingen nicht zu sehen.

Folgende Entwicklungszeiten werden angegeben (*Engel, H.*):

Aeschna imperator	10 Monate (12 Häutungen)
Aeschna grandis	14 — 26 Monate (2 mal Überwintern)
Calopteryx	2maliges Überwintern
Agrionidae	ca. 1 Jahr

Die Imagines leben mehrere Monate.

Das letzte Entwicklungsstadium wird meist Nymphe genannt; aus ihr schlüpft die fertige Libelle.

Das Schlüpfen der Libelle zeigt der Film F 637.

12. Flügel der Libellen

Legt man einen der großen Libellenflügel statt eines Fotonegativs in den Vergrößerungsapparat der Dunkelkammer, so lassen sich interessante *Fotogramme* mit beliebiger Vergrößerung anfertigen. Sie zeigen die Zellenstruktur der Flügel (bis 3000 Zellen pro Flügel). Abb. 29.

Die glasartigen Flügel haben eine charakteristische Knitterstruktur: die starke Äderung, das Festigungsgefüge der Flügel, liegt nicht in einer Ebene, sondern verschieden hoch. Dadurch wird bei der enormen Beanspruchung der langen schmalen Flügel ein Zerbrechen verhindert und eine bessere Luftverdrängung herbeigeführt (*Engel H.*).

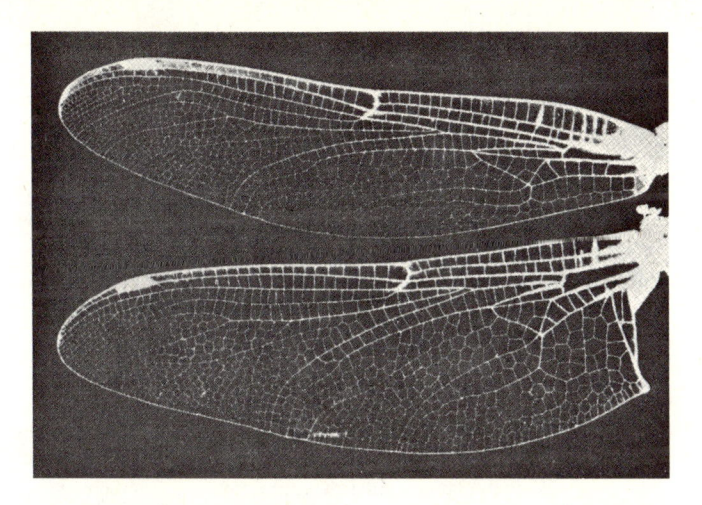

Abb. 29: Fotogramm von Libellenflügeln. An Stelle eines Negativs können Insektenflügel, aber auch Federn, eventuell sogar größere Mikrotomschnitte, in einen fotografischen Vergrößerungsapparat eingelegt werden und auf Fotopapier belichtet werden. Hieraus ergibt sich manche Anregung für eine Schul-Fotogruppe seitens der Biologie. Beschädigte Insekten können auf diese Weise noch einem letzten, vielleicht auch ästhetischen Zweck, zugeführt werden.

Flügelschlagfrequenz: ca. 30 Schläge/sec.

Fluggeschwindigkeit 15 m/sec = 54 km/Std.

Die Flugmuskulatur ist eine „direkte". Der lange Hinterleib dient der Flugstabilisierung.

13. Schwarmbildung und Wanderungen

Es kommen Wanderschwärme von Libellen vor, welche 6 km breit und 20 bis 40 km lang sein können. Meist fliegen sie dabei mehrere Meter über dem Boden; ruhig und langsam die einen, orkanartig die anderen Schwärme. Ein Schwarmdurchzug kann Stunden, ja Tage dauern. Besonders häufig treten diese Schwärme an Meeresküsten auf, so z. B. an der deutschen Ostseeküste.

14. Biotopanpassungen

Larve und Imago leben wie bei Maikäfer, Fliege, Kohlweißling, Köcherfliege, auch bei der Libelle in verschiedenen Biotypen, in verschiedenen *ökologischen Nischen*. Die Larven sind in allen genannten Fällen die weniger beweglichen Wachstums- und Freßformen der Entwicklung, während die Imagines hauptsächlich Verbreitungs-, Fortpflanzungs- und Vermehrungsformen darstellen: Flugfähigkeit, Geschlechts- und Kopulationsorgane, Revierbildung, Paarung, Begattung, Eiablage.

Anpassungen der Libellenlarve an das Wasser:	Anpassungen der Imago an die Luft:
Fortbewegung durch Klettern (kräftige Beine) Fortbewegung durch Rückstoß (Enddarm)	Beine werden nur noch zum Festhalten benutzt. 4 lange schmale Flügel mit Knitterstruktur; leistungsfähige Flugmuskulatur; lange Körperachse zur Flugstabilisierung; Hohlräume in Kopf und Brust zur Gewichtsersparnis.
Atmung durch Kiemendarm	Atmung durch Tracheen insbes. der Brust
Lichtrückenreaktion zur Orientierung im Wasser	Starkes Auflösungsvermögen der Augen
Fangmaske, da rasche Bewegung des Gesamtkörpers im dichten Wasser schlecht möglich	Beine als Fangreusen, im Flug verwendbar. Rasche Bewegungen des Gesamtkörpers in der Luft möglich
Kombination von Fortbewegung und Darmatmung	Kombination von Fortbewegung (Flug) und Ernährung

15. *Regelungsvorgänge einfach dargestellt:*

Störung →	Meldung →	Zentrale →	Meldung →	Ausführung →	Behebung

Regelung des Autoverkehrs:

Verkehrsbeobachter meldet Autostau →	Meldeleitung →	Polizeizentrale →	Befehlsleitung →	Ausführungsorgane →	Umleitung organisiert

Regelung der Körperlage einer Libellenlarve:

Licht kommt von unten Lichtsinn → meldet es	Meldefaser →	ZNS →	Befehlsfaser →	Muskeln →	Umdrehreaktion

Reflexbogen bei der Lichtrückenreaktion:

Reiz Sinnesorgan →	Meldefaser →	ZNS →	Befehlsfaser →	Muskeln →	Reizbeantwortung

Literatur

Engel, H.: Mitteleurop. Insekten. (Kronen Tafeln). Hamburg 1961.
Engelhardt, W.: Was lebt in Tümpel, Bach und Weiher. Stuttgart.
Robert, P. A.: Libellen. Naturkundliche K. u.F. Taschenbücher. Bern 1959.
Schiemenz, H.: Die Libellen unserer Heimat. Jena-Stuttgart, 1953 u. 1957.
Ulmer: Odonata. In Brohmer, Fauna von Deutschland.
Wesenberg-Lund, C.: Biologie der Süßwasserinsekten. Berlin Wien 1943.
Zahner, R.: Über die Bindung der Mitteleuropäischen Calopteryxarten an den Lebensraum des strömenden Wassers. I. Der Anteil der Larven an der Biotopbindung. Int. Rev. Hydrobiol. 1959, Bd. 44, H. 1. Berlin.
ders.: Über die Bindung der Mitteleuropäischen Calopteryx-Arten an den Lebensraum des strömenden Wassers. III. der Anteil der Imagines an der Biotopbindung. Int. Rev. Hydrobiol. Bd. 45; 101—123.

L. Eintagsfliegen (Ephemeroptera)

Demonstrationsmaterial:
Kronen Tafel 2
Mikropräparate (Larven total, Imago: Kopf, Turbanaugen)
Evtl. lebende Larven

1. Materialbeschaffung

a. Vollkerfe erlangt man in den Abendstunden durch Abkäschern von Ufervegetation mit dem Insektennetz und durch Aufstellung von Blendlaternen in der Dämmerung. Tötung, Konservierung und Aufbewahrung erfolgt in 80 %igem Alkohol.

b. Die Larven der Bäche und Seeufer erhält man beim Absuchen einzelner Steine, insbes. deren Unterseiten. Grabende Nymphen werden in Schlammproben mit einer Kehrichtschaufel hervorgeholt. Schwimmende Arten können mit einem Wassernetz oder an Wasserpflanzen erbeutet werden. Tötung und Konservierung w. o.

c. Haltung
Die Larven haben einen sehr großen Sauerstoffbedarf und brauchen kühles Wasser. Daher ständige gute Durchlüftung.

2. Mikroskopische Untersuchungen der Larven (AG)

Anpassungsformen:
Grabende Larven sind mit Grabbeinen ausgerüstet (z. B. *Ephemera vulgata*).
Strömungsliebende haben einen abgeplatteten Körper (z. B. *Ecdyonurus forcipula*).
Schwimmende haben einen fast zylindrischen Körper mit einem langbeborsteten Schwanzfächer als flossenähnliches Schwimmorgan (schlängelnde Körperbewegung, seitlich abstehende Paddelkiemen) z. B. *Cloeon dipterum*.
Kriechende Larven haben einen stark behaarten Leib, der mit Schlammpartikeln maskiert ist (z. B. *Paraleptophlebia submarginata*).

3. Untersuchung der Atmungsorgane

Tracheenkiemen, welche auch zur Fortbewegung dienen können. Darmatmung kann vorhanden sein (vergl. Libellenlarven).
Eine Larve wird mit einem Glasrohr (5 mm ⌀) angesaugt. Das Rohr verschließen

wir unten mit dem Finger, stellen es aufrecht und beobachten die „schwirrenden" Bewegungen der Tracheenkiemen.
Je mehr Sauerstoff verbraucht wird, desto rascher werden die Bewegungen.
Die Tracheenkiemen einer *Ephemera vulgata* können präpariert und im Mikroskop betrachtet werden (Verästelung der Trachee!).

4. Lichtrückenreaktion

Die Larven zeigen, wenn die Beine keinen Halt haben, Lichtrückenreaktion.

5. Imagines

Mikropräparat der schönen Turbanaugen herstellen.
Erwähnenswert ist, daß der Darm einen Funktionswechsel zu einem aerostatischen Organ durchgemacht hat. Durch Luftschlucken kann er aufgebläht werden.
Die Existenzdauer der Imagines schwankt von wenigen Stunden bis zu 14 Tagen bei den verschiedenen Arten (Larven 1—3 Jahre).

Literatur

Engelhardt, W.: Was lebt in Tümpel, Bach und Weiher?
Gleiß, H.: Die Eintagsfliegen. NBB 1954. (Hier weiterführende Literatur)

M. Schrecken (Saltatoria)

I. Demonstrationsmaterial

Präparate mit gespannten und ungespannten Flügeln
Verschiedene Entwicklungsstufen als Beispiel der unvollkommenen Entwicklung (Hemimetabolie)
Kronen Tafeln 6 — 10
Lebendes Material
Stabheuschreckenzucht
Heimchenzucht
R 695 Heuschrecken und verwandte Arten
Mikropräparate: Schrillorgane der Laubheuschrecken, Feldheuschrecken, Grillen. Tympanalorgane der Laubheuschrecken in Aufsicht und im Querschnitt.
Gehörmembran einer Feldheuschrecke.
Grabbeine der Maulwurfsgrille (vergl. Anatomie).

II. Laubheuschrecken *(Locustidae)* und Feldheuschrecken *(Acrididae)*

1. Materialbeschaffung

Soll die Entwicklung verfolgt werden, dann sammelt man vom späten Frühling an die Larven. Verwendet man ab Juni Larven des vorletzten und letzten Standes, so kann in warmen geschlossenen Räumen noch vor Beginn der Sommerferien das Vollinsekt schlüpfen, da hier die Entwicklung rascher als im Freien abläuft.
Zur Zucht nehme man mesophile Arten wie etwa den Bunten Grashüpfer (*Omocestus viridulus* L.) auf trockenen oder feuchten Waldwiesen, den gewöhnlichen Grashüpfer (*Chorthippus longicornis*), den Wiesen Grashüpfer (*Chorthippus dor-*

satus), oder leicht xerophile Arten wie etwa den Nachtigall Grashüpfer (*Chorthippus biguttulus*). Spezialisten extremer Standorte meide man.

2. Zuchtbehälter

Terrarium, altes Aquarium, Holzkiste mit Seitenfenster u. dgl., jeweils mit Deckel. Ausmaße: 30 x 40 cm Bodenfläche, 40 cm Höhe. Bei rechteckigem Format kann eine Seite feucht, die andere trocken gehalten werden. Wird der Boden mit einem Einsatz aus Weißblech belegt, dann läßt sich der Kasten leicht reinigen.

Auf den Blecheinsatz kommen 2 — 5 cm Erde oder Sand mit etwas Grasnarbe. Wärme regulieren! Bei Kälte Wärmelampe, bei Hitze Lüftung.

3. Fütterung

Laubheuschrecken: Laub versch. Bäume zur Auswahl; bei räuberischen auch kleine Insekten; ferner Löwenzahn.

Grünes Heupferd (*Locusta viridissima*): Salat, kriechender Hahnenfuß, Obstlaub, Gerste, Nesseln, Brombeeren, Beifuß. Auch Fliegen, Kohlweißlinge, Mehlwürmer, Raupen. Nicht mit Feldheuschrecken zusammenhalten.

Feldheuschrecken: Salat, Gras, Klee, Löwenzahn. Gemüsepflanzen.

4. Feldheuschreckenlarven (Beobachtungsaufgaben)

a. Flügellos; kurze Flügelscheiden.

b. Wie oft springt ein Tier in 15—20 Minuten aus eigenem Antrieb? (Ältere springen seltener).

c. Der *Häutung* geht 1 — mehrere Tage lang ein Fasten voraus. Verankerung erfolgt kopfabwärts an Pflanzenteilen. Die Häutung dauert 5—15 Minuten. Bei der Imaginalhäutung kommt weitere Zeit zur Flügelentfaltung hinzu. (Die Flügel drehen sich dabei um die Normallage).

d. Mit der allmählichen Verwandlung reifen auch von Häutung zu Häutung die *Instinkthandlungen*.

Nach der 1. Häutung beginnen z. B. Putzhandlungen nach Imagoart, obwohl die zu putzenden Organe noch nicht ausgebildet sind, z. B. Kopfneigen um den Fühler zwischen Boden und Tarsen durchzuziehen; die Fühler sind jedoch zu kurz.

Auch die Fluchtreaktion auf die Rückseite eines Halmes, dem wir unsere Hand nähern, tritt bald auf.

Auf den Gesang der Imago wird mit Beinbewegung geantwortet: der „Bogen" wäre da, aber die „Geige" = Flügel fehlt noch.

Bewegungsabläufe können schneller reifen, als die dazugehörigen Körperteile.

e. Der Gesang kann durch allerlei Töne angeregt werden: „Pfff-Laute, ein rollendes Zungen-RRR, Schreibenmaschinengeklapper usw. (n. *Harz*).

5. Laubheuschreckenlarven

lassen sich ähnlich halten und beobachten. Sie wärmen sich gerne auf der Hand und nehmen u. U. auch das Futter von der Hand.

6. Weitere Beobachtungsaufgaben an Imagines

Wie unterscheiden sich Männchen und Weibchen? (Legeröhre!)
Größenverhältnisse von Vorder- zu Hinterbeinen abmessen (vergl. Frosch, Känguruh).
Sind *Putzbewegungen* zu beobachten? (Füße mit dem Maul, Fühler mit den Füßen usw.)
Wie weit springt ein Heupferd? Wievielmal die Körperlänge? (Ein Vergleich mit dem Menschen ist hier nicht angebracht!)
Fallreflexe beobachten, indem man ein Heupferd auf ein rauhes Brett kriechen läßt, vorsichtig umdreht und plötzlich draufklopft. Wie oft von 10 mal fällt das Tier auf die Beine?

7. Präparation

Alle Heuschrecken, auch die Werren, sind nach Abtöten in Essigäther durch einen Längsschnitt an der Unterleibsseite zu öffnen. Darm und Magen werden entfernt. (Vom Magen kann nach vorheriger Mazeration ein Mikropräparat angefertigt werden). In die Körperhöhlung wird ein Wattestrang eingeführt und dann die Schnitträder wieder aneinandergedrückt.

8. Herstellung von Mikropräparaten

a. Kaumägen (besser wäre: Walkmägen, weil sie die Nahrung mehr durchwalken als kauen), können nach vorheriger Mazeration von allen Orthopteren als Mikropräparate hergestellt werden.

b. Feldheuschrecken-Zirporgane
Oberschenkel der Hinterbeine (Alkoholmaterial) wird längsgespalten; die Muskulatur herausgekratzt und die körperseitige Chitinhülle eingebettet (Zähnchenreihe).
Teil vom oberen Rande des Oberflügels mit Radialader über die das Bein gestrichen wird, wird ebenfalls eingebettet.

c. Feldheuschrecken-Gehörorgan (Tympanalorgan)
Am 1. Hinterleibsring, oberhalb der Einfügungsstelle der Hinterbeine, findet man nach Beseitigung der Flügel beiderseitig, halbmondförmig umgrenzte Flächen. Wir schneiden sie in einem rechteckigen Stück heraus und betten sie ein.

d. Laubheuschrecken-Zirporgane
Die zwei Oberflügel werden abgenommen, die hinteren zwei Drittel abgeschnitten und das vordere Drittel jeweils eingebettet.
(Feile, Plektrum, Spiegel).

e. Laubheuschrecken-Gehörorgane
Totalpräparat einer Vorderschiene mit den beiden Spalten.
Mit etwas Geduld kann man auch mit der Hand einen Querschnitt durch das Tibialorgan anfertigen.

Literatur

Beier, M.: Laubheuschrecken. NBB 1955.
ders.: Feldheuschrecken. NBB 1956.
Harz, K.: Die Geradflügler Mitteleuropas. Jena 1957.
ders.: Zucht und Beobachtung von Heuschrecken. Prx. d. Biol. 1957, H. 6, S. 101 ff.
Jacobs, W.: Vergleichende Verhaltensstudien an Feldheuschrecken (Orthoptera, Acrididae) u. einigen anderen Insekten. Verh. DZG Freiburg 1952, 115-138.
ders.: Verhaltensbiologische Studien an Feldheuschrecken. Berlin 1953.

III. Wanderheuschrecken

Die Landesanstalt für Naturwissenschaftlichen Unterricht in Stuttgart, Pragstr. 17 (Tel. 54 43 22) liefert an die Schulen Baden Württembergs lebende Stabheuschrecken und Wanderheuschrecken.

Ursachen der Wanderungen

Unter dem Begriff Wanderheuschrecken werden 6 verschiedene Arten zusammengefaßt, welche über die ganze Welt verteilt sind.

Seit längerer Zeit unterscheidet man bei den Wanderheuschrecken solitäre Formen, welche isoliert von einander leben von solchen, welche in Herden zu Milliarden Exemplaren vorkommen. Die Umstimmung von der solitären zur Schwarmform geschieht durch Bevölkerungsdruck. Sie kann im Labor erzeugt werden.

Folgt z. B. auf eine günstige Freßsaison eine ungünstige, so bedeutet dies, daß infolge der günstigen Umstände viele Nachkommen entstehen, welche sich in der ungünstigen Zeit auf engem Raum zusammendrängen müssen. Das Gewimmel setzt die Weibchen in verstärktem Maß den Reizen der Männchen aus. Die Weibchen und ihre Eier reifen in einem ungestümen Tempo und ein explosiver Ausbruch der Population bringt letztlich die gewaltigen Heuschreckenschwärme zustande.

Die Bekämpfung erfolgt heute derart, daß die Lage der Herden bestimmt wird und eine Schwarmbildung verhindert wird. Dies geschieht dadurch, daß bei jedem Anzeichen einer Massenvermehrung stärkste Bekämpfungsmaßnahmen ergriffen werden.

Bei Windstille werden von Schwärmen Fluggeschwindigkeiten von 16 km/Std. erreicht. Meist folgen die Schwärme der Windrichtung und können durch Luftturbulenz bis 2000 m in die Höhe getragen werden; andere Schwärme wiederum fliegen in unmittelbarer Bodennähe. Die Flüge können einige Tausend Kilometer weit über ganze Kontinente (auch Europa) führen.

Es wurden Wanderheuschreckenschwärme bekannt, deren Länge 210 km, Breite 20 km (entspr. Fläche von 4200 qkm) im Flug betrug.

Betroffen sind besonders die Tropen; aber auch Deutschland wurde in den Jahren 593, 873—875, 1337—1339, 1542—1543, 1693, 1747—1749 in verschiedenen Teilen heimgesucht. Die Ausläufer dieser, aus SO-Europa kommenden Züge konnten die Nordsee und England erreichen.

Literatur

Nielsen, E. T.: Insekten auf Reisen. Verst. Wiss. Berlin 1967.
Roer, H.: Die Wanderflüge der Insekten. Hamburg Berlin 1961.
Weidner, H.: Die Wanderheuschrecken. NBB 1953.

IV. Stabheuschrecken (*Carausius morosus*)

Versuche mit Stabheuschrecken

Eine preiswerte Monographie über Versuche und Untersuchungen an Stabheuschrecken schuf U. Bässler mit „Das Stabheuschreckenpraktikum". Es sei jedem der sich selbst oder eine biologische Arbeitsgemeinschaft in Fragestellung und biologische Methodik einarbeiten möchte, wärmstens empfohlen. Es ist so geschrieben, daß es dem Schüler direkt in die Hand gegeben werden kann.

Der Vorteil der Stabheuschrecken liegt darin, daß sie wie Mehlkäfer oder Heimchen leicht zu halten sind, darüber hinaus aber über eine Körpergröße verfügen, welche Demonstrationen erst ermöglicht.

Bässler weist mit Recht darauf hin, daß häufig in den Zuchtkäfigen den Tieren Fühler oder Gliedmaßen abgebissen sind und die Tiere wahrscheinlich keinen Schmerz in unserem Sinne verspüren. Er meint, wenn überhaupt tiefergreifende Tierversuche in der Schule durchgeführt werden sollen, dann müßten sie an diesem Tier die geringsten Bedenken hervorrufen.

Obwohl an den schmerzunempfindlichen Tieren auch ohne Narkose gearbeitet werden kann, sollten in der Schule notwendige Verletzungen des Tieres grundsätzlich unter Narkose durchgeführt werden. Der Lehrer erzieht sonst zu leicht zur Rohheit und Gedankenlosigkeit den Tieren gegenüber. Von der Haltung des Lehrers gegenüber dem Leben hängt entscheidendes ab. Gerade der Biologe, welcher selbst so tiefe Einblicke in die lebenden Organismen gewonnen hat und welcher die Lehre vom Lebendigen vermittelt, sollte mit großer Behutsamkeit und Ehrfurcht an die Lebewesen herangehen um eben diese Haltung auf seine Schüler zu übertragen.

1. Materialbeschaffung

Da die Tiere in Mitteleuropa nicht vorkommen, müssen sie lebend entweder über Tierhandlungen, Insektenbörsen oder die Zoologischen Institute der Hochschulen Landesanstalt für Natw. Unterricht, Stuttgart, Pragstr. 13 beschafft werden.

2. Zucht

a *Das Zuchtgefäß*

kann einen Rauminhalt von 10 Ltr. bis 1 cbm haben. Zu beachten ist wenigstens eine einseitige Durchlüftung aus Drahtgeflecht oder Gaze und auf totalen Abschluß, sodaß die Tiere auch nicht durch schmale Spalten entweichen können. Durch Tesafilm oder Leukoplast werden evtl. Öffnungen verklebt. Es gibt derartige Terrarien zu kaufen; uns genügt aber auch schon ein altes ausgedientes Aquarium, welches mit gut schließendem Rahmendeckel (Gaze oder Fliegengitter) versehen ist.

b. *Futterpflanzen*

werden in eine Vase in den Käfig gestellt. In Frage kommen im Sommer Ästchen von Linde oder Heckenrose, gelegentlich auch Haselnuß oder Rotbuche, im Winter Efeu oder Tradescantia. Man sollte die Tiere nicht länger als eine Nacht ohne Futter lassen, da sonst Gefahr besteht, daß sie sich selbst auffressen.

c. Die Stabheuschrecken sind fast ausschließlich *Weibchen,* welche sich parthenogenetisch fortpflanzen. Da nur sehr selten Männchen auftreten, können wir von allen ausgewachsenen Tieren im Käfig erwarten, daß über kurz oder lang auf den Boden Eier abgelegt werden. Sie bleiben zusammen mit Kot auf dem Käfigboden liegen. Etwa alle zwei Monate, spätestens jedoch wenn die Junglarven ausschlüpfen, entfernt man sie aus dem Zuchtkäfig. Kot und Eier kommen in Einmachgläser, wo die Larven schlüpfen können. Von dort kann dann die für notwendig erachtete Menge der Junglarven zurückversetzt werden. Läßt man die Junglarven ohne Auslese alle sich im Zuchtkäfig entwickeln, vermehren sie sich so, daß sie häufig die älteren Tiere, besonders während der Häutung auffressen.

Bei jedem Wechsel mit Futterpflanzen wird der Käfig innen mit Wasser besprengt.

Für eine größere Zucht sollten in mehreren Käfigen die Tiere nach Alter getrennt untergebracht werden. Ganz vermeiden kann man jedoch das gegenseitige Auffressen nicht.

Die Stabheuschrecken gehören zu den Geradflüglern und haben demnach im Gegensatz etwa zu den Schmetterlingen eine unvollkommene Verwandlung.

3. Beobachtungen am lebenden Tier

a. Bau der Tiere

Wie ist das Tier gegliedert? (6 Beine, 2 Fühler, langgezogener Körper). Zeichnung anfertigen!

Die mechanische Funktion des Außenskeletts ist hier besonders deutlich sichtbar. Bewegungen sind nur in den Gelenken möglich. Wir suchen Exuvien und betrachten sie im Binokular. Sind Innenteile des Körpers (Tracheen, Enddarm) erkennbar?

Wir vergleichen die Stabheuschrecke mit anderen Heuschrecken und anderen Insekten (Käfer, Schmetterling).

b. Die Schutztracht

der Tiere ist auffallend (Körperbau, Farbe, Verhalten). In der Ruhe legen sie die Beine an den Körper und gleichen dann einem Ästchen.

c. Kannibalismus

In den vollbesetzten Käfigen der Stabheuschrecken gibt es kaum Tiere mit allen Fühlern und Gliedmaßen, da sie sich gegenseitig anknabbern. Daß die Tiere solches an sich geschehen lassen, ist nur dadurch zu erklären, daß sie schmerzunempfindlich sind. (Das Wort „Cannibalen" stammt von Kolumbus. Die damaligen Bewohner der westindischen Inselwelt wurden Karaiben genannt und waren Menschenfresser. Als Kolumbus von ihnen erfuhr, faßte er den Namen als Kaniben auf, als die Völker des Großkhans in dessen Bereich er sich ja irrtümlich wähnte. Auf das Wort Kaniben geht die heutige Bezeichnung Kannibalen für Menschenfresser und die erweiterte Form Kannibalismus für jegliches Verzehren Gleichartiger zurück.

d. Koordination der Beinbewegungen

Man lasse ein Jungtier über den Tisch oder die Scheibe eines Schreibprojektors laufen. Meist hilft kurzes Anstoßen; wenn es nicht läuft, nimmt man ein anderes. Welche Beine bewegen sich gleichzeitig nach vorne? Beine numerieren!

Vorder- und Hinterbein der einen sowie Mittelbein der anderen Seite bilden eine funktionale Einheit. Die drei jeweils freien Beine werden vorangesetzt. Reihenfolge z. B.: Vorderbein li., Mittelbein re., Hinterbein li., Vorderbein re., Mittelbein li., Hinterbein re.

Daß dieser Gang modifizierbar ist, zeigt sich, wenn man die mittleren Beine amputiert (nicht im Schülerversuch) oder verklebt, dann geht das Tier plötzlich im Kreuzschritt eines Vierfüßlers.

e. Die Stigmen

Unter dem Binokular wird ein Stigma im Brustabschnitt kurz hinter einem Bein beobachtet. Evtl. kann man sehen, wie geöffnet und geschlossen wird. Verändert sich die Zahl dieser Bewegungen beim Erwärmen unter der Mikroskopierlampe?

f. Haftvermögen

Eine Stabheuschrecke wird auf eine senkrechte Glasscheibe gesetzt. Warum haftet sie? (Präparat eines Fußes mit Haftballen zeigen).

g. Lichtkompaßorientierung

Wir nehmen eine Stabheuschrecke im 1. Larvenstadium, weil ältere sich im Lichte nicht mehr gerne bewegen. Im dunklen Zimmer werden 2 Tischlampen gegeneinander aufgestellt (40—60 Watt), setzen ein Tier in die Mitte zwischen beide und schalten nur eine Lampe an. Nachdem das Tier eine längere Strecke gerade gelaufen ist, stoßen wir es an, aber es nimmt wieder die vorherige Richtung ein (welche?). Wechseln wir die Lampe, so stellt sich das Tier ca. 180° gegen die alte Richtung ein.

Viele Insekten können bei längerem Lauf den Winkel zwischen Lichtstrahlen und Laufrichtung konstant halten (Photomenotaxis).

4. Herstellung eines Tracheendauerpräparates (n. Bässler)

Präparate von Tracheen sind so lange brauchbar, als Luft in den Röhren ist. Bei längerer Aufbewahrung wandert jedoch meist das Einschlußmittel (Glyzerin, Caedax) noch vor Erhärten in die Röhrchen, wodurch sie sich kaum noch vom übrigen Gewebe abheben und damit für die Mikroprojektion unbrauchbar werden. Will man nicht jedesmal ein frisches Präparat herstellen (s. Mehlkäfer), so empfiehlt Bässler folgende Methode (sinngemäß auch bei anderen Insekten anwendbar).

Ein Tier wird in CO_2-Atmosphäre narkotisiert. Dann injiziert man an mehreren Stellen insgesamt etwa 0,3 ml einer gesättigten $CuSO_4$-Lösung mit einer normalen, möglichst dünnen Injektionsspritze. Diese Injektion führt nach einiger Zeit den Tod des Tieres herbei. Es kommt dann in einen Glaszylinder mit Schwefelwasserstoffgas, wo es 1—5 Minuten verbleibt.

Anschließend wird es durch seitliche Schnitte geöffnet und in einer Präparierschale unter Wasser präpariert. Die Tracheen sind durch CuS goldgelb gefärbt.

Ein nicht zu kleines solches Gewebestück wird auf dem Objekttr. ausgebreitet und 15 Minuten lang mit Alkohol-Eisessig (3 Tl. 96 %iger Brennspiritus + 1 Tl. Eisessig) fixiert. Anschließend 10 Min. in 96 %igen Alkohol, 30 Min. in Methylbenzoat und schließlich in Caedax eingebettet.

Da Sauerstoff ein ähnliches Molekulargewicht wie H_2S hat, ist dies zugleich ein Modellversuch für die Geschwindigkeit der Sauerstoffdiffusion in den Tracheen, ohne Atembewegungen des Tieres.

Literatur

Bässler, U..: Stabheuschreckenpraktikum. Stuttgart 1965.

V. Grillen (Gryllidae)

Für die Schule in Frage kommen:
Feldgrille (*Gryllus campestris*)
Heimchen (*Gryllus domesticus*)
Maulwurfsgrille, Werre (*Gryllotalpa gryllotalpa*)

1. Materialbeschaffung

Das Grillenkitzeln, d. h. das Hervorholen der Grillen aus ihrem Erdloch mit Hilfe eines Grashalmes in den sich das Tier verbeißt, dürfte hinreichend bekannt sein. Wichtig ist beim Fangen ein rasches Zugreifen von oben, oder rasches Überstülpen des Fangglases.

2. Halten und Füttern von Heimchen

Ähnlich wie die Mehlkäfer werden auch Heimchen gezüchtet um für Terrarientiere ständig Frischfutter zu haben. Die Feldgrille wird wohl nur vorübergehend zu Beobachtungs- und Demonstrationszwecken in der Schule gehalten werden.

Voraussetzung für die Heimchenzucht ist, daß das Gefäß gut schließt, weil sonst die Tiere bald im ganzen Haus zu finden sind und überall wo sie hingelangen, Obst anfressen; ferner daß die Gefäße nicht zu dicht besetzt sind, da sonst Kannibalismus auftritt.

Als *Zuchtgefäß* kann ein alter, undicht gewordener Aquarienkasten dienen, dessen Fenster bis auf ein Beobachtungsfeld schwarz gestrichen werden. Oben wird er mit dichtsitzendem und beschwertem Deckel aus Holz belegt, der ebenfalls ein Fenster aufweist, das aber mit fester Gaze oder feinem verzinktem Messingnetz verschlossen ist (Lüftung). Da der Kasten von oben beschickt wird, ist es günstig, wenn bei großen Behältern der Deckel nur zur Hälfte geöffnet zu werden braucht da sonst leicht zu viele Tiere entschlüpfen. In das Gefäß wird ein Stapel von Eierstapelpappe gebracht, damit sich die Tiere verteilen können. Zur *Eiablage* wird das Einlegen von Kiefernrindenstücken empfohlen, in welche die Tiere versteckt werden können. Gute Erfahrung machten wir mit einer 5 cm tiefen Glasschale, welche mit einem Gemisch von Torf und Sand gefüllt ist und ständig etwas feucht gehalten wird. Dorthin werden dann vornehmlich die Eier abgelegt.

Gefüttert wird mit Salatblättern, Apfelschalen, Brot, Gelben Rüben, Haferflocken, rohen Kartoffeln, Quark, Löwenzahn. Zur Feuchthaltung wird ein Becherglas mit Wasser eingestellt. Zu starke Feuchtigkeit führt zur Schimmelbildung und fördert die Milben. Im Sommer genügt die Wärme eines Südfensters, im Winter die Nähe der Heizung (20—30°C). Generationendauer ca. 6 Monate. Um Eiverluste zu vermeiden, können die Ablagestellen (Rinde, Torf) herausgenommen und in eigene, mit Gaze dicht verschlossene und beheizte Gläser gebracht werden.

3. Zucht von Feldgrillen

Als Zuchtbehälter dient eine Instrumentenschale (15 cm ⌀, 6 cm Höhe) mit Deckel, auf deren Boden 3 cm hoch leicht angefeuchteter Sand liegt. In Uhrschälchen bietet man feines Gras, Haferflocken, Brot, Klee, Salat, Obst, aber auch zerschnittene Regenwürmer oder rohes Fleisch. Die Eier werden von den Tieren in Sand versteckt. Bei 20° erfolgt nach 10 Tagen das Schlüpfen. Nach der ersten Häutung wird in Einzelhaft verteilt, da sonst Kannibalismus droht. Generationendauer bei 20°C ca. 6 Monate. Optimale Temperatur 20—25°C. (Unvollkommene Verwandlung.)

4. Beobachtungsaufgaben

Unterschiede zwischen Männchen und Weibchen? (Legeröhre)
Tätigkeit der Fühler bei einer Begegnung?

5. Lauterzeugung und Gehör

a. *Stellung und Bewegung der Flügel* beim zirpenden Tier.
Können beide Geschlechter zirpen?

b. *Mikroprojektion der beiden Hinterflügel* mit Schrillader und Schrillkante. Die Schrillkante (Plektrum) wird über die geriefte Fläche der Schrillader (Feile) gerieben (Stridulationsapparat). Die Flügelfläche wirkt als Resonanzboden verstärkend.

c. *Sind verschiedene Gesänge unterscheidbar?*
In der Regel wird der etwas schärfere und kräftigere gewöhnliche Gesang (Spontangesang), der vom paarungsbereiten Männchen gesungen wird, vom etwas schwächeren ungenaueren Lockgesang unterschieden. Letzterer ist der Werbegesang nach dem ersten Kontakt mit dem Weibchen. (Trägerfrequenz beim Lockgesang ca. 5000 Hz).
Der genaue Ablauf der Balz und Nachbalz ist bei Tuxen beschrieben.

d. Im Versuch kann bei balzbereiten Tieren gezeigt werden, daß der Gesang das Weibchen anlockt.

In zwei kleinen Pappschachteln, welche mit Gaze verschlossen sind, wird je ein Grillenmännchen gebracht. Beim einen wurden vorher die Flügel etwas mit Uhu verklebt, so daß es nicht mehr zirpen kann. (Später löst sich der Klebstoff wieder von selbst).

Sind die Männchen zur Ruhe gekommen, und beginnt das eine zu zirpen, dann setzt man zwischen beide Käfige ein Weibchen, welches sich bald auf die Schachtel des zirpenden Männchens zubewegt. Seitenvertausch zeigt, daß es nicht zufällig zum zirpenden Männchen ging.

6. Kämpfende Grillen

Beschickt man ein kleineres Gefäß mit zwei kampfbereiten Grillenmännchen, so beginnen sehr bald beide sich zu nähern, mit den Fühlern zu peitschen, die Taster hin und her zu führen, die Oberkiefer zu spreizen. Es setzt dann Gesang ein und schließlich folgen die weiteren Phasen eines Kampfes, bei dem sie sich gegenseitig aus der Stellung schleudern und der sich schließlich in einen Ringkampf ausweitet. Vor Schülern wird man nicht warten, bis ein Partner beschädigt ist. Auf die Grillenkämpfe bei den Chinesen kann hingewiesen werden.

7. Maulwurfsgrille

a. Darstellung des Körpers, insbes. der Grabbeine (Name!).

b. Eine M. wird in ein Gefäß mit Erde gelegt und das Vergraben beobachtet.

c. Zum Fang der Werren werden in der Literatur zwei Methoden angegeben: Entweder man legt in trockener Nacht auf Werren - verdächtigem Boden eine Strohmatte aus und befeuchtet sie, dann sammeln sich Tiere unter ihr an und am Morgen können sie eingesammelt werden. Oder man errichtet Fanggräben, welche mit frischem Dünger oder Pferdemist belegt sind.

d. Fütterung erfolgt mit Salat, Möhren, Kohlstrünken, Kleinschnecken, kleinen Regenwürmern, Fliegen, Mehlwürmern.

Literatur
Beier, M. und Heikertinger, F.: Grillen und Maulwurfsgriffen. NBB 1954.
Tuxen, S. L.: Insektenstimmen. Verst. Wiss. Berlin 1964.

N. Ohrwürmer (Ordng. Dermaptera, Fam. Forficulidae)

Demonstrationsmaterial
Kronen Tafel 11
Lebendes Material
DR Pflanzenschrecke, Schaben, Libellen und Ohrwürmer *(Harrasser und Überla)*

I. Materialbeschaffung

Von den ca. 900 Arten leben in Mitteleuropa 6. Sie kommen oft zu Hunderten an feuchten, dunklen spaltigen Örtlichkeiten vor und sind dort leicht zu fangen. Bewährt ist die Fangmethode durch Darbietung künstlicher Schlupfmittel: angefeuchtete Holzwolle wird in locker mit Moos gefüllte umgestülpte Blumentöpfe gemengt. Bei Massenauftreten können darin jeden Morgen die Tiere gefunden werden. Zur Zucht eignen sich besonders der September. Interessante Brutpflege! Abtöten erfolgt im Ätherglas, konservieren in Alkohol.

II. Skototaxis

Der Boden einer Petrischale wird zur Hälfte schwarz und zur Hälfte weiß unterlegt. Eingesetzte Ohrwürmer laufen in den schwarzen Sektor und bleiben dort. Diese negative Phototaxis ist keine Schreckreaktion, sondern zielbewußtes Aufsuchen des dunklen Bodens. Da diese Reaktion von Stimmungen beeinflußt wird, ist sie im Versuch nicht unbedingt zwingend zu erreichen.

III. Thigmotaxis

1. Wird ein Ohrwurm in eine *Petrischale* gebracht (Schreibprojektor), so schmiegt er sich nach kurzer Zeit in den Winkel zwischen Boden und Seitenwand. Klopft man an die Schale, so preßt er sich um so fester in den Winkel. Dabei sind die wandseitigen Beine angelegt und die anderen abgespreizt.

2. Man bringt einen Ohrwurm in eine *Glasröhre*, deren innere Weite etwa dem Körperdurchmesser des Tieres entspricht, so daß es sich nur vor oder rückwärts bewegen kann. Durch Kitzeln oder Anblasen wird das Insekt veranlaßt vorwärts oder rückwärts zu gehen. Beim Vorwärtslaufen nimmt es beide Fühler nach vorne und berührt mit ihnen die Rohrwandung (Führung). Beim Rückwärtsgehen legt es einen Fühler nach hinten über den Rücken. Dabei wechseln die Fühler jeweils nach einigen Sekunden die Position. Diese thigmotaktische Reaktion ermöglicht es den Nachttieren, in der Dunkelheit leicht Ritzen und Spalten als Schlupfwinkel zu finden und sich ihnen einzupassen.

Ein Orientieren nach taktilen Reizen ist für Insekten wegen der festen Chitinhülle nur an dafür geeigneten Stellen möglich z.B. an Sinnesorganen, Sinneshaaren, freien Nervenendigungen oder auch durch Lageverschiebung der einzelnen Körperteile gegeneinander. Beim Ohrwurm wird durch mechanische Reize dieser Art die Reflexempfindlichkeit und Bewegung herabgesetzt. Deshalb wird auch der Lichteffekt auf unserem Schreibprojektor oder in der Projektionspüvette mit

der wir demonstrieren, unwirksam, sobald das Tier sich in seinen Winkel gedrückt hat.
(Diese hemmende Wirkung der Berührung wird Stereokinese genannt).
(Vergleiche Thigmotaxis beim Pantoffeltierchen, Bettwanze, Kellerassel u.a.)

IV. Abhängigkeit einer Reaktion von der Reizintensität

1. Ein Bein eines Ohrwurms wird mit einem Haar berührt: er putzt das berührte Bein.
2. Berührung mit einer Nadel: das Bein wird gehoben und versetzt.
3. Ein Bein wird leicht mit der Pinzette gefaßt: der Hinterleib mit den Cerci wird hochgekrümmt.
4. Stärkeres Zwicken mit der Pinzette: die Zangen werden geschlossen, oder die Pinzette damit gefaßt, oder geflohen.
5. Ein Ohrwurm wird an einem Bein hochgehoben und rückwärts über rauhes Papier oder über Stoff gezogen: anfangs versucht das Tier sich festzuklammern, schließlich aber wird es bewegungslos und alle seine Glieder erscheinen erschlafft. Die Dauer dieser Akinese kann länger als 30 Minuten sein.

Literatur

Beier, M.: Ohrwürmer und Tarsenspinner. NBB 1959.

O. Wasserwanzen (Hydrocorinae)

I. Allgemeines

Die Gruppe der Wasserwanzen ist biologisch recht einheitlich. Die Tiere zeigen alle Anpassungen an das Wasserleben wie Schwimmbeine, besondere Atemeinrichtungen, Unbenetzbarkeit des Körpers usw. Von den Landwanzen (*Geocorisae*) trennt sie als Merkmal die starke Verkürzung der Fühler (Ausnahme: *Gerris*).

Da sie zu den Insekten gehören, welche häufig in Tümpeln gefunden werden, leicht zu halten und vorzuführen sind (Schreibprojektor) und außerdem in ihren Anpassungen interessante Konvergenzerscheinungen zu den Schwimmkäfern zeigen, sei kurz auf sie eingegangen.

Zu den bekanntesten gehören:

Stabwanze (*Ranatra spec.*) } Skorpionswanzen
Wasserskorpion (*Nepa spec.*) }
Rückenschwimmer (*Notonecta spec.*)
Ruderwanze (*Corixa spec.*)
Wasserläufer (*Gerris spec.*)

Demonstrationsmaterial:

Kronen Tafeln 14 u. 15
Mikropräparate
Lebende Tiere
F 453 Kleintierleben im Tümpel.

II. Spezielle Beobachtungen

1. Materialbeschaffung

Auf oder im Wasser lebende Wanzen werden mit dem Wassernetz erbeutet. Vorsicht z. B. beim Rückenschwimmer, dessen Stich schmerzhaft sein kann.

2. *Haltung*

Aquarien oder Einmachgläser werden mit einigen Wasserpflanzen beschickt und gut abgedeckt, da die Tiere sonst fortfliegen können. Fische werden von den größeren Wanzen angegriffen!

3. *Fütterung*

Da sie räuberisch leben, wirft man Kleininsekten auf die Wasseroberfläche (bei *Gerris* angequetscht). Ferner *Tubifex*, Wasserschnecken, kleinere Fische, Kaulquappen, Mückenlarven u. dgl.

4. *Stabwanze*

Sie lebt versteckt an Wasserpflanzen.
a. Beschreiben: Körperform, Atemröhre am Hinterende, kurzer spitzer Rüssel; 4 Schreit-, 2 Fangbeine, 2 Paar Flügel.
b. Beobachtung der Lauerstellung (vgl. Gottesanbeterin).
c. Beobachten beim Luftholen mit der Atemröhre (vergl. Schnorchel).
der Beute.
Korrelation von Ausrüstung und Verhalten.

5. *Wasserskorpion*

Lebt an Wasserpflanzen und im Schlamm in Lauerstellung, mit Fangbeinen und Atemröhre. Da unter den Flügeln Luft verwahrt wird, sind die Tiere leichter als Wasser und müssen sich festhalten um nicht hochgetrieben zu werden (Überkompensation). Sie reagieren negativ geotropisch. Besitzen ein statisches Organ.

a. Beobachten des Auftriebs
b. Mikropräparat der Fangbeine
c. Dass. v. d. Atemröhre (2 Teile). Ränder der beiden Rinnen beachten. An der Spitze der Rinnen verhindert ein Haarbüschel die Benetzung.

6. *Rückenschwimmer*

a. Warum schwimmt er auf dem Rücken?
Auf der Körperunterseite laufen 2 durch Haarreihen abgegrenzte lufterfüllte Längsrinnen, durch welche die Unterseite leichter als die Oberseite wird, wodurch der Körperschwerpunkt eine Verlagerung erfährt.
b. Wie holt der R. von der Wasseroberfläche Frischluft? Stellung der Beine!
c. Wie bewegt sich das Tier an Land?
d. *Schwimmbewegungen* und Schwimmbeine schildern. Die Mittellinie des Rückens stellt einen Kiel dar, durch welchen die Schwimmrichtung stabilisiert wird.
e. *Mikropräparat der Schwimmbeine* (Hinterbeine) sowie der beiden anderen, welche mehr zum Festhalten dienen. Beim Luftholen stützen sie sich von unten her gegen das Wasseroberflächenhäutchen, da der Auftrieb das Tier über die Oberfläche zu drücken versucht.
Irrtümlich wird oft gesagt: die Rückenschwimmer hängen an der Wasseroberfläche. Für sie trifft jedoch dasselbe zu wie für die Tiere, welche auf der Wasseroberfläche herumlaufen. In beiden Fällen verhindert die Oberflächenspannung

des Wassers ein Durchtreten des Oberflächenhäutchens. Entweder werden die Tiere durch die Schwerkraft nach unten oder durch die Überkompensation nach oben gedrückt.

f. *Präparat von der Unterseite* des Hinterleibes anfertigen.

g. Der Rückenschwimmer zeigt eine *Lichtbauchreaktion*. Bei Beleuchtung von unten schwimmt er mit dem Rücken nach oben. Dies zeigt, daß die Schwerpunktsverlagerung für ihn nicht zwingend ist.

7. Ruderwanze

a. Ruderwanzen werden mitunter auch *Wasserzikaden* genannt, weil die Männchen zur Paarungszeit ziemlich laut zirpen, indem sie Vorderbeine über Leisten am Rücken streichen. Dieses Zirpen soll künstlich durch das Klirren eines Schlüsselbundes außerhalb des Aquariums angeregt werden können.

b. Von den Beinen werden *Mikropräparate* hergestellt.

Bei *Naucoris* besteht das eine Beinpaar aus Fangbeinen und das 2. und 3. aus Schwimmbeinen mit langen Borsten, welche sich beim Rudern aufstellen (Vergrößerung der Ruderfläche).

8. Wasserläufer

Sie bewegen sich auf dem Oberflächenhäutchen infolge der Oberflächenspannung des Wasser (s. o.).

a. Bei Beleuchtung von oben oder auf dem Schreibprojektor erscheinen die Eindellungen in der Wasseroberfläche als Schatten. Die 4 Ruderbeine sind zugleich Stabilisierungsstützen (vergl. Auslegerboote).

b. Um die Oberflächenspannung zu zeigen, legt man eine Nadel auf das Wasser. Wird ein Entspannungsmittel (PRIL) dazugegeben, sinkt die Nadel ab.

Bringe ein Tier gewaltsam unter Wasser. Wird es benetzt?

c. Mikropräparat von Fangbein und vom Laufbein.

Feine, dicht stehende Härchen sorgen dafür, daß keine Benetzung stattfinden kann. Stellung der Krallen!

Das letzte Fußglied ragt über die Krallen hinaus.

d. Zur Darstellung der Oberflächenspannung in Natur und im Versuch kann der Film F/FT 481 „Entspanntes Wasser zum Spülen und Putzen" verwendet werden.

Literatur

Jordan, K. H. C.: Wasserwalzen. NBB 1950.
ders.: Wasserläufer. NBB 1952.
Naumann, H.: Insektenleben unter der Wasseroberfläche. Miko 50. 1961, 336 ff.
ders.: Kleintierleben auf der Wasseroberfläche. Miko 48. 1959, 289 ff.

P. Landwanzen (Heteroptera)

Demonstrationsmaterial:

Kronen Tafeln 14—18
DR Wanzen, Blattläuse, Zikaden, Eintagsfliegen. *(Harrasser und Überla)*
Tote und lebende Tiere.

Literatur:
Jordan, K. H. C.: Landwanzen. NBB 1962.

Q. Pflanzensauger (Homoptera)

Demonstrationsmaterial:
Kronen Tafeln 19—25
Tote und lebende Tiere
FT 1463 Blattläuse
FT 1463 Blattläuse

R. Gallenerzeugende Insekten

Ohne auf die systematische Stellung Rücksicht zu nehmen, seien einige der wichtigsten Gruppen erwähnt.

I. Copium cornutum

ist eine Kleinwanze, welche auf Gamander Arten (Teucrium) lebt und durch ihren Stich blasenförmige Blütengallen erzeugt.

II. Die Adelgidae oder Tannenläuse (Pflanzensauger)

deren sog. Ananasgallen an den Zweigspitzen von Fichten wohl zu den am häufigsten beobachteten Gallen gehören, haben einen komplizierten Entwicklungsgang mit Abweichungen (Kronen Tafel 21).

III. Die Gallwespen *(Cynpidae)*

gehören zu den Hautflüglern (K. T. 30)
Von den rund 125 verschiedenen Gallen, welche auf der Stein- und der Stieleiche vorkommen, entfallen 5 auf Mücken, 4 auf Kleinschmetterlinge, 2 auf Schildläuse, 4 auf andere Pflanzenläuse, 3 auf Milben und alle übrigen auf Gallwespen. In der gesamten Familie der Fagaceen kennt man über 900 verschiedene Gallen.
1. *Gesammelte Gallen* werden quergeschnitten und die Larvenkammer mit Larve gezeigt.
2. *Bei Eichengalläpfeln* läuft beim Schneiden mit Eisenmesser die Schnittfläche blau an. (Die Galläpfel der kleinasiatischen Färbergallwespe werden wegen ihres besonders hohen Gehaltes an Gerbsäure zum Bereiten von Tinte und Farbstoffen verwendet.)
3. An alten getrockneten Galläpfeln ist das *Schlupfloch* erkennbar.
4. *An wilden Rosen* kommen die bis 5 cm ⌀ großen Rosenquallen vor („Rosenkönige"). Schneidet man eine auf, so findet man meist mehrere Kammern mit Larven der Rosengallwespe. Daneben können auch Einmieter und Parasiten zu finden sein (K. T. 31).

IV. Gallmücken *(Cecidomyiidae)*

1. *Materialbeschaffung*
Gallmücken kommen an allen Pflanzenorganen vor: Blatt-, Blüten-, Frucht-, Sproßspitzen-, Wurzel-, Achsen-, Stengel-, Halm- oder Astgallen. Daher schenke man auf einer Gallenexkursion allen an Pflanzen vorkommenden Anschwellungen und Abnormitäten Aufmerksamkeit.

2. Sammelzeit

Pflanzengallen können zu allen Jahreszeiten gesammelt werden.
Für den Anfänger ist die günstigste Zeit der Winter, wenn nur einige Gallmükkengallen im Freiland zu finden sind (an der Lärche, an Weiden, an der Bibernell u. a.). Die Zeit der häufigsten Gallenvorkommen beginnt im Mai und dauert bis Ende September.
Wieviele Generationen von Gallmücken (1—3) im Jahr erzeugt werden, hängt weitgehend vom örtlichen Klima ab.
Die eingesammelten Pflanzenteile werden zunächst in Plastiktüten aufbewahrt wo sie feucht und frisch bleiben und evtl. schlüpfende Gallwespen nicht entweichen können.
Die Verpuppung der Gallmücken erfolgt entweder im Boden oder in der Galle. Im letzten Fall genügt es, die Pflanzenteile in einen Glasbehälter mit Wasser und mit Gazeabschluß zu stellen, bis die Mücken geschlüpft sind.

3. Aufbewahren von Gallen

Die Aufbewahrung von Gallen kann in Herbarform erfolgen.
Dicke Gallen werden in 75 %igen Alkohol gelegt. Das hat den Vorteil, daß auch später noch von den Larven Dauerpräparate angefertigt werden können.

Literatur

Buhr, H.: Bestimmungstabellen der Gallen. Jena 1964.
Deufel, J.: Pflanzengallen. Orionbücher Bd. 60 München 1953.
Fröhlich, G.: Gallmücken — Schädlinge unserer Kulturpflanzen. NBB 1960.
Skuhrava, M. u. V.: Gallmücken und ihre Gallen auf Wildpflanzen. NBB 1963.

SPINNENTIERE (ARACHNOIDEA)

„Arachne war der griechischen Sage nach, ein Mädchen aus Lydien, das auf seine Webkunst so stolz war, daß es sich vermaß, die Göttin Athene zum Kampf herauszufordern. Für diesen Hochmut wurde das Mädchen dadurch bestraft, daß sie in eine Spinne verwandelt und verdammt wurde, immerdar zu weben mit einem Faden, den ihr eigener Körper erzeugte." (*Knaurs* Tierreich in Farbe: Niedere Tiere).
Zu den Spinnentieren gehören unter anderem die Skorpione, die eigentlichen Spinnen (*Arachnida*), die Kapuzenspinnen, die Weberknechte, die Walzenspinnen, die Milben, die Asselspinnen.
Für die Demonstration in der Schule wird man exemplarisch eine Kreuzspinne verwenden. Aber auch andere Spinnentiere lassen sich auf verschiedene Weise darstellen.

A. I. Demonstrationsmaterial

Trockenpräparate von verschiedenen Spinnen
Kronen Tafeln 179—190
Vogelspinnen und Skorpione werden von Lehrmittelfirmen angeboten.
Lebendes Material (s. u.)
Gefäße zur Zucht (s. u.)
Mikropräparate (s. u.)
Die Kreuzspinne (*Pfurtscheller* Wandtafel)

II. Filme und Dias

F/FT 524	Die Kreuzspinne	
R 101	Die Kreuzspinne	
R 482	Die Hausspinne	
R 635	Spinnentiere; Echte Spinnen	
R 636	Spinnentiere verschiedener Ordnungen	
E 196	*Agelena labyrinthica* (Araneae) — Embryonalentwicklung (Trichterspinne).	
E 724	*Cupiennius salei* (Ctenidae) — Häutung; Tropische Kammspinne. 1963.	
E 635	*Euscorpius carpathicus* (Chactidae) — Laufen; Skorpion, 1963.	
W 589	Sexualverhalten u. Fortpflanzung bei *Bothriurus bonariensis* (Skorpion).	
C 215	Die Wasserspinne; 1936.	
E 246	Tropische Kammspinne — Kopulation. 1958, Farbe.	
E 363	Tropische Kammspinne — Kokonbau und Eiablage. 1960.	
E 364	Tropische Kammspinne — Spinnhemmung beim Kokonbau. 1961.	
W 489	Kopulationsvorgang bei Latrodektus (Haubennetzspinne).	
E 613	Haubennetzspinne — Schwarze Witwe. 1964. Farbe.	
E 422	Tropische Kammspinne — Putzen. 1961.	
W 109	Die Hautkrankheit Krätze. 1943.	
DR	Spinnen und Spinnentiere (Harrasser und Überla).	
DR	Spinnen und Krebse *(V-Dia)*.	
DR	Spinnen *(Schuchardt)*.	
MP	Mikropräparate: Spinnentiere und Tausendfüßler *(Schuchardt, Dobberthien)*.	

B. Versuche

I. Materialbeschaffung und Konservierung

1. Weberspinnen

sind an ihren Netzbauten leicht zu erkennen. Wir treffen sie fast in jedem Biotop. Konservierung in 75 %igem Alkohol.

2. Skorpione

kommen in Mitteleuropa nicht vor. Wir begegnen ihnen jedoch bereits jenseits der Alpen in Südtirol (z. B. Gardasee) und finden sie besonders unter Steinen. Konservierung in 95 %igem Alkohol. Eventuell spätere Trockenkonservierung.

3. Moosskorpione

sind während der kühlen Jahreszeit, aber überwiegend im Frühling an Büschen, unter Moos, abgefallenem Laub, unter loser Rinde und in morschen Stubben anzutreffen. Derartiges Material wird mit dem Käfersieb durchsucht. Die Tierchen sind sehr empfindlich. Leicht bricht eine der Scheren ab. Konservierung in 95%igem Alkohol. Totalpräparat.

4. Weberknechte

finden sich überall in Wald und Flur, aber auch in Kellerräumen. Durch Autotomie fallen leicht Beinglieder ab. Konservierung in 75 %igem Alkohol.

5. Die Milben

bewohnen fast jeden Lebensraum. Jede Örtlichkeit hat ihre eigene Milbenfauna. Zur Abtötung der landbewohnenden Milben verwendet man die *Oedemansche Mischung:* 87 Tl. 70 %igen Alkohol + 5 Tl. Glyzerin + 8 Tl. Eisessig. Zur längeren Aufbewahrungrung in Flüssigkeit werden die Objekte in einer gleichen Mischung, aber unter Weglassung von Eisessig konserviert.

Für Wassermilben verwendet man *Vietssche Mischung:* 11 Tl. Glyzerin + 3 Tl. Eisessig + 6 Tl. dest. Wasser. Zur Aufbewahrung die gleiche Mischung ohne Eisessig. Jegliche Konservierung in Formol ist zu vermeiden.

Zum Studium der Tiere müssen mikroskopische Dauerpräparate angefertigt werden. Hartgepanzerte Objekte können über die Alkoholstufen in Caedax eingebettet werden. Geeigneter für Milben ist Glyzerin-Gelatine (Näheres s. *Hirschmann).* Wassermilben werden mit dem Planktonnetz gefangen.

Ergiebig können Untersuchungen von Vögeln, Vogelnestern, Aaskäfern u.a. Tieren sein für parasitäre Milben.

Werden wir selber einmal Wirt einer Zecke *(Ixodes),* so betupfen wir sie mit Öl, konservieren sie in Alkohol und betten sie in Caedax oder Glyzerin-Gelatine ein. Zum Aufhellen wird Diaphanol verwendet *(Stehli).*

II. Mikropräparate

1. Totalpräparat von jungen Spinnen

Junge Tiere sind im ganzen Sommer hindurch zu finden. Exemplare von 1-10 mm Länge werden in 80 %igem Alkohol konserviert, verbleiben einige Stunden in abs. Alkohol, einen Tag in Nelkenöl zum Aufhellen und werden von dort in Caedax eingebettet. Auf dem Objektträger wird vorher eine Glaswanne hergestellt. Solange noch kein Deckglas aufliegt, korrigieren wir mit der Nadel die einzelnen Körperteile.

2. Frische Tiere

werden im Herbst gesammelt und in 80%igem Alkohol konserviert. Ein Tier wird auf den Rücken gelegt, und unter dem Binokular die Kieferfühler *(Cheliceren)* herauspräpariert und eingebettet.

Sie dienen zum Erfassen, Töten und praeoralen Verdauen der Beute. An der Cheliceren-Klaue mündet der Giftkanal.

3. Die vier Beine einer Seite

werden eingebettet. Sie haben je 7 Glieder: Hüftglied = *Coxa,* Schenkelring = *Trochanter,* Schenkel = *Femur,* Knie = *Patella,* Schiene = *Tibia,* Ferse = *Metatarsus,* Fuß = *Tarsus.*

4. Präparat des Fußes

der am Ende zwei bewegliche, kammförmig gezähnte Klauen trägt. Dieses Endstück wird als Krallensockel *(Praetarsus)* vom *Tarsus* unterschieden. Diese kompliziert gebauten Endglieder mit Vorderklaue und gesägten Borsten ermöglichen der Spinne das Laufen auf dem Netz.

5. Der Spinnapparat mit den Spinnwarzen

ist auf der Bauchseite am Hinterleib zu erkennen. Wir schneiden mit spitzer Schere einen Teil des Chitinpanzers mit den Spinnwarzen heraus und betten ihn ein. Vorher müssen wir die 4 großen äußeren Warzen mit einer Nadel auseinanderdrücken, so daß die beiden kleineren dazwischen liegenden zum Vorschein kommen. Auf jeder Warze ist ein Spinnfeld mit den Spinndüsen, aus denen der Faden austritt und an der Luft sofort erhärtet. Jede Spinndüse ist der Ausführgang einer Spinndrüse.

III. Die Spinnennetze

1. Konservierung

Um ein Spinnennetz zu konservieren und sichtbar zu machen, genügt es wegen seiner Feinheit nicht, es zwischen zwei Gläsern einzubetten. Nach *Weber* wird vorher ein Dia-Deckglas mit Stärkepulver leicht bestäubt. Dann hält man es parallel zum Netz, setzt ein zweites Glas darauf und schneidet die Fäden ab. Dann wird überschüssiges Pulver abgestäubt. In der Projektion treten nur die Spiralfäden deutlich hervor, weil nur sie mit Leimtröpfchen besetzt sind. Die übrigen Fäden erlauben den Spinnen ein gefahrloses Begehen des Netzes.

2. Fangfaden

Pflegt man eine Weberspinne (z. B. *Dictyna*) in einer Glasschale und legt man einen Objekttr. in ihren Fangbereich, so hat man mitunter anderen Tags einen Fangfaden auf dem Träger und kann ihn nach vorsichtigem Herausschneiden aus dem Zusammenhang unter dem Mikroskop betrachten (2 Achsenfäden + Klebstoff). Zu beachten: die Fäden kontrahieren und verändern dadurch ihre Gestalt. Wasser löst den Klebstoff auf, somit macht Regen die Fanggeräte unwirksam.

3. Trophäensammlung

Ein älteres Hausspinnennetz wird als Trophäensammlung untersucht (AG im Schullandheim). Eierschalen und Exuvien junger Spinnen werden gesammelt und entweder zur Mikroprojektion oder zur Diaprojektion eingebettet.

4. Bau des Netzes

Im Schullandheim kann eine AG Spinnennetze untersuchen, ihre Umgebung und Lage beschreiben sowie ihren Bau zeichnen. Zur Benennung der Fäden s. Abb. 30.

IV. Modell einer Spinndüse und Spinnflüssigkeit (Abb. 31)

In den Chemielehrbüchern stehen Beispiele zur Herstellung von Kupferseide, Azetatseide, Viskoseseide.
Zur Herstellung von Kupferseide verreibe man in einer Reibschale 2 g Kupfersulfat mit 20 ml konz. Ammoniaklösung und in einer zweiten Schale Filtrierpapier oder Watte mit etwas konz. Natronlauge. Beide Lösungen werden vermischt und noch 2—3 Minuten verrieben. Ist die Watte (=Zellulose) nicht vollständig in Lösung gegangen, filtriere man durch Glaswolle (nicht durch Papierfilter, da sich seine Zellulose auch lösen würde) ab. Die erhaltene tiefblaue Lösung wird mit

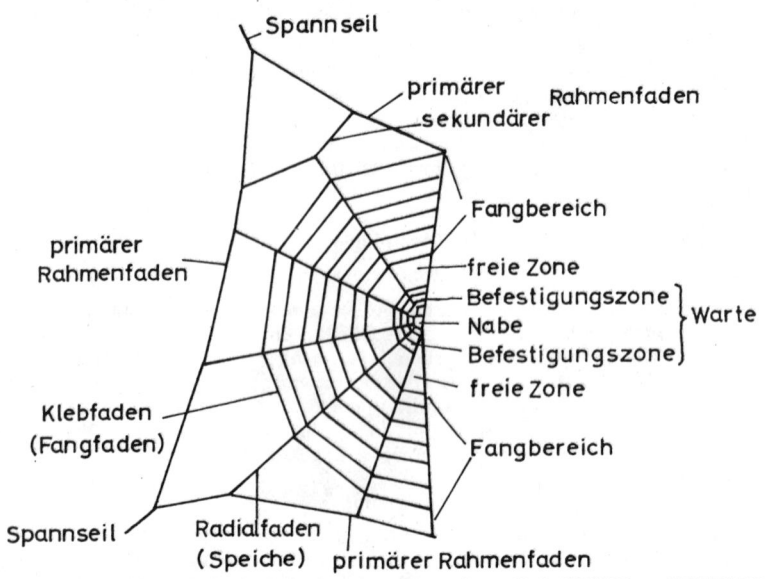

Abb. 30: Benennung der Teile des Radnetzes einer Kreuzspinne. (Nach WIEHLE aus PETERS 1948).

einer Pipette aufgenommen. Dann läßt man diese Lösung durch die Düse der Pipette in eine starke Salzsäure einlaufen. Dort wird sofort Hydratzellulose als fester Stoff abgeschieden, welches das Material der Kupferseide ist. Mit einer Pinzette kann der Faden aufgenommen werden.

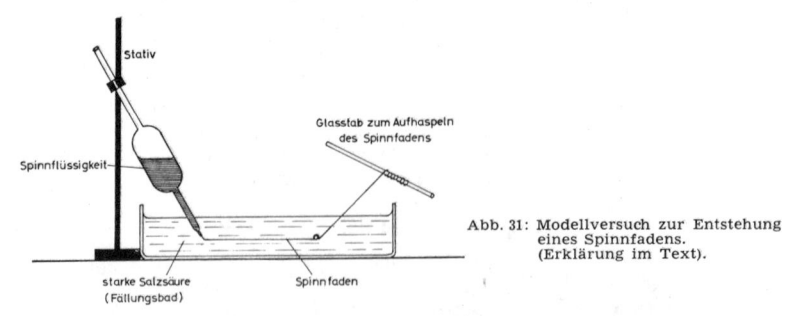

Abb. 31: Modellversuch zur Entstehung eines Spinnfadens. (Erklärung im Text).

V. Wo hält man Spinnen?

1. Wolfsspinnen (Lycosidae) und Springspinnen (Salticedae)

also frei umherlaufende Spinnen können in kleinen terrarienartigen Behältern gehalten werden.

Salticiden lassen sich gut in Petrischalen, deren Boden mit Filterpapierscheibe belegt ist, halten. Bei derartiger Einzelhaltung von *Lycosiden* befeuchte man das Papier ein wenig.

2. Spinnen die in Röhren leben (z. B. Finsterspinnen)

oder deren Fangnetze in Röhren enden, hält man in einer Pappschachtel, evtl. mit Glasdeckel oder PVC-Folie. An einer Ecke wird durch die Seitenwand oder den Boden eine Öffnung gebohrt, durch die wir ein Reagenzglas stecken, dessen Öffnungsrand bündig mit der Innenfläche der Kastenwand abschließt. Das herausstehende Glas wird mit schwarzem lichtundurchlässigem Papier umhüllt.

Nach Einsetzen der Spinne wird die Schachtel beleuchtet, so daß sich das Tier in den künstlichen Schlupfwinkel zurückzieht.

Durch kurzzeitiges Wegziehen der Papierhülle können wir es beobachten. Kaum eingewöhnt, spinnt die Spinne bereits ihr Fangnetz. *Abb. 32.*

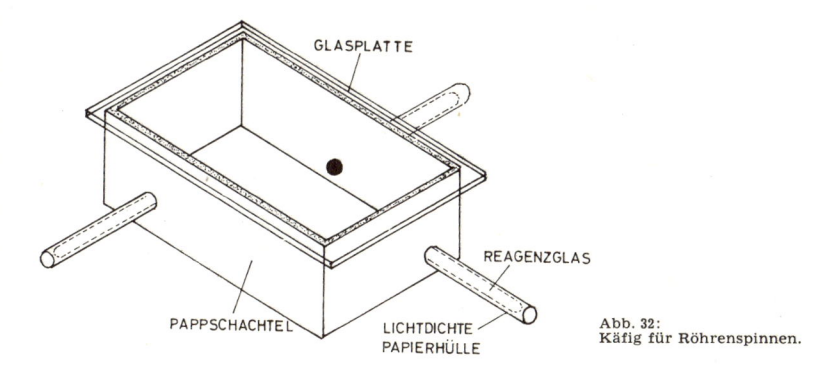

Abb. 32: Käfig für Röhrenspinnen.

3. Radnetzspinnen, wie Kreuzspinne oder Zygiella (s. Liesenfeld)

bietet man einen quadratischen Holzrahmen mit einer Seitenlänge von 15—20 cm. Der Rahmen kann einzeln mit einem vertikalen Haltestab auf einem Grundbrett befestigt sein *(Abb. 33)* oder mehrere derartige Rahmen werden mit Klammern an ein Stativ geklemmt. Eine der oberen Ecken decken wir durch ein kleines dreieckiges Stück Papier ab, so daß ein räumlicher Winkel entsteht, der von der Spinne gern als Unterschlupf angenommen wird. Hat man eine Spinne auf den Rahmen gesetzt, so läuft sie entweder bis sie Ruhe gefunden hat, oder sie läßt sich an einem Sicherheitsfaden zu Boden sinken. Dann wickelt man den Faden auf den Rahmen auf. Nach kurzer Zeit klettert die Spinne daran wieder hoch. Hat das Tier bis zum anderen Tag ein Netz gebaut, braucht man nicht mehr zu befürchten, daß sie entweicht. Wenn nicht, dann ist sie vielleicht in die oberste Ecke des Zimmerfensters entwischt und kann leicht wieder eingeholt werden.

Der oder die Rahmen lassen sich zur Demonstration im Klassenzimmer herumtragen.

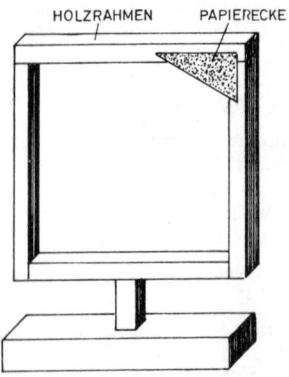

Abb. 33: Holzrahmen für Radnetzspinnen.

4. Für Trichterspinnen (Agelenidae)

nehmen wir eine Schachtel ohne Deckel (30 x 30 x 10 cm), bekleben sie oben reihum mit einem Papierstreifen, der ca. 3—4 cm nach innen ragt *(Abb. 34)*. Hier kann noch mit Glas zugedeckt werden. Setzen wir eine *Agelena* ein, dann sucht sie im Winkel zwischen Wand und Papierstreifen Unterschlupf und baut ihr Fangnetz in den Rahmen.

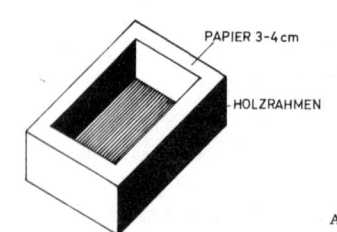

Abb. 34: Käfig für Trichterspinnen.

VI. Wie werden Spinnen gefüttert?

Je nach Größe mit *Drosophila*, Collembolen, Eilarven von Schaben, Stubenfliegen u. a. etwa alle 3 Tage. Dazu wird ein Tropfen Wasser geboten. Da Spinnen auch einige Wochen hungern können, brauchen wir uns während der Ferien nicht weiter um sie zu kümmern.
Argyroneta erhält Daphnien, Culexlarven oder Asseln.
Tropische Spinnen, welche manchmal mit Bananentrauben eingeschleppt werden, können mit Küchenschaben, Rindfleischstückchen u. dgl. ernährt werden.

VII. Spinnengelege

Entdecken wir ein Spinnengelege, dann nehmen wir es wenn möglich vorsichtig mit der Unterlage und bewahren es in einem geschlossenen Gefäß vor Schlupfwespen. Für nötige Feuchtigkeit muß gesorgt werden. Schimmelbildung vermeiden!

Mit Ausnahme einiger ausgesprochener Sonnenhangbewohner (Salticiden), brauchen Spinnen eine Luftfeuchtigkeit, die nicht unter 70—80 % sinkt.

VIII. Beobachtungen am Netz

1. **Die Netzfäden** werden nach Lage, Dicke und Klebrigkeit untersucht und daraus auf die Funktion der verschiedenen Fäden geschlossen. Die Klebrigkeit läßt sich durch Bestäuben mit Mehl oder mit dem Tafellappen nachweisen.
Bei den Radnetzspinnen befestigen die Rahmenfäden das Netz in der Umgebung und spannen die Netzfläche. Da diese aber keine direkte Verbindung zur lauernden Spinne herstellen, sind sie für die Leitung der Erschütterungsreize unbedeutend. Die Radien sind Träger der Klebspirale und die zentripedalen Fäden Überträger der Vibration eines Beutetieres.

2. **Ein Radnetz** wird mitsamt seinem Rahmen horizontal am Stativ eingespannt und dann belasten wir die verschiedenen Fäden und Netzstellen mit einem leichten Drahthäkchen. Nach *Liesenfeld* ist bei den Rahmenfäden das Durchhängen des Häkchens am geringsten, besonders stark dagegen bei den Klebefäden. Mit weiteren Häkchen zeigen wir die Zerreißfestigkeit. Manche Spinnen lockern beim Einfliegen einer Beute noch zusätzlich die Fangspirale, so daß das Beutetier umso sicherer gefangen wird. An prall gespannten Fäden würde die Beute eher abprallen.

Der Bau des Netzes erfolgt meist in den frühen Morgenstunden, so daß wir dabei die Spinne in den seltensten Fällen zeigen können, es sei denn, wir machten uns die Mühe, unterbrechen den Netzbau jeweils an bestimmten Stellen und zeigen die einzelnen Stufen dann her.

IX. Abwickeln des Spinnenfadens

Nach C. *Schmitt* soll es möglich sein, den Spinnfaden einer Kreuzspinne abzuwickeln, wenn man eine Spinne auf die Spitze eines kleinen Zweiges setzt und durch Anblasen einen Wind nachahmt. Geht man blasend um das Tier herum, dann dreht es sich ebenfalls so, daß ihr Kopf immer zu uns herschaut. Ist der hervorgebrachte Faden lang genug, dann wickelt ihn sich eine andere Versuchsperson um den Finger und geht damit von der Spinne weg.

X. Kreuzspinnenkokon

Im Herbst kann es geschehen, daß eines Tages in unserem Gefäß die Kreuzspinne tot am Boden liegt. Ihr Hinterkörper ist eingefallen. An einem Blatt oder anderer Stelle sieht man dann den gelben Kokon aus feinster Spinnenseide. Auf eine lockere, äußere Schicht, die vor allem zur Befestigung dient, folgt eine dichtere, innere Schicht, in der die Eier liegen. Wir verschließen den Kokon in einem Gefäß und lassen ihn überwintern. Bringen wir zuviel Feuchtigkeit hinein, dann verschimmeln die Pflanzenteile und die Eier, bei zu wenig trocknet alles aus. Haben wir Glück, dann schlüpfen im Frühjahr die Jungspinnen. Haben wir noch mehr Glück, dann können wir bei Erzeugung von etwas Aufwind beobachten, wie sie sich an Spinnfäden hochtragen lassen.

Sind keine Jungspinnen geschlüpft, dann heben wir den Kokon in verschlossenem Glas zur späteren Demonstration auf.

XI. Verhalten der Kreuzspinne

Wir werfen eine lebende Fliege in das Netz und beobachten die Reaktionen der Spinne: Betasten, Beißen, Einspinnen, Loslösen aus dem Netz, Transport in die Wohnröhre, Fressen oder Aufbewahren.
Auf welche Arten von Erschütterungen reagiert die Spinne?

XII. Chemischer Sinn von Spinnen (Schreibprojektor)

Einer größeren Spinne *(Tegenaria, Lycosa)*, welche sich in einer Glasschale beruhigt hat, nähert man vorsichtig einem ihrer Vorderbeine einen Pinsel, welcher mit Nelkenöl oder anderem Duftträger getränkt wurde. Der Duft wird aus einer Entfernung von 2—3 mm wahrgenommen. Das Tier macht eine Wendung und läuft weg.

Literatur

Kleine Monographien:
Büchel, W.: Südamerikanische Vogelspinnen. NBB 1962.
Buchsbaum, R. u. *Milne, L. J.:* Knaurs Tierreich in Farben: Niedere Tiere. München 1960.
Crome, W.: Tarantel, Skorpione, Schwarze Witwen. NBB 1956.
Hirschmann, W.: Milben (Acari). Einführung i. d. Kleinlebewelt. Stuttgart 1966.
Kaestner, A.: Lehrbuch der Speziellen Zoologie. Stuttgart 1965. Bd. I. Wirbellose.
Karg, W.: Räuberische Milben im Boden. NBB 1962.
Kükenthal, Mathes, Renner: Leitfaden f. d. Zool. Praktikum. Stuttgart 1967. S. 285 ff.
Müller, W.: Milben an Kulturpflanzen. Ihre Biologie und wirtschaftliche Bedeutung. NBB 1960.
Plötzsch, J.: Von der Brutfürsorge heimischer Spinnen. NBB 1963
Wiehle, H.: Vom Fanggewebe einheimischer Spinnen, NBB 1949.
ders.: Aus den Spinnenleben warmer Länder. NBB 1954.
Weygoldt, P.: Moos- und Bücherskorpione. NBB 1966.
Zur Bestimmung:
Brohmer, P.: Die Tierwelt Mitteleuropas. Leipzig 1929.
ders.: Fauna von Deutschland. Heidelberg 1949.
Dahl: Tierwelt Deutschlands. Jena.
Einzelaufsätze:
Clemencon, H.: Asselspinnen — Bewohner der Meeresküsten. Miko 50. 1961, 262 ff.
Fürsch, H.: Pfui Spinne! Finsterspinnen unter dem Binokular. Miko 56. 1967.
Liesenfeld, J.: Die Spinne Zilla, ein Haustier der Schulbiologie. DBU 1967. H. 2.
Peters, R.: Weberknechte. (Anatom. Übersicht). Miko 55. 1966, H. 7.
Popp, E.: Die Bestimmung einheimischer Wassermilben. Miko 1959, und 1960, 134 ff.
Weber, R.: Untersuchungen von Spinnennetzen. MNU 1963/64, H. 1.

NIEDERE KREBSE (ENTOMOSTRAKA)

A. Vorbemerkung

Hier sind einige Versuche über Blattfußkrebse (*Phyllopoda*), Ruderfußkrebse (*Copepoda*) und Muschelkrebse (*Ostracoda*) zusammengefaßt.
Zu den bekanntesten Formen der Blattfußkrebse gehören: *Artemia, Daphnia, Bosmia, Polyphemus, Leptodora.*
Zu den bekanntesten Formen der Ruderfußkrebse gehören die *Cyclopidae.*
Bezüglich der Bestimmung sowie der Systematik sei auf die einschlägige Literatur verwiesen.

B. Spezieller Teil

I. Materialbeschaffung

1. Diese Tiere findet man in allen möglichen Gewässern; im freien Wasser (Pelagial) von Seen, wie auch an deren Ufern (Litoral) und in größerer Tiefe über dem Grund (Profundal); in Tümpeln, Wiesen- und Moorgräben, Überschwemmungslachen sowie in allerkleinsten Wasseransammlungen z. B. Blattachseln oder Baumhöhlen, aber auch in Moospolstern oder im Grundwasser.

2. Zum Sammeln kommen Planktonnetze (Seidengaze Nr. 8 oder andere Größen) in Frage. Benützt werden sie entweder als Wurfnetze von Land aus, als Zugnetz vom Kahn für waagrechte und senkrechte Züge, oder als Durchlaufnetz, wenn wir ein Moospolster auspressen oder Grundwasser durchpumpen. Um es dabei vor grobem Material zu schützen, kann ein Drahtnetz davorgespannt werden. Für kleine und kleinste Wasseransammlungen werden Löffel und Schöpflöffel, Pipetten oder ein Schlauch als Heber benutzt.
Zur Untersuchung des Grundwassers an kiesigen oder sandigen Ufern von Seen, Flüssen oder des Meeres, hebt man eine Grube ($\varnothing$ 50 cm) aus und läßt Grundwasser hineinsickern, welches dann rasch durch das Netz geschöpft wird.

3. *Artemia*-Eier sind zuchtfertig unter der Firmenbezeichnung „Artemia" der Fa. Tetra zu beziehen. Gebrauchsanweisung liegt bei.

II. Transport

Der Transport der Fänge erfolgt in abgeschlossenen, nicht übersetzten, kühl aufbewahrten Gläsern oder Kunststoffflaschen (Beschriftung: Ortsangabe, Zeit, Wassertemperatur, Zone des Gewässers usw.).
Kommt es nicht auf Lebenduntersuchung an, dann wird mit Formol fixiert (käuf-

liche Stammlösung von 35—40 % wird auf 4 % verdünnt) Hierin können die Tiere beliebig lange aufbewahrt werden.
Ist beim Fang viel Schlamm und Detritus in das Glas gelangt, dann wird nicht fixiert, sondern gewartet, bis sich der Schlamm gesetzt hat. Die noch lebenden Tiere können dann dekantiert oder herauspipettiert werden.
Die Biol. Anst. Helgoland bietet eine Auswahl an.

III. Haltung von Kleinkrebsen

Um den Bedarf für den Unterricht zu decken, genügen meist einige Fänge. Sie werden in Kleinaquarien untergebracht, hell aufgestellt aber nicht direktem Sonnenlicht ausgesetzt. Für nicht zu dichte Besetzung und ruhiges Wasser wird gesorgt. Bei ständig zufließendem Wasser zur Belüftung verhungern die Tiere, da sie ihre Nahrung nicht finden können, zumal Tümpelwasser, in dem Wasserflöhe gerne vorkommen, arm an Sauerstoff und reich an Mikroorganismen ist. Deshalb gehen die Tiere auch in sauberem Leitungswasser zugrunde. Auch mitgebrachtes Tümpelwasser ist auf die Dauer ungeeignet.

Eine Zucht ist sehr problematisch und für schulische Zwecke auch nicht nötig. Es ist besser, von Fall zu Fall je nach Bedarf neue Fänge einzubringen. Mit der Zeit hat man ja seine bestimmten Fundorte kennengelernt und erlebt dann oft erstaunliche Überraschungen, wie die Zusammensetzung der Faunenpopulation eines Tümpels jahreszeitlich und sogar tageszeitlich schwanken kann. (Über Populationsuntersuchungen etwa für eine AG sei auf die Lit. verwiesen).

Sollen nun die Kleinkrebse trotzdem längere Zeit hindurch gefüttert werden, so schlägt *Krether, H.* (Miko 50. 1961, 235 ff.) vor ein Wasser herzustellen, welches reich an Mikroorganismen ist: In 1 Ltr. frischem Leitungswasser wird 1 Teelöffel Biolase C 12 (zu beziehen bei Fa. *Kalle u. Co.*, Wiesbaden-Biebrich) gelöst und die Lösung 3 Tage lang an einem hellen, wärmeren Platz stehen lassen. Die während dieser Zeit entstehende Trübung besteht aus einer Vielzahl von Pantoffeltierchen und anderen Mikroorganismen. Diese Kleinlebewesen vermehren sich auch noch nach Einsetzen der Wasserflöhe weiter und können somit die Grundlage für Haltung und Zucht der Wasserflöhe bilden. (Bei Mißerfolg wird die Biolaselösung mit etwas Tümpel- oder Aquarienwasser geimpft.) Luft braucht in das Wasser nicht eingeführt werden, sofern das Gefäß nicht überbesetzt ist. Erst wenn man ein Absterben der Krebse bemerkt, ist es an der Zeit, sie in eine frische Nährlösung zu setzen.

IV. Lebenduntersuchung

1. Auf dem Objekttr. werden die Tiere mit einem Deckglas bedeckt, dessen Ecken mit Wachsfüßchen versehen sind. Dazu wird Wachs weich geknetet und mit den Ecken des Deckglases ein winziges Eckchen davon abgekratzt. Durch Druck auf das Deckglas kann der Zwischenraum zum Objekttr. beliebig bemessen werden bis schließlich das Objekt festliegt. Durch Hin- und Herschieben des Deckglases kann das Objekt sachte hin- und hergerollt werden. Diese Techniken fordern selbstverständlich einige Übung.

2. Die Bewegungen im Wasser werden mit der Lupe in einer Küvette oder einem engen Glasröhrchen beobachtet.

Zur Demonstration vor der Klasse wird eine Projektionsküvette benützt. Sie ist leicht selbst herzustellen. Zwischen zwei Diagläser werden mit einem wasserunlöslichen Kitt 3 zugeschnittene Streifen aus Plexiglas oder anderem Kunststoff (3 mm dick, ca. 8 mm breit, so eingeklebt, daß ein Trog entsteht, der oben offen ist. Diese Küvette ist universell für alle kleineren Tiere zur Projektion geeignet (*Drosophila, Chironomus,* kleine Kaulquappen, Fischbrut usw.)

V. Fixieren und Konservieren der Proben

1. Wie bereits erwähnt, kann in 4 %igem Formol fixiert und konserviert werden. Die Objekte entfärben wohl nach einiger Zeit, werden aber auch gehärtet.
2. Aus Wasser oder der Formollösung können sie auch in 75—80 %igen Alkohol (Brennspiritus genügt), dem auf 1 Ltr. etwa 30—40 ml Glycerin zugesetzt wurde, überführt werden. Auch hier verblassen die Farben nach einiger Zeit.

VI. Anfertigen von Dauerpräparaten

1. Einbetten in Glycerin-Gelatine.
Dazu wird das Objekt in erwärmte Glycerin-Gelatine übertragen. Nach Erkalten derselben muß das Präparat von überstehender Gelatine gereinigt werden und schließlich das Deckglas mit einem Lack umrandet werden.
2. Als brauchbarer empfiehlt *Kiefer* für Kleinkrebse, diese zunächst nicht in Wasser sondern in einem Tropfen Glycerin zu untersuchen. Dazu müssen sie vorher gut durch 80 %igen Alkohol als Konservierungsflüssigkeit entwässert werden. Hat man dann das Objekt in einem kleinen Tropfen Glycerin unter dem Deckglas, dann setzt man mit einem Pinsel (Größe 0) der in Xylol getaucht ist an zwei einander gegenüber liegenden Stellen des Deckglasrandes je 1 Tr. Caedax auf den Objekttr. Dieses Kunstharz läuft dann um den Glycerintropfen und schließt ihn ein, ohne sich mit ihm zu vermischen. Damit ist das Dauerpräparat fertig und muß nur noch beschriftet werden. Das Caedax erhärtet nur sehr langsam. Daher muß das Präparat waagrecht aufbewahrt werden, sonst verlagert sich der Glycerintropfen.

VII. Mikroskopische Beobachtungen lebender Tiere (AG)

Bei *Phyllopoden* (Blattfußkrebsen) wird besonders der Schlag der Blattfüße eines Wasserflohs, sein Herzschlag, die Bewegung des Komplexauges durch die Augenmuskeln, die Darmtätigkeit, die quergestreifte Muskulatur, die parthenogenetisch entwickelten Eier und Embryonen, die Struktur der Schale, evtl. auch saisonbedingte Formänderungen usw. untersucht.
Die *Copepoden* (Ruderfußkrebse) zeigen den gegliederten Körper mit Cephalothorax, Abdomen und Schwanzgabel (Furca), die beiden Antennenpaare, die Gliedmaßen, die quergestreifte Muskulatur, den Verdauungskanal, bei Calanoiden das Herz (150 Schläge/Min.), das paarige rote Auge, Eibehälter und Samenbehälter.

VIII. Generationswechsel bei *Daphnia pulex*

Im Frühling und Sommer sind nur Weibchen im Brutraum zwischen Körper und Schale erkennbar. Im Herbst werden plötzlich Eier erzeugt aus denen sich kleinere Männchen entwickeln. Diese befruchten eine weitere Garnitur von Eiern, die sehr dotterreich sind und mit dicken Hüllen umgeben werden (Wintereier). Aus ihnen entstehen im Frühjahr wieder Weibchen. (Generationswechsel).

IX. Nahrungsaufnahme bei *Daphnia* (AG)

Zuerst wird die Morphologie des Strudel- und Filterapparates untersucht. Anschließend wird kongorot-gefärbte Hefe zugegeben und die Nahrungsaufnahme beobachtet.

Statt der gefärbten Hefe kann auch Tusche verwendet werden. Man sieht, wie durch rhythmische Bewegungen der Thorakalextremitäten am ventralen Schalenrand ein Sog entsteht und ein Flüssigkeitsstrom samt Partikelchen in den Schalenraum hineingeführt wird. An anderer Stelle verläßt er ihn wieder.

Manchmal ist auch die rhythmische Kontraktion des Oesophagus zu sehen. Das Abdomen reinigt dann und wann durch Vorgreifen und Rückwärtsschlagen den Schalenraum.

X. ph-Wert der Darmabschnite bei *Daphnia* (AG)

Frische Tiere werden in 0,02 %ige Neutralrotlösung gelegt und nach einiger Zeit der pH-Wert der Darmabschnitte bestimmt.

XI. Herzschlag bei *Daphnia*

Zuerst wird die Herzfrequenz bei Zimmertemperatur bestimmt (bis 200/Min.). Anschließend wird das Objekt, etwa durch Zusatz warmen Wassers erwärmt und erneut die Herzfrequenz bestimmt. Schließlich wird der Objekttr. mit Eis abgekühlt und wiederum die Herzfrequenz bestimmt.

XII. Phototaxis bei Daphnien

1. Eine Projektionküvette wird mit Daphnien beschickt und von außen her zur unteren Hälfte mit schwarzem Papier vor dem Lichtstrahl des Projektors abgeschirmt. Die Tiere sammeln sich fast alle im belichteten Teil an. Dies wird deutlich, wenn man das schwarze Papier rasch wegschiebt.

Gibt man etwas Selterswasser (CO_2) hinzu, dann geht der Versuch bestimmt.

Die biologische Bedeutung der positiven Phototaxis bei CO_2-Überschuß wird erklärt. (Es erscheint sinnvoll, wenn die Tierchen bei CO_2-Überschuß (und O_2-Mangel) zum Licht hin, d. h. in der Natur zur Wasseroberfläche mit größerem Sauerstoffreichtum wandern.)

2. Dieser Versuch kann beliebig abgewandelt werden.

Ein längliches, rechteckiges Aquarium wird mit vielen Daphnien beschickt und mit CO_2 (Selterswasser) versetzt. Die Tiere schwimmen lebhaft umher. Das Aquarium wird so aufgestellt, daß es von untenher oder von links oder von rechts mit Taschenlampe oder Mikroskopierlampe oder 30-Watt-Lampe beleuchtet werden kann (eine Glühbirne von 30 Watt wird über Stufentransformator an das Netz angeschlossen).

Abwechselnde Beleuchtung von li. oder re. hat entsprechende positiv phototaktische Wanderung der Daphnien zur Folge.

Stellt man nur das Licht unter dem Glas ein, dann schwimmen sie entgegen der Schwerkraft von der Wasseroberfläche zum Licht nach unten.

Es sind 2 Reize gegeben: Das Kohlendioxid löst die Bewegungen aus; das Licht richtet die Bewegungen. (Nach *Phywe*).

XIII. Daphnien im polarisierten Licht

Zu diesem höchst eindrucksvollen, einfachen Versuch (nach *K. Daumer*) brauchen wir die Projektionsküvette und 2 Polarisationsfolien.
1. Zuerst demonstrieren wir durch Übereinanderdrehen der Polarisationsfolien ihre Wirkung.
2. Dann werden die einzelnen Teile folgendermaßen am Projektionsapparat voreinandergeschaltet (*Abb. 35*):

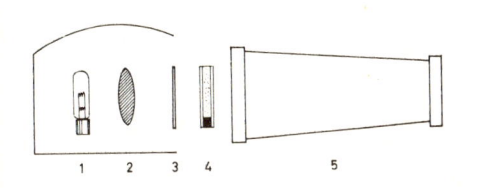

Abb. 35: Daphnia im polarisierten Licht.
1 Projektionslampe,
2 Linsensystem,
3 Polarisationsfilter,
4 Küvette mit Daphnien,
5 Projektionstubus,
6 Leinwand oder Papier

1. Projektionslampe mit Linse (2), 3. Polarisationsfolie, 4. Küvette, 5. Projektionstubus, 6. Leinwand oder Blatt Papier.
3. Die Hauptschwimmrichtung der Daphnien wird nun entweder auf Papier nachgezeichnet oder mit dem Auge eingeprägt.
Die Tiere schwimmen i. d. R. senkrecht zur Schwingungsrichtung des polarisierten Lichtes. Eine klare Signifikanz hängt auch von der Population der Daphnien ab.
Wir betrachten ein zentrales Blickfeld und vernachlässigen alles, was am Rande geschieht. Von jedem Tier, welches dieses zentrale Blickfeld durchschwimmt zeichnen wir auf ein weißes kariertes Blatt Papier die Schwimmrichtung nach oben oder unten durch einen Strich ein.
4. Nach einiger Zeit wird die Folie um 90° gedreht und abgewartet ob sich die Schwimmrichtungen ändern. Vielfach ist die Änderung bereits nach kurzer Zeit zu beobachten.
5. Haben wir nach einiger Zeit genügend Durchgänge zur statistischen Auswertung, dann tragen wir in die Skala (*Abb. 36*) die auf unserem weißen Blatt ausgerechneten Winkel ein. (Dabei entspricht 90° jeweils nach oben oder unten usw.).

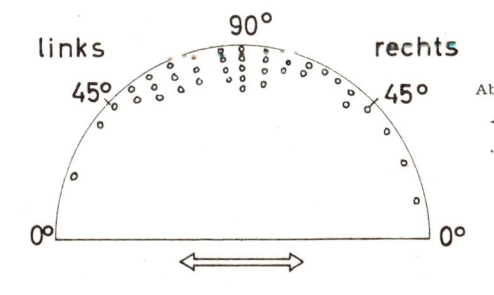

Abb. 36: Skala mit Gradeinteilung z. Eintragen der Schwimmrichtungen.
⟷ Ebene der Schwingungsrichtung des polarisierten Lichtes.
..... Anzahl der Tiere, welche ein zentrales Blickfeld im jeweiligen Winkel nach oben oder unten durchschwimmen (idealisiert). Im 90°-Bereich tritt eine Häufung auf. Diese kann in einer Häufigkeitsverteilungskurve graphisch dargestellt werden.

6. Schließlich wird eine Häufigkeitskurve aufgestellt (*Abb. 37*).

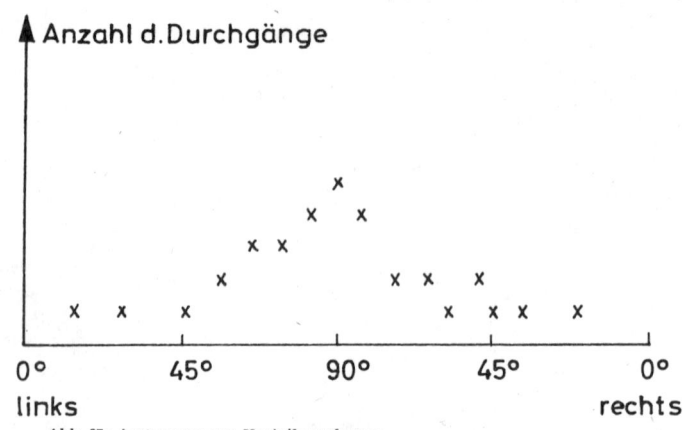

Abb. 37: Angenommene Verteilungskurve.
Die Anzahl der Durchgänge wird für die Gradbereiche aufgetragen.
Dadurch ergibt sich eine Kurve über die Häufigkeit der jeweiligen
Bewegung der Tiere zur Schwingungsebene des polarisierten Lichtes.

HÖHERE KREBSE (MALACOSTRACA)

Materialbeschaffung
Die Biol. Anst. Helgoland bietet verschiedene Arten an. Preisliste anfordern.

A. Landasseln (Oniscoidae)

(Hier: *Mauerassel Oniscus asellus;* und Kellerassel *Porcellio scaber*).

I. Materialbeschaffung

Unter feuchtem Holz, unter Brettern und Steinen ferner in etwas feuchten Kellerräumen finden sich Landasseln ein. Mit Fangsteinen, das sind Steine (Zement, Gips, Ziegelst.), welche unterseits Hohlräume aufweisen, lassen sich Asseln im Garten fangen, zumal wenn die Steine auf feuchte Erde und vermoderndes Holz gelegt werden. Unter oder in solchen Fangsteinen sammeln sich auch gerne Schnecken, Tausendfüßler, Spinnen und andere Tiere an.

II. Haltung

Ein jeweils neuer Fang ist einer Zucht von Asseln unbedingt vorzuziehen. Da immer Schmarotzer und Kommensalen der Tiere, insbesondere Milben mit eingetragen werden und die Bevölkerungsdichte im Terrarium meist größer als in der Natur ist, vermehren sich die Parasiten sehr rasch und zerstören bald die Zucht.
Für kurze Zeit wird man die Asseln mit dem Material wo man sie fand, oder zusammen mit feuchter Erde, vermoderndem Laub und Holzteilen in einem

Aquariumkasten an dunkler kühler Stelle aufstellen. Von Zeit zu Zeit wird mit Wasser benetzt und mit trockenem Fischfutter gefüttert.

III. Nachweis des Geruchsinns (AG)

1. Eine Assel läßt man in einer hohen Petrischale (Schreibprojektor) zur Ruhe kommen. Ein Pinsel oder Filterpapierstreifen der entweder mit Essigsäure, Chloroform, Schwefelkohlenstoff oder Nelkenöl usw. getränkt ist, wird an die Seite des Tieres gehalten:
Geruchliche Alarmierung! Die Geißeln der 2. Antennen führen fiebrierende Bewegungen aus, dann werden die 2. Antennen näher an den Körper herangezogen, worauf fast stets das Putzen derselben erfolgt. Nach dem Putzen führen sie schwankende Bewegungen in der Luft durch (Wittern?). Nach mehrmaligem Putzen gehen die Asseln zur Ortsbewegung über. Sie meiden dabei die Duftquelle.
2. Im Kontrollversuch mit einem ungetränkten Papierstreifen zeigt die Assel thigmotaktische Reaktionen.
3. Wird einer laufenden Assel der Duftstreifen entgegengehalten, so kommt sie bis etwa 2 cm heran, stoppt, läuft vielleicht etwas zurück, und wendet sich schließlich nach Putzen der Antennen zur Seite oder in die umgekehrte Richtung.
4. Dieser Versuch kann abgewandelt werden, indem die Duftquelle von hinten oder von der Seite herangeführt wird.
5. Wo liegen die Duftrezeptoren?
Tiere, denen das 2. Antennenpaar amputiert wurde, reagieren gegenüber normalen Tieren auf die Düfte stets später und weniger lebhaft. Es müssen demnach sowohl an den 2. Antennen wie auch am übrigen Körper Duftrezeptoren sein. Die Amputation der 1. Antennen beeinflußt die Duftrezeption nicht.
6. Amputiert man nur eine der 2. Antennen und reicht den Duft von vorne, so wendet sich die Assel in den meisten Fällen nach der Seite der amputierten Antenne.
7. Wo liegen die Duftrezeptoren an den Antennen?
Amputiert man nur den obersten Knopf einer Antenne, so erfolgt dieselbe Reaktion w. o. Also muß der Rezeptor im obersten Knopf liegen. (Räumliches Muster).
(Versuche nach *Fischbach, E.*: Einfache Versuche zum Nachweis des Geruchsinnes. MNU 1956/57, S. 35)

IV. Nachweis der Skototaxis (=Hinzubewegen auf dunkle Stellen)

1. Nach *Buddenbrock* baut man dazu eine weiße, halb- oder kreisförmige Arena aus Papier (1 m ⌀ und 40 cm Höhe). An einer Stelle derselben wird vor die weiße Wand ein schwarzer Karton gestellt. Die Tiere laufen meist (nicht immer) auf den schwarzen Fleck zu und lassen sich umleiten, wenn man ihn bewegt. (Bedeutung?) Zur Vermeidung optischer Nebenwirkungen kann das Zimmer abgedunkelt werden. Über der Arena wird eine Glühbirne angebracht, welche durch eine Milchglasscheibe abgedeckt ist.
2. Einfacher ist der ganze Versuch, wenn man die Asseln in eine große Petrischale bringt, deren eine Bodenhälfte weiß, deren andere schwarz unterlegt ist. In der Regel sammeln sich die Tiere auf dem schwarz unterlegten Teil an. Die „Stimmung" der Tiere spielt auch hier eine Rolle.

V. Lichtkompaßorientierung

Die Bedeutung des Lichtes zur Orientierung wird gezeigt.
Zuerst wird eine Glasscheibe über einer Flamme berußt. Auf diese Platte setzen wir eine Assel (auch Käfer, Ohrwurm, Tausendfüßler) und lassen sie bei völliger Dunkelheit einige Zeit herumlaufen. Dann wird das Licht eingeschaltet.
In der Dunkelheit bei fehlender Orientierungsmöglichkeit hinterläßt das Tier auf der berußten Platte eine unregelmäßige, wirr verlaufende Spur. (Achtung! Sobald ein Bein verletzt ist, können Spiralen entstehen).
Bei Licht jedoch wird alsbald in eine bevorzugte Richtung gelaufen. Diese muß nicht unbedingt zum Lichte oder vom Lichte weg führen sondern kann auch in einem bestimmten Winkel zum Licht stehen (Lichtkompaßorientierung).
(Weitere Versuche zur Lichtkompaßorientierung siehe *Braun, R.:* Tierbiologisches Experimentierbuch. Stuttgart 1959).

B. Zehnfußkrebse

I. Demonstrationsmaterial

Bioplastiken von Strandkrabbe *(Carcinus maenas)*
Einsiedlerkrebs *(Eupagurus spec.)*
Garnele *(Crangon vulgaris)* u. a.
Lebendes Material an Crustaceen z. B. Einsiedlerkrebs, Meerflohkrebs, Sandgarnele, Seepocke, Schwimmgarnele, Strandkrabbe, Schwebegarnele, Taschenkrebs, chinesische Wollhandlrabbe, u. v. a. bietet die zoologische Station, 2242 Büsum an. Leiter: Seb. Müllegger. Preisliste anfordern.
Die Biol. Anstalt Helgoland bietet ähnliches an.

II. Filme und Dias

F 377 Tiergärten der Nordsee (Einsiedlerkrebs, Hummer).
F 409 Chamäleon des Meeres (u. a. auch Hummer).
E 489 Landeinsiedlerkrebs *(Coenobita scaevola):* Bewegungsweisen und Hauswechsel im Freiland.
E 691 Winkerkrabbe *(Uca tangeri):* Nahrungsaufnahme.
E 899 Mangrovekrabbe *(Goniopsis concutata):* Winken und Paarung.
D 756 Zur Biologie indischer Winkerkrabben.
E 479 Reiterkrabbe *(Cacypode saratan):* Höhlenbau und Revierverhalten.
E 692 Winkerkrabbe *(Uca tangeri):* Drohen und Kampf.
E 1055 Krabbe *(Ethusa mascarone):* Aufsetzen der Tarnbedeckung.
(Die genannten Titel stellen nur eine Auswahl aus dem Göttinger Material dar!)
DR Spinnentiere und Krebse (V-DIA).

III. Versuche mit verschiedenen Krebsen

1. Präparation von Krebsen

a. Bei größeren Krebsen wird die Unterseite geöffnet und alle Weichteile entfernt. Der Kalkpanzer gibt auch ohne Füllung genügend Halt.
b. *Zur Konservierung* in Flüssigkeit (insbesondere für wissenschaftliche Zwecke) werden die Tiere zuerst in 70 %igen Alkohol gebracht. Da durch den Wasserent-

zug aus den Objekten der Alkohol stark verdünnt wird, muß er bald durch neuen ersetzt werden. Dort können sie dann auf die Dauer konserviert bleiben.

c. *Lebendtransport* von Kleinkrebsen kann in einer Blechdose mit einigen Luftlöchern und etwas feuchter Zellstoffwatte erfolgen.

2. Haltung

Die kleinen Gezeitenarten (*Pagurus*) hält man entweder im Gezeitenaquarium (s. Steiner) oder gibt ihnen zumindest in einer flachen Schale bei niedrigem Wasserstand Gelegenheit aus dem Wasser zu steigen. Gefüttert werden sie mit *Limnaeen* oder *Enchytraeus*. Bei mehreren Exemplaren muß ein Überschuß an leeren Schneckenhäusern verschiedener Größe zur Verfügung stehen.

Carcinus maenas wird mit einigen Muschelschalen und etwas Schlick in flachen Schalen, größere Exemplare in entsprechenden Aquarien gehalten.

3. Wanderungen der chinesischen Wollhandkrabbe

Ihre Einschleppung nach Europa fand wahrscheinlich des öfteren mit dem Wasserballast von Schiffen (Ostasienfahrer) statt. *Panning* nimmt an, daß die Ersteinschleppung in Weser und Elbe vor 1912 stattgefunden hat.

Die Larvenentwicklung findet im Brackwasser der Flußmündungen und den Ebberegionen des Gezeitengebietes statt. Die zweijährigen Tiere (20—25 mm) beginnen im Frühjahr flußaufwärts zu wandern. Dabei legen sie z. B. in der Weser täglich 1—1,5 km zurück. Sie wachsen heran und die etwas größeren Tiere wandern in der Havel oder Saale bereits 2—3 km täglich. Eine Krabbe kann demnach in einem Sommer von Hamburg aus die Havel erreichen.

Im geschlechtsreifen Alter (4jährig) kehren sie etwa ab Mitte Juli bis November zur See zurück, wobei sie n. *Panning* 8—12 km täglich wandern. Da wahrscheinlich Brackwasser zur endgültigen Geschlechtsreife notwendig ist, findet die Paarung erst in den Flußmündungsgebieten (Elbe zw. Brunsbüttelkoog und Cuxhaven) statt. Die begatteten Weibchen wandern weiter abwärts zur See, wobei sie die Eier mit einer Kittsubstanz an den Schwanzbeinen kleben haben. Sie sollen im Winter aber zwischen Cuxhaven und dem Feuerschiff Elbe I im tiefen Wasser stehen. Im Frühjahr suchen sie dann die Priele auf, um die Larven zu entlassen. Die meisten Weibchen und Männchen gehen dann, oft stark mit Seepocken und Algen besetzt zugrunde. Um eine Verseuchung der Flüsse mit diesen Krabben zu verhindern, werden sie in Fanganlagen an Wehren gefangen. (Hier können sie auch zu Untersuchungszwecken ausgezählt und markiert werden.)

Fangergebnisse (n. *Panning*):

Weser (1936): 12 786 kg (entspr. ca. 3 Mio Stück); Dabei einmal in 24 Std. 407 kg (entspr. ca. 114 000 Stück)

Dömnitz a. d. Elbe (= kl. Nebenfluß der Elbe) (1936): 44 400 kg (entspr. ca. 4 Mio Stück)

Havel (1940): 88 000 kg (entspr. 8 Mio. Stück) Tageshöchstfang 1939: ca. 225 000 St.

Elbe bei Magdeburg (1938): 80 200 kg (4 815 700 Stück); (1941): 63 200 kg (2 792 000 Stück)

Elbe bei Meißen (1937): 1000 kg

Elbe bei Dresden (1937): 1000 Stück

Einzelne Tiere dringen bis Prag vor.

4. Versuche mit der Strandkrabbe (Carcinus maenas)

a. *Materialbeschaffung* an der Meeresküste, für das Binnenland über Versandstationen (Büsum und Helgoland).

b. *Haltung* s. o. Sie vertragen Brackwasser bis 0,5 %.

c. *Fütterung* mit Enchytraeen, toten Fischen, Mehlwürmern, Fliegen. Sie lernen das Futter aus der Hand zu nehmen. Wegen Gefahr des Kannibalismus ist vielfach Einzelhaltung erforderlich.

d. *Beobachten* der Laufbewegungen und Scherenbewegungen.

e. *Starrkrampfreflex:*
Ein am Rücken gefaßtes, hochgehobenes männliches Tier spreizt die Beine krampfartig maximal nach allen Seiten.

e. *Aufbäumreflex:*
Ein von vorne gereiztes Männchen richtet sich schräg auf und spreizt die Beine weit auseinander und hebt die geöffneten Scheren, die dann auf das sich nähernde Objekt einschlagen. (Eignet sich besonders um mit Schülern einen Gesamtbewegungsablauf in Einzelteile zu zergliedern, was ein exaktes Beobachten und ebenso exaktes Formulieren erfordert.)

f. *Umdrehreflex:*
Wurde ein Exemplar auf den Rücken gelegt, so wird sofort das letzte Beinpaar gekrümmt und flach unter den Rücken geschoben und das vorletzte Beinpaar greift nach beiden Seiten auf den Boden; indem sich nun beide Beinpaare gegen den Boden stemmen, dreht sich der Körper über das Abdomen zur Bauchlage zurück.

g. *Autotomiereflex:*
Wenn ein Brustbein festgehalten wird, kann es zum Abstoßen desselben kommen. Da sich nach dieser Autotomie an der vorgebildeten Stelle ein doppelhäutiges Diaphragma bildet, tritt kein besonderer Blutverlust auf.

h. *Statische Augenreflexe:*
Der Krebs wird auf eine rauhe Unterlage (Drahtnetz oder dgl.) gesetzt. Wird nun diese Unterlage mit dem Krebs nach vorne, hinten oder zur Seite gekippt, so drehen sich die Stielaugen dergestalt, daß sie trotz der Kippung das vorherige Gesichtsfeld beibehalten, während sich der Körper gleichsam unter den Augen wegdreht. Erwähnt sei noch, daß nach Entfernen der im Basalglied der 1. (kleinen) Antenne gelegenen Statocysten diese statischen Augenreflexe fehlen.

i. *Rheotaktische Reaktionen:*
Die Antennen schlagen einer Wasserströmung entgegen (positive Rh.)

5. Versuche mit Garnelen (Crangon crangon)

a. *Materialbeschaffung* entweder über die Versandstellen (Büsum, Helgoland) oder durch Fang:

Crangon crangon im Wattenmeer,

Palaemonetes varians in Flußmündungen und Marschgräben,

Palaemon squilla in stark ausgesüßtem Brackwasser der Atlantikküste.

b. *Haltung der Tiere* bei flachem Wasserstand ohne, sonst aber mit Durchlüftung. Gefäß, mit hohem Rand über dem Wasser und mit Glasscheibe bedeckt, da die

Garnelen auf der Flucht weit aus dem Wasser springen. Mit keinen anderen Tieren vergesellschaften, da sie sonst von den Garnelen gefressen werden oder umgekehrt. Dünne Besiedlung, da sonst Kannibalismus bei der Häutung. Garnelen haben großen Futterbedarf: zerdrückte Limnaeen, Enchytraeen, tote Fische. *Crangon* verträgt Temperaturschwankungen und braucht Brackwasser von 0,3—0,5 %.

c. *Beobachtung von Fortbewegung, Nahrungsaufnahme usw.*
Setzen wir Garnelen in ein Aquarium mit 3 cm feinem Sand, so graben sie sich ein, daß nur noch die Augen und die Antennen herausschauen. Legt man nun bei hungrigen Garnelen Miesmuschelfleisch oder ähnliches aus, so kann man beobachten, wie die Antennen in Bewegung geraten und das Tier aus dem Sand herauskommt. (Die evtl. Durchlüftung muß allerdings abgestellt sein, damit keine Störung durch Strömungen entsteht.)

d. *Farbwechsel bei Crangon*
Garnelen die sich auf weißem Untergrund befinden sind infolge Kontraktion ihrer dunklen Pigmente weißlich durchsichtig, während sie auf dunklem bzw. farbigem Untergrund sich innerhalb weniger Stunden durch Expansion der entsprechenden Pigmente anpassen. Im Versuch werden Garnelen auf Schalen mit weißem, schwarzem und sandigem Untergrund verteilt. (Abdeckscheiben!). Nach gut einem Tag ist das Tier in der weißen Porzellanschale hell und durchsichtig das von der schwarzen Unterlage dagegen dunkel gefärbt. Wir erkennen am besten den Unterschied, wenn wir diese beiden neben das Exemplar vom Sandboden bringen oder bei beiden die Unterlage vertauschen oder beide auf grauen Untergrund setzen.

e. *Untersuchung der Pigmente*
Bei dem sandadaptierten Tier schneiden wir (vor Schülern zuerst betäuben) den Schwanzfächer ab und bringen die einzelnen Plättchen desselben mit einem Tropfen Seewasser auf einen Obekttr. und legen Deckglas auf.

Unter dem Mikroskop sind 4 Pigmente erkennbar: dunkelbraun, weiß, gelb, rot, Sämtliche vier können in einem und demselben Chromatophor vorkommen, aber auch 3-, 2- und 1farbige Chromatophore sind vorhanden.

Die mikroskopische Untersuchung des weißadaptierten Tieres ergibt dagegen, daß in seinem Schwanzfächer die dunklen Pigmente (insbesondere braunes Melanin) kontrahiert sind, während die weißen Pigmente stark expandiert sind. Letztere Erscheinung ist allerdings nur im auffallenden Licht zu erkennen.

Beim dunkeladaptierten Tier schließlich ist im Schwanzfächer das dunkle Pigment maximal ausgebreitet und erfüllt die feinsten Ausläufer der baumartig verzweigton Chromatophoren. (Nach *Schlieper*).

f. *Lichtrückenreflex*
Garnelen zeigen Lichtrückenreflex (Schreibprojektor).
(Übrigens auch *Asselus aquaticus*, ferner verschiedene Phyllopoden und Copepoden s. d.)

IV. Der Flußkrebs

Der Flußkrebs oder Edelkrebs ist ein Vertreter der Decapoden. In der Literatur findet man ihn meistens unter der Bezeichnung *Astacus astacus* L. oder auch

Astacus fluviatilis Fabricius; manchmal wird er auch *Potamobius fluviatilis* genannt.
Infolge der Krebspest Ende des 19. Anfang des 20. Jahrh. ist er weitgehend ausgestorben. Am häufigsten ist er noch in Bächen und Seen der deutschen Mittelgebirge anzutreffen.
Aus Amerika wurde ein, gegen die Krebspest (Erreger: der Pilz *Aphanomyces astaci*, welcher zu den Saprolegniaceen gehört) immuner Verwandter eingeführt, der *Cambarus affinis*. Da er die wesentlichen Merkmale unseres Flußkrebses zeigt, kann er jederzeit stellvertretend für diesen in der Schule eingesetzt werden.

Demonstrationsmaterial
Flußkrebs im Einschlußpräparat
Trockenpräparat
Lebende Tiere
Filme und Dias:
F 377 Tiergärten der Nordsee (Hummer)
(Ein Film über den Flußkrebs ist im Institut für Film und Bild in Vorbereitung)

1. Beschaffung

Häufig werden Flußkrebse in Feinkostgeschäften gehalten, wo sie für wenig Geld käuflich sind. Es kann sich dabei um verschiedene Arten aus verschiedenen Importländern handeln. Die Bestimmung ist oft schwierig und spielt für die erwähnten Versuche keine entscheidende Rolle.
In Flüssen, Bächen und Seen hält sich der Flußkrebs vor allem in Hohlräumen unter Uferböschungen und dgl. auf. Da er ein ausgesprochenes Nachttier ist, wird man ihn kaum einmal untertags (eher schon in der Abenddämmerung) auf dem Gewässergrund herumlaufen sehen.
Im *Handbuch der Binnenfischerei* sind spezielle Fang- und Ködermethoden angegeben, zu denen jedoch eine Fangerlaubnis nötig ist. Mitunter bringen Schüler einen Flußkrebs mit in die Schule. Diese Gelegenheit sollte nie versäumt werden, unabhängig vom augenblicklichen Stoffplan, das Tier vorzuführen.

2. Haltung

Während Astacus empfindlich gegen Verschmutzung ist, macht dies dem *Cambarus* nichts aus. Während ersterer gute Durchlüftung fordert, genügt letzterem ein mehrmaliger Wasserwechsel in der Woche. Wasserpflanzen zur Sauerstoffproduktion in das Aquarium zu setzen ist sinnlos, da ihre Produktion dem Astacus nicht genügt, und er sie bald wieder mit seinen Scheren herausreißt.
Die Wassertemperatur sollte im allgemeinen 15°C nicht überschreiten. Bei guter Fütterung verträgt er auch einmal höhere Temperatur (ca. 25°C), ohne Schaden zu erleiden. Voraussetzung ist aber auch dabei eine gute Durchlüftung.
War das Tier länger an der Luft, so legt man es zuerst im Wasser auf den Rücken, damit die eingedrungene Luft aus den Kiemenhöhlen unter dem Carapax wieder entweichen kann.
Die Männchen werden im 3. Lebensjahr bei 7,5 cm Länge geschlechtsreif, die Weibchen etwas später. Ein Flußkrebs kann 20 Jahre alt werden.
Die Begattung erfolgt von Mitte Oktober bis Anfang November. Mitte November

bis Anfang Dezember werden die Eier hervorgebracht und unter dem Hinterkörper des Weibchens in einer Schleimhülle 26 Wochen lang mitgetragen. Mai—Juli des nächsten Jahres schlüpfen die Larven (8,5—11,0 mm lang).
Baut man im Aquarium eine kleine Höhle mit Steinen, so wird sie vom Krebs gerne angenommen. Man kann dann zeigen, wie er sich in sie zurückzieht und welche Rolle dabei die Scheren spielen.

3. Fütterung

Flußkrebse fressen in der Natur tierische (Muscheln, Schnecken, Insektenlarven, Würmer, Kleinkrebse, Fische) und pflanzliche Nahrung (Algen, Wasserpflanzen). Dementsprechend können sie gefüttert werden. Sie nehmen Regenwürmer, aber auch totes Fisch- und Schlachtfleisch, besonders Teile von Innereien (Lunge, Darm). In gleicher Menge soll auch Pflanzenkost geboten werden: Salatstrünke, Kohlstrünke, junge Wurzeln, Möhrenstückchen u. dgl. (n. *Fölsing*: Deutsche Aquarien- und Terrarienzeitschrift 1961; S. 348).
Auf alle Fälle müssen Fäulnisprozesse im Aquarium vermieden werden, da die Tiere gegen Infektionen sehr empfindlich sind. Die Tiere können auch längere Zeit hungern.

4. Beobachtungen zum Körperbau

Dazu wird ein Kleinaquarium auf den Schreibprojektor gestellt. Vergleich zwischen dem Flußkrebs und einem Insekt.
Welche Organe sind typisch für den Krebs? (Kopfbruststück = Cephalothorax, beweglicher Hinterleib, 10 Beine, 1 Paar kurze und 1 Paar lange Fühler, mächtige Scheren, Stielaugen usw.)

5. Bewegungsstudien (Schreibprojektor)

a. Wieviele Beinpaare sind an der Schreitbewegung beteiligt? (Vier)
b. Wie erfolgt die Schwimmbewegung nach rückwärts?
Welche Rolle spielt dabei der Schwanzfächer und der bewegliche Hinterleib?
Wie verhält sich das Tier beim Herausnehmen aus dem Wasser?
Häufig streckt es zuerst krampfartig alle Gliedmaßen vom Körper, dann schlägt es plötzlich den Hinterleib nach unten vorne. Letzteres entspricht der raschen Fluchtbewegung im Wasser. In der Klasse meist ein großes Hallo, wenn die Kinder dadurch etwas angespritzt werden!
c. Die großen peitschenförmigen Antennen können in ihren Grundgelenken nach allen Seiten bewegt werden.
Bei der Nahrungssuche tasten und beriechen sie weit vorne die Umgebung ab. Beim Kampf und bei Gefahren werden sie zurückgeschlagen.
Da der Krebs weitgehend auf den Boden angewiesen ist, sucht er mit dem Boden und den Wänden Kontakt zu halten (Thigmotaxis). Dies zeigt sich z. B., wenn der Krebs sich bemüht Fühler und andere Körperteile an Steine oder Aquarienwände anzuschmiegen.
d. Haltung und Bewegung der großen Scheren werden studiert.
Bewegen sich beide Scherenteile gegeneinander oder nur ein beweglicher Backen gegen einen festen? Wo sitzt die Muskulatur hierzu? In welchen Ebenen sind die einzelnen Glieder der Schere beweglich? Vergl. damit Menschenarm oder künstliche Arme.

e. Die Bewegungen der Stielaugen werden beobachtet. Können sie unabhängig voneinander bewegt werden?

f. Weitere Bewegungen sind in der Nähe der Mundöffnung erkennbar. Es sind die ständig schlagenden Scaphognathiden der 2. Maxillen, durch die ein Wasserstrom von hinten nach vorne durch die Kiemenräume hindurch erzeugt wird. (s. u.).

g. Ist das verwendete Glasbecken groß genug, dann ragt es über die Leuchtplatte des Schreibprojektors hinaus. In kurzer Zeit flieht der Krebs in den unbeleuchteten Teil des Aquariums (negative Phototaxis, vielleicht kommt hier auch Skototaxis in Frage?)

6. Verhalten bei künstlichen Lageveränderungen (AG)

Diese Versuche sind zwar leicht durchführbar, aber schwer einem größeren Zuschauerkreis zugänglich zu machen. Daher werden sie mehr auf AG beschränkt bleiben.

a. *Kompensatorischer Lagereflex*

Nehmen wir den Krebs mit der Hand oder vorsichtig mit einer Tiegelzange am Cephalothorax und halten ihn im freien Wasser schräg zur Seite (ca. 45°), so führt er sowohl mit den Augen wie auch mit Fühlern, Scheren und Schreitbeinen Kompensationsbewegungen durch, die zur Wiedererreichung der Normallage führen sollen. Auch der Hinterleib kann in charakteristischer Weise abgebogen werden (Abb. 38, Abb. 39).

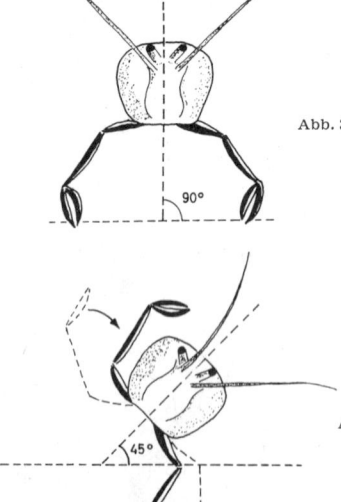

Abb. 38: Statische Reflexe beim Flußkrebs. Flußkrebs senkrecht im freiem Wasser.

Abb. 39: Flußkrebs um 45° in der Längsachse gedreht. Die Pfeile geben die kompensatorischen Reflexbewegungen der Scheren zum Wiederaufrichten an. Auch Fühler und Augen zeigen Kompensationsbewegungen.

Eventuell können diese Bewegungen vor der Klasse dadurch gezeigt werden, daß man den Krebs in die Luft hält und entsprechend zur Seite neigt. (Reflexbogen aufzeigen!)
b. *Umdrehbewegungen* (Schreibprojektor)
Auch auf der glatten Unterlage eines Glasbeckens kann sich ein Flußkrebs aus der Rückenlage in die Normallage umdrehen.
Dieser Bewegungsablauf kann der Klasse vorgeführt werden. Er ist aber auch geeignet, durch eine AG in einzelne Phasen zergliedert und beschrieben zu werden. Besonders zu achten wäre dabei auf die Bewegungen der Beine, Scheren und des Hinterleibes.
Diese Versuche zeigen deutlich, daß der Flußkrebs im Gegensatz zu Insekten über Statocysten verfügt. (Bei Insekten übernehmen Haarsinnespolster an bestimmten Körper-, Extremitäten- und Fühlergelenken die Funktion der Schweressinnesorgane. Dabei wirkt die Abweichung einzelner Körperteile von der Normallage unter dem Einfluß ihres Eigengewichts als Schwerereiz.)

7. *Darstellung des Atemwasserstroms*

Die Kiemen des Flußkrebses liegen zu beiden Seiten und werden durch bes. Ausweitungen des Panzers (Branchiostegiten) überdeckt. Die Ventilation der Kiemen wird durch die wippenden Bewegungen des schmalen schaufelförmigen Scaphognathiden bewirkt, der an der Basis der 2. Maxille sitzt. Der Atemwasserstrom tritt unten zwischen den Thorakalextremitäten in die Kiemenkammer ein und verläßt sie nach vorne durch einen engen Kanal. In diesem Exspirationskanal schlägt der Scaphognathid und erzeugt durch eine Saugwirkung den Atemstrom. Dieser Wasserstrom wird sichtbar gemacht, indem man das Tier in ein enges Gefäß mit Wasser setzt, wo es schlecht ausweichen kann. (Schreibprojektor!) Nach kurzer Zeit der Beruhigung wird mit einer Pipette ein Tinten- oder Tuschetropfen vor die Maxillen (Mundöffnung) gespritzt. Der nach vorne ausgestoßene Atemwasserstrom wird deutlich sichtbar und kann mit dem Schreibprojektor gut der ganzen Klasse auf einmal projiziert werden.

Literatur

Baumeister, W.: Planktonkunde für Jedermann. Stuttgart 1954.
Berger, M., Engels, W., Rahmann, H.: Die Entwicklung des Salzkrebses Artemia. Miko 51. 1962, H. 2.
Bott, R.: Die Flußkrebse Europas (Decapoda, Astacidae). In Abh. d. Senckenberg Naturf. Ges. 483. Frankfurt 1950.
De Haas, W. und Knorr, F.: Was lebt im Meer. Kosmos Naturf. 1965.
Demoll: Handbuch der Binnenfischerei Mitteleuropas. Bd. 5. darinnen: Smolian, K.: Der Flußkrebs, seine Verwandten und Krebsgewässer. Stuttgart 1925
Fischbach, E.: Einfache Versuche zum Nachweis des Geruchsinns bei Ascln. MNU 1956/57, S. 35.
Freytag und Vogel: Nauplien von Artemia salina, ein günstiges Objekt für sinnesphysiologische Versuche. Prax. d. Nat. 1966, H. 8.
Frisch, K. v. Tanzsprache und Orientierung der Bienen. Berlin 1965. (Kap. Orientierung nach dem polarisierten Licht).
Herbst, H. V.: Blattfußkrebse (Phyllopoden: Echte Blattfüßer und Wasserflöhe) Stuttgart. 1962.
Kaestner, A.: Lehrb. d. spez. Zoologie. Bd. I. Wirbellose, 2. Teil; Stuttgart 1969. (3 Aufl.)
Kiefer, F.: Ruderfußkrebse (Copepoden). Einführung i. d. Kleinlebewelt. Stuttgart 1960.
Kosch, A., Friedrich, H., Frieling, H.: Was finde ich am Strande? Stuttgart.
Krethe, H.: Haltung von Wasserflöhen. Miko 50. 1961, 235 ff.
Kuckuck, P.: Der Strandwanderer. München 1953.
Müller, H.: Die Flußkrebse. NBB 1954.

Panning, A.: Die chinesische Wollhandkrabbe. NBB 1952.
Riedl, R.: Fauna und Flora der Adria. Hamburg Berlin 1963.
Rühmann, D.: Hüpferlinge im Plankton: Cyclops und Diaptomus. (Eine Beschreibung der Ruderfußkrebse). Miko 56. 1967, H. 5.
Steinecke, F.: Das Plankton des Süßwassers. (Biolog. Arbeitsbücher Bd. 1.) Heidelberg 1958.
Thiel, K.: Tierische Kleinlebewesen im Aquarium. Miko 50. 1961, 280 ff.

TAUSENDFÜSSLER ODER DOPPELFÜSSLER (DIPLOPODA) UND HUNDERTFÜSSLER (CHILOPODA)

A. Demonstrationsmaterial

Trockenpräparat vom Riesentausendfuß (Afrika)
Riesenskolopender (Südamerika) (F. *Mauer*)
Da diese Objekte zur Aufbewahrung alle sehr empfindlich sind, nehme man am besten Einschlußpräparate (Bioplasten).
Weiteres käufliches Anschauungsmaterial über diese Gruppe fehlt. So ist man zur Demonstration weitgehend auf eigene Fänge angewiesen. Zu den Beinzahlen sei erwähnt, daß es Diplopoden mit 13 Beinpaaren, andere mit 121 und tropische Vertreter mit 250 Paaren gibt. Der längste Tausendfüßler kommt in Panama vor mit 392 Beinpaaren. Der giftige *Scolopendra gigas* Westiniens hat 46 Beine und kann 30 cm lang sowie 2,5 cm breit werden. Die exotischen „Kugler" werden zwar nicht ganz so lang, dafür aber 5 cm breit und erreichen eingerollt die Größe einer Mandarine.

B. Beobachtungen und Versuche

I. Materialbeschaffung

Verschiedene Tausendfüßler (Hundertfüßler) finden wir in lockerer Erde unter Brettern und Steinen, unter Moospolstern u. dgl. Will man sich nicht auf den Zufall verlassen, dann werden Fangsteine ausgelegt, aus deren Hohlräumen wir nach Tagen die Tiere herauslesen können.

II. Haltung

Für die Haltung dieser Tiere gilt ähnliches wie bei Asseln; sie ist meist wegen der eingeschleppten Schmarotzer nur kurze Zeit erfolgreich möglich, was ja für schulische Zwecke durchaus genügt. Längere Zucht muß in Gipsnestern oder auf Filtrierpapierstreifen unter peinlicher Beachtung der Sauberkeit des Futters erfolgen. Dabei ist bei allen Arten für Feuchtigkeit zu sorgen.
Die Kugelasseln (*Glomeris*) und die Erdtausendfüßler (*Julus* und andere) sind überwiegend Vegetarier. (Faulende Pflanzenteile, Salat, Salatstrünke, weiche Birnenstücke, Obstschalen, weiche Pilzstücke, faules morsches Holz, aber auch zerquetschte Fliegen und Fleischfasern.)
Riesentausendfuß (*Spirobolus*): Salat, Obststücke, Fleischstücke, Traubenzucker, Eipulver, Obstsaft, zertretene Schnecken.

Steinkriecher (*Lithobius* u.a.): Tier. Kost, frisch gehäutete Mehlwürmer, kl. Landschnecken und Regenwürmer, Enchytraeen, Raupen.
Skolopender *(Scolopendra):* w. o. nur der Körpergröße entsprechend größere Beutetiere (größere Insekten usw.) (n. *Krumbiegel* 1965).

III. Demonstration

1. Die Demonstration kann *in der Projektionsküvette* erfolgen. Da die Tiere meist sehr flink sind, müssen wir gut abschließen.
2. Eine weitere Möglichkeit bietet der *Schreibprojektor.* Hierbei muß ebenfalls auf Verschluß geachtet werden, was sich bei der Projektion nachteilig auswirken kann, wenn die Abdeckplatte nicht sauber oder nicht genau plan ist.
3. Für die *direkte Beobachtung* bietet sich für solche nicht fliegenden kleineren Tiere folgende Möglichkeit. Der Boden eines breiten Becherglases wird innen mehrere cm hoch mit Wachs oder Knetmasse ausgekleidet und in die Mitte ein Holzstäbchen hineingesteckt. Anschließend füllen wir das Glas zur Hälfte mit

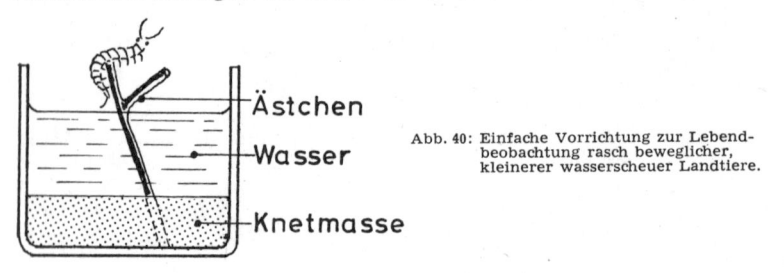

Abb. 40: Einfache Vorrichtung zur Lebendbeobachtung rasch beweglicher, kleinerer wasserscheuer Landtiere.

Wasser, so daß das Stäbchen einige Zentimeter den Wasserspiegel überragt. Auf diese Insel setzen wir das Tier, welches wir beobachten oder fotografieren wollen. Wenn es wasserscheu wie die Tausendfüßler ist, krabbelt es auf der Insel umher, ohne sie verlassen zu können (Abb. 40).

IV. Bein- und Körperbewegungen

Lithobius hat 15 Beinpaare, deren Bewegung von hinten nach vorne über das Tier wandert. Bei *Cryptops* dagegen wandern die Bewegungswellen umgekehrt von vorne nach hinten.
Lithobius, der Steinkriecher, ist außerdem ein sehr wehrhaftes Tier, das nur mit starken Reizen zu wenigen „Schritten" nach rückwärts zu bewegen ist. Die südeuropäischen Skolopender, welche auch dem Menschen gefährlich werden können, kriechen niemals zurück. Dagegen kann *Geophilus,* der Erdläufer, rückwärts schneller als vorwärts laufen.
Bei den Schnurfüßern (*Julidae*) mit den sehr vielen Beinen, läuft die Bewegungswelle stets von hinten nach vorne.

V. Der Spiralreflex und andere Schutzeinrichtungen

Faßt man einen Tausendfüßler in der Kopfregion an, so rollt er sich spiralig auf und bleibt unbeweglich in dieser Haltung („Totstellreflex", hier Spiralreflex

genannt). Wir können diese Reflexhaltung wieder lösen, wenn wir ihn am Hinterende berühren.
Nervenphysiologisch geschieht hierbei folgendes: Die Muskeln der Bauchseite werden durch ihre Nerven in eine Art Krampf (Tonus) versetzt, und die anderen Nerven hemmen im gleichen Moment die Beinbewegung (n. *Braun*).
Andere Schutzeinrichtungen sind die Einrollbewegungen mancher Arten. Darüber hinaus können die Tiere aus Wehrdrüsen stinkende oder manche tropische, sogar sehr giftige Stoffe ausscheiden; einige entleeren u. U. ihren Enddarm, dessen stinkende Stoffe sich wochenlang in Kleidungsstücken halten.

VI. Mikropräparate

Zur Herstellung von Mikropräparaten eignen sich kleine Formen als Totalpräparate, ferner bes. Vorder- und Hinterende, Beine, Antennen, Stigmen u. evtl. Gonopoden.
Bei den meisten sind in den Chitinpanzer noch Kalksalze eingelagert, wodurch er zwar an Biegsamkeit verliert, aber dafür um so härter wird. Der Panzer der Hundertfüßler enthält jedoch niemals Kalk.

Literatur

Brohmer, P.: Fauna von Deutschland. 1969.
Dobroruka, L. J.: Die Hundertfüßler. NBB 1961.
Klingel, H.: Vergleichende Verhaltensbiologie der Chilopoden Scutigera coleoptrata („Spinnenassel") und Scolopendra cingulata Latreille (Scolopender). Zs. f. Tierpsychol. 17. 1, 10—30.
Knaurs Tierreich in Farben: Niedere Tiere. München Zürich 1960.
Seifert, G.: Die Tausendfüßler. NBB 1961.

GLIEDERTIERE IN ZAHLEN

A. Insekten (Insecta)

Das größte Insekt ist der westafrikanische Käfer *Macrodontia cervicornis*, der bis zu 14,9 cm lang wird und 96 g wiegen kann. Die netzflüglige Teefliege dagegen erreicht eine Flugspannweite von nur 1 mm und wird nur 0,2 mm lang.
Die Höchstgeschwindigkeiten von Insekten dürften über 50—60 km/h nicht hinausgehen. Die phantastischen Zahlen von 1320 km/h bei der Rotwildbremse sind weit übertrieben.
Eine Honigbiene erreicht eine Fluggeschwindigkeit von 22,5 km/h.
Das Höchstalter von Insekten dürfte bei 30—40 Jahren liegen (Königstermiten).
Eine amerikanische Zikade, die erst 17 Jahre, nachdem sie aus dem Ei gekrochen ist, zum fertigen Kerbtier wird, dürfte das Insekt mit der längsten Entwicklungszeit sein.
Das lauteste Insekt ist eine männliche Zikade, welche bei 7400 Schlägen pro Minute ein Geräusch erzeugt, welches noch 1 Meile entfernt zu hören ist.
Der größte jemals beobachtete Heuschreckenschwarm bedeckte 1889 am Roten Meer schätzungsweise eine Fläche von 5000 qkm. Solch ein Schwarm muß etwa 250 Mllrd. Insekten im Gewicht von 400 000 to haben.
Den Rekord in Flügelschlägen pro Minute erreicht eine Mücke (*Forcipomya*) mit 57 000/Min. Bei Versuchen mit gestutzten Flügeln wurden bei einer Temperatur von 37°C sogar 133 080 Flügelschläge pro Min. erreicht. Diese hohe Frequenz wird über ein Resonanzprinzip erreicht.

Den weitesten Flohsprung soll ein kalifornischer Floh geschafft haben mit 33 cm. Der Höhenrekord soll bei 18 cm liegen.
Der größte bekannte Nachtfalter ist das Nachtpfauenauge aus Australien *(Coscinoscera hercules)* mit einer Flügeloberfläche von 263 qcm. Der Alexanderfalter aus Neuguinea *(Troides alexandrae)* erreicht eine Flügelspannweite von 30 cm. Nachtfalter sollen die Geschwindigkeit von 53 km/h erreichen.
Das Männchen des Seidenspinners dürfte den empfindlichsten Geruchsinn von allen Lebewesen besitzen. Er kann den Geruchsstoff des Weibchens u.U. noch aus 11 km Entfernung wahrnehmen.

B. Krebse (Crustacea)

Die scharlachrote Japanische Riesenkrabbe *(Macrocheira kaempferi)* bringt es auf eine Körperlänge von 30 cm und eine Scherenspannweite von 380 cm (Gewicht ca. 18 kg).
Hummer können bei einer Körperlänge von 60 cm eine Gesamtlänge (Schwanz — Scherenspitze) von 122 cm erreichen.
Meereskrabben wurden noch in einer Tiefe von 4 250 m im Pazifik gefunden.

C. Spinnen (Arachnida)

Zu den extremsten Biotope wo man noch Spinnen entdeckte, dürfte ein Berg in der Antarktis gehören, ca. 500 km vom Südpol entfernt, wo in 1500 m Höhe bei —29° C noch Spinnen gefunden wurden.
Am Mount Everest wurde noch in 6700 m Höhe eine Springspinne aus der Familie der *Salticidae* gefunden. Aber auch in Höhlen und Bergwerken kann man Spinnen begegnen.
In Südamerika lebt wohl die größte Spinne *(Theraphosa blondi)*, welche bei ausgestreckten Beinen 25 cm lang wird.
Die berühmte „Schwarze Witwe" gilt als die giftigste Spinne *(Latrodectus mactans)*. Ihr Biß kann für einen Menschen tötlich wirken.
Aber auch Bisse der Australischen Trichter-Webspinne (Fam. *Agelenidae)* und der Australischen rotrückigen Spinne *(Latrodectus hasseltii)* können zum Tod eines Menschen führen.

STACHELHÄUTER (ECHINODERMATA)

A. Demonstrationsmaterial

Lebendes Material (s. Materialbeschaffung)
Trockenpräparate (Bei Seeigeln fehlen meist die Stacheln, da sie getrocknet leicht abfallen; Seewalzen und auch manche Seesterne werden getrocknet unansehlich.)
Lehrmittelfirmen bieten Sammlungskästen mit den wichtigsten Vertretern an.
Auch Flüssigkeitspräparate werden angeboten für alle Ordnungen. Bioplastiken (Einschlußpräparate) sind für Echinodermen bes. geeignet, weil sie die Stacheln am besten behalten. Angeboten werden: Haarstern, Schlangenstern, Seestern, Strandseeigel, Seegurke u. a. (z. B. bei *Mauer).*

Versteinerungen (insbes. a. d. Kreide). Bekannt für schöne Funde ist der Fuß der Kreideküste Englands.

Wandtafel: Die Seesterne n. *Pfurtscheller*.

Mikropräparate

Stacheln, Pedicellarien, Saugfüßchen (ausgestreckt und kontrahiert)
Junge See- und Schlangensterne (total), wie man sie im Tang findet.
MP — Reihe bei *Schuchardt*
Entwicklung des Seeigels in Mikropräparaten bei *Kosmos*.

Filme und Dias

F 377	Tiergärten der Nordsee (u. a. Seesterne, Schlangensterne, Seeigel).	
F 315	Die Entwicklung des Seeigeleies.	
R 2	Reifeteilung, und erste Furchungsteilung beim Seeigel.	
R 638	Eireifung, Befruchtung und erste Furchungsteilung.	
F 335	Furchung und Gastrulation.	
R 152	Die Furchung des Seeigeleies.	
R 197	Gastrulation beim Seeigelei.	
DR	Stachelhäuter (V-Dia).	
C 644	Bewegungen der Echinodermen — Seesterne, Schlangensterne, Seeigel.	
C 645	Nahrungsaufnahme bei Seestern und Seeigel (1953, 4,5 Min.).	
E 554	Schlangenstern *(Ophiocoma scolopendrina)* Nahrungserwerb. 1953.	
E 490	Schlangenstern *(Ophiocoma scolopendrina)* Abweiden des Staubfilms auf der Flutwasseroberfläche (1963, 2,5 Min. F.).	
E 1041	Schlangenstern, Territorialverhalten. (1966, 2,5 Min. F.).	
E 1040	Schlangenstern, Nahrungserwerb durch Filtration (1967, 3,5′).	
C 864	Mittelmeerplankton, Larven von Echinodermen und Enteropneusten (1960, Ton, 8′).	
E 968	*Paracentrotus lividus,* Ausstoßen von Eiern und Spermien (1954, 4,5′).	
C 671	Holothurie und Fierasfer (Seewalze und Nadelfisch) (1954, 3,5′).	
W 554	*Oursius,* Beschreibung v. Aufbau und Funktion der inneren und äußeren Organe des Seeigels (Ton franz. 1958, 10′, F.).	

B. Materialbeschaffung

Die Biol. Anstalt Helgoland bietet an:

kons.	*Asterias rubens* St.
	Solaster papposus St.
+	*Astropecten irregularis* St.
	Ophiura texturata St.
	Ophiura albida St.
	Psammechinus miliaris St.
	Echinus esculentus St.
	Echinocardium cordatum St.
	Asterias rubens, juv. zum Schneiden St.
	Psammechinus miliaris, juv. zum Schneiden St.
	Echinocyamus pusillus St.
	Holothurien St.

Entwicklung:
Ganze Entwicklungsreihe von Psammechinus miliaris vom Ei bis

	zum Pluteus, in einzelnen Röhrengläsern	Pt.
	Psammechinus-Entwicklung vom Ei bis zum 4-Zellen-Stadium, in einzelnen Röhrengläsern	Pt.
	Psammechinus-Entwicklung, gemischt, vom Ei bis zur Gastrula	Pt.
	Plutei von Echinocardium cordatum	Pt.
	Asteridenlarven (Bipinnaria + Brachiolaria)	St.
	Asteridenlarven in der Metamorphose	St.
leb.	*Psammechinus miliaris*, reif, für künstliche Befruchtung geeignet, nach Geschlechtern getrennt (1 Pt. zu je 6—8 Stück). Der Versand der laichreifen Tiere erfolgt nur vom 1. bis 15. Juli, außer samstags und sonntags. Bei größeren Bestellungen empfiehlt es sich, für den Versuch Seewasser per Fracht im voraus zu bestellen.. Die Versandgefäße sind umgehend zurückzusenden, da sie in dieser Zeit dringend benötigt werden	Pt.
	Psammechinus miliaris, für Aquariumhaltung	St.
	Echinus esculentus	St.
	Asterias rubens	St.
	+ *Atsropecten irregularis*	St.
	+ *Solaster papposus*	St.
	Ophiura texturata	St.
	+ *Ophiotrix fragilis*	St.
	+ *Echinocardium cordatum*	St.

Die Zool. Stat. Büsum *(Seb. Müllegger)* bietet an:

> *Echinus miliaris* (Kleiner Seeigel)
> *Echinus acutus* (Schwarzer Steinseeigel; Mittelmeer)
> *Ophiura albida* (Schlangenstern)
> *Asterias rubens* (Roter Seestern)
> *Solaster paposus* (Sonnenstern)
> *Echinus esculentus* (Eßbarer Seeigel)

Ferner komplette Einrichtung für Seewasseraquarium.
Seesalzpackung für 25, 50, 100 Ltr. (gebrauchsfertig zur Auflösung).

Literatur

Müllegger, S.: Das Seewasseraquarium. 2. Aufl.

Herstellung von 100 Ltr. Seewasser (n. Jaeckel)

> 2 815 g $NaCl$
> 67 g KCl
> 551 g $MgCl_2$
> 692 g $MgSO_4 \cdot 7\ H_2O$
> 145 g $CaCl_2$ (als letztes zufügen)

(Eine Trübung kommt von $CaSO_4$).

Keine Metallgefäße verwenden! Seeigel werfen bei Eisenionen die Stacheln ab.
Verdunstetes Wasser muß nachgefüllt werden.

C. Spezieller Teil

I. Seeigel (*Echinoidea*)

1. *Seeigelfunde*

Im Urlaub an der See findet der Taucher oder Strandwanderer mitunter Seeigel (in vielen Mittelmeerorten werden sie auch auf dem Markte angeboten).
In Felsmulden und auf kleineren Sandfeldern am Felsstrand, 0,5—5 m unter Wasser lebt im Mittelmeer der schwarzviolette Steinseeigel (*Strongylocentrotus lividus*).
Ebenfalls an den südlichen Küsten kommt der violette Seeigel (*Sphaerechinus granularis*) mit den weißen Stachelspitzen in 1—5 m Tiefe vor.
Wenn es nicht zu warm ist, halten sich die Tiere, in feuchtes Seegras und Tang eingehüllt, mit etwas Wasser versorgt, in einem Einmachglas einige Tage und können so evtl. mit nach Hause genommen werden. Im Sommer wird es jedoch im Auto dafür zu warm sein. Dann kann ein Camping-Kühlbeutel für die entsprechende Temperatur sorgen. Daheim brauchen die Tiere ein Seewasseraquarium mit guter Durchlüftung. Als Futter nehmen sie kleine Muscheln und Schnecken aus der See (zu beziehen in zool. Handlungen bzw. in Büsum). In der Regel werden sie sich jedoch nicht so lange halten, daß sie noch gefüttert werden müßten.
Im Nordseestrand gräbt sich der Zwergseeigel und der Strandseeigel ein. Sie sind auf die nämliche Weise zu befördern.

2. *Befruchtung von Seeigeleiern*

a. *Rechtzeitige Planung*, frühzeitige Bestellung und vorsorgliche Einrichtung eines Seewasseraquariums sind erste Voraussetzungen für das Gelingen der Versuche.
Die Biol. Anstalt Helgoland verschickt Männchen und Weibchen am 1. und 3. Dienstag im Juli weil zu dieser Zeit die Laichreife so weit ist, daß Gewähr für künstliche Befruchtung gegeben ist.
b. Da die Tiere nach Geschlecht geordnet sind, erübrigt sich die Bestimmung.
Die Schalen eines Männchens und eines Weibchens werden am Äquator rundherum aufgeschnitten und die beiden Hälften auseinandergezogen. Die untere Hälfte mit dem Mund (Laterne des Aristoteles = Kauapparat) legen wir beiseite. Diese Präparation führt der Lehrer aus, evtl. ohne Beisein der Schüler.
Entweder werden zwei Schälchen mit sauberem Seewasser bereitgestellt oder ein Objekttr. mit 2 getrennten Tropfen Seewasser hergerichtet.
c. In der oberen Hälfte des Weibchens sind die rotgelben Eierstöcke. Wir ritzen einen an und entnehmen mit der Pipette einige wenige Eier und geben sie in den einen Tropfen am Objekttr. oder alle zusammen in das eine Schälchen.
d. Mit einer *frischen* Pipette wird beim Männchen dem Hoden die Samenflüssigkeit entnommen und in den 2. Tropfen oder das 2. Schälchen gegeben.
e. Der Objekttr. wird auf den Objekttisch gebracht, stark abgeblendet, scharf eingestellt und dann unter dem Okular beide Tropfen durch einen Strich mit einem Glasfaden oder Glasstab miteinander verbunden.
Nun muß sofort beobachtet werden. Die Zellkonzentration darf nicht zu groß sein.

f. Die Befruchtung selbst erfolgt sehr rasch. Die Eier geben einen Stoff in das Wasser ab, der die Spermien sehr beweglich macht und sie an das Ei heranlockt. Sie umgeben bald das Ei und versuchen durch die Hülle einzudringen. Durch die Mikropyle erreicht ein Spermium dieses Ziel. Die Eioberfläche sendet dem ankommenden Spermienkopf einen kleinen Fortsatz, den Empfängnishügel entgegen, der das Spermium umfaßt, umfließt und dann mit in das Ei zurückzieht. Im gleichen Moment zieht sich das Ei zusammen und es hebt sich eine dünne Grenzschicht als Befruchtungsmembran ab. Der Zwischenraum zwischen Ei und Grenzschicht, der perivitelline Raum, füllt sich mit einer vom Ei ausgeschiedenen Flüssigkeit. Alle übrigen Spermien können die Barriere der Membran nicht mehr durchdringen.

(Die Beobachtung dieser Vorgänge dürfte jedoch in der Schulpraxis kaum möglich sein. Schön zu sehen ist jeweils, wie die Spermien auf die Eizellen zuschwimmen und diese dann umgeben. Auch die Bildung der Befruchtungsmembran kann beobachtet werden. Alles übrige muß erklärt werden).

8 F 56 Befruchtung. (Beiblatt mit erläuterndem Text).

3. Die Entwicklungsstadien

Die ersten Furchungsvorgänge und Furchungsstadien folgen bald auf die Befruchtung (Zeit stoppen! Seewasser nachfüllen damit die Salzkonzentration infolge Wasserverdunstung nicht zu hoch wird!) Da die Entwicklungsstadien auf dem Objektrr. nicht weiter über mehrere Tage verfolgt werden können, werden für einzelne Schülergruppen einzelne Schälchen hergerichtet mit befruchteten Eiern.

Da die weitere Entwicklung Schlag auf Schlag weiter geht, setzt man das Experiment am besten Anfang der Woche an, damit keine längere Beobachtungspause eintritt. Die Zeiten vor oder nach dem Unterricht, Vertretungs- oder Freistunden, sowie die Pausen werden ausgenützt, um den Schülern Gelegenheit zur Beobachtung, zum *Protokollieren* und *Zeichnen* zu geben. Immer sind verschiedene Entwicklungsstadien gleichzeitig vorhanden.

Die Schüler merken bald, daß Form und Organlage eines Pluteus erst am beweglichen lebendigen Objekt richtig studiert werden können.

Die Haltung der Embryonen erfolgt an kühlerem Ort in kleinen abgedeckelten Blockschälchen, welche mit Seewasser gefüllt sind. Jeder Schüler oder Schülergruppe erhält ein Schälchen (etikettieren mit Namen!) zur Pflege und Beobachtung zugewiesen und wir stellen die Frage, wer wohl die am meisten fortgeschrittenen Larven erzielen wird.

In einigen Tagen läuft die Entwicklung der durchsichtigen Larve bis zur Skeletteinlagerung in den *Plutei*. Da diesen Stadien meist keine natürliche Lebensbedingung gegeben werden kann, sterben sie ab.

4. Vom Pluteus zum Seeigel

Nach *Pfeiffer W.* ist auch die Weiterentwicklung im Labor möglich. Da die *Plutei* sehr zerbrechlich und empfindlich sind, vertragen sie weder Durchlauf noch Durchlüftung noch mehrmaliges Pipettieren. Sie brauchen gutes, sauberes Wasser.

a. *Gefäße:* Um das Umsetzen der zarten Larven zu vermeiden, werden sie auf mehrere 4—6 cm hohe, ⌀ 10—16 cm, Glasschalen verteilt, welche etwa 2 cm hoch mit Seewasser gefüllt sind. Sie werden gut abgedeckt, damit nicht durch Verdunstung die Salzkonzentration steigt. Jedes Glas wird mit 3—4 Dutzend, drei Tage alten Plutei besetzt.

b. *Fütterung:* Wenn täglich Plutei zur Untersuchung herauspipettiert werden, (dieselben nicht mehr zurückbringen!), verringert sich ihre Zahl und die Futtermenge kann trotz Wachstums dieselbe bleiben. Zurückgebrachte Plutei sterben ab und verseuchen das Wasser, oder bilden infolge Verletzungen Fehlentwicklungen. Als Futter wird die Geißelalge *Chlamydomonas* verwendet, die in *Schreiberscher Nährlösung* gehalten wird.

      0,1 g $NaNO_3$
      0,02 g Na_2HPO_4
      500 g doppelt dest. Wasser
      500 g doppelt dest. Wasser
      auf 1 000 g Seewasser auffüllen.

Zu 50 ml obiger Lösung werden jeweils wenige Tropfen Algendekokt der jeweiligen Sorte gegeben. Auch ähnliche andere Algen eignen sich, soweit sie in Reinkultur gehalten werden.

c. *Temperatur und Licht:* 15—19° C.

Obwohl sich die Plutei auch im Dunkeln entwickeln, ist es doch besser, ihnen etwas Licht zu geben, da im Dunkeln die Bakterien leichter gedeihen.

Außer den Futteralgen sollten möglichst wenige andere Organismen in den Kulturgefäßen sein. Notfalls müßten die Larven umgesetzt werden.

Literatur

Krauter, D.: Seeigel-Entwicklung. Bemerkungen zu einer neuen Präparatenserie von Kosmos Lehrmittel. Miko 48. 1959, 149—152.
Pfeiffer, W.: Vom Pluteus zum Seeigel. Umwandlung und Aufzucht der Seeigellarve (Psammechinus miliaris). Miko 59. 1960, 225—228.
Streble, H.: Die Entwicklung der Seeigel. Miko 48. 1959, 178—181.
Czihak, G.: Entwicklungsphysiologie der Echinodermen. Fortschr. Zool. 14, 1962.

e. *Präparatenreihe:* Seeigel Entwicklung. 12 Mikropräparate bei Kosmos Lehrmittel.

f. *Dia-Reihen* und *Filme* zur Entwicklung des Seeigels (s. o.).

g. *Modelle* der äqualen Eifurchung und Keimblattbildung auf Einzelstativen. Sie zeigen die verschiedenen Stadien der Eifurchung bis zur Gastrula beim *Amphioxus*. (Für Seeigel adaequat verwendbar).

5. Beobachtungen am lebenden Seeigel

8 F 71   Furchung des Molcheies
8 F 72   Gastrulation der Molchblastula
8 F 73   Schematische Darstellung der Gastrulation im Längsschnitt
8 F 74   Schematische Darstellung der Gatsrulation im Querschnitt
8 F 75   Neurulation und Embryobildung

a. *Bestimmung*

Die häufigeren Seeigel können meist nach den üblichen „Strandführern" bestimmt werden, soweit nicht von der Versandstation bereits eine Bestimmung vorgenommen worden ist.

Als erstes untersuchen wir Symmetrieverhältnisse, Ober- (Dorsal-) und Unter- (Ventral-) Seite, After und Madreporenplatte, sowie die Verteilung von Stacheln, Saugfüßchen und Pedicellarien.

b. Stachelreflex und Bau der Stacheln

Ein Seeigel wird in eine Glasschale mit Wasser gebracht. Nachdem er zur Ruhe gekommen ist, reizen wir eine bestimmte Stelle seiner Oberfläche leicht mit einer feinen Nadel. Man sieht dann, wie sich die gesamten Stacheln der Nachbarschaft dem Reizort zuwenden. Die Nadel kann von den Stacheln gewissermaßen eingeklemmt werden. Daran kann sich eine Diskussion über Verankerung (Kugelgelenk), Muskulatur und Bewegung der Stacheln anschließen.

Ein Mikropräparat eines Stachels und evtl. eines Querschnittes davon ergänzt das vorher gesehene.

c. Die Saugfüßchen und ihre Bewegungen

Die Wirkungsweise und Tätigkeit der Saugfüßchen sind am besten an einer Glaswand zu demonstrieren. Ihr suchendes Ausstrecken, Festhalten und Verkürzen wird beschrieben.

Mechanischer Reiz der Füßchen hat entweder das Einziehen aller Füßchen des Radius oder Einziehen und Wegwenden links und rechts der Füßchen des Interradius zur Folge.

Der Schluß auf ein Nervensystem, durch das die Füßchen koordiniert werden, liegt nahe.

Reizung des Scheibenrandes des Saugfüßchens bewirkt Hinneigung der Saugscheibe zum Reizort.

d. Der Gang des Seeigels

Der Gang mit Hilfe der Saugfüßchen ist zu beobachten, wenn der Seeigel auf Glas kriecht, wo sich die Saugnäpfchen festsaugen können.

Das Haftvermögen der Füßchen wird am Gummisaugnapf erörtert. Bietet man dem Seeigel sandigen Untergrund, dann schreitet er auf den beweglichen Stacheln wie auf Stelzen. Dabei wird ein Stachel von vorne nach hinten geradlinig, von hinten nach vorne in einen Kreisbogen bewegt.

e. Die Umdrehbewegung

Sie kann ebenfalls sowohl mit den Saugfüßchen wie mit den Stacheln erfolgen.

Legt man ein Tier außerhalb des Wassers umgekehrt auf die offene Hand dann sieht man deutlich, wie zunächst die Saugfüßchen, welche der Unterlage am nächsten sind, und nacheinander die weiter zum Munde hin gelegenen sich suchend aufrichten, festhalten und so das Tier langsam mit gemeinsamer Kraft umdrehen.

Die Umdrehung mit Hilfe der Stacheln wird durch deren Niederlegen auf der oralen Seite und deren analseitiges Aufrichten bewirkt.

f. Der Beißreflex der Pedicellarien

Dazu kann zwar jede Hautstelle gereizt werden, günstiger ist es jedoch mitunter, man legt das Tier auf den Rücken, weil um die Mundöffnung herum besonders viele Pedicellarien stehen und reizt dort mit einem steifen Haar.

Die Pedicellarien der Umgebung richten sich dann auf, öffnen sich weit, schlagen umher und bekommen manchmal das Haar zu fassen. Durch Ziehen am Haar kann man sich davon überzeugen.

6. Abtöten von Seeigeln

Zuerst einlegen in Süßwasser, dann mit 30 %igem Alkohol abtöten. Nach dem Abtöten werden besonders bei den größeren Formen 2 Löcher in den Kalkpanzer gebohrt, um das Seewasser abfließen zu lassen. Dann kommt das Tier in 85 %igen Alkohol, der mehrfach zu erneuern ist. Dort kann es dann aufbewahrt werden.

7. Präparation und Mikropräparation

Zur eventuellen Präparation (AG) benutze man die einschlägige Literatur, insbesondere *Kückenthal:* Leitfaden des Zool. Praktikums. Eine ausführliche Beschreibung und Anweisung hierzu würde den Rahmen dieses Buches überschreiten.

Trotzdem sei aber darauf hingewiesen, wenn man schon Seeigel im Hause hat, zumindest einige Mikropräparate anzufertigen. Geeignet dazu sind Stacheln, Pedicellarien und Saugfüßchen. Dabei sind von den einzelnen Objekten leicht soviele Präparate zu gewinnen, als Schülermikroskope zur Verfügung stehen, sodaß die Objekte von den Schülern gezeichnet werden können.

Die Einbettung geht über die Alkoholreihe und nach evtl. Aufhellen in Nelkenöl dann Einschluß in Caedax. Färbung ist nicht nötig. Bei den Saugfüßchen achte man darauf, daß in ein Präparat sowohl kontrahierte wie ausgestreckte Exemplare zu liegen kommen.

8. Untersuchung von leeren Panzern und Panzerstücken

Als Schülerübungsmaterial können wir aus dem Urlaub am Mittelmeer u. U. beliebig viele Seeigelpanzer mitbringen. Wir werden sie dann reinigen, trocken aufbewahren und bei Bedarf an die Klasse austeilen.

Sollen die getöteten Seeigel weder präpariert noch aufbewahrt werden, kocht man sie am besten aus und entfernt die Weichteile. Die leeren Kalkpanzer können als ganzes oder in Stücke zersägt oder zerbrochen an die Schüler verteilt werden.

a. Das *Baumaterial* wird durch Einlegen in verdünnte Salzsäure als Kalk nachgewiesen.

b. Die Reihen von *Höckern* für die Stacheln werden gezählt und ihre Anordnung untersucht.

c. Die *Lochpaare* für die Saugfüßchen werden studiert.
Die Verteilung in Ambulacralplatten (Platten mit Löchern und Höckern) und Interambulacralplatten (nur mit Höckern) wird erarbeitet. (Radiärsymmetrie).

d. *After, Madreporenplatte* sowie *Geschlechtsöffnungen* können gesucht werden.

e. Der *Kauapparat* kann als Ganzes (Laterne des Aristoteles) präpariert und aufbewahrt werden. Auch die Verankerung der einzelnen Zähne ist interessant.

9. Versteinerungen

An Versteinerungen der Fossiliensammlung lassen sich oft dieselben Untersuchungen wie an den Panzern der rezenten Formen anstellen.

II. Seesterne *(Asteroidea)*

1. Materialbeschaffung

Hat man selbst Gelegenheit, an der Küste nach den Tieren zu suchen, dann durchsuche man an der Nordsee besonders die angeschwemmten Tange bei Ebbe. Sie enthalten oft winzige Seesternchen, welche sich sehr schön für Totalpräparate eignen.

An Buhnen sitzen meist große Seesterne in beachtlicher Menge. Über weichen Böden werden sie mit Dredgen, auf Felsen mit der Hand (Maske und Schnorchel) eingesammelt.

In der Adria gibt es Tiere von 35 cm ⌀. Der größte bekannte Seestern ist die 20armige *Pycnopodia*, welche einen Durchmesser von 90 cm erreicht.

Seesterne sind bis 1 000 m Tiefe anzutreffen und können wie auch Seeigel, 6—7 Jahre alt werden.

2. Haltung

2. **Haltung** erfolgt im Seewasseraquarium (s. o.). *Asterias rubens* kann mit gekochten Miesmuscheln, mit *Limnaea* und *Paludina* gefüttert werden.

3. Abtöten und Konservieren

Sie werden in 30 %igem Alkohol getötet.

Ihre Konservierung erfolgt entweder in Formol, Sublimat oder 85 %igem Alkohol, nach mehrfachem Wechsel. Für histologische Weiterverarbeitung verwende man nur kleinere Exemplare oder Stücke und injiziere sie von den Armen her mit dem Fixiermittel *(BOUIN)*.

Trockenpräparate sind möglich, jedoch meist unter wochenlanger penetranter Geruchsbelästigung. Am schönsten ist es natürlich, wenn man ein getrocknetes Exemplar am Strand findet. Das kann dann in eine weite Petrischale eingeklebt werden, da es sonst in der Sammlung bald zerbricht.

4. Beobachtungen am lebenden Tier

a. Bestimmung des Tieres (s. Literatur)

Die reguläre 5fache Symmetrie kann durch einen wesentlich längeren Arm (Kometenform) oder anderweitig gestört sein. Dabei liegen meist Regenerationsprodukte vor.

Dorsal wird die Madrenporenplatte gesucht.

Auf der Unterseite stehen in den Ambulacralrinnen in 2 oder 4 Reihen die Saugfüßchen.

Farbe, Oberflächenform, Größe, Querschnitt eines Armes usw. können Untersuchungsobjekte sein.

b. Die Kriechbewegung

In das Seewasseraquarium wird eine Glasscheibe schräg eingestellt, so daß man sie von unten her betrachten kann. Dann setzt man einen Seestern drauf und beobachtet die koordinierten Bewegungen der Saugfüßchen. Ein oder zwei Arme dienen als „Leitarm", die anderen folgen. Ein bevorzugtes „Vorderende" ist jedoch nicht auszumachen. Die Beweglichkeit der Arme deutet auf den gelenkigen Plattenbau des Panzers hin. Da Seesterne den Schülern meist von starren toten Exemplaren her bekannt sind, überrascht sie die große Beweglichkeit der Arme. (Filme!)

c. *Fluchtbewegung*

Kneift man einen beliebigen Arm etwas mit der Pinzette, oder reizt man durch leichtes Stechen mit der Nadel, so flieht der Stern stets in entgegengesetzter Richtung, ohne vorausgehende Drehung.

Jetzt hat ein anderer Arm die Rolle des „Leitarms" übernommen. Zwischen zwei Reizen muß dem Tier eine längere Ruhepause gewährt werden.

d *Der Umdrehreflex (Abb. 41)*

Legt man einen Seestern unter Wasser auf den Rücken, so rollen sich zuerst die Armspitzen etwas nach unten, so daß ihre Füßchen die Unterlage berühren und sich ansaugen können. Durch Nachgreifen der zentral stehenden Füßchen wird dann der Körper umgedreht. Dieser Umdrehreflex beruht weder auf einem statischen Sinn, noch auf einem Berührungsreiz der Rückseite, sondern auf dem fehlenden Berührungsreiz der Ventralseite bzw. der Füßchen. Dies kann dadurch nachgewiesen werden, daß man das Tier welches auf dem Rücken liegt, ventral (Unterseite) mit einem Gegenstand berührt. Dann unterbleibt nämlich die Umdrehungsbewegung.

Durchsticht man einen Seestern vom Mund aus in Richtung der kurzen Hauptachse des Körpers mit einer Nadel die einen dicken Glaskopf trägt und hängt das Tier an dieser Nadel freischwebend im Wasser auf, dann reagiert das Tier so, als läge es auf dem Rücken. Da die Berührungsreize fehlen, krümmt es die Armspitzen dorsal nach oben, als läge es auf dem Boden (*Buddenbrock*).

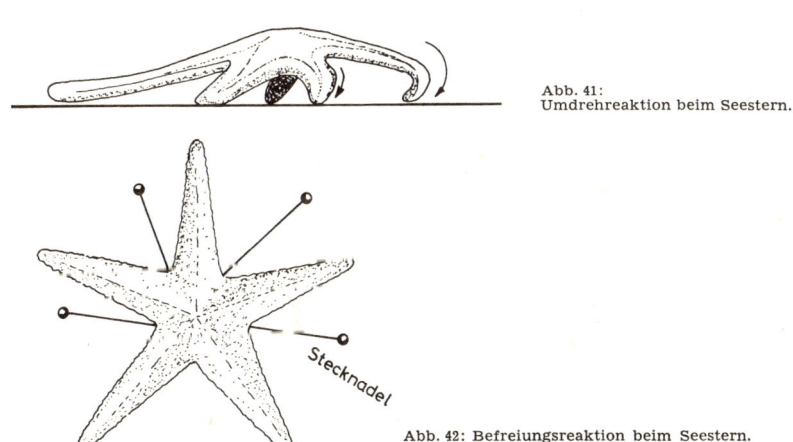

Abb. 41:
Umdrehreaktion beim Seestern.

Abb. 42: Befreiungsreaktion beim Seestern.
(Erklärung im Text).

e. *Die Befreiungsreaktion (Abb. 42)*

Dazu wird ein Seestern in eine Präparierwanne gelegt, deren Boden mit Wachs ausgegossen ist und die mit Seewasser gefüllt ist. Mit 2, 3, oder 4 Stecknadeln

wird das Tier dann ohne es zu verletzen in den Winkelspitzen der Arme fixiert. Das Tier kann sich aus dieser Umklammerung befreien.
Alle diese Versuche und Beobachtungen sind mehr oder weniger zeitraubend und daher mehr für AG als für den Unterricht geeignet.
8 F 139 Bewegungs- und Verhaltensweisen beim Schlangenstern.

Literatur

De Haas, W.: Was lebt im Meer? Stuttgart 1965.
Buchsbaum, R. u. Milne, L. J.: Niedere Tiere. Knaurs Tierreich in Farben. München 1960.
Kuckuck, P.: Der Strandwanderer. München 1953
Riedl, R.: Fauna und Flora der Adria. Hamburg Berlin 1963.

WIRBELTIERE (CHORDATA)
FISCHE (PISCES)

A. Allgemeiner Teil

I. Demonstrationsmaterial

Trockenpräparate von Fischteilen, Fischskeletten, Schädeln
Trockenpräparate von Fischteilen, Fischskeletten, Schädeln.
Bioplastiken von Fischen
Situspräparat eines Karpfen
Flüssigkeitspräparate von versch. Fischen in natürl. Farbe u. Form
Schlundzähne; Hautzähne (Haigebiß)
Schwimmblasen aufgeblasen und getrocknet
Schuppenpräparate und Flossenpräparate zw. Diagläsern
Versteinerungen von Fischen (bes. a. d. Jura)
Anglergerätschaften (Blinker, Wobbler, Fliegen)
Gehirnmodell eines Fisches
Wandtafeln (z. B. *Pfurtscheller:* Der Flußbarsch)
Wandtafel des Silurs (Erdgeschichtliche Wandtafeln)
Lebende Tiere
Dazu Aquarieneinrichtung und Aquarienbecken verschiedener Größe mit einheimischen Kaltwasserfischen
Aquariumeinrichtung für Warmwasserfische (Heizung, Filter, Pumpe, Beleuchtung, Sand oder Kies, Futterringe usw.) (Näheres dazu s. Bd. 5 *Kühn:* Das Halten lebender Pflanzen und Tiere in der Schule)

Mikropäparate:
Amphioxus lanceolatus (total und quer)
Fischkiemen, Schuppen, Fischblut, Bartfäden mit Sinnesorganen, Gehirn eines Fisches quer, Haut eines Haies, Fischbrut u. a.
Klassenbesuche in einem Zoo-Aquarium, bei einer Fischzuchtanstalt, in einem Fischerei- oder Meeresmuseum, in einem Fischereihafen. Bildung von Arbeitsgruppen mit entsprechenden Fragestellungen.

FT 640   Schlüsselreize beim Stichling

II. Filme und Dias

F   339   Die Forelle
FT 831   Der Karpfen
F   461   Der Stichling und sein Nest

FT 641	Schlüsselreize beim Maulbrüter
F 395	Bitterling und Muschel
F 369	Tiere im Aquarium
F 184	Heringsfang
FT 1514	Das Männerschiff
R 185	Die Bachforelle
8 F 135	Territorialverhalten beim Buntbarsch
DR	Exotische Fische *(Schuchardt)*
DR	Fische *(V-Dia)*

Das Göttinger Filmmaterial über Fische ist sehr umfangreich und kann hier nicht im einzelnen aufgeführt werden.

Besonders filmisch festgehalten sind:

Bewegungsweisen von Fischen: u. a. Kletterfisch E 904 Sargassofisch E 66, Anglerfisch E 151, Igelfisch E 65, Flossensauger E 611, Dornrochen E 189, Engelhai E 190, Gemeiner Dornhai E 166.

Nahrungserwerb bei Fischen: u. a. Anglerfisch E 141, Sargassofisch E 66.

Putzverhalten: u. a. Putzergrundel E 515, Putzer- oder Lippfisch E 127 und E 754.

Symbiose: Kardinalfisch-Symbiose mit Seeigeln E 755, Korallenbarsch u. a. im Verhalten zur Riesenaktinie E 291, E 358, E 292, E 293, E 355, E 356 u. a.

Paarungs-, Brutpflegeverhalten und Jungenentwicklung: umfangreiches Material insbes. von Cichliden. Für die Schule dürften jedoch die beim Institut für Film und Bild extra für Unterrichtszwecke hergestellten Filme (s. o.) in Frage kommen. An einer Ausweitung dieses Programms wird ständig gearbeitet.

B. Spezieller Teil

I. Anregungen zu Beobachtungen an lebenden Fischen

Besonders geeignet sind hierzu: Goldfisch, Stichling, Flußbarbe, Elritze, Schlammpeitzger u. andere.

1. Körperbau und Fortbewegung

a. Zur Demonstration vor Schulklassen wird man sich wohl möglichst großer Tiere bedienen müssen. Dabei darf eine entsprechende Ausleuchtung des *Aquariums* nicht vergessen werden.

Stehen nur kleinere Fische zur Verfügung, dann können sie entweder in Projektionsküvetten oder mit dem Vertikalprojektionszusatz für den Schreibprojektor der Firma *Leybold* gezeigt werden. In diesen Fällen erhält man jedoch nur ein Schattenbild.

b. Eine andere Möglichkeit wäre die, daß man die Fische in kleine Vollglas- oder Plastikaquarien verteilt und die Schüler in *Arbeitsgruppen* aufteilt. Mit Hilfe eines hektographierten Fragenbogenprogramms werden die Schüler zur genauen Bobachtung hingeführt. Dem Fragebogen können je nach Bedarf Angaben etwa folgender Art zugrunde liegen:

c. Beschreibe und zeichne *die Form* des Fischkörpers.

Zeichne einen Querschnitt.

Welche technischen Geräte kennst du, die mit dieser Form vergleichbar sind?

Welche Vorteile bietet diese Form im Wasser?

Wieviele Symmetrieebenen sind möglich?

d. Wieviele *Flossen* besitzt der vorliegende Fisch?

Unterscheide paarige und unpaarige Flossen.

Suche nun: Rücken-, Schwanz-, Afterflosse (evtl. Fettflosse). Brust- und Bauchflossen.

Beobachte die Flossenbewegungen. Welche bewegen sich am stärksten? Welche Flosse (Flossen) treiben das Tier vorwärts?

Da sich das Tier im dreidimensionalen Raum bewegt, braucht es wie ein Flugzeug oder Unterseeboot Seiten-, Höhen- und Tiefensteuer. Welche Flossen haben diese Aufgaben übernommen? Welche besondere Rolle spielen Rücken- und Afterflosse, die sich vielleicht kaum bewegen? (Vergleiche dazu eine Kahnfahrt in einem Kahn mit Kiel und eine in einem Kahn ohne Kiel! Bedeutung des Kieles?)

Wodurch wird diese Richtungsstabilisierung außerdem noch erreicht? (Körperform).

Bei der anschließenden Besprechung kann die Frage gestellt werden: Woran sind kranke Fische oft leicht zu erkennen? (Sie schwimmen zur Seite geneigt).

Warum schwimmen viele tote Fische 1. auf der Seite liegend und 2. an der Wasseroberfläche? (Lage des Schwerpunktes über der Schwimmblase, Auftrieb durch die Schwimmblase; Herabsetzung der Regulationsfähigkeit bei kranken und Fehlen derselben bei toten Tieren).

Zeichne die Form der einzelnen Flossen!

Können sie zusammengeklappt werden?

Woraus bestehen sie? Aus Haut, Muskeln, Knochenplatten, Strahlen Stacheln?

e. Ist die *Mundöffnung* nach oben, vorne oder unten gerichtet? Erkennt man Anhänge am Mund? Zähle sie! (Man nennt sie Barteln.) Zeichne ihre Form.

f. Haben die *Fischaugen* Lider?

Können die Augen verschlossen, bewegt oder sonstwie verändert werden? Welche Farbe haben sie?

Sind Nasenlöcher erkennbar? Wieviele?

Sind Ohren erkennbar?

g. Zur *Oberfläche* des Fisches:

Wie stehen die Fischschuppen? Ist der gesamte Körper davon bedeckt? Sind sie alle gleich groß?

Beschreibe die Färbung des Fisches.

Vergleiche Rücken- und Bauchfärbung!

Sind auffallende Muster und Farben vorhanden?

Ist eine Linie erkennbar, welche von den Kiemendeckeln an der Seite bis zum Schwanz verläuft? (Man nennt sie Seitenlinie).

h. Bewegungen von *Mund* und *Kiemendeckel*:

Beide werden ständig geöffnet und wieder geschlossen.

Erfolgen die Bewegungen gleichzeitig oder nacheinander?

Mund geöffnet — Kiemendeckel geschlossen

Mund geschlossen — Kiemendeckel geöffnet.

i. *Beobachtungen am vollbesetzten Aquarium*

Welche Fische leben einzeln, paarweise, in Schwärmen?

Sind bevorzugte Standorte einzelner Tiere erkennbar?

Beschreibe die Standorte! Werden diese Reviere auch gelegentlich verlassen?

Wie verhält sich der Standortfisch gegenüber Eindringlingen? (Zeigt er keine Reaktion, flieht er, jagt er den Eindringling fort?)
Verhält er sich gegenüber Artgenossen genau so wie gegenüber anderen Arten?
Wo suchen die verschiedenen Fische ihre Nahrung?
Im freien Wasser
an der Wasseroberfläche
auf dem Boden
an der Aquarienwand
in Schneckenhäusern?
Die *Einnischung* in verschiedene Nahrungsbereiche muß bei der Besetzung des Aquariums berücksichtigt werden. Auch die Zusammensetzung von Friedfisch und Raubfisch muß sachkundig geschehen. Aquarienvereine und Lieferfirmen beraten hier gerne.

k. Demonstration der *Stromlinienform*

Die Bedeutung der Stromlinienform (bzw. Laminarprofil) der Fische (aber auch Robben, Wale, Vögel) kann mit dem Stromliniengerät nach *Phywe* demonstriert werden. Mit ihm werden in einer Glaskammer an verschiedenen Modellen (deren Formen aus Kunststoff selbst hergestellt werden können) durch farbige Stromfäden ($KMnO_4$) die Strömungen um den Körper dargestellt. Ideal ist diese Vorrichtung noch nicht. Die wesentlich aufwendigere Strömungswanne (*Phywe*) ist mit ihren Zusatzgeräten für biologische Demonstrationen zu teuer. Hier wäre für die Firmen noch eine Lücke auszufüllen, zumal in den Physiklehrgängen die Strömungslehre nicht mehr enthalten ist, so daß es dem Biologieunterricht vorbehalten ist, diese für viele biologische Körper so grundlegenden Verhältnisse darzustellen.

2. Bau und Funktionen der Kiemen

Die Atmung im Wasser wird von der Dichte des Mediums und von der verhältnismäßig geringen Löslichkeit des Sauerstoffs in Wasser im Vergleich zu Luft beeinflußt. Wasser ist 800 mal so dicht wie Luft. Luft enthält 250 mg O_2/Ltr. dagegen luftgesättigtes Wasser nur 9,4 mg und Salzwasser nur 7,6 mg O_2/Ltr.

Der Sauerstoffverbrauch von Fischen ist geringer als der von Landtieren. Eine Temperaturerhöhung von 10° C auf 30° C bewirkt bei einem gegebenen Partialdruck der Luft eine Abnahme des Sauerstoffgehaltes um 7 %; in Wasser dagegen um 33 %. Weil die Temperaturwirkung in Wasser so groß ist, ist es irreführend, den Sauerstoffgehalt des Wassers in Form des Partialdrucks (p) anzugeben. Der Sauerstoffgehalt des Wassers wird besser in mg/Ltr. angegeben.

Kohlendioxid ist viel stärker in Wasser löslich als Sauerstoff, weshalb der Gehalt des Wassers an freiem CO_2 gewöhnlich durch den Partialdruck mitgeteilt wird.

Die Diffusion ist in Wasser 300 00 mal langsamer als in Luft. Daher muß ständig neues Wasser an die Atmungsorgane herangebracht werden. Während bei den Säugetieren 1—2 % des für den Ruhestoffwechsel benötigten Sauerstoffs auf die Atemmuskulatur entfallen, beträgt dieser Anteil bei den Fischen 20—30 %.

Respiratorische Oberfläche:

Die Zahl der Kiemenblätter beträgt bei der Flunder im Durchschnitt 810. Die Zahl der Kiemenlamellen ca. 100 000. Die gesamte respiratorische Oberfläche der Kiemen bei 16,0 — 21,4 cm langen Flundern zwischen 300 und 500 qcm. Die akti-

veren Fischarten haben nicht nur größere Oberflächen der Kiemen, sondern die Bedingungen für den Gasaustausch sind auch insgesamt bessere.
(*Pfeiffer, W.*: Gasstoffwechsel der Fische, Amphibien und Reptilien. Fortschr. d. Zool. Bd. 19/1. Stuttgart 1968.)

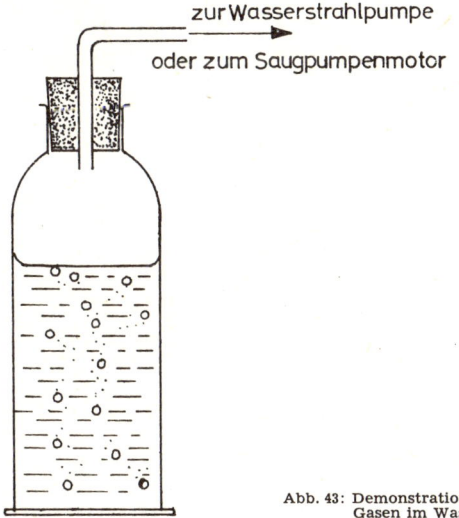

Abb. 43: Demonstration von gelösten Gasen im Wasser.

a. *Nachweis von gelösten Gasen im Wasser* (Abb. 43)
Aus einer Flasche, welche 3/4 mit Wasser gefüllt ist, wird mit einer Saugpumpe die Luft evakuiert bis im Wasser Gasblasen hochsteigen.

b. *Die Kiemen* eines frisch getöteten Fisches werden herauspräpariert und unter dem Binokular einmal im Wasser liegend und einmal ohne Wasser betrachtet. Ohne Wasser fallen sie zu einem Klumpen zusammen.

c. *Welche Eigenschaften* müssen derartige Atmungsorgane haben? Große Oberfläche, starke Durchblutung, gasdurchlässige zarte Wände für die Gasdiffusion, Lage am Wasserstrom, Hilfsorgane und Ventilationseinrichtungen.

d. *Warum erstickt ein Fisch an Land?*
Die Kiemen fallen zusammen, wodurch die Oberfläche verkleinert wird. (Wir zeigen dies an einem Stück Seidenpapier oder an einem Stück Fransenborte, welche sich im Wasser ausbreiten und beim Herausnehmen zusammenfallen.)
Die Kiemen trocknen aus, wodurch sich kein Sauerstoff mehr an ihrer feuchten Oberfläche lösen und in die Kapillaren eindiffundieren kann. (Den Vorgang der Diffusion im Wasser zeigen wir in einem Standzylinder durch Unterschichtung normalen Wassers mit $KMnO_4$-Lösung. In wenigen Tagen verbreitet sich die violette Lösung in der gesamten Wassersäule.)
Es gibt bekanntlich Fische, welche einige Zeit an Land leben können. Sie nehmen in ihren Kiemenhöhlen Wasser mit oder atmen mit Zusatzorganen.

e. Die Zeichnung oder das *Modell einer Kieme* wird gezeigt.
f. *Der Atemwasserstrom* wird studiert.
Bei einem toten Fisch kann mit einer Sonde der Weg des Atemwassers demonstriert werden.
Hat man einen ruhigen lebenden Fisch, dann kann evtl. der Wasserstrom sichtbar gemacht werden wenn gut verrührter, wässriger Karminpulverbrei mit einer Pipette in die Nähe des Mundes gebracht wird. (Schreibprojektor).
g. Die *Frequenz der Kiemendeckelbewegungen* pro Minute wird gestoppt:
1. In normalem Wasser (Temperatur messen)
2. Nach Evakuierung (Entgasung s. o.)
3. In Wasser mit erhöhter Temperatur
4. Nach Hin- und Herjagen des Fisches usw.

Die Kiemendeckelbewegungen beschleunigen sich bei erhöhter Temperatur, nach Hin- und Herjagen des Tieres, nach Evakuieren (oder Auskochen) des Wassers. Aus den Befunden werden die physiologischen Zusammenhänge abgeleitet.

h. *Demonstration der Kiemendeckelbewegungen* (Abb. 44).

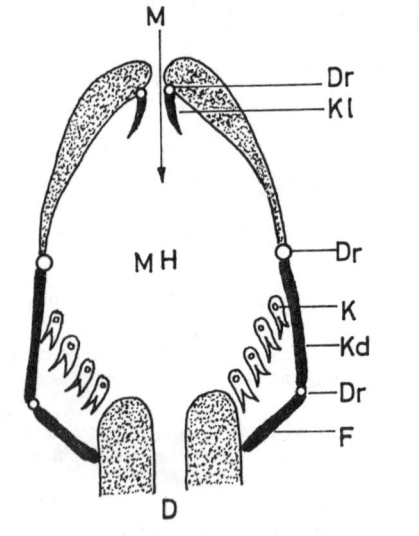

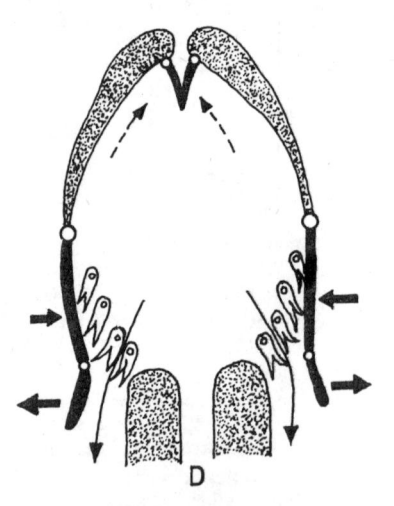

a. Einatmung b. Ausatmung

Abb. 44: Schema der Atmung bei Knochenfischen zur Darstellung an der Magnettafel. Schraffierte Teile fest, schwarze Teile um die Drehpunkte Dr beweglich.

a. Kiemendeckel Kd weit, Klappenvorrichtung Kl an der Mundöffnung geöffnet; Wasser dringt durch die Mundöffnung in die Mundhöhle MH, Falte F (= Branchiostegalfalte) schließt ab.

b. Kiemendeckel eng, Klappen an der Mundöffnung geschlossen, Falten geöffnet. Das Wasser wird aus der Mundhöhle zwischen den Kiemen K hindurchgewirbelt. D = Darm.

Diese Bewegungen können an Hand eines Modells gezeigt werden, welches einen Längsschnitt durch Kopf und Kiemenregion darstellt. Prinzipiell bieten sich für derartige bewegliche Modelle mindestens folgende Möglichkeiten an:

1. Montage der beweglichen Teile auf ein Brett, wie dies auch für Schlangenschädel oder Vogelfuß-Modelle gerne angewandt wird.
2. Darstellung der Bewegung unter Benutzung der *Magnettafel*. Dazu läßt man sich eine Blechtafel (ca. 1 m x 1,5 m) mit Aufhängevorrichtung und mattem grünem Anstrich herstellen. Damit sie sich nicht verbiegen kann, sind die Ränder rechtwinkelig umgebogen und an den Ecken verschweißt. Im Biologiezimmer wird ein Platz benötigt, wo sie entweder ständig montiert, oder nach Bedarf aufgehängt oder nach Notwendigkeit abgenommen werden kann. Vielfach existieren in den Chemiesälen bereits solche Magnettafeln zur Darstellung von chemischen Formeln. Die Darstellungsobjekte können jederzeit selbst hergestellt werden. Man benötigt dazu verschiedenfarbige, dünne Kunststoffplatten, wie sie zu Bodenbelägen verwendet werden. Sie müssen schneidbar sein, also nicht zu dick und nicht zu hart. In einem einschlägigen Geschäft lasse man sich verschiedene Abfälle zur Erprobung (mit der Gartenschere) geben.
Ferner benötigen wir ein Magnetband (in Kunststoff eingeschmolzener Magnet), welches ebenfalls schneidbar ist. (Z. B. angeboten bei Fa. *Nüssel, B.*, 8031 Puchheim, Postfach 38. Zur Zeit kostet 1 qm davon 130.— DM. Die Lieferung erfolgt in Abschnitten zu 25 x 25 cm oder größeren Formaten. Sie können beliebig zugeschnitten werden.)
Mit einem Alleskleber (Pattex) wird an die Rückseite der ausgeschnittenen Plattenobjekte ein kleineres Stück Magnetfolie angeklebt. Die Erfahrung wird zeigen, wieviel Magnetband pro Schablone nötig ist, wie groß die einzelnen Teile sein dürfen, mit welchem Instrument am besten geschnitten wird, wie weit das Schneiden durch Erwärmen der Platten erleichtert wird, wie spröd die Platten in der Kälte werden. Die Magnetfolie darf nicht über 50° C erhitzt werden.
Hat man sich einmal mit diesem Demonstrationsmittel vertraut gemacht, erkennt man sehr schnell seine vielseitige Verwendungsmöglichkeit (z. B. in der Genetik beim Replikationsvorgang der DNS, in der Chemie u. v. a., das heißt überall dort, wo Bewegungen, Strukturänderungen und dgl. dargestellt werden sollen).
3. Dasselbe Prinzip der beweglichen Schablone ist auch beim *Schreibprojektor* anwendbar. Hier verwendet man verschiedenfarbige Klarsichtfolien und verschiebt sie gegeneinander.

3. Lebenduntersuchung der Blutkapillaren von Fischen

a. *Sehr gut geeignet* hierzu sind: Karausche *(Carassius carassius)*; Giebel *(Carassius gibelio)* erlaubt eine Beobachtungszeit von 1 — 2 Std. wegen seiner Lebenszähigkeit.
Geeignet: Plötze, Rotfeder, kleine Karpfen, Schleie (10 cm lang), Goldfisch, Bitterling, Scheibenbarsch (mit jeweils 15 Minuten Beobachtungszeit).
b. *Materialbeschaffung:* Entweder selbst mit Kescher fangen, oder von Sportfischern als Köderfisch oder in Tierhandlungen kaufen.
c. *Narkose:* Urethan = Carbamidsäureäthylester 1,5 %ig. (Bei der empfindlicheren Karausche genügen 0,75 %).
Nach 5 Min. Aufenthalt in der Narkoselösung ist der Fisch bewegungslos.
d. *Präparation:* Zur Beobachtung wird der narkotisierte Fisch auf eine Glasplatte gelegt und bis auf den Schwanz mit einem feuchten Lappen eingewickelt. Die Schwanzflosse wird ausgebreitet und im Durchlicht bei schwacher Vergrößerung

betrachtet. Alle paar Minuten wird die Schwanzpartie mit Wasser benetzt. Vor direkter Sonneneinstrahlung sowie Erwärmung wird das Tier geschützt. (Karauschen können in diesem Zustand 1—2 Stunden leben, so daß man das Tier schon vor dem Unterricht herrichten kann.)

e. *Lupenvergrößerung:* Sie zeigt im Überblick die Verästelung der Gefäße, die Blutversorgung bis fast an die äußersten Spitzen der Flosse, das Hin- und Zurückströmen der Erythrozyten in den Kapillarschleifen, ferner die Flossenstrahlen, die Chromatophoren (bei der Karausche orangefarbene Lipophoren und schwarze Melanophoren). Die größeren Gefäße leuchten als rote Bänder hervor. In den engsten Kapillaren liegen die roten Blutkörperchen (damit das Haemoglobin) in so starker Verdünnung vor, daß sie fast farblos erscheinen.

In den Häuten zwischen den Flossenstrahlen liegen kleinste Kapillaren durch die sich die kernhaltigen roten Blutkörperchen hindurchzwängen müssen. (Kapillardurchmesser in Ruhe 4,3μ bei Arbeit 6,8μ Erythrozyten-Durchmesser 22 x 15 x 4μ. Die Blutkörperchen können sich oft nur unter Verformung durch die Äderchen schieben. Die Strömungsgeschwindigkeit nimmt von den größeren Gefäßen zu den Kapillaren hin ab; entsprechend der größeren Reibung in den kleineren Röhren und entspr. dem Stromverzweigungsgesetz demzufolge die Strömungsgeschwindigkeit dem Leitungsquerschnitt direkt proportional ist.

Die Plötze hat gegenüber der Karausche den Vorteil, daß sie nicht so stark pigmentiert und daher klarer durchsichtig ist. Sie ist allerdings empfindlicher (15'). Man kann sie bereits aus dem Narkoseglas nehmen, wenn sie sich noch bewegt (nach ca. 4') da sie im feuchten Lappen auf der Glasscheibe durch den allseitigen Kontakt in Akinese verfällt.

Literatur

Botsch, D.: Lebenduntersuchung der Blutkapillaren von Fischen. Miko 49. 1960, 303 ff.

4. Strömungssinn (Abb. 45)

a. Zunächst kann in einem *Modellversuch* gezeigt werden, wie die Strömungsgeschwindigkeiten in einem runden Glasgefäß verteilt sind. Dazu rührt man in

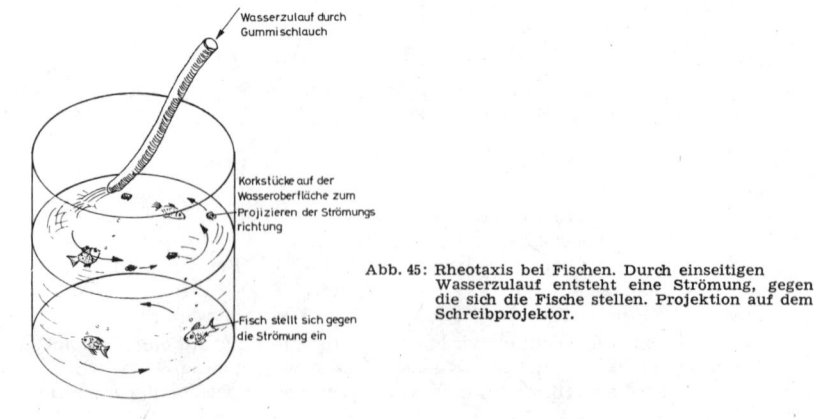

Abb. 45: Rheotaxis bei Fischen. Durch einseitigen Wasserzulauf entsteht eine Strömung, gegen die sich die Fische stellen. Projektion auf dem Schreibprojektor.

einem zylindrischen Glasgefäß eine wässrige Suspension beliebiger unlöslicher Teilchen kräftig um. Hört man zu rühren auf, dann sammeln sich die Teilchen nach kurzer Zeit in der Mitte des Wirbels am Boden an, wo die geringste Strömungsgeschwindigkeit herrscht.

b. Um den Strömungssinn der Fische zu zeigen, benützt man eine runde Glaswanne mit seitlicher Wassereinströmung (wie bei der Wässerungsanlage in der Fotodunkelkammer). An anderer Stelle kann das Gefäß einen Abfluß haben, der mit einem Drahtnetz oder Glaswolle so verschlossen wird, daß durch ihn kein Fisch entweichen kann. Fehlt er, dann läßt man nur kurz Wasser einströmen, damit ein Wirbel entsteht.

c. Durch den Wassereinstrom entsteht ein Wirbel, in welchem sich die Fische gegen die Strömung stellen. (Auf dem Schreibprojektor zu demonstrieren.) Nach einiger Zeit sammeln sich die Fische in der Gefäßmitte an, weil hier die Strömung am geringsten ist (s. o.). Auf der Wasseroberfläche werden vorher Korkstückchen verteilt, damit die Strömungsrichtung sichtbar wird.

d. *Ergebnis:* Die Fische können nicht nur die Strömungsrichtung erkennen, sondern auch Strömungsgeschwindigkeiten unterscheiden.
Infolge der positiven Rheotaxis wird ihr Abtreiben in fließenden Gewässern verhindert und ihr dortiger Aufenthalt erst ermöglicht. Bei wandernden Fischen kann eine Umstellung der Taxien erfolgen, je nach Auf- und Absteigen in den Flüssen.

5. *Schwimmblasenfunktionen*

a. Zur Klärung der Begriffe *Absinken* (spezifisches Gewicht größer als das des Wassers), *Schwimmen* (geringeres spez. Gew.), *Schweben* (gleiches spez. Gew.) werden verschiedene Körper (z. B. Gummistopfen, Korkstopfen) in Wasser gegeben.
Wie ist das spez. Gew. lebender Substanz? Z. B. von Knochen, Muskeln? Dazu wird entweder ein toter Fisch (mit zerstörter Schwimmblase) oder ein Stück Fleisch oder ein Fischknochen in Wasser gelegt. All diese Stoffe sinken ab, da ihr spez. Gew. größer als das des Wassers ist.

b. Welche Möglichkeiten gibt es bei Tieren, das spez. Gewicht zu verringern? Einlagerung von Gasen (Luft im Gefieder der Enten), Einlagerung von Fett (Wale u. v. a.).
Bei Fischen Gasansammlung in der Schwimmblase.
Bau der Schwimmblasen (Physostomen und Physoclisten).
Fische ohne Schwimmblase (Haie, Rochen).
Physostomen (Fischblase mit Verbindung zum Mund):
Heringsartige, Hechtartige, Karpfenartige, Weißfische, Aalfische.
Physoclisten (Schwimmblase ohne Verbindung nach außen):
Zahnkarpfen, Hornhechtartige, Dorschartige, Barschfische, Stichlingfische, Büschelkiemer, Schlangenköpfer, Armflosser.

c. Als *Modell für die Schwimmblase* kann ein Reagenzglas verwendet werden. Die Wasserfüllung des Glases sollte so gewählt werden, daß es nicht zu leicht ist (Schwimmen) und auch nicht zu schwer. Es sollte gerade zu Boden sinken und muß nicht unbedingt schweben. Dieses Reagenzglas wird in einen Normalschliffzylinder gegeben, welcher 3/4 mit Wasser gefüllt ist und an dem ein Kolbenpro-

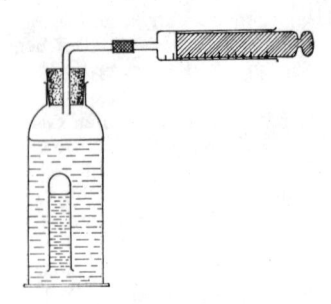

Abb. 46: Modell zur Schwimmblasenfunktion.

ber oder auch die Wasserstrahlpumpe angeschlossen ist (Abb. 46). Bei Druckverminderung (Herausziehen des Kolbens) steigt das Reagenzglas. Aus seiner Öffnung entweicht Wasser, seine Luftblase wird größer, sein gesamtes spez. Gew. geringer. Wird der Normaldruck wieder hergestellt (was häufig infolge kleiner Undichtigkeiten oft schon von selbst geschieht), sinkt das Glas wieder ab.

d. Ein weiteres Modell zu diesem Versuch gibt *Simmler P*. (Prax. d. Nat. 1965, H. 2) an. Dabei wird ein leerer Luftballon mit zwei Zwirnsfäden der Länge nach auf ein Reagenzglas gebunden, schwach aufgeblasen und mit einer Büroklammer verschlossen. Taucht das Modell unter Wasser, so füllt sich das Glas und wird durch die „Schwimmblase" waagerecht gehalten.

Durch leichten Fingerdruck kann man am Verschluß Luftblasen austreten lassen und beobachten, wie klein die Gasmenge ist, mit der ein Knochenfisch seinen Auftrieb regulieren kann.

f. Ein *Kartesianischer Taucher* (Phywe) zeigt den umgekehrten Vorgang. Eine Flasche oder ein Glaszylinder wird fast ganz mit Wasser gefüllt, der Taucher hineingegeben und die Flasche mit einem Gummistopfen oder einem Gummituch fest verschlossen. Der luftgefüllte Taucher schwimmt an der Wasseroberfläche. Durch Druck auf die Luftblase wird sein Gasraum komprimiert, Wasser dringt ein und der Taucher sinkt ab, da dadurch sein spez. Gew. größer wird.

Besonders schön kann mit dem Taucher das Schweben gezeigt werden.

g. Die im Modell vorbereiteten Versuche werden anschließend an Fischen durchgeführt. (Abb. 47)

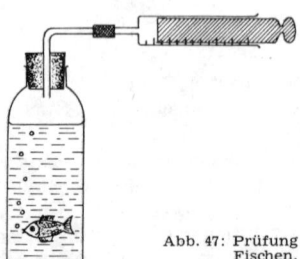

Abb. 47: Prüfung der Schwimmblasenfunktion bei lebenden Fischen.

Fragestellung: Was kann der Fisch bei Druckverringerung unternehmen, wenn er die Tendenz hat, am Boden zu bleiben?
Verwendet wird ein Vertreter der Physostomen (z. B. Goldfisch).
Evakuieren (= Druckverminderung): Fisch erhält Auftrieb (warum?), arbeitet aber zunächst dagegen,
1. durch heftiges Rudern nach abwärts gegen den Auftrieb,
2. durch Ablassen von Gas a. d. Schwimmblase durch d. Mund.
Normaldruck oder Überdruck herstellen: Der Fisch wird zu Boden gedrückt. Seine abwärtsgerichteten Bewegungen werden schwächer und hören ganz auf.
(Da beim Evakuieren der Sauerstoff aus dem Wasser entwichen ist, zeigt das Tier starke Atembewegungen).
Um nun das Körpergewicht, welches durch Ablassen der Gasblase erhöht wurde, wieder zu verringern (= Vergrößerung des Volumens), muß der Fisch zum Luftschnappen und erneuten Füllen der Schwimmblase an die Wasseroberfläche. Dies erfordert eine große Anstrengung, der er unter starkem Sauerstoffmangel evtl. nicht gewachsen ist. Dann sieht man, wie er ein Stück hochsteigt und entkräftet wieder zu Boden sinkt. Meistens erreicht er die Wasseroberfläche und schnappt nach Luft für die Schwimmblase.

6. Reaktionen gegenüber Licht

a. Flußbarben oder andere werden im Vollglasaquarium in der Dunkelheit einseitig beleuchtet (Schreibtisch-, Mikroskopierlampe u. dgl.)

b. Die gezählten Bewegungen vom Lichte weg sind häufiger als die zum Lichte hin (negative Phototaxis).

c. Gegenprobe: Lichtquelle von entgegengesetzter Seite, ebenso von „vorne" oder „hinten". Jedesmal erfolgt weitgehend Flucht vor dem Licht.

d. Lichtquelle von oben: Fisch schwimmt irritiert, ungerichtet hin und her.

e. Skalare (*Pterophyllum*) reagieren hier anders. Sie schwimmen jeweils der Seite zugeneigt, von der her das Licht in das Becken fällt. Dieser Effekt kann durch seitlich aufgestellte Lampen verstärkt werden. Er ist bereits an jedem Aquarium, welches schräg von oben her beleuchtet wird, zu beobachten und leicht zu demonstrieren (Abb. 48).

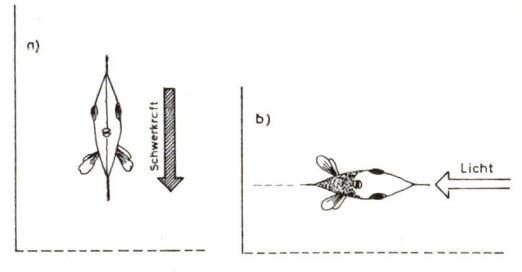

Abb. 48: Reaktion der Skalare gegenüber Licht.
a. Ohne Lichteinwirkung wirkt ausschließlich die Schwerkraft auf die Haltung der Skalare ein.
b. Ohne Schwerkraft nur bei Lichteinwirkung stellt sich das Tier so, daß es mit beiden Augen gleichmäßig Licht aufnehmen kann.

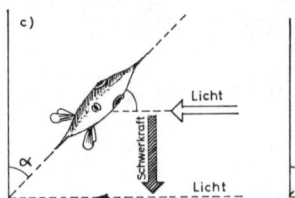

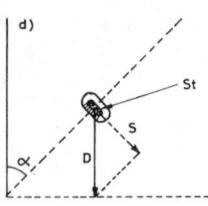

c. Wenn sowohl Licht wie die Schwerkraft einwirken, stellt sich das Tier entsprechend dem Kräfteverhältnis von beiden (hier gleichartig gezeichnet) in eine Kompromißrichtung ein.
Nach HASSENSTEIN, B. (Informationsverarbeitung im afferenten Teil des NS. Nova Acta Leopoldina N.F. Bd. 28 Nr. 169; 1963).

d. Schematische Darstellung der Utriculus-Statolithen (St) desselben Fisches. Die auf ihn wirkende Schwerkraft läßt sich in 2 Komponenten zerlegen: Scherung (S) des Statolithen, welche zur Abbiegung der Sinneshaare führt auf denen der Statolith ruht und Druck (D) auf die Unterlage. Nur die Scherung führt zur adäquaten Reizung der Sinneszellen.
Die Schräglage ergibt sich dadurch, daß die statolithenbedingte Raumlagereaktion den Fisch aufzurichten (a) und die lichtbedingte, ihn zur Seite zu neigen (b) versucht. Beide Wendetendenzen heben sich bei der Schräglage α gerade auf.
(Formal ist das eine Substraktion n. v. HOLST).

7. Anpassung an den Untergrund

a. *Elritzen (Phoxinus laevis)* werden in Gläser mit flachem dünnen Boden gebracht. Nach Einfüllen von nur 2 cm Wasser (um die Fische am Boden zu halten) stellt man 1 Glas auf weißes, 1 Glas auf schwarzes Papier. Nach ca. 30 Minuten, häufig schon früher, sind deutlich Helligkeitsunterschiede an den Tieren erkennbar. Dies wird deutlich, wenn wir beide kurz auf weißes oder graues Papier stellen. Nicht bei allen Tieren geht es gleich gut. Bei mehrmaligem Vertauschen des Untergrundes kann die Geschwindigkeit der Anpassung steigen.

b. *Farbwechsel als Anpassung an den Untergrund*

Versuchsglas total mit gelbem Papier umkleben und 5 cm hoch mit Wasser füllen und einige Elritzen mehrere Tage in ihm schwimmen lassen, bei täglichem Wasserwechsel. (Gegenprobe nicht versäumen.) Sie passen sich nicht nur an hell/dunkel an, sondern auch an die farbige Umgebung.

c. *Farbzellen untersuchen*

Unter dem Binokular oder der Mikroskoplupe ist nach diesem Versuch zu erkennen, daß sich die gelben und roten Farbzellen ausgebreitet haben, während sich die schwarzen zu kleinen Klümpchen zusammengeballt haben.

d. *Physiologie des Farbwechsels*

Die häufigsten Pigmente sind die braunschwarzen Melanine und die gelben bis roten fettlöslichen Lipochrome. Auch die silbrig-glänzenden Guaninkristalle werden als Pigmente „benutzt". Die Chromatophorenformen können verschieden sein. Der jeweilige Ausbreitungszustand des Pigments der Chromatophoren bestimmt die Hautfarbe des Fisches. Sind z. B. in den Bauchflossen der Elritze rote Farbzellen expandiert, so erscheinen die Flossen rötlich; sind dagegen die roten Farbzellen kontrahiert, so überwiegt die Wirkung der schwärzlichen Melanophoren und der gelben Lipophoren und die Flossen erscheinen weißlich gelb bis dunkelgrau.

Die Hochzeitsfärbung der Männchen bei Stichling und Bitterling kommt durch

die Expansion farbiger Chromatophoren unter dem Einfluß der Keimdrüsen zustande.
Die Reizübertragung auf die Chromatophoren kann auf nervösem oder hormonalem Wege erfolgen.
Die Anpassung der Elritze z. B. kommt auf folgende Weise zustande: Auge — Nervus opticus — Aufhellungszentrum in der Medulla oblongata (dessen Ausschaltung Verdunkelung und dessen Reiz Aufhellung bedingt) — Rückenmark — Grenzstrang des Sympathicus — Chromatophoren.
Bei Durchtrennung des Sympathicus wird der davon betroffene Körperteil nicht mehr verfärbt. Blinde Elritzen sind dunkel gefärbt. Genau so färbt sich bei geglückter Durchtrennung des Sympathicus die Haut schwanzwärts innerhalb weniger Minuten schwarz (Ruhezustand der Melanophoren). Dieser Versuch erfordert jedoch große Erfahrung bei der Schnittführung, weshalb er normalerweise für die Schule nicht in Frage kommt. (Interessenten seien auf die Arbeiten von v. Frisch verwiesen).

8. Die Schreckreaktion von Schwarmfischen

Die meisten friedfertigen Schwarmfische des Süßwassers zeigen eine Schreckreaktion, wenn man von einem, außerhalb des Aquariums getöteten Fisch die Haut abkratzt, in ein Reagenzglas gibt, verdünnt und den Saft mit einer Pipette in den Schwarm tropft. Allerdings bringt dies die Tiere so durcheinander, daß sie dann für längere Zeit nicht mehr zu anderen Versuchen zu gebrauchen sind.
Der Schreckstoff wird in den sog. Kolbenzellen, welche unter der Epidermis liegen, produziert und kann erst wirksam werden, wenn die Haut verletzt ist. Diese Zellen sind gleichmäßig über den ganzen Körper verteilt, aber nicht bei allen Süßwasserfischen vorhanden. Hering, Makrele, Sardine zeigen, obwohl sie Schwarmfische sind, diese Reaktion nicht. Der Schreckstoff wird durch den Geruchsinn wahrgenommen. Allerdings tritt bei Elritzen die Schreckreaktion erst ab der 4. — 8. Lebenswoche des Fisches auf.
Daneben führt Hechtwasser bei Elritzen zu Schreckreaktionen, während Wasser in dem Elritzen gelebt haben, zur Ansammlung der Tiere führt.

Literatur

Kulzer, E.: Neuere Untersuchungen über Schreck- und Warnstoffe im Tierreich. N. R. 1959, H. 8, 296—302.
Pfeiffer, W.: Die Schreckreaktion der Fische. Umsch. 1965, S. 401. (Vork., Wirksamkeit, Verbreitung des Schreckstoffes unter den Fischarten und seine Biologische Bedeutung).
Film: C 654 Schreckstoffwirkung bei der Elritze. 1939, 5'.
Harder, W.: Elektrische Fische. Umsch. 1965, S. 467 u. 492.

9. Dressurversuche an Fischen

Da alle Dressurversuche, insbes. die an Fischen sich über viele Wochen erstrecken und mit regelmäßiger (1—2mal tägl.) Fütterung durchgehalten werden müssen, damit man zum Erfolg kommt, werden sie im normalen schulischen Geschehen nur schwerlich durchführbar sein. Aus diesem Grunde ist auf eine Darstellung von Dressurversuchen hier verzichtet worden. Die angegebenen Literaturhinweise mögen als erste Hilfe für alle diejenigen genügen, welche sich oder einen Schüler in dieses Gebiet einarbeiten wollen.
Film C 178: Dressur der Elritze auf verschieden große optische Signale. 1937, 4'.

Nur ein Dressurversuch sei erwähnt, weil er relativ einfach zu erreichen ist. Elritzen werden 1—2 Wochen lang immer an derselben Stelle gefüttert, während man auf einer Pfeife immer denselben Ton bläst. Manchmal kommen dann bereits nach einigen Tagen die Tiere beim Ertönen des Dressurtones in Futtersuchbewegung. Noch einfacher geht das mit leisen Klopfzeichen am Aquarium kurz vor der jeweiligen Fütterung am Futterring. Bald kommen die Tiere bereits allein beim Klopfen zum Ring.

10. Zusammenfassung der Sinnesorgane bei Fischen

a. *Tastsinn:*
  Barteln
  Erschütterungssinn (freie Sinneshügel und Kanalorgane als Ferntastsinn)
  Positive Thigmotaxis

b. *Strömungssinn* (positive Rheotaxis)
  In kleinen Kreisströmen des Labyrinths als Drehsinnorgan
  Durch optische Fixierung
  Durch Berührung
  (In optisch freier Strömung gibt es keine positive Rheotaxis)

c. *Schwersinn:*
  Sacculus und Utriculus

d. *Gehörsinn:* Webersches Organ. (Die Schwimmblase wirkt verstärkend, ist aber
  nicht unbedingt nötig.)
  Wahrscheinlich liegt eine Leistung der Hautsensibilität vor.
  Kein Richtungshören.

e. *Hydrostatischer Drucksinn:*
  Bei Ostariophysen (Elritze) spielen Webersche Knöchelchen eine Rolle zur
  Wahrnehmung von Druckunterschieden.

f. *Thermischer Sinn:* (Bei Elritzen nachgewiesen)

g. *Chemischer Sinn:*
  Geruchsinn z. T. sehr empfindlich.
  Geschmackssinn (Sinneszellen in Knospenform in der Haut)
  Die Barteln enthalten neben Tast- auch Geschmackssinn.

h. *Optische Sinne:*
  Farbsehen bei verschiedenen Fischen nachgewiesen.

11. Artgewicht eines Fisches ermitteln

Zunächst wird von einem frisch getöteten Fisch auf einer Waage die Körpermasse festgestellt. Anschließend wird der Fisch mit dem Kopf nach unten in eine zu dreiviertel mit Wasser gefüllte Mensur getaucht und sein Volumen am Wasseranstieg bestimmt. Aus Masse und Volumen läßt sich dann das Artgewicht bestimmen.

12. Präparieren von Fischen

Wenn Präparationen an einem Wirbeltier im Unterricht oder einer AG in Erwägung gezogen werden, dann sind Fische dazu wohl am besten geeignet. Sie stehen dem Menschen psychisch ferne, sind leicht zu beschaffen und zu präparieren, sie gelangen oft unpräpariert in den Haushalt und müssen dann dort hergerichtet werden.

a. *Materialbeschaffung und Vorbereitungen*

Mit geringen Kosten können frische Fische von einer minimalen Größe, welche sie zum Verkauf ungeeignet macht, im Fischhandel bezogen werden. (Geldeinsammeln, vorherige Absprache mit der Fischhandlung, sowie vorheriges Töten ist notwendig). Keinesfalls nehme man zur Präparation Fische, welche vorher zur Lebendbeobachtung dienten, weil sich zu ihnen leicht ein besonderes Verhältnis vom Schüler her einstellt. Das gilt grundsätzlich für alle Tiere!

Geeignet sind eigentlich unsere meisten Fische ab einer bestimmten Größe (Hering, Forelle, Weißfisch, Goldfisch, Schleie usw.). Sollen mehrere gleichzeitig untersucht werden, empfiehlt es sich bei einer Sorte zu bleiben und die Präparation vorher einmal selbst durchzuführen.

Am Tage der Durchführung werden vor Schulbeginn die vom Händler durch Stockschlag getöteten Tiere abgeholt. Die Leichenstarre tritt in etwa 4 Stunden ein. Die Untersuchung wird dadurch nicht gestört.

Für die Durchführung der Präparation und die Reinigung der Arbeitsplätze ist eine Doppelstunde notwendig. An Utensilien müssen Präparierbecken (evtl. tun es auch Teller), Scheren, Skalpelle (oder scharfe Messer), Sonden (Glasstäbe), evtl. Nadeln (zum Feststecken der Organe im Wachsbecken), Bindfaden (zum Zubinden der Schwimmblase), Formollösung (zur evtl. Konservierung von Organen), Handtücher und vielleicht Schürzen für die Schüler und Abfalleimer bereitgestellt sein.

Mikroskopierlampen oder Schreibtischlampen sorgen für gute Beleuchtung (soweit nötig).

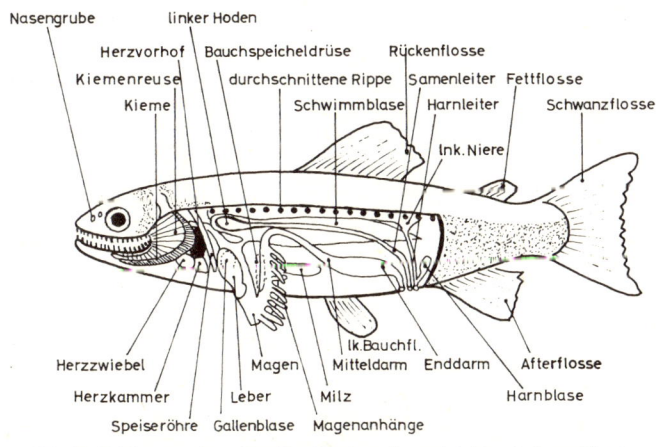

Abb. 49: Zeichnung einer Forelle (Muster einer Arbeitsunterlage für den Unterricht). Diese Abbildung ist so angelegt, daß sie vervielfältigt im Unterricht verwendet werden kann. (Aus GRÜNINGER, W.: Die Präparation der Forelle im Unterricht. DBU 1968, H. 4. Verändert.)

Als Arbeitsunterlage wird eine hektographierte Skizze mit Schnittführung und Darstellung der Organe (evtl. noch ohne Beschriftung) zweifach ausgegeben, (zum Notieren während der Präparation und zur Reinschrift in das Heft).
Auf dem Schreibprojektor oder an der Tafel dient die gleiche Skizze dem Lehrer zu Erläuterungen. (Abb. 49)

b. *Verlauf der Untersuchung*

α) *Das Äußere des Fisches* (hier evtl. Bestimmung des Artgewichtes) Form, Flossen, Beschuppung, Farbe, Hautschleim, Sinnesorgane werden angesprochen.

β) *Die Sondierung* durch den Mund führt zur Entdeckung des Speise- und des Atemweges.

γ) Nach einheitlicher *Orientierung* der Fische (der Lehrer macht es vor) wird mit der Schere der linke Kiemendeckel und die ganze linke Wand des Mundraumes abgetrennt.: Bau der Mundhöhle, Eingang zur Speiseröhre und zur Kiemenhöhle, die Zähnchen und die Kiemenreusen werden jetzt einsichtig.
Der Lehrer nimmt einige Kiemenblättchen heraus zur späteren Untersuchung unter dem Binokular.

ϑ) *Öffnung der Bauchhöhle*
Die Schnittführung muß vorher demonstriert werden:
Mit der Scherenspitze wird auf der Bauchmittellinie in Höhe der Brustflossen eingestochen und flach bis vor den After aufgeschnitten.
Im Bogen wird nun um den After und die anderen Bauchöffnungen herumgeschnitten, dann am Hinterrand der Bauchhöhle in Richtung Wirbelsäule nach oben gegangen.
Durch einen parallelen Schnitt an der Vorderbegrenzung direkt neben dem Hinterrande der Kiemenbögen wird ein rechteckiger Lappen frei. Ein Längsschnitt entlang der Seitenlinie trennt diesen Lappen ab und eröffnet das Fenster in die Bauchhöhle. Dabei werden viele Rippen („Gräten") durchgetrennt.

c. *Ansprache der inneren Organe*

Die Schwimmblase ist leicht durch Schnittverletzungen kollabiert. Die linke Gonade (Eierstock oder Hoden) kann bei laichbereiten Tieren alles andere überdecken (Milchner und Rogner unterscheiden). Die Magenblindsäcke, die weit vorne liegende Leber, die rote Milz, der Magen mit auf- und wieder absteigendem Mitteldarm an dessen Anfang die Magenblindsäcke liegen und der dickere Enddarm werden vorsichtig herausgehoben.
Unter dem Lebervorderlappen liegt die Gallenblase.
Die Organe werden angesprochen und in der Zeichnung benannt.
Eine Wandtafel kann zusätzliche Hilfestellung bieten.

d. *Die Schwimmblase*

Aus wieviel Teilen besteht sie?
Hat sie eine Verbindung zum Darm?
Sind Blutgefäße auf ihrer Oberfläche sichtbar?
Mit einem Strohhalm kann eine kollabierte Schwimmblase wieder aufgeblasen und mit einem Faden abgebunden werden. Es empfiehlt sich auch, den Gang zwischen beiden Kammern abzubinden. So wird sie getrocknet und dann in einem gut schließenden Gefäß (+ Paradichlorbenzol) aufbewahrt. Beim Trocknen ver-

liert sie kaum ihre Form. Später kann durch Anhängen von Gewichten an eine Schwimmblase im Wasser ihre Tragfähigkeit geprüft werden.

e. *Das Herz*

Ein Schnitt in der Mittellinie des Bauches nach vorne eröffnet uns die Herzhöhle mit dem Herzen. Zwischen Bauch- und Herzhöhle liegt eine Trennwand, welche jedoch nicht dem Zwerchfell der Säuger homolog ist.

Damit kann die Präparation im wesentlichen abgeschlossen sein.

Näheres über didaktische und anatomische Fragen findet sich in der anschließenden Literatur.

Literatur zur Präparation von Fischen
Grüninger, W.: Die Präparation der Forelle im Unterricht. DBU 1968, H. 4, S. 16 ff.
Harder, W. Anatomie der Fische. Handbuch der Binnenfischerei Mitteleuropas. II A. Stuttgart 1964.
Kückenthal: Leitfaden für das Zool. Praktikum. Stuttgart 1967.
Mertlich, H.: Wir untersuchen einen Hering. Z. f. Naturlehre u. Naturkunde 1965, S. 48—53.

13. *Aus Fischen gewonnene Unterrichtsmittel*

a. *Totalpräparate*

Bei seltenen Funden wird es notwendig sein, Fische total zu konservieren. Dazu injiziert man 10 %ige Formollösung in die Leibeshöhle und spannt dann die Flossen auf Holz oder Kork aus. Das Fixieren und Konservieren erfolgt in 4 %igem Formol. Wird besonderer Wert auf die Erhaltung des Schuppenglanzes gelegt, dann bewahrt man die Fische besser in Äthanol auf.

b. *Fischbrut*

In Fischzuchtanstalten erhält man mitunter Fischeier und Fischlarven mit und ohne Dottersack.
Tötung und Konservierung in Formol.
Sollen davon Mikropräparate angefertigt werden, dann führt man die Objekte (nur unter 1 cm) in der Alkoholstufe (auch Brennspiritus) hoch und bettet über Chloroform in Caedax ein. Auch ungefärbt sind meist Schwimmblase und Pigmentzellen zu sehen.

c. *Die Flossen*

Abschneiden, zwischen Pappe pressen und trocknen.
Sie können auch auf Kork oder Weichholz mit Hilfe von Nadeln aufgespannt werden.
Später schneiden die Schüler aus Pappe die Silhouette des dazugehörigen Fisches aus und kleben die Flossen an ihren jeweiligen Ort. Der Fischkopf ist immer links. Die rechten Flossen werden dann auf der Rückseite des Pappfisches festgeklebt, so daß sie gerade noch zu sehen sind. Das Ganze kann mit selbstklebender Klarsichtfolie überzogen werden.
Einzelne Flossen werden zwischen Diagläser eingebettet und projiziert (Flossenhaut, Flossenstrahlen).
Unterschiede in den Flossen ergeben sich, wenn dasselbe bei verschiedenen Fischen durchgeführt wird.
Da getrocknete Flossen leicht von Schadinsekten befallen werden, beuge man mit Paradichlorbenzol oder Natriumtetraborat vor.

d. *Die Schuppen*

Beide Typen von Schuppen, die primitiveren Rund- oder Cycloidschuppen oder die höher entwickelten Kamm- oder Ctenoidschuppen sollten in der Sammlung vertreten sein.

Nach Entfernung vom Fischkörper reibt man zuerst den Schleim mit dem Finger ab, legt sie dann einige Zeit in Alkohol und preßt sie anschließend zw. Papier, damit sie beim Trocknen nicht wellig werden.

Die so präparierten Schuppen, insbes. der Seitenlinie, können auf schwarzem Bogen aufgeklebt, oder zwischen Diagläser eingerahmt oder als Mikropräparate in Caedax eingebettet werden.

Bei Vergrößerung erkennt man die durchsichtige Deckschicht, die dunklere Faserschicht, die Durchbrüche der Seitenlinie. Die Zuwachszonen werden im Herbst und Winter dichter als in den Sommermonaten, so daß nach ihnen das Alter des Fisches bestimmt werden kann.

e. *Fischköpfe*

Besonders eindrucksvoll können trockenpräparierte Fischköpfe von Dorsch, Hecht o. a. sein.

Der Kopf wird vom Rumpf abgeschnitten, dann das Maul weit geöffnet und mit Papier oder einem eingeklemmten Holzkeil offen gehalten, und für mehrere Wochen in 10 %ige Formollösung versenkt. (Große Glaswanne dicht abgedeckt).

Entweder überführt man ihn noch einige Zeit in 70 %igen Äthanol oder Propanol oder trocknet ihn auch gleich auf erwärmtem Sand, bis er hart wie Holz ist.

Die glanzlose Haut wird dann mit farblosem Spirituslack überstrichen, wodurch Zeichnung und Pigmentierung wieder erscheinen. Augen können eingesetzt werden.

f. *Fischschädelknochen und Zähne* (Dorsch, Hecht)

Zur Entfernung der Weichteile wird der Schädel gekocht und anschließend in H_2O_2 gebleicht.

Das gleiche geschieht mit dem Unterkieferknochen des Hechtes.

Je zwei können auf schwarze Pappe geklebt (genäht) werden.

Auf diese Weise können die Zähne demonstriert werden. Ebenso werden die Schlundzähne vom Karpfen gewonnen und präpariert.

Schließlich liefert uns eine Lehrmittelfirma noch das Gebiß eines Haies (Hautzähne) oder einzelne Haizähne.

g. *Weitere Skeletteile*

Hierzu bieten sich für die Sammlung die Wirbel oder ganze Wirbelsäule an (aufkleben). Der Unterschied zwischen den Wirbeln eines Haies und eines Knochenfisches kann dann demonstriert werden.

II. Fakten und Zahlen

1. *Einteilung der Fischregionen in fließenden Gewässern*

Da die Wassertemperatur in der Regel von der Quelle zur Mündung hin zunimmt, lassen sich gewöhnlich verschiedene Fischregionen an Hand von Charakterfischen unterscheiden.

a. *Forellenregion:* Bergbach mit kaltstenothermen Fischen
   (Bachforelle, Elritze, Schmerle, Groppe)
b. *Äschenregion:* Übergang vom Bach zum Fluß
   (Äsche, Döbel; hier laicht der Lachs).
c. *Barbenregion:* Flußoberlauf bis Mittellauf
   (Barbe, Barsch)
d. *Bleiregion:* Mittellauf
   (Blei, Schleie u. a. Cypriniden, Zander, Flußbarsch, Hecht u. a.)
e. *Mündungsgebiet:* Brackwasser. Hier mischen sich See- und Flußfische.
Selbstverständlich überlappen sich die Zonen. Die Zahl der Fischarten nimmt zur Mündung hin zu.

2. Olfaktorische Leistungen

Der Aal riecht β-Phenyläthylalkohol noch in der Verdünnung von $1 : 10^{-18}$. Dieser Verdünnungsgrad entspricht 1 ml Duftstoff in der 58fachen Menge des Bodenseeinhaltes verteilt. Zwei Moleküle Duftstoff in der Nase lösen noch Erregungen aus. Die Bedeutung dieses hochempfindlichen Organs liegt 1. in der Futtersuche, 2. in der Orientierung auf den Wanderungen. Jungaalen wird eine olfaktorische Unterscheidung von Ebbe und Flut zugeschrieben. Auf ihrem Weg zur Flußmündung wandern sie in der Flachsee nur bei Flut. Bei Ebbe graben sie sich ein.
Auch der Lachs findet olfaktorisch vom Meer zu den Quellflüssen. Der Geruch von L-Serin, das sowohl in der Haut des Menschen wie des Bären vorkommt, wirkt auf ihn noch in großer Verdünnung abschreckend.

3. Fischwanderungen

Sardinen wandern während der Laichzeit vom Süden der Biskaya zum Englischen Kanal und wieder zurück.
Der Thunfisch laicht vor den Azoren, vor Gibraltar und an den Küsten Sardiniens, Siziliens und Tunesiens. Nach der Laichzeit zieht er nach Norden, westl. der Brit. Inseln, um die Nordspitze Schottlands nach Norwegen und in die Nordsee.
Vom Hering glaubten die Fischer, sie zögen jährlich in großen Schwärmen von Nord nach Süden um günstigere Lebendbedingungen zu suchen. Heute weiß man folgendes: Der Hering vermehrt sich in kalten Küstengewässern bei Temperaturen unter 14^0 C und bei 3,5 % Salzgehalt. Erwärmt sich das warme salzreiche Wasser des Golfstromes im Sommer und bespült es die Küsten Frankreichs, der Britischen Inseln, Islands und Skandinaviens, so ziehen sich die Heringe in das kältere tiefere Wasser des Kontinentalabhanges zurück. Wenn später im Jahr die Oberflächentemperatur wieder sinkt, kommen die Heringe bei fortschreitender Abkühlung von Norden nach Süden, zuerst im Norden, dann im Süden wieder an die Oberfläche zum Laichen zurück. Die Wanderungen von Lachsen und Aalen werden in den meisten Schulbüchern behandelt, so daß sich hier weitere Worte darüber erübrigen.

4. Darstellung von Nahrungsketten im Wasser

a. Die Darstellung kann geradlinig sein. Ihr Vorteil ist dann, daß sich Schätzzahlen für die jeweiligen Individuenmengen, welche gefressen werden, angeben las-

sen. Nachteilig ist jedoch, daß diese Darstellung keineswegs der Wirklichkeit entspricht, weil die Nahrung nur in den seltensten Fällen aus einer Art besteht. Eine solche Schätzungsreihe stammt von K. E. v. Baer (zit. n. Hesse-Doflein):
Etwa 40 000 Diatomeen u. a. Algen werden von 1 kl. Süßwasserkrebschen gefressen
1 000 000 Süßwasserkrebschen frißt ein Süßwasserstint bis er 3,5 cm Größe erreicht.
7 000 solcher Stinte frißt ein Hecht bis zum 2. Lebensjahr.
2 solcher Hechte frißt ein Fischadler täglich.
Die Gesamtlebewesen, welche einem zweijährigen Hecht direkt oder indirekt zum Opfer fallen schätzt Baer auf $28 \cdot 10^{14}$.
Ein anderes Beispiel:
Ein 100 to schwerer Blauwal frißt im Laufe seines Lebens schätzungsweise 10 000 to Euphausiden, das sind garneelenartige Lebewesen, von 5 cm Länge, welche seine ausschließliche Nahrung darstellen. Nach Einzeltieren umgerechnet ergibt das astronomische Zahlen. Diese werden noch größer (mit 100 zu multiplizieren), wenn die Anzahl der Lebewesen des Phytoplanktons errechnet werden soll, welche von all den vielen Euphausiden verspeist werden.
b. Eine weitere Darstellungsmöglichkeit kommt der Vielfalt näher. Wenn etwa zusammengefaßt wird, welche Lebewesen von einer Art verfolgt und von welchen wiederum diese Art gefressen wird. Einigermaßen untersucht ist dies am Hering als Räuber und Beutetier zugleich:

Nahrung des Herings ⟶   *Hering* ⟶ *Feinde des Herings*

Nahrung des Herings		Hering-Stadium	Feinde des Herings
Kleine Quallen Pfeilwürmer Borstenwürmer und Larven Kl. Krebse und Larven Asseln Ruder- u. Flügelschnecken Planktonische Fischeier und Fischlarven Gammarus locusta Nereis und Polynoe Meergrundel	HERING	Heringeier	Schellfischartige (Gadiden)
		Junglarven	Quallen Pfeilwürmer und viele andere
		Erwachsene	Dornhai Grönlandhai Heringshai Schellfischartige (bes. Köhler) Makrelen Thunfisch Lachs Möwen, Taucher Alk, Lummen Tölpel Seehunde Delphine, Wale

Im Wasser ist im allgemeinen die Beute kleiner als der Räuber. Somit entspricht dann eine Nahrungskette auch einer Ordnung der Größe nach.
Am Lande gibt es hierzu mehr Ausnahmen:
Ameisen < Raupen; Leuchtkäfer < Gartenschnecke; Löwe < Zebra; Hermelin < Kaninchen.

In umgekehrter Richtung läßt sich im allgemeinen eine Steigerung der Populationsdichte feststellen. Während die kleineren Lebewesen des Anfangs in größerer Zahl vorhanden sind, findet man im gegebenen Raum vom großen Endglied der Reihe nur geringe Stückzahlen.

5. Darstellung der energetischen und stofflichen Verhältnisse

Dazu müssen die einzelnen Arten und Beziehungen zurücktreten. Hierzu muß der Kreislauf von Mineralstoffen, energiespeichernden pflanzlichen Produzenten, Konsumenten, Saprobiern bis zum Zerfall in Mineralstoffe dargestellt werden.

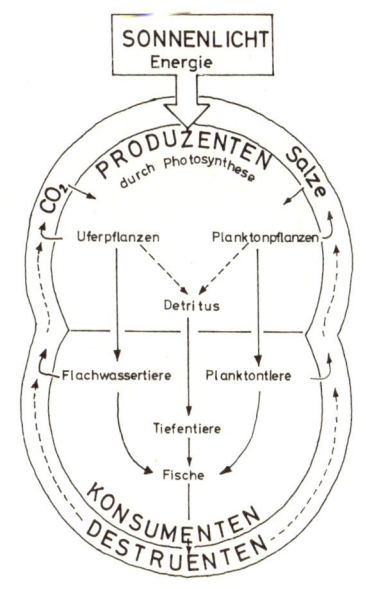

Abb. 50: Schema des Kreislaufs der Nahrung in einem Süßwasserteich.
⟶ Aufbau,
- - -> Abbau.
(Abgeändert n. THINEMANN, A. aus HESSE DOFLEIN: Tierbau und Tierleben).

In Abb. 50 ist ein solches Schema des Kreislaufs der Nahrung in einem Süßwassersee dargestellt. Hier fehlt jedoch noch eine Aussage über die energetische Seite, z. B. darüber wieviel von der Nahrung, welche von den Produzenten durch Photosynthese erzeugt wird, zugrunde geht und wieviel letztlich etwa für den Menschen in nutzbaren Tieren übrig bleibt.

Das Diagramm Abb. 51 stellt den *Kreislauf des Kohlenstoffs* in solchen Meeren dar, in denen die Lebensbedingungen weitgehend ausgeglichen sind und keine wesentlichen Wechselwirkungen mit benachbarten Gebieten stattfinden. Am Anfang des Kreislaufs stehen Photosynthese und Pflanzenwachstum (Produzenten). Die Pflanzen werden von Pflanzenfressern (Konsumenten) und diese wiederum von Fleischfressern aufgezehrt, die wiederum die Nahrung für noch größere Meerestiere bilden. Diese Nahrungskette im Meer ist an sich eine gewaltige Verschwendung, da nur ein Bruchteil, der durch Photosynthese produzierten orga-

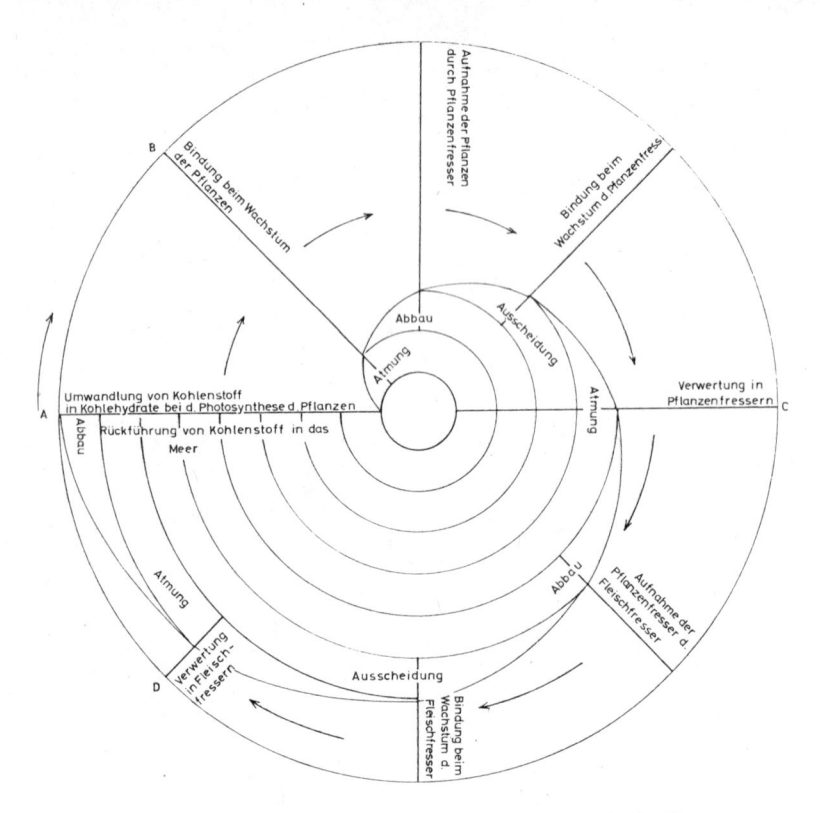

Abb. 51: Kreislauf des Lebens im Meer. (Aus DEACON, G. E. R.: Meere.
Ihre Eroberung — ihre Geheimnisse. Verändert. Stuttgart 1963.)
Erklärung im Text.

nischen Substanz den Weg in die Nutzfische findet, die für die Fischerei von Interesse sind. Hinzu kommt, daß vom Phytoplankton höchstens 10 % durch Zooplankton und größere Tiere verwendet werden.

Im Plankton muß das Massenverhältnis von Tier zu Pflanzen 3 : 500 sein, wenn im Meer ein Gleichgewicht gewährleistet sein soll.

Darstellung der energetischen und stofflichen Verhältnisse (Abb. 52)

Die Energie kann sich in verschiedenen Formen manifestieren, Licht, Wärme, chemische, mechanische, elektrische Energie. Alle diese Energieformen sind im ökologischen System wirksam.

Das „Verhalten" der Energie wird mit 2 Hauptsätzen umschrieben. Der 1. Thermodynamische Hauptsatz besagt, daß Energie zwar in verschiedenen Formen transportiert werden, aber weder neu entstehen, noch zerstört werden kann.

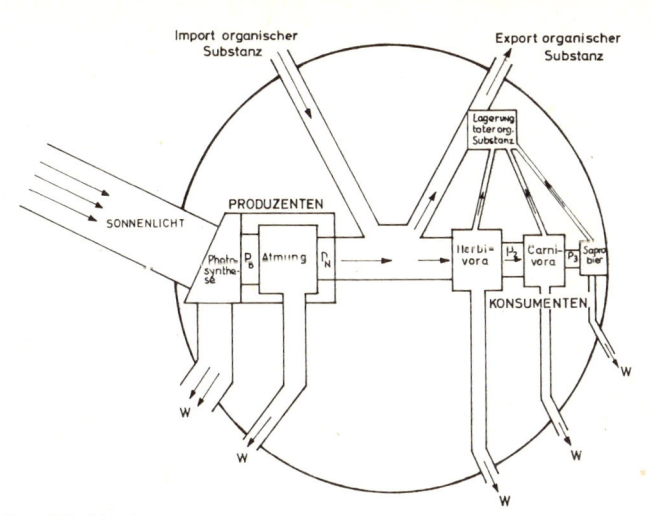

Abb. 52: Energiefluß in einem ökologischen System.
- P_B Bruttoproduktion der Photosynthese
- P_N Nettoproduktion der Pflanzen
- P_2 Produktion durch Pflanzenfresser
- P_3 Produktion durch Fleischfresser
- W   Wärmeenergie, welche durch Transformationen (Atmung) verlorengeht.

Energie kann wohl in Formen verwandelt werden, welche für den Organismus unbrauchbar sind und die so dem ökologischen System verloren gehen. Die Energie selbst wird jedoch nicht zerstört, sie bleibt erhalten.

So kann Energie, welche in Wärme umgeformt wurde („Reaktionswärme") im Organismus nicht zur Arbeit benutzt werden, da Lebewesen anders als Dampfmaschinen keinen kalorischen, sondern einen chemischen Mechanismus besitzen. Der 2. Thermodynamische Hauptsatz besagt, wo und wann immer Energie transformiert wird, wird ein Teil derselben in Wärme umgewandelt, d. h. ein Teil der Energie geht bei jeder Transformation für das ökologische System verloren.

Mit anderen Worten ausgedrückt, schließt dieser Lehrsatz ein, daß sich infolge von Energieumwandlungen die nicht nutzbaren Formen der Energie (Wärme) ansammeln und damit für das System verloren gehen.

0. Zum Fischgehalt des Wassers

Es gibt bekanntlich fischreiche Meeresgründe und wahre Wüstengebiete mit äußerst geringem Gehalt an Lebewesen.

Fruchtbare Zonen liegen häufig in höheren Breiten, in Schelfmeeren und dort, wo kalte und warme Meeresströmungen zusammentreffen, z. B. an der Neufundlandbank (Labrador/Golfstrom), Islandgewässer (Ostgrönlandstrom/Golfstrom); Ausnahmen bilden die Westküsten der tropischen Kontinente, wo Tiefenwasser an die Oberfläche gelangt, welches Plankton und Salze mitführt, (Humboldtstrom, Benguelastrom).

Kaltes Wasser bedeutet i. d. R.: Sauerstoffreich, mineralreich, reich an Plankton, langsamer Ablauf der chemischen Reaktionen und damit des Nahrungs- und Sauerstoffverbrauchs.

Warmes Wasser bedeutet: Sauerstoffarmut (infolge geringerer Löslichkeit), Phosphatarmut (infolge erhöhten Verbrauchs), Absterben des Planktons, rascher Ablauf der chemischen Reaktionen.

Diese Tatsachen allein erklären aber noch nicht die Fruchtbarkeit bestimmter Zonen.

Die Lebewesen sind nur in einem Temperaturbereich von etwa $0° - 50°$ C vermehrungsfähig. Für jede Art gibt es innerhalb dieses Bereiches ein Optimum. Für die meisten Pflanzen und Tiere liegt es bei ca. $15 - 25°$ C. Wenn nun kalte und warme Meeresströmungen zusammentreffen, dann wird bei Durchmischung in irgendeiner Zone gerade dieses jeweilige Optimum hergestellt. Hier tritt dann entsprechende Vermehrung ein.

Andererseits können durch Verlagerung von Meeresströmungen, etwa bei Stürmen oder jahreszeitlichen Veränderungen erhebliche Störungen auftreten. So kann eine Erwärmung über das Optimum hinaus in kurzer Zeit zum Absterben großer Massen führen.

7. Die Verunreinigung von Gewässern (Fischsterben)

Am 14. Juni 1962 wurden in die *Wümme* (Nebenfluß der Weser) durch einen Industriebetrieb 600 Ltr. Metall-Galvanisierungsbad eingeleitet. Dieses enthielt ca. 36 kg Cyankali das ausgereicht hätte, 300 000 Menschen zu töten. In der Wümme verendeten 250—300 Ztr. Fische.

1962 sind durch Motorbootgase 80 % der Fische im Wörther See verschwunden. 2 000 Stück Kilo-Welse trieben tot im Wasser. 1963 großes Fischsterben bei *Kallmünz* (Oberpfalz). Tote Fische blockieren die Wehrrechen in der Naab, Mindestens 200 Ztr. Fische wurden durch ein Nervengift getötet.

1963: „Fünf große Fischsterben in Bayern."

„Zellstoffabfälle bedrohen die Donau-Fischerei ..."

„100 000 DM Schadensforderung für Fischsterben."

„100 Ztr. Fische durch Öleinfluß in einem toten Moselarm Kreis Merzig erstickt ..."

„20 000 Ltr. Heizöl fließen in die Tauber — erheblicher Schaden am Fischbestand."

Als Hauptursachen werden genannt: Öl, Detergentien, Pestizide. (Zeitungszitate aus: Natur in Not. Naturschutz eine Existenzfrage. Eine Dokumentation des deutschen Naturschutzringes. München 1966.)

Juni 1969 starben innerhalb weniger Tage sämtliche Fische im *Rhein*, von Koblenz abwärts bis zum Niederrhein. Die Ursache konnte nicht einwandfrei geklärt werden. Die betroffenen Fische starben innerhalb 7 Minuten infolge Lähmung der Atmungsorgane. Den Verlust schätzt man auf mehrere Mio. Fische und allein in Nordrhein-Westfalen auf 2,5 Mio DM. Man veranschlagt 3—4 Jahre bis der total vernichtete Fischbestand wieder erreicht sein wird, wobei noch nicht sicher ist, ob die neu einzusetzenden Fische sich an das ständig mit ca. 100 Giften verschmutzte Wasser gewöhnen werden. Nicht umsonst wird der Rhein Europas größte Kloake genannt. Täglich schwimmen bei Emmerich 30 000 to Salz über

die deutsch-holländische Grenze aus den Abwässern der elsässischen Kaligruben.
In Leverkusen wird 1969 eine Kläranlage für 201 Mio DM gebaut. Die BAYER-Werke brauchen allein tägl. 630 000 cbm Wasser, davon 80 % als Kühlwasser.
Bis 1969 wurden jährlich 300 000 to 20 %iger Schwefelsäure, welche zur Herstellung von Farbpigmenten nötig ist, als „Dünnsäure" in den Rhein abgeleitet.
Heute wird die Säure von Schiffen in das Meer transportiert.

Weitere Literatur zu diesem Thema:
Bauer-Weinitschke: Landschaftspflege und Naturschutz. Jena 1964.
Carson, R.: Der stumme Frühling. dtv Bd. 476, 1968.

8. Fische und Zahlen

Die größte Fischart ist der Raubhai (*Rhincodon typus*), welcher in den wärmeren Gegenden des Atlantik, im Pazifischen und Indischen Ozean lebt. Von ihm wurde 1868 bei den Seyschellen ein Exemplar von 13,7 m und 18 to gefangen. Auch andere Haie von 13 m Länge wurden bekannt.
Die längsten gefangenen Knochenfische waren wohl ein Riesenstör von 7,3 m Länge und 1 461 kg Gewicht, ein Hausen (8 m, 1,6 t) sowie Riemenfische die 10 m lang werden können. Als kleinster Süßwasserfisch wird die *Pandaka pygmaea* auf den Philippinen (9 — 11 mm und 9 mg) und als kleinster Meeresfisch eine Meergrundel (*Eviota zonura*), (12 — 16 mm und 2 mg) angesprochen.
Der Atlantische Segelfisch (*Istiophorus americanus*) gilt allgemein als der schnellste Fisch (angeblich 109 km/h). Geschwindigkeiten von 65 — 90 km/h werden auch den Thunfischen zugeschrieben.
Nachdem die modernen Aquarien auf Justus von Liebig (1803—73) zurückgehen („Liebigs Welt im Glase"), kann über das Alter von gefangenen Fischen noch nicht viel ausgesagt werden. Auf Grund von Wachstumsringen an den Schuppen wurde einem 206 cm langen und 91,5 kg schweren Stör in Kanada ein Alter von 150 Jahren zugeschrieben. Das Höchstalter von Fischen dürfte jedoch kaum über 50 Jahre hinausgehen. Das kürzeste Leben aller Wirbeltiere hat vielleicht die Grundel (*Gobiidae*), die in weniger als einem Jahr ausgebrütet und erwachsen wird, sich fortpflanzt und stirbt. Über die größten Tiefen in denen Fische noch vorkommen, bestehen noch Zweifel, obwohl Jacques Picard am 24.1.1960 in seinem Bathyscaph im Pazifischen Ozean in 10 910 m Tiefe einen Gründling beobachtet haben soll. Von Fachleuten wird eine größte Tiefe von 7 500 m für Fische angenommen.
An weiteren Höchstgeschwindigkeiten von anderen Fischen werden genannt: Karpfen, Schleie, Aal: 12 km/h; Barbe 18, Hecht 25, Forelle 35 und Haie 45 km/h. (*Kähsbauer:* Ko 1963, S. 128 *).

9. Limnologische Institute

Für Anfragen, Materialbeschaffung und evtl. als Exkursionsziele.
BRD
Bayerische biologische Versuchsanstalt, 8 München 27, Veterinärstr. 6
daran angeschlossen die:
Teichwirtschaftliche Versuchsanstalt 8121 Wielenbach (Obb.).
Landesanstalt für Fischerei Nordrhein-Westfalen. 5941 Albaum (Westf.) über Altenhundern (Lenne).

Hydrobiologische Anstalt der Max-Planck-Ges. 232 Plön (Holst.) mit:
Limnologische Flußstation 351 Hann. Münden, Galgenberg 19.
Fuldastation, 6407 Schlitz (Ob. Hessen)
Werrastation, Freudenthal, Post 343 Witzenhausen.
Institut für Seenforschung u. Seenbewirtschaftung, 7994 Langenargen (Bodensee).
Anstalt für Bodenseeforschung, 775 Konstanz, Schiffstr. 56.
Limnologische Station Niederrhein der hydrobiologischen Anstalt der Max-Planck-Ges., 415 Krefeld-Hülserberg, Am Waldwinkel (vorwiegend Abwasserbiologie-Forschung).
Biologische Anstalt Helgoland
Zentrale: 2 Hamburg 50, Palmaille 9
Meeresstation: 2191 Helgoland, Postfach 148
Litoralstation: 2282 List/Sylt, Hafenstr. 3.
Institut für Fischereibiologie der Universität Hamburg, 2 Hamburg.
Die Anschriften ausländischer Limnologischer und Meeresbiologischer Institute findet man in: Steiner: Das Zool. Laboratorium. Stuttgart 1963.

Erwähnt sei noch:
Deutsche Fischereiverband e. V., 2 Hamburg 1, Venusberg 36.
„ISIS" Gesellschaft f. biologische Aquarien- und Terrarienkunde zu München. 8 München-Pasing, Gräfstr. 71/0.
Landesfischereiverband Bayern e. V., 8 München 15, Herzog Heinrich-Str. 19.
Verband Deutscher Sportfischer e. V., 2 Hamburg 1, Curienstr. 1.
Zool. Station Büsum, 2242 Nordseebad Büsum.

Literatur

Aus der Vielzahl der Aquarien- und Fischereibücher sind einige Titel herausgegriffen, in denen Anregungen für den Biologieunterricht zu holen wären. Eine Vollständigkeit der Liste konnte nicht angestrebt werden.
Allgemeine Fischerei Zeitung.
Archiv für Fischereiwissenschaft. Braunschweig.
Anwand, K.: Die Schleie. NBB 1965.
Becker, R.: Beobachtungen am Guppy. P. d. N. 1962, H. 1.
Berkholz, G.: Nachweis der R-G-T-Regel durch Messung der Kiemendeckelfrequenz bei Fischen. P. d. N. 1967, H. 3.
Borne v. d. und *Aldinger:* Angelfischerei. Hamburg Berlin 1965[12] (Umfangreiche Darstellung).
Botsch, D.: Lebenduntersuchungen der Blutkapillaren von Fischen. Miko 49. 1960, 303—307.
De Haas,W.u. Knorr, F.: Was lebt im Meer? Mittelmeer, Atlantik, Nordsee, Ostsee. Kosmos Naturf. Stuttgart 1965.
Demoll v.: Handbuch der Binnenfischerei Mitteleuropas.
Dogs, Chr.: Dressurversuche am Guppy. P. d. N. 1966, H. 8.
Ellerbrock, W.: Angeborenes Verhalten (Guppy). P. d. N. 1966, H. 7.
Fischerei Zeitung
Hackstock-Schellenberg: Die Süßwasserfische Mitteleuropas und ihr Fang. Zürich 1964.
Harder, W.: Elektrische Fische. Umschau 1965, S. 467 u. 492.
Hegemann, M.: Der Hecht. NBB 1964.
Heilborn, A.: Der Stichling. NBB 1949.
Herter, K.: Die Fischdressuren und ihre sinnesphysiologischen Grundlagen. Berlin 1953.
Kuhn, H.: Zur Mikroskopie der Fische. Miko 50. 1961, 150 ff.
Knaurs Aquarien und Terrarienbuch. München 1961.
Knaurs Tierreich in Farben: Fische. München 1961.
Ladiges, W. u. *Vogt, D.:* Die Süßwasserfische Europas. Ein Taschenbuch für Sport- und Berufsfischer, Biologen und Naturfreunde. Hamburg Berlin 1965.
Lübbert, H., Ehrenbaum, E., Willer, A.: Handbuch der Seefischerei Nordeuropas. Stuttgart 1949—54.
Luther, W. und *Fiedler, K.:* Die Unterwasserfauna der Mittelmeerküsten. Hamburg 1961.
Mohr, E.: Der Stöhr. NBB 1952.

Muus, B. u. *Dahlström, P.:* Süßwasserfische. Biologie, Fang, wirtschaftliche Bedeutung. München 1968.
Muus, B. u. *Dahlström, P.:* Meeresfische der Ostsee, der Nordsee und des Atlantiks in Farben abgebildet und beschrieben. Biologie, Fang, wirtschaftliche Bedeutung. München 1968.
Norman, J. R. u. *Fraser, F. C.:* Riesenfische, Wale und Delphine. Ein Taschenbuch für Biologen, Sport- u. Berufsfischer und Naturfreunde. Hamburg Berlin 1963.
Norman, J. R.: Die Fische. Eine Naturgeschichte. (Sehr guter Überblick über die Biologie der Fische). Hamburg Berlin 1966.
Peters, H. N.: Angeborenes Verhalten bei Buntbarschen. Umschau 1965, S. 665 und 711.
Petzold, H. G.: Der Guppy. NBB 1967.
Reichenbach-Klinke, H. H.: Krankheiten der Aquarienfische. Stuttgart 1968^2.
Riedel, D.: Der Hering. NBB 1957.
Riedel, R.: Fauna und Flora der Adria. Hamburg Berlin 1963
Riese, F.: Forellenzucht im Schulversuch. P. d. B. 1956, H. 6 u. 9.
Rühmer, K.: Die Fische und Nutztiere des Meeres, deren Fang und Verwertung. Ebenhausen b. München 1954.
Schindler, O.: Unsere Süßwasserfische. Stuttgart 1959.
Schnackenbeck, W.: Die Deutsche Seefischerei in Nordsee und Nordmeer. Hamburg-Blankenese 1953.
Scheuermann, E. A.: Mit Flossen schwimmt sichs leichter. (Vergleich zwischen Fischflossen und Taucherflossen). D. Natur 1965, H. 5. S. 222.
Schröder, M. u. *I. H.:* Lebistes reticulatus als Studienobjekt für das Wahlpflichtfach Biologie. MNU 1965, H. 9, S. 318.
Sterba, G.: Die Neunaugen. NBB 1952.
Streble, H.: Wie atmen die Fische? Mikroskopie und Physiologie der Kiemen. Miko 56. 1967, H. 12. S. 353 ff.
Vöhringer, H.: Mikroskopische Untersuchungen an Hartbestandteilen von Fischen. Miko 50. 1961, 135 ff.
Wiederholz, E.: Das große Köderbuch. Natürliche Köder, Kunstköder, Beschreibung, Eignung u. Anwendung der fängigsten Köder in der Welt. Hamburg Berlin 1960.
Whitney, H. und *Hähnel, P.:* Alles über Guppys. Stuttgart 1958.
Wickler, W.: Das Züchten von Aquariumsfischen. Stuttgart 1962.
Windelband, A.: Unterrichtsmittel für das Stoffgebiet Fische. DBU 1968, H. 4.

LURCHE = AMPHIBIEN (AMPHIBIA)
A. Demonstrationsmaterial

Präparate von Frosch- und Schwanzlurchen
Präparate der Entwicklung von Lurchen entweder als Flüssigkeits- oder als Einschlußpräparate erhältlich
Skelett eines Frosches
Versteinerungen (z. B. Panzerlurche a. d. Carbon) dazu erdgeschichtliche Tafel
Pfurtscheller Wandtafel: Entwicklung des Frosches
Lebender Laich und Entwicklungsstadien (März—April)
Lebende erwachsene Tiere
Tonband Tb 208 Stimmen der Lurche, Frösche und Kröten.

Filme und Dias:

F	400	Am Froschtümpel
FT	400	Konzert am Tümpel
R	556	Lurche — Entwicklung
E	350	*Triturus alpestris,* Bergmolch; Embryonalentwicklung. 1961, F. 9'.
E	633	*Triturus taeniatus,* Teichmolch; Zwillingsbildung. 1963, F. 8'.
C	698	Sexualverhalten und Eiablage beim Alpenmolch; *Triturus alpestris.* 1955, 4'.
DR		Froschentwicklung *(Schuchardt)*

B. Zusammenstellung der für den Übergang vom Wasser- zum Landleben wichtigen Fakten (6. u. 7. Klasse)

Vergleich der beiden Medien (s. auch Fische III. 2.)

Wasser	Luft (Land)
1. Wasser trägt den Körper.	Körper muß selbst getragen werden.
2. Starke Druckunterschiede je nach Tiefe.	Keine so wesentlichen Druckunterschiede zw. 0 und 3000 m Höhe.
3. Geringer Sauerstoffvorrat.	Genügend Sauerstoff steht direkt zur Verfügung.
4. Geringe Temperaturschwankungen (0—25° C)	Hohe Temperaturschwankungen (—30° bis 40° C u. mehr).
5. Keine Verdunstungsgefahr.	Große Verdunstungsgefahr.

In beiden Medien spielen sich die Kreisläufe der Gase sowie der Nahrungsstoffe ab.

Aus 1 — 5 ergeben sich Forderungen, welche an die Ausrüstung der Tiere gestellt werden müssen.

Diese lassen sich im Vergleich zwischen Fisch und Molch oder zwischen Froschlarve und Frosch herausarbeiten.

Vergleich in der Ausrüstung zwischen

Fisch	Molch
zu 1.	
Zarte Skeletteile genügen und diese sind z. T. aus Knorpeln. (Wirbelsäule, Schädel, Gräten)	Viele zusätzliche Skeletteile u. fast nur aus Knochen: 4 Gliedmaßen, Schulter- u. Beckengürtel, Wirbelschwanz.
Vergleich der Bewegungsprinzipien im Wasser: Schwanzantrieb mit Höhen-, Seitensteuer und Stabilisierungsflossen; Stromlinienform. Einfache Muskelsysteme.	auf dem Lande: Gliedmaßen; Schlängelbewegung; bewegliche Wirbelsäule und Halswirbelsäule. Sehr verschiedenartige Muskel- und Gelenksysteme.
zu 2.	
Bedeutung der Schwimmblase.	Ohne Schwimmblase.
zu 3.	
Kiemen als äußere Atmungsorgane möglich und nötig. Viel Wasser muß an ihnen vorbeigeführt werden um den Sauerstoffbedarf zu decken.	Welche Organe können die Aufgaben der Kiemen übernehmen? Sie müssen sein: stark durchblutet zart u. gasdurchlässig feucht große Oberfläche mit Ventilationsmechanismus. In Frage kommen: 1. Die Haut 2. Die Mundhöhle 3. Der Vorderdarm → Lungen.
zu 4.	
Bei vielen Arten keine Winterstarre.	Wechselwarmes Blut; Winterstarre nötig.
zu 5.	
Regulationsmechanismen gegenüber dem osmotischen Eindringen von Wasser. Ohne Augenlider.	Schleimabsonderungen und Verhornungen der Haut schützen gegen Verdunstung. Vielzellige Hautdrüsen! Verschließbare Augen mit Drüsen gegen den Staub.
Strömungssinn. Geruchsorgan ohne Verbindung nach innen.	Bei Molchen noch vorhanden. Das Geruchsorgan hat im Zusammenhang mit der Atmung einen Gang (Choane) zur Mundhöhle.

(Auf die Umwandlung des Blutkreislaufs, sowie der Schädelknochen wird man in dieser Altersstufe verzichten.)

C. Froschlurche (Anures)

I. Frosch *(Rana spec.* und andere)

1. *Beobachtungshinweise zum Körperbau*

Vergleiche Vorder- und Hinterbeine! (Schwimmhäute)
Beschaffenheit der Haut: kalt, feucht, ohne Schuppen, Haare, Federn.
Körperform: kurz, gedrungen, ohne Schwanz. Kurze Wirbelsäule.
Färbung der Haut?
Wo liegen die Nasenlöcher? (Verschließbar!)
Augen hervorstehend, einziehbar; Farbe der Iris, Form der Pupille, Trommelfell?
Maul breit, tief gespalten.

2. *Blutkreislauf*

a. *Narkotisieren*

Z. B. ein Grasfrosch *(Rana temporaria)* wird mit Urethan (Äthylester der Carbaminsäure CO(NH_2) N—CO—OC_2H_5) oder mit MS 222 *(Sandoz)* betäubt.

Dazu streut man ca. 0,25 g gepulvertes Urethan auf den Rücken des Tieres. Das wasserlösliche Pulver wird von der Haut langsam resorbiert und gelangt über den Blutkreislauf zum ZNS. Sofort nach Eintreten der Narkose, die am Ausbleiben der Atembewegungen und der Reflexe erkennbar wird, ist das restliche, nicht resorbierte Urethan unter der Wasserleitung abzuspülen.
(Man achte darauf, daß die Narkose nicht zu tief wird, da sonst der Kreislauf geschädigt wird!) Dass. mit MS 222.

b. *Beobachtung der Blutzirkulation*

Sie kann im Auflicht (Binokular) oder im durchfallenden Licht erfolgen.
Man kann das Tier auf eine Korkplatte legen an deren Rand ein Loch ausgestanzt wurde. Über diesem Loch wird die Schwimmhaut einer Hinterextremität durch Nadeln oder mit den Fingern ausgespannt, ein Tropfen Wasser daraufgegeben und bei entspr. Hohlspiegelbeleuchtung von unten her, im durchscheinenden Licht betrachtet (30—100fache Vergr.).
Die Bedeutung der Kapillaren für die Hautatmung wird erörtert.
Besser, als die stark pigmentierten Frösche sind zu dieser Untersuchung die Kaulquappen geeignet. Je kleiner sie sind, desto günstigere Objekte stellen sie dar. Bei ganz jungen allerdings, die eben gschlüpft sind, sieht man den Blutstrom nur in den Kiemenbüscheln, dafür hier sehr eindrucksvoll.
Fängt man Kaulquappen frühzeitig und hält sie bei sehr schwacher Fütterung, so kann man sie im kühlen Aquarium von Anfang April bis Mitte Juli (fast 4 Monate) halten. Sie bleiben zwar dann sehr klein, stehen aber lange Zeit zur Untersuchung zur Verfügung. Die Betäubung der Kaulquappen kann mit Urethan (0,5 %ig) bei 5—15minütiger Einwirkung, oder mit MS 222, aber auch mit Chloroform erfolgen (wenige Tropfen mit 100 ml Wasser schütteln und Tiere wenige Minuten hineinsetzen).

Anschließend werden die Kaulquappen auf einen Objekttr. gelegt und dabei feucht gehalten.

Am Flossensaum des Schwanzes ist das pulsierende Blut zu sehen. Die Äderchen liegen einschichtig, die wenigen Pigmentzellen stören kaum.

Besonders hinzuweisen wäre auf die Verzweigungen der Adern, das Pulsieren in den Arterien und das gleichmäßige Zurückfließen in den Venen.

An Kapillarverzweigungen kann mitunter bei stärkerer Vergr. (40 ×) beobachtet werden, wie ein Blutkörperchen an der Verzweigungskante eingedellt wird.

(*Botsch D.*: Lebenduntersuchung der Blutkapillaren von Fischen und Fröschen Miko 49. 1960, 303—307).

3. Beeinflussung des Blutkreislaufes

a. Tropft man *Adrenalin* (Nebennierenrindenhormon) auf die Haut des Tieres, so beschleunigt sich der Blutkreislauf. (Lösung 1 : 1000).

b. Durch *Acetylcholin* (Lösung 1 : 100 000 bis 1 000 000) wird der Kreislauf verlangsamt.

Adrenalin und *Acetylcholin* sind im Körper Gegenspieler.

Acetylcholin bewirkt bereits in stärkster Verdünnung, aber nur kurzzeitig: Erweiterung der oberflächlichen Blutgefäße, Senkung des Blutdrucks, Verlangsamung des Herzschlags bis zum Stillstand, Beschleunigung der Darmbewegung u. a. *Acetylcholin* erregt die glatte Muskulatur von Magen und Darm, die quergestreifte zieht sich gleichzeitig zusammen. Die Teile, welche vom *Acetylcholin* erregt werden, nannte man früher das parasympathische Nervensystem. Die Wirkung des *Acetylcholins* ist nur von kurzer Dauer, da es von dem im Blut befindlichen Ferment *Cholinesterase* sehr rasch in das fast wirkungslose *Cholin* und *Essigsäure* aufgespalten wird. (Das Insektengift E 605 hindert die *Cholinesterase* an dieser Spaltung und wirkt daher sehr giftig.)

Adrenalin erregt das sympathische Nervensystem, es verengert die Blutgefäße, erhöht den Blutdruck, beschleunigt die Herztätigkeit, mobilisiert das *Glykogen* und steigert den Stoffwechselumsatz.

Dazu *Filme*: C 887 Die terminale Strombahn; C 888 Lokale Kreislaufstörungen an der terminalen Strombahn.

4. Atmung

a. Bei lebenden Fröschen ist leicht zu beobachten, wie sie im Wasser schwimmen. Hohlräume im Körper bewirken die Gewichtsverringerung. (Hinweis auf die Lungen.)

b. Beobachte, wie ein Frosch im Wasser schwimmend, die Nasenlöcher über den Wasserspiegel hält und sie abwechselnd öffnet und schließt. Wie oft werden sie in der Minute geöffnet und geschlossen?

c. Infolge der Bewegungen des Mundbodens wird durch die Nase die Luft in der Mundhöhle erneuert und von Zeit zu Zeit durch einen Schluckakt in die Lunge gepreßt.

Diese Schlagfrequenz des Mundhöhlenbodens (= Kehlatmung) wird pro Minute festgestellt.

d. Auf wieviele Kehlbewegungen kommt eine Schluckbewegung?
(Hinweise auf Hautatmung, Mundhöhlenatmung und Lungenatmung.)

5. Nahrungsaufnahme

Hat man einen hungrigen Frosch, so kann man ihm Mehlwürmer bieten. Sie müssen allerdings hin- und herbewegt werden, damit er sie als Beute erkennen kann (Bewegungssehen). Schleuderzunge!

6. Wasseraufnahme und Wasserabgabe

a. Ein Frosch wird mit Filterpapier abgetrocknet und in ein trockenes enges Glas auf eine empfindliche Waage gestellt. Gewicht bestimmen. Zeit notieren!
Nach 1—2 Std. kann eine geringe Gewichtsabnahme festgestellt werden. Der Versuch muß etwa 1 Stunde vor dem Unterricht angesetzt werden, um dann im Unterricht die Gewichtsabnahme ablesen zu können. Eindeutig ist dieser Versuch insofern nicht, als anfänglich sicher Wasser verdunstet, welches noch äußerlich der Haut anhaftet. Gezeigt werden soll aber, daß der Frosch auch aus seinem Körperinneren Wasser verliert. Um dies eindeutig zu zeigen, müßte eine Gewichtskurve aufgestellt werden und der Versuch längere Zeit währen.

b. Hat ein Fosch über längere Zeit Wasser verloren, so ist er in der Lage, ohne zu trinken, den Verlust durch die Haut wieder wett zu machen.
Dies kann in der gleichen Stunde mit einem 2. Frosch geschehen, der längere Zeit trocken gehalten wurde und am Anfang der Stunde in Wasser gesetzt wird. Vorher wurde er gewogen. Am Ende der Stunde wird er heausgenommen, abgetrocknet und erneut gewogen. Wenn wir etwas Glück haben, ist er nun schwerer geworden.

Diese Versuche wird man auf alle Fälle vorher einmal ausprobieren.

c. Im Vergleich zum Frosch kann dasselbe bei einem etwa gleichschwerem Reptil durchgeführt werden. In diesem Fall muß bei gleicher Zeit der Wasserverlust ein wesentlich geringerer sein.

7. Die Haut

a. Mit dem Messerrücken wird von der Haut eines lebenden Frosches vorsichtig ein wenig abgeschabt und unter dem Mikroskop untersucht. (Plattenepithelzellen ähnlich den Mundschleimhäuten des Menschen.)
Manchmal entdeckt man hier verschiedene Einzeller, die sich auf der Froschhaut bewegen.

b. Die leblose Oberhaut wird von Zeit zu Zeit abgestoßen. Wenn sie nicht verschluckt wird, dann liegt eines Morgens ein dünnes Hauthemd im Aquarium. Davon können wir entweder ein Mikropräparat oder ein Diapräparat herstellen. Dazu läßt man die Haut sich in Wasser ausbreiten, schiebt einen Objekttr. oder ein Diaglas darunter, verteilt die Haut auf ihm, läßt sie antrocknen und verschließt dann. Besonders reizvoll ist die Haut des Fußes, die wie ein ausgezogener Handschuh aussieht.

Versuch zur Hautatmung. Frosch in Wasser von 20^0 in Aquarienbecken bringen. Durch passendes Drahtnetz auf Oberfläche Auftauchen vorübergehend verhindern: Frosch will auftauchen, da Hautatmung nicht ausreicht.

Wasser durch Eisstücke auf ca. 5^0 abkühlen: Frosch taucht nicht mehr zur Oberfläche. Hautatmung reicht aus (Überwinterung!).

8. Verfärbung

a. Zunächst wird die Färbung eines Tieres beschrieben.
Auf Unterschiede zwischen Männchen und Weibchen, sowie auf Ober- und Unterseite wird aufmerksam gemacht.

b. Ein Frosch (z. B. Laubfrosch) wird ca. 30′ lang kühl (10—15⁰ C) und dunkel gehalten (am besten im Kühlschrank).
Anschließend wird er unter eine 60—100 Watt Lampe gelegt. In ca. 15′ erfolgt Aufhellung der Haut. Am besten beläßt man ein zweites Tier im Kühlschrank und vergleicht es nun mit dem ersten. (Warme, Licht, Trockenheit wirken aufhellend. Dunkelheit und Feuchtigkeit verdunkelnd.)

c. Ein Frosch wird einige Stunden auf dunklem Untergrund gehalten und dann die Haut mit Adrenalin bestrichen (1 : 1000). Es erfolgt Zusammenballen der Chromatophoren.

d. Bei einem narkotisierten Tier (s. o.) werden in ähnlicher Anordnung wie bei der Blutuntersuchung die Pigmentzellen untersucht. (Mikropräparate und Dias hierzu bei *Schuchardt.*)

9. Drüsen der Haut und Hautgifte

a. Becherzellen liegen zwischen den Oberhautzellen. Ihr Inhalt verwandelt sich in ein Sekret, welches die Haut feucht hält. (Notwendig zur Hautatmung, da sich der Sauerstoff in der feuchten Schicht lösen muß, bevor er in die Haut eindiffundieren kann.)

b. In der Lederhaut sind über den ganzen Körper vielzellige Drüsen verteilt, welche eine schleimige, farblose Masse absondern (muköse Drüsen).

c. In den Ohrwülsten (Parotiden) der Salamander und Kröten liegen sehr große Drüsen, welche milchige, manchmal nach Knoblauch riechende Stoffe abscheiden. Ihr Sekret, wie das vieler anderer über den Körper verstreuter Drüsen besitzt Giftwirkung. Unter dem Binokular sieht man die Poren der Drüsen.
Aus dem Gift von *Salamandra salamandra* isoliert man zwei Alkaloide, das Samandrin (Krampfgift von zentraler Wirkung, bes. auf das verlängerte Mark, bewirkt zuerst Reizung der Bewegungsnerven, in der 2. Stufe Atemstockung und Krampf, in der 3. Stufe Lähmung und Tod), ferner das Samandaridin mit mehr strychninartiger Wirkung.
Die Salamanderlarven sind gegen diese Gifte nicht immun. Das Bufotalin ist ein ausgesprochenes Herzgift, wirkt wie Digitalin und führt bei Überdosierung Herzstillstand herbei. Das Bufotenin kommt nicht nur in der Krötenhaut, sondern auch im Fliegenpilz und im Gelben Knollenblätterpilz vor. Es gehört zu den Halluzinogenen und wird bei den Schamanen Sibiriens zu ihren Riten verwendet. In den Hexenkulten des Mittelalters spielten Kröten nicht umsonst eine wichtige Rolle. Die Amphibien ohne Parotiden haben Gifte, welche stark örtliche Reizungen bis Entzündungen hervorrufen, das Blut agglutinieren und die Blutkörperchen hämolysieren. *(Alytes, Pelobates, Triturus cristatus u. a.)*

Zu beachten beim Umgang mit Amphibien!
1. Hände waschen nach Berühren der Tiere. Nicht ungewaschen Augen und Nase berühren (Niesreiz, Augenbrennen).
2. Die Gifte wirken auch auf die Tiere untereinander!

a) Beim Transport dürfen die Tiere nicht zu eng aufeinanderleben, da sie sich sonst gegenseitig mit Sekret bedecken und evtl. töten.
b) Nach dem Transport die Tiere einzeln abwaschen, bevor man sie in das Aquarium setzt, da ihr Sekret sonst andere Aquarientiere tötet. (Unken sind z. B. gegen ihr eigenes Gift nicht immun).
c) Verwundete oder kranke Tiere sofort isolieren, da sie durch gesteigerte Sekretion die anderen Einwohner beeinträchtigen können.
d) Jungtiere von Alttieren trennen, nicht nur wegen evtl. Kannibalismus, sondern auch weil sie gegen die Gifte nicht immun sind.

10. Umdrehreflex

Ein Frosch wird auf den Rücken gelegt. Seine Umdrehbewegungen werden beschrieben. Es kann aber auch sein, daß er sich tot stellt. Man kann dann seinen Gliedern verschiedene Stellungen geben, ohne daß er sich bewegt. Nur Anhauchen verträgt er nicht.

11. Der Fallreflex

Wir lassen einen Frosch durch Hochwerfen in Rückenlage in ein Sprungtuch fallen. Er kommt aus jeder Lage wieder auf die Beine. Dieser Fallreflex-Versuch wird aus verschiedenen Höhen wiederholt. Aus 140 cm Höhe schafft es der Frosch genauso, wie aus 20 cm Höhe. Gras- und Wasserfrosch beherrschen diesen Reflex total. Um den dazu nötigen Bewegungsablauf zu erfassen, halten wir den Frosch am Vorderkörper fest in der Luft. Er rudert dann mit dem freien Hinterbein in kreisender Bewegung. Sobald man ihn losläßt, bewirkt diese kreisende Bewegung eine Umdrehung des Körpers. (Katze oder Skink zeigen ähnliches Verhalten mit dem Schwanz.)

12. Kompensatorischer Lagereflex

Um den Kopf in normaler Raumlage und das Blickfeld konstant zu halten, sind die kompensatorischen Lagereflexe entwickelt. Dazu wird der Frosch auf ein Brett oder Glas gesetzt und dieses entsprechend der Körperlängsachse geschrägt. Der Kopf des Tieres verbleibt nach Möglichkeit in der Waagrechten. (Abb. 53)

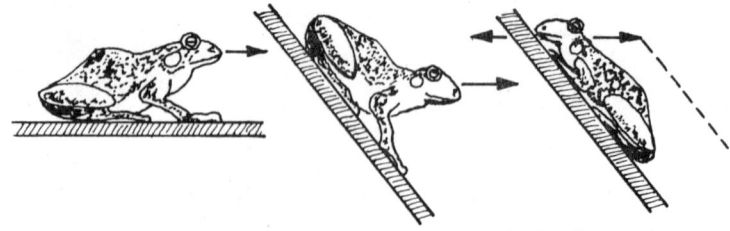

Abb. 53: Kompensatorischer Lagereflex beim Frosch

13. Optomotrische Reaktion

Optische Marken, z. B. schwarze Streifen auf hellem Grund werden vom Frosch fixiert. Das Tier verfolgt dabei die Bewegungen der Streifen mit dem Kopf oder dem ganzen Körper.

Man bietet dem Frosch einen entsprechenden Papierstreifen, läßt ihn das Muster fixieren und zieht dann den Streifen langsam nach rückwärts über ihn hinweg. Das Tier reagiert auch, wenn man den Streifen von links nach rechts vorbeizieht. Dabei darf es aber möglichst keine anderen Fixierungspunkte haben. Deshalb muß das Tier in eine Arena gesetzt werden, welche aus weißem Papier aufgebaut wird. Dieser Versuch ist deshalb vor Klassen nicht geeignet und höchstens für eine AG brauchbar. (Abb. 54)

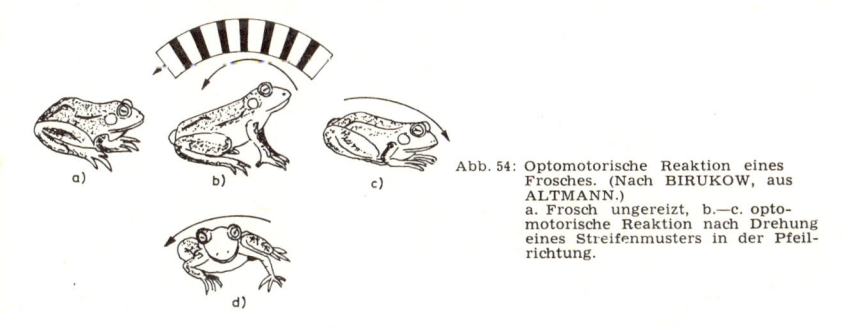

Abb. 54: Optomotorische Reaktion eines Frosches. (Nach BIRUKOW, aus ALTMANN.)
a. Frosch ungereizt, b.—c. optomotorische Reaktion nach Drehung eines Streifenmusters in der Pfeilrichtung.

14. Bewegungssehen

Bei Froschlurchen lösen nur bewegte Objekte das Beuteverhalten aus. Je nach der räumlichen Lage der Beute wird nach dieser sofort geschnappt oder zuerst eine entsprechende Wendung herbeigeführt bzw. der Abstand zur Beute verringert (Telotaktisches Verhalten durch Phototelotaxis).

Besonders schnapplustig ist der Wasserfrosch (Rana esculenta). Das Gesichtsfeld der Raniden umfaßt nahezu 360° in der Horizontalen. Es wird dadurch die relative Unbeweglichkeit der Augen und des Kopfes kompensiert und die sonst vielfach vom Ohr übernommene Funktion des Weitwinkelsuchens übernommen.

15. Aufsuchen von Feuchtigkeit

Ein trocken gehaltener Frosch wird in ein trockenes Aquarium gegeben, in dessen einer Ecke ein feuchter Lappen liegt. Das Tier sucht die feuchte Stelle auf. Rezeptoren zum Erkennen der Feuchtigkeitsunterschiede sind anscheinend noch nicht bekannt.

II. Bufo bufo

Erdkröten sind in Gefangenschaft leicht zu halten. Sie suchen bald einen Unterschlupf, den sie als ständigen Wohnsitz beibehalten. Allmählich können sie sich von nächtlicher auf Tagesjagd umgewöhnen.

Bei ihrer Untersuchung und Demonstration beachte man die warzige Haut, ferner den Wulst von Giftdrüsen hinter den Ohren (Parotiden) und weitere Giftdrüsen auf dem Rücken. Hautwarzen können verhornt sein und Kalkeinlagerungen besitzen.

Versuche lassen sich in ähnlicher Weise wie mit Fröschen durchführen (s. d.).

III. Die Entwicklung bei Froschlurchen

(siehe auch Schwanzlurche)

Ende März, Anfang April lassen sich leicht die Laichschnüre der Erdkröte und die Laichballen der Grasfrösche finden.

1 a. *Das Fortpflanzungsverhalten*

Beachtlich stark muß die hormonale Wirkung sein, wenn die Tiere ohne Wärmeschutz und mit einer Körpertemperatur, welche die der Umgebung kaum übertrifft (nahe dem Nullpunkt!), und völlig ausgehungert, nicht nur nicht erstarren, sondern zur Fortpflanzung und damit zu höchster Aktivität schreiten. Sie verlieren alle Scheu. Der Umklammerungsreflex der Männchen überdeckt alle anderen Reaktionen. So umklammern sie nicht nur klumpenweise die weniger häufigen Weibchen, sondern auch unsere dargebotene Hand, wodurch sie leicht zu fangen sind.

Eine männliche Erdkröte nähert sich so zur Paarungszeit jedem bewegten Gegenstand entsprechender Größe und sucht ihn zu umklammern. Das Männchen läßt nur dann los, wenn sich das umklammerte Objekt durch einen bestimmten Ruf als Männchen zu erkennen gibt. Weibchen bleiben stumm und werden also festgehalten, ebenso aber auch ein Karpfen oder wie erwähnt eine menschliche Hand. Der angeborene Auslesemechanismus ist in diesem Falle sehr unselektiv; er genügt jedoch, da sich zur Paarungszeit ja fast nur Erdkröten im Tümpel bewegen. Ist ein Männchen unverpaart am Tümpel eingetroffen, dann beginnt es zu rufen, was dann die Weibchen herbeilockt.

Dem Ablaichen geht seitens des Weibchens eine lordotische Krümmung voraus. Diese Signalstellung ist für das Männchen der Auslöser, nach hinten zu rutschen, mit den Hinterbeinen über der Kloakenöffnung des Weibchens einen Korb zu bilden, in welchem es den austretenden Laich auffängt und befruchtet.

Die oben erwähnte Umklammerung dient 1. durch ihren Druck als Geburtshilfe für die Eier und 2. zur anschließenden Befruchtung derselben. Wenn der Druck des Männchens zu stark ist, kann es mitunter sogar zum Ersticken des Weibchens oder zum Durchbruch der Bauchwand kommen.

Dieser Umklammerungsreflex kann an frisch eingebrachten Tieren in der Klasse gezeigt werden.

b. *Paarungszeiten (n. Klingelhöffer)*

Wasserfrosch *(Rana esculenta)*	Ende Mai — Anfang Juni
Grasfrosch *(Rana temporaria)*	Ende Februar bis Anfang April
Springfrosch *(Rana dalmatia)*	1. — 2. Aprilwoche werden Gewässer aufgesucht. Die Paarungszeit dauert nur eine Nacht.
Moorfrosch *(Rana arvalis)*	etwa Mitte März.
Erdkröte *(Bufo bufo)*	Ende März — Anfang April.

2 a. *Die Laichabgabe*

ist im Film FT 400 Konzert am Tümpel zu beobachten. Sie erfolgt meist nachts und dauert bis zu einer Stunde. Die Eier werden bekanntlich sofort befruchtet.

Ihr einziger Schutz ist eine gallertige Hülle, mit der sie beim Durchwandern des Eileiters umhüllt werden. Diese quillt im Wasser auf und vermindert so das spezifische Gewicht des Geleges.

b. *Der Quellungsprozeß*

beim Laich kann durch Agar Agar — Quellung veranschaulicht werden.
Funktionen der Gallerthülle:
1. Herabsetzen des spez. Gewichtes (Auftrieb zur warmen Wasseroberfläche)
2. Zusammenhalt des Geleges und damit Schutz vor Feinden und gegen Austrocknen
3. Schutz des Einzeleies gegen Austrocknung
4. Die lichtbrechende und lichtsammelnde Hohlkugel lockt Schwärmsporen von Algen an, die sich an ihr ansiedeln und Sauerstoff produzieren
5. Treibhauswirkung der Gallerte
6. Schutz gegen mechanische Verletzungen und Gefressenwerden
7. Die dunkel gefärbten Eier absorbieren Wärmestrahlen.

3. *Fixieren von Eiern*

Zuerst wird der gesamte Laich im Reagenzglas mit wenigen Tropfen Formol (4 %ig) versetzt, und anschließend das Glas gut verschlossen und beschriftet.
Zur Fixierung einzelner Furchungsstadien bringt man die Eier wenige Minuten in Wasser von 90° C, gießt dann das heiße Wasser ab und ersetzt es durch kaltes. Dann fast man das Ei an der Gallerthülle, schneidet diese mit einer spitzen Schere auf, läßt das Ei herausfallen und fixiert in Formol. (n. *Steinecke*).

4. *Zur Pflege*

4a. *Zur Pflege* beachte man, daß das Aquarium nicht übersetzt ist, nicht am warmen Fenster steht, das Wasser regelmäßig erneuert wird und tote Tiere entfernt werden.
Wenn alle Embryonen geschlüpft sind, kann die Gallerte entfernt und Wasserpflanzen — am besten solche mit Algenbelag — zur Fütterung eingesetzt werden.
Später, wenn die 4 Beine ausgebildet sind, muß den Tieren Gelegenheit geboten werden, an Land gehen zu können, da sie sonst ertrinken. (Diese Maßnahme wird häufig übersehen!)
Über die weitere Aufzucht bediene man sich der einschlägigen Literatur.

b. Die Entwicklung der einzelnen *Organe* kann verfolgt und protokolliert werden (s. Molchentwicklung).

c. Die *Blutströmung* in den Büschelkiemen kann beobachtet und die Herzfrequenz bestimmt werden.

d. Die Veränderungen in der Pigmentierung können ebenfalls verfolgt werden.

5. *Verlauf der Entwicklung bei Froschlurchen*

Aus der sich teilenden Eizelle entsteht eine halbmondförmige Larve mit dem durch den Dottersack aufgetriebenen Bauch; dann bildet sich ein Schwänzchen und jederseits drei Kiemenbüschel, schließlich befreit sich die Larve durch ungestüme Bewegungen aus der Eihülle, die vorher durch einen Schlüpfstoff teilweise aufgelöst wurde. Bei den Kröten wird die Larve schon am 3.—4. Tag frei, noch bevor Kiemen und Schwanz gesproßt sind, ja bevor die ersten Bewegungen stattgefunden haben, durch Zerfall der Gallertmasse.

Mittels klebriger Flüssigkeiten von Haftdrüsen hängt sich die Larve an die Gallerte, an Steine, Wasserpflanzen oder die Aquarienwand.

Die Kiemen vergrößern sich, Kiemenspalten und Mundöffnung brechen durch; die Augen werden deutlicher, das verlängerte Schwänzchen erhält einen Flossensaum. In diesem Stadium leben die Tierchen von miroskopisch kleinen Lebewesen, sowie von organischen Resten des Bodenschlammes.

Nach einiger Zeit beginnt beiderseits eine Falte der Körperhaut sich wie ein Deckel über die Kiemenbäumchen zu legen und weiterwachsend sich in der Mittellinie des Bauches mit der anderen Körperseite zu vereinen, so daß ein großer Hohlraum entsteht. Die bisherigen Kiemenbäumchen bilden sich nun zurück und es sprießen noch vor dem Durchbruch der Kiemenspalten an der Außenseite des Kiemenbogens neue Kiemen, die man meist als innere Kiemen bezeichnet (besser wäre „zweite Außenkiemen").

Nun folgt eine Umformung des Mundes, der sich zu einem nach innen gerichteten Trichter mit starker Ober- und Unterlippe ausgestaltet (Lupe!). Ausgerüstet mit Mundwerkzeugen (kleine Hornzähnchen und Hornschnabel), benagen die Kaulquappen alles, was ihnen in den Weg kommt.

Durch die dünne Bauchhaut sieht man den spiralig gewundenen Darm durchschimmern. Der eiförmige Körper ist mit Hautsinnesorganen, ähnlich den Seitenlinien der Fische ausgestattet.

Nach Erscheinen der Hinterbeine erreicht die Larve ihr Größenmaximum. Die Vorderbeine, die sich ja bei den Urodelen lange vor den Hinterbeinen ausbilden, werden bei den Froschlurchen zwar zugleich mit diesen angelegt, liegen aber noch so lange in der Atemhöhle verborgen, bis das Einsetzen der Lungetätigkeit den Gebrauch der Kiemen unnötig macht. Dann erst kommen sie ans Tageslicht. Nach ihrem Durchbruch wird das Kopfrumpfstück der Kaulquappe schlanker und nun beginnt eine tiefgreifende Umbildung der Ernährungsorgane, wie sie bei den Schwanzlurchen nicht anzutreffen ist. Nicht nur der Mund ändert nochmals seine Form, sondern auch der Darm verkürzt sich und eine neue Afteröffnung entsteht. Während dieser Zeit ist die Speiseröhre geschlossen und die Larve lebt von dem Schwanz, da er zur Fortbewegung nicht mehr nötig ist. Körperhaut und Iris verfärben sich, Augenlider treten auf. Das völlig umgebildete Tierchen ist schließlich wesentlich kleiner, als die Larve vor dem Durchbruch der Vorderbeine.

Aus der Umstellung des Mundes und der Atmungsorgane ergibt sich für die Pflege die Notwendigkeit der Veränderung von Ernährung und Wasserstand. In der Schule werden wohl in den meisten Fällen die Tiere auf diesem Stadium wieder in die Natur entlassen. (n. *Klingelhöffer*).

6. *Aufstellen von Wachstumskurven*

Dazu werden die Larven in kleine Glasschälchen auf Millimeterpapier gelegt und die einzelnen Körperteile in regelmäßigen Zeit-Abständen gemessen. Gleichbleibende Temperatur beachten!

7. Beeinflussung der Metamorphose durch Hormone

a. *Auslösen* und *Beschleunigen* der Metamorphose durch *Thyroxin* (Schilddrüsenhormon)
Während man Kontrolltiere in gewöhnlichem Wasser hält, und ihre Wachstumskurve bestimmt, werden andere Larven in Wasser gehalten, dem einige mg Thyroxin zugesetzt wurde.
Die *Metamorphose* wird durch das Hormon wesentlich beschleunigt, das *Wachstum* aber gehemmt. Während im normalen Wasser noch Kaulquappen herumschwimmen, haben die Tiere im Thyroxinwasser bereits Froschform, sind aber sehr klein und wenig widerstandsfähig. Bei Überdosierung kann es zu Mißbildungen kommen.
Allgemein läßt sich sagen: Damit die Umwandlung einer Amphibienlarve in ein Volltier eintritt, muß zur rechten Zeit, in richtiger Menge und Zusammensetzung das wirksame Prinzip der Schilddrüse zur Verfügung stehen. Wird diese Bedingung infolge einer Störung in der Ausbildung der Drüsen nicht erfüllt, so muß es zwangsläufig zur *Neotenie* kommen. (Neotenie kann z. B. auch beim Alpenmolch oder Teichmolch eintreten, wenn sie in Gewässern mit steil abfallenden Ufern leben, so daß sie nicht an Land gehen können. Sie wachsen dabei weiter, erreichen die Größe normaler Tiere, werden geschlechtsreif und pflanzen sich fort, ohne jedoch die Larveneigentümlichkeiten einzubüßen. Es wäre aber falsch zu sagen: sie werden als Larven geschlechtsreif; eine Frühreife liegt hier nicht vor.)

b. *Verzögerung der Entwicklung* durch Verfütterung von *Thymusgewebe* (Bries).
Bries kann zur Verfütterung durch ein Drahtsieb gerieben werden. Während bei diesem Versuch die Kontrolltiere langsam Froschform erreichen, schwimmen die mit Thymusgewebe gefütterten Tiere noch als übergroße Kaulquappen herum.

c. Verabreichung von Kaliumperchlorat ($KClO_4$).
Durch 0,05 %ige Kaliumperchloratlösung ($KClO_4$) soll es möglich sein, die meisten Amphibienlarven jahrelang auf dem Larvenstadium zu erhalten. Kiemen und Flossensäume bleiben dabei larval, während z. B. die Ausbildung der Geschlechtsorgane weitergeht. Die Verhornung der Haut unterbleibt, wohl aber werden bei den Molchen mehrzellige Drüsen ausgebildet. Da deren Entwicklung sehr verlangsamt ist, kann ihre Entwicklung in allen Einzelheiten verfolgt werden.
(*Pflugfelder, O.*: in Miko 1963, H. 1).

8. Narkotisieren von Froschlarven

erfolgt mit MS 222 *(Sandoz)*. Lösung 1 : 10 000 bei jüngeren und 1 : 3 000 bei älteren Larven.

9. Positive Phototaxis der Kaulquappen

Im verdunkelten Zimmer wird das Aquarium einseitig beleuchtet. Im Gegensatz zu den erwachsenen Tieren wenden sich die Kaulquappen dem Lichte zu. Die Quappen leben von Algen und nehmen in deren Nähe Sauerstoff auf. Da diese am Licht leben, ist es sinnvoll, wenn die Kaulquappen positiv phototaktisch reagieren.
Zur Demonstration müssen die Kaulquappen in ein möglichst enges Gefäß gebracht werden, weil die positive Phototaxis vor allem dann gegeben ist, wenn

sich die Tiere gegenseitig berühren. Rührt man sie mit einem Stock auf, dann sammeln sie sich an der beleuchteten Aquariumseite an.

10. Schreckstoffe bei den Kaulquappen der Erdkröte

(Nach *Kulzer, E.*: Neuere Untersuchungen über Schreck- und Warnstoffe im Tierreich, NR 1959, H. 8)

a. Etwa 5 frisch getötete Kaulquappen der Erdkröte werden fein zerschnitten (nicht vor den Schülern!), 15 Minuten in wenig Wasser extrahiert und dieser Extrakt mit einer Pipette aufgenommen.

b. In einer anderen Pipette wird zur Kontrolle reines Wasser aufgenommen und in einen Kaulquappenschwarm, der in Algenwatte oder an der Wasseroberfläche hängt, eingetropft. (Keine wesentliche Reaktion.)

c. Mit der Pipette des Extraktes wird nun ebenfalls ein Tropfen in den Schwarm gegeben. Folge: Fluchtreaktion der Tiere. Der Schreckstoff ist in der Haut der Kaulquappen angereichert und in der Wirksamkeit dem Bufotoxin aus der Haut der Kröten ähnlich und noch bei Verdünnungen von 1 : 2 400 000 und darunter wirksam. Chemisch ist er bislang noch nicht analysiert. Er kann bereits bei geringen Verletzungen der Haut frei werden, so z. B. wenn die Kaulquappe mit einem Sieb herausgefischt wird. Der Schreckstoff der Kaulquappen hat keine Wirkung auf Elritzenschwärme und umgekehrt wirkt der Schreckstoff der Elritzen nicht auf Kaulquappen. Wahrgenommen wird der Schreckstoff durch den Geruchsinn. Es sollte nicht versäumt werden, die Tiere nach den Versuchen wieder in frisches Wasser umzusetzen.

11. Vergleich zwischen

Kaulquappe	und	**Frosch**
Lebt ganz im Wasser		Lebt im Wasser und auf dem Land
Atmung:		
zuerst Büschelkiemen		Lungen-, Haut- und Mundhöhlen-
dann 2 äußere Kiemen		atmung
(3. oberste verkümmert)		
dann Lungen		
dazu Hautatmung		
Fortbewegung:		
durch einen Schwanz mit Flossensaum		Sprungbeine mit Schwimmfüßen
Ernährung:		
Pflanzen und Detritusfresser mit langem Darm		Fleischfresser mit verhältnismäßig kurzem Darm.
Form:		
Stromliniengerechte Fischform		Froschform

Dieser Vergleich kann erarbeitet und in solcher oder ähnlicher Weise in das Heft skizziert werden.

Als Demonstrationsmaterial verwende man neben lebendem Material, R 556 Lurche — Entwicklung, Dauerpräparate, die Pfurtscheller Tafel: Rana temporaria.

D. Schwanzlurche (Caudata = Urodeles)

I. Demonstrationsmaterial

Einschlußpräparate von Schwanzlurchen
Entwicklungspräparate entweder in Form von Einschlußpräparaten (käufliche Reihe), oder selbst gesammelt in Reagenzgläsern mit 4 % Formalin aufbewahrt.
Diapräparate von Exuvien. (Selbst angefertigt, s. u.)
Wandtafel oder Versteinerungen von Panzerlurchen aus dem Carbon.
Lebende Tiere.

Filme:
Zur Zeit sind nur folgende Filme erhältlich (alle IWF Göttingen)
E 350   *Triturus alpestris alpestris* — Bergmolch; Embryonalentwicklung. (W. Luther, Darmstadt 1961, Farbe 8 Min.)
E 633   *Triturus taeniatus* — Teichmolch; Zwillingsbildung (W. Luther, Darmstadt 1963, Farbe 8 Min.)
C 698   *Triturus alpestris* — Alpenmolch; Sexualverhalten und Eiablage beim Alpenmolch (I. Eibl—Eibesfeldt, Buldern 1955, 4 Min.)
Dias:
R 556   Lurche — Entwicklung (Frosch und Molch).

II. Beobachtungen und Versuche an lebenden Tieren

Geeignet und verhältnismäßig leicht zu bekommen sind Teich-, Kamm-, Faden- und Alpenmolch. Der Laich und die Entwicklung der Tiere lassen sich am besten von März bis April beobachten. Für diese Zeit müssen genügend Vollglasaquarien oder große Einmachgläser bereitgestellt werden. Besetzte Aquarien dürfen nicht mit Laich überfüllt und nicht in die pralle Sonne gestellt werden! (Näheres über Haltung und Entwicklung s. u.)

1. Vorstellen von lebenden Tieren

a. *Gestalt und Färbung beschreiben lassen.* (Körperform, Schwanz, Kopf, Füße).
Wieviele Zehen sind an den Vorder- und an den Hinterfüßen?
Unterscheiden sich Körperober- und Unterseite?
Wie unterscheidet sich die Haut gegenüber der von Fischen?

b. *Bewegungen im Wasser zeigen*

α) Schreitbewegungen

β) Schwimmbewegungen (s. u.)

c. *Bewegungen a. d. Lande zeigen*

Dazu läßt man am besten ein Tier über den Schreibprojektor schreiten und projiziert die Bewegungen auf die Leinwand. Unterscheidung von langsamen und raschen Laufbewegungen. Beschreibung der Bewegungskoordination mit Hilfe von Skizzen oder Papiermodellen.

Leistungen der Sinnesorgane

2. Statischer Kopfreflex (Abb. 55)

Ein Molch wird senkrecht abwärts und senkrecht nach oben gehalten. Jedesmal winkelt er seinen Kopf vom Körper in der Waagrechten ab. (Abb. 55).

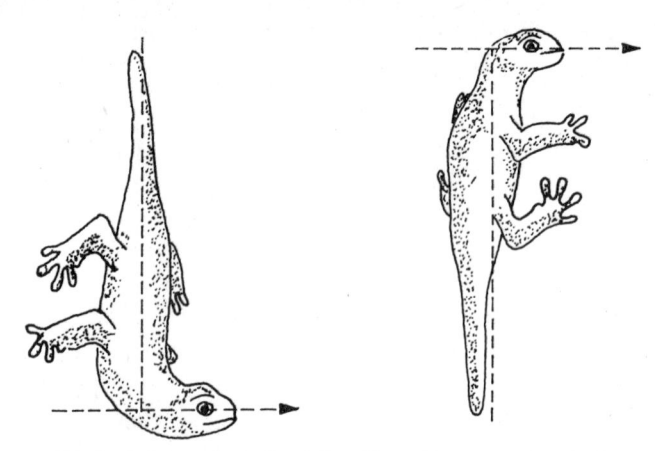

Abb. 55: Statischer Kopfreflex bei Molchen. Die waagerechte Kopfstellung wird beibehalten.

Dies ist aus folgenden Gründen möglich:
a Im Gegensatz zu den Fischen haben Molche eine bewegliche Wirbelsäule.
b. Aufgrund des Gleichgewichtssinnes wird der Kopf mit dem Scheitel nach oben gehalten, unabhängig davon, in welcher Lage sich der Körper befindet. Weil dabei die Gleichgewichtsorgane im Kopf ihre Raumlage nicht ändern nimmt man an, daß von ihnen fortgesetzt die Muskeln des Halses und der Schultern beeinflußt werden.

3. Nichtoptischer (Dreh-) Nystagmus (Abb. 56)

Ein Molch (auch Eidechse) wird in ein rundes Glasgefäß gesetzt dessen Wand gleichmäßig mit weißem Papier beklebt ist, damit keine seitlichen optischen Reize auftreten können. (Die Augen des Tieres scheiden also für die kommenden Versuche weitgehend aus = nichtoptisch).

a. Das Gefäß stellt man auf einen Drehhocker und beginnt langsam zu drehen: Der Kopf des Tieres bleibt in der Körpergeraden.

b. Wir wiederholen, aber drehen plötzlich rasch (eine Gummiunterlage verhindert das Abgleiten des Glases): Der Kopf des Tieres bleibt entgegen der Drehrichtung zurück.

c. Nun wird in gleich raschem Tempo weitergedreht: Der Kopf wird in Drehrichtung nachgezogen, so daß er mit dem Körper wieder eine Grade bildet.

d. Plötzliches Anhalten der Drehbewegung: Kopf wird in Drehrichtung weitergedreht (Nachnystagmus).

e. Erklärung dieser Vorgänge an Hand eines Modelles:
Ein schwimmender Kork wird in ein ähnliches Gefäß mit Wasser gelegt. Führt man dieselben Drehbewegungen wie in a.—d. durch, so vollführt der Kork dieselben Bewegungen wie der Kopf des Tieres.

Vom Modell wird auf den Drehsinn (Bogengänge) geschlossen.

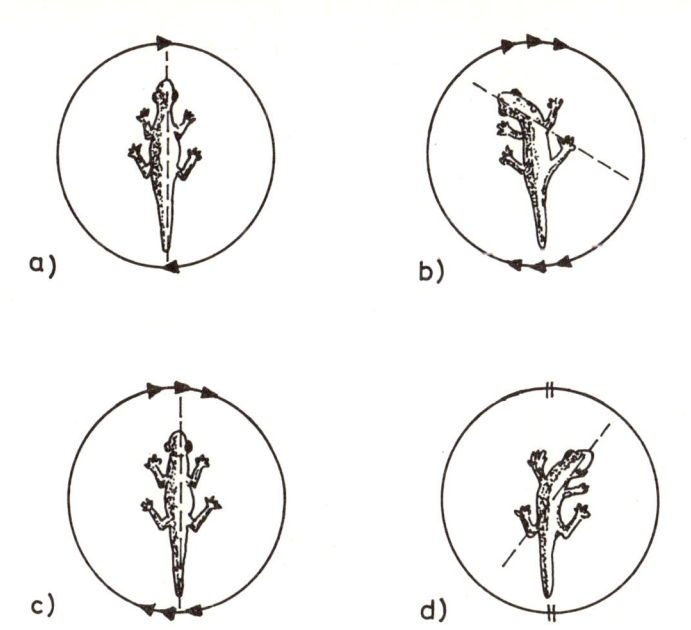

Abb. 56: Nichtoptischer (Dreh-) Nystagmus bei Molchen,
a. langsame Drehung: Kopf bleibt in der Körpergeraden,
b. plötzliche rasche Drehung: Kopf bleibt zurück,
c. gleichbleibende Umdrehungsgeschwindigkeit: Kopf wird in Drehrichtung nachgezogen,
d. plötzlicher Halt: Kopf wird in Drehrichtung weitergewendet (Nachnystagmus).

4. Strömungssinn

a. Ein Kammolch oder Teichmolch wird in ein breites, rundes Gefäß mit rotierendem Wasser (Vers. Anordng. wie bei den Fischen) gesetzt. Er stellt sich gegen die Strömung ein. Das Tier muß also ähnlich den Fischen mit einem Strömungssinn ausgestattet sein.

b. Bei diesem Versuch können besonders gut die Schwimmbewegungen beobachtet werden. Die Tiere machen dabei 2 — 3 Schwanzschläge wobei sie die Gliedmaßen an den Körper legen.

5. Geruchssinn

Ein toter Regenwurm oder etwas Fleischsaft wird mit etwas Wasser kurz aufgekocht und nach Abkühlung mit einer Pipette vorsichtig in das mit einem Molch besetzte Aquarium gespritzt. Der Molch bewegt sich in Richtung des Extraktes.

6. Bewegungssehen

Hält man bei der Fütterung des Molches die Nahrung völlig ruhig, so wird sie auch in nächster Nähe des Gesichtes nicht als Beute erkannt und löst keine Schnappbewegung aus. Auf leichtes Hin- und Herbewegen der Nahrung jedoch

reagiert das Tier. Will man dies im Unterricht zeigen, so muß man die Tiere vorher etwas hungern lassen, damit sie in Freßstimmung kommen. (Dieser Versuch ist auch bei Fröschen möglich.)
Die Erscheinung, daß ein Tier seine Beute oder seinen Feind erst dann erkennt, wenn er sich bewegt, ist ziemlich häufig (Schlangen, Eidechsen, aber auch Hasen, Rehe usw.). Das Sich-Tot-Stellen von Beutetieren ist die Gegenreaktion.

7. Beobachtungen an Schwanzlurchen in Gefangenschaft

a. Nach *Klingelhöffer* haben Schwanzlurche in Gefangenschaft ein beachtliches Alter erreicht:

Alpenmolch (*Triturus alpestris*) 15 Jahre
Teichmolch (*Tr. vulgaris*) 18 Jahre
Leistenmolch (*Tr. helveticus*) 28 Jahre

Über den Fadenmolch (*Tr. palmatus*) sowie den Kammolch (*Tr. cristatus*) fehlen Altersangaben.

b. *Zur Haltung der Schwanzlurche* möge die einschlägige Literatur benützt werden.
Im allgemeinen sind folgende wichtige Grundsätze zu beachten:
1. Scharfer Kies und scharfkantiger Unterschlupf muß vermieden werden.
2. pH = 6,5 — 8
3. Auf größte Reinlichkeit achten. Exkremente, tote Futtertiere oder Nahrungsreste sind zu entfernen.
4. Wasser möglichst täglich erneuern und Wände ausputzen.
5. Der Bodengrund soll feucht, aber nicht naß oder modrig sein.
6. Urodelen lieben kühleres Klima. Achtung beim Aufstellen der Behälter! Grelle Sonne am Fenster vermeiden.
7. Man biete ihnen Wasser, Ufer und feuchtes Land. Der bevorzugte Aufenthaltsort ist nicht nur von Art zu Art verschieden, sondern wechselt auch periodisch. Wenn z. B. der Teichmolch im Frühjahr leicht im Aquarium zu halten ist, strebt er im Mai oder Juni an Land. Verbliebe er weiterhin im Wasser, so ertränke er. An Land verändert er sich. Die Artcharaktere verwischen sich, er wird kleiner, unscheinbarer und bekommt eine derbere Haut. Sie schillert unter Wasser silbrig von der anhaftenden Luft. Jetzt würde der Molch im Wasser ersticken. Im Frühjahr tritt dann wieder eine rückläufige Entwicklung ein. Die Tiere streben wieder dem Wasser zu.
8. Da Kannibalismus eine häufige Erscheinung bei Molchen ist, sollte man nie größere mit kleineren Tieren zusammengeben und das Aquarium nicht überbesetzen. Wertvolle Tiere lasse man allein.
9. Frisch eingebrachte, oder gekaufte Tiere zuerst in Quarantänegläsern halten.

c. *Abfolge der Entwicklungsstufen:*
Furchungsstadien: Morula — Blastula — Gastrula (Urmundsichel, Dotterpfropf); frühe und späte Neurula;
Embryo (jüngeres und älteres Schwanzknospenstadium) mit Riechgrube, Augenanlagen, Ohrenbläschen, Gehirnabschnitte, Haftfadenanlage, Kiemenanlage, Muskelsegmente, Nierenbuckel, Herz, ventrales Gefäß.

d. *Aufstellen von Wachstumskurven*
Die Larven werden in kleine Glasschälchen auf Millimeterpapier gelegt und bei

gleichbleibender Temperatur in bestimmten zeitlichen Abständen unter dem Binokular folgende Körperteile gemessen:

Körperlänge, Länge von Schwanz, Vorder- und Hinterbeinen, Kiemen.

Diese Messungen werden täglich durchgeführt. (Z. B. kommen die Schüler einer Arbeitsgemeinschaft dazu regelmäßig in der Pause und messen „ihre" Larve. Nach exakter Protokollierung (Größen- und Zeitangaben) können dann Wachstumskurven auf Millimeterpapier aufgestellt werden. An Hand der Steilheit der Kurven kann dann die Wachstumsgeschwindigkeit der einzelnen Organe verglichen werden.

8. *Beobachtungen zum Fortpflanzungsverhalten und zur Entwicklung*

e. *Auslösen und Beschleunigen der Entwicklung durch Thyroxin*

Während man Kontrolltiere in gewöhnlichem Wasser hält und ihre Wachstumskurven aufstellt, werden einige andere Larven in Wasser gehalten, dem geringe Mengen Thyroxin (Hormon der Schilddrüse) zugesetzt wurde. Bei den Larven wirkt, wie schon bei Fröschen beschrieben, das Thyroxin beschleunigend auf die Metamorphose. Die Wachstumskurven behandelter und normaler Tiere werden miteinander verglichen, gleichalte Tiere werden nebeneinander demonstriert (in der AG erarbeitet, in der Klasse demonstriert), abgetötete Tiere werden in Formol konserviert und für spätere Demonstrationszwecke aufbewahrt.

In der vorpubertären oder pubertären Altersstufe kann es von besonderem Interesse sein, den Schülern die Wirkung von Hormonen auf das Wachstum und Veränderungen des Körpers vor Augen zu halten. (Der Hinweis auf die Hormonwirkung im menschlichen Körper liegt dann nahe. Erwähnenswert ist dann auch, daß ein und derselbe chemische Stoff bei verschiedensten Lebewesen eine jeweils ähnliche Wirkung hervorruft. Hinweis auf die Evolution.)

f. *Verzögerung der Entwicklung durch Thymusgewebe* (Bries). Siehe Froschlurche 7 b.

g. *Betäuben von Molchlarven*

Als Betäubungsmittel eignet sich wie für alle kaltblütigen Wirbeltiere auch hier MS 222 (*Sandoz*), ein wasserlösliches Pulver. Sollten sich nach einiger Zeit in der Lösung weiße Flocken einstellen, so filtert man ab.

Vorratslösung: ca. 1—2 g auf 1 000 g Wasser. Um eine Überdosierung zu vermeiden, setzt man in das Schälchen mit der Larve und ca. 15 ml Wasser, im Abstand von 10 sec. tropfenweise MS 222 aus der Vorratsflasche zu. Jeweils nach 30 sec. wird die Larve mit der Nadel angestoßen. Bewegt sie sich noch, so werden weitere Tropfen zugesetzt, bis sich die Larve nach mehrfachem Anstoßen nicht mehr rührt. Durch Zählen der Tropfen kann die richtige Dosierung bestimmt werden.

Sollten die Herzschläge während der Narkose langsamer werden, muß die Larve sofort in frisches Wasser gebracht werden. Bei längerer Untersuchung (über 1 Stunde) sollte man lieber etwas weniger MS 222 nehmen. Das Einsetzen der Vollnarkose verzögert sich dann zwar, aber schadet nicht so wie eine Überdosierung. Die Beendigung der Narkose erfolgt durch Umsetzen in frisches Wasser.

(*Lehmann, R.*: Embryologische Untersuchungen am Bergmolch. Miko 1967 H. 1, 4 u. 5 und 1966 H. 12).

9. Untersuchungen an betäubten Molchlarven

a. *Das Herz*

Eine Larve wird mit dem Bauch nach oben unter das Binokular gelegt und dann das Herz gesucht.

Diastole und Systole werden festgestellt.

Die Herzschläge pro Minute werden gezählt.

b. *Blutkapillaren*

Wenn das Tier seitlich liegt sind die Kapillaren im Schwanz zu sehen. Zu unterscheiden sind Aorta, Schwanzarterie und Schwanzvene.

Ein Teil des Blutes fließt über die hintere Hohlvene, ein Teil über die Bauchvene zum Herzen. Mit zunehmendem Alter der Larven sieht das Blut mehr und mehr rot aus. (Unterschiedlicher Haemoglobingehalt).

c. *Melanine*

Die Melaninsynthese setzt bei 6 mm-Larven ein.

Es kann untersucht werden, wo die Melanophoren, d. s. Zellen, welche Melanin enthalten, liegen.

Wie ist ihre Verteilung über den Körper?

d. *Organe*

Bei der 10 mm-Larve sind an inneren Organen zu sehen: Augen, Herz, Leber, Magen, Zwölffingerdarm, Dünndarm, Enddarm (Peristaltik!), Kloake, Bauchspeicheldrüse.

e. Bei der 12 mm-Larve kann der *Blutkreislauf* in folgenden Organen beobachtet werden: Kiemen, Vorderbeine, Schwanz, Darm, Leber.

f. *Beeinflussung der Herzfrequenz* durch Zugabe von *Adrenalin* (Beschleunigung) oder *Acetylcholin* (Verlangsamung).

g. *Regeneration*

Abgeschnittene Kiemenäste oder Schwanzteile werden rasch regeneriert. Von den regenerierenden Organen können Wachstumskurven aufgestellt werden.

10. Beobachtungen an lebenden Landsalamandern

a. *Der Feuersalamander (Salamandra salamandra)*

Name: Aristoteles berichtet, daß dieses Tier das Feuer auslösche. Später wird der Feuersalamander als Talisman gegen Feuersgefahr angesehen und der unbrennbare Asbest galt als seine Wolle. Diese Vorstellungen werden wohl darauf beruhen, daß ein Feuersalamander aus einer schwachen Kohlenglut unbeschädigt herauskriechen kann, da er durch starke Sekretabsonderung geschützt wird *(Klingelhöffer)*.

Gestalt: Drehrunder Schwanz und plumpe Gestalt weisen auf ein Landtier hin. Im Wasser bewegt er sich unbeholfen schlängelnd und erstickt bald. Besonders hinzuweisen ist auf die großen Ohrdrüsen (Parotiden) und die starke Kontrastfärbung, welche als Warnfarbe gedeutet wird.

Alter: In Gefangenschaft haben sie ein Alter von 20 — 25 Jahren erreicht.

b. *Der Alpensalamander* scheidet als Terrarientier für die Schule aus, da er den Transport vom Gebirge in das Tiefland kaum übersteht und auch schwer zu halten ist.

Da ihm im Gebirge meist kein ruhiges Wasser zur Verfügung steht, erscheint es sinnvoll, wenn die Jungen bis zur völligen Ausbildung im Mutterkörper verbleiben.

c. *Die Axolotl — Metamorphose*

Die Eiablage erfolgt beim Axolotl von Nov. bis Mai.

Zieht man die Larven groß, so kann man die 6monatige forpflanzungsfähige Larvenform durch Verfütterung von Thyroxinzusatz oder Rinderschilddrüsenstückchen in eine Landform umwandeln.

Je 2 neotene Larvenformen werden bei 15° C im Aquarium von 30 x 20 x 17 cm mit 4 Ltr. Wasser gehalten. Die Rinderschilddrüse bezieht man vom Schlachthof. Je Woche werden 8 Tr. verd. Jodjodkaliumlösung dazugegeben.

Nach einer Woche beginnt bereits die Metamorphose: Der Rückenkamm verliert seine ursprüngliche Form, die Augäpfel treten aus ihren Höhlen, die Tiere werden gegenüber beweglichen Nahrungsteilchen reaktionsfähiger, das Wachstum der Kiemenbüschel geht bald zurück, so daß nach 3 Wochen nur noch Kiemenstummel zu sehen sind. Die Extremitäten kräftigen sich. Als weitere Anpassung an das Landleben wandelt sich der Breitschwanz in einen Rundschwanz um und die Schwanzhaut zeigt nach der Metamorphose hellgrüne Flecken. Nach 4 Wochen wird das Tier aus dem Wasser entfernt, auf feuchten Boden gesetzt und ihm eine Höhle angeboten. Die Gehversuche des Tieres sind noch recht „unbeholfen".

Eine zweite Möglichkeit, die Metamorphose einzuleiten hat man, wenn durch 6 Wochen hindurch sich das Wasser durch Verdunstung langsam verringert.

Schließlich lassen sich beide Methoden kombinieren, wodurch 7-Monate-Larven in ca. 3 Wochen umgewandelt werden können. (*Ruppolt* und *Schulz* in MNU 1963/64, H. 2).

Als Begründung der Neotenie beim Axolotl wird angegeben, daß die Schilddrüse wohl angelegt wird, sich aber nicht weiter entwickelt, sondern eher rückbildet.

11. Die Haut der Amphibien (Diapräparat)

Da die Haut der Amphibien in dünner Schicht oberflächlich verhornt, muß sie von Zeit zu Zeit abgestreift werden. Dies läßt sich sowohl an Frosch- wie an Schwanzlurchen beobachten. Sobald wir eine abgestreifte Haut entdeckt haben, nehmen wir sie aus dem Aquarium, legen sie in eine Petrischale mit Wasser, breiten sie dort aus und schieben ein Diaglas darunter. Das Diaglas wird mitsamt der Haut vorsichtig herausgehoben. An der Luft trocknet die Haut rasch und wird dann mit einem zweiten Diaglas bedeckt und eingerahmt. Zur Projektion eignen sich besonders schön die Exuvien der Extremitäten und des Kopfes.

12. Molchbiotope (Biotopuntersuchungen)

Soll die Materialbeschaffung von Molchen oder anderen Tieren im Schullandheim oder auf dem Wandertag stattfinden, dann können exakte Beobachtungsaufgaben damit verbunden werden.

a. *Ausrüstung:*

Sammelgefäße, Kescher, Lupen, Thermometer, Kompaß, Metermaß. Landkarte 1 : 25 000, Protokollbuch, Bleistift, Fotoapparat.

b. *Arbeitsprogramm:*

1. Lage des Biotops (Gewässer) in der Karte bestimmen.
2. Welche Art eines Gewässers liegt vor? (Temporäre Lache, Quelltümpel, Teich, Weiher, See, Bach oder Fluß).
3. Umgebung beschreiben. Uferform beachten.
4. Wassertemperatur messen: am Ufer, in der Mitte; (ist eine Sprungschicht vorhanden und in welcher Tiefe?)
5. Wasserbeschaffenheit feststellen: Trüb, klar, Färbung, Verschmutzung usw.
6. Der Pflanzenbewuchs: Am Ufer, im Wasser, am Grund des Gewässers. Sind Verlandungszonen erkennbar? Seggenhorste — Röhricht — Binsicht — Schwimmblattbestand — Über- und Unterwasserblüher — Armleuchterbestand.
7. Wie ist der Bodengrund? Steinig, sandig, kalkig, schlammig?
8. Welche Molcharten kommen vor?
Ist etwas über das Verhalten der Tiere zu erfahren? (Paarung, Eiablage, Nahrungsaufnahme, Ruhestellung, Fluchtverhalten). Ist Laich zu finden? Fundort beschreiben.
Wieviel Einzeltiere werden gezählt? Auf welcher Fläche, in welcher Tiefe, an welchen Orten?
9. Laich, evtl. Larven und erwachsene Tiere werden für das Schulaquarium gefangen. Beim Transport ist darauf zu achten, was bei den Froschlurchen (9) über die Hautgifte gesagt wird.
(Weiteres über Beobachtungsaufgaben zur Molchentwicklung siehe *Esser, H.* u. *Jannssen, B.* in P. N. Biol. 18. 1969, H. 5 u. folgde.)

E. Zahlen

Zu den größten Amphibien zählt der Riesensalamander (*Megalobatrachus japonicus*) mit einer durchschnittlichen Länge von 90 cm und einer bekannten Maximallänge von 175 cm (Südchina). Der Goliathfrosch kann 30 cm groß werden und mit ausgestreckten Beinen mißt er sogar 60 cm (*Rana goliath*). Die vermutlich größte Kröte (*Bufo paracnemis*) ist 25 cm groß. Dagegen erreicht der kleinste Frosch (*Sminthillus limbatus*) auf Kuba nur 12,5 mm.

Den Rekord im Dreisprung stellte der Südafrikanische Frosch *Rana oxyrhyncha* mit 9,83 m auf.

Vom Gift des Pfeilgiftfrosches (*Phyllobates latinasus*) Westkolumbiens genügen 0,000 005 g um eine Maus zu töten. Die Indianer töten diese Frösche, indem sie sie mit einem spitzen Stück Holz aufspießen und dann über ein Feuer halten. Unter dem Einfluß der Hitze tritt das Gift aus den Hautdrüsen heraus und wird nun in ein Gefäß abgestrichen, wo es einen Fermentationsprozeß durchläuft. Schließlich werden die Pfeilspitzen in die Flüssigkeit getaucht und getrocknet. Wird der Körper eines Affen oder Vogels von einem so vorbereiteten Pfeil getroffen, wird das Opfer durch das Gift fast auf der Stelle gelähmt. Auf größere Tiere oder den Menschen haben allerdings so kleine Mengen des Giftes keine Wirkung.

F. Laichorte, Laichzeiten und Hauptbiotope unserer häufigsten einheimischen Lurche (nach Siedentop und Altmann)

Lurchart	Mittelwerte der Vorzugstemp. +°C	Hauptbiotope	erreichtes Alter in Gefangenschaft	Farbsehen festgestellt	Laichform	Laichort	Laichzeit Febr. 1 2 3	März 1 2 3	April 1 2 3	Mai 1 2 3	Juni 1 2 3	Larvenzeit
Feuersalamander (Salamandra salamandra)	18,6	feuchte Mittelgebirgswälder	20—25 J.	gute Farbunterscheidung	Larven	klare Bäche	ganzjährig außer Winter					6—12 Mon.
Alpensalamander (Salamandra atra)	18,5	Hochgebirge		gute Farbunterscheidung	einzeln, lebendige	auch ohne Wasser	ganzjährig außer Winter					
Kammolch (Triturus cristatus)	20,6	tiefere Tümpel		blauempfindlich	einzeln an Wasserpflanz.	Teiche, Tümpel			X X X	X X X		3 Mon.
Streifenmolch = Teichmolch (Triturus vulgaris)	23,5	flachere Tümpel	18 Jahre	rot- u. blauempfindlich	einzeln an Wasserpflanz.	Tümpel, Gräben			X X X	X X X		3—4 Mon.
Bergmolch (Triturus alpestris)	22,6	Tümpel n Gebirge u. Ebene	15 Jahre	rot- u. blauempfindlich	einzeln	Quellteiche, Waldbäche		X X	X X X	X X X		6—12 Mon.
Leistenmolch (Triturus helveticus)	21,2	Tümpel Mittelgebirge	28 Jahre	gute Farbunterscheidung								
Grasfrosch (Rana temporaria)	29,6	feuchte Wälder Moore u. dgl.		rot- u. blauempfindlich	gallertige Klumpen	stehende und langsam fließ Gewässer	X X X X	X				bis Juli
Wasserfrosch (Rana esculenta)	28,7	Teiche, Seen			Klumpen	stehende und langsam fließ Gewässer				X X X	X X	bis Aug./Sept.
Laubfrosch (Hyla arborea)	27,4	auf Bäumen u. Sträuchern		blau- u. UV-empfindlich	kleine Klumpen	Teiche, Seen			X X X	X X X		bis Aug./Sept.
Erdkröte (Bufo bufo)	26,9	feuchte Wälder u. dgl.		farbblind, außer UV	Laichschnüre	Tümpel		X X X	X X X			bis Juli
Wechselkröte (Bufo viridis)	32,9	steppenartiges Gelände			Laichschnüre	Tümpel			X X X	X X X X	X X X	bis Juli/Aug.
Kreuzkröte (Bufo calamita)	30,1	Stranddünen u. dgl.		farbblind	Laichschnüre	Tümpel			X X X	X X X	X X X	bis Juli/Aug.
Knoblauchkröte (Pelobates fuscus)	28,7	relativ trockener Boden, z. B. Spargelfelder				Tümpel		X X X	X X X	X		bis Juli/Aug.
Gelbbäuchige Unke (Bombina variegata)		Hügelland u. Gebirge, kleine bis winz. Gewässer			kleine Klumpen	Verkrautete Tümpel u. Altwässer	April — September					Sept.
Rotbäuchige Unke (Bombina bombina)	21,2	gr. Gewässer mit reicher Vegetation in der Ebene			kleine Klumpen	Tiefliegende Tümpel				X X	X X X	Sept.
Geburtshelfer-Kröte (Alytes obstetricus)		Hügelland; unter Steinen			Schnüre die das ♂ um Beine wickelt					X X	X X X	Herbst oder überwintert

Literatur

Bechtle, W.: Tiere drinnen und draußen. (Aufzucht von Grasfröschen, Erdkröten; Liebesspiel der Wassermolche und Entwicklung der Jungen) Ko. 1965, S. 129.
Dürken, A.: Amphibien und Reptilien lassen sich „wie lebend" präparieren (paraffinmethode). P. d. N. 1964, H. 7.
Freytag, G.: Der Teichmolch. NBB (vergr.)
ders.: Feuersalamander und Alpensalamander. NBB (vergr.).
Frommhold, E.: Heimische Lurche und Kriechtiere. NBB 1965.
Gerlach, R.: Salamandrische Welt. Hamburg 1960.
Hadson, E. Experimentelle Entwicklungsforschung an Amphibien. Verst. Wiss. Bd. 77. Berlin.
Heußer, H.: Zum Häutungsverhalten der Amphibien. Rev. Suisse. Zool. Bd. 65. S. 793—823. 1958.
ders.: Instikterscheinungen an Kröten, unter bes. Berücksichtigung des Fortpflanzungsinstinktes der Erdkröte (Bufo bufo L.) Z. Tierpsych. Bd. 17. S. 67—81. 1960.
ders.: Die Bedeutung der äußeren Situation im Verhalten einiger Amphibienarten. Rev. Suisse. Zool. Bd. 68. S. 1—39. 1961.
Hoefke, R.: Anleitung zum Sammeln und Konservieren v. Laich und jungen Entwicklungsstadien unserer einheimischen Amphibien. Miko 43. 1954.
Jungfer, W.: Die einheimischen Kröten. NBB (vergr.).
Klingelhöffer, W.: Terrarienkunde I.—III. Teil. Stuttgart 1956.
Knaurs Tierreich in Farben: Amphibien. München 1961.
Mangoldt, O.: 50 Jahre Experimente zur Analyse der Frühentwicklung des Molchkeimes. NR 1962, H. 9 u. 10.
Mertens, R.: Welches Tier ist das? Kriechtiere und Lurche. Stuttgart 1960.
Nietzke, G: Die Terratientiere. Bd. I. Stuttgart 1969.
Reichenbach-Klinke: Krankheiten der Amphibien. Stuttgart 1961.
Stark, D.: Embryologie. Stuttgart 1955.
Ruzicka, F.: Das Auge des Kammolches. (Anleitung zur Herstellung von Präparaten u. ihre Auswertung im Unterricht.) Miko 52. 1963, S. 307 ff.
Schneider, H.: Entwicklungsgeschichte des Bergmolches. Lebendbeobachtung der Keimesentwicklung. Miko 53. 1964, H. 1.
Schlieper, C.: Praktikum der Zoophysiologie. Stuttgart 1964.

KRIECHTIERE (REPTILIA)

A. Allgemeiner Teil

I. Demonstrationsmaterial

Skelett einer Eidechse und einer Schlange (am besten eignen sich Einschlußpräparate, da sie weitgehend unzerbrechlich sind)
Verschiedene Eidechsen, Blindschleiche, Ringelnatter, Kreuzotter (als Einschluß- oder Flüssigkeitspräparat)
Skelett eines Schlangenschädels mit Giftzähnen
Schlangenhäute und Natternhemden als Ganzes und Teile ders. als Diapräparate
Entwicklungsreihe: vom Ei zur Ringelnatter (Flüssigkeitspräparat)
Verschiedene Reptilieneier
Von den Exoten sind am leichtesten Alligatoren oder die Haut einer Riesenschlange zu bekommen
Chamaeleon, Gecko, Agamen u. dgl.
Krokodilschädel, Schildkrötenskelett und -panzer
Gehirnmodell eines Reptils
Versteinerungen oder Wandtafeln ausgestorbener Saurier
Terrarium mit lebenden Reptilien bestückt

II. Filme und Dias

F/FT	935	Die Zauneidechse
R	116	Einheimische Eidechsen
FT	594	Die Echsen von Galapagos
F	448	Die Kreuzotter
R	102	Die Kreuzotter
F	55	Die Ringelnatter
FT	602	Elefantenschildkröten
8F	61	Kommentkampf der Meerechsenmännchen
8F	62	Beschädigungskampf der Meerechsenweibchen
8F		Kampfverhalten beim Chamaeleon
E	784	Phelsuma madagascariensis — Häutung beim Gecko.
E	725	*Chamaeleo bitaeniatus*. Fortbewegung im Geäst. Farbe, 10'.
C	361	Beutemachen und Fressen bei einer Riesenschlange, 10'.
E	863	*Bitis arietans* (Puffotter) Beuteerwerb durch Giftbiß. 11'.
E	864	*Bitis arietans* (Puffotter) Beuteerwerb u. Schlingakt. 18'.
E	269	*Bitis arietans* (Puffotter) Kommentkampf der Männchen. 10'.
E	625	*Testudo graeca* (Maurische Landschildkröte) Eiablage. 10'.

III. Vergleiche zwischen Amphibien und Reptilien

Gemeinsamkeiten

Innenskelett mit Wirbelsäule, meist mit Schulter- und Beckengürtel, Kopf und Schwanz, 4 Gliedmaßen. Wechselwarmes Blut in Blutgefäßsystem mit Herz. Winterruhe. Innere Organe: Leber, Nieren, Verdauungstrakt, Ovarien od. Hoden Haut wird in periodischen Häutungen abgestreift.

Unterschiede

AMPHIBIEN	REPTILIEN
Leben im Wasser und auf dem Land	Hauptsächlich auf dem Land, erst sekundär wieder in das Wasser gelangt. Fliegende Formen.
Befruchtung im Wasser	Befruchtung auf dem Land benötigt besondere Begattungsorgane
Eiablage meist im Wasser	Eiablage auf dem Land
Eier in Gallerte	Eier in besonderer Schutzschale
Entwicklung:	
Ei u. Embryo in Gallerthülle (nur wenige Formen lebend gebärend)	Totalentwicklung im Ei oder Uterus
Larve meist im Wasser mit Kiemen und Flossensäumen	Kein Larvenstadium; nach dem Schlüpfen nur noch Größenwachstum
Fertiger Lurch z. T. a. d. Land	Gesamtentwicklung a. d. Land
Metamorphose vom reinen Wasser- zum Landleben	
Körperbau:	
Haut mit vielen Schleimdrüsen und dünner Hornschicht	Trockene Haut mit dicker Hornlage aus Schuppen u. Schildern, z. T. mit Knocheneinlagerungen
Haut immer feucht	Starker Verdunstungsschutz
Meist geringer Schutz gegen Verdunstung	und Schutz gegen mechanische Verletzungen
Wenige Schädelknochen	Schädel mit Knochenplatten gepanzert
Sehr kleines Gehirn	Gehirn höher entwickelt, leistungsfähiger
Mit Seitenliniensinnesorgan	Ohne Strömungssinn
ca. 3000 rezente Arten	ca. 6000 recente Arten
Höchstentfaltung im Erdaltertum und Frühmittelalter: Karbon, Perm, Trias.	Höchstentfaltung u. Verbreitung im Erdmittelalter durch Saurier: Trias, Jura, Kreide;
Seit ca. 300 Mio. Jahren	Seit ca. 260 Mio. Jahren (Oberkarbon)

Versuche und Demonstrationen zum Vergleich:
1. Verdunstung der Körperoberfläche
Ein Frosch und ein Reptil werden in zwei trockenen Gefäßen gewogen und eine Stunde lang trocken gehalten. Darauf wird erneut gewogen (am besten im selben Gefäß belassen, da die Tiere evtl. koten) und eine evtl. Gewichtsabnahme im Verhältnis zum Körpergewicht bestimmt.
2. Die Haut von beiden Typen wird gezeigt, eventuell in Diagläsern projiziert.

3. Auf einen Schreibprojektor werden Einschlußpräparate vom Salamander und einer Eidechse nebeneinander gelegt. Hauptunterschiede der Silhouetten sind die Krallen der Eidechse. (Hinweis auf Hornpanzer).
4. Versteinerungen werden gezeigt (Hinweise auf Höchstentfaltung).
5. Wandtafel vom Steinkohlenwald (Panzerechsen) u. Jura (Saurier).
6. Gehirnmodelle im Vergleich zeigen (Zunahme des Vorderhirns).
7. Amphibieneier (Froschlaich) und Reptilieneier (Schaleneier) besprechen und zeigen.
8. Schädelskelett von Frosch und Eidechse vergleichen und auf die Knochenplatten beim Reptil hinweisen.

B. Experimenteller Teil

I. Beobachtungen und Versuche

1. Beobachtungen zu den Sinnesorganen und Reflexen

a. *Das Parietalauge*

Bei größeren Echsen kann man das unpaare Scheitelauge ohne weiteres erkennen.
(*Streble, H.*: Das Dritte Auge. Miko 50. 1961, S. 109 ff.)

b. *Gehörnachweis*

Schlafende Eidechsen sollen auf einen Wecker reagieren, Schlangen dagegen nicht. Letztere besitzen wahrscheinlich kein Gehörorgan. Die Musik des Schlangenbeschwörers spielt für die Schlange keine Rolle.
Krokodile haben gut entwickelte Gehörorgane.
Bei *Lacerta* liegt die obere Hörgrenze bei 8200 Hz.

c. *Das Züngeln*

kann sowohl bei Schlangen wie bei Eidechsen beobachtet werden. Eidechsen und Blindschleichen öffnen dabei den Mund etwas, während Schlangen die Zunge durch eine Lücke gleiten lassen.

d. *Tastorgane*

Trotz der Hornpanzerung sind die meisten Reptilien sehr berührungsempfindlich. Als Tastorgane dienen Tastflecke verdünnter Epidermisstellen, unter denen von Nervennetzen versorgte Zellen liegen. Sie sind besonders am Kopf, an den Lippen und den Augen konzentriert.

e. *Positive Rheotaxis*

läßt sich im Zoo bei Alligatoren beobachten, welche im Alligatorbecken meist alle zur Einflußrichtung des Frischwassers hin orientiert sind.

f. *Thermorezeptoren*

Das Vorhandensein von Thermorezeptoren ist Voraussetzung dafür, daß Reptilien Orte mit ihrer Vorzugstemperatur anstreben. Zu demonstrieren, wenn Reptilien im Terrarium unter der Heizlampe oder auf der erwärmten Unterlage sitzen.

Durch Ortsveränderungen der Bodenheizung kann man Blindschleichen dorthin locken, wo es warm ist.

g. *Das Sehvermögen*

ist bei den meisten Reptilien gut entwickelt.
Jedoch spielt das Bewegungssehen eine beherrschende Rolle.
Dies kann bei Fütterungsversuchen unschwer gezeigt werden. Die Schlangen des Schlangenbeschwörers verfolgen ja auch dessen rhythmisch hin- und herpendelnden Kopf, oder die Flöte.

h. *Negative Phototaxis*

Braun R. beschreibt eine einfache Versuchsanordnung, welche zeigen kann, daß die Blindschleiche negativ phototaktisch ist. Beleuchtet man ein Terrarium mit einer Glühbirne, dann stellt sich das Tier unter ihr ein. Filtert man dann die Wärmestrahlung der Lampe durch ein dazwischengestelltes Glas mit Wasser weg, dann zieht sich die Blindschleiche vor dem Licht zurück. Im ersten Fall wurde die Photophobie (= Lichtscheu) durch die Thermophilie (= Wärmeliebe) überdeckt. Im zweiten Fall fehlt die Wärmestrahlung und das Tier zieht sich vor dem Licht zurück.

h. *Drehnystagmus*

ist einfach nachzuweisen, man braucht nur eine möglichst ruhige Eidechse, welche nicht gleich davonläuft.
Zuerst kleben wir ca. 2 cm breite schwarze Papierstreifen in gleichmäßigen Abständen (ca. 6—10 cm) auf einen 20 cm breiten und 1,5 m langen weißen Papierstreifen. Das Tier setzen wir in eine Glaswanne und ziehen mit einer Hilfsperson den Zebrastreifen an dem Versuchstier vorbei.
Das Tier folgt mit einer Kopfbewegung bis zu einem bestimmten Winkel, dann springt der Kopf wieder in die Ausgangsstellung zurück. Zur Demonstration vor der ganzen Klasse kann das Tier auch auf den Schreibprojektor gesetzt werden. Geschwindigkeit und Größe des Streifens muß je nach Tier vorher im Versuch eruiert werden.

i. *Der kompensatorische Drehreflex*

kann, wie bei den Molchen beschrieben, auch bei den Reptilien gezeigt werden.

k. *Auch statische Kopfstellreflexe*

sind leicht zu erzielen, wenn der Eidechsen oder Schildkrötenkörper zuerst waagrecht und dann senkrecht nach oben oder nach unten gehalten wird.

1. *Umdrehreflexe*

lassen sich auf zweifache Weise beobachten.
Liegt die Eidechse, der Skink, die Schildkröte, oder was immer zur Verfügung steht, auf dem Rücken, dann arbeitet das Tier sowohl mit den Beinen wie mit dem Schwanz. (Beschreibung der Bewegungen und ihrer Wirkung).
Nimmt man dagegen einen Berberskink so in die Hand, daß seine Füße keine Unterlage spüren, dann führt er mit dem Schwanz kreisende Bewegungen durch. (Vergl. Umdrehbewegungen einer fallenden Katze). Sobald er jedoch mit einem

Fuß Halt an einer Hand gefunden hat, beginnt er damit Stemmbewegungen und das Schwanzkreisen hört sofort auf. Befreit man den Fuß, beginnt sofort wieder das Schwanzkreisen.

Nimmt man Terrarientiere in die Hand, dann scheiden sie manchmal Kot ab. Für die Schüler bedeutet das einen Spaß, für den Lehrer ist es gleich Grund darauf hinzuweisen, daß bei Reptilien nur fester Kot, ohne flüssigen Harn ausgeschieden wird.

2. Exuvien zur Diaprojektion

Für die Diaprojektion eignen sich alle Exuvien von Reptilien. Besonders interessant ist der Vergleich zwischen Rücken- und Bauchbeschuppung einer Schlange oder zwischen der Bauchbeschuppung einer Ringelnatter (Schlange) und einer Blindschleiche (Echse).

Der Tigergecko z. B. ist im Terrarium zu beobachten, wie er die Hornhaut wie Handschuhe mit dem Mund von seinen Extremitäten abzieht. Greift man rasch zu, bevor er die Exuvie frißt, dann erhält man ein hübsches Dia, welches wiederum mit ähnlichen der Amphibien (z. B. Erdkröte) verglichen werden kann.

Die Kopfhaut als Ganzes abgestreift, kann aussehen wie eine Maske.

Stark gewölbte Häute können durch vorsichtiges Pressen mit dem Finger etwas eingeebnet werden, bevor sie zur Einbettung zwischen die Gläser kommen.

3. Abtöten von Kriechtieren

Zum Abtöten von Kriechtieren wird von Stehli eine Mischung aus Chloroform und Schwefeläther (1 : 1) empfohlen. „In ein geeignetes flacheres Gefäß (Glasschale mit Deckel) legen wir eine Zellstofflage, bringen das betreffende Tier hinein und gießen etwa zwei Teelöffel der Äthermischung auf den Zellstoff. Eine Betäubung erfolgt dabei sehr schnell. Um ein Wiedererwachen auszuschalten sind die Objekte etwa eine Stunde darinnen zu belassen. Nachdem die Totenstarre vorüber ist, sind derart abgetötete Objekte leicht in jede gewünschte Stellung zu bringen."

Auch Nikotin, in einer Konzentration wie es als Pflanzenschutzmittel im Handel ist, kann zum Abtöten von Reptilien und Amphibien verwendet werden. Es genügen dabei einige, in das Maul geträufelte Tropfen. Wegen der Geruchslosigkeit ist diese Methode auf Reisen geeignet.

4. Präparation und Behandlung der Haut

Näheres über das Aufstellen von Reptilien als Trockenpräparate findet man in der Speziallliteratur (z. B. *Stehli*). Die Häute können bis zu einer späteren Verarbeitung in Alaunsalzlauge oder in Spiritus aufbewahrt werden. Um eine Schlangenhaut abzuziehen und zu konservieren, führe man den Längsschnitt nicht durch die Mitte der Bauchschuppen, sondern unmittelbar daneben. Die Haut wird vorsichtig abgezogen, sorgfältig von Fetteilen gesäubert, aufgespannt und mit folgendem Gemisch, das eine salbenartige Masse bildet, dünn bestrichen und eingerieben:

Wasser 475 g, Waschseife 65 g, Arseniksaures Natrium 100 g, Bolus alba 564 g, Kampferspiritus 45 g.

Nach dem Trocknen kann die Haut aufgerollt, oder in Spiritus aufbewahrt werden.

Zu Vergleichsstudien und Demonstrationszwecke können auch mehrere Häute nebeneinander auf Hartfaserplatten aufgezogen und wie ein Bild mit Glas gerahmt werden. Dazu eignen sich auch Schlangenhemden, welche im Terrarium regelmäßig anfallen. Verschiedene Färbungen von Kreuzottern lassen sich auf diese Weise darstellen.

Selbstverständlich wird in diesem Zusammenhang auf die Naturschutzordnung hingewiesen. Da es immer wieder geschieht, daß Kinder tote oder lebende Tiere in die Schule bringen, oder daß Tiere im Terrarium eingehen, ist es durchaus einer Überlegung wert, wie diese Objekte weiter genutzt werden können.

5. Haltung von lebenden Reptilien

Die Haltung lebender Reptilien im Schulterrarium ist in vielfacher Hinsicht eine dankbare Aufgabe. Die Blindschleiche z. B. ist wegen ihrer Anspruchslosigkeit jahrzehntelang zu halten. Auch die Zauneidechse ist ein sehr geeignetes Objekt, zumal sie sehr zahm werden kann.

Hinzu kommen die vielen subtropischen und tropischen Formen, welche allerdings geheizte Terrarien benötigen. Wie im Aquarium muß auch hier auf die Verträglichkeit der Tiere geachtet werden, sonst zahlt man schwer drauf.

Zur Fütterung wird eine Heimchenzucht und eine Mehlwürmerzucht angelegt, die ihrerseits wieder zahlreiche Demonstrationsmöglichkeiten für den Unterricht liefern.

Zuverlässige Schüler übernehmen die tägliche Fütterung und Versorgung. In den Ferien werden die Tiere entweder in Pflege gegeben, oder ein Übereinkommen mit dem verständnisvollen Hausmeister getroffen. Kleinere Hungerperioden schädigen gut gefütterte Tiere in der Regel nicht.

Näheres über Haltung und Terrarienkunde findet sich im einschlägigen Kapitel dieses Handbuches und in der angegebenen Literatur.

6. Beobachtungsaufgaben

Wie erfolgt die Fortbewegung? Schlängeln, Laufen, Klettern, Springen, Schwimmen, Eingraben.
Wird der Körper dabei vom Boden abgehoben?
Welche Rolle spielt der Schwanz?
Wie wird der Kopf gehalten?
Steht ein besetztes Terrarium zur Verfügung, dann lassen sich folgende Beobachtungen angehen:
Sind Reviere, Versteckplätze oder Vorzugsplätze erkennbar?
Lassen sich Begründungen für das Einnehmen dieser Plätze angeben?
Ist bei Fütterung oder sonst eine zwischenartliche oder innerartliche Rangordnung festzustellen?
Wie werden Auseinandersetzungen ausgetragen? (Komment- oder Beschädigungskampf).
Woran erkennt man die bevorstehende Häutung? (Die Tiere nehmen nur noch wenig oder keine Nahrung mehr auf. Die Augen werden infolge Abhebens der

Hornhaut trübe, die Körperoberfläche verändert sich in der Farbe und manchmal auch in der Oberflächenbeschaffenheit.)
Wo platzt die Haut auf?
Wie wird die Haut abgestreift? Wird die Haut anschließend gefressen?
Derartige Fragestellungen sind mehr als Hinweise für den Lehrer gedacht um die Möglichkeiten, wo immer sie sich bieten gleich auszuschöpfen. Fragen zum Paarungsspiel u. dgl. gehören in den Bereich des biologischen Hobbys und übersteigen die Verhältnisse des normalen Schulbetriebes.

II. Kreuzotter und Kreuzotterbisse

1. Kennzeichen der Kreuzotter

Gedrungener plumper Körperbau mit etwas abgesetztem Kopf, kurzem Schwanz, stark gekielten Rückenschuppen, mäßig großen Augen mit senkrechter Schlitzpupille.
Die Färbung kann von einem hellen Asch-, Silber- und Braungrau (bei den Männchen) zu gelblichen oder rötlichen Tönen (bei Weibchen) führen. Rotbraune Kreuzottern werden im Volksmund oft als Kupferottern (oder Kupfernattern), ganz schwarze als Höllenottern bezeichnet.
Über den Rücken verläuft meist ein beim Männchen schwarzes, beim Weibchen dunkelbraunes Zickzackband, das jederseits von einer Längsreihe dunkler Flekken begleitet ist. Die Breite des Bandes sowie die Form der einzelnen Flecken sind vielfachem Wechsel unterworfen.
Da einige dieser Merkmale auch bei anderen Schlangen vorkommen können, sollte man sich bei Freilandbestimmungen nie auf ein einziges verlassen.

2. Bißstelle

Meist zwei, wegen der Ersatzzähne mitunter 4 rote Wundstellen wie beim Einstich einer Nadel. Beim Biß harmloser Schlangen drücken sich die Zähne in Kieferbogenform ab.

3. Giftwirkung

Wenn der Biß der Kreuzotter auch ausreicht, rasch eines ihrer Beutetiere zu töten, so wird das Gift für den Menschen im allgemeinen nur dann lebensgefährlich, wenn das gesamte Gift in den Körper gelangt und der Gebissene nicht ganz gesund ist. Größe des Gebissenen, Ernährungszustand und die Füllung der Giftdrüsen der Schlange, sowie Temperatur und Tageszeit spielen eine Rolle.
Das Gift der Vipern besteht im allgemeinen aus hämorrhagischen Elementen (Zerstören der Wandschicht der Blutgefäße), ferner Thrombinen (bewirken Gerinnungen in den Blutgefäßen) und Zytolysinen (greifen weiße Blutkörperchen und die übrigen Körpergewebe an).

4. Behandlung

Das Gift soll möglichst schnell den Körper wieder verlassen. (Aufschneiden der Bißstelle mit sauberer Klinge). Vermeiden, daß sich das Gift im Körper verteilt. (Ruhig verhalten, oberhalb der Bißstelle mit elastischer Binde einen Venenstau anlegen. Der Puls soll im abgebundenen Körperteil noch zu spüren sein. Die

Binde ist alle 15' für ca. 20' zu öffnen.) Da Alkohol und Kaffee den Blutkreislauf beschleunigen, sollten sie entgegen früheren Empfehlungen nicht verabreicht werden.

5. Serum

Da das vom Arzt zu spritzende Serum nur angewendet werden darf, wenn tatsächlich der Biß einer Giftschlange vorliegt, kann zur Dokumentation in Zweifelsfällen ausnahmsweise die Schlange getötet und mitgenommen werden oder auch aus den Giftzähnen genau identifiziert werden. Stammt nämlich der Biß von einer harmlosen Schlange, dann kann das Spritzen des Serums zu langwierigen Erkrankungen führen.

Todesfälle durch Schlangenbisse sind in Deutschland äußerst selten.
(n. *Hellmich, W.*: Von Kreuzottern und Kreuzotterbissen. Ko 1961/7).

6. Giftzähne

Neuere Beobachtungen über das Gähnen bei Schlangen haben gezeigt, daß bei solenoglyphen Giftschlangen, zu denen die Kreuzotter, aber auch die Puffotter und die Klapperschlange gehören, das Öffnen des Maules nicht notwendig mit dem Aufrichten der Giftzähne gekoppelt ist. Aus diesem Grund gibt jenes, gelegentlich in Schulsammlungen anzutreffendes Kopfmodell einer Giftschlange kein ganz richtiges Bild. Denn die Giftzähne stellen sich in diesen Modellen zwangsweise auf, sobald sich nur das Maul öffnet.

So starr ist indessen die Verbindung der beteiligten Knochen — vor allem des vom Quadratum, Pterygoideum, Transversum und Maxillare gebildeten Bogens — in Wirklichkeit keineswegs. Beim Gähnen läßt sich sozusagen im Zeitlupentempo feststellen, daß die rechte und linke Kiefernhälfte völlig unabhängig voneinander bewegt und daß die Giftzähne einzeln oder gar nicht aufgerichtet werden können. (*Hediger:* Tierpsychologie im Zoo und im Zirkus. Basel 1961, S. 375).

III. Reptilien und Zahlen

Das Leistenkrokodil (*Crocodylus porosus*) Südostasiens erreichte früher Längen bis zu 10 m und ein Gewicht von ca. 3 to. Heute werden sie nicht mehr größer als 6,5 m.

Ein Gecko Westindiens (*Sphaerodactylus elegans*) wird mit seinen 3,3 cm als das kleinste Reptil angesprochen. Als größter Waran gilt der Komodo Waran (*Varanus comodoensis*), von dem Exemplare von mehr als 3 m bekannt sind.

Die Landschildkröten sind nicht nur sehr langsame Tiere (wenige Meter pro Minute), sondern werden bekanntlich auch sehr alt. Captain James Cook schenkte am 22. Okt. 1773 dem König von Tonga die Schildkröte „Tui Malila". Sie starb am 19. 5. 1966 im Alter von 193 Jahren.

Lederschildkröten erreichen ein Gewicht von 1270 kg. Unter den Landschildkröten ist die Riesenschildkröte (*Testudo gigantea*) die schwerste (bis 395 kg).

Bei den Schlangen ist die Länge interessant. In Ostkolumbien wurde 1944 eine Anakonda (*Eunectes murinus*) von 11,4 m Länge getötet. Eine weibliche Pythonschlange (*Python reticulatus*) erreichte im Zool. Garten von Pittsburgh eine Länge von 810 cm, einen Umfang von 91 cm und ein Gewicht von 145 kg. Als längste Giftschlange wurde 1924 in Thailand eine Königskobra (*Ophiophagus hannah*) getötet. Sie war 550 cm lang. Die Fortbewegungsgeschwindigkeiten der Schlangen werden oft übertrieben. Zu den schnellsten soll die schwarze Mamba gehören mit 11 km/h.

Die Frage nach der giftigsten Schlange, welche von den Schülern am häufigsten gestellt wird, ist noch am wenigsten geklärt. Die Bisse ein und derselben Schlange können eine unterschiedliche Giftdosis enthalten, je nach dem Füllungsgrad der Giftdrüsen. Exakte Aussagen über Giftigkeit müßten also Aussagen über die Wirkung einer bestimmten Giftmenge beinhalten. So sollen 2 mg vom Gift der Bandotter bereits tödliche Wirkung haben. Allerdings ist die für den Menschen todbringende Wirkung auch kein Maß für die Giftigkeit.

Es wird geschätzt, daß jährlich 30 000 bis 40 000 Menschen auf der Welt von Schlangen getötet werden.

Literatur

Bader, R.: Schildkröten im Schulvivarium. P. d. N. 1961, H. 11.
Bechtle, W.: Schildkröten und ihre Haltung. Ko 1965. S. 264.
Frommhold, E.: Die Kreuzotter. NBB 1964.
Kemmer, G.: Der giftige Biß (Kreuzotter). Die Natur 1966, S. 264.
Klingelhöffer: Terrarienkunde 3. u. 4. Teil, Echsen. Stuttgart 1957.
Knaurs Tierreich in Farben: Reptilien. München 1957.
Mertens, R. und *Wermuth, H.*: Die Amphibien und Reptilien Europas. Frankfurt a. M. 1960. (Checklisten mit Bestimmungsschlüsseln und umfangreichem Synonymverzeichnis.)
Kuhn, O.: Die Reptilien. System und Stammesgeschichte. Krailling 1966.
Mertens, R.: Die Warn- und Drohreaktionen der Reptilien. Abh. Senckenberg Natf. Ges. 471, S. 1—108; 1964.
Obst, J. und *Meusel, W.*: Die Landschildkröten Europas. NBB 1968.
Rotter, J.: Die Warane. NBB 1962.
Ruppolt, W.: Leguane im Schulterrarium. P. d. N. 1961, H. 11.
Sachs, W.: Giftzahn und Schleuderzunge. Ko. Bd. 1948.
Sternfeld, R. und *Steiner, G.*: Die Reptilien und Amphibien Mitteleuropas. 2. Aufl. Heidelberg.
Wittmann, B.: Europas Giftschlangen. Wien 1954.

VÖGEL (AVES)
A. Allgemeiner Teil
I. Vogelsammlung nach verschiedenen Gesichtspunkten
1. Systematische Grundausstattung (Stopfpräparate)

Haushuhn, Haustaube, Rabenkrähe und Verwandte, Star, Buchfink, Haus- und Feldsperling, Grünfink, Kohlmeise, Amsel, Rauch- und Mehlschwalbe, Fliegenschnäpper, Specht, Eule, Taggreifvogel, Ente, Gans, Strandläufer, Papagei.

2. Geschlechtsdimorphismus (Stopfpräparate)

Hahn u. Henne, Buchfinkenpärchen, Amselpärchen, Stockentenpärchen.

3. Eine Ordnung exemplarisch ausbauen, z, B.:

Rabenvögel eignen sich insofern, als die Ordnung übersichtlich ist, die Vögel groß und bekannt sind und die Bälge leicht beschafft werden können (Stopfpräparate).
ORDNUNG: Sperlingsvögel (*Passeres*)
FAMILIE: Rabenvögel (*Corvidae*)
GATTUNG: Raben (*Corvus*)
Rabenkrähe (*Corvus corone corone* L.)
(von corvus = lat. Rabe; corone = Weissagung a. d. Vogelflug)
Nebelkrähe *(Corvus corone cornix L.)* (cornix = lat. Krähe)
Saatkrähe (*Corvus frugilegius* L.)
(frugilegius = lat. Früchte auflesend)
GATTUNG: Dohlen (*Coloeus*)
Dohle (*Coloeus monedula* L.)
(coloeus = lat. Dohle; monedula = Dohle)
GATTUNG: Elster (*Pica*)
Elster (*Pica pica* L.)
(pica = Elster)
GATTUNG: Tannenhäher (*Nucifraga*)
Tannenhäher (*Nucifraga caryocatactes* L.)
(Nucifraga von lat. nux = Nuß, frangere = brechen caryocatactes = gr. Nußbrecher)
GATTUNG: Häher (*Garrulus*)
Eichelhäher (*Garrulus glandarius* L.)
(garrulus = lat. schwatzhaft; glans = lat. Eichel)

GATTUNG: Alpendohle (*Pyrrhocorax*)
Alpendohle (*Pyrrhocorax graculus L.*)
(pyrrhocorax = gr. Feuerrotrabe; graculus = lat. Dohle).

4. Exoten

z. B. Papagei, Kolibri, Pinguin (Stopfpräparate)
Da viele unserer einheimischen Vögel immer seltener werden, wird man glücklich über jeden Balg sein, der als Geschenk von irgendwoher in die Sammlung wandert.
Es sollte aber selbstverständlich sein, nicht durch zu weitgehende Bedarfsmeldungen an die Tierpräparatoren diese zur Beschaffung geschützter und aussterbender Vögel zu veranlassen.

5. *Schnabelformen*

Entweder anhand der Bälge oder einer Sammlung von Schädeltypen, oder auch einer Wandtafel.
Beispiele:
>Bachstelze (Insektenfresser)
>Grünfink (Körnerfresser)
>Specht (Meißelschnabel)
>Ente (Seihschnabel)
>Bussard (Greifschnabel) usw.

6. *Fußformen*

Entweder anhand der Bälge oder einer Sammlung von Füßen oder auch Abbildungen.
Beispiele:
>Huhn (Scharren, Laufen, Angriff, Verteidigung)
>Singvogel (Sitzen)
>Specht (Klettern)
>Greifvogel (Greifen, Töten)
>Mauersegler (Hängen)
>Storch (Waten)
>Ente (Schwimmen) usw.

7. *Flügelformen und Farben*

Flügel ausgebreitet: Sperling, Schwalbe, Greifvogel, Pinguin.
Flügel angelegt:
Flügel in Körperlänge (Sperling) oder den Körper überragend (Schwalbe).
Flügelbinden und Flügelabzeichen (Wildente, Eichelhäher).

8. *Schwanzformen*

Schwanz gegabelt, gebuchtet, abgeschnitten, keilförmig, gestuft.

9. *Flugbilder aus Pappe hergestellt (s. u.)*

10. Skelette und Skeletteile

Totalskelett (am besten vom Haushuhn)
Skelett eines Vogelflügels wo sowohl die Skeletteile, wie die Federn sichtbar sind, so daß der Aufbau klar ersichtlich ist.
Schädelskelette.
Vergleich zwischen Vogelknochen und Säugetierknochen (Längsschnitte).

11. Entwicklungsreihe des Haushuhns

Verschiedene Stadien der Bebrütung als Flüssigkeitspräparate.

12. Eiersammlung

Dazu Insektenkasten mit weißem Papier auskleben und die ausgeblasenen Eier festkleben und beschriften.
Angebrütete Eier eignen sich nicht. (Weiteres s. u.)

13. Nestersammlung

Insofern problematisch, als die Nester leicht zerfallen und dann die Sammlung verschmutzen und außerdem allerlei Ungeziefer in die Sammlung bringen können.
Zum Bestimmen der Nester eignen sich am besten Eier oder Schalenreste, welche noch im Nest gefunden wurden.
Zur Aufbewahrung kann man alte Einmachgläser nehmen, welche mit Gummi und Deckel zu verschließen sind.
Keinesfalls Beschriftung (Fundort, Zeit, Art) vergessen. (Weiteres über Nester s. u.)

14. Gewöllesammlung

a. Systematische Sammlung in Gläsern
b. Vorratssammlung für Präparationsübungen
c. Präparierte Gewölle (s. u.)

15. Modelle

Totalmodell vom Huhn
Magenmodell vom Huhn und zum Vergleich vom Greifvogel
Fußmodell mit der Mechanik des Sitzfußes (Die Mechanik des Vogelfußes in Prax. d. Biol. 1956, H. 7)
Federskelett und Kopfmodelle (nach *Fried, W.*: Selbstanfertigung eines „Federskelettes" u. beweglicher Kopfmodelle. Prax. d. Biol. 1957, H. 9, S. 161.)
Flugmodelle

16. Versteinerungen

Abguß des *Archaeopteryx lithographicus*.

17. Futterhäuschen für den Winter

Großes Hessisches Futterhaus, Westfälisches Futterdach, Futterkasten am Fenster, Futterglocken, Futterringe, hohle Futterhölzer, u. dgl. (Weiteres über Vogelfütterung s. u.)

18. Nistgeräte und Nisthilfen

Nisthöhlen für Höhlenbrüter, Nisttaschen an Bäumen für Freibrüter, Nisthilfen für Rauchschwalben und Mehlschwalben usw. (Weiteres s. u.).

19. Bildmaterial

Tafelwerk von *Heinroth, K.:* Mitteleuropäische Vogelwelt. Tafeln mit rückseitigem Text; zur Projektion im Episkop geeignet. Kronen Verlag Hamburg. 1968².

20. Vogelstimmenplatten und -tonbänder

Davon gibt es heute bereits eine große Auswahl verschiedener Lehrmittelfirmen, wie auch vom Institut für Film und Bild im Unterricht.

II. Filme und Dias

F	622	Hühnerhof 11 min
FT	622	Auf einem Hühnerhof 14 min
R	1487	Hühnerrassen — Mastrassen 9 min
R	521	Entwicklung des Hühnchens im Ei 10 min
R	725	Embryonalentwicklung des Hühnchens 17 min
F	205	Die Rauchschwalbe 12 min
FT	711	Der Star 9 min
F	1279	Bau eines Vogelnestes 6 min
8 F	20	Bau eines Vogelnestes 6 min
Tb	19	Vogelstimmen II: Amsel, Drossel, Fink und Star 18 min
Tb	20	Vogelstimmen III: Vögel in Wald und Park 24 min
R	647	Meisen und Meisenverwandte 11 min
R	70	Rabenvögel und Pirol 11 min
R	679	Der Kuckuck als Brutschmarotzer 13 min
F	248	*Der Kuckuck als Brutschmarotzer* *6 min*
F/FT	416	Zimmerleute des Waldes 13 min / 20 min
R	28	Spechte 14 min
FT	600	Aus dem Leben des Birkwildes 9 min
F	396	Kinderstube des Drosselrohrsängers 13 min
Tb	18	Vogelstimmen I: Stimmen in Ried und Rohr 20 min
F	536	Storchenleben 11 min
FT	536	Im Dorf der Weißen Störche 26 min
R	106	Storchenleben 20 min
F	150	In einer Fischreiherkolonie 12 min
R	664	Wildenten und Wildgänse 16 min
F	584	Schwäne und ihre Jungen 10 min
F/FT	499	Im Reiche des Steinadlers 12 min / 13 min
F	374	Raubvögel der Heimat 10 min
R	87	Greife 19 min
R	14	Eulen 15 min
F	193	*Die Lachmöwe* *9 min*
F	337	Wasserwild auf dem Frühjahrzug 12 min
F	338	Vogelleben der Uferzone 12 min

R	100	Vögel am Wasser (Binnenland) 16 min
R	662	Vögel an offenen Gewässern 14 min
R	486	In den Seevogelschutzgebieten der Nordsee 22 min
R	487	Strand- und Seevögel 10 min
R	430	Vögel nördlicher Meere 16 min
F	169	*Auf Islands Vogelbergen 11 min*
FT	488	Kaiserpinguine 15 min
FT	592	An der Küste des Humboldtstromes 19 min
F	240	*Der Schwirrflug der Kolibris 4 min*
R	126	*Vögel im Jahreslauf 19 min*
FT	822	Vögel im Winter 16 min
R	127	*Gefiederte Baumeister 8 min*
8 F	60	Werkzeuggebrauch beim Darwinfinken

B. Experimenteller Teil

I. Versuche und Demonstrationen

1. Die Vogelfedern

a. *Sammeln und Bevorraten von Vogelfedern*

Geflügelhöfe, Tiergärten, Rupfungen, mitunter Seeufer, sind Orte, wo Federn gesammelt werden können.

Das Sammelgut wird auf alle Fälle mit Tetrachlorkohlenstoff oder einem Insektizid behandelt, damit keine Schädlinge in die Biol. Sammlung eingeschleppt werden. Tetrachlorkohlenstoff ist wie Chloroform und Tetrachloräthan ein Organgift. Er wirkt auf Leber und Nieren und kann auf der Haut Ekzeme hervorrufen.

(*Reiß, J.*: Gefährliche Stoffe im Chemieunterricht. P. D. N. 1968, H. 2 und 1968, H. 3.)

Zur Aufbewahrung der Federn können hohe Einmachgläser mit Deckel und Gummi aber auch gut verschlossene Plastiktüten verwendet werden. Ein Zettel mit Datum, Fundort und mutmaßlichem Träger wird beigefügt.

b. *Anlegen von Schausammlungen*

Dies kann nach verschiedenen Gesichtspunkten erfolgen und geschieht am besten durch Aufkleben oder Aufnähen auf Pappkartons. Zum Beispiel:

Federn nach Größe geordnet darstellen.

Alle Federn eines Vogels oder einer Rupfung zusammenstellen.

Federtypen nach Bau und Funktion sammeln und zusammenstellen (Dunen-, Deck-, Schwung-, Schwanz-, Schmuckfedern u. a.)

Alle Federn eines Flügels zusammenstellen.

Federn nach systematischen Gesichtspunkten zum Vergleichen und Bestimmen ordnen.

Federn nach farblichen Gesichtspunkten sammeln: z. B. Geschlechtsdimorphismus, Tarnfarben, exotische Farben, Strukturfarben, Balzgefieder.

Federn nach sonstigen Besonderheiten sammeln: Reiher-, Straußen-, Pfauen-, Fasanenfedern usw.

c. Die stofflichen Eigenschaften von Federn werden untersucht

Federn wiegen.
Die Elastizität einer Feder darstellen. Ein Schüler soll versuchen, einen Federkiel durch Auseinanderziehen zu zerreißen. Oder wieviel Knickbewegungen sind erforderlich, bis die Feder abbricht. Vergleiche dazu einen Holzspan, oder anderes Material. Draht vom selben Durchmesser ist schwerer, Holz nicht elastisch, Kunststoff oft ebenfalls schwerer usw. Dabei ist das Material der Feder korrosionsfest und in hohem Grade verwesungsfest.
Aus welchem Material besteht sie nun?
Eine Feder wird angezündet. Sie verbrennt, hinterläßt schwarze Kohle und stinkt wie verbranntes Horn.
Hält man eine weiße, entfettete Feder in verd. Salpetersäure, so wird sie gelb gefärbt. Das Horn ist ein Eiweißstoff. Vergleiche dazu Haare, Schafwolle, Fingernägel, Hufe, Hörner. Dies alles sind Gebilde der Haut, welche aus Horn bestehen. Die Hornsubstanz ist nicht nur biegsam, sondern elastisch. (Welche Verwendungsmöglichkeiten für die Federn beruhen auf ihrer Elastizität? Welche technischen Geräte enthalten Bestandteile die man „Federn" nennt?)
Die Strukturfarben z. B. von Pfauen- oder Hahnenfedern werden im Gegenlicht und im Auflicht gezeigt. Während die Strukturfarben im Auflicht in den verschiedensten Farben schillern, erscheinen die Federn im Gegenlicht nur schwarz. Denselben Effekt erzielt man beim Eintauchen der Feder in Äther. Infolge der geringen Viskosität des Äthers dringt er in die kleinsten Hohlräume ein, wodurch die Lichtbrechung an den Strukturen unterbunden wird. (s. auch Schillerfalter).

d. Der Aufbau der Federn wird untersucht

Aus dem Vorrat werden Federn an die Schüler verteilt und die einzelnen Bauteile erarbeitet und gezeichnet. Am besten verteilt man Konturfedern derselben Vogelart (Tauben, Hühner), damit einigermaßen gleichmäßiges Untersuchungsmaterial vorliegt. Wir erkennen und unterscheiden: Kiel, Fahne, Dunenteil, Symmetrieverhältnisse, Biegung, Ober- und Unterseite, Spule, Seele und Schaft.
Die Spule wird quergeschnitten, der Kiel längsgespalten. Die Fahne wird mit der Lupe betrachtet. Wie erklärt sich der Zusammenhalt der Strahlen? Genauere Auskunft gibt das Mikroskop. (Mikropräparat einer Fahne).
Verschiedene Federn und Federteile, z. B. kleine Konturfedern, Dunen, Haarfedern, Tastfedern v. d. Schnabelwurzel u. a. lassen sich als Diapräparate verwenden, wenn man sie zwischen zwei Diagläser einbettet. Farben sind allerdings bei der Projektion nicht zu erwarten (s. o.).
Mikropräparate von Fahnenteilen verschiedener Federn können zum Aufbau und Vergleich gezeigt werden.
Stehen nur wenige große Federn zur Verfügung, so können sie auf dem Schreibprojektor gut projiziert werden.

e. Federn im Wasser

Legt man eine Feder in Wasser, so schwimmt sie, das Wasser wird abgestoßen.
Im Prilwasser wird dagegen die Feder benetzt unter Verlust der elektrostatischen Ladung der Feder (Entfettung der Feder und Entspannung des Wassers).
Das Einfetten dient vor allem dazu, die Federn elastisch zu halten.

Wie erfolgt die Reinigung der Federn bei den Vögeln, wie das Einfetten? Warum geht ein Wasservogel im Prilwasser unter? Bedeutung der Federn für den Vogel?

f. Soziale Hautpflege

An Körperstellen, die vom Schnabel nicht erreicht werden können, sind die Vögel mitunter auf gegenseitige soziale Hautpflege angewiesen. Dies läßt sich u. U. mit zahmen Vögeln zeigen. So begann ein zahmer Eichelhäher, den ein Schüler mitgebracht hatte, sofort damit, meine Kopfhaare vorsichtig durch den Schnabel zu ziehen, als ich ihm den Kopf hinhielt. Auch bei Wellensittichpärchen kann die Hautpflege gezeigt werden.

g. Verölte Vögel

werden mit einem Waschmittel im Schaumbad gewaschen. Wasservögel müssen aber bevor man sie wieder frei fliegen läßt, Gelegenheit haben, ihr Gefieder wieder einzufetten und den ursprünglichen elektrostatischen Zustand wieder herzustellen, da sie sonst untergehen.

h. Bildmaterial

sammeln von verschiedenen Verwendungsmöglichkeiten der Vogelfedern: Schreibmaterial, Kissenfüllung, Kopfschmuck bei Indianern, Federmäntel als Häuptlingsbekleidung in der Südsee, Blasrohrgeschosse von Amazonasindianern, Federkielschmuckgürtel von Lederhosenträgern im Alpenland, usw.

Literatur

Murr, Fr.: Federsammlung. Ornith. Mitt. 3. Jg. Nr. 5.
Weber, R.: Arbeitssammlungen für den Biologieunterricht Teil II: Vögel. DBU 1966, H. 2.

2. Flügelbau

Auf Flügelbau und Vogelflug wird hier nur soweit eingegangen, als in der Unterstufe verarbeitet werden kann.

a. Anhand eines Vogelflügels wird *Aufbau und Form* desselben erarbeitet: Unterarm- und Handschwinge, Daumenschwinge, Schwung- und Deckfedern. Unterschied zwischen vorne und hinten, oben und unten. Wie stehen die Federn zueinander? Wer überdeckt jeweils wen? Wie kommt die Wölbung zustande?

b. *Die Flügelwölbung* und ihre Wirkung wird mit einer Postkarte nachgebildet. Dazu wird die Karte an der Schmalseite umgeknickt und bis zur Hälfte über die Tischkante gezogen. Der Knick wird über einen Draht gelegt und dann bläst man von vorne oben gegen den Knick. Zur Überraschung der Kinder wird dabei die Karte nicht nach abwärts gedrückt, sondern durch einen Sog hochgezogen (Abb. 57).

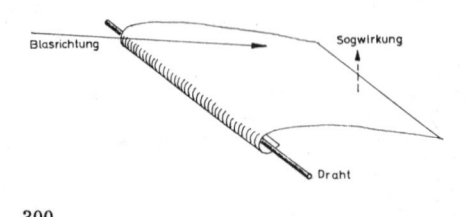

Abb. 57: Wirkung der Flügelwölbung.

c. *Verschiedene Vogelflügel* werden miteinander verglichen nach Länge zum Körper, Wölbung, Sichelgestalt, Färbung, usw. Dazu brauchen wir Bälge mit ausgebreiteten Flügeln: Sperling, Schwalbe, Mauersegler, Bussard, Eule, Hühnervogel.

d. Um die Wirkung des weichen *Eulengefieders* zu demonstrieren, nehmen wir einen Zeigestab und schlagen ihn durch die Luft: pfeifendes Geräusch (vergl. Bussard). Ein zweiter Stab ist mit Watte umwickelt. Er erzeugt fast kein Geräusch mehr.

e. *Das Skelett eines Vogelflügels* wird studiert. Wo und wie sind die Federn befestigt? Welche Knochen sind am Aufbau beteiligt?

f. In Zusammenarbeit mit dem Kunsterzieher lassen sich *Mobiles von Flugbildern* konstruieren.

Dazu kann man Abbildungen von Flugbildern unter das Episkop legen und auf einen an der Wand befestigten Karton übertragen lassen. Die Längsausdehnung kann bis 30 cm betragen. Oder wir hektographieren die Umrisse, etwa im Stil der Schnittmusterbögen, lassen sie in Hausarbeit von den Schülern auf Pappe durchpausen, schwarz anmalen und ausschneiden. Beim Aufhängen braucht man einiges Geschick. Die Greifvögel sollten im Gegensatz zu den Wasservögeln horizontal hängen. Deshalb muß man in die Attrappe der Greifvögel 4 Löcher einstechen und den Vogel mit gekreuzten Fäden, die oben zu einem Strang vereinigt werden, aufhängen.

(*Böhlmann, D.*: Die Konstruktion von Mobile bei der Behandlung der Ordnung der Vögel. P. d. N. 1967, H. 7.)

3. Zur Demonstration der Flugtechnik

lassen wir von den Schülern Papierflieger bauen. An ihnen können Höhen- und Seitensteuer abgeleitet werden. Die Wirkung von Kopf- und Schwanzlastigkeit wird demonstriert.

4. Der Federschwanz des Vogels ein vielseitiges Organ

Da einige Schwanzwirbel (außer dem allerletzten) beweglich sind, können auch die daran stehenden Federn bewegt werden. Darüberhinaus kann der Schwanz etwas um die Längsachse gedreht und die Federn gefächert werden.

a. Stellungen des Schwanzes im Flug als Höhen- und Seitenruder können am Papierflieger demonstriert werden. Gut zu beobachten ist bei Vögeln die Bremswirkung des Schwanzes beim Landemanöver.

b. Eine große Rolle spielen die Schwanzfedern bei den innerartlichen Beziehungen (Kampfverhalten, Balz usw.). In den zahlreichen Vogelfilmen kann dies demonstriert werden.

c. Sonderformen:
dachförmiger Schwanz der Hühnervögel
Stützschwanz der Spechte und Pinguine
Imponierorgan bei Pfau, Truthahn und Paradiesvogel
Schwanzformen zum Bestimmen der Vögel, s. o.

5. Gewöllanalysen

a. *Gewölle* werden nicht nur von den Greifvögeln ausgewürgt, sondern auch von Möwen, Ziegelmelkern, Störchen, Reihern, Seglern, Kormoranen, Eiderenten, ferner vom Bruchwasserläufer, Brachvogel, Kuckuck, Eisvogel, Blaurake, Krähe, Würger, Fliegenschnäpper, Rotschwänzchen, Drosseln, Zaunkönig, Rotkehlchen. Bei den Kleinvögeln sind die Gewölle naturgemäß auch nur recht klein.
Der Waldkauz würgt 1 — 3 Stück pro Tag hervor.

b. *Gewölle der Greifvögel*
Da die Greifvögel Knochen ganz oder teilweise verdauen, wenn saures Medium vorliegt, werden nur die Hornteile (Haare, Krallen, Federn) ausgewürgt. Die restlichen Knochensplitter genügen nicht zur Bestimmung der Beutetiere.

c. *Gewölle der Eulen*
Die Eulenvögel zersetzen die Knochen nicht, so daß in den Gewöllen die zartesten Knöchelchen und Zähnchen erhalten sein können. Haut, Hornteile und Krallen können dagegen weitgehend verdaut werden.

d. *Sammeln und Präparieren von Gewöllen*
Die eingebrachten Gewölle werden getrocknet, in Gläsern unter Verschluß aufbewahrt und mit Orts- und Zeitangabe versehen. Die Präparation kann für manche Schüler unästhetisch wirken. Man wird sie dann von freiwilligen Helfern durchführen lassen. Die abgezählten Speiballen werden in Wasser aufgeweicht, danach mit einem Wasserstrahl unter vorsichtigem Umrühren zum völligen Auseinanderfallen gebracht. Aus mechanischen Gründen trennen sich hierbei Haare, Federn und feinere erdige Anteile von gröberen und stärkeren.
Erstere werden durch wiederholtes Dekantieren und Aufschwemmen entfernt und evtl. getrocknet. Die zurückbleibenden Hartteile durch H_2O_2 desinfiziert und gebleicht.
An der Sortierung und Knochenbestimmung kann sich dann die ganze Klasse beteiligen.

e. *Analyse von Gewöllen*
Der Analyse können verschiedene Fragestellungen zugrunde liegen:
    1. Wieviele Beutetiere sind pro Gewölle enthalten?
    2. Welche Knochen lassen sich feststellen?
    3. Liegt ein Eulen- oder Greifvogelgewölle vor?
    4. Welche Beutetiere lassen sich bestimmen?
Speziellere Untersuchungen können in folgende Richtung gehen:
    5. Bestimmung der Arten von Beutetieren und deren Verbreitung.
    6. Bestimmung der Nahrungszusammensetzung der Eulen.
    7. Mißbildungen im Knochen- oder Zähnebau der Beutetiere.
    8. Beimengungen von Samenkörnern aus den Kröpfen von Beutevögeln.
    9. Gelegentlich finden sich sogar Ringe von Vogelwarten im Gewölle.

f. *Gewölle anderer Vögel*
Speiballen von Krähen enthalten je nach Fundorten sehr verschiedenartiges Material (Knochenstücke, Sand, Steinchen, aber auch Gummiringe u. v. a.) Krähen sind wenig wählerisch.
Speiballen von Möwen (z. B. Silbermöwe) enthalten in Meeresnähe Schalen von

Herzmuscheln, Miesmuscheln, gelegentlich Gehäuse von Strandschnecken und Panzer von Strandkrabben und anderen, meist zu feinem Grus zerstoßen. Häufig enthält ein Speiballen artgleiches Material, was auf gewisse zeitliche Stetigkeit im Nahrungserwerb schließen läßt.

Der Speiballen des Austernfischers besteht aus einer kreidig schlickigen Substanz, in die zahlreiche, schwer zu bestimmende Bröckchen und Häutchen eingelagert sind. Scheren von Strandkrabben sind mitunter gut erhalten. Letztere scheinen demnach Hauptnahrung zu sein.

g. *Der Inhalt eines Gewölles* kann sortiert und auf schwarze Pappe zur Demonstration aufgeklebt werden. Anschließend wird mit Selbstklebefolie überdeckt.

Literatur

Kahmann, H.: Seltene Säugetiere in Eulengewöllen. Ornithol. Mitt. Nr. 6, 1951.
März, R.: Von Rupfungen und Gewöllen. NBB 1962.
Weber, R.: Arbeitssammlungen für den Biologieunterricht. Teil II. Vögel. DBU 1966, H. 2.

II. Anleitungen für Feldbeobachtungen

(Für Lehrwanderungen, Wandertage, Schullandheimaufenthalte oder Einzelbeobachtungen)

Voraussetzungen:

Erste Voraussetzung ist Geduld und eine disziplinierte, interessierte Klasse.

Den Schülern muß bewußt werden, daß das Unternehmen nur dann von Erfolg gekrönt sein kann, wenn sie die Augen und Ohren offen und den Mund geschlossen halten. Bei den jüngeren erreicht man mitunter etwas, wenn man an ihr „Indianerblut" oder ihren Forschergeist appelliert. Bei größeren Gruppen wird immer eine Arbeitsteilung notwendig sein. Jede Gruppe hat einen verantwortlichen Gruppenleiter, der die Beobachtungen und Objekte seiner Gruppe zusammenstellt. Protokolle über Zeit, Fundort, Wetter usw. sind unerläßlich. Die Wandergeschwindigkeit, sowie die Wegstrecke richten sich nach den Beobachtungsthemen.

An Ausrüstungsgegenständen sind nötig:

Landkarte 1 : 25 000, Kompaß, Meßstab, Klarsichttüten, Gläser und Dosen, Feldstecher, Fotoapparate, Bestimmungsbücher, Selbstklebeetiketten für die Tüten, Protokollbuch und Schreibzeug.

Literatur

Siedentop, W.: Methodik und Didaktik des Biologieunterrichts. Heidelberg 1964. S. 92—97.
Schildmacher, H.: Wir beobachten Vögel. Jena 1970.

Beobachtungsthemen bei Vögeln

1. Vogelstimmen

Es kann hier wohl vorausgesetzt werden, daß jeder Biologielehrer die häufigsten Vogelstimmen selbst kennt. Mit Hilfe von Schallplatten und Tonbändern kann man sie sich aneignen. Besonders eignet sich für Vogelstimmenexkursionen das Frühjahr, weil da am meisten gesungen wird, aber auch, weil wir vielfach in den noch unbelaubten Bäumen die Sänger selbst sehen und bestimmen können.

Zu den schönsten Erlebnissen gehört es, einmal in aller Frühe das Erwachen der ersten Vogelstimmen zu beobachten und zu registrieren, welche nacheinander und zu welcher Zeit einsetzen und wann sie wieder aufhören zu singen.

Zu spezielleren, fortgeschritteneren Beobachtungen, zu denen sowohl Biologielehrer, wie einzelne Schüler anzuregen wären, bieten sich folgende Fragestellungen an:

Wann wurde zum ersten Male im Jahr der Gesang einer Art gehört?
Bei welchem Wetter, in welcher Umgebung war dies?
Wann beginnt der Gesang einer Art am Morgen?
Wann hat er im Tagesablauf Höhepunkte?
Wann verstummt die beobachtete Art am Tage?
Wann sind Gesangshöhepunkte dieser (oder anderer Arten) im Jahresablauf?
Wann schweigen die Vögel ganz?
Welche Arten von Gesang lassen sich bei einer Art unterscheiden?
Bei welchen Gelegenheiten werden sie angewandt?
Welche Arten singen immer dieselbe Strophe?
Sind darin Änderungen im Jahresablauf oder von Gebiet zu Gebiet zu erkennen (Dialekte).
Wie unterscheiden sich Stimmäußerungen von Männchen und Weibchen?
Werden zum Singen bestimmte Plätze bevorzugt?
Wie hängen zeitlich Gesang, Nestbau, Brüten zusammen?

Bei welchen Gelegenheiten treten spezifische stimmliche Äußerungen auf? (Anwesenheit von Boden- und Luftfeinden, Bettelrufe, Schreckrufe, Stimmfühlungslaute usw.).

Wie unterscheidet sich der Frühjahrsgesang z. B. einer Amsel von den ganzjährigen Rufen? (Redundanz!).

Literatur

Linsenfair, K. E.: Wie die Alten sungen ... KB, Stuttgart 1968.
Scheer, G.: Beobachtungen und Untersuchungen über die Abhängigkeit des Frühgesanges der Vögel. Biol. Abh. H. 3/4, 1959.
Tembrock, G.: Tierstimmen. NBB 1959.

2. Ansprechen der Vögel

Dazu müssen bestimmte Formen rasch erkannt werden. Dies erfordert viel Übung. Man tut sich leichter, wenn man weiß, worauf es zur Bestimmung besonders ankommt, und dann die Schüler aufmerksam macht, darauf besonders zu achten. Dazu gehören besonders:

Das Flugbild, die Schwanzform, die Gestalt, die Größe (Sperlings-, Amsel-, Tauben-, Krähengröße usw.), besondere Färbungen (meist im Gegenlicht nicht sichtbar), die Schnabelform, die Art des Fluges sowie des Geländes.

Kurze Notizen (Ort, Zeit, Eigenschaften des Vogels), sowie Faustskizzen sind meist unerläßlich. Man verlasse sich nie auf das Gedächtnis.

3. Federfunde im Gelände

a. *Federn aus Mauserungen* sind meist weit verstreut. Durch planmäßiges Absammeln der Federn eines identifizierten Vogels, läßt sich u. U. dessen engerer Lebensraum erschließen.

b. *Federn aus Rupfungen* liegen meist eng zusammen, häufig mit Überresten von Knochen, Därmen, Füßen, Schnabel und anderen Körperteilen. Im Gegensatz zu

Mauserfedern haften solchen gewaltsam herausgerissenen meist noch Reste von Weichteilen an. Abgebissene Spulen deuten auf ein Raubtier (Iltis, Marder, Wiesel) als Täter hin.

Federn aus älteren Rupfungen sind verschmutzt und die Strahlen der Fahnen haben die Tendenz sich dem Kiel stärker anzulegen. Frische Federn haben saubere, schwer benetzbare Fahnen. Unter Blattstreu können Rupfungen jahrelang erhalten bleiben. Rupfungen häufen sich mitunter an besonderen Geländepunkten. Durch planmäßige Suche kann dann evtl. ein Horst gefunden werden. Sperber und Habicht benützen außerhalb der Brutzeit sog. Winterrupfplätze in Waldrändern, innerhalb vorspringender Ecken von Kiefern-, Fichtenstangen- oder Feldgehölzen. Das Rupfen wird dann in einiger Entfernung vom Waldrand auf Baumstümpfen und kleinen Erhöhungen vollzogen.

In Kirchtürmen kann man mitunter Rupfungen des Wanderfalken entdecken.

An Rupfungen stellen sich auch noch andere Tiere ein. Häufig setzen Fuchs, Marder, Wiesel, Iltis an solchen Stellen ihre Losung ab. Die Reste der Beute werden von Mäusen, Schnecken, Aaskäfern, Totengräbern, Motten, Ameisen, Fliegen zerlegt.

4. Gewöllfunde im Gelände

Fundorte im Gelände (n. März, R.)

Im Wald (Park)	Waldkauz
Feldgehölze u. Waldränder	Waldohreule
Im Dorf (Kirche, alte Scheune, alte Gebäude)	Schleiereule
Dorfnähe u. aufgelassene Steinbrüche	Steinkauz (Turmfalk)
Waldränder, Waldlichtungen	Mäusebussard u. a. Greifvögel
Steilwände im Bergland	Wanderfalke, Uhu.

Besonders gern besuchte Landmarken sind alte Erd-, Schilf- und Heuhaufen, Grenzsteine, Pfähle, Hopfenstangen, Dachrand einzelstehender Scheunen, Hochspannungsmasten, die alle bes. im weiten Wiesenland als Ausguck und Ruheplatz dienen und zu deren Füßen dann die Speiballen liegen.

Literatur

März, R.: Von Rupfungen und Gewöllen. NBB 1962.
Uttenhöffer, O.: Neue Ergebnisse über die Ernährung der Greifvögel und Eulen. Stuttgart 1952.

III. Der Vogel und sein Nest

1. **Im Schulgarten** können Vogelbecken, Nisthilfen und Nistkästen angebracht werden (Bastelanweisungen in der Literatur).

a. *Nistkasten für Höhlenbrüter* (Meisen, Kleiber, Gartenrotschwanz, Wendehals, Mauersegler, Star, Wiedehopf u. v. a.)

Für die Herstellung der Nistkästen gibt es bestimmte Vorschriften, die das Ergebnis jahrzehntelanger Erfahrung sind. Man kann sich nach ihnen richten. Die Größe der Nistkästen und ihrer Fluglöcher richtet sich ganz danach, welche Vogelart einziehen soll.

Der Werkstoff: Gesunde, gut getrocknete Bretter von 20 mm Stärke; Geeignet sind Kiefer, Fichte, Eiche, Erle; ungeeignet sind: Rotbuche, Weide, Pappel. Die

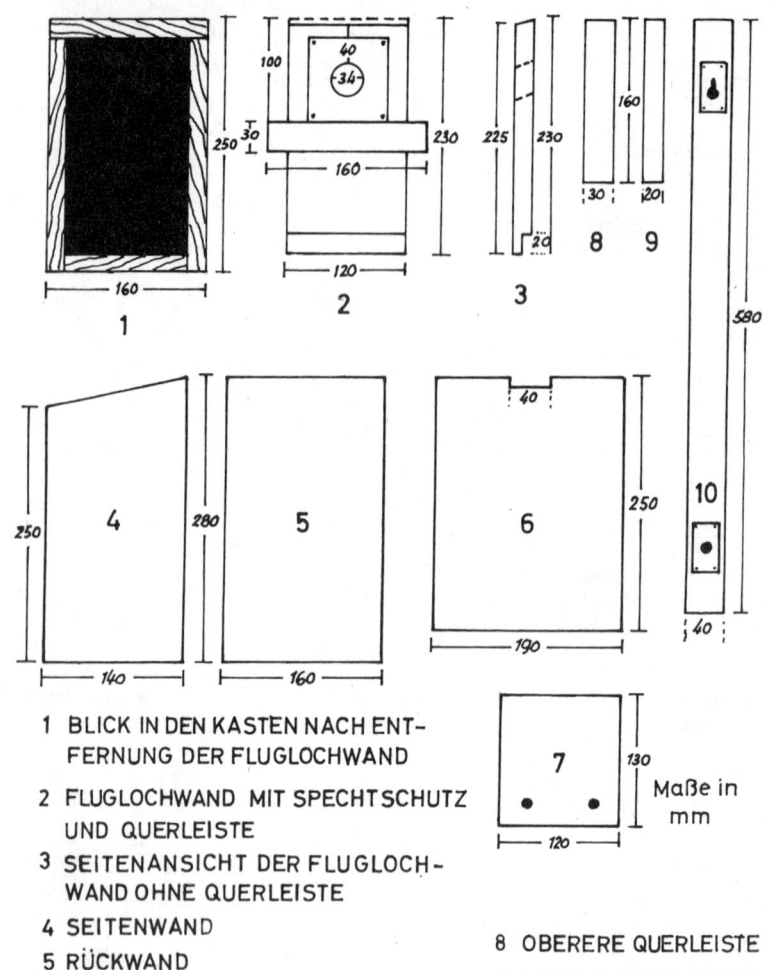

1 BLICK IN DEN KASTEN NACH ENT-
  FERNUNG DER FLUGLOCHWAND
2 FLUGLOCHWAND MIT SPECHTSCHUTZ
  UND QUERLEISTE
3 SEITENANSICHT DER FLUGLOCH-
  WAND OHNE QUERLEISTE
4 SEITENWAND
5 RÜCKWAND
6 DACH
7 BODEN MIT 2 ABFLUSSLÖCHERN

8 OBERERE QUERLEISTE
9 UNTERE QUERLEISTE
10 AUFHÄNGELEISTE

Maße in mm

Abb. 58: Werkzeichnung für den Bau eines Meisenkastens.

künftige Innenwand der Bretter muß rauh bleiben. Die Seitenwände und die Rückwand müssen den Boden umschließen. Da das Dach schräg nach vorn geneigt ist, muß die Außenseite der Rückwand 285 mm hoch und die Innenseite nur 280 mm hoch sein.

Der Boden soll wenigstens 2 Abflußlöcher von je 5 mm Durchmesser haben, damit etwaige Flüssigkeit absickern kann.

Das Dach besteht aus Eichen- oder Kiefernholz. Wird Fichtenholz verwandt, so muß es entweder imprägniert, oder mit teerfreier Dachpappe übezogen werden. Das Dach hat nach vorne ein Gefälle und steht an der Fluglochwand wenigstens 2 cm (auf unserer Umrißzeichnung sind es noch mehr cm) und an den Seiten, sowie an der Rückwand wenigstens 1 cm über. Im letzteren Fall muß man eine entsprechende Aussparung am Dach vornehmen, damit die Aufhängeleiste an der Rückwand fest anliegt.

Das Flugloch wird schräg, von der Außen- zur Innenwand ansteigend angesägt, oder gebohrt und ausgefeilt. So kann das Regenwasser nicht in den Kasten eindringen. Spechte, Nager oder Raubtiere dürfen das Flugloch nicht beschädigen können. Deshalb verstärken wir es außen mit einem 0,5 mm starken verzinktem Blech, das etwa 8 x 8 cm groß ist. Das Flugloch des Bleches muß ringsum 2 mm weiter als das des Holzes sein. Scharfe Kanten werden geglättet, damit die Vögel sich nicht verletzen.

Die Verschlußweise

Die Fluglochwand wird so gebaut, daß wir sie beim Reinigen und bei der Kontrolle herausnehmen können, und einen bequemen Einblick in das Innere haben. Wir falzen z. B. beim Meisenkasten, das untere Ende der Fluglochwand von 20 auf 9 mm. Dieser Falz greift in eine etwa 10 mm breite Öffnung am Boden, die zwischen dem kurzen Bodenbrett (nur 130 mm lang) und der vorgenagelten abgeschrägten Querleiste liegt. Diese und eine 2. Querleiste unterhalb des Daches, sowie eine 3. an der Fluglochwand angenagelte Querleiste halten die Fluglochwand fest. Wir können sie aber mühelos ausheben und einsetzen. Alle 3 Querleisten sollen einen ⌀ von 20 mm haben. Die Einhaltung der Maße ist Voraussetzung für das reibungslose Herausnehmen und Einsetzen der Fluglochwand. Außerdem muß die Fluglochwand oben ein Gefälle nach vorne haben, d. h. die Innenseite muß höher als die Außenseite sein. Sie läßt sich sonst nicht herausnehmen, da sie gegen das Dach sperren würde.

Aufhängeleiste und Drahtbügel

An der Rück- oder Seitenwand des Nistkastens befestigen wir eine Aufhängeleiste. Als Material nehmen wir Eiche, Rotbuche, Lärche, Esche oder Kiefer. Damit wir den Nistkasten leicht aufhängen und abnehmen können, bringen wir an beiden Enden der Leiste je eine Öse mit nichtrostendem Ösenschutz an. Die Aufhängeleiste steht ober- und unterhalb des Nistkastens mindestens je 15 cm über. (Abb. 58)

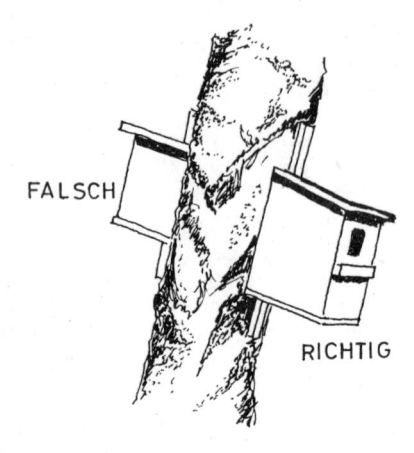

Abb. 59: Richtiges und falsches Anbringen von Nistkästen.

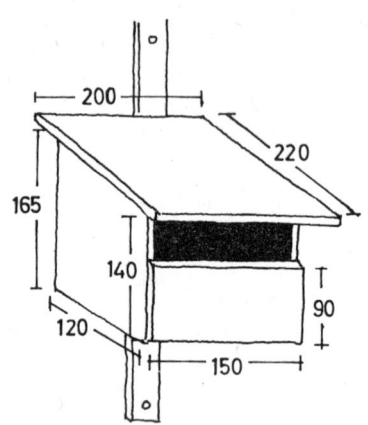

Abb. 60: Nistkästen für Nischenbrüter.

Nischenbrüter-Kasten

b. *Anbringen der Nistkästen*
Wo werden sie angebracht?

Höhlenbrüter bevorzugen als Brutplätze geschützte Stellen mit Morgensonne; zugige und sehr schattige Orte meiden sie. In Gärten dürften vielfach derartige Stellen anzutreffen sein. Im Wald kommen die Bestandsränder, oder lichte Stellen an Schneisen, Wegen oder Flußläufen, die in der Morgen- und Mittagssonne liegen, in Frage. Ungeeignet sind dichte Fichtenbestände, oder freistehende Bäume ohne Astwerk oder nahegelegene schützende Sträucher.

Der An- und Abflug zum Nistkasten sollte durch Bäume und Sträucher geschützt sein.

Wann werden sie am besten angebracht?
Wenn man den richtigen Belichtungs- und Beschattungsgrad an einem Baum beachten möchte, sollten die Blätter noch nicht abgefallen sein. Daher hängt man die Nistkästen für Höhlenbrüter am besten im September und Oktober auf. Manche Vögel beziehen die Nistkästen im Winter als Übernachtungsplätze und behalten sie dann im Frühjahr gleich als Nistplätze bei.
Für Nischenbrüter genügt es, die Nisthilfen erst im Frühjahr, aber spätestens bis Ende März anzubringen.

Wie werden die Nistkästen angebracht?
Sie sollen möglichst wettersicher sein. Das Flugloch soll nach Süden, Osten oder Südosten zeigen. Es darf nicht nach hinten geneigt sein, weil sonst der Regen eindringen kann (Abb. 59).

Nischenbrüterkästen (Abb. 60) werden an Gebäuden angebracht. Am besten an der Ost- oder Nordwand. An die Westseite = Wetterseite sollen die Geräte nicht gehängt werden und an die Südwand nur dann, wenn diese nicht zu sonnig ist. Vorgezogene Giebel und Dachvorsprünge sind besonders günstige Plätze.

c. *Nisthilfen für Rauch- und Mehlschwalben (Abb. 61)*

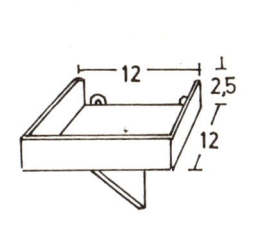

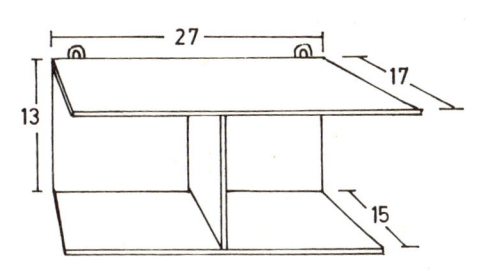

Rauchschwalbe   **Mehlschwalbe**
Abb. 61: Nisthilfen für Rauch- und Mehlschwalbe.

Heute sind vielfach die Haus- und Stallwände so glatt verputzt, daß die aus lehmiger, speicheldurchsetzter Erde bestehenden Schwalbennester nicht mehr halten und nach dem Trocknen von der Wand herunterfallen. Um dies zu verhindern, kann man Nisthilfen bieten wie sie in Abb. 61 dargestellt sind. Sie werden den unterschiedlichen Nestformen der zwei Schwalbenarten gerecht.
Die Nisthilfen für die Mehlschwalben werden außerhalb der Gebäude unter einem vorstehenden Dach an der Süd- bis Ostseite des Hauses angebracht.
Da die Schwalben ihre Nester manchmal über Jahre hinweg benutzen, sollte man sie nicht ohne dringenden Grund entfernen.
Bei der Platzwahl ist darauf zu achten, daß der Kot der Jungen, der über dem Nestrand entleert wird, keine zu starke Verschmutzung an der Hauswand hervorrufen kann.

d. *Nistkastenkontrolle*
Im Spätsommer (August/September), Herbst oder Winter sollte nicht versäumt werden, eine Nistkastenkontrolle durchzuführen. Dabei werden die alten Nester

entfernt, da sonst im nächsten Jahr einfach wieder auf die alten draufgebaut wird. Entdeckt man Wespen- oder Hornissennester, so nimmt man sie heraus für die Schulsammlung. Anderweitige Inhalte werden geprüft (s. u.) Je nach ihrer Haltbarkeit können Nistkästen jahrelang hängen. Sobald sie aber aus den Fugen geraten, müssen sie durch neue ersetzt werden.
Sollte ein Nistkasten von den Vögeln nicht angenommen werden, wird man die Gründe dafür suchen. Anderenorts hat man vielleicht mehr Glück.
Während des Jahres wird selbstverständlich der Nistkasten entweder vom Lehrer, oder besser einer beauftragten Schülergruppe ständig unter Kontrolle gehalten und ein eigenes Protokollheft über ihn geführt: Zeit des ersten Beflugs? Welche Art? Wie lange wird gebrütet? Wie und was eingetragen? Wieviele Bruten folgen aufeinander? Sind alle von derselben Art? Weitere Beobachtungsaufgaben siehe unten.

e. *Vogeltränken*

Kleine, flache Zementbecken mit rauhem Boden, mit eingelegten größeren Steinen, 1—2 cm Wasserhöhe, wo die Vögel trinken und baden können. Bei besonderer Gefährdung durch Katzen können Vogeltränken auch erhöht auf einem Pfahl angebracht werden.

2. *Beobachtungsanregungen zum Nestbau*

Wer wählt den Nestplatz (Männchen oder Weibchen?)
Welcher Art ist der Nestplatz? (Höhenlage, im Baum oder Strauch, in einer Höhle oder an d. Hauswand?)
Wie weit ist er von den Singplätzen des Männchens entfernt?
Bauen beide Geschlechter?
Wo wird das Nistmaterial gesammelt?
Woraus besteht es? Wird trockenes oder feuchtes Baumaterial bevorzugt? Werden auch naturfremde oder körpereigene Stoffe verbaut?
Wie wird das Nistmaterial angelegt, verfestigt, zu einem Nest verformt?
Welche Körperteile des Vogels spielen dabei eine Rolle?
Zu welcher Tageszeit wird gebaut? Wieviele Stunden pro Tag?
Wieviele Materialflüge erfolgen in der Stunde?
Wodurch können Verzögerungen und Störungen eintreten?
Spielt das Wetter eine Rolle beim Nestbau?
In welcher Zeit ist der Bau fertiggestellt worden?
Liegen mehrere Nester in Kolonie vor?
Beobachtung extremer Nestbauorte.
Haupttätigkeiten beim Nestbau sind:
Sammeln, eintragen, strampeln, kuscheln, flechten, zupfen, weben, mauern, graben, zimmern.
Die häufigsten Baumaterialien sind:
Äste, Reiser, Wurzeln, Halme, Bast, Wolle, Moose, Flechten, Holzmulm, Erde, Haare, Federn, Steinchen u. v. a.
Mitunter treten künstliche Stoffe auf:
Draht, Lametta, Wollfäden, Papier, Gummi, Schnur u. dgl.
Je nach Standort unterscheidet man:
Bodenbrüter, Buschbrüter, Baumbrüter, Freibrüter, Nischen- und Höhlenbrüter.

3. Sammeln und Untersuchen von Nestern

Nester enthalten mitunter Unmengen von Parasiten. Um diese zu töten, wird das Nest in Zeitungspapier eingeschlagen und in einen Plastikbeutel verschnürt, in welchen man Tetrachlorkohlenstoff (s. o.) gegeben hat. Nach einem oder mehreren Tagen kann das Nest herausgenommen und mit der Lupe untersucht werden.

Fragestellungen:
Welches Nestmaterial läßt sich erkennen?
Wieviel wiegt das getrocknete Nest?
Vergleiche damit das Gewicht des Vogels!
Wieviele Flüge waren schätzungsweise nötig zur Heranschaffung des Materials?
Welche Tiere finden sich als Parasiten oder Einmieter?

Weber fand in einem Mehlschwalbennest fast 200 Flöhe, die er alle zwischen Diagläser einschloß und in ihrer Gesamtheit den Schülern vorführte. Darüberhinaus zählte er in demselben Nest 12 Imagines von Lausfliegen, 50 leere u. 50 verschlossene Tönnchenpuppen. In einem Kohlmeisennest zählte er über 700 Flöhe.

An solche Beobachtungen können sich folgende Fragen anschließen:
Wie lange können die Parasiten ohne Wirt leben?
Warum soll man verlassene Nisthöhlen vom eingetragenen Nistzeug befreien und dies verbrennen?

4. Präparation von Vogelnestern

Am bequemsten ist die beschriebene Aufstellung im Einmachglas. Aber auch Montage in eine Astgabel, die in ein Brett eingelassen wurde, ist möglich. Für die Lehmbauten von Schwalben bereitet man aus Brettern Konsolen, welche der Örtlichkeit entsprechen. Hat man Nisthilfen angebracht, so können diese als Ganzes nach vorheriger Entwesung in die Sammlung eingebracht werden.
Zur Gegenüberstellung eignen sich:

Amselnest: grob gebaut, aus Wurzeln, Grashalmen, kl. Zweigen, Moos und Erdreich.

Singdrosselnest: vollendete halbkugelige Mulde, dünnwandig, innen mit einem Gemisch aus Häcksel und Lehm sauber ausgekleidet.

Nesttarnung zeigt ein Buchfinkennest: Dieser Vogel wirkt aus Moos, feinen Wurzeln und Halmen eine dickwandige Nestkugel, welche mit Spinnweben und Flechten getarnt ist.

Unterschiedliche Bauweisen zeigen Mehl- und Rauchschwalbe.
Die Nestbauweise ist also artspezifisch und stellt uns einen greifbaren Nachweis, artspezifischer Instinkte vor Augen (Weber).

Literatur

Blume, D.: Die Brutbiologie der Vögel als Unterrichtsthema — Stoff, Methode, Dokumentation. DBU 1966. H. 2.
Löhrl, H.: Selbst ist der Mann: Wir bauen Nistkästen. Vogelkosmos 1967. H. 11, S. 388. (Bastelanleisungen mit Schnittmustern.)
Makatsch, W.: Der Vogel und sein Nest. NBB 1965.
Makowski, H.: Amsel, Drossel, Fink und Star.
Weber, R.: Arbeitssammlungen f. d. Biologieunterricht. Teil II. Vögel. DBU 1966. H. 2.

IV. Der Vogel und sein Ei

Bei den Vögeln entwickelt sich nur der linke Eierstock (Ovarium) mit dem entsprechenden Eileiter (Ovidukt). Als Ausnahme hat z. B. der Hühnerhabicht 2 tätige Eierstöcke, aber nur den linken Ovidukt. Bei Erkrankung oder künstlicher Entfernung des linken Ovars kann sich plötzlich das rechte entwickeln. Geschlechtsumkehr ist möglich. 1474 wurde in Basel ein Hahn, welcher Eier gelegt hatte, in einem förmlichen Gerichtsverfahren zum Tode verurteilt und öffentlich verbrannt.

1. Bestimmen von Vogeleiern

Bunte Bestimmungstafeln sind in:
Peterson, R., Mountfort, G., Hollon P. A. D.: Die Vögel Mitteleuropas. Hamburg Berlin 1965. enthalten.

2. Präparation von frischen Eiern

Mit einer Nadel oder einem speziellen Eibohrer wird ein Loch am stumpfen und spitzen Ende gebohrt. Durch ein Lötrohr wird dann in das Ei geblasen, so daß der Inhalt herausfließt. Anschließend wird der Innenraum mit Wasser durchgespült, dann alles getrocknet, beschriftet und vorsichtig aufbewahrt.
Da die Gelege der meisten Vogelarten unter Naturschutz stehen, wird das Sammeln auf solche Fälle beschränkt, in denen ein Gelege verlassen wurde oder ein Ei verloren ging.

3. Eisammlung

In einer Eisammlung können verschiedene Größen (vom Kolobri- bis zum Straußenei), unterschiedliche Formen und Farben, sowie systematische Zugehörigkeit zu einzelnen Vogelfamilien dargestellt werden.
Kleine Eier werden in Reagenzgläsern zwischen Watte aufbewahrt; größere klebt man in einen Insektenkasten. Ein Straußenei kann auf ein Marmeladenglas gelegt werden, wo es einen festen Halt hat und dekorativ wirkt.
Sind Vogelnester vorhanden, belegt man sie am besten mit den zugehörigen Eiern.

4. Eigrößen

Von verschiedenen Eiern werden Längs- und Querdurchmesser bestimmt. (Erbsengroße Kolibrieier 13 : 8 mm bis Straußeneier von 16 : 13 cm). Im Verhältnis zum ausgewachsenen Tier ist das Kolibriei relativ größer als das Straußenei. Bestünde beim ersteren dasselbe Größenverhältnis wie beim Strauß, dann wäre das Kolibrijunge zu klein um lebensfähig zu sein.
Die größten Vogeleier überhaupt dürften die des ausgestorbenen Riesenstraußes auf Madagaskar (*Aepyornis*) gewesen sein, der 3 m groß und dessen Eier bei 22 : 34 cm einen Inhalt von 9 Ltr. hatten.
(Dinosaurier-Eier von 3 Ltr. Inhalt sind bekannt vom *Hypselosaurus*. Ein Menschenei hat 0,1 mm $\varnothing$).
Das Volumen eines Eies können wir durch seine Wasserverdrängung in einem Meßzylinder feststellen.

5. Eiformen

Oval (Haushuhn), kugelig (Eulen, Tauben), birnenförmig (Lummen, Alken), walzenförmig (Ziegenmelker).

Wir bringen auf ebenem Tisch ein birnenförmiges Ei zum Rollen. Es rollt im Kreis herum. Dies ist eine Anpassung gegen das Fortrollen aus Nistorten ohne wesentliche Vertiefung, z. B. an den Vogelfelsen von Island.

6. Eifarben

Wir unterscheiden nach Farbe und Farbverteilung.

Alle Farben werden (n. *Völker*) von nur zwei Farbstoffen gebildet, dem *Oozyan*, einem Derivat des Gallenfarbstoffes, und dem *Protoporphyrin*, einem Derivat des Blutfarbstoffes. Sie können entweder allein oder in quantitativer Verschiedenheit aufgelagert sein. Durch *Oozyan* werden die verschiedensten blauen und grünen Tönungen der Grundfarbe gebildet. Die bräunlichen Fleckenfarben rühren vom *Protoporphyrin*.

7. Wir untersuchen ein Hühnerei

a. *Form, Farbe, Gewicht, Volumen* werden bestimmt.

b. *Altersproben*

Ei in 6 %ige NaCl-Lösung legen. Geht es unter, dann ist es frisch. Ein älteres Ei schwimmt, da durch Atmung Stoffe verbraucht wurden (geringeres spez. Gewicht) und sich Gase entwickelt haben. Während ein frisches Ei waagrecht im Wasser liegt, richtet sich ein älteres infolge der Gasansammlung am stumpfen Ende auf. Die Schrägung entspricht der Gasentwicklung und diese wiederum dem Alter.

Im heißen Wasser springt ein altes Ei auf wegen der stärkeren Gasfüllung (Gasausdehnung).

Beim Durchleuchten mit einer Taschenlampe oder der Mikroskopierlampe, erscheinen beim alten Ei dunkle Schatten.

Beleuchten wir Eier mit UV-Licht, dann zeigen frische Eier eine rote Fluoreszenz, die jedoch mit zunehmendem Alter abnimmt. Alte Eier fluoreszieren nur noch weißlich. (Sehr schöner Versuch!)

c. *Roh oder gekocht?*

Ein gekochtes Ei auf dem Tisch gedreht, dreht sich gleichmäßig weiter.

Ein rohes Ei in Drehung gebracht, „eiert" dagegen langsam herum. (Warum?)

Durchleuchtet man beide, so läßt das rohe Ei rötliches Licht durch, während das gekochte Ei weitgehend lichtundurchlässig ist.

Beim Durchleuchen des rohen Eies erkennt man auch, ob es angebrütet ist (dunkler Fleck) und wo die Luftkammer liegt. Dazu wird einmal seitlich und einmal vom stumpfen Ende her durchleuchtet.

Diese Beobachtungen führen uns zur Untersuchung des Eiinhaltes.

d. *Die Eischale*

Beim Durchleuchten kann die Schale fleckig erscheinen. Dies beruht lediglich auf ungleicher Feuchtigkeitsverteilung in der Schale.

Ein Ei wird nach den vorausgegangenen Versuchen gewogen, aufgeschlagen und der Inhalt in eine Petrischale gegossen.

Untersuchung der Eischale:

Gewichtsbestimmung von Eischale zusammen mit Schalenhaut. Zerbricht die Schale, so bleiben die Teile noch aneinander hängen: sie werden durch die Schalenhaut zusammengehalten. Die Rundung der Schale wirkt wie eine Gewölbearchitektur gegen Druck von außen. So kann ein Hühnerei bis zu 7 kg Druckkräfte zwischen den beiden Enden aushalten, bis es zerbricht. Wir zeigen das stumpfe Ende mit der Luftkammer von innen. (Bes. schön zu sehen bei einer getrockneten Schale). Abziehen der Schalenhaut. Sie ist dünn, weiß, elastisch, zugfest.

Der Rand der Schalenhaut, wo sie am dünnsten ist, wird bei starker Vergrößerung im Mikroskop betrachtet. Wir erkennen ein Netz von Eiweißfäden (Keratin), welches in mehreren Schichten übereinandergelagert ist. (Begründung der Festigkeit.)

Die restliche Schale wird kurz mit Äther entfettet und dann mit verdünnter Salzsäure übergossen. Der Kalk wird unter Gasentwicklung (CO_2-Nachweis) aufgelöst. (Soweit noch Eiweiß anhaftet, koaguliert dieses. Schaumbildung).

2—5 % der Schale sind organische Stoffe; darunter die Farbstoffe. Die Poren der Schale (ca. 7 600) dienen dem Gasaustausch und der Wärmeleitung beim Brüten.

Weitere Schalenbestandteile: 94 % $CaCO_3$, 1 % $Mg_3(PO_4)_2$, 1 % K_3PO_4, Rest % organ. Proteingerüst.

Feststellen der Poren:

Läßt man leere Eischalen in einer Farbstofflösung (z. B alkoholische Fluoreszeinlösung) schwimmen, nachdem man sie vorher mit Äther entfettet hat, so dringt der Farbstoff augenblicklich durch die Schale in das Innere ein.

e. *Ei-Inhalt* (Abb. 62)

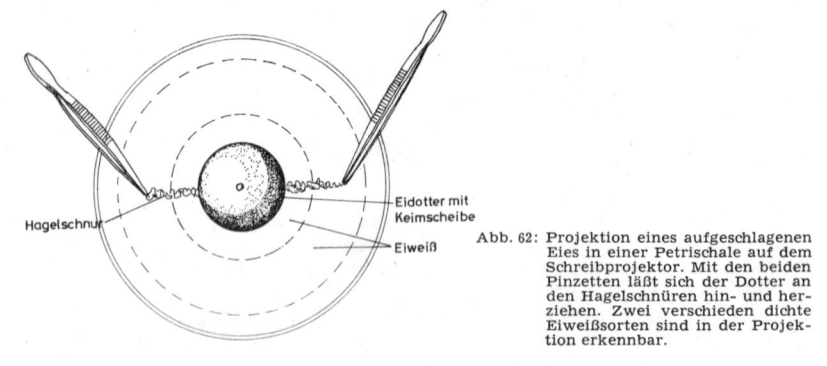

Abb. 62: Projektion eines aufgeschlagenen Eies in einer Petrischale auf dem Schreibprojektor. Mit den beiden Pinzetten läßt sich der Dotter an den Hagelschnüren hin- und herziehen. Zwei verschieden dichte Eiweißsorten sind in der Projektion erkennbar.

Die Petrischale mit dem Eiinhalt wird auf den Schreibprojektor gestellt. Dotter, helleres und dunkleres (dichteres) Eiweiß sind zu erkennen. Mit zwei Pinzetten werden die Hagelschnüre erfaßt und der Dotter damit hin und hergezogen. Man erkennt, daß der Dotter an den Hagelschnüren aufgehängt ist. Er rotiert in deren Längsachse so, daß der animale Pol mit der Keimscheibe immer oben zu liegen kommt und dadurch der Körperwärme des Brüters am nächsten liegt.

Die Keimscheibe wird gezeigt. (Dies hinterläßt immer einen tiefen Eindruck bei den Kindern und dürfte keinesfalls unterlassen werden.) Zu betonen wäre, daß in der Keimscheibe bereits ein erstes embryonales Entwicklungsstadium vorliegt.
Dann trennen wir Eiweiß und Dotter und wiegen beide Bestandteile. Farbe und Viskosität werden beachtet. Die Frage nach einer Dotterhaut ergibt sich von selbst, wenn man sie zerstört und dann der Dotter auseinanderläuft.
Der Prozentgehalt an Schale, Eiweiß und Dotter kann errechnet werden.

8. *Versuche mit Hühnereiweiß*

Die Eiweißstoffe gehören zu den Grundlagen des Lebens auf der Erde. Es empfiehlt sich daher so bald wie möglich in der Schule die Schüler mit den wichtigsten Eigenschaften derselben vertraut zu machen. Einige der Eiweiß-Reaktionen lassen sich auch schon auf der Unterstufe zeigen.

a. *Unverdünntes Eiweiß* wird im Reagenzglas im Wasserbad erhitzt.
Bei 75—80° C koaguliert das Eiweiß. Das Glas aus dem Wasserbad nehmen, abtrocknen und stärker erhitzen: das Eiweiß wird gelb, später schwarz (Kohlenstoff). Beim Verbrennen tritt ein charakteristischer Geruch auf, wie beim Verbrennen einer Feder (Horn) oder von Fleisch. Allen dreien gemeinsam ist, daß sie aus Eiweißstoffen bestehen.

b. *Herstellen einer Eiweißlösung*
Für die weiteren Versuche empfiehlt es sich, eine Eiweißlösung herzustellen.
Eiklar wird in einer Reibschale verrieben, so daß es eine gleichmäßige Beschaffenheit erhält. Dann werden 150 ml einer 1 %igen NaCl Lösung hinzugefügt (wem dies zuviel Mühe macht, verdünnt einfach mit dest. Wasser), verrührt abermals und gießt die Flüssigkeit durch ein Seihtuch. Mit der fertigen Lösung lassen sich dann die weiteren Versuche durchführen.
Die Eiweißkörper gehören zu den lyophilen Kolloiden.
Die Teilchen nehmen bei der Lösung Wasser auf und umgeben sich gleichsam mit einem Wassermantel. Diese Hydratation der Eiweißteilchen ist die Ursache für die zähflüssige Beschaffenheit der Eiweißlösungen. Schon durch einfache Eingriffe kann der kolloidale Zustand der Eiweißstoffe weitgehend verändert werden. So wird z. B. durch Zusatz konzentrierter Neutralsalzlösung (etwa Kochsalz), den Kolloidteilchen die Wasserhülle entzogen, sie vereinigen sich daraufhin zu größeren Flocken und fallen aus. Diese Ausfällung ist reversibel, denn durch Herabsetzung der Salzkonzentration (Verdünnung) können die Flocken wieder in Lösung gebracht werden.
Die Gerinnung (Koagulation) durch Erhitzen ist dagegen irreversibel. Dabei finden nicht nur physikalische, sondern auch chemische Veränderungen statt.
Wenn man Eiweißlösung schüttelt, dann schäumt sie.

c. *Fällung durch Salpetersäure*
Läßt man zu konz. (25 %iger) Salpetersäure vorsichtig Eiweißlösung hinzulaufen, so wird die Salpetersäure überschichtet. An der Grenzfläche beider Flüssigkeiten entsteht eine Eiweißausfällung. (Hellersche Ringprobe).

d. *Fällung durch Schwermetallsalze*
Verdünnte Eiweißlösung wird mit ca. (5 %iger) $HgCl_2$ Lösung versetzt. Es bildet sich ein weißer Niederschlag von unlöslichem Quecksilberalbuminat.

e. *Fällung mit Alkohol*
1 ml verd. Eiweißlösung wird mit der vierfachen Menge von 96 %igem Alkohol versetzt. Das Eiweiß wird dadurch irreversibel gefällt.

f. Nachweis der verschiedenen Löslichkeit und Fällbarkeit von *Albuminen und Globulinen*.
2 ml Eiklarlösung werden mit 2 ml konz. Ammonsulfatlösung versetzt. Daraufhin fällt das Globulin in der halb mit Ammonsulfat gesättigten Lösung aus. Man filtriert und gibt zu dem klaren Filtrat Ammonsulfat $(NH_4)_2SO_4$ in Substanz bis zur vollständigen Sättigung hinzu. Nun fallen die Albumine aus. Wir überzeugen uns anschließend, daß beide Fällungen bei Verdünnung mit Wasser wieder löslich sind.

g. *Xanthoproteinreaktion*
2 ml Eiweißlösung werden mit 1 ml konz. (25 %) HNO_3 versetzt und erhitzt. Der Niederschlag und die Lösung färben sich gelb. Man läßt abkühlen und neutralisiert mit konz. Ammoniaklösung oder Natronlauge. Die gelbe Färbung schlägt in Orange um. Diese Farbreaktion ist keine spezifische Eiweißreaktion, sondern erscheint nur bei Anwesenheit von Tyrosin, Phenylalanin, Tryptophan im Eiweißmolekül. (Eintritt von Nitrogruppen in den Benzolring der Aminosäuren).

h. *Millonsche Probe*
Verd. Eiweißlösung wird mit einigen Tropfen Millons-Reagens versetzt. Die entstehende weiße Fällung sowie die Lösung (bei Anwesenheit von Tyrosin) wird beim Erhitzen rot bis violett gefärbt.

i. *Fällung durch Gifte*
Auf Zusatz von Säuren, Laugen, Formol, Phenol u. a. Chemikalien fällt Eiweiß aus.

k. *Biuretreaktion*
Etwas Eiweißlösung wird mit dem halben Volumen 30 %iger Natronlauge und einigen Tropfen einer sehr verdünnten (0,25 %igen) Kupfersulfatlösung versetzt. Nach Umschütteln tritt eine violette bis gelb-rosa Färbung auf. Ein Überschuß an Kupfersulfat wirkt durch Bildung von Kupferhydroxid störend.

1. *Fettnachweis im Eigelb*
Aus Eigelb wird das Fett mit Äther herausgeschüttelt. Die Fettlösung läßt man auf Filterpapier tropfen und beobachtet nach Verdampfen des Äthers den entstandenen Fettflecken.

9. *Gewichtsanteile und Zusammensetzung des Eies*

Die Schale macht 10—12 % des Gesamtgewichtes aus und besteht hauptsächlich aus $CaCO_3$. Hinzu kommen organische Substanzen, wie z. B. die Farben.
Sowohl die Schalenhaut, wie die Dotterhaut und ein Gerüst im Eiklar bestehen aus Keratin.
Das Eiweiß (ca. 58 %) setzt sich zusammen aus Wasser (85 %) und Eiweißverbindungen (13 %), speziell das Ovoalbumin, Ovoglobulin, Ovomukoid. Es gerinnt bei 75—80° C. Sein gelber Farbstoff ist wasserlösliches Ovoflavin, welches als Träger des Vitamins B_2 wichtig ist.
Bei langem Lagern verschwinden die Gerüststoffe und das Eiweiß wird dünnflüssiger.

Der Eidotter (südd. „das Eidotter") mit 32 % des Gesamtgewichtes ist ebenfalls von einem Keratinhäutchen (Dotterhaut) umgeben. Eier von Nesthockern haben weniger Dotter, als die von Nestflüchtern.

Eidotter enthält Wasser (ca. 50 %), Fette, Cholesterin, Lezithin und als Farbstoff bes. das fettlösliche Lutein und das Zeaxanthin, welche beide aus Pflanzenteilen stammen. Diese Farbstoffe gehören zu den Xanthophyllen und Carotinen. Die Intensität der Dotterfarbe richtet sich 1. nach dem Farbstoff- und Fettgehalt des Futters und 2. nach der Legehäufigkeit. Legefaule, reichlich mit Mais gefütterte Hühner legen Eier mit kräftiger Dotterfärbung.

Ferner enthält der Eidotter Vitamine A, B, D, E, K nebst verschiedenen Salzen. Bemerkenswert ist sein hoher Gehalt an Phosphorverbindungen.

Die Luftkammer bildet sich unmittelbar nach dem Legen durch die Abkühlung. Bei Zersetzung der Eier tritt neben Kohlensäure stets auch Schwefelwasserstoff auf, als übelriechendes, giftiges Gas. Dieses bildet mit Silber das schwarze Silbersulfid, welches auf Silberbesteck den schwarzen Überzug darstellt.

Eikonservierung geschieht durch Kühlung (0—1° C Lagertemperatur), Trocknung (Aufbewahren in Sägespänen oder Torfmull), Abdichtung der Schale (Einkalken, Wasserglas, Gerantol), Herstellen von Trockeneipulver nach dem Zerstäubungsverfahren.

Eier mit 2 oder gar 3 Dottern entstehen dadurch, daß der Eitrichter des Oviduktes gleich mehrere Dotter umfaßt. In seltenen Fällen schlüpfen aus zweidottrigen Eiern auch 2 Kücken. Beim Huhn kann 20 — 24 Stunden nachdem der Dotter gesprungen ist, das Ei gelegt werden.

Die sog. faulen Eier der Chinesen werden z. B. dadurch gewonnen, daß frische Eier 5—6 Monate in roter Erde, Kalk und Wasser eingebettet werden und dabei gewisse Veränderungen mitmachen. Diese Eier schmecken dann nicht abstoßend.

In manchen Gegenden der Erde, z. B. bei Arabern oder manchen Negerstämmen werden Eier nur sehr ungern gegessen; in Darfu und Wardai (Afrika) war das Eieressen sogar verboten. 1856 wurde der deutsche Afrikaforscher *Eduard Vogel* von Eingeborenen getötet, weil er fast nur Eier gegessen hatte.

Die am Albert-Nyanza lebenden Negerstämme wenden sich mit Abscheu ab, wenn sie jemanden Eier essen sehen.

10. Osmoseversuch

An einem frischen Ei wird vorsichtig am spitzen Ende oder total die Kalkschale zertrümmert und entfernt, so daß nur noch die Schalenhaut vorhanden ist. Diese Haut wirkt, wenn das Ei für mehrere Tage in Wasser gelegt wird, als semipermeable Haut. Infolge der Osmose füllt sich das Ei prall mit Wasser. Sticht man mit einer Nadel an, dann spritzt Wasser heraus. Wurde die Kalkschale nur teilweise entfernt, dann ergibt sich im Wasser am Fenster eine Ausbuchtung.

Vielfach wird empfohlen, zur Entfernung des Kalkes das Ei in verd. Salzsäure zu legen. Dabei koaguliert aber das äußere Eiweiß und stört dadurch den Versuch. Auf alle Fälle muß dabei die Schale vorher entfettet werden, sonst greift die Salzsäure nicht an.

Windeier haben keine Kalkschale (Kalkmangel in der Ernährung).

11. Bebrüten von Hühnereiern

Ein Wärmeschrank wird bei 37 — 38° C mit einem Schälchen Wasser und 25 — 30 Eiern beschickt. Die Eier müssen täglich gelüftet und nach derselben Richtung um die Längsachse gewendet werden. Ferner müssen sie täglich einige Minuten, vom 15. Tage an 30 Min. abgekühlt werden.

Nachdem die Brutzeit 21 — 22 Tage dauert, kann täglich ein Ei entnommen, in Formol fixiert und anschließend die Entwicklungsreihe untersucht werden.

Zur Lebenduntersuchung legt man das Ei auf eine passende Unterlage, damit es nicht fortrollt, bohrt oben vorsichtig an und schneidet mit einer spitzen Schere ein Loch in die Schale. Die Eischale wird dann mit dem Schalenhäutchen über dem, immer oben schwimmenden Embryo kalottenförmig abgehoben.

Zur weiteren Präparation ist es gut, das Ei in eine Präparierschüssel mit 0,9 %iger Kochsalzlösung zu überführen, so daß die Lösung das Ei bedeckt.

Mit einer feinen Schere wird danach außerhalb des dunklen Fruchthofes ein kreisförmiger Schnitt durch Eiweiß und Dotterhaut geführt, die Keimscheibe mit der Pinzette vom Dotter abgehoben und mit einem feinen Pinselchen von Eiweiß, Dotterhaut und Dotterresten befreit.

Die Keimscheibe wird in der Kochsalzlösung mit der konvexen Seite eines Uhrglases aufgefangen und durch Herausheben aus der Lösung gespannt. Entweder wird sie lebend beobachtet oder fixiert.

Zur Fixierung wird sie mit dem Uhrglas vorsichtig in eine Petrischale mit *BOUIN*'schem Fixiergemisch gebracht und nach etwa 15 Minuten abgehoben. Nach Entfernen des Uhrglases wird sie auf dem Boden der Schale flach ausgebreitet und innerhalb des Gemisches mit einem Deckglas zugedeckt. Läßt man die Keimscheibe länger auf dem Uhrglas, so kann man sie nur noch schwer entfernen.

Die Keimscheibe wird nach gründlicher Fixierung in alkohol. Boraxkarminlösung gefärbt, in salzsaurem Alkohol (70 % Alkohol, dem auf 100 ml etwa 0,25—0,5 ml konz. HCl zugesetzt wurde) differenziert, sodann über die aufsteigende Alkoholreihe, Methylbenzoat und Xylol, in Kanadabalsam o. ä. eingeschlossen; bzw. für Schnittpräparate über Benzol und Benzolparaffin in einer geeigneten Paraffinmischung eingebettet.

Aus technischen Gründen wird die direkte Beobachtung der Hühnerentwicklung nicht mit der Bebrütungszeit Null, sondern erst mit der Bildung des 3. Keimblattes einsetzen.

Die Vorgänge der Furchung und Entodermbildung setzen nämlich bereits beim Durchtritt des Eies durch den mütterlichen Oviduct ein und sind schon nach 10 — 15 stündiger Bebrütungszeit im großen und ganzen abgeschlossen.

Meuser, dessen Aufsatz obige Anweisung entnommen wurde, warnt vor unnötig häufiger Präparation älterer Stadien in der Schule, weil deren Präparation und Tötung bei jungen Menschen „die Haltung der Ehrfurcht dem lebenden Individuum gegenüber stark belasten kann."

Ferner erwies es sich nach seinen Erfahrungen als unnötig zu Präparationszwekken ältere als 6 Tage-Eier zu untersuchen da sich in späteren Stadien die Embryonen nicht wesentlich in der Differenzierung, als mehr in der Größe von ihnen unterscheiden. Wenn schon ein Erwachsener beim Anblick eines lebenden

Embryos und dessen Herzschlag verstummt, muß auch auf den Jugendlichen dieses Erlebnis stark einwirken. Dies sollte nie aus dem Auge gelassen werden.

Literatur

Carl: Das Hühnerei als Exemplum. P. d. N. 1963. H. 4.
Freytag, K.: Die Entwicklung des Hühnchens. P. d. N. 1965. H. 5.
Fritz, F.: Die Embryonalentwicklung des Huhns. P. d. N. 1966. H. 10.
Egli, H.: Blutbildung beim Hühnerkeim. Miko 54. 1965. S. 273. (Genaue Anweisung zur mikroskopischen Untersuchung).
Grzimek, B. und *Pusch, F.:* Das Eierbuch. Berlin und Stuttgart 1964.
Makatsch, W.: Der Vogel und sein Ei. NBB 1959.
ders.: Der Vogel und sein Nest. NBB 1965.
ders.: Der Vogel und seine Jungen. NBB 1959.
Meinecke, G.: Lebendbeobachtungen an bebrüteten Hühnereiern. Miko 59. 1960. H. 4.
Meuser, H.: Die Entwicklung des Hühnchens als Gegenstand des biol. Unterrichts im Wahlpflichtfach der Primen. DBU 1965. H. 3.
Redies, H.: Die Keimentwicklung der Wirbeltiere. DBU 1966. H. 3.
Vosbeck, K.: Das Hühnchen im Ei. Miko 1965. S. 106. (Anleitung zur Untersuchung der Keimscheibe).
Weber, R.: Besuch einer Hühnerfarm. P. d. N. 1961. H. 9.

12. Beobachtungsanregungen zum Thema Eiablage und Bebrütung

Wie groß ist die Zeitspanne zwischen Fertigstellen des Nestes und der ersten Eiablage?

Zu welcher Tageszeit werden die Eier gelegt?

In welchen zeitlichen Abständen werden die Eier gelegt? (Legeabstand).

Wie groß ist die durchschnittliche Eizahl in mehreren Gelegen?

Wie reagiert das Weibchen, wenn Eier verlorengehen oder das Nest zerstört wird? Werden Eier nachgelegt? Verläßt das Weibchen die Gegend oder bereitet es eine neue Brut vor? Wieviel Brutversuche macht ein Weibchen?

Welcher Prozentsatz belegter Nester wird im Laufe einer Brutsaison in einer bestimmten Gegend zerstört? Wodurch sind die Verluste bedingt?

Wann beginnt das Weibchen zu brüten? Mit Ablage des ersten oder des zuletzt gelegten Eies.

Wie lange ist die genaue Brutdauer? (Vergl. Tabelle).

Brüten beide Geschlechter oder nur eines?

Wird das Weibchen auf dem Nest vom Männchen gefüttert?

Wie oft verläßt ein Alleinbrüter das Nest und wozu?

Gibt es ein bestimmtes Ablösungszerimoniell, wenn beide brüten?

Brutdauer verschiedener, häufigerer Vogelarten (*n. Makatsch*)

Nestflüchter

	Tage		Tage
Höckerschwan	35,5	Lachmöwe	22—24
Graugans	28—29	Flußseeschwalbe	20—22
Stockente	22—26	Bläßhuhn	21—24
Haubentaucher	25	Rebhuhn	24—25
Kiebitz	24	Wachtel	17
Flußregenpfeifer	22—24		

Nesthocker

	Tage		Tage
Nebelkrähe	17—18	Rauchschwalbe	14—16
Eichelhäher	16—17	Mehlschwalbe	12—13
Star	14	Grünspecht	15—17
Buchfink	12—13	Mauersegler	18—20
Goldammer	12—14	Wiedehopf	16—19
Feldlerche	12—14	Waldkauz	28—30
Kohlmeise	13—14	Kuckuck	12¼
Grauer Fliegenschnäpper	12—13	Turmfalke	29
Weidenlaubsänger	13—14	Wanderfalke	28—30
Drosselrohrsänger	14—15	Mäusebussard	28—31
Gartengrasmücke	13—14	Hühnerhabicht	35—38
Amsel	13—14	Sperber	31—33
Gartenrotschwanz	13—14	Weißer Storch	33
Zaunkönig	13—14	Fischreiher	25—26
		Ringeltaube	15—17

Nestlingsdauer bei verschiedenen Nesthockern *(n. Makatsch)*

	Tage		Tage
Nebelkrähe	31—32	Rotkehlchen	12—15
Elster	22—24	Zaunkönig	15—17
Eichelhäher	19—20	Rauchschwalbe	20—22
Star	21	Mehlschwalbe	20—23
Grünfink	13—14	Grünspecht	19
Buchfink	13—14	Mauersegler	46
Haussperling	17	Wiedehopf	24—27
Feldsperling	16—17	Waldkauz	28—35
Feldlerche	9	Kuckuck	21—23
Kleiber	24	Turmfalke	27—33
Kohlmeise	15—20	Steinadler	77—80
Grauer Fliegenschnäpper	13—14	Mäusebussard	42—49
Weidenlaubsänger	13—15	Hühnerhabicht	36—40
Drosselrohrsänger	12	Sperber	26—29
Gartengrasmücke	9—10	Weißer Storch	54—55
Amsel	13—15	Fischreiher	42—49
Gartenrotschwanz	12—14	Ringeltaube	21—28

V. Beobachtungsanregungen zur Jungenaufzucht und Fütterung

Welcher Prozentsatz an Jungen gelangt zum Schlüpfen?
Ursachen der Ausfälle?
Füttern beide Eltern? Welche Mengen?
Was wird verfüttert? Wo wird das Futter geholt? Ändert sich das Futter im Laufe der Entwicklung?
Wird das Nest auf bestimmten Wegen aufgesucht?
Wie sehen die Jungen aus?

Wieviele Tage sind sie blind?
Was veranlaßt sie in diesem frühen Alter zu sperren?
Sind es die Rufe der Alten oder Erschütterungen des Nestes?
In welcher Richtung sperren die Jungen solange sie noch blind sind?
Ändert sich diese Richtung sobald sie sehen?
Wie sind die Nestlinge befiedert? Farben? Federfluren?
Welcher Art ist der Sperrachen?
Wie groß ist die Jungensterblichkeit?
Ursachen für Ausfälle (Wetter, Feinde, Mensch, Futtermangel, Vergiftung durch Chemikalien).
Wie und wann verlassen die Jungen das Nest?
Wie verhalten sie sich anschließend?
Bleiben sie am Ort oder zerstreuen sie sich?
Können sie bereits fliegen?
Führen sie noch Bettelbewegungen aus? Wie lange noch?
Wie zeigen sie evtl. den Eltern ihren Standort an?
Von wem werden sie gefüttert? Wo werden sie gefüttert?
Wo übernachten die Jungen? Bleiben sie einzeln oder in Scharen?
Legen die Eltern ein neues Nest an?
Wird das alte Nest benutzt? Wie lange nach dem Ausfliegen wird mit dem erneuten Nestbau begonnen?

Häufig erzählen Schüler im Unterricht, daß bei ihnen zuhause ein Vogel brütet. Am häufigsten werden Amsel und Star beobachtet, aber auch Schwalben und versch. Sänger. Dann kann man ihnen einen dem Alter entsprechenden Fragenkatalog zusammenstellen und sie bitten, genau zu protokollieren. Am Ende der Brut- und Fütterungsperiode können sie dann etwa in Form eines kleinen Vortrages die Beobachtungsergebnisse schildern. Werden noch Wetterberichte aus der Zeitung ausgeschnitten und Fotos mit Lageskizzen hinzugefügt, dann lassen sich schöne Arbeiten erzielen, die den Kindern und manchmal der ganzen beteiligten Familie viel Freude bereiten.

Auf folgende Filme zu diesem Thema sei bes. hingewiesen:

FT   622 Auf einem Hühnerhof (künstlich und natürlich erbrütete Kücken)
FT   771 Der Star
FT/F416 Zimmerleute des Waldes
FT   536 Im Dorf der weißen Störche
FT   488 Kaiserpinguine
FT 2049 Die Amsel
8 F   20 Bau eines Vogelnestes

VI. Was macht man mit verletzten oder aus dem Nest gefallenen Vögeln?

Häufig geschieht es, daß uns Kinder von der Straße oder dem Schulhof verletzte, kranke Altvögel oder aus dem Nest gefallene Jungvögel bringen. Neben dem Bedauern über den vorliegenden Unglücksfall müssen wir uns klar sein über die Fragwürdigkeit von Heilmethoden oder einer künstlichen Aufzucht. Vielfach enden derartige „liebevolle" Hilfsaktionen nach mehr oder weniger langem Hinsiechen mit qualvollem Tod des Patienten. In vielen Fällen ist daher leider, so hart es klingen mag, die möglichst rasche schmerzlose Tötung des Tierchens für alle Beteiligten der humanste Weg.

1. Wie tötet man einen Vogel?

Unter keinen Umständen darf die Tötung vor den Augen der Schüler erfolgen!

Folgende Tötungsmöglichkeiten bieten sich an:

a. Vielfach genügt es, einen *mit Äther* getränkten Wattebausch dem Vogel für einige Zeit um den Schnabel zu pressen, um den Tod herbeizuführen.

b. Oder man gibt 2 Teelöffel *Chloroform* in eine gut schließende Glasdose oder Blechbüchse, setzt das Tier dazu und schließt sofort dicht ab. Wenn die Dose mindestens eine halbe Stunde geschlossen bleibt, wird der Vogel bald schmerzlos einschlafen und sterben.

c. Die sicherste Methode, einen Vogel blitzschnell zu töten mag zwar roh und brutal erscheinen, sei aber doch erwähnt. Man nimmt das Tier in die Hand und schlägt seinen Hinterkopf mit voller Wucht gegen eine harte Kante.

d. Bei Jungvögeln greift man mit Daumen und Zeigefinger über den Rücken unter die Flügel und drückt schnell und kräftig den Brustkorb zusammen (n. *Makowski*).

Der getötete Vogel kann entweder als Balg präpariert, oder einem Präparator zum Aufstellen gegeben werden. Ist keines von beiden vorgesehen, so können zumindest die Federn verwertet werden (s. o.)

2. Wie und was füttert man den jungen Vögeln?

Jungvögel aller Art (außer Greifvögel) können grundsätzlich mit der Ersatznahrung Quark gefüttert werden. Dies muß mit viel Geduld und alle 2 — 3 Stunden geschehen. Wird das Futter nicht angenommen, dann nehmen Sie den Vogel in die linke Hand und halten den Kopf zwischen Daumen und Zeigefinger. Die Beinchen werden zwischen Ring- und Mittelfinger gezogen und auf diese Weise eingeklemmt. In die rechte Hand nehmen Sie ein Streichholz, tauchen das Futter in etwas Wasser und schieben es in den Hals bis hinter die Zunge. Erst wenn der Vogel geschluckt hat, erhält er nach kleiner Pause die nächste Portion. (Geduld!)

3. Was füttert man gefangenen Vögeln?

Die folgende Zusammenstellung gilt für die Fütterung gefangener Vögel und ist zugleich Anhaltspunkt für die Fütterung im Winter. Z. T. n. *Makowski*).

a. *Landvögel:*
Finkenvögel (Buchfinken, Grünfinken, Goldammern u. a.):
Hanf, Sonnenblumenkerne, Getreide, Dreschabfälle, Unkrautsamen, Rindertalg.
Meisen:
Hanf, Sonnenblumenkerne (auch mit Talg vermischt), Apfelkerne, Nußbruchstücke, ungesalzene Fleischabfälle.
„Weichfresser" wie Drosseln, Stare, Rotkehlchen, Zaunkönig. Braunellen u. a.:
Getrocknete Beeren, getrocknetes Obst, käufliches Weichfutter, geriebene Möhren, auch Hanf, Rindertalg, gekrümeltes Weißbrot, und Zwieback, Mohn, ungesalzene zerkleinerte Fleischabfälle.

Lerchen:
Dreschabfälle, zerkleinertes Weißbrot, Körner.
Rebhühner, Fasanen:
Hühnerkorn, Dreschabfälle.
Greifvögel (Bussard, Habicht, Sperber, Falken, Eulen)
geraten oft in Menschenhand und müssen vielfach mit Fleisch oder Fisch gestopft werden. Dazu Schnabel mit sanfter Gewalt öffnen, Futter in kleinen Stückchen und angefeuchtet tief in den Schlund stecken, damit das Tier schlucken muß.
Dreimal am Tage 20—30 g. Am besten in leerstehendem Hühnergehege bis zur Gesundung und Freilassung halten. Drahtgitter dicht mit Säcken verhängen, damit sich der Vogel nicht die Flügelfedern abbricht.
b. *Wasservögel*
Alle: Fische, Garneelen.
Bläßhühner, Teichhühner, Schwimmenten (z. B. Stockenten, Pfeifenten): Klein zerkrümeltes Brot, Hühnerkorn, gekochte ungesalzene Kartoffeln., Quetschhafer.
Möwen: dasselbe w. o., alle Abfälle. Sie sind sehr unempfindlich.
Schwäne: Brotreste, gekochte ungesalzene Kartoffeln, Hühnerkorn, Quetschhafer.
Tauchenten: (Reiher-, Tafel-, Eis-, Eider-, Bergenten u. a.):
Kleine ungesalzene rohe Fischreste, bzw. zerkleinerte Fische, Garnelen. Einige Arten fressen nicht selbständig, wenn sie ermattet sind. Dann Wasser hinstellen, Fische in den Schlund stopfen und allmählich zur selbständigen Futteraufnahme bringen.
Säger, Taucher: dass. w. o.

4. Wie transportiert man Vögel?

Der übliche Schuhkarton mit Luftlöchern ist für Kleinvögel zu groß. Hier genügt dann eine Tragetüte oder ein Leinensäckchen. Größeren Vögeln (Turmfalken, Bussard, Eulen) fessele man mit weichem Band die Füße und ziehe einen eng anliegenden Kniestrumpf ohne Fuß über Kopf und Körper.

5. Vorübergehende Unterbringung von Vögeln

Kleinvögel in Schuhkartons, größere in entsprechende Schachteln. Diese stellt man an kühlem Ort, der weder feucht noch zugig ist, auf.

VII. Fütterung der Vögel im Winter

1. Warum Fütterung im Winter?

a. *Vogelschutz*
Von der Winterkälte sind besonders die kleineren Vögel betroffen. Je kleiner und zierlicher ein Vogel ist, desto höher ist sein Grundumsatz und desto größer also sein Nahrungsbedarf. Da die Wärmeabgabe direkt proportional der Oberfläche ist, gibt ein kleiner Warmblüter im Verhältnis mehr Wärme ab, als ein großer. Infolge des beträchtlichen Nahrungsbedarfes kann er auch nicht auf Vorrat fressen. Das wird klar, wenn man sich vergegenwärtigt, daß eine Haustaube im Tag durchschnittlich 5—10 %, eine Kohlmeise 60 %, eine Blaumeise 80 %, eine Bachstelze 100 % und das winzige Goldhähnchen sogar 130 % des Eigengewichtes an

Nahrung zu sich nehmen muß. Für diese Kleinvögel kann daher schon eine kurze Hungerperiode von einem halben Tag den Tod durch Entkräftung und Erfrieren zur Folge haben.
Durch Kultivierungsmaßnahmen in der Landschaft gingen nicht nur Nistmöglichkeiten für den Sommer, sondern auch Schlafplätze und Nahrungsquellen für den Winter verloren.
Nur wenige Vögel konnten sich in ihrem Verhalten anpassen und wurden zu Kulturfolgern (Amsel, Grünfink, Sperling).

b. Schädlingsbekämpfung

Wenn eine Kohlmeise täglich 60 % ihres Eigengewichtes an Nahrung aufnehmen muß, wären das bei einem Gewicht von 18 g täglich 10—11 g und im Jahr ca. 3,650 kg an Raupen, Käferlarven, Fliegen u. dgl. im Sommer und Eier sowie Larven im Winter. Rechnet man die Beikost an Sämereien, Beeren und Knospen ab, so dürften immer noch 2—3 kg Insekten bleiben, welche von einer Kohlmeise im Jahr verspeist werden. Nach einschlägigen Untersuchungen machen davon die schädlichen Kerfe 75 % aus. Damit sind die Kohlmeisen wie viele andere Singvögel Glieder in der biologischen Kette der Schädlingsbekämpfung.

c. Anlocken der Vögel

Nach Brandt ist es erwiesen, daß bei zweckmäßiger Winterfütterung mehr, der von uns aufgestellten Nistkästen besetzt werden, als wenn die Winterfütterung unterbleibt. Wir locken also durch die Fütterung Vögel in unseren Garten.

d. Beobachtungsmöglichkeiten aus nächster Nähe

Wie kaum bei einer anderen Gelegenheit, ergeben sich an der winterlichen Fütterungsstelle herrliche Beobachtungsmöglichkeiten und es kommen einem mitunter Vögel vor die Augen, die man während des Jahres nur sehr selten sieht.
Beobachtungsanregungen an der Futterstelle:
Wann und zu welchen Stunden kommen die Vögel zur Fütterung an?
Welche Vögel stellen sich ein? (Ansprechen, bestimmen, zählen).
Kommen sie einzeln oder in kleinen Schwärmen?
Welche Nahrung wird von den einzelnen Arten bevorzugt?
Wie wird die Nahrung aufgenommen? Wie werden die Körner geöffnet? (Unterschiede zwischen Finken, Meisen, Kleiber).
Welche Vögel bevorzugen den Boden, das Häuschen oder die frei hängende Futterstelle?
Welche Art verdrängt die andere von der Futterstelle?
Läßt sich eine innerartliche Rangordnung feststellen, d. h. derselben Art
$$\alpha \text{ Tier} > \beta \text{ Tier} > \gamma \text{ Tier} > \delta \text{ Tier} \ldots ?$$
Läßt sich eine innerartliche Rangordnung feststellen, d. h. derselben Art?
$$\alpha \text{ Tier} > \beta \text{ Tier} > \gamma \text{ Tier} > \delta \text{ Tier} \ldots$$
Kommt es zu Kampfszenen, oder räumen die jeweils schwächeren kampflos das Feld? (Achtung! Die Kampfszenen bei Kleinvögeln verlaufen blitzschnell und erfordern sehr genaues und wiederholtes Beobachten).
Werden Individualabstände eingehalten?

2. Wann soll gefüttert werden?

Die Vogelfütterung sollte sich allein auf die kalte Jahreszeit beschränken, und hier wieder besonders auf die Tage, wenn Pflanzen und Boden mit Glatteis oder

Rauhreif bedeckt sind oder wenn starker Schneefall herrscht. Da sich die Vögel bald an einen Futterplatz gewöhnen und ein plötzliches Ausbleiben des Futters manchen Vogel in Bedrängnis bringen kann, wenn er nicht gleich Ersatz findet, muß regelmäßig gefüttert werden.

Um rechtzeitig auf die zusätzliche Nahrungsquelle aufmerksam zu machen, ist zu empfehlen, schon 2—3 Wochen vor Einbruch des strengsten Winters die Futtergeräte aufzuhängen oder hinauszustellen und sie mit wenig Futter zu beschicken. Die Vögel lernen sie dann kennen und merken sich, wo in Notzeiten eine zusätzliche Nahrung zu finden ist. Während milder Witterung schränkt man die Fütterung etwas ein; ganz aufhören sollte man aber während des Winters nie damit.

3. Was soll gefüttert werden?

Völlig ungeeignet sind alle gesalzenen Speisen, vor allem gesalzener Speck Schinken oder Wurstreste, ferner Brot, gekochte Kartoffeln oder beliebige Speisereste.

Meisen und Kleiber
bevorzugen, wie oben bereits erwähnt, ölhaltige Sämereien von Hanf, Mohn, Lein, Rübsen, Sonnenblume. Ferner fressen diese Tiere gerne pflanzliche und tierische Fette, welche man in Form von Rinder- oder Hammeltalg, ungesalzenen Speckschwarten oder einem Schweineschnabel anbieten kann. Am besten läßt man bei geringer Hitze das Fett schmelzen, rührt Hanf- und Sonnenblumenkörner hinein (3 Gew. T. Fett : 2 Gew. T. Körner). Diese Mischung wird in Nußschalen, Holz oder Tonbehälter gegossen und nach Erkalten so aufgehängt, daß keine Katze daran kann.

Für Finkenvögel
eignen sich neben den oben erwähnten ölhaltigen Samen besonders auch stärkehaltige Körner (geschroteter Weizen, Mais, Hafer).

Für Rotkehlchen, Amseln, Zaunkönig u. a. Weichfresser kann man Fruchtstände sammeln, zusammenbinden und damit sie nicht schimmeln, an trockenen Orten aufhängen: Vogelbeeren, Holunder, Weißdorn, Hartriegel, Liguster usw.

Notfutter
benötigt man, wenn im Frühjahr bereits zurückgekehrte Vögel von plötzlich einsetzendem Schneefall überrascht werden. Hier eignet sich ein ungesalzener dicker Haferschleim, der mit Fleischmehl zu einer krümeligen Masse verknetet wird.

Weitere Variationsmöglichkeiten des Speisezettels findet man in der angegebenen Literatur.

4. Wie soll gefüttert werden?

Keine Fütterung auf Fensterbänken oder Gesimsen, kein warmes Wasser zum Trinken oder Baden bei Frost aufstellen, keine Futterhäuschen an Stellen anbringen wohin Katzen gelangen können. Im Handel werden vom hängenden Meisenfutterkasten bis zum automatischen Futtersilo die verschiedensten Modelle angeboten. Reizvoller ist es, mit Schülern die Futterstellen selbst zu basteln

(Abb. 63).
Bastelanleitungen findet man in der angegebenen Literatur.

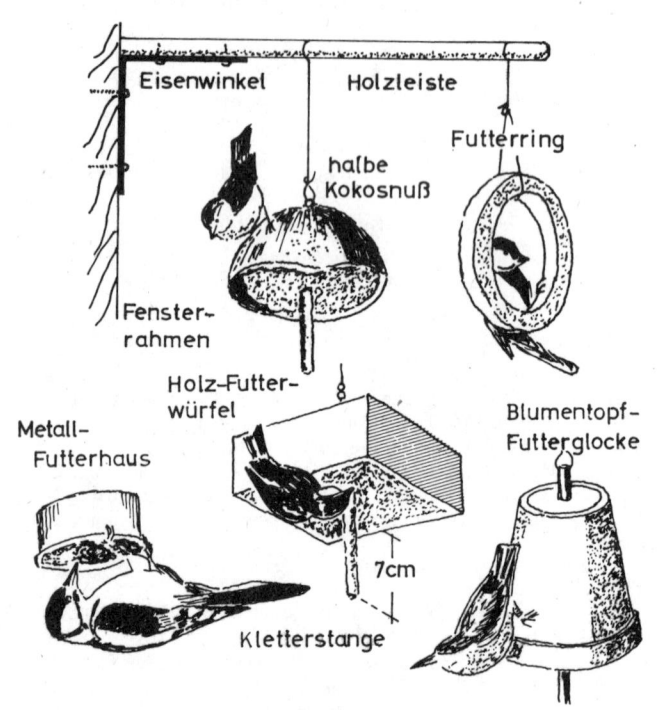

Abb. 63: Futterglocken und Futterringe. Sie können mit Winkeleisen an der Hauswand befestigt werden.

Literatur

Brandt, H.: Vogelschutz in Haus, Hof und Garten. München 1962.
Henze, O. und *Zimmermann, G.:* Gefiederte Freunde in Garten und Wald. München 1964.
Löhrl, H.: Vögel am Futterplatz. Ko 1955. S. 565—568.
Makowski, H.: Amsel, Drossel, Fink und Star. Stuttgart 1961.

VIII. Der Vogelzug

1. Daten (nach Creutz, G.: Vogelzug NBB 1962)

a. *Wandergeschwindigkeiten:*

Mit etwa 40 km/h: Sperber, Neuntöter, Nebel-, Saatkrähe.
Mit etwa 50 km/h: Ringeltaube, Herings- und Mantelöwe, Kranich.
Mit etwa 55 km/h: Buchfink, Zeisig.

Mit etwa 60 km/h: Wanderfalke (der beim Stoß nach Beute bis zu 250 km/h erreichen kann), Fichtenkreuzschnabel, Dohle.
Mit etwa 75 km/h: Star.
Mit etwa 90 km/h: Brieftaube, Limikolenarten.
Mit etwa 120 km/h: Krickenten.
Mit etwa 150 km/h: Mauersegler, Fregattvogel.

b. *Die Tagesleistungen*
sind nur sehr schwer zu ermitteln (viele Fehlerquellen!). Sie bewegen sich etwa in folgenden Größenordnungen:
Singvögel: 60 km/Tag
Storch : 200 km/Tag
Schnepfen: 500 km/Tag (Höchstleistung)

Diese Angaben mögen enttäuschen, wenn man bedenkt, daß eine fütternde Kohlmeise täglich bis zu 1000 km zurücklegt. Der Herbstzug geht meist gemächlicher vor sich und wird oft von mehrtägigen Pausen unterbrochen.

So braucht der Storch für die 10 000 km nach Südafrika ca. 100 Tage, während er den „Heimweg" in etwa 60 Tagen schafft.

c. *Die Gesamtleistung*

Der Sibirische Mornellregenpfeifer (*Cudromias morinellus L.*) wandert von der Tschuktschenhalbinsel über Turkestan und den Indischen Ozean nach Afrika (ca. 12 000 km).

Der Nordamerikanische Goldregenpfeifer fliegt von Labrador nach den argentinischen Pampas. *(Abb. 64)*

Der Wassertreter *(Phalaropus fulicarius L.)* fliegt über 133 Breitengrade, von 82° n. Br. bis 51° s. Br. nach Patagonien, was rund 15 000 km entspricht. Dies schafft er in 47 Tagen mit je 4 Flugstunden, bei der Geschwindigkeit vom 80 km/h.

Die Küstenseeschwalbe *(Sterna paradisea Brünn.)* hält den Streckenrekord. Sie fliegt von ihren arktischen Brutplätzen an der amerikanischen und afrikanischen Atlantikküste entlang bis in die Arktis. Zum Ausruhen läßt sie sich auf dem Wasser nieder.

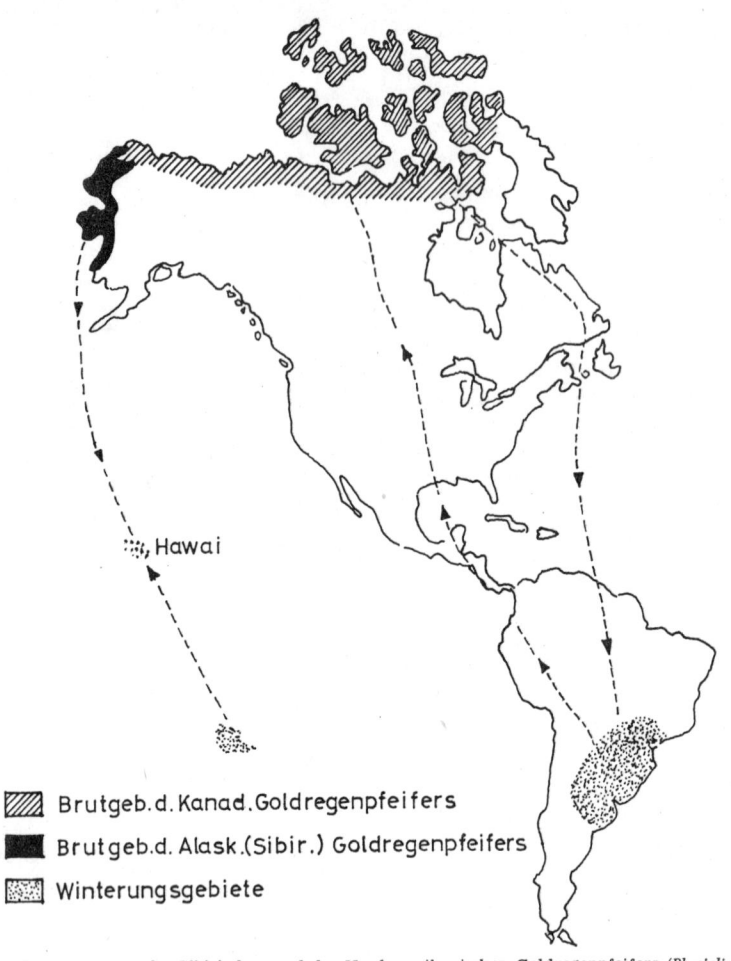

Abb. 64: Der Zug des Sibirischen und des Nordamerikanischen Goldregenpfeifers *(Pluvialis dominica fulva*, GMELIN und *Pl. d. dominica*, MÜLLER). Beachtenswert sind die großen Entfernungen und der Schleifenzug. (Aus: CREUTZ: Der Vogelzug. NBB 1962.) Der Zugverlauf kann in ausgeteilte Stempelkarten eingetragen werden.

d. Dauerleistungen

Unsere Bachstelze überquert das Mittelmeer: 450 km.

Der Rotschwanzwürger Japans *(Lanius cristatus ciliosus Latham)* erreicht in 11 Flugstunden die 700 km entfernte Küste Chinas. Nordamerikanische Singvögel überqueren in 12—15 Flugstunden den Golf von Mexiko (700—1000 km).

Bienenfresser und Falken Indiens überfliegen nach Afrika den Indischen Ozean auf einer Strecke von 3000 km.
Die japanische Bekassine *(Gallingo hardtnickii Gray)* benötigt für die 6000 km nach Australien 48 Flugstunden.
Wie Brachvogel und Steinwälzer fliegt der Sibirische Goldregenpfeifer *(Pluvialis dominica fulva Gmelin)* 4000 km von Alaska nach der Hawaiischen Inseln. Bei 90 km/h braucht er 35—45 Stunden. Verfehlt er aber die Inselgruppe im weiten Ozean muß er weitere 3000 km bis zu den Marquesainseln zurücklegen, eine Leistung, die er wohl schwerlich ohne Rast auf dem Wasser vollbringen kann.

Abb. 65

Abb. 65: Die Lage der afrikanischen Winterquartiere für einige mitteleuropäische Vögel. Die eingezeichneten Symbole können die Winterquartiere nur andeutungsweise kennzeichnen. Im Unterricht kann das eine oder andere Beispiel in eine Stempelkarte von Afrika eingetragen werden.
(Abb. nach CREUTZ: Der Vogelzug. NBB 1962 etwas verändert.)

e. Flughöhen

Stare und Kiebitze wurden in 600 m Höhe, Kraniche, Tauben, Saatkrähen bis 2500 m Höhe angetroffen. Hauptsächlich dürfte sich der Vogelzug unter 200 m Höhe abspielen. Die obere Grenze scheint bei 3000 m zu liegen.

2. Beobachtungsanregungen zum Vogelzug

a. Wie erfolgt der Abzug der Zugvögel in unserem Beobachtungsgebiet?
Einzelwanderer: Kuckuck, Wiedehopf, Eisvogel, Würger, Wendehals, viele Greifvögel.
Gruppenbildung: Finken, Schwalben, Störche, Kraniche.
Größere Verbände: Stare, Tauben, Enten, Krähen.
Art der Formation?
In dichten Pulks, die synchron schwenken (Stare, Zeisige).
In breiten Linien und Wellen (Austernfischer, Sichler).
In losen Schwärmen (Tauben, Krähen).
In Winkeln oder Keilen (Kraniche, Enten, Gänse).
Sind Lautäußerungen vernehmbar?
Erfolgt der Zug im Familienverband? (Kraniche, Gänse, Schwäne, Wachteln).
Ziehen die Alten früher als die Jungen? (Würger, Kuckuck, Mönchsgrasmücke, Steinrötel).
Ziehen die Jungen früher als die Alten? (Storch, Lummen, Waldschnepfe, Nebelkrähe).
Die zeitliche Reihenfolge: Junge — Weibchen — Männchen, ist üblich bei Buchfink, Rohrammer, Feldlerche, Steppenlerche, Hausrotschwanz, Turmfalke.
Weibchen ziehen vor den Männchen: Wassertreter, Mornellregenpfeifer.
Männchen bleiben oder ziehen nur teilweise fort: Amsel, Buchfink, Singdrossel, Rotkehlchen.
Tagzieher: Finken, Pieper, (z. T. auch Lerchen, Drosseln), Krähen, Greifvögel, Störche, Kraniche.
Welche Tageszeit wird bevorzugt?
Nachtzieher: Die meisten insektenfressenden Singvögel (Stare, Lerchen, Enten, Schnepfenartige, Kiebitz, Kuckuck, Wiedehopf u. a. m.).
Wann kommen Durchzügler aus nordischen Breiten in Mitteleuropa an und wann verlassen sie uns wieder, oder bleiben sie? (Distelfink).

b. *Phänologische Beobachtungen*
Wie geht die Ankunft der Zugvögel in unserem Raum vor sich?
Daten, Temperatur, Wind, Niederschläge, Sichtverhältnisse; Höhepunkte.
Die Orte gleicher Ankunft von Zugvögeln können durch Linien verbunden werden (Isopiptesen). Diese Isopiptesen laufen meist parallel den Isothermen. Warum?

c. *Eintreffen von Invasionsvögeln*
Unabhängig vom alljährlichen Vogelzug können plötzliche Invasionen einzelner Vogelarten auftreten. Derartige Beobachtungen wollen an die Vogelwarten Radolfzell oder Helgoland gemeldet werden (Anschriften s. u.).
Dazu sind folgende Fragen interessant:
Welche Arten tauchen auf?
Zahl der beobachteten Schwärme und Einzelstücke?

Zeitdauer des Durchzugs?
Wann war der Höhepunkt?
Blieben einzelne Stücke im Beobachtungsrevier zurück?
War ein größeres Nahrungsangebot vorhanden, das von den Invasionsvögeln angenommen wurde?
Wann ist ein Massenauftreten der gleichen Vogelart in der gleichen Gegend zuletzt beobachtet worden?

3. *Auswertung von Ringfunden*

(Nach *Schmidt, E.*: Auswertung von Ringfunden — Eine Schülerübung zur Behandlung des Vogelzuges im 6. Schuljahr. P. d. N. 1970/3.)

a. Auswahl einer geeigneten Vogelart

Das übliche Paradebeispiel eines Zugvogels, der Storch ist nicht sehr günstig, da er vielen Schülern nur noch vom Hörensagen bekannt ist und da er als interkontinentaler Aufwindsegler einen sehr speziellen Zugtyp repräsentiert.

Der Star eignet sich als Beispiel insofern besser, als er selbst in den Großstädten leicht zu beobachten ist und sein Zugverhalten ebenfalls einigermaßen erforscht ist. (Abb. 68). Die sommerlichen und herbstlichen Schwärme vermitteln ein zusätzliches eindrucksvolles Bild vom Vogelzug. „Entgegen der landläufigen Meinung zieht er wie viele bekannte Zugvögel nicht nach Süden, sondern nach Südwesten bis Westen und überwintert vielfach in Europa. Gerade in unserem Gebiet zeigt er die für viele Vogelarten typischen regionalen Unterschiede im Zugverhalten. Abb. 69. Im wissenschaftlichen Sinne sind zwar verschiedene Fragen

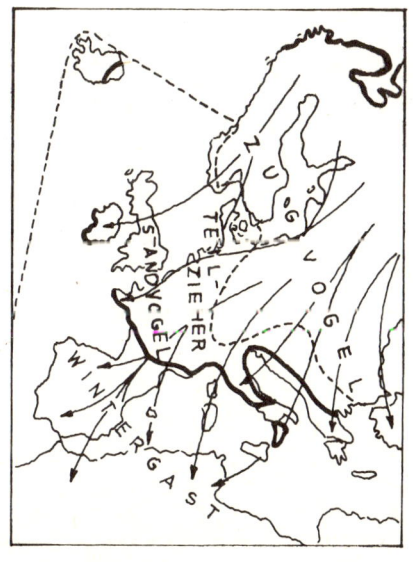

Abb. 66: Unterschiedliches Zugverhalten der Stare entsprechend den unterschiedlichen Brutgebieten.
(Nach SCHMIDT, E.: Auswertung von Ringfunden - Eine Schülerübung zur Behandlung des Vogelzuges im 6. Schuljahr. P.d.N. 1970 Heft 3).

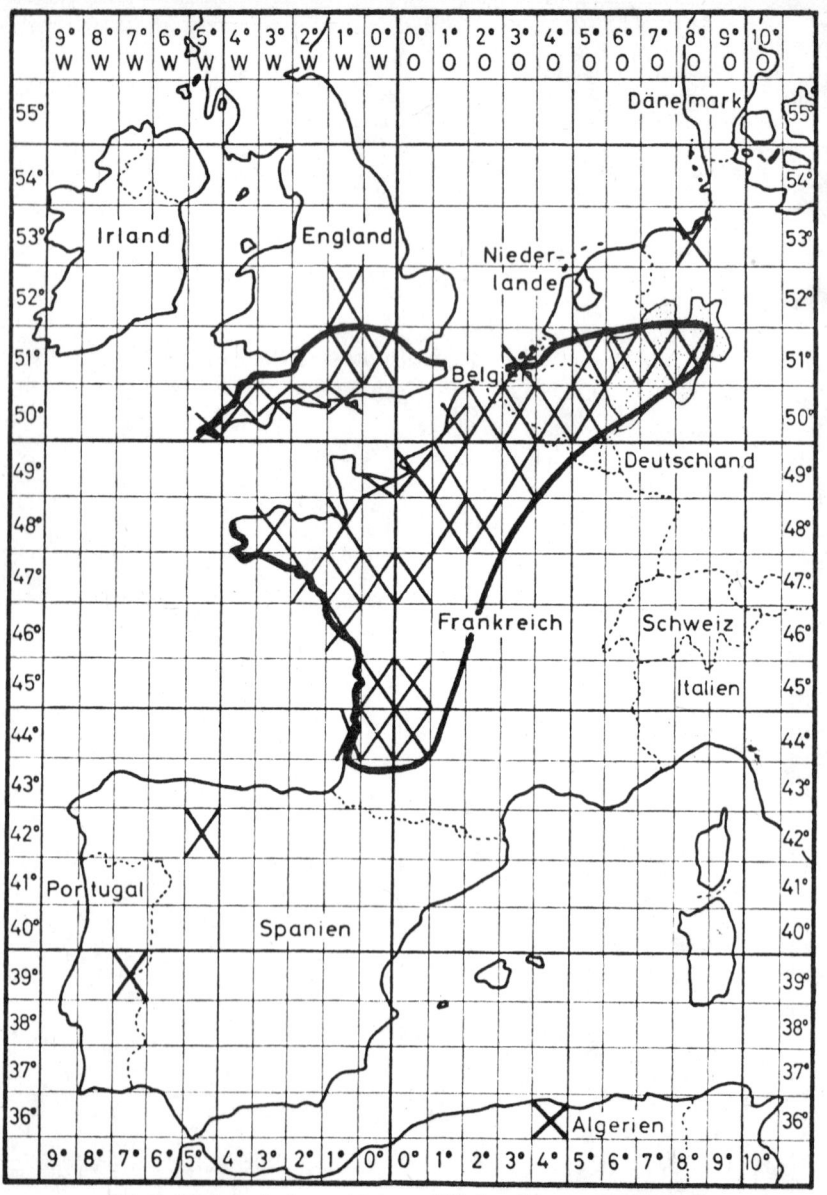

Abb. 67: Wiederfunde der nordrhein-westfälischen Stare (n. SCHMIDT, E.).

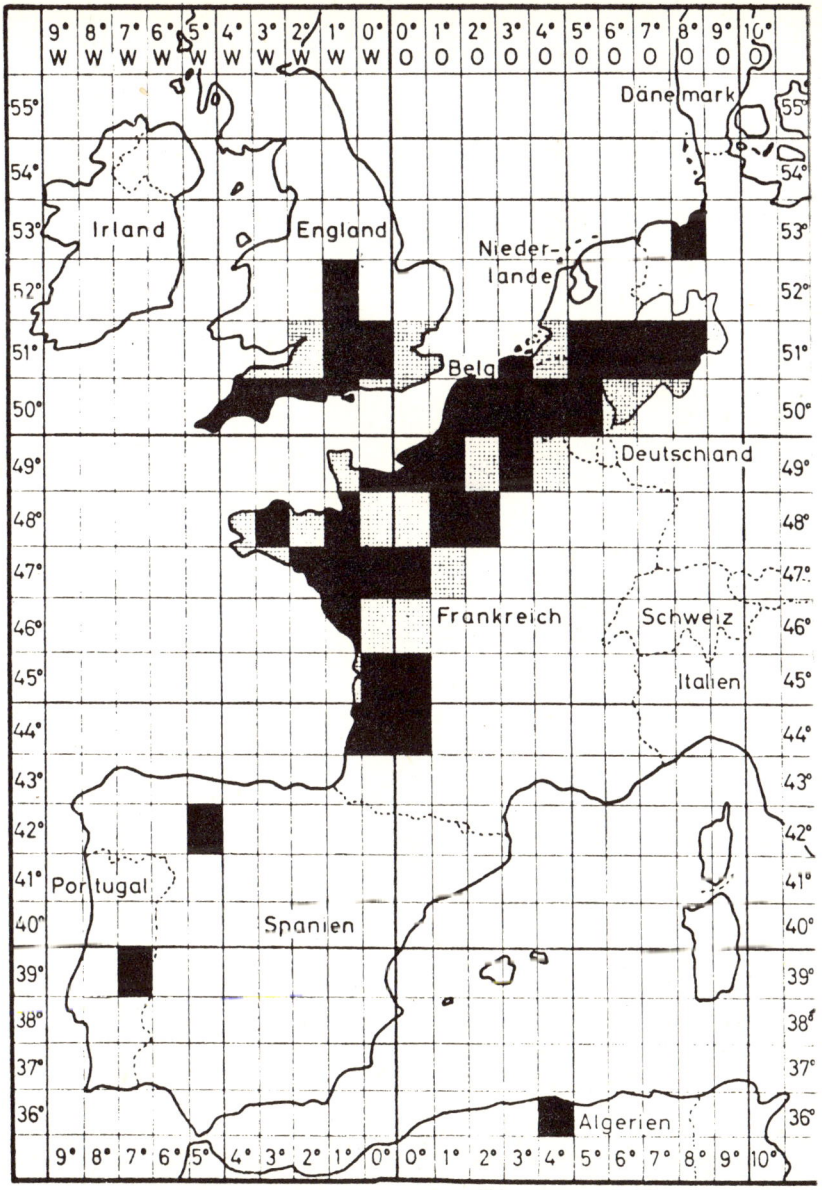

Abb. 68: Karte der Wiederfunde ausgefüllt (n. SCHMIDT, E.).

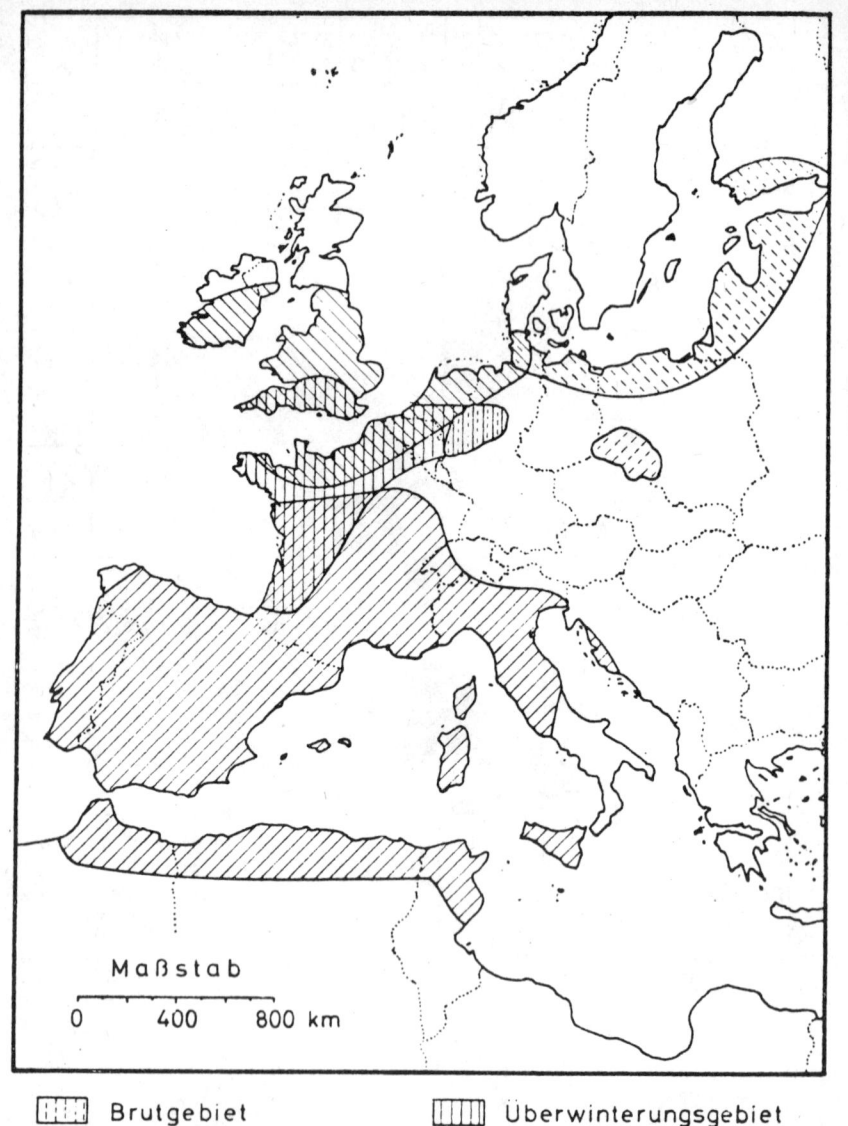

Abb. 69: Überwinterungsgebiete von Staren aus verschiedenen Brutgebieten (n. SCHMIDT, E.).

(z. B. die quantitative Untersuchung der Überwinterung in Mitteleuropa und die genaue Abgrenzung der Gebiete, in denen der Star Teilzieher ist) noch nicht endgültig geklärt, doch das ist für den Unterstufenunterricht nicht schwerwiegend."

B. Beschaffung und Auswahl geeigneter Wiederfunde
Vorgeordnete Listen der Wiederfunde verschiedener Vogelarten sind z. B. im „Auspicium, Ringfundberichte der Vogelwarte Helgoland und der Vogelwarte Radolfszell" zusammengestellt. Für den Star liegen dort bisher die Wiederfunde von in Nordrhein-Westfalen, in West-Niedersachsen und Bremen, und in Schleswig-Holstein beringten Staren vor. Im folgenden werden in erster Linie die Daten der nordrhein-westfälischen Stare benutzt. Aus 734 Funden wurden diejenigen ausgewählt, welche für die gewünschte Fragestellung aussagekräftig sind. In Beschränkung auf die Überwinterungsgebiete, kommen nur die Winterfunde in Betracht, wobei die Januar — Rückmeldungen bevorzugt wurden.

c. Arbeitsmaterial
Wiederfundliste. (s. Tabelle der Wiederfunde von Staren).
Diese Liste ist so aufgestellt, daß je Kästchen der Karte nur ein Fund ausgewählt wurde, um die Auswertung nicht zu sehr zu erschweren. Diese Liste wird hektographiert an die Schüler verteilt. Bei der Eintragung muß auf die Funde östlich und westlich des Nullmeridians geachtet werden. Die Angabe 50°N bedeutet: zwischen dem 50. Breitenkreis einschließlich und dem 51. Breitenkreis ausschließlich.

d. Die Karte zum Eintragen der Wiederfunde (Abb. 66 und 67).
Benützt wird eine Merkatorprojektion von Westeuropa, von *E. Schmidt* nach einem Morskoj Atlas Band 1 (Moskau 1950) umgezeichnet. Sie kann mittels Durchpausen oder maschineller Brennverfahren auf eine Matritze übertragen werden und zur Verteilung gelangen.

e. Weiteres Demonstrationsmaterial
R 208 Vogelzug
FT 711 Der Star

X. Vogelberingung

In Deutschland sind nur die Vogelwarten „HELGOLAND" und „RADOLFSZELL" zur Ausgabe von Vogelringen berechtigt.

Es stehen 8 Ringgrößen von 0,05 g bis 7 g zur Verfügung.

Der Text lautet:

Vogelwarte	urgent
Radolfszell	retour
Germania	Nr...

Zur Beringung soll in die Beringungsliste eingetragen werden:
1. *Exakte Artbestimmung des Vogels*
2. *Alter, Geschlecht*
3. *Ort, Zeit der Beringung*
4. *Gewicht, Größe, Mauserverhältnisse, ökologische Angaben.*

Eine Abschrift dieser Listen gelangt in das Archiv der Vogelwarte.
Vom Finder eines beringten Vogels wird erwartet, daß er die vollständige Ringinschrift und genauere Angaben über Fundort, Zeit, Umstände usw. der Vogelwarte meldet, auch wenn er den Vogel nicht kennt.
Lebende Vögel sollen wieder frei gelassen werden! Je mehr Meldungen von ein und demselben Tier eintreffen, desto genauer läßt sich sein Lebensweg verfolgen.
Bei toten Vögeln empfiehlt es sich, den Ring oder den beringten Fuß einzuschikken.
Gerade die Biologielehrer sollten besonders auf all diese Umstände achten und die Schüler auf entsprechendes Verhalten aufmerksam machen.
In Deutschland existieren folgende vogelkundliche Institute:
„*Vogelwarte Radolfszell*" 7761 M ö g g i n g e n *über Radolfszell.*
(Sie ist die Nachfolgerin der Vogelwarte Rositten und kam nach dem Kriege im Schloß Möggingen am Bodensee unter).
„*Vogelwarte Helgoland*" 294 *Wilhelmshaven.*
Beide Vogelwarten sind die Beringungszentralen und Orte der Vogelforschung (Ornithologie).
Den Vogelschutzwarten dagegen ist das Aufgabegebiet der angewandten Vogelkunde, besonders des Vogelschutzes zugewiesen. Ihnen können vielfach noch Vogelschutzstationen angeschlossen sein.

Vogelschutzwarten

Vogelschutzwarte	Schleswig-Holstein, K i e l, Hegewischstr. 1
„	Hamburg, 2 H a m b u r g 39, Hindenburgstr. 6
„	Niedersachsen, 3001 S t e i n k r u g b. Hannover
„	Nordrhein-Westfalen, 43 E s s e n - B r e d e n e y, Ägidiusstr. 94
„	Hessen, Rheinland-Pfalz, Saarland in 6 F r a n k f u r t - F e c h e n h e i m, Steinauerstr. 44
„	Baden-Württemberg, 714 L u d w i g s b u r g, Favoritenschloß
„	Bayern, 81 G a r m i s c h - P a r t e n k i r c h e n
„	Thüringen, S e e b a c h, Kr. Mühlheim/Thür., mit den Vogelschutzstationen: Neschwitz, Serrahn, Steckby, Friedrichstanneck/Thür.

Literatur
Creutz, Neschwitz: Geheimnisse des Vogelfluges. NBB 1962.
Bub, H.: Vogelflug und Vogelberingung. Teil I und Teil II. NBB 1966.

XI. Vögel und Zahlen

Der größte Vogel ist zweifellos der afrikanische Srauß (*Struthio camelus*), der ein Gewicht von 135 kg und eine Höhe von 245 cm erreichen kann. Seine Spitzengeschwindigkeit von 60 km/h wird vom Emu noch etwas übertroffen mit 65 km/h.
Beim südamerikanischen Kondor *(Vultur gryphus)* wurde die größte Flügelspannweite von 373 cm gemessen. Er besitzt auch die größte Flügelfläche.
Der Gemeine Albatros *(Diomedea exulans)* steht ihm allerdings nicht viel nach.
Die größte Flügelspannweite ausgestorbener Vögel hatten Gigantornis (eine Albatrosart) mit 6 m und *Osteo dontornis* (eine Pelikanart) mit 4,8 m.

(Das *Pteranodon*, ein fliegendes Reptil der Kreide, erreichte eine Spannweite von 8 m, konnte aber wahrscheinlich nur segeln, da es zu dünne Knochen hatte.)
Die Kolibris gehören bekanntlich zu den kleinsten Vögeln. Der kleinste unter ihnen, der Feen-Kolibri (*Calyptae hellenae*) besitzt eine Flügelspannweite von nur 3,8 cm und wiegt 2 g. Der Kolibri *Calliphax amethystina* hält mit 80 Flügelschlägen pro Sekunde den Rekord.

Der schnellste Flieger dürfte der Stachelschwanzsegler (*Chaetura caudacuta*) sein, bei dem auf einer Strecke von 2 Meilen in Nordostindien Geschwindigkeiten zwischen 276,5 und 353,2 km/h und damit wohl absolute Höchstgeschwindigkeit im Tierreich gemessen wurde. Interessant ist auch seine Bluttemperatur von 44,7° C. Dem Wanderfalken (*Falcon peregrinus*) wird eine Geschwindigkeit von 290 km/h zugeschrieben. Bei einer Ringeltaube stoppte man 150 km/h.

Die anerkannt größten Höhen wurden im Himalaya beobachtet. Am Mount Everest stieg ein Lämmergeier auf 7 600 m. Eine Schneekrähe wurde 1953 in 7 900 m Höhe gesehen.

In Japan werden Hühner *(Onagadori)* auf ihre Schwanzlänge hin gezüchtet. Ein Hahn von der Insel Shikoku brachte es in etwa 10 Jahren auf Schmuckfedern von über 10 m Länge. Wodurch dieses starke Wachstum hervorgerufen wird, ist noch nicht genau bekannt.

Schließlich sei noch der Papagei „Sparrie Williams" erwähnt, welcher einen Wortschatz von 531 Wörtern haben soll.

Weitere Fluggeschwindigkeiten:

Krähen	36 km/h
Tauben	72 km/h
Wildenten	60—90 km/h
Adler	100 km/h
Schwalben	200 km/h
Mauersegler	280 km/h

(Zit. nach *Kähsbauer:* Ko 1963. H. 4).

Körpertemperaturen:

Pinguin	38,8°C
Hahn	41,7°C
Lerche	43,0°C
Drossel	43,6°C
Rotkehlchen	44,0°C

(Zit. nach *Slijper*).
Die Körpertemperatur nimmt mit abnehmender Körpergröße zu.

Literatur

1. Allgemeine Literatur

Alexander, W. B.: Die Vögel der Meere. (Übersetzt v. G. Niethammer) Hamburg Berlin 1959. (Ein Taschenbuch über alle Seevögel der Welt.)
Berndt-Meise: Naturgeschichte der Vögel. Stuttgart 1958.
I. Bd. Allgemeine Biologie der Vögel.
II. Bd. Spezielle Naturgeschichte (Systematik)
III. Bd. Bibliographie und Register.
Blume, D.: Ausdrucksformen unserer Vögel. NBB 1967.
ders.: Vögel allerorten. Frankh, Stuttgart, 1968.
Brandt, H.: Vogelschutz in Haus, Hof und Garten. München 1962.

Brüll, H.: Das Leben der Greifvögel. Stuttgart 1964.
Doerbeck, F.: Vogelbrut in der Großstadt. Beobachtungen des Brutverlaufs u. d. Brutgewohnheiten v. Singvögeln im Lebensraum Großstadt. Miko 49. 1960, S. 333 ff.
Engelmann, K.: So leben Hühner, Tauben, Gänse. Radebeul 1961.
Fehringer, O.: Die Welt der Vögel. München.
Friedrich II. Kaiser v. Deutschland: Über die Kunst mit Vögeln zu jagen. Frankfurt 1964.
Gillard, E. Th. und *Steinbacher, G.:* Knaurs Tierreich in Farben: Vögel. München 1959.
Grzimeks Tierleben: Bd. 7—9. Kindler, München.
Heinroth, O.: Die Vögel Mitteleuropas. Bd. I—IV. Berlin 1924.
ders.: Aus dem Leben der Vögel. 2. Aufl. durchges. u. erg. v. Heinroth, K. Berlin 1955.
Heinroth, K.: Die Vögel Miteleuropas. Tafelwerk im Kronen-Verlag Hamburg.
Hauberg, B.: Geflügelwirtschaft auf dem Bauernhof. München 1958.
Henze, O.: Gefiederte Freunde. München 1964.
Herzog, K.: Anatomie und Flugbiologie der Vögel. Stuttgart 1968.
Hinde, R. A.: The Behaviour af the Great Tit. Behaviour Suppl. Leiden 1952.
Lack, D.: The Life of the Robin. London 1946.
Lorenz, K.: Über tierisches und menschliches Verhalten. Aus dem Werdegang der Verhaltenslehre. Gesammelte Abhandlungen. 2 Bde. München 1965.
Mebs, Th.: Greifvögel Europas u. Grundzüge der Falknerei. Stuttgart 1964.
Niethammer, G. neu bearb. v. *Bauer, K. M.* u. *Glutz v. Blotzheim, U. N.:* Handbuch der Vögel Mitteleuropas. Frankfurt a. M. 1966.
Nicolai, J.: Vogelhaltung — Vogelpflege. Das Vivarium. Stuttgart 1965.
Nicolai, J.: Elternbeziehung und Partnerwahl im Leben der Vögel. Piper, München, 1970.
Sachs, W. B.: Vogelpflege leicht gemacht. Stuttgart 1954.
Schildmacher, H.: Wir beobachten Vögel. Fischer, Jena 1970.
Snow, D.: A study of blackbirds. London 1958.
Steinbacher, G.: Knaurs Vogelbuch. München 1957.
Pfeifer, S. Hrsg.: Taschenbuch für Vogelschutz. Frankfurt a. M. 1957.
Stresemann, E.: Aves. Handbuch d. Zool. VII. Bd. 2. Hälfte; Berlin Leipzig 1927/34.
Weidmann, U.: Verhaltensstudien an der Stockente. Z. Tierpsych. Bd. 13, S. 208—271. 1956.
Wüst, W.: Die Brutvögel Mitteleuropas. BSV, München 1970.

2. Bestimmungsbücher

Frieling, H.: Was fliegt denn da? Stuttgart.
Kleinschmidt, O.: Die Singvögel der Heimat. 13. Aufl. 82 farbige u. 9 einf. Tafeln. Heidelberg.
Peterson, R., Mountfort, G., Hollon, P. A. D.: Die Vögel Mitteleuropas. Hamburg Berlin 1965[7].
Makatsch, W.: Wir bestimmen. Vögel Europas. Neudamm 1966.
Niethammer, G., Kramer, H., u. *Wolthers, H. E.:* Die Vögel Deutschlands. Artenliste mit Verzeichnis der neuen deutschen Literatur. 1964.
Voous, K. H.: Die Vogelwelt Europas und ihre Verbreitung. Hamburg Berlin 1962. (Ein tiergeographischer Atlas über Lebensweise aller in Europa brütenden Vögel. Verbreitungskarten).

3. Zeitschriften

Anzeiger der Ornithologischen Ges. in Bayern. München.
Die Vogelwelt. Zeitschr. f. Vogelkunde u. Vogelschutz. Berlin u. München.
Journal f. Ornithologie. Berlin.
Ornithologische Mitteilungen. Stuttgart.
Vogelkosmos. Stuttgart.

SÄUGETIERE (MAMMALIA)

A. Demonstrationsmaterial

I. Material für Arbeitssammlungen

Einfache, leicht zu erwerbende Naturgegenstände, welche leicht konserviert und aufbewahrt werden können, lassen sich oft in größerer Menge sammeln. Sie können den Schülern zur Untersuchung und Beschreibung in die Hand gegeben werden.
Vorraussetzung ist, daß die Stücke sauber, robust und nicht unästhetisch sind. Geht eines verloren, ist das kein großer Schaden. Zur Untersuchung selbst kann ein Programm mit Fragestellungen entwickelt werden entsprechend der „anweisenden Unterrichtsmethode" wie sie *Dylla* beschreibt (DBU 1966/3).
Die Gefahren der Tollwut sind bei der Beschaffung und Sammlung von tierischem Material in jedem Falle zu beachten!

1. Knochensammlung

a. *Präparation von Skeletteilen durch Kochen*
Die Skeletteile werden so lange gekocht, bis sich alle Weichteile mühelos abschaben lassen. Dies wird wegen der Geruchsbelästigung am besten im Freien auf einem elektrischen Kocher durchgeführt. Bei diesem Vorgang wird die poröse Skelettsubstanz mit Fett durchtränkt und dadurch unschön gefärbt. Dieses Fett läßt sich, wenigstens oberflächlich, durch warme Waschlaugen entfernen.
Entfetten der Knochen ist ferner durch Einlegen in Leichtbenzin, Tetrachlorkohlenstoff, Chloroform, Benzol oder Aceton und zwar einige Tage bis Wochen möglich. Nach der Entfettung sind die Knochen an der Luft zu trocknen.

b. *Präparation durch Fäulnismazeration*
Dazu wird das roh-entfleischte Skelett bei normaler Temperatur in ein Wassergefäß gebracht und einige Wochen im Freien unabgedeckt sich selbst überlassen. Durch rechtzeitiges Abbrechen der Mazeration kann man z. B. die Gelenkkapseln intakt halten. Eventueller Wasserwechsel sowie das endgültige Abspülen geschieht wegen der starken Geruchsbelästigung ebenfalls im Freien. Achtung vor Insekten!
Sollten gegen Ende der Mazeration Algen auftreten, so lassen sich diese durch Zugabe von etwas Natronlauge leicht abtöten.

c. *Bleichen*

Soll der Knochen strahlendes Weiß erhalten, so legt man kleine Knochen bis zu 24 Stunden und große bis 2 Tage in 4 %iges Wasserstoffperoxid, dem pro Ltr. 20 g Salmiakgeist (spez. Gew. 0,91) zugegeben wurde. Weniger empfindliche Knochenteile können durch Aufkochen in H_2O_2 in wenigen Minuten gebleicht werden.

Soll der Knochen eine natürliche Gelbfärbung annehmen, bringt man ihn in 70 %igen Alkohol und setzt ihn der Sonne aus.

Nach dem Bleichen sollte der Knochen nur mit sauberen Fingern berührt werden, da jetzt die Oberfläche gegen die geringste Verschmutzung empfindlich ist. (Bei Ausstellungsstücken beachten!)

d. *Zusammenfügen und Aufstellen von Skeletteilen*

Hierzu sei auf die spezielle Literatur verwiesen.

Häufig bietet sich die Montage auf Holzplatten an. Die einzelnen Knochen werden entweder verleimt oder durch Messingdrähte mit Hilfe von Durchbohrungen und Ösen verbunden. Ausgefallene Zähne werden eingeklebt.

2. Die Untersuchung von Knochen

a. Zur Untersuchung des Aufbaues der Knochen wird mit einer Stahlsäge oder Laubsäge ein Knochen längs oder quer gesägt. Der kompakte und der spongiöse Knochen sowie die Knochenhöhle werden sichtbar.

b. Die Oberfläche eines beliebigen dickwandigen Knochens wird mit einer Nadel vielfach angestochen, darüber anschließend Tusche verschmiert, die dann wieder sauber abgerieben wird. Nach dieser Behandlung zeigt es sich, daß auch die dichte Wand des Knochens eine gerichtete Balkenstruktur besitzt.

c. Schädelknochen werden in Alkohol, dem einige Tropfen Alizarin beigefügt sind erwärmt: nur die Deckknochen nehmen Farbe an (n. *Weber*).

d. Dünne Extremitätknochen können entkalkt werden.

Man legt sie dazu in eine Lösung von 15 g NaCl und 2 ml konz. HCl in 100 ml Wasser, wobei man die Säure nach zwei Tagen erneuert. Die Knochen werden dann mit NaCl — Lösung ausgespült und in Alkohol aufbewahrt.

Der durch Entkalkung gewonnene biegsame Knochenrest läßt sich durch längeres Kochen in Wasser zu eingedicktem Leim verwandeln.

c. Sollen die *anorganischen Bestandteile* des Knochens dargestellt werden, so nimmt man einen dünnen Knochen und hält ihn längere Zeit bei hoher Temperatur in die Bunsenflamme. Bei groberen Knochen bleibt ein Mineralgerüst zurück, kleinere zerfallen zu Asche.

f. *Die Knochenasche* kann chemisch untersucht werden.

Der Knochen enthält (n. *Schlieper*)

22 % des Gesamtgewichtes: Wasser

30—40 % der Trockensubstanz: Organische Substanz

7 % der Asche: Calciumcarbonat

80 % der Asche: Calciumphosphat

Wenn Knochenasche mit Salzsäure versetzt wird, entwickelt sich ein Gas. Leitet man dieses durch Kalkwasser oder Barytlauge, so tritt Trübung ein. (CO_2 — Nachweis).

Zum Phosphatnachweis versetzt man etwas Knochenasche mit verd. Salpetersäure und erwärmt. Anschließend wird filtriert und das Filtrat zusammen mit

Ammoniummolybdat erneut erwärmt. Es bildet sich — oft erst nach einiger Zeit — gelbes Phosphorammoniummolybdat.

g. *Dias und Mikropräparate* von Knochenschliffen veranschaulichen den mikroskopischen Aufbau der Knochen.

h. *Röntgenaufnahmen* von Knochen, Knochenbrüchen, geheilten Brüchen, Kallusbildung können an Fensterscheiben mit Tesafilm befestigt und ausgestellt oder mit dem Schreibprojektor gezeigt werden.

i. *Knochenverbindungen* (glatte, mäandrische Nähte oder Verwachsungen sowie Knorpelfugen) können von Schülern untersucht werden. Zeichnungen anfertigen!

3. Bestimmungs- und Beschreibungsübungen an Knochen und Skeletten

a. *Welcher Knochen liegt vor?* (Gliedmaßen, Wirbelsäule, Schädel)
Zeigt er Gelenkteile oder Flächen von Muskelansätzen?
Ist es ein Röhrenknochen?
Wie ist seine Oberfläche beschaffen?
Welchem Lebewesen könnte er evtl. angehören?
b. *Beschreibung eines Schädelskeletts*
Wo liegt der Gehirn- und der Gesichtsschädel?
Welche Gelenke sind vorhanden? Welche Bewegungen erlauben diese?
Ist der Gesichtsschädel lang oder kurz? (Schnauze)
Welche Öffnungen sind erkennbar? (Hinterhauptsloch, Gehörgänge, Augenhöhlen, Nasenhöhlen, Zahnfächer, Choane, Öffnungen für den Eintritt von Nerven und Blutgefäßen).
Wo ist die Gehirnhöhle? Größe derselben beachten!
Wo schließt am Schädel die Wirbelsäule an? Sind die Gelenkhöcker für den ersten Wirbel hinten oder unten am Schädel?
Wie wird der Kopf dann getragen?
Welche Muskeln halten ihn z. B. in der Waagrechten? Wo haben sie ihre Ansatzstellen?
Wo sind die Ansatzstellen der Kaumuskulatur?
In welche Richtung öffnen sich die Augenhöhlen? (Nach vorne, oder zur Seite? Welchen Winkel bilden sie?)

4. Gebiß- und Zahnsammlung

a. *Beschaffung und Präparation*
Häufig bringen Schüler Ober- und Unterkiefer oder auch Kieferhälften, welche sie in der Natur gefunden haben, mit in die Schule. Wenn nicht auf Tollwutfälle (insbes. bei Füchsen!) geachtet werden muß, werden uns die Skeletteile willkommen sein.

Auch beim Metzger oder im Schlachthof sind Kieferteile mit Zähnen erhältlich. Ganze Schädel bekommt man meist nicht, da sie zum Entfernen des Gehirns gespalten werden.

Um das Einschleppen von Schadinsekten zu vermeiden, müssen insbes. die in der Natur gefundenen Kiefer zuerst entwest werden. Dazu legen wir sie mindestens 24 Stunden in ein verschließbares Glas, zusammen mit einem Gläschen mit

Tetrachlorkohlenstoff. Anschließend kann man sie mit H_2O_2 wie oben behandeln. Genauso können einzelne Kiefernteile oder Zähne präpariert werden.
Sind einmal Fleischteile hart angetrocknet, lohnt sich in der Regel der Arbeitsaufwand nicht, diese anhaftenden Teile zu entfernen. Derart unansehnliche Stücke gehören nicht in die Sammlung.

b. *Untersuchungen an Gebissen*

Die mit Tusche nummerierten Gebisse oder Gebißteile werden an einzelne Schüler oder Gruppen verteilt, um folgende Fragen zu beantworten:
Handelt es sich um Unter- oder Oberkiefer?
Sind alle Zahnfächer besetzt oder sind Zähne ausgefallen?
Ist eine Gebißlücke erkennbar?
Fallen besondere Zähne auf? (Hauer, ausgewachsene Nagezähne). Benenne die Zähne! (Reiß-, Mahl-, Fang-, Schneide-, Nagezähne usw.)
Wie sind die Zahnkronen beschaffen? (Höcker, Schmelzfalten, Spitze, Schneide, — verlaufen die Schmelzfalten in Längs- oder Querrichtung?)
Lassen die Kronen Rückschlüsse auf das Alter des Tieres zu? (Zahnsteinbildung, Karies, abgekaute Stellen).
Wie sind die Zähne verankert? Sitzen sie in tiefen Höhlen oder nur oben auf dem Knochen?
Welche Hinweise geben uns Größe und Zahl der Zähne?
Welcher Klasse, Ordnung, Familie könnte der Besitzer der Zähne angehört haben? Begründe diese Aussage!

5. Hörner

Die Rinderhörner werden durch den Metzger schon vor dem Abziehen des Felles abgesägt. Man muß einen solchen abgesägten Teil längere Zeit kochen, um das eigentliche Horn vom sog. Schlauch abziehen zu können. Letzterer besteht aus Unterhautbindegewebe, Lederhaut und den lebenden Schichten der Epidermis und stellt die Verbindung zum knöchernen Stirnzapfen her. Das Horn ist glattwandig und braucht zur endgültigen Reinigung lediglich abgespült zu werden.
Den Zapfen kocht man am besten unter Zugabe von Natronlauge, bis er von Weichteilen frei ist.
Zum Vergleich der Geschlechter wird man ein kurzes, gedrungenes Stierhorn neben einem langen, geschwungenen Kuhhorn und evtl. auch ein Ochsenhorn zeigen. (Steuerung des Hornwachstums durch Geschlechtshormone!)

6. Geweihe

Von Förstern und Jägern werden immer wieder einmal Geweihe abgegeben. Einer Geweihsammlung wird man nach Möglichkeit Geweihe verschiedener Ausbildung (Knopfbock, Spießer, Gabler, Sechser usw.), verschiedener Arten (Rotwild, Rehwild, Damwild. Elch, Ren), verschiedener Stärke, gesunde und kranke, abgeworfene Stangen sowie längs- und querdurchsägte Stangen einfügen.
Baststücke werden trocken in verschlossenem Glas aufbewahrt.
Fotos von „verfegten", entrindeten Bäumchen fügt man der Sammlung bei.
Im Tierpark können Nahaufnahmen von Tieren, welche im Bast stehen oder gerade fegen, für die Diasammlung angefertigt werden (Mai, Juni).

7. Fell und Haare

a. *Beschaffung und Präparation*

Fellstücke erhält man beim Tierpräparator, wenn man sie sich nicht selbst von Bälgen herstellt. Das Fellmaterial einer Kürschnerei ist häufig durch Färbung, Scheren oder Auszupfen von Haaren seines natürlichen Aussehens beraubt und daher unbrauchbar. Außerdem entsprechen die Handelsnamen des Pelzwerks nicht der zoologischen Systematik.

In der Natur findet man auf Wanderungen mitunter Reste von Rupfungen oder auch überfahrene Tiere. Bei Tollwutgefahr ist allerdings die Berührung von Tierleichen gefährlich!

An Stacheldrahtzäunen haften oft Haarbüschel des Weideviehs.

Ansonsten kann man kleine Fell- und Haarproben vom Rücken, Bauch, Schwanz, den Beinen usw. toter Tiere entnehmen. Diese Proben werden sofort konserviert. Dazu nageln wir die Fellstücke mit der Haarseite auf Holzstücke, legen sie einige Tage in Formalin und trocknen dann scharf.

b. *Diaprojektion*

Das zu untersuchende Fellstückchen wird mit der Haarseite nach unten von einem Helfer straff im freien Raum gewalten. Dann schneiden wir von oben her mit scharfer Rasierklinge rechteckige Streifchen aus und betten sie zwischen Diagläser. Diese Streifchen können nicht schmal genug sein! Am gegenüberliegenden Glasrand sorgt ein Pappstreifen passender Dicke für parallele Lage beider Gläser (n. Weber. R.).

In den Haarbüscheln von Rupfungen liegen oft viele Haare ungestört parallel nebeneinander. Eine derartige Lage kann ebenfalls zwischen zwei Diagläser gebracht werden. Je dünner dabei die Haarschicht ist, desto besser erscheinen die verschiedenen Haare der Ober- und Unterwolle in der Projektion.

Dieses makroskopische Bild der Haare wird ergänzt durch Dias oder Mikroprojektion von Haarlängs- und -querschnitten sowie der Haarwurzel und dem Haarbalg mit den begleitenden Organen.

c. *Beobachtungsanregungen bei Fellen und Haaren*

Wir untersuchen einen Balg und beobachten dabei folgendes:
Zeigt das Fell Unterschiede an Rücken, Bauch, Beinen, Schwanz?
Treten nackte Hautstellen auf, und wo liegen sie?
Sind am Körper Unterschiede in der Haarfarbe, der Haarform, Haarlänge, Haarfestigkeit (Dicke) erkennbar?
Treten an ein und derselben Stelle verschiedenartige Haare auf?
Ist ein einzelnes Haar der ganzen Länge nach gleich gefärbt?
Wie ist der Strich des Felles?

Beispiel Rotfuchs: Die wärmebedürftige Bauchseite wird von dichtem, feingekräuseltem Wollhaar und größerem, spärlich stehenden Grannenhaar bedeckt. Auf der Rückenseite bedeckt bei umgekehrtem Mengenverhältnis das lange dichte Grannenhaar das wollhaarige Unterfell wie ein Strohdach. An den Beinen und im Gesicht ist die Behaarung wesentlich kürzer. Das Wollhaar tritt dort ganz zurück. Nackte Haut finden wir an der Nase und an den Fußballen.

So, oder in ähnlicher Weise eignen sich zur Untersuchung besonders Dachs, Igel, Maulwurf, Katze, Hund und was immer sonst an Bälgen in einer Sammlung anzutreffen ist.

Vergleiche Sommer- und Winterfell!

Vergleiche die Behaarung von Neugeborenen, Jungtieren und von Alttieren!

Vergleiche die Behaarung von Wildtieren (Bison, Wildschwein) mit der von Haustieren (Kuh, Hausschwein).

d. *Zur biologischen Bedeutung von Haaren und Fellen*

Die Haare dienen in erster Linie zur Einschränkung des Wärmeaustausches zwischen dem Organismus und seiner Umgebung, durch Herabsetzung der Wärmeab- oder Einstrahlung. Diese Herabsetzung erfolgt durch Bildung einer isolierenden Luftschicht und durch Verhinderung von Luftströmungen unmittelbar an der Haut. Ferner kann das Haarkleid Transpirationsverluste, Schäden durch kurzwelliges Licht, mechanische Verletzungen, Eindringen von Insekten und Wasser wenigstens teilweise verhindern.

Bei Igel und Stachelschwein dient das Haarkleid mit den Stacheln als Schutzwaffe und in vielen anderen Fällen zur Tarnung für das Beutetier oder das anschleichende Raubtier.

Lange Haare spielen durch ihre Hebelwirkung für den Tastsinn eine Rolle.

Die Behaarung ist wesentlicher Bestandteil des tierischen Ausdrucks. Zur Darstellung verschiedener Ausdrucksformen kann der Haarfärbung, der Haarverteilung oder Haarbewegung (Aufrichten, Niederlegen der Haare, Glätte oder Falten des Felles) Signalcharakter im Sozialverhalten zukommen.

8. *Krallen und Hufe*

Beschlagene und unbeschlagene Hufe von Rindern und Pferden sowie Hufeisen sind beim Pferdemetzger oder in der Tierverwertung erhältlich; Zehen mit den Hufen (Schalen) des Schalenwildes bekommt man bei Jagdpächtern.

Dias vom Beschlagen der Hufe.

Dias von Spuren und Fährten verschiedener Tiere ergänzen die Sammlung.

9. *Augen*

Zur beispielshaften Präparation von Säugetieraugen eignen sich am besten Rinderaugen, die in jedem Metzgerladen oder im Schlachthof zu erhalten sind.
Welche Säugetiere sehen ihre Umwelt farbig?

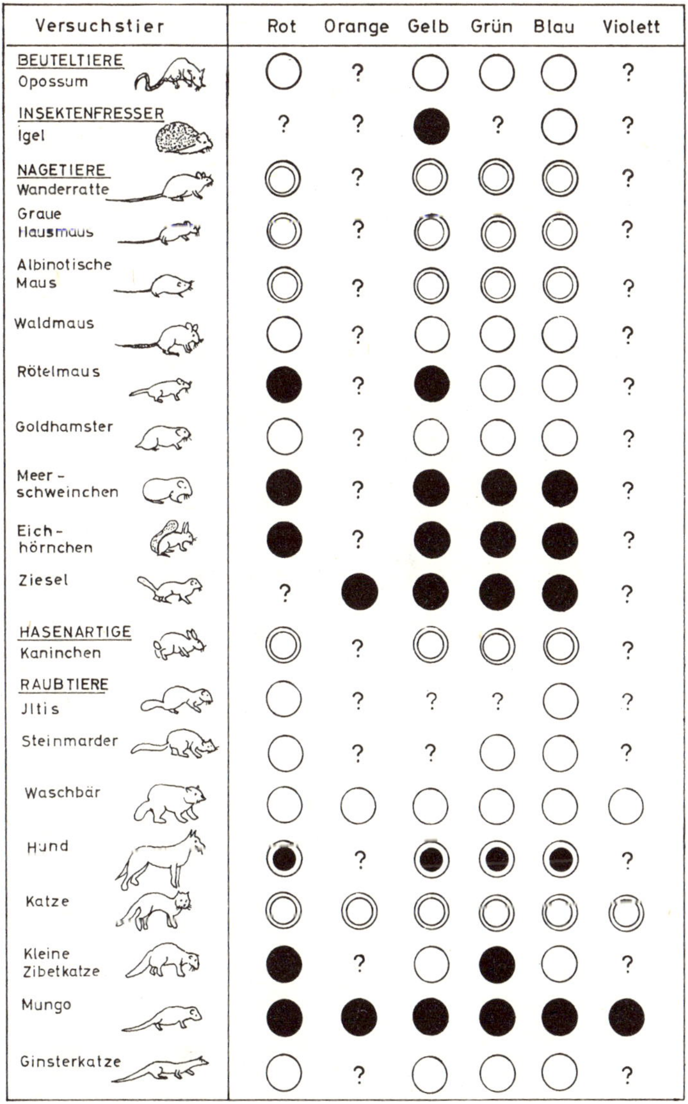

Versuchstier	Rot	Orange	Gelb	Grün	Blau	Violett
BEUTELTIERE Opossum	○	?	○	○	○	?
INSEKTENFRESSER Igel	?	?	●	?	○	?
NAGETIERE Wanderratte	○	?	○	○	○	?
Graue Hausmaus	○	?	○	○	○	?
Albinotische Maus	○	?	○	○	○	?
Waldmaus	○	?	○	○	○	?
Rötelmaus	●	?	●	○	○	?
Goldhamster	○	?	○	○	○	?
Meerschweinchen	●	?	●	●	●	?
Eichhörnchen	●	?	●	●	●	?
Ziesel	?	●	●	●	●	?
HASENARTIGE Kaninchen	○	?	○	○	○	?
RAUBTIERE Iltis	○	?	?	?	○	?
Steinmarder	○	?	?	○	○	?
Waschbär	○	○	○	○	○	○
Hund	●	?	●	●	●	?
Katze	○	○	○	○	○	○
Kleine Zibetkatze	●	?	○	●	○	?
Mungo	●	●	●	●	●	●
Ginsterkatze	○	?	○	○	○	?

Abb. 70: Welche Säugetiere sehen ihre Umwelt farbig? (n. DÜCKER, G.: Kosmos 1960, H. 10, S. 422).

Versuchstier	Rot	Orange	Gelb	Grün	Blau	Violett
HUFTIERE						
Pferd	●	?	●	●	●	?
Zebu	●	●	●	●	●	●
Schaf	●	?	●	?	●	?
Zwergziege	●	●	●	●	●	●
Rothirsch	●	●	●	●	●	●
Nilgauantilope	●	●	●	○	○	?
Giraffe	●	●	●	●	●	●
AFFEN						
Rhesusaffe	●	●	●	●	●	●
Schweinsaffe	●	●	●	●	●	●
Pavian	●	●	●	●	●	●
Javaaffe	●	●	●	●	●	●
Meerkatze	●	●	●	●	●	●
Kapuzineraffe	○	●	●	●	●	●
Spinnenaffe	○	●	●	●	●	●
Schimpanse	●	●	●	●	●	●

Abb. 70: Welche Säugetiere sehen ihre Umwelt farbig? (n. DÜCKER, G.: Kosmos 1960, H. 10, S. 422).

10. Vergleich der Gliedmaßen

a. Vergleich der Gliedmaßen der Säugetiere durch Papierstreifenmodelle. Mit Hilfe verschiedenfarbigen Papiers können von Schülern Sohlen, Zehen-, und Zehenspitzengänger dargestellt werden.

Abb. 71

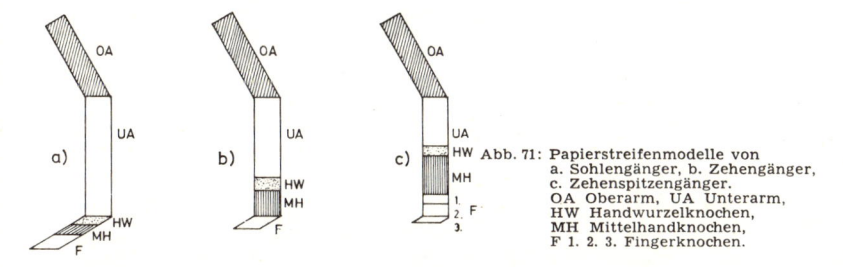

Abb. 71: Papierstreifenmodelle von a. Sohlengänger, b. Zehengänger, c. Zehenspitzengänger. OA Oberarm, UA Unterarm, HW Handwurzelknochen, MH Mittelhandknochen, F 1. 2. 3. Fingerknochen.

b. Fußmodelle verschiedener Säugetiere nebeneinander auf einem Brett montiert sind käuflich.

11. Bemerkungen zur Tollwut

Der Erreger, der besonders unter Füchsen verbreiteten Tollwut (Lyssa) wird in der Regel mit dem Speichel des Tieres durch Beißen oder Kratzen auf den Menschen übertragen. Da das Virus mit dem Speichel auch auf das Fell des erkrankten Tieres gelangt, kann sich der Mensch schon durch die bloße Berührung eines solchen Tieres anstecken. Führt die Ansteckung zur Erkrankung, so verläuft sie immer tötlich. Nur Vermeidungsverhalten und wenn Berührung stattgefunden hat, die rechtzeitige Impfung kann vor Ausbruch der Krankheit bewahren. Eine vorbeugende Schutzimpfung, wie etwa gegen die übertragbare Kinderlähmung, gibt es nicht.

Wer mit tollwütigen oder tollwutverdächtigen Tieren Kontakt hatte, muß sich sofort zum Arzt begeben.

Verdacht auf Tollwut kann bestehen bei Wildtieren (insbes. Füchsen, Dachsen, Mardern, Rehen, Eichhörnchen):
wenn sonst scheue und furchtsame Tiere vor dem Menschen nicht fliehen
wenn sie ungewöhnlich zutraulich sind
wenn sie sogar angreifen;
bei Haustieren (insb. Hunden, Katzen):
wenn sich das normale Verhalten auf einmal verändert
wenn sie große Launenhaftigkeit
oder große Unruhe zeigen,
wenn sie versuchen zu entweichen und zu streunen,
wenn sie den Herrn ohne ersichtlichen Grund angreifen,
wenn sie Lähmungserscheinungen zeigen und verenden.
Hinsichtlich der Haustiere besteht Anzeigepflicht bei der zuständigen Gemeinde.
In Gebieten, in denen Fälle von Tollwut bekannt wurden, sind die Kinder in der Schule wiederholt zu belehren.

II. Material zur Demonstration vor der Klasse

(Hier nur einige allgemeine Hinweise. Näheres ist bei den einzelnen Ordnungen zu finden).

Arbeitsstempel für den Biologieunterricht.

(Angeboten werden sowohl systematische Stempel wie auch solche der vergleichenden Anatomie, z. B. bei *Westermann*)

Biologische Skizzenblätter, für die Hand des Schülers zum anmalen und beschriften (z. B. *Henes*-Verlag, Wannwil Reutlingen).

Röntgenaufnahmen (evtl. über einen Tierarzt).

Sammlung naturkundlicher Tafeln (z. B. *te Neues:* Schulwandbilder oder: *Hagemanns:* Naturkundliche Tafeln).

Bedruckte Klarsichtfolien für den Schreibprojektor.

Sammlung naturkundlicher Tafeln: Säugetiere (*Kronen* Verlag Hamburg). Diese Tafeln eignen sich mit ihrem rückseitigen wissenschaftlichen Text besonders zu Ausstellungszwecken im mitgelieferten Rahmen oder zur Projektion im Episkop.

Histologie der Wirbeltiere und des Menschen.

Bälge der wichtigsten Vertreter der Säugetiere.

Modelle.

III. Filme und Dias mit allgemeinen Themen

F 375 Wild unserer Wälder
F 528 Großwild im kanadischen Felsengebirge
FT 738 Tiere der Savanne
R 318 Tiere in Wintersnot
R 319 Tiere überwintern
R 450 Aus der Tierwelt Kanadas
F/FT 617 Bergwild in Wintersnot
FT 810 Im Land der Känguruhs
FT 653 Was Tiere können, und was sie lernen müssen.

B. Systematischer Teil.

I. Eileger *(Monotremata)*

FT 810 Im Land der Känguruhs
E 21 *Tachyglossus aculeatus* — Ameisenigel; (Laufen) 2'.
E 22 *Tachyglossus aculeatus* — Ameisenigel; (Eingraben) 2,5'.

II. Beuteltiere *(Marsupialia)*

Die junge Beutelratte (*Didelphus marsupialis*) wird in sehr unreifem Entwicklungszustand geboren (1,8 g) nach einer Tragzeit von nur 8—12 Tagen.

Das größte Beuteltier ist das graue Känguruh (*Macropus canguru*), das bis 90 kg schwer werden kann. Die flachköpfige Beutelmaus dagegen wiegt nur 5 g.

Die größte gemessene Sprunghöhe erreichte ein Känguruh mit 320 cm beim Sprung über einen Holzstoß. Als weitester Sprung wurden 12,8 m bekannt und als Höchstgeschwindigkeit bisher 72 km/h gemessen.

FT 810 Im Land der Känguruhs
8F 137 Kampfverhalten beim Riesenkänguruh
8F 138 Nahrungsaufnahme beim Riesenkänguruh

III. Insektenfresser (Insectivora)

1. Demonstrationsmaterial

Stopfpräparate von Igel, Maulwurf, Spitzmaus
Schädelskelette mit Gebiß
Totalskelett vom Maulwurf
Maulwurffalle
F 163 Die Igelfamilie (ein neuer Igel-Film ist in Vorbereitung)
FT 951 Der Maulwurf
R 135 Der Igel

2. Beobachtungen am lebenden Igel

Da immer wieder einmal Schüler einen lebenden Igel in die Schule mitbringen, sei kurz auf einige Beobachtungsmöglichkeiten hingewiesen.
Die Fütterung kann mit Milch, Würmern, Schnecken, Mäusen, aber auch Fleisch und Mohrrüben und rohen Eiern erfolgen.
Wie unterscheidet sich das Haarkleid von Bauch und Rücken?
(Die Zahl der Stacheln wird auf 16 000 geschätzt).
Lassen sich die Stacheln zurückstreichen?
Wie ist ein Stachel gefärbt?
Wie entrollt sich der Igel in Ruhe und bei ausreichender Wärme? (Bei einer Außentemperatur von weniger als 15° C wird der Igel schläfrig).
Wie reagiert er auf verschiedene Laute? Zuckt er zusammen oder rollt ers sich gleich ein?
Wie reagiert er auf Anhauchen?

3. Die Spitzmäuse

Die weißzähnige Spitzmaus (*Suncus etruscus*) ist der kleinste lebende Säuger mit einer Körperlänge von 3,8 cm und einem Gewicht von 2,5 g. Das Tier kommt an den nördlichen Küsten des Mittelmeeres vor.
Die Spitzmäuse sind die Säugetiere mit dem höchsten Grundumsatz. Der Grundumsatz, als der Energieverbrauch eines Warmblüters im Ruhestand, dient in erster Linie dazu, den Wärmeverlust, der zu 2/3 über die Ausstrahlung der Körperoberfläche erfolgt, zu kompensieren. Daher wird der Grundumsatz nicht vom Gewicht oder Volumen, sondern von der Oberfläche bestimmt. Zur wärmeabgebenden Oberfläche gehört allerdings nicht nur die Außenhaut, sondern auch die Oberfläche von Darm und Lungen. Wird nun ein Körper größer, so steigt sein Volumen in der dritten Potenz und seine Oberfläche in der zweiten Potenz.

	Hautoberfläche	Gewicht
Elefant	35 m²	4 000 kg ≙ 1 : 115
Mensch	1,8 m²	70 kg ≙ 1 : 40

Je größer ein Tier, desto kleiner ist seine relative Oberfläche im Vergleich zum Volumen oder Gewicht. D. h. nach obigen Zahlen treffen beim Elefanten auf 1 kg

Körpergewicht 0,0087 m² beim Menschen auf 1 kg Körpergewicht 0,025 m², also eine größere Oberfläche.

Interessant sind Zahlen über den Kalorienverbrauch pro kg Körpergewicht:

	Gewicht	Kcal/kg pro Tag (Verbrauch)
Rind	500 kg	12
Mensch	70 kg	25
Affe	4,2 kg	49
Maus	0,021 kg	170
Zwergspitzmaus	0,0035 kg	830

Eine Zwergspitzmaus von 4 g benötigt demnach täglich das Doppelte ihres Eigengewichtes an Fleischnahrung, ein Tiger von 250 kg Gewicht jedoch braucht nur 7—9 kg Fleisch.

Ein Grindwal (1500 kg) frißt in einem Jahr nur 12 mal sein Körpergewicht an Fischen und Tintenfischen.

(Eine Python im Pariser Zoo konnte 3 Jahre lang fasten und eine Boa auf Madagaskar sogar 4 Jahre lang).

Innerhalb von 3 Std. ist der Vorrat im Körper einer Spitzmaus aufgebraucht. Erwachsene Spitzmäuse sterben allerdings erst nach 12stündigem Hungern. Menschen konnten schon 63 Tage nur von Wasser leben, ein Pferd brachte es auf 25 Tage, ein Schwein auf 35 und ein Hund auf 117 Tage.

Zusammenfassend kann gesagt werden, daß kleine Tiere (Warmblüter) ständig auf Futtersuche sein müssen. Der Mensch hat dagegen gerade eine Größe die es ihm erlaubt, auch noch anderen Beschäftigungen nachzugehen. (Daten aus Slijper, E. J.: Riesen und Zwerge im Tierreich. Hamburg Berlin 1967.)

Literatur

Herter, K.: Das Verhalten der Insektivoren. Handb. d. Zool. Bd. VIII. 10. Teil; 1956.
Schmidt, H.: Der Maulwurf. Beiheft zum Film FT 951. München 1967.

IV. Flattertiere *(Chiroptera)*

1. Demonstrationsmaterial

Fledermausbälge
Fledermausskelett ausgestreckt auf Brett montiert
Schädelskelett zum Zeigen der Zähne
F 366 Fledermäuse
R 108 Fledermäuse
Tb 202 Lebensvorgänge bei der Fledermaus
C 884 Sinnesleistungen der Fledermaus *Myotis myotis*, bei der Nahrungsaufnahme vom Boden.

2. Daten zur Schallorientierung

Die Ordnung Chiroptera stellt ein Zehntel aller Säugetiere. Dies dürfte darauf zurückzuführen sein, daß schallortende Tiere schnelle Bewegungen im Dunkeln oder im Trüben ausführen können, was sowohl gegenüber potentiellen Feinden, wie bezüglich der Nahrungsnische einen erheblichen Selektionsvorteil bietet. Jedoch haben nicht alle Chiropteren die Fähigkeit der Schallorientierung.

Flughunde *(Pteropus)*, welche fast ausschließlich Fruchtfresser sind, verfügen über keine Schallorientierung, sondern über optische Orientierung.
Dagegen Flughunde der Gattung *Rousettus* haben als Höhlenbewohner neben optischer auch akustische Orientierung. Sie erzeugen die Laute mit der Zunge. Darüberhinaus besitzen sie ein sehr empfindliches Geruchsvermögen.
Im Gegensatz zu den Megachiropteren verfügen alle Microchiropteren über Echoortungssysteme auf der Grundlage des Ultraschalles. Der Kehlkopf ist der Ort der Schallerzeugung.
Der von den Fledermäusen ausgesandte Ultraschall liegt im Frequenzbereich von 30—120 kHz. Damit ist die Möglichkeit gegeben, sehr kleine Gegenstände zu orten.
In der Ultraschallpeilung gibt es nach bisherigen Untersuchungen zweierlei Methoden:

a. Verspertilionidae (Glattnasen)
  Myotis myotis (Mausohrfledermaus)
  Myotis dasycneme (Teichfledermaus)
  Nyctalus noctula (Abendsegler)
  Pecotus auritus (Langohrfledermaus)

Frequenzbereich 30—120 kHz. Dauer der Orientierungslaute: 0,5—15 m sec.
Während der Sendung kommt es zu einem Tonabfall, der etwa eine Oktave beträgt. Dadurch wird eine Unterscheidung von Aussendelaut und Echo ermöglicht. Ein Draht von 3 mm ⌀ wird auf 2 m, einer von 0,18 mm ⌀ auf 80—90 cm geortet.

Die Lautintensität beträgt 10 cm vor dem Maul von *Myotis lucifugus* etwa 100 Phon.

Die Ultraschallaute werden durch den Mund abgegeben. Der dadurch entstehende breite Streuwinkel wird durch Drehbewegungen des Kopfes ausgeglichen.

b. Rhinolophidae (Hufeisennasen)
Bei ihnen erfolgt die Schallemission über eine Verbindung von Kehlkopf und Nasenhöhle. Einem Megaphon ähnlich werden die Orientierungslaute gebündelt und gerichtet ausgesendet. Ein entsprechend gebauter Nasenaufsatz, das Hufeisen, gewährleistet das Richtstrahlenprinzip. Die von den beiden Nasenlöchern ausgehenden Schallwellen überlagern sich. Dies bedeutet, daß vor dem Kopf eine Welle mit stark vergrößerter Amplitude entsteht, während durch Interferenz die Wellen nach den Seiten sich gegenseitig auslöschen. Dadurch entsteht ein intensiver Schallkegel.

Die Impulsdauer erreicht das 28fache derjenigen von Glattnasen. Im Mittel werden 5—6 Impulse/sec. gemessen. Die Schallfrequenz liegt bei 80—100 kHz.
Die Ohren als Empfängerorgane können unabhängig voneinander seitwärts, vor- und rückwärts gedreht werden.

Literatur

Altmann, G.: Die Orientierung der Tiere im Raum. NBB 1966.
Eisentraut, M.: Aus dem Leben der Fledermäuse und Flughunde. Jena 1957.
Möhres, F. P.: Über die Schallorientierung der Hufeisennasen. Z. vergl. Physiol. 34. S. 547—588. 1953.
ders.: Bildhören, eine neuentdeckte Sinnesleistung der Tiere. Umschau 60. S. 673—678. 1960.
Tembrock, G.: Tierstimmen. NBB 1959.

3. Beschaffung von Fledermäusen

Die bei uns vorkommenden Fledermausarten gehören in der Mehrzahl der Familie *Vespertilionidae* an. Die Familie *Rhinolophidae* ist durch die große und kleine Hufeisennase vertreten.

Die häufigste Verpertilioniden-Art ist das Mausohr *(Myotis myotis)*. Ihre Kolonien findet man im Sommer in den Dachräumen alter Gebäude (Kirchen, Schlösser usw.) im Winter in Höhlen, Bergwerksstollen, Burgkellern. Die kleinen Arten entdeckt man mitunter an Gebäuden in Waldnähe, wenn man vorsichtig unbenutzte Fensterläden von der Wand lüftet.

Die meisten Arten kann man in der Hand gehalten, mit Hilfe einer Pinzette leicht mit Mehlwürmern füttern und mittels einer Pipette tränken. Das Tränken ist sehr wichtig, da Fledermäuse meist einen sehr hohen Wasserbedarf haben. Sie können verdursten, bevor sie im Käfig die Wasserschale gefunden — und gelernt haben daraus zu trinken. Da längere Haltung von Fledermäusen für den Schulbetrieb nicht in Frage kommt, wird man die Tiere nach der Demonstration wieder ins Freie setzen.

4. Versuche mit Fledermäusen

Naturgemäß lassen sich im Bereich der Schule kaum Versuche mit diesen Tieren durchführen.

Ist man jedoch einmal in der glücklichen Lage, eine Fledermaus gefangen zu haben, dann wird man auf folgende Möglichkeiten nicht verzichten:

a. *Demonstration des lebenden Tieres.* Systematische Einordnung in Glattnasen oder Hufeisennasen. Dazu werden Ohren und Nase genauer untersucht.
b. *Füttern und Tränken.*
c. *An meiner Kleidung aufhängen.* Dann auf dem Tisch kriechen lassen.
d. *Im erleuchteten Raum umherfliegen lassen.* Nach Löschen des Lichtes werden im verdunkelten Raum die Erkundungsflüge fortgesetzt. Ein in den Raum gehaltener Vorhang wird geschickt umflogen.
e. *Verschließt man beide Ohren* der Fledermaus mit weichem Wachs oder Kaugummi, so weigert sie sich abzufliegen. Sie krallt sich an der Hand fest. Bringt man sie gewaltsam zum Abflug, dann prallt sie gegen Hindernisse.
f. Bei den *Vespertilionidae* hebt schon der Verschluß eines Ohres die Ortungssicherheit auf. Das jetzt nur auf einem Ohr hörende Tier fliegt dann ständig Kreise. Da der Widerhall nur auf ein Ohr trifft, gewinnt das Tier den Eindruck, daß ein Gegenstand sich von der Seite des intakten Ohres mit großer Geschwindigkeit nähere und es weicht ihm aus.

(Schlieper, C.: Praktikum der Zoophysiologie. Stuttgart 1964)

Die größte Flügelspannweite hat wohl *Pteropus niger* (Indonesien) mit 170 cm bei 900 g Gewicht.

Die größte Geschwindigkeit soll die Guano Fledermaus *(Tadarida mexicana)* erreichen mit 51 km/h.

5. Winterschlaf der Fledermäuse

	Herzfrequenz		Körpertemperatur	
	Winterschlaf	Wachzustand	Winterschlaf	Wachzustand
Zwergfledermaus	30/min	972/min	4—10° C	38—39° C
Hufeisennase	20/min	600/min	4—10° C	38—39° C

Im Wachzustand unterscheidet *Kulzer* beim Herzschlag Ruhefrequenz und Erregungsfrequenz. Sinkt die Umgebungstemperatur, so bleibt die Herzfrequenz trotzdem erhalten.

Fällt die Außentemperatur während des Winterschlafes auf 4,5° C, so steigt die Herzfrequenz von 20—30 pro Minute auf 80/min. Mit der Frequenzsteigerung tritt bei Kältebelastung Kältezittern ein und der Kreislauf wird angekurbelt. Verschärft sich der Kältereiz durch Temperaturen unter 0° C, so erwachen die Fledermäuse vollständig aus dem Winterschlaf und suchen zur Fortsetzung desselben tiefer gelegene Höhlenabschnitte auf.

Das Erwachen kann innerhalb 60—140 Minuten aus tiefster Lethargie erfolgen. Die Herzfrequenz steigt dabei auf maximal 880/min. Dem Anstieg der Frequenz folgt eine Temperaturerhöhung. Für dieses Erwachen scheint eine erhöhte Aktivität des sympathischen Nervensystems verantwortlich zu sein. Im Gegensatz zu nicht winterschlafenden Warmblütern bleibt das Fledermausherz selbst bei 0° C noch unter der Kontrolle des ZNS.

(Kulzer: Das Fledermausherz im Winterschlaf. NR 1968. H. 9).

V. Herrentiere *(Primates)*

1. Demonstrationsmaterial

Schädelskelette (evtl. auch die billigeren Gipsabgüsse, die allerdings leicht verletzbar sind; günstiger sind solche aus unzerbrechlichem Kunststoff).
Schimpansen-, Gorilla-, Orang Uta-, Pavian-Schädel.
Diese Schädel sind vielseitig verwendbar, insbes. als Vergleichsobjekte zum Thema: Abstammung des Menschen.
Ein Totalpräparat eines kleinen Affen (Meerkatze, Rhesusaffe).
Bildmaterial von Altwelt-, Neuwelt- und Halbaffen.
Gehirnmodelle zum Vergleich.
Totalskelett eines Rhesus- oder anderen Kleinaffen.

Filme und Dias:

FT 97		Afrikanische Affen
E 44		*Gorilla gorilla;* Vierfüßergang. 4'.
E 7 und E 43		*Pan troglodytes* (Schimpanse); Vierfüßergang I und II. 2'.
E 45		*Simia satyrus* (Orang Utan); Vierfüßergang. 3,5'.
W 142		Social Life in a Macaque Colony. Ton; 18,5'.
E 1107		*Hylobates lar* (Gibbon); Fortbewegung im Geäst. 7,5'.
C 5		Intelligenzprüfung an Affen. 14'.

2. Anregungen

Da über Primaten wenig greifbares Filmmaterial existiert, bietet sich hier besonders die Lebendbeobachtung in einem Zoo oder Tiergeschäft an. Um ein zu starkes Anthropomorphisieren und reines Gaudium zu vermeiden, wird es gut sein, mit entsprechenden Fragestellungen an die Tiere heranzugehen.

Da es wohl sehr selten sein wird, mit Affen direkt zu experimentieren, müssen wir uns auf allgemeine Beobachtungen beschränken.

Warum erscheinen uns die Menschenaffen (z. B. Schimpanse) so menschenähnlich?

Relativ großer Gesichtsschädel, Augen nach vorne gerichtet, haarfreies breites Gesicht, 32 Zähne mit Milchgebiß, äußere Ohren, Daumen opponierbar (Greifhand, Finger mit Nägeln, Handballen und Fußsohlen haarfrei), teilweise Aufrichten, Sitz- und Liegestellung menschenähnlich; Mimik des Gesichtes und Gesamtausdruck des Körpers.

Worin unterscheidet sich ihr Körper wesentlich von dem des Menschen?

Starke Körperbehaarung, niedere zurückfliehende Stirne, kurze flache Nase, vorspringende Schnauze, kräftiges Gebiß, sehr schmale Lippen, kleinerer Gehirnschädel, sehr lange Arme, Greiffuß mit opponierbarer Zehe; Grobes Skelett mit einfach gebogener Wirbelsäule, z. T. mit andersartigen Knochenflächen für Muskelansätze u. v. a.

Insbesondere die Affen der Baumkronen brauchen räumliches Sehen, um bei ihren Sprüngen genau die Äste zu treffen. Um räumliches Sehen zu demonstrieren, lassen wir die Schüler bei einem geschlossenen Auge mit dem Zeigefinger rasch auf den vor ihnen liegenden Bleistift tippen. Viele sind überrascht, weil sie nicht gleich treffen.

Literatur

Kleemann, G.: Die peinlichen Verwandten. Schimpanse, Gorilla, Orang Utan. Kosmos Bd. 249. Stuttgart 1966.
Köhler, W.: Intelligenzprüfungen an Menschenaffen. (Neudruck der Originalarbeit Köhlers von 1921) Berlin 1963.
Kortlandt, A.: Schimpansen. In Grzimeks Tierleben, 11. Bd.
Lang, E. M.: Goma das Gorillakind. Illustrierte Geschichte des ersten, in Europa geborenen Gorillas. Rüschlikon — Zürich 1962.
Lawick-Goodall, J. van: My Friends, the wild Chimpanzees. Nat. Geogr. Soc. 1967.
Dieselbe: The Behavior of freeliving Chimpanzees in the Gombe Stream Reserve. Anim. Behav. Monogr. 1 (3), 161—311. 1968.
Le Gros Clark: The Antecedents of Man. Edinburgh 1962.
Reynolds, V.: Budongo. Ein afrikanischer Urwald und seine Schimpansen. Brockhaus, Wiesbaden. 1966.
Schaller, G. B.: Unsere nächsten Verwandten. Fischer Bücherei 1965.
Stark, Schneider, Kuhn: Neue Ergebnisse der Primatologie. Fischer Stuttgart 1967.

VI. Hasenartige Tiere *(Lagomorpha)*

Im Gegensatz zu den übrigen Nagetieren besitzen die *Lagomorpha* hinter den oberen beiden Nagezähnen noch ein 2. Paar dünner Stiftzähne, das funktionell ohne Bedeutung ist. Deshalb bilden diese *Duplizidentata* eine eigene Ordnung.
Demonstrationsmaterial:
Hasen- oder Kaninchenschädel für jeden Schüler (in Wildhandlungen leicht zu beschaffen).

Der Feldhase *(Lepus timidus)*

Bedeutendstes Jagdtier Mitteleuropas, da Kulturfolger und technophil. (Jahresstrecke in der Bundesrepublik: über 1 Million!)

Merkwürdigerweise war die Fortpflanzungsbiologie dieses allgemein bekannten Tieres noch bis vor kurzem ungeklärt. (Grund: Hasen sind außerordentlich scheu und nur sehr schwer zu züchten.) Erst 1965 konnte *Hediger* einwandfrei nachweisen, daß bei Feldhasen das einzigartige Phänomen der Superfötation vorkommt.

D. h. Häsinnen können wenige Tage vor dem Setzen eines Wurfes wieder beschlagen werden. Dadurch haben sie mitunter im Abstand von 38—39 Tagen *zweimal Junge!*

Waidmannssprache

Männlicher Hase	Rammler
Weiblicher Hase	Häsin
3/4 erwachsener Hase	Dreiläufer
Ohren	Löffel
Augen	Seher
Beine	Läufe
Schwanz	Blume
Fell	Balg
Haare	Wolle
Lager	Sasse

Das Wildkaninchen *(Oryctolagus cuniculus)*

Von ihm stammen sämtliche Hauskaninchenrassen ab. Es ist mit dem Hasen weniger nahe verwandt, als man dem Aussehen nach vermuten könnte. Sie gehören verschiedenen Gattungen an und lassen sich nicht bastardieren. Die zahlreichen Unterschiede zeigt die untenstehende Tabelle: (nach *Hediger):*

Hase	Kaninchen
Feld- Wiesen- und Waldbewohner	Höhlenbewohner
Solitär, paarweise lebend	sozial, in Kolonien lebend
Offenes Lager	Erdbau
Lauftier	Grabtier
Tragzeit 42 Tage	Tragzeit 31 Tage
Neugeborenes sehend und behaart	Neugeborenes nackt und blind
Nestflüchter	Nesthocker
Wurf 1—4 Junge	Wurf 4—12 Junge
Superfoetation	keine Tragzeitüberschneidung
Gewicht 4—6 kg	Gewicht 2—3 kg
Ohr länger als Kopf	Ohr kürzer als Kopf
rotes Fleisch	weißes Fleisch
48 Chromosomen	44 Chromosomen

Kampf den Kaninchen

(Beispiel für Störungen des Gleichgewichts in der Natur. *Milne, L. und M.:* Das Gleichgewicht in der Natur. Hamburg — Berlin 1965.)

Im Jahre 1859 kamen an Bord des Clippers „Lightning" die ersten zwei Dutzend Kaninchen in Australien an. In der Hoffnung, sie würden jagdbare Tiere abgeben, wurden sie frei gelassen. Da die Tragzeit der Kaninchen 31 Tage beträgt, kann es in Südostaustralien jedes Kaninchenweibchen auf 10 Würfe jährlich mit mindestens je 6 Jungen bringen. Innerhalb von 6 Jahren konnten bereits 20 000 Tiere getötet werden. In wenigen Jahren hatten sie sich, da es keine einheimischen Raubtiere gab, die sie niederhalten konnten, auf viele Millionen vermehrt.

Es wurden Füchse eingeführt. Diese jagten aber lieber die kaninchengroßen Känguruhratten, welche dadurch zu einer verschwindenden Art wurden. Von den verwildernden Hauskatzen erhoffte man Hilfe gegen die Kaninchen. Die Katzen nahmen zu, hielten sich jedoch an den unvorsichtigen australischen Vögeln schadlos, dezimierten diese und befreiten damit die laubfressenden und holzbohrenden Insekten von ihren Feinden.

Die Insekten überfielen in Massen die Eukalyptusbäume in deren Laub geschützt die langsamen Koalas saßen und dort fraßen, was die Insekten ihnen übriggelassen hatten. Um nun die Eukalyptus zu retten, schoß man die Koalas wo man sie fand. Um letztere vor dem Aussterben zu bewahren, wurden Schutzgebiete für sie errichtet, in denen sie sich so gut vermehrten, daß ihnen die von den Insekten beschädigten Bäume nicht mehr genügend Nahrung bieten konnten und sie, weil sie ausgesprochene Nahrungsspezialisten sind, verhungerten. Heute stehen die Koalas in Australien vor dem Aussterben.

Da die Nachkommenschaft eines Kaninchenpaares theoretisch in drei Jahren auf 13 Mio. Stück anwachsen kann, ist es leicht zu erklären, daß trotz Bejagung, Fang, Vergiftung, Sprengung der Bauten, trotz eingeführter Frettchen, Hunde, Füchse, trotz eines Maschenzaunes von 1000 km Länge quer durch Australien, die Kaninchen schließlich 1/3 des gesamten Kontinents erobern konnten. In einem einzigen Jahrzehnt exportierte Australien 700 Mio. Kaninchenfelle und 157 Mio. Tiere als Gefrierfliesch.

Fünf Kaninchen fraßen soviel wie ein Schaf, brachten jedoch weniger als 1/3 des Wollertrags. Wo sie auftraten konnte nicht mehr angepflanzt werden und aus reichen Viehzüchtern wurden arme Leute. Millionen Pfund Sterling wurden zur Bekämpfung aufgewandt, aber kein Mittel half.

Ab 1950 setzten Biologen nach eingehenden Voruntersuchungen Kaninchen aus, welche mit dem Myxoma-Virus geimpft waren. Dieses Virus erzeugt die für Kaninchen tödliche Myxomatose und wird durch Stechmücken und Flöhe übertragen. Sobald der Südsommer einsetzte und die Mücken flogen, begann nun ein Kaninchensterben in einem Ausmaße, wie keine andere Bekämpfungsmethode es vorher erzielt hatte. In wenigen Jahren wurden große Landstriche ganz von Kaninchen befreit. Die Ernteerträge schnellten empor, Grasländer entstanden neu, in ehemals verwüsteten Gebieten wurde neues Weideland gewonnen und brachte höhere Gewinne.

Ähnliche Ergebnisse erzielte man in Neuseeland, Frankreich, England und den Niederlanden. Ein neues Gleichgewicht stellte sich ein.

Literatur
Hediger: Jagdzoologie auch für Nichtjäger, Basel 1966.
Koenen, F.: Der Feldhase. NBB 1956.

VII. Nagetiere *(Rodentia)*

1. *Demonstrationsmaterial*

Balgpräparate von: Eichhörnchen, Wanderratte und Hausratte, Hausmaus, Schermaus, Hamster.
Schädelskelette verschiedener Nagetiere.
Totalskelett eines Nagers (Meerschweinchen oder Wanderratte)
Nagespuren an Ästen, Nüssen, Fichtenzapfen.
Kotballen verschiedener Nager in Reagenzgläsern.

Goldhamsterkäfig mit lebenden Tieren.
Zucht von weißen Mäusen oder Ratten.
Bekämpfungsmethoden (Mausefallen u. dgl.).

Filme und Dias:

F/FT	401	Im Hamsterrevier
F/FT	367	Qick das Eichhörnchen
FT	653	Was Tiere können und was sie lernen müssen (Kaspar Hauser, Versuche mit Eichhörnchen)
FT	815	Ratten
R	103	Einheimische Mäuse
R	107	Murmeltiere

2. Winterschlaf beim Murmeltier

Bei sinkender Temperatur und Nahrungsmangel bestehen für Tiere zwei Ausweichmöglichkeiten:
1. Abwandern in wärmere Gebiete (Ren, Caribu, Bison)
2. Herabminderung des Energiebedarfes; das bedeutet Winterschlaf.

Murmeltier

im Sommer:	im Winter:
Lebt grabend, fressend, heuend, innerhalb und außerhalb des Baues.	Heu ist eingetragen, Eingänge sind verstopft, Tiere sind feist mit Winterpelz.
Lebhafte Aktivität am Tag, Schlaf bei Nacht.	Dauerschlaf (6—7 Monate)
Hoher Energieverbrauch wird durch Fressen gedeckt.	Geringer Energieverbrauch wird durch Speicherfett gedeckt.
1800 Atemzüge pro Stunde.	12 Atemzüge pro Stunde.
4800 Herzschläge pro Stunde.	300 Herzschläge pro Stunde.
36—37° C Körpertemperatur.	3—8° C Körpertemperatur.
ca. 17 kcal Verbrauch pro Stunde.	ca. 1 kcal Verbrauch pro Stunde.
	Im Frühjahr sind die Tiere abgemagert.
	Winterschlafdauer ca. 6 Monate.

3. Ursachen des Winterschlafes

Äußerer Anlaß des Winterschlafes ist die kurze Dauer der Tage und mit dieser ein Mangel an UV-Strahlen. Der Körper kann nicht genügend Vitamin D erzeugen. Durch erhöhte Ausschüttung von Insulin aus der Bauchspeicheldrüse und verminderter Produktion von Thyroxin in der Schilddrüse verlangsamen sich alle Lebensfunktionen. Der Grundumsatz des Körpers wird durch herabgesetzte Atmung und Herztätigkeit (Verlangsamung des Kreislaufes) so eingeschränkt, daß die sonst gleichwarmen Säuger nun wechselwarm werden.
Hypoglykämie kann allerdings nicht als Stimulans für den Winterschlaf angesehen werden. Die Homöostasis des Glukosespiegels bleibt im Winterschlaf erhalten. Bei aktiven Eichhörnchen maß man 183 mg Glukose in 100 g Blut und bei winterschlafenden 118 mg pro 100 g Blut. Vergleicht man den Gewichtsverlust fastender

und winterschlafender Tiere, so zeigt sich, daß der von fastenden wachen Tieren wesentlich größer ist. So kommt beim Murmeltier der Hauptteil des Gewichtsverlustes im Winter auf die kurzen Perioden der Winterschlafunterbrechung, die ungefähr alle 3—4 Wochen eintritt; d. h. während der ca. 160 Tage Winterschlaf also 6mal.*Dubois* berechnete, daß ein solches Tier an jedem dieser Tage ungefähr eben so viel an Gewicht verlor, wie an den Tagen seiner Schlafperiode zusammen. Ein hungernder Igel büßt in 8—9 Tagen 20 % seines Körpergewichtes ein; ungefähr so viel, wie während der ganzen Winterschlafperiode. Je häufiger ein Winterschläfer seine Lethargie unterbricht, bzw. durch künstlich erzeugte Weckreize zum Aufwachen gebracht wird, umso rascher verbraucht er seine Reservestoffe.

Daher dürfte es für den Hamster, der alle 5 Tage aufwacht, eine biologische Notwendigkeit sein, Wintervorräte einzutragen. (n. *Eisentraut*).

Physiologie des Winterschlafes

Sommer:
Starke UV-Bestrahlung

Haut

Winter:
Geringe UV-Bestrahlung

starke Vit. D-Bildung

Bauchspeicheldrüse

Geringe Vit. D-Bildung

Geringe Insulinausschüttung

Schilddrüse

Erhöhte Insulinausschüttung

Starke Thyroxinproduktion
  Hoher Grundumsatz und
  hohe Temperatur.
  Hohe Aktivität.

Verminderte Thyroxinproduktion
  Geringer Grundumsatz und
  niedrige Temperatur.
  Geringe bis keine Aktivität.
  Winterschlaf.

Literatur

Bibikow, D. I.: Die Murmeltiere. NBB 1968.
Eisentraut, M.: Der Winterschlaf mit seinen ökologischen und physiologischen Begleiterscheinungen. Jena 1956.
ders.: Überwinterung im Tierreich. Kosmos Bd. 208. 1955.

4. Der Goldhamster als Beobachtungsobjekt

Über Haltung, Fütterung und Zucht benütze man die einschlägige Literatur.
Anregungen zu Beobachtungen (*Abb. 72*)
Voraussetzung für die Beobachtung ist, daß man den Hamster innerhalb seines Käfigs frei gewähren läßt. Seiner Lärmempfindlichkeit wird man bei Beobachtungen vor der Klasse Rechnung tragen.

a. Beschreibe die Nahrungsaufnahme: Was frißt er, wie frißt er, benützt er die Vorderbeine? Wie prüft er die Nahrung? Wieviel frißt er gewichtsmäßig pro Tag? (ca. 10—15 g bei einem Körpergewicht von 120—150 g). Wieviel würde dies für den Menschen auf sein Gewicht bezogen an täglicher Nahrung bedeuten? Warum muß der Goldhamster relativ mehr essen als der Mensch?
Es zeigt sich wieder deutlich der große Nahrungsbedarf kleiner Tiere.

b. Worin äußert sich der rege Stoffwechsel außerdem noch?
Bestimmen der Atem- und Herzfrequenz. Letztere kann wegen der großen Geschwindigkeit des Herzschlages nur geschätzt werden. Vergleiche den eigenen Herzschlag damit!

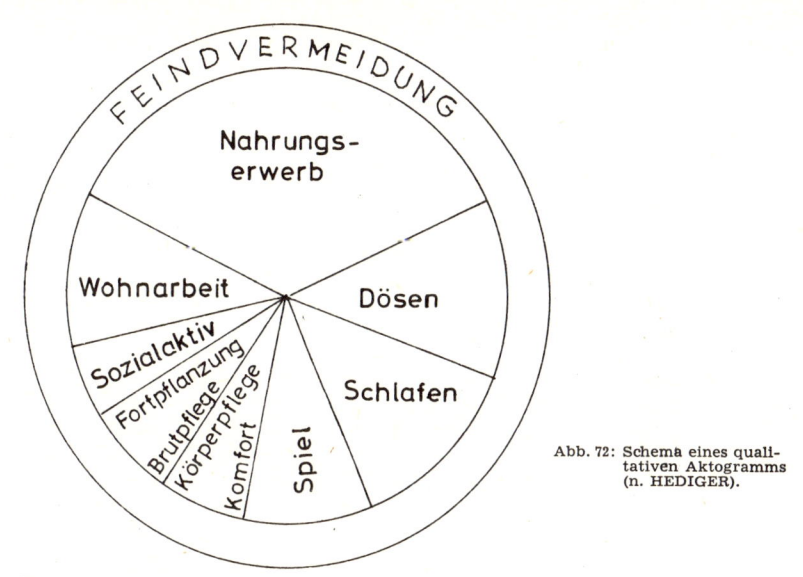

Abb. 72: Schema eines qualitativen Aktogramms (n. HEDIGER).

Die Körpertemperatur:

Ein Goldhamster wird entweder mit einem Handtuch oder einfach mit der Hand umfaßt und zwischen Hand und Tier ein Fieberthermometer eingesteckt. Nach wenigen Minuten, in denen wir das Tier beruhigen, wird die Temperatur abgelesen. Da sie höher als beim Menschen liegt, spielt die warme Hand kaum eine Rolle.

c. Nachweis der Kohlendioxid-Ausatmung nach Falkenhan.

d. Was und wieviel wird von dem Tier ausgeschieden?

Warum brauchen die Tiere kaum etwas zum Trinken (Anpassung an das Steppenklima)?

e. Warum braucht man sowohl Weibchen wie Männchen, wenn junge Tiere sich entwickeln sollen?

(Das Weibchen ist etwa alle 4 Tage paarungsbereit. An anderen Tagen kommt es leicht zu Beißereien und da das Männchen meist Beißhemmung gegen das Weibchen hat und aus dem engen Käfig nicht ausweichen kann, wird man es in Sicherheit bringen müssen.)

Wie lange dauert die Tragzeit? (rd. 16 Tage).

Miß die tägliche Gewichtszunahme in dieser Zeit. (ca. 30 g in 16 Tagen, d. s. etwa 20 % des Eigengewichtes). In den ersten Tagen nach dem Wurf sollten die Jungen im Nest nicht gestört werden. Das Geburtsgewicht beträgt etwa 2,5 g.

f. Wieviele Junge liegen vor? Nach 8—10 Tagen kann man sie ruhig näher betrachten.

Wie sehen die Jungen aus?

Kann man Männchen und Weibchen unterscheiden?
Wie saugen sie? Benützen sie immer dieselben Zitzen?
Welche Gewichtszunahme weisen sie in den ersten 15 Tagen (ca. 10 g) und nach weiteren 10 Tagen (ca. 25 g) auf? Wiege sie täglich und trage die Meßdaten in ein Heft ein.
Warum nimmt in diesem Zeitraum die Mutter auch Flüssigkeit an?
Die Goldhamster dürften die Säugetiere sein, welche sich am raschesten vermehren. Bei einer Trächtigkeitsperiode von 16 Tagen und Intervallen zwischen den einzelnen Würfen von nur 18 Tagen kann ein Weibchen theoretisch in einem Jahr eine Nachkommenschaft von 100 000 Jungen hervorbringen (Kaninchen 1000).
(Diese und ähnliche Fragen können Schülern zur Aufgabe gestellt werden, die einen Goldhamster oder ein Pärchen desselben zuhause haben. Wenn mehrere Schüler in der Klasse über die Tiere verfügen, dann können Vergleiche gezogen werden. Extremwerte entpuppen sich dann meist als Falschbeobachtung).

g. Fragestellungen zum Verhalten des Hamsters
Um die Kinder zum genauen Beobachten anzuregen, (der Goldhamster braucht nicht nur Spielzeug sein!) sind hier einige Fragen zusammengestellt, aus denen je nach Alter welche ausgewählt, die eine oder andere vielleicht sogar einmal im Unterricht, wenn ein Schüler sein Tier mitbringen durfte, gestellt werden.
Wie erkundet der Hamster im neuen Käfig das Gelände? (Welche Sinnesorgane sind dabei hauptsächlich beteiligt?)
Wie und wo baut er sein Nest? Welches Material bevorzugt er? Hat er ein Revier in Besitz genommen?
Aus welchen Örtlichkeiten besteht das Revier?
Das Nest: Nur hier oder in der Vorratskammer entleert er seine Backentaschen.

Die Harnecke: Nur hier wird geharnt. Der Versuch unsererseits, diese Ecke zu säubern, ruft mitunter seinen Angriff hervor.
Die Markierungsorte: Die unbesetzten Ecken des Käfigs werden mehrere Male am Tage, vor allem abends nach dem Aufwachen sorgfältig markiert, d. h. der Hamster wälzt sich auf dem Boden, oder reibt mit seiner Flanke an der Wand entlang.
Sind Reviergrenzen erkennbar?
In einem großen Käfig können evtl. Wechsel erkennbar sein. Wie verhält sich der Revierinhaber gegenüber einem plötzlich eingesetzten Fremdling? Wie der Fremdling? (Der Unterlegene muß rechtzeitig aus dem Käfig genommen werden, da er sonst zu Tode gehetzt und gebissen werden kann.)
Wie verläuft der Kampf? (Beriechen, Aufrichten, Zähnewetzen, Abwehrstellung, Demutshaltung durch Rückenlage, Flucht, „Präsentieren" = Weglaufen unter Anheben des Schwänzchens, wie bei der Paarung, evtl. auch Verbeißen ineinander und Herumkugeln). Wann und bei welchen Störungen wird der Bau aufgesucht? Wie wird er von innen her verschlossen?
Treten Bewegungsstereotypien auf?
Welche Zeiträume nehmen die einzelnen Aktivitätsperioden ein?
Wann und in welcher Stellung wird geschlafen?
Wann, wie lange, wie oft und wieviel wird gefressen?

Wann, wie lange und wie oft wird geputzt? Welche Körperteile werden mit welchen Organen geputzt?
Wann und wie lange währt die Bewegungsaktivität (Laufen)?
Wann und wie lange dauert die Bau- und Sozialaktivität?
Sind Konfliktsituationen erkennbar? (G. *Grave* beschreibt eine typische, wenn ihr Hamster mit einer dicken Möhre vor das verschlossene Nest kommt: „Die Möhre wurde abgelegt — der Hamster wandte sich zum Nesteingang, gleich aber wieder zur Möhre — erneut vergeblicher Versuch, mit der Möhre zu scharren — ablegen, wieder aufgreifen ...).
Lernversuche (s. *Kasche:* Labyrinthversuche mit Goldhamstern im Klassenraum, zur Demonstration tierischen Lernvermögens. MNU 1964/65. S. 74 ff.)

Literatur

Dieterlen, F.: Das Verhalten des syrischen Goldhamsters. Z. f. Tierpsych. Bd. 16, S. 47—103.
Grave, G.: Der Goldhamster im Unterricht der Sexta. DBU 1965, H. 2.
Kittel, R.: Der Goldhamster. NBB.

5. Die Ratten von Jamaika

Beispiel für Störungen im Biologischen Gleichgewicht

(n. *Milne, L. u. M.:* Das Gleichgewicht in der Natur. Hamburg — Berlin. 1965).

Als 1494 Christoph Kolombus auf Jamaika landete, erstreckten sich — abgesehen von einzelnen Rodungen der Indianer — herrliche Wälder von den Küsten bis zu den Gipfeln der Berge. Im Jahre 1520 brachten spanische Kolonisten das Zuckerrohr nach Westindien, aber erst 1660 wurde in Jamaika die erste richtige Plantage angelegt, Da das Zuckerrohr gut gedieh, wurde viel gerodet und man führte Negersklaven als Arbeiter ein. In zunehmendem Maße verbreiteten und vermehrten sich jedoch in den Feldern die Ratten, denen das Zuckerrohr ebenfalls schmeckte. Zuerst setzte man auf sie Kopfprämien, wodurch auf einer Farm allein in einem Jahr 20 000 Stück getötet wurden.
Da als natürliche Feinde weder Raubvögel noch Raubsäuger vorhanden waren, konnten einige Schlangen den Ratten gefährlich werden. Aber die Neger in den Plantagen fürchteten die Schlangen und töteten sie ebenfalls.
Um 1762 führte ein Engländer zur Rattenbekämpfung eine Ameise (Formica omnivora) aus Kuba ein. Eine Zeit lang schien sie wirksam, aber schließlich verbreitete sie sich so, daß sie selbst zur Plage wurde. Ausgesetzte Frettchen wurden ein Opfer der Chiggermilben. Selbst mit dem Ochsenfrosch (Bufo marinus) versuchte man es; aber auch vergeblich. Um 1870 ging etwa 1/5 der Ernte an Ratten verloren. Schließlich wurde 1870 der indische Mungo zuhilfe geholt. Innerhalb von 10 Jahren vermehrten sich die Mungos nun stark und attackierten die Ratten in einem Maße, daß die afrikanische Rohrratte verschwand, die Dornratte auf vielen Inseln ausgerottet wurde, die Wanderratte aufhörte eine Bedrohung zu sein, und die Hausratte sich nur durch Rückzug auf die Bäume retten konnte, wo sie hoch über dem Boden nistete und der Mungo sie nicht belästigte. Die Zuckerrohrschäden wurden bedeutungslos.
Nachdem aber nun die Ratten weitgehend verschwunden waren, mußten sich die zahlreichen Mungos nach anderer Nahrung umsehen. Sie machten sich an weitere einheimische Säugetiere, bodenbrütende Vögel, Schlangen, Amphibien und fraßen sogar Zuckerrohr. In wenigen Jahren starben in Westindien durch die Mungos allein mehr Tierarten aus, als auf dem Nordamerikanischen Subkontinent

seit 1492. Viele Tiere sind äußerst selten geworden. Die Landbewohner mußten vielfach junge Hunde, Katzen, Hühner, Enten, ja sogar Lämmer in Käfigen hoch über dem Boden ihrer Häuser halten, um sie vor den Mungos zu schützen. In Puerto Rico führte die Vernichtung der Meiva-Eidechse durch Mungos zu einer neuen Schwierigkeit. Diese Eidechsen hatten die Maikäfer in Schach gehalten. Deren Zahl stieg nun rapide an und ihre Engerlinge richteten bald in den Zuckerrohrplantagen ähnliche Schäden wie früher die Ratten an. Zu ihrer Bekämpfung führte man wiederum den Ochsenfrosch ein, verwendete Insektizide und setzte Prämien gegen Mungos aus. Als schließlich noch entdeckt wurde, daß Mungos Überträger der Tollwut sein können, startete man gegen sie einen Feldzug mit dem Gift „1080", wodurch auf einigen Inseln fast sämtliche Mungos getötet wurden. Es wird abzuwarten sein, wie sich nun wieder ein neues Gleichgewicht einspielt.

Literatur über Nagetiere

Freye, H. A. u. H.: Die Hausmaus. NBB 1960.
Gerber, R.: Nagetiere Deutschlands. NBB 1952.
Gewalt, W.: Das Eichhörnchen. NBB 1956.
Eibl-Eibesfeldt, v. I.: Das Verhalten der Nagetiere. Handb. d. Zool. Bd. 8. 12. Lfg. 1958.
Hagemann, E. u. Schmidt G.: Ratte und Maus. Versuchstiere in der Forschung. de Gruyter, Berlin 1960.
Hinze, G.: Unser Biber. NBB 1960.
Hofmann, M.: Die Bisamratte. Leipzig 1958.
Huber, W.: Das Alpenmurmeltier. Bern 1967.
Klappstück, J.: Der Sumpfbiber. NBB 1964.
Mohr, E.: Die freilebenden Nagetiere Deutschlands. Jena 1954.
Stein, G. H. W.: Die Feldmaus. NBB 1952.
Steininger, F.: Rattenbiologie und Rattenbekämpfung. Enke, Stuttgart 1952.
Wilson, L.: Biber. Brockhaus, Wiesbaden 1966.

VIII. Wale *(Cetacea)*

1. Demonstrationsmaterial

Zu den wenigen geeigneten Demonstrationsmaterialien gehören Walbarten. Vielleicht existiert auch irgendwo ein Narwalzahn (Einhorn). Im übrigen bleiben nur Bilder, Dias und Filme. Da in zunehmendem Maße Delphine in Filmen und Schauaquarien gezeigt werden, lassen sich hier manche Zusammenhänge zum Unterricht herstellen.

F 253 Walfang im südl. Eismeer
R 264 Fang und Verarbeitung von Walen.

2. Orientierung der Wale

In den letzten Jahren entdeckten Zoologen nicht nur den hohen Intelligenzgrad der Wale, sondern auch ihr Orientierungsvermögen durch Echopeilung. Geruchsorgane sind zwar bei Bartenwalen noch angelegt, fehlen jedoch ganz bei den Zahnwalen. Der optische Sinn kann in größeren Tiefen keine Rolle mehr spielen. Über den Tastsinn liegen erst wenige Untersuchungen vor. Daß Zahnwale, vor allem Delphine, Laute erzeugen und hören können, war zwar schon im Altertum bekannt, wurde aber erst Mitte des 20. Jahrh. mit Unterwassermikrophonen und Tonbandgeräten näher untersucht. Neben Tönen im Hörbereich des Menschen reagieren sie auch auf Ultraschall im Frequenzbereich von über 100 kHz. Durch

Ausstoßen von Klicklauten im Ultraschallbereich werden Beutetiere und Hindernisse geortet. Die Frage nach Mechanismus und Entstehungsort der Schallaussendung ist noch nicht geklärt.

Bei den weiträumigen Wanderungen im Ozean orientieren sich die Wale wahrscheinlich nach der Temperatur (Haut) und dem Salzgehalt (Geschmacksorgane).

3. Walfang

1946 wurde die internationale Konvention der Walfangindustrie gegründet. Nach ihr wird jedes Jahr die Abschußzahl für das kommende Jahr bestimmt. Trotzdem vermindert sich die Anzahl der Wale in erschrecklichem Ausmaß.

In den 3 Walfanggebieten (Antarktis: 90 % des Walfettes, nördlicher Teil des Stillen Ozeans, Küstengewässer Zentralafrikas) waren 1959 etwa 25 Walflotillen mit 300 Schiffen unterwegs. Dazu kamen 40—50 Küstenstationen mit nochmals 150 Schiffen.

Am begehrtesten sind Finnwal, Pottwal, Blauwal, ferner Buckelwal und Seiwal. Oft sind 33 % des gesamten Fanges unausgewachsene Jungwale.

1951 wurden 18 264 Pottwale gefangen
1956 wurden 18 590 Pottwale gefangen
1930/31 wurden in der Antarktis noch 28 325 Blauwale gefangen
1961/62 wurden in der Antarktis nur noch 1 255 Blauwale gefangen.

Die Finnwale haben sich in den letzten 45 Jahren um 40 % verringert. Ihre Gesamtherde wurde 1910 noch auf 320 000 Tiere geschätzt, dagegen 1957 nur noch auf 170 000 Tiere.

1961/62 wurden in der Antarktis 66 026 Wale gefangen.

Davon waren: 23 245 Finnwale
8 804 Seiwale
2 436 Buckelwale
1 255 Blauwale
108 sonstige Wale

Die Ölproduktion belief sich 1961/62 auf 475 000 to.

Davon produzierte: Japan 35,0 %
UdSSR 21,4 %
Norwegen 20,8 %

Weiter folgten: Großbritannien, Republik Südafrika, Peru, Chile, Niederlande, Australien.

Um das Aussterben der Wale zu verhindern wurde vorgeschlagen:
Einhalten eines Abschußverbotes für 7—10 Jahre, damit sich die Herden wieder erholen können.
Untersuchungen über Größe der Herden, ihr Verhalten, ihre Vermehrungsquote, ihre genauen Wanderwege.
Kein Abschuß von Jungtieren.

4. Ernährung und Größe der Wale

Der größte Wal, der Blauwal (*Balaenoptera musculus*) ist ein Bartenwal, der sich von den nur 5 cm langen Euphausiden, d. s. garneelenartige Krebschen und von Whalaat, d.s. Schwimmschnecken ernährt. 1933 wurde bei Süd-Georgia ein Blauwalweibchen gefangen, welches 29,5 m lang war und ohne Blut 166,3 to wog. Sein Gesamtgewicht wurde auf 177 to berechnet. Die Zunge eines 120,8 to schweren und 27 m langen anderen weiblichen Blauwals, der am 27.11.1926 bei Süd-Georgia gefangen wurde, wog 3150 kg.

Anschaulich werden die Ausmaße erst im Vergleich mit anderen Tieren. So hat ein Wal von 150 000 kg das Gewicht von ca. 30 Elefanten oder 150—180 Ochsen und liefert ca. 23 000 kg Öl, was dem Fettgehalt von etwa 500 Schweinen entspricht. Seine Zunge kann soviel wiegen wie ein Elefant.

Bei der Geburt kann das Blauwaljunge 7,6 m lang sein und 2,8 to wiegen. Bei einer Tragzeit von 10 3/4 Monaten bedeutet dies vom winzigen Ei bis zum 12—15 to schweren Einjährigen eine gewaltige Gewichtszunahme.

Im Laufe seines Lebens frißt ein Blauwal etwa 10 000 to Euphausiden („Krill" genannt, welche ihrerseits von schätzungsweise 1 Mio to Phytoplankton leben).

Der Blauwal erreicht eine Fluchtgeschwindigkeit von 37 km/h für 10—20 Minuten lang.

Zahnwale können über eine Stunde lang unter Wasser bleiben und 1000 m tief tauchen. In dieser Tiefe herrscht ein Druck von über 100 kg/m².

Ist ein Wal gestrandet, dann werden seine lebenswichtigen Organe so zusammengepreßt, daß das Tier zu Grunde gehen muß.

Zu den wertvollsten Bestandteilen gehört bekanntlich das Ambra. Für 1 kg sollen 5000 DM bezahlt werden. (Das entspricht ungefähr dem Goldpreis.) An der neuseeländischen Küste soll man den bisher größten Ambraklumpen aufgefischt haben mit 407 kg Gewicht. Das größte im Innern eines Wales gefundene Stück wog 304 kg.

Literatur

Alpers, A.: Delphine, Wunderkinder des Meeres. Wien 1966[3].
Slipjer, E. J.: Riesen des Meeres. Eine Biologie der Wale und Delphine. Verst. Wiss. Bd. 80. Berlin 1961.
Ders.: Riesen und Zwerge im Tierreich. Hamburg-Berlin 1967.

IX. Fleischfresser = **Raubtiere** *(Carnivora)*

1. Hunde (Canidae)

Zur Familie der Hunde *(Canidae)* zählen u.a. der Haushund *(Canis familiaris)*, der Wolf *(Canis lupus)*, der Fuchs *(Vulpes vulpes)*, der Fennek *(Fennecus)*, der gemeine oder Goldschakal *(Canis aureus)*, der Schabrackenschakal *(Canis mesomelas)*, der Mähnenwolf *(Chrysocyon jubatus)*.

Die unterrichtliche Behandlung wird sich auf den Haushund, Wolf, Fuchs und evtl. Schakal beschränken.

a. *Demonstrationsmaterial*

Vollständiges Hundeskelett
Hundeschädel
Einzelne Zähne
Hundemarke
Arbeitstransparent: Der Hund, Körperbau der Säugetiere, (Hadü) für den Schreibprojektor.
Zuchtkarteikarten für Hunde

Filme und Dias

F	332	Der Blinde und sein Hund
FT	332	Die anderen Augen
F/FT	853	Der Deutsche Schäferhund
F/FT	370	Am Fuchsbau
R	93	Der Luchs

Diareihen verschiedener Hunderassen
Tonbänder und Schallplatten über Lautäußerungen verschiedener hundeartiger Raubtiere.

b. *Anregungen*

Untersuchung der Begriffe Haustier, Raubtier.

Erste Anbahnung des zoologischen Verwandtschaftsbegriffes, im Zusammenhang mit der Besprechung der Hunderassen.

Erste Erwähnung der Begriffe Abstammung und Vererbung.

Hundezüchtung
Vergleich zwischen Hund und Hauskatze: Skelett, Sinnesorgane, Verhalten beim Beutefang, Abstammung usw.

Rolle des Stammbaumes und des Baumstammes beim Hund.
Verhalten des Hundes

Beobachtungsaufgaben:
Wie frißt der Hund? Wie zertrümmert er einen Knochen?
Wie schläft er? Wie legt er sich dazu hin?
Wie hält er den Schwanz bei Bestrafung, bei „Freude", beim Wiedersehen?
Wie verhält er sich, wenn er einen anderen Hund trifft?
Wie verhalten sich dabei ♂ zu ♂ oder ♂ zu ♀ oder ♀ zu ♀?
Achte auf die Ausdrucksmittel des Hundes: Schwanz, Ohren, Fell, Mundwinkel, Augen, Stirne, Beine.
Die schwerste Hunderasse ist die der Bernhardiner. Die kleinsten Hunde, die Chihuahua, werden nur 450 g schwer. Der Saluki ist vermutlich nicht nur die schnellste Hunderasse (ca. 70 km/h), sondern auch die älteste, welche mindestens seit 4000 Jahren rein gezüchtet wird. Die Beduinen verwenden ihn bei der Jagd in der Wüste.

Literatur

Goerttler, V.: Neufundländer; NBB 1966.
Schneider-Leyer, E.: Welcher Hund ist das? Stuttgart 1961.
Sierts-Roth, U.: Der Dackel; NBB 1969.
Weyener, B.: Die Ethologie des Haushundes. Eine methodisch didaktische Betrachtung. P. d. N. 1967/6.
Hegendorf: Der Gebrauchshund, seine Zucht, Erziehung, Abrichtung und Führung. Berlin 1951.
Seiferle, E.: Kleine Hundekunde. Ein Wegweiser für Hundefreunde und Züchter mit einer kurzen Einführung in Biologie und Psychologie des Hundes. Rüschlikon-Zürich 1949.
Haltenorth, Th.: Rassenhunde — Wildhunde. Herkunft, Arten, Rassen, Haltung. Heidelberg 1958.
Fischel, W.: Die Seele des Hundes. Berlin Hamburg 1961.
Granderath, F.: Hundeabrichtung durch wahre Verständigung zwischen Hund und Mensch. Melsungen 1962.
Crisler: Wir heulten mit den Wölfen. Wiesbaden 1960.
Glyn, R.: Rassehunde der Welt. BLV 1968.

2. Bären (Ursidae)

F 528   Großwild im kanadischen Felsengebirge
R 450   Aus der Tierwelt Kanadas.
Bildtafeln des Kronen Verlages

3. Marder (Mustelidae)

3. Marder (Mustelidae)
Raubmarder (*Mustelinae*)
Dachse (*Melliorinae* und *Melinae*)
Skunke (*Mephitinae*)
Otter (*Lutrinae*   )

a. *Demonstrationsmaterial*
Stopfpräparate:
Großes Wiesel im Sommer- und im Winterkleid
Kleines Wiesel
Baummarder
Steinmarder
Schädel von Mardern
Bildtafeln des Kronenverlages.
F/FT 417   Die Iltiskoppel
FT   Der Dachs (in Vorbereitung   )

b. *Anregungen zu verschiedenen Themen*
α. Sommer- und Winterkleid beim Großen Wiesel (Haarwechsel, Tarnfarbe)
β. Biologischer Verwandschaftsbegriff erarbeiten an Hand der sehr ähnlichen Tiere.
γ. Unterschiedliches Verhalten zweier sehr naher verwandter Tiere:

Hausmarder	Edelmarder
Kulturfolger	Kulturflüchter
(technophil)	(technophob)

Kulturflüchter haben zwei Möglichkeiten zu entfliehen:
1. Räumliche Flucht durch Rückzug aus dem vertrauten Bereich.
2. Zeitliche Umstellung der Aktivitätsperioden.
ϑ. Fischotter: Anpassung an das Wasserleben im Vergleich zum Baummarder in Anpassung an das Baumleben.

Literatur

Barabasch-Nikiforow: Der Seeotter oder Kalan. NBB 1962.
Goethe, F.: Das Verhalten der Musteliden. Handb. d. Zool. Bd. 8. Teil 10/19. 1964.
Herter, K.: Iltisse. NBB 1959.
Kott, P.: Tupu Tupu. Der Vielfraß. Hamburg Berlin 1961.
Pawlinin, W.: Der Zobel. NBB 1966.
Schmidt, F.: Naturgeschichte des Baum- und Steinmarders. Bd. 10, Monographie d. einheim. Wildsäuger. Leipzig 1943. S. 132—244.
Williamson, H.: Tarka der Otter. Bern, 1963.

4. Katzen (Felidae)

a. *Demonstrationsmaterial*
Vollständiges Skelett der Hauskatze
Vollständiger Balg einer Hauskatze
Schädel einer Hauskatze und zum Vergleich einer Großkatze

Modell einer Katzenkralle
Tafeln des Kronen Verlages
Zoobesuch

Filme und Dias:

FT 738 Tiere der Savanne
E   50 Felis (*Leptailurus, Serval*) Schleichlaufen. 2'.
E   28 Felis (*Leptailurus*) Rupfen der Beute. 3'.
E   27 Felis (*Zibethailurus viverrina*) Abwehrverhalten. 3'.

Diareihen: Tiere im Zoo; Säugetiere; bei versch. Firmen.

b. *Versuche*

α. Katze mit den Händen halten und in verschiedene Lagen des Raumes drehen. Sie zeigt statische Kopfstellreflexe. (Bei Wirbeltieren mit beweglichem Hals erfolgen kompensatorische Bewegungen des Kopfes, welche bewirken, daß der Kopf stets mit dem Scheitel nach oben gehalten wird, unabhängig davon, in welcher Lage sich der Körper befindet. Weil dabei Gleichgewichtsorgane im Kopf ihre Raumlage nicht verändern, nimmt man an, daß von ihnen fortgesetzt die Muskeln des Halses und der Schultern beeinflußt werden. Dasselbe ist auch bei Reptilien und Vögeln zu beobachten. s. d.)

β. Eine Katze kann an ihren vier Beinen hochgehoben werden. Läßt man sie aus der Rückenlage fallen, so kommt sie infolge des Umdrehreflexes trotzdem mit den Beinen auf den Boden.

Der Umdrehreflex läßt auf Grund des Zusammenwirkens komplizierter Mechanismen (Schweresinn, Körperstellreflexe, Propriorrezeptoren bes. der Halsmuskulatur) vierfüßige Wirbeltiere nach freiem Fall auf die Füße kommen.

c. *Beobachtungshinweise zum Verhalten der Katze* (n. *Leyhausen*)

Wie nähert sich eine Katze ihrer Beute?

Über weitere Entfernung nähert sie sich in raschem, geducktem Lauf, „Schleichlaufen" — zwischendurch hält sie oft an und „lauert". Fliehende Beute verfolgt sie oft mit gestrecktem Galopp. Der letzte Sprung auf die Beute erfolgt stets auf kürzeste Distanz, wobei die Hinterbeine den Boden erst verlassen, wenn die Vordertatzen die Beute sicher erfaßt haben. Dadurch hat sie mit den Hinterbeinen Korrekturmöglichkeiten.

Wie wird die Beute erfaßt?

Sehr kleine Beutetiere (z.B. Fliegen) ergreift die Katze mit beiden Tatzen und drückt sie zu Boden oder zieht sie heran. Mittelgroße und wenig wehrhafte Beutetiere zieht sie meistens nur mit einer Tatze nieder. Unmittelbar darauf beißt sie in den Nacken. Wehrhafte Beute wird durch Tatzenhiebe niedergekämpft. Sämtliche Fanghandlungen mit Ausnahme des Totbeißens treten auch am Ersatzobjekt und bei stärkerer Stauung im Leerlauf auf. Dies ermöglicht es uns, mit Katzen zu „spielen" und dabei die einzelnen Fanghandlungen zu beobachten.

Beobachtung von Leerlauf und Reaktionen am Ersatzobjekt:

Leyhausen beschreibt einen Leerlauf folgendermaßen: „Nach einer Weile springt Muschi herab und beginnt zu „spielen". Alle Handlungen des Beutefangs kommen im absoluten Leerlauf. Sie zielt dabei auf keinerlei Objekte, nimmt aber sofort meine Fußspitze als Ersatzobjekt an, als ich sie etwas bewege...." Dabei trieb die Katze im Leerlauf eine imaginäre Beute mit sich kreuzenden Pfotenschlägen vor sich her, wie es junge Katzen mit Tischtennisbällen und erwachsene, die lange nichts mehr gefangen haben, mit lebenden Mäusen tun (Stauungsspiel).

Wie wird die Nahrung verarbeitet?

Töten, Rupfen und Anschneiden des Beutetieres kann im Unterricht nicht gezeigt werden. Das Fressen selbst dagegen kann jederzeit mit Fleischbrocken dargestellt werden. Dabei ist zu sehen, daß die Nahrung nicht zerkaut, sondern zerschnitten und in Stücken oder Streifen hinuntergeschluckt wird. Der häufige Wechsel der Kauseite ist funktionell anatomisch bedingt. Es besteht, n. *Leyhausen*, eine zentrale Koppelung zwischen festem Zubeißen, Seitwärtsneigen des Kopfes und Zurückschlagen der Ohren. Kleinkatzen fressen im Hocken und halten die Beute selten mit dem Pfoten fest. Großkatzen fressen dagegen im Liegen und halten die Beute meist mit beiden Tatzen.

Die Verhaltenweisen des Fangens, Tötens und Verzehrens der Beute werden durch mindestens 7 Schlüsselreize ausgelöst. Die zu Grunde liegenden Auslösemechanismen müssen als angeboren gelten.

Sinnesgebiet	Schlüsselreize	Ausgelöster Handlungsteil
Gehör	knisternde u.kratzende Geräusche, mäuselnde Locktöne	Appetenz zum Beutefang
Gesicht	nicht zu großes Objekt in Bewegung; seitlich zur Katze oder vor ihr	Annäherung an Beute. (Schleichlaufen, Anschleichen, Ansprung, Packen)
Getast	fellartige Oberfläche des gepackten Objekts	Tötungsbiß
Gesicht	Kopf-, Rumpfgliederung des Beuteobjekts	Taxien v. Packen, Töten, Aufnehmen zum Umhertragen
vermutl. Geruch	unbekannt	Anschneiden d. Beute
vermutl.Geschmack und/oder Getast	unbekannt	Kauen und Schlucken
Getast	Reizung der Schnurrhaare durch Haarstrich der Beute	Taxien des Anschneidens u.Fressens.

(n. *Leyhausen* S. 41)

Was wird erbeutet?

Hier sei nur darauf hingewiesen, daß die Hauskatze ihrer ganzen Jagdmethode nach auf Erbeutung kleiner Nager spezialisiert ist. Sie vermag unter einigermaßen normalen Bedingungen dem Singvogelbestand keinen ernsthaften Abbruch zu tun.

Welche Formen lassen sich beim Beutespiel unterscheiden?

Leyhausen unterscheidet 3 Typen: „Gehemmtes Spiel", „Stauungsspiel" mit den beiden Formen „Haschespiel" und „Fangballspiel" und schließlich das Erleichterungsspiel.

Bei „Gehemmtem Spiel" wird die Beute zögernd mit geschlossener Pfote angetippt. Anschließend folgt oft ein Übersprungsliegen und -lecken an der Innenseite der Tatzen.

Das Stauungsspiel mit „Haschen" und „Fangball" wird nur mit kleineren Beutetieren, vor allem mit Mäusen, gespielt. Alternierende seitliche Hiebe der geschlossenen oder gespreizten Tatzen treiben das Spielding über den Boden und in schnellem Zufahren wird es wieder mit beiden Tatzen gepackt, ins Maul genommen, ein Stück getragen, wieder abgesetzt, erneut entlanggetrieben und gepackt („Haschespiel"). Beim Tragen wird die Beute meist nur lose und an beliebiger Stelle gefaßt und nicht oder kaum verletzt (geringe Intensität des Tötungsbisses).

Beim „Fangballspiel" schließlich wird die Beute mit beiden Tatzen hochgehoben und zum Maul geführt, von den Zähnen ergriffen, nach der Seite oder nach oben weggeschleudert, oft mit den Pfoten aufgefangen und gleich wieder weggeschleudert.

Folgt dann das Erleichterungsspiel, dann umtanzt dabei die Katze die Beute, indem sie in hohen Bogensprüngen um sie herum oder über sie hinwegspringt.

Da das Sozialverhalten gezeigt werden kann, sei nur darauf hingewiesen, daß es eine „Demutstellung" im eigentlichen Sinn bei der Katze nicht gibt, ebensowenig eine starre Rangordnung (Katzen sind Einzelgänger).

Reviere existieren, überlappen sich aber. Der Revierinhaber ist dem Eindringling meist überlegen. Bei Begegnungen werden Nasen- und Analkontrolle durchgeführt.

Die Beziehungen zwischen Hauskatze und Mensch können viel enger werden als zwischen zwei Katzen. Das Verhalten gegenüber dem Menschen setzt sich aus Verhaltensweisen zusammen, die auf Artgenossen gemünzt und z.T. der Sexualsphäre, teils der Familiensphäre entlehnt sind: Köpfchengeben, Flankenreiben, Belecken, Nasenkontrolle und bei weiblichen Tieren das ganze Kokettier- und Werbeverhalten; gegebenenfalls auch das gesamte Abwehrverhalten.

Literatur

Leyhausen, P.: Verhaltensstudien an Katzen. Beih. 2. Z. Tierpsych. 1956.
Lorenz, K. u. *Leyhausen, P.*: Antriebe tierischen und menschlichen Verhaltens. München 1968. Gesammelte Abhandlungen.
Schneider-Leyer, E.: Welche Katze ist das? Stuttgart 1965.

X. Robben *(Pinnipedia)*

1. Demonstrationsmaterial

Skelett von Vordergliedmaßen
Tafeln des Kronen Verlages
FT 607 Seelöwen im Pazifischen Ozean
Dia Reihe: Anpassung der Gliedmaßen *(Schuchardt)*

2. Anregungen zu Beobachtungen im Tierpark

Wie sieht das Fell aus?
Wie erfolgen die Schwimmbewegungen? Welche Rolle spielen dabei die Hinterbeine. (Schwanz und Hinterbeine nicht verwechseln!)
Sinnesorgane?
Beachte die Hebelarme der Gliedmaßen.
Anpassung an das Wasserleben zusammenfassen.

3. Versuche

Demonstration der Wirkung einer Fettschicht unter der Haut:

Man nehme zwei Thermometer und fette die Quecksilberkugel des einen dick ein. Beide werden in Eiswasser gehalten. Beim nicht eingefetteten sinkt die Temperatur tiefer als beim anderen.

Fettbrocken läßt man in Wasser schwimmen. Das Fett ist leichter als Wasser und verleiht daher dem Körper Auftrieb. Ein Fleischbrocken dagegen sinkt unter. Durch Zusammenklammern von einem entsprechend großen Fleisch- und Speckstück kann man eine Kombination erhalten, die gerade im Wasser schwebt. (Bei Benutzung von Salzwasser ist hierbei der Fettanteil geringer.)

Auf einer eingefetteten Hand perlt das Wasser ab. Dies zeigt die wasserabstoßende Wirkung des eingefetteten Pelzes.

4. Hinweise

Der nördliche Seelefant (*Mirounga augustirostris*) ist der größte Flossenfüßer. Er kann 6,7 m lang werden und ein Gewicht von 3600 kg erreichen.

Die gemessene Höchstgeschwindigkeit für einen Flossenfüßer ist 40 km/h beim kalifornischen Seelöwen (*Zalophus californianus*) und größte Tauchtiefe 600 m beim Wedell Seehund; hier herrscht ein Wasserdruck von 61,5 kg/m^2. Es wurden auch Seehunde beobachtet, welche unter Ausnützung eingeschlossener Luftschichten bis zu 30 km unter dem Eis schwammen.

Literatur

Harcken, W.: Der Seehund. Naturgeschichte und Jagd. Hamburg Berlin. 1963.
Marakow, S. W.: Der nördliche Seebär. NBB 1969.
Pedersen, A.: Das Walroß. NBB 1962.

XI. Rüsseltiere (Proboscidea)

1. Demonstrationsmaterial

Querschnitt durch einen Elefantenstoßzahn
Teil einer Elefantenhaut
F 96   Afrikanische Dickhäuter
E 1, E 86, E 60   *Elaphus maximus* (Indischer Elefant) im Schritt und Trab.
E 5, E 86, E 87, E 9   *Loxodonta africana* (Afrikanischer Elefant) im Schritt und Trab.
E 938   *Loxodonta africana*, *Elephas maximus*. Bewegungsstereotypien.
B 679   Dressurleistungen indischer Elefanten. 18'.

2. Zahlen und Hinweise

Der Afrikanische Elefant ist das größte lebende Landtier. Er mißt durchschnittlich bis zur Schulterhöhe 320 cm und wiegt 5—6 to. Das größte jemals geschossene Exemplar maß 401 cm Schulterhöhe und wog 10,9 to.
Es wurden Stoßzähne von 349 cm Länge bekannt. Ein solcher Zahn kann das Gewicht von 100 kg erreichen.
Der Indische Elefant hat die längste Trächtigkeitsdauer eines Säugers mit 21—22 Monaten (Höchstdauer 760 Tage = 2 Jahre und 30 Tage).
Die Mastodonten hatten die größten Zähne. Im Sibirischen Eis wurde 1901 ein Exemplar gefunden, welches 4 m lange Stoßzähne und Backenzähne von 8 kg Gewicht hatte.

Literatur
Carrington, R.: Elefanten; Konstanz-Stuttgart 1962.
Garutt, W. E.: Das Mammut. NBB 1964.

XII. Unpaarzeher *(Perissodactyla)*

1. Demonstrationsmaterial

Schädel eines Pferdes
Skelett einer Vorderextremität des Pferdes
Bildtafeln des Kronen Verlages

Filme und Dias
F 100 Pferde in Arizona
F 244 Pferdezucht in Trakhenen
F 522 Fohlengeburt
8F 127 Fohlengeburt — Einleitung und Geburt
8F 128 Fohlengeburt — Versorgung von Fohlen und Stute
F 608 Pferd und Fohlen
F 1412 Das Anlernen junger Pferde zum Zuge
F 1409 Hufpflege bei Fohlen und Pferd
R 1467 Hufbeschlag
R 1466 Anatomie des Hufes
DR Pferderassen

2. Anregungen für Unterrichtsthemen

Bau der Extremitäten. (Wo ist das Knie?)
Gangarten des Pferdes.
Stammbäume beim Pferd.
Das englische Vollblutpferd ist seit 1703 im „Allgemeinen Gestütsbuch" eingetragen. Es gibt keine andere Haustierrasse, die einen derart langen, ununterbrochenen Ahnennachweis hat. Das Deutsche Oldenburger Warmblutpferd geht auf 1835 zurück.

Züchtung
Zwei voneinander stark differenzierte Urtypen werden als Urahnen der heutigen Pferde angesehen. Im Tarpan und im Przewalskipferd haben sich bis heute die eigentlichen Steppenformen des Wildpferdes erhalten; mit spärlichem Mähnen- und Schweifhaar, konkaver Nasenlinie und ziemlich feinem Knochenbau. Sie müssen als Ausgangsformen aller leichten Rassen gelten. Diese Steppenpferde

lebten in den weiten Steppen und Wiesengebieten Innerasiens. Als edelster Nachkomme ist durch strenge Auslese und planmäßige Zucht das orientalische Vollblutpferd entstanden. Aber auch alle anderen leichten Rassen führen mehr oder weniger starke Blutanteile des Steppenpferdes.

Als Stammvater unserer Kaltblutrassen ist wohl das schwere Waldpferd anzusehen, das Jagdwild der Höhlenmenschen der Magdalenien Periode, der „grimme Scheck" des Nibelungenliedes, das schwere Kampfpferd des Mittelalters und die Bräurösser des Münchner Oktoberfestes. Seine Hauptkennzeichen sind: mehr oder weniger starke Ramsnase, der Geißbart, der Behang und die Gliedmaßen, die volle starke Behaarung an Mähne und Schweif, die gespaltene Kruppe und die große Knochenstärke. Dazwischen gibt es viele Kombinationen von Halbblütern.

3. Erklärung der Fachausdrücke beim Pferd

Die Ausdrücke: Vollblut, Halbblut, Blutauffrischung, Blaues Blut usw. gehen auf eine Zeit zurück, in der man über die Vererbungsmechanismen noch nicht Bescheid wußte.

Mancherorts ist man heute noch der Meinung, ein weibliches Tier würde für immer verdorben, wenn es das erste Mal mit einem Halbblut oder Mischblut gedeckt wird. Diese Dinge gehören in den Bereich des Züchtungs-Aberglaubens.

Im Zusammenhang mit der Pferde- oder der Hundezüchtung kann schon frühzeitig in der Schule auf die Prinzipien der Züchtung eingegangen werden (Auslese, Kreuzung, Mutationen).

Beziehungen zwischen Pferd und Mensch:
Das Pferd als Zug- und Reittier, das Pferd im Zirkus (Dressur), Spanische Hofreitschule usw.

Beziehungen zwischen Pferd und menschlicher Kultur:
Felszeichnungen der Höhlenmenschen, die Reitervölker Asiens, der Ritterstand, das Pferd bei der Entdeckung Amerikas, wie die Indianer zu Reitervölkern wurden usw.

4. Das Aussehen des Pferdes (Abb. 73)

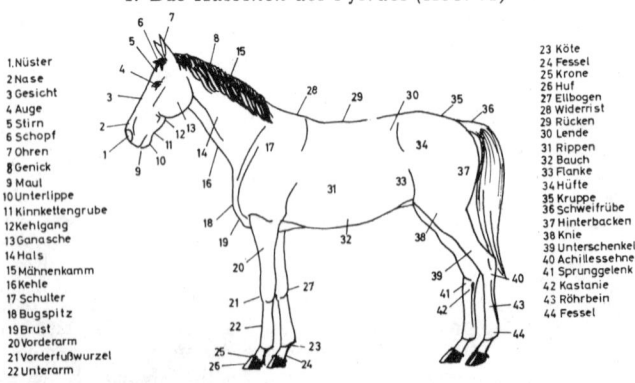

1. Nüster
2. Nase
3. Gesicht
4. Auge
5. Stirn
6. Schopf
7. Ohren
8. Genick
9. Maul
10. Unterlippe
11. Kinnkettengrube
12. Kehlgang
13. Ganasche
14. Hals
15. Mähnenkamm
16. Kehle
17. Schulter
18. Bugspitz
19. Brust
20. Vorderarm
21. Vorderfußwurzel
22. Unterarm
23. Köte
24. Fessel
25. Krone
26. Huf
27. Ellbogen
28. Widerrist
29. Rücken
30. Lende
31. Rippen
32. Bauch
33. Flanke
34. Hüfte
35. Kruppe
36. Schweifrübe
37. Hinterbacken
38. Knie
39. Unterschenkel
40. Achillessehne
41. Sprunggelenk
42. Kastanie
43. Röhrbein
44. Fessel

Abb. 73: Das äußere Erscheinungsbild eines Pferdes in Fachausdrücken (n. NISSEN, J.: Welches Pferd ist das? Kosmos Naturführer 1961).

Literatur
Flade, J. E.: Das Araberpferd. NBB 1962.
Krumbiegel, I.: Einhufer. NBB 1958.
Mohr, E.: Das Urwildpferd. NBB 1959.
Nissen, J.: Welches Pferd ist das? Kosmos Naturführer. Stuttgart 1961. (Ihm sind die Erläuterung der Fachausdrücke, Das Exterieur des Pferdes, sowie einige Hinweise entnommen.)

XIII. Paarhufer *(Artiodactyla)*
Unterordnung: Nichtwiederkäuer; Schweineverwandte (Suiformes)

1. *Demonstrationsmaterial*

Schädelskelett von Haus- und Wildschwein
Fußskelett des Schweines
Hauer vom Wildschwein
Bildtafeln des Kronen Verlages
F 527 Embryonale Entwicklung des Hausschweins
F/FT 1451 Schweinegeburt (in der 5. Kl. kann die Darstellung der Nachgeburt aus ästhetischen Gründen weggelassen werden)
FT Vergleich zwischen Wildschwein und Hausschwein (in Vorbereitung)

2. *Anregungen für Unterrichtsthemen*

Vergleich zwischen Wildschwein und Hausschwein
Das Schwein ein Allesfresser
Vergleich zwischen Schweinefuß, Rinderfuß und Pferdefuß
Schweinemast und Verwertung

Waidmannssprache für das Wildschwein (Schwarzwild, Sauen)
Das männliche Tier, der Eber heißt als Ferkel F r i s c h l i n g, wird im 2. Jahr zum Ü b e r l ä u f e r und ab dem 3. Jahr zum K e i l e r. Dieser wird mit dem 5. Jahr zum h a u e n d e n S c h w e i n und nach 7 Jahren zum H a u p t s c h w e i n oder g r o b e n K e i l e r. — Die Eckzähne (Hauer) sind unten das G e w a f f, die W a f f e n oder die G e w e h r e. Die stark nach oben gebogenen oberen Eckzähne sind die H a d e r e r. — Die O h r e n sind die T e l l e r, die Rückenhaare die F e d e r n, die zum S a u b a r t ausgerupft und gebunden werden und der Schwanz ist der P ü r z e l. In der Fährte des Schwarzwildes drückt sich in weichem Boden immer das G e ä f t e r schräg außerhalb hinter den Schalen ab, im Gegensatz zum Geäfter der Rehe und Hirsche, das sich immer genau hinter den Schalen abdrückt (Abb. 74). Die Tiere s u h l e n gern und reiben sich den Schlamm an den M a l b ä u m e n ab. Sie b r e c h e n (wuhlen) im Wald und auf den Feldern. — Das weibliche Tier heißt als Ferkel ebenfalls F r i s c h l i n g und im 2. Jahr Ü b e r l ä u f e r. Nach dem F r i s c h e n (Junge bekommen) heißt es B a c h e.

XIV. Paarhufer *(Artiodactyla)*
Unterordnung: *W i e d e r k ä u e r (Ruminatia)*
Familie: *H i r s c h e (Cervidae)*

1. *Demonstrationsmaterial*

Rehschädel ohne Geweih, aber mit Rosenstock.
Verschiedene Geweihformen (Jagdsprache: Gehörn) vom Knopfbock (im 1. Lebensjahr), Spießbock (Einjähriger), Gabelbock, Sechser, zurückgesetzter Bock

(alter Spießer kann zum Schadbock oder Mörder werden). Die Jahreszahlen des Alters stimmen mit den Enden nicht überein!
Bockschädel mit Geweih
Rehkiefer (werden zur Altersbestimmung benutzt)
Verschiedene Jagdtrophäen
Abgeworfene Geweihstange
Rehfuß mit Trittzehen (Schalen) und Afterzehen (Geäfter)
Dasselbe für Rotwild.

Filme und Dias

F/FT		Das Reh (in Vorbereitung)
F	375	Wild unserer Wälder
F/FT	617	Bergwild in Wintersnot
R	27	Geweihträger

2. Waidmännische Bezeichnungen beim Rehwild

Das männliche Reh heißt *Rehbock*. Man unterschiedet *schwache* von *jagdbaren, guten* und *starken Böcken*, sowie *Kapital-* und *Hauptböcke*. Ein *Kümmerer* entsteht durch Krankheit und mindere Entwicklung. Muß ein Bock im Interesse der Entwicklung des Wildbestandes abgeschossen werden, dann ist er *abschußnotwendig*. *Zukunftsböcke*, die noch nicht auf der Höhe ihrer Entwicklung stehen und *Kapitalböcke* sind *hegerisch brauchbare Böcke*. Hat bei einem Bock das *Gehörn* die Höhe seiner Entwicklung überschritten, so bezeichnet man ihn als *zurückgesetzten Bock*. Trägt ein solcher nur noch Spieße, dann ist er ein *Mörder* oder *Schadbock*.

Ein weibliches Reh heißt vom zweiten Lebensjahr an *Schmalreh* und ab dem dritten Jahr *Geiß (Ricke)* oder *Altreh*. Je nachdem, ob sie Kitze führt oder nicht, nennt man sie eine *führende* oder *nichtführende Geiß*. Führt sie jedoch nachweislich durch mehrere Jahre hindurch kein Kitz, so gilt sie als *Geltgeiß*. Bei den Kitzen unterscheidet man *Bockkitz* und *Geißkitz*.

Körperteile

Der Kopf als *Haupt* sitzt auf dem Hals, dem *Träger*. Die Schulter heißt beim Reh *Blatt* und die Schlegel heißen *Keulen*. Die *Vorder-* und *Hinterläufe* sind mit Klauen versehen, welche beim Reh *Schalen* heißen, die Afterklauen *Geäfter*. Für Schwanz sagt der Jäger *Wedel*, für die Haut *Decke*, für die Haare *Nadeln* und die vom Geschoß angeschnittenen Haare sind die *Schnitthaare*. Als *Wildpret* wird das Rehfleisch bezeichnet und als *Schweiß* das Blut außerhalb des Tieres.

Verdauungsorgane

Maul	*Äser*
Zunge	*Lecker*
Speiseröhre	*Schlund*
Magen	*Waidsack*
Gedärme	*kleines Gescheide*
Mastdarm	*Waiddarm*
After	*Waidloch*
fressen	*äsen*
trinken	*schöpfen*
Magen und Darminhalt	*Geäse*

Kot	*Losung*
Losung absetzen	*sich lösen*

Atmungsorgane

Nase	*Windfang*
Kehlkopf	*Drosselkopf*
Luftröhre	*Drossel*
Lunge und Herz und Leber	*Geräusch*
Geräusch mit Gescheide	*Aufbruch*

Sinnesorgane

Auge	*Licht*
Ohr	*Lauscher* oder *Loser*
schauen	*äugen*
hören	*vernehmen*
es riecht	*es windet*

Harn- und Geschlechtsorgane

Nieren	*Nieren*
Harnblase	*Blase*
männliches Glied	*Brunftrute*
Hoden	*Brunftkugeln*
es uriniert	*es näßt*
Gebärmutter	*Tracht*
Scham	*Feuchtblatt*
Euter	*Gesäuge* oder *Spinne*
Zitzen	*Zitzen*
trächtige Geiß ist	*beschlagen*
Geschlechtsakt	*Beschlag*
Geburtsakt	*Setzen*

Bewegungen

Gehen	*Ziehen* oder *wechseln*
Ständiger Aufenthalt	*Einstand*
ständige Wege	*Wechsel*
traben	*trollen*
laufen	*flüchten*
bei nachhaltiger Störung wurde das Reh	*vergrämt*
stehen bleiben	*verhoffen*
das Haupt heben	*sichern* oder *es wirft auf*
legt es sich nieder	so *tut es sich nieder* und *sitzt dann im Bett*
hat es sich angeschweißt niedergesetzt, dann	*liegt es im Wundbett*
es steht auf	*es wird hoch*
es flüchtet	*es springt ab*
Trittsiegel	*Fährte* (wie bei allem *Schalenwild*)

Jagdliche Ausdrücke

Geschlecht und Qualität wird festgestellt	*das Reh wird angesprochen*
Der Bock reibt sein Gehörn an Zweigen und Bäumen	*er fegt*
er schlägt mit den Vorderläufen den Boden auf	*er plätzt* (beides dient der Reviermarkierung)
Wechseln des Sommer- und Winterkleides	*das Rehwild verfärbt*
mehrere Rehe beisammen	*ein Sprung*
Brunftzeit	*Blattzeit*
Raufen der Böcke	*Kämpfen*
Verletzungen durch das Gehörn	*Forkelstiche*
erliegt ein Bock solchen Verletzungen, dann wurde er	*geforkelt*

FÄHRTEN
Wildschwein Hirsch

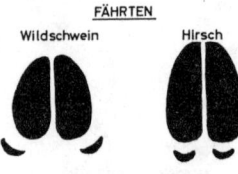

Abdrücke der Afterklauen

Abb. 74: Fährten vom Wildschwein (links) und Rothirsch (rechts).

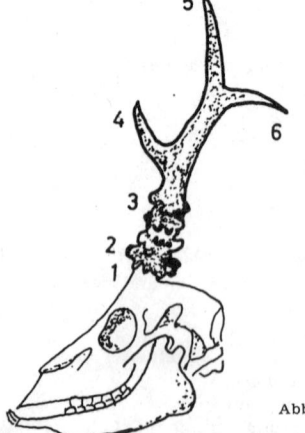

Abb. 75: Das „Rehgehörn": 1 Rosenstock, 2 Rose, 3 Stange mit Perlen, 4 Vordersprosse, 5 Mittelsprosse, 6 Hintersprosse (n. KERSCHAGL: Rehwildkunde. Wien 1952).

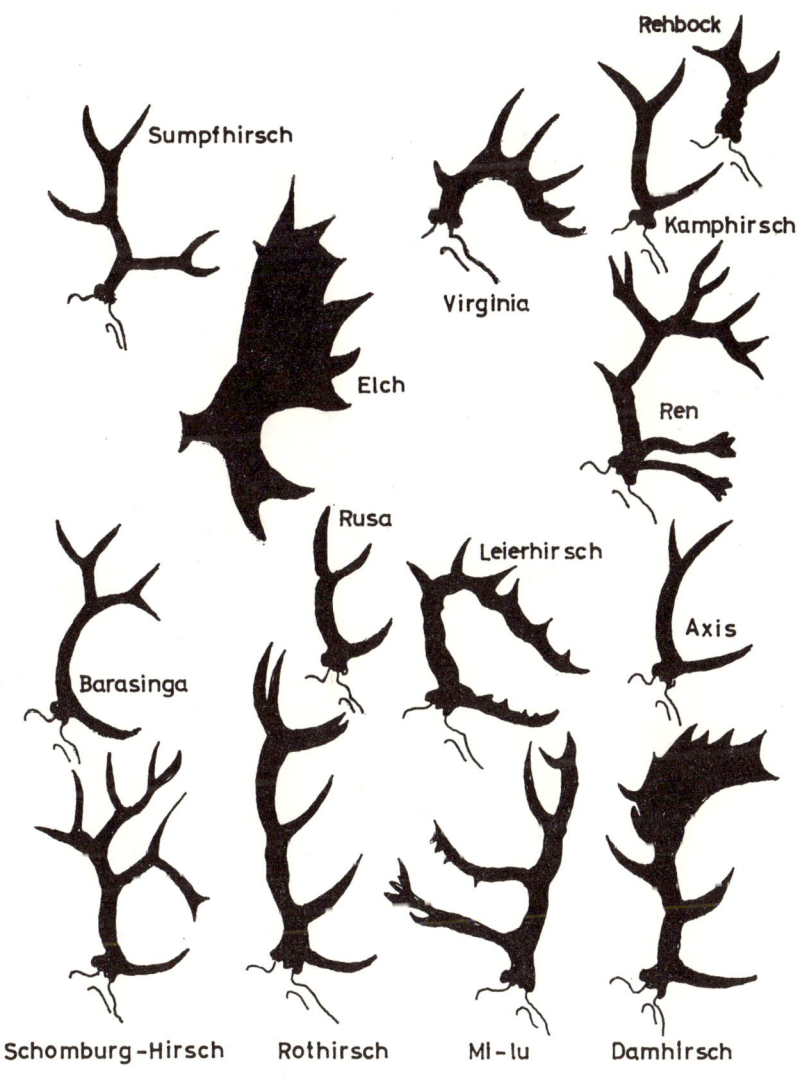

Abb. 76: Geweihformen zum Bestimmen der Geweihe in der Schulsammlung. (Abgeändert nach BUBENIK: Das Geweih. 1966.)

Der Bock *treibt* oder *sprengt* die *Geiß* und *beschlägt sie* schließlich.
Blasen auf einem natürlichen oder künstlichen Blatt dient als akustische Attrappe, um den Bock anzulocken: auf diese Weise *angeblattet springt er aufs Blatt. Eräugt* er den Jäger und *springt er ab*, so *wurde er verblattet*.
Bei *gutem Schuß bricht das Reh zusammen*. Sitzt der Schuß schlecht, so wurde es *angeschweißt* und kann dann bei der *Nachsuche zur Strecke kommen*. Wird es nicht gefunden, so *verludert* es oder kann sich evtl. *ausheilen*. An Altersschwäche oder Krankheit eingegangenes Reh ist *Fallwild*.
(In Anlehnung an *Kerschagel, W.*: Rehwildkunde. Wien 1952).

Literatur zu Wild und Jagd

Beurmann, A.: Jägerlatein. Vom Wesen und der Kulturgeschichte einer liebenswerten, wenn auch nicht immer achtbaren Eigenschaft. Hamburg Berlin 1959.
Blase, R.: Die Jägerprüfung und wissenswertes für den Jäger in Frage und Antwort. Melsungen 1961. (Guter Überblick über alle Fragen, welche mit der Jagd zusammenhängen. Sehr geeignet für die Lehrerbücherei).
Bubenik, A. B.: Das Geweih. Entwicklung, Aufbau und Ausformung der Geweihe und Gehörne. Hamburg Berlin 1966.
Heptner u. *Nasimowitsch:* Der Elch. NBB 1967.
Herre, W.: Rentiere. NBB 1956.
Kerschagel, W.: Rehwildkunde. Wien 1952.
Knaus, W.: Das Gamswild. Naturgeschichte, Krankheiten, Hege u. Jagd. Hamburg Berlin 1960.
Letow-Vorbeck, G. v. u. *Rieck, W.*: Das Rehwild. Naturgeschichte, Hege und Jagd. Hamburg Berlin 1965.
Müller-Using, D.: Diezels Niederjagd. Hamburg Berlin 1966[19].
Nievergelt, B.: Der Alpensteinbock in seinem Lebensraum. Ein ökologischer Vergleich verschiedener Kolonien. Hamburg Berlin 1966.
Nüsslein, F.: Jagdkunde. München Basel 1962.
Schmidt, L. Ph. Das Jahr des Rehes. Basel. 1966.
Snethlage, K.: Das Schwarzwild. Naturbeschreibung. Hege u. Jagd. Hamburg Berlin 1963.
Türcke, F. u. *Schmincke, S.*: Das Muffelwild. Naturgeschichte, Hege und Jagd. Hamburg Berlin 1965.
Ueckermann-Hansen: Das Damwild. Naturgeschichte, Hege und Jagd, Hamburg Berlin 1967.
Walther, F.: Mit Horn und Huf. (Insbes. Verhalten von Gazellen). Parey, Berlin 1966.

Zeitschriften

Der Deutsche Jäger. München.
Deutsche Jägerzeitung. Melsungen.
Die Pirsch. Illustrierte Zeitschrift für Jäger und Naturfreunde. München.
Wild und Hund, Hamburg Berlin.

Familie: R i n d e r *(Bovidae)*

1. Demonstrationsmaterial

Rinderschädel; Zähne!
Knochenzapfen mit Horn (zum Abnehmen)
Rinderfuß mit Hufen
Präparat der verschiedenen Magenwände
Modell des Rindermagens
Bildtafeln verschiedener Rinder (*Kronen* Verlag)

Filme und Dias

FT	1470	Verdauungsorgane des Rindes
FT	1630	Der weiße Strom (Milchproduktion)
FT	638	Milchbildung

F	1443	Samenübertragung beim Rind
F/FT	1444	Geburtshilfe beim Rind
F/FT	1439	Rindertuberkulose
R	1468	Rinderställe
R	1470	Weidehygiene
R	706	Grundlagen der Vererbung am Beispiel des Rindes

2. Anregungen für Unterrichtsthemen

Typus: Paarzeher, Pflanzenfresser, Wiederkäuer, Hornträger.

Vergleich zwischen Pferde- und Rinderfuß

Wirtschaftliche Bedeutung der Rinderzucht (Querverbindungen zur Erdkunde).

Milch- und Käsewirtschaft, Weidewirtschaft, Fleischteile beim Kalb usw.

Krankheiten beim Rind: Maul- und Klauenseuche, Dasselfliege, Tuberkulose.

Geschichte der Bison in Nordamerika (Indianer!) und des Wisent in Europa, des Ur. Höhlenmalereien in Altamira.

Züchtungsziele und Zuchtviehversteigerung.

Almwirtschaft

Moderne Viehhaltung

Definitionen von Kalb, Kuh, Stier, Ochse.

3. Versuche mit Milch

a. Zentrifugieren von Milch
Oben sammelt sich der leichtere Rahm an (Abrahmen).

b. Mikroskopieren eines Ausstriches. Die Fettröpfchen-Emulsion wird gut sichtbar.

c. Das Fett kann mit Sudan III angefärbt werden.

d. Fett in Äther auflösen und die Lösung auf Filterpapier tropfen. Äther verdunstet; es bleibt ein Fettflecken.

e. Ausfällung von Milchkasein und Fett
15 ml Milch im Becherglas mit 35 ml dest. Wasser verdünnen. Unter Rühren tropfenweise Essigsäure (0,5—0,6 ml einer 2n Essigsäure = 117 ml Eisessig auf 1 Ltr. Wasser) zugeben.

Das ausfallende Milchkasein und Fett läßt man einige Minuten absetzen und filtriert dann.

Das Filtrat wird dann 5 Min. auf siedendes Wasserbad gestellt, wobei das restliche Eiweiß (Milchalbumin) ausfällt.

Erneute Filtration.

f. Labgerinnung der Milch
Das Labferment (Chymosin, Rennin) des Kälbermagens ist in Form des sog. Labpulvers käuflich. Der Versuch geht aber auch mit Pankreatin. Wir stellen eine 1 %ige Labpulverlösung in dest. Wasser her.

10 ml Milch wird mit 1 ml Lablösung versetzt.

Das Reagenzglas wird im Wasserbad von 35—40° C gestellt. Nach kurzer Zeit gerinnt die Milch zu einer steifen Masse, so daß man das Glas herumdrehen kann, ohne daß etwas herausläuft. Evtl. Gegenprobe mit Lab, welches durch Kochen zerstört wurde. Werden die zur Gerinnung nötigen Ca^{++} vorher ausgefällt (mit Ammoniumoxalat) erfolgt ebenfalls keine Reaktion.

Einfacher läßt sich die Labgerinnung zeigen, wenn man ein Stück sauberer Magenschleimhaut a. d. frischen Kälbermagen in etwas warme Milch legt. Nach etwa 10—15 Min. ist die Milch geronnen.

g. *Der pH-Wert* von Kuhmilch wird bestimmt (pH = 6,6)

h. *Der Zucker* der Milch ist Lactose (= Milchzucker, ein Disaccharid). Er kommt nicht im Blut vor, sondern wird erst in den laktierenden Milchdrüsen gebildet.
Nachweis des Zuckers mit Fehlingscher Lösung.

i. *Bestandteile der Milch:*
88 % Wasser, 2,8—4,3 % Fett (Emulsion von Fettröpfchen, welche von einer dünnen Eiweißschicht umhüllt sind), 3—4 % Eiweißstoffe (davon 3 % Kasein, der Rest Albumin und Lactoglobulin)
4—5 % Kohlehydrate (Milchzucker)
Vitamine: A, B, D, E.
0,75 % Salze, (Phosphate des Calciums sind wichtig für den Aufbau des jugendlichen Organismus, ferner NaCl, KCl, Zitrate). Ferner Enzyme.

k. *Milchsäurebakterien* bewirken Umsetzung des Milchzuckers in Milchsäure. Diese wiederum bewirkt über chemische Umsetzungen das Ausfallen des Kaseins als gallertartige Masse.
(Hinweise auf Stallhygiene, Milchverarbeitung)

Rahm: Milch mit Fettanreicherung (10—25 % Fett).

Magermilch: entrahmte Milch, zwar ohne Fett, aber noch mit Eiweiß, Milchzucker und Vitaminen.

Buttermilch: Der Rückstand der Buttererzeugung. (Ähnl. Magermilch.)

Kondensmilch: Im Vakuum eingedickte und mit Zuckerzusatz haltbar gemachte Milch.

Trockenmilch: Das Wasser wurde total entzogen.

Joghurt: Durch Kochen eingedickte Milch, welche bei 30° C mit einem Ferment, bzw. Maia geimpft wurde. Nach 4—5 Std. ist die Milch soweit geronnen, daß sie eine sehr dicke Sauermilch darstellt. Der *Kumys* der Tartaren und der *Kefir* sind vergorene Milchgetränke.

Literatur

Bukatsch, F.: Nahrungsmittelchemie für Jedermann. 150 einfache Versuche zur Prüfung unserer Lebensmittel. Stuttgart 1959.
Inichow, G. Ss.: Biochemie der Milch und der Milchprodukte. (a. d. Russ. übers.) Berlin 1959.
Pilgrim, E.: Chemie überall Chemie. Stuttgart 1946.

5. Filme und Dias zu den Verwandten des Rindes

FT 714 Karakul
FT 738 Tiere der Savanne
F 1087 Aufbereitung der Schafwolle
R 342 Schafwolle aus Argentinien
R 356 Gemsen
G 107 Die Gemse
R 757 Auf einer Schaffarm in SW Afrika

C. Säugetiere in Zahlen

Trächtigkeitsdauer und Zahl der Neugeborenen bei Säugetieren

Säugetier	Trächtigkeitsdauer in Tagen	Zahl der Neugeborenen pro Wurf
Mensch	276	1
Goldhamster (Mesocricetus)	16	1—12
Hausmaus (Mus musculus)	18—20	4—7
Kaninchen (Oryctolagus)	31—33	5—7 oder mehr
Feldhase (Lepus timidus)	42	2—3
Eichhörnchen (Sciurus)	35	3
Igel (Erinaceus)	34—49	4
Hund (Canis domesticus)	59—65	1—6 und mehr
Katze (Felis domestica)	55—66	4
Löwe (Panthera)	102—112	2—6
Schwein (Sus domesticus)	109—133	8—16
Schaf (Ovies)	146—158	1—2
Eisbär (Thalarctos)	240	2—4 (je 900 g)
Rind (Bos)	280	1
Blauwal (Sibbaldus)	315	1
Esel (Equus asinus)	365	1
Pferd (Equus caballus)	314—373	1
Elefant (Elephas)	623	1
Schimpanse (Pan)	253	1
Orang Utan (Pongo)	275	1

Säugeperioden in Wochen (n. Pflugfelder)

Kaninchen	8	Schaf	6—12
Hund	6	Kalb i. d. R.	8—10
Katze	4—6	Pferd, Esel i. d. R.	12—20
Schwein	8—10		

Gehirngrößen von Säugetieren und Menschen (n. Slijper zitiert):

Europäer Mann ⌀ 1 350 g
Europäer Frau ⌀ 1 250 g
(Turgenjew, Swift, L. Byron 2000 g, Kant 1600 g, Liebig 1100 g, Anatole France 1017 g)

Neandertaler	1500 g
Pithecanthropus	850 g
Australneger heute	1050 g
Tiere: Elefant	4500 g
Delphine	1800—3000 g
Finnwal	3300 g
Pferd	1070 g

Diese Aufstellung dürfte bereits zeigen, daß Grammangaben der absoluten Gehirnmassen keine klare Aussage über die Leistung der Gehirne geben können.

Verhältnis Gehirn : Körpergewicht		In % des Körpergewichtes	
Maus	1: 33	Blauwal	0,007 %
Mensch	1: 50	Pferd	0,15 %
Elefant	1:1164	Löwe	0,18 %
		Katze	0,94 %
		Schaf	0,33 %
		Orang Utan	0,66 %
		Mensch	2,00 %

Dubois stellte eine Formel für das Gehirngewicht von Säugern auf:

$$H = c\,G\,0{,}56$$

c = Cephalisationsfaktor, 0,56 = Exponent welcher besagt, daß beim Vergleich von Tierarten unterschiedlicher Größen das Gehirn mit dem Körpergewicht in der 5/9 Poten variiert.

Setzt man den Cephalisationsfaktor c, (der unabhängig von der Körpergröße das Gewicht des Gehirns beeinflussen kann), beim Menschen = 1, dann beträgt er für den Pekingmenschen und den Pithecanthropus = 1/2, für Menschenaffen = 1/4, für die übrigen Affen, Halbaffen, die meisten Huftiere und für die Raubtiere = 1/8, für fast alle Nagetiere 1/16, für Mäuse, Maulwürfe und Igel = 1/32, für Spitzmäuse und Fledermäuse = 1/64.

Das heißt, wäre z. B. eine Maus so groß wie der Mensch, würde ihr Hirngewicht gegenüber dem Menschen nur 1/32 betragen.

(Diese Cephalisationsstufen *Dubois* werden allerdings nicht von allen Forschern anerkannt).

Körpertemperaturen von Säugetieren (n. Slijper)

Ameisenigel	32,0° C	Mensch und Affen	37,0° C
Schuppentier	33,0° C	Meerschweinchen	38,5° C
best. Beuteltiere	34,0° C	Rind	38,5° C
Spitzmäuse	35,0° C	Katze	39,0° C
Faultiere	33,5° C	Kaninchen	39,0° C
Igel	35,0° C	Schwein	39,5° C
Flußpferd	35,5° C	Schaf	39,5° C
Wale	35,5° C	Ziege	40,0° C

Eine Beziehung zwischen Temperatur und Körpergröße ist nicht zu erkennen.

Literatur (Säugetiere allgemein)

Brandt-Eisenhardt: Fährten und Spurenkunde. Hamburg Berlin 1965.
Grzimeks Tierleben: Band Säugetiere.
Hanzl, R.: Raubwild und Raubzeug. Berlin 1962.
Hassenberg, L.: Ruhe und Schlaf bei Säugetieren. NBB 1965.
Kleiber, M.: Der Energiehaushalt von Mensch und Haustier. Hamburg Berlin 1967.
Knaurs Tierreich in Farben: Säugetiere. München 1956.
Krumbiegel, I.: Biologie der Säugetiere. 2 Bde. Krefeld 1958.
Nehls, J.: Säugetierzähne im Unterrichts. P. d. N. 1961. H. 10. (Herst. v. Schnitten und Schliffen durch Zähne).
Romer, A. Sh.: Vergleichende Anatomie der Wirbeltiere. Hamburg Berlin 1966[2].
Weber, R.: Arbeitssammlungen für den Biologieunterricht — Anleitung zur Materialbeschaffung, Präparation u. unterrichtlichen Auswertung. Teil I. Säugetiere. DBU 1965. H. 2. S. 15—28.

Wie alt werden Tiere?

(Zit. n. *Zänkert, A.*: Wer lebt am längsten? Ko 1953, H. 6. S. VI u. a. Quellen.)
Grundsätzlich muß dazu gesagt werden, daß über das Alter von frei lebenden Tieren meist nur schwer exakte Angaben zu machen sind. Die meisten Altersangaben beziehen sich daher auf gefangen gehaltene Tiere. Diese Zahlen dürfen daher nicht ohne weiteres auf Tiere in freier Wildbahn übertragen werden.

Wirbellose Tiere in Gefangenschaft gehalten, erreichten folgende Alter:

Regenwürmer	10 Jahre	Venusmuschel	40 Jahre
Flußkrebse	20—30 Jahre	Würmer (*Mercierella*)	13 Jahre
Riesenmuschel	80—100 Jahre	Plattwürmer	35 Jahre
Königinnen v.		Blutegel	3 Jahre
Bienen und Termiten	5 Jahre	Spinnen (*Tarantula*)	20 Jahre
Arbeiterinnen der		Krebs	
Bienen - bis	4—7 Jahre	(*Homarus americanus*)	50 Jahre
Käfer	1—3 Jahre	Seeigel	7 Jahre
ein Laufkäfer	7 Jahre	Seeanemone	
		(*Cereus pedunculus*)	90 Jahre

Gefangene Fische:

Guppys und Seepferdchen und ähnliche Größen	2—5 Jahre
Flunder und Seezunge	5 Jahre
Barsch und Hecht	10 Jahre
Brachsen	16 Jahre
Rotfeder	20 Jahre
Makrelen	20 Jahre
Karpfen	38 Jahre
Sterlett	69 Jahre

Ein Hecht soll (!) 267, ein Karpfen 150 und Welse 50—60 Jahre alt geworden sein.
Für *Lurche* werden Alter von 10—15 Jahren angegeben. Ein Riesensalamander erreichte 52, eine Kröte 54 Jahre.
Zu den *Reptilien,* welche am ältesten werden, gehört die Riesenschildkröte (bis 200 Jahre) und die Krokodile. Eine weibliche Anakonda wurde 31 Jahre alt.

Vögel in Gefangenschaft: *Beringte wild lebende Vögel:*

Kormorane	21 Jahre	Zaunkönige	5 Jahre
Störche, Reiher	24 Jahre	Lerchen	6 Jahre
Austernfischer	27 Jahre	Amseln	9 Jahre
Schwäne	30 Jahre	Rotkehlchen	11 Jahre
Tauben	35 Jahre	Krähen	14 Jahre
Strauße	40 Jahre	Schwalben	16 Jahre
Adler	46 Jahre (80?)	Haubentaucher	23 Jahre
Pelikane, Gänse	50 Jahre	Bussarde	24 Jahre
Geier	60 Jahre	Silbermöven	26 Jahre
Eule (?)	68 Jahre		
Krähe	118 Jahre (?)		

Gefangene Säugetiere:

Waldmaus	10 Monate	Tapire	30 Jahre

Spitzmaus	1,5—2 Jahre	Orang Utan	32 Jahre
Opossum	2 Jahre	Löwe	35 Jahre
Maus	3 Jahre	Zebra	38 Jahre
Ratte	4 Jahre	Zwergnilpferd	39 Jahre
Meerschweinchen	7 Jahre	Braunbär	40 Jahre
Eichhörnchen und		Kegelrobbe	42 Jahre
Kaninchen	12 Jahre	Schimpanse	45 Jahre
Wolf	14 Jahre	Nashorn	47 Jahre
Schwein	20 Jahre	Nilpferd	49 Jahre
Rind	24 Jahre	Pferd	51 Jahre
Tiger	25 Jahre	Wale (frei)	30—50 Jahre
Kamele, Hirsche	25 Jahre	Elefanten	50—80 Jahre
Bison und Büffel	30 Jahre	Mensch	114 Jahre (Höchstalter)

(Die in Zeitungsmeldungen und Illustrierten zu findenden viel höheren Altersangaben sind unwahrscheinlich und nicht einwandfrei nachgewiesen.)

Aus dieser Aufstellung ist ersichtlich, daß eine gewisse Relation zwischen Alter und Größe (bzw. Stoffwechsel) der Tiere besteht und zum anderen, daß kein Säugetier das Höchstalter des Menschen erreicht.

Allgemeine Literatur:

Abderhalden: Handbuch der biologischen Arbeitsmethoden. Abt. IX, 7 (Materialbeschaffung und Züchtung von Tieren.)
Balogh, J.: Lebensgemeinschaften der Landtiere. Ihre Erforschung unter Berücksichtigung der zoologischen Arbeitsmethoden. Budapest. 1958.
Braun, R.: Tierbiologisches Experimentierbuch. Stuttgart 1959.
Buddenbrock, W. v. u. *Studniz, G.:* Vergleichend physiologisches Praktikum. Berlin 1936.
Buddenbrock. W. v.: Vergleichende Physiologie. (Mehrbändiges Werk). Bisher ersch. Bd. I—VI. Basel.
Cihak u. Adam: Arbeitsmethoden der Makro- und Mikroanatomie. Stuttgart 1964.
Graf, I.: Tierbestimmungsbuch. München 1964.
Grzimeks Tierleben.
Guiness: Das Buch der Rekorde. Wien Heidelberg 1967[4].
Hermann, F.: Meeresbiologie. Eine Einführung in ihre Probleme und Ergebnisse. Berlin-Nikolasee 1965.
Illies, J.: Wir beobachten und züchten Insekten. Stuttgart 1963.
Jung, S.: Grundlagen für die Zucht und Haltung der wichtigsten Versuchstiere. Jena 1958. (Enthält: Kaninchen, Meerschweinchen, Ratte, Maus, Goldhamster, Frettchen, Schaf, Huhn, Kröte, Frosch. Mit Topographie und Erkrankungen.)
Knaurs Tierreich in Farben: 7 Bde. München.
Krumbiegel, I.: Wie füttere ich gefangene Tiere? Frankfurt a. M. 1965.
Kükenthal, Matthes, Renner: Leitfaden für das Zoologische Praktikum. Stuttgart 1971[16].
Kühnelt, W.: Bodenbiologie. Mit besonderer Berücksichtigung der Tierwelt. Wien 1950.
Niethammer, G.: Die Einbürgerung von Säugetieren und Vögeln in Europa. Hamburg Berlin 1963.
Piechoki, R.: Makroskopische Präparationstechnik. Teil II. Wirbellose. Leitfaden f. d. Sammeln, Präparieren u. Konservieren. Leipzig 1966.
Romeis, B.: Mikroskopische Technik. München 1968[16].
Römpp, H.: Chemie Lexikon. Stuttgart. 5. Aufl.
Schlieper, C.: Praktikum der Zoophysiologie. Stuttgart 1955.
Siedentop, W.: Arbeitskalender f. d. Biologieunterricht. Quelle und Meyer, Heidelberg.
Slijper, E. J.: Riesen und Zwerge im Tierreich. Hamburg Berlin 1967.
Schaeffer, R.: Deutsche Tierfabeln vom 12. bis zum 16. Jahrhundert. Berlin 1960.
Ruttner, F.: Grundriß der Limnologie. Berlin 1962[3].
Skramik, E. v.: Anleitung zum physiologischen Praktikum. Jena 1952.
Stehli, G.: Sammeln und Präparieren von Tieren. Stuttgart 1964.
Steinecke, F. u. *Auge, R.:* Experimentelle Biologie. Heidelberg 1963.
Steiner, G.: Das Zoologische Laboratorium. Stuttgart 1963.
Tischler, W.: Synökologie der Landtiere. Stuttgart 1955.
Zeuner, F. E.: Geschichte der Haustiere. München 1965.

ZWEITER TEIL

PFLANZENKUNDE

I. BAKTERIEN — ALGEN — MIKROSKOPISCHE PILZE — FLECHTEN

Von Dr. Joachim Müller
Göttingen - Geismar

BAKTERIEN - ALGEN - MIKROSKOPISCHE PILZE - ANHANG: FLECHTEN

A. Bakterien

Am Beispiel der Bakterien lassen sich wichtige biochemische Reaktionen und stoffwechselphysiologische Vorgänge und Erscheinungen ausgezeichnet demonstrieren und erläutern. Dazu ist es erforderlich, diese Vorgänge vor den Augen der Schüler ablaufen zu lassen. Das Thema „Bakterien" sollte deshalb im Unterricht weitestgehend experimentell behandelt werden, wozu der folgende Beitrag Hinweise und Anleitung geben will.

Die bakteriologische Arbeitsmethodik ist jedoch sehr vielseitig. Ihre auch nur annähernd vollständige Darstellung würde einerseits ein Vielfaches des Raumes beanspruchen, der für dieses Kapitel im Rahmen des Handbuches vorgesehen ist. Andererseits stände der Benutzer vor der Aufgabe, aus dieser Vielzahl oft sehr spezieller Verfahren das herauszusuchen, was er in seinem Unterricht am zweckmäßigsten verwenden sollte. Es wurde deshalb bewußt auf Vollständigkeit verzichtet und eine Auswahl von Übungen und Versuchen getroffen, die die für den Unterricht wichtigen bakteriologischen Vorgänge erläutern, und die sich außerdem mit schulischen Mitteln durchführen lassen. Alle aufgeführten Übungen und Versuche wurden in Kursen und Praktika über Jahre erprobt und erwiesen sich ausnahmslos als leicht und sicher reproduzierbar.

Einige grundsätzliche Bemerkungen zum bakteriologischen Arbeiten sollen vorausgeschickt werden.

Grundbedingung für das Gelingen der Übungen und Versuche ist, wie bei allen biologischen Experimenten, peinlichste Sauberkeit aller benutzten Geräte und Chemikalien und unbedingte Sorgfalt und Exaktheit beim Arbeiten. Die angegebenen Arbeitsanweisungen sollten genau beachtet werden.

Unter den Bakterien gibt es bekanntlich eine kleine Anzahl von Arten, die bei Mensch und Tier oder auch bei Pflanzen Krankheiten hervorrufen können. In dieser Hinsicht sind die aufgeführten Übungen und Versuche ungefährlich. Zur Vermeidung unglücklicher Zufälle sollte aber immer folgendes beachtet werden:

Man arbeite grundsätzlich nur mit den Organismen, die im Text angegeben sind.

Nach Abschluß der Versuche lasse man Reagenzgläser, Petrischalen oder sonstige Gefäße mit Bakterienkulturen nicht herumstehen. Am besten sterilisiert man die Gefäße zum Abtöten der Kulturen einmal im Dampftopf (s. S. 401) und gießt den Inhalt anschließend in die Kanalisation. Es ist dabei darauf zu achten, daß nichts verspritzt oder verschmiert wird. Die leeren Gefäße werden dann in einem Topf entsprechender Größe in starker Sodalösung oder mit Zusatz eines handelsüblichen Reinigungsmittels etwa eine halbe Stunde gekocht. Man reinigt sie danach mit einer Bürste, spült mehrfach mit Leitungswasser und zum Schluß mit destilliertem Wasser.

Nach dem Arbeiten mit Bakterien sind die Hände gründlich mit Seife zu waschen.

Reinkulturen bestimmter Bakterienarten, die zu einigen Übungen und Versuchen erforderlich sind, können von den Mikrobiologischen Instituten der Universitäten bezogen werden.

I. Der Arbeitsplatz und das Arbeitsgerät

Zum Arbeiten mit Bakterien im Rahmen des Schulunterrichtes müssen einige Voraussetzungen erfüllt sein, jedoch ist das weniger, als man gemeinhin glaubt.

Ein besonderer Raum vorwiegend für bakteriologische Arbeiten ist nicht erforderlich und wäre bei der im allgemeinen in fast jeder Schule vorhandenen räumlichen Enge auch nicht vertretbar. Alle praktischen Arbeiten sollten grundsätzlich so angelegt werden, daß sie in den normalen Biologie-Räumen durchführbar sind. Jeder dieser Räume ist deshalb auch für bakteriologische Übungen und Versuche geeignet, wenn während des Arbeitens die Fenster und Türen geschlossen sind, möglichst wenig im Raum umhergegangen wird und wenigstens 1—2 Stunden vor Beginn der Arbeiten nicht mehr gekehrt worden ist.

Die Arbeitstische sollen eine Platte mit glatter Oberfläche haben, am besten einen Kunststoffbelag, damit sie leicht und gründlich mit einem Desinfektionsmittel (z. B. Brennspiritus, Sagrotan) gereinigt werden können. Tische mit rauher, abgenutzter Oberfläche können im Notfall auch verwendet werden, wenn man jeden Arbeitsplatz mit einer entsprechend großen Glasplatte (Format etwa 60 x 45 cm) abdeckt. Die Kanten der Glasplatten sollten nach Möglichkeit gebrochen sein oder zumindest mit haltbarem Klebestreifen abgeklebt werden, um Verletzungen zu vermeiden.

Jedem Arbeitsplatz müssen ein Gasbrenner (Stadtgas, Erdgas, Propan oder Butan) und eine Anschlußmöglichkeit für die Mikroskopierlampe zur Verfügung stehen. Ein Wasseranschluß in jeder Tischreihe, an einer Seite des Mittelganges, ist wünschenswert.

Um gegebenenfalls rasch etwas aufwischen oder den Arbeitsplatz desinfizieren zu können, müssen an jedem Platz einige Papiertaschentücher oder Papierhandtücher und eine Flasche mit einem Desinfektionsmittel, am besten Brennspiritus, vorhanden sein.

In überwiegendem Maße werden auch für bakteriologische Arbeiten die allgemein bei biologischen Übungen und Versuchen gebräuchlichen Geräte, wie Reagenzgläser, Pipetten, Erlenmeyerkolben, Petrischalen, Objektträger, Deckgläser usw., verwendet. Einige spezielle Geräte sind jedoch zusätzlich erforderlich.

Zum Übertragen von Bakterien dienen **Ausstrichösen** (Abb. 1). Sie sind in verschiedenen Ausführungsformen im Handel. Man kann für Schulzwecke sehr gut brauchbare Ausstrichösen aber auch selbst herstellen, indem man ein 5—6 cm langes Stück Chrom-Nickel-Draht (Durchmesser etwa 0,4 mm) in das eine Ende eines etwa 20 cm langen und 5—8 mm starken Glasstabes einschmilzt. Das freie

Abb. 1: Ausstrichöse

Ende des Drahtes wird mit einer feinen Zange zu einer kleinen Öse von etwa 2—3 mm Durchmesser gebogen. Ausstrichösen müssen nach jedem Gebrauch zur Reinigung und Desinfektion in der Flamme eines Gasbrenners bis zur hellen Rotglut ausgeglüht werden. Zur Aufbewahrung stellt man sie senkrecht in einen Holzblock mit entsprechender Bohrung oder in ein Reagenzglasgestell. Beim Arbeiten unter sterilen Bedingungen muß die Öse auch vor der Entnahme der Bakterienmasse durch Ausglühen sterilisiert werden. Bei selbst hergestellten Ausstrichösen muß das Ausglühen vorsichtig, ohne zu rasche, sprunghafte Erwärmung oder Abkühlung, geschehen, damit der Glasstab nicht springt. Bakterien dürfen nur mit der wieder abgekühlten Öse entnommen werden, um die Zellen nicht zu schädigen.

Ein **Brutschrank** ist für manche Untersuchungen vorteilhaft, aber nicht unbedingt erforderlich, da alle Bakterien, mit denen im Schulunterricht gearbeitet werden kann, auch bei Zimmertemperatur wachsen.

Ein **Heißluftsterilisator** muß zur Verfügung stehen, um Glasgeräte sterilisieren zu können.

Zum Sterilisieren von Nährmedien wird ein **Dampftopf oder** ein **Autoklav** benötigt.

Zur morphologischen Untersuchung der Bakterien sind gute **Kurs- oder Übungsmikroskope** „normaler" Größe erforderlich. Sie müssen mit einem 10fach vergrößernden Objektiv zum Einstellen und mit einem 40—60fach vergrößernden Objektiv zum Betrachten der Präparate ausgerüstet sein. Ein Immersionsobjektiv ist bei den Schülermikroskopen nicht unbedingt erforderlich, das Lehrermikroskop sollte jedoch damit ausgestattet sein. Jedes Mikroskop sollte je ein Okular mit 5—6facher und 8—12facher Vergrößerung besitzen. Die heute häufig angebotenen Kleinmikroskope sind für bakteriologische Untersuchungen nicht brauchbar.

Einige spezielle Geräte, die nicht allgemein für bakteriologische Arbeiten, sondern nur für bestimmte Untersuchungen gebraucht werden, sind an den betreffenden Stellen im Text beschrieben.

Grundausstattung für das Arbeiten mit Bakterien

a. Geräte

Ausstrichösen
Autoklav
Bechergläser (verschiedene Größen, z. B. 100 ml, 250 ml, 400 ml, 600 ml)
Brutschrank
Dampftopf
Deckgläser
Enghalsflaschen, weiß und braun, mit Kork- bzw. Gummi- und Schliffstopfen (verschiedene Größen, z. B. 50 ml, 100 ml, 250 ml, 1000 ml)
Erlenmeyerkolben (verschiedene Größen, z. B. 100 ml, 200—300 ml, 500 ml, 750 ml, 1000 ml)
Färbepinzette
Gärverschlüsse
Gasbrenner mit Schlauch
Glasstäbe, dünnere und dickere
Gummistopfen, ohne und mit 1 oder 2 Bohrungen, verschiedene Größen
Heißluftsterilisator
Impfnadeln
Kühlschrank
Membranfiltergerät mit Filtern und Nährkartonscheiben
Messer
Meßpipetten 1 ml
Meßpipetten 10 ml
Meßzylinder 100 ml
Meßzylinder 250 ml
Mikroskop
Mikroskopierlampe
Objektträger
Petrischalen 10 cm ⌀
Petrischalen 20 cm ⌀
Petrischalen 24 cm ⌀
Pinzette, spitz
Pinzette, stumpf
Porzellanplatten
Porzellanschalen, flach
Reagenzgläser
Reagenzglasgestelle
Sammelgläschen (etwa 40 x 8 mm)
Saugflasche 1000 ml
Schere
Spatel
Standzylinder (etwa 25 x 3—5 cm)
Stehkolben 500 ml
Thermometer
Trichter
Uhrgläser (verschiedene Größen)

Vakuumschlauch
Waage mit Gewichtsatz
Wasserstrahlpumpe
Weithalsflaschen, weiß und braun, mit Kork- bzw. Gummi- und Schliffstopfen
(verschiedene Größen, z. B. 100 ml, 250 ml, 500 ml)
Zentrifuge

b. *Chemikalien*

Äthylalkohol
Agar-Agar
Ammoniumchlorid
Ammonium-Eisensulfat (MOHRsches Salz)
Ammoniumsulfat
Asparagin
Benzin
Bleiacetat
Bromthymolblau
Calciumcarbonat
Calciumchlorid
Calciumsulfat
Carbol-Fuchsin-Lösung nach ZIEHL-NEELSEN
Carbol-Gentianaviolett-Lösung
Chromsäure-Lösung 5 %ig
Desinfektionsmittel (z. B. Sagrotan, Brennspiritus)
destilliertes Wasser
p-Dimethylaminobenzaldehyd
Diphenylamin
Einschlußmittel (z. B. Cädax, Entellan)
Eisen-III-chlorid
Eisen-II-sulfat
Essigsäure, konz.
Essigsäure, 50 %ig
Formaldehyd-Lösung
Fructose
Gelatine
Glucose
Glycerin
Harnstoff
Jod-Kaliumjodid-Lösung nach LUGOL
Kaliumdihydrogenphosphat
di-Kaliumhydrogenphosphat
Kasein
Lactose
LIEBIGS Fleischextrakt
Magnesiumcarbonat
Magnesiumsulfat
Maltose
Mannit

Methylalkohol
Methylenblau
Natriumcarbonat
Natriumchlorid
Natriumhydroxid
Natriumlaktat
Natriummolybdat
Natriumnitrat
Natriumnitrit
NESSLERS Reagenz
Pepton
Petroläther
Pyrogallol
Saccharose
Salzsäure, konz.
Salzsäure, 2 %ig
Schwefelsäure, konz.
Schwefelsäure, 25 %ig
Schwefelsäure, 5 %ig
Stärke
Wasserstoffperoxid-Lösung, 3 %ig
Zinkchlorid
Zinkjodid
Zitronensäure

c. Sonstiges

Büroklammern
Filtrierpapier (Bogen, Rundfilter und Faltenfilter)
Gummiringe
Haarsieb
Holzspäne
Indikatorpapier, universal
Indikatorpapier, spezial (für verschiedene pH-Bereiche)
Konservendosen, leer
Papierhandtücher
Papiertaschentücher
Pappbecher, paraffiniert
Pergamentpapier
Perltusche
Tesafilm
Watte

II. Die Beschaffung von Bakterien

Um mit Bakterien arbeiten zu können, muß man sich zunächst welche beschaffen. Eine einfache Möglichkeit dazu ist das Ansetzen eines Aufgusses von Pflanzenteilen. Man übergießt in einem Glasgefäß (Becherglas, Einmachglas, kleines Aquarium) oder in einem paraffinierten Pappbecher Pflanzenteile mit Leitungswasser und läßt diesen Aufguß unbedeckt bei Zimmertemperatur stehen. Innerhalb von einigen Tagen bildet sich auf der Flüssigkeitsoberfläche eine sogenannte Kahmhaut, die zunächst fast nur aus Bakterien besteht. Später treten verschiedene Pilzarten und Protozoen auf. An Pflanzenteilen kann man Heu, Gras, Salatblätter oder Erbsen, um nur einige Beispiele zu nennen, verwenden. Ein paraffinierter Pappbecher ist als Gefäß zum Ansetzen des Aufgusses besonders geeignet, weil man ihn hinterher einfach wegwerfen kann, und dadurch das Herauswaschen der oft übelriechenden Rückstände aus einem Glasgefäß entfällt.

Das Wachstum in Form einer Kahmhaut kommt dadurch zustande, daß die auf den Pflanzenteilen vorwiegend vorhandenen aeroben Formen, die sich, auch wenn alle anderen Lebensbedingungen erfüllt sind, nur bei ausreichendem Sauerstoffpartialdruck entwickeln, dort wachsen, wo der größte Sauerstoffgehalt vorhanden ist, nämlich an der Flüssigkeitsoberfläche.

Eine weitere Möglichkeit der Bakterienbeschaffung ist die Isolierung aus der Luft. Man setzt eine Platte mit Nähragar für Bakterien (s. S. 404) der Infektion durch Zimmerluft aus, indem man ihren Deckel abhebt und mit dem Rücken nach oben schräg auf den Rand des Unterteils stellt (Abb. 2). Nach einigen

Abb. 2: Petrischale, der Luft exponiert

Minuten wird die Schale wieder geschlossen und bei Zimmertemperatur stehengelassen. Innerhalb von etwa einer Woche entwickeln sich auf dem Nährboden aus den aus der Luft aufgefallenen Keimen Bakterienkolonien.

Diese Versuche zeigen gleichzeitig die ubiquitäre Verbreitung der Bakterien. Unsere Umgebung ist mit Bakterien infiziert, so z. B. auch Pflanzen bzw. ihre Teile und die uns umgebende Luft. Unter den beim Ansetzen des Aufgusses bzw. im Nähragar gebotenen Lebensbedingungen vermehren sich vorhandene Keime und werden in ihrer Masse auch für das unbewaffnete Auge — als Kahmhaut bzw. als Bakterienkolonie — sichtbar.

III. Bakterien im Frischpräparat

Frischpräparate von lebenden Bakterien werden im allgemeinen im Wassertropfen hergestellt. Sie zeigen die äußere Gestalt der Bakterien, lassen begrenzt auch etwas vom Zellinneren erkennen und dienen vor allem der Untersuchung der Beweglichkeit der Bakterien.

Man überträgt einen Wassertropfen auf einen Objektträger. Mit einer Ausstrichöse wird etwas von der zu untersuchenden Bakterienmasse (z. B. Kahmhaut, Bakterienkolonie) entnommen und in dem Wassertropfen vorsichtig verrührt. Man soll sich dabei von Anfang an daran gewöhnen, die Ausstrichöse vor und nach jedem Gebrauch durch Ausglühen bis zur hellen Rotglut in der Flamme eines Gasbrenners zu sterilisieren. Nach dem Ausglühen darf die Bakterienmasse nicht sofort entnommen werden. Man wartet ein bis zwei Minuten, damit sich die Öse so weit abkühlt, daß die Bakterienzellen durch Hitze nicht mehr geschädigt werden können. Die ausgeglühte Ausstrichöse wird am zweckmäßigsten in einem dafür vorgesehenen Holzblock mit entsprechender Bohrung oder in einem Reagenzglasgestell senkrecht stehend abgestellt.

Um nicht eine geschlossene, vollständig mit dicht aneinander liegenden Bakterien bedeckte Fläche im Präparat zu haben, in der Einzelzellen nur schwer erkannt werden können, darf nur so viel Bakterienmasse verrührt werden, daß im Wassertropfen eine ganz schwache, milchige Trübung entsteht, was sich über einer schwarzen Unterlage gut kontrollieren läßt. Das Präparat wird mit einem Deckglas bedeckt, mit einem 10fach vergrößernden Objektiv eingestellt und, je nach der Größe der Bakterien, mit einem stärker vergrößernden Trockensystem (Objektiv 40fach oder Objektiv 60fach) oder einem Immersionsobjektiv betrachtet. Die Okularvergrößerung sollte 6fach bis 12fach sein. Häufig sind aber auch Bakterienzellen so groß, daß die Verwendung eines Immersionsobjektives nicht erforderlich ist.

Wachsen oder befinden sich Bakterien aufgeschwemmt in einem flüssigen Medium, so wird davon etwas direkt, ohne Verwendung eines Wassertropfens, auf einen Objektträger gebracht und mit einem Deckglas bedeckt. Ist die Bakterienmenge so gering, daß pro Gesichtsfeld zu wenig Zellen zu sehen sind, so wird durch Zentrifugieren, Abgießen eines Teiles der Flüssigkeit und Wiederaufschwemmen der Bakterien angereichert.

Ungefärbte Lebendpräparate von Bakterien sind verhältnismäßig kontrastarm. Die Zellen oder Zellverbände heben sich nur wenig von ihrer Umgebung ab und können infolge ihrer geringen morphologischen Differenzierung leicht mit Körpern gleicher Größenordnung und ähnlicher oder gleicher Form verwechselt werden. Durch Schließen der Irisblende unter dem Objekttisch des Mikroskopes bis etwa zur Hälfte oder zu zwei Dritteln kann der Kontrast in den Präparaten gesteigert werden.

IV. Bakterien im fixierten und gefärbten Präparat

Zur Kontraststeigerung in Bakterienpräparaten und zum Nachweis bestimmter Eigenschaften von Bakterien sind zahlreiche Färbemethoden entwickelt worden, von denen nur die wichtigsten, für die Schule geeigneten hier aufgeführt werden können. Vor der Färbung müssen die Bakterienzellen fixiert werden.

a. Das Fixieren von Bakterienpräparaten

Fast alle Innenstrukturen von Bakterienzellen sind bei den meisten Arten so klein, daß sie im Lichtmikroskop nicht mehr aufgelöst werden und infolgedessen auch nicht gesehen werden können. Man nimmt daher im allgemeinen bei der Fixierung von Bakterienpräparaten auf die Erhaltung der Innenstruktur der Zellen keine Rücksicht und verfährt in der folgenden Art und Weise.

Man bringt, wie bei der Herstellung eines Frischpräparates, einen Wassertropfen auf einen Objektträger, entnimmt mit der Ausstrichöse etwas von der Bakterienmasse, verrührt es vorsichtig im Wassertropfen und breitet ihn dabei in einer Fläche von 1—2 cm^2 in der Mitte des Objektträgers aus. Sobald das Präparat lufttrocken geworden ist, zieht man ihn am Objektträger mit der Schichtseite nach oben dreimal kurz im Abstand von jeweils etwa einer Sekunde durch die nicht leuchtende und nicht prasselnde Flamme eines Gasbrenners. Es entsteht dabei auf dem Objektträger eine Temperatur von etwa 120° C. Durch diese Hitzefixierung werden die Bakterienzellen abgetötet, ohne daß ihre äußere Form verändert wird.

Zur Fixierung von Gewebeschnitten mit Bakterien ist die Hitzefixierung nicht geeignet, da die Gewebe deformiert würden. Man muß dann mit den in der histologischen Technik gebräuchlichen chemischen Mitteln (Flüssigkeiten, Gase) fixieren. Derartige Untersuchungen kommen jedoch kaum für die Schule in Betracht. Interessenten finden Angaben dazu jedoch in einigen der im Literaturverzeichnis aufgeführten Werke.

b. *Das Färben von Bakterienpräparaten*
Fast alle Färbemethoden beruhen auf der Elektroadsorption von Farbstoffionen an freie Valenzen der Moleküle der am Aufbau der Bakterienzellen beteiligten Stoffe. In geringem Maße entstehen Färbungen auch durch Lösungsaffinität eines Farbstoffes zu bestimmten Teilen, z. B. Inhaltskörpern, der Zellen oder durch chemische Raktionen innerhalb der Zellen, wenn das Reaktionsprodukt ein Farbstoff ist.

Zum Färben legt man die Objektträger mit den Bakterienausstrichen auf eine Färbebank über einer Färbewanne. Derartige Geräte sind über den Lehrmittelhandel oder den medizinischen Fachhandel zu beziehen. Für den Schulgebrauch läßt sich eine Färbewanne mit Färbebank sehr leicht aus in fast jeder Schule vorhandenen Teilen zusammenbauen. Über den Rand einer halben Petrischale von etwa 20 cm Durchmesser steckt man etwa zur Hälfte, paarweise sich gegenüber stehend, vier mittelgroße Büroklammern, schiebt durch deren Öffnungen zwei Glasstäbe von etwa 30 cm Länge und 5 mm Durchmesser und drückt die Klammern fest (Abb. 3).

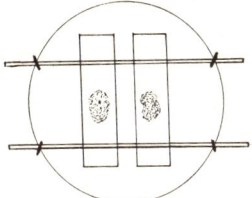

Abb. 3: Färbewanne mit Färbebank, selbstgebaut

Zum Färben werden die Lösungen auf die auf der Färbebank liegenden Objektträger aufgetropft, und zwar so reichlich, daß die Bakterienausstriche vollständig bedeckt sind. Nach dem Färben läßt man die Lösungen durch Kippen der Objektträger — am besten unter Verwendung einer Färbepinzette — in die Färbewanne fließen. Das fast immer erforderliche Spülen der Präparate erfolgt unter der Wasserleitung. Man läßt den Wasserstrahl etwas oberhalb des Bakterienausstriches auf den schräg gehaltenen Objektträger auftreffen und spült so lange, bis keine Farbwolken mehr abgehen. Getrocknet werden die Präparate an der Luft, am besten, indem man die Objektträger auf etwas Filtrierpapier schräg an die Färbewanne stellt. Bei sehr kalkhaltigem Leitungswasser empfiehlt es sich, zur Vermeidung von eventuell störenden Kalkflecken mit destilliertem Wasser nachzuspülen.

Fixierte und gefärbte Präparate von Bakterien können ohne Deckglas mikroskopisch untersucht werden. Sollen sie jedoch als Dauerpräparate aufbewahrt werden, so bringt man auf den fixierten und gefärbten Bakterienausstrich, der absolut trocken sein muß, einen Tropfen Einschlußmittel (z. B. Cädax, Entellan) und legt ein Deckglas auf.

1. Das Färben mit Carbol-Fuchsin

Die käufliche Carbol-Fuchsin-Lösung nach ZIEHL-NEELSEN wird mit destilliertem Wasser im Verhältnis 1 : 5 verdünnt, d. h. 1 Teil Farblösung + 4 Teile Wasser.

Man verfährt folgendermaßen:

    Bakterienausstrich an der Luft
    trocknen lassen
    Hitzefixierung
    Carbol-Fuchsin-Lösung, verdünnt   5 Minuten
    Farblösung abkippen
    spülen unter der Wasserleitung   bis keine Farbwolken mehr abgehen
    an der Luft trocknen

Die Bakterien sind kräftig rot gefärbt.

2. Das Färben mit Methylenblau

Gesättigte alkoholische Methylenblau-Lösung wird mit destilliertem Wasser im Verhältnis 1 : 5 verdünnt, d. h. 1 Teil Farblösung + 4 Teile Wasser.

Zur Herstellung der gesättigten alkoholischen Methylenblau-Lösung wird Methylenblau in Substanz — am besten in einer braunen Glasflasche (50 ml) — mit 96 %igem Äthylalkohol übergossen. Man muß dabei mehr Substanz hineingeben als gelöst werden kann. Die über dem verbleibenden Bodensatz stehende Lösung ist gesättigt.

Man verfährt folgendermaßen:

    Bakterienausstrich an der Luft
    trocknen lassen
    Hitzefixierung
    Methylenblau-Lösung, verdünnt   5 Minuten
    Farblösung abkippen
    spülen unter der Wasserleitung   bis keine Farbwolken mehr abgehen
    an der Luft trocknen

Die Bakterien sind tiefblau gefärbt.

3. Die GRAM-Färbung

Färbt man verschiedene Bakterienarten mit Gentianaviolett, Methylviolett oder Viktoriablau, und behandelt man sie anschließend mit einer Jodlösung, z. B. Jod-Kaliumjodid-Lösung nach LUGOL, so können sie sich bei nachfolgender Entfärbung mit 96 %igem Äthylalkohol sehr unterschiedlich verhalten. Manche Bakterienarten geben den Farbstoff nur sehr schwer wieder ab, andere werden sehr rasch entfärbt. Entsprechend diesen 1884 von GRAM entdeckten Eigenschaften wird die erste Gruppe als **grampositiv**, die zweite als **gramnegativ** bezeichnet. Es gibt allerdings auch Bakterienarten, die sich gegenüber dieser Färbung nicht eindeutig verhalten, indem sich manche Zellen rasch, andere langsamer oder nur sehr schwer entfärben. Man nennt sie gramlabil. Außerdem kann sich das Verhalten der Bakterien gegenüber der GRAM-Färbung innerhalb des Entwicklungszyklus einer Bakterienart ändern, und es hängt in gewissen Grenzen auch von den Kulturbedingungen ab. Um vergleichbare Ergebnisse zu erzielen, soll deshalb eine Bakterienkultur bei Durchführung der Gram-Färbung immer etwa 24 Stunden alt sein.

In Verbindung mit anderen Uuntersuchungsmethoden wird die Gram-Färbung besonders in der medizinischen Bakteriologie zu diagnostischen Zwecken herangezogen. Die verschiedenen Bakteriengruppen verhalten sich ihr gegenüber folgendermaßen:

gramnegativ   3 Arten von Mikrokokken, darunter Micrococcus gonorrhoeae; die meisten Arten der nichtsporenbildenden Stäbchen

grampositiv   alle Mikrokokken bis auf 3 Arten (s. o.); fast alle Arten der aeroben, sporenbildenden Stäbchen; wenige Arten nichtsporenbildender Stäbchen; Corynebakterien; Mycobakterien; Proactinomyceten; Actinomyceten; Streptomyceten

Man verfährt folgendermaßen:

Bakterienausstrich an der Luft	
trocknen lassen	
Hitzefixierung	
Carbol-Gentianaviolett-Lösung	2 Minuten
Farblösung abkippen	
Jod-Kaliumjodid-Lösung nach Lugol	1—2 Minuten
Lösung abkippen	
96 %iger Äthylalkohol	bis keine Farbwolken mehr abgehen
Alkohol abkippen	
spülen unter der Wasserleitung	
Carbol-Fuchsin-Lösung, verdünnt	1 Minute
Farblösung abkippen	
spülen unter der Wasserleitung	bis keine Farbwolken mehr abgehen
an der Luft trocknen	

Grampositive Bakterien sind durch die Färbung mit Carbol-Gentianaviolett-Lösung kräftig violett gefärbt. Gramnegative Zellen erscheinen durch die Gegenfärbung mit der verdünnten Carbol-Fuchsin-Lösung rosa. Die Gegenfärbung sollte unbedingt durchgeführt werden, da die gramnegativen Bakterien sonst wegen ihrer Kontrastarmut oft nur schwer zu erkennen sind. Besonders interessant und instruktiv sind Mischpräparate, d. h. Färbungen grampositiver und gramnegativer Organismen in einem Präparat.

4. Die Sporenfärbung

Manche Bakterienarten können Dauerstadien bilden, die gegen ungünstige Lebensbedingungen (Nährstoffmangel, Hitze, Austrocknung) sehr widerstandsfähig sind. Man bezeichnet diese Dauerstadien als Sporen. Unter günstigen Umweltbedingungen können sie wieder zu vegetativen Zellen auskeimen.

Bei der Sporenbildung zieht sich das Protoplasma innerhalb der Zelle zusammen und umgibt sich dabei mit einer sehr festen Membran. Die Bakterienzelle wird damit zur Sporenmutterzelle. Im ungefärbten Frischpräparat sind Bakteriensporen innerhalb der Zellen oder auch außerhalb an ihrer starken Lichtbrechung zu erkennen. Um eine Verwechselung mit anderen Inhaltskörpern der Bakterien (z. B. Fetttröpfen), die sich ebenfalls durch hohe Lichtbrechung auszeichnen, jedoch zu vermeiden, ist die Anfärbung der Sporen zu empfehlen.

Infolge ihrer sehr festen, widerstandsfähigen Membran färben sich Bakteriensporen bei Verwendung der üblichen Färbemethoden nicht an. Die Färbung gelingt erst nach vorhergehender Beizung mit bestimmten Stoffen. Außerdem muß die Farblösung heiß einwirken. Man faßt zu diesem Zweck den mit der Farblösung beschickten Objektträger mit einer Färbepinzette und erhitzt in der Flamme eines Gasbrenners bis zur Dampfbildung. Das Präparat darf dabei nicht eintrocknen (gegebenenfalls etwas Farblösung nachgeben). Durch eine nachfolgende Säurebehandlung wird der Bakterienkörper außer der Spore wieder entfärbt, ebenso die nichtversporten Stäbchen, die dann durch eine Gegenfärbung besser sichtbar gemacht werden.

Man verfährt folgendermaßen:
    Bakterienausstrich an der Luft
    trocknen lassen
    Hitzefixierung
    5 %ige Chromsäure-Lösung   2 Minuten
    Lösung abkippen
    spülen unter der Wasserleitung
    Carbol-Fuchsin-Lösung, unverdünnt,
    heiß (s. o.)   1 Minute
    Farblösung abkippen
    spülen unter der Wasserleitung
    5 %ige Schwefelsäure   einige Sekunden
    Säure abkippen
    kräftig spülen unter der Wasser-
    leitung
    Methylenblau-Lösung, verdünnt   5 Minuten
    Farblösung abkippen
    spülen unter der Wasserleitung   bis keine Farbwolken mehr abgehen
    an der Luft trocknen

Die Sporen sind kräftig rot gefärbt, das übrige Stäbchen und die nichtversporten Zellen blau.

V. Das Tuschepräparat nach BURRI

Eine andere Möglichkeit als die üblichen Färbemethoden zur Kontraststeigerung in Bakterienpräparaten besteht darin, daß nicht die Zelle selbst, sondern der Untergrund angefärbt wird.

Man bringt auf einen Objektträger, etwa einen halben Zentimeter vom rechten Rand entfernt, einen kleinen Tropfen Perltusche und verrührt darin mit einer Ausstrichöse vorsichtig etwas Bakterienmasse. Ein zweiter Objektträger wird auf den ersten so aufgesetzt, daß ein spitzer Winkel gebildet wird, in dem sich der Tuschetropfen befindet. Man zieht den zweiten Objektträger vorsichtig an

Abb. 4: Anfertigen eines Ausstriches

Tusche mit Bakterien

den Tuschetropfen heran, bis dieser in dem spitzen Winkel ausläuft, und schiebt ihn dann nach links über die ganze Fläche des ersten Objektträgers hin (Abb. 4). Auf diese Weise wird der Tuschetropfen mit den darin verteilten Bakterien auf dem ersten Objektträger ausgestrichen.

Nachdem der Ausstrich an der Luft getrocknet ist, kann er mikroskopisch untersucht werden. Die Bakterien erscheinen hell auf dunklem Untergrund. Dieses Bild kommt dadurch zustande, daß die Rußpartikelchen der Tusche in die Bakterienzellen nicht eindringen können.

Diese Methode ermöglicht es auch, die von manchen Bakterienarten um die Zelle herum gebildete Schleimhülle sichtbar zu machen. Bakterien mit einer Schleimhülle, deren Dicke u. U. ein Mehrfaches des Durchmessers der Bakterienzelle betragen kann, besitzen im Tuschepräparat nach Burri einen hellen Hof, da die Rußpartikelchen der Tusche auch in die Schleimhülle nicht eindringen können.

VI. Die Form der Bakterien

Die Bakterien sind gestaltlich sehr wenig differenziert. Wir kennen nur drei morphologische Grundformen: die Kugel, das Stäbchen und das gewundene Stäbchen.

Die kugelförmigen Bakterien werden in der Gruppe der **Kokken** zusammengefaßt. Sie können entweder einzeln, in Zweiergruppen (*Diplococcus*), in Ketten (*Streptococcus*), in unregelmäßigen Zellhaufen (z. B. *Staphylococcus*) oder in regelmäßigen Zellzusammenlagerungen (*Sarcina*) vorkommen (Abb. 5). Aus

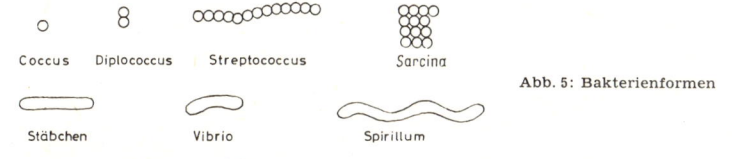

Coccus   Diplococcus   Streptococcus   Sarcina

Abb. 5: Bakterienformen

Stäbchen   Vibrio   Spirillum

Tischtennisbällen und Klebstoff lassen sich sehr leicht Modelle herstellen, die diese verschiedenen Möglichkeiten der Zusammenlagerung kugelförmiger Zellen anschaulich zeigen.

Die stäbchenförmigen Bakterien, meist kurz **Stäbchen** genannt, sind wurstförmige Zellen, bei denen das Verhältnis zwischen Länge und Durchmesser sehr unterschiedlich sein kann.

Die gewundenen Stäbchen werden als **Vibrionen** oder als **Spirillen** bezeichnet. Es sind wurstförmige Zellen, die wendelförmig, wie ein weit auseinander gezogener Korkenzieher oder Schlangenkühler, aufgedreht sind. Umfaßt die Drehung eine volle Windung oder mehr, so sprechen wir von Spirillen. Formen, bei denen die Drehung weniger als eine volle Windung umfaßt, werden als Vibrionen bezeichnet.

Zur Demonstration der drei morphologischen Grundformen der Bakterien eignet sich sehr gut ein Präparat des Zahnbelages, da in der normalen, physiologischen Bakterienflora auch der gepflegten menschlichen Mundhöhle Kokken, Stäbchen und Spirillen vorkommen.

Man fährt mit der sauberen Fingerkuppe über das Zahnfleisch oder die Zähne, bringt den Finger mitten auf einen Objektträger und reibt ihn dort kräftig ab. Nachdem das Präparat lufttrocken geworden ist, wird es fixiert und gefärbt (Hitzefixierung, verdünnte Carbol-Fuchsin-Lösung, s. o.). Die mikroskopische Untersuchung (Objektiv ca. 40fach, Okular 6fach bis 12fach) zeigt, rot gefärbt, zwischen Epithelzellen der Mundschleimhaut Bakterien der verschiedensten Form. Man findet immer Kokken und Stäbchen. Länge und Durchmesser der Stäbchen sind sehr unterschiedlich, kurze Ketten stäbchenförmiger Bakterien nicht selten. Bei genauem Durchmustern verschiedener Stellen des Präparates sind oft auch gewundene Stäbchen, Spirillen, zu erkennen.

VII. Nährmedien für Bakterien

Zur Züchtung von Bakterien dienen feste und flüssige Nährmedien (Nährböden und Nährlösungen). Als Gefäße werden im allgemeinen Reagenzgläser, Petrischalen und Erlenmeyerkolben verwendet. Es gibt spezielle Reagenzgläser für bakteriologische Zwecke, die keinen umgebördelten Rand besitzen. Diese Gläser können mit einer aufsteckbaren Aluminiumkappe verschlossen werden. Für den Schulgebrauch reichen jedoch im allgemeinen die normalen Reagenzgläser aus. Sie werden, wie auch die Erlenmeyerkolben, mit einem Wattestopfen verschlossen.

Zur Herstellung von Wattestopfen schneidet man Watte in etwa 3 cm breite Streifen, die zu entsprechend starken Zylindern zusammengerollt werden. Jeder Zylinder wird dann noch von einer dünnen Wattehülle aus einem quadratisch zugeschnittenen Wattestück umschlossen, das man von einer Seite darüberstülpt. Wattestopfen müssen so in der Stärke bemessen werden, daß sie sich unter drehender Bewegung gut in die zu verschließende Öffnung hineinschieben lassen.

Man unterscheidet Standardnährmedien und Spezialnährmedien. Auf den Standardnährmedien wächst der überwiegende Teil aller Bakterienarten. Sie dienen deshalb z. B. zur kulturellen Keimzahlbestimmung. Spezialnährmedien werden zur selektiven Isolierung bestimmter Organismengruppen verwendet.

Einer der wesentlichsten Bestandteile vor allem der Standardnährmedien ist Bouillon. Für Schulzwecke sollte diese Bouillon nicht, wie sonst allgemein üblich, aus magerem Rind- oder Pferdefleisch selbst gekocht werden. Einfacher ist die Verwendung von LIEBIGS Fleischextrakt.

Als Gelierungsmittel für Nährböden dienen Agar-Agar (meist nur einfach als Agar bezeichnet) und Gelatine.

Zur Herstellung der Nährmedien werden die abgewogenen Bestandteile in ein Becherglas entsprechender Größe gebracht und bis zur Lösung aller Stoffe erwärmt oder gekocht. Enthält der Nährboden Agar, so muß das Becherglas etwa das Dreifache der angesetzten Nährbodenmenge fassen können, da Agar beim Kochen sehr stark schäumt und infolgedessen leicht überkocht. Man erhitzt deshalb, sobald die Lösung kocht, nur noch mit kleiner Flamme und rührt mit einem Glasstab öfter um.

Wenn alle Bestandteile gelöst sind, wird das Nährmedium durch tropfenweisen Zusatz von 1 %iger Sodalösung oder 1 %iger Natronlauge auf einen pH-Wert von 7,4—7,6 eingestellt (Kontrolle mit Spezialindikatorpapier, pH-Bereich 6,4—8,0). Bakterien wachsen am besten in neutralem bis schwach alkalischem Milieu, d. h. bei einem pH-Wert von etwa 7,0—7,2. Da die Wasserstoffionenkonzentration jedoch durch das Sterilisieren der Nährmedien wieder etwas absinkt, wird sie vorher etwas höher als endgültig gewünscht eingestellt.

Die fertigen Nährmedien werden im allgemeinen in Reagenzgläser abgefüllt, und zwar etwa 12 ml Nährboden (gut halb voll) zum Gießen von Platten (s. S. 404), 5—6 ml Nährboden für Schrägröhrchen (s. S. 404) und 5—6 ml Nährlösung für Flüssigkeitskulturen. Man verschließt die Reagenzgläser sofort und sterilisiert sie im Dampftopf oder Autoklaven (s. u.).

Die Zusammensetzung von Standardnährmedien:

Standardnährbouillon

Liebigs Fleischextrakt	0,3 %
Pepton	0,5 %
destilliertes Wasser	

Standardnähragar

Liebigs Fleischextrakt	0,3 %
Pepton	0,5 %
Agar	2,0 %
destilliertes Wasser	

Der Fleischextrakt wird am zweckmäßigsten auf einem austarierten Objektträger oder Uhrglas abgewogen, worauf man ihn mit einem Glasstab überträgt. Man rollt den Glasstab dabei auf dem Objektträger oder Uhrglas ab und spült den Fleischextrakt mit dem Wasser, das dem Nährmedium zugesetzt werden muß, in das Becherglas.

Die Zusammensetzung weiterer Nährmedien ist jeweils an den Stellen im Text angegeben, wo sie gebraucht werden.

VIII. Das Sterilisieren von Nährmedien

Die Bestandteile der Nährmedien und die Arbeitsgeräte, die zu ihrer Herstellung verwendet werden, sind mit Keimen der verschiedensten Art infiziert, durch deren Entwicklung die angesetzten Nährmedien sehr rasch verunreinigt würden. Sie müssen deshalb sofort nach dem Ansetzen sterilisiert werden. Man benutzt dazu einen **Dampftopf oder einen Autoklaven** und sterilisiert im strömenden Wasserdampf. Im Heißluftsterilisator würde durch die Dampfentwicklung der Wassergehalt der Nährmedien sehr stark verringert und damit die Konzentration der Nährstoffe erhöht.

Ein Dampftopf ist ein großer Kochtopf mit einem durchlöcherten Einsatz einige Zentimeter über der Bodenfläche. Man füllt ihn bis fast zur Höhe des Einsatzes mit Wasser und bringt das Sterilisiergut hinein (Abb. 6). Reagenzgläser mit Nährmedien werden vorher zu mehreren in einem Behälter zusammengestellt und mit diesem in den Dampftopf gebracht. Es gibt für diesen Zweck im Fachhandel Drahtkörbchen verschiedener Größe. Für den Schulgebrauch völlig

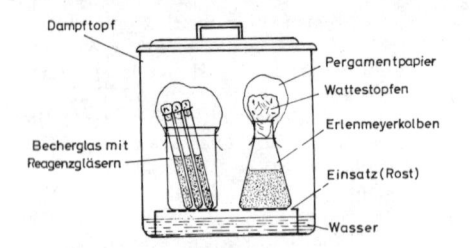

Abb. 6: Dampftopf mit Sterilisiergut

ausreichend sind leere Konservendosen. Wattestopfen müssen mit durch Gummiringe gehaltenem Pergamentpapier abgedeckt werden, damit sie das vom Deckel des Dampftopfes herabtropfende Kondenswasser nicht durchfeuchten kann. Durch feuchte Wattestopfen können aufgefallene, auskeimende Pilzsporen hindurchwachsen und das Nährmedium verunreinigen.

Man sterilisiert, vom Beginn des Kochens an gerechnet, eine halbe Stunde. An den beiden folgenden Tagen wird die Sterilisation wiederholt. Diese **fraktionierte Sterilisation** ist erforderlich, weil durch einmaliges Erhitzen auf 100° C nur die vegetativen Stadien der Bakterien abgetötet werden, nicht aber die Sporen. Die überlebenden Bakteriensporen keimen in dem erkalteten Nährmedium zu vegetativen Zellen aus, die durch die zweite Sterilisation abgetötet werden. Zur Sicherheit sterilisiert man am dritten Tage noch einmal.

Nach der Sterilisation läßt man das Sterilisiergut im Dampftopf abkühlen. Reagenzgläser mit Nährboden, die als Schrägröhrchen verwendet werden sollen, müssen jedoch sofort, solange der Nährboden noch flüssig ist, herausgenommen und mit ihrem oberen Ende auf einen Gasschlauch oder eine Holzleiste gleicher Stärke gelegt werden, damit der Nährboden mit schräger, vergrößerter Oberfläche erstarrt (s. S. 404).

Ein Autoklav ist ein Dampftopf, der luftdicht verschlossen werden kann. Er ermöglicht das Sterilisieren bei Überdruck und Temperaturen über 100° C, wobei auch Bakteriensporen abgetötet werden. Im Fachhandel stehen Autoklaven verschiedener Ausstattung und Größe zur Verfügung. Für den Schulgebrauch kann man sich sehr gut eines Drucktopfes bedienen, wie er in Haushaltswarengeschäften zu erhalten ist.

Bakteriensporen sterben um so rascher ab, je höher Temperatur und Druck sind und je stärker die Wasserdampfsättigung ist. Das Verhalten relativ widerstandsfähiger Bakteriensporen bei jeweils gleicher Temperatur von 120° C aber unterschiedlicher Wasserdampfsättigung zeigt die folgende Tabelle:

Wasserdampfsättigung	Abtötungszeit
100 %	5 Minuten
85 %	20 Minuten
50 %	40 Minuten
0 %	60 Minuten

Man muß deshalb, nachdem das Wasser im Autoklaven kocht, das Ventil noch einige Zeit offen lassen, damit Luft entweichen kann und die Wasserdampfsättigung möglichst hoch ansteigt. Erst dann wird der Autoklav vollständig luftdicht abgeschlossen, damit Druck und Temperatur ansteigen.

Im Autoklaven genügt ein einmaliges Erhitzen auf etwa 120° C (der Druck beträgt dann etwa 1,2 atü) für 20 Minuten, um alle vegetativen Stadien und Sporen in den Nährmedien abzutöten.

Empfindliches Sterilisiergut, das Temperaturen über 100° C oder erhöhten Druck nicht verträgt, wie z. B. Nährböden mit Gelatine als Gelierungsmittel oder glucosehaltige alkalische Nährböden, darf nur im Dampftopf sterilisiert werden.

IX. Das Sterilisieren von Arbeitsgeräten

Um Verunreinigungen von Nährmedien und Kulturen durch Keime, die an den Arbeitsgeräten haften, zu vermeiden, müssen alle Geräte sterilisiert werden.

Metallgeräte werden zur Sterilisation mit der Flamme eines Gasbrenners abgeflammt. Ausstrichösen und Impfnadeln erhitzt man vor und nach jedem Gebrauch bis zur hellen Rotglut und läßt abkühlen. Der Halter wird abgeflammt, soweit er mit Kulturen oder sterilen Geräten in Berührung kommen kann.

Kleine Glasgeräte, wie Glasstäbe, Objektträger oder Deckgläser, sterilisiert man ebenfalls durch Abflammen. Vorher können sie in 96 %igen Äthylalkohol getaucht werden. Objektträger und Deckgläser hält man dabei mit einer Pinzette.

Pipetten werden sterilisiert, indem man 96 %igen Äthylalkohol mehrfach aufzieht und wieder auslaufen läßt. Der Rest des Alkohols wird in die Flamme eines Gasbrenners geblasen. Anschließend zieht man die Pipette mehrfach durch die Flamme.

Alle anderen Glasgeräte werden 1—1½ Stunden im Heißluftsterilisator bei etwa 160° C sterilisiert. Petrischalen wickelt man dazu in Papier ein, und zwar jeweils etwa 5 Stück zu einer Rolle. In diesen Paketen lassen sie sich einerseits bequem transportieren, andererseits können sie darin mit größerer Sicherheit auch längere Zeit steril aufbewahrt werden. Außerdem ist durch das langsamere Abkühlen die Gefahr des Zerspringens geringer. Man stellt deshalb auch alle Glasgeräte grundsätzlich in den kalten Sterilisator und läßt sie nach der Sterilisation darin abkühlen. Offene Gefäße müssen vor dem Sterilisieren mit einem Wattestopfen oder einer Aluminiumkappe verschlossen werden.

X. Verdünnungsmedien

Bei manchen bakteriologischen Arbeiten ist es erforderlich, Verdünnungen herzustellen, ohne das Material dabei durch Fremdinfektionen zu verunreinigen. Zu diesem Zweck müssen sterile Verdünnungsmedien zur Verfügung stehen.

In vielen Fällen verwendet man destilliertes Wasser, es können aber auch andere Medien, wie physiologische Kochsalzlösung oder Nährlösungen verschiedener Art, erforderlich sein.

Man füllt die Verdünnungsmedien jeweils zu 9 ml in Reagenzgläser, verschließt diese, sterilisiert sie und bewahrt sie im Kühlschrank auf. Das Abfüllen von jeweils 9 ml gestattet das Ansetzen von Verdünnungen im Verhältnis 1 : 10.

XI. Das Gießen von Platten und das Ansetzen von Schrägröhrchen

Mit Nährboden ausgegossene Petrischalen heißen in der Fachsprache der Bakteriologen Platten. Schrägröhrchen sind Reagenzgläser, in denen Nährboden mit schräger Oberfläche erstarrt ist.

Damit bei bakteriologischen Arbeiten jederzeit Platten gegossen werden können, füllt man eine Anzahl Reagenzgläser jeweils gut zur Hälfte (etwa 12 ml) mit den in Frage kommenden Nährböden. Sie werden sterilisiert (s. S. 401) und am besten in einem Kühlschrank aufbewahrt.

Bei Bedarf werden die Röhrchen zur Verflüssigung des Nährbodens im Wasserbad gekocht (Agar-Nährböden) bzw. erwärmt (Gelatine-Nährböden). Als Wasserbad eignet sich sehr gut ein etwa 600 ml fassendes Becherglas. Sobald der Nährboden verflüssigt ist, entfernt man den Wattestopfen. Die Röhrchenmündung wird zum Abtöten der daran haftenden Keime in der Flamme eines Gasbrenners kurz abgeflammt. Man lüftet den Deckel einer sterilen (s. S. 403) Petrischale so weit, daß die Röhrchenmündung zwischen Ober- und Unterteil paßt, ohne diese zu berühren (Abb. 7), gießt den Nährboden in die Petrischale aus und

Abb. 7: Das Gießen von Platten

legt den Deckel sofort wieder auf. Er muß auch während des Ausgießens das Unterteil der Schale möglichst vollständig überdecken, damit keine Keime aus der Luft hineinfallen können, und darf deshalb nur senkrecht hochgehoben werden. Mit der geschlossenen Petrischale beschreibt man einige Kreisbewegungen auf der Tischplatte, um den Nährboden über die ganze Fläche der Schale gleichmäßig zu verteilen, und läßt die Platten bis zum Erstarren des Nährbodens ruhig stehen.

Platten, die nicht sofort verbraucht werden, können einige Zeit in einem Kühlschrank, mit dem Deckel nach unten, aufbewahrt werden.

Zum Ansetzen von Schrägröhrchen füllt man 5—6 ml Nährboden in Reagenzgläser ab. Sofort nach dem Sterilisieren, solange der Nährboden noch flüssig ist, werden die Röhrchen mit ihrem oberen Ende auf einen Gasschlauch oder eine Holzleiste etwa gleicher Stärke gelegt. Der Nährboden erstarrt dann schräg. Er soll etwa bis zum Anfang des oberen Drittels des Röhrchens hinaufreichen.

Man erreicht auf diese Weise eine Vergrößerung der für die Beimpfung zur Verfügung stehenden Nährbodenfläche.

XII. Das Überimpfen von Bakterien

Beim Übertragen von Bakterien aus einer Kultur in eine andere (Überimpfen) müssen besondere Vorsichtsmaßnahmen beachtet werden, um eine Verunreinigung der Kulturen durch Fremdinfektion zu vermeiden.

Bevor man mit der Arbeit beginnt, werden alle Türen und Fenster des Arbeitsraumes geschlossen. Während des Arbeitens soll nach Möglichkeit in dem Raum nicht herumgegangen werden. Auf diese Weise wird jede vermeidbare Luftbewegung ausgeschaltet.

Man nimmt die ausgeglühte und wieder abgekühlte Ausstrichöse in die rechte Hand (Rechtshänder), das Kulturröhrchen, von dem abgeimpft werden soll, in die linke und entfernt den Wattestopfen, indem man ihn zwischen dem kleinen Finger und der Handfläche der rechten Hand faßt und herauszieht. In dieser Stellung wird der Wattestopfen gehalten, bis er wieder in das Röhrchen eingesetzt wird. Die offene Röhrchenmündung wird in der Flamme eines Gasbrenners kurz abgeflammt. Man fährt mit der Ausstrichöse vorsichtig in das Röhrchen, entnimmt etwas von der Bakterienmasse, flammt die Röhrchenmündung noch einmal ab und setzt den Wattestopfen wieder ein. Erst dann überträgt man das Impfmaterial auf den neuen Nährboden. Soll ein Schrägagarröhrchen beimpft werden, so verfährt man in entsprechender Weise wie bei der Entnahme des Impfmaterials. Beim Übertragen in Nährlösungen wird die Bakterienmasse an der Glaswand kurz unter der Flüssigkeitsoberfläche vorsichtig verrieben, damit sich die Zellen möglichst gleichmäßig in der Nährlösung verteilen. Soll auf Nähragarplatten überimpft werden, so stellt man sie umgekehrt, mit dem Deckel nach unten, auf, hebt das Unterteil heraus, dreht es kurz um, streicht aus und legt es wieder in den Deckel zurück. Die beimpften Platten werden dann auch mit dem Boden nach oben bebrütet. In dieser Stellung kann kein eventuell sich bildendes Kondenswasser vom Deckel auf den Nährboden tropfen und die Kolonien gegenseitig verunreinigen.

Auf allen Nährböden wird das Impfmaterial im allgemeinen in Zick-Zack-Linien ausgestrichen, um die Nährbodenfläche möglichst gut auszunutzen.

XIII. Das Anlegen von Reinkulturen

Reinkulturen sind Bakterienkulturen, die nur eine Bakterienart enthalten. Sie brauchen nicht, im Gegensatz zu Einzellkulturen, aus einer einzigen Bakterienzelle hervorgegangen zu sein, sondern können sich auch aus mehreren Zellen einer Bakterienart entwickelt haben.

Zur Untersuchung der physiologischen Leistungen von Bakterien dürfen nur Reinkulturen verwendet werden. Für die Erfüllung dieser Forderung bieten jedoch selbst homogen aussehende, einzeln wachsende Kolonien keine Gewähr. Sie können wenige Zellen einer fremden Art enthalten, die in der großen Zellmasse der eigenen Art nicht zu sehen sind und sich zunächst auch kaum vermehren, dabei aber ihre volle Entwicklungsfähigkeit behalten.

Um zu prüfen, ob eine Bakterienkolonie nur aus einer Bakterienart besteht, verfährt man folgendermaßen:

Mit einer ausgeglühten und wieder abgekühlten Ausstrichöse wird etwas von der Bakterienmasse der zu untersuchenden Kolonie entnommen und auf einem Drittel der Fläche einer Nähragarplatte, am Rand beginnend, schlangenförmig nach der Mitte zu ausgestrichen. In gleicher Weise werden anschließend das zweite und dritte Drittel der Platte beimpft, o h n e neues Impfmaterial zu entnehmen (Abb. 8). Man erreicht durch dieses fraktionierte Ausstreichen eine immer stärkere Verdünnung des Impfmaterials, so daß im günstigsten Fall zum Schluß nur noch Einzelzellen auf dem Nährboden ausgestrichen werden. Die Petrischale wird geschlossen bei Zimmertemperatur einige Tage bebrütet, d. h. stehengelassen. Es entwickeln sich dann auf ihr Bakterienkolonien, die — wenn eine artreine Kolonie ausgestrichen worden ist — alle das gleiche Aussehen haben. Ist

405

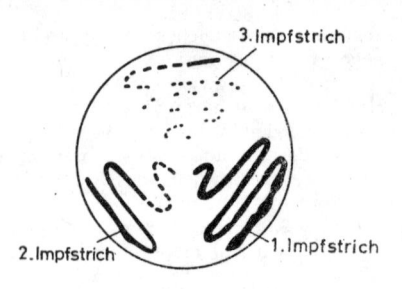

Abb. 8: Das Beimpfen von Platten zur Erzielung von Reinkulturen

das nicht der Fall, so wird der Vorgang mit einer am Ende des dritten Impfstriches einzeln gewachsenen Bakterienkolonie wiederholt.

Zur Haltung von Bakterien in Reinkultur überimpft man von einzeln wachsenden Kolonien am Ende des dritten Impfstriches einheitlich bewachsener Nähragarplatten auf Schrägagarröhrchen. Sobald die Bakterien angewachsen sind, werden die Röhrchen zum Schutz vor Verstauben in entsprechend große Präparategläser mit eingeschliffenem Deckel gestellt (Boden mit Watte auslegen) und an einem kühlen Ort (z. B. im Keller) aufbewahrt. Die Kulturen können über Jahre gehalten werden, wenn man sie, je nach der Schnelligkeit ihres Wachstums, in Abständen von mehreren Wochen bis zu einigen Monaten jeweils auf frische Schrägagarröhrchen überimpft.

XIV. Das Verhalten der Bakterien zum Sauerstoff

Manche Bakterienarten wachsen nur bei Gegenwart (**Aerobier**), andere dagegen nur bei Abwesenheit von Sauerstoff (**Anaerobier**). Andere Arten verhalten sich dem Sauerstoff gegenüber indifferent (fakultativ aerob bzw. anaerob). Alle Gruppen sind durch gleitende Übergänge miteinander verbunden.

Zur Prüfung des Verhaltens gegenüber Sauerstoff dient die **Agar-Stichkultur**.

Man füllt Reagenzgläser zu etwa zwei Dritteln bis drei Vierteln mit Nähragar, verschließt mit Wattestopfen und sterilisiert (s. S. 401). Mit einer ausgeglühten und wieder abgekühlten Impfnadel*) wird etwas von der zu untersuchenden Bakterienkolonie entnommen. Durch einen senkrechten Stich, so tief wie die Nadel lang ist, beimpft man den Nährboden in den Röhrchen und bebrütet bei Zimmertemperatur.

Der Ort des stärksten Bakterienwachstums in dieser Agar-Stichkultur zeigt das Verhalten der betreffenden Bakterienart gegenüber dem Sauerstoff an.

Aerobe Arten wachsen fast nur an der Nährbodenoberfläche und nicht oder fast nicht im Stichkanal.

Anaerobe Arten wachsen im unteren Teil des Stichkanales.

Indifferente Arten wachsen gleichmäßig verteilt in der ganzen Länge des Stichkanales (Abb. 9).

---

*) Zur Herstellung einer Impfnadel wird ein 7—8 cm langes Stück Chrom-Nikkel-Draht (Durchmesser etwa 0,4 mm) in das eine Ende eines etwa 20 cm langen und 5—7 mm starken Glasstabes eingeschmolzen.

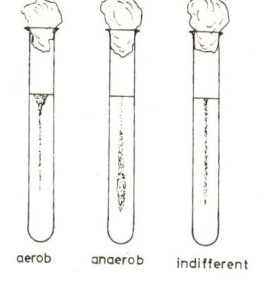

Abb. 9: Das Wachstum aerober, anaerober und dem Sauerstoff gegenüber indifferenter Bakterien in der Agar-Stichkultur

aerob   anaerob   indifferent

XV. Die Züchtung anaerober Bakterien

Zur Züchtung anaerober Bakterien sind verschiedene Verfahren entwickelt worden, von denen zwei für Schulzwecke besonders geeignet sind.

a. Das WRIGHT-BURRI-*Verfahren*

Diese Methode eignet sich für Reagenzglaskulturen (Schrägröhrchen, Flüssigkeitskulturen).

Nach dem Beimpfen des Nährmediums flammt man die Röhrchenmündung und den Wattestopfen in der Flamme eines Gasbrenners ab. Das Röhrchen wird verschlossen und der Wattestopfen direkt über dem Glasrand abgeschnitten. Man flammt die Röhrchenmündung noch einmal ab und schiebt den Wattestopfen mit einer sterilen Pinzette bis auf etwa 3 cm an die Kultur heran. Nun schiebt man einen kleinen, zweiten Wattestopfen dicht an den ersten heran, jedoch so, daß er diesen nicht berührt. Von der Röhrchenmündung muß er etwa 2 cm entfernt sein. Auf diesen Wattestopfen pipettiert man 1 ml 20 %ige Pyrogallol-Lösung und 1 ml 25 %ige Soda-Lösung (auf wasserfreies Natriumcarbonat berechnet!). Anschließend wird die Röhrchenmündung mit einem dritten Wattestopfen, den man einparaffiniert, oder mit einem Gummistopfen verschlossen.

Alkalische Pyrogallol-Lösung absorbiert Sauerstoff, und zwar reicht 1 ml einer 20 %igen Lösung aus, um etwa 200 ml Luft von Sauerstoff zu befreien. In der auf diese Weise sauerstofffrei oder sauerstoffarm gemachten Atmosphäre des Reagenzglases können sich anaerobe Keime entwickeln.

b. Das FORTNER-*Verfahren*

Diese Methode eignet sich für Plattenkulturen.

Serratia marcescens   Anaerobier
Vaseline   Vaseline
        Nährboden   Abb. 10: FORTNER-Platte

Man stellt einen Standard-Nähragar mit 1 % Glucosezusatz her und gießt damit Platten (s. S. 404). Die Platten werden auf einer Hälfte mit dem zu züchtenden Anaerobier und auf der anderen mit einem aeroben (fakultativ anaeroben) Organismus, z. B. Serratia marcescens (B. prodigiosum), beimpft. Man verschließt sie luftdicht, indem man den seitlichen Raum zwischen Oberteil und Unterteil der Schalen ringsum mit Vaseline ausstreicht (Abb. 10).

Der aerobe Organismus verbraucht Sauerstoff, reduziert damit die Sauerstoffspannung in der Schale und schafft dem Anaerobier auf diese Weise geeignete Lebensbedingungen.

Ähnliche Verhältnisse liegen wahrscheinlich auch oft an natürlichen Standorten, z. B. im Erdboden, vor, da man häufig anaerobe Arten in einem an sich aeroben Milieu findet.

XVI. Physiologische Leistungen der Bakterien

a. *Der Abbau von Zucker*

Der Zuckerabbau ist an der Gasbildung (Kohlendioxid) oder am Auftreten von Säuren im Nährsubstrat zu erkennen.

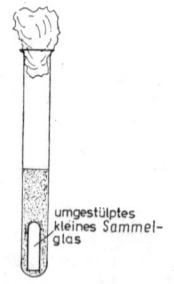

Abb. 11: Gärröhrchen nach DURHAM (umgestülptes kleines Sammelglas)

Zum Nachweis der **Gasbildung** dienen **Gärröhrchen** nach DURHAM (Abb. 11). Standardnährbouillon (s. S. 401) wird mit 0,5—1,0% des zu untersuchenden Zuckers versetzt und zu jeweils 10 ml in Reagenzgläser abgefüllt. In jedes Reagenzglas gibt man umgestülpt, mit der Öffnung nach unten, ein kleines Sammelglas (Länge etwa 4 cm, Durchmesser etwa 8 mm). Das Reagenzglas wird mit dem Daumen verschlossen und mehrfach umgeschwenkt, bis alle Luft aus dem Sammelglas verdrängt und es vollständig mit Nährlösung gefüllt ist. (Dieses Umschwenken ist nicht unbedingt erforderlich, da die Luft fast immer auch durch das nachfolgende Sterilisieren der Röhrchen aus den Sammelgläsern entweicht. Es ist jedoch zu empfehlen, wenn man absolut sicher gehen will.)

Die Reagenzgläser werden mit Wattestopfen verschlossen, sterilisiert (s. S. 401), mit der zu prüfenden Bakterienart beimpft (s. S. 404) und bei Zimmertemperatur bebrütet.

Wird der der Nährlösung zugesetzte Zucker abgebaut, so sammelt sich in dem umgestülpten Sammelgläschen im Verlauf von einigen Tagen Gas (Kohlendioxid) an.

Eine weitere Möglichkeit zum Nachweis der Gasbildung ist die **Schüttelkultur**. Man versetzt Standardnährbouillon mit 0,5—1,0 % des zu untersuchenden Zuckers und 1 % Agar. Man kocht, bis der Agar vollständig gelöst ist, füllt in Reagenzgläser ab und sterilisiert (s. S. 401).

Zum Versuch wird der Nährboden durch Kochen der Röhrchen im Wasserbad verflüssigt. Man läßt bis auf etwa 40° C abkühlen, beimpft mit der zu untersuchenden Bakteriensuspension, rollt die Röhrchen mehrmals schnell zwischen den

Handflächen hin und her, um die Bakterien in der gesamten Agarmenge zu verteilen, und bebrütet bei Zimmertemperatur.

Die Bakteriensuspension wird so hergestellt, daß man mit einer Ausstrichöse etwas von der zu untersuchenden Bakterienkolonie entnimmt und in einem Reagenzglas mit sterilem destilliertem Wasser (s. S. 403) aufschwemmt. Sollen in Nährbouillonkultur wachsende Bakterien geprüft werden, so liegt die Suspension schon vor. Von der Suspension werden je nach Dichte 2—5 Tropfen zum Beimpfen verwendet.

Wird der zu untersuchende Zucker abgebaut, so treten innerhalb von 24 Stunden durch die Kohlendioxidbildung Gasblasen und Risse im Agar der Schüttelkultur auf (Abb. 12).

Abb. 12: Agar-Schüttelkultur

Zum Nachweis der **Säurebildung** beim Zuckerabbau werden dem Nährsubstrat Indikatoren zugesetzt.

Bromthymolblaubouillon
Standardnährbouillon (s. S. 401) wird mit 1 % Bromthymolblau-Lösung und 0,5—1,0 % des zu untersuchenden Zuckers versetzt, in Reagenzgläser abgefüllt und sterilisiert (s. S. 401).

Die Bromthymolblau-Lösung hat folgende Zusammensetzung:

Bromthymolblau	0,2 g
n/10 Natronlauge	5,0 ml
destilliertes Wasser	95,0 ml

Man beimpft die Nährlösung mit der zu untersuchenden Bakterienart (s. S. 404) und bebrütet bei Zimmertemperatur.

Wird der Zucker abgebaut, so ist innerhalb von 24 Stunden ein Farbumschlag von Blau über Blaugrün und Grün nach Gelb zu beobachten. (Bromthymolblau ist im alkalischen Bereich blau, im neutralen Bereich grün und im sauren Bereich gelb.) Die Intensität der Gelbfärbung kann als Maßstab für den Grad des Zuckerabbaues gelten. In der medizinischen Bakteriologie ist dieser Versuchsansatz wegen des Farbumschlages unter dem Namen „Bunte Reihe" bekannt.

Anstelle von Bromthymolblau können auch wässerige Lackmus-Lösung, 1 %ige wässerige Kongorot-Lösung oder Chinablau-Lösung verwendet werden.

Nährsubstrat zum Nachweis der Milchsäurebildung aus Milchzucker
Man bereitet folgenden Nährboden:

Liebigs Fleischextrakt	0,3 %
Pepton	0,5 %
Milchzucker	5,0 %
Calciumcarbonat	bis zur milchigen Trübung
Agar	2,0 %
destilliertes Wasser	

Der Nährboden wird in Reagenzgläser abgefüllt und sterilisiert (s. S. 401).

Von Milch setzt man eine Verdünnungsreihe bis zur Verdünnung 1 : 10 000 an (s. S. 403, 426).

Der Nährboden in den Röhrchen wird durch Kochen im Wasserbad verflüssigt. Man läßt so weit abkühlen, daß man die Röhrchen gerade anfassen kann, beimpft jeweils mit 1 ml der Milchverdünnungsstufe 1 : 10 000, rollt die Röhrchen mehrmals zwischen den Handflächen rasch hin und her, um die Milchverdünnung und das oft am Boden abgesetzte Calciumcarbonat gleichmäßig zu verteilen, und gießt in sterile Petrischalen aus (s. S. 404). Nach dem Erstarren des Nährbodens werden die Platten bei Zimmertemperatur stehengelassen.

Innerhalb von 4—7 Tagen entwickeln sich auf dem Nährboden aus den mit der Milchverdünnung eingebrachten Keimen zahlreiche Bakterienkolonien. Manche von ihnen sind von einem hellen, durchscheinenden Hof umgeben, der sich in dem sonst milchig trüben Nährboden deutlich abhebt. Er ist besonders gut zu erkennen, wenn man die Platten beim Betrachten gegen das Licht hält. Dieser Hof kommt dadurch zustande, daß die Bakterien, um deren Kolonien herum er entstanden ist (Milchsäurebakterien), den Milchzucker des Nährbodens zu Milchsäure abbauen, die das dem Nährboden zugesetzte Calciumcarbonat auflöst.

b. Die Buttersäuregärung

Bacillus amylobacter, ein weit verbreiteter Bodenbazillus, kann z. B. auch die vorwiegend aus Protopektin bestehende Mittellamelle pflanzlicher Zellen abbauen. Er bildet dabei u. a. Buttersäure. Für die Flachs- und Hanfröste hat diese Buttersäuregärung praktische Bedeutung, da durch sie die Faserbündel aus dem Gewebeverband der Stengel gelöst werden. *Bacillus amylobacter* ist der wichtigste Buttersäurebildner des Bodens. Seine Tätigkeit kann durch folgenden Versuch demonstriert werden.

Eine mittelgroße, nicht chemisch behandelte Kartoffel wird mit dem Messer etwas eingeschnitten, an der Schnittstelle mit Garten- oder Ackererde infiziert, in einem Becherglas in hoher Schicht mit Leitungswasser übergossen (Abb. 13) und bei Zimmertemperatur stehengelassen.

Innerhalb von 5—8 Tagen treten lebhafte Gärungserscheinungen auf. Aus der Schnittstelle entweichen Gasblasen, und es riecht nach Buttersäure. Die Kartoffel wird weich und matschig (Naßfäule).

Bacillus amylobacter ist streng anaerob. Deshalb muß die Kartoffel zur ausreichenden Fernhaltung des Luftsauerstoffes in hoher Schicht mit Wasser überdeckt werden.

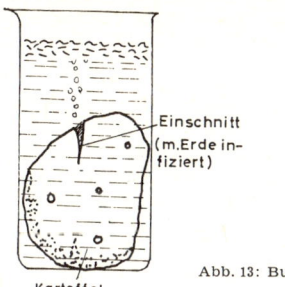

Abb. 13: Buttersäure-Gärung

(Beschriftung: Einschnitt (m. Erde infiziert); Kartoffel)

c. Der Abbau von Stärke

Zum Nachweis des Stärkeabbaues durch Bakterien eignet sich im Schulversuch am besten der Heubazillus (Bacillus subtilis), da er sehr leicht in Rohkultur durch einen Heu- oder Grasaufguß zu isolieren ist (s. S. 392).

Man bereitet folgenden Nährboden:

LIEBIGS Fleischextrakt 0,3 %
Pepton 0,5 %
Stärke 0,5 %
Agar 2,0 %
destilliertes Wasser

Der Nährboden wird in Reagenzgläser abgefüllt und sterilisiert (s. S. 401).

Von der Kahmhaut eines Heu- oder Grasaufgusses (s. S. 392) wird mit der Ausstrichöse etwas entnommen und in einem Reagenzglas in destilliertem Wasser möglichst gleichmäßig verrührt. Man verflüssigt den Nährboden in den Röhrchen durch Kochen im Wasserbad, beimpft jeweils mit 2—5 Tropfen der Bakterienaufschwemmung, gießt in sterile Petrischalen aus (s. S. 404) und bebrütet bei Zimmertemperatur.

Nachdem im Verlauf von einigen Tagen auf dem Nährboden zahlreiche Bakterienkolonien gewachsen sind, wird er mit Jod-Kaliumjodid-Lösung nach LUGOL dünn übergossen (Stärkenachweis). Die Kolonien der stärkeabbauenden Bakterien zeigen dann einen mehr oder weniger ausgedehnten hellen Hof, der sich in dem sonst violettblau gefärbten Nährboden deutlich abhebt. Am besten ist er bei Betrachtung der Platten über einem hellen Untergrund zu erkennen. Dieser Hof kommt dadurch zustande, daß die von den stärkeabbauenden Bakterien ausgeschiedenen Amylasen die Stärke des Nährbodens in der Umgebung der Kolonien spalten, so daß der Stärkenachweis dort negativ ausfällt. Als Abbauprodukte entstehen Dextrine, Malzzucker (Maltose) und Traubenzucker (Glucose).

d. Der Abbau von Zellulose

Zellulose wird von aeroben (überall im Boden) und anaeroben Organismen (unter anaeroben Verhältnissen im Boden, am Grund von Gewässern, in Stallmist) abgebaut. Im Kohlenstoffkreislauf spielt der Zelluloseabbau als Quelle der

Bildung von Kohlendioxid eine große Rolle. Er kann durch folgende Versuche sehr anschaulich demonstriert werden.

1. Aerober Zelluloseabbau

In eine halbe Petrischale von 10 cm Durchmesser füllt man fein zerteilte Garten- oder Ackererde, in eine zweite fein zerteilte Komposterde und in eine dritte nicht zu groben Sand. Alle drei Bodenproben werden so angefeuchtet, daß sie gut mit Wasser durchtränkt sind, aber keine Flüssigkeit an der Oberfläche steht. Auf die glattgestrichenen Oberflächen der Bodenproben werden je zwei glattrandig geschnittene Filtrierpapierstreifen (etwa 6 x 1 cm) gelegt und gut angedrückt. Man stellt alle drei Bodenproben in eine große Petrischale, füllt diese bis etwa zur halben Höhe der kleinen Schalen mit Wasser (feuchte Kammer), legt den Deckel auf die große Schale und läßt alles bei Zimmertemperatur stehen (Abb. 14). Nach 1—2 Wochen treten auf dem Filtrierpapier gelbe oder schwärz-

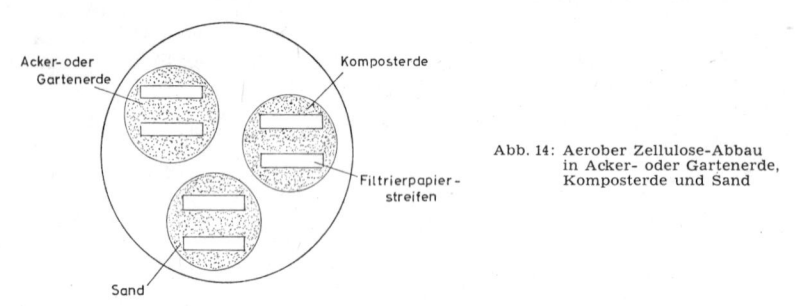

Abb. 14: Aerober Zellulose-Abbau in Acker- oder Gartenerde, Komposterde und Sand

liche Flecken auf, da die in den Bodenproben vorhandenen Zellulosezersetzer sich vermehren und die Zellulose des Papiers abbauen. Die Schnittränder der Papierstreifen werden unscharf, im Laufe der Zeit entstehen Löcher, und das Papier verschwindet schließlich ganz. Der Grad der Zerstörung ist ein Maßstab für die Menge der Zellulosezersetzer in den verschiedenen Böden.

2. Anaerober Zelluloseabbau

Man setzt folgende Nährlösung an (nach OMELIANSKI):

di-Kaliumhydrogenphosphat	1,0 g
Magnesiumsulfat	0,5 g
Ammoniumsulfat	1,0 g
Natriumchlorid	Spur
destilliertes Wasser	1000 ml

Die Nährlösung wird in zwei Weithalsflaschen von je 500 ml Inhalt gefüllt. Man gibt in jede Flasche 2 g Calciumcarbonat sowie etwa 2 g in glattrandige Streifen geschnittenes Filtrierpapier (Zellulose) und beimpft mit Bodenproben verschiedener Herkunft oder mit Pferdemist. Falls erforderlich, wird jede Flasche bis zur halben Höhe des Halses mit destilliertem Wasser aufgefüllt. Man verschließt die Flaschen jeweils mit einem durchbohrten Gummistopfen, durch dessen Bohrung ein mit Wasser gefüllter Gärverschluß gesteckt ist, und läßt den Versuchsansatz an einem etwas wärmeren Ort (am besten bis 30—40° C) stehen.

Im Verlauf von einigen Tagen bis Wochen wird die Zellulose des Filtrierpapiers aufgelockert. Oft ist eine gelbliche bis rötliche Verfärbung zu beobachten. Schließlich zerfällt die Zellulose zu einer lockeren Masse, die sich mehr und mehr auflöst.

Das beim anaeroben Zelluloseabbau entstehende Gas ist vorwiegend Kohlendioxid. Weitere Abbauprodukte sind Wasserstoff, Schwefelwasserstoff (bei Gegenwart von Sulfaten), Methan, Äthylalkohol, Essigsäure und Buttersäure.

e. Der Abbau von Kohlenwasserstoffen

Manche Bakterienarten können Kohlenwasserstoffe, wie Benzin, Petroleum oder Paraffin, als Kohlenstoff- und Energiequelle verwenden. Sie oxydieren diese Verbindungen zu Kohlendioxid und Wasser. Das oft rasche Verschwinden der Kohlenwasserstoffe von der Oberfläche damit verunreinigter Gewässer und die Selbstreinigung der Abwässer von Petroleumraffinerien sind durch die Tätigkeit derartiger Bakterien zu erklären. Es handelt sich dabei vorwiegend um Mycobakterien, Nocardien (Proactinomyceten) und Corynebakterien. Ihre Isolierung und der Nachweis ihrer Tätigkeit gelingen durch folgenden Versuch.

Man bereitet einen Nährboden aus:

Ammoniumchlorid	0,05 %
Kaliumdihydrogenphosphat	0,05 %
Magnesiumsulfat	0,05 %
Agar	2,0 %
destilliertes Wasser	

Der Nährboden, der zunächst keine Kohlenstoffquelle enthält, wird in Reagenzgläser abgefüllt, sterilisiert und nach Wiederverflüssigung im Wasserbad in sterile Petrischalen ausgegossen (s. S. 401, 404). Auf den erstarrten Nährboden streut man durch ein feines Haarsieb einige Stäubchen Gartenerde. Die Schalen werden mit dem Deckel nach unten aufgestellt. In jeden Deckel stellt man ein Uhrglas mit etwas Petroleum oder Benzin als Kohlenstoffquelle (Abb. 15) und bebrütet bei Zimmertemperatur.

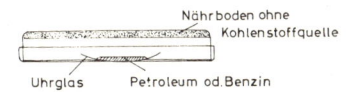

Abb. 15: Kulturansatz zur selektiven Isolierung von Mycobakterien

Auf diesem Nährboden können nur Bakterienarten wachsen, die Kohlenwasserstoffe als Kohlenstoff- und Energiequelle verwerten können. Innerhalb von 3—4 Wochen entstehen kleine, durchscheinende Bakterienkolonien. Es handelt sich dabei vorwiegend um Mycobakterien.

f. Die Essigsäuregärung

Zur Demonstration der bakteriellen Oxydation von Alkohol zu Essigsäure füllt man in einen Erlenmeyerkolben etwa eine Fingerbreite hoch Bier oder Wein, verschließt ihn mit einem Wattestopfen und läßt ihn bei Zimmertemperatur stehen.

Innerhalb von wenigen Tagen bildet sich auf der Flüssigkeit eine zarte Haut, die auch auf die Glaswand oberhalb der Flüssigkeitsoberfläche übergreift. Außerdem riechen das Bier bzw. der Wein zunehmend säuerlich.

Zur mikroskopischen Untersuchung überträgt man mit einer ausgeglühten und wieder abgekühlten Ausstrichöse von dieser Haut etwas in einen Wassertropfen auf einem Objektträger, verrührt es vorsichtig und legt ein Deckglas auf. Bei 500—600facher Vergrößerung erkennt man zahlreiche, relativ kleine, stäbchenförmige Bakterien. Es handelt sich dabei um **Essigsäurebakterien.** Außer ihnen enthält das Präparat noch erheblich größere, ovale, langgestreckte, hefeartig sprossende Zellen bzw. Zellverbände (Kahmhefen).

Die Essigsäurebakterien sind sehr sauerstoffbedürftig. Sie können sich deshalb nur dann stärker entwickeln und in Erscheinung treten, wenn Luft in ausreichender Menge zutreten kann, wie im obigen Versuchsansatz. Die technische Gewinnung von Essigsäure aus Alkohol bzw. Wein ist infolgedessen vorwiegend eine Frage einer ausreichenden Belüftungstechnik (vgl. Literatur).

g. Der Abbau von Eiweiß

Proteolytische (Eiweiß abbauende) Enzyme bei Bakterien können durch die Verflüssigung von Gelatine oder den Abbau von Kasein nachgewiesen werden. Die Desaminierung schwefelhaltiger Aminosäuren ist an der Bildung von Schwefelwasserstoff, der Abbau aromatischer Aminosäuren an der Indolbildung zu erkennen.

1. Nachweis der Gelatineverflüssigung

Man bereitet folgenden Nährboden:

Liebigs Fleischextrakt	0,3 %
Pepton	0,5 %
Gelatine	12,0 %
destilliertes Wasser	

Diese Nährgelatine wird in Reagenzgläser abgefüllt (etwa zwei Drittel voll) und sterilisiert (s. S. 401). Man entnimmt mit einer ausgeglühten und wieder abgekühlten Impfnadel etwas von der zu untersuchenden Bakterienmasse und beimpft die Röhrchen mit der Nährgelatine durch einen senkrechten, etwa 2 cm tiefen Stich. Die Kulturen werden bei Zimmertemperatur aufgestellt und mehrere Wochen beobachtet.

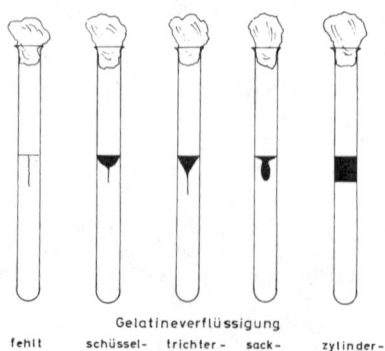

Abb. 16: Formen der Verflüssigungszonen in Gelatine

fehlt | schüsselförmig | trichterförmig | sackförmig | zylinderförmig

Gelatineverflüssigung

Besitzen die Bakterien proteolytische Enzyme, so wird die Gelatine um den Stichkanal herum verflüssigt. Man unterscheidet verschiedene Formen der Verflüssigungszone, die für jede Bakterienart charakteristisch sind (Abb. 16).

Die Gelatineverflüssigung durch Bakterien kann auch noch folgendermaßen nachgewiesen werden:

Man verflüssigt den Inhalt von vier Röhrchen mit Nährgelatine (s. o.) durch vorsichtiges Erwärmen im Wasserbad bei etwa 40—50° C und gießt ihn in vier sterile Petrischalen aus (s. S. 404). Nach dem Erkalten des Nährbodens werden zwei Platten der Infektion durch Zimmerluft und zwei Platten der Infektion durch Luft im Freien (z. B. auf der äußeren Fensterbank) ausgesetzt, indem man die Deckel abhebt und mit dem Rücken nach oben schräg auf den Rand des Unterteiles stellt (Abb. 17). Nach 5—10 Minuten werden alle Schalen wieder geschlossen und bei Zimmertemperatur bebrütet.

Abb. 17: Petrischale, der Luft exponiert

Innerhalb von einigen Tagen treten auf der Nährgelatine Bakterienkolonien auf, die sich aus den aus der Luft aufgefallenen Keimen entwickelt haben. Bei einigen ist die Gelatine um die Kolonie herum durch ausgeschiedene proteolytische Enzyme verflüssigt (Abb. 18).

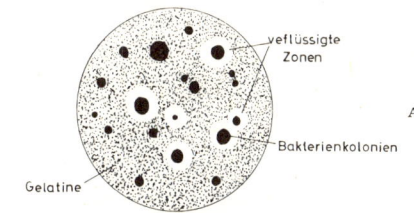

Abb. 18: Demonstation der Gelatineverflüssigung in Plattenkultur

2. Nachweis des Kaseinabbaues

Etwa 12 ml Standardnähragar (s. S. 401) und etwa 4 ml Magermilch werden getrennt in Reagenzgläser abgefüllt, sterilisiert (s. S. 401) und anschließend in eine sterile Petrischale ausgegossen (s. S. 404). Man beschreibt mit der Schale auf der Tischfläche einige kreisende Bewegungen, um die Milch mit dem Agar gut zu mischen, beimpft mit den zu untersuchenden Bakterien und bebrütet bei Zimmertemperatur.

Nach 2—3 Tagen haben sich auf dem Nährboden Bakterienkolonien entwickelt. Diejenigen Arten, die proteolytische Enzyme besitzen, haben um die Kolonie herum einen hellen Hof. In dieser Zone wurde das in der Milch enthaltene Kasein, durch das der Nährboden getrübt ist, abgebaut.

Häufig ist am äußeren Rand der durchsichtigen Zone ein Ring zu beobachten, der stärker getrübt ist als der übrige unbeeinflußte Teil der Platte. Er kommt durch die Wirkung des Labenzymes zustande, das eine Kaseinfällung hervorruft.

An Stelle der Magermilch kann dem Nährboden in gleicher Menge auch eine 0,5—1,0 %ige Kasein-Lösung zugesetzt werden. Die Abbauzone ist dann jedoch nicht direkt sichtbar. Man muß den Nährboden nach 2—3 Tagen Bebrütung mit einer Mischung aus 5 Raumteilen 96 %igen Äthylalkohols, 4,5 Raumteilen destillierten Wassers und 0,5 Raumteilen Eisessigs dünn überschichten. Dabei fällt in dem unbeeinflußten Teil der Platte das Kasein des Nährbodens aus, wodurch er getrübt wird, während der Diffusionsbereich der proteolytischen Enzyme, in dem das Kasein abgebaut worden ist, klar bleibt.

3. Nachweis von Schwefelwasserstoff

Der beim bakteriellen Abbau schwefelhaltiger Aminosäuren (Cystin, Cystein, Methionin) entstehende Schwefelwasserstoff kann nach folgender Methode nachgewiesen werden:

Man beimpft Standardnährbouillon-Röhrchen (s. S. 401) mit den zu untersuchenden Bakterien (s. S. 404). Beim Verschließen des Reagenzglases wird mit dem Wattestopfen ein Streifen Bleiacetatpapier so eingeklemmt, daß er nach innen in das Reagenzglas hineinhängt, ohne die Nährlösung zu berühren (Abb. 19). Bilden

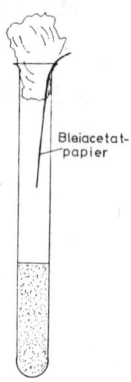

Abb. 19: Nachweis der Schwefelwasserstoff-Bildung

die Bakterien Schwefelwasserstoff, so wird das Bleiacetatpapier im Verlauf von einigen Tagen bräunlich bis schwärzlich verfärbt.

Zur Herstellung von Bleiacetatpapier tränkt man Filtrierpapierstreifen (etwa 5 cm lang und 5 mm breit) mit 2 %iger Bleiacetat-Lösung. Die Streifen werden an der Luft getrocknet. Sie können in einer Flasche mit Schliffstopfen oder in einem mit einem Gummistopfen verschlossenen Reagenzglas einige Wochen aufbewahrt werden.

4. Nachweis von Indol

Das beim Abbau aromatischer Aminosäuren durch Bakterien entstehende Indol kann folgendermaßen nachgewiesen werden:

Standardnährbouillon (s. S. 401) wird mit der zu untersuchenden Bakterienart beimpft (s. S. 404). Beim Verschließen des Röhrchens klemmt man mit dem Wattestopfen einen Streifen Indolreagenzpapier so ein, daß er in das Reagenzglas hineinhängt, jedoch ohne die Nährlösung zu berühren. Die Röhrchen werden bei

Zimmertemperatur bebrütet. Bei Indolbildung färbt sich das Indolreagenzpapier innerhalb von einigen Tagen rot.

Indolreagenzpapier wird hergestellt, indem man Filtrierpapierstreifen (etwa 5 cm lang und 5 mm breit) mit folgender Mischung tränkt:

Methylalkohol	10,0 ml
Salzsäure, konz.	10,0 ml
p-Dimethylamino-benzaldehyd	1,0 g

Die Streifen werden an der Luft getrocknet. Sie können in einer Glasflasche mit Schliffstopfen oder in einem mit einem Gummistopfen verschlossenen Reagenzglas einige Wochen aufbewahrt werden.

h. Die Zersetzung von Harnstoff

Viele Bakterienarten bilden Urease und können infolgedessen Harnstoff als Stickstoffquelle verwerten. Das ist jedoch nur möglich, wenn neben dem Harnstoff noch eine besondere Kohlenstoffquelle (Zucker, organische Säuren, Humusstoffe, Pepton) zur Verfügung steht. Schon sehr geringe Mengen derartiger Kohlenstoffquellen bewirken die Zersetzung von Harnstoffmengen, die ein erhebliches Vielfaches der Menge der Kohlenstoffquelle betragen. Der geringe Energiegewinn der Harnstoffspaltung wird durch die Größe des Umsatzes wieder ausgeglichen.

Zum Nachweis der Harnstoffspaltung versetzt man Standardnährbouillon (s. S. 401) mit 2 % Harnstoff und füllt sie, ohne zu sterilisieren (Harnstoff zersetzt sich beim Erwärmen), zu jeweils etwa 10 ml in Reagenzgläser ab. Man beimpft mit Ackererde, Jauche oder Pferdemist und bebrütet bei Zimmertemperatur.

In diesen Rohkulturen wird die Reaktion im Verlauf von einigen Tagen alkalisch (mit Indikatorpapier prüfen), da die mit dem Impfmaterial eingebrachten Bakterien den dem Nährboden zugesetzten Harnstoff zu Kohlendioxid und Ammoniak spalten, woraus sekundär Ammoniumcarbonat entsteht. Ammoniak ist am Geruch zu erkennen und kann auch durch Zusatz von NESSLERS Reagenz nachgewiesen werden.

i. Die Bindung von Luftstickstoff

Zur Demonstration der Bindung elementaren Luftstickstoffes durch Bakterien eignet sich am besten Azotobacter chroococcum. Er ist der wichtigste aerobe Stickstoffbinder des Bodens.

Man bereitet folgende Nährlösung:

di-Kaliumhydrogenphosphat	0,1 %
Calciumcarbonat, gefällt	0,1 %
Magnesiumsulfat	0,05 %
Natriummolybdat	0,005 %
Mannit	2,0 %
Agar	Spur
destilliertes Wasser	

Die Nährlösung wird in Erlenmeyerkolben etwa eine Fingerbreite hoch eingefüllt und mit einem erbsengroßen Stück Garten- oder Ackererde beimpft. Man verschließt die Kolben mit einem Wattestopfen und bebrütet bei Zimmertemperatur.

Innerhalb von zwei Wochen entsteht an der Füssigkeitsoberfläche eine weißliche Haut, die sich mit der Zeit bräunlich verfärbt. Sie besteht aus Bakterien. Da die Nährlösung keine Stickstoffquelle enthält, können sich in ihr von den mit der Bodenprobe eingebrachten Bakterien nur die Arten entwickelt und vermehrt haben, die den elementaren Luftstickstoff binden und als Stickstoffquelle verwerten können.

Zur mikroskopischen Untersuchung überträgt man von der an der Flüssigkeitsoberfläche entstandenen Haut mit einer ausgeglühten und wieder abgekühlten Ausstrichöse etwas in einen Wassertropfen auf einem Objektträger, verrührt es vorsichtig und legt ein Deckglas auf. Bei 500—600facher Vergrößerung erkennt man in diesem Präparat die eiförmigen, oft semmelartig zusammenhängenden Zellen von Azotobacter chroococcum. Im Tuschepräparat nach BURRI (s. S. 398) sieht man deutlich die jede Zelle umgebende Schleimschicht.

Ein anderer Stickstoffbinder des Bodens (der wichtigste anaerobe) ist Bacillus amylobacter (s. S. 410). Die Stickstoffbinder reduzieren den elementaren Luftstickstoff mit Wasserstoff, der aus dem Atmungsstoffwechsel stammt, zu Ammoniumverbindungen, die den höheren Pflanzen zur Verfügung stehen. Je Gramm veratmeter Kohlenstoffquelle (z. B. Glucose) werden etwa 10 mg Stickstoff gebunden. Für die Landwirtschaft ist die Tätigkeit der Stickstoffbinder, zu denen auch die Bakterien in den Wurzelknöllchen der Leguminosen gehören, von größter Bedeutung.

k. Die Bildung von Nitrit und Nitrat (Nitrifikation)

Die Oxydation des bei der Eiweiß- und Amidzersetzung im Boden entstehenden Ammoniaks verläuft chemisch und biologisch in zwei Stufen. Zunächst entsteht Nitrit, das unter natürlichen Verhältnissen im Boden jedoch nicht nachweisbar ist, da es sofort zu Nitrat weiteroxydiert wird. Die Nitrifikation verläuft nur unter aeroben Bedingungen. Die dabei entstehende Säure muß neutralisiert werden. Die Nitrifikanten verwenden die durch die Nitrifikation gewonnene Energie zur Reduktion von Kohlendioxid. Sie sind kohlenstoffautotroph. Organische Kohlenstoffquellen können nicht verwertet werden.

1. Die Nitritbildung

Man bereitet folgende Nährlösung (nach OMELIANSKI):

Ammoniumsulfat	0,2 %
Natriumchlorid	0,2 %
di-Kaliumhydrogenphosphat	0,1 %
Magnesiumsulfat	0,05 %
Eisen-II-sulfat	0,04 %
destilliertes Wasser	
Magnesiumcarbonat	im Überschuß

Die Lösung wird etwa eine Fingerbreite hoch in Erlenmeyerkolben gefüllt und mit TROMMSDORFS Reagenz auf Nitrit geprüft. Man bringt dazu einen Tropfen TROMMSDORFS Reagenz in ein flaches Porzellanschälchen oder auf eine Porzellanplatte und direkt daneben, jedoch ohne gegenseitige Berührung, einen

Tropfen 50 %ige Essigsäure oder 25 %ige Schwefelsäure. Zwischen diese beiden Tropfen bringt man einen Tropfen der Nährlösung und vermischt alle drei Tropfen miteinander. Ist Nitrit vorhanden, so tritt Blaufärbung auf. In der unbeimpften Nährlösung muß die Reaktion jedoch negativ ausfallen.

Die Röhrchen werden nun mit Acker- oder Komposterde beimpft, bei Zimmertemperatur bebrütet und im Abstand von jeweils zwei Tagen in der oben beschriebenen Weise auf Nitrit geprüft.

TROMMSDORFS Reagenz wird folgendermaßen hergestellt:

Man löst 20 g Zinkchlorid in 100 ml destilliertem Wasser, erhitzt bis zum Sieden, fügt 4 g in destilliertem Wasser aufgeschwemmte Stärke hinzu und kocht weiter, bis die Lösung klar ist. In dieser Mischung werden 2 g Zinkjodid aufgelöst. Man füllt mit destilliertem Wasser auf 1000 ml auf und filtriert.

Die bei Gegenwart von Nitrit entstehende Blaufärbung beruht darauf, daß durch den Zusatz von Essigsäure oder Schwefelsäure (s. o.) salpetrige Säure entsteht, diese das Zinkjodid oxydiert, und das freiwerdende Jod mit der Stärke unter Blaufärbung reagiert.

Die Empfindlichkeitsgrenze von TROMMSDORFS Reagenz liegt bei einer Konzentration von 1 : 100 000, was an entsprechenden Verdünnungen einer 1 %igen Kalium- oder Natriumnitritlösung nachgewiesen werden kann.

2. Die Nitratbildung

Zur Demonstration der bakteriellen Nitratbildung aus Nitrit wird folgende Nährlösung angesetzt:

Natriumnitrit	0,1 %
Natriumcarbonat	0,1 %
di-Kaliumhydrogenphosphat	0,05 %
Natriumchlorid	0,05 %
Eisen-II-sulfat	0,04 %
Magnesiumsulfat	0,03 %
destilliertes Wasser	

Man füllt die Nährlösung etwa eine Fingerbreite hoch in Erlenmeyerkolben, beimpft mit Acker-Komposterde und bebrütet bei Zimmertemperatur.

Zum Nachweis von Nitrat dient Diphenylamin-Schwefelsäure. Man stellt sie her, indem man Diphenylamin 0,5 %ig in reiner, konzentrierter Schwefelsäure löst. Diphenylamin-Schwefelsäure reagiert jedoch nicht nur mit Nitraten, sondern auch mit Nitriten. Vor dem Nachweis der Nitrate müssen deshalb etwa vorhandene Nitrite durch Kochen mit Harnstoff in saurer Lösung zerstört werden.

Man prüft infolgedessen im Abstand von jeweils zwei Tagen eine Probe der Rohkultur im Reagenzglas zunächst mit TROMMSDORFS Reagenz auf Nitrit. Fällt der Nachweis positiv aus, so wird der Rohkultur nochmals 1 ml entnommen, im Reagenzglas mit Harnstoff und 25 %iger Schwefelsäure versetzt und aufgekocht. Nach dem Abkühlen unterschichtet man vorsichtig mit Diphenylamin-Schwefelsäure, indem man sie aus einer Pipette an der Innenwand des schräg gehaltenen Reagenzglases langsam herablaufen läßt. Die Spitze der Pipette wird dabei etwa 2—3 cm oberhalb des Flüssigkeitsspiegels im Reagenzglas angesetzt (Abb. 20). Ist Nitrat vorhanden, so entsteht an der Berührungsfläche der beiden Flüssigkeiten ein blauer Farbstoff.

Abb. 20: Nitrat-Nachweis durch Unterschichten mit Diphenylamin-Schwefelsäure

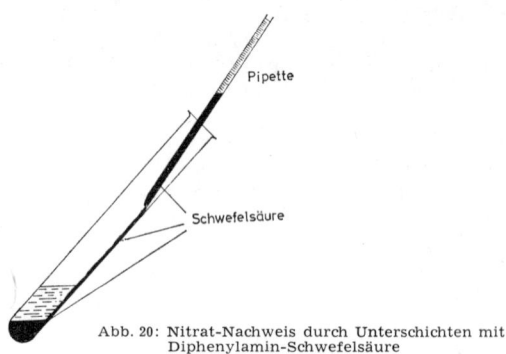

Zur Kontrolle muß auch eine Probe der unbeimpften Nährlösung in der gleichen Weise im Reagenzglas untersucht werden. Nach Zerstörung des Nitrits durch Kochen mit Harnstoff und Schwefelsäure muß der Nitratnachweis dann negativ ausfallen.

l. Der Abbau von Nitrat (Nitratammonifikation und Denitrifikation)

Die bakterielle Reduktion von Nitraten verläuft über Nitrit entweder bis zum Ammoniak (Nitratammonifikation) oder bis zum Stickstoff (Denitrifikation).
Zu ihrem Nachweis bereitet man folgende Nährlösung:

Natriumnitrat	0,02 %
Magnesiumsulfat	0,02 %
di-Kaliumhydrogenphosphat	0,02 %
Calciumchlorid	0,002 %
Zitronensäure, für sich mit 1 %iger Sodalösung neutralisiert	0,05 %
destilliertes Wasser	

Die Nährlösung wird zu jeweils 10 ml in Reagenzgläser gefüllt. Eine Probe davon prüft man mit TROMMSDORFS Reagenz auf Nitrit (s. S. 418). Sie darf zunächst kein Nitrit enthalten. Nun beimpft man mit Ackererde oder Pferdemist, bebrütet bei Zimmertemperatur, entnimmt im Abstand von jeweils zwei Tagen Proben und prüft sie auf Nitrit. Die TROMMSDORFsche Probe fällt zunehmend positiv aus. Darüberhinaus ist Gasbildung zu beobachten (Kohlendioxid und Stickstoff), die Reaktion wird alkalisch (mit Indikatorpapier prüfen, Nachweis von Ammoniak mit NESSLERS Reagenz), und es scheiden sich Kristalle ab ($MgHPO_4$).

m. Die Oxydation von Schwefelwasserstoff

Die Schwefelwasserstoff-Oxydation durch Bakterien, durch die für höhere Pflanzen verwertbare Schwefelverbindungen entstehen, zeigt folgender Versuch.

Man füllt Standzylinder (Höhe etwa 25 cm, Durchmesser etwa 3—5 cm) ungefähr 5 cm hoch mit einem Gemisch aus Erde und Schlamm zu gleichen Teilen, setzt etwa 2 g Gips zu und füllt mit Leitungswasser so weit auf, daß die Zylinder ungefähr zu drei Vierteln gefüllt sind. Nach dem Absetzen der festen Bestandteile werden die Standzylinder zusätzlich mit etwa 2 ml einer Schlammprobe beimpft, mit Kappen aus Aluminium- oder Zinnfolie abgedeckt und am besten an einem Nordfenster aufgestellt.

Innerhalb einiger Wochen treten in den Standzylindern rötliche oder gelblichweiße „Wolken" auf. Sie bestehen aus Schwefelbakterien.

Man entnimmt davon etwas mit einer Pipette, bringt einen Tropfen auf einen Objektträger und legt ein Deckglas auf. Bei der mikroskopischen Untersuchung dieses Präparates erkennt man bohnenförmige, bewegliche Zellen (*Chromatium spec.*) oder Spirillen (*Thiospirillum jenense*), von denen viele stärker lichtbrechende Kügelchen enthalten. Es handelt sich dabei um Einschlüsse von Schwefel, die durch die Oxydation von Schwefelwasserstoff entstanden sind. Bei Schwefelwasserstoffmangel werden sie weiter zu Schwefelsäure oxydiert.

n. Die Reduktion von Sulfaten (Desulfurikation)

Die bakterielle Reduktion von Sulfaten ist an der Schwefelwasserstoffbildung zu erkennen, wenn das Nährmedium keine schwefelhaltigen Aminosäuren enthält, bei deren Desaminierung ebenfalls Schwefelwasserstoff entsteht (s. S. 414).

Man bereitet folgende Nährlösung:

di-Kaliumhydrogenphosphat	0,5 %
Magnesiumsulfat	1,0 %
Asparagin	1,0 %
Natriumlaktat	5,0 %
Leitungswasser	

Mit dieser Lösung werden Erlenmeyerkolben etwa zur Hälfte gefüllt. Man fügt 0,5 % Gips und etwas Mohrsches Salz (Ammonium-Eisen-sulfat) hinzu, beimpft mit Schlamm und bebrütet bei Zimmertemperatur.

Im Verlauf von einigen Tagen bis Wochen beobachtet man, daß die Flüssigkeit im Erlenmeyerkolben allmählich schwarz wird. Diese Verfärbung kommt dadurch zustande, daß mit dem Schlamm Bakterien eingebracht wurden, die Sulfate zu Schwefelwasserstoff reduzieren. Der Schwefelwasserstoff reagiert mit dem in der Nährlösung vorhandenen Eisen (Mohrsches Salz) zu schwarzem Eisensulfid.

o. Die Spaltung von Wasserstoffperoxid

Um die bakterielle Spaltung von Wasserstoffperoxid zu zeigen, wird ein Reagenzglas zu etwa einem Viertel bis Drittel mit 3%iger Wasserstoffperoxid-Lösung gefüllt. Man entnimmt mit einer ausgeglühten und wieder abgekühlten Ausstrichöse etwas von der zu untersuchenden Bakterienkultur und taucht es in die Wasserstoffperoxid-Lösung. Aufschäumen zeigt die Spaltung an. Führt man in das Reagenzglas einen glimmenden Span ein, so entzündet er sich.

p. Leuchtbakterien

Zur Isolierung von Leuchtbakterien legt man ein etwa faustgroßes, mit Haut bedecktes Stück Seefischfleisch in eine Petrischale von 20 cm Durchmesser und übergießt es mit so viel in Leitungswasser angesetzter 3 %iger Kochsalzlösung, daß etwa noch ein Drittel des Stückes aus der Flüssigkeit herausragt. Die Petrischale wird mit dem Deckel verschlossen, in einem dunklen Raum bei einer Temperatur von 6—12° C (am besten in einem Keller) aufgestellt und täglich kontrolliert.

Im Verlauf von einigen Tagen treten auf dem nicht von der Flüssigkeit bedeckten Teil des Fischfleischstückes leuchtende Punkte auf.

Die Haut des Fisches war mit Leuchtbakterien infiziert, die sich unter den oben beschriebenen Versuchsbedingungen vermehrt haben, so daß das Leuchten der von ihnen gebildeten Kolonien im Dunkeln gut zu sehen ist.

Von diesen Kolonien können die Leuchtbakterien zur Haltung in Dauerkultur auf Seefischagar nach Molisch abgeimpft werden.

Zur Herstellung des Seefischagars kocht man zunächst 100 g frischen Seefisch (z. B. Schellfisch, Kabeljau) etwa zwei Stunden in 500 ml Wasser, läßt abkühlen und dekantiert. Die an der Oberfläche dieser Fischbrühe schwimmende Fettschicht wird mit Papier möglichst vollständig abgezogen. Man filtriert anschließend und füllt mit Leitungswasser wieder auf 500 ml auf. Die Fischbrühe kann im Kühlschrank einige Zeit aufgehoben werden.

Zum Gebrauch setzt man an:

Kochsalz   **3,0 %**
Pepton   1,0 %
Glycerin   0,5 %
Agar   2,0 %
Seefischbrühe

Man verfährt in der bei der Bereitung von Nährböden üblichen Weise (s. S. 400). Der pH-Wert des Seefischagars soll nach dem Sterilisieren etwa 7,8 betragen. Er wird deshalb auf etwa 8,0 eingestellt.

Man gießt zunächst Platten, beimpft sie und impft später von diesen auf Schrägröhrchen ab (s. S. 404), die kühl und dunkel aufbewahrt werden. Innerhalb von etwa einer Woche nimmt das Leuchten allmählich ab und erlischt schließlich. Demonstrationskulturen muß man deshalb etwa alle drei Tage überimpfen, die Dauerkulturen ungefähr alle sechs Wochen.

Die Intensität des Leuchtens kann sehr anschaulich durch folgenden Versuch demonstriert werden.

Man füllt Seefischbouillon, d. h. Nährlösung nach dem oben beschriebenen Rezept ohne Agarzusatz, jeweils zu 10 ml in Reagenzgläser ab und beimpft nach dem Sterilisieren mit Leuchtbakterien. Gleichzeitig setzt man Seefischgelatine an, d. h. Nährboden nach obigem Rezept mit 12 % Gelatine an Stelle des Agars. Die Seefischgelatine wird in Reagenzgläser abgefüllt (etwa zwei Drittel voll) und sterilisiert.

Nach etwa 24 Stunden gießt man die Seefischbouillon-Kultur der Leuchtbakterien zusammen mit dem im Wasserbad verflüssigten Inhalt von 3—4 Seefischgelatine-Röhrchen in einen im Heißluftsterilisator sterilisierten Stehkolben von 500 ml Inhalt. Der Kolben wird geschwenkt und gedreht, damit sich die Bakterienkultur mit der verflüssigten Gelatine möglichst gleichmäßig mischt und außerdem der Kolben mit dieser Mischung innen vollständig ausgekleidet wird. Falls die Gelatine nicht schon dabei allmählich erstarrt, läßt man über den Kolben beim Drehen und Schwenken Leitungswasser laufen.

Diese Bakterienlampe leuchtet nach einigen Stunden im Dunkeln so stark, daß man in ihrer unmittelbaren Umgebung Schrift erkennen und lesen kann. Es empfiehlt sich, den Wattestopfen des Kolbens von Zeit zu Zeit kurz herauszuziehen, da das Leuchten von der Gegenwart von Sauerstoff abhängig ist. Das zeigt besonders deutlich der folgende Versuch.

Man füllt zwei Erlenmeyerkolben von 1000 ml Inhalt etwa eine gute Daumenbreite hoch mit Seefischbouillon (s. o.), beimpft nach dem Sterilisieren mit Leuchtbakterien und stellt die Kolben an einem kühlen Ort im Dunkeln auf.

Innerhalb einiger Tage haben sich die Leuchtbakterien so stark vermehrt, daß die ganze Nährlosung grünlichgelb leuchtet.

Man füllt nun ein an einem Ende zugeschmolzenes Glasrohr (Länge etwa 60 cm, Durchmesser 12—15 mm) bis ungefähr 3 cm unter den oberen Rand mit der leuchtenden Nährlösung und stellt es im Dunkeln auf. Nach etwa 15 Minuten ist das Leuchten im Glasrohr, außer an der Flüssigkeitsoberfläche, erloschen. Verschließt man nun das Glasrohr mit dem Daumen und kehrt man es um, damit die Luft von unten nach oben wandert, so leuchtet die Nährlösung an der Stelle, an der sich die Luftblase gerade befindet, jeweils auf.

q. Die Bildung von Antibiotica

Die Antibioticabildung ist vor allem bei den zur Ordnung der Actinomycetales gehörenden Streptomyceten zu beobachten. Der bekannteste Vertreter dieser Gruppe ist *Streptomyces griseus,* der das Antibioticum Streptomycin bildet.

1. Die Isolierung von Streptomyceten

Man bereitet folgenden Nährboden (nach WAKSMAN):

di-Kaliumhydrogenphosphat	0,1 %
Magnesiumsulfat	0,02 %
Calciumsulfat	0,02 %
Eisen-III-chlorid	Spur
Mannit	0,1 %
Asparagin	0,05 %
Agar	2,0 %
destilliertes Wasser	

Der Nährboden wird in Reagenzgläser abgefüllt und sterilisiert (s. S. 401). Von Acker- oder Walderde stellt man eine Verdünnung bis zur Stufe 1 : 100 000 her (s. S. 403, 426). Der Inhalt einiger Röhrchen mit Nähragar nach WAKSMAN (s. o.) wird nun durch Kochen im Wasserbad verflüssigt, wieder so weit abgekühlt, daß man die Röhrchen gerade anfassen kann, und mit jeweils 1 ml der Bodenverdünnung 1 : 100 000 beimpft. Man rollt die Röhrchen zur gleichmäßigen Verteilung der Bodenverdünnung im Nährboden mehrmals zwischen den Handflächen hin und her, gießt sie in sterile Petrischalen aus (s. S. 404) und bebrütet bei Zimmertemperatur.

Innerhalb von 8—10 Tagen tritt auf dem Nährboden ein reicher Bewuchs von Mikroorganismen auf. Als vorherrschenden Typ beobachtet man Kolonien, die wie kleine, kreidige Kalkberge aussehen und oftmals in einer kraterförmigen Vertiefung des Nährbodens sitzen. Sie können verschiedenartig gefärbt sein, grau, weiß, gelblich, braun, orange, rot, eventuell auch grün oder blau. Es handelt sich dabei um *Streptomyceten*. Die Platte riecht charakteristisch. Dieser auch an Bodenproben zu beobachtende, oft als „erdig" bezeichnete Geruch wird von den *Streptomyceten* hervorgerufen.

Zur mikroskopischen Untersuchung überträgt man mit einer ausgeglühten und wieder abgekühlten Ausstrichöse etwas von einer Streptomycetenkolonie in einen Wassertropfen auf einem Objektträger. Die Streptomycetenmasse darf nur durch sehr vorsichtiges Bewegen der Ausstrichöse im Wassertropfen verteilt werden, da das Mycel sehr leicht zerfällt. Man legt ein Deckglas auf, untersucht das Präparat bei etwa 500facher mikroskopischer Vergrößerung und erkennt die Hyphen des Streptomycetenmycels. An den meistens schneckenförmig eingerollten Enden der Hyphen werden die Sporen abgeschnürt.

2. Der antibiotische Test

Man gießt einige Platten (s. S. 404) mit Nähragar nach WAKSMAN (s. o.). Jede der Platten wird durch einen quer über den Nährboden verlaufenden Impfstrich von einer der nach der oben beschriebenen Methode isolierten Streptomycetenkolonien beimpft und bei Zimmertemperatur bebrütet. Nach 2—3 Tagen impft man die zu testenden Bakterien auf. Man verfährt dabei so, daß auf jede Platte mehrere Bakterienarten in parallel zueinander im Abstand von etwa 2 cm verlaufenden Impfstrichen aufgebracht werden, die jeweils vom Rand der Platte bis auf 1—2 mm an den Impfstrich des Streptomyceten heranreichen (Abb. 21). Die Platten werden weiter bei Zimmertemperatur bebrütet.

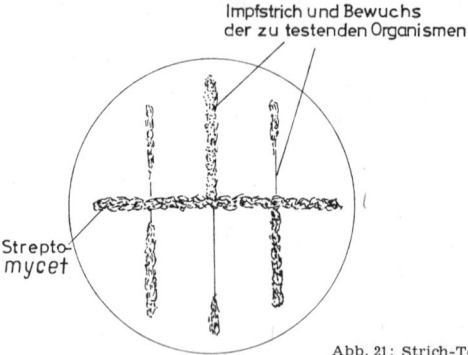

Abb. 21: Strich-Test auf Antibiotica

Wachsen die Bakterien in der vollen Länge des Impfstriches gleich stark, so bildet die Streptomycetenart entweder kein Antibioticum oder die betreffende Bakterienart ist dagegen resistent. Ein schwächerer oder fehlender Bewuchs auf dem Bakterienimpfstrich in der Nähe des Impfstriches des Streptomyceten zeigt dagegen eine antibiotische Wirkung an.

Eine weitere Möglichkeit zu deren Untersuchung ist der Loch-Test.

Man gießt Platten mit Standardnähragar für Bakterien (s. S. 401, 404). In die Mitte der Platte wird mit einem durch Abflammen in der Flamme eines Gasbrenners sterilisierten Korkbohrer ein Loch gebohrt, das etwa halb so tief sein soll, wie die Nährbodenschicht dick ist. Nun beimpft man die Platte durch jeweils vom Rand bis zur Bohrung laufende Impfstriche mit mehreren der zu testenden Bakterienarten (Abb. 22), füllt in das Loch eine Lösung des zu untersuchenden Antibioti-

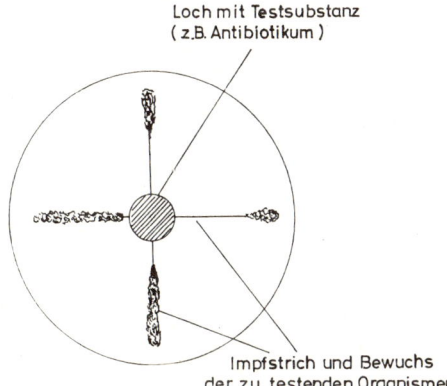

Loch mit Testsubstanz
(z.B. Antibiotikum)

Impfstrich und Bewuchs
der zu testenden Organismen

Abb. 22: Loch-Test auf Antibiotica

cums und bebrütet bei Zimmertemperatur. Je nach ihrer Resistenz gegenüber dem Antibioticum wachsen die Bakterien mehr oder weniger weit an das Loch mit der Testlösung heran.

Nach dieser Methode können auch Chemotherapeutica untersucht werden.

XVII. Das Verhalten der Bakterien zur Temperatur

Schrägröhrchenkulturen (s. S. 404, 405) der zu untersuchenden Bakterienarten werden bei verschiedenen Temperaturen bebrütet, bei etwa 3° C (im Kühlschrank), bei 10—15° C (im Keller), bei 18—25° C (Zimmertemperatur) und bei etwa 50° C (im Brutschrank).

Nach etwa einer Woche vergleicht man die Wachstumsstärke der Bakterien bei den verschiedenen Bebrütungstemperaturen. Die meisten Bakterienarten werden das stärkste Wachstum in den bei Zimmertemperatur bebrüteten Röhrchen zeigen.

XVIII. Die Wirkung der Wasserstoffionenkonzentration auf Bakterien

Röhrchen mit jeweils 10 ml Standardnährbouillons (s. S. 401) werden vor dem Sterilisieren durch tropfenweisen Zusatz von 2 %iger Salzsäure bzw. Sodalösung auf verschiedene pH-Werte zwischen 2,0 und 10,0 eingestellt (z. B. 2,0; 4,0; 6,0; 7,0; 8,0; 10,0).

Man entnimmt mit einer ausgeglühten und wieder abgekühlten Ausstrichöse etwas von der zu untersuchenden Bakterienart und verteilt es durch vorsichtiges Verrühren möglichst gleichmäßig in sterilem destilliertem Wasser in einem Reagenzglas. Jedes der Nährbouillonröhrchen unterschiedlichen pH-Wertes wird mit der gleichen Zahl von Tropfen dieser Bakterienaufschwemmung (2—5, je nach Dichte) beimpft. Man bebrütet bei Zimmertemperatur und beobachtet die Stärke des Bakterienwachstums bei den verschiedenen pH-Werten.

XIX. Die Wirkung von Schwermetallen auf Bakterien

Kupfer, Silber und andere Schwermetalle wirken noch in sehr hohen Verdünnungen toxisch auf Bakterien.

Eine Silber- oder Kupfermünze wird durch Abflammen in der Flamme eines Gasbrenners sterilisiert und mitten in eine sterile Petrischale (s. S. 403) gelegt. Von der zu untersuchenden Bakterienmasse stellt man eine Aufschwemmung in sterilem destilliertem Wasser her (s. S. 403, 404). Der Inhalt eines Röhrchens mit Standardnähragar wird durch Kochen im Wasserbad verflüssigt. Man läßt so weit abkühlen, daß man das Röhrchen gerade anfassen kann, beimpft es mit einem Milliliter der Bakterienaufschwemmung, rollt es zur gleichmäßigen Verteilung der Bakterien im Nährboden mehrmals rasch zwischen den Handflächen hin und her und gießt es in die Petrischale mit der Münze aus (s. S. 404).

Nach einigen Tagen sind die Bakterien in der Schale deutlich sichtbar angewachsen. Um die Münzen herum beobachtet man jedoch einen mehr oder weniger breiten bakterienfreien Hof.

XX. Die Bestimmung der Keimzahl

Die Keimzahl ist die Zahl der entwicklungsfähigen Mikroorganismen in einem Gramm oder Milliliter des Untersuchungsmaterials (z. B. Boden, Wasser, Milch, Bier, Speiseeis usw.). Ihre Bestimmung hat für Trinkwasser-, Lebensmittel- oder Bodenuntersuchungen große praktische Bedeutung. Bei der Keimzahlbestimmung werden außer den Bakterien (Bakterien im engeren Sinne, Actinomyceten) auch mikroskopische Pilze (Schimmelpilze, Hefen usw.) erfaßt.

Für Schulversuche zur Keimzahlbestimmung kommen vor allem zwei Verfahren in Betracht, das Kochsche **Plattenverfahren** und die **Membranfiltermethode.**

a. Das Kochsche Plattenverfahren

Dieses Verfahren wurde von R. Koch in die bakteriologische Technik eingeführt. Es ist das älteste und auch heute noch am meisten benutzte Verfahren.

Von dem in einem sterilen Gefäß (s. S. 403) gesammelten Untersuchungsmaterial wird unter sterilen Bedingungen 1 g bzw. 1 ml entnommen und mit 9 ml sterilem destilliertem Wasser (s. S. 403)) vermischt. Handelt es sich dabei um festes Untersuchungsmaterial (z. B. eine Bodenprobe), so wiegt man auf einem in der Flamme eines Gasbrenners abgeflammten, austarierten Uhrglas 1 g ab und bringt es in ein Reagenzglas mit 9 ml sterilem destilliertem Wasser. Der Boden wird dabei mit einem in der Flamme eines Gasbrenners abgeflammten und wieder abgekühlten Metallspatel übertragen.

Ist das Untersuchungsmaterial flüssig (z. B. Bier, Milch, Flußwasser), so wird mit einer sterilen Meßpipette 1 ml in ein Reagenzglas mit 9 ml sterilem destilliertem Wasser übertragen.

Von dieser Verdünnungsstufe des Untersuchungsmaterials im Verhältnis 1 : 10 stellt man weitere Verdünnungen jeweils im Verhältnis 1 : 10 bis zu dem gewünschten Verdünnungsgrad her, indem man immer jeweils 1 ml aus der zuletzt hergestellten Verdünnung in ein neues Reagenzglas mit 9 ml sterilem destilliertem Wasser unter sterilen Bedingungen überpipettiert. Bis zu welcher Verdünnungsstufe man die Verdünnungsreihe jeweils führt, hängt von der Art des Untersuchungsmaterials ab. Bodenproben mit voraussichtlich hohem Keimgehalt (z. B. Gartenerde) werden bis zur Stufe 1 : 100 000 oder 1 : 1 000 000 verdünnt, Sand dagegen nur bis zur Stufe 1 : 1000 oder 1 : 10 000. Milch verdünnt man im allgemeinen bis zur Verdünnungsstufe 1 : 10 000.

Der Inhalt von vier Röhrchen mit Standardnähragar zum Plattengießen (s. S. 401) wird nun durch Kochen im Wasserbad verflüssigt und wieder auf etwa 60° C (gut handwarm) abgekühlt. Man entfernt den Wattestopfen eines Röhrchens und pipettiert unter sterilen Bedingungen 1 ml aus der vorletzten Verdünnungsstufe des Untersuchungsmaterials in den noch flüssigen Nährboden. Durch Rollen des Röhrchens zwischen den Handflächen wird sein Inhalt gemischt. Man flammt die Röhrchenmündung in der Flamme eines Gasbrenners ab und gießt den Inhalt in eine sterile Petrischale aus (s. S. 404). Ein zweites Röhrchen mit Standardnähragar wird mit derselben (vorletzten) Verdünnungsstufe, die beiden anderen Röhrchen werden mit der letzten Verdünnungsstufe des Untersuchungsmaterials in gleicher Weise beimpft und in sterile Petrischalen ausgegossen.

Man beschriftet die Platten (Art des Untersuchungsmaterials, Verdünnungsstufe, Art des Nährbodens, falls mehrere Nährböden verwendet werden, Datum) und bebrütet bei Zimmertemperatur.

Innerhalb von einer Woche entwickeln sich auf den Nährböden zahlreiche Kolonien von Mikroorganismen.

Man zählt die Kolonien auf jeder Platte aus, multipliziert jeweils mit dem reziproken Wert des Verdünnungsfaktors (z. B. mit 100 000 bei einer Verdünnung von 1 : 100 000) und ermittelt damit die annähernde Keimzahl in der Ausgangsmenge von einem Gramm oder einem Milliliter des Untersuchungsmaterials.

Die Verdünnung des Untersuchungsmaterials soll zu einer für das Auszählen günstigen Menge von Kolonien auf dem Nährboden führen. Sind es durch zu starke Verdünnung zu wenige, so sind die Abweichungen der Ergebnisse bei vergleichenden Untersuchungen relativ groß. Sind es dagegen durch zu schwache Verdünnung zu viele Kolonien, so lassen sie sich nicht mehr gut auszählen. Man beimpft deshalb aus zwei verschiedenen Verdünnungsstufen. Dicht bewachsene Platten lassen sich leichter auszählen, wenn man sie durch Fettstiftmarkierungen auf dem Boden der Schale in einzelne Sektoren teilt und diese getrennt auszählt.

Das Kochsche Plattenverfahren geht von der Voraussetzung aus, daß alle Keime in den verwendeten Verdünnungsstufen einzeln verteilt vorliegen und auch auf dem benutzten Nährboden zur Entwicklung (Koloniebildung) gelangen. Da das durchaus nicht der Fall ist, weichen die Ergebnisse bei vergleichenden Untersuchungen oft erheblich voneinander ab. Trotz dieses Nachteiles ist das Kochsche Plattenverfahren nach wie vor die am häufigsten benutzte Methode der Keimzahlbestimmung, da es absolut genaue Bestimmungsmethoden bisher noch nicht gibt.

b. Die Membranfiltermethode

Das Prinzip der seit einigen Jahrzehnten neben dem Kochschen Plattenverfahren verwendeten Membranfiltermethode besteht in der Anreicherung der Keime aus einer bekannten Menge des Untersuchungsmaterials auf der Oberfläche eines Filters und ihrem anschließenden mikroskopischen oder kulturellen

Nachweis. Das Filter ist aus einer Gerüstsubstanz auf der Basis von Zellulose-Estern bzw. Zellulose-Regeneraten hergestellt. Diese Stoffe bilden ein vielschichtiges Hohlraumsystem, dessen Porenweite so bemessen ist, daß Bakterien zurückgehalten werden. Zum Gebrauch wird das Filter in das Membranfiltergerät eingelegt. Als Auffanggefäß für das Filtrat dient eine Saugflasche, die mit einer Wasserstrahlpumpe verbunden wird (Abb. 23).

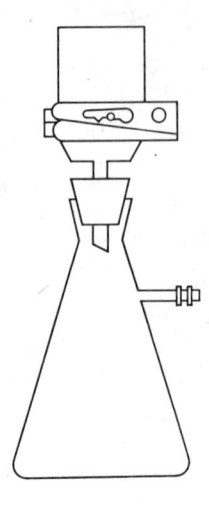

Abb. 23: Membranfiltergerät auf Saugflasche

Der mikroskopische Nachweis der Keime, der eine grobe Orientierung über den Keimgehalt des betreffenden Untersuchungsmaterials gestattet, wird folgendermaßen durchgeführt:

Man schiebt einen in den Hals der Saugflasche passenden durchbohrten Gummistopfen über das Auslaufrohr des Unterteiles des Membranfiltergerätes. Zur Verbesserung der Gleitfähigkeit werden das Auslaufrohr und die Bohrung des Gummistopfens vorher mit etwas Glycerin eingestrichen. Danach wird ein Membranfilter auf die in das Unterteil eingeschmolzene Glasfritte gelegt und das Oberteil des Gerätes, das zur Aufnahme des Untersuchungsmaterials dient, aufgesetzt und befestigt. Man setzt das zusammengebaute Gerät auf die Saugflasche und verbindet sie durch einen Vakuumschlauch mit einer Wasserstrahlpumpe.

Das Untersuchungsmaterial wird in das Oberteil des Membranfiltergerätes gegossen, die Wasserstrahlpumpe in Gang gesetzt und die Probe filtriert. Die zu filtrierende Menge des Untersuchungsmaterials hängt vom vermuteten Keimgehalt ab (von Leitungswasser filtriert man z. B. 1000 ml, von Flußwasser 100 ml).

Nachdem alles durchgelaufen ist, werden die Mikroorganismen auf dem Filter fixiert, indem man 10 ml 10 %ige Formaldehyd-Lösung in das Oberteil des Gerätes gibt und ebenfalls filtriert. Anschließend muß durch Filtration von 50—100 ml destillierten Wassers gründlich nachgespült werden.

Das an der Luft getrocknete Filter wird zum Färben der Mikroorganismen mit der Schichtseite nach oben in eine Petrischale auf eine dreifache Lage von Filtrierpapier (am besten Rundfilter) gelegt, das mit wässeriger Methylenblau-Lösung getränkt ist. Die Farblösung darf auf dem Papier nicht schwimmen. Zu ihrer Herstellung löst man so viel Methylenblau in 70 %igem Äthylalkohol, daß ein Bodensatz übrig bleibt. Die darüberstehende gesättigte alkoholische Methylenblau-Lösung wird mit destilliertem Wasser im Verhältnis 1 : 5 (d. h. 1 Teil Farblösung + 4 Teile Wasser) verdünnt. Man färbt 10 Minuten. Danach wird das Membranfilter zur Entfärbung in eine zweite Petrischale übertragen und dort auf eine dreifache Lage Filtrierpapier gelegt, die mit destilliertem Wasser getränkt ist. Man entfärbt unter ein- bis zweimaliger Erneuerung des Filtrierpapiers, bis das Membranfilter hell geworden ist. Danach wird es an der Luft getrocknet.

Zur mikroskopischen Untersuchung schneidet man aus dem Filter kleine Stücke von etwa 5 mm Kantenlänge heraus. Sie werden auf einen Objektträger in einen Tropfen Immersionsöl oder Glycerin übertragen, wodurch sie transparent werden, und bei 500—600facher mikroskopischer Vergrößerung untersucht. Man findet dann im Präparat des Trinkwassers nur sehr wenige Keime pro Gesichtsfeld, während das Präparat des Flußwassers je nach dessen Verunreinigung eine mehr oder weniger große Anzahl der verschiedensten Mikroorganismen enthält.

Soll der Keimgehalt des Untersuchungsmaterials nicht nur größenordnungsmäßig gezeigt, sondern genau bestimmt werden, so müssen alle damit in Berührung kommenden Teile des Membranfiltergerätes sterilisiert werden, da sonst die daran haftenden und von dort auf das Filter geschwemmten Keime das Ergebnis verfälschen würden. Da jedoch nur der Rückstand der Mikroorganismen auf dem Filter interessiert, nicht aber das Filtrat in der Saugflasche, das verworfen wird, brauchen nur die Glasfritte und das Oberteil des Gerätes von innen sterilisiert zu werden. Das geschieht durch gründliches Abflammen der betreffenden Teile mit der Flamme eines Gasbrenners. Man schiebt zunächst einen durchbohrten Gummistopfen (s. o.) über das Auslaufrohr des Unterteiles des Membranfiltergerätes, flammt die Glasfritte ab und setzt das Unterteil in den Hals der Saugflasche ein. Die Membranfilter werden zusammen mit den Nährkartonscheiben, in Polyäthylenbeuteln steril verpackt, geliefert. Man entnimmt mit einer durch Abflammen sterilisierten Pinzette ein Membranfilter aus der sterilen Verpackung und legt es auf die sterilisierte Glasfritte auf. Anschließend wird das Oberteil innen abgeflammt, aufgesetzt und befestigt. Man gießt das Untersuchungsmaterial in das Gerät und saugt mit der Wasserstrahlpumpe ab. Es dürfen hier jedoch nur geringe Mengen des Untersuchungsmaterials, die man mit einer entsprechenden Menge sterilen destillierten Wassers verdünnt, filtriert werden, um eine gut auszählbare Menge von Kolonien auf dem Filter zu erhalten und deren Zusammenwachsen zu vermeiden. Bei Flußwasser filtriert man etwa 0,5 ml. Nachdem das Untersuchungsmaterial durchgelaufen ist, wird das Oberteil des Gerätes innen mit sterilem destilliertem Wasser ausgespült und dieses ebenfalls filtriert, um alle Keime des Untersuchungsmaterials quantitativ auf das Membranfilter zu überführen.

Man entnimmt nun mit einer durch Abflammen sterilisierten Pinzette eine Nährkartonscheibe aus der Verpackung und legt sie in eine sterile Petrischale, in die man zuvor mit einer sterilen Pipette (s. S. 403) 3 ml steriles destilliertes Wasser übertragen hat. Die Nährkartonscheibe muß mit dem daranhängenden Filtrierpapier nach unten liegen. Nun wird ebenfalls mit steriler Pinzette das Membranfilter aus dem Gerät herausgenommen und mit der Schichtseite nach oben auf die Nährkartonscheibe übertragen. Dabei ist darauf zu achten, daß keine Luftblasen zwischen Filter und Nährkartonscheibe eingeschlossen werden. Man bebrütet die Petrischale bei Zimmertemperatur.

Die Nährstoffe der Nährkartonscheibe werden durch das destillierte Wasser gelöst. Sie gelangen durch Diffusion an die Oberfläche des Membranfilters, wodurch die dort befindlichen Keime innerhalb einiger Tage zu Kolonien auswachsen. Durch Auszählen der Kolonien läßt sich die Zahl der entwicklungsfähigen Keime in der filtrierten Menge des Untersuchungsmaterials leicht ermitteln.

Der Membranfiltermethode haften die gleichen grundsätzlichen Nachteile und Fehlermöglichkeiten an, die auch das Kochsche Plattenverfahren besitzt, da beide von gleichen Voraussetzungen ausgehen. Die Erfahrung hat jedoch gezeigt, daß die Schwankung der Ergebnisse bei vergleichenden Untersuchungen bei der Membranfiltermethode im allgemeinen etwas geringer ist.

XXI. Das Bestimmen von Bakterien

Bei der geringen morphologischen Differenzierung der Bakterien ist ihre systematische Bestimmung, die in der medizinischen Bakteriologie zur eindeutigen Erkennung bestimmter Krankheitserreger eine große Rolle spielt, allein nach morphologischen Merkmalen nur in Ausnahmefällen möglich. Fast immer muß die Untersuchung der physiologischen Leistungen mit herangezogen werden.

Man beobachtet und untersucht im allgemeinen folgende Eigenschaften:

1. Bakterienform
2. Größenverhältnisse
3. Zellverband
4. Beweglichkeit
5. Sporenbildung
6. färberische Eigenschaften (z. B. Gram-Färbung)
7. Kolonien
   a. Ort der Entstehung
   b. Form
   c. Beschaffenheit der Oberfläche
   d. Beschaffenheit des Randes
   e. Höhe
   f. Konsistenz
   g. Farbstoffbildung
8. Verhalten zum Sauerstoff (Agar-Stichkultur)
9. Einfluß der Temperatur
10. Einfluß des pH-Wertes
11. Abbau von Zucker
    a. Gasbildung
    b. Säurebildung

12. Abbau von Stärke
13. Abbau von Eiweiß
    a. Gelatineverflüssigung (Form der verflüssigten Zone)
    b. Kaseinabbau
    c. Schwefelwasserstoffbildung
    d. Indolbildung
14. Nitratreduktion
15. Spaltung von Wasserstoffperoxid

Nach der Prüfung dieser morphologischen und physiologischen Eigenschaften kann die systematische Einordnung der untersuchten Bakterien mit Hilfe von Bestimmungsbüchern (s. Literaturverzeichnis) durchgeführt werden.

B. Algen

I. Das Sammeln und der Transport von Algen

Algen kommen an vielen Stellen vor. Man findet sie als Bewuchs an Baumrinde, Gartenzäunen und Glasscheiben von Gewächshäusern, auf Erde, im Wasser auf Steinen, Pflanzen und Tieren und an den Scheiben von Aquarien. Auf dem Boden von Gewässern bilden Algen oft dichte Wiesen, und zu bestimmten Zeiten schwimmen große Massen mancher Arten als „Wasserblüte" an der Wasseroberfläche. Im Lebensraum des freien Wassers, dem Pelagial, bilden Algen einen wesentlichen Teil des Planktons.

Diese Aufzählung könnte ohne Schwierigkeiten verlängert und durch detaillierte Angaben erweitert werden, was jedoch den vorgesehenen Rahmen dieses Abschnittes sprengen würde. Hinweise auf die günstigsten Fundorte der verschiedenen Algenarten findet man in der umfangreichen Spezialliteratur (s. Literaturverzeichnis).

Terrestrische Algen werden mit einem **Messer oder Spatel** zusammen mit einer dünnen Schicht ihrer Unterlage abgelöst und in **Sammelgläser** übertragen. Im Wasser lebende Arten bringt man mit Wasser vom Fundort in Sammelgläser. Planktonalgen werden mit einem **Planktonnetz** gefangen. Es besteht aus einem trichterförmigen Beutel aus sehr engmaschiger Seidengaze, an dessen unterem Ende ein kleiner Metalleimer mit Hilfe eines Bajonettverschlusses befestigt wird. Der Netzbeutel ist an seinem oberen Ende über einen stabilen Metallring von etwa 15 cm Durchmesser genäht. An ihm befinden sich in gleichmäßigem Abstand drei Ösen, von denen drei Schnüre gleicher Länge zu einem Metallring laufen, an dem die Netzleine befestigt wird (Abb. 1). Planktonnetze gibt es mit Seidengaze verschiedener Maschenweite. Zum Fang der sehr kleinen Planktonalgen benötigt man eine Seidengaze mit engeren Maschen (Maschenweite etwa 55—65 μ, Gaze Nr. 20 oder 25).

Zum Fang wird das Netz von einem Boot aus durch das Wasser gezogen, das auf diese Weise durchgeseiht wird. Das Plankton sammelt sich in dem Eimerchen und kann aus diesem abgegossen werden. Zum Fang von Planktonalgen in Tümpeln oder anderen kleinen und flachen Wasseransammlungen, die mit einem Boot nicht befahren werden können, wirft man das Planktonnetz vom Rand des Gewässers aus mehrfach in das Wasser und zieht es an der Schnur langsam wieder an Land. Man muß dabei das Ende der Schnur einige Male fest um das Handgelenk schlingen und ihren übrigen Teil in leicht ablaufende Schlingen legen. Ist die Wasseransammlung auch für diese Fangmethode zu klein, so kann

Abb. 1: Plankton-Netz zum Fang planktontischer Algen

man eine Stockzwinge, die zu jedem Planktonnetz geliefert wird, in ein im Metallring des Netzes dafür vorgesehenes Gewinde einschrauben. In diese Stockzwinge kann jeder beliebige Stock entsprechender Dicke eingesetzt werden, mit dessen Hilfe man das Netz dann mehrfach durch das Wasser zieht.

Die Sammelgläser für die Algen müssen dicht schließen. Am besten sind Gläser mit einem etwas eingezogenen, wulstförmigen Rand (Abb. 2) und einem aufdrückbaren Kunststoffdeckel geeignet, die es in verschiedenen Größen im Fachhandel gibt.

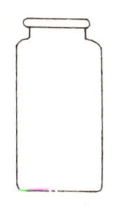

Abb. 2: Sammelglas

Von jeder gesammelten Probe wird ein kleiner Teil lebend aufbewahrt, um im Frischpräparat untersucht oder in Kultur gehalten zu werden. Diese Proben müssen unter besonderen Vorsichtsmaßnahmen transportiert werden. Vor allem Planktonalgen sind sehr empfindlich gegen Sauerstoffmangel und zu starke Erwärmung des Wassers. Sie sterben dann sehr rasch ab. Man füllt die Sammelgläser deshalb nur höchstens zur Hälfte, stellt sie in eine **Thermosflasche** und transportiert diese möglichst erschütterungsfrei. Wird nur eine Probe gesammelt, so kann sie unmittelbar in die Thermosflasche gebracht werden, die man damit zu einem guten Drittel bis höchstens zur Hälfte füllt. Im Wasser in größeren Watten oder Büscheln lebende Fadenalgen werden am besten in sehr feuchtem Zustand ohne Wasser in Sammelgläsern transportiert. Eine entsprechende Menge von Standortwasser wird in einer separaten Flasche mitgenommen.

Alle Proben lebender Algen müssen so bald wie möglich im Arbeitsraum aus den Sammelgläsern herausgenommen werden. Die im Wasser lebenden Formen werden in **flache Schalen** (Petrischalen, Teller) gebracht, wobei den feucht transportierten Algen wieder eine entsprechende Menge von Fundortwasser zugesetzt werden muß.

Enthalten die Proben zu viele Organismen, so verteilt man sie auf mehrere Schalen bzw. Teller und setzt noch etwas Wasser vom Fundort zu, von dem deshalb in jedem Fall eine entsprechende Menge mitgenommen werden sollte.

II. Die Konservierung von Algen

Die Konservierung dient dazu, Algenmaterial zu jeder beliebigen Zeit zur makroskopischen oder mikroskopischen Demonstration oder Untersuchung zur Verfügung zu haben, also z. B. auch dann, wenn es jahreszeitlich bedingt in der Natur nicht zu finden ist. Von großer Bedeutung ist dabei, daß die Konservierungsverfahren so abgestimmt sind, daß nicht nur die äußere Gestalt der Algen, sondern auch ihre plasmatischen Strukturen ohne Veränderung ihrer Form und Lage erhalten bleiben.

Der größere Teil jeder gesammelten Algenprobe wird deshalb — am besten gleich am Fundort — konserviert. Als Konservierungsmittel kommen in Frage:

1. Formol, etwa 8 %ig

Es wird hergestellt, indem man die handelsübliche 38—40 %ige Formaldehyd-Lösung mit destilliertem Wasser im Verhältnis 1 : 5 (1 Teil Formaldehyd-Lösung + 4 Teile destilliertes Wasser) verdünnt. Von dieser Verdünnung setzt man etwa die halbe bis gleiche Menge den in Wasser gesammelten und befindlichen Algenproben zu.

2. Formol, etwa 4 %ig

Die handelsübliche 38—40 %ige Formaldehyd-Lösung wird mit destilliertem Wasser im Verhältnis 1 : 10 (1 Teil Formaldehyd-Lösung + 9 Teile destilliertes Wasser) verdünnt. Mit dieser Verdünnung werden nicht im Wasser wachsende Algen in einem Sammelgläschen reichlich übergossen.

In den Formol-Lösungen können die Algenproben, wenn es sich lediglich um eine Konservierung handelt, jahrelang aufbewahrt werden.

3. Pfeiffersches Gemisch

Man mischt 38—40 %ige Formaldehyd-Lösung, gereinigten Holzessig und Methylalkohol zu gleichen Teilen. Das Gemisch fixiert Süßwasseralgen sehr gut. Für Meeresalgen ist es nicht geeignet, da sich mit Meerwasser Niederschläge bilden.

Dem Wasser, in dem sich die Süßwasseralgen befinden, setzt man die zwei- bis dreifache Menge an Peiffeerschem Gemisch zu. Die Einwirkungsdauer soll etwa 24 Stunden betragen. Die Algen können aber auch wochenlang in dem Gemisch liegen bleiben. Zur Dauerkonservierung werden die Algen nach etwa 24 Stunden aus dem Gemisch direkt in 50 %igen Alkohol übertragen.

Die Erhaltung der natürlichen Formen und Strukturen ist in Peiffeerschem Gemisch etwas besser als in Formol.

III. Frischpräparate von Algen

Frischpräparate lebender Algen werden — wie die meisten Frischpräparate biologischer Objekte — im Wassertropfen hergestellt und untersucht.

Man überträgt einen Tropfen Wasser (am besten vom Fundort der Algen) auf einen Objektträger, bringt mit einer Pinzette etwas Algenmaterial hinein und legt ein Deckglas auf. Um zu vermeiden, daß Luftblasen mit eingeschlossen werden, faßt man das Deckglas an den Kanten mit Daumen und Zeigefinger und setzt es schräg auf den Objektträger auf, so daß es mit diesem einen spitzen Winkel bildet. Man zieht es dann an den Wassertropfen heran und läßt es langsam niedersinken (Abb. 3).

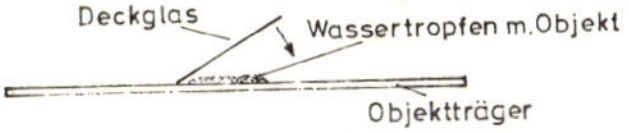

Abb. 3: Richtiges Auflegen eines Deckglases

Handelt es sich bei den Algen um planktonische, nicht fadenförmige Arten, so werden sie mit einer Pipette mit etwas Wasser vom Fundort direkt, ohne Verwendung eines zusätzlichen Wassertropfens, auf einen Objektträger gebracht und in der oben beschriebenen Weise mit einem Deckglas bedeckt.

Die Wassermenge soll in jedem Fall so bemessen sein, daß der Raum zwischen Objektträger und Deckglas gut ausgefüllt wird. Hat man zu viel Wasser genommen, wodurch das Deckglas mit den Objekten auf dem Objektträger schwimmt, so saugt man am Deckglasrand mit einem Streifen Filtrierpapier etwas Wasser ab. War die Wassermenge zu gering, so setzt man am Deckglasrand mit einem Glasstab etwas Wasser zu, das durch Kapillarwirkung unter das Deckglas gesogen wird. Nach einiger Übung wird es aber ohne weiteres gelingen, die Wassermenge richtig abzumessen.

Die Wahl der mikroskopischen Vergrößerung zur Betrachtung der Präparate hängt von der Art der Algen ab. Man sollte jedoch in jedem Fall das Präparat zunächst mit einem schwach vergrößernden Objektiv (z. B. 10fach) einstellen und erst danach gegebenenfalls zu einer stärkeren Objektivvergrößerung übergehen.

Algen mit geringer Eigenfärbung, wie z. B. manche Flagellaten, sind im Lebendpräparat oft nur schwer zu sehen. Man schließt dann die Irisblende unter dem Objekttisch des Mikroskopes relativ weit (etwa zur Hälfte bis zu zwei Dritteln), wodurch der Kontrast im mikroskopischen Bild gesteigert wird.

IV. Dauerpräparate von Algen

a. Das Fixieren

Zur Herstellung von Dauerpräparaten muß das Algenmaterial zunächst fixiert werden. Das Fixieren soll möglichst unmittelbar nach der Entnahme der Algen am Fundort geschehen, damit keine Veränderungen der natürlichen Form und Lage der Strukturen eintreten können.

Einige Fixierungsmittel sind im Abschnitt über die Konservierung von Algen bereits aufgeführt. Außer diesen haben sich besonders bewährt:

1. Chromessigsäure nach Flemming

    Chromsäure, krist.   0,7 %
    Eisessig   0,5 %
    destilliertes Wasser

Das Gemisch ist für alle Süßwasseralgen mit Ausnahme der Armleuchteralgen gleich gut geeignet. Für diese wird es folgendermaßen abgewandelt:

Chromsäure, krist.   1,0 %
Eisessig   1,0 %
destilliertes Wasser

Für Meeresalgen wählt man folgende Zusammensetzung:

Chromsäure, krist.   0,3 %
Eisessig   1,0 %
Meerwasser

Die Chromsäure fixiert besonders gut die Zellkerne, die Essigsäure dagegen das Plasma. Die Menge der Fixierungsflüssigkeit soll mindestens das 50fache des Algenvolumens betragen. Man fixiert bis zu 12 Stunden und rührt, am besten mit einem Glasstab, mehrfach um. Anschließend wird mit destilliertem Wasser ausgewaschen und in Glycerin-Wasser (1 Teil Glycerin, 20 Teile destilliertes Wasser, etwas Thymol) übertragen.

2. *Chromsäure-Lösung, wässerig, 0,5—1 %ig*

Die Lösung ist besonders gut zur Fixierung von Kieselalgen geeignet, kann aber auch für andere Algengruppen verwendet werden. Menge und Anwendungszeit entsprechen denen von Chromessigsäure.

3. *Fixiergemisch nach* FLEMMING

schwächere Mischung

Chromsäure-Lösung, wässerig, 1 %ig	25 ml
Essigsäure-Lösung, wässerig, 1 %ig	10 ml
destilliertes Wasser	55 ml
Osmiumsäure-Lösung, wässerig, 1 %ig	10 ml

stärkere Mischung

Chromsäure-Lösung, wässerig, 1 %ig	45 ml
Osmiumsäure-Lösung, wässerig, 2 %ig	12 ml
Eisessig	3 ml

Die FLEMMINGschen Mischungen sind die besten Fixierungsmittel für cytologische Untersuchungen. Bei kleineren Objekten verwendet man die schwächere Mischung, bei größeren die stärkere. Beide Mischungen halten sich schlecht. Sie können nicht längere Zeit aufbewahrt und sollten am besten jeweils unmittelbar vor dem Gebrauch frisch hergestellt werden. Die Menge der Fixierungsflüssigkeit soll etwa 10mal so groß wie das Volumen der Algen sein. Die Fixierungsdauer beträgt etwa eine halbe bis maximal 5 Stunden. Ausgewaschen wird mit destilliertem Wasser und anschließend in Glycerin-Wasser (1 Teil Glycerin, 20 Teile destilliertes Wasser, etwas Thymol) übertragen.

Soll die natürliche Farbe der Grünalgen im Dauerpräparat erhalten bleiben, so verfährt man folgendermaßen:

4. *Fixierung nach* AMANN-ECKERT

Algen aus stehenden Gewässern

Pfeiffersches Gemisch (s. S. 434)	2 Stunden
sorgfältig auswaschen mit Wasser	
Kupferlactophenol	10—12 Stunden
auswaschen mit Wasser	
einschließen mit Glycerin-Gelatine (s. S. 439)	

Algen aus fließenden Gewässern
    auswaschen mit destilliertem Wasser
    Formaldehyd-Lösung, 4 %ig, mit einem
    Zusatz von 10 % Kupferlactophenol   10—30 Stunden
    auswaschen mit destilliertem Wasser
    einschließen mit Glycerin-Gelatine (s. S. 439)

Die Kupferlactophenol-Lösung nach Amann wird folgendermaßen angesetzt:

Man löst 9,2 g Kupferchlorid in 50 ml destilliertem Wasser und 0,2 g Kupferacetat in 45 ml destilliertem Wasser. Nach vollständiger Lösung der Salze werden beide Flüssigkeiten zusammengegossen. Anschließend setzt man 5 ml Lactophenol zu, läßt die Mischung zwei Tage stehen und filtriert. Ihre Farbe muß blau sein. Die Kupferlactophenol-Lösung ist im allgemeinen etwa drei Wochen haltbar. Sobald sie sich grünlich verfärbt, ist sie nicht mehr brauchbar.

Zur Herstellung des Lactophenols mischt man:

Phenol, krist.	20 g
Milchsäure	20 g
Glycerin	40 g
destilliertes Wasser	20 g

b. Das Färben

Das fixierte Algenmaterial wird nach dem Auswaschen des Fixierungsmittels zur besseren Sichtbarmachung der verschiedenen Strukturen gefärbt. Lediglich nach der Fixierung unter Erhaltung der natürlichen grünen Farbe von Algen (s. o.) unterbleibt eine Färbung. Während die Fixierung jedoch im allgemeinen am zweckmäßigsten in den Sammelgläsern vorgenommen wird, in denen die Algen gesammelt worden sind, indem man sie, gegebenenfalls nach vorsichtigem Abgießen des Wassers, mit dem Fixierungsmittel übergießt, dienen als Färbegefäße auch **kleine Petrischalen, Blockschälchen** oder **Uhrgläser.** Kleine und empfindliche Objekte werden am besten in **Siebeimerchen** von einer Flüssigkeit in die andere übertragen, die man sich selbst nach folgender Methode herstellen kann. Von einem etwas dickeren Reagenzglas mit umgebördeltem Rand schneidet man mit einem Glasschneider ein etwa 5 cm langes Stück, von der Mündung her, ab. Die Schnittkante des auf diese Weise erhaltenen kurzen, dicken Glasröhrchens wird in der Flamme eines Gasbrenners abgeschmolzen. Über die Öffnung mit dem umgebördelten Rand bindet man nun ein entsprechend zugeschnittenes Stück Perlon- oder Nylongewebe, das gegebenenfalls, je nach seiner Maschenweite, auch doppelt oder dreifach gelegt werden kann. Man erhält dadurch ein Siebeimerchen (Abb. 4), in das man das Algenmaterial hineingibt. Die Flüssigkeiten, mit denen die Algen behandelt werden sollen (wie z. B. Färbemittel), werden in Sammelgläser entsprechender Größe etwa eine gute Daumenbreite hoch eingefüllt. Man faßt das Siebeimerchen mit einer Pinzette und stellt

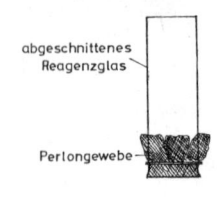

Abb. 4: Siebeimerchen, aus einem abgeschnittenen Reagenzglas und einem Stück Perlongewebe selbst hergestellt

es in das betreffende Sammelglas (Abb. 5). Auf diese Weise lassen sich Algen ohne den beim Dekantieren fast unvermeidlichen Materialverlust von einer Flüssigkeit in die andere übertragen.

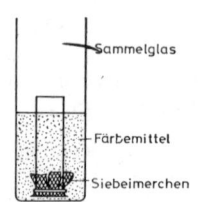

Abb. 5: Siebeimerchen, in Sammelglas eingestellt

Einige der gebräuchlichsten, für Schulzwecke am besten geeigneten Farblösungen für Algenfärbungen sind:

1. Alizarinviridin-Chromalaun

Zur Herstellung der Farblösung erhitzt man eine 5 %ige Chromalaunlösung in destilliertem Wasser bis zum Sieden und setzt unter Umrühren 1,5 g Alizarinviridin zu. Nach dem Erkalten wird die Farblösung filtriert. Sie ist sehr lange haltbar.

Die fixierten Algen werden aus destilliertem Wasser in die Farblösung gebracht. Man färbt 12—24 Stunden und wäscht anschließend in mehrfach gewechseltem destilliertem Wasser mindestens 15 Minuten lang aus. Eingeschlossen wird am besten in Glycerin-Gelatine (s. S. 439). Soll oder kann das Material nach dem Färben nicht sofort weiterverarbeitet werden, so kann man es auch in Glycerin-Wasser überführen (s. S. 436), in dem es lange Zeit haltbar ist.

2. Hämalaun nach MAYER

Zur Herstellung der Farblösung löst man in 100 ml destilliertem Wasser 1 g Hämatoxylin, 5 g Kalialaun und 0,02 g Natriumjodat. Sind diese Bestandteile völlig gelöst, so setzt man 5 g Chloralhydrat und 0,1 g Zitronensäure zu. Die Lösung muß rotviolett gefärbt sein. Sie ist lange Zeit haltbar.

Die fixierten Algen werden aus destilliertem Wasser in die Farblösung gebracht. Man färbt, je nach der Art des Objektes, 1—10 Minuten und wäscht anschließend in mehrfach gewechseltem destilliertem Wasser aus. Danach kommen die Algen in Leitungswasser, wodurch die Färbung aus dem rotvioletten in einen blauen Farbton übergeht, in dem die Feinheiten der Strukturen besser zu erkennen sind. Sollten die Präparate überfärbt sein, so differenziert man mit Salzsäure-Alkohol (96 %iger Alkohol mit einem Zusatz von 1 % Salzsäure). Nach dem Differenzieren muß wieder mit destilliertem Wasser ausgewaschen und mit Leitungswasser gebläut werden.

Eingeschlossen werden die gefärbten Algen in Glycerin-Gelatine (s. u.) oder ein synthetisches Harz (z. B. Cädax, Entellan, s. S. 440).

3. Hämatoxylin nach DELAFIELD

Die Farblösung wird am zweckmäßigsten gebrauchsfertig gekauft, da die Selbstherstellung relativ kompliziert und zeitraubend ist.

Die Färbezeit beträgt, je nach der Art des Objektes, 5—10 Minuten. Im übrigen verfährt man wie bei der Färbung mit Hämalaun nach MAYER.

4. Boraxkarmin

Zur Herstellung der Farblösung löst man 4 g Borax in 100 ml destilliertem Wasser auf, erhitzt und fügt 3 g Karmin hinzu, die sich nur in der erhitzten Boraxlösung gut auflösen. Nach dem Abkühlen werden 100 ml 90 %iger Alkohol zugefügt.

Die fixierten Algen werden aus 30 %igem Alkohol in die Farblösung übertragen. Man färbt, je nach der Art des Objektes, etwa 10—24 Stunden. Anschließend wird in 70 %igem Alkohol ausgewaschen und differenziert.

Als Einschlußmittel kommen Glycerin-Gelatine (s. u.) oder ein synthetisches Harz (z. B. Cädax, Entellan, s. S. 440) in Frage.

c. Das Einschließen

Die fixierten und gefärbten Algen müssen zur Dauerkonservierung auf dem Objektträger in ein Einschlußmittel gebracht werden. Seine Art richtet sich nach dem einzuschließenden Objekt. Es kommen in Frage:

1. Glycerin-Gelatine nach KAISER

Die Selbstherstellung lohnt sich nicht. Am besten kauft man die gebrauchsfertige Glycerin-Gelatine.

Man stellt zunächst eine Verdünnung der Glycerin-Gelatine im Verhältnis 1 : 10 bis 1 : 15 her. Zu diesem Zweck füllt man ein Reagenzglas zu etwa einem Viertel mit destilliertem Wasser, fügt ein ungefähr erbsengroßes Stück Glycerin-Gelatine nach KAISER zu, erwärmt, bis sich die Glycerin-Gelatine vollständig aufgelöst hat und verteilt sie durch Schütteln des Reagenzglases möglichst gleichmäßig im destillierten Wasser.

Von dieser Verdünnung wird ein großer Tropfen auf einen Objektträger gebracht. Man überträgt nun die gefärbten Algen in die verdünnte Glycerin-Gelatine und läßt den Objektträger an einem staubfreien Ort liegen, am besten unter einer umgestülpten, größeren halben Petrischale. Innerhalb von etwa 24 Stunden ist im allgemeinen so viel Wasser verdunstet, daß die Algen in reiner Glycerin-Gelatine liegen. Es ist dabei darauf zu achten, daß man relativ wenig Algenmaterial und relativ viel verdünnte Glycerin-Gelatine nimmt, damit die Algen auch noch nach dem Verdunsten des Wassers vollständig in Glycerin-Gelatine liegen.

Man erwärmt nun den Objektträger vorsichtig über der Sparflamme eines Gasbrenners (oft genügt schon die Wärmeentwicklung der eingeschalteten Mikroskopierlampe), um die Glycerin-Gelatine zu verflüssigen, setzt gegebenenfalls noch etwas zu und legt ein Deckglas auf.

Um zu vermeiden, daß dabei Luftblasen mit eingeschlossen werden, faßt man das Deckglas an den Kanten mit Daumen und Zeigefinger und setzt es schräg auf den Objektträger auf, so daß es mit diesem einen spitzen Winkel bildet. Man zieht es dann an die verflüssigte Glycerin-Gelatine heran und läßt es langsam niedersinken. Die Menge der Glycerin-Gelatine soll so bemessen werden, daß der Raum zwischen Objektträger und Deckglas vollständig damit ausgefüllt ist.

Da auch die reine Glycerin-Gelatine Wasser enthält, müssen die Deckglasränder mit einem Deckglasumrandungslack abgedichtet werden, um die Verdunstung des Wasseranteiles und damit Schrumpfungen im Präparat zu vermeiden. Im einfachsten Fall kann man dazu etwas Alleskleber nehmen.

Nach AMANN-ECKERT (s. S. 436) unter Erhaltung der natürlichen Farbe grüner Algen fixiertes Material wird ohne vorhergehende Färbung in Glycerin-Gelatine eingeschlossen.

2. *Synthetische Harze* (CÄDAX, ENTELLAN u. ä.)

Da sich die synthetischen Harze nicht mit Wasser mischen, müssen die fixierten und gefärbten Algen vor dem Einschließen durch stufenweise Überführung in Alkohol entwässert werden. Man bringt das Material zunächst in 30 %igen Alkohol und nach jeweils etwa 10—15 Minuten in 50-, 60-, 70-, 80-, 90- und 96 %igen Alkohol. Das geschieht am besten in selbst hergestellten Siebeimerchen (s. o.). Aus dem 96 %igen Alkohol werden die Algen in Benzoesäure-methylester übertragen, der einerseits die letzten Wasserspuren noch entzieht und aufnimmt, andererseits als Zwischenmedium dient, da er sich sowohl mit Alkohol als auch mit den Einschlußmitteln mischt.

Man überträgt nun mit einem Glasstab einen Tropfen Einschlußmittel auf einen Objektträger. Damit er später den Raum zwischen Objektträger und Deckglas gleichmäßig und vollständig ausfüllt, gibt man ihm mit einem Glasstab eine in der Aufsicht annähernd quadratische Form. Die Algen werden nun aus dem Benzoesäure-methylester in das Einschlußmittel übertragen und mit einem Deckglas bedeckt (s. o.).

Nach Boraxkarmin-Färbung in 70 %igem Alkohol liegende Algen (s.o.) werden zur weiteren Entwässerung direkt in 80 %igen Alkohol übertragen.

Eine Abdichtung des Deckglasrandes ist nach Einschluß in synthetische Harze nicht erforderlich.

V. Die Kultur von Algen

Algenkulturen dienen einerseits dazu, jederzeit frisches Algenmaterial zur Verfügung zu haben, andererseits sind sie für die Beobachtung und Untersuchung aller Entwicklungs- und Fortpflanzungsstadien unerläßlich.

Für einige Zeit können Algen in den Schalen und auf den Tellern gehalten werden, in die man das gesammelte Lebendmaterial ausgegossen hat (s. S. 434). Voraussetzung dazu ist, daß die Algen nicht eintrocknen. Man deckt Teller deshalb mit einer Glasplatte zum größten Teil ab, auf Petrischalen werden die Deckel schräg aufgesetzt (Abb. 6), und füllt von Zeit zu Zeit etwas Wasser nach. Für

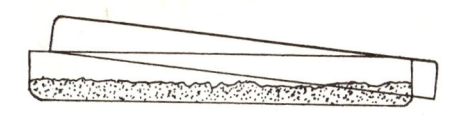

Abb. 6: Petrischale mit schräg aufgelegtem Deckel

Algenkulturen über längere Zeit empfiehlt sich jedoch die Verwendung definierter Nährmedien.

Die Kultur kann in Nährlösungen oder auf festen Nährböden erfolgen. Als Kulturgefäße dienen Reagenzgläser, Erlenmeyerkolben und Petrischalen. Die Reagenzgläser und Erlenmeyerkolben werden mit Wattestopfen verschlossen. Zu ihrer Herstellung schneidet man Watte in 3—5 cm breite Streifen (je nach der Größe des Gefäßes), die zu entsprechend starken Zylindern zusammengerollt werden. Jeder Wattezylinder wird dann noch von einer dünnen Wattehülle aus einem quadratisch zugeschnittenen Wattestück umschlossen, das man von einer Seite darüberstülpt. Wattestopfen müssen so in der Stärke bemessen werden, daß sie sich unter drehender Bewegung gut in die zu verschließende Öffnung hineinschieben lassen.

Algen wachsen am besten bei diffusem Tageslicht. Direktes Sonnenlicht ist zu vermeiden. Der beste Standort für die Kulturen ist deshalb ein Nordfenster. Das Temperaturoptimum liegt im Bereich von 15—20° C.

Als Nährlösungen kommen in Betracht:

1. *Nährlösung nach* BENECKE

Calciumnitrat	0,05 %
Magnesiumsulfat	0,01 %
di-Kaliumhydrogenphosphat	0,02 %
Eisen-III-chlorid	Spur
destilliertes Wasser	

In dieser Nährlösung wachsen die meisten Algenarten. Es empfiehlt sich, die Gesamtkonzentration an Nährsalzen bei den einzelnen Arten auszuprobieren und gegebenenfalls etwas zu variieren.

2. *Nährlösung nach* PRINGSHEIM

Ammoniummagnesiumphosphat	0,1 %
Kaliumsulfat	0,025 %
Eisen-II-phosphat	Spur
destilliertes Wasser	

3. *Nährlösung nach* KNOP

Calciumnitrat	0,1 %
Kaliumnitrat	0,025 %
Kaliumdihydrogenphosphat	0,025 %
Magnesiumsulfat	0,025 %
Eisen-II-phosphat	0,025 %
destilliertes Wasser	

Bei vielen Algen wirkt sich ein Zusatz von Gartenerdeabkochung sehr günstig auf das Wachstum aus, vor allem bei Cyanophyceen, Flagellaten und Diatomeen.

Algen sind sehr empfindlich gegenüber unphysiologischen Chemikalien, vor allem Schwermetallen, Resten von Spülmitteln und Tabakrauch. Alle Kulturgefäße müssen deshalb gründlichst gesäubert und nach dem Säubern sehr sorgfältig gespült werden. Am besten verwendet man für Algenkulturen immer wieder dieselben Gefäße. Das zum Ansetzen der Nährlösungen verwendete Wasser darf nicht über Kupfer destilliert sein.

Sollen die Algen auf festem Nährboden kultiviert werden, so setzt man der betreffenden Nährlösung 1—2 % gut gewässerten Agar zu. Zum Wässern wird der Agar am zweckmäßigsten in ein Stück Mull locker eingebunden. Diesen Mullbeutel wässert man etwa 24 Stunden unter der fließenden Wasserleitung.

Bakterienfreie Algenkulturen sind nur sehr schwer zu erhalten, für Schulzwecke aber auch nicht erforderlich. Die Kulturgefäße und Nährmedien brauchen deshalb vor dem Beimpfen nicht sterilisiert zu werden. Das Impfmaterial soll möglichst sauber und artenrein übertragen werden. Man verwendet dazu, je nach der Algenart, eine Pinzette, eine Pipette oder einen feinen Haarpinsel, eventuell unter Zuhilfenahme einer Lupe oder eines Präpariermikroskopes. Weitere Spezialnährmedien für bestimmte Algengruppen sind in der umfangreichen Spezialliteratur zu finden (s. Literaturverzeichnis).

C. Mikroskopische Pilze

Im folgenden Abschnitt mußten Organismen recht unterschiedlicher systematischer Stellung zusammengefaßt werden. Manche von ihnen gehören zu den Algenpilzen (Niederen Pilzen, Phycomyceten), andere zu den Höheren Pilzen (Eumyceten). Gemeinsam ist ihnen die geringe Größe, so daß sie nur mit einer Lupe oder mit einem Mikroskop genauer zu erkennen oder zu untersuchen sind. Sie werden deshalb insgesamt in der Überschrift dieses Abschnittes und auch im Text als mikroskopische Pilze bezeichnet.

In gleicher Weise wie die Bakterien sind auch viele Arten der mikroskopischen Pilze hervorragend geeignet, wichtige allgemeine biochemische Reaktionen und stoffwechselphysiologische Vorgänge zu demonstrieren und zu erklären. Für ihre experimentelle unterrichtliche Behandlung gilt das in der Einleitung des Abschnittes „Bakterien" Gesagte in entsprechender Weise.

I. Die Beschaffung mikroskopischer Pilze

Vertreter der verschiedenen Organismengruppen, die hier als mikroskopische Pilze zusammengefaßt werden, sind fast überall in der Natur verbreitet und können infolgedessen an vielen Stellen gefunden und für den Unterricht gesammelt werden. Viele ihrer Arten kommen als sogenannte Schimmelpilze auf faulenden oder gesunden Pflanzenteilen der verschiedensten Art, auf Lebensmitteln, auf Mist, im Wasser und im Boden vor.

In einer Rohkultur können verschiedene Arten mikroskopischer Pilze zu jeder Zeit sehr leicht isoliert werden. Man legt zu diesem Zweck in eine große Petrischale von 20—24 cm Durchmesser umgestülpt eine halbe Petrischale von 10 cm Durchmesser und auf diese ein Stück Brot. Die große Schale wird bis etwa zur halben Höhe der kleinen mit Leitungswasser gefüllt (Abb. 1). Man legt den Deckel auf die große Schale und läßt alles bei Zimmertemperatur stehen.

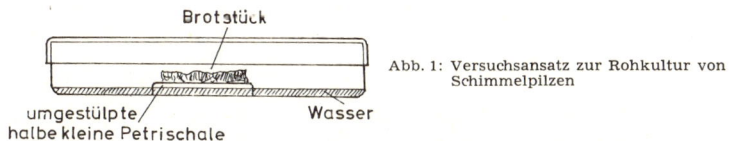

Abb. 1: Versuchsansatz zur Rohkultur von Schimmelpilzen

In dieser **„feuchten Kammer"** entwickeln sich innerhalb von wenigen Tagen auf dem Brotstück weißliche Rasen von Schimmelpilzen, die nach einiger Zeit graue, schwärzliche oder grünliche Fruchtkörper bilden. Es handelt sich dabei im wesentlichen um Mucoraceen (Köpfchenschimmel) und Aspergillaceen (Gießkannen- und Pinselschimmel).

Zur Beschaffung von Hefen sammelt man an einem heißen Sommertag einige Blütenstände der weißen Taubnessel *(Lamium album)*, des Waldziestes *(Stachys silvatica)* oder Blüten der Kapuzinerkresse *(Tropaeolum majus)* und bringt sie in eine in der oben beschriebenen Weise hergestellte „feuchte Kammer", wobei die Blütenstände bzw. Blüten so auf die kleine Schale gelegt werden, daß ihre Stiele in das Wasser eintauchen.

Nach 1—2 Tagen zieht man einige der schon längere Zeit geöffneten Blüten aus dem Kelch, drückt den am unteren Ende der Blütenröhre sitzenden Nektartropfen auf einen Objektträger und legt ein Deckglas auf. Bei mikroskopischer Untersuchung mit etwa 300facher Vergrößerung findet man in fast allen so hergestellten Präparaten die meistens unregelmäßig länglich-ovalen Zellen der Nektarhefen. Da sie oft sehr lebhaft sprossen und die Sproßverbände nicht so leicht zerfallen wie bei der Bäckerhefe, ist dieses Präparat hervorragend zur Demonstration der Sprossung geeignet (s. S. 459).

Die „feuchte Kammer" kann im einfachsten Fall auch dadurch hergestellt werden, daß man die gesammelten Blütenstände bzw. Blüten in ein Glas stellt und eine Plastiktüte darüberstülpt.

Die einfachste Möglichkeit, Hefezellen zu bekommen, ist die Beschaffung von handelsüblicher Bäckerhefe. Für die Durchführung vieler der nachfolgend beschriebenen Versuche ist diese Hefe sehr gut geeignet.

Eine weitere Möglichkeit zur Beschaffung mikroskopischer Pilze ist, wie auch bei Bakterien (s. S. 392), die Isolierung aus der Luft, in der fast immer zahlreiche Pilzkeime vorhanden sind. Man setzt eine Platte mit Nähragar für Pilze (s. S. 445) der Infektion durch Zimmerluft aus, indem man ihren Deckel abhebt und mit dem Rücken nach oben schräg auf den Rand des Unterteiles stellt (Abb. 2). Nach eini-

Abb. 2: Petrischale, der Luft exponiert

gen Minuten wird die Schale wieder geschlossen und bei Zimmertemperatur bebrütet. Innerhalb von einer Woche entwickeln sich auf dem Nährboden aus den aus der Luft aufgefallenen Keimen Kolonien von Bakterien und mikroskopischen Pilzen.

Bei Keimzahlbestimmungen nach dem Kochschen Plattenverfahren (s. S. 426) werden neben den Bakterien auch mikroskopische Pilze erfaßt.

II. Frischpräparate mikroskopischer Pilze

Frischpräparate von Hefen werden im Wassertropfen hergestellt und untersucht. Man überträgt einen Wassertropfen auf einen Objektträger. Mit einer Ausstrichöse (s. S. 388) entnimmt man etwas von der Hefe, verrührt es möglichst gleichmäßig in dem Wassertropfen und legt ein Deckglas auf. Um zu vermeiden, daß Luftblasen mit eingeschlossen werden, faßt man das Deckglas an den Kanten mit Daumen und Zeigefinger und setzt es schräg auf den Objektträger auf, so daß es mit diesem einen spitzen Winkel bildet. Man zieht es dann an den Wassertropfen mit der Hefe heran und läßt es langsam niedersinken (Abb. 3).

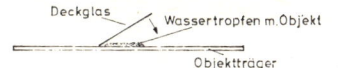

Abb. 3: Richtiges Auflegen eines Deckglases

Wird das Material von einer Kultur entnommen, die nicht durch andere Keime verunreinigt werden soll, so muß die Ausstrichöse vor der Entnahme der Hefe in der Flamme eines Gasbrenners zur Sterilisation ausgeglüht werden (s. S. 389). Anschließend läßt man sie 1—2 Minuten abkühlen.

In Flüssigkeit befindliche Hefen werden direkt, ohne Verwendung eines zusätzlichen Wassertropfens, mit der Ausstrichöse oder einer Pipette auf den Objektträger übertragen.

Viele der anderen Arten mikroskopischer Pilze können in entsprechender Weise untersucht werden. Manche der an der Luft wachsenden Arten lassen sich jedoch mit Wasser nur sehr schwer benetzen. Sie verkleben dann oft zu unkenntlichen Massen, und die Sporen fallen sehr leicht ab. Zu ihrer Untersuchung verwendet man deshalb die ABELsche Flüssigkeit, in der sich die Formen nicht verändern.

Sie besteht aus:

Alkohol, 96 %ig	25 ml
Ammoniak, 10 %ig	25 ml
Glycerin	15 ml
destilliertes Wasser	30 ml

Die Wahl der mikroskopischen Vergrößerung zur Betrachtung der Präparate richtet sich nach der Art der Objekte. Man sollte jedoch jedes Präparat zunächst mit einem schwach vergrößernden Objektiv (z. B. 10fach) einstellen und erst gegebenenfalls danach zu einer stärkeren Objektivvergrößerung übergehen.

Viele der Pilze besitzen eine so geringe Eigenfärbung, daß sie im ungefärbten Lebendpräparat verhältnismäßig schlecht zu sehen sind. Zur Kontraststeigerung im mikroskopischen Bild schließt man in diesem Fall die Irisblende unter dem Objekttisch etwa zur Hälfte bis zu zwei Dritteln.

Die morphologische Untersuchung der mikroskopischen Pilze sollte im Unterricht nur im Frischpräparat erfolgen. Auf die Herstellung von Dauerpräparaten wird deshalb hier nicht eingegangen. Interessenten finden Hinweise dazu in der Spezialliteratur (s. Literaturverzeichnis).

III. Nährmedien für mikroskopische Pilze

Zur Züchtung mikroskopischer Pilze dienen, wie auch bei Bakterien, feste und flüssige Nährmedien (Nährböden und Nährlösungen). Die Kulturgefäße sind ebenfalls die gleichen, nämlich Reagenzgläser, Petrischalen und Erlenmeyerkolben. Die Bereitung der Nährmedien, der Verschluß der Kulturgefäße und das Sterilisieren erfolgen in entsprechender Weise wie beim Arbeiten mit Bakterien (s. S. 400).

Im Gegensatz zu den Bakterien, die am besten bei schwach alkalischer Reaktion des Nährsubstrates wachsen, verlangen Pilze ein schwach saures Milieu. Zwei **Standard-Nährböden,** auf denen viele Arten mikroskopischer Pilze wachsen, werden aus folgenden Bestandteilen hergestellt:

1. Rübensaft-Agar

    Rübensaft (Sirup)   1 gestrichener Teelöffel
    Agar   2 g
    destilliertes Wasser   100 ml

Der pH-Wert soll zwischen 5,0 und 6,0 liegen.

2. Bierwürze-Agar

    Glucose   2 %
    Agar   2 %
    Bierwürze

Die Bierwürze muß aus einer Brauerei jeweils frisch beschafft werden. Die Reaktion des fertigen Nährbodens soll schwach sauer sein.

Sollen die Pilze in Flüssigkeitskultur gehalten werden, so läßt man den Agar-Zusatz weg.

Hinsichtlich ihrer chemischen Zusammensetzung genau definiert sind die beiden folgenden Nährlösungen:

3. Nährlösung nach WÖLTJE

    Saccharose   7,5 %
    Asparagin   1,0 %
    Kaliumdihydrogenphosphat   0,5 %
    Magnesiumsulfat   0,5 %
    destilliertes Wasser

4. Nährlösung nach CZAPEK-DOX

    Saccharose   3,0 %
    Natriumnitrat   0,2 %
    Kaliumchlorid   0,05 %
    Kaliumdihydrogenphosphat   0,1 %
    Magnesiumsulfat   0,05 %
    Eisen-II-sulfat   0,01 %

Die Zusammensetzung weiterer Nährmedien ist jeweils an den Stellen im Text angegeben, wo sie gebraucht werden.

Das Überimpfen der Pilze und das Anlegen von Reinkulturen geschieht in entsprechender Weise wie beim Arbeiten mit Bakterien (s. S. 404, 405).

IV. Versuche zum Stoffwechsel mikroskopischer Pilze

a. Der Nachweis von Glykogen

Das von allen Pilzen als Kohlenhydrat-Reserve gebildete und gespeicherte Glykogen kann in Hefezellen — am besten nach Vorkultur in Zuckerlösung — leicht nachgewiesen werden.

Man füllt ein Reagenzglas etwa zur Hälfte mit 10 %iger Saccharose-Lösung, beimpft mit einem erbsengroßen Stück Bäckerhefe und verschließt mit einem Wattestopfen (s. S. 400). Nach 24 Stunden wird mit einer Ausstrichöse etwas von dieser Vorkultur auf einen Objektträger gebracht, mit der gleichen Menge Jod-Kaliumjodid-Lösung nach LUGOL vermischt und mit einem Deckglas bedeckt.

Bei der mikroskopischen Betrachtung des Präparates mit einem starken Trockensystem oder einer Ölimmersion erkennt man in vielen der gelblich gefärbten Hefezellen unterschiedlich geformte, durch die Lugolsche Lösung rotbraun gefärbte Einschlüsse von Glykogen. Besonders deutlich heben sie sich vom übrigen Zellinhalt ab, wenn in den Beleuchtungsstrahlengang des Mikroskopes ein Blauglasfilter eingeschaltet wird.

b. Der Nachweis von Volutin

Volutin ist ein eiweißartiger Reservestoff, der in vielen Pilzen, Algen und Bakterien vorkommt. Er wurde nach seiner Entdeckung in Spirillum volutans, einer Abwasserspirille, benannt. Nach neueren Erkenntnissen handelt es sich dabei wahrscheinlich um mehrere ähnlich zusammengesetzte Stoffe, in den meisten Fällen jedoch um das Calciumsalz einer Nucleinsäure, das vorwiegend als Phosphat-Reserve dient.

Zum Volutin-Nachweis in Hefen überträgt man einen Wassertropfen auf einen Objektträger, verrührt darin eine Spur Bäckerhefe, setzt einen Tropfen verdünnte gesättigte alkoholische Methylenblau-Lösung hinzu, vermischt beide Tropfen miteinander und legt ein Deckglas auf. Zur Herstellung der Methylenblau-Lösung löst man so viel Methylenblau (in Substanz) in 70 %igem Alkohol, daß ein Bodensatz in dem Gefäß bleibt. Die darüberstehende gesättigte alkoholische Lösung wird mit der gleichen Menge destillierten Wassers verdünnt.

Nach etwa zwei Minuten kontrolliert man das Präparat unter dem Mikroskop. Die meisten Hefezellen werden blau gefärbt sein.

Man setzt nun an einer Seite des Deckglases einen Tropfen 1 %ige Schwefelsäure zu und saugt gleichzeitig mit einem Streifen Filtrierpapier an der gegenüberliegenden Deckglasseite ab (Abb. 4). Die Schwefelsäure wird auf diese Weise unter das Deckglas gesogen.

Abb. 4: Durchsaugen von Flüssigkeiten unter dem Deckglas

Unter ständiger mikroskopischer Kontrolle mit einem stark vergrößernden Trockensystem oder einer Ölimmersion wird nun beobachtet, wie sich der Inhalt der Hefezellen unter der Einwirkung der Schwefelsäure bis auf kleine, körnige, dunkelblaue Einschlüsse — das Volutin — entfärbt. Es empfiehlt sich, die Schwefelsäure in der oben beschriebenen Weise durch destilliertes Wasser zu ersetzen, sobald nur noch die Volutinkörnchen deutlich gefärbt sind.

c. Die alkoholische Gärung

Der einfachste Nachweis der alkoholischen Gärung und ihrer Bedingungen ist der in den bekannten **Gärröhrchen** (Abb. 5).

Man füllt ein Reagenzglas zur Hälfte mit Leitungswasser, bringt ein etwa erbsengroßes Stück Bäckerhefe hinein und rührt so lange um, bis eine gleichmäßige Aufschwemmung der Hefezellen entstanden ist.

Zwei Reagenzgläser werden etwa zu drei Vierteln mit 10 %iger Saccharose-Lösung und ein drittes mit der gleichen Menge Leitungswasser gefüllt. Einem

Abb. 5: Gärröhrchen

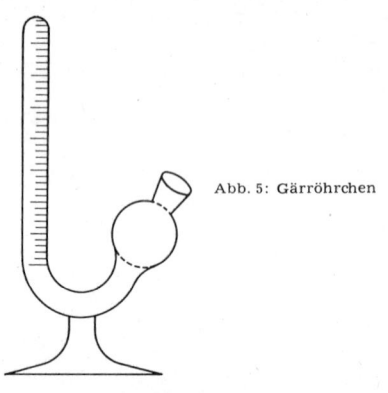

der Reagenzgläser mit Zuckerlösung setzt man 10 Tropfen Leitungswasser, den beiden anderen je 10 Tropfen der Hefeaufschwemmung zu. Der Inhalt der Reagenzgläser wird in je ein Gärröhrchen gegossen, wobei darauf zu achten ist, daß die hochstehenden Schenkel der Gärröhrchen vollständig mit Flüssigkeit gefüllt sind und keine Luftblasen enthalten. Man verschließt deshalb die Öffnung der Gärröhrchen mit dem Daumen und schwenkt unter drehenden Bewegungen so lange um, bis alle Luft aus dem hochstehenden Schenkel entwichen ist.

Die Gärröhrchen bleiben bei Zimmertemperatur stehen. Im Verlauf der folgenden Tage sammelt sich im hochstehenden Schenkel des Gärröhrchens mit Zuckerlösung und Hefeaufschwemmung ein Gas an. In den beiden anderen Röhrchen (Zuckerlösung + Wasser bzw. Wasser + Hefeaufschwemmung) ist das nicht der Fall.

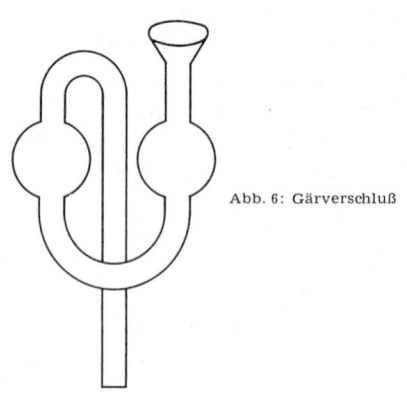

Abb. 6: Gärverschluß

Für die Demonstration eignet sich besonders gut der folgende Versuchsansatz. Man füllt in einen Stehkolben von 2 Liter Inhalt 1000 ml Leitungswasser, fügt 50 g Kristallzucker (Rohr- oder Rübenzucker) hinzu, beimpft mit einem in Bröckchen zerteilten Päckchen Bäckerhefe und schwenkt den Kolben so lange um, bis der Zucker aufgelöst und die Hefe möglichst gleichmäßig verteilt ist. Der Kolben wird nun mit einem durchbohrten Gummistopfen, in dessen Bohrung ein mit Wasser gefüllter Gärverschluß eingesetzt ist (Abb. 6), verschlossen und bei Zimmertemperatur stehengelassen. Er soll nicht direkt von der Sonne getroffen werden.

Im Verlauf der folgenden Tage ist zu beobachten, daß die Flüssigkeit im Kolben unter Gasentwicklung heftig schäumt. Nach 2—3 Wochen ist die Gärung beendet, und die Hefe setzt sich am Boden des Kolbens ab.

1. Der Nachweis des Kohlendioxids

Um Kohlendioxid als Endprodukt der Gärung bei Verwendung der oben erwähnten Gärröhrchen nachzuweisen, bringt man in das Gärröhrchen mit der Gasbildung 1—2 Plätzchen von Kaliumhydroxid. Innerhalb von wenigen Minuten verschwindet das Gas.

Zum Nachweis des entstandenen Kohlendioxids bei Verwendung des großen Stehkolbens gibt man in das Wasser des Gärverschlusses etwas Kalkwasser. Es fällt ein weißer Niederschlag von Calciumcarbonat aus.

2. Der Nachweis des Alkohols

Der Alkohol kann einmal durch den entsprechenden Geruch der Gärflüssigkeiten nachgewiesen werden, der im allgemeinen immer festzustellen ist.

Sicherer ist die Jodoform-Probe. Man filtriert etwa 10 ml der Gärflüssigkeit in ein Reagenzglas und setzt einen Tropfen 10 %ige Natronlauge und eine Spur elementares Jod hinzu. Bei Gegenwart von Alkohol tritt der typische Jodoformgeruch auf. Er entsteht durch den Ablauf folgender Reaktionen:

Das zugesetzte Jod oxydiert den Alkohol

$$CH_3CH_2OH + J_2 \rightarrow 2\,HJ + CH_3C \leqslant {}^H_O$$

der entstandene Acetaldehyd substituiert Jod

$$CH_3C \leqslant {}^H_O + 3\,J_2 \rightarrow 3\,HJ + CJ_3C \leqslant {}^H_O$$

in alkalischer Lösung entsteht durch Zerfall

$$CJ_3C \leqslant {}^H_O + NaOH \rightarrow HCOONa + CHJ_3$$
$$\phantom{CJ_3C \leqslant {}^H_O + NaOH \rightarrow }\text{Natrium-} \quad \text{Jodoform}$$
$$\phantom{CJ_3C \leqslant {}^H_O + NaOH \rightarrow }\text{formiat}$$

3. Der Nachweis von Acetaldehyd als Zwischenprodukt der alkoholischen Gärung

Bei der alkoholischen Gärung entsteht durch Decarboxylierung der Brenztraubensäure Acetaldehyd, der sofort zu Äthylalkohol hydriert wird. Durch Zusatz von Calciumsulfit, das mit dem entstehenden Acetaldehyd eine schwer lösliche Additionsverbindung eingeht und damit die Hydrierung zum Äthylalkohol verhindert, ist es möglich, den Acetaldehyd abzufangen und als Zwischenprodukt der alkoholischen Gärung nachzuweisen. Der Versuch gelingt am besten mit selbst zubereitetem Calciumsulfit, da das käufliche meist bei zu hoher Temperatur getrocknet worden ist.

Man gießt 5 %ige Calciumchlorid-Lösung und 12 %ige Natriumsulfit-Lösung zu gleichen Teilen in ein Becherglas, filtriert den entstehenden Niederschlag von Calciumsulfit ab, wäscht ihn auf dem Filter dreimal mit destilliertem Wasser aus und trocknet ihn bei höchstens 50° C im Trockenschrank.

In zwei Erlenmeyerkolben von 100 ml Inhalt bringt man je 40 ml 10 %ige Saccharose-Lösung und etwa 2 g Bäckerhefe. Einem Kolben werden zum Abfangen des Acetaldehyds 2 g des nach der o. a. Vorschrift hergestellten Calciumsulfits zugesetzt, der zweite Kolben dient als Kontrolle. Man schwemmt die Hefe durch Rühren mit einem Glasstab möglichst gleichmäßig auf und stellt beide Erlenmeyerkolben in ein Wasserbad von 35—40° C.

Innerhalb kurzer Zeit treten in beiden Kolben lebhafte Gärungserscheinungen auf. Nach 30—45 Minuten werden aus jedem Kolben 3 ml der Gärflüssigkeit entnommen und in Reagenzgläsern jeweils mit 0,5 ml 4 %iger Nitroprussid-Natrium-Lösung und 2,5 ml 3 %iger Piperidin-Lösung versetzt. Bei Gegenwart von Acetaldehyd tritt eine tiefblaue Farbe auf. Die Probe mit dem Sulfitzusatz reagiert in dieser Weise, die Probe aus dem Kontrollansatz dagegen nicht.

4. Die Vergärbarkeit von Zuckern durch Bäckerhefe

Zur Prüfung der Vergärbarkeit verschiedener Zucker dienen die auch bei bakteriologische Arbeiten (s. S. 408) verwendeten Gärröhrchen nach DURHAM (Abb. 7).

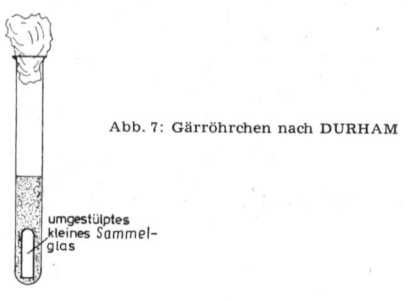

Abb. 7: Gärröhrchen nach DURHAM

umgestülptes kleines Sammelglas

Man füllt in Reagenzgläser jeweils 10 ml 0,5 %ige Pepton-Lösung und setzt den zu prüfenden Zucker (z. B. *Glucose, Fructose, Saccharose, Lactose, Maltose*) in einer Konzentration von 2 % zu (d. h. auf 10 ml Pepton-Lösung jeweils 200 mg). In jedes Reagenzglas gibt man umgestülpt, mit der Öffnung nach unten, ein kleines Sammelglas (Länge etwa 4 cm, Durchmesser etwa 8 mm).

Man bringt nun ein kirschgroßes Stück Bäckerhefe in ein Reagenzglas, füllt dieses zu etwa einem Drittel mit Leitungswasser, verschließt es mit dem Daumen und schüttelt so lange, bis die Hefe gleichmäßig aufgeschwemmt ist. Jedes der Reagenzgläser mit Pepton-Lösung und Zucker wird mit 3—5 Tropfen dieser Hefeaufschwemmung beimpft, mit dem Daumen verschlossen und so lange umgeschwenkt, bis der Zucker gelöst, die Hefe gleichmäßig verteilt und die Luft aus dem Sammelglas vollständig entfernt ist. Man verschließt die Reagenzgläser mit Wattestopfen (s. S. 400) und läßt sie bei Zimmertemperatur stehen. Im Hinblick auf die kurze Versuchsdauer und die massive Beimpfung mit Hefe ist es nicht erforderlich, die Röhrchen vor dem Beimpfen zu sterilisieren.

Wird der zugesetzte Zucker von der Hefe vergoren, so sammelt sich innerhalb von 12—24 Stunden in dem umgestülpten Sammelglas eine mehr oder weniger große Gasmenge (Kohlendioxid) an. Um sicher zu sein, daß die Gasbildung auf die zugesetzten Zucker und nicht auf eventuelle Verunreinigungen der Pepton-Lösung zurückzuführen ist, läßt man in jeder Versuchsreihe ein Kontrollröhrchen ohne Zuckerzusatz mitlaufen. In ihm darf kein Gas gebildet werden.

5. Der Nachweis von Saccharase (Invertase)

Bäckerhefe kann Rohr- oder Rübenzucker (Saccharose) nicht unmittelbar vergären. Die scheinbare Vergärung der Saccharose wird dadurch vorgetäuscht, daß das in den Hefezellen vorhandene Enzym Saccharase (*Invertase*) die Saccharose in ihre Bestandteile Traubenzucker (*Glucose*) und Fruchtzucker (*Fructose*) spaltet und diese vergoren werden.

Das Vorhandensein der Saccharase kann durch folgenden Versuch nachgewiesen werden.

Etwa ein Fünftel einer Haushaltspackung Bäckerhefe wird in einem Mörser zusammen mit 40 ml destilliertem Wasser, etwa 5 Tropfen Toluol und einer entsprechenden Menge Seesand ungefähr 2 Minuten kräftig zerrieben. Der Extrakt wird vorsichtig in ein Becherglas abgegossen und frühestens nach 6 Stunden (oder auch am folgenden Tag) durch ein Faltenfilter filtriert.

Man füllt nun zwei Reagenzgläser jeweils zu etwa einem Viertel mit 1 %iger Saccharose-Lösung. Einem Reagenzglas wird die gleiche Menge des Hefe-Extraktes zugesetzt, dem zweiten (Kontrolle), die gleiche Menge destilliertes Wasser.

Nach etwa 30 Minuten füllt man zunächst aus dem Kontrollröhrchen etwa eine Fingerbreite hoch in ein Reagenzglas und führt damit einen Zuckernachweis mit FEHLINGscher Lösung durch. Da Saccharose ein nicht-reduzierender Zucker ist, ist das Ergebnis negativ. Führt man dagegen nun den Zuckernachweis mit einer entsprechenden Probe aus dem Versuchsröhrchen, so fällt Kupfer-I-oxid aus, da die Saccharose durch das aus der Hefe extrahierte Enzym Saccharase in Glucose und Fructose (reduzierende Zucker) gespalten worden ist.

d. Der Nachweis einiger von Aspergillus niger gebildeter Enzyme

Man bereitet zunächst folgende Nährlösung:

Saccharose	5,0 %
Ammoniumsulfat	2,5 %
di-Kaliumhydrogenphosphat	0,075 %
Magnesiumsulfat	0,025 %
Natriumchlorid	0,15 %
destilliertes Wasser	

Die Nährlösung wird zu jeweils 100 ml in Erlenmeyerkolben von 300 ml Inhalt eingefüllt. Man verschließt die Kolben mit Wattestopfen (s. S. 400) und sterilisiert (s. S. 401). Nach dem Erkalten wird die Nährlösung mit einer Sporenaufschwemmung von Aspergillus niger beimpft. Zur Herstellung der Aufschwemmung schabt man mit einem sterilen Skalpell oder kleinen Metallspatel unter sterilen

Bedingungen eine reichliche Sporenmenge von einer gut versporten Reinkultur von Aspergillus niger ab. Das Skalpell oder der Metallspatel werden durch Abflammen in der Flamme eines Gasbrenners sterilisiert. Sie müssen wieder auf etwa Zimmertemperatur abgekühlt sein, bevor sie benutzt werden. Die abgeschabten Sporen werden in eine sterile Weithalsflasche von 100 ml Inhalt (s. S. 403) gebracht und mit 50 ml sterilem destilliertem Wasser übergossen. Zur gleichmäßigen Aufschwemmung der Sporen wird die fest verschlossene Flasche 1—2 Minuten kräftig geschüttelt.

Die beimpften Kolben werden bei Zimmertemperatur bebrütet. Wenn sich eine ausreichend dicke Pilzdecke gebildet hat, gießt man die Nährlösung aus den Kolben ab und ersetzt sie durch steriles destilliertes Wasser. Nach 12—24 Stunden wird das Wasser abgegossen und auf vom Pilz gebildete **Ektoenzyme** untersucht. Eventuell ist mit Sodalösung zu neutralisieren, da Aspergillus niger Säuren bildet, die durch Hydrolyse eine Enzymwirkung vortäuschen können.

Die Pilzdecken werden in einer Reibschale mit Seesand fein zerrieben und mit destilliertem Wasser zu einem dünnflüssigen Brei angerührt. Man nutscht den Brei ab, neutralisiert das Filtrat mit Sodalösung und prüft es auf vom Pilz gebildete **Endoenzyme**.

Der Nachweis der Enzyme geschieht folgendermaßen:

Katalase: Man füllt eine Fingerbreite hoch der zu prüfenden Flüssigkeit in ein Reagenzglas und setzt etwa 1 ml 3 %ige Wasserstoffperoxid-Lösung zu. Etwa vorhandene Katalase setzt aus der Wasserstoffperoxid-Lösung Sauerstoff frei, was am Aufschäumen zu erkennen ist.

Urease: Etwa eine Fingerbreite hoch der zu prüfenden Flüssigkeit wird im Reagenzglas mit der gleichen Menge einer 1 %igen Harnstoff-Lösung versetzt. Falls Urease vorhanden ist, entsteht Ammoniak, das mit Nesslers Reagenz nachgewiesen werden kann.

Amylase: Man füllt ein Reagenzglas etwa zu einem Drittel mit 1 %igem Stärkekleister, versetzt mit 1—2 Tropfen Jod-Kaliumjodid-Lösung nach Lugol und fügt etwa die gleiche Menge der zu prüfenden Flüssigkeit hinzu. Am Verschwinden der Blaufärbung ist der Stärkeabbau durch etwa vorhandene Amylase zu erkennen. Der dabei auftretende Zucker kann mit Fehlingscher Lösung nachgewiesen werden. Es ist zweckmäßig, die Reagenzgläser in ein Wasserbad (Becherglas) von etwa 40° C einzustellen.

Saccharase: Man füllt ein Reagenzglas etwa zur Hälfte mit 10 %iger Saccharose-Lösung. Ist Saccharase vorhanden, so wird die Saccharose (nicht reduzierender Zucker) zu Glucose und Fructose gespalten (reduzierende Zucker), was mit Fehlingscher Lösung nachgewiesen werden kann.

Reduktase: Man füllt ein Reagenzglas etwa zur Hälfte mit der zu prüfenden Flüssigkeit, setzt 0,5 ml verdünnte Methylenblau-Lösung zu, überschichtet zur Abhaltung des Luftsauerstoffes mit Paraffinöl und stellt das Reagenzglas in ein Wasserbad (Becherglas) von 40° C. Etwa vorhandene Reduktasen reduzieren das Methylenblau zur farblosen Leukoverbindung.

Zur Herstellung der verdünnten Methylenblau-Lösung verdünnt man gesättigte alkoholische Methylenblau-Lösung mit destilliertem Wasser im Verhältnis 1 : 80 (1 Teil Farblösung + 79 Teile destilliertes Wasser).

e. Der Nachweis der Cytochrome

In Hefezellen können die Cytochrome durch folgenden Versuch spektroskopisch nachgewiesen werden, wobei gleichzeitig der reversible Wechsel zwischen der oxydierten und der reduzierten Form dieser Oxydations-Enzyme sichtbar wird.

Man befestigt an einem Bunsenstativ etwa in halber Höhe mit einer Doppelmuffe eine Klemme, in die ein Taschenspektroskop eingespannt wird. Unterhalb des Spektroskopes wird mit einer zweiten Doppelmuffe ein Stativring von etwa 10 cm Durchmesser befestigt. Man legt auf den Stativring eine dünne Platte entsprechender Größe, stellt eine Glasküvette (etwa 60 x 20 x 80 mm) darauf und verschiebt die Doppelmuffe in der Höhe so, daß das Taschenspektroskop etwa auf den Schnittpunkt der Diagonalen der Küvettenvorderseite gerichtet ist. Unmittelbar hinter der Glasküvette wird auf einem entsprechenden Unterbau eine Mikroskopierlampe (oder eine ähnliche Lichtquelle) so aufgestellt, daß ihr Licht in das Spektroskop fällt (Abb. 8).

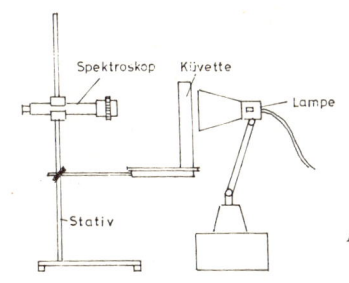

Abb. 8: Versuchsaufbau zum spektroskopischen Nachweis der Cytochrome

Man füllt nun ein Becherglas von 100 ml Inhalt zu etwa drei Vierteln mit Leitungswasser, verrührt darin möglichst gleichmäßig ein Viertel einer Haushaltspackung Bäckerhefe und füllt die Glasküvette mit dieser Hefeaufschwemmung. Die Dichte der Aufschwemmung muß so gewählt werden, daß das durchfallende Licht der Mikroskopierlampe trübrötlich erscheint. Gegebenenfalls setzt man noch etwas Leitungswasser oder Hefe zu.

Man entfernt nun die Glasküvette mit der Hefeaufschwemmung zunächst wieder aus dem Strahlengang, blickt in das Spektroskop und erkennt das kontinuierliche Spektrum des Lichtes der Mikroskopierlampe. Stellt man anschließend die Küvette mit der Hefeaufschwemmung vor die Lampe, so treten im Spektrum drei grauschwarze Linien auf. Es handelt sich dabei um die Absorptionsbanden der reduzierten Cytochrome der Hefe. Die Absorptionsbanden der oxydierten Cytochrome sind viel schwächer ausgebildet und in vivo sehr schwer zu sehen. Man erkennt deutlich eine breite Bande im Grün, eine wesentlich schmalere Bande im Orange und, bei sehr genauer Beobachtung, eine Bande im Blau. Alle Banden erscheinen unscharf begrenzt, da sie durch Überlagerung dicht nebeneinander liegender Banden der einzelnen Cytochrome zustande kommen.

In einem Erlenmeyerkolben von 100 ml Inhalt verrührt man möglichst gleichmäßig ein ungefähr kirschgroßes Stück Bäckerhefe in etwas Leitungswasser, füllt den Kolben bis etwa zur Hälfte mit 3 %igem Wasserstoffperoxid auf und verschließt ihn mit einem durchbohrten Gummistopfen, in dessen Bohrung ein Glasrohr eingesetzt worden ist. (Beim Einsetzen des Glasrohres zur Verbesserung der Gleitfähigkeit etwas Glycerin verwenden!) Das Glasrohr wird über einen Gummischlauch mit einem rechtwinkelig gebogenen Glasrohr verbunden, dessen einer Schenkel sehr lang und dessen anderer Schenkel sehr kurz ist. Über den sehr kurzen Schenkel zieht man ein Gummihütchen für Pipetten, in das auf einer Seite mit einer Präpariernadel siebartig etwa 20 Löcher gestochen worden sind (Abb. 9). Das Gummihütchen wird mit dem Glasrohr unter gleichzeitiger spektroskopischer Beobachtung auf den Boden der Küvette geführt.

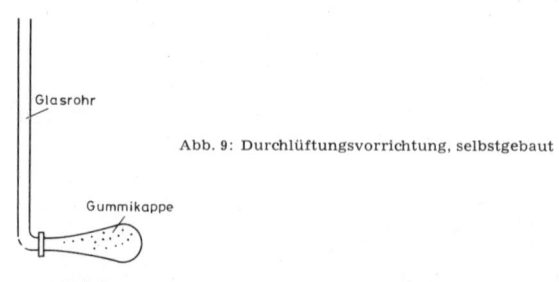

Abb. 9: Durchlüftungsvorrichtung, selbstgebaut

Der durch die Katalase der Hefe aus dem Wasserstoffperoxid im Erlenmeyerkolben freigesetzte Sauerstoff entweicht in feinen Bläschen durch die Löcher des Gummihütchens und perlt durch die Hefeaufschwemmung in der Küvette. Er oxydiert die Cytochrome der Hefe, wodurch die Absorptionsbanden im Spektrum verschwinden. Wird die Sauerstoffzufuhr unterbrochen, so treten die Absorptionsbanden innerhalb weniger Sekunden wieder auf. Durch Schütteln des Erlenmeyerkolbens und Erwärmen des Kolbeninhaltes in der Hand kann die Stärke der Sauerstoffentwicklung gesteuert werden. Der Wechsel der Cytochrome zwischen reduzierter und oxydierter Form, sichtbar durch das Auftreten und Verschwinden der Absorptionsbanden der reduzierten Cytochrome, kann auf diese Weise mehrfach demonstriert werden.

f. Die Bedeutung verschiedener Nährstoffe für mikroskopische Pilze

Mikroorganismen, wie mikroskopische Pilze, sind für die Durchführung von Nährstoffmangelversuchen besonders gut geeignet, da sie eine wesentlich kürzere Entwicklungszeit als die höheren Pflanzen haben und eine Auswertung der Ergebnisse oft schon nach einer Woche, auf jeden Fall aber nach 2 Wochen möglich ist. Man kann hier auch nicht nur zeigen, welche Bedeutung die einzelnen Mineralsalze für die Entwicklung haben, sondern auch untersuchen, welche Kohlenstoff- und Stickstoffquellen von den betreffenden Organismen überhaupt bzw. am besten verwertet werden.

Zum Versuch bereitet man zunächst die in den nachfolgenden Tabellen zusammengestellten variierten Nährlösungen. Sie werden jeweils zu 50 ml in Erlenmeyerkolben von 300 ml Inhalt eingefüllt. Man verschließt die Kolben mit Wattestopfen (s. S. 400) und sterilisiert (s. S. 401). Nach dem Erkalten wird jeder Kolben mit der gleichen Menge (1 ml) einer möglichst gleichmäßigen Sporenaufschwemmung (s. S. 452) von Aspergillus niger oder Penicillium glaucum beimpft und, am besten bei 30° C im Brutschrank, bebrütet.

Nach etwa 14 Tagen wird der Versuch abgebrochen (bei Bebrütung bei Zimmertemperatur und infolgedessen langsamerer Entwicklung entsprechend später). Man filtriert die Nährlösungen mit den Myzelien durch trocken gewogene Papierfilter, trocknet im Trockenschrank bei 105° C bis zur Gewichtskonstanz und vergleicht die Trockengewichte der unter den verschiedenen Kulturbedingungen gebildeten Myzelien.

Folgende Nährlösungen werden angesetzt:

1. zur Prüfung verschiedener Kohlenstoffquellen

Kohlenstoffquelle	Ammoniumsulfat	Magnesiumsulfat	Kaliumdihydrogenphosphat
5 % Stärke	0,5 %	0,1 %	0,1 %
5 % Glucose	0,5 %	0,1 %	0,1 %
5 % Saccharose	0,5 %	0,1 %	0,1 %
5 % Glycerin	0,5 %	0,1 %	0,1 %
ohne	0,5 %	0,1 %	0,1 %

Lösungsmittel ist destilliertes Wasser

2. zur Prüfung verschiedener Stickstoffquellen

Stickstoffquelle	Saccharose	Magnesiumsulfat	Kaliumdihydrogenphosphat
0,5 % Ammoniumsulfat (Kation)	5,0 %	0,1 %	0,1 %
0,5 % Kaliumnitrat (Anion)	5,0 %	0,1 %	0,1 %
0,5 % Pepton (Polypeptid)	5,0 %	0,1 %	0,1 %
0,5 % Asparagin (Aminosäure)	5,0 %	0,1 %	0,1 %
ohne	5,0 %	0,1 %	0,1 %

Lösungsmittel ist destilliertes Wasser

3. zur Prüfung der Bedeutung der einzelnen Mineralsalze

	Saccharose	Asparagin	Magnesiumsulfat	Kaliumdihydrogenphosphat
Voll-Lösung	5,0 %	0,5 %	0,1 %	0,1 %
ohne Magnesium	5,0 %	0,5 %	1,0 % CaSO₄	0,1 %
ohne Kalium	5,0 %	0,5 %	0,1 %	0,1 % NaH₂PO₄
ohne Schwefel	5,0 %	0,5 %	0,1 % MgCl₂	0,1 %
ohne Phosphor	5,0 %	0,5 %	0,1 %	0,1 % KCl
ohne Mineralsalze	5,0 %	0,5 %	—	—

Lösungsmittel ist destilliertes Wasser

g. Die Bedeutung der Spurenelemente für mikroskopische Pilze

Die Bedeutung der Spurenelemente für das Wachstum mikroskopischer Pilze kann nur gezeigt werden, wenn mit völlig reinen Chemikalien und Lösungsmitteln gearbeitet wird. Man darf deshalb zur Bereitung der Nährmedien nur Chemikalien mit dem Reinheitsgrad „pro analysi" und über Jenaer Glas (besser noch über Quarzglas) doppelt destilliertes Wasser verwenden. Die Kulturgefäße müssen aus Jenaer Glas hergestellt sein.

Man bereitet zunächst eine Grundnährlösung folgender Zusammensetzung:

Saccharose	50,0 g
Natriumnitrat	5,0 g
di-Kaliumhydrogenphosphat	1,25 g
Magnesiumsulfat	1,25 g
doppelt destilliertes Wasser	500,0 ml

Diese Nährlösung wird zu jeweils 50 ml in 8 Erlenmeyerkolben von 200—300 ml Inhalt eingefüllt. Die Kolben müssen vorher mit Chromschwefelsäure gründlich gereinigt und anschließend mehrfach sehr sorgfältig mit destilliertem und schließlich mit doppelt destilliertem Wasser gespült werden.

Der Zusatz der Spurenelemente Eisen, Zink und Kupfer erfolgt in Form von jeweils 1 ml einer 0,25 %igen Lösung von Eisen-ammonium-sulfat, einer 0,025 %igen Lösung von Zinksulfat und einer 0,025 %igen Lösung von Kupfer-II-sulfat nach folgendem Schema:

	Eisen	Zink	Kupfer
2 Kolben	—	—	—
2 Kolben	+	—	—
2 Kolben	+	+	—
2 Kolben	+	+	+

Alle Kolben werden mit Wattestopfen (s. S. 400) verschlossen und sterilisiert (s. S. 401).

Nach dem Erkalten wird jeder Kolben mit 1 ml einer Sporenaufschwemmung (s. S. 452) von Aspergillus niger beimpft. Die Bebrütung erfolgt am besten bei 30° C im Brutschrank.

Nach etwa 7 Tagen kann man deutliche Unterschiede in der Entwicklung des Pilzes feststellen. In der Lösung ohne Spurenelemente hat sich nur eine sehr schwache Myzelschicht entwickelt. Nach Zugabe von Eisen ist das Wachstum schon erheblich besser. Eine weitere Steigerung ist zu beobachten, wenn außerdem auch noch Zink hinzugefügt wird. Daß die Nährlösung jedoch auch in dieser Zusammensetzung noch nicht zur normalen Entwicklung des Pilzes ausreicht, ist am Fehlen der für Aspergillus niger typischen schwarzen Konidienfarbe zu erkennen. Fügt man zur Grundnährlösung jedoch außer Eisen und Zink auch noch Kupfer hinzu, so wird in den Konidien wieder der schwarze Huminfarbstoff gebildet und das Wachstum abermals gesteigert.

Zur quantitativen Bestimmung der unterschiedlichen Wachstumsstärken filtriert man die Nährlösungen mit den Myzelien durch trocken gewogene Rundfilter, trocknet im Trockenschrank bei 105° C bis zur Gewichtskonstanz und vergleicht die Trockengewichte.

h. Die mikrobiologische Bestimmung des Vitamin-B_1-Gehaltes

Zur mikrobiologischen Bestimmung von Vitamin B_1 (Thiamin, Aneurin) wird zunächst in einem Vorversuch die Wachstumsstärke des Pilzes Phycomyces Blakesleeanus in Abhängigkeit von der einer Nährlösung zugesetzten Thiaminmenge ermittelt (Phycomyces-Test nach SCHOPFER). Im Hauptversuch fügt man anstelle des Thiamins unterschiedliche Mengen des auf seinen Vitamin-B_1-Gehalt zu prüfenden Materials zu und vergleicht die Wachstumsstärke des Pilzes mit den im Vorversuch ermittelten Werten.

1. Vorversuch: Man bereitet eine Nährlösung aus

Glucose	15,0 g
Asparagin	0,5 g
Magnesiumsulfat	0,25 g
Kaliumdihydrogenphosphat	0,75 g
destilliertes Wasser	500,0 ml

stellt ihren pH-Wert mit 1 %iger Natronlauge auf 6,0 ein und füllt sie in Portionen von jeweils 50 ml in 10 Erlenmeyerkolben von 300 ml Inhalt. Zwei der Kolben bleiben als Kontrolle ohne Vitamin-B_1-Zusatz. Die übrigen acht erhalten jeweils paarweise unterschiedliche Thiamin-Mengen. Zu diesem Zweck löst man eine Tablette eines Vitamin-B_1-Präparates (z. B. Betaxin oder Betabion) mit einem Vitamingehalt von 50 mg in 1000 ml destilliertem Wasser möglichst gleichmäßig auf. Von 1 ml dieser Lösung wird mit destilliertem Wasser eine Verdünnung im Verhältnis 1 : 100 hergestellt. Ein Milliliter dieser Verdünnung enthält dann 0,5 γ Vitamin B_1. Zwei der Erlenmeyerkolben mit Nährlösung erhalten jeweils 10 ml der Vitamin-Verdünnung (= 5,0 γ Thiamin), zwei Kolben jeweils 5 ml (= 2,5 γ Thiamin), zwei Kolben jeweils 2,5 ml (= 1,25 γ Thiamin) und zwei Kolben jeweils 1,25 ml (= 0,625 γ Thiamin).

Alle 10 Erlenmeyerkolben werden mit Wattestopfen verschlossen (s. S. 400) und im Dampftopf 30 Minuten sterilisiert (s. S. 401). Nach dem Erkalten werden die Kolben mit jeweils 5 Tropfen einer Sporenaufschwemmung (s. S. 452) von Phycomyces Blakesleeanus in sterilem destilliertem Wasser beimpft und bei Zimmertemperatur an einem möglichst hellen Ort aufgestellt.

Nach 2—3 Wochen hebt man das Pilzmyzel, am besten mit einem Glasstab, jeweils vorsichtig von der Nährlösung ab und bringt es auf trocken gewogene Rundfilter. Die Filter mit den Myzelien werden im Trockenschrank bei 105 °C bis zur Gewichtskonstanz getrocknet. Nach den ermittelten Trockengewichten stellt man eine Myzelertragskurve in Abhängigkeit von der jeweiligen Vitamin-B_1-Konzentration auf.

2. Hauptversuch: Man setzt die gleiche Nährlösung wie im Vorversuch an, fügt jedoch anstelle des Vitamins unterschiedliche Mengen des zu prüfenden Materials, z. B. eines Hefeautolysates, zu. Man schwemmt zu diesem Zweck 10 g Bäckerhefe in 100 ml destilliertem Wasser auf und setzt zwei Kolben mit Nährlösung jeweils 4 ml, zwei Kolben jeweils 2 ml, zwei Kolben jeweils 1 ml und zwei Kolben jeweils 0,5 ml davon zu. Die restlichen beiden Kolben bleiben wie im Vorversuch ohne Zusatz als Kontrolle.

Die Weiterführung und Auswertung des Versuches erfolgen in gleicher Weise wie im Vorversuch. Man stellt wiederum eine Ertragskurve des Pilzes auf und ermittelt den Vitamin-B_1-Gehalt der Hefe durch Vergleich mit der Ertragskurve des Vorversuches.

i. Die Bildung einer künstlichen Symbiose zwischen Mucor Ramannianus und Rhodotorula rubra

Beide Organismen können Vitamin B_1 (Abb. 10) nicht vollständig bilden, der

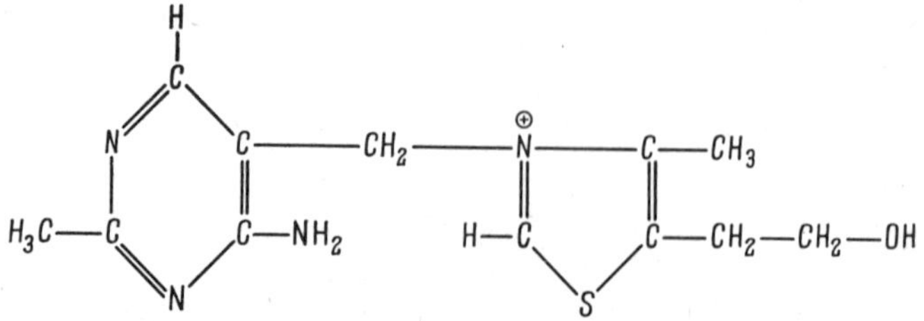

Abb. 10: Vitamin B_1 (Thiamin, Aneurin)

Mucor jedoch die Pyrimidinkomponente und die Hefe die Thiazolkomponente. Jeder liefert dem anderen also den zum Vitamin B_1 fehlenden Anteil, so daß sie gemeinsam auch in einer Nährlösung ohne Vitamin-B_1-Zusatz gedeihen können.

Man bereitet folgende Nährlösung:

Glucose	3,0 g
Asparagin	0,1 g
Magnesiumsulfat	0,05 g
Kaliumdihydrogenphosphat	0,15 g
destilliertes Wasser	100,0 g

Die Nährlösung wird zu jeweils 20 ml auf 5 Erlenmeyerkolben von 100 ml Inhalt verteilt. Zwei der Kolben erhalten einen Zusatz von Vitamin B_1, indem man 1 ml einer Thiamin-Verdünnung (s. S. 457) hinzufügt. Alle Kolben werden mit Wattestopfen (s. S. 400) verschlossen und 30 Minuten im Dampftopf sterilisiert (s. S. 401).

Nach dem Erkalten beimpft man jeweils einen Kolben mit und ohne Vitaminzusatz mit Mucor Ramannianus und einen Kolben mit und ohne Vitaminzusatz mit Rhodotorula rubra. Der fünfte Kolben, ohne Vitaminzusatz, wird mit beiden Organismen beimpft. Alle Kolben werden bei Zimmertemperatur bebrütet.

Nach etwa vier Wochen sieht man deutlich, daß sich beide Organismen, wenn sie getrennt wachsen, in den Kolben ohne Vitaminzusatz kaum oder nur schwach entwickelt haben, in den Kolben mit Vitaminzusatz dagegen wesentlich besser. In dem Kolben ohne Vitaminzusatz, der mit beiden Organismen beimpft wurde, ist die Entwicklung genau so stark wie in den Kolben mit Vitaminzusatz.

Das Myzel des Mucor zeigt in dem Kolben, in dem beide Pilze gemeinsam wachsen, rötliche, bandartige Stellen. Sie kommen dadurch zustande, daß die Hefe in das Myzel aufgenommen worden ist. Beide Pilze sind zu einem flechtenähnlichen Thallus zusammengetreten, der wie ein einheitlicher Organismus in frischer vitaminfreier Nährlösung weiterwächst.

k. Die Bildung von Gluconsäure durch Aspergillus niger

Am Beispiel der Bildung von Gluconsäure durch Aspergillus niger kann die biologische Gewinnung organischer Säuren demonstriert werden. Derartige Verfahren spielen in der technischen Mycologie eine große Rolle.

Man bereitet zunächst eine Nährlösung aus:

Glucose	15,0	%
Ammoniumsulfat	0,1	%
Kaliumdihydrogenphosphat	0,1	%
Magnesiumsulfat	0,25	%
destilliertes Wasser		

Die Nährlösung wird zu jeweils 100 ml in Erlenmeyerkolben von 500 ml Inhalt gefüllt. Man verschließt die Kolben mit Wattestopfen (s. S. 400) und sterilisiert (s. S. 401). Nach dem Erkalten wird mit einer Sporenaufschwemmung (s. S. 452) von Aspergillus niger beimpft und im Brutschrank bei 30—35° C bebrütet. Nach etwa drei Tagen hat sich auf der Nährlösung eine geschlossene Myzeldecke gebildet. Man hebt sie mit einem durch Abflammen in der Flamme eines Gasbrenners sterilisierten und wieder abgekühlten Glasstab an einer Seite etwas an und setzt der Nährlösung etwa 3 g sterilisierte, breiig angerührte Schlämmkreide zu. Die Kolben werden weiter bei 30—35° C bebrütet und von Zeit zu Zeit vorsichtig umgeschwenkt, um die Nährlösung gleichmäßig zu durchmischen, ohne die Pilzdecke dabei zu zerstören.

Nach etwa 5 Tagen ist die Umwandlung der Glucose der Nährlösung in Gluconsäure beendet. Man gießt die Nährlösung vorsichtig ab, ohne die Pilzdecke zu beschädigen, füllt frische Nährlösung ein, setzt nach etwa drei Tagen Schlämmkreide zu und wiederholt den ganzen Vorgang insgesamt zweimal. Die gesammelten abgegossenen Nährlösungen werden bei gelinder Erwärmung bis zu sirupartiger Konsistenz eingedickt und an einem warmen Ort stehengelassen, dabei kristallisiert das Calciumsalz der Gluconsäure aus.

V. Versuche zur Fortpflanzung mikroskopischer Pilze

a. Die Beobachtung der Sprossung bei Hefen

Die charakteristische ungeschlechtliche Fortpflanzungsart der Sproßhefen — die Sprossung — ist am besten an den im Nektar von Blüten vorkommenden „wilden" Hefen zu beobachten, vor allem dann, wenn man Blüten, in denen Hefen zu erwarten sind, ein bis zwei Tage in eine „feuchte Kammer" bringt.

Zu diesem Zweck legt man in eine große Petrischale von etwa 24 cm Durchmesser umgestülpt drei halbe Petrischalen von 10 cm Durchmesser. Die große Schale wird bis etwa zur halben Höhe der kleinen mit Leitungswasser gefüllt. Man legt nun einige frisch gesammelte Blütenstände der weißen Taubnessel (*Lamium album*), des Waldziestes (*Stachys silvatica*) oder Blüten der Kapuzinerkresse (*Tropaeolum majus*) so auf die kleinen Schalen, daß die Stengel in das Wasser eintauchen und verschließt die große Schale mit dem Deckel.

Nach ein bis zwei Tagen werden einige der schon längere Zeit geöffneten Blüten aus der „feuchten Kammer" herausgenommen. Man zieht jeweils die Blumenkrone aus dem Kelch, drückt den am unteren Ende der Blütenröhre sitzenden Nektar auf einen Objektträger und legt ein Deckglas auf.

Bei mikroskopischer Untersuchung der Präparate (Vergrößerung etwa 300fach) findet man fast immer die kreuz- oder sternförmigen Sproßverbände der Nektarhefen.

Stehen keine frischen Blüten mit Nektarhefen zur Verfügung, so kann man auch auf die Bäckerhefe zurückgreifen, bei der die Sprossung im gewöhnlichen Frischpräparat allerdings nicht gut zu beobachten ist. Sproßverbände aus mehr als zwei Zellen treten jedoch in etwas größerer Häufigkeit bei Vorkultur der Hefe in Zuckerlösung auf.

Man füllt zu diesem Zweck ein Reagenzglas etwa zur Hälfte mit 10 %iger Saccharose-Lösung, beimpft es mit einem Stück Bäckerhefe von etwa halber Erbsengröße und verschließt es mit einem Wattestopfen (s. S. 400). Nach 12—24 Stunden überträgt man mit einer Ausstrichöse etwas von dieser Vorkultur aus dem Reagenzglas auf einen Objektträger und legt ein Deckglas auf.

Die mikroskopische Untersuchung des Präparates bei 500—600facher Vergrößerung zeigt zahlreiche eiförmige Hefezellen und, mehr oder weniger häufig, Sproßverbände aus im allgemeinen 2—4 Zellen. Da das Präparat sehr kontrastarm ist, empfiehlt es sich, die Irisblende unter dem Objekttisch zur Kontraststeigerung zu etwa zwei Dritteln zu schließen.

b. Die Beobachtung der Bildung von Zoosporen

Die ungeschlechtliche Fortpflanzung durch begeißelte Sporen (Schwärmsporen, Zoosporen) bei mikroskopischen Pilzen läßt sich sehr leicht am Beispiel des Wasserschimmels (*Saprolegnia spec.*) demonstrieren.

Man füllt eine halbe Petrischale von 20 cm Durchmesser oder eine andere Schale bzw. einen tiefen Teller entsprechender Größe mit Teichwasser und legt auf die Wasseroberfläche einige tote Fliegen.

Im Verlauf von etwa einer Woche wächst aus den Fliegen ein weißliches Pilzmyzel heraus. Noch einige Tage später (am besten an mehreren Tagen) fertigt man von den Hyphenenden des Myzels mikroskopische Präparate in einem Tropfen Teichwasser an und untersucht sie bei 100—250facher Vergrößerung. Wenn das Myzel weit genug entwickelt war, erkennt man an den Hyphenenden keulenförmige Anschwellungen, die durch eine Querwand von dem im übrigen unseptierten Myzel abgetrennt sind und viele kleine, rundliche Einschlüsse enthalten. Bei längerer Beobachtung zum richtigen Zeitpunkt kann man sehen, wie diese Anschwellungen platzen und zahlreiche kleine, birnenförmige, zweigeißelige Schwärmer (Zoosporen) entlassen.

e. Die Beobachtung der Sporenbildung bei Hefen

Die neben der typischen ungeschlechtlichen Fortpflanzung der Sproßhefen, der Sprossung, bei manchen Gattungen unter bestimmten Bedingungen auftretende geschlechtliche Fortpflanzung durch Ascosporen kann durch folgenden Versuch gezeigt werden.

Man rührt Gips an und gießt ihn in 4—5 mm hoher Schicht in leere Streichholzschachteln aus. Nach dem Erstarren werden die Gipsplatten aus den Schachteln herausgedrückt und jeweils in eine Petrischale von 10 cm Durchmesser gelegt. Man fügt 10 ml destilliertes Wasser hinzu und sterilisiert 30 Minuten im Dampftopf (s. S. 401).

Man füllt nun ein Reagenzglas etwa zur Hälfte mit 10 %iger Saccharose-Lösung, verrührt darin möglichst gleichmäßig ein etwa stecknadelkopfgroßes Stückchen Bäckerhefe und verschließt es mit einem Wattestopfen (s. S. 400). Nach 24 Stunden wird der Inhalt des Reagenzglases zentrifugiert und die Flüssigkeit von der abgesetzten Hefe vorsichtig abgegossen.

Mit einer durch Ausglühen in der Flamme eines Gasbrenners sterilisierten und wieder abgekühlten Ausstrichöse entnimmt man etwas von der abzentrifugierten Hefe, beimpft damit die Oberfläche der Gipsblöckchen und läßt die Petrischalen bei Zimmertemperatur stehen.

Nach einer Woche werden mit einer Ausstrichöse Proben des Aufwuchses auf den Gipsblöckchen entnommen und im Wassertropfen auf Objektträgern untersucht. Bei der Betrachtung der Präparate mit einem starken Trockensystem oder der Ölimmersion erkennt man in manchen der Hefezellen vier rundliche Einschlüsse, die Ascosporen.

Literatur:

Bergeys Manual of Determinative Bacteriology, Williams and Wilkins Co., Baltimore, 1957
Brauner/Bukatsch: Das kleine pflanzenphysiologische Praktikum, Fischer, Jena, 7. Aufl., 1964
Dawid, W.: Experimentelle Mikrobiologie, Quelle und Meyer, Heidelberg, 1969
Dittrich, H. H.: Bakterien, Hefen, Schimmelpilze, Franckh'sche Verlagshandlung, Stuttgart 1959
dtv-Atlas zur Biologie, 2 Bd., Deutscher Taschenbuch-Verlag, München, 1967/68
Freytag, K.: Schulversuche zur Bakteriologie, Aulis-Verlag, Köln, 1960
Habs, H.: Bakteriologisches Taschenbuch, Barth, Leipzig, 38. Aufl., 1967
Hawker, L., B. Folkes, A. Linton, M. Carlile: Einführung in die Biologie der Mikroorganismen, Thieme, Stuttgart, 1962
Hustedt, F.: Kieselalgen, Franckh'sche Verlagshandlung, Stuttgart, 1956
Janke, A.: Arbeitsmethoden der Mikrobiologie, Bd. I, Steinkopff, Dresden u. Leipzig, 2. Aufl., 1946
Karlson, P.: Kurzes Lehrbuch der Biochemie, Thieme, Stuttgart, 6. Aufl., 1967
Klotter, H. E.: Grünalgen, Franckh'sche Verlagshandlung, Stuttgart, 1957
Leuthardt, F.: Lehrbuch der physiologischen Chemie, de Gruyter, Berlin, 14. Aufl., 1959
Meyer, R.: Mikrobiologisches Praktikum, Wolfenbütteler Verlagsanstalt, Wolfenbüttel u. Hannover, 1948
Müller, J. u. H. Melchinger: Methoden der Mikrobiologie, Franckh'sche Verlagshandlung, Stuttgart, 1964
Müller/Thieme: Biologische Arbeitsblätter, Industrie-Druck-Verlag, Göttingen, 2. Aufl., 1970
Nultsch, W.: Allgemeine Botanik, Thieme, Stuttgart, 3. Aufl., 1968
Oltmanns, F.: Morphologie und Biologie der Algen, 2. Bd., Fischer, Jena, 1922
Pringsheim, E. G.: Algenreinkulturen, Fischer, Jena, 1954
Rippel-Baldes, A.: Grundriß der Mikrobiologie, Springer, Berlin — Göttingen — Heidelberg, 3. Aufl., 1955
Rokitzka, A.: Allgemeine Mikrobiologie, Hanser, München, 1949
Round, F. E.: Biologie der Algen, Thieme, Stuttgart, 1968
Schlegel, H. G.: Allgemeine Mikrobiologie, Thieme, Stuttgart, 1969
Schömmer, F.: Kryptogamen-Praktikum, Franckh'sche Verlagshandlung, Stuttgart, 1949
Starka, I.: Physiologie und Biochemie der Mikroorganismen, Fischer, Stuttgart, 1968
Steinecke, F.: Experimentelle Biologie, Quelle u. Meyer, 1954
Strasburger: Lehrbuch der Botanik für Hochschulen, Fischer, Stuttgart, 29. Aufl., 1966
Thiman, K. V.: Das Leben der Bakterien, Fischer, Jena, 1964
Vogel, H.: Die Antibiotika, Carl, Nürnberg, 1951
— Mikrobiologie im Reagenzglas, Carl, Nürnberg, 1952
Winkler, A.: Die Bakterienzelle, Fischer, Stuttgart, 1956

ANHANG: FLECHTEN

I. Die Beschaffung von Flechten

Flechten findet man an der Rinde von Bäumen, an alten, verwitterten Holzzäunen, auf Steinen oder auch auf dem Erdboden, um nur einige Beispiele von Fundorten zu nennen. Ihre Thalli sind oft so auffällig, daß sie nicht übersehen werden können, insbesondere dann, wenn der ganze Thallus oder die Fruchtkörper kräftig gefärbt sind.
Als Sammelgefäße verwendet man bei kleineren Arten am besten Sammelgläser (s. Abb. 2, S. 433), bei größeren Arten, wie z. B. der Bartflechte, Plastikbeutel.

Zur Aufbewahrung über längere Zeit kann man Flechten einfach in eine offene Schale (Kunststoffschale oder halbe Petrischale) legen, die an einem möglichst staubgeschützten Ort aufgestellt wird. Dicht schließende Behälter sind wegen der Gefahr der Schimmelbildung ungeeignet. Eingetrocknete Flechten läßt man vor der weiteren Verwendung s. u.) einige Zeit in Wasser quellen.

II. Die mikroskopische Untersuchung der Flechten

Frisch gesammelte Flechten können sofort zur mikroskopischen Untersuchung verarbeitet werden. Schon längere Zeit aufbewahrte, mehr oder weniger eingetrocknete Flechten läßt man vor dem Schneiden einige Zeit in Wasser quellen.
Mit einer Rasierklinge stellt man möglichst dünne Schnitte durch den Flechtenthallus bzw. die Fruchtkörper her und überträgt sie in einem Wassertropfen auf einen Objektträger. Nach dem Auflegen eines Deckglases (vgl. S. 444, Frischpräparate mikroskopischer Pilze) wird das Präparat bei mittlerer mikroskopischer Vergrößerung betrachtet.
Man erkennt den Aufbau der Flechte aus Algen und Pilzhyphen, deren Verteilung und bei geeignetem Material und entsprechender Schnittführung auch die Sporen des an der Flechtenbildung beteiligten Pilzes. Dabei handelt es sich in den meisten Fällen um Askosporen. Basidiosporen findet man sehr selten.

III. Die Untersuchung der Wasseraufnahme und Wasserabgabe von Flechten

Die Zellwände der Pilzhyphen eingetrockneter Flechten sind stark quellbar. Zwischen ihnen befinden sich luftgefüllte, kapillare Hohlräume. Bei der Benetzung mit Wasser wird dieses zunächst kapillar eingesogen und führt dann zur Quellung der Zellwände der Pilzhyphen. Dieser Vorgang ist von ökologischer Bedeutung, da Flechten nur in gequollenem Zustand assimilieren.
Zur Messung von Wasseraufnahme und Wasserabgabe verfährt man folgendermaßen. Der an der Luft eingetrocknete Flechtenthallus wird zunächst gewogen (± 50 mg). Man notiert das Gewicht, taucht den Thallus genau 5 Sekunden lang in Leitungswasser, trocknet ihn anschließend sofort oberflächlich zwischen Filtrierpapier durch leichten Druck und wiegt erneut. Um einwandfreie Ergebnisse zu erzielen, muß die Eintauchzeit, am besten durch Verwendung einer Stoppuhr, genau eingehalten und möglichst rasch gearbeitet werden.
Man wiederholt das Eintauchen, Abtrocknen und Wiegen in gleicher Weise so lange, bis keine Gewichtszunahme mehr festzustellen, d. h. die Flechte mit Wasser gesättigt ist.
Die wassergesättigte Flechte wird nun auf ein Drahtnetz auf einem Dreifuß gelegt, am besten an einem etwas luftigen, warmen oder sonnigen Ort. Man ermittelt den Verlauf der Wasserabgabe der Flechte durch genaue Wägungen im Abstand von jeweils 5 Minuten.
Zur größeren Anschaulichkeit werden die Ergebnisse am besten graphisch dargestellt.

II. GIFT- UND SPEISEPILZE

Von Oberstudiendirektor a. D. Hans-Helmut Falkenhan
Würzburg

GIFT- UND SPEISEPILZE

Anschauungsmittel

1. Lehrtafeln

Die früher angebotenen Lehrtafeln konnten oft weder in der Farbwiedergabe, noch in der Formgebung befriedigen. Leider befinden sich noch in vielen Schulen diese schlechten Tafeln. Brauchbare Tafeln werden von folgenden Verlagen angeboten, die durch den Lehrmittelhandel zu beziehen sind:

Röhr: Pilztafeln: „Pilze unserer Heimat" I und II, 8-Farbendruck, Großformat 84 x 124, 50 häufige Gift- und Speisepilze auf 2 Tafeln.

te-N.: Schulwandbilder „Bau der Pilze", 4 Tafeln mit schematisch gezeichneten Schnitten, um den Bau der Blätterpilze, der Röhrlinge und Stachelpilze, der Scheiben- und Keulenpilze und der Korallen-, Bauch- und Trüffelpilze zu erläutern, 70 x 100 cm.

Haslinger: „Pilze in Einzeldarstellungen", nach Originalen von H. Perlwieser, 18 Einzelblätter 33 x 35 cm, die in einem besonders zu beziehenden Wechselrahmen gezeigt werden können.

Hagemanns Lehrtafeln von *Jung-Koch-Quentell:*
„Wiesenchampignon", Leinwand mit Stäben, 85 x 120 cm
„Grüner Knollenblätterpilz und Waldchampignon", Leinwand mit Stäben, 85 x 120 cm

2. DIA-Reihen: Collux-DIA-Institut, Frauke Wissmüller, München-Garching, „Pilze des Waldes", 70 Farb-Dias am natürlichen Standort fotografiert.
Max-Planck-Str. 1
V-DIA-Verlag, Heidelberg, Postfach 1940:
„Pilze der Heimat" I, 11 Farb-Dias
„Pilze der Heimat" II, 9 Farb-Dias

Verlag Ch. Jaeger & Co, 3 Hannover:
„Wir sammeln Pilze", 15 Farbbilder

3. Pilz-Modelle

Pilzmodelle wurden früher aus Gips hergestellt. Sie waren recht schwer und leicht zerbrechlich. Heute werden solche Modelle aus unzerbrechlichem Kunststoff angefertigt.

*Somso-*Modelle, Firma Somso, 8630 Coburg, Sonntagsanger 1:
18 Modelle bekannter Gift- und Speisepilze, Kunststoff

Waldhaus- Modelle, zu beziehen z. B. durch Fa. Konrad Schwarzbeck, Lehrmittel-Verlag, 8501 Cadolzburg bei Nürnberg
19 Modelle bekannter Gift- und Speisepilze aus Kunststoff
Schlüter, 7057 Winnenden, Postfach 126:
Kunststoffmodelle bekannter Gift- und Speisepilze
„*Kultura*" Ungarisches Außenhandelsamt, Budapest 62, Postfach 149
Pilzmodelle aus Kunststoff. Fertigt auf Wunsch Modelle jeder Pilzart an.

4. Skizzenblätter
Zollern-Verlag Wannweil/Reutlingen: *Mergenthaler-Henes:* „Pilze"

Allgemeines

Unter den Pflanzen nehmen die Pilze in vieler Hinsicht eine Sonderstellung ein: sie besitzen kein Chlorophyll und müssen sich deshalb, ähnlich wie die Tiere, von organischen Substanzen ernähren. Auch ihre chitinähnliche Stützsubstanz und ihr Aasgeruch beim Verwesen erinnern uns an tierische Organismen. Durch ihre Schönheit und ihre Formenfülle, ihre leuchtenden Farben, ihr rasches Wachstum, ihre Eßbarkeit, oder auch ihre Giftigkeit, fielen sie schon immer den Menschen besonders auf und üben auf manche eine geradezu magische Anziehungskraft aus.

In Notzeiten, besonders während und nach den beiden Weltkriegen, waren sie eine willkommene Zusatznahrung, wenn auch ihr Nährwert gering ist (Tab. 1). Eigenartigerweise ist gerade in den letzten Jahren, also bei steigendem Wohlstand, das Interesse weiter Bevölkerungskreise an den Pilzen stark gewachsen. Dieses erfreuliche Interesse hat auch mit Nahrungsmangel gar nichts zu tun; es sind vielmehr tiefere psychologische Gründe hier die Ursache:

Pilze gehören zu den ganz wenigen Nahrungsmitteln, die der moderne Stadtmensch sich auch heute noch suchen und sammeln kann. Außer Waldbeeren, die aber recht mühsam zu pflücken sind, muß er alles Eßbare kaufen. Die säuberliche Verpackung in Cellophan, in Folien oder Büchsen ist zwar hygienisch einwandfrei, läßt aber den Ursprung des Nahrungsmittels meist gar nicht mehr erkennen. Bei den Pilzen dagegen ist es aber noch genau so wie in den ersten Menschheitstagen, als unsere Vorfahren sammelnd durch die Gegend streiften, um sich die tägliche Nahrung zu suchen. Da erwacht wohl in uns zivilisierten Stadtmenschen der alte Urinstinkt des Sammlers und Jägers und wir empfinden eine tiefe Freude, wenn wir auf verborgenen Pfaden durch den Wald streifen und unsere Pilzjagd erfolgreich ist. Auch das Auto — sonst viel geschmähtes Zivilisationsprodukt, das den Menschen oft der Natur entfremdet — hat paradoxerweise viel zu diesem neu erwachten Interesse an den Pilzen beigetragen: Viele Menschen empfinden die Unnatürlichkeit ihres Stadtdaseins und streben deshalb in ihrer Freizeit hinaus in die Natur. Das Auto ermöglicht es ihnen nun, viel rascher als früher an entlegene Plätze zu kommen — und ihr schlechtes Gewissen, das sie wegen der zu geringen körperlichen Bewegung fast immer haben, treibt sie nun mitten im Wald voller Tatendrang aus den weichen Polstern. Spazierengehen genügt da vielen nicht — und so kommen sie ganz von selbst auf das Pilzesammeln, denn die ersten bunten Gesellen stehen ja oft gleich neben dem abgestellten Wagen. Auch unsere Jugend bringt deshalb schon vom Elternhaus her ein lebhaftes Interesse für die Pilze mit, das allerdings oft in krassem Gegensatz zu ihren biologischen Kenntnissen steht. Das ist leicht erklärlich, denn es gibt wohl kein anderes Gebiet der Biologie, wo sich längst widerlegte „Volksweisheiten", ja sogar krasser Aberglaube so zäh bis in unsere Tage hinein erhalten haben, wie gerade bei der Pilzkunde.

Die Schule kann hier, über die Vermittlung exakten Wissens hinaus, wertvolle Erziehungsarbeit leisten, indem sie durch das Studium der Naturobjekte und durch eindeutige Versuche diesen Aberglauben widerlegt. Auch die sonst in der Schulbiologie etwas in den Hintergrund getretene Systematik spielt in der Pilzkunde eine dominierende Rolle, denn ohne Artenkenntnis kann man nun einmal giftige und eßbare Arten nicht unterscheiden.

Rechtslage

In Deutschland ist es erlaubt, auch außerhalb der Wege durch den Wald zu gehen. Ausgenommen sind von dieser Erlaubnis nur eingefriedete, oder durch besondere Tafeln gekennzeichnete Grundstücke, wie Pflanzgärten, Schonungen, usw.

Es empfiehlt sich aber nicht zur Hauptjagdzeit, also in der Morgen- oder Abenddämmerung auf Pilzsuche zu gehen, denn abgesehen von der Störung des Jagdbetriebes ist damit auch oft Lebensgefahr verbunden. Leider hat es hier schon viele schwere, ja sogar tödliche Unfälle gegeben, wenn die gebückt durch den Wald schleichenden Pilzsucher in dem unsicheren Dämmerungslicht für ein Stück Wild gehalten wurden.

Winke für die Pilzjagd

Pilze gedeihen am besten, wenn sie viel Feuchtigkeit und Wärme erhalten. Die einzelnen Arten bilden ihre Sporenträger zu ganz bestimmten Jahreszeiten aus. Einige wenige findet man bereits im Frühjahr, schon mehr im Frühsommer, aber die meisten erst im Spätsommer und Frühherbst. Im Oktober nimmt die Artenzahl dann wieder ab, aber einige Arten findet man sogar noch im November oder Dezember. Den besten Erfolg hat man zwei bis drei Tage nach einem ausgiebigen Sommerregen. Die meisten Pilze findet man im Wald, aber auch in Parkanlagen, auf Wiesen und auf Schutthaufen gedeihen manche Arten. Da das gleiche Myzel oft viele Jahre hintereinander Sporenträger ausbilden kann, findet man häufig die gleichen Arten immer wieder an den gleichen Plätzen.

Die Ausrüstung besteht am besten aus zwei Spankörben und einem Messer. In den einen Korb kommen die Pilze, die man genau kennt und die als Speisepilze dienen sollen, in den anderen alle die Arten, die zur genaueren Bestimmung vorgesehen sind.

Gut bekannte Pilze können mit dem Messer dicht über dem Boden abgeschnitten werden. Die weit verbreitete Ansicht, daß das Abschneiden für das Myzel der Pilze schädlich sei, weil das zurückbleibende faulende Stielende es angreifen würde, ist nicht richtig. Wenn der Sporenträger nicht gepflückt wird, fault er ja natürlicherweise auch nach wenigen Tagen.

Alle Pilze aber, die man nicht genau kennt, müssen vorsichtig aus dem Boden herausgedreht werden, denn gerade das im Boden steckende Stielende ist oft für die Bestimmung von größter Bedeutung (z. B. Knollen am Stielgrund).

Die Speisepilze werden sofort im Wald von allen Erdresten gereinigt, die Oberhaut wird, so weit wie möglich abgezogen, aber nur, wenn sie sich leicht entfernen läßt, und jeder Pilz wird schließlich der Länge nach durchgeschnitten, um zu sehen, ob er madig ist. Letzteres ist besonders wichtig, denn leider sind viele, äußerlich ganz gesund aussehende Pilze von Maden durchwühlt. Wer solche Pilze mitnimmt, bringt nur Abfall mit nach Hause, denn in wenigen Stunden sind sie von innen her aufgefressen. — Andere Tierfraßstellen, z. B. von Schnecken, werden sorgfältig ausgeshnitten. Pilze mit fauligen Stellen nimmt man überhaupt nicht, denn als einwandfreie Speisepilze sollen nur junge und ganz feste Exemplare verwendet werden. Dagegen wäre es falsch, Blätter, oder Röhren, das sogenannte „Futter" wegzuschneiden, denn diese Schichten enthalten die eiweißreichen Sporen.

Zum Transport sollen die Pilze locker und luftig im Spankorb liegen, damit das in ihnen enthaltende Wasser gut verdunsten kann. Andere Gefäße, wie Rucksäcke, Tüten, oder gar luftdichte Plastikbeutel sind dagegen völlig ungeeignet, denn in ihnen werden die Pilze eng zusammengedrückt und in der sich bildenden wasserdampfgesättigten Atmosphäre können sie in wenigen Stunden durch Fäulnis verderben, besonders, wenn die entstehende Wärme nicht abfließen kann (siehe auch Versuch, S. 493).

Aus diesem Grund sollen die Pilze daheim möglichst rasch zubereitet werden. Kann dies erst am nächsten Tag geschehen, werden sie in einer dünnen Schicht ausgebreitet und in einen kühlen Raum gestellt, oder an das offene Fenster, damit sie weiter ausdunsten können. Unmittelbar vor der Zubereitung werden die Pilze nur kurz auf einem Sieb gewaschen.

Der Nährwert der Pilze

Wegen ihres Wohlgeschmackes werden die Pilze als Nahrungsmittel hoch geschätzt und sogar das „Fleisch des Waldes" genannt. Genaue Nährstoffanalysen haben zwar erwiesen, daß in Pilzen Eiweiße, Kohlenhydrate, Fette, Mineralsalze und Vitamine enthalten sind, aber die untenstehende Tabelle zeigt deutlich, daß der Nährwert frischer Pilze recht gering ist. Die in alten Pilzbüchern zu findenden hohen Prozentzahlen sind irreführend, denn sie stammen aus Analysen der Trockensubstanz.

	Eiweiß	Kohlenhydrate	Fette	Mineralstoffe	Wasser
Champignon	4,9 %	3,6 %	0,2 %	0,80 %	89,7 %
Steinpilz	5,4 %	5,1 %	0,4 %	0,95 %	88 %
Pfifferling	3,1 %	3,8 %	0,4 %	0,75 %	91,4 %
Flaschenbovist	7,8 %	1,7 %	0,4 %	0,85 %	87 %
Echter Reizker	3,2 %	5,2 %	0,6 %	0,90 %	90 %
Weißkohl	1,8 %	5,0 %	0,2 %	1,20 %	90 %
Mohrrübe	1,2 %	9,1 %	0,3 %	1,00 %	87 %
Kartoffel	2,0 %	21,0 %	0,1 %	1,10 %	75 %
Rindfleisch	21,0 %	1,7 %	4,5 %	1,20 %	72,5 %

Tabelle 1: Die Zusammensetzung der Pilze im Vergleich zu anderen Nahrungsmitteln

Zusammengefaßt kann gesagt werden, daß die Pilze etwa den Nährwert von frischem Gemüse haben, wobei ihr Eiweißgehalt etwas höher ist. Allerdings muß berücksichtigt werden, daß nur etwa 75 % des Pilzeiweißes verdaut werden, denn die chitinartigen Zellwände werden bei der Zubereitung nicht vollständig zerrissen und halten einen Teil davon zurück.

Außer den oben genannten Stoffen enthalten Pilze eine große Anzahl recht kompliziert gebauter organischer Stoffe, die bis jetzt erst zum Teil erforscht sind. Neben den Giften sind dies auch solche, die als Heilmittel eine Rolle spielen. Man denke hier nur an die in Pilzen gefundenen Antibiotika.

Pilzgifte und Pilzvergiftungen

1. Pilzgifte, die Leber und Nieren schädigen

In den Pilzen sind zahlreiche, chemisch recht verschieden gebaute Gifte gefunden worden, deren genauere Zusammensetzung erst in den letzten Jahren näher erforscht wurde. Um die Aufklärung ihrer Struktur haben sich besonders *Wieland* (22) und seine Mitarbeiter verdient gemacht. Ihnen gelang es allein in dem Grünen und Weißen Knollenblätterpilz je 7 verschiedene Gifte nachzuweisen.

Erst durch die modernen Methoden der UV-Spektrographie und der Dünnschichtchromatographie gelang es in mühevoller Arbeit und nach der Verarbeitung von mehr als 1500 kg Pilzen die einzelnen Komponenten zu trennen und die Strukturformeln wenigstens teilweise zu finden. Bei den Giften des Grünen, Weißen und Spitzhütigen Knollenblätterpilzes handelt es sich um *Cyclopeptide* aus wenigen Aminosäuren, deren Molekulargewicht etwa 1000 beträgt. Sie wurden *Phalloidin*, *Phalloin*, α-, β-, γ-*Amanitin* und *Amanin* genannt. Außerdem enthalten diese Knollenblätterpilze noch das nicht hitzebeständige Hämolysin *Phallin*, das aber durch das Kochen und die Magensäure zerstört wird. Das Phalloidin, von dem 1/20 000 g bereits eine Maus tötet, hat die Summenformel $C_{40}H_{47}O_{10}N_9S$ und enthält so bekannte Aminosäuren wie Cystein, Alanin, Threonin, Oxiindolylalanin und Oxileucenin.

Die Amanitine sind noch etwa 10mal toxischer als das Phalloidin und man sieht in ihnen die gefährlichste Komponente der Knollenblätterpilzgifte. Sie enthalten Asparaginsäure, Cystein, Glycin, Hydroprolin und Isoleucin. Die im Gegensatz zu den körpereigenen Peptiden ringförmig verknüpften Aminosäuren dieser schweren Gifte bieten den Verdauungsfermenten keine Angriffspunkte. Daraus erklärt sich, daß ihre Giftwirkung sich erst auswirkt, wenn sie bereits über das Blut in die Leber und in die Nieren gelangt sind. Sie unterbinden lebenswichtige Synthesen, insbesondere auch den Aufbau von Adenosintriphosphat. In 100 g Frischpilzen von *Amanita phalloides* wurden festgestellt: *10 mg Phalloidin, 8 mg α-Amanitin, 5 mg β-Amanitin und 0,5 mg γ-Amanitin.* — Die dosis letalis minima beträgt beim Menschen 0,1 mg pro kg Köprpergewicht beim gefährlichsten dieser Gifte, dem α-Amanitin. Bei Meerschweinchen sind es etwa 0,05 mg pro kg Körpergewicht, aber bei Ratten, die sehr giftresistent sind, 1,0 mg pro kg Körpergewicht. Bei Fröschen und Kröten führen erst 1,5 mg kg nach 5—10 Tagen zum Tode. Das Phalloidin zeigt bei allen diesen Tieren eine 10mal schwächere Giftwirkung. Ein 50 Gramm schwerer Grüner Knollenblätterpilz enthält bereits genügend Gift, um eine tödliche Vergiftung beim Menschen zu verursachen.

Merkwürdigerweise sind in dem nahe verwandten Gelben Knollenblätterpilz

(*Amanita mappa*) alle diese Giftstoffe nicht zu finden. Der Gelbe Knollenblätterpilz enthält nur einen praktisch ungiftigen Stoff, der in mancher Hinsicht ähnlich gebaut ist, das *Mappin*. Es hat sich herausgestellt, daß es mit dem im Krötensekret vorkommenden *Bufotenin* identisch ist.

HO–⟨Indol⟩–CH$_2$–CH$_2$–N(CH$_3$)$_2$ Mappin = Bufotenin

Durch Kochen wird dieser Stoff zerstört.

Die Giftstoffe der Frühjahrslorchel *(Gyromitra esculenta)* sind erst 1965 von *List* (Marburg) und *Franke* (Dresden) erkannt worden. Ein Gift der Lorchel, die *Helvellasäure* (C$_{12}$H$_{20}$O$_7$), eine stickstofffreie organische Säure war schon 1885 von den deutschen Forschern *Böhm* und *Külz* gefunden worden, aber diese leicht flüchtige Substanz ist gar nicht die Ursache der Lorchelvergiftungen, sondern das von den oben genannten Forschern entdeckte *Gyromitrin*, ein *N-substituiertes Imid* der *Äthylenoxid-Dicarbonsäure*. Trotz des ganz verschiedenen Baues verursacht das Lorchelgift, ähnlich wie die Gifte der Knollenblätterpilze, erst nach vielen Stunden Vergiftungserscheinungen. Auch die Krankheitserscheinungen (Erbrechen, wässerige Durchfälle, Mattigkeit, Gelbsucht, Lebervergrößerung, Kreislaufversagen) sind denen der Knollenblätterpilzvergiftung recht ähnlich.

2. Pilzgifte, die auf das Nervensystem einwirken

In Fliegenpilzen, Pantherpilzen und dem Ziegelroten Rißpilz (*Inocybe patouillardii*) kommen Gifte mit ausgesprochen neurotroper Wirkung vor. Früher glaubte man, daß das *Muscarin*, ein *Oxicholin* (C$_8$H$_{19}$O$_3$N), das Hauptgift sei. Es wurde schon 1896 von *Schmiedeberg* und *Koppe* aus Fliegenpilzen gewonnen und als toxisches Alkaloid identifiziert. Erst 1953 gelang es *Eugster* aus 124 kg Fliegenpilzen 0,25 Gramm reines Muscarinchlorid zu gewinnen, was einer Anreicherung auf das 480 000fache entspricht. Erst 1956 gelang es schließlich *Eugster* und seinen Mitarbeitern nach einer Aufarbeitung von 1500 kg Fliegenpilzen die genaue Zusammensetzung des Muscarins zu finden, wobei die Mikro- und Ultramikroanalyse angewandt werden mußten. Muscarin ist das *Trimethylammoniumchlorid* des 2-Methyl-3-oxi-5-Aminomethylotetrahydrofurans. *Kögl* in Utrecht kam nach jahrzehntelanger Forschung mit seinem Forscherkollektiv zum gleichen Ergebnis. Außerdem fand *Kögl* im Fliegenpilz das giftige *Acetylcholin*. *Kobert* fand in Fliegen- und Pantherpilzen einen dem Atropin ähnlichen Giftstoff, der zunächst *Mycoatropin* genannt wurde, aber jetzt *Muscaridin* heißt. Seine Zusammensetzung ist noch nicht geklärt. Außerdem kommt in Fliegen- und Pantherpilzen noch ein Kapillargift vor, das Gefäßschädigungen verursacht und dessen chemische Struktur ebenfalls noch unbekannt ist.

Muscarin, ein ausgesprochenes Nervengift, das nicht immer auch auf den Verdauungstrakt einwirkt, ruft Erregungszustände durch Einwirkung auf die Großhirnrinde hervor, aber keine Rauschzustände. Das Muscaridin wirkt ebenfalls auf die Großhirnrinde ein, aber neben starker Erregung bewirkt es auch rauschartige Verwirrungserscheinungen, Heiterkeit, Weinen, Lachen, Tobsucht, Sinnestäuschungen, Sehstörungen, Schwindel und Taumel. Danach folgt ein Lähmungsstadium mit tiefem Schlaf und großer Erschöpfung. Wegen dieser „berauschenden" Wirkung werden in Ostsibirien von manchen Volksstämmen Fliegenpilze als Rauschmittel verzehrt.

Muscarin und Muscaridin haben in verschiedener Hinsicht gegenteilige Wirkung. Sie heben sich aber keineswegs auf, sondern wirken nebeneinander. Das Muscarin erregt alle Organe, die von parasympathischen Nerven beeinflußt werden. Da beide Gift nebeneinander auftreten, haben sie in schweren Fällen die Wirkung, daß das überreizte Gehirn erschöpft und gelähmt wird. Ebenso das Herz und das Atemzentrum, was zu Atemnot und Herstillstand führen kann.

Der Ziegelrote Rißpilz enthält kein Muscaridin, aber die ungefähr 20fache Menge Muscarin wie Fliegen- oder Pantherpilze! Die schon nach einer halben Stunde auftretenden Vergiftungserscheinungen sind: Speichelfluß, Schweißausbruch, Schwindel, Sprech- und Sehstörungen, evtl. auch Leibkrämpfe. Herzlähmung kann nach 6—8 Stunden eintreten.

3. Pilzgifte, die Verdauungsstörungen hervorrufen

Die Pilzgifte dieser Gruppe sind leider noch sehr wenig erforscht. Sie wirken meist schon nach einer Viertelstunde nach dem Pilzgenuß auf den Magen- und den Darmtraktus ein. Heftige Leibschmerzen, Übelkeit, Erbrechen und Durchfall, eventuell sogar Ohnmachtsanfälle charakterisieren das Krankheitsbild.

Meistens ebben die Krankheitserscheinungen bald wieder ab, so daß die Patienten nach 2—4 Tagen wieder genesen, aber einige Pilze dieser Gruppe haben auch schon tödliche Vergiftungen hervorgerufen, z. B. der Riesen-Rötling (*Rhodophyllus sinuatus*).

Nach Michael-Hennig (16) gehören folgende Arten zu dieser Gruppe:

Amanita porphyria, Porphyrbrauner Wulstling
Lepiota acutesquamosa, Spitzschuppiger Schirmling
Tricholoma pardinum, Tiger-Ritterling (giftig)
Tricholoma virgatum, Brenndender Ritterling (schwach giftig)
Tricholoma ustale, Brandiger Ritterling (schwach giftig)
Tricholoma sulphurum, Schwefel-Ritterling (schwach giftig)
Tricholoma focale, Halsband-Ritterling (schwach giftig)
Tricholoma inamocnum, Lästiger Ritterling (schwach giftig)
Tricholoma lascivum, Strohblasser Ritterling
Tricholoma albobruneum, Weißbrauner Giftritterling (schwach giftig)
Tricholoma pessundulum, Getropfter Ritterling (schwach giftig)
Tricholoma acerbum, Gerippter Ritterling (schwach giftig)
Pleurotus olearius, Ölbaum-Trichterling (giftig)
Inoloma traganum, Lila Dickfuß (schwach giftig)
Lactarius torminosus, Birken-Reizker, Zottiger Reizker (giftig)
Lactarius chrysorrheus, Schwefelgelber Milchling (schwach giftig)
Lactarius scrobiculatus, Grubiger Milchling (schwach giftig)
Lactarius ichoratus, Orangefuchsiger Milchling, (schwach giftig)
Lactarius vietus, Braunfleckender Milchling (schwach giftig)
Lactarius pyrogalus, Perlblätteriger Milchling (schwach giftig)

Russula emetica, Speitäubling (schwach giftig)
Russula sardonia, Feuriger Täubling (giftig)
Russula badia, Zedernholz-Täubling (giftig)
Russula foetens, Stinktäubling (schwach giftig)
Marasmius urens, Brennender Schwindling (schwach giftig)
Rhodophyllus sinuatus, Riesen-Rötling (sehr giftig)
Rhodophyllus hydrogrammus, Bleicher Rötling (schwach giftig)
Rhodophyllis rhodopolius, Niedergedrückter Rötling (schwach giftig)
Rhodophyllis niderosus, Alkalischer Rötling (schwach giftig)
Rhodophyllis aprilis, Brauner April-Rötling (schwach giftig)
Agaricus xanthodermus, Gift-Egerling (schwach giftig)
Agaricus meleagris, Perlhuhn-Egerling, (schwach giftig)
Nematoloma fasciculare, Büscheliger Schwefelkopf (schwach giftig)
Boletus satanas, Satans-Röhrling, Satanspilz (giftig)
Boletus luridus, Netzstieliger Hexenröhrling (roh giftig)
Boletus calupus, Schönfuß-Röhrling (schwach giftig)
Ramaria pallida, Bauchweh-Koralle (schwach giftig)
Ramaria formosa, Schöne Koralle (schwach giftig)
Scleroderma aurantium, Kartoffel-Bovist (giftig)

Ein ähnliches Krankheitsbild wie bei den Pilzen dieser Gruppe zeigt sich auch nach dem Genuß zu alter, verdorbener Pilze. Hier wirken wahrscheinlich die giftigen Abbauprodukte des Pilzeiweißes, die *Ptomaine* und Stoffe, die von den die Zersetzung bewirkenden Bakterien und niederen Pilzen ausgeschieden werden. Letztere wirken allerdings meistens erst längere Zeit nach der Pilzmahlzeit, manchmal erst nach 24 Stunden.

Einige weitere Pilzarten enthalten Stoffe, die man nicht als Gifte bezeichnen kann, die aber von manchen Personen nicht vertragen werden. Nach besonderer Vorbehandlung (Abkochen und Wegschütten des Kochwassers) sind diese Pilzarten zwar eßbar, aber man sollte Pilze nach einer derartigen Prozedur nicht mehr essen, denn ihr Nährwert und ihre Aromastoffe sind zum größten Teil hierdurch beseitigt worden.

Auch einige der oben als „schwach giftig" bezeichneten Arten können auf diese Weise genießbar gemacht werden. Besonders wäre hier der Birken-Reizker zu nennen, der sogar als „giftig" gekennzeichnet ist und trotzdem in nordischen Ländern ein häufiger Marktpilz ist.

Magenempfindliche Personen sollten nur längere Zeit gekochte oder gebratene Pilze in nicht zu großer Menge essen, zumal auch Allergieen gegenüber völlig einwandfreien Pilzen beobachtet werden.

4. Pilze, die nur zusammen mit Alkohol giftig wirken

Noch völlig ungeklärt sind die Stoffe in einigen Tintlingsarten, die nur dann Vergiftungserscheinungen hervorrufen, wenn man Alkohol zur Pilzmahlzeit trinkt. Sie bewirken ½—2 Stunden nach dem Alkoholgenuß eine starke Gesichtsrötung, die sich auch über den Hals und den Oberkörper ausbreiten und allmählich ins Violette übergehen kann. Hitzegefühl, Herzklopfen, Pulsbeschleunigung, Sprachschwierigkeiten und Sehstörungen sind weitere Symptome. Die Nasenspitze und die Ohrläppchen bleiben dagegen ganz blaß. Glücklicherweise gehen alle Erscheinungen nach einiger Zeit wieder zurück, aber sie treten noch einmal in abgeschwächter Form auf, wenn innerhalb der nächsten Tage wieder Alkohol getrunken wird.

Man hat beobachtet, daß diese Vergiftungserscheinungen Ähnlichkeit mit der Wirkung von *Antabus* haben, einem *Tetraäthylthiuranbisulfid*, das einen Teil des Blutalkohols zu Azetaldehyd (CH_2CHO) oxidiert. Dieses Mittel wird zur Heilung von Alkoholikern verwendet. Anscheinend sind in den Tintlingen ähnliche Stoffe enthalten, die den später aufgenommenen Alkohol zu dem giftig wirkenden Azetaldehyd oxidieren.

Diese Wirkung tritt besonders bei den sonst als gute Speisepilze bekannten Tintlingsarten

Coprinus atramentarius, Faltentintling und
Coprinus micaceus, Glimmertintling
auf.

5. Pilzvergiftungen

Aus der Beschreibung der verschiedenen Giftstoffe und ihrer Wirkung ist zu ersehen, daß Pilzvergiftungen vom ganz leichten Unwohlsein bis zur tödlichen Vergiftung vorkommen können. Während Notzeiten wurden in Deutschland bis zu 100 tödliche Vergiftungsfälle pro Jahr beobachtet, aber in den letzten Jahren ist diese Zahl stark zurückgegangen. Die leichten Vergiftungsfälle haben dagegen keineswegs abgenommen, was wohl auf das am Anfang schon erwähnte steigende Interesse an den Pilzen zurückzuführen ist.

Erstaunlich und erschütternd ist der immer wieder zu beobachtende große Leichtsinn vieler Pilzsammler. Obwohl doch allgemein bekannt ist, daß es giftige Pilze gibt, kann man häufig erleben, daß Pilze ohne die geringsten Kenntnisse gesammelt und in der Familie gegessen werden. Bei meiner Tätigkeit als Sachverständiger bei Gerichtsverhandlungen konnte ich feststellen, daß Eltern selbstgesammelte Pilze bedenkenlos nicht nur selbst aßen, sondern auch ihren Kindern gaben, obwohl sie keinen einzigen unserer gefährlichen Giftpilze kannten! Wenn die Kinder starben, wurden die Eltern wegen fahrlässiger Tötung verurteilt, was wirklich tragisch ist, wenn man bedenkt, daß dieses große Familienunglück leicht hätte vermieden werden können, wenn die Betroffenen sich vorher die primitivsten Kenntnisse angeeignet hätten.

Gerade in diesen Verhandlungen kam immer wieder heraus, daß sich die Sammler auf irgend eine, völlig unbrauchbare Volksregel verlassen hatten. Wie tief diese Regeln noch im Bewußtsein der Bevölkerung festsitzen, wird wohl am besten durch die Tatsache bewiesen, daß die Zeitschrift „Wochenend" eine Leserzuschrift noch Ende der 50er Jahre als „Tip der Woche" prämierte, die behauptete, daß man Giftpilze ganz leicht daran erkennen könne, wenn ein mitgekochter Silberlöffel schwarz wird! Gerade dieser Aberglauben scheint unausrottbar zu sein, obwohl er schon so vielen Menschen das Leben gekostet hat. (Beim Bau des Simplontunnels starben 16 italienische Arbeiter an einem Pilzgericht, das sie für ungiftig hielten, weil ein mitgekochtes silbernes Lirestück blank blieb.)

Das Schwarzwerden eines silbernen Gegenstandes in Pilzen, das man manchmal beobachten kann, wenn Silber lange mit den Pilzen in Berührung kommt, beruht auf dem Schwefelgehalt mancher Pilzverbindungen, insbesondere des Pilzeiweißes. Es bildet sich dann, in ähnlicher Weise wie bei einem Silberlöffel, der längere Zeit in einem gekochten Ei steckt, ein Überzug von schwarzem Silbersulfid.

Pilzvergiftungen sind um so gefährlicher, je später sie nach dem Genuß der Pilze sich bemerkbar machen. Mir sind Fälle von Knollenblätterpilzvergiftungen bekannt, bei denen die Pilze zum Mittagessen gegessen wurden und die Vergifteten noch mit gutem Appetit zu Abend aßen. Erst in der Nacht um 4 Uhr traten die ersten Beschwerden auf.

Kann man bei Beschwerden, die kurz nach der Mahlzeit auftreten noch durch künstlich herbeigeführtes Erbrechen einen Teil der Giftstoffe aus dem Magen entfernen, so ist jede Selbsthilfe bei den lebensgefährlichen Vergiftungen, die sich erst viele Stunden nach der Mahlzeit bemerkbar machen, ausgeschlossen.

Da immer in diesen Fällen akute Lebensgefahr besteht, empfielt es sich nicht, den Hausarzt kommen zu lassen, sondern man veranlasse sofort den Transport ins Krankenhaus!

98 % aller tödlichen Pilzvergiftungen werden durch Knollenblätterpilze verursacht, in Süddeutschland sind es praktisch 100 %, da die gefährliche Lorchel hier kaum vorkommt.

Ein echtes Gegenmittel gegen Knollenblätterpilzvergiftungen gibt es bis jetzt nicht. Da es mehrere schwere Gifte sind, durch die Leber und Nieren geschädigt werden, ist es sehr schwer so ein Mittel zu entwickeln. Auch das im Pariser Pasteur-Institut entwickelte Serum hat nur Teilerfolge erzielen können. Neuerdings wird mit recht gutem Erfolg der möglichst vollständige Blutaustausch angewendet, aber trotzdem liegt bis jetzt die Mortalität immer noch bei etwa 25 %.

Bei Rißpilzvergiftungen, die glücklicherweise recht selten sind, da diese Pilze nicht in der normalen Pilzzeit, sondern schon im Mai bis Anfang Juni wachsen, hat sich Atropin als Gegenmittel bewährt.

Erst vor einigen Jahren wurden in Polen zahlreiche Vergiftungsfälle durch den Dunkelfuchsigen Hautkopf (*Dermocybe orellana*), einen Schleierling festgestellt. Dieser Pilz, der sogar 14 Todesfälle verursachte, war vorher als Giftpilz nicht bekannt gewesen. Das ist verständlich, denn die Vergiftungserscheinungen treten bei diesem merkwürdigen Pilz erst 3—14 Tage nach der Pilzmahlzeit auf.

Gefährliche Volksregeln und ihre Widerlegung

1. „Giftige Pilze haben grelle, auffallende Farben"
   Die tödlich giftigen Knollenblätterpilze sind ganz unauffällig grünlich oder sogar rein weiß gefärbt. Dagegen zeigen die Echten Reizker und viele eßbare Täublingsarten sehr lebhafte Farben.

2. „Giftige Pilze haben einen schlechten Geschmack oder Geruch"
   Knollenblätterpilze riechen ganz unbedeutend und haben nach den übereinstimmenden Aussagen von Vergifteten, mit denen ich sprechen konnte, einen vorzüglichen Geschmack.

3. „Giftige Pilze laufen beim Durchbrechen blau an"
   Keiner der gefährlichen Giftpilze, wie Knollenblätterpilz, Pantherpilz, Flie-

genpilz oder Ziegelroter Rißpilz, läuft beim Durchbrechen oder Durchschneiden blau an. Wohl aber ist das bei einer ganzen Reihe guter Speisepilze der Fall (z. B. Maronen-Röhrling, Kornblumen-Röhrling, Flockenstieliger Hexenpilz). — Das Anlaufen hat mit der Giftigkeit überhaupt nicht zu tun. Es handelt sich hier um die Oxidation chinonartiger Farbstoffe durch den nach dem Durchbrechen hinzutretenden Luftsauerstoff.

4. „Giftige Pilze werden von Tieren nicht angefressen"
   Zahlreiche Giftpilze, wie Knollenblätterpilze und Fliegenpilze zeigen häufig Fraßspuren von Schnecken oder Insektenlarven. Niedere Tiere haben einen ganz anderen Stoffwechsel wie der Mensch und Gifte, die uns schaden, wirken bei ihnen nicht.

5. „Giftige Pilze schwärzen einen Silberlöffel oder eine Zwiebel, die Pilzgericht mitgekocht werden."
   Diese letzte Regel ist, wie schon früher ausgeführt, die gefährlichste, denn sie wird mündlich und schriftlich schon seit rund 2000 Jahren von Generation zu Generation weitergegeben.
   Nur durch einen Versuch (siehe Seite 490) kann die völlige Nutzlosigkeit dieser Volksweisheit" bewiesen werden.

Das Bestimmen der Pilze

Nachdem es kein allgemeines Merkmal gibt, um giftige und eßbare Pilzarten unterscheiden zu können, bleibt nur übrig, daß man die wichtigsten Gift- und Speisepilzarten kennenlernt. Das erscheint im ersten Augenblick recht schwierig, denn es gibt ja rund 3000 Arten in Europa! Beschränkt man sich aber auf die wenigen Arten, die wegen ihrer Giftigkeit oder wegen ihres Wohlgeschmackes Bedeutung haben, sind es nur ungefähr 50 Arten, die man kennenlernen muß, was während der Schulzeit durchaus möglich ist. Um allerdings ein wirklich guter Pilzkenner zu werden, reicht ein Menschenleben kaum aus!

Die meisten Menschen glauben, daß die auffallende Farbe der Hutoberseite der Pilze das wichtigste Erkennungsmerkmal ist.

Nachdrücklich muß aber darauf hingewiesen werden, daß gerade die Farben der Hüte nur sehr geringen Unterscheidungswert haben, weil sie sehr stark variieren.

Je nach Bodenart, Feuchtigkeit und Alter kann die Hutoberseite der gleichen Art sehr verschieden gefärbt sein. So gibt es Steinpilze, deren Hutfarben von fast weißen Stücken über alle Brauntöne bis zu fast schwarzen Exemplaren reichen und Täublinge der gleichen Art können weiße, rötliche und leuchtend rote Hute haben. Konstanter sind die Farben der Hutunterseiten und Stiele. Die zahlreichen farbigen Pilztafeln haben deshalb nur einen sehr beschränkten Wert, denn gerade der Anfänger beachtet in erster Linie die Hutfarbe und kommt so oft zu Fehlbestimmungen. Betrachtet man die Hutfarben der gleichen Art auf den farbigen Abbildungen verschiedener Autoren, so glaubt man oft nicht, daß es sich um den gleichen Pilz handelt. Dabei können alle diese verschiedenen Farbdarstellungen durchaus richtig sein. Dazu kommt noch, daß die Farbe den stärksten Sinneseindruck überhaupt dem Menschen vermittelt. Wenn man deshalb dem Anfänger ein Farbbild zur Pilzbestimmung gibt, sieht er nur die Farbe und alle anderen Bestimmungsmerkmale treten ihr gegenüber in den Hintergrund. Dabei sind es gerade die Formmerkmale, die bei der sicheren Unterscheidung besonders wertvoll sind. Zu beachten ist ferner, daß jeder Pilz im Laufe seiner Entwicklung eine Gestaltsumwandlung durchmacht (Abb. 1). Der junge Pilz gleicht einem geschlossenen Schirm, der mittlere einem geöffneten und der alte einem umgestülpten.

Abb. 1 junger, mittlerer und alter Pilz — Diese und alle weiteren Pilzskizzen sind so einfach gehalten, daß sie als Tafel- oder Schülerskizzenvorlagen dienen können (aus *Falkenhan* [9] ebenso alle folgenden schematischen Pilzabbildungen).

Zur Bestimmung einer Art sammele man immer verschiedene Altersstadien und versuche die Pilze bis zur eingehenden Betrachtung möglichst frisch zu halten, was am besten durch Lagerung im Eisschrank erreicht wird.

Wenn auch manche Pilzarten nur sehr schwer und durch mikroskopische Untersuchungen der Sporenformen zu unterscheiden sind, so kann man durch Benutzung des unten stehenden Schlüssels durchaus eine erste Ordnung in die Formenfülle bringen.

Bestimmungsschlüssel:

1. a) Pilz deutlich in Hut und Stiel gegliedert:
   Hutpilze Nr. 2

   b) Hut und Stiel nicht unterscheidbar:
   Nichthutpilze Nr. 3

2. a) Hutunterseite von dicht aneinander stehenden feinen Röhrchen bedeckt, die ein Polster bilden und wie ein feinporiger Schwamm aussehen (Abb. 2):
   Röhrenpilze

   Abb. 2

   b) Hutunterseite mit blattartigen Lamellen bedeckt, die radiär vom Stiel zum Hutrand verlaufen (Abb. 3):
   Blätterpilze

   Abb. 3

   c) Hutunterseite von einzeln stehenden, stachelartigen Röhrchen bedeckt (Abb. 4):
   Stachelpilze

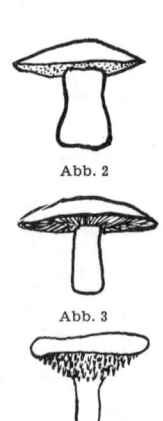

   Abb. 4

   d) Hutunterseite nicht erkennbar. Die gesamte Hutoberfläche ist waben- oder gehirnähnlich unterteilt (Abb. 5):
   Morcheln

   Abb. 5

3. a) Pilz korallenartig verzweigt (Abb. 6):
   Korallenpilze

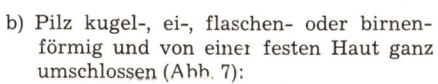

   Abb. 6

   b) Pilz kugel-, ei-, flaschen- oder birnenförmig und von einer festen Haut ganz umschlossen (Abb. 7):
   Stäublinge (Boviste)

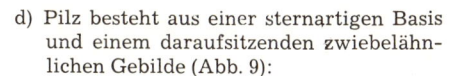

   Abb. 7

   c) Pilz deutlich keulenförmig, 5—20 cm hoch (Abb. 8): **Keulenpilze**

   Abb. 8

   d) Pilz besteht aus einer sternartigen Basis und einem daraufsitzenden zwiebelähnlichen Gebilde (Abb. 9):
   Erdsterne

   Abb. 9

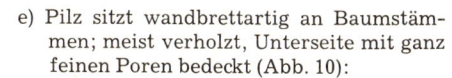

   e) Pilz sitzt wandbrettartig an Baumstämmen; meist verholzt, Unterseite mit ganz feinen Poren bedeckt (Abb. 10):
   Baumporlinge

   Abb. 10

   Die Porlinge haben weder als Speise- noch als Giftpilze Bedeutung. Sie werden hier nicht weiter beschrieben.

   f) Pilz vollständig im Boden oder unter Laub verborgen; unregelmäßige, rundliche oder längliche feste Körper, die im Schnitt dunkel und heller marmoriert aussehen (Abb. 11) **Trüffeln**

   Abb. 11

   g) Pilz dünnhäutiges, oft lebhaft gefärbtes rundliches oder längliches schüsselähnliches Gebilde (Abb. 12) **Becherlinge**

   Abb. 12

   h) Pilz trompetenartig geformt (Abb. 13):
   Leistenpilze

   Abb. 13

477

i) Pilz besteht aus einem weißlichen Säckchen und 5—8 seestern- oder tintenfischähnlichen, roten Armen (Abb. 14):
Tintenfischpilz (Anthurus archeri)

Abb. 14

Nachdem so die wichtigsten Grundbegriffe, wie Hutpilz — Nichthutpilz, Röhrenpilz — Blätterpilz, usw. geklärt sind, können jetzt die wichtigsten Giftpilze bestimmt werden. Glücklicherweise gibt es nur wenig tödlich giftige Arten und außer der Lorchel *(Helvella esculenta)*, die schon im Frühjahr wächst und an ihrer hirnähnlichen Hutgestalt (siehe Abb. 5 im Bestimmungsschlüssel) leicht erkannt werden kann, gehören a l l e zu den Blätterpilzen.

Niemand sollte deshalb Blätterpilze als Speisepilze sammeln, der nicht die wenigen schwer giftigen Arten genau kennt!

Diese sind: Grüner Knollenblätterpilz *(Amanita phalloides)* (Abb. 15)

Abb. 15 Grüner Knollenblätterpilz *(Amanita phalloides)*

Weißer Knollenblätterpilz *(Amanita verna)*
Spitzhütiger Knollenblätterpilz *(Amanita virosa)*
Pantherpilz *(Amanita pantherina)*
Fliegenpilz *(Amanita muscaria)*
Ziegelroter Rißpilz *(Inocybe patouillardii)*

Außer dem Ziegelroten Rißpilz gehören alle zur Gattung der W u l s t l i n g e *(Amanita).*
Der Ziegelrote Rißpilz ist wegen seines hohen Muscaringehalts zwar sehr gefährlich, wächst aber schon vor der eigentlichen Pilzzeit Ende Mai bis Anfang Juni und ruft deshalb in der Praxis kaum Vergiftungsfälle hervor. Er gehört zur Gattung der Rißpilze *(Inocybe).*
Schlüssel zum Erkennen der gefährlichen Blätterpilze:
1. Stattliche Pilze, Hutoberseite glatt, Farbe weißlich, gelblich, grünlich, rot oder braun, meist mit weißen, hellgrauen oder weißbräunlichen Tupfen. (Diese Tupfen sind Reste einer Hüllhaut, die den jungen Pilz ganz umschlossen hat. Sie können vom Regen abgewaschen sein).
Fleisch w e i ß , beim Durchbrechen unverändert weiß
Blätter w e i ß
Stiel weißlich mit R i n g und K n o l l e am unteren Stielende, die oft ganz in der Erde steckt und bei manchen Arten von einer abstehenden H ü l l h a u t umgeben ist (Abb. 16).

Abb. 16 Typische Kennzeichen der Wulstlinge *(Amanitae)*

Bei jüngeren Pilzen bedeckt der Ring als sogenannter S c h l e i e r die Blätter. Dieser Schleier zieht vom Stiel zum Hutrand und ist unter dem Hut verborgen (Abb. 15). Er wird deshalb vom Anfänger oft übersehen und nicht als der spätere Ring erkannt:
Gattung W u l s t l i n g e *(Amanita)*
2. Kleine Pilze mit kegelförmigen, weißen, gelblichen, rötlichen oder bräunlichen Hüten
Blätter gelblich — weiß, später dunkler
Stiel weißlich, o h n e Ring und Knolle
Hauptkennzeichen: Ä l t e r e P i l z e v o m R a n d h e r e i n g e r i s s e n (Abb. 17)
Gattung R i ß p i l z e *(Inocybe)*

Abb. 17 Rißpilz *(Inocybe)*

Die Rißpilze sind wenig bekannt und kommen *alle* als Speisepilze nicht in Betracht. Mehrere Arten sind giftig. Der weitaus gefährlichste Pilz dieser Gattung ist der schon erwähnte Ziegelrote Rißpilz *(Inocybe patouillardii).* Jung könnte der weißliche Pilz evtl. mit kleinen Champignons verwechselt werden, aber er besitzt glücklicherweise ein eindeutiges Merkmal:
An Druckstellen färbt er sich nach kurzer Zeit r ö t l i c h !

Zur Gattung Amanita gehören die anderen gefährlichen Giftpilze. Sie zeigen *alle* die oben angegebenen Gattungsmerkmale.

Man kann sie nach folgenden Artmerkmalen unterscheiden, wobei hauptsächlich die Ausbildung der Knolle zu beachten ist (nach Falkenhan [8]):

a) Hutoberseite w e i ß l i c h - g r ü n l i c h , bei Trockenheit seidig glänzend, oft mit s c h w ä r z l i c h e n, von der Mitte radiär zum Hutrand verlaufenden feinen Strichen; bei jüngeren Pilzen oft mit weißlichen Hüllresten bedeckt, die h e l l e r als die Hutoberseite sind; Stiel weißlich mit dunkleren Zickzacklinien; Knolle von h ä u t i g e r, a b s t e h e n d e r H ü l l e umgeben (Abb. 18); Geruch süßlich, bei älteren Pilzen leicht widerlich.

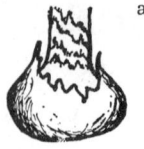

Abb. 18

Junge Pilze sind von einer Hüllhaut, wie ein Ei von der Schale, vollständig eingeschlossen. Die Hüllhaut reißt dann zwischen Knolle und Hutrand auf. **Grüner Knollenblätterpilz** (Abb. 15)
(Amanita phalloides)

b) wie a), aber a l l e Teile des Pilzes rein weiß: **Weißer Knollenblätterpilz**
(A. Verna)

c) Hut nicht so flach, mehr spitzkegelig, Stiel sehr lang, hauptsächlich im Nadelwald, Pilz in allen Teilen weiß, sonstige Merkmale wie der Grüne Knollenblätterpilz, seltener, Juli bis September:
Spitzhütiger Knollenblätterpilz
A. virosa)

d) wie a), aber: Hutoberseite weißlich-gelblich oder weißlich-grünlich, Hüllreste auf der Hutoberseite weißlich bis bräunlich, i m m e r d u n k l e r als die Hutoberseite! Knolle o h n e abstehende Hüllhaut, endet k r a g e n a r t i g am Stiel (Abb. 19); Geruch nach rohen Kartoffeln: **Gelber Knollenblätterpilz**
(A. mappa)

Abb. 19

Roh schwach giftig

e) Hutrand gerieft, Hutoberseite b r a u n , mit w e i ß e n, oft in Kreisen angeordneten Hüllresten; Stiel mit kleinem, meist schief hängendem Ring; Stiel in Knolle wie e i n g e p f r o p f t (Abb. 20); Geruch rettichähnlich: **Pantherpilz**
(A. pantherina)

Abb. 20

f) wie e), aber: Hüllreste nicht weiß, sondern grau, Stiel weißlich grau, Oberteil bis zum Ring und dieser selbst f e i n g e r i e f t (Abb. 21); Knolle einfach keulenartig, ohne Hüllhaut: Eßbar, aber wegen der Verwechslungsgefahr zu meiden!
Grauer Wulstling
(Amanita spissa)

Abb. 21

g) Hutoberseite leuchtend rot, oder auch verwaschen gelblich-rot, mit weißen, in Kreisen angeordneten Hüllresten, die allerdings nach starken Regenfällen abgewaschen sein können; Knolle einfach keulenartig mit gürtelähnlichen Leisten, o h n e Hüllhaut, bekanntester Giftpilz: **Fliegenpilz**
(A. muscaria)

h) wie g), aber Hutoberseite und Stiel kupferig-rötlich; Hüllreste rötlich-braun oder rötlich-weiß; Fleisch unter der Oberhaut und an verletzten Stellen r ö t e n d : **Perlpilz**
(Amanita rubescens)

Der Perlpilz ist ein guter Speisepilz, aber er sollte wegen der Verwechslungsgefahr mit giftigen Amanita-Arten unbedingt gemieden werden und außerdem soll es von ihm einen erst seit 1935 bekannten giftigen Doppelgänger — den **Falschen Perlpilz** *(Amanita pseudorubescens)* geben. Dieser Pilz unterscheidet sich vom echten Perlpilz nur durch die fester haftenden, spitzeren Hüllreste und eine mehr violettbraune Farbe.

Mit der Frühjahrslorchel und den schwer giftigen Blätterpilzen sind die gefährlichsten Giftpilze, die jeder Pilzsammler und auch jeder Schüler kennen sollte, behandelt.

Unter den R ö h r l i n g e n (Abb. 2) gibt es keinen tödlichen giftigen Pilz. Der auf allen Pilztafeln herumspukende S a t a n s p i l z *(Boletus satanas)* — meist in Farbe und Form völlig falsch dargestellt — ist weit weniger gefährlich als sein Ruf. Er gehört außerdem zu den seltensten Pilzen überhaupt und kommt nur auf warmen Kalkböden an wenigen Stellen in Deutschland vor:

Meistens wird er mit den nur roh giftigen Hexenpilzen verwechselt.
Giftige oder verdächtige Röhrlinge:
S a t a n s p i l z (Bole*tus satanas)* — (Abb. 22)

Abb. 22 Satanspilz *(Boletus satanas)* giftig

Hutoberseite:	gelblich-weiß bis gelblich-grau, mit grünlichem Schimmer, wie gebleichter Knochen aussehend, der lange im Freien lag, trocken, Oberhaut nicht abziehbar
Fleisch:	sehr derb und fest, weißlich, gelblich, beim Durchschneiden langsam bläulich werdend
Röhren:	gelblich, Röhrenmündungen aber dunkel blutrot bis karminrot, bei Druck blauschwarz, etwas grünlich werdend
Stiel:	sehr kräftig, auch bei älteren Pilzen oft dicker als der Hutdurchmesser! Typischstes Merkmal! Gelblich, meist mit einer prächtigen, aus feinen karminroten Strichen bestehenden Ring- oder Netzzeichnung

Netzstieliger Hexenpilz (*Boletus luridus*) —(Abb. 23)

Abb. 23 Netzstieliger Hexenpilz *(Boletus luridus)* roh giftig

Hutoberseite:	sehr veränderlich, gelblich bräunlich, oliv- oder rotbraun, feinfilzig, sich wie Wildleder anfühlend
Fleisch:	blaßgelblich, beim Durchschneiden zunächst rötlich, aber dann tief- oder grünblau
Röhren:	schmutzig gelb, Mündungen schmutzig rot, bei Druck grünlich oder tiefblau
Stiel:	oben gelb, unten rötlich, deutlich genetzt, Stielfleisch weißlich, von rötlichen Fasern durchzogen. Stielgrund rötlich oder gelblich (durchschneiden!)

Von den Stäublingen (Abb. 7) ist nur der Kartoffelbovist *(Scleroderma aurantium)* schwach giftig (Abb. 24), der im Gegensatz zu den eßbaren, innen weißen Stäublingen zunächst innen lila und dann schwarz aussieht (durchschneiden!)

Abb. 24 Kartoffelbovist *(Scleroderma aurantium)* schwach giftig

In vielen Pilzbüchern werden die Korallenpilze (Abb. 6) als harmlos beschrieben. Unter ihnen gibt es neben eßbaren Arten aber auch einige schwach giftige, die erhebliche Leibschmerzen und Verdauungsbeschwerden verursachen. Da diese „Bauchwehkorallen" sehr schwer von den eßbaren Arten zu unterscheiden sind, sollte man auf alle korallenartig verzweigten Pilze überhaupt verzichten!

Eine Ausnahme bildet die sehr wohlschmeckende, lappig verzweigte K r a u s e G l u c k e *(Sparassis crispa)*, die mit keinem anderen Korallenpilz zu verwechseln ist (Abb. 25).

Abb. 25 Krause Glucke *(Sparassis crispa)*

Merksätze zur Vermeidung von Pilzvergiftungen

1. Es gibt kein einziges allgemeines Mittel, um Giftpilze von eßbaren Arten unterscheiden zu können. Man muß die wenigen giftigen Arten kennen!

2. Meide alle Blätterpilze mit w e i ß l i c h e n Blättern, w e i ß l i c h e m Stiel mit R i n g und K n o l l e!
3. Meide alle Blätterpilze, deren Hutrand nach der Mitte zu eingerissen ist und die sich an Druckstellen röten!
4. Meide alle Stäublinge, die innen gelblich, grünlich, lila oder schwarz aussehen!
5. Meide a l l e R ö h r e n p i l z e, mit r ö t l i c h e n Röhren und r ö t l i c h e m Stiel!
6. Meide alle k o r a l l e n ä h n l i c h v e r z w e i g t e n Pilze!
7. Meide alle a l t e n Pilze, die schon weich sind oder faulige Stellen haben!
8. Meide alle s c h a r f s c h m e c k e n d e n Milchlinge und Täublinge!

Durch diese Merksätze für den Anfänger werden natürlich auch einige eßbare, aber leicht verwechselbare Arten ausgeschieden, aber sie schützen mit Sicherheit vor Vergiftungen, was ja viel wichtiger ist.

Merksätze für das Sammeln von Speisepilzen

Wenn man auch beim Sammeln von Speisepilzen alle Arten genau kennen sollte, so gibt es doch für den Anfänger einige Regeln, die es ihm ermöglichen, schon bei Kenntnis der Familien oder Gattungen ohne Gefahr Speisepilze zu sammeln.

1. Alle **Röhren** — Pilze mit w e i ß l i c h e n oder g e l b l i c h e n Röhren und w e i ß l i c h e m oder b r ä u n l i c h e m Stiel, die roh nicht bitter schmecken, sind eßbar.
(Das Probieren eines kleinen Stückchens, das dann wieder ausgespuckt wird, ist ungefährlich. Das gilt allerdings nicht für Knollenblätterpilze!)
2. Alle **Röhren**-Pilze mit R i n g sind eßbar!
3. Alle Pilze mit w a b e n a r t i g e r Hutoberfläche (Morcheln) sind eßbar!
4. Alle S t ä u b l i n g e sind eßbar, wenn sie innen w e i ß sind!
5. Alle T ä u b l i n g e und M i l c h l i n g e sind eßbar, wenn sie roh mild schmecken!
6. Alle M i l c h l i n g e mit **orangefarbener** oder **rötlicher Milch** sind eßbar!

Sporenuntersuchungen

Bei schwierigeren Bestimmungen sind mikroskopische Sporenuntersuchungen eine wertvolle Hilfe, denn die Sporen der Pilze haben für jede Art eine charakteristische Form und Größe (Abb. 26).

Herstellung von Sporenpräparaten

Ein Stück Hutfleisch eines frischen Pilzes wird mit den Röhren oder Blättern nach unten über Nacht auf einen Objektträger gelegt. Bis zum nächsten Tag sind die Sporen in Häufchen bei den Röhrenpilzen oder in Streifen bei den Blätterpilzen herausgefallen.

Schon makroskopisch sieht man die Farbe der Sporen, die für die systematische Einteilung wichtig ist. So sind beispielsweise die Sporen der Knollenblätterpilze und Schirmpilze sehr hell, meistens sogar rein weiß, während Champignonsporen ganz dunkel sind.

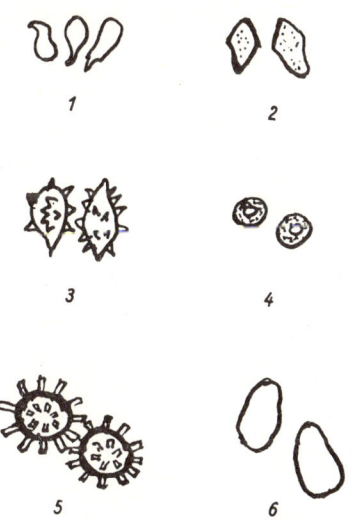

Abb. 26 Verschiedene Pilzsporen: 1 Steinpilz, 2 Hexenröhrling 3 Echter Reizker, 4 Flaschenbovist, 5 Täubling, 6 Champignon ,

Besonders reizvoll ist es, wenn man Sporenpräparate von ganzen Hüten herstellt, oder auch von Schülern anfertigen läßt. Dabei legt man Hellsporer auf dunkles Papier (Abb. 27), Dunkelsporer auf weißes Papier.

Zur groben Untersuchung mit schwächerer Vergrößerung kann man die Objektträger mit den Sporen ohne Deckglas unter das Mikroskop bringen (Schülerübungen). Die Kleinheit der Sporen (2—25 Tausendstel mm) und ihre riesige Anzahl (mehrere Milliarden kann ein einziger Hut liefern) ist besonders bemerkenswert. Die Sporen eines Riesenbovist, nach *Buller,* 5—6 Billionen, würden aneinandergereiht halb um die Erde reichen.

Man wundert sich, daß diese ungeheuer große Zahl von Fortpflanzungszellen gebildet werden muß. Die Natur ist aber nur scheinbar verschwenderisch, denn die Wahrscheinlichkeit, daß aus einer Spore wieder ein Myzel oder gar ein neuer Sporenträger wird, ist außerordentlich gering. Sporen haben im Gegensatz zu Samen für die erste Entwicklungszeit keine Nährstoffe mitbekommen und müssen alles zu ihrem Keimen Notwendige aus dem umgebenden Boden erhalten. Da sie sehr hohe Ansprüche stellen, ist die Aussicht, daß in ihrer Umgebung die gerade für die richtige Nährstoffzusammensetzung vorhanden ist, sehr gering, und deshalb gehen die meisten Sporen zugrunde. Außerdem gibt es zwei Sorten von Sporen, die sich zwar äußerlich nicht unterscheiden, aber verschiedene Myzele bilden, deren Zellen sich im Boden treffen und in einer Art Geschlechtsvorgang miteinander verschmelzen müssen. Die Wahrscheinlichkeit, daß diese Myzele im Boden zusammentreffen, ist wiederum sehr gering.

Nach *Schlitter* (21) kann man in gewissem Sinne schon von männlichen und weiblichen Sporen sprechen. Man nennt sie Plus- und Minussporen. Nach

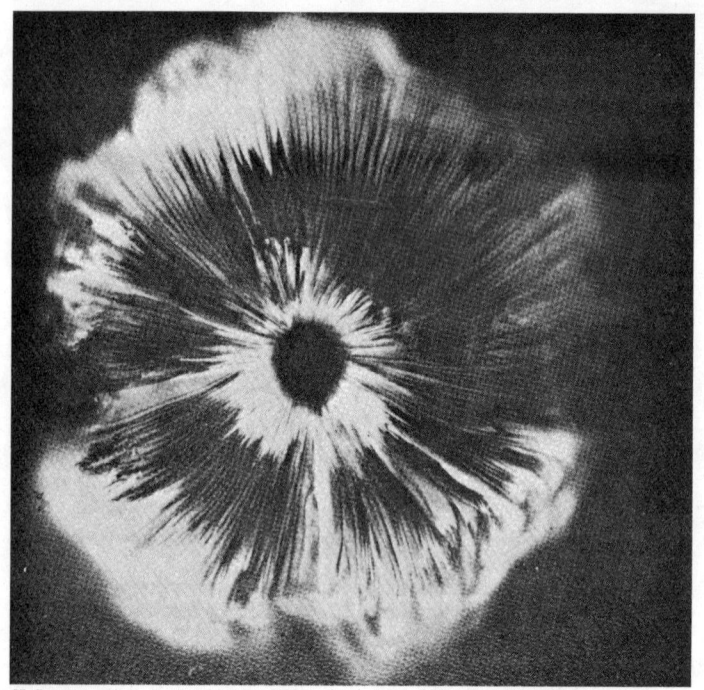

Abb. 27 Sporen eines Großen Schirmpilzes *(Macrolepiota procera)*. Die Zahl der Sporen auf dem Bild beträgt mehrere Milliarden!

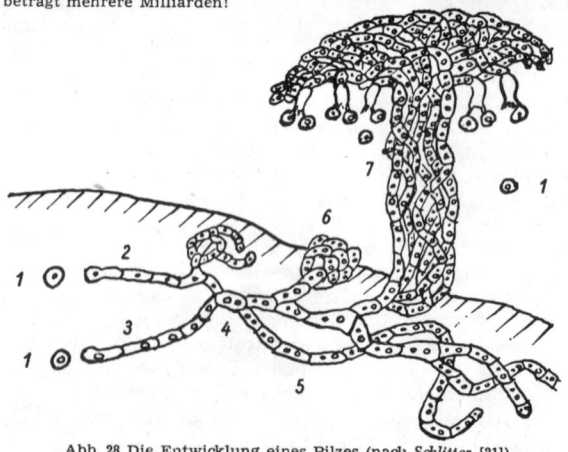

Abb. 28 Die Entwicklung eines Pilzes (nach *Schlitter* [21])

seinem für den Idealfall gezeichneten Schema (Abb. 28) sind sie bei Nr. 1 zu erkennen. Aus ihnen gehen verschiedengeschlechtliche Hyphen und Myzelien mit nur je einem Kern pro Zelle hervor (2 und 3). Treffen diese Myzelien durch Zufall aufeinander, so verschmelzen zwei sich berührende Zellen, wobei sich ihr Plasma mischt, während die beiden Kerne nicht miteinander verschmelzen (4). So entsteht ein zweikerniges Myzel (5), aus dem unter günstigen Bedingungen Jahr für Jahr Fruchtkörper, oder besser Sporenträger entstehen (6 und 7), die dann als die eigentlichen „Pilze" aus dem Boden oder aus dem Holz herauswachsen.

Chemische Farbreaktionen zum Bestimmen der Pilze

Zur Bestimmung vieler Gattungen und Arten dienen neuerdings auch chemische Farbreaktionen. Reagenzien, die auf die Hutoberseite, das Sporenlager oder auf eine Stielschnittfläche gebracht werden, erzeugen bei einigen Pilzen charakteristische Farbänderungen. In der modernen Mykologie spielen diese Farbreaktionen zur Abgrenzung von schwer unterscheidbaren Gattungen und Arten eine große Rolle.

Hier sollen als Anregung, insbesondere für Arbeitsgemeinschaften, in denen leicht eigene weitere Versuche angestellt werden können, einige typische Reaktionen genannt werden:

Es färben:

Natronlauge (10—15 %ige Lösung):
Schafeuter *(Albatrellus bovinus)*:	gelb
Semmelporling *(Albatrellus confluens)*:	milchig weiß
Pantherpilz *(Amanita pantherina)*:	orangegelb
Kupferroter Gelbfuß *(Gomphidius rutilus)*:	dunkelbraun
Blutreizker *(Lactarius sanguifluus)*:	orangerot

Schwefelsäure (10 %ig):
Grüner Knollenblätterpilz *(Amanita phalloides)*:	violett
Anis-Champignon *(Agaricus arvensis)*:	chromgelb, dann purpur
Wiesenchampignon *(Agaricus campestris)*:	unverändert
Weinrötlicher Zwergchampignon *(Agaricus semotus)*:	zitronengelb
Rotbrauner Milchling *(Lactarius rufus)*:	purpurrot

Ammoniak (10 %ige wässerige Lösung):
Derbfleischiger Schleimkopf *(Phlegmacium praestans)*:	goldgelb
Körnchen-Röhrling *(Suillus granulata)*:	rosa-lila, dann blau
Butterpilz *(Suillus luteus)*:	rosa-lila, dann blau
Kuhpilz *(Suillus bovinus)*:	karminrot-lila
Zitronenblätteriger Violett-Täubling *(Russula sardonia)*	giftig! und *Russula violacia*: rötlich
Alle übrigen Täublinge:	keine Färbung

Salpetersäure (10 %ig)
Ritterlinge *(Tricholomae)*:	rosa-purpurrot
Nebelgrauer Trichterling *(Clytozybe nebularis)*: steht den Ritterlingen nahe	rosa-purpurrot
Alle übrigen Trichterlinge *(Clitocybae)*:	keine Färbung

Eisensulfat (10 %ig), dazu einige Tropfen verdünnte Schwefelsäure:
Butterpilz und Körnchen-Röhrling: grün, später schwarz-grün
Gelber Röhrling *(Suillus flavus):* graubraun
Kuhröhrling *(Suillus bovinus):* grau, dann schwarz
Täublinge *(Russulae):* rosa
außer: Violettgrüner Täubling *(Russula cyanoxantha):* keine Färbung

Pilzgerüche als Bestimmungshilfe

Viele Pilze haben neben dem allgemein bekannten Pilzgeruch einen sehr charakteristischen Eigengeruch.
Allerdings sind die Fähigkeiten der Menschen, nach dem Geruch Pilze zu unterscheiden, sehr verschieden entwickelt. Trotzdem kann der Geruchssinn bei der Pilzbestimmung, eine sehr wertvolle Hilfe sein und man sollte sich typische Pilzgerüche genau einprägen, denn oft führt dann die Geruchsprobe sehr schnell zum Bestimmungsziel. So kann man beispielsweise den tödlich giftigen Grünen Knollenblätterpilz *(Amanita phalloides)* von dem harmlosen Gelben Knollenblätterpilz *(Amanita mappa)*, die sich oft sehr ähnlich sehen, sofort durch den Geruch unterscheiden:
Der Grüne Knollenblätterpilz riecht süßlich, honigartig, im Alter widerlich.
Der Gelbe Knollenblätterpilz riecht nach rohen Kartoffeln, oder nach Kartoffelkeimen.
Hier sollen noch einige, besonders typische Pilzgerüche genannt werden:
Es riechen nach:

Rettichen oder Rüben
Weißer Knollenblätterpilz *(Amanita verna)* sehr giftig!
Kegeliger Knollenblätterpilz *(Amanita virosa)* sehr giftig!
Pantherpilz *(Amanita pantherina)* sehr giftig!
Sparriger Schüppling *(Pholiota squarosa)* ungenießbar!

Mehl
Riesen — Rötling *(Rhodophyllus sinuatus)* giftig!
Durch den Mehlgeruch kann er von dem eßbaren Nebelgrauen Trichterling *(Clitocybe nebularis)*, mit dem er eine gewisse Ähnlichkeit hat, gut unterschieden werden. Dieser riecht süßlich-würzig, etwas widerlich.
Der ihm ähnlich sehende Schwefelgelbe Ritterling *(Tricholoma sulphureum)* hat dagegen einen unangenehmen Karbid- oder Karbolgeruch
Grünling, Echter Ritterling *(Tricholoma flavovirens)* sehr wohlschmeckend
Viele Ritterlinge
Mehlpilz, Mehlräsling *(Clitopilus prunulus)* eßbar

Knoblauch und Zwiebeln
Echter Mousseron oder Knoblauchschwindling *(Marasmius scorodonius)*
vorzüglicher Würzpilz
Nadel — Schwindling *(Marasmius perforans)* riecht schwächer, geringwertig
Großer Knoblauch-Schwindling *(M. prasiosmus)* sehr scharfer Knoblauchgeruch
ungenießbar
Einige Trüffelarten

Anis

Anis-Champignon (*Agaricus arvensis*)	vorzüglicher Speisepilz
ebenso seine Unterarten:	
Agaricus silvicola, exquisitus und *macrosporus*	
Anis — Trichterling (*Clitocybe odora*)	eßbar

Tinte oder Karbol

Weißer Giftchampignon (*Agaricus xanthodermus*)	giftig
Feinschuppiger Giftchampignon (*A. meagris*)	giftig

Durch den intensiven, widerlichen Geruch sind diese Giftchampignons mit Sicherheit von den eßbaren Champignonarten zu unterscheiden. Der Geruch tritt besonders intensiv beim Kochen auf.

Pilzzucht

Da die Einzelbedingungen zum Wachstum des Myzels aus Sporen und die Bedingungen zur Sporenträgerbildung, wie schon erwähnt noch sehr wenig bekannt sind, ist es leider bis jetzt nur in sehr geringem Umfang möglich, Pilze zu züchten. Völlig ausgeschlossen ist dies bis jetzt bei unseren wichtigsten Marktpilzen, wie Steinpilzen, Pfifferlingen, Grünlingen, Täublingen und Reizkern. Alle diese Pilze leben in Symbiose mit Waldbäumen, um deren Wurzeln ihre Myzele eine Hülle, die sogenannte *Mykorrhiza* bilden. Durch diese Mykorrhiza nehmen sie aus den Baumwurzeln bestimmte Stoffe auf, die zur Sporenträgerbildung, also zur Entwicklung der eigentlichen „Pilze" unbedingt notwendig sind.

Besser sind die Erfolge bei den humus- und dungbewohnenden Arten und den holzbewohnenden Pilzen. Wirtschaftlich lohnend ist allerdings bis jetzt bei uns nur die Champignonzucht. Der Zuchtchampignon (*Agaricus bisporus*) findet im Pferdedung alle zum Wachstum notwendigen Stoffe, die man allerdings im einzelnen gar nicht kennt. Heute wird in den großen Champignonzüchtereien, vor allem in Frankreich und Belgien, der Pferdedung durch zahlreiche Zusätze, insbesondere stickstoffhaltige Düngemittel verbessert.

Auch bei Pilzen, deren Myzel in faulendem Holz wächst, wie bei Stockschwämmchen oder Austernseitlingen, ist die künstliche Aufzucht gelungen, hat aber bis jetzt keine wirtschaftliche Bedeutung. Es würde sich aber durchaus lohnen, denn in Japan wird der auf Holz wachsende Pilz Shiitake (*Lentinus edodes*) in großen Mengen gezüchtet. Nach Henniy (10) werden dort mehr als 1000 Tonnen getrocknete Pilze pro Jahr erzeugt.

Zur Zucht verwendet man frisch geschnittene Knüppel von Eichen, Buchen, Hainbuchen, Birken und Erlen von 1—1,3 m Länge und 8—12 cm Durchmesser. In das Holz werden nach Abhebung der Rinde Löcher von 1 cm Durchmesser gebohrt in die das Impfgut — Sägespäne, die vom Myzel des Pilzes durchwachsen sind — eingebracht wird. Die Löcher werden dann mit der abgehobenen Rinde wieder verschlossen und mit einem Leukoplaststreifen verklebt. Auf je 50 cm^2 kommt ein Bohrloch. Die Bohrlöcher sind schraubenförmig um das ganze Holz angeordnet. Die Schnittflächen der Knüppel werden mit Kupfersulfatlösung bestrichen, um sie zu desinfizieren, denn der Shiitake gedeiht nur, wenn keine anderen Pilze im Holz wachsen. — Der Shiitake soll übrigens vorzüglich schmecken und sehr würzig sein. Man sollte gerade mit diesem Pilz versuchen, auch in

Deutschland eine wirtschaftlich lohnende Pilzzucht anzufangen. Daß er in unserem Klima gedeiht, ist bereits erwiesen.

Die Zucht von Myzel aus Sporen ist recht schwierig und nur unter sterilen Bedingungen möglich. Zur Herstellung von Nährböden gibt *Hennig* (16) folgendes Rezept an:

In 1 Liter Wasser werden 15—20 Agarstreifen und 50 g Biomalz, Malz oder Ovomaltine gelöst. Der Kolben mit dem Gemisch wird im Wasserbad 1 Stunde erhitzt. In sterile Reagenzgläser oder Erlenmeyerkolben wird eine geringe Menge des Nährsubstrats eingefüllt, mit Wattepfropfen verschlossen und erneut sterilisiert, am besten 20 Minuten im Autoklaven bei 120 Grad. — Nach dem Herausnehmen stellt man die Reagenzgläser schräg, um eine möglichst große Oberfläche zu erhalten. Die so vorbereiteten Reagenzgläser oder Kolben werden dann mit sterilen Sporen mit einer sterilen Impfnadel beimpft. Sterile Sporen erhält man, indem man sie in einer Petrischale auffängt und sie 4 Stunden lang Chloroformdämpfen aussetzt. Dazu klemmt man einen mit frischem Chloroform getränkten Wattebausch zwischen Schale und Deckel.

Versuche mit Pilzen

1. Nachweis, daß ein Silberlöffel oder eine mitgekochte Zwiebel Giftpilze n i c h t erkennen lassen.

Seit 2000 Jahren hält sich hartnäckig die erstmals in der römischen Literatur aufgetauchte irrige Ansicht, daß ein Silberlöffel oder eine Zwiebel, die im Pilzgericht mitgekocht werden, durch ihr Schwarzwerden Giftpilze anzeigen. Schon in dem Kapitel „Pilzgifte" wurde nachgewiesen, daß es sich hier um einen gefährlichen Aberglauben handelt, der leider bis in unsere Zeit schon vielen Menschen das Leben gekostet hat. Er scheint unausrottbar zu sein. Dabei kann ein einfacher Versuch die Nutzlosigkeit zeigen:

In einem Becherglas werden zerkleinerte Giftpilze (Knollenblätterpilze, Pantherpilze oder Fliegenpilze) gekocht. In die kochende Giftbrühe taucht man einige Minuten einen Silberlöffel und eine geschälte, kleine Küchenzwiebel, die an einen Faden gebunden ist. Silberlöffel und Zwiebel bleiben völlig unverändert!

2. Versuche zum Stoffwechsel

Die eigentliche Pilzpflanze, das im Boden oder im Holz wachsende Myzel breitet sich nach allen Seiten im Nährmedium aus. Bei normalen Wachstumsbedingungen wächst es im Boden kreisförmig nach allen Seiten, stirbt aber nach einiger Zeit von der Mitte her ab (Abb. 29). So entsteht schließlich ein ringförmiges Myzel, das am Außenrand immer weiter wächst, aber am Innenrand abstirbt. Wenn dieses ringförmige Myzel Sporenträger, also „Pilze" entwickelt, stehen diese in regelmäßigen Kreisen, den sogenannten „Hexenringen", die man sich früher, als man noch nichts von der Fortpflanzung der Pilze wußte, eben nur mit Hexerei erklären konnte. Bei ungünstigen Bodenverhältnissen entstehen Halb- oder Viertelkreise, oder noch kleinere Gruppen.

Das Myzel besteht aus den Hyphen, die sich aus zahlreichen, langgestreckten, zarthäutigen Zellen zusammensetzen.

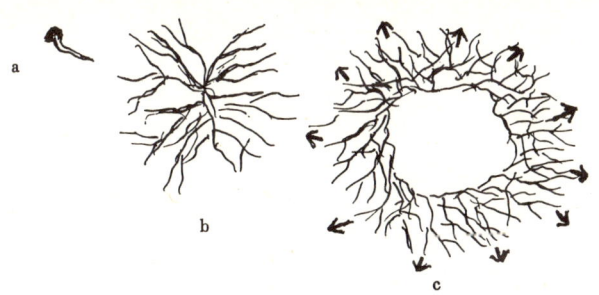

Abb. 29 Die Entwicklung des Myzels: a keimende Spore, b kreisförmiges Mycel, c ringförmiges Mycel, „Hexenring"

a) Beschaffung des Myzels

Zur Pilzzeit hebt man vorsichtig einen Pilz aus dem Boden. Am unteren Stielende befinden sich zahlreiche Hyphen, die man nach Entfernung der Erde deutlich sehen kann.

Wenn man keine Pilze entdecken kann, hebt man die faulende, feuchte Laubschicht vom Waldboden ab. Darunter befinden sich fast immer zahlreiche, weißliche Fäden; sie sind das gesuchte Myzel eines oder mehrer Pilze.

b) Hyphenpräparat

Einige Hyphen werden auf einen Objektträger gebracht, mit einem großen Deckglas nach Benetzung abgedeckt und unter dem Mikroskop bei etwa 100facher Vergrößerung betrachtet. Die dünnhäutigen, langgestreckten Zellen, aus denen die Hyphen bestehen, sind gut zu erkennen.

Der Bau der Hyphen erklärt das sprichwörtliche rasche Wachstum der Pilze: Durch die zarte Zellhaut nehmen die Hyphen an ihrer gesamten Oberfläche die Nährstoffe aus dem Boden auf. Selbst die bis zu 30 Pfund schweren Riesenboviste wachsen in wenigen Tagen heran! (Zum Vergleich: ein Tier, das ebenfalls an der ganzen Körperoberfläche Nahrung aufnimmt, ist der rasch wachsende Bandwurm.)

c) Einfacher Nachweis des Sauerstoffverbrauchs und der Kohlendioxidausscheidung bei der Atmung der Pilze

In ein großes Einmachglas wird auf ein kleines Drahtgestell ein grobmaschiges Sieb gelegt, so daß es sich etwa 5 cm über dem Boden befindet. (Abb. 30). In das Glas wird etwa 1 cm hoch klares Kalkwasser eingefüllt. Auf das Sieb kommt eine Portion frische Pilze, so daß oben noch ein Raum von 10 cm Höhe frei bleibt. Nach dem Auflegen des Deckels läßt man das Ganze etwa 24 Stunden stehen.

Führt man dann eine brennende Kerze neben dem zur Seite geschobenen Deckel in das Glas ein, so erlischt sie sofort. Die Pilze haben den Sauerstoff bei ihrer intensiven Atmung verbraucht.

Ferner beobachtet man, daß sich das Kalkwasser getrübt hat. Das bei der Atmung ausgeschiedene Kohlendioxid ist infolge seines größeren spezifischen Gewichts nach unten gesunken und hat das Kalkwasser getrübt.

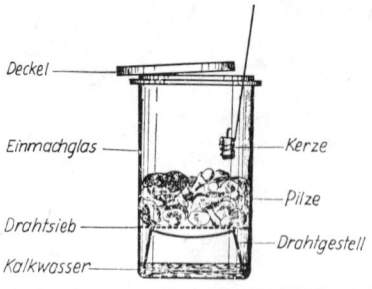

Abb. 50 Einfache Versuchsanordnung zum Nachweis der Pilzatmung (nach *Falkenhan* [9])

$$Ca(OH)_2 + CO_2 \longrightarrow CaCO_3 + H_2O$$
$$\downarrow$$
$$\text{weißlicher Niederschlag}$$

(Sollte die Trübung nicht deutlich sein, so schüttele man das Einmachglas etwas, damit sich das Kalkwasser mit der unteren Luftschicht gut mischt.)

Dieser Versuch kann auch ganz allgemein als Nachweis der Pflanzenatmung dienen.

d) *Quantitativer Nachweis der ausgeschiedenen CO_2-Menge*

Versuchsanordnung Abb. 31.

(Nach *Falkenhan* [7])

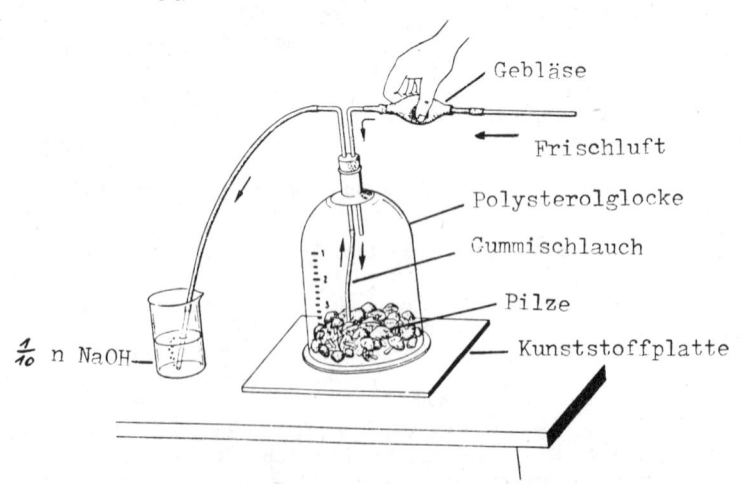

Abb. 31 Versuchsanordnung zum quantitativen Nachweis der CO_2-Ausscheidung der Pilze

Eine abgewogene Pilzmenge (etwa 300 Gramm) kommt unter die Glocke, die mit ihrem eingefetteten, glatten Rand fest auf der Kunststoffplatte aufsitzt, so daß unter ihr ein luftdicht abgeschlossener Raum entstanden ist. Das von den Pilzen bei der Atmung in 24 Stunden abgegebene CO_2 wird in diesem abgeschlossenen Raum aufgefangen. Durch das Gebläse wird dann das gesamte Luftgemisch, das sich unter der Glocke befindet, durch 100 ml 1/10 n Na(OH)-Lösung geschickt, die mit Phenolphtalein angefärbt ist. Danach titriert man mit 1/10 n HCL bis zur Neutralisation. Die Differenz zwischen der zur Neutralisation tatsächlich verbrauchten HCl-Menge und 100 ml HCl entspricht der H_2CO_3-Menge, die im Wasser von der bei der Atmung der Pilze ausgeschiedenen CO_2-Menge gebildet wurde.

Natürlich kann diese Versuchsanordnung auch zum einfachen qualitativen Nachweis verwendet werden, wenn anstatt der Na (OH)-Lösung Kalkwasser, wie im vorigen Versuch, genommen wird.

e) Nachweis der Wärmeentwicklung bei der Atmung und anderen Stoffwechselvorgängen

Ein Plastikbeutel wird mit Pilzen gefüllt, ein langes Thermometer hineingesteckt, zugebunden und die Temperatur abgelesen. Schon nach wenigen Stunden ist ein Temperaturanstieg um mehrere Grade zu beobachten.

Bei den intensiven Stoffwechselvorgängen entsteht Wärme, die nicht abfließen kann. Nach einiger Zeit sind es allerdings nicht nur die Stoffwechselvorgänge in den Pilzen, welche die Temperatursteigerung verursachen, sondern auch die der Fäulnisbakterien. Dieser Versuch zeigt auch deutlich, warum man Speisepilze nie eng gepackt in luftdichten Tüten oder Beuteln aufbewahren darf. Sie können sonst schon nach wenigen Stunden verdorben sein.

f) Nachweis des raschen Wachstums der Pilze

Auf einen Teller mit etwas Wasser legt man ein sogenanntes „Hexenei", den jungen Sporenträger der Stinkmorchel *(Phallus impudicus)* und stülpt eine Glasglocke darüber. Der locker aufgebaute, rund 10 cm lange Sporenträger entwickelt sich geradezu vor den Augen der Schüler in einem Tag!

Pilzkonservierung

Unter Pilzkonservierung soll hier nicht die Haltbarmachung von Speisepilzen verstanden werden. Dafür gibt es in Pilz- und Kochbüchern zahlreiche Anweisungen und im Unterricht werden Anweisungen hierfür wohl nur einmal in Kochkursen gegeben.

Hier ist die Konservierung zu Demonstrationszwecken gemeint. Es muß allerdings gleich gesagt werden, daß es ein vollbefriedigendes, einfaches Verfahren, durch das Form und Farbe der Pilze vollständig erhalten werden, leider nicht gibt. Schrumpfungen und Farbänderungen sind kaum zu vermeiden.

Hennig (16) gibt als Konservierungsflüssigkeiten verdünnten Alkohol und $4^0/_0$ige Formalinlösung an, außerdem eine Mischung von $^1/_3$ Alkohol, $^1/_3$ Formalin und $^1/_3$ Glyzerin.

Besser soll nach *Lutz* (zitiert von *Hennig*) eine Lösung von 25 g reinem, schwefelsaurem Zink und 10 g Formol in 1 Liter Wasser sein. Bei allen Verfahren müssen die Pilze in luftdicht abgeschlossenen Gefäßen in der Konservierungsflüssigkeit aufbewahrt werden.

Nach meiner Erfahrung lohnen alle diese Verfahren für den Schulgebrauch nicht, nachdem es jetzt sehr gute Modelle gibt, die außerhalb der Pilzzeit den Schülern einen besseren Eindruck vom Aussehen der Pilze vermitteln als die Flüssigkeitspräparate.

Die Durchnahme der Pilze sollte eben vor allem während der Pilzzeit stattfinden, wenn die Beschaffung frischen Materials keine Schwierigkeiten bereitet.

Kurzfristig kann man Pilze sehr gut im Eisschrank aufbewahren. Steht ein Gefrierfach zur Verfügung, friert man sie am einfachsten ein. Bei beiden Verfahren dürfen die Pilze dann aber nur zu Demonstrationszwecken und nicht zum Verspeisen verwendet werden, denn sie können Verdauungsstörungen hervorrufen.

Sehr gut halten sich Pilze auch einige Tage, wenn man sie mit Diphenyl-Pulver bestreut. Dieses Verfahren empfiehlt sich besonders, wenn man Pilze zur genauen Bestimmung an einen Fachmann verschicken will.

Pilzausstellungen

Pilzausstellungen sollten zur Pilzzeit in keiner Schule fehlen. Sie tragen in hervorragender Weise zur Verbreitung von Pilzkenntnissen bei und finden bei

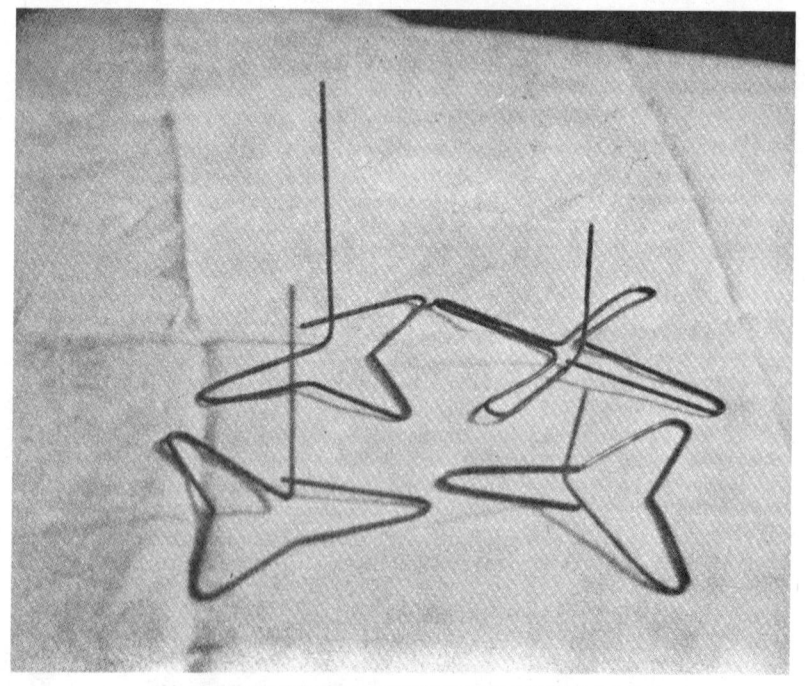

Abb. 32 Selbstangefertigte Drahtständer für Pilzausstellungen

Schülern, Lehrern und Besuchern lebhaftes Interesse. Die Beschaffung von Material bereitet kaum Schwierigkeiten, denn die Schüler bringen, wenn sie dazu angeregt werden, mehr Pilze mit als man ausstellen kann.

Sehr bewährt haben sich bei uns für Ausstellungszwecke kleine, selbst angefertigte Drahtständer in verschiedenen Größen, auf die die Pilze mit den Stielen aufgespießt werden (Abb. 32).

Um ein natürliches, hübsches Aussehen der ausgestellten Pilze zu erreichen, bedeckt man nach dem Aufspießen der Pilze die Ständerfüße mit einer feuchten Moosschicht (Abb. 33). Die Pilze halten sich länger, wenn man sie vor dem

Abb. 33 Pilzausstellung

Ausstellen mit Diphenyl betreut. Besser ist, wenn man die Pilze täglich erneuert, wobei die Schüler wertvolle Hilfe leisten können. Eine genaue Beschriftung, auf der Art, Gattung, Familie, Vorkommen, Wert und Besonderheiten zu finden sein sollten, ist notwendig.

Literatur

Aus der umfangreichen Pilzliteratur sind hier nur die neueren und schulbrauchbarsten Werke berücksichtigt

Amann, A.: „Pilze des Waldes" (97 ein- und mehrfarbige Abb.), Radebeul und Berlin 1966

Benedix, E. H.: „Die Knollenblätterpilze", (10 Abb.), Berlin 1950

Bötticher, W.: „Pilzverwertung und Pilzkonservierung", München 1954

— „Technologie der Pilzverwertung — Biologie, Züchtung, Verwertung und Untersuchung von Speisepilzen", Stuttgart 1967

Caspari, C., Jahn, H. und Poelt, J.: „Mitteleuropäische Pilze", (180 Tafeln in Kassette), Hamburg 1965

Engel, F.-M.: „Das große Buch der Pilze", (80 Farbtafeln), München 1964

Falkenhan, H. H.: „Biologische und physiologische Versuche", PHYWE Verlag, Göttingen 1955

— „Kleine Pilzkunde für Anfänger", (mit 72 Zeichnungen und einem einfachen Bestimmungsschlüssel), Köln 1960, PRAXIS Schriftenreihe, Bd. 4

— „Methodische Winke zur Durchnahme der Gift- und Speisepilze", Köln 1962, PRAXIS DER NATURWISSENSCHAFTEN, BIOLOGIE, HEFT 8

Haas, H. und Gossner, G.: „Pilze Mitteleuropas", (80 Farbt.), Stuttgart 1964

Henig, B.: „Taschenbuch für Pilzfreunde" (125 farb. Abb.), Jena 1968

Jahn, H.: „Pilze rundum" (90 Abb., 8 Farbtafeln), Hamburg 1949

— „Wir sammeln Pilze", (farb Standortaufnahmen), Gütersloh 1964

Kleijn, H.: „Großes Fotobuch der Pilze" (94 Farb-Fotos), München 1962

Lange J. E. und Lange, M.: „600 Pilze in Farben" (96 Farbtafeln), München 1964

Michael/Hennig: „Handbuch für Pilzfreunde", 5 Bände, (1200 Abb.), Jena 1968, begründet von *Michael,* neu bearbeitet und herausgegeben von *Bruno Hennig* — das empfehlenswerteste und modernste Standardwerk!

Moser, M.: „Die Röhrlinge und Blätterpilze", Bd. II b/2 der „Kleinen Kryptogamenflora" von *H. Gams,* (429 Abb.), Stuttgart und Jena 1967 — das beste wissenschaftliche Bestimmungsbuch!

— Ascomyceten (Schlauchpilze)", Bd. II a der „Kleinen Kryptogamenflora" von *H. Gams,* (207 Abb.), Stuttgart und Jena 1963

Neuhoff, W.: „Die Milchlinge (Lactarii)", Bd. II b der Pilze Mitteleuropas" (20 Foliotafeln,) Bad Heilbrunn 1956

Schäffer, J.: „Russula-Monographie", Bd. III der „Pilze Mitteleuropas", (20 Foliotafeln), Bad Heilbrunn 1952

Schlitter, J.: „Aus dem Reich der Pilze", „Leben und Umwelt", Schweizer Naturwissenschaftliche Monatsschrift, Oktober 1954, Aarau

Wieland, Th.: „Die Giftstoffe des Grünen Knollenblätterpilzes (Amanita phalloides)„, Zeitschrift für Angew. Chemie, 1957, S. 44

Zeitlmayr, L. und Caspari, C.: „Knaurs Pilzbuch", (70 Farbtaf.), München 1961

Pilzzeitschriften

ZEITSCHRIFT FÜR PILZKUNDE, Jährl. 4 Hefte, Lehre 1968

SCHWEIZERISCHE ZEITSCHRIFT FÜR PILZKUNDE, Jährl. 12 Hefte, Bern, seit 1923

WESTFÄLISCHE PILZBRIEFE, jährl. 4 Hefte, Heiligenkirchen/Detmold, seit 1957

SÜDWESTDEUTSCHE PILZRUNDSCHAU, jährl. 2 Hefte, Stuttgart, seit 1964

BULLETIN TRIMESTRIEL DE LA SOCIETÉ MYCOLOGIQUE DE FRANCE (mit schönen Farbtafeln), Paris, seit 1884

ID. ARCHEGONIATEN UND SPERMATOPHYTEN

Von Studiendirektor Dr. L u d w i g S p a n n e r
München-Gröbenzell

ARCHEGONEATEN

Moose (Bryophyta)

Als *Anschauungsmaterial* eignen sich praktisch alle Moosarten. Besonders zu empfehlen sind, insbesondere auch als Herbar- bzw. naß konserviertes Material, an Laubmoosen Bürstenmoose *(Polytrichum),* Sternmoose *(Mnium), Weißmoos (Leucobryum)* und Sumpfmoose *(Sphagnum),* an Lebermoosen das Brunnen-Lebermoos *(Marchantia)* und das Peitschenmoos *(Mastigobryum).* Als Konservierungsgemisch eignet sich 4 %/o Formalin, dem man etwas Glyzerin und einen erbsengroßen Kristall Kupfersulfat (zur Erhaltung der grünen Farbe) zusetzt. Zum Gebrauch verdünnt man auf das Zehnfache.

Zur Etymologie des Begriffes Moos: Im Althochdeutschen war „mos" gleichbedeutend mit Sumpf und Moor. Letzteres leitet sich vom althochdeutschen Wort „muor" ab, das auch Meer bedeutet, wohl weil die riesigen Moorflächen mit ihren wallenden Nebelschwaden beim Sonnenauf- und -untergang in den Übergangsmonaten an die Weite des Meeres erinnern. Im süddeutschen Raum, besonders in Bayern bezeichnet man die Nieder- und Quellmoore als „Moose", z. B. Dachauer- oder Erdinger Moor bzw. -Moos, die Hochmoore dagegen als Filze. Die Begriffe Moos und Moor haben einen gemeinsamen Wortstamm mit dem lateinischen *„muscus",* Moor.

Die folgenden unterrichtlichen Demonstrations-Empfehlungen und experimentellen Hinweise sind Themenkreisen zugeordnet, die es ermöglichen, die unterrichtlichen Schwerpunkte in beliebiger Reihenfolge und in Abhängigkeit von den örtlichen Verhältnissen zu setzen.

Moose als Landschaftsgestalter

Der R e a k t i o n s b e r e i c h, in dem Moose nicht nur zu leben, sondern auch zu gedeihen vermögen, ist außerordentlich groß; so leben die kalkliebenden und tuffbildenden Moose noch bei pH 8, während die Hochmoormoose noch im sauren Bereich von pH 4 zu gedeihen vermögen. Universal-Indikatorenpapier Merck taucht man in das die Moose umgebende oder durchtränkende Wasser.

Je stärker die Vegetation einer Wiese von Moosen durchsetzt ist, um so unfruchtbarer wird sie im allgemeinen. An Stelle der rundstieligen Futter- und Süßgräser erscheinen dann mehr und mehr die dreikantigen Sauergräser oder Seggen *(Carex*-Arten). Der Boden wird zugleich infolge Auswaschung durch die Sickerwässer zunehmend kalkärmer und schließlich sauer.

Das Wassersaugvermögen der Moose wird durch die Polsterbildung noch außerordentlich verstärkt. Man stellt einige lufttrockene Bürstenmoospflänzchen, die man von einem Moospolster abzweigt, in ein Becherglas, das man etwa 2 cm hoch mit Wasser gefüllt hat und dem einige Tropfen Eosinlösung zugesetzt werden. Nach kurzer Zeit kann man beobachten, wie sich die bei Trockenheit gefalteten Blättchen entfalten und das Wasser in den Pflänzchen hochzusteigen beginnt. Eindrucksvoller gelingt der Versuch mit Stückchen von Weißmoospolstern *(Leucobryum)*. Die silbriggrauen bis lindgrünen Plster, die magere und torfartige Waldböden zieren, erfreuen sich als Grabschmuck großer Beliebtheit. In den Stämmchen des Weißmooses kriecht das Wasser in kurzer Zeit bis zur Spitze, weil die chlorophyllführenden Zellen von lufthaltigen, toten Zellen umgeben sind, die das Wasser ansaugen. Dabei findet ein Farbwechsel des Mooses von graugrün nach hellgrün statt. Am eindrucksvollsten ist der Wassersteigversuch mit Torfmoosen, bei denen in derselben Zeit die Steighöhe bis zu 8 cm erreicht. Die schmalen Assimilationszellen sind von farblosen, toten Zellen umgeben, die Wasser ansaugen und speichern. Diese „Wasserzellen" haben Löcher für den Wassereintritt bzw. Luftaustritt. Sie treten besonders deutlich hervor, wenn man sie mit einem Zellulosefarbstoff (u. U. auch wenig Tintenstiftpulver) anfärbt. Stark verdickte Zelluloseringe wirken wie Faßdauben.

Saugheberversuch: In den Torfmoospflänzchen wird das Wasser kapillar emporgehoben, so daß man ein einzelnes Pflänzchen als Saugheber benützen kann, wenn man es so über den Rand eines Wasserglases legt, daß die Sproßspitze tiefer hängt als der Wasserspiegel liegt. Dieser Versuch geht auch mit einem etwa 10 cm großen Sphagnumpflänzchen, das man als Feuchtpräparat konserviert.

Die erstaunliche Kapillarwirkung der Wasserzellen ist die Ursache dafür, daß sich die Hochmoore (Name!) bis zu 8 Meter über ihre Umgebung emporwölben können und vom Grundwasser unabhängig werden. Das Wasserspeichervermögen der Moose, insbesondere der Weißmoose und Torfmoose, ist so groß, daß sie sich wie Schwämme vollsaugen. Ein lufttrockener, etwa faustgroßer Torfmoosballen von 7 Gramm Gewicht nahm innerhalb 3 Stunden 121 Gramm Wasser auf, das er auch festzuhalten vermochte.

Torfmoos- und Fasertorfstreu werden daher häufig als Streu in Stallungen verwendet, weil sie das 8—10fache ihres Gewichts an Abwässern aufzunehmen vermögen und auch das gasförmige Fäulnis-Ammoniak absorbieren, wodurch die Stalluft verbessert wird. Die Saugfähigkeit der Moose wird dadurch bewirkt, daß ihnen die Fähigkeit zur Kork-, also Rindenbildung fast allgemein fehlt und dadurch kein luft- und wasserdichter Abschluß ihrer Gewebe zustande kommen kann. Soweit tote wasserspeichernde Gewebe fehlen, bedecken die wurzelähnlichen *Rhizoiden* häufig die ganzen Pflänzchen und erhöhen die Saugfähigkeit.

Moose als Bewahrer des Mikrolebens und Bodenweiser

Der Moosteppich bildet einen großartigen Lebensraum für die Mikrofauna und Mikroflora. Mit seinem Reichtum an Verstecken, seinem Wasservorrat und seinen Assimilationsprodukten bietet er vielen Lebewesen Lebensmöglichkeiten und Zuflucht. Man kann sie sichtbar machen, wenn man Moose zuerst im feuchten Zustand ausdrückt und dann im trockenen Zustand ausklopft und den Inhalt auf einer Glasplatte sammelt.

Die Moosdecke des Waldes eignet sich ausgezeichnet als B o d e n w e i s e r , da die Zusammensetzung der Moose sichere Schlüsse auf die Güte und Beschaffenheit des Waldbodens zuläßt. Die Arten im Laubwald sind in der Regel völlig andere als im Nadelwald. Die Sternmoose weisen auf günstige, lockere und humose Bodenbeschaffenheit. Die Bürstenmoose zeigen beginnende Bodenverdichtung und Verschlechterung an, während die Torfmoose eindeutig ungünstige Bodenverhältnisse mit Vernässung, Versauerung, Versumpfung und Luftmangel nach sich ziehen.

Moose als Pioniere des Lebens

Moose gehören zu den E r s t s i e d l e r n lebensfeindlicher Plätze durch die Pflanzenwelt. Natürliche und künstliche Standorte wie Felsen, Stein- und Sandfluren, Rinden, Mauern, Pflaster und Dächer sowie Zäune werden von Moosen im Laufe der Zeit besiedelt und im Bereich der Schneegrenze, des Polargebietes und der Spritzzone der Meeresküsten treten sie ebenfalls als erste Besiedler in Erscheinung und liefern die Voraussetzungen für die Entstehung einer Vegetationsdecke.

Die W a s s e r d a m p f a u f n a h m e aus der Luft ist entscheidend für die Eroberung trockener Plätze. Ein etwa 1 Gramm schweres Polsterchen eines Mauermooses (z. B. *Bryum argenteum),* das bereits lufttrocken ist, läßt man einige Tage im trockenen Zimmer an der Luft liegen und bringt es dann auf einen Uhrgläschen in eine Deckelglasschale. Man legt es auf einen Gummikorken, der bis unter das Uhrgläschen von Wasser umspült wird. Im Zeitraum einer Woche wiegt man mehrmals nach, bis die Gewichtszunahme konstant bleibt und stellt die Gewichtszunahme fest. Ein Moospolsterchen von 0,6 Gramm Gewicht hatte bei dieser Anordnung nach 4 Tagen ein Gewicht von 0,78 Gramm.

Moose als Torf- und Humuslieferanten

T o r f u n t e r s u c h u n g . Je nach Ausgangssituation, ob Nieder- oder Hochmoor, und nach der Zusammensetzung bzw. dem Überwiegen einer Pflanzenart unterscheidet man eine ganze Reihe von Torfarten wie Moos-, Gras-, Binsen-, Seggen-, Wollgras- und Schilftorf. An dieser Stelle ist vom Wassertorf die Rede, weil er unter stehendem Wasser entsteht. Der schwarzbraune Flachmoortorf ist aschenreich, weil das Substrat nährstoffreich ist und kalkführende Wässer zuströmen, während der braune Hochmoortorf aschenarm ist. Zwei gleichgroße Torfwürfel verschiedener Herkunft und Moosart von etwa 1 cm Kantenlänge werden im gewogenen Porzellantiegel verascht, und der Aschengehalt wird in Prozenten berechnet sowie auf Kalk und andere Mineralstoffe untersucht. Aus der Differenz des Gewichtes bei 100° und nach Veraschung ergibt sich der Kohlenstoffgehalt.

R o h h u m u s b i l d u n g . Als Rohhumus bezeichnet man Rotteprodukte, die besonders reich an wasserlöslichen Humussäuren sind, die eine Versauerung und Auslaugung des Bodens zur Folge haben. Bei der Zersetzung der Moose entstehen Rohhumusmassen von faseriger Struktur, eben der Torf. Etwa 1—2 Gramm lufttrockenen und zerkleinerten Torfes bzw. Torfmulle übergießt man mit der 3—5fachen Menge verdünnten Ammoniaks und schüttelt tüchtig. Dunkelbraune Farbe des Filtrats weist auf Rohhumus. Wasserhelle Farbe des Filtrats sagt bei humushaltigen Substanzen aus, daß neutraler Dauerhumus vorliegt. Wenn vom fruchtbaren Humus gesprochen wird, dann ist dieser Dauerhumus gemeint. Er ist stets schwärzlich gefärbt und vermag bereits bei einer Konzentration von 2 % einem Boden ein schwarzes Aussehen zu geben.

Dauerhumus aus Rohhumus: Zu einer Aufschwemmung aus 1—2 Gramm (Eßlöffel Torfpulver und etwa 10 ml Wasser geben wir eine Messerspitze Ätzkalk oder Kalkpulver. Man kann auch das Rohhumus-Filtrat mit der gleichen Menge Kalkwasser versetzen. Nach dem Erkalten der Mischungen, die man kurz aufgekocht hat, um den Vorgang zu beschleunigen, stellt man eine schwärzliche Färbung fest. Aus den wasserlöslichen Rohhumusstoffen, von denen wir vorher das Ammoniumhumat kennen lernten, entstehen neutrale Kalziumhumate, die gelartig ausfallen.

Man kann diesen Vorgang, den wir im Laboratorium nachgeahmt haben, auch in freier Natur beobachten, wenn sich irgendwo im Boden kalkhaltige Schichten mit Torfschichten treffen. Es bilden sich dann schwarze Bänder oder Schichten von Dauerhumus, wie er auch in der kultivierten Moorerde, d. h. in der durch Düngung, Entwässerung und Durchlüftung verbesserten Rohhumusmasse vorliegt (s. FT 319).

Eigenschaften des Moorbodens: Überall wo Moose kultiviert werden, weicht die braunrote Farbe des Rohhumus oder Torfes der schwarzen des Dauerhumus, in dem die ehemalige faserige Beschaffenheit zugunsten einer krümeligen verschwindet. Leider sind die klimatischen Eigenschaften der Moorerde ungünstig, obwohl die Fruchtbarkeit recht günstig wäre. Besonders die Wärmeverhältnisse sind kulturfeindlich. Im Frühjahr bleibt dieser Boden infolge des hohen Wassergehalts kalt. Bei starker Verdunstung entsteht Verdunstungskälte, was wiederum die Erwärmung durch die Sonneneinstrahlung beeinträchtigt. In den Nächten, die im Frühsommer noch recht lang sind, strahlt der dunkle Moorboden die Wärme viel stärker ab als ein heller Boden. Alle diese Faktoren bedingen, daß starke Wärmeschwankungen zwischen Tag und Nacht entstehen, die selbst im trockenen Sommer anhalten, wenn sich der Moorboden stärker als z. B. Lehmboden erwärmt. In Frühjahr und Herbst sind daher Strahlungsfröste im anmoorigen Gelände häufiger als außerhalb seines Bereichs. Wenn der Wetterbericht meldet, daß in frostgefährdeten Gebieten mit Nachtfrost zu rechnen ist, dann kann man sicher sein, daß in Moorgegenden auch Nachtfrost auftritt. Schüler oder Personen aus Moor- und Lehmgebieten erhalten Thermometer und notieren die Temperaturwerte um 6.00, 14.00 und 19.00 Uhr 5 cm im Boden, an der Bodenoberfläche und in 1 m Höhe über dem Boden. Selbstverständlich kann man diese Beobachtungen beliebig variieren. Soweit man im Schulgarten über ein Moorbeet verfügt, kann man auch dort die Messungen ausführen. Zu empfehlen FT 319 Neuzeitliche Moorkultivierung und FT 993 Entstehung eines Bodens.

Moose als lebende Fossilien

Baueigentümlichkeiten der Moose. Nach dem äußeren Erscheinungsbild und dem inneren Aufbau weisen die Moose Ähnlichkeit mit Lagerpflanzen auf. Man führt sie entwicklungsgeschichtlich auch auf die Algen zurück.

Die Moose besitzen noch keine echten Wurzeln, sondern den Wurzelhaaren entsprechende Rhizoide. Sie sitzen daher nur locker im Boden, zeigen keine Standfestigkeit und erreichen auch nur geringe Höhe. Die Moose haben vielfach noch keine in Holz- und Bastteil differenzierten S p r o ß a c h s e n. Querschnitte durch Stengel vom Bürstenmoos oder Sternmoos, auf die man Chlorzinkjodlösung und Phloroglucin-Salzsäure einwirken läßt, zeigen eine geringe Verholzung größerer oder kleinerer Zellen als die umgebenden Rindenelemente; jedoch keine kollaterale oder radiale Anordnung der Gefäße.

Die meist eine Zellschicht aufweisenden M o o s b l ä t t c h e n eignen sich gut für zytologische Untersuchungen sowie die Reaktion der Chloroplastenverteilung auf die Lichtintensität und Schutzmaßnahmen gegen zu starke Verdunstung bzw, Wassermangel; auch Plasmolyse läßt sich an Moosblättchen gut zeigen.

Zwei Objektträger versehen wir mit je einem Blättchen oder Blattteil eines Sternmooses und stellen den einen ins Sonnenlicht, den anderen in den Schatten. Bereits nach kurzer Zeit (rund 15 Min.) ordnen sich die Chloroplasten in den besonnten Zellen parallel zu den Sonnenstrahlen an den senkrechten Zellwänden an, während sie in den beschatteten Zellen senkrecht dazu an die horizontalen Zellwände wandern.

Frische Pflänzchen vom Bürstenmoos schneiden wir ab und legen sie in die Sonne oder lassen sie längere Zeit antrocknen. Die vorher ausgebreiteten und vom Stengel abstehenden Blättchen legen sich dem Stengel dicht an und rollen sich beidseits nach oben ein. Bei Gegenwart von Wasser setzt der umgekehrte Vorgang ein.

Die V o r k e i m e kann man ohne Schwierigkeiten aus Sporen erhalten, doch ist der grünliche Anflug auf Waldboden oder Gartengelände häufig ebenfalls auf Moosprotonema zurückzuführen. Die Vorkeime bestehen bei den meisten Moosen aus fadenförmigen Zellen. Mit den schräg verlaufenden Zellwänden gleichen sie völlig den Rhizoiden, nur daß sie chlorophyllhaltig sind.

Bequeme Anschauungsobjekte liefern auch die Wassermoose *(Fontinalis, Riella* und *Riccia)*, die nur im Süßwasser vorkommen; kein Moos hat den Weg ins Meerwasser gefunden!

Archegoniaten! Die Moose haben mit den Gefäßkryptogamen Gemeinsamkeiten im Bau der Geschlechtszellenbehälter und in der Befruchtung, daher faßt man sie als Archegoniaten zusammen. Die Präparation der männlichen oder weiblichen „Blüten" bereitet keine Schwierigkeiten. Reizvoll ist es, mit einer Glaskapillare, die eine Rohrzuckerlösung enthält, unter dem Deckglas die Spermatozoi den anzulocken. Zum Befruchtungsgeschehen bei den Moosen gibt es einen ausgezeichneten Unterrichtsfilm (F 379) und die Diareihe R 198, Entwicklung eines Laubmooses.

Die Lebermoose zeigen weitgehende Übereinstimmung mit den Laubmoosen. Sie sind allerdings vielfach thallös gebaut, und selbst bei den beblätterten Lebermoosen weisen die Blättchen keine Blattrippen auf. Bei der Untersuchung des Thallus ist besonders auf die einfachen Luftspalten und Luftkammern zu achten. Man kann sie als Vorläufer der Spaltöffnungen der Sproßpflanzen ansehen.

Wegen des geringen Arbeitsaufwandes ist auch die Untersuchung der B r u t b e c h e r c h e n als Beispiel für ungeschlechtliche Vermehrung zu empfehlen. Zur Einführung oder als Abschluß der Moose empfiehlt sich die Diareihe R 199 Einheimische Leber- und Laubmoose.

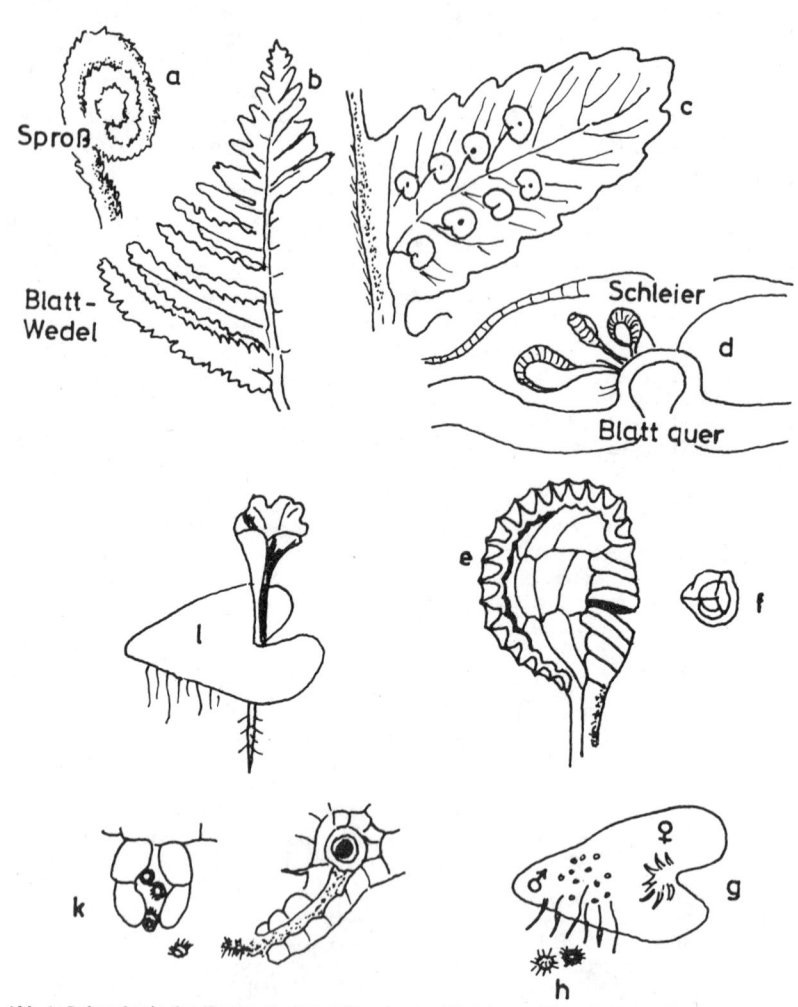

Abb. 1: Lebenskreis der Farne: a) eingerollter junger Wedel vom Wurmfarn, b) Blattwedel (Ausschnitt), c) Einzel-Fiederblättchen von der Unterseite mit Schleiern,, d) dasselbe im Querschnitt, eine Hälfte mit Sporangien (vergrößert), f) Einzelspore, stark vergrößert, g) Vorkeim von der Unterseite (vergrößert), h) Spermatozoiden, vielgeißelig, sehr stark vergrößert; i) Archegonium, in das eben ein Spermatozoid eindringt, k) Antheridienbehälter mit Spermatozoiden, l) befruchtetes Prothallium mit Keimpflänzchen (nach *Stelz* und *Grede* sowie *Spanner*, abgeändert)

Farne *(Pteridophyta)*

Pteron und *pteris*, die beiden griechischen Wörter für Feder und Farn haben denselben indogermanischen Wortstamm wie das altindische Wort „*parna*" für Flügel, Feder. Von diesem Wort ist die deutsche Bezeichnung „Farn" abzuleiten. Ohne Zweifel weist dies auf die federähnliche Form der Farnblätter hin. Die zusammengesetzten Blattflächen der Farbe sind meist reichlich unterteilt, mehrfach gefiedert (eine Ausnahme bildet die einheimische Hirschzunge *(Phyllitis scolopendrium)*, die unter Naturschutz steht) und im Knospenzustand schneckenförmig eingerollt.

Farne sind Pflanzen von *geringem Nutzwert;* es gibt kaum eine Art, die als Nutzpflanze in irgendeiner Beziehung eine mehr als lokale Rolle spielen würde. Einige Arten erzeugen wohl knollenartige Speicherorgane, die vielleicht zu Nahrungszwecken herangezogen werden. Mit Ausnahme der exotischen Baumfarne treten die lebenden Farne staudenförmig auf und sind in der Regel mit Waldgesellschaften vergemeinschaftet. *Farne sind Pflanzen mit altertümlichen Baumerkmalen* (Abb. 1).

Nach der Eroberung des Festlandes vor rund 400 Millionen Jahren durch Pflanzen, die algen- und moosartige Merkmale in sich vereinigten, erreichten die Farne den Höhepunkt ihres Auftretens und ihrer Verbreitung im Erdaltertum. Mit anderen Pteridophyten (etwa Farnartigen) oder Gefäßkryptogamen bildeten baumförmige Arten einen wesentlichen Bestandteil des „Steinkohlenwaldes".

Bau der Wedel und Sprosse

Wir betrachten die in der Knospenlage eingerollten und später ausgebreiteten Blattspreiten des Wurmfarns *(Dryopteris filix mas)*. Ihr Blattbau mit den regulierbaren Spaltöffnungen stimmt bereits mit dem der Blütenpflanzen überein.

Schnitte durch den Erdsproß unmittelbar hinter dem Vegetationspunkt oder durch die Stielbasis junger Wedel (wozu sich auch jeder andere Farn eignet) zeigen die konzentrisch angelegten Gefäßbündel. Der Holzteil, der fast immer nur aus Tracheiden, nicht selten aus auffälligen Treppentracheiden aufgebaut ist, ist dabei ringsum von Siebzellen umgeben. Auffallend ist auch die Leitbündelscheide, im Kreise angeordnete relativ schmale Zellen um ein Leitbündel.

Dreiseitige Scheitelzelle

Eine altertümliche Art der Zellbildung an den Vegetationspunkten von Farnen ist die Erzeugung von Gewebe mit einer dreiteiligen Scheitelzelle. Sie hat die Gestalt einer dreiseitigen Pyramide, deren Grundfläche erdwärts gewandt ist, während die drei Seitenflächen die Zellelemente für Wurzel- und Sproßgewebe bilden. Zur Beobachtung eignen sich vor allem Wurzelspitzen von Zimmerfarnen, die man beim Imstülpen eines Blumentopfes ohne Mühe erhalten kann.

Sporophylle und Sporen

Die Sporen der Farne, einzellige rundliche bis tetraedrische Gebilde um 40 Mikron, entstehen in der Regel in gehäuften Sporenbehältern, den Sporangien. Sie entstehen im Hochsommer in der Regel auf der Unterseite der Wedel. Nur vereinzelt werden blattgrünlose, spezielle Sporophylle gebildet, so beim heimischen gesetzlich geschützten Straußfarn (Matteuccia struthiopteris), beim Rispenfarn *(Blechnum spicant)* und beim Königsfarn *(Osmunda regalis)*, der ebenfalls unter Naturschutz steht. Die Sporangienhäufchen sind zuweilen von Schutzhäutchen bedeckt, die bei der Hirschzunge lippenförmig, beim Wurmfarn herznierenförmig gestaltet sind. Bei der Hirschzunge macht man die Schnitte senkrecht zum Verlauf der braunen Sporenstriche, beim Wurmfarn durch die Mitte des Schleiers *(Indusium)*. Die Form und Ausbildung des Indusiums wird bei der systematischen Einteilung der Farne ausgewertet. Auch die Sporangien der verschiedenen Arten zeigen charakteristische Unterscheidungsmerkmale. Man unterteil in zwei große Gruppen: die *Leptosporangiaten mit* einschichtiger Sporangiumwand und die *Eusporangiaten* mit mehrschichtiger Sporangienwand. Von den in Mitteleuropa vorkommenden, etwa 50 Farnarten gehören 41 zur leptosporangiaten Familie der Tüpfelfarne oder *Polypodiaceae*.

Aufspringen der Sporenkapsel

Bei den Tüpfelfarnen überzieht ähnlich wie bei einem Raupenhelm eine vortretende Zellreihe mit stark verdickten Seiten- und Innenwänden, der sog. Ring oder Anulus, das Sporangium. Er kann ganz verschieden angeordnet sein, bewirkt aber in jedem Falle das Aufspringen der Sporenkapsel durch einen Riß der nicht verdickten Zellen. Beim Austrocknen der Sporangien widerstehen die Ringzellen dem Zerreißen am längsten. Sie biegen sich S-förmig zurück, wobei die Kapsel senkrecht zu ihrem Verlauf aufreißt. Sobald die Kohäsionsspannung in den Ringzellen so groß geworden ist, daß der Zusammenhang der Wassermoleküle gesprengt wird (bei etwa 400 atü!), schnellt der Ring wieder vorwärts, wobei die restlichen Sporen herausgeschleudert werden. Unter dem Mikroskop kann man diesen Vorgang verfolgen, wenn man die reifen Sporangien in einen Tropfen reinen Glyzerins bringt.

Soweit keine frischen, reifen Sporophylle zur Hand sind, kann man auch naß oder trocken konserviertes Material benützen.

Amphibische Pflanzen mit Metamorphose (Generationswechsel)

Die Farne sind innerhalb der Gefäßsporenpflanzen jene Pflanzen, bei denen man den Generationswechsel am besten besprechen kann, weil man ihn auch wirklich zeigen und beobachten kann. Im Herbst gewinnt man die Sporen, indem man reife Sporophylle mit der Unterseite auf Papier legt. Nach kurzer Zeit sammelt sich darauf an einer windstillen Sonnenseite viel brauner Sporenstaub, den man in einem trockenen Behältnis aufbewahrt.

Vorkeime

Von den Sporen streut man eine Prise etwa 8—12 Wochen vor der Durchnahme auf eine Torfscheibe, die man in einer „feuchten Kammer" oder in einem Terrarium im Schatten sich selbst überläßt. Zweckmäßigerweise tränkt man den Torf mit der bereits bei den Moosen erwähnten, verdünnten Nährlösung. Aus den Sporen gehen nach etwa 3 Wochen die herz- bis bandförmigen, etwa fingernagelgroßen Vorkeime hervor. Da sie fast nur aus einer Zellschicht bestehen, eignen sie sich gut für die Zellenlehre. Durch ihr Blattgrün sind sie Selbstversor-

ger. Sie tragen die Keimzellenbehälter: die Eizellenbehälter oder *Archegonien* liegen unterseits in der Mittelgegend, während die Behälter für die männlichen Keimzellen, die *Antheridien,* mehr am Rande zwischen Rhizoiden angelegt sind. Es sind kugelige Gebilde, deren Wand aus zwei übereinanderliegenden Ringzellen, die von einer Deckelzelle abgeschlossen werden.
Sobald man die Prothallien, wie die Vorkeime auch genannt werden, einige Tage trocken hält, kann man bei Benetzung mit Wasser unter dem Mikroskop die Entleerung eines Antheridiums beobachten. Durch das Aufquellen im Wasser wird die Deckelzelle abgesprengt und kugelige Zellen werden ins Wasser entlassen. Schon nach wenigen Sekunden schlüpfen daraus die korkzieherartigen Spermatozoiden, die sich mit ihren zahlreichen Geißeln fortbewegen und dabei um ihre Achse drehen. Ihre Bewegung kann man durch Zusatz von flüssiger Gelatine verlangsamen und erkennbarer machen. Mit Jodjodkalilösung werden sie fixiert. Die männlichen Schwärmzellen dringen in die flaschenförmigen Eibehälter, deren gekrümmte Hälse aus dem Vorkeim herausragen, ein und verschmelzen mit der am Grunde ruhenden Eizelle. Die Befruchtungsfähigkeit der Archegonien erkennt man daran, daß der mit Schleim erfüllte Kanal innerhalb der „Halszellen" stark lichtbrechend wird.
Man hat mit Sicherheit festgestellt, daß die Spermatozoiden durch etwa 0,3 % Äpfelsäure chemotaktisch zur Eizelle gelangen. Wenn man Zeit und Geduld aufbringt, kann man mit etwa 0,1 % Lösung von Kaliummalat in Glaskapillaren, die man unter das Deckglas des Präparats schiebt, die chemotaktische Raktion der Spermatozoiden verfolgen. Die Befruchtung der Farne ist mit der der Tiere identisch. Ebenso wie dort erfolgt die Befruchtung aber nur durch ein Spermatozoon. Als Abschluß oder Einführung zu den Farnen eignet sich R 180 Entwicklung eines Farnes.

Schachtelhalme *(Equisetinae)*

Die Familie der Schachtelhalmgewächse, die *Equisetaceae,* sind die einzige heute noch lebende Familie der urtümlichen *Articulatae (Sphenopsida)* und mit etwa 25 Arten über die ganze Erde verbreitet. Die größten davon, südamerikanische Vertreter, erreichen eine Höhe von 4 Metern und mehr. Unsere heimischen Arten, etwa 11 an der Zahl, wozu noch einige Bastarde kommen, werden maximal 1—2 Meter hoch *(Equisetum maximum).* Die Equisetales sind und waren Sumpfpflanzen, die auch an scheinbar trockenen Standorten wie Bahndämmen und auf Heiden auf hohen Grundwasserstand schließen lassen beziehungsweise grundwassertragende Lehm- oder Tonschichten anzeigen. In der Steinkohlenzeit erreichten Vertreter der Sippe, vor allem die *Calamiten,* Baumgröße und bildeten mit anderen baumförmigen Gefäßkryptogamen und ersten Formen der Nacktsamigen bestandsbildende Pflanzen der „Steinkohlenwälder".

Bau der vegetativen Sprosse (Abb. 2, 3)

Da alle Schachtelhalme eine charakteristische Gestalt aufweisen, sollte man nicht versäumen, den äußeren und inneren Aufbau der Sprosse zu betrachten. An den Blattscheiden der Zwischenknotenstücke kann man die Halme leicht auseinanderreißen und dann wieder ineinanderstecken, so daß sie wie unverletzt aussehen. Natürlich wachsen sie nicht mehr zusammen, obwohl sich in den Knoten die Wachstumszonen befinden.

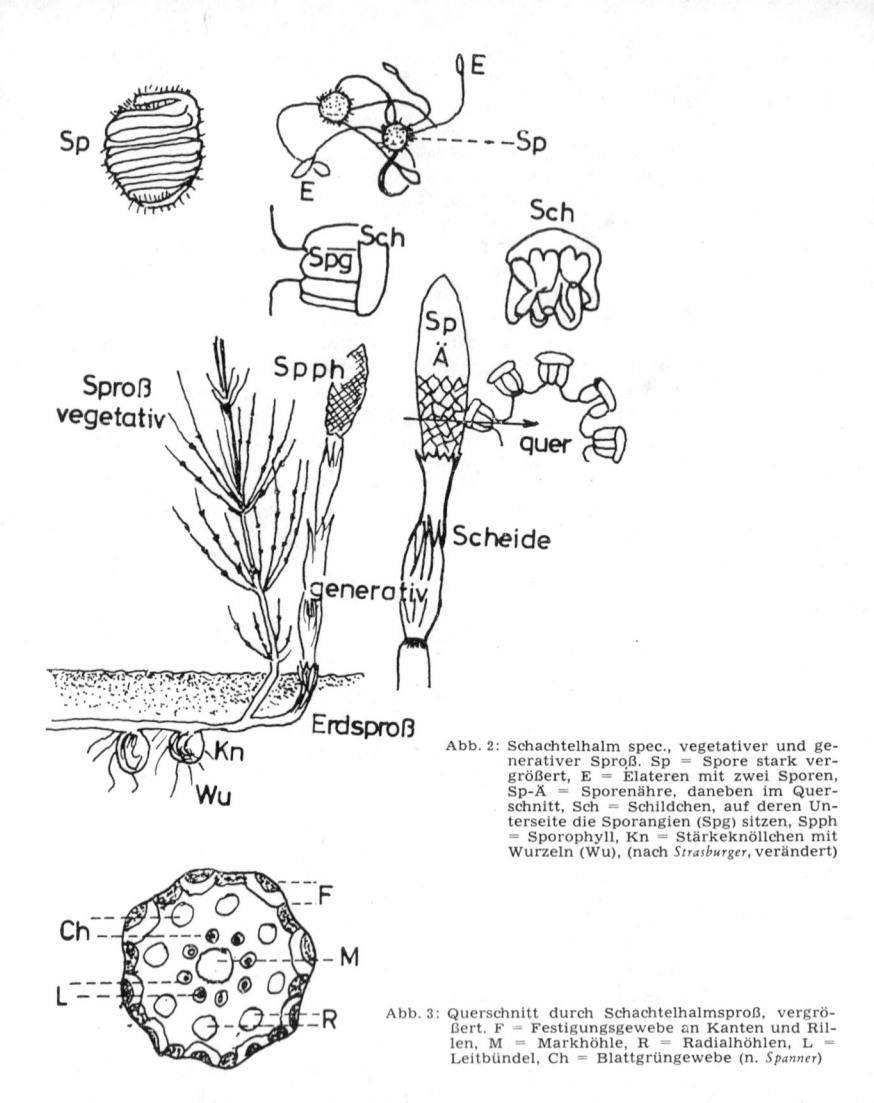

Abb. 2: Schachtelhalm spec., vegetativer und generativer Sproß. Sp = Spore stark vergrößert, E = Elateren mit zwei Sporen, Sp-Ä = Sporenähre, daneben im Querschnitt, Sch = Schildchen, auf deren Unterseite die Sporangien (Spg) sitzen, Spph = Sporophyll, Kn = Stärkeknöllchen mit Wurzeln (Wu), (nach *Strasburger*, verändert)

Abb. 3: Querschnitt durch Schachtelhalmsproß, vergrößert. F = Festigungsgewebe an Kanten und Rillen, M = Markhöhle, R = Radialhöhlen, L = Leitbündel, Ch = Blattgrüngewebe (n. *Spanner*)

Die Pflanzen kriechen mit einer Grundachse (Erdsproß oder Rhizom), die sich reichlich verzweigt, bis zu 4 Meter tief im Boden dahin; daher sind sie auch als „Unkraut" nur sehr schwer auszurotten. Zuweilen zeigen sie rundliche Knöllchen, die Stärke speichern und das frühe Austreiben im Vorfrühling ermöglichen. Aus den Ästen der Grundachse treiben erst dicht unter der Bodenoberfläche zahlreiche Stengel, wodurch das büschel- und herdenweise Auftreten der Schachtelhalme zu erklären ist. Die oberirdischen Stengel sind fast stets nur einjährig und deutlich gerieft. Diese äußere Gliederung steht mit dem anatomischen Bau in enger Beziehung. Die Luftsprosse werden von zahlreichen, kreisförmig angeordneten, kollateralen Leitbündeln und einem zentralen sowie mehreren radialen Luftgängen durchzogen. Die Festigkeit wird daneben durch Sklerenchymbündel erreicht, denen Kieselsäure eingelagert ist, und die die Kanten bilden.

Kieselsäure-Nachweis

Querschnitte des Sprosses verglüht man auf einem Glimmerblättchen, bis die organischen Teile verkohlt sind. In feuchtem Zustand erhält man Kieselsäurepräparate, wenn man konzentrierte Schwefelsäure zusetzt, die man nach dem Verkohlen der organischen Bestandteile mit Kaliumnitratpulver versetzt, bis Aufhellung eintritt, oder die man durch erst 20 % und dann konzentrierte Chromsäure verdrängt. Die Verkieselung ist besonders stark bei *Equisetum hiemale,* der als „Scheuerkraut" oder „Zinnkraut" früher zum Reinigen von Gläsern mit Zinnverzierungen allgemein verwendet wurde. Durch Pfarrer Kneipp sind die „Herba Equiseti" wieder zu Ansehen gekommen und werden wegen ihres Kieselsäuregehaltes bei Durchfall und Wassersucht verordnet. Hüten muß man sich nur vor dem Sumpfschachtelhalm *(Equisetum palustre),* der als giftig gilt.

Sporophyten

Bei verschiedenen Arten sind die sporentragenden und sporenfreien Sprosse gleich gestaltet, während sie bei anderen Arten in Form und Farbe ganz unterschiedlich sind. Die sporentragenden Sprosse sind bereits im Herbst voll entwickelt und brechen im Frühjahr durch geringe Streckung aus dem Boden hervor. Die Sporophylle setzen sich aus bräunlichen Schildchen zusammen, auf deren Unterseite die Sporensäcke angebracht sind. Der ganze Sporangienstand stellt gleichsam eine ährenförmige Blütenbildung dar, der von ringförmigen, verkümmerten Blattscheiden nach unten abgeschlossen wird.

Hygroskopische Bewegungen der Sporenbänder (Elateren)

Die reifen Sporen sind grünlich, chlorophyllhaltig, kugelig bis eiförmig. Ihre äußere Hautschicht bildet sich zu vier, die Spore umhüllenden Bändern um. Sie sind stark hygroskopisch und rollen sich beim Feuchtwerden ein, wobei sie sich dicht um die Spore legen, während sie beim Trockenwerden sich rasch ausstrekken. Man kann dieses Verhalten unter dem Mikroskop betrachten, indem man bei schwacher Vergrößerung einige Sporen auf einem Objektträger schwach anhaucht. Sofort setzt ein lebhaftes Krümmen ein. Die Sporenbänder haben die Aufgabe, dafür zu sorgen, daß stets mehrere Sporen miteinander ihre Luft- oder Wasserreise antreten. Sie sind nämlich eingeschlechtlich, und auf diese Weise wird erreicht, daß Vorkeime beiderlei Geschlechts nebeneinander entstehen können.

Vorkeime

Die männlichen Vorkeime sind kleiner als die weiblichen, beide aber becherartig und chlorophyllhaltig. Man kann die Sporen auf Lehmboden zum treiben bringen, doch gelingt es bei den Farnen leichter. Die Keimzellenbehälter und die polyziliaten Spermatozoiden stimmen mit denen der Farne weitgehend überein. Die männlichen Schwärmer werden ebenfalls chemotaktisch zu den Archegonien geleitet, sobald „Wasserbrücken" eine Verbindung hergestellt haben.

Bärlappe *(Lykopodien)*

Die Bärlappgewächse *(Lykopodiinae [Lycopsida])* sind in den feuchten Tropen weithin in zahlreichen Arten (etwa 100) vertreten, während die heimischen Vertreter der Gattung Lycopodium und Selaginella nur wenige immergrüne Arten aufweisen. Sie stehen alle u n t e r N a t u r s c h u t z ! Es sind meist kriechende (Schlangenmoos!) oder büschelige Stauden mit gabeligen Wurzeln und Sprossen; diese Dichotomie ist ein altertümliches Merkmal (Abb. 4).

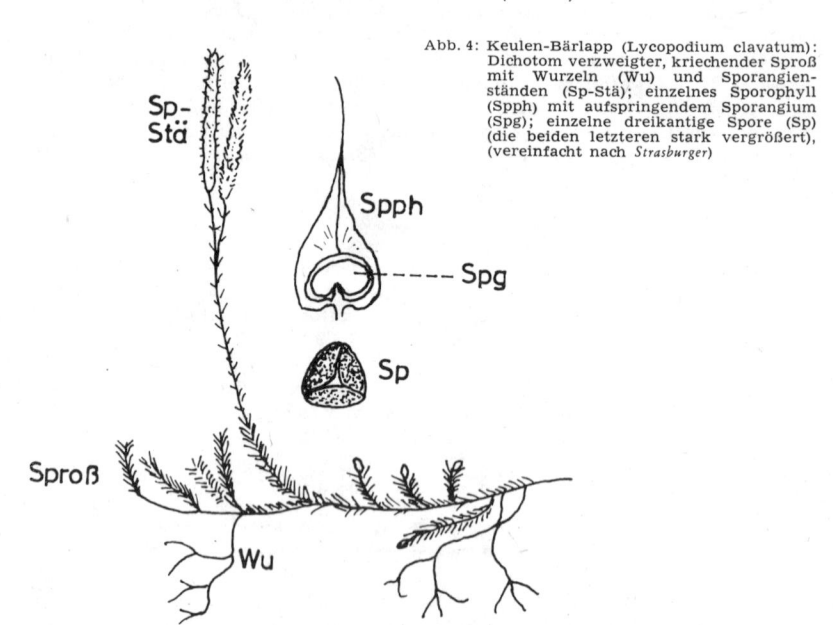

Abb. 4: Keulen-Bärlapp (Lycopodium clavatum): Dichotom verzweigter, kriechender Sproß mit Wurzeln (Wu) und Sporangienständen (Sp-Stä); einzelnes Sporophyll (Spph) mit aufspringendem Sporangium (Spg); einzelne dreikantige Spore (Sp) (die beiden letzteren stark vergrößert), (vereinfacht nach *Strasburger*)

In der Steinkohlenformation bildeten baumförmige Bärlappe, die Schuppenbäume oder *Lepidodendraceen* und die Siegelbäume oder *Sigillarien,* neben Baumfarnen den Hauptanteil der Sumpfwälder. Sie erreichten Höhen bis zu 30 und einen Stammdurchmesser bis zu 2 Metern. Ihre gabelig verzweigten Stämme mit den tannenzapfenähnlichen Sporenständen kennen wir aus Versteinerungen.

Trockenresistenz

Ähnlich wie die Moose zeichnen sich die Bärlappe durch eine große Widerstandsfähigkeit gegen Austrocknung aus. Früher sah man oft die sogenannte „Auferstehungspflanze" oder „Rose von Jericho", eine Selaginella-Art, die im tropischen Zentralamerika beheimatet ist. Im trockenen Zustand ist sie jahrelang haltbar und zieht sich zu einem rundlichen Ballen zusammen, der sich beim Befeuchten rasch ausbreitet, was man besonders schön auf einem weißen Teller vorführen kann.

Vegetative Vermehrung

In Palmenhäusern botanischer Gärten wird der schmucke, grüne Pflanzenteppich durch Selaginella (spec.) erzeugt, die sich mühelos vermehren läßt, indem man Sproßstücke flach in die Erde steckt. Dies gelingt auch mit arktischen und hochalpinen Arten.
Unser heimischer Tannen-Bärlapp *(Lycopodium selago)* vermehrt sich vegetativ durch abfallende Kurztriebe.

Sporophylle

Im Gegensatz zum konzentrischen Bau der Leitbündel der Farne weisen die Bärlappe einen axilen Zentralzylinder auf, der durch die Verschmelzung zahlreicher konzentrischer Leitbündel zustandekommt. Durch Anfärben mit wäßriger Safraninlösung kann man die verschiedenen Gewebsschichten hervortreten lassen.
Die Sporen entstehen in nierenförmigen Sporangien, die entweder in den Blattachseln normal beblätterter Stengel angeordnet sind oder zu eigenen Sporophyllständen vereinigt sind, die über die Pflanzen emporragen.
Die Sporen gewinnt man leicht, indem man reife Sporophylle an windgeschützten Stellen auf Papier auslegt. Mit den Sporen, die etwa 50 % fettes Öl enthalten, lassen sich sehr hübsche Versuche vorführen.

Theaterblitz!

Das feine, leicht bewegliche Pulver, das in der Pharmazie zum Bestreuen von Pillen und als Streupuder bei Wundsein dient, brennt prasselnd ohne Rauch ab. Man hat es daher früher für die Nachahmung von Blitzen bei Theatervorstellungen benützt. Man zeigt das rasche Abbrennen, indem man etwas Pulver im vorderen Ende einer Glasröhre von etwa 4 Millimeter lichter Weite aufnimmt und aus etwa 15 cm Entfernung in eine Flamme bläst (Abb. 5).

Abb. 5: Theaterblitzprobe: Sporenpulver (Sp) in Flamme blasen (Vorsicht!)

Unbenetzbarkeitsprobe

Das Sporenpulver schwimmt auf Wasser und läßt sich nur sehr schwer davon benetzen. Mit dem „Hexenmehl", wie es früher im Volksmund hieß, kann man die Aufgabe lösen, einen Finger ins Wasser zu tauchen, ohne ihn zu benetzen! Man streut in ein Standgläschen von der Weite, daß man eben einen Finger eintauchen kann, 3—5 Millimeter hoch Hexenmehl. Den Wasserspiegel wählt man so hoch, daß beim Eintauchen eines Fingers das Wasser nicht überlaufen kann. Beim Eintauchen verteilt sich das Pulver um den Finger wie ein Gummifingerling, der Finger selbst bleibt trocken (Abb. 6).

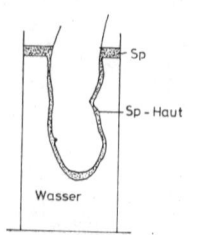

Abb. 6: Benetzungsprobe: Finger taucht in Wasser mit Sporenpulver (Sp) und bleibt unbenetzt

Den Fettgehalt der Sporen weist man am einfachsten durch den bleibenden Fettfleck auf Schreibpapier nach, indem man einige Sporen darauf drückt.

Käufliches Hexenmehl wird oft mit Kiefern- oder Haselpollen verfälscht, zuweilen auch Stärke- und Erbsenmehl zugesetzt. Da die Sporen selbst ohne Geruch und Geschmack sind, verraten sich die Zusätze am Geruch oder durch die J o d p r o b e . Am einfachsten ist eine mikroskopische Betrachtung: die tetraedrischen Sporen mit der netzartig-runzeligen Oberfläche sind leicht von den Beimengungen zu unterscheiden.

Vorkeime

Vorkeime der Bärlappe sind kaum zu erhalten. Die rübchenförmigen Prothallien bekam man vor rund 150 Jahren zum erstenmal zu Gesicht, als man 10 Kubikmeter Walderde von Bärlapp-Standorten durch feinmaschige Siebe geworfen hatte. Sie leben symbiontisch mit Pilzen und brauchen Jahre zu ihrer Entwicklung.

SPERMATOPHYTEN

Nacktsamige *(Gymnospermae)*

Die deutsche und lateinische Namensbezeichnung sagt aus, daß bei diesen Pflanzen die reifen Früchte die Samen nicht allseits einschließen, sondern daß diese ganz odert eilweise sichtbar sind. Das *Makrosporangium*, das von nun an als S a m e n a n l a g e fungiert, wird von einer Hülle *(Integument)* umgeben, die eine mehr oder weniger große Öffnung, den Keimmund *(Mikropyle)* freiläßt. Diese S a m e n a n l a g e n, die auch als Samenknospen bezeichnet werden, s i t z e n o f f e n a n d e n F r u c h t b l ä t t e r n, und gleiches gilt in der Regel auch für die Samen. Die Blüten sind mit Ausnahme fossiler Formen einhäusig verteilt und weisen mit Ausnahme der Gnetales keine Blütenhüllen auf (Abb. 7).

Die Gymnospermen werden wissenschaftlich in vier Klassen gegliedert:

1. Die *Cycadales*, Sago- oder Farnpalmen. Die lederartigen, immergrünen „Palmwedel" von Cycas revoluta aus dem südlichen Japan dienen als Schmuck für Aussegnungshallen und Gräber. An der Riviera werden sie mit Erfolg im Freiland kultiviert. Aus dem stärkereichen Mark einiger Arten wird in den Tro-

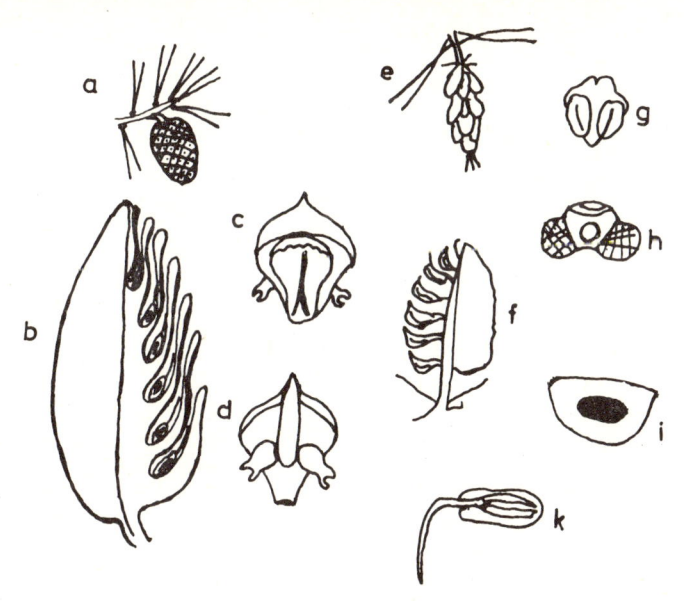

Abb. 7: Kiefer (Pinus silvestris): a) weiblicher Blütenzapfen im 2. Jahr, b) Längsschnitt vergr. mit Samenschuppen und Samenanlagen (schwarz), c) Samenschuppe von unten, d) von oben mit den 2 Samenanlagen (beide vergrößert), e) männlicher Blütenzapfen, f) im Längsschnitt vergr., g) Staubblattschuppe mit zwei Pollensäcken, h) Pollen mit Luftsäcken (stark vergrößert), i) Nadel quer, vergrößert, k) Keimling mit mehr Keimblättern

pen eine Art Sago hergestellt. Die urtümlichen Samenstände der *Cycadeen,* die bei manchen Arten bereits zapfenartig ausgebildet sind, deuten darauf hin, daß es sich um altertümliche Pflanzen handelt. Tatsächlich hatten sie ihre Blütezeit als Pflanzengeschlecht bereits in geologischer Vergangenheit.

2. die *Ginkgoales,* die in der Jurazeit eine reich entwickelte Baumgruppe darstellten, sind heute auf eine einzig lebende Art, den *Gingko biloba* aus Ostasien, beschränkt. Die „japanische Eiche", wie der Baum auch genannt wird, weist Übergangsmerkmale zu bedecktsamigen Pflanzen auf. Die fächerförmige Blattaderung erweckt den Eindruck verwachsener Nadeln. Der Baum konnte nur in China bis zur Jetztzeit überleben, weil er in Tempelhainen kultiviert wurde. Bei uns kommt der Baum wohl zur Blüte, die jedoch steril bleiben. In der Heimat des Baumes werden die pflaumenartigen „Samenfrüchte", die ganz abscheulich riechen sollen, gegessen.

3 Die *Gnetales* leiten mit ihrer Blütenhülle, den Ansätzen zu Zwitterblüten und den Besitz echter Gefäße *(Tracheen)* zu den Angiospermen hinüber. Heute gibt es noch drei lebende Gattungen, von denen *Ephedra* auch in Südeuropa zu finden ist, während *Gnetum* und *Welwitschia* nur in den Tropen vorkommen.

4. Die C o n i f e r e n oder *Zapfenträger* sind das heute herrschende nacktsamige Pflanzengeschlecht. Sie treten bestandsbildend und landschaftsbestimmend vor

allem in den gemäßigten Zonen in Erscheinung. Mit der nordamerikanischen Wellingtonie *(Sequoia gigantea),* die auch in Deutschland verschiedentlich angepflanzt wird, stellen sie mit 150 Meter Höhe und einem Alter bis zu 2000 Jahren eine der großartigsten Baumgestalten unserer Erde. Die jährlichen Aststockwerke sowie die Wuchsform sind für die einzelnen Arten bezeichnend. Die Coniferen treten mit rund 380 Arten auf der Erde auf, wobei in Eurasien nur wenige Arten die Eiszeit überstanden und die riesigen Bestände Nordeuropas und Sibiriens stellen. In Mitteleuropa wurde durch das Eingreifen des Menschen der Laubwald zugunsten des Nadelwaldes zurückgedrängt. Heute spielt sich in den Industrieländern ein interessanter Bedeutungswandel des Waldes ab, der immer mehr Nutzfunktionen gegenüber einer Wohlfahrtsfunktion verliert.

Bestimmungsschlüssel heimischer Gymnospermen (Abb. 8)

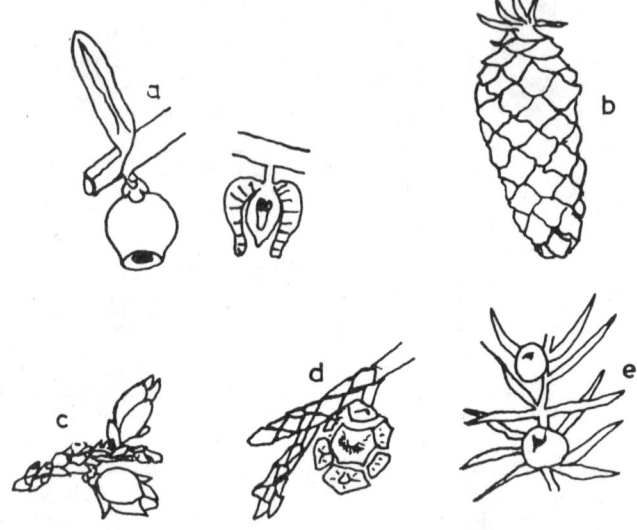

Abb. 8: Einteilung der Gymnospermen nach Samenständen: a) Eibengewächse, daneben Frucht längs, b) Nadelhölzer mit Samenzapfen, c) Thujen mit Schuppenblättern und eiförmigen Zapfen, d) Zypressen mit rundlichen Zapfen, e) Wacholder mit Scheinbeeren

Die geringe Artenzahl unserer heimischen und bei uns heimisch gewordener, kultivierter Gymnospermen ermutigt zu Bestimmungsübungen:

1. *Keine Zapfen.* Samen von einer beerenartigen, roten Hülle umgeben. Nadeln dunkelgrün, weich und relativ breit, zweischeitelig angeordnet.

Eibengewächse

Bei uns allein die zweihäusige Eibe, die unter Naturschutz steht. Alle Teile giftig bis auf den roten Samenmantel.

2. *Deutliche Zapfen,* allerdings manchmal sehr klein und rundlich, ja sogar

beerenartig, jedoch wenig saftig. Stets Harzgänge in den Nadeln und in der Rinde.

2.1 **Nadelblätter spiralig angeordnet**, einzeln an Langtrieben oder gehäufelt auf Kurztrieben. Zapfenschuppen mit meist 2 geflügelten Samen spiralig an einer Mittelachse

Kieferngewächse

Dazu zählen die wintergrüne Fichte, Tanne, Kiefer und die winterkahle Lärche.

2.2 **Nadel- oder Schuppenblättler gegenständig oder in Dreierwirteln**, ebenso Zapfenschuppen

Zypressengewächse

2.2.1 **Zapfenschuppen dachziegelartig, Zapfen oval**-länglich

Thujenartige

Die morgen- und abendländischen Thujen aus Ostasien bzw. Nordamerika sind als „lebende Zäune" und Parkbäume weit verbreitet.

2.2.2 **Zapfen mit schildförmigen Schuppen, rundlich**

Zypressenartige

2.2.3 **Zapfen trockenfleischige Scheinbeeren**, Nadeln und Fruchtblätter dreiwirtelig

Wacholderartige

Der Wacholder ist der Charakterbaum der Heide und der kalkreichen Mittelgebirgsregionen. R 659 Wuchsformen einheimischer Nadelhölzer, R 1271 Nutzhölzer I: Nadelbäume

Wurzelverpilzung

Von der Mehrzahl unserer Bäume ist bekannt, daß ihre Wurzeln mit Pilzen vergemeinschaftet sind. Während bei den Laubbäumen die endotrophe Mykorrhiza vorherrscht, weisen die Wurzeln der Nadelbäume meist eine ektotrophe auf, d. h. die Pilzmyzelien überziehen die Oberfläche der Wurzeln, ersetzen also die Wurzelhaare, ohne in die Wurzelzellen einzudringen. Zwischen den Mykorrhizapilzen und den Bäumen besteht eine Symbiose, was sich auch darin zeigt, daß die Pilze im allgemeinen erst zur Bildung von Sporenkörpern schreiten, sobald die Bäume so viele Assimilate angehäuft haben, daß die unterirdischen Vorratsräume aufgefüllt werden, also ab Spätsommer.

Bau des Sprosses und Stammes

Die Gymnospermen sind vorwiegend Bäume mit kollateralen Leitbündeln und sekundärem Dickenwachstum mittels eines Kambiums, das nach innen Holzgefäße, und zwar nur Tracheiden (Verwandtschaft mit Gefäßkryptogamen) abgibt und nach außen Bastelemente bildet. So entstehen, soweit klimatische Faktoren dies auslösen, mehr oder weniger deutliche **Jahresringe**. Erstmals bei den Gnetinen kommen echte Tracheen, also durchgängige Gefäßröhren, vor, wodurch deren Übergangstellung zu den Bedecktsamigen erneut bekräftigt wird. Zur Veranschaulichung R 1093 Aufbau und Wachstum des Holzes.

Rindenbeobachtungen

Die Rinde unserer Gymnospermen ist nicht nur für die systematische Zuordnung von Bedeutung, sie spielt auch wirtschaftlich eine Rolle. Ins Auge fallen die Veränderungen der Rinde beim Übergang vom J u g e n d - zum A l t e r s s t a d i u m der Bäume, da sich die Rinde durch Aufkommen spezieller Rindenkambien in eine vielschichtige, meist aus verkorkten Rindenzellen bestehende B o r k e umwandelt. Vielfach treten in der Rinden- bzw. Borkenschicht Harzgänge auf. Sie stellen einen lebenden Wundverschluß dar, der zugleich desinfizierende Eigenschaften aufweist. Der Gehalt an Gerbstoffen, Alkaloiden, ätherischen Ölen, Bitterstoffen, Farbstoffen und Harzen ist bei den einzelnen Baumarten unterschiedlich. Zur Gerbstoffgewinnung wird die Fichtenrinde vor der Zeit der Maitriebe mit Schäleisen und Lohlöffel geschält und in Raummetergestellen zum Abtransport bereitgestellt.

Gegenüberstellung von Zellstoff und Holzstoff

Bekanntlich erhalten die Holzgewächse ihre Festigkeit gegen Zug und Druck sowie Kälte und Frost durch die Einlagerung von Holzstoff oder Lignin in die Grundelemente aus Zellulose. Die Zellulose, der wichtigste pflanzliche Gerüststoff, liegt nahezu rein in den Samenhaaren der Baumwolle bzw. unserer Weiden und Pappeln vor. Auch „holzfreies" Papier und „Fließblätter" bestehen größtenteils aus Zellulose.
Der einfachste Z e l l u l o s e - N a c h w e i s läßt sich mit Chlorzinkjodlösung durchführen. Nach kurzer Zeit färben sich die betupften Stellen schwarzblau.
Die c h e m i s c h e N a t u r bzw. die Grundbausteine der Zellulose geben sich beim Kochen mit konzentrierter Salzsäure zu erkennen: Es bildet sich Traubenzucker, der mit einem der bekannten Nachweise auf reduzierende Zucker zu erkennen ist (Holzverzuckerung!).
Die fadenförmigen Zellulose-Makromoleküle bestehen aus über 10 000 Glukoseringen, die über Sauerstoffbrücken kondensiert sind. In den Fasern sind die Makromoleküle parallel gelagert und kristallisiert. Zwischen den Zellulosefibrillen, die im Elektronenmikroskop sichtbar werden, ist in den verholzten Zellen das Lignin eingelagert. Das Lignin ist eine hochmolekulare aromatische Verbindung, die man mittels Calziumhydrogensulfit aus dem Holz herauslösen kann.
Der einfachste N a c h w e i s f ü r H o l z s t o f f o d e r L i g n i n besteht darin, daß Holzstoff bei Zusatz von Phlorogluzin Salzsäure eine vergängliche kirschrote Färbung annimmt.
Die U n t e r s c h e i d u n g v o n h o l z f r e i e m u n d h o l z h a l t i g e m P a p i e r erfolgt durch Betupfen eines guten Schreibmaschinenpapiers und eines Zeitungsrandes mit den beiden Lösungen.
Die verschiedenen Z e l l e l e m e n t e, d i e a m A u f b a u d e s H o l z e s beteiligt sind, untersucht man an abgeraspelten Holzpartikelchen, die man mit einer rauhen Feile gewinnt und mit den Reagenzien auf Holz- und Zellstoff untersucht.
Hygroskopisches Verhalten der Mizellarstrukturen bzw. Zellverbände.

Zu hygroskopischen Bewegungen kommt es immer dann, wenn in einem toten Gewebe die übereinandergelagerten Zellverbände verschiedene Richtungen des Verlaufs ihrer Zellulosefibrillen aufweisen. Die Wassereinlagerung erfolgt stets am stärksten in den Längsräumen zwischen den Fasern. Da unser Papier zum größten Teil aus Fichtenholz hergestellt wird, kann man sein Quellungsvermögen verblüffend einfach und anschaulich mit einem Blatt guten Schreibmaschinenpapiers vorführen. Zu diesem Zwecke schneidet man aus einem solchen Blatt einen Streifen von 10 x 6 cm parallel zur schmalen Kante und einen ebensolchen parallel zur langen Kante des Papierblattes. Man liniert sie leicht zur besseren Orientierung. Die beiden Streifen rollen sich senkrecht zueinander ein, sobald man sie auf eine Wasseroberfläche legt. Ein schräg geschnittener Streifen rollt sich schräg ein, ähnlich wie eine angefeuchtete Bohnenhülse.

Das hygroskopische Verhalten des kompakten Holzes ist ebenfalls leicht zu veranschaulichen. Man schneidet einen Holzwürfel von 3—5 cm Kantenlänge so aus dem Rande einer Baumscheibe heraus, daß seine Längskanten etwa mit der Stammlängsachse und den Jahresringen parallel verlaufen. Man mißt die lufttrockenen Würfel mit einer Schublehre in jeder Richtung und taucht sie mittels eines umgekehrten Topfes unter Wasser. Nach etwa 5 Tagen stellt man die Volumenzunahme fest. Bei einem Holzwürfel von 4,5 x 4,5 x 2,4 cm betrug sie nach 5 Tagen: 4,5 (Faserverlauf) x 4,8 x 2,6 cm.
Im Vergleich damit beobachtet man die Volumenzunahme bei einem Preßholzwürfel mit denselben Maßen, jedoch aufgeleimten Fournieren; sie ergab folgende Daten: 4,5 x 4,5 x 3,0 (nur Ausdehnung des Preßholzes). Es ist erkennbar, daß die Wasseraufnahme in verschiedenen Richtungen unterschiedlich ist und mit dem Bau der Gewebe zusammenhängt.

Die Blätter

unserer Koniferen sind mit Ausnahme der Lärche mehrjährig, in der Regel 4—7 Jahre. Ihr Bau ist allgemein xeromorph, mit äußeren Sklerenchymschichten, Harzbehältern und eingesenkten Spaltöffnungen. Die Stomata sind meist in Längsreihen angeordnet und mit Wachsschüppchen überzogen, wodurch hellere Wachsstreifen entstehen (Tanne, Eibe).
Die Nadeln werden zunächst fixiert, wozu man sie etwa 24 Stunden in 96 %igem Alkohol liegen läßt; man kann auch das bereits erwähnte 4—10 %ige Formalin benützen, dem man einen Kristall Kupfersulfat zugesetzt hat (in diesem Gemisch kann man auch Feuchtkonservieren). Zur Beseitigung störender Zellinhalte bei Dauerpräparaten behandelt man weiter mit verdünnter Kalilauge und anschließend Essigsäure. Die Schnitte werden sowohl in Wasser wie in Sudan-Glyzerin sowie Phloroglucin-Salzsäure untersucht. Auch Frischmaterial einjähriger Nadeln behandelt man zweckmäßig mit Alkohol, um sie zu entharzen. Querschnitte kann man durch Längsschnitte ergänzen, die man durch Einklemmen von horizontal gelagerten Nadeln in Holundermark gewinnt. Dazu R 546 Das Blatt (Mikrobilder).

Blüten

Für einen Vergleich von Nacktsamern und Bedecktsamigen konserviert man, soweit nicht die Beschaffung von Lebendmaterial im Schulbereich gegeben ist, 1—2jährige weibliche Blüten der Kiefer oder eines anderen Nadelbaums und der

Tulpe bzw. einer anderen bedecktsamigen Pflanze. Einzelheiten können, falls dies nötig sein sollte, aus der aufgeführten Literatur entnommen werden.
Mikroskopische Betrachtung des Blütenstaubes der am Schulort vorherrschenden Koniferenart sollte in jedem Falle geboten werden, da der durch sie verursachte „Schwefelregen" verschiedentlich Tagesgespräch ist. Dazu R 660 Nadelhölzer: Blüten- und Samenstände.

Pollenanalyse

Nicht nur die Koniferenpollen, die Pollen allgemein sind sehr widerstandsfähig und daher für die Rekonstruktion der Vegetations- und Klimageschichte von größter Bedeutung geworden, weil man aus der Anzahl und Artenzusammensetzung der in den verschiedenen Bodenhorizonten konservierten Pollen auf Verbreitung und Bestandsdichte der früheren Pflanzenwelt ziemlich zuverlässige Schlüsse zu ziehen vermag, wenn viele derartige Analysen vorliegen.
Am besten eignen sich zur Pollenanalyse T o r f h o r i z o n t e, weil bei ihnen der Einfallswinkel für die Pollen und die konservierende Eigenschaft des Substrats optimal sind.
In einem Porzellanschälchen übergießt man ein etwa 1 ccm großes Torfstückchen, dessen Herkunft man in einer Lageskizze genau festgehalten hat, mit einigen Kubikzentimetern 10 %iger Kalilauge, zerreibt die Masse mit einem Glasstutzen oder in einem Mörser und erwärmt einige Minuten unter Umrühren. Man bringt einen Tropfen auf einen Objektträger, mischt etwas Glyzerin bei und betrachtet die Probe unter dem Mikroskop. Ist die Probe einigermaßen pollenhaltig, so erkannt man im Gesichtsfeld bei 100—200facher Vergrößerung sicher einige Pollenkörner, die durch Quellung in der Kalilauge ihre ursprüngliche Form angenommen haben.
Bei pollenarmen Substraten muß man konzentrieren, indem man das Kalilaugepräparat durch ein Haarsieb von etwa 0,2 mm laufen läßt und dann zentrifugiert. Den Bodensatz behandelt man wie oben weiter. Für quantitative Untersuchungen muß auf die Spezialliteratur verwiesen werden.

Früchte und Samen

Der F l u g v e r s u c h mit den Samen zeigt die Verzögerung der Fallgeschwindigkeit durch die Flughäutchen. Keimproben mit den Samen zeigen die Mehrkeimblättrigkeit (2—15) der Koniferen.
Die Q u e l l u n g s b e w e g u n g e n d e r K o n i f e r e n z a p f e n sind seit jeher zur Veranschaulichung hygroskopischer Bewegungen beschrieben worden. Die Kiefernzapfen lassen im trockenen Zustand die weit auseinandergespreizten Zapfenschuppen gut erkennen, da sie bis zu 90° abstehen können. Taucht man einen solchen Zapfen in Wasser, so saugt er sich langsam voll. Nach etwa 30 Minuten kann man deutliche Schließbewegungen erkennen, und nach 90 Minuten ist er in der Regel fast, nach rund 3 Stunden ist er sicher ganz geschlossen. Der Vorgang ist reversibel; nach 1—2 Tagen Trockenheit sind die Zapfenschuppen wieder völlig gespreizt. *Molisch* führt sogar das eigentümliche Knistern, das man im trockenen Kiefernwald hören kann, auf die hygroskopischen Bewegungen der Zapfen zurück, wenn diese unter der Erwärmung der Sonnenstrahlen austrocknen.

Im Bregenzer Wald gewinnt man mittels der Quellungsbewegungen der Fichtenzapfen einen hübschen Tischschmuck, indem man in die abstehenden Schuppen des trockenen Zapfens kurzstielige Blüten einsteckt, die dann festgeklemmt werden, sobald der Zapfen vorsichtig bis zu den Blüten in ein kleines Wassergefäß gestellt wird.

Unter Vordächern aufgehängte Koniferenzapfen können als „Wetterpropheten" dienen, da sich diese Bewegungen auch bei Dunstsättigung bzw. Abnahme der relativen Feuchtigkeit einstellen. Allerdings muß man richtigstellen, daß von einer „Prophezeiung" kaum die Rede sein kann, weil es sich um keine Vorhersage, sondern nur um die Anzeige des herrschenden Wetters handelt!

Literaturhinweise zu Moosen, Gefäßkryptogamen und Gymnospermen

Beckmann, H.: Schachtelhalme, Mikrok. 1962, S. 57
Bucher, E. u. Pareto, A.: Die Kiefernblüte. Die männliche Blüte. Die weibliche Blüte im 1. Jahr, Mikrok. 1966, S. 6
Bucher, E. u. Pareto, A.: Die Kiefernblüte II. Die weibliche Blüte im 2. Jahr, Mikrok. 1966, S. 35
Caus, R.: Hinweise zur Präparation von Moosen, Mikrok. 1966, S. 373
Caus, R.: Die Kultur von Laubmoosen, Mikrok. 1967, S. 251
Filzer, P.: Kleines Praktikum der Pollenanalyse, Mikrok. 1955, S. 1
Forstinger, H.: Die Geisterhand, Farnsporangien unter dem Mikroskop, Mikrok. 1968, S. 180
Forstinger, H.: Ein Moos als Optiker. Das Leuchtmoors Schistostega, Mikrok. 1968, S. 307
Forstinger, H.: Die Glashaare an Moosen und ihre Aufgaben, Mikrok. 1968, S. 180
Forstinger, H.: Torfmoos unter dem Mikroskop, Mikrok. 1969, S. 120
Forstinger, H.: Das Vierzahnmoos, Mikrok. 1969, S. 284
Gaisberg, E. u. Mayer, A.: „Waldmoose", Württemb. Forstl. Versuchsanstalt, Stuttgart 1940
Hahn, G.: „Die Lebermoose Deutschlands", Kanitz, Berlin 1894
Hoc, S.: Die mikroskopische Bestimmung der Pflanzenfasern in Papier, Mikrok. 1961, S. 145
Hörmann, H.: „Die Entwicklung der Moose", Mikrokosmos, Zeitschr. f. angewandte Mikroskopie, Mikrobiologie, Mikrochemie und mikroskopische Technik, Franckh'sche Verlagshandlung, Stuttgart 1961, S. 290
Hörmann, H.: Der Generationswechsel bei Moosen und Farnen, Mikrok. 1962, S. 44
Hörmann, H.: Vegetative Vermehrung der Moose, Mikrokosmos 1962, S. 299
Hörmann, H.: Vom Wasserhaushalt der Moose, Mikrok. 1965, S. 245
Hörmann, H.: Mikroskopie der Faltzahnmoose, Mikrok. 1968, S. 297
Höster, H. R.: Das Holz der Nadelbäume, Mikrok. 1969, S. 327
Jeserich, G.: Skizzen zur Anatomie einer Koniferennadel, Mikrok. 1969, S. 376
Klebahn, H.: „Die Algen, Moosen und Farnpflanzen", Sammlg. Göschen
Kühn, H.: Einheimische Moosfarne", Praxis d. Biologie 1958, H. 6
Kühn, H.: Einheimische Schachtelhalme, Praxis d. Biologie 1964, H. 4
Morgenthal, J.: Die Nadelgehölze, Vlg. G. Fischer, Stuttgart 1955
Opel, H.: Das Kammkelchmoos, Mikrok. 1963, S. 265
Ruppolt, W.: Ananasgallen, Mikrok. 1962, S. 151
Schmidt, E.: Mikrophotographischer Atlas der mitteleuropäischen Hölzer, Vlg. J. Neumann, Neudamm 1941
Schwankl, A.: Die Rinde, das Gesicht des Baumes, Franckh'sche Verlagshandlung, neueste Auflage
Selmeier, A.: Fossile Hölzer, Mikrok. 1961, S. 141
Spanner, L.: Beitr. zur methodischen Behandlung der Moose, PRASCHU 1957, S. 28
Spanner, L.: Beiträge zur methodischen Behandlung der Gefäßkryptogamen, PRASCHU 1957, S. 27, 28
Spanner, L.: Gegenüberstellung Nacktsamer — Bedecktsamer, Eine Präparierstunde, Praxis d. Biologie 1957, S. 72
Wiegner, H.: Züchtung von Farnprothallien, Praxis d. Biologie 1960, H. 10
Woessner, E.: Die Nadeln unserer Nadelbäume, Mikrok. 1960, S. 44

Bedecktsamige *(Angiospermae)*

Die erste Begegnung des heranwachsenden, denkenden Menschen findet in erster Linie mit Blütenpflanzen aus dem Bereich der Bedecktsamigen statt. Sie bilden daher die Hauptobjekte der pflanzenbiologischen Studien aller Art. Im Rahmen dieses Abschnittes müssen jedoch alle experimentellen Angaben und Hinweise ausgeklammert werden, die sich auf die Physiologie des Stoffwechsels, des Wachstums, der Reizung und Steuerung, auf die Fortpflanzungsvorgänge und Entwicklungsabläufe sowie auf ökologische und genetische Fragestellungen beziehen, da für sie eigene Kapitel vorgesehen sind.

Mit Bedacht wurde in diesem Abschnitt auch auf Abbildungen verzichtet, da es in jedem Falle möglich und wünschenswert ist, die Objekte selbst vorzuführen und damit die „Kreidebiologie" erfolgreich zu bekämpfen. Im allgemeinen werden auch biologische und mikrobiologische sowie biochemische Arbeitsweisen und Techniken als bekannt vorausgesetzt.

Sicher werden die Diskussionen darüber, welche bedecktsamige Blütenpflanze sich zur Einführung in die wissenschaftliche Botanik wohl am besten eigne, niemals verstummen. Ebenso sicher ist aber auch, daß die Entscheidung darüber dem jeweiligen Lehrer zu überlassen ist, weil eine Reihe divergierender Gesichtspunkte dabei Beachtung verdienen.

Vom wissenschaftlichen Standpunkt aus ist es gar nicht so selbstverständlich, den Botanik Unterricht der weiterführenden Schulen mit den Angiospermen zu beginnen, denn sie stellen keinesfalls die einfachsten Pflanzen dar. Immerhin scheint es sich durchgesetzt zu haben, daß eine getrenntkronblättrige Blume besser geeignet erscheinet als eine verwachsenkronblättrige, eine dikotyle besser als eine monokotyle, eine krautige besser als eine Staude oder ein Holzgewächs.

Es besteht kein Zweifel, daß zum Verständnis der Pflanzenwelt ein Mindestmaß an systematischen Kenntnissen gehört. Die Behandlung der Systematik erfordert allerdings heute stärkste Vereinfachung und Konzentration. Es handelt sich vor allem um die Herausstellung typologischer Prinzipien. Das System bildet sozusagen nur den immanenten Hintergrund aller biologischen Betrachtungen. Es ist allerdings nicht einzusehen, warum man eine systematische Übersicht nicht bereits zu Beginn des Botanikunterrichts geben sollte, nachdem man anhand einer Monographie die wichtigsten botanischen Grundbegriffe erfahren hat.

Ein Muster der bedecktsamigen Blütenpflanze

Während früher das Scharbockskraut *(Ranunculus ficaria)* die botanische „Leitpflanze" war, haben ihr später andere Blumen den Rang abgelaufen. Dies ist teils ein Beweis für die Strukturveränderungen der Landschaft — denn wo findet man heute noch ausreichend Scharbockskraut —, teils ein Beweis dafür, daß sich Typenzentren wie die Hahnenfußgewächse schlecht als Einführungspflanzen eignen. Selbst Tulpe und Schlüsselblume weisen eingangs erwähnte Nachteile auf. Heute bietet sich zu allen Jahreszeiten, bis in den Winter hinein, allenthalben eine krautige, „einfach gebaute", getrenntkronblättrige dikotyle Pflanze an, deren Verwendung weder naturschützerische noch ästhetische Gefühle verletzt, der *Hederich,* der sich entweder als echter Hederich oder Ackerrettich *(Raphanus raphanistrum L.)* oder als Ackersenf *(Sinapis alba L.)* anbietet. Die Pflanze bietet keinerlei morphologische oder anatomische Schwierigkeiten; Wurzel und

Sproß sind einfach gebaut. Die Pflanze läßt sich selbst in Städten leicht besorgen, da sie überall als „Unkraut" auftritt. Schon mit diesem Begriff ist erstmals Gelegenheit gegeben, die Botanik zugunsten der Biologie zurückzustellen, wenn wir klären, daß der Begriff „U n k r a u t" allein dem menschlichen Nützlichkeitsstandpunkt und Gewinnstreben entspringt. Die Natur selbst kennt weder Nutzpflanzen noch Unkräuter, jedes Geschöpf ist im Rahmen der Natur gleichberechtigt und hat im menschlichen Sinne auch eine Aufgabe zu erfüllen, mag sie uns auch verborgen bleiben. Die gewaltige Lebensdrift des Hederichs nützt der Landwirt, indem er die noch im Vorwinter entstehende Pflanzenmasse einackert und so in Form der „G r ü n d ü n g u n g" zur Vermehrung der Humusmasse im Boden beiträgt. Selbst die Bezeichnung Unkraut ist nicht mehr haltbar, seitdem der Münchener Botaniker *Boas* herausgefunden hat, daß die Fruchtbarkeit von Getreidefeldern zunimmt, wenn reichliche Hederichbestände aufgetreten waren; er hat entgiftende und ausgleichende Wirkungen des Hederichs für den Ackerboden angenommen. Der Hederich weist Blütenhöhepunkte im Frühjahr und Herbst auf und zeigt besonders gut G r ö ß e n v a r i a t i o n e n von winzigen blühenden und fruchtenden Miniaturpflänzchen von 3—4 cm Höhe neben hochragenden Riesenpflanzen, je nach dem der Standort nährstoffarmer Kies- oder humusreicher Gartenboden ist. Die Samen dieser M o d i f i k a t i o n e n bringen unter „normalen" Bodenverhältnissen wieder „normale" Pflanzen hervor, die Umweltbedingungen sind also ohne Einfluß auf die Vererbung. So lassen sich am Hederich bereits viele Gesichtspunkte einer modernen Biologie einführen.

Ableitung des Blütendiagramms

Auf einem Pappkarton werden die Blütenteile auf vorgezeichneten Kreisen mit Insektennadeln aufgesteckt; man kann auch einen Taglichtprojektor dazu heranziehen. Die Kinder entwickeln selbst die Blütenformel: K 4, C 4, A 2 lang + 4 kurz, G (2), wobei K die Kelch-, C die Koroll-, A die Staub- und G die Fruchtblätter bedeuten. Mit der Klammer wird symbolisiert, daß der Fruchtknoten aus zwei Fruchtblättern verwachsen ist, der Strich unter der Klammer bedeutet Oberständigkeit. Je nach den Voraussetzungen in der Klasse spart man die Unter- und Oberständigkeit vielleicht noch aus.

Im allgemeinen ist es den Kindern ein leichtes, die so erarbeitete **Kreuzblüte** in anderen Freiland- und Kulturpflanzen wiederzufinden und damit die Fundierung des pflanzlichen Familienbegriffs zu erleben (s. Abb. 17).

Zum Art- und Gattungsbegriff

Das Verständnis des Art- und Gattungsbegriffes hat in jedem Falle einen Schwerpunkt des Biologieunterrichts zu bilden. Selbstverständlich vermag er an jedem pflanzlichen oder tierischen Objekt abgeleitet zu werden. Aus den bereits angeführten Gründen werden wir wiederum ein Objekt wählen, das sich als besonders geeignet anbietet, und das nicht schutzwürdig ist. Im Freiland gehören dazu die Hahnenfußgewächse, im Gartenland die Schlüsselblumengewächse.

Der Scharfe Hahnenfuß (*Ranunculus acer* L.), der Knollige (*R. bulbosus* L.) und der Kriechende Hahnenfuß (*R. repens* L.) sind zudem K o s m o p o l i t e n, die sowohl im Frühjahr und Frühsommer wie im Herbst zu blühen pflegen. An Gartenprimeln stehen neben den eingebürgerten Freilandprimeln mehrere Arten zur Verfügung, ja man kann sogar auf Gewächshausprimeln zurückgreifen.

Der **Artbegriff** ergibt sich aus der Beobachtung, daß sich Lebewesen so ähnlich sehen, daß man sie verwechseln könnte: wie eben die Hahnenfußpflanzen einer Wiese oder die Schafe einer Schafherde, die darauf weiden. Während man bei den Pflanzen die Blüten- und Blattähnlichkeit in den Vordergrund stellt, kommt bei den Tieren dem Gesamthabitus und vor allem dem Gebiß und der Ausbildung der Gliedmaßen besondere Bedeutung zu. In jedem Falle ergibt sich als erstes Ergebnis, daß a l l e L e b e w e s e n, die sich zum V e r w e c h s e l n ä h n l i c h s e h e n, z u e i n u n d d e r s e l b e n A r t g e h ö r e n.

Damit sind wir bereits beim **Gattungsbegriff**, denn bei Gruppen von Lebewesen mit abnehmender Artähnlichkeit haben wir eben Gattungen vor uns. Die aufgeführten Hahnenfüße zeigen beispielsweise fast völlige Übereinstimmung im Blütenbau, aber klare Unterschiede im vegetativen Aufbau. Unter Hinzuziehung der Sumpfdotterblume und der Anemonenarten kann man den Art- und Gattungsbegriff vertiefen.

Unterarten bzw. Spielarten oder Rassen

Ein Blick auf unsere Haustiere, besonders die Hunde und die Pferde, oder ein Blick auf die Blumensortimente der Astern, Tulpen, Dahlien und vieler anderer lehrt, daß die Arten nichts Unveränderliches darstellen, sondern daß sie in steter Veränderung begriffen sind, man spricht daher auch von Spielarten oder Rassenbildung. Worin liegt nun der Unterschied zwischen der Bezeichnung Art und Rasse? Wie grenzt man diese Begriffe gegeneinander ab?

Interessanterweise zeigt sich immer wieder, daß sich verschiedene Arten nicht miteinander kreuzen(=befruchten) lassen, und wenn es zuweilen doch gelingt, dann erweisen sich die Nachkommen solcher B a s t a r d e (vom italienischen *bastardo*=Saumsattel) als unfruchtbar. Bei den Maultieren, die stets von neuem als Pferde-Esel-Bastarde erzeugt werden müssen und die seit alters als Saumtiere verwendet werden, ist dieser Umstand besonders bekannt geworden. Damit sind wir beim Linneschen Artbegriff angelangt: L e b e w e s e n g e h ö r e n z u e i n u n d d e r s e l b e n A r t, w e n n s i e s i c h z u m V e r w e c h s e l n ä h n l i c h s e h e n u n d f r u c h t b a r e N a c h k o m m e n e r z e u g e n k ö n n e n.

Selbstverständlich werden wir mit dieser naturwissenschaftlichen Erkenntnis nicht beim Menschen halt machen, erweist sie sich doch hier besonders bildungsträchtig. Aus dem biologischen Gehalt der Menschenrassen ergibt sich doch die Gleichheit aller Menschen im Sinne der internationalen Menschenrechte!

Übersicht über das Pflanzenreich

Früher oder später ist es an der Zeit, eine Übersicht über das Pflanzen(-und Tier)-Reich zu geben. In der folgenden Übersicht sind unter a) Objekte genannt, die in der ersten Jahreshälfte und unter b) solche, die in der zweiten Jahreshälfte zur Verfügung stehen.

I. Mikroskopisch kleine, meist einzellige Gebilde mit mehreren Eigenschaften des Lebendigen:

Bei den Viren ist sogar umstritten, ob sie als Lebewesen anzusprechen sind!	*Protisten* a) Blaualgen b) Bakterien

II. Makroskopisch sichtbare Lebewesen ohne Gliederung in Sproß und Wurzel, ohne Blätter, Blüten und Samen   *Lagerpflanzen (Thallophyta)*
  a) Algen, Maipilz
  b) Winterpilz, Flechten

III. „Richtige" Pflanzen, jedoch ohne „richtige" Blüten, Früchte und Samen. Vorherrschend ungeschlechtliche Fortpflanzung mit einzelligen Sporen
  Verborgenblütige (Kryptogamen)
Ohne echte Wurzeln   *Moose*
Mit Wurzeln, vielfach baumförmig   *Gefäßkryptogamen (Pteridophyta)*
  a) Schachtelhalme, Bärlappe
  b) Bärlappe, Farne

IV. Pflanzen deutlich in Wurzel und Sproß gegliedert. Sprosse mit Blüten, aus denen Früchte mit Samen hervorgehen. Die Samen enthalten den mehrzelligen Keimling.   *Blüten- oder Samenpflanzen (Phanerogamen)*
  a) Erbse
  b) Bohne

1. Samen nicht allseits von einem Fruchtknoten umschlossen, zumindest nicht bei der Blüte. Meist Samenstände in Zapfenform; Blätter nadel- bis schuppenförmig, meist immergrün   *Nacktsamige (Gymnospermen)*
  a) b) Nadelbäume, Lebensbäume

2. Samen stets allseits von einem Fruchtknoten umschlossen, der zur häutigen oder fleischigen Frucht wird: *Bedecktsamige (Angiospermen)*
  a) Tulpe, Kirsche
  b) Tomate, Apfel

A) Blätter vorwiegend paralleladrig, Blüten meist dreizählig und einfach (Perigon), ein Keimblatt, Spitzkeimer: *Einkeimblättrige (Monokotyledonen)*
  a) Schneeglöckchen, Iris
  b) Getreide, Gladiole

B) Blätter in der Regel netz- bis fiederadrig, Blüten mehr als dreizählig und meist mit doppelter Blütenhülle *(Perianth),* häufig Pfahlwurzel, stets zwei Keimblätter (Bogenkeimer):   *Zweikeimblättrige (Dikotyledonen)*
  a) Erbse
  b) Bohne

Der Familienbegriff im Pflanzenreich

Nach der Definition des Rasse-, Art- und Gattungsbegriffes wird man den Familienbegriff ohne große Schwierigkeit herausarbeiten können. Der folgende kurze Familienschlüssel bedecktsamiger Pflanzen wird die Arbeit erleichtern, nach jahreszeitlichen und örtlichen Gegebenheiten das Geeignetste und Passendste zu finden. Aus Gründen der biologischen Verhältnismäßigkeit sollte man nicht versäumen, die Unterschiede zwischen dem menschlichen, einem tierischen und einem pflanzlichen Familienbegriff klar zu stellen. Bei aller Liebe zu den Tieren und im Bewußtsein der Abstammungslehre sollte man nur die Nachkommen des Menschen als Kinder bezeichnen und die Bezeichnungen Vater und Mutter auf ihn beschränken, Tiere und Pflanzen heiraten auch nicht; das angeborene Balzverhalten der Tiere und die automatisierten Befruchtungsvorgänge bei den Pflanzen können mit humanen Gepflogenheiten nicht gleichgestellt werden.

Kurzer Familienschlüssel bedecktsamiger Pflanzen

Je nach Zeitlage und Schulort wird man die Gelegenheit wahrnehmen, anhand von Lebendmaterial in einigen Stunden die wichtigsten Fakten pflanzlicher Familienbildung in stark gestraffter Form zu behandeln. In diesem Schlüssel sind die Kätzchenblütler sinngemäß als Ausgangspunkt einzubauen. Die methodischen Möglichkeiten der Einschaltung und Darbietung systematischer Gesichtspunkte und Zusammenfassungen sollen allerdings gemäß der Intention des Gesamtwerkes hier nicht näher ausgeführt werden.

Zeichenerklärung für den Text und die Skizzen: K = Kelchblätter, C = Kronblätter als Abkürzungen für die Blütenhüllteile einer vollkommenen Blüte; P = Perigonblätter für die Teile einer einfachen Blütenhülle; A = Staubblätter; G = Fruchtknoten; ( ) = Klammer zeigt an, daß Blütenteile miteinander verwachsen sind; ein Strich über oder unter dem Fruchtknotensymbol bedeutet unter- bzw. oberständigen Fruchtknoten; r = radiär für kreisförmige, z = zygomorph für zweiseitig symmetrischen oder asymmetrischen Blütenbau.

A) Blüten ohne auffällige Blütenhüllblätter *(Apetalae):*

In der Regel sind mehrere bis viele Einzelblüten knospenartig, kätzchen- oder würstchenartig gehäuft. Die Pflanzen sind vorwiegend Gebüsche oder Bäume und bilden Massenbestände in Auwäldern.

I) Verteilung der Blüten einhäusig. Vorwiegend windblütige Sträucher und Bäume, heimische Waldbildner und Waldbegleiter:

1. Blüten vor dem Laubausbruch (Vorblüher): *Birkengewächse* z. B. Hasel (Abb. 9), Erle, Birke, Hainbuche
 Die Zweige der Hasel lassen besonders gut die L u f t p o r e n oder Lentizellen erkennen und eignen sich ähnlich wie der Holunder zum Unterwasserversuch mittels Durchpumpen von Luft durch den Zweig.

2. Blüten nach dem Laubausbruch, Früchte von einem Fruchtbecher ganz oder teilweise umgeben: *Becherfrüchtler* z. B. Buche, Eiche
 An Eichenkeimlingen ist in den meist kalten Frühjahrstagen die auffallende Rotfärbung bemerkenswert, bei der es sich sicherlich um einen W ä r m e - s c h u t z f ü r d e n K e i m l i n g handelt. Gute Versuchsobjekte bilden auch die mannigfaltigen Eichen g a l l e n sowohl in ökologischer als auch in physiologisch-chemischer Hinsicht (Eisengallusreaktion).
 Naheliegende Dia-Reihen R 555 Pflanzengallen, R 1093 Aufbau- und Wachstum des Holzes, R 1094 Schnitte durch Nadel- und Laubholz, R 71 Früchte der Laubbäume und R 657 Wuchsformen der Laubbäume.

II) Verteilung der Blüten zweihäusig, Samen mit Haarschopf.

1. In der Regel vor den Blättern aufblühend mit Insektenbestäubung: *Weidengewächse* (Abb. 9), viele Arten und Bastarde

2. Blüten mit dem Blattausbruch erscheinend, fast ausschließlich windblütig: *Pappelgewächse* wie die Weiden feuchtigkeitsliebend und Fähigkeit zu

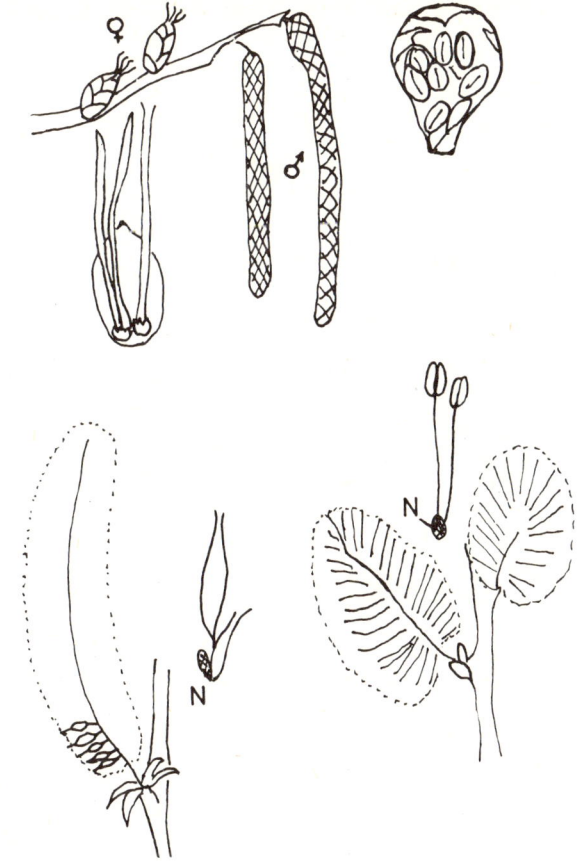

Abb. 9: Oben Zweig der Hasel mit männlichen und weiblichen Blütenständen, daneben Staubblüte, darunter weibliche Blüte mit zwei Stempeln (rote Narben ragen aus dem Blütenstand heraus). Unten links weibliches Weidenkätzchen mit Einzelblüte, N = Nektardrüse, rechts zwei männliche Kätzchen mit Einzelblüte darüber

Abb. 10: Links männliche und rechts weibliche Blüte der Brennessel

Stockausschlag (Niederwald!), meistens Bäume im Gegensatz zu den Weiden, die vielfach als Büsche auftreten.

III) **Verteilung der Blüten, die in der Regel eine einfache Blütenhülle aufweisen ein- und zweihäusig**, vielfach Milchsaftgefäße, Bastfasern und Brennhaare; neben Sträuchern und Bäumen auch vielfach als Stauden auftretend:
Ulmengewächse z. B. Ulme, Hanfgewächse z. B. Hanf, *Brennesselgewächse* (Abb. 10), *Wolfsmilchgewächse, Mistelgewächse* (Halbschmarotzer), *Knöterichgewächse* z. B. Rabarber, Sauerampfer, Buchweizen
Brennesselblätter eignen sich ausgezeichnet für die Gewinnung von C h l o r o p h y l l a u s z ü g e n, indem man die Blätter zusammen mit Quarzsand verreibt und anschließend extrahiert. Die Untersuchung der B r e n n h a a r e eignet sich vorzüglich für Präparierübungen.
Am Rhabarber erkennnt man bereits mit bloßem Auge die G e f ä ß b ü n d e l, wenn man einen Blattstiel auseinanderreißt, die überstehenden Spiralgefäße kann man ohne weiteres mikroskopieren. Naheliegende Dia-Reihe R 545 Haut- und Stranggewebe der Pflanzen.

B) **Blüten vorwiegend mit auffälliger Blütenhülle, jedoch sämtliche**, meist in zwei Kreisen angeordnete **Blütenhüllblätter gleichartig ausgebildet**: einfache Blütenhülle oder **Perigonblüte**. Im Knospenzustand meist grünlich, erblüht in der Regel andersfarbig. Blüten fast auschließlich zwittrig, neben Insekten- auch Wind- und Wasserblütigkeit. Blütenteile vorwiegend in Dreizahl oder durch 3 teilbar oder reduziert, Blätter mit wenigen Ausnahmen (z. B. Aronstab) parallel- oder bogenadrig, Samen einkeimblättrig, Spitzkeimer, in der Regel Nebenwurzeln. Gefäßbündel meist zerstreut über den Sproßquerschnitt, unterirdische Teile vielfach Zwiebeln, Knollen und Erdsprosse:

Einkeimblättrige oder Monokotyledonen: In Mitteleuropa vorwiegend als Stauden ausgebildet, in warmen Ländern bilden sie vielfach bestandsbildende Sträucher und Bäume.

1. Staubgefäße in 6 — Zahl, Fruchtknoten oberständig: *Liliengewächse* z. B. Tulpe (Abb. 11), Laucharten, Lilienarten
2. Staubgefäße in 6 — Zahl, jedoch Fruchtknoten unterständig: *Narzissengewächse*
3. Staubgefäße in 3 — Zahl, Fruchtknoten unterständig: *Schwertliliengewächse*
4. Blüten unscheinbar, Blütenhülle häufig reduziert: *Gräser und Getreide,* die *Poaceae,* früher *Gramineae* (Abb, 12)
5. Bezeichnende Perianthblüten mit Pollinien, d. h. mit zu Paketen verklebtem Pollen, Wurzeln mit Pilzsymbiose: *Orchideengewächse*
6. Meist verholzend und baumförmig mit wedelartigen Blättern in warmen und heißen Ländern: *Palmen*

Häufig wird die Tulpe monographisch dargestellt, wobei die Merkmale der einkeimblättrigen, der Bau der Perigonblüte und andere Teile der Pflanze untersucht werden. Die P o l l e n lassen sich leicht zum Austreiben bringen, wenn sie zusammen mit flachgeschnittenen Narbenstücken in der feuchten Kammer eines Objektträgers beobachtet werden.
An Getreidekeimlingen lassen sich die Begriffe Spitzkeimer — und in Gegen-

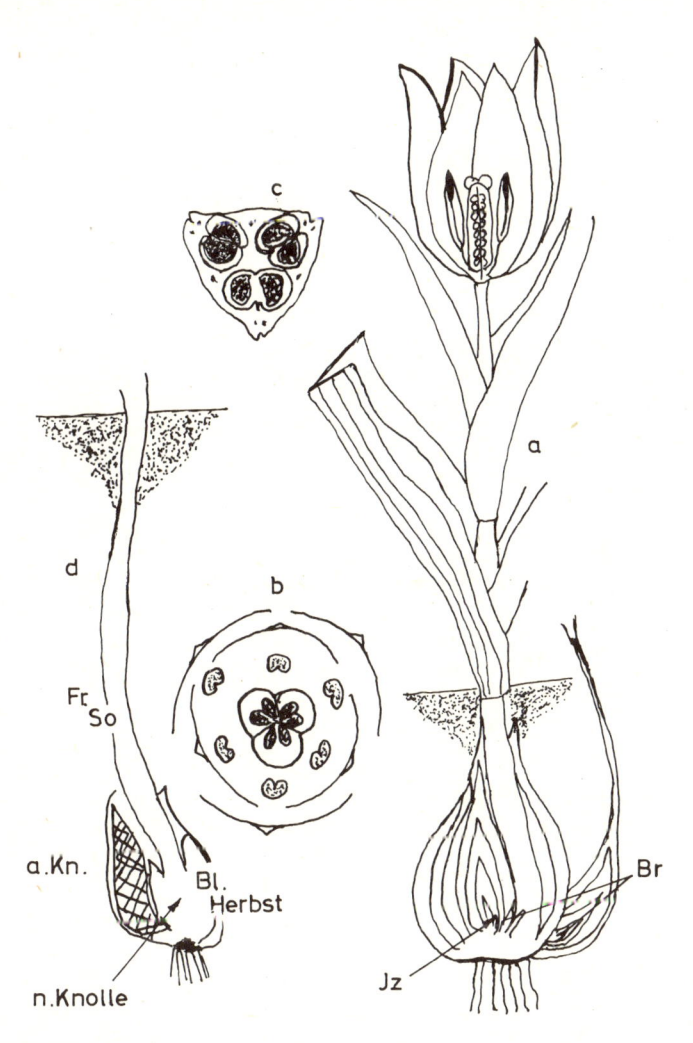

Abb. 11: Texte zu den Abbildungen Blütenpflanzen (Bedecktsamige). a) Tulpe, ganze Pflanze mit Blatt und Blütenstand; Blütenteile z. T. entfernt; b) Blütendiagramm; c) Reife Frucht im Querschnitt, Samen schwarz, Jz = Jungzwiebel, Br = Brutzwiebel; d) Knolle der Herbstzeitlose: Fr. So. = Fruchtstiel des Sommers, a) alte Knolle (stirbt ab), n. Knolle = neue Knolle, Bl. Herbst = kommende Blüte

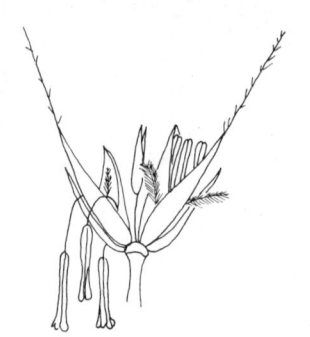

Abb. 12: Getreideblüten, links im männlichen, rechts im weiblichen Zustand

wart von Bohnenkeimlingen — und Bogenkeimern anschaulich vorführen. Unter einer Glasglocke kann man an Getreidekeimlingen die **Wasserabscheidung** durch Wurzeldruck veranschaulichen.

Das Aufblühen von Getreideblüten kann man stark beschleunigen, wenn man die Halme in warmes Wasser stellt. Stets sollte man davor warnen, Sprosse von Gräsern in den Mund zu nehmen, da Infektionen mit dem gefährlichen Strahlenpilz möglich sind.

Die Orchideen wird man zum Ausgangspunkt einer Diskussion über **Naturschutzfragen** machen; dazu bieten sich folgende Dia-Reihen an: R 540 mit 543 geschützte Frühblüher, geschützte Pflanzen unserer Wälder, nasser und trokkener Standorte, geschützte Alpenpflanzen I R 714 und II R 894.

C) Blüten sind vielfach unscheinbar und ähneln den Kätzchenblütlern oder sie sind bereits in nicht verwachsene Kelch- und Kronblätter unterteilt. In der Regel zweikeimblättrige Bogenkeimer.

1. Einfache Blüten: *Gänsefußgewächse* P 5, A 5, G (2)

   Sie lieben salzreiche Böden wie der Queller *Salicornia* und die bekannten Nutzpflanzen wie Spinat, Rote Rübe, Mangold, Futter- u. Zuckerrübe. Als Schmuckpflanze ist der Fuchsschwanz bekannt, der mit seinen Hahnenkammformen auffällige Beispiele für eine Mutation liefert.

2. Doppelte, getrenntkronblättrige Blütenhülle: *Nelkengewächse* K 5, C 5, A 5 + 5, G (5) (Abb. 13). Charakteristische, „genagelte" Nelkenblüten, meist schmale gegenständige Blätter und häufig dichasiale Blütenstände.

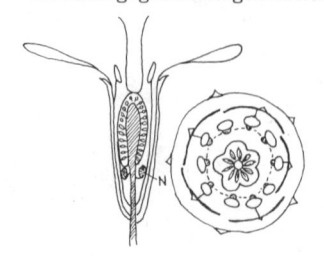

Abb. 13: Blüte der Pechnelke geöffnet, daneben Diagramm

Die Gruppen A III und C 1 sind für den normalen Schulunterricht wenig geeignet; ihre Erwähnung erfolgt zur Vervollständigung und Orientierung des Lehrers.

D) Blüten fast ausschließlich mit einer doppelten Blütenhülle, die in einen grünlichen Kelch mit Schutzfunktion und eine andersfarbige Blumenkrone mit Lockfunktion gegliedert ist; vorwiegend Insektenblütler bzw. tierblütig.

I) **Freikronblättrige**, d. h. Kronblätter nicht miteinander verwachsen:

Hahnenfußgewächse: Kelch und Krone recht unterschiedlich ausgebildet, zum Teil fehlend, worin Übergänge zu den Einkeimblättrigen zu sehen sind. Der Staub- und Stempelblattkreis ist durch die Vielzähligkeit und spiralige Anordnung ausgezeichnet (Abb. 14): Die Blütenformel nähert sich dem Grenzwert K 5—∞, C 5—∞, A ∞, r und z (das Zeichen der liegenden 8 symbolisiert die in Vielzahl auftretenden Blütenteile).

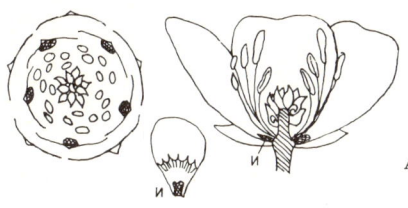

Abb. 14: Hahnenfußblüte, rechts im Längsschnitt, daneben Diagramm, dazwischen einzelnes Kronblatt mit Nektardrüse (N) am Grunde

Die Hahnenfußgewächse treten vorwiegend als ausdauernde Stauden in Erscheinung, eine Ausnahme bildet die „deutsche Liane", die Waldrebe oder *Clematis*, die als einziges Hahnenfußgewächs unserer Heimat verholzt. Die Familie enthält viele Gift- und Heilpflanzen. Zahlreiche Gattungen stehen unter Naturschutz, z. B. Anemone, Trollblume, Akelei und Sturmhut.

Nahe verwandt mit den Hahnenfußgewächsen sind die *Seerosengewächse* mit den gesetzlich geschützten Seerosen und Teichrosen sowie die *Berberitzengewächse* mit den reizbaren Staubgefäßen. Die Blütenformel dieser Familien zeigt mit der der Hahnenfußgewächse gewisse Übereinstimmungen.

Die Gegenüberstellung verschiedener Hahnenfußarten erweist sich wegen der leichten Beschaffbarkeit dieser Pflanzen als sehr günstig für die Ableitung der systematischen Begriffe von Art, Gattung und Familie sowie der Rassenbildung, beispielsweise bei Anemonen und beim Rittersporn. Auch die Ableitung eines Familienschlüssels ist am Beispiel der Hahnenfußgewächse zu allen Jahreszeiten möglich. Die Nieswurzarten sind seit langen Jahren die Musterbeispiele für das Studium der S p a l t ö f f n u n g e n . Stengel und Blätter der Seerosen zeigen die Baueigentümlichkeiten der Schwimm- und Unterwasserpflanzen.

Die *Rosengewächse* weisen in der Regel radiäre Blüten auf, die aus 5zähligen Wirteln aufgebaut sind, wobei Staubblätter und Stempel häufig in Vielfachen von 5 auftreten: K 5, C 5, A n x 5, G n x 5 (n = 1, 2, 3, 4, 5). Durch die Beteiligung des Blütenbodens am Aufbau der Frucht entstehen in vielen Fällen Scheinfrüchte, jedoch variieren die Fruchtarten außerordentlich (Abb. 15). Die Familie enthält die wichtigsten heimischen Kern-, Stein- und Beerenobstarten. Die Stel-

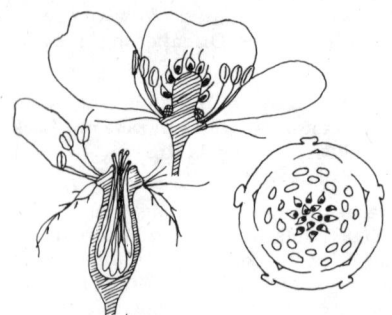

Abb. 15: Oben Erdbeerblüte im Längsschnitt, darunter Blüte der Heckenrose im Längsschnitt mit Blütenkrug, daneben Diagramm der Rosengewächse

lung der Fruchtknoten ist in der Regel wegen dieser Verwachsungserscheinungen nicht ganz leicht zu bestimmen. Mit über 2000 Arten ist die Familie der Rosengewächse eine der umfangreichsten Pflanzenfamilien, die vornehmlich auf der Nordhalbkugel der Erde verbreitet ist. Unter Naturschutz steht die Silberwurz, die zu den interessanten Eiszeitrelikten in Mitteleuropa gehört.

Die auffallenden Rosengallen geben Anlaß zu einem Gespräch über „fremd-

Abb. 16: Blüte der Feuerbohne von der Seite, von vorne und nur mit Schiffchen und Filamenten, darüber Stempel mit Nektardrüse (N) und das eine freie Staubblatt, daneben Diagramm der Schmetterlingsblütler

dienliche Zweckmäßigkeit"! Anschauungsmaterial liefert die Dia-Reihe R 555 Pflanzengallen.

Die *Schmetterlingsblütler* oder Hülsenfrüchtler, die neuerdings die Familienbezeichnung *Fabaceae* erhalten haben, sind an den charakteristischen 2seitigen Schmetterlingsblüten leicht zu erkennen. Ihre Blütenhülle zeigt im Kronblattkreis Fahne, 2 Flügel und das Schiffchen, in dessen Grund sich 10 Staubblätter, von denen in der Regel 9 miteinander am Grunde verwachsen sind, und der einfächerige Stempel befinden (Abb. 16).

Der Fruchtknoten ist aus einem tütenförmigen Fruchtblatt gebildet. Er reißt bei der Reife an der Verwachsungsnaht auf; dort sitzen auch die Samen, die bei Trockenheit durch Eindrehen der beiden Fruchtblatthälften abgeschleudert werden. Die Blütenformel lautet etwa K 5, C 3 + (2), A (9) + G 1, z. Die Schmetterlingsblütler sind vornehmlich Stauden und Holzgewächse, seltener Kräuter. Vielfach kommen gefiederte und handförmig gefingerte Blätter vor. Als e i w e i ß r e i c h e Pflanzen sind sie für die Ernährung von großer Bedeutung. Bohnen, Linsen und Erbsen für die menschliche, die Kleearten für die tierische. Besonders bedeutsam ist die Sojabohne, die im ostasiatischen Raum in vielen Arten, sei es als Kraut, als Staude oder als Holzgewächs auftritt und wohl die nahrhaftesten Samen mit hohem Fett-, Eiweiß- und Kohlenhydratengehalt besitzt. Die Früchte der südasiatischen Erdnuß sind besonders ölreich und hypogäisch, d. h. bei der Reife drücken die Fruchtstiele die Früchte in das Erdreich hinein. Der bei uns vielfach angepflanzte Goldregen ist giftig. Die Schmetterlingsblütler bilden eine zentrale Gruppe, die zur Beobachtung verschiedener pflanzlicher Phänomene besonders geeignet ist: Den B a u d e r S a m e n und die V o r g ä n g e d e r Keimung kann man ohne Zweifel an Bohnensamen am augenfälligsten experimentell vorführen. Die Hülsenfrüchtler als N a h r u n g s s p e n d e r — bekannt als „das Fleisch des armen Mannes" — zeigen sämtliche Nachweisreaktionen für die wichtigsten Gruppen von Nahrungsstoffen. Die s y m b i o n t i s c h e n K n ö l l c h e n b a k t e r i e n, die zur Eiweißsynthese aus Luftstickstoff befähigt sind, lassen ihre Bedeutung als B o d e n v e r b e s s e r e r in Waldbaugebieten und als K r a f t f u t t e r s p e n d e r einsichtig werden. Für die B l ü t e n b i o l o g i e liefern die Schmetterlingsblütler das ganze Jahr über frisches Präpariermaterial, angefangen vom Goldregen im Mai über die Lupinen und sommerlichen Kleearten bis zu den Gartenbohnen im Herbst. Dabei können die Einrichtungen der Hülsenfruchtler zur E r z i e l u n g d e r F r e m d b e s t ä u b u n g studiert werden: Die Pollenexplosion beim Ginster, der Pumpentyp bei den Lupinen, die Bürstenvorrichtung bei den Erbsen und die Klappeinrichtung beim Wiesenklee.

Den Hülsenfrüchtlern nahe stehen die *Mimosengewächse,* von denen die Mimose oder Sinnpflanze wegen ihrer R e i z l e i t u n g Erwähnung verdient. Die Samen sind in Fachgeschäften erhältlich und können im Zimmer ohne Schwierigkeit gezogen werden.

Die *Kreuzblütler,* die neuerdings die wissenschaftliche Bezeichnung *Brassicaecae* erhalten haben, sind vorwiegend 1- bis 2jährige Kräuter mit wechselständigen Blättern. Die Blüten sind fast ausschließlich radiär gebaut und vorwiegend 4zählig (Abb. 17). Die Blütenformel lautet K 4, C 4, A 2 +4, G (2), wobei 2 lange und 4 kurze Staubblätter auffallen und die charakteristische Schoten- bzw. Schötchen-

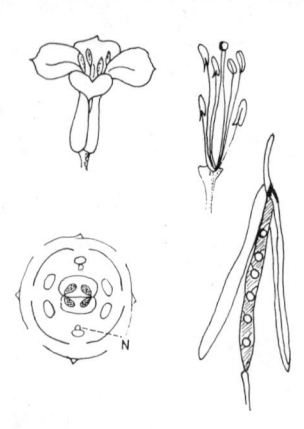

Abb. 17: Kreuzblüte oben links Ganzansicht, daneben Kelch- und Kronblätter entfernt, darunter links Diagramm (N = Nektardrüsen) und rechts reife Schote aufspringend

frucht, je nachdem der Längs- oder Querdurchmesser überwiegt. Obwohl eine gewisse Ähnlichkeit des Fruchtknotens mit der einfächerigen Hülsenfrucht gegeben ist, ist eine Verwechslung bei genauer Beobachtung kaum möglich, da bei der Schote die Samen an der Scheidewand zwischen den beiden Fruchtblättern sitzen. Die Kreuzblütler liefern sehr viele N u t z p f l a n z e n und zeichnen sich durch den Gehalt an Senfölen aus. Aus dem Meerkohl züchteten bereits die Römer den Gartenkohl, von dem es heute viele Rassen gibt. Anhand der bekannten Kohlvertreter läßt sich das Problem der R a s s e n b i l d u n g und A r t e n t s t e h u n g gut veranschaulichen und diskutieren. Neben den Kohlarten sind Rettich und Radieschen, Senf, Meerrettich und der ölreiche Raps allgemein bekannt. Zahlreiche Gartenblumen wie Goldlack, Levkoje, Schleifenblume und Mondviole sind Kreuzblütler.

Den Kreuzblütlern stehen die *Mohngewächse* nahe. Sie führen in der Regel einen weißen oder gelblichen Milchsaft und variieren in der Blütenregion stärker. Da die Blüten des Mohns recht hinfällig sind, eignet sich das Schöllkraut besser zur Veranschaulichung der „Mohnblüte". Der M i l c h s a f t beider Gattungen kann zur Veranschaulichung der Molekularbewegung dienen.

Am Ackersenf läßt sich besonders leicht und anschaulich das Phänomen der M o d i f i k a t i o n veranschaulichen. Der Begriff „ U n k r a u t " wird zur Diskussion gestellt, besonders wenn im Spätherbst die sichtlich angebauten Ackersenffelder den Blick auf sich lenken. Die Gartenkresse ist ein besonders günstiges Objekt für K e i m v e r s u c h e , weil die Samen infolge ihrer Schleimhülle auf Unterlagen kleben bleiben.

Die *Veilchengewächse* sind in unserer Heimat nicht zu übersehen. Ihre 5zähligen, meist 2seitigen Blütengesichter (Abb. 18) sind dadurch charakterisiert, daß das vordere Kronblatt einen Sporn ausbildet, in den die beiden vorderen Staubblätter Nektar absondernde Fortsätze hineinsenden.

Die i n s e k t i v o r e n *Sonnentaugewächse* und die heimischen Johanniskräuter stehen systematisch den Veilchengewächsen nahe (8F 168).

Die Ölbehälter der als Heilkräuter bekannten *Johanniskrautgewächse* sind beson-

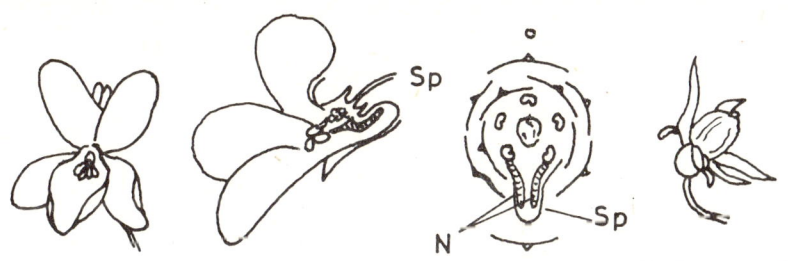

Abb. 18: Veilchengewächse: von links nach rechts: Blüte von vorne, Längsschnitt, Diagramm und reife Frucht; Sp = Sporn mit hineinragender Nektardrüse

ders gut beim Tüpfeljohanniskraut, das seinen Namen davon trägt. Die trockenen Kräuter brennen zischend ab.

Die große Ordnung der Säulchenträger mit den Familien der *Malvengewächse*, zu denen die Baumwolle gehört, der *Lindengewächse* mit der heimischen Linde und dem tropischen Kakaobaum (Südamerika) wird man im regulären Unterricht entbehren können.

Dagegen verdient die Familie der *Dolden-* oder *Schirmblütler* unbedingt Erwähnung, denn ihre meist staudenförmigen Vertreter bilden einen auffälligen Schmuck s t i c k s t o f f r e i c h e r Wiesen. Der Blütenstand, eine ein- oder mehrfache Dolde, macht sie jedem Laien leicht kenntlich. Die Blütenformel ist fast rein 5zählig (Abb. 19) bis auf die unterständigen Spaltfrüchtchen, die ätheri-

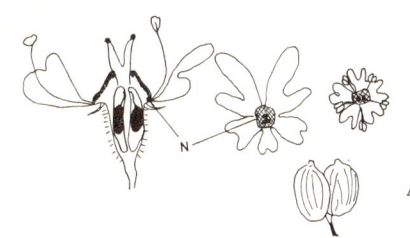

Abb. 19: Blüte des Bärenklaus im Längsschnitt, daneben im weiblichen und männlichen Zustand, darunter reife Spaltfrucht

sche Öle führen und eine große Zahl der heimischen Gewürz- und Heilpflanzen stellen wie Kümmel, Kerbel, Dill, Fenchel, Anis, Petersilie, Pastaniak, Koriander, Möhren und Sellerie. G i f t i g sind nur die Schierlingsarten und die Hundspetersilie.

Verwandt mit den Schirmblütlern sind die auffällig rot- und grünsprossigen holzigen Hartriegelarten und der heterophylle Wurzelkletterer Efeu.

Die Schirmblütler, die neuerdings *Apiaceae* heißen, sind b l ü t e n ö k o l o g i s c h mit ihren Blütenteppichen am leichtesten zugänglich für Insekten, daher werden sie besonders von wenig differenzierten Insekten wie Käfern und Fliegen vorgezogen (8F 237).

B) **Verwachsenkronblättrige** *(Sympetalae)* mit verwachsenen Kronblättern; die Kelchblätter können verwachsen oder frei sein. Es wird angenommen, daß sich

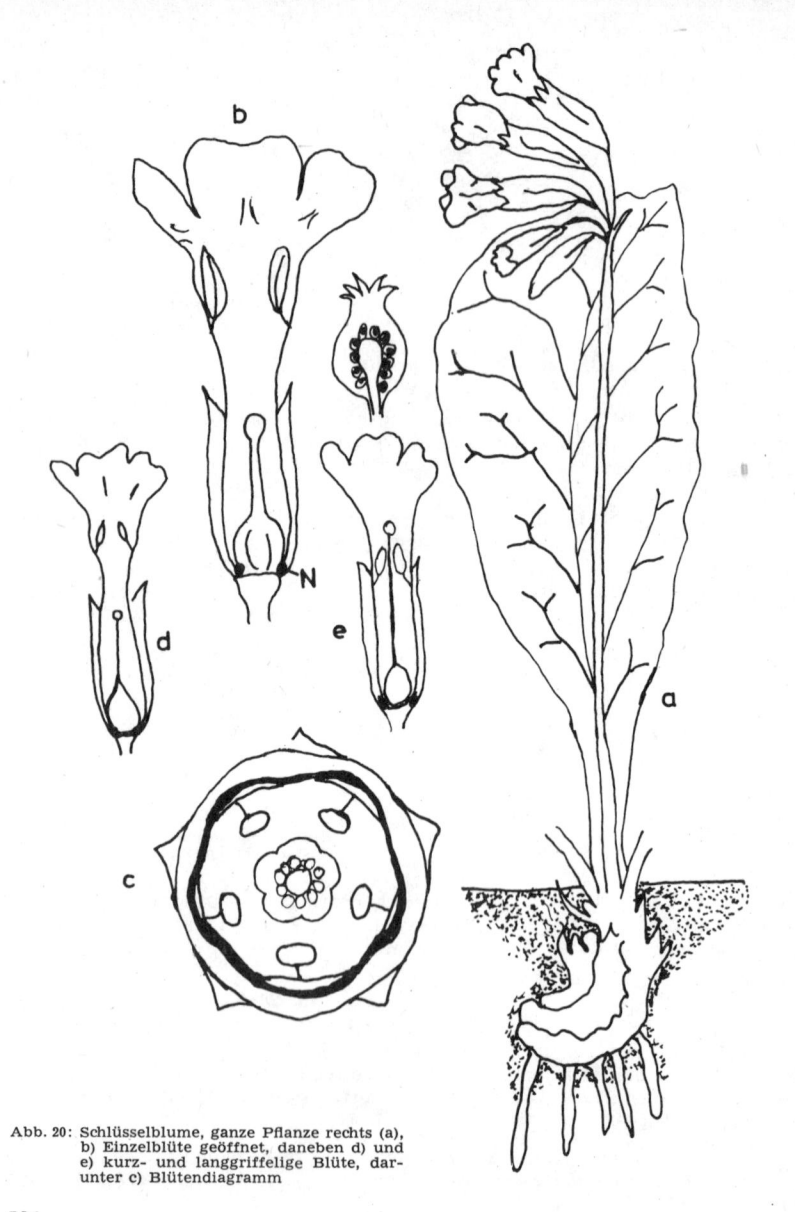

Abb. 20: Schlüsselblume, ganze Pflanze rechts (a), b) Einzelblüte geöffnet, daneben d) und e) kurz- und langgriffelige Blüte, darunter c) Blütendiagramm

die Verwachsenkronblättrigen des öfteren (polyphletisch) aus freikronblättrigen Formen entwickelt haben, daher kommt diesem Merkmal keine grundsätzliche Bedeutung zu. Es handelt sich hier sicher um kein „natürliches" Einteilungsprinzip, sondern geht auf das ordnende Bestreben der Botaniker zurück. Mit Hilfe der Gruppen der Getrennt- und der Verwachsenkronblättrigen ist es möglich, die Übersichtlichkeit über den gewaltigen Formenreichtum der bedecktsamigen Blütenpflanzen zu erleichtern. Aus der großen Fülle der Sympetalen sollen wiederum einige Familien herausgegriffen werden, die man in unserer Heimat nicht übergehen sollte.

Die *Schlüsselblumengewächse* oder *Primulazeen* gehören mit zu den ersten zweikeimblättrigen, sympetalen Familien, mit denen die kleinen Schüler vertraut werden (Abb. 20). Die Rosettenpflanzen der Gattung *Primula* sind wegen ihrer Fünfzähligkeit K (5), C (5), A 5, G (5), wegen ihrer vielen gesetzlich geschützten Arten und der *Heterostylie* (Verschiedengriffeligkeit zur Sicherung der Fremdbestäubung) bekannt. G e s e t z l i c h   g e s c h ü t z t sind auch die polsterbildenden Mannsschildarten *(Androsace)* und das Alpenveilchen *(Cyclamen)*, das mit orientalischen Arten einen beliebten Zimmerschmuck liefert.

Den Primulazeen stehen die **Heidekrautgewächse**, die *Ericazeen*, nahe. Die Frühlingsheide *(Erica)* und die Herbstheide *(Calluna)*, die beerenspenden Zwergsträucher wie Bärentrauben, Heidel- und Preißelbeere sind an ihren Blüten leicht zu erkennen.

Die gesetzlich geschützten Alpenrosen *(Rhododendron)* sind allgemein bekannt.
Die Primulazeen bilden einen fundierten Ausgangspunkt für die Diskussion des b e w a h r e n d e n   N a t u r s c h u t z e s, für dessen Veranschaulichung gute Dia-Reihen zur Verfügung stehen (R 541 m. 543 u. R 714).

Die *Ölbaumgewächse* sind in der Regel Holzpflanzen mit gegenständigen Blättern und 4zähligen Blüten K (4), C (4), A 2, G (2) (Abb. 21). In der freien Natur

Abb. 21: Fliederblüte, Ganzansicht u. Diagramm (Ölbaumgewächse)

sind sie bei uns durch die baumförmigen Eschen mit den perianthlosen Kätzchenblüten, die vor den Blättern erscheinen und windblütig sind, vertreten. Als Ziersträucher sind der echte Jasmin, der Liguster, der Flieder und die Forsythie bekannt. Die wichtigste N u t z p f l a n z e der Familie ist der mediterrane Ölbaum (Olea) mit seinen ölreichen Steinfrüchten; er zählt zu den ältesten Kulturpflanzen der Erde.

Den Ölbaumgewächsen nahe stehen die *Enziangewächse,* deren Vertreter in unserer Heimat a l l e   g e s e t z l i c h   g e s c h ü t z t sind; der mediterrane Oleander, der blaublühende Immergrün und viele tropische Pflanzen, die mit ihrem

Abb. 22: Lippenblüte des Salbeis: oben links Blüte längs, rechts daneben Kelch und Diagramm; darunter Klausenfrüchte mit Nektardrüse (N); darunter links Schlagbaummechanismus und rechts Hummel bei Bestäubung

Milchsaft Kautschuk liefern. Auch die berüchtigten **Giftpflanzen** Afrikas und Südamerikas, die einerseits das Herzgift Strophantin, andererseits das lähmende Pfeil- und Nervengift Curare liefern, gehören hierher.

Die Ölbaumgewächse liefern leicht zugängliches und gut geeignetes Blütenmaterial für **Präparier-Übungen**. Die Frage der Entstehung von **Zierpflanzen**, vor allem auch mit gefüllten Blüten, läßt sich daran gut verfolgen. Flieder und Forsythie zeigen die Vermehrung durch Wurzelschoße, der Liguster infolge seines enormen Treib- und Regenerationsvermögens die Eignung zu „lebenden Zäunen".

Die *Lippenblütler*, die neuerdings als *Lamiaceae* bezeichnet werden, bilden einen Hauptanteil der heimischen Stauden und Halbsträucher.

Neben der dorsiventralen Lippenblüte (Abb. 22) mit ihrer fünfzähligen Blumenkrone ist der vierkantige Stengel mit den kreuzweis gegenständigen Blättern kennzeichnend. Viele Lippenblütler sind als **Heil- oder Gewürzpflanzen** bekannt; es sei an die Gattungen Quendel bzw. Thymian, Minze, Salbei, Bohnenkraut und Majoran erinnert. Lippenblütler stehen zu allen Jahreszeiten als **Präpariermaterial** bereit.

Die Taubnessel, deren Bestäubung der Unterrichtsfilm F 256 zum Inhalt hat, fordert im Verein mit der Brennessel zur Diskussion über den Nutzen der **Konvergenz** bzw. **Mimikry** sowie der **Brennhaare** heraus, besonders wenn man die vielen Brennesselverzehrer im Tierreich berücksichtigt. Querschnitte durch den Stengel der Taubnessel liefern ein Gesprächsthema über die **Statik** von Bauwerken im allgemeinen und von Pflanzen im besonderen. Innerhalb der Lippenblütler zeigt sich auch ein auffälliger Zusammenhang zwischen dem Habitus und der Feuchtigkeit des Standortes von den Sumpfminzen bis zum Salbei; letzterer wird wegen des **Schlagbaummechanismus** der Staubblätter wohl stets vorgestellt werden. Die Farbdia-Reihe R 978 u. 8F 236 bieten dabei eine gute Veranschaulichung.

Mit den Lippenblütlern verwechseln die Schüler nicht selten ähnliche *Rachenblütler* wie das Leinkraut und das Löwenmaul, doch variieren die Rachenblütler viel stärker in der Zähligkeit der Blütenteile und haben im Gegensatz zu den vierzähligen Klausenfrüchtchen der Lippenblütler meist vielsamige Porenkapseln. Bekannte Rachenblütler sind die Ehrenpreisarten, von denen einige Arten den Freunden des „englischen Rasens" sehr verhaßt sind, die wolligen Königskerzen und die giftigen und **gesetzlich geschützten** Fingerhutarten. Erwähnenswert sind auch die grünen **Halbparasiten** wie die Wachtelweizenarten, der Augentrost und andere. Sie assimilieren zwar selbst, beziehen ihre Rohstoffe jedoch aus den Wurzelgefäßen ihrer „Wirtspflanzen", während die **vollparasitischen** Schuppenwurz- und Sommerwurzarten sogar auf die Photosynthese verzichten gelernt haben und sich ganz von den Assimilaten ihrer Opfer ernähren. Sie sind als Vollschmarotzer am Fehlen des Blattgrüns zu erkennen. Zu den Rachenblütlern gehören auch die **insektivoren** Gattungen Fettkraut und Wasserschlauch; beide wird man in ihrem charakteristischen Verhalten irgendwie vorführen (8F 168 u. 169, F 449 u. R 755).

Die *Nachtschattengewächse* sind ebenfalls vorwiegend röhrenblütig (Abb. 23), ihre Früchte aber häufig als Beeren ausgebildet. Wegen ihres Gehaltes an

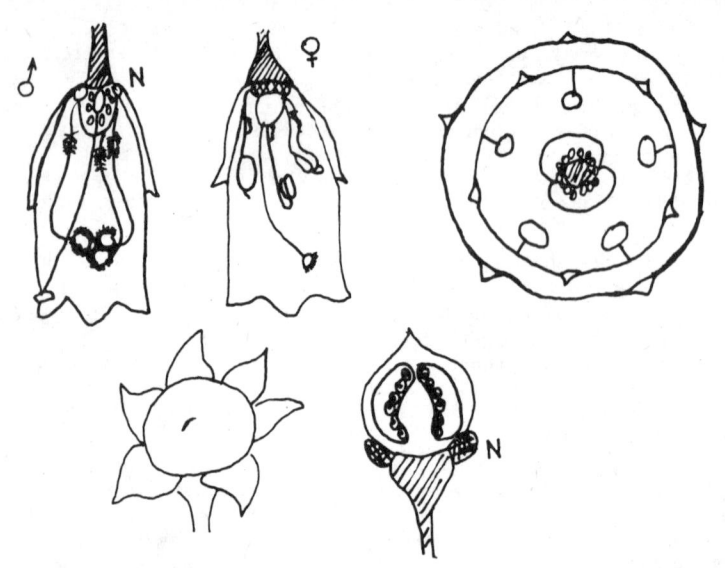

Abb. 23: Tollkirschenblüte (Nachtschattengewächse) im männlichen und weiblichen Zustand, daneben Diagramm, darunter links reife Frucht und rechts Stempel im Längsschnitt mit Nektardrüsen (N)

Alkaloiden sind sie fast ausnahmslos giftig bzw. altbewährte Heilpflanzen, was zu einer Diskussion über den Begriff „Gift" herausfordert und vielleicht auch eine Gegenüberstellung von Homöopathie und Allopathie wünschenswert erscheinen läßt. Die bekanntesten Giftpflanzen wie Tollkirsche, Bilsenkraut, Stechapfel und Nachtschatten wird man in der Pflanzenschau irgendwann vorstellen. Ihre Giftstoffe sind in winzigen Dosen als Herz- und Nervenpharmaka wirksam. Die wichtigsten Kulturpflanzen unter den Nachtschattengewächsen stammen aus Südamerika und standen bereits bei den Inkas in speziellen Züchtungen zur Verfügung; die Kartoffel, die Tomate, der Tabak und die Paprikapflanze; die Petunie erfreut sich als Balkonpflanze allgemeiner Beliebtheit. Ein kleines Kapital Pflanzengeographie wird in diesem Zusammenhang allen Schülern wohltun und Gesprächen auf wirtschaftlicher und geographischer Basis zugute kommen.

Der Kartoffel kommt nicht nur eine zentrale Rolle in der Ernährung — hat sie doch seit ihrer Einführung in Mitteleuropa viele Menschen vor dem Hungertod bewahrt —, sondern auch im experimentellen Unterricht zu. Die Organographie der Sproßknolle, deren Ergrünungsfähigkeit sie ohne Zweifel als Sproßorgan erkennen läßt, liefert ein Musterbeispiel dafür, daß demokratische Abstimmungen nur dann sinnvoll sind, wenn man etwas weiß. Bei einer unvorbereiteten Abstimmung über die Wurzel- oder Sproßnatur der Kartoffelknolle entscheiden sich die Mehrzahl der Schüler für die Wurzelbürtigkeit! Die Stärkeprobe auf einer Knollenscheibe gehört zu den pflanzenphysiologischen Standardversuchen. Die S c h n e l l w ü c h s i g k e i t der Kartoffeln weist auf ihre mediterrane Herkunft, ähnlich wie bei Bohne, Ricinuspflanze („Palma Christi!") und Sonnenblume! Am auffälligsten dürfte wohl sein, daß die hübschen Blüten — man verkaufte sie vor der Erkenntnis der Kartoffel als Nahrungspflanze in Blumengeschäften — von unseren heimischen Insekten kaum oder überhaupt nicht beachtet werden! Sind sie vielleicht nicht darauf programmiert? Die Giftigkeit der grünen Teile der Kartoffel und ihre F r a ß g e m e i n s c h a f t mit dem dank der Kontaktgifte fast ausgerotteten Kartoffelkäfer liefern Themen allgemein biologischer Natur. Zur Veranschaulichung der ernährungsphysiologischen Fragen im Zusammenhang mit dem W a s s e r h a u s h a l t der Pflanzen eignet sich ausgezeichnet der Tonfilm FT 915 „Wasserhaushalt der Pflanzen".

Die *Geißblattgewächse* sind fast ausschließlich Holzpflanzen mit vorwiegend radiären, im Blütenhüll- und Staubblattkreis fünfzähligen Blüten. Sie finden sich in Mitteleuropa in der Strauchformation der Wälder und Waldlichtungen, so die drei Holunderarten, die Heckenkirschen mit ihren giftigen Doppelbeeren und der Schneeball.

Den Holunder, der in Norddeutschland auch als „Flieder" bezeichnet wird, wird man sich unterrichtlich nicht entgehen lassen, da er ökologisch zu den dankbarsten Objekten unter den A l l t a g s p f l a n z e n gehört. Der „H o l u n d e r s e k t" versetzt die kleinen Biologen in helle Begeisterung: 1—3 Blütenscheiben läßt man unter Zusatz von etwa 100 g Zucker, einer Zitronenscheibe und einem Eßlöffel guten Weinessigs in einem Liter Wasser einige Stunden ziehen und seiht in Flaschen mit Druckverschluß ab. Man stellt zunächst warm, bis die Flasche beim Öffnen einen Knall liefert und das Getränk perlt. Vor dem Trinken stellt man kühl. Man kann das erfrischende, ganz leicht alkoholische Getränk ein Jahr kühl lagern. Der Holler ist als K u l t p f l a n z e unserer steinzeitlichen Vorfahren ein ausgesprochener K u l t u r f o l g e r . Die Verwendung der Blütenscheiben für „Hollerküchel" und der Beeren als Mus- und Weingrundlage kommt in Notzeiten immer wieder zu Ehren. Die auffälligen L e n t i z e l l e n an den Zweigen eignen sich gut für Durchlüftungsexperimente, das Holundermark ist unentbehrlich für die M i k r o s k o p i e .

Den *Geißblattgewächsen* stehen in unserer Heimat die *Krappgewächse* mit dem aromatischen Waldmeister, den quirlblättrigen Labkrautarten (Name!) und den katzenwirksamen Baldrianarten nahe. In den Tropen gesellen sich die südamerikanischen Chinarindenbäume, die das erste wirksame Malariamittel lieferten, und die afrikanischen Kaffeesträucher dazu.

Die *Korbblütler*, die neuerdings aus Gründen der einheitlichen Nomenklatur die lateinische Bezeichnung *Asteraceae* erhalten haben, sind mit über 20 000 Arten einer der mannigfaltigsten Familien der Blütenpflanzen. Sie sind in der Regel — ausgenommen beispielsweise endemische Kandelaberpflanzen am Kilemandscharo — krautig ausgebildet und an den körbchenförmigen Blütenständen zu erkennen (Abb. 24). Die Einzelblüten, die im Winkel kleiner Spreublättchen sitzen, sind vorwiegend fünfzählig und radiär bis auf die meist sterilen Randblüten, die dem Körbchen das Aussehen einer einzelnen Blüte verleihen. Die Blütenstände gehören in der Mehrzahl dem Typus der S t r a h l e n b l ü t i g e n an, bei denen eine Scheibe aus R ö h r e n b l ü t e n von einem ein- bis mehrfachen Kranz von auffallenden Z u n g e n b l ü t e n umgeben ist, z. B. bei der Sonnen-

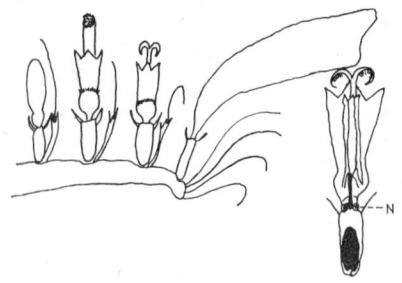

Abb. 24: Sonnenblume (Korbblütler); vier Einzelblüten auf dem Blütenboden, von links nach rechts: Blütenknospe, männlicher Zustand, weiblicher Zustand, steile Zungenblüte u. Nektarblätter; rechts Einzelblüte mit Nektardrüse (N) und Achäne.

blume. Interessant ist die F e g e e i n r i c h t u n g , mit deren Hilfe der e r s t - m ä n n l i c h e Pollen aus der Staubblattröhre durch die Narbe herausgefegt wird. Bei der Gattung Flockenblume sind sogar die Staubfäden reizbar und verkürzen sich bei Berührung. Bei den nußartigen Früchtchen der Kompositen sind ähnlich wie bei der Grasfrucht die Samen- und Fruchtknotenwand zur sog. A c h ä n e verwachsen. Die Korbblütler sind über die ganze Erde verbreitet und sehr mannigfaltig ausgebildet. Sie sind noch in steter Fortentwicklung begriffen, worauf der häufige Übergang zu p a r t h e n o g e n e t i s c h e r Fortpflanzung hinweist; ein Musterbeispiel dafür bietet der Löwenzahn. Wirtschaftlich bedeutsame Gattungen sind der Salat und die Endivie, die in vielen Spielarten als Salatspender auftreten, die Schwarzwurzel und die Artischoke. Die amerikanische Sonnenblume hat sich als Ölpflanze in den Steppenländern Eurasien eingebürgert. In Rußland wird eine Löwenzahnart als Kautschuklieferant gezüchtet. Daneben verdanken wir den Korbblütlern eine Reihe bedeutsamer H e i l - p f l a n z e n wie die Kamille, den Wermuth, die gesetzlich geschützte Arnika und die Schafgarbe. Als Schmuckpflanzen sind Astern, Cosmeen, Dahlien und Chrysanthemen — um einige zu nennen — allgemein bekannt.

Die Korbblütler und die Doldenblütler bilden zwei Extreme von Blütenentwicklung, teils engste Konzentration im Körbchen, teils weiträumige Explosion zur Blütenscheibe, obwohl auch gegenläufige Entwicklungstendenzen sichtbar sind, z. B. bei der körbchenblütigen Schafgarbe mit ihren scheindoldigen Blütenständen und der doldenblütigen Sterndolde mit der körbchenartigen Infloreszenz. Wegen ihrer Überdimension eignet sich die Sonnenblumenblüte besonders gut für das Studium der Erstmännlichkeit; verblüffenderweise ähneln auch die Pollen kleinen Sonnen. Die reifen Samen liefern bei leichtem Druck bereits die „ F e t t f l e c k p r o b e " und damit den Nachweis für den Gehalt an fettem Öl.

Die *Glockenblumengewächse* könnte man als Korbblütler bezeichnen, bei denen die Einzelbltüen selbständig geworden sind, wenigstens bei der Gattung *Campanula*. Die Blüten sind in ihrer Form charakteristische „Glockenblumen", vorwiegend fünfzählig, radiär oder zygomorph gebaut. Viele Arten enthalten ähnlich wie viele Korbblütler M i l c h s a f t und als Stärkeart I n u l i n .

Auch die *Gurkengewächse* weisen Ähnlichkeiten mit den beiden Familien der Korbblütler und Glockenblumengewächse auf, zum mindesten in der Blütenregion, wenngleich die Blüten zuweilen ein- oder zweihäusig verteilt sind. Die vegetativen Unterschiede sind größer, besonders bei jenen Arten, die mit Hilfe von Ranken zu klimmen vermögen. Bekannte Wasserspeicher und Obstpflanzen in Trockenländern der alten Welt sind die Gurken und Melonen, deren Ranken umgewandelte Blätter sind und die aus dem tropischen Amerika stammenden Kürbisse, die häufiger zur Parthenogenese neigen.

Zur Zeit finden in der wissenschaftlichen Systematik eine Reihe von Umbenennungen statt. Die einheitliche Bezeichnung der Familien durch die Endung -aceae wurde bereits mehrfach erwähnt. In einigen Fällen, wie bei den Korb- und Doldenblütlern, macht sich auch das Bestreben bemerkbar, die bisherigen riesigen Familienbereiche in mehrere Familien zu unterteilen. Eine Berücksichtigung dieser Tendenzen im Unterricht der Schulen scheint erst empfehlenswert zu sein, sobald ein gewisser Abschluß erreicht ist.

Es ist ein Anliegen dieser Darstellung, im Unterricht möglichst das lebendige Objekt heranzuziehen; Bilder aller Art sowie Modelle sollten demgegenüber zurücktreten. Bei der Bereitstellung von lebendem Anschauungsmaterial sollte der Lehrer jedoch stets darauf achten, den Naturschutzgedanken zu beherzigen und nicht mehr Material herbeischaffen, als zur Versorgung der Schüler nötig erscheint.

Bedecktsamige als Beobachtungsmuster

Seit Jahrzehnten gibt es in der Biologie bestimmte Musterobjekte, die gewisse Bau- und Funktionsweisen in besonders ausgeprägter Weise einsichtig werden lassen. Sie kehren auch in den Lehrbüchern stets wieder. Ohne die Bedeutung dieser „Leitpflanzen" schmälern zu wollen, darf doch gesagt werden, daß neuere Arbeiten die Auswahlmöglichkeiten mächtig erweitert haben, wie ein Blick auf die Literaturhinweise lehrt.

Nicht nur nach der Schaffung der systematischen Grundkenntnisse, sondern bereits früher sind morphologisch-anatomische Fragestellungen aktuell. Dabei ist es nicht in jedem Falle möglich, eine saubere Trennung gegenüber physiologischen Problemen durchzuführen. *Der vegetative Aufbau* der Pflanze gehört zu den einfachsten Erlebnissen. Das polyedrische Grundgewebe wird am Mark eines Holunderstengels ohne Schnitt aus dem Kartoffel-Speichergewebe ohne Mühe dargestellt. Die Festigungsgewebe beginnen mit Kanten- und Eckenverdickung durch Anlagerung von Zelluloseschichten. Musterbeispiele dafür liefern die Steinzellen im Saftfleisch der Birne, die Randzellen an Nadelblättern oder die Kantenzellen der Stengel der Lippenblütler. Wenn dabei das Protoplasma völlig aufgezehrt wird, entstehen tote Bezirke innerhalb der lebenden Gewebe. Technisch bedeutungsvolle Zellen dieser Art sind die Bastfasern, die man der Chlorzinkjodprobe unterwirft und die Holzkörper, die man mit Phloroglucin-Salzsäure prüft. Die Abschlußgewebe weisen in der Regel eine wasserabstoßende und luftdichte Auflage mit fetthaltigen Einlagerungen auf, sei es als Kutikula oder als Kork. Beide färben sich bei der Suberinprobe mit Kalilauge gelb und mit Sudan-Glyzerin rötlich.

Interessant ist auch die Betrachtung der Interzellularen, vor allem bei Wasser- und Sumpfpflanzen, z. B. beim Wasserknöterich und der Verlauf der Milchröhren bei Wolfsmilchgewächsen und der Leitbündel bei den verschiedenen Pflanzenarten und Bautypen, von zugfesten Lianen bis zu druckfesten Stämmen.

Biotechnische Strukturen finden sich im mikro- und makroskopischen Bereich. Von den mathematisch fundierten Gerüstsystemen der Kieselalgen, die besonders *Haeckel* inspiriert haben, bis zu den unglaublichen S c h l a n k h e i t s v e r - h ä l t n i s s e n der *Gramineen* bieten sich unzählige Beobachtungen an. Wer die zwar mühselige aber kreative Arbeit der Selbstherstellung solcher Präparate scheut, dem bietet sich ein reiches Feld käuflicher Präparate. Die Biegungs- und Druckfestigkeit der in T-Träger und Doppel-T-Träger-Bauweise angelegten Stengel und Blätter von *Gramineen* und *Labiaten* — um nur einige zu nennen — liegt mit 12—25 kg/mm² Querschnittsfläche zwischen den Festigkeitswerten von Schmiedeeisen und Stahl.

Einen Fortschritt gegenüber früher bedeutet die Möglichkeit der Untersuchung im p o l a r i s i e r t e n Licht, wodurch besondere Kristalleinlagerungen in allerlei Farben aufleuchten.

Im Zusammenhang mit den Bautypen sind Reduktionserscheinungen im vegetativen Bereich, wie sie beispielsweise bei den Wasserlinsen *(Lemnaceae)* und den Samen der Orchideen auftreten, besonders bemerkenswert.

Die Unterscheidung zwischen Laub- und Nadelholz erlaubt eine biochemische Reaktion *(Mäule)*. Proben beider Holzarten legt man zuerst kurze Zeit in 1%ige KMnO₄-Lösung (Kaliumpermanganat-Lsg.), bis sich die Objekte braun gefärbt haben. Man spült sie kurz ab und bringt sie in ein Glasschälchen mit verdünnter Salzsäure. Dabei hellen sie sich auf; man spült wiederum kurz ab und hält die Proben nacheinander über Ammoniakdämpfe. Dabei färben sich Laubholzschnitte in kurzer Zeit deutlich rot, während bei Nadelhölzern diese Reaktion höchstens ganz schwach auftritt. Dazu R 094, Schnitte durch Nadel- und Laubholz.

Das *Wurzelwachstum* wird im Zusammenhang mit den Keimversuchen bei der Bohne oder Erbse gezeigt, indem man oberhalb der Wurzelspitze im Abstand von etwa 3 mm mit einem feinen Filzstift 4—5 Quermarken anbringt. Die Wurzelspitze ist häufig durch eine Wurzelhaube geschützt, z. B. beim Hafer.

Interessante Wurzelgebilde sind die Atmungswurzeln einiger tropischer Sumpfpflanzen und die Luftwurzeln von *Arazeen*, z. B. der bekannten Monstera-Zimmerpflanze *(Philodendron)*.

Blattuntersuchungen gehören zum Standardprogramm einer jeden botanischen Arbeitsgemeinschaft, besonders das Studium der Spaltöffnungen, der Assimilations-, Wasser- und Speichergewebe sowie der Haare und anderer Emergenzen. Angaben über spezielle Formtypen sind hier kaum sinnvoll, da die Wahl der Objekte stets situationsbezogen stattfinden wird.

Während die unterschiedliche Ausbildung von L i c h t - und S c h a t t e n - b l ä t t e r n, z. B. bei Buche, Efeu, Ackersenf, mit freiem Auge zu erkennen ist, bleiben die verschiedenen S p a l t ö f f n u n g s t y p e n der mikroskopischen Untersuchung vorbehalten, soweit man sich nicht mit einer oberflächlichen Testung mit der I n f i l t r a t i o n s m e t h o d e, bei der man die Eindringungsgeschwindigkeit von Wasser, Alkohol, Benzin, etc. oder mit der K o b a l t p a - p i e r m e t h o d e begnügt. Bei letzterer tränkt man Filtrierpapier mit 5 %iger

Kobalt-II-Chlorid-Lösung und trocknet es. Die bei Trockenheit blaue Färbung färbt sich bei Feuchtigkeit rötlich um, also auch bei Wasserdampfabgabe von Blättern. Am einfachsten ist die K o l l o d i u m m e t h o d e , bei der man eine 4 %ige Lösung von Kollodium in einem Alkohol-Äthergemisch 1 : 1 benützt. Man streicht die Lösung mit einem Pinsel auf die Blattober- und -unterseite und hebt die trockenen Häutchen nach kurzer Zeit mit einer Pinzette ab; man betrachtet sie unter dem Mikroskop in Wasser, wobei man die verschiedenen Öffnungsweiten der Stomata gut erkennen kann. Zur Gewinnung von Originalpräparaten ist die einfachste Methode immer noch die des B l a t t a b z u g s , bei der man mit einer Pinzette ein Stückchen der Epidermis abzieht. Bei Monokotyledonen gelingt sie im allgemeinen stets leicht, während sie bei Dikotyledonen Schwierigkeiten bereitet. Das bekannte S p a l t ö f f n u n g s m o d e l l aus einem alten Fahrradschlauch, das man auch von einem geschickten Bastler unter den Schülern anfertigen lassen kann, variiert man zweckmäßigerweise so, daß das Luftventil des Schlauches mitverwendet wird; dadurch wird das Aufpumpen wesentlich erleichtert.

Die Durchlüftungsfunktion der L e n t i z e l l e n führt man mit einem Holunderzweig mit unverletzter Zweigspitze durch, wobei man den Zweig unter Wasser hält.

Die *Blütenfarben* liefern zahlreiche experimentelle Möglichkeiten. Vom Blumenfenster her bieten sich ganzjährig das Fleißige Lieschen *(Impatiens Sultani* bzw. *Holstii)* und das Usambaraveilchen *(Saintpaulia ionantha)* an. Man bringt makroskopisch Tropfen von Säuren, Laugen oder Salzen auf die Korollblätter und kann mit freiem Auge oder unter dem Mikroskop die interessantesten Farbänderungen beobachten. Im mikroskopischen Bereich saugt man die Reagenzien in bekannter Weise mit einem Filtrierpapier unter dem Deckglas hindurch. Auch p a p i e r c h r o m a t o g r a p h i s c h e Untersuchungen mit Blütenfarbstoffen sind sehr reizvoll.

Versuche mit Blütenstaub wurden bereits bei der Pollenanalyse erwähnt. Bei Bedecktsamigen wird man vor allem die P o l l e n k e i m u n g , die hier leichter zu veranschaulichen ist, vorführen. Auch hier bietet das Fleißige Lieschen stets frisches Pollenmaterial. In 5 %iger Rohrzuckerlösung keimen die Pollen im „hängenden Tropfen" oder in der „feuchten Kammer", die man mit einem vaselinumkränzten Deckgläschen auf dem Objektträger anlegt. Besonders reizvoll ist es, diesen Vorgang „in natura" zu verfolgen. Dazu eignen sich besonders gut die vielfrüchtigen Hahnenfußgewächse mit einsamigen Früchten. Man breitet die bestäubten Stempel eines Hahnenfußes auf einem Objektträger aus, hellt etwas auf und untersucht sie bei schwacher Vergrößerung.

Früchte, Samen und *Gallen, Nahrungs-, Gift-* und *Arzneistoffe* hängen eng miteinander zusammen. Besonders die Untersuchung von Südfrüchten bietet viele Anknüpfungspunkte für botanische, biologische und biochemische Untersuchungen, muß aber doch wohl mehr Arbeitsgemeinschaften vorbehalten bleiben. Aus diesem Grunde mag auf Speziallitratur verwiesen werden, besonders auch, weil damit mehr und mehr physiologische Themenkreise berührt werden. Dasselbe gilt für die Betrachtung von Samen und der K e i m u n g s v o r g ä n g e . Als Objekte haben sich Erbse und Bohne, Gartenkresse und Getreide seit jeher bewährt. Die Kressesamen sind sehr zu empfehlen, weil sich ihr Verhalten gut

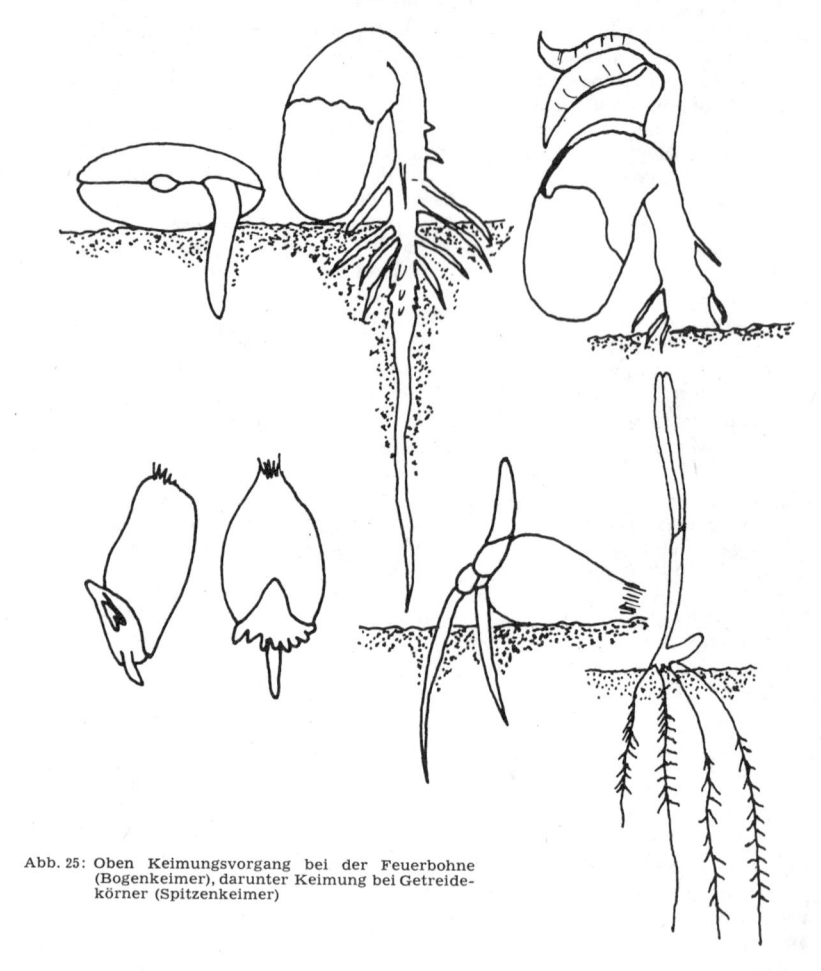

Abb. 25: Oben Keimungsvorgang bei der Feuerbohne (Bogenkeimer), darunter Keimung bei Getreidekörner (Spitzenkeimer)

auf nassem Filtrierpapier in Petrischalen, die senkrecht in Stativklemmen exponiert werden, zeigen läßt. Wie bereits eingangs erwähnt, muß in allen Fragestellungen, die die systematischen und morphologisch-anatomischen Bereiche überschreiten, auf die folgenden Kapitel der allgemeinen Biologie verwiesen werden.

Keimungsversuche: Samen der Feuerbohne keimen meist hypogäisch (die der Buschbohne meist epigäisch) bei Zimmertemperatur in 5—7 Tagen in feuchtem Sägmehl, Torfmull oder Erde. Entsprechend den Versuchsvariationen werden sie im Keimmedium, auf Nährlösung oder über Wasser weiter beobachtet. Getreide, das man zum Vergleich zieht, keimt in kürzerer Zeit. Alle Versuche sollte man vorher ausprobieren und stets mehrere Samen ansetzen, da Ausfälle durch Keimschäden und Pilzbefall eintreten. Versuchsanordnungen und Beobachtungen werden jeweils sorgfältig protokolliert. Von zwei gleichalten Keimlingen wird der eine mit einem Sturz aus Pappe oder Blech verdunkelt: Er wächst wesentlich schneller als der belichtete, allerdings bleibt er bleich! Auch die Licht- bzw. Erdwendigkeit von Sproß und Wurzel lassen sich experimentell ohne Schwierigkeit zeigen, indem man Keimlinge über Wasser in einer „feuchten Kammer" (am besten in einer weiten Pulverflasche) keimen läßt und nach einiger Zeit umdreht, wobei man sie mit einer langen Nadel an einem Keimblatt mit dem Korken verbindet (Abb. 25).

Literaturhinweise von Bedecktsamigen

Bartsch, A.: Die pflanzlichen Gewebe, Mikrokosmos 1960, S. 280 u. 378
Bernhard, P.: Doppel-T-Träger im Pflanzenstegel, Mikrok. 1967, S. 193
Boas, Fr.: Dynamische Botanik, Lehmann München 1942
Brauner, L. u. *Bukatsch, F.:* Das kleine pflanzenphysiologische Praktikum, 6. Aufl. G. Fischer, Jena 1961
Brauner, L. u. *Rau, W.:* Versuche zur Bewegungsphysiologie der Pflanzen, Springer, Berlin 1966
Brechle, S. W.: Gut geschützt: Der Vegetationskegel, Mikrok. 1966, S. 353
Brünner, G.: Wurzeln als Atmungsorgane, Mikrok. 1967, S. 82
Bukatsch, Fr.: Leitbündel. Eine experimentelle und mikroskopische Studie, Mikrok. 1965, S. 340
Dietle, H.: Versuche mit dem Fleißigen Lieschen, Mikrok. 1968, S. 310
Engel, Fr. M.: Biostatik im Mikrobereich II. Höhere Pflanzen und Tiere, Mikrok. 1964, S. 246
Film-Bild-Ton: Filme, Bildreihen, Tonträger für Schulen, Institut für Film und Bild in Wissenschaft und Unterricht, München 22, Museumsinsel 1
Geiger, Th. u. *Geiger, S.:* Beobachtungen an Pflanzenhaaren, Mikrok. 1963, S. 217
Gerlach, D.: Botanische Mikrotechnik, Thieme, Stuttgart 1969
Grebel, D.: Blätter der Bluthasel, Mikrok. 1967, S. 281
Hagemann, P.: Zwergpalme und Palmfarn, Mikrok. 1969, S. 195
Hamacher, J.: Biologie für Jedermann, Franckh'sche Verlagshandlung, Stuttgart
Hertel, H.: Die Natur als Lehrmeisterin der Technik, n+m 1965, S. 27
Hetz, D.: Anthozyane, Ein Kapitel Blütenfärbung, Mikrok. 1963, S. 299
Kropp, U.: Assimilationsgewebe, Mikrok. 1965, S. 21
Kropp, U.: Interzellularen, Mikrok. 1966, S. 199
Kropp, U.: Korkgewebe und Flaschenkork, Mikrok. 1967, S. 26
Lerch, K.: Der Blattabzug, Mikrok. 1968, S. 395
Molisch, H.: Botanische Versuche und Beobachtungen ohne Apparate, bearb. R. Diebl, 4. Aufl., G. Fischer, Stuttgart 1965
Müller, J. u. *Thieme, E.:* Biologische Arbeitsblätter, Übungen und Versuche für Höhere Schulen, Göttingen 1964
Nultsch, W. u. *Grahle, A.:* Mikroskopisch-Botanisches Praktikum für Anfänger, G. Thieme, Stuttgart 1968
Roeser, K. R.: Es muß nicht immer Lilium sein. Untersuchungen am Usambaraveilchen, Mikrok. 1969, S. 289
Ruppolt, W.: Schulversuche mit Südfrüchten, Praxis-Schriftenreihe, Bd. 5, Aulis Verlag, Köln 1961
Ruzicka, F.: Veraschung von Blättern, Mikrok. 1965, S. 251
Schmitt, C.: Botanische Schülerübungen, Datterer Freising 1920
Seiler, J.: Gallen und Gallwespen, Mikrok. 1962, S. 342
Spanner, L.: Geschlechtligkeit und System der Pflanzen, Praxis d. Biologie 1959, S. 185
Spanner, L.: Gift- und Heilpflanzen, Praxis d. Biologie 1959, S. 152
— Lehrhandbuch Botanik, 3 Bde, Oldenbourg München 1960—64
Spanner, L.: Pflanzenkunde für Gymnasien, Oldenbourg-Hirt, München—Kiel 1964—1969

Spanner, L.: Ein Beitrag zur Radiobiologie, Praxis d. Biologie 1962, S. 188
— Ein neues praktisches, handliches und preiswertes Mikrotom, Prax. d. Biologie 1963, S. 137
Spanner, L.: Landschaftsschutz im Unterricht, Praxis d. Biologie 1963, S. 67
Spanner, L.: Verteilung des Botanik-Stoffes auf die einzelnen Altersstufen, Praxis d. Biologie 1964, S. 4
Spanner, L.: Vermehrung und Fortpflanzung, Praxis d. Biologie 1965, S. 21
Spanner, L.: Übersicht über das Pflanzenreich, Praxis d. Biologie 1965, S. 41
Spanner, L.: Die Bestäubungseinrichtungen als Beweis einer lebendigen Evolution der Organismen, Praxis d. Biologie 1965, S. 131
Spanner, L.: Über Neuerungen in der Angiospermen-Systematik, Praxis d. Biologie 1966, S. 23
Spanner-Rudolph: Fremdländische Nutzpflanzen, Praxis-Schriftenreihe, Abt. Biologie, Band 13, Aulis Verlag Deubner u. Co KG Köln 1966
Spanner, L.: Schülerübung über Blütenfarbstoffe. Prax. d. Biologie 1963, S. 153
— Kleines Botanisches Praktikum, G. Fischer, Jena
Steinicke, Fr.: Experimentelle Biologie, Quelle u. Meyer, Heidelberg 1954
Stelz, L. u. Grede, H.: Leitfaden der Pflanzenkunde, Leipzig u. Frankfurt
Strasburger: Lehrbuch der Botanik, 29. Aufl. G. Fischer, Stuttgart 1969
Trolldenier, G.: Die Rhizosphäre, Mikrok. 1965, S. 353
Trolldenier, G.: Spaltöffnungen — lebenswichtige Organe der Pflanzen, Mikrok. 1968, S. 117
Türker, S.: Schwimm- und Landform am Wasserknöterich, Mikrok. 1964, S. 236
V-Dia-Verlag GmbH Heidelberg: Farbige Lichtbildreihen für den Unterricht, jeweils neuester Katalog
Vogel, A.: Skizzen f. d. naturkundlichen Unterricht und Kennübungen, 800 meist mehrfarbige Abb., 4 Hefte, Drei Brunnen Verlag, Stuttgart
Woessner, E.: Mikroskopische Studien am Efeu, Mikr. 1960, S. 199
Woessner, E.: Milchröhrensysteme bei Blütenpflanzen, Mikrok. 1967, S. 246
Woessner, E.: Durchlüftungssysteme der Pflanzen, Mikrok. 1963, S. 249
Woessner, E.: Die Buchengalle, Mikrok. 1965, S. 44
Woike, S.: Die kleinste Blütenpflanze Europas, die Wasserlinse *Wolffia arrhiza*, Mikrok. 1969, S. 193

Anhang zum Teil Tierkunde

Filme und Dias

Aufgeführt sind im wesentlichen Filme und Dias, welche über die Staatlichen Landesbildstellen, Kreis- und Stadtbildstellen, oder über das Göttinger Institut für Wissenschaftlichen Film auszuleihen oder zu kaufen sind.

Darüberhinaus gibt es mehrere Verlage, welche Filme und Diareihen zu zoologischen Themen zum Verkauf anbieten. Da sie den Anforderungen nach Thema und Qualität nicht immer genau entsprechen, empfiehlt es sich, Ansichtssendungen anzufordern. Für die Ausleihe von Filmen und Diareihen stehen Kataloge zur Verfügung, welche jährlich neu erscheinen oder zumindest von den Instituten ergänzt werden. Die in diesem Buch aufgeführten Nummern entsprechen den Katalognummern der Institute. Je niedriger die Nummer ist, desto älter und häufig auch fragwürdiger ist der Film in der Regel.

Folgende Abkürzungen werden benützt:
F = Stummfilm 16 mm   R = Diareihe
FT = Tonfilm (Lichtton) 16 mm   Tb = Tonband
8F = Stummfilm im Super-8 Format

Sämtliche oben genannten Demonstrationsmittel können bei den Landes-, Kreis- und Stadtbildstellen der BRD ausgeliehen werden. Bestellungen für den Verleih im Ausland sind über die deutschen diplomatischen Vertretungen im Ausland an INTER NATIONES e. V. Bad Godesberg zu richten.

Verkauf und Preisinformation erfolgt über das *Institut für Film und Bild im Unterricht, 8 München 22, Museumsinsel 1; Tel. 22 8151.* Hier, bzw. in den Bildstellen sind auch der jeweils neueste Katalog, sowie einzelne Beiblätter und Beihefte zu den Filmen zu beziehen.

Die Filme des *Instituts für den Wissenschaftlichen Film, 34 Göttingen, Nonnensteig 72; Tel. (0551) 5 58 33—5 58 35.* sind für die BRD über dieses Institut zu kaufen oder auszuleihen. Für die Zoologie kommen vor allem die Filme mit den Kennbuchstaben B,C,D,E in Frage.

Folgende Abkürzungen werden benützt:

B = Forschungsfilme
C = Hochschulunterrichtsfilme
D = Filme, die von anderen Instituten (z. B. FWU) hergestellt wurden
E = Filme, welche innerhalb der *ENCYCLOPAEDIA CINEMATOGRAPHICA* unter systematischen Gesichtspunkten aufgenommen wurden. (Diese sind für die Schule häufig ungeeignet, da sie keinerlei didaktischen Aufbau haben und meist nur kurze Bewegungsabläufe dokumentieren.)
W = Diese Filme werden nur leihweise für den Gebrauch innerhalb der BRD ausgegeben.

Alle E-Filme sind außerdem in Österreich erhältlich durch die *Bundesstaatliche Hauptstelle für Lichtbild und Bildungsfilm Wien IX, Sensengasse 3,* in Holland über *Stichting Film en Wetenschap, Universitaire Film (Catharijnesingel 59, Utrecht),* in USA durch *The Pennsylvania State University (103 Carnegie Building, University Park, Pennsylvania 16802).*

Den wissenschaftlichen Filmen liegen teilweise erklärende Texte als Beihefte bei. Diese kleinen Aufsätze werden außerdem veröffentlicht in: *Publikationen zu Wissenschaftlichen Filmen.* Institut für Wissenschaftlichen Film, Göttingen. Sektion A = Biologie, Medizin.

DR = Diareihen, welche von privaten Verlagen angeboten werden. Hierbei ist zu beachten, daß teilweise identische Reihen von verschiedenen Verlagen verkauft werden, soweit diese die Produktionen anderer Firmen in ihr Programm mit übernommen haben.

Lehrmittel- und Lichtbildverlage

Ohne eine Wertung vorzunehmen wird hier eine Auswahl getroffen, da dem Verfasser nicht alle, im deutschen Sprachraum arbeitenden Firmen bekannt sind.

Harasser u. Überla, Lehrmittel- und Lichtbildverlag; 858 Bayreuth, Ottostr. 5.
Hagemann Wilhelm, Lehrmittelverlag, 4 Düsseldorf 1, Karlstr. 20
Köster u. Co. Lehrmittelanstalt, 8 München 90, Harthauserstr. 117
Mauer, R. Vertrieb aller Lehrmittel; 6239 Lorsbach/Ts. Hofheimer Str. 57.
Nijhoff Martinus; Lange Voorhout 9, P. O. Box 269, Den Haag, Holland. (Pfurtschellertafeln in Restbeständen)
Phywe A. G.: 34 Göttingen, Postfach 665. Vertrieb aller Lehrmittel.
Schlüter, A. K. G.; 7057 Winnenden b. Stuttgart, Gerberstr. 11. (insbes. Einschlußpräparate)
Schuchardt, Dr. G.; Lehrmittel, 34 Göttingen, Postfach 443. (insbes. Mikropräparate und Mikrodias)
Sommer,. Marcus, Somso Werkstätten; Coburg, Postfach 680. (insbes. Modelle d. Menschen u. d. Tiere)
Dr. te Neuss-Verlag GmbH; 4152 Kempen-NdRh. (insbes. Schulwandbilder)
V-DIA Verlag GmbH; 69 Heidelberg 1; Dischingerstr. 8.

Materialbeschaffung

Für Materialbeschaffungen kommen ferner in Frage
Biologische Anstalt Helgoland:
Zentrale 2, Hamburg 50, Palmaille 9.
Meeresstation, 2192 Helgoland, Postfach 148.
Litoralstation, 2282 List/Sylt, Hafenstr. 3
Landesanstalt für Naturwissenschaftlichen Unterricht;
7 Stuttgart, Pragstr. 17. (Liefert nur an Schulen Baden-Württembergs)
Die Zoologischen Institute der Universitäten.
Zoologische Station Büsum, Seb. Müllegger.
Zoologische Handlungen und Tiergeschäfte.
Schlachthöfe: für Organe von Haussäugetieren, z. B. Knochen, Schädel, innere Organe, Frischblut, verschiedene Parasiten und Symbionten. Es empfiehlt sich mit dem zuständigen Tierarzt der für die Freigabe des Materials verantwortlich ist zu sprechen. Für den Transport lebender Parasiten und Symbionten sind Thermosflaschen zu empfehlen.
Stazione Zoologica; Napoli (Italien)

Zoölogisch Station, Den Helder (Noord Holland; Niederlande)
Biologisk Stasjon, Espegrend (Universität Bergen; (Norwegen)
Universitetets Biologisk Stasjon, Dröbak (Norwegen)
Marine Biological Laboratory, Plymouth (England)
Marine Biological Laboratory, Supply Department; Woods Hole, Mass. USA.
(Neapel, Woods Hole, Helgoland, Büsum verschicken Bestellisten)

Benützte Abkürzungen

Neben den Abkürzungen für Filme und Dias, werden lediglich für verschiedene Zeitschriften Abkürzungen verwendet.

DBU = Der Biologie Unterricht; Stuttgart; Klett-Verlag.
NBB = Die Neue Brehm-Bücherei. Lutherstadt Wittenberg.
      (Auslieferung f. d. BRD: Franckh'sche Verlagshandlung, Stuttgart).
NR = Naturwissenschaftliche Rundschau; Stuttgart.
Miko = Mikrokosmos; Stuttgart.
Ko = Kosmos; Stuttgart.
P.d.N. = Praxis der Naturwissenschaften (Teil Biologie). Köln.

Namen- und Sachregister

I. Teil Tierkunde

Aas 105, 106
Aaskäfer 113, 124 ff.
Abendsegler 351
Abra alba 65
Absinken 243
Abstammung 353, 365
Acetylcholin 265, 280
Acrididae 182
Actinia equina 25, 27
Actinosphaerium 13
Adelgidae 195
Adhäsion 56
Adrenalin 265, 267, 280
Aedes 157
Aepyornis 312
Aeschna 172 ff.
Äther 102
Ätherflaschen 96
Agame 285
Agar-Lösung 14
Agelena labyrinthica 197
Agelenidae 202
Agrion 172
Aktinien 27
Aktogramm 359
Albatros 336
Albumine 316
Alligator 285
Allolobophora 76, 86
Allotheutis subulata 70
Alpenmolch 17
Alpensalamander 280
Altersprobe (Ei) 313
Alytes 267
Alter von Tieren 283, 383 ff.
Ambilhar 45
Ambra 364
Ameisen 143 ff.
Ameisenbau 143
Ameisenduftstoffe 148
Ameisengäste 143
Ameisengift 148
Ameisenigel 348
Ameisenjungfer 148
Ameisenlöwe 143, 148 ff.
Ameisenstraßen 147

Ameisen-Zuchtnest 143, 144 ff.
Ammoniumhydroxid 95
Amphibia 262
Amphibien 262
Amphibieneier 287
Amphibienhaut 281
Amöba 3, 6, 12 ff.
Amoeba proteus 3
Amöbozyten 55
Amylase 118
Anaerober Zustand 81
Anakonda, längste, 292
Analyse — Gewölle 302—303
Angler 31
Anglerfisch 236
Anglergerätschaften 235
Anguillula silusia 48
Annelida 72, 75
Anodonta 65, 67
Anodonta cygnaca 64
Anpassung
— an den Untergrund 246, 247
— Gelbrandkäfer 119
— Regenwurm 86
— Robben 369
— Wiesel 366
Antagonismus 88
Antennen 113
Anthozoa 25, 27, 28, 35 ff.
Anthrenus 104
Anures 267
Aphaniptera 92
Aphanomyces astaci 216
Aphrodite aculeata 72
Apis mellifica 128
Aquarieneinrichtung 235
Arachne 196
Arachnoidea 196
Arbeitsprogramm
— Honigbiene 129
— Wespennest 141
Arbeitsstempel 348
Arbeitsteilung 5
Arbeitsgemeinschaft
— Atmungsfrequenz 176

— Auswertung von Ringfunden 331
— Bau von Nistkästen 305 ff.
— Bebrüten von Hühnereiern 318, 319
— Beeinflussung der Kaulquappenentwicklung 273
— Beobachtung von Nestbau 310
— Biotopuntersuchung 281
— Blutegel 88
— Chironomus 161 ff.
— Corethra-Larve 160
— Daphnia, Nahrungsaufnahme 207
— Daphnia im polarisierten Licht 209
— Feldbeobachtungen 303
— Feldheuschreckenlarven 183
— Fliegen 150
— Froschentwicklung 271
— Fotogramm 179
— Geruchsinn, Asseln 211
— Gewöllanalyse 302
— Goldhamster 358 ff.
— Halteren v. Schnaken 160 ff.
— Kaulquappenentwicklung 273
— Kleinkrebse 207
— Köcherfliegenlarven 171
— Kompensatorischer Lagereflex Flußkrebs 218
— Milchuntersuchung 379 ff.
— Mobile aus Flugbildern 301
— Optomotorische Reaktion 268, 269
— Regenwurm 79 ff.
— Seeigelbefruchtung 227
— Schreckstoffe bei Kaulquappen 274
— Skototaxis, Asseln 211
— Spinnennetze 199
— Stabheuschrecken 185 ff.
— Stärkeverdauung 118
— Tubifex 74, 75
— Vogelfedern 298

551

— Vogelfütterung 324 ff.
— Vogelnester 310, 311
— Vogelstimmen 297, 303 ff.
— Zuchtversuche,
 Kohlweißling 167 ff.
Archaeopteryx 296
Archaphanostoma agile 38
Architheutis 71
Arenicola marina 72, 73 ff.
Argyroneta 202
Arianta 54, 58
Arion 54
Arionidae 52
Artemia 205, 219
Artenzahl 108
Artgewicht
— Fisch 248
Arthropoda 90 ff.
Artiodactyla 373
Ascaris 48
Ascon 23
Asselus aquaticus 215
Astacus astacus 215
Astacus fluviatilis 216
Beißreflex d. Pedicellarien 230
Asteroidea 232
Astropecten irregularis 225, 226
Atemfrequenz
— Goldhamster 358
— Libellenlarve 176
— Murmeltier 357
Atemwasserstrom 219
Atmung
— Frosch 265
— Gelbrandkäfer 120
— Gelbrandkäferlarve 21
— Regenwurm 81
Attrappenversuche 122, 177
Aufbäumreflex 214
Aufbewahrung
— Insekten, tote, 97
— Käfer 113
Aufbewahrungsflüssigkeiten 100
Aufhellung v. Präparaten 100, 102 ff., 114
Aufklebeplättchen 99
Auftrieb 120, 122, 245
Aufweichen
— tote Insekten 97
Auge
— Maikäfer 114
— Wirbeltiere 344
Augenfleck 10
Aurelia aurita 25
Ausdruck 344
Austern 5, 64
Autotomie 77
Autotomiereflex
— Strandkrabbe 214
Aves 294
Axolotl 281

Bachforelle 236
Bachstelze 328
Bären 366
Bärtierchen 89
Bäumchenkoralle 26

Balg 343, 348, 355, 356
Bandotter 293
Bandwürmer 45 ff.
Barberfallen 105
Barnea candida 65
Basommatophora 52
Bast 342
Bauchmark 108
Baummarder 366
Bayluscid 45
Bebrüten v. Hühnereiern 318 ff.
Befreiungsreaktion
— beim Seestern 233
Befruchtung
— Seeigel 225, 227 ff.
Beinform
— Käfer 113
— Honigbiene 129
Beißreflex d. Pedicellarien 230
Benzylbenzoat 103
Beobachtungskasten 133
Beobachtungsnest 144
Bergmolch 262, 275
Beringungsliste 335
Bernhardiner 365
Beschattungsreflex 58
Beschädigungskampf 285, 290
Beschriftung 101
Betäubung = Narkotisierung
— Blumentiere 36
— Fische 241
— Froschlarven 273
— Drosophila 154 ff.
— Grasfrosch 264
— Molchlarven 279
— Muscheln 68
— Pantoffeltierchen 15
— Rädertiere 47
— Tubifex 75
— Turbellarien 39
Betäubungsmittel
— Alkohol 68
— Äther 155
— Benzamin 47
— Betazin 47
— Chloreton 39, 47
— Chloralhydrat 68
— Euazin 47
— Kohlendioxid 155
— Kokain 39
—, Magnesiumsulfat 36
— Methol 36
— MS 222; S. 264, 273, 279
— Nickelsulfat 15
— Strychninnitrat 47
— Trichlorbutylalkohol 75
— Urethan 36, 60, 241, 264
Beutelmaus 348
Beutelratte 348
Beuteltiere 348
Beuteschema 178
Beutespiel; Katze 369
Bewegungskoordination 187
Bewegungssehen 177, 269, 277, 288
Bewegungsweisen
— Protozoen 3
— Paramaecien 21

Bienengift 132
Bienenhonig 131 ff.
Bienenstaat 137
Bienenwabe 130 ff.
Bilharziose 44
Biologien 92, 113
Biologische Anstalt
— s. Helgoland
Bioplastik 91, 94
— Bandwürmer 25
— Fisch 235
— Flußkrebs 216
— Krebse 212
— Lurche 262
— Maikäfer 114
— Muschel 64
— Reptilen 285
— Schwanzlurche 275
— Stachelhäuter 224
— Tausendfüßler 221
— Tintenfische 70
Biotopanpassung 179 ff.
Biotope von Lurchen 283
Biotopuntersuchung
— Molchbiotope 281
Birkwild 297
Bison 379
Bitis arietans 285
Bitterling 65, 236, 241, 246
Biuretreaktion 316
Bivalvia 64
Blasenkäfer 113
Blattaria 91
Blattfußkrebse 205
Blatthornkäfer 115
Blattkäfer 113
Blattläuse 143, 195
Blauwal 254, 363 ff., 381
Bleichen
— Knochen 340
Blindschleiche 288, 290
Blume 355
Blumentiere 35 ff.
Blutbewegung bei
— Tubifex 75
Blutegel 87
Blutkapillaren 241
Blutkreislauf
— Beeinflussung 265, 280
— Beobachtung 280
Blutseen 12
Brückenechsen 5
Brutbiologie 311
Brutdauer, Vogelarten, 319, 320
Brutfürsorge
— Glockenwespe 128
— Mörtelbiene 128
Brutpflege
— Aaskäfer 124
Brutschmarotzer 297
Brutzeit 318
Boa 350
Bockkäfer 125
Bodenlockerung 84
Bodenmüdigkeit 50
Bohrmuschel 65
Bombus spec. 138

Bombykol 169
Bombyx mori 169
Boraxkarmin 9
Borkenkäfer 113, 125 ff.
Bosmia 205
Bouin Fixiergemisch 33
Bovidae 378
Buchdrucker 113
Buckelwal 363
Büschelmücke 159 ff.
Büsum, Zool. Station
 5, 27, 65, 72, 212, 226
Bufo bufo 269 ff.
Bufotalin 267
Bufotenin 267
Buntkäfer 127
Buttermilch 380

Cacypode saratan 212
Calopteryx 172
Calopteryx-Larven 175
Cambarus affinis 216
Canidae 364
Canis familiaris 364
 — lupus 364
 — mesomelas 364
 — aureus 364
Carabus 105
Carausius 241
Carausius morosus 185
Carcinus maenas 212, 214 ff.
Cardium edule 64 ff.
Carnivora 364
Carnoy'sche Lösung 9
Caudata = Urodelos 275 ff.
Cecidomyiidae 195
Cepaea 54, 58
Cephalopoda 70
Cerambycidae 125
Cercarien 43
Cerianthus 36
Cervidae 373
Cestoda 45 ff., 74
Cetacea 362
Ceylon 69
Chaetura caudacuta 337
Chamaeleon 285
Chemischer Sinn
 — Blutegel 88
 — Regenwurm 82
 — Schnecken 58
 — Spinnen 204
 — Turbellarien 41
Chemoluminiszens 124, 125
Chemorezeption
 — Regenwurm 82
Chemotaxis
 — Drosophila 155
 — Paramaecium 17
Chihuahua 365
Chilopoda 221
Chironomidae = Tentipedidae
 161
Chironomuslarven 161
Chiroptera 350
Chitinborsten 77
Chitinskelett 107

Chlamydomonas nivalis 11
Chlorcalzium 103
Chlorella 29 ff.
Chlorohydra 29
Chordata 235
Chortippus 182
Chromatophoren 215
 — Fische 242
Chromosomen
 — Hase 355
 — Kaninchen 355
Chromosomenuntersuchung 157
Cichliden 236
Ciliata s. Wimpertierchen
Clausilia 54
Clitellum 77, 86
Cloeon 181
Coelenterata 25 ff.
Cölomflüssigkeit 77, 78, 80, 86
Coleoptera 92, 112 ff.
Cook James 292
Copepoda 205, 215
Copium cornutum 195
Corethra plumicornis 159 ff.
Corixa spec. 192
Coryne sarsi 33, 34
Crangon vulgaris 212, 214 ff.
Crocodylus porosus 292
Crustaceen 212
Cryptomonas 19
Culex 157
Culexlarven 157
Culicidae 157
Curculinoidae 125
Cynpidae 195
Cypraea leucodon 71
Cyprina islandica 65, 66

Dachse 366
Dackel 365
Daphnia = Daphnie
 31, 205, 207, 208 ff., 209
Darmatmung 175, 181
Darmperistaltik 160
Darwin 81
Darwinfink 298
Dauerkulturen 7
 — Einzeller 7
Dauerleistungen
 — Vogelzug 328
Dauerpräparate
 — Turbellarien 39
 — Kleinkrebse 207
Deckknochen 340
Dekrement 32
Dendrocoelum lacteum 38, 40 ff.
Dermaptera 91, 191 ff.
Derestes 104
Desinfektion 103
Desinfektionsmittel 95, 103
Desinfektionsröhrchen 103
Destruenten 255
Dextrin 118
Diapause 86
Diebskäfer 104
Dicrocoelium dentriticum 43
Didelphus marsupialis 348

Digitalin 267
Dinosaurier 5
Dinosaurier-Eier 312
Diomedea exulans 336
Diphyllobotrium 45
Diplopoda 221
Dipteca 92, 149 ff.
Distomatose 43
Doppelfüßler 221
Dornrochen 236
Dracunculus medinensis 50
Drehnystagmus 276, 288
Dreiläufer 355
Dreissenia 65
Dreissenia polymorpha 64
Dressurversuche 134
 — Fische 247
Drosophila Mutanten 155
Drosophila spec. 153
Drosselrohrsänger 297
Dünnschliff 66
Drüsen der Haut
 — Amphibien 267, 269
Duftschuppen 170
Duplizidentata 354
Dytiscus marginalis 118, 119 ff.

Eau de Javelle 36, 102
Echinococcus 45
Ecdyonurus 181
Echinocyamus pusillus 225
Echinocardium cordatum 225, 226
Echinodermata 224
Echinoidea 227 ff.
Echinus esculentus 225, 226
Echoortung 351
Edelkoralle 25
Egestionsöffnung 67
Eiablage
 — Testudo 285
Eichengallwespe 128
Eichhörnchen 357, 381
Eieressen verboten 317
Eidotter 314, 317
Eierleger 348
Eiersammlung 296, 312 ff.
Eifarben 313
Eiformen 313
Eigrößen 312
Einhalt-Untersuchung 314
Eikonservierung 317
Einbetten
 — Fischbrut 231
 — Glochidien 68
 — Kleinkrebse 207
 — Milben 198
 — Radula 61
 — Zecke 198
Einbettungsmittel
 — Caedax 61, 68, 100
 — Gelatinol 61, 100, 162
 — Glyzerin 101, 117
 — Glyzeringelatine 61, 101
  198, 207
 — Kanadabalsam 100
 — Kunstharz 101
Einflugfallen 126

Eingraben von Arenicola 73
Einnischung 238
Einsiedlerkrebs 212
Eintagsfliegen 91, 181 ff.
Einzeller 3, 4
Eisenia foetida 76, 77, 85, 86
Eischale 313 ff.
Eischalenhaut 314
Eiweiß 314, 315 ff.
Eiweißlösung 315
Eiweiß in Milch 380
Eivolumen-Bestimmung 312
Ekdyson 152
Ektoderm 62
Elateridae 124
Elefant 370, 381
Elefanten fossil 5
Elefantenschildkröte 285
Elektrophorese 163
Elritze 236, 246 ff.
Embryonen
— Muscheln 68
Emu 336
Ena 54
Energieumwandlung 257
Engelhai 236
Engerlinge 113
Enterobius vermicularius 51
Entfettung 102, 104, 329
Entoderm 62
Entomostraka 205
Entwässerung 103
Entwesung
— Gebisse, Knochen 341
— Schwefelkohlenstoff 91
— Tetrachlorkohlenstoff 298
— Vogelfedern 298
Entwicklungsreihen 92
Entwicklungsstadien 92
Entwicklung
— Artemia 219
— Beeinflussung 273 ff., 279 ff.
— Bergmolch 262
— Corethra (= Büschel-
  mücke) 160
— Frosch 262
— Froschlurche 270 ff.
— Goldhamster 359
— Haushuhn 297, 298, 318 ff.
— Hausschwein 373
— Heuschrecken 182
— Honigbiene 129
— Kartoffelkäfer 113
— Kaulquappenorgane 271
— Kohlweißling 167
— Ligusterschwärmer 164
— längste Entwicklung der 223
— Libelle 173, 178
— Lurche 275
— Maikäfer 114
— Marienkäfer 113
— Mehlkäfer 116
— Planorbis 62
— Ringelnatter 285
— Schwalbenschwanz 163
— Schwanzlurche 275
— Seeigel 225, 226 ff.

— Seidenspinner 197
— Tagpfauenauge 164
— unvollkommene Entw. 173
Entwicklungsverzögerung
273, 279
Ephemera 181
Ephemeropteraten 91, 181 ff.
Ephydatia fluviatilis 22
Erdkröte 269, 270
Erdtausendfüßler 221
Ernährung
— Pantoffeltierchen 16
Ernährungsnischen 108
Ernteertrag 84
Erythrocyten 242
E 605 S. 265
Essigälchen 48 ff.
Essigäther (= Äthylacetat) 13, 96
Essigsäureäthylester 92
Ethusa mascarone 212
Etiketten 101
Eudorina 12
Euglena 3, 5, 9 ff.
— sanguinea 11
— viridis 19
Eulen 297, 302, 323
Eulengefieder 301
Eunectes murinus 292
Eunicella verrucosa 25
Eupagurus spec. 212
Euphausiden 254
Euplotes 5
Euspongia 22
Euspongilla lacustris 22
Exhaustor 95
Exkretion 79
Exkursionsbeil 95
Exoten
— Vögel 295
Exspiration 115
Extremitätenknochen 340
Exuvien
— Amphibien 275, 281
— Diaprojektion 281, 289
— Gelbrandkäferlarve 122
— Libellenlarve 173
— Mehlwürmer 117
— Reptilien 289

Fadenwürmer 48 ff.
Fährten 344, 376
Färben von
— Euglena 11
— Gregarinen 13
— Hydra 33
— Keimscheibe 318
— Leberegel 44
— Rädertiere 47
— Radula 61
Fäulnis 97
Fäulnismazeration 339
Falcon peregrinus 337
Fallreflex 268
Faltenwespen 139
Fangmasse 177 ff.
Fangnetze 95
Fangsteine 210, 221

Farbensehen
— Lurche 283
— Säugetiere 345, 346
Farbwechsel
— Crangon 215
— Elritze 246
— Frosch 267
Farbzellen 246
— Frosch 267
Fasciola hepatica 43
Faule Eier 317
Federfunde 304
Federschwanz 301
Federtypen 298
Feinde 5
Feindton 177
Feindvermeidung 359
Fehlingsche Lösung 118
Feldgrille 188
Feldhase 354
Feldheuschrecken 182
Feldheuschreckenlarven 183
Felidae 366
Felis 367
Fell 343 ff., 355
Felluntersuchung 343
Fennek 364
Fettfärbung 379
Fettschicht
— Wirkung 370
Feuchte Kammer 8
Feuergefährlichkeit 96
Feuersalamander 280 ff.
Finkenvögel 322, 325
Finnwal 363, 381
Finsterspinnen 201
Fischadler 254
Fische 235
— Alter 383
— Vergleich mit Molch 263
Fischbandwurm 45
Fischfutter 157
Fischgehalt im Wasser 257, 258
Fischköpfe 252
Fischregionen 252
Fischreiher 297
Fischschuppen 237, 252 ff.
Fischsterben 258
Fischwanderungen 253
Fixiergemische
— Bouin 33, 35, 232, 318
— Carnoy 9, 102
— Chao Fa Wu 33
— Formol = Formaldehyd
  10, 34, 35, 207
— Heidenhain 34
— Kupferlaktophenol 10
— Lawdowsky 33
— Sublimat 36
— Sublimatalkohol 10
— van Leeuwensches
  Gemisch 102
Fixieren von
— Bandwürmern 45
— Einzeller 9
— Euglena 10
— Froscheier 271

- Gregarinen 13
- Hydra 33
- Insekten 102
- Keimscheibe 318
- Kleinkrebse 207
- Leoeregel 44
- Marine Hydrozoen 34
- Seesterne 232
- Turbellarien 39

Flagellata s. Geißeltierchen
Flattertiere 350
Fledermaus 350 ff.
Fleischfresser 364
Fliegen
- Vorteile durch 109

Fliegenmaden 151
Fliegenpilz 267
Fliegenpuppen 153
Flimmerbewegungen 40, 63
- Muscheln 68

Flimmerepithel 68 ff.
Flöhe 92
Flohsprung 224
Flossen 237, 251 ff.
Flossbenbewegungen 237
Flossenfüßler
- größter 370
- größte Tauchtiefe 370
- Höchstgeschwindigkeit 370

Flossensauger 236
Flügelbau 300
Flügelformen
- Vögel 295

Flügelschläge/min.
- Insekten 223
- Libellen 179
- Vögel 337

Flügelspannweite
- größte 336, 337
- Pteropus niger 352

Flügelwölbung 300
Flugbilder 295, 301
Fluggeschwindigkeit
- Biene 223
- Fledermaus 353
- Libelle 179
- Rotwildbremse 223
- Vögel 337

Flughöhen 330, 337
Flughunde 351
Fluglöcher 307
Flugtechnik 301
Flußbarbe 236
Flußkrebs 215 ff.
Fuhlengeburt 371
Foraminiferen 3
Forelle 235, 249
Formicidae 143
Formol 7, 10
Fortbewegung
- Arenicola marina 73
- Aeschnalarve 175
- Blutegel 87
- Echinodermen 225
- Fische 237
- Flußkrebs 217
- Gelbrandkäfer 120

- Lithobius 222
- Muscheln 67
- Regenwurm 77
- Reptilien 270
- Seestern 232
- Taumelkäfer 123

Fortpflanzung
- Amoeba proteus 3
- Planorbis 62 ff.

Fotogramm 179
Fraßspuren
- Insekten 93
- Schnecken 58, 63
- Raupen 170

Frequenzbereich 351
Froschlurche 262, 264 ff.
Fruticicola 54
Fuchsbau 365
Fühler 113, 114, 127
Fühlerblatt 114, 115
Fütterung
- Flußkrebs 217
- Gelbrandkäfer 119
- Reptilien 290
- Strandkrabbe 214
- Vögel 320, 322, 323

Fundorte
- Gewölle 305
- Insekten 106 ff.

Fungia spec. 26
Furchung 225
Fußformen
- Vögel 295

Futterglocken 326
Futterhäuschen 296
Futterringe 326

Galapagos-Echsen 285
Galläpfel 195
Gallenerzeugende Insekten 195
Gallenexkursion 195
Gallmücken 195
Gallwespen 128, 195
Galvanotaxis 18
Garnele 212, 214 ff.
Gasdiffusion 82
Gastropoda 52
Gastrulation 225, 229
Gaze 7
Gebißsammlung 341
Gebißuntersuchung 342
Geburtshilfe
- Rind 379

Gecko 285
Gedächtnis 108
Gehirngrößen 381
Gehirnmodell 285, 287, 352
Gehör
- Gelbrandkäfer 121
- Grillen 190
- Reptilien 287

Geißel 10
Geißeltierchen 3, 5, 9
Gelatinelösung 14
Gelber Knollenblätterpilz 267
Gelbrandkäfer 118, 119 ff.
Gelbrandkäferlarve 121 ff.

Gelege von Insekten 93
Gemse 380
Gemeiner Dornhai 236
Generationswechsel 207
Genpool 5
Geotaxis 20, 42, 59
Geotrupes 126
Gerinnung 315
Gerris spec. 192
Geruchsempfindlichkeit 169
Geruchsinn
- Asseln 211
- Fische 248, 253
- Molche 277

Geruchskegel 114
Geruchsleistung
- Fische 253

Geschlechtsdimorphismus 294
Geschmackssinn 88, 178
Geweihe 342, 373
- Geweihformen 377
- Geweihstangen 342
- Rehgehörn 376
- Waidmannssprache 342, 373

Geweihträger 374
Gewichtsverringerung 63, 243
Gewölbestruktur 55
Gewöllanalyse 302
Gewöllfunde 305
Gewöllesammlung 296
Gibbon 353
Giebel 241
Giftigste Schlange 293
Giftigste Spinne 224
Giftwirkung
- Kreuzotter 291

Giftzähne 285, 292
Gigantornis 336
Gipsnester 144, 221
Glattnasen 350
Gleichgewicht der Natur
- Kaninchen in Australien 355
- Ratten in Jamaika 361

Gliedertiere 90 ff.
Gliedmaßenvergleich 347
Globol 103
Glochidien 65, 68 ff.
Globuline 316
Glockentierchen 127
Glockenwespe 128, 140
Glomeris 221
Glühwürmchen 124 ff.
Glukosespiegel 357
Goldhamster 358 ff., 381
Goldfisch 236, 241, 249
Goldschakal 364
Goliathfrosch 282
Goniopsis concutata 212
Gordius aquaticus 49
Gorilla gorilla 353
Grannenhaar 343
Grabbeine 190
Grasfrosch 270
Grashüpfer 182
Gregarina 13
- cuneata 13

555

— polymorpha 13
— steini 13
Gregarinen
= Gregarinida 3, 13, 117
Gregarinida s. Gregarinen
Greifvögel 297, 302, 323
Grillen 188
Grillenkämpfe 190
Grindwal 350
Grundumsatz 323, 349, 357, 358
Gryllidae 188
Gryllotalpa 188
Gryllus 188
Guaninkristalle 246
Gürtelpuppe 168
Gyrinus substriatus 118, 123 ff.
Gyrodinium nivale 11

Haarbewegung 344
Haare 343 ff., 349, 355, 374
Haarstern 224
Haarwechsel 366
Häminkristalle 63
Haemoglobinnachweis
— Chironomus 162 ff.
— Regenwurm 85
— Tubifex 75, 85
Haemopis sanguisuga 87
Hängender Tropfen 8
Häufigkeitskurve 210
Häutung
— Gelbrandkäferlarve 122
— Gecko 285
— Frosch 266
— Libellenlarve 176
— Reptilien 289, 290
Häutungshormon 152
Haftapparat 120
Haftvermögen Regenwurm 79
Hainschnecke 55
Halbblut 372
Halichondria panicea 22
Halluzinogen 267
Halteren 160
Hagelschnüre 314
Haltung von
— Asseln 210
— Blutegel 87
— Büschelmücke 159
— Chironomuslarven 162
— Eintagsfliegenlarven 181
— Flußkrebs 216
— Garnelen 214
— Gelbrandkäfer 119, 121
— Heimchen 189
— Kleinkrebse 206
— Köcherfliegenlarven 171
— Libellenlarven 173
— Mehlkäfer = Mehlwürmer 116
— Mistkäfer 127
— Muscheln 66
— Pagurus 213
— Regenwürmer 76
— Reptilien 290
— Schmetterlinge 165
— Schnaken 160

— Schwanzlurche 278
— Seeigel 227
— Seestern 232
— Spinnen 200 ff.
— Strandkrabben 213
— Taumelkäfer 123
— Tausendfüßler 221
— Wasserwanzen 193
Hamsterrevier 357
Hasenartige Tiere 354, 381
Haubennetzspinne 197
Hausbockkäfer 113
Haushund 364, 381
Hauskaninchen 355, 381
Hauskatze 366, 381
Hausschwein 373, 381
Hautatmung
— Frosch 266
Hautgifte
— Amphibien 267
— Pfeilgiftfrosch 282
Hautflügler 91, 128 ff.
Hautpflege soziale 300
Hautmuskelschlauch 78, 79, 85, 86
Hausspinne 197
Hefe gefärbt 16
Heimchen 188
Heimchenzucht 290
Helgoland Biol. Anst. 5, 22, 27, 33, 34, 35, 52, 65, 70, 72, 210, 212, 225, 227
Helicaceae 52
Helicella 54
Helisoma nigricans 63
Helix 52, 53 ff., 56, 60 ff.
Hellersche Ringprobe 315
Hering 249, 253, 254
Heringsfang 236
Herrentiere 353
Herzfrequenz
— Beeeinflussung
— Daphnia 208
— Fledermäuse 352, 353
— Goldhamster 358
— Murmeltier 357
Herzmuschel 64, 65
Herzschlag 160
Heteroptera 91, 194 ff.
Heuaufguß 6 ff.
Hexapoda 90
Hiatella arctica 65
Hirsche 373
Hirschkäfer 92, 113
Hirudinea 87
Hirudo medicinalis 87
Hochzeitsfärbung 246
Höchstalter
— Fische 259
— Insekten 223
Höchstgeschwindigkeiten
— Fische 259
— Fluggeschwindigkeiten s. d.
Höhlenbrüter 305
Höhere Krebse 210
Höllenotter 291
Hörner 342, 378
Hohltiere 25 ff.

Holothurie 225
Holotricha 4
Homoptera 91, 195 ff.
Honigbiene 92, 128 ff.
Honigmagen 131
Honigtau 131
Hormone
— Beeinflussung der Kaulquappenentwicklung 273
Hornisse 139
Hornkoralle 25
Horn 299
Hühnerei-Untersuchung 313 ff.
— Zusammensetzung 316
— Bebrüten 318, 319
Hühnereiweiß
— Versuche 315
Hühnerhof 297
Hühnerrassen 297
Hufe 344
Hufeisennasen 351
Hufpflege 371
Humboldtstrom 298
Hummelblüten 138
Hummeln 138 ff.
Hummelnest 138 ff.
Hummelstaat 139
Hummer 212
Hunde 364
— schwerster 365
— kleinster 365
— schnellster 365
Hundebandwurm 45
Hunderassen 365
Hundezüchtung 365
Hundertfüßler 221
Hungern 350
Hydra spec. 26, 29 ff.
Hydrocorinae 192
Hydroidenstöckchen 27
Hydropsyche 171
Hydrotaktisches Verhalten 118
Hydrotaxis 76
Hydrous = Hydrophilus 118, 123 ff.
Hydrozoa 25, 27
Hygroskopische Substanz 103
Hylobates lar 353
Hymenoptera 91, 128 ff.
Hypoglykämie 357
Hypotrichen 6

Ichneumoniden 96
Igel 349, 381
Igelfisch 236
Iltis 366
Imkerei 136
Individualbestand 324
Individuenzahl 5
Infektionswege 50
Information
— Bienenstaat 135
Immenparasiten 3
Ingestionsöffnung 67
Insectivora 349
Insekten 90 ff.
Insektenbörse 167

Insektenfresser 349
Insektenkästen 99
Insektenkörper 107
Insektenleim 99
Insektennadeln 98
Insektensammlung 90
Insektenschränke 100
Insektenwanderungen 107
Inspiration 115
Institute und Anstalten
— Limnologische 259
— Hydrobiologische 260
— Biologische 260
Intelligenzprüfung 353
Invasionsvögel 330
Invertzucker 132
Ipidae 126
Ixodes 198

Jägersprache s. Waidmannssprache
Jagd-Literatur 378
Jodreaktion 118
Joghurt 380
Julus 221

Kabinettskäfer 104
Käfer 92, 112 ff.
Kälteisolierung 370
Kältestarre 119
Kältezittern 353
Känguruh 348
Kakerlaken 5
Kaiserpinguin 298
Kalilauge 103
Kalknachweis 55
Kalmar 70
Kaliumperchlorat 273
Kalorienverbrauch pro kg 350
Kaltblut 371, 372
Kalzitkristalle 55
Kammuschel 64, 65
Kampfer 95, 103
Kammspinne 197
Kanada 348
Kannibalismus 187 ff., 215, 221, 268
Kapillaren
— Frosch 264
— Kaulquappen 264, 271
— Molchlarven 280
Karakul 380
Karausche 241, 242
Karpfen 119, 235, 241
Kartesianischer Taucher 244
Kartoffelkäfer 113, 127
Kaspar Hauser 357
Katzen 366
Kaulquappen 122
Kaumagen 184
Kaurimuschel 71
Kaurischnecke 64
Kefir 380
Keimdrüsen 247
Keimscheibe 314 ff., 318
Kellerassel 210
Kernfärbung 9
Kescher 106

Kiemen 238 ff.
Kiemendarm 176
Kiemendeckelbewegung 240
Kiemenfilamente 68
Kiemenschnecken 52
Klarsichtfolie 241
Kleiber 325
Kleidermotte 104
Kleie 116
Kleinstes Säugetier 349
Kletterfisch 236
Knochenasche 340
Knochenbeschreibung 341
Knochensammlung 339
Knochenskelett 107
Knochenuntersuchung 340
Knochenverbindungen 341
Krallen 344
Krankheitsüberträger 111
Krätze 197
Krake 70
Krebspest 216
Kreislauf des Kohlenstoffs 255, 256
Kreislauf der Nahrung 255
Kreosot 95, 103
Kreuzotter 285, 291 ff.
Kreuzotterbiß 291, 292
Kreuzspinne 197, 201
Kreuzspinnenkokon 203
Kreuzungsexperimente 64
Kriechbewegung
— Schnecke 56
Kriechgeschwindigkeit
— Schnecke 56
Kriechspur 57
Kriechtiere 285
Koagulation 315
Köcherfliegen 92, 170
Köcherfliegenlarven 170
Köder für
— Fliegen 149
— Drosophila 153
Köderdosen 104, 105, 124
Köderflüssigkeiten 105
Köderwurm 72
Königskobra (längste) 292
Köpfchenpolyp 25
Körpergewicht 349
Körpertemperaturen
— Goldhamster 359
— Feldmäuse 352
— Murmeltier 357
— Säugetiere 382
— Vögel 337
Kohlmeise 324, 327
Kohlraupenschlupfwespe 169
Kohlweißling 166
Kokon 86
Kolbenwasserkäfer 118, 123 ff.
Kolibri 298, 337
Kolloide 315
Kommentkampf 285, 290
Komodo Waran 292
Kompensatorische Augenbewegungen 60
Kondor 336

Kongorot 17
Konservieren von
— Anthozoa 36
— Fische 251
— Fischorgane 249
— Insekten 97, 100, 102 ff.
— Kleinkrebse 207
— Quallen 34
— Seesterne 232
— Schnecken 60
— Schwämme 23
— Skorpione 197
— Spinnennetze 199
— Weberspinnen 197
— Zehnfußkrebse 212
Konservierungsmittel
— Alkohol 36, 97, 100, 102, 197, 212
— Formollösung 100, 102, 249, 251
— Helly 23
— Isopropylalkohol 102
Kontaktgift 103
Konsumenten 255, 257
Konvergenz 118
Kopffüßler 70
Kopfstellreflex
— Hauskatze 367
— Reptilien 288
Korallenbarsch 236
Korallenriff 27, 36
Korallenskelette 26
Korallentiere 35 ff.
Kotballen 356
Küstenseeschwalbe 327
Kuckuck 297
Kugelasseln 221
Kulturflüchter
— Feldhase 355
— Marder 366
Kulturfolger 354
— Marder 366
— Vögel 324
Kumys 380
Kunstharz 101
Kunsthonig 132
Kupferlaktophenol 10
Kupferotter (Natter) 291
Kupferseide 100

Labferment 379
Labgerinnung 379
Lachmöwe 297
Läuse 91
Laichabgabe 270 ff.
Laichballen 270
Laichform von Lurchen 283
Laichorte von Lurchen 283
Laichschnüre 270
Laichzeiten von Lurchen 283
Lagereflex, kompensatorischer, 268
Lagomorpha 354
Lamellenstruktur 55
Lamellibranchia 65
Laminarprofil 238
Lampyridae 124 ff.

557

Landasseln 210
Landeinsiedlerkrebs 212
Landgastropoden 64
Land-Lungenschnecken 52
Landschildkröte 285, 292
Landwanzen 194
Langohrfledermaus 351
Lanzettegel 43
Latrodektus 197
Laubheuschrecken 182
Laufkäfer 92, 113, 127
Lauterzeugung 190
Lautintensität 351
Larvenzeit von Lurchen 283
Lebendbeobachtung
— Ameisen 146
— Atmung, Frosch 265
— Bienen 132 ff.
— Blutkapillaren 241, 280
— Blutzirkulation 264, 265
— Chironomus-Larve 162
— Corethra-Larve 160
— Feldheuschreckenlarven 171
— Fledermaus 352
— Fliege 150
— Fliegenmaden 151
— Frosch 264
— Goldhamster 358
— Hauskatze 367
— Herzschlag 166, 208, 280, 319
— Heuschrecken-Imagines 184
— Hühnerembryo 318, 319
— Hund 365
— Igel 349
— Kleinkrebse 206, 207
— Köcherfliegenlarven 171
— Maikäfer 115
— Molchlarven 280
— Reptilien 290
— Schmetterlingsraupen 166
— Schwanzlurche 275
— Stabheuschrecken 187
— Vögel im Winter 324
— wasserscheue Landtiere 222
Lebensdauer 5
Leberegel 43 ff.
Leberfäule 43
Leerlaufreaktion 367
Lederkoralle 25
Lederschildkröten 292
Lehmwespe 128
Leinkraut 138
Leistenkrokodil 292
Leitungsgeschwindigkeit
 in Nerven 82
Lepidoptera 163 ff.
Leptoclora 205
Lepus timidus 354
Lerchen 323
Lerchensporn 138
Lernen
— Tiere 348, 357, 361
Leuchtkäfer 113, 124 ff.
Leucosolenia botryoides 22
Leucon 23
Libellen 91, 172 ff.

Libellula 172
Libellenflügel 178
Libellenlarven 173
Lichtbauchreaktion 194
Lichtempfindlichkeit
— Regenwurm 84
Lichtfangmethode 106
Lichtkompaßorientierung 126, 168, 188, 212
Lichtrückenreaktion
— Aeschnalarve 174, 177
— Eintagsfliegenlarven 182
— Garnelen 215
— Gelbrandkäferlarve 122
Lichtsinn
— Turbellarien 41
Liebigs Welt im Glase 259
Lignin 143
Limax 56
Limnologische Institute 259
Lindane 103
Lineus longissimus 50
Lipochrome 246
Lipophore 242
Lithobius 222
Lockmittel für Insekten 105
Locustidae 182
Löffel 355
Loligo 70
Luchs 365
Luftkammer 120, 317
Luftplankton 106
Lumbricus 75, 76, 85, 86
Luminiszenz 124
Lungenatmung 62
Lungenfisch 5
Lungenqualle 25
Lurche 282
Lutrinae 366
Lycosidae 200
Lymnacidae 52
Lyssa 347

Macoma baltica 66
Macropus canguru 348
Macrostomum salinum 38
Madenwurm 51
Mähnenwolf 364
Mäuse 357
Magermilch 380
Magnetband 241
Magnettafel 241
Maikäfer 112, 113, 114, 115
Malacostraca 210
Malermuschel 64
Maltose 118
Mamba, schwarze, 293
Mammalia 339
Mammut 371
Mangrovekrabbe 212
Mantelhöhle 62
Marder 366
Marine Hydrozoen 33
Marine Turbellarien 39
Marienkäfer 113
Markierungsorte 360
Marsupialia 348

Mauerassel 210
Mauerbiene 128
Maulbrüter 236
Maulwurfsgrille
 = Werre 188, 190 ff.
Maulwurf 349
Mauserung 304
Mausohrfledermaus 351
Mazeration 102
Mazeration durch
— Fäulnis 339
Mazerieren
— Hornschwämme 23
— Kalkschwämme 23
— Kieselschwämme 23
— Radula 61
— Schnecken 60
Medinawurm 50
Meerechsen 285
Meergrundel 259
Meeresleuchten 11
Meeresmuscheln 64, 65
Meeresschnecken 52
Meereswürmer 72
Megachisoptera 351
Megascolides australis 86
Mehlkäfer 13, 112, 116 ff.
Mehlschwalbe 309
Mehlwürmer s. Mehlkäfer
Mehlwürmerzucht 290
Meisen 297, 306, 322, 325
Meisenkasten 306 ff.
Melanin 215
Melanophore 242, 246
Melliorinae 366
Melolontha 113
Mephitinae 366
Mesoderm 62
Metamorphose 108, 109
— Beeinflussung 273
— Axolotl 281
Methridium dianthus 25
Methylbenzoat 103, 114
Microchiroptera 351
Miesmuschel 64, 65, 67
Mikoroaquarium 7
Mikimoto 69
Mikro 48
Mikroprojektion 130
Mikropräparate
— Ameisen 143 ff.
— Bandwürmer 45
— Eintagsfliegen 181
— Fadenwürmer 48
— Fische 235
— Fischhaut 266
— Gelbrandkäferlarve 112
— Heuschrecken 182, 184 ff.
— Hohltiere 26
— Honigbiene 128
— Käfer 113
— Knochenschliffe 341
— Köcherfliegenlarven 170
— Kohlweißling 167
— Maikäfer 114 ff.
— Mehlkäfer 117
— Mistkäfer 127

— Muscheln 65
— Plattenepithelzellen 266
— Regenwurm 75
— Rüsselkäfer 126
— Saugwürmer 43
— Schnecken 52
— Schwämme 22
— Seeigel 231
— Seeigelentwicklung 229
— Spinnen 198
— Stachelhäuter 225
— Strudelwürmer 38
— Tausendfüßler 223
— Tintenfische 70
Milben 104, 127, 198
Milch
— Bestandteile 380
— Untersuchung 379 ff.
Milchbildung 378
Milchkasein 379
Milchproduktion 378
Milchsäurebakterien 380
Milchsäurelösung 48
Milchwirtschaft 379
Millonsche Probe 316
Mimikry 92, 140, 165, 166
Mistkäfer 113, 126 ff.
Mittelmeerplankton 3
Mobile aus Flugbildern 301
Modelle
— Eifurchung 229
— Gehirnmodelle 285, 287
— Giftzahn 292
— Gliedmaßen 347
— Hohltiere 26
— Honigbiene 128
— Insekten 103
— Käfer 113
— Kiemendeckelbewegung 241
— Maikäfer 114
— Schwimmblase 243
— Spinndrüse 199
— Vögel 296
Molekularbewegung 4
Mollusca 52
Monacha 54
Mondhornkäfer 127
Monotremata 348
Mooskorpione 197
Mörtelbiene 128
Mucoproteine 81
Mundwerkzeuge 113
— Maikäfer 114
Murmeltiere 357
Musca domestica 149
Muscheln 64
Muschelkrebse 205
Muschelschalen 64, 66
Museumskäfer 104
Muskeltrichine 48
Muskulatur quergestreift 160
Mustelidae 366
Mustelinae 366
Mya arenaria 64, 65, 66
Myotis myotis 350, 351
Mytilus edulis 64, 65
Nachtfalter 164

Nachtzieher 330
Nachweis
— Aminosäuren 316
— Ca^{++} in Milch 379
— Fett im Hühnereiweiß 316
— Fett in Milch 379
— gelöste Gase in Wasser 239
— Geruchsinn 211
— Hämoglobin 162
— Kohlendioxid 359
— Kohlenstoff im Eiweiß 315
— Lignin 143
— Milchzucker 380
— Skototaxis 211
— Struktur u. Pigmentfarben 165
Nadeln für Insekten 98
Nagespuren 356
Nagetiere 356
Nagezähne 354
Nahrungsaufnahme
— Amoeba proteus 3
Nahrungskette 158, 159, 253
Nahrungston 177
Nahrungsvakuole 17
Naphtalin 95, 103
Narkotisierung s. Betäubung
Narwalzahn 365
Nashörner fossil 5
Nashornkäfer 127
Natternhemden 285
Naturkundliche Tafeln 348
Naucoris 194
Nautilus 5, 70
Neandertaler 381
Necrophorus germaniens 124
Nelkenöl 103, 114
Nemathelminthes 47
Nematodes 48 ff.
Neotenie 273, 281
Nepa spec. 192
Nereis diversicolor 72
Nervensysteme 108
Nestbau (Beobachtung) 310
Nester von Insekten 93
Nestersammlung 296
Nestflüchter 319, 355
Nesthocker 320, 355
Nestlingsdauer 320
Neufundländer 365
Neurulation 229
Neutralrot 16, 160
Nichtoptischer Nystagmus 276
Nichtwiederkäuer 373
Niedere Krebse 205
Nischenbrüter 308
Nische, ökologische 179
Nistgeräte 297, 305 ff.
Nisthilfen 297, 305, 309
Nistkastenkontrolle 309
Nistkästen anbringen 308
Noctiluca 11
Nordamerikanischer
 Goldregenpfeifer 327
Nonne 164
Notfutter 325
Notonecta spec. 192

Nucula 5, 65
Nummuliten 4
Nyctalus noctula 351
Nymphe 174

Oberfläche 4, 349
— Respiratorische 238
Oberflächenspannung 194
Oberwolle 343
Objektträgeraquarium 8
Octopus 70
Odonata 91, 172
Oedemansche Mischung 198
Ökologisches System 256
Ölpest 300
Ohrenqualle 25
Ohrwürmer 13, 91, 191 ff., 212
Oligochaeta 74, 75
Ommatidien 177
Omocestus 182
Oniscoideae 210
Oniscus asellus 210
Oozyan 313
Opalina ranarum 19
Ophiophagus hannah 292
Ophiotrix fragilis 226
Ophiura albida 225
Ophiura texturata 225, 226
Optomotorische Reaktion
— Frosch 258, 269
Orang Utan 353, 381
Orcein — Essigsäure 163
Orgelkoralle 26
Orientierung
— Wale 362
— Fledermäuse 250
Oryctolagus cuniculus 355
Osmoregulation 158
— Regenwurm 79 ff.
Osmoseversuch
— Hühnerei 317
Osmia bicolor 128
Osteo dontornis 336
Ostracoda 205
Ostrea edulis 64
Otter 366
Oursius 225
Oxyuris 48

Paarhufer 373
Paarungszeiten
— Froschlurche 270
Palaemon squilla 214
Palaemonetes varians 214
Pantoffeltierchen 4, 5, 6, 14 ff.
Pan troglodytes 353
Papagei
— Wortschatz 337
Papierstreifenmodelle 347
Paracentrotus 22, 485
P-Dichlorbenzol 94, 103
Paraleptophlebia 181
Paramaecium s. Pantoffeltierchen
Parasiten 92
Parazoanthus 37
Parietalauge 287

559

Parotiden 267, 269
Pecten 64, 65
Pecotus auritus 351
Pedicellarien 230
Pellicula 10
Pelmatohydra 29
Pelobates 267
Peridinium 19
Perissodactyla 371
Peristaltik 73, 75, 78, 88
Perlen 69
Permatula phosphorea 25
Pferd 371, 372, 381
Pferdeegel 87
Pferderassen 371
Pflanzenkonservierung 101
Pflanzensauger 91, 195 ff.
Pharax pellucidus 65
Phenol 103
Phosphaenus hemikterus 124
Phosphatnachweis 339
Photomenotaxis 188
Phototaxis negative 76
— Fische 245
— Regenwurm 84
— Reptilien 288
— Turbellarien 41
Phototaxis positive
— Daphnien 208
— Drosophila 156
— Euglena 10
— Fliegen 153
— Hydra 32
— Kaulquappen 273
— Regenwurm 84
Phoxinus laevis 246
Phyllopoda 205, 215
Physoclisten 243
Physostomen 243 ff.
Phytomonadinen 3
Phthiraptera 91
Placentonema gigantissima 50
Planaria
— gonocephala 38
— torva 38
— polychroa 38
— lugubris 38
Plankton 255, 256
Planktonfischen 7
Planktonnetz 47
Planorbidae 52, 61
Planorbis 52
Pieris spec. 166
Pigmente
— Crangon 215
Pigmentbecherocellen 41
Pigmentfarben
— Schmetterlingsflügel 165
Pigmentierung
— Kaulquappen 271
— Molchlarven 280
Pigmentzellen
— Frosch 285
Pilgermuschel 67
Pillendreher 126
Pilzkoralle 26
Pinguin 298

Pinnipedia 369
Pinzetten 95
Pirol 297
Pisces 235
Pisidium 65
Pithecanthropus 381
Planorbis corneus 61, 62, 63
Plathelminthes 38 ff.
Plattbauch-Libelle 172
Plattenepithelzellen 266
Plattwürmer 38 ff.
Plötze 241
Pluteus 225, 228
Polarisiertes Licht 209
Polychaeta 72
Polychaeta errantia 72
Polychaeta sedentaria 72
Polyphemus 205
Pollen 132
Polytoma 19
Populationen 5
Porcellio scaber 210
Porifera 22 ff.
Posthornschnecken 52
Potamobius fluviatilis 216
Pottwal 50
Prägeapparate 101
Präparierklotz 98
Präpariernadeln 98
Präparation
— Bandwürmer 45
— Fellstücke 343
— Blutkapillaren Fisch 241
— Fische 248
— Fischköpfe 252
— Gebisse 341
— Gewölle 302
— Heuschrecken 184
— Hühnerembryo 318
— Insekten 97 ff.
— Krebse 212
— Muscheln 68
— Reptilien 289
— Reptilienhaut 289
— Seeigel 231
— Skeletteile 339
— Vogeleier 312
— Vogelnester 311
Präparationsübungen 113
Primates 353
Proboscidea 370
Produzenten 255, 257
Projektionsküvette 40, 207
Protoporphyrin 313
Protozoa 3
Protozoen-Granulat 5
Przewalskipferd 371
Psammechismus miliaris 225, 226
Pteranodon 337
Pterophyllum 245
Pteropus 351, 352
Ptinus 104
Puffotter 285
Puppenfärbung
— Beeinflussung 169
Putzerfische 236
Pycnopodia 232

Pyrophorus 124
Python 350
— Länge 292
Python reticulatus 292

Quallen 27, 34 ff.
Quarantäne 103
Quittenschleim 47

Rabenvögel 294, 297
Radiolarien 4
Radnetz-Spinnen 201
Radnetz-Teile 200, 203
Radula 61
Rädertiere 47
Rahm 380
Rammler 355
Rana esculenta 269
Rana spec. 264
Ranatra 192
Rangordnung 324
Raubhai 259
Raubkäfer 105
Raubmarder 366
Raubtiere 364
Rauchschwalbe 297, 309
Raupenhäutung 167
Raupensammelschachtel 95
Ratten 357, 361
Rebhühner 323
Rebstichler 113, 125
Redien 43
Reflexbogen 85, 219
Regeneration
— Hydra 32
— Molchlarven 280
— Planarien 43
— Regenwurm 85
Regelungsvorgänge 180
Regenwurm 75 ff.
Regenwurmdichte 84, 86
Reh 373 ff.
Rehgehörn 376
Reiterkrabbe 212
Reizintensität 192
Reizleitung 4
Relative Oberfläche 349
Reptilia 285
Reptilien 116
Reptilieneier 285, 287
Reptilienschädel 285, 287
Revier
— Goldhamster 360
— Libellen 173
— Terrarium 290
Rheotaxis
— Fische 242 ff.
— positive 287
— Strandkrabbe 214
— Turbellarien 41
Rhincodon typus 259
Rhinolophidae 351
Rhizopoda s. Wurzelfüßler 3
Rhizostoma pulmo 25
Riesenböcke 125
Riesenchromosomen 156, 163 ff.
Riesenlandschnecke 71

Riesenkänguruh
— Kampfverhalten 349
— Nahrungsaufnahme 349
Riesenmuschel 71
Riesennervenfasern 82
Riesensalamander 282
Riesenschlange 285
Riesenkolopender 221
Riesenstrauß 312
Riesentausendfuß 221
Riesentintenfisch 71
Rinder 378
Rinderbandwurm
— Hakenloser Bandwurm 45
Rindermagen 378
Rinderkrankheiten 379
Rinderställe 379
Rindertuberkulose 379
Ringfunde 331
Ringelnatter 285
Ringelwürmer 72
Robben 369
Rodentia 356
Röntgenaufnahmen 341, 348
Rohwachs 130 ff.
Rotatoria 47
Rote Waldameise 143, 147
Rotfeder 241
Rotfuchs 343
Rotlicht 84
Rotschwanzwürger 328
Rousettus 351
Ruderfußkrebse 205
Rudern 120
Ruderwanze 192, 194 ff.
Rückenmark 108
Rückenschwimmer 192, 193 ff.
Rückstoßbewegungen
— Aeschnalarve 174, 175
Rüsselkäfer 113, 125 ff.
Rüsseltiere 370
Ruhigstellen von Pantoffeltierchen 14
Ruminatia 373
Rupfung 298, 304 ff., 343

Sabellaria spinulosa 72
Säugetiere 339
— Alter 385
— Gehirngrößen 381
— Säugeperioden 381
— Trächtigkeitsdauer 381
— Zahl im Wurf 381
Saitenwürmer 49
Salamandra 267, 280 ff.
Saltatoria 91, 182 ff.
Salticidae 200, 224
Saluki 365
Samandaridin 267
Samandrin 267
Samenkäfer 113
Samenübertragung
— Rind 379
Sammlungsgeräte 95
Sammelgläschen 96
Sammlungsraum 103
Sammlungsschädlinge 104

Sandklaffmuschel 64
Sandkorallenwurm 72
Sandwespen 128
Sargassofisch 236
Sarsia tubulosa 33, 34
Sasse 355
Saugfüßchen 230
Saugwürmer 43 ff.
Savanne 348
Scarabäus sacer 127
Schaben 91
Schabrackenschakal 364
Schädelknochen 340, 341, 353, 354, 356, 373, 378
Schädliche Insekten 93
Schädlingsbekämpfung 324
Schäferhund 365
Schafwolle 380
Schallorientierung 350 ff.
Schamanen 267
Schattenreflexe 157
Scheibenbarsch 241
Scheitelauge 287
Scherenspannweite 224
Schilddrüse 281
Schilddrüsenhormon 273
Schimmelbildung 97, 103
Schimpanse 353, 381
Schistosoma 45
Schlammröhrenwurm 74 ff.
Schlammpeitzger 236
Schlammschnecken 30, 52, 63
Schlangenbeschwörer 287, 288
Schlangenserum 292
Schlangenstern 224, 225
Schlanklibelle 172
Schlauchwürmer 47 ff.
Schleie 249
Schließmuskel 67, 68
Schlinger 31
Schlüsselreize 236
— Katze 368
Schlundzähne 235
Schmetterlinge 163 ff.
Schmetterlingseier 170
Schmetterlingswanderungen 164
Schnabelformen 295
Schnaken 160
Schnappreflex 177
Schnecken 52
Schneckenhäuser 54 ff.
Schneckenherz 52
Schneckentempo 71
Schnellkäfer 113
Schnellpräparation
— Einzeller 9
Schnirkelschnecken 52
Schnürversuche 152
Schrecken 91, 182 ff.
Schreckdrüsen 121
Schreckreaktion 166, 247
Schreckstoff
— Fische 247
— Kaulquappen 274
Schreibersche Nährlosung 279
Schrillorgan
— Mistkäfer 127

Schülerübung
— Auswertung von Ringfunden 331
— Fische 236
— Fischpräparation 249 ff.
— Hasenschädel 354
— Honigbiene 128, 129
— Knochenbeschreibung 341
— Kohlweißling 166, 167
— Mehlkäfer 117
— Maikäfer 114
— Milchuntersuchung 379
— Seeigelpanzer 231
— Wespennest 141 ff.
— Vogelfedern 299
Schulgarten 305
Schulp 70
Schutztracht 187
Schwämme 22 ff.
Schwalbenschwanz 163
Schwan 297, 323
Schwanzformen
— Vögel 295
Schwanzlänge 337
Schwanzlurche 262, 275 ff.
— Zahlen 282
Schwanzbildung
— Libellen 179
— Heuschrecken 185
Schwarmfische 247
Schwarze Witwe 197
Schwanzkäfer 113
Schwarzwild 373
Schweben 120, 122, 243
Schweinebandwurm 45
= Hakenbandwurm
Schweinegeburt 373
Schweineverwandte 373
Schwerereiz 219
Schwerkraft 5
Schwimmblase 235, 237, 250
Schwimmblasenfunktion 243 ff.
Schwimmen 243
Schwimmkäfer 112
Scolopendra 222
Scolopendra gigas 221
Scyphopolyp 26
Scyphozoa 25, 30
Seebär 370
Seefeder 25
Seegurke 224
Seehund 370
Seeigel 224, 225, 227 ff.
Seeigelfunde 227
Seelefant 370
Seelöwen 369
Seenelke 25
Seeperlmuschel 69
Seemoos 25
Seeraupe 72
Seerose 25
Seesalzpackung 226
Seesterne 224, 225, 232 ff.
Seevögel 298
Seewalzen 224
Seewasseraquarium 226
Seewasserherstellung 226

561

Sehvermögen
— Aeschna-Larve 176
Seidenfaden 169
Seidenspinner 169
Seiwal 363
Selbstverstümmelung 77
Selektionsvorteil 350
Sepia 70
Sertularia spec. 25
Sexualdimorphismus 92
Sexualverhalten
— Triturus alpestris 262
Sibirischer Mornellregenpfeifer 327, 328
Silberfischchen 13
Silphidae 124 ff.
Simia satyrus 353
Sinken 120, 122
Sinnesorgane 108
— Fische 248
Skalare 245
Skelette 107
Skeletteile 339
Skizzenblätter, biologische, 348
Skolopender 222
Skorpion 197
Skototaxis 191, 211
Skunke 366
Solaster papporus 225, 226
Sonnentierchen 13
Spannbretter 98
Spannstreifen 98
Spannweite
— Insektenflügel 223
Spechte 297
Speckkäfer 104, 113
Speiballen 302
Sphaerium 65
Sphaerechinus granularis 227
Sphaerodactylus elegans 292
Sphagnum 12
Spindelmuskel 56
= Rückziehmuskel
Spinnengelege 202, 203
Spinnennetze 199, 203
Spinnentiere 196, 224
Spinnflüssigkeit 199
Spinnwarzen 199
Spiralbauweise 55
Spirallaufen 126
Spiralreflex 222
Spisula-solida 65
— subtruncata 65
Spirotricha 4
Spongia officinalis 22 ff.
Spongilla 22
Sporocysten 43
Springspinnen 200, 224
Sprungleistungen
— Känguruh 348
Spulwurm 48
Spuren 344
Stabheuschrecken 185
Stabwanze 192, 193 ff.
Stachelhäuter 224
Stachelreflex
— Seeigel 230

Stachelschwanzsegler 337
Stärkeverdauung
— Nachweis 118
St. Jakob 67
Star 297, 331 ff.
Starrkrampfreflex 214
Statische Augenreflexe
— Strandkrabbe 214
Statische Kopfreflexe
— Molch 275
Statocysten 219
Staubläuse 104
Stechmücke 149, 157
Steinadler 297
Steinkoralle 25
Steinkriecher 222
Steinmarder 366
Steinseeigel 227
Stentor 4, 5
Stichling 235, 246
Stridulationsorgan 127
Stiftzähne 354
Stigma 114, 187
Stilelement 67
Stimmen
— Lurche, Frösche, Kröten 262
Storch 297
Stoßzähne
— Größe, Gewicht 371
Strandauster 65
Strandkrabbe 214 ff.
Strandvögel 298
Strauß 336
Strömungssinn (auch Rheotaxis)
— Fisch 242 ff.
— Molche 277
— Turbellarien 41 ff.
Stromlinienform 238
Strongylocentrotus lividus 227
Strudler 67
Strudelwürmer 30, 38 ff.
Strukturfarben
— Schmetterlingsflügel 165
— Vogelfedern 299
Struthio camelus 336
Stubenfliege 149
Sublimatalkohol 10
Succinea 54
Süßwasserconchylien 64
Süßwassermeduse 25
Süßwassermuscheln 65
Süßwasserpolyp 25, 27, 29 ff.
Süßwasserschwamm 22 ff.
Suiformes 373
Sumpfdeckelschnecken 52
Suncus etruscus 349
Superfötation 354
Sycon 23
— coronatum 22
Symbiose 29, 236
Symbol 65, 67, 127
Sympathicus 247
Systematik 11
— Vögel 294

Tachyglossus aculeatus 348
Taenia
— solium 45
— saginata 45
Tagfalter 163
Tagzieher 330
Tannenläuse 195
Tardigrada 89
Tarpan 371
Taschenmikroskope 129
Tastorgane
— Reptilien 287
Tastsinn
— Schnecken 59
Taucher 69
Taufliege — Fruchtfliege 153 ff.
Taumelkäfer 118, 123 ff.
Tausendfüßler 212, 221
Taxien 17 ff.
Teichfledermaus 351
Teichmannsche Probe 63
— Chironomus 162 ff.
— Regenwurm 85
— Tubifex 75
Teichmolch 262, 273
Teichmuschel 64, 65
Telephoridae 124
Tellermuschel 65
Tellerschnecken 61, 64
Tellina baltica 65
Temperaturregulierung 146
Temperatursinn 88
— Schnecken 59
Tenebrio molitor 13, 116 ff.
Terrarium 285, 290
Terpentinöl 100
Territorialverhalten
— Buntbarsch 236
— Schlangenstern 225
Testudo gigantea 292
Testudo graeca 285
Tetrachloräthan 102
Tetrachlorkohlenstoff 102
Teufelsnadel 172
Thecosmilia 26
Thermorezeptoren
— Reptilien 287
Thermosflasche 7
Thermotaxis 19
Thigmotaxis 76
— Paramaecien 19
— Planarien 43
— Ohrwürmer 191
Thunfisch 253
Thymus 273, 279
Thyroxin 273, 279, 281, 357
Tierpark 342, 370
Tineola 104
Tintenfische 70
Tipulidae 160
Titanus giganteus 125
Töten von
— Amphibien 289
— Anthozoa 36
— Fischbrut 251
— Gregarinen 13
— Heuschrecken 184

— Insekten 94, 96, 97, 102, 105
— Kriechtiere 289
— Libellen 173
— Milben 198
— Muscheln 66, 68
— Nacktschnecken 60
— Ohrwürmer 191
— Regenwürmer 85
— Schnecken 60
— Seeigel 231
— Seesterne 232
— Vögel 322
Tötungsgläser 96
Tötungsmittel
— Äther = Diäthyläther 95, 191, 322
— Äthylenglycol 105
— Ammoniak 97
— Alkohol 36
— Chloroform 60, 85, 96, 322
— Chloroform-Schwefeläther-Gemisch 289
— Chloralhydrat 60
— Essigäther = Äthylacetat 13, 96, 184
— Essigsäureäthylester 94
— Formalin = Formol 97, 105
— Leichtbenzin 96
— Kaliumcyanid = Cyankali 95
— Nikotin 289
— Oedemansche Mischung 198
— Schwefelkohlenstoff 96
— Tetrachlorkohlenstoff s. d.
— Vietsche Mischung 198
Tötungsspritze 97
Tollwutgefahr 106, 347
Tonband 262
Totengräber 113, 124 ff.
Totstellreflex 117
Tracheen 114, 115, 117
Tracheendauerpräparat 188
Tracheenkiemen 172, 181
Trachelomonas 19
Tracht der Bienen 137
Trächtigkeitsdauer
— Säugetiere 381
Trachyphylla spec. 26
Transport von
— Amphibien 267, 268
— Insekten 97
— Vögel 323
Traubenzucker 132
Trematoda 43 ff.
Trichodina pediculus 30
Trichocysten 17
Trichoptera
= Trichopteren 92, 170
Trichinella 48
Trichterspinnen 202
Tridacna gigas 71
Triops carciformis 5
Triturus
— alpestris 262, 275
— cristatus 267
— taeniatus 262, 275
Trockenmilch 380

Trockenstarre 81
Troctes 104
Trophäensammlung 199
Tubifex spec. 74 ff.
Tubipora spec. 26
Tubularia larynx 25
Tümpel 12
Turgor 73
Turbanaugen 182
Turbatrix aceti 48
Turbellaria 38 ff.
Tympanalorgan 184

Uca tangeri 212
Überführungsmedium 103
Überkompensation 120, 123, 158
— Frosch 266
Überwinterung
Uhrglastierchen 13
Ultraschall 351, 362
Ultraschallpeilung 351
Umdrehbewegung
— Seeigel 230
— Seestern 233
Umdrehreflex 175, 367
— Flußkrebs 219
— Frosch 268
— Reptilien 288
— Strandkrabbe 214
Umgebungstracht 92
Umwelt 92
Unio pictorum 64, 65, 67
Unpaarzeher 371
Unterrolle 343
Ursidae 366
Urtierchen 11
Utriculus-Statolith 246
UV-Licht 84, 357
— Eier im 313

Vakuolenfrequenz 15
van t'Hoffsche Regel 16
Varanus comodoensis 292
Veligerlarve 65
Venus ovata 65
Vererbung 63, 365, 379
Verdauung
— extraintestinale 122, 124,, 148
— Pantoffeltierchen 16
Vergleich
— Amphibien/Reptilien 286
— Einzeller/Vielzeller 4, 5
— Fisch/Molch 263
— Hase/Kaninchen 355
— Kaulquappe/Frosch 274
— Rinder-/Pferde-/Schweinefuß 373
— Wildschwein/Hausschwein 373
— Insekt/Wirbeltier 107
Verhalten
Aeschna-Larven 174 ff.
— Goldhamster 360
— Katze 367
— Köcherfliegenlarven 171
— Kreuzspinne 204

Verletzte Vögel 321
Verpuppung 168
Versteinerungen
— Ammoniten 70
— Archaeopteryx 296
— Belemniten 70
— Fische 235
— Insekten 95
— Korallen 26
— Libellen 173
— Muscheln 65
— Reptilien 295, 307
— Seeigeln 225, 231
Verunreinigung d. Gewässer 258
Verwandlung v. Insekten 92
Verwandtschaftsbegriff 366
Vespa
— crabo 139
— germanica 139
Vespertilionidae 351, 352
Vespidae 139
Vielborstige 72
Vielfraß 366
Vielzeller 4
Vierfüßergang 353
Vietsche Mischung 198
Vipern 291
Vitamine 317
Viviparidae 52
Vögel 294 ff.
— größte 336
— kleinste 336
— schnellste 336, 337
— Alter 383
Vogelarten 335 ff.
Vogelberge (Island) 298
Vogelbecken 305, 310
Vogelberingung 335
Vogeleier 312 ff.
Vogelfedern 298 ff.
Vogelflügel 300
Vogelnester 310 ff.
— Präparation 311
— Nestbau 297
— Sammeln 311
— Untersuchen 311
Vogelordnung 294
Vogelschutz 323, 326, 336
Vogelschutzgebiet 298
Vogelschutzwarten 336
Vogelskelette 296
Vogelstimmen 297, 303, 304
Vogelzug
— Beobachtungsanregungen 330
— Dauerleistungen 328
— Durchzügler 330
— Einzelwanderer 330
— Flughöhen 330
— Formationen 330
— Gesamtflugleistung 327
— Gruppenbildung 330
— Invasionsvögel 330
— Nachtzieher 330
— Ringfunde, Auswertung 331 ff.

563

— Tagesflugleistung 327
— Tagzieher 330
— Wandergeschwindigkeiten 236
Vorratsschädlinge 93
Vorticella 6
Vorzugstemperatur
— Lurche 283
Vultur gryphus 336

Wandtafeln
— Einzeller 3
— Erdgeschichtliche 235, 262, 287
— Flußbarsch 235
— Hohltiere 25
— Honigbiene 128
— Insekten 94
— Kreuzspinne 196
— Seesterne 225
— Stubenfliege 149
— Süßwasserschwamm 22
— Tintenfische 70
— Weinbergschnecke 52
Wachstumskurve 108
— Kaulquappe 272
— Molch 278, 279, 280
Wachstumshemmung
— Froschlarven 273
Wachstumsverlauf 108
Wärmeverlust 349
Waidmannssprache
— Hasen 355
— Wildschwein 373
— Geweihe 373, 374
— Rehwild 374—378
Wale 362 ff., 381
Waldpferd 372
Walfang 362, 363 ff.
Walroß 370
Wanderheuschrecken 185
Wandermuschel 64
Wanderung
— chines. Wollhandkrabbe 213
— Fische 253
— Heuschrecken 185
— Libellen 179
— Schmetterlinge 164
Wanderfalke 337
Wanzen 91, 194 ff.
Warmblut 371, 372

Wasserabgabe
— Frosch 266
Wasseraufnahme
— Frosch 266
Wasserfrosch 269
Wasserjungfer 172
Wasserkalb 49
Wasserläufer 192, 194 ff.
Wasser-Lungenschnecken 52
Wassertreter 327
Wasserskorpion 192, 193 ff.
Wasserverschmutzung 10
Wasserwanzen 118, 192
Wasserwild 297, 323
Watt 65
Weberknechte 197
Weberspinnen 197
Wechseltierchen 12 ff.
Wegschnecken 52
Wehrdrüsen 223
Weichfresser 322
Weichtiere 52 ff.
Weidehygiene 379
Weinbergschnecke 52, 53 ff.
Weißfisch 249
Wenigborster 74
Werkzeuggebrauch 298
Werre 190
Wespengift 140
Wespennest 141 ff.
Wespenpapier 142 ff.
Wespenstachel 140
Wiederkäuer 373
Wiesel 366
Wildenten 297, 323
Wildgänse 297
Wildkaninchen 355
Wildschwein 373, 376
Wimpertierchen 3, 4, 14 ff.
Winkerkrabbe 212
Winterschlaf 357 ff.
— Eichhörnchen 357
— Fledermäuse 352
— Murmeltier 357
— Physiologie des W. 357, 358
Winterquartiere
— Vögel 329, 334
Winterruhe 57
Winternot 348
Wirbeltiere 235
Wirtswechsel 45

Wolf 364
Wolfsspinnen 5, 200
Wollhaar 343
Wollhandkrabbe 213
Wurzelfüßler 3

Xylol 100
Xanthoproteinreaktion 316

Zahnsammlung 341
Zahnwale 362, 364
Zaphrentis 26
Zauneidechse 285, 290
Zecke 198
Zehnfußkrebse 212
Zellkern 4
Zellulose 143
Zirfaea crispata 65
Zirporgane 184
Zobel 366
Zoologische Station
— s. Büsum
Zucht von
— Drosophila 153
— Feldgrillen 189
— Heimchen 189, 290
— Heuschrecken 182
— Kohlweißling 167
— Leuchtkäfer 125
— Mehlkäfer 116, 290
— Schmetterlinge 164
— Seidenspinner 170
— Stabheuschrecken 186
— Stubenfliege 150
— Wespen 140
Zuchtnest
— Ameisen 144
Zuchtperlen 69
Zuckmücken 161
Züngeln 287
Zugverhalten 331
Zweiflügler 92, 149 ff.
Zwergseeigel 227
Zwergspitzmaus 349, 350
Zwillingsbildung 262
Zwischenwirte
— Insekten 111
Zwitter 77
Zyklose 16
Zylinderflaschen 97

II. Teil Pflanzenkunde

Abbau von Kohlenwasser-
  stoffen 413
Abelsche Flüssigkeit 445
Abstammungslehre 523
Acetaldehyd-Nachweis 449 f.
Ackerrettich 520
Ackersenf 520, 532
Agar-Agar 400
Agar-Stichkultur 406 f.
Algen 432 ff.
Algen, Beschaffung 432 ff.
Algen, Dauerpräparat 435 ff.
Algen, Färben 437 ff.
Algen, Fixieren 435 ff.
Algen, Frischpräparat 435
Algen, Konservierung 434
Algen, Kultur 440 ff.
Alizarinviridin-Chromalaun 438
Alkalischer Rötling
  (Rhodophyllos niderosus) 472
Alkaloide 538
Alkoholische Gärung 447 ff.
Alkoholnachweis 449
Allopathie 538
Amanitine 469
Amylase-Nachweis 411, 452
Anaerobier, Züchtung 407 f.
Anatomie 502, 513, 515, 516, 526,
  537, 541, 542
Aneurin 457 f.
Angiospermen 513, 520
Anis-Champignon 487, 488
  (Agaricus arvensis)
Anis-Trichterling 490
  (Clitocybe odora)
Antheridien 507
Antibiotischer Test 424 f.
Apetalae 524
Araceen 542
Archegoneaten 499
Archegonien 507, 510
Artbegriff 521, 522, 529
Artentstehung 532
Articulatae 507
Arzneistoffe 543
Aspergillus niger 451 f., 454,
  456, 459
Aspergillus niger, Bildung
  von Gluconsäure 459
Asteraceae 539
Atmungswurzeln 542

Auferstehungspflanze 511
Auflegen eines Deckglases 435,
  444 f.
Ausstrichöse 388, 393, 394, 398,
  405, 461
Ausstrichpräparat, Anfertigung
  398 f.
Auswaschung 499
Autoklav 389, 401

Bärlappe 510
Bakterien 387 ff., 522
Bakterien, Beschaffung 392 f.
Bakterien, Bestimmung 430 f.
Bakterien, Dauerpräparat 394 ff.
Bakterien, Färbung 395 ff.
Bakterien, Fixierung 394 f.
Bakterien, Form 399 f.
Bakterien, Frischpräparat 393 f.
Bakterien, Nährmedien 400 f.
Bakterien, physiologische
  Leistungen 408 ff.
Bakterien, Überimpfen 404 f.
Bastarde 522
Bastkörper 541
Bauchwuch-Koralle
  (Ramaria pallida) 472
Baumporlinge 477
Bautypen 521
Becherfrüchtler 524
Becherlinge 477
Bedecktsamige 529
Bierwürze-Agar 446
Bindung von Luftstickstoff 417 f.
Biotechnik 542
Birkengewächse 524
Birken-Reizker 471 472
  (Lactarius torminosus)
Blätter 517
Blätterpilze 476, 478, 484
Blattabzug 543
Blaualgen 522
Bleicher Rötling 472
  (Rhodophyllus hydro-
  grammus)
Blüten 517
Blütenbau 521, 524
Blütenbiologie 531
Blütendiagramm 521
Blütenfarben 543
Blütenökologie 533

Blütenstaub 517
Blutreizker 487
  (Lactarius sanguifluus)
Bodenverbesserung 531
Bodenweiser 500
Boraxkarmin 439
Borke 516
Boviste 477
Brandiger Ritterling 471
  (Tricholoma ustale)
Brauner April-Rötling 472
  (Rhodophyllus aprilis)
Braunfleckender Milchling 471
  (Lactarius vietus)
Brennender Ritterling 471
  (Tricholoma virgatum)
Brennender Schwindling 472
  (Marasmius urens)
Brennhaare 526, 537
Bromthymolblaubouillon 409
Brutbecher 503
Brutschrank 389
Bryophyta 499
Bürstenmoos 499, 500, 501
Büscheliger Schwefelkopf 472
  (Nematoloma fasciculare)
Bufotenin 470
Bunte Reihe 409
Butterpilz 487
  (Suillus luteus)
Buttersäuregärung 410 f.

Carbol-Fuchsin-Lösung nach
  Ziehl-Neelsen 396, 397, 398
Champignon 468, 485
  (Agaricus)
Champignonzucht 489
Chemotaxis 507, 510
Chlorophyllauszug 526
Chlorzinkjodlösung 503, 516, 541
Chromessigsäure
  nach Flemming 435 f.
Coniferen 513
Corynebakterien 413
Cycadales 513
Cyclopeptide 469
Cytochrom-Nachweis 453 f.

Dampftopf 389, 401
Dauerhumus 502
Denitrifikation 420

Derbfleischiger Schleimkopf 487
 (Phlegmacium praestans)
Desulfurikation 421
Dichotomie 510
Diphenylamin-Schwefelsäure
 419 f.
Diplococcus 399
Doldenblütler 533, 540
Durchsaugen von Flüssigkeit
 unter dem Deckglas 447

Echter Mousseron,
 Knoblauchsschwindling 488
 (Marasmius scorodonis)
Echter Reizker 468, 485
 (Lactarius deliciosus)
Efeu 533
Eibe 517
Eibengewächse 514
Einhäusigkeit 524
Einkeimblättrige 523, 526, 529
Eiszeitrelikt 530
Eiweißabbau durch Bakterien
 414 ff.
Eiweißpflanzen 531
Elateren 509
Enzym-Nachweis bei
 Aspergillus niger 451 f.
Ephedra 513
Equisetinae 507
Erdsterne 477
Erdwendigkeit 545
Ericaceen 535
Erstmännlichkeit 540
Erstsiedler 501
Essigsäurebakterien 414
Essigsäuregärung 413 f.
Ethymologie 499
Eusporangiate 506

Färbewanne mit Färbebank 395
Fallgeschwindigkeit 518
Falscher Perlpilz 491
 (Amanita pseudorubescens)
Faltentintling 473
 (Coprinus atramentarius)
Familienbegriff 523, 529
Farne 505
Farnpalmen 512
Feinschuppiger Giftchampignon
 (Agaricus meagris) 489
Festigungsgewebe 541
Fettfleckprobe 540
Feuchte Kammer 443, 459
Feuriger Täubling 472
 (Russula sardonia)
Filme 502, 539
Filz 499
Fixiergemisch
 nach Flemming 436
Fixierung
 nach Amann-Eckert 436 f.
Fliegenpilz 470, 473, 478, 481, 490
 (Amanita muscaria)
Flaschenbovist 468, 485
 (Lycoperdon perlatum)

Flugversuch 518
Fortner-Verfahren 407 f.
Fossilien 502
fraktionierte Sterilisation 402
Freßgemeinschaft 539
Flockenstieliger Hexenpilz 475
 (Boletus erythropus)
Freikronblättrige 529
Freilandpflanzen 521
Fremdbestäubung 531, 540
Fruchtblätter 512
Früchte 518, 543
Frühjahrslorchel 470
 (Helvella esculenta)

Gänsefußgewächse 528
Gährröhrchen 447 f.
Gärröhrchen nach Durham
 408, 450
Gärung, Alkoholische 447 ff.
Gärung, Buttersäure- 410 f.
Gärung, Essigsäure- 413 f.
Gärverschluß 448
Gallen 524, 530, 543
Gasbildung 408, 451
Gattungsbegriff 521, 522, 529
Gefäßkryptogamen 503, 506, 507, 523
Geißblattgewächse 539
Gelatine 400 ,414 f.
Gelatineverflüssigung 414 f.
Gelber Knollenblätterpilz
 (Amanita mappa) 469, 480
Gelber Röhrling 488
 (Suillus flavus)
Gerippter Ritterling 471
 (Tricholoma acerbum)
Getreide 526
Getrenntkronblättrige 535
Getropfter Ritterling 471
 (Tricholoma pessundatum)
Gewürzpflanzen 533, 537
Gießen von Platten 404
Giftpflanzen 509, 514, 529, 531, 533, 537, 538, 543
Gift- und Speisepilze 465
Gingkoales 513
Glimmertintling 473
 (Coprinus micaceus)
Glockenblumengewächse 540
Gluconsäure 459
Glycerin-Gelatine
 nach Kaiser 439 f.
Glycogen-Nachweis 446 f.
Gnetales 512, 513
Gräser 526
Gram-Färbung 396 f.
gramlabil 396
gramnegativ 396
grampositiv 396
Grauer Wulstling 480
 (Amanita spissa)
Großer Knoblauch-Schwindling
 (Marismius prasiosemus) 488
Großer Schirmpilz 486
 (Macrolepiota procera)

Grubiger Milchling 471
 (Lactarius scrobiculatus)
Gründüngung 521
Grüner Knollenblätterpilz
 (Amanita phalloides) 469, 478, 480, 487, 488
Grünling, Echter Ritterling
 (Tricholoma flavovirens)
 488, 489
Grundachse 508
Grundgewebe 541
Gurkengewächse 540
Gymnospermen 512
Gyromitrin 470

Hämalaun nach Mayer 438 f.
Hämatoxylin nach Delafield 439
Hämolysin 469
Haeckel 542
Hahnenfußgewächse 520, 521, 529
Hainbuche 524
Halbparasiten 537
Halsband-Ritterling 471
 (Tricholoma focale)
Harnstoffzersetzung 417
Harzgänge 516
Hasel 524
Hederich 520
Hefe, Sprossung 459 f.
Heidekrautgewächse 535
Heilpflanzen 529, 532, 533, 537, 539, 540
Helvellasäure 470
Heterostylie 535
Hexenmehl 511
Hexenring 490, 491
Hitzefixierung 394 f.
Hochmoor 499, 500
Holunder 524
Holundersekt 539
Homöopathie 538
Holzstoff 516
Holzteil 505, 541
Hülsenfrüchtler 531
Humus 501
Hutpilze 476
Hygroskopizität 509, 516, 517
Hyphen 486, 487, 490, 491
Hyphenpräparat 491

Impfnadel 406
Indolbildung 414, 416 f.
Indusium 506
Infiltrationsmethode 542
Insektenblütigkeit 526
Insektivore 532, 537
Interzellularen 541
Inulin 540

Jahresringe 515
Jod-Kaliumjodid-Lösung
 nach Lugol 396 f., 411, 446, 452
Jodoform-Probe 449
Jodprobe 512

Kahmhaut 393
Kahmhefen 414

Kartoffel 538
Kartoffel-Bovist 472, 482, 483
 (Scleroderma aurantium)
Kaseinabbau 415 f.
Katalase 452
Keimling 524
Keimung 531, 532, 543
Keimzahl 426
Keimzahl-Bestimmung 426 ff.
Keulenpilze 477
Kieferngewächse 515
Kieselsäure 509
Kleearten 531
Knollenblätterpilze 475, 481, 490
Knollenblätterpilzvergiftungen 474
Kobaltpapier 542
Kochsches Plattenverfahren. 426 f.
Königsfarn 505
Kohlarten 532
Kohlendioxid-Nachweis 449
Kohlenwasserstoffe, Abbau 413
Kokken 399
Kollodiummethode 543
Konservierungsgemisch 499
Konvergenz 537
Körnchen-Röhrling 487, 488
 (Suillas granulata)
Korallenpilze 477
Korbblütler 539
Kork 541
Kornblumen-Röhrling 475
 (Gyroporus cyanenszens)
Kosmopoliten 521
Krause Glucke 483
 (Sparassis crispa)
Kraftfutter 531
Kreuzblütler 531
Kryptogamen 523
Kuhpilz, Kuhröhrling 487, 488
 (Suillus bovinus)
Kulturfolger 539
Kulturpflanzen 521, 538
Kupferlactophenol-Lösung nach Amann 437
Kupferroter Gelbfuß 487
 (Gomphidius rutilus)
Kutikula 541

Lactophenol 437
Lärche 517
Lästiger Ritterling 471
 (Tricholoma inamoenum)
Lagerpflanzen 523
Landschaftsgestalter 499
Laubausbruch 524
Laubholz 542
Laubmoose 499
Lebermoos 499, 503
Leistenpilze 477
Leitbündel 541
Lentizellen 524, 539, 543
Leptosporangiate 506
Leuchtbakterien 421 ff.
Lianen 542
Lichtblätter 542

Lichtwendigkeit 545
Liebigs Fleischextrakt 400
Lignin 516
Lila Dickfuß 471
 (Inoloma traganum)
Liliengewächse 526
Linné 522
Lippenblütler 537
Loch-Test auf Antibiotica 424 f.
Luftporen 524
Luftstickstoff, Bindung 417 f.
Lugolsche Lösung 396 f., 411, 446, 452
Lycopodien 510

Makrosporangium 512
Malvengewächse 533
Mappin 470
Maronen-Röhrling 475
 (Xerocomus badeus)
Mehlpilz, Mehlräsling 488
 (Clitopilus prunulus)
Membranfilter 427 f.
Membranfiltergerät 428
Membranfiltermethode 427 ff.
Methylenblau-Lösung 396
Mikrofauna 500
Mikroflora 500
Mikrophyle 512
Mikroskopie 539, 542
Mikroskopische Pilze 443 ff.
Mikroskopische Pilze, Bedeutung verschiedener Nährstoffe 454 f.
Mikroskopische Pilze, Bedeutung von Spurenelementen 456
Mikroskopische Pilze, Beschaffung 443 f.
Mikroskopische Pilze, Frischpräparat 444 f.
Mikroskopische Pilze, Nährmedien 445 f.
Milchlinge 484
 (Lacturiae)
Milchröhren 541
Milchsaft 532, 537, 540
Milchsäurebildung 410
Mimikry 537
Mimosengewächse 531
Mizellarstruktur 516
Modifikation 521, 532
Mohngewächse 532
Mollsch 518
Moose 499, 523
Morcheln 476, 484
Muscarin 470
Mucor Ramannianus 458
Muscaridin 470
Mycoatropin 470
Mycobakterien 413
Mykorrhiza 489
Myzel 485, 486, 489, 490, 491
Myzelbeschaffung 491
Myzelertragskurve 457

Nachtschattengewächse 537

Nacktsamer 512, 523
Nadelholz 542
Nadel-Schwindling 488
 (Marasmius perforans)
Nähragar, Standard- 401
Nährboden von Waksman 423
Nährbouillon, Standard- 401
Nährkartonscheiben 429
Nährlösung nach Benecke 441
Nährlösung nach Czapek-Dox 446
Nährlösung nach Knop 441
Nährlösung nach Omellanski 418
Nährlösung nach Pringsheim 441
Nährlösung nach Wöltje 446
Nährmedien für Bakterien 400 f.
Nahrungsspender 531
Nahrungsstoffe 543
Narzissengewächse 526
Naturschutz 506, 510, 528, 529, 530, 535, 537
Nebelgrauer Trichterling
 (Clitocybe nebularis) 487, 488
Nelkengewächse 528
Nessiers Reagenz 417
Netzstieliger Hexenpilz 472, 482
 (Boletus luridus)
Nichthutpilze 476
Niedergedrückter Rötling 472
 (Rhodophyllus rhodopolius)
Niedermoor 499
Niederwald 526
Nitratabbau 420
Nitratammonifikation 420
Nitratbildung 419 f.
Nitrifikation 418 ff.
Nitritbildung 418 f.
Nutzpflanzen 521, 532, 533, 535

Oberständigkeit 526, 528
Obstarten 529
Ölbaumgewächse 535
Ölbaum-Trichterling 471
 (Pleurotus olearius)
Ölbehälter 532
Orangefuchsiger Milchling 471
 (Lactarius ichoratus)
Orchideen 526, 528

Palmen 526
Pantherpilz 470, 473, 478, 480, 487,
 (Amanita pantherina) 488, 490
Pappelgewächse 514
Papierchromatographie 543
Parasiten 537
Parthenogenese 540, 541
Penicillium glaucum 454
Perigonblüte 526
Perlblättriger Milchling 471
 (Lactarius pyrogalas)
Perlhuhn-Egerling 472
 (Agaricus meleagris)
Perlpilz (Amanita rubescens) 481
Pfifferling 468, 489
Pfifferling 468, 489
 (Cantharellus cibarius)
Pflanzengeographie 543
Pflanzenschau 538

pH-Wert 401, 425, 446
Phallin
Phalloin 469
Phalloidin 469
Phlorogluzin-Salzsäure 503, 517, 541
Phycomyces blakesleeanus 457
Phycomyces-Test nach Schopfer 457 f.
Pilzausstellung 494
Pilze, Allgemeines 466
Pilze, Atmung 491
Pilze, Bestimmung 475
Pilze, Bestimmungsschlüssel 476
Pilze, DiA-Reihen 465
Pilze, Entwicklung 486
Pilze, Farbreaktionen 487
Pilze, Lehrtafeln 465
Pilze, Nährwert 468
Pilze, Sporenpräparate 484
Pilze, Versuche 490 ff.
Pilze, Wachstumsnachweis 493
Pilze, Wärmeentwicklung 493
Pilzgerüche 488
Pilzgifte 469
Pilzjagd 467
Pilzkonservierung 493
Pilzmodelle 465
Pilzsammeln, Rechtslage 467
Pilz-Skizzenblätter 466
Pilzsporen 485, 489
Pilzvergiftungen 469, 473
Pilzzucht 489
Planktonnetz 432
Plasmolyse 503
Plattengießen 404
Pollen 518
Pollenanalyse 518, 543
Pollenkeimung 543
Pollinien 526
Polsterbildung 500
Polyphletie 535
Porphyrbrauner Wulstling 471 (Amanita porphyria)
Prothallien 507, 512
Protonmea 503
Protisten 522
Pteridophyten 504

Quellmoor 499
Quellungsbewegungen 518, 519

Rachenblütler 537
Ranken 541
Rassenbegriff 522, 529, 532
Reaktionsbereich 499
Reduktase-Nachweis 452
Reinkulturen 405 f.
Reizleitung 531
Reizker 489
Rhizoiden 503
Rhizom 516
Rhodotorula rubra 458
Riesen-Bovist 485 (Lycoperdon maximum)
Riesen-Rötling 471, 472, 488 (Rodophyllus sinuatus)

Rinde 516
Rißpilze (Inocybae) 479
Rißpilzvergiftungen 474
Ritterlinge (Tricholomae) 487, 488
Röhrenpilze, Röhrlinge 473, 481, 484
Rohhumus 501
Rosengewächse
Rotbrauner Milchling 487 (Lactarius rufus)
Rübensaft-Agar 446

Saccharase 452
Saccharase-Nachweis 452
Säurebildung 409 f.
Sago 513
Salbei 537
Samen 512, 518, 531, 543
Samenanlage 512
Samenpflanzen 523
Saprolegnia spec. 460
Sarcina 399
Satanspilz 472, 481 (Boletus satanas)
Sauergräser 499
Saugheberversuch 500
Schachtelhalme 507
Schafeuter 487 (Albatrellus bovinus)
Scharbockskraut 520
Schattenblütler 542
Scheinfrüchte 529
Scheitelzelle 505
Schirmblütler 533
Schirmpilze (Lepiotae) 484
Schlagbaummechanismus 537
Schlangenmoos 516
Schlankheitsverhältnis 542
Schlüsselblumengewächse 521, 535
Schmetterlingsblütler 531
Schmuckpflanzen 540
Schöne Koralle 472 (Ramaria formosa)
Schönfuß-Röhrling 472 (Boletus calopus)
Schote, Schötchen 531
Schrägröhrchen 404
Schüttelkultur 408 f.
Schuppenbäume 510
Schwefelwasserstoffbildung 414, 416
Schwefelwasserstoffoxydation 420 f.
Schwermetalle, Wirkung auf Bakterien 426
Schwertliliengewächse 526
Schwefelgelber Milchling 471 (Lactarius chrysorrheus)
Schwefel-Ritterling (Tricholoma sulphureum)
Schwimmpflanzen 529
Seefischagar nach Molisch 422
Seerosengewächse 529
Seggen 499
Selaginella 510
Selbstversorger 507

Semmelporling 487 (Albatrellus confluens)
Sequoia 514
Shiitake 489 (Lentinus edodes)
Siebeimerchen 437 f.
Siegelbäume 510
Sojabohne 531
Sonnentaugewächse 532
Spaltöffnungen 517, 529, 542, 543
Sparriger Schüppling 488 (Pholiota squarosa)
Speitäubling 472 (Russula emetica)
Spermatophyten 512
Spermatozoiden 507
Spielarten 522
Spirillen 399
Spitzhütiger (kegeliger) Knollenblätterpilz 469, 478, 480, 488 (Amanita virosa)
Spitzkeimer 523, 526
Spitzschuppiger Schirmling 471 (Lepiota acutelquamosa)
Sporen 505
Sporenbildung bei Hefen 460 f.
Sporenfärbung 397 f.
Sporenkapsel 50 6
Sporophyll 505, 511
Sporophyt 509
Sprossung 459 f.
Sproßachse 503
Stachelpilze 476
Stäbchen 399
Stärkeabbau 411
Stäublinge 477, 482, 484
Standard-Nähragar 401
Standard-Nährbouillon 401
Staphylococcus 399
Steinkohlenwald 505, 507, 510
Steinpilz (Botelus edulis) 468
Sterilisation, fraktionierte 402
Sterilisieren von Arbeitsgeräten 403
Sterilisieren von Nährmedien 401 ff.
Sternmoos 499, 501
Stichkultur, Agar- 406 f.
Stickstoffbildung 417 f.
Stinktäubling 472 (Russula foetens)
Stockausschlag 526
Stomata 517, 529, 542, 543
Strahlenblütige 539
Strahlenpilz 528
Strahlungsfrost 502
Streptococcus 399
Streptomyces griseus 423
Streptomyceten 423 f.
Streptomycin 423
Strich-Test auf Antibiotica 424
Strohblasser Ritterling 471 (Tricholoma lassivum)
Suberinprobe 541
Sudan-Glyzerin 517, 541
Südfrüchte 543
Sulfat-Reduktion 421

Sumpfmoos 499
Symbiose 512, 526, 531
Symbiose, künstliche 458
Sympetalae 533
System 522, 524, 541

Tanne 517
Täublinge 484, 485, 487, 488, 489
 (Russulae)
Taubnessel 537
Temperatur 425
Theaterblitz 511
Thiamin 457 f.
Tiger-Ritterling 41
 (Tricholoma pardinum)
Tintenfischpilz 478
 (Anthurus archeri)
Torf 500, 501, 518
Torfmoos 500, 501
Tracheen 513, 516
Trommdorfs Reagenz 419
Traubenzucker 510
Trichterlinge (Clitocybae) 487
Trüffeln 477, 488
Tuschepräparat nach Burri 398 f.

Überimpfen von Bakterien 404 f.
Unbenetzbarkeitsprobe 511
Unkraut 508, 521, 532
Unterständigkeit 521
Unterwasserpflanzen 529
Urease-Nachweis 452

Veilchengewächse 532
Verborgenblütige 523
Verdünnungsmedien 403
Verdünnungsreihen 426 f.
Vermehrung 511
Vernässung 501
Versauerung 501
Verwachsenkronblättrige 533

Vibrionen 399
Violettgrüner Täubling 488
 (Russula cyanoxantha)
Viren 522
Vitamin B_1, Bestimmung 457
Volksregeln, gefährliche 474
Vollschmarotzer 537
Volutin-Nachweis 447
Vorblüher 524

Wacholderartige 515
Wachstumszonen 507
Wärmeschutz 524
Waldbildner 524
Waldbegleiter 524
Wasserabscheidung 528
Wasserblütler 526
Wasserdampfaufnahme 501
Wassergewebe 542
Wasserhaushalt 539
Wassermoos 503
Wasserstoffionenkonzentration
 401, 425, 446
Wasserstoffperoxid-Spaltung 421
Wassersaugvermögen 499, 500
Wattestopfen 400
Weidengewächse 524
Weinrötlicher Zwerg-
 champignon 487
 (Agaricus semotus)
Weißbrauner Giftritterling 471
 (Tricholoma albobruneum)
Weißer Gift-Champignon,
 Gift-Egerling 472, 489
 (Agaricus xanthodermus)
Weißer Knollenblätterpilz
 (Amanita verna)
 469, 478, 480, 488
Weißmoos 499, 500
Wellingtonie 514
Welwitschia 513

Wetterprophet 519
Wiesen-Champignon 487
 (Agaricus campestris)
Wilde Hefen 459
Windblütler 524, 526, 535
Wright-Burri-Verfahren 407
Wulstlinge (Amanitae) 479
Wurmfarn 505
Wurzeln 502
Wurzelkletterer 533
Wurzelschoße 537
Wurzelverpilzung 515
Wurzelwachstum 542

Xeromorphie 517

Zapfenträger 513, 514
Zedernholz-Täubling 472
 (Russula badia)
Zellenlehre 506
Zellstoff 516
Zelluloseabbau 411 ff.
Zelluloseabbau, aerob 412
Zelluloseabbau, anaerob 412 f.
Ziegelroter Rißpliz
 (Inocybe pattoullardii)
 471, 473,478 ,479
Zierpflanzen 537
Zinnkraut 509
Zitronenblättriger Violett-
 Täubling 487
 (Russula sardonia violacia)
Zoosporen 460
Zuchtchampignon
 (Agaricus bisporus)
Zuckerabbau 408 ff., 450 f.
Zungenblüten 539
Zweihäusigkeit 524, 526
Zweikeimblättrigkeit 523
Zypressengewächse 515

Verbesserung von sinnentstellenden Druckfehlern im Handbuch

Seite XV, Zeile 33: statt „die Gallwespe": Gallwespen
Seite 16, Zeile 12: statt 100°: 10°
Seite 163, Zeile 15: statt „2. Orcein": 2g Orcein
Seite 194, Zeile 34: statt „Wasserläufer": Wasserwanzen
Seite   5, letzte drei Zeile streichen, denn die Landesanstalt für Naturwissenschaftlichen Unterricht in Stuttgart liefert nicht mehr. Ebenso sind deshalb die weiteren Angaben über die Landesanstalt auf Seite 38, letzte Zeile, 39, Zeile 1 und 2, Seite 186, Zeile 21 ungültig.
Seite 469, Zeile 15: statt 7: 13
Seite 472, Zeile 27: Nach „vertragen werden". Hierzu gehört nach neueren Untersuchungen auch der Kahle Krempling (Paxillus involutus), der bei gegen ihn allergischen Personen Antikörperbildung verursachen kann. Diese Antikörper reichern sich an und können dann auf den eigenen Organismus tödlich giftig wirken.
Seite 485, Zeile 17: statt „gerade für die": gerade für sie
Seite 504: Abbildung 1: unterste Reihe, Mitte: Buchstabe i fehlt
           Unterschrift: in 3. Zeile fehlt: einzelnes Sporangium
Seite 529: Abbildung 14: statt: „ ": N